高等数学

(上册)

李晓迪　朱爱玲　赵　强　主编

科学出版社

北　京

内 容 简 介

本书由山东师范大学数学与统计学院组织编写，旨在更好地培养学生的分析、归纳、抽象、演绎推理以及计算等能力，促进学生形成具有创新精神、科学态度以及利用数学知识建立数学模型、解决实际问题的素养. 全书分上、下两册，上册内容包括函数、极限、连续，导数与微分，中值定理与导数的应用，不定积分，定积分，定积分的应用，向量代数与空间解析几何等；下册内容包括多元函数微分学，重积分，曲线积分与曲面积分，无穷级数以及常微分方程与差分方程等. 文中以二维码形式链接了知识点精讲视频和每章小结视频. 书末附有基本初等函数的图形及其主要性质、几种常见的曲线、积分表、部分习题参考答案与提示.

本书可作为普通高等院校非数学专业高等数学课程的教材，也可供考研学子及科研工作者参考.

图书在版编目(CIP)数据

高等数学 ：全 2 册 / 李晓迪，朱爱玲，赵强主编. -- 北京 ：科学出版社，2025. 8. -- ISBN 978-7-03-080934-6

I. O13

中国国家版本馆 CIP 数据核字第 20244TE538 号

责任编辑：胡海霞　李香叶 / 责任校对：杨聪敏
责任印制：师艳茹 / 封面设计：无极书装

科学出版社 出版
北京东黄城根北街 16 号
邮政编码：100717
http://www.sciencep.com
三河市骏杰印刷有限公司印刷
科学出版社发行　各地新华书店经销
*
2025 年 8 月第　一　版　开本：720×1000　1/16
2025 年 8 月第一次印刷　印张：45 1/4
字数：907 000

定价：139.00 元（全 2 册）

(如有印装质量问题，我社负责调换)

前　言

数学在人类认识世界、描述其发展规律，以及培养高素质创新人才的过程中有着不可替代的重要作用. 一个国家数学的发展和应用水平，在很大程度上决定着其科学技术的自主创新能力的高低，党的二十大报告明确指出：“教育、科技、人才是全面建设社会主义现代化国家的基础性、战略性支撑.”

为了更好地完成“为党育人、为国育才，全面提高人才自主培养质量”的目标，山东师范大学数学与统计学院组织编写了适合理工类、经济管理类等专业的高等数学教材，以期更好地培养学生的分析、归纳、抽象、演绎推理以及计算能力，促进学生形成具有创新精神、科学态度以及利用数学知识建立数学模型、解决实际问题的素养.

本书主要有如下特色.

(1) 内容严谨，文字简练.

高等数学具有高度的抽象性和严密的逻辑性，本书结合中学数学知识内容，合理安排章节顺序，增加高等数学与初等数学衔接点，结构体系更系统；在定义、定理中使用严谨和简练的语言进行表述，学生更方便学习，易于掌握.

(2) 学科衔接，渗透融通.

高等数学具有广泛的应用性，是理工类、经济管理类等专业学生的公共基础课，很多定义是由实际问题抽象出来的模型. 本书采用多学科的专业相关问题作为概念的背景，使各学科与数学融通渗透，有机结合.

(3) 筑基拓展，数字赋能.

为了培养学生掌握数学基础知识，且具有实践创新能力和高阶思维能力，本书配置了丰富且难易层次分明的习题，兼顾实际应用和考研需求；并以二维码形式链接了重点、难点具有代表性知识点等内容的视频、章节小结视频，在掌握基本知识的同时，拓宽学科背景，提升数学素养.

李晓迪、朱爱玲、赵强统稿并确定初稿，在山东师范大学多个专业试用两年. 参加教材编写的还有程涛、韩秀萍、李慧兰、刘茜、田玉娟、王德臣、王子明、张德瑜.

鉴于高等数学课程在不同专业中的设置差异较大，课时分配亦有显著不同，因此，本书对部分内容做 $*$ 号标记，以便各专业根据实际需求灵活选用.

在本书编写过程中，王爱云教授从研究框架构建到章节逻辑校准等关键环节，均以严谨的治学态度和深厚的学术造诣，提供了不可替代的详细指导和学术支持. 在此向王爱云教授致以最诚挚的感谢！同时, 本书的编写及出版, 还得到科学出版社领导、山东师范大学教务处和数学与统计学院的大力支持以及各兄弟院校专家、同仁的关心与帮助. 另外, 研究生张太秀、袁金河、叶昱芊、马文慧、宁威等为习题校对做了大量的工作, 在此一并表示衷心感谢.

这套教材虽经过教学实践, 但由于编者水平有限, 难免有不当之处, 恳请专家、读者不吝指正.

编　者

2025 年 3 月

高等数学课程简介

目　　录

第一章　函数　极限　连续

高等数学是一门以函数为主要研究对象、以极限为基本研究方法的基础学科. 极限理论几乎贯穿高等数学的整个内容. 连续函数是高等数学讨论的主要函数类型. 本章主要介绍函数、极限及连续的基本概念及其重要性质.

第一节　函　　数

中学教材中, 介绍过函数的概念以及一些常见函数的性质和图形. 本节将简要地复习函数的已有内容, 同时进行必要的补充.

一、 集合与映射

1. 集合

集合是具有某种特定性质的事物的总体, 组成集合的事物称为该集合的**元素**. 通常用大写字母 $A, B, C, \cdots$ 表示集合, 用小写字母 $a, b, c, \cdots$ 表示集合的元素. 不含任何元素的集合称为空集, 记作 $\varnothing$. 例如,

$$\{x \mid x \in \mathbf{R} \text{ 且 } x^2 + 1 = 0\}$$

是空集. 若 a 是集合 A 的元素, 称 a 属于 A, 记作 $a \in A$; 若 a 不是集合 A 的元素, 称 a 不属于 A, 记作 $a \notin A$ 或 $a \,\bar{\in}\, A$. 若一个集合只含有限个元素, 则称其为有限集; 不是有限集的集合称为无限集.

通常用两种方法表示集合.

一种是列举法, 是把集合的全体元素一一列举出来. 例如, 由元素 $a_1, a_2, \cdots, a_n$ 组成的集合 A, 可表示为

$$A = \{a_1, a_2, \cdots, a_n\}.$$

另一种是描述法, 若集合 M 是由具有某种性质 P 的元素 x 的全体所组成的, 可表示为

$$M = \{x \mid x\text{具有性质}P\}.$$

例如, 集合 A 是一元二次方程 $x^2 + 2x - 3 = 0$ 的解集, 可表示为

$$A = \{x \mid x^2 + 2x - 3 = 0\}.$$

元素是数的集合称为数集. 常见的数集通常用专用记号表示. 习惯上, 全体非负整数即自然数的集合记作 $\mathbf{N}$, 即

$$\mathbf{N}=\{0,1,2,\cdots,n,\cdots\};$$

全体正整数的集合记作 $\mathbf{N}^+$, 即

$$\mathbf{N}^+=\{1,2,3,\cdots,n,\cdots\};$$

全体整数的集合记作 $\mathbf{Z}$, 即

$$\mathbf{Z}=\{\cdots,-n,\cdots,-2,-1,0,1,2,\cdots,n,\cdots\};$$

全体有理数的集合记作 $\mathbf{Q}$, 即

$$\mathbf{Q}=\left\{\frac{p}{q}\middle| p\in\mathbf{Z},q\in\mathbf{N}^+,\text{且 } p \text{ 与 } q \text{ 互质}\right\};$$

全体实数的集合记作 $\mathbf{R}$, $\mathbf{R}^*$ 表示不包括 0 的全体实数, $\mathbf{R}^+$ 表示全体正实数的集合.

设 A,B 是两个集合, 若集合 A 的元素都是集合 B 的元素, 则称 A 是 B 的子集, 记作 $A\subseteq B$ 或 $B\supseteq A$.

若集合 A 与集合 B 互为子集, 即 $A\subseteq B$ 且 $B\subseteq A$, 则称集合 A 与集合 B 相等, 记作 $A=B$.

若 $A\subseteq B$ 且 A 不等于 B, 则称 A 是 B 的真子集, 记作 $A\subset B$. 空集 $\varnothing$ 是任何非空集合 A 的真子集, 即 $\varnothing\subset A$.

2. 区间与邻域

设 a, b 都是实数, 且 $a<b$, 则称数集

$$\{x\mid a<x<b\}$$

为开区间, 记作 (a,b), 即

$$(a,b)=\{x\mid a<x<b\},$$

其中 a,b 称为开区间 (a,b) 的**端点**. 称数集

$$\{x\mid a\leqslant x\leqslant b\}$$

为闭区间, 记作 $[a,b]$, 即

$$[a,b]=\{x\mid a\leqslant x\leqslant b\},$$

a, b 也称为闭区间 $[a, b]$ 的端点.

类似地, $[a, b) = \{x \mid a \leqslant x < b\}$, $(a, b] = \{x \mid a < x \leqslant b\}$ 称为半开半闭区间.

以上这些区间都称为有限区间, 数 $b - a$ 称为区间的长度. 从数轴上看, 这些有限区间是长度为有限数的线段. 闭区间 $[a, b]$ 与开区间 (a, b) 在数轴上表示出来, 分别如图 1-1(a), (b) 所示. 此外还有无限区间, 引入记号正无穷大 $+\infty$ 与负无穷大 $-\infty$, 则可类似地表示无限区间, 例如,

$$[a, +\infty) = \{x | x \geqslant a\},$$

$$(-\infty, b) = \{x | x < b\}.$$

这两个无限区间在数轴上如图 1-1(c), (d) 所示. 实数集 $\mathbf{R}$ 也可记作 $(-\infty, +\infty)$, 它是无限区间.

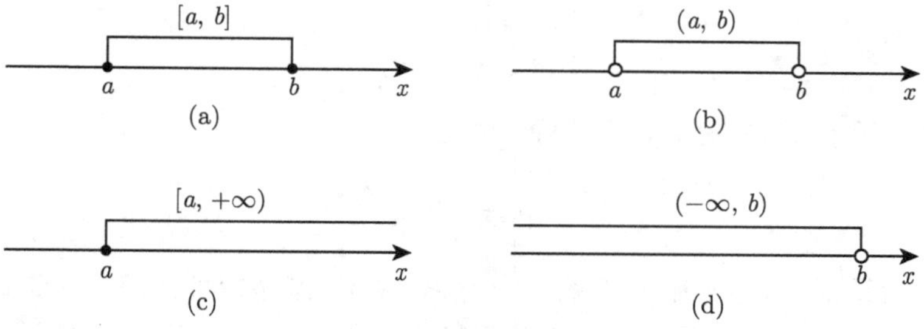

图 1-1

不需要辨明区间是否包含端点, 以及是有限区间还是无限区间的场合, 简称为“区间”.

设 a 为实数, δ 是正数, 则称开区间 $(a - \delta,\ a + \delta)$ 为**点 a 的 δ 邻域**, 记作 $U(a, \delta)$, 即

$$U(a, \delta) = \{x \mid a - \delta < x < a + \delta\},$$

其中, 点 a 称为该邻域的**中心**, δ 称为该邻域的**半径**, 如图 1-2 所示.

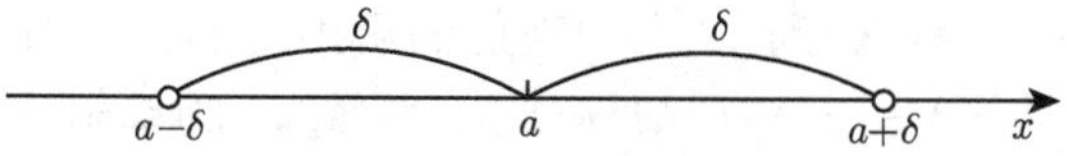

图 1-2

由于 $a - \delta < x < a + \delta$ 等价于 $|x - a| < \delta$, 因此

$$U(a, \delta) = \{x \mid |x - a| < \delta\}.$$

点 a 的 δ 邻域去掉中心 a 后, 称为**点 a 的去心 δ 邻域**, 记作 $\overset{\circ}{U}(a,\delta)$, 即

$$\overset{\circ}{U}(a,\delta)=\{x\,|0<|x-a|<\delta\}.$$

此外, 常用到以下几种邻域.

点 a 的 δ 右邻域　$U_+(a,\delta)=[a,a+\delta)$, 简记为 $U_+(a)$;

点 a 的 δ 左邻域　$U_-(a,\delta)=(a-\delta,a]$, 简记为 $U_-(a)$;

$U_-(a)$ 与 $U_+(a)$ 去掉点 a 后, 分别称为**点 a 的去心 δ 左、右邻域**, 简记为 $\overset{\circ}{U}_-(a)$ 与 $\overset{\circ}{U}_+(a)$.

3. 映射

定义 1　设 X,Y 是两个非空集合, 若存在一个法则 f, 使得对 X 中每个元素 x, 按法则 f, 在 Y 中有唯一确定的元素 y 与之对应, 则称 f 为从 X 到 Y 的**映射**, 记作

$$f:X\to Y,$$

其中 y 称为元素 x 在映射 f 下的**像**, 并记作 $f(x)$, 即

$$y=f(x),$$

元素 x 称为元素 y 在映射 f 下的一个**原像**; 集合 X 称为映射 f 的**定义域**, 记作 D_f, 即 $D_f=X$; X 中所有元素的像所组成的集合称为映射 f 的**值域**, 记作 R_f 或 $f(X)$, 即

$$R_f=f(X)=\{f(x)\,|x\in X\}.$$

构成一个映射必须具备以下三个要素: 集合 X, 即定义域 $D_f=X$; 集合 Y, 即值域所在的范围: $R_f\subseteq Y$; 对应法则 f, 使得对每个 $x\in X$, 有唯一确定的 $y=f(x)\in Y$ 与之对应.

对每个 $x\in X$, 元素 x 的像 y 是唯一的; 而对每个 $y\in R_f$, 元素 y 的原像不一定是唯一的; 映射 f 的值域 R_f 是 Y 的一个子集, 即 $R_f\subseteq Y$, 不一定 $R_f=Y$.

设 f 是从集合 X 到集合 Y 的映射, 若 $R_f=Y$, 即 Y 中任一元素 y 都是 X 中某元素的像, 则称 f 为 X 到 Y 上的映射的**满射**; 若对 X 中任意两个不同元素 $x_1\neq x_2$, 它们的像 $f(x_1)\neq f(x_2)$, 则称 f 为 X 到 Y 的**单射**; 若映射 f 既是单射, 又是满射, 则称 f 为**一一映射**, 或**双射**.

设 f 是 X 到 Y 的单射, 由定义, 若对每个 $y\in R_f$, 有唯一的 $x\in X$, 满足 $f(x)=y$. 于是, 可定义一个从 R_f 到 X 的新映射 g, 即

$$g:R_f\to X.$$

对每个 $y \in R_f$, 规定 $g(y)=x$, x 满足 $f(x)=y$. 这个映射 g 称为 f 的**逆映射**, 记作 f^{-1}, 其定义域 $D_{f^{-1}}=R_f$, 值域 $R_{f^{-1}}=X$.

设有两个映射

$$g: X \to Y_1, \quad f: Y_2 \to Z,$$

其中 $Y_1 \subseteq Y_2$, 则由映射 g 与 f 可以确定一个从 X 到 Z 的对应法则, 它将每个 $x \in X$ 映成 $f[g(x)] \in Z$. 易见, 这个对应法则确定了一个从 X 到 Z 的映射, 这个映射称为映射 f 和 g 构成的**复合映射**, 记作 $f \circ g$, 即

$$f \circ g: X \to Z,$$

或

$$(f \circ g)(x)=f[g(x)], \quad x \in X.$$

由复合映射的定义可知, 映射 f 与 g 构成复合映射的条件是: g 的值域 R_g 必须包含在 f 的定义域内, 即 $R_g \subseteq D_f$. 否则, 不能构成复合映射. 映射 f 与 g 的复合是有顺序的, $f \circ g$ 有意义并不表示 $g \circ f$ 也有意义. 即使 $f \circ g$ 与 $g \circ f$ 都有意义, 复合映射 $f \circ g$ 与 $g \circ f$ 也通常不相同.

二、 函数

函数是实数集到实数集的映射, 其对应法则刻画了现实世界中变量之间的依赖关系.

例 1 圆的面积 A 与其半径 r 满足关系式 $A=\pi r^2$, 当半径 r 在区间 $(0,+\infty)$ 内任意取定一个数值时, 圆的面积就有确定的数值与之对应.

例 2 自由落体运动中, 设物体下落的时间为 t, 落下的路程为 s, 假定开始下落的时刻为 $t=0$, 那么, s 与 t 之间的对应关系由公式 $s=\dfrac{1}{2}gt^2$ 确定, 其中 g 为重力加速度. 假定物体着地时刻为 $t=T$, 则当 t 在闭区间 $[0,\ T]$ 上任意取定一个数值时, 由上式 s 就有确定的数值与之对应.

例 3 某气象站用自动记录器记录了某一天 24 小时的气温变化曲线, 如图 1-3 所示.

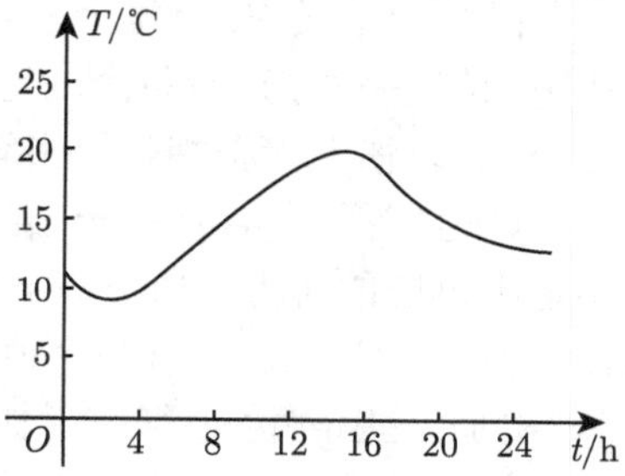

图 1-3

这里的气温 T 是随着时间 t 的变化而变化的, 当 t 在 $[0,24]$ 中任意取定一个数值时, 根据这条曲线, T 都有确定的数值与它对应.

类似的例子很多, 虽然它们的具体背景不同, 在数学上却有一个共同点: 在某变化过程中都有两个变量, 并且当其中一个变量 x 在它的取值范围 $D \subset \mathbf{R}$ 内任意取定一个数

值后, 按照某个法则 f, 另一个变量 y 都有唯一确定的数值与之对应. 这里的对应法则 f 就是数集 D 到 $\mathbf{R}$ 的映射, 称为定义在 D 上的函数.

定义 2　设非空数集 $D \subseteq \mathbf{R}$, 则称映射 $f: D \to \mathbf{R}$ 为定义在 D 上的**函数**, 通常简记为

$$y = f(x), \quad x \in D,$$

其中 x 称为**自变量**, y 称为**因变量**, D 称为**定义域**.

在定义 2 中, 对每个 $x \in D$, 按对应法则 f, 总有唯一确定的值 y 与之对应, 这个值称为函数 f 在 x 处的函数值, 记作 $f(x)$, 即 $y = f(x)$. 因变量 y 与自变量 x 之间的这种依赖关系通常称为函数关系. 函数值 $f(x)$ 的全体所构成的集合称为函数 f 的值域, 记作 R_f 或 $f(D)$ 即

$$R_f = f(D) = \{y \mid y = f(x), x \in D\}.$$

对应法则的记号是可以任意选取的, 除了常用的 f 外, 还可用其他的英文字母或希腊字母表示, 例如 g, F, φ 等. 相应地, 函数可记作 $y = g(x), y = F(x), y = \varphi(x)$ 等. 有时还直接用因变量的记号来表示函数, 即把函数记作 $y = y(x)$.

函数的定义域通常按以下两种情形来确定. 一种是有实际背景的函数, 则根据实际背景中变量的实际意义确定. 例如, 物体自由落体运动中的函数关系是

$$s = \frac{1}{2}gt^2, \quad t \in [0, T],$$

该函数的定义域为物体下落的时间区间 $[0, T]$. 另一种是无实际背景的函数, 通常约定这种函数的定义域是使得函数表达式有意义的一切实数组成的集合, 这种定义域称为函数的**自然定义域**. 在这种约定之下, 函数可用 $y = f(x)$ 表达, 而不必再表示出 D. 例如, 函数 $y = \sqrt{1 - x^2}$ 的定义域是闭区间 $[-1, 1]$, 函数 $y = \dfrac{1}{\sqrt{1 - x^2}}$ 的定义域是开区间 $(-1, 1)$.

在函数的定义中, 对每个 $x \in D$, 对应的函数值 y 总是唯一的. 若给定一个对应法则, 按这个法则, 对每个 $x \in D$, 则总有确定的 y 值与之对应, 但这个 y 不总是唯一的, 习惯上, 称这种法则确定了一个**多值函数**. 例如, 设变量 x 与 y 之间的对应法则由方程 $x^2 + y^2 = r^2$ 给出, 易见, 对每个 $x \in [-r, r]$, 由方程 $x^2 + y^2 = r^2$ 可确定出对应的 y 值, 当 $x = r$ 或 $-r$ 时, 对应 $y = 0$ 一个值; 但当 x 取 $(-r, r)$ 内任一值时, 对应的 y 有两个值. 所以该方程确定了一个多值函数. 对于多值函数, 若附加一些条件, 使得在附加条件之下, 按照这个法则, 对每个 $x \in D$, 总有唯一确定的实数值 y 与之对应, 那么就确定了一个函数. 称这样得到的函数为多值函数的**单值分支**. 例如, 在方程 $x^2 + y^2 = r^2$ 给出的对应法则中, 附加 "$y \geqslant 0$"

的条件, 即以 “$x^2+y^2=r^2$ 且 $y\geqslant 0$” 作为对应法则, 就可得到一个单值分支 $y=y_1(x)=\sqrt{r^2-x^2}$; 附加 “$y\leqslant 0$” 的条件, 即以 “$x^2+y^2=r^2$ 且 $y\leqslant 0$” 作为对应法则, 就可得到另一个单值分支 $y=y_2(x)=-\sqrt{r^2-x^2}$.

表示函数的主要方法有三种: 表格法、图形法、解析法, 在中学里大家已经熟悉. 其中, 用图形法表示函数是基于函数图形的概念, 即坐标平面上的点集

$$\{(x,y)\mid y=f(x),x\in D\},$$

称其为函数 $y=f(x),x\in D$ 的图形, 如图 1-4 所示. 图中的 R_f 表示函数 $y=f(x)$ 的值域.

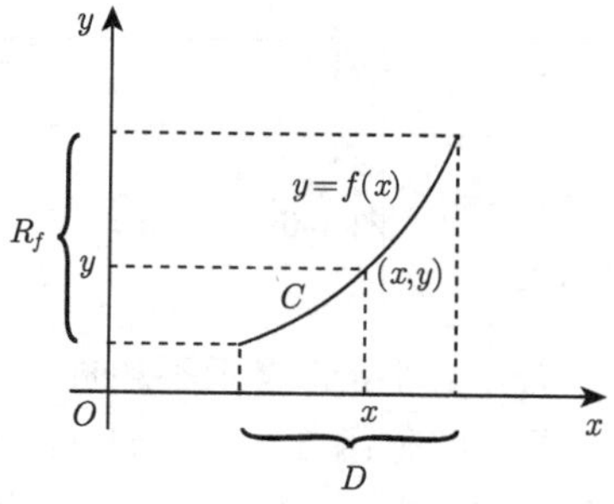

图 1-4

用解析法表示函数时, 常常会遇到在自变量的不同变化范围中, 对应法则用不同的式子表达的情形, 通常称这种函数为**分段函数**.

例 4 绝对值函数

$$y=|x|=\begin{cases}x, & x\geqslant 0,\\ -x, & x<0,\end{cases}$$

其定义域为 $(-\infty,+\infty)$, 当 $x\in[0,+\infty)$ 时, 函数用 $y=x$ 来表达; 当 $x\in(-\infty,0)$ 时, 函数用 $y=-x$ 来表达. 这是一个分段函数, 它的值域为 $D=[0,+\infty)$, 它的图形如图 1-5 所示.

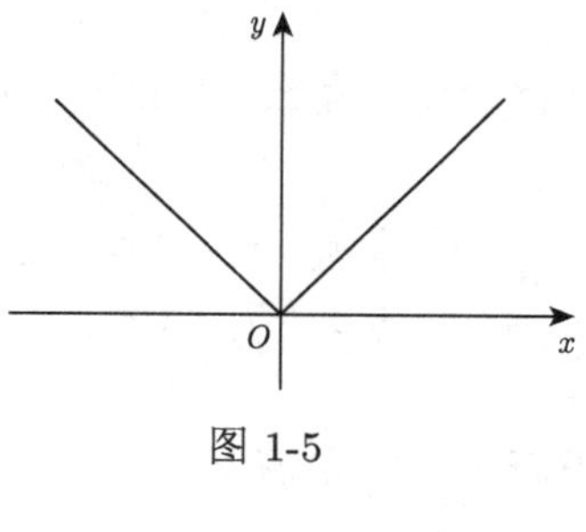

图 1-5

例 5　符号函数 $f(x)=\operatorname{sgn} x=\begin{cases}1, & x>0,\\ 0, & x=0,\\ -1, & x<0\end{cases}$ 也是一个分段函数. 其定义域为 $(-\infty,+\infty)$, 值域为 $R_f=\{-1,0,1\}$, 图形由两条射线及一个点组成, 如图 1-6 所示. 对于任何实数 x, 有 $x=|x|\cdot\operatorname{sgn} x$ 成立.

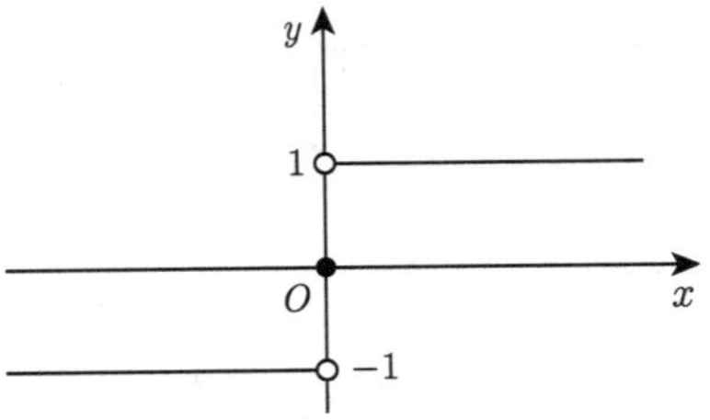

图 1-6

例 6　取整函数 $f(x)=[x]$, 其中 $[x]$ 表示不超过 x 的最大整数. 例如, $[3.6]=3$, $[-2.5]=-3$, $[12]=12$ 等. 取整函数 $y=[x]$ 是一个分段函数, 其定义域为 $(-\infty,+\infty)$, 值域为集合 $R_f=\{0,\pm1,\pm2,\pm3,\cdots\}=\mathbf{Z}$, 其图形由无穷多条直线段组成, 它的图形如图 1-7 所示, 该图形称为**阶梯曲线**.

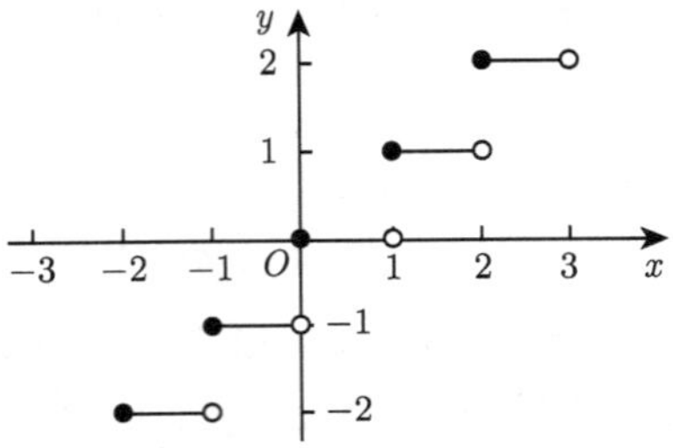

图 1-7

例 7　在电子技术中经常遇到三角波, 它的一个波形的表达式为

$$u=u(t)=\begin{cases}t, & 0\leqslant t\leqslant 1,\\ 2-t, & 1<t\leqslant 2.\end{cases}$$

这也是一个分段函数, 它的图形如图 1-8 所示.

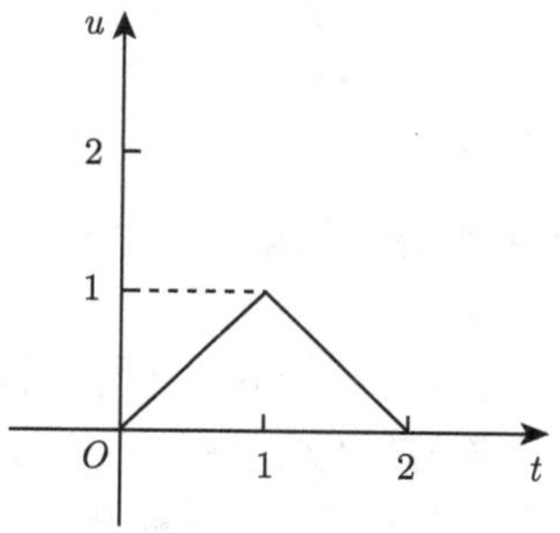

图 1-8

三、 函数的几种特性

1. 函数的有界性

设函数 $f(x)$ 在数集 I 上有定义, 若存在数 A (B), 使得对于任一 $x \in I$, 均有 $f(x) \leqslant A$ (或 $f(x) \geqslant B$), 则称函数 $f(x)$ 在 I 上有上界 (或下界). A (或 B) 称为函数 $f(x)$ 在 I 上的一个上 (或下) 界.

若存在正数 M, 使得对于任一 $x \in I$, 均有 $|f(x)| \leqslant M$ 成立, 则称函数 $f(x)$ 在 I 上有界, M 称为函数 $f(x)$ 在 I 上的一个界; 若这样的 M 不存在, 则称函数 $f(x)$ 在 I 上无界.

函数 $f(x)$ 在数集 I 上有界的充分必要条件是它在数集 I 上既有上界又有下界. 例如, 函数 $y = \sin x$, 对于 $(-\infty, +\infty)$ 内的任一 x, 有 $|\sin x| \leqslant 1$ 恒成立, 所以函数 $y = \sin x$ 在 $(-\infty, +\infty)$ 上有界. 函数 $y = \dfrac{1}{x}$ 在 $(1, 2)$ 上有界, 在 $(0, 1]$ 上有下界无上界.

2. 函数的单调性

设函数 $f(x)$ 在区间 I 上有定义, 若对于 I 内的任意两点 x_1 与 x_2, 当 $x_1 < x_2$ 时, 有

(1) $f(x_1) \leqslant f(x_2)$, 则称 $f(x)$ 为 I 上的 **(递) 增函数**. 特别地, 当严格不等式 $f(x_1) < f(x_2)$ 成立时, 称函数 $f(x)$ 为 I 上的**严格 (递) 增函数**.

(2) $f(x_1) \geqslant f(x_2)$, 则称 $f(x)$ 为 I 上的 **(递) 减函数**, 特别地, 当严格不等式 $f(x_1) > f(x_2)$ 成立时, 称函数 $f(x)$ 为 I 上的**严格 (递) 减函数**.

增函数与减函数统称为**单调函数**, 严格增函数与严格减函数统称为**严格单调函数**, 区间 I 称为函数 $f(x)$ 的**单调区间**.

例如, 函数 $y = x^2$ 在 $(-\infty, 0)$ 上单调递减, 在 $(0, +\infty)$ 上单调递增, 但在 $(-\infty, +\infty)$ 上不是单调函数.

函数的奇偶性和周期性在中学教材中介绍比较系统, 这里不再赘述.

四、 复合函数与反函数

1. 复合函数

复合函数是复合映射的特例, 按照函数概念及其记号, 复合函数概念可如下表述.

设有两个函数 $y=f(u), u\in E$ 与 $u=g(x), x\in D$, 且 $u=g(x)$ 的值域 $R_g\subseteq E$ 通过函数 $u=g(x)$ 存在 D 上唯一的 u 值与之对应, 对于上述 u 通过函数 $y=f(u)$ 存在唯一的 y 值与之对应, 于是确定了一个定义在 D 上的函数, 它以 x 为自变量, y 为因变量, 记作 $y=f[g(x)]$, 称为由函数 $y=f(u)$ 与 $u=g(x)$ 复合而成的**复合函数**, 其中 u 称为**中间变量**.

例如, $y=f(u)=\sqrt{u}$ 的定义域为 $E=[0,+\infty)$, $u=g(x)=1+x^2$ 的定义域为 $\mathbf{R}$, 值域为 $R_g=[1,+\infty)$, $R_g\subset E$, 故 $y=\sqrt{u}$ 与 $u=1+x^2$ 可以复合成复合函数 $u=\sqrt{1+x^2}$, $x\in\mathbf{R}$.

(1) 不是任何两个函数都可以复合成一个复合函数.

例如, $y=\sqrt{u-2}$ 与 $u=1-x^2$ 就不能复合成一个复合函数, 因为 $u=1-x^2$ 的定义域为 $(-\infty,+\infty)$, 值域为 $(-\infty,1]$, 而 $y=\sqrt{u-2}$ 的定义域为 $[2,+\infty)$, 无论 x 取何值, 对应的 u 值都不属于区间 $[2,+\infty)$.

(2) 设有两个函数 f,g, 在一般情况下, $f[g(x)]$ 与 $g[f(x)]$ 不同. 见下面例 9.

(3) 复合函数的概念可以推广到有限个函数的情形. 例如, 函数 $y=\lg\sin x^2$ 可以看作由 $y=\lg u, u=\sin v, v=x^2$ 复合而成.

例 8　已知函数 $f\left(x+\dfrac{1}{x}\right)=x^2+\dfrac{1}{x^2}$, 求 $f(x)$, $f(x+1)$.

解　记复合函数 $f(u)=x^2+\dfrac{1}{x^2}$, 其中 $u=x+\dfrac{1}{x}$, 下面求 $f(u)$ 与 u 的对应关系 f.

由于

$$x^2+\frac{1}{x^2}=\left(x+\frac{1}{x}\right)^2-2=u^2-2,$$

所以

$$f(u)=u^2-2,$$

从而

$$f(x)=x^2-2,\quad f(x+1)=(x+1)^2-2=x^2+2x-1.$$

例 9　设 $f(x)=\begin{cases}0, & x\leqslant 0,\\ x, & x>0,\end{cases}$ $g(x)=\begin{cases}x, & x\leqslant 0,\\ -x^2, & x>0,\end{cases}$ 求 $g[f(x)]$.

解 当 $x \leqslant 0$ 时, $f(x)=0$, 从而 $g[f(x)]=g(0)=0$; 当 $x>0$ 时, $f(x)=x$, 从而 $g[f(x)]=g(x)=-x^2$, 于是

$$g[f(x)]=\begin{cases}0, & x \leqslant 0, \\ -x^2, & x>0.\end{cases}$$

读者可练习求出 $f[g(x)]$, 并画出图形.

2. 反函数

反函数是逆映射的特例, 其概念可如下表述.

设函数 $f(x)$ 的定义域为 D, 值域为 W, 且对任意的 $x_1, x_2 \in D$, 当 $x_1 \neq x_2$ 时, $f(x_1) \neq f(x_2)$, 即 $f: D \to W$ 是单射, 则它有逆映射 $f^{-1}: W \to D$, 称此逆映射为函数 f 的**反函数**, 记作 $x=f^{-1}(y), y \in W$.

习惯上, 用 x 表示函数的自变量, 用 y 表示函数的因变量, 于是, 函数 $y=f(x)$, $x \in D$ 的反函数通常记作 $y=f^{-1}(x)$, $x \in W$.

例如, 函数 $y=x^3$, $x \in \mathbf{R}$ 是单射, 所以存在反函数, 其反函数是 $y=x^{\frac{1}{3}}$, $x \in \mathbf{R}$.

(1) 相对于反函数 $y=f^{-1}(x)$, 函数 $y=f(x)$ 称为**直接函数**. 容易证明, 在同一个直角坐标平面上, 直接函数 $y=f(x)$ 与其反函数 $y=f^{-1}(x)$ 的图形关于直线 $y=x$ 对称.

(2) $y=f(x)$ 在其整个定义域 D 上不一定存在反函数, 但可以在定义域的子集上存在反函数.

(3) 若 f 是 $D \to W$ 上的单调函数, 则 f 的反函数一定存在, 且反函数 $y=f^{-1}(x), x \in W$ 也是相应的单调函数. 例如函数 $y=x^2$ 是 $[0,+\infty)$ 上的单调递增函数, 所以其反函数 $y=\sqrt{x}$ 也是 $[0,+\infty)$ 上的单调递增函数.

例 10 函数 $y=\sin x$ 的定义域为 $(-\infty,+\infty)$, 值域为 $[-1,1]$, 函数 $y=\sin x$ 在 $(-\infty,+\infty)$ 内没有反函数, 但函数 $y=\sin x$ 在 $\left[-\frac{\pi}{2}, \frac{\pi}{2}\right]$ 上是单调的, 因此, 若把 x 的取值范围限制在 $\left[-\frac{\pi}{2}, \frac{\pi}{2}\right]$ 上, 这时 $y=\sin x, x \in\left[-\frac{\pi}{2}, \frac{\pi}{2}\right]$ 有反函数, 记作 $y=\arcsin x$, 其定义域为闭区间 $[-1,1]$, 值域为 $\left[-\frac{\pi}{2}, \frac{\pi}{2}\right]$, 称 $y=\arcsin x$ 为**反正弦函数**.

类似地, 可对 $y=\cos x, y=\tan x, y=\cot x$ 进行讨论, 分别得到 $y=\cos x$ 的反函数 $y=\arccos x$, 定义域为 $[-1,1]$, 值域为 $[0, \pi]$, 称为**反余弦函数**; $y=\tan x$ 的反函数 $y=\arctan x$, 定义域为 $(-\infty,+\infty)$, 值域为 $\left(-\frac{\pi}{2}, \frac{\pi}{2}\right)$, 称为**反正切函数**;

$y=\cot x$ 的反函数 $y=\operatorname{arccot} x$, 定义域为 $(-\infty,+\infty)$, 值域为 $(0,\pi)$, 称为**反余切函数**. $\arcsin x, \arccos x, \arctan x, \operatorname{arccot} x$ 统称为**反三角函数**.

五、 初等函数

基本初等函数是指以下六类函数.

(1) 常数函数 $y=C$ (C 为常数).

(2) 幂函数 $y=x^{\mu}(\mu\in\mathbf{R}$ 为常数).

(3) 指数函数 $y=a^{x}$ (a 为常数, $a>0$ 且 $a\neq1$).

在科学技术中常会用到以无理数 $\mathrm{e}=2.7182818\cdots$ 为底的指数函数 $y=\mathrm{e}^{x}$, 关于常数 e 的意义将在本章第五节中说明.

(4) 对数函数 $y=\log_{a}x$ (a 为常数, $a>0$ 且 $a\neq1$).

以 e 为底的对数函数 $y=\log_{\mathrm{e}}x$ 称为**自然对数函数**, 简记为 $y=\ln x$.

(5) 三角函数 $y=\sin x$, $y=\cos x$, $y=\tan x$, $y=\cot x, y=\sec x, y=\csc x$.

(6) 反三角函数 $y=\arcsin x$, $y=\arccos x$, $y=\arctan x$, $y=\operatorname{arccot} x$.

这些函数的定义域、图形及有关性质参见附录 I.

初等函数是由基本初等函数经过有限次四则运算和有限次函数复合运算所构成的, 并且可以用一个式子表示的函数. 例如, $\sqrt{1-x^2}, \ln(x+\sqrt{1+x^2}), \dfrac{1+2^{x}\cos x}{1+x^2}$ 等都是初等函数.

不是初等函数的函数称为非初等函数. 例如, 分段函数

$$y=\begin{cases} x, & -1\leqslant x<0,\\ 2, & x=0,\\ 2-x, & 0<x\leqslant 2\end{cases}$$

就是非初等函数. 在本课程中所讨论的函数绝大多数都是初等函数.

在工程技术上, 常会遇到由函数 e^{x} 构成的一类初等函数, 即**双曲函数**.

双曲正弦 $\operatorname{sh} x=\dfrac{1}{2}(\mathrm{e}^{x}-\mathrm{e}^{-x})$;

双曲余弦 $\operatorname{ch} x=\dfrac{1}{2}(\mathrm{e}^{x}+\mathrm{e}^{-x})$;

双曲正切 $\operatorname{th} x=\dfrac{\operatorname{sh} x}{\operatorname{ch} x}=\dfrac{\mathrm{e}^{x}-\mathrm{e}^{-x}}{\mathrm{e}^{x}+\mathrm{e}^{-x}}$.

它们的图形如图 1-9、图 1-10 所示.

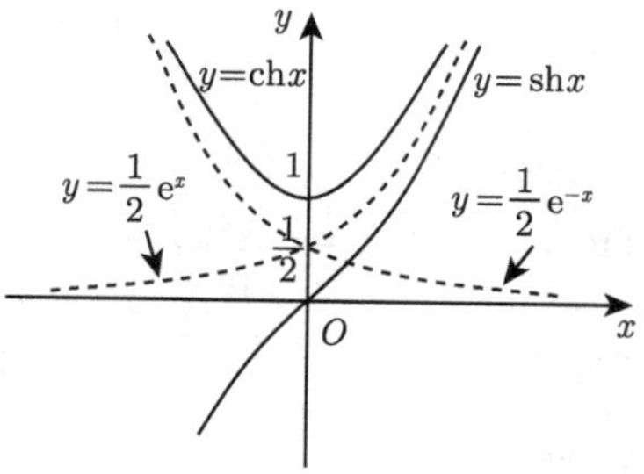

图 1-9

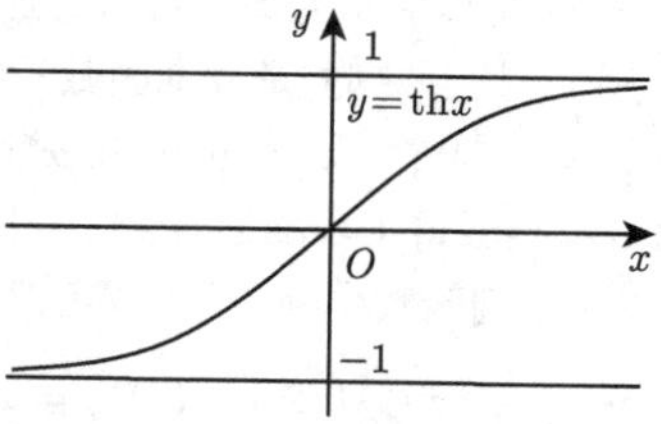

图 1-10

反双曲正弦 $\operatorname{arsh} x = \ln(x+\sqrt{x^2+1}), -\infty < x < +\infty$;

反双曲余弦 $\operatorname{arch} x = \ln(x+\sqrt{x^2-1}), x \geqslant 1$;

反双曲正切 $\operatorname{arth} x = \frac{1}{2}\ln\frac{1+x}{1-x}, |x|<1$.

双曲函数有与三角函数类似的一些性质, 如

(1) $\operatorname{ch}^2 x - \operatorname{sh}^2 x = 1$;

(2) $\operatorname{sh}(x\pm y) = \operatorname{sh} x \operatorname{ch} y \pm \operatorname{ch} x \operatorname{sh} y$;

(3) $\operatorname{ch}(x\pm y) = \operatorname{ch} x \operatorname{ch} y \pm \operatorname{sh} x \operatorname{sh} y$;

(4) $\operatorname{sh} 2x = 2\operatorname{sh} x \operatorname{ch} x$;

(5) $\operatorname{ch} 2x = \operatorname{ch}^2 x + \operatorname{sh}^2 x$.

读者可利用双曲函数定义进行证明.

习 题 1-1

1. 求下列函数的定义域:

(1) $y = \frac{1}{x} - \sqrt{1-x^2}$;　　(2) $y = \sqrt{\ln\frac{5x-x^2}{4}}$;

(3) $y = \arccos\sqrt{2x}$;　　(4) $y = \lg\frac{1}{1-x} + \sqrt{x+2}$.

2. 下列各题中, 函数 $f(x)$ 与 $g(x)$ 是否相同, 为什么?

(1) $f(x) = \ln x^2, g(x) = 2\ln x$;　　(2) $f(x) = x, g(x) = \sqrt{x^2}$;

(3) $f(x) = 1, g(x) = \sin^2 x + \cos^2 x$;　　(4) $f(x) = \sqrt{x+1}\cdot\sqrt{x-1}, g(x) = \sqrt{x^2-1}$.

3. (1) 设 $f(x) = \arcsin\frac{x}{1+x^2}$, 求 $f(0), f(1), f(-1)$.

(2) 设 $f(x) = \begin{cases} 2^x, & -1 \leqslant x < 0, \\ 2, & 0 \leqslant x < 1, \\ x-1, & 1 \leqslant x < 3, \end{cases}$ 求 $f(0)$, $f(1)$.

4. 设 $f(x)$ 为定义在 $(-\infty, +\infty)$ 内的函数, 证明:

(1) 函数 $f(x) + f(-x)$ 为偶函数;

(2) 函数 $f(x)-f(-x)$ 为奇函数;

(3) $f(x)$ 可以表示为偶函数与奇函数和的形式.

5. 下列函数中, 哪些是周期函数? 对于周期函数, 指出其周期.

(1) $y=\sin 2x$;　(2) $y=\cos x^2$;　(3) $y=x\sin x$;　(4) $y=\cos^2 x$;

(5) $y=|\sin x|+|\cos x|$.

6. 指出下列函数中哪些是有界函数, 哪些是无界函数.

(1) $y=\dfrac{1}{x^2}, x\in[1,2]$;　(2) $y=x\cos x, x\in(-\infty,+\infty)$.

7. 下列函数是由哪些基本初等函数复合而成的?

(1) $y=\sin 3x$;　(2) $y=\ln\cos x$;　(3) $y=\mathrm{e}^{\sin^2\frac{1}{x}}$;　(4) $y=\arcsin\sqrt{1-x^2}$.

8. 设 $y=f(x)$ 的定义域是 [0,1], 求下列函数的定义域:

(1) $f(|x|)$;　(2) $f(\sin x)$;　(3) $f(\ln x)$;　(4) $f(x+a)+f(x-a), a>0$.

9. (1) 设 $f(x+1)=x^2+4x-3$, 求 $f(x)$;

(2) 设 $f\left(\dfrac{1}{x}\right)=x+\sqrt{1+x^2}\ (x>0)$, 求 $f(x)$.

10. 设 $f(x)=\dfrac{1}{1-x}$, 求 $f[f(x)]$, $f\{f[f(x)]\}$.

11. (1) 设 $f(x)=x^2$, $\varphi(x)=\mathrm{e}^x$, 求 $f[\varphi(x)]$, $\varphi[f(x)]$, $f[f(x)]$.

(2) 设 $f(x)=\begin{cases}1, & |x|<1,\\ 0, & |x|=1,\\ -1, & |x|>1,\end{cases}$ $g(x)=\mathrm{e}^x$, 求 $f[g(x)]$, $g[f(x)]$, 并作出函数的图形.

(3) 设 $f(x)=\begin{cases}1-x, & x\leqslant 0,\\ 1+x, & x>0,\end{cases}$ $g(x)=\begin{cases}2-x, & x<0,\\ 2+x, & x\geqslant 0,\end{cases}$ 求 $f[g(x)]$, $g[f(x)]$, 并作出函数的图形.

12. 求下列函数的反函数:

(1) $y=\dfrac{1-x}{1+x}$;　(2) $y=\dfrac{1}{2}\left(x-\dfrac{1}{x}\right), x\in(0,+\infty)$;

(3) $y=\dfrac{2^x}{2^x+1}$;　(4) $y=\mathrm{sh}x, x\in(-\infty,+\infty)$.

13. 下列函数中, 哪些是初等函数? 哪些不是?

(1) $y=2^{-x^2}$;　(2) $y=\sqrt{x}+\ln(\sin x)$;　(3) $y=[x]$;　(4) $y=\begin{cases}0, & x\geqslant 0,\\ 1, & x<0.\end{cases}$

14. 试证双曲函数的性质 (1)—(5).

15. 火车站收取行李费的规定如下: 当行李不超过 50kg 时, 按基本运费计算, 如从上海到某地每千克收 0.15 元; 当超过 50kg 时, 超重部分按每千克 0.25 元收费. 试求上海到该地的行李费 y 元与重量 $x$kg 之间的函数关系式, 并画出此函数的图形.

16. 在生产和经营活动中经营者最关心产品的成本、收入和利润. 假设某商品的单价为 100 元, 单位成本为 60 元, 商家为了促销, 规定凡是购买超过 200 件商品, 超出的部分按单价的九折销售, 求销售量为 x 件时的成本函数 $C(x)$、收入函数 $R(x)$ 与利润函数 $L(x)$.

17. 某种玩具定价为 5 元 / 件, 每月可售出 1000 件, 若每件售价降低 0.01 元, 则可多售出 10 件. 试将总收入 R 表示为多售出件数的函数.

第二节　极限的概念

极限是高等数学的基本概念之一, 本课程中的连续、导数、定积分等重要概念都建立在极限概念的基础之上. 本节介绍数列极限的概念、函数极限的概念及数列极限与函数极限的关系.

一、 数列的极限

1. 数列

若按照某一法则, 对每个 $n \in \mathbf{N}^+$, 都对应着一个确定的实数 x_n, 这些实数 x_n 按照下标 n 从小到大的顺序排列起来得到一列数

$$x_1, x_2, \cdots, x_n, \cdots,$$

则称这一列数为**数列**, 简记为 $\{x_n\}$.

数列中的每一个数称为数列的**项**, 第 n 项 x_n 称为数列的**一般项**, x_n 的下标 n 称为数列的**项数**.

数列 $\{x_n\}$ 本质上是自变量为正整数 n 的函数:

$$x_n = f(n), \quad n \in \mathbf{N}^+.$$

当自变量 n 依次取 1, 2, 3, $\cdots$ 一切正整数时, 对应的函数值就排列成数列 $\{x_n\}$.

在几何上, 数列 $\{x_n\}$ 可看作数轴上的一个动点, 它依次取数轴上的点

$$x_1, x_2, \cdots, x_n, \cdots.$$

如图 1-11 所示.

图 1-11

对数列 $\{x_n\}$, 重点研究当其项数 n 无限增大时, 对应的项 x_n 的变化趋势.

2. 数列极限定义

观察以下几个数列的变化趋势:

(1) $\left\{\frac{1}{n}\right\}: 1, \frac{1}{2}, \frac{1}{3}, \cdots, \frac{1}{n}, \cdots$;

(2) $\left\{\frac{1-n}{n}\right\}: 0, -\frac{1}{2}, -\frac{2}{3}, -\frac{3}{4}, \cdots, \frac{1-n}{n}, \cdots$;

(3) $\left\{2+\frac{(-1)^n}{n}\right\}: \frac{1}{1}, \frac{5}{2}, \frac{5}{3}, \cdots, 2+\frac{(-1)^n}{n}, \cdots$;

(4) $\{(-1)^n\}: -1, 1, -1, 1, \cdots, (-1)^n, \cdots$;

(5) $\{2^n\}: 2, 4, 8, \cdots, 2^n, \cdots$.

随着 n 的无限增大, 不难发现, 以上各数列有不同的变化趋势. 例如, (1), (2), (3) 中各数列的项分别无限接近于一个常数; 数列 (4) 的项交替取 1 和 -1 两个值, 没有确定的变化趋势; 数列 (5) 的项无限增大. 若一个数列, 当其项数 n 无限增大时, 对应的项 x_n 无限接近于一个常数 a, 则称 a 为数列 $\{x_n\}$ 的极限, 数列 (1), (2), (3) 的极限分别为 0, -1, 2.

以上所说的数列的极限是用"无限增大"、"无限接近"等语言进行的性态描述. 为了以后讨论一系列的理论问题, 从数量关系上对极限概念给出定量的刻画.

以数列 (3) 为例, 当 n 无限增大时,

$$x_n = 2+\frac{(-1)^n}{n}$$

无限接近于 2, 也就是说, 随着 n 的不断增大, 数列各项与 2 之差的绝对值

$$\left|2+\frac{(-1)^n}{n}-2\right|$$

可以任意小. 比如, 要使

$$|x_n-2| = \frac{1}{n} < \frac{1}{100},$$

只要

$$n > 100;$$

要使

$$|x_n-2| = \frac{1}{n} < \frac{1}{10000},$$

只要

$$n > 10000;$$

要使

$$|x_n-2| = \frac{1}{n} < \frac{1}{10^{100}},$$

只要

$$n > 10^{100}$$

等. 也就是说, 要使

$$|x_n - 2| = \frac{1}{n}$$

任意小到一定的程度, 只要 n 充分大到一定的程度即可. 那么, 如何刻画这个“任意小”的程度与“充分大”的程度呢? 易见, 仅仅用具体的数是不行的, 必须采用抽象的记号, 通常采用希腊字母 ε 来表示任意小的正数, 即若对于任意给定的正数 ε, 不论它多么小, 要使

$$|x_n - 2| = \frac{1}{n} < \varepsilon,$$

只要

$$n > \frac{1}{\varepsilon}$$

即可, 这里 $\frac{1}{\varepsilon}$ 就是 n 必须大到的程度. 习惯上, 希望指出从第几项开始就有

$$|x_n - 2| = \frac{1}{n} < \varepsilon$$

成立, 于是往往取正整数

$$N \geqslant \left[\frac{1}{\varepsilon}\right],$$

即当 $n > N$ 时, 必有

$$|x_n - 2| = \frac{1}{n} < \varepsilon.$$

这个例子的思想和表达方式用简练的数学语言表达出来, 就得到数列极限的精确定义.

定义 1 (数列极限)　设数列 $\{x_n\}$, 若常数 a 满足: 对于任意给定的正数 ε, 不论它多么小, 总存在正整数 N, 使得当 $n > N$ 时, 恒有

$$|x_n - a| < \varepsilon,$$

则称数列 $\{x_n\}$ 有极限, 并称常数 a 为数列 $\{x_n\}$ 的**极限**, 记作

数列极限的定义及几何意义

$$\lim_{x\to\infty} x_n = a \quad 或 \quad x_n \to a\ (n \to \infty),$$

这里“$n \to \infty$”读作“n 趋向于无穷大”, 表示 n 取正整数而无限增大, 称为**极限过程**. 若这样的常数 a 不存在, 则称数列 $\{x_n\}$ 没有极限.

有极限的数列称为**收敛数列**; 没有极限的数列称为**发散数列**.

对数列极限的定义要注意理解以下几点.

(1) 一方面 ε 具有任意性; 另一方面它具有暂定性, 一旦给定, 就暂时看作是不变的, 根据它来确定项数 n 大到的程度 N.

(2) 正整数 N 与 ε 有关, 它随着 ε 的给定而存在, 对应于一个给定的 $\varepsilon > 0, N$ 不是唯一的.

数列极限的定义有明显的几何意义.

若 $\lim\limits_{n\to\infty} x_n = a$, 则对于任给的 $\varepsilon > 0$, 无论它多么小, 都存在正整数 N, $\{x_n\}$ 中从第 $N+1$ 项开始以后所有各项全部落在 a 的 ε 邻域中, 在这个邻域之外, 最多只能有 $\{x_n\}$ 的有限项 $x_1, x_2, \cdots, x_N$, 如图 1-12 所示.

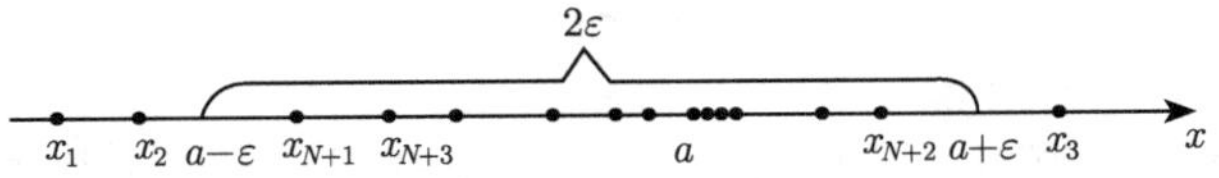

图 1-12

定义 1 称为数列极限的“ε -N”定义, 它是进行逻辑推理的重要工具. 一方面用于证明数列的极限是 a; 另一方面, 在已知数列收敛的条件下证明数列具有某种性质.

用定义证明数列 $\{x_n\}$ 的极限是 a 时, 关键在于设法. 由给定的 $\varepsilon > 0$, 求出一个相应的正整数 N, 使得当 $n > N$ 时, 不等式 $|x_n - a| < \varepsilon$ 成立.

例 1　用数列极限的定义证明 $\lim\limits_{n\to\infty} \dfrac{n-1}{n} = 1$.

证　令 $x_n = \dfrac{n-1}{n}$, 则

$$|x_n - 1| = \left|\frac{n-1}{n} - 1\right| = \frac{1}{n}.$$

任给 $\varepsilon > 0$, 要使

$$|x_n - 1| = \frac{1}{n} < \varepsilon,$$

只要

$$n > \frac{1}{\varepsilon}.$$

取正整数 $N \geqslant \left[\frac{1}{\varepsilon}\right]$, 则当 $n > N$ 时, 恒有

$$|x_n - 1| < \varepsilon.$$

由定义知

$$\lim_{n\to\infty} \frac{n-1}{n} = 1.$$

例 2 证明 $\lim\limits_{n\to\infty} \frac{(-1)^n}{(n+1)^2} = 0$.

证 令 $x_n = \frac{(-1)^n}{(n+1)^2}$, 则

$$|x_n - 0| = \frac{1}{(n+1)^2} < \frac{1}{n+1}.$$

任给 $\varepsilon > 0$, 要使 $|x_n - 0| < \varepsilon$, 只要

$$\frac{1}{n+1} < \varepsilon,$$

即

$$n > \frac{1}{\varepsilon} - 1.$$

取正整数

$$N \geqslant \left[\frac{1}{\varepsilon} - 1\right],$$

则当 $n > N$ 时, 恒有

$$|x_n - 0| < \varepsilon,$$

故

$$\lim_{n\to\infty} \frac{(-1)^n}{(n+1)^2} = 0.$$

从以上例题可见, 用数列极限的定义证明极限 $\lim\limits_{x\to\infty} x_n = a$ 时, 首先给出任意 $\varepsilon > 0$, 令 $|x_n - a| < \varepsilon$, 解不等式 $|x_n - a| < \varepsilon$, 求出 n 大到的程度, 进而确定正整数 N. 因为 N 随 ε 给定而存在, 但不唯一, 所以在找 N 时, 常常可将不等式 $|x_n - a| < \varepsilon$ 的左端 "适当放大", 如例 2, 以便容易找到满足要求的 N.

例 3 设 $|q| < 1$, 证明 $\lim\limits_{n\to\infty} q^n = 0$.

证 令 $x_n = q^n$, 当 $q=0$ 时, 结论易见成立.

当 $0<|q|<1$ 时, 任给 $\varepsilon>0(<1)$, 要使

$$|x_n-0|=|q^n-0|=|q^n|<\varepsilon,$$

即

$$n\ln|q|<\ln\varepsilon,$$

只要

$$n>\frac{\ln\varepsilon}{\ln|q|}.$$

取正整数

$$N\geqslant\left[\frac{\ln\varepsilon}{\ln|q|}\right],$$

则当 $n>N$ 时, 恒有

$$|x_n-0|<\varepsilon,$$

故

$$\lim_{n\to\infty}q^n=0.$$

3. 收敛数列的性质

首先介绍数列有界性的概念.

若存在正数 M, 使得数列 $\{x_n\}$ 中的一切 x_n, 都满足不等式 $|x_n|\leqslant M$, 则称数列 $\{x_n\}$ **有界**, 称 M 为数列 $\{x_n\}$ 的一个**界**; 若这样的正数 M 不存在, 则称数列 $\{x_n\}$ **无界**, 即对于任给的正数 M, 至少存在 $\{x_n\}$ 中的某一项 x_{n_0}, 有 $|x_{n_0}|>M$.

定理 1 (收敛数列的有界性) 若数列 $\{x_n\}$ 收敛, 则数列 $\{x_n\}$ 必有界.

证 设 $\lim\limits_{n\to\infty}x_n=a$, 根据数列极限的定义, 对于 $\varepsilon=1$, 存在正整数 N, 使得当 $n>N$ 时, 恒有

$$|x_n-a|<1,$$

从而

$$|x_n|=|(x_n-a)+a|\leqslant|x_n-a|+|a|<1+|a|.$$

取

$$M=\max\{1+|a|,|x_1|,|x_2|,\cdots,|x_N|\},$$

则当 $M>0$ 时, 对数列 $\{x_n\}$ 中的一切 x_n, 都有

$$|x_n|\leqslant M$$

成立, 所以数列 $\{x_n\}$ 有界.

数列有界是数列收敛的必要非充分条件.

若数列 $\{x_n\}$ 无界, 则 $\{x_n\}$ 必定发散. 但数列有界不一定收敛. 例如, 数列 $\{(-1)^n\}$ 有界, 但不收敛.

下面介绍数列的子数列的概念.

在数列 $\{x_n\}$ 中任意抽取无限多项, 并保持这些项在原数列 $\{x_n\}$ 中的先后次序, 这样得到的一个数列称为原数列 $\{x_n\}$ 的一个**子数列**, 简称**子列**.

子数列一般记作

$$x_{n_1}, x_{n_2}, \cdots, x_{n_k}, \cdots,$$

其中 $n_1 < n_2 < \cdots < n_k < n_{k+1} < \cdots$, x_{n_k} 中的 k 表示 x_{n_k} 是子数列的第 k 项, n_k 表示 x_{n_k} 在原来数列 $\{x_n\}$ 中是第 n_k 项, 易见, $k \leqslant n_k$.

数列收敛与其子数列之间有如下关系.

定理 2 (数列与其子数列的收敛性)　数列 $\{x_n\}$ 收敛于 a 的充分必要条件是它的任一子数列也收敛于 a.

证　只证必要性. 设数列 $\{x_{n_k}\}$ 是数列 $\{x_n\}$ 的任一子数列, 由于 $\lim\limits_{n\to\infty} x_n = a$, 故对于任给 $\varepsilon > 0$, 存在正整数 N, 当 $n > N$ 时, $|x_n - a| < \varepsilon$ 成立.

取 $K = N$, 则当 $k > K$ 时, $n_k > n_K = n_N \geqslant N$, 于是

$$|x_{n_k} - a| < \varepsilon,$$

因此,

$$\lim_{k\to\infty} x_{n_k} = a.$$

由定理 2 可知, 若数列 $\{x_n\}$ 有一个发散的子数列, 或两个子数列收敛于不同的极限, 则数列 $\{x_n\}$ 就发散. 例如, 数列

$$\{x_n\}: -1, 1, \cdots, (-1)^n, \cdots$$

的子数列 $\{x_{2k-1}\}$ 收敛于 -1, 而子数列 $\{x_{2k}\}$ 收敛于 1, 因此数列 $\{x_n\}$ 是发散的. 这个例子也说明, 一个发散的数列也可能有收敛的子数列.

与定理 2 等价的判定数列收敛性的一个简单条件是: 数列 $\{x_n\}$ 收敛的充分必要条件是其子数列 $\{x_{2k-1}\}, \{x_{2k}\}$ 都收敛且极限相等. 请读者自行证明.

二、 函数的极限

函数的极限问题, 就是讨论在自变量 x 的某个变化过程中, 函数值 $f(x)$ 的变化趋势, 特别是 $f(x)$ 是否趋近于一个常数的问题. 根据自变量 x 的变化趋势, 分趋于无穷大和趋于有限值.

1. 自变量趋于无穷大时函数的极限

当自变量 x 的绝对值无限增大时 (记为 $x \to \infty$), 函数 $f(x)$ 无限接近于常数 A, 则称 A 为函数 $f(x)$ 当 $x \to \infty$ 时的极限.

例如, 当 x 的绝对值无限增大时, 函数 $f(x) = \dfrac{1}{x}$ 与常数 0 无限接近, 则称常数 0 为函数 $f(x) = \dfrac{1}{x}$ 当 $x \to \infty$ 时的极限.

与数列极限的情形类似, 给出当 $x \to \infty$ 时函数极限的精确定义.

定义 2 ($x \to \infty$ 时函数的极限) 设函数 $f(x)$ 当 $|x|$ 大于某一正常数时有定义, 若常数 A 满足: 对于任意给定的正数 ε, 不论它多么小, 总存在正数 X, 使得当 $|x| > X$ 时, 恒有 $|f(x) - A| < \varepsilon$, 则称 A 为函数 $f(x)$ 当 $x \to \infty$ 时的**极限**. 记作

$$\lim_{x \to \infty} f(x) = A \quad 或 \quad f(x) \to A \ (x \to \infty).$$

$x > 0$ 且无限增大, 记作 $x \to +\infty$, 把上面定义中的 $|x| > X$ 改为 $x > X$, 便得 $\lim\limits_{x \to +\infty} f(x) = A$ 的定义; 同样, $x < 0$ 而 $|x|$ 无限增大, 记作 $x \to -\infty$, 把上面定义中的 $|x| > X$ 改为 $x < -X$, 便得 $\lim\limits_{x \to -\infty} f(x) = A$ 的定义.

利用函数极限的定义 2, 可以证明: $\lim\limits_{x \to \infty} f(x) = A$ 的充分必要条件是

$$\lim_{x \to +\infty} f(x) = \lim_{x \to -\infty} f(x) = A.$$

函数极限 $\lim\limits_{x \to \infty} f(x) = A$ 的几何解释为: 对于任给的 $\varepsilon > 0$, 总存在 $X > 0$, 使得当 $x > X$ 或 $x < -X$ 时, 函数 $y = f(x)$ 的图形全部介于直线 $y = A - \varepsilon$ 与 $y = A + \varepsilon$ 之间, 如图 1-13 所示.

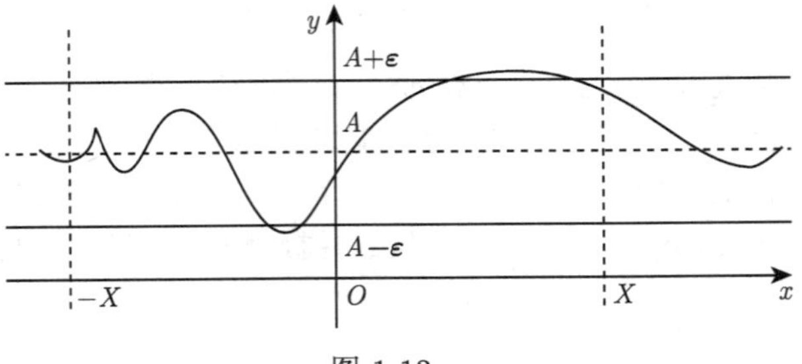

图 1-13

例 4 证明 $\lim\limits_{x \to \infty} \dfrac{x^2}{x^2 + 1} = 1.$

证 不妨设 $|x|>1$, 则

$$\left|\frac{x^2}{x^2+1}-1\right|=\frac{1}{x^2+1}<\frac{1}{|x|}.$$

任给 $\varepsilon>0$, 要使

$$\left|\frac{x^2}{x^2+1}-1\right|<\varepsilon,$$

只要

$$\frac{1}{|x|}<\varepsilon,$$

即

$$|x|>\frac{1}{\varepsilon}.$$

取 $X=\max\left(1,\dfrac{1}{\varepsilon}\right)$, 则当 $|x|>X$ 时, 恒有

$$\left|\frac{x^2}{x^2+1}-1\right|<\varepsilon,$$

故

$$\lim_{x\to\infty}\frac{x^2}{x^2+1}=1.$$

2. 自变量趋于有限值时函数的极限

自变量 x 趋于有限值 x_0, 即 x 与 x_0 无限接近, 但 $x\neq x_0$, 记为 $x\to x_0$, 函数 $f(x)$ 无限接近于常数 A, 则称 A 为函数 $f(x)$ 当 $x\to x_0$ 时的极限.

例如, 当 $x\to 1$ 时, 函数 $f(x)=x+1$ 无限接近于常数 2, 则称常数 2 为函数 $f(x)=x+1$ 当 $x\to 1$ 时的极限.

下面给出当 $x\to x_0$ 时函数极限的精确定义.

定义 3 ($x\to x_0$ 时函数的极限) 设函数 $f(x)$ 在点 x_0 的某一去心邻域内有定义, 若常数 A 满足: 对于任意给定的正数 ε, 不论它多么小, 总存在正数 δ, 使得当 $0<|x-x_0|<\delta$ 时, 恒有 $|f(x)-A|<\varepsilon$, 则称 A 为函数 $f(x)$ 当 $x\to x_0$ 时的**极限**, 记作

$$\lim_{x\to x_0}f(x)=A \quad 或 \quad f(x)\to A \quad (x\to x_0).$$

极限 $\lim\limits_{x\to x_0}f(x)=A$ 的几何解释为: 对于任意给定的 $\varepsilon>0$, 都存在正数 δ, 只要 x 落在点 x_0 的去心 δ 邻域 $\mathring{U}(x_0,\delta)$ 内, 函数 $y=f(x)$ 的图形全部介于两条直线 $y=A-\varepsilon$ 和 $y=A+\varepsilon$ 之间, 如图 1-14 所示.

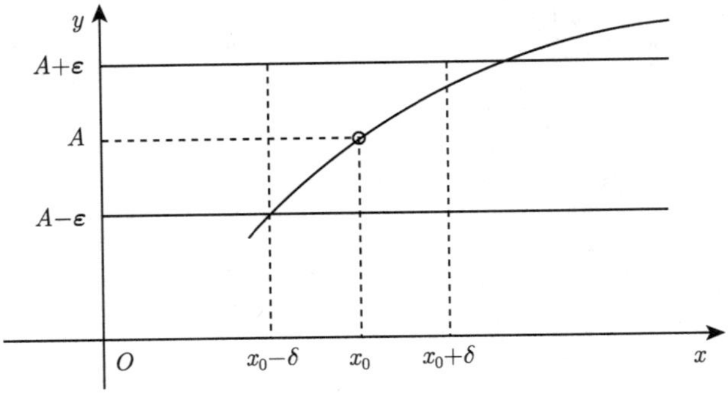

图 1-14

极限过程 $x \to x_0$ 规定为 x 与 x_0 无限接近但 $x \neq x_0$, 意味着当 $x \to x_0$ 时, $f(x)$ 的极限问题与 $f(x)$ 在 $x = x_0$ 的定义情况无关, 而与 $f(x)$ 在 x_0 的某去心邻域内的变化有关.

例 5 证明:

(1) $\lim\limits_{x \to x_0} C = C$;

(2) $\lim\limits_{x \to x_0} x = x_0$.

证 (1) 令 $f(x) = C$, 则 $|f(x) - C| = |C - C| = 0$. 任给 $\varepsilon > 0$, 可任取 $\delta > 0$, 则当 $0 < |x - x_0| < \delta$ 时, 恒有 $|f(x) - C| < \varepsilon$, 故 $\lim\limits_{x \to x_0} C = C$.

(2) 令 $f(x) = x$, 则 $|f(x) - x_0| = |x - x_0|$. 任给 $\varepsilon > 0$, 要使 $|f(x) - x_0| < \varepsilon$, 只要 $|x - x_0| < \varepsilon$. 取 $\delta = \varepsilon$, 则当 $0 < |x - x_0| < \delta$ 时, 恒有 $|f(x) - x_0| < \varepsilon$, 故 $\lim\limits_{x \to x_0} x = x_0$.

例 6 证明 $\lim\limits_{x \to 3} \dfrac{x^2 - 9}{x - 3} = 6$.

证 因为当 $x \to 3$ 时, $x \neq 3$, 所以

$$\left| \frac{x^2 - 9}{x - 3} - 6 \right| = |x - 3|.$$

任给 $\varepsilon > 0$, 要使 $\left| \dfrac{x^2 - 9}{x - 3} - 6 \right| < \varepsilon$, 只要 $|x - 3| < \varepsilon$. 取 $\delta = \varepsilon$, 则当 $0 < |x - 3| < \delta$ 时, 恒有

$$\left| \frac{x^2 - 9}{x - 3} - 6 \right| < \varepsilon,$$

因此

$$\lim_{x \to 3} \frac{x^2 - 9}{x - 3} = 6.$$

例 7　证明 $\lim\limits_{x\to 2} x^3 = 8$.

证　因为 $x\to 2$, 所以不妨设 $|x-2|<1$, 则

$$|x^3-8| \leqslant |x-2|(|x|^2+2|x|+4) < 19|x-2|.$$

任给 $\varepsilon>0$, 要使 $|x^3-8|<\varepsilon$, 只要

$$19|x-2|<\varepsilon,$$

即

$$|x-2|<\frac{\varepsilon}{19}.$$

取 $\delta=\min\left\{1,\dfrac{\varepsilon}{19}\right\}$, 则当 $0<|x-2|<\delta$ 时, 恒有

$$|x^3-8|<\varepsilon,$$

因此

$$\lim_{x\to 2} x^3 = 8.$$

例 8　证明: 当 $x_0>0$ 时, $\lim\limits_{x\to x_0}\sqrt{x}=\sqrt{x_0}$.

证　任给 $\varepsilon>0$, 要使

$$\left|\sqrt{x}-\sqrt{x_0}\right| = \left|\frac{x-x_0}{\sqrt{x}+\sqrt{x_0}}\right| \leqslant \frac{1}{\sqrt{x_0}}|x-x_0|<\varepsilon,$$

只要 $\dfrac{1}{\sqrt{x_0}}|x-x_0|<\varepsilon$, 即 $|x-x_0|<\sqrt{x_0}\varepsilon$. 取 $\delta=\min\{x_0,\sqrt{x_0}\varepsilon\}$, 则当 $0<|x-x_0|<\delta$ 时, 恒有 $\left|\sqrt{x}-\sqrt{x_0}\right|<\varepsilon$. 因此, 当 $x_0>0$ 时, $\lim\limits_{x\to x_0}\sqrt{x}=\sqrt{x_0}$.

前面给出了函数当 $x\to x_0$ 时的极限定义, 其中 $x\to x_0$ 是 x 既从 x_0 的左侧趋于 x_0, 又从 x_0 的右侧趋于 x_0, 但有时需考虑 x 仅从 x_0 的左侧趋于 x_0 时函数的变化情形, 有时需考虑 x 仅从 x_0 的右侧趋于 x_0 时函数的变化情形. 定义 3 中, $0<|x-x_0|<\delta$ 改为 $x_0-\delta<x<x_0$, 则 A 就称为函数 $f(x)$ 当 $x\to x_0^-$ 时的左极限, 简称 $f(x)$ 在点 x_0 的**左极限**, 记作

$$\lim_{x\to x_0^-} f(x)=A \quad 或 \quad \lim_{x\to x_0-0} f(x)=A \quad 或 \quad f(x_0-0)=A.$$

类似地, 定义 3 中, $0<|x-x_0|<\delta$ 改为 $x_0<x<x_0+\delta$, 则 A 就称为函数 $f(x)$ 当 $x\to x_0^+$ 时的右极限, 简称 $f(x)$ 在点 x_0 的**右极限**, 记作

$$\lim_{x\to x_0^+} f(x)=A \quad 或 \quad \lim_{x\to x_0+0} f(x)=A \quad 或 \quad f(x_0+0)=A,$$

左、右极限统称为**单侧极限**.

根据 $x \to x_0$ 时函数 $f(x)$ 的极限的定义以及左极限与右极限的定义, 容易证明: 函数 $f(x)$ 当 $x \to x_0$ 时极限存在的充分必要条件是左极限 $f(x_0-0)$ 与右极限 $f(x_0+0)$ 都存在并且相等. 因此, 若函数 $f(x)$ 在点 x_0 的左、右极限中有一个不存在, 或者左、右极限都存在但不相等, 则极限 $\lim\limits_{x \to x_0} f(x)$ 不存在.

例 9　讨论函数 $f(x)=\begin{cases} x, & x \leqslant 2, \\ \sqrt{x}, & x>2 \end{cases}$ 当 $x \to 2$ 时的极限.

解　$\lim\limits_{x \to 2^-} f(x)=\lim\limits_{x \to 2^-} x=2$, $\lim\limits_{x \to 2^+} f(x)=\lim\limits_{x \to 2^+} \sqrt{x}=\sqrt{2}$. 因为

$$\lim_{x \to 2^-} f(x) \neq \lim_{x \to 2^+} f(x),$$

所以极限 $\lim\limits_{x \to 2} f(x)$ 不存在.

三、 数列极限与函数极限的关系

前面分别讨论了数列极限与函数极限, 下面给出的定理 3 将说明两者之间的关系.

定理 3　$\lim\limits_{x \to x_0} f(x)=A$ 的充分必要条件是任何以 x_0 为极限的数列 $\{x_n\}$, $x_n \neq x_0$, 对应的函数值数列 $\{f(x_n)\}$ 极限均存在, 且 $\lim\limits_{n \to \infty} f(x_n)=A$.

证明略.

定理 3 既可以将函数极限的许多性质和结果用于数列极限, 又可以通过数列极限研究函数的极限. 特别地, 定理 3 必要性的逆否命题往往可以用来证明函数极限不存在. 例如, 若存在两个不同的数列 $\{x_n\}$, $\{y_n\}$ 满足

$$\lim_{n \to \infty} x_n=x_0, \quad x_n \neq x_0, \quad \lim_{n \to \infty} y_n=x_0, \quad y_n \neq x_0,$$

但 $\lim\limits_{n \to \infty} f(x_n) \neq \lim\limits_{n \to \infty} f(y_n)$, 则极限 $\lim\limits_{x \to x_0} f(x)$ 不存在.

例 10　证明: 极限 $\lim\limits_{x \to 0} \sin \dfrac{1}{x}$ 不存在.

证　取数列 $\left\{x_n=\dfrac{1}{2n\pi}\right\}$, $\left\{y_n=\dfrac{1}{2n\pi+\dfrac{\pi}{2}}\right\}$, 则 $\lim\limits_{n \to \infty} x_n=0$, $\lim\limits_{n \to \infty} y_n=0$,

但是

$$\lim_{n \to \infty} \sin \frac{1}{x_n}=\lim_{n \to \infty} \sin 2\pi n=0,$$

$$\lim_{n \to \infty} \sin \frac{1}{y_n}=\lim_{n \to \infty} \sin \left(2\pi n+\frac{\pi}{2}\right)=1,$$

易见, $\lim\limits_{n\to\infty}\sin\dfrac{1}{x_n}\neq\lim\limits_{n\to\infty}\sin\dfrac{1}{y_n}$. 于是, 由定理 3 知, 极限 $\lim\limits_{x\to 0}\sin\dfrac{1}{x}$ 不存在.

一个简单而重要的结论.

定理 3′ 若 $\lim\limits_{x\to+\infty}f(x)=A$, 则 $\lim\limits_{n\to\infty}f(n)=A$.

习　题　1-2

1. 观察下列数列的变化趋势, 判别数列有无极限, 若有极限写出其极限值:

(1) $x_n=\dfrac{n-2}{n+1}$;　(2) $x_n=(-1)^{n+1}n$;　(3) $x_n=1+(-1)^n$;

(4) $x_n=\left(\dfrac{2}{3}\right)^n$;　(5) $x_n=\dfrac{1+(-1)^n}{n}$;　(6) $x_n=\begin{cases}1, & n\text{为奇数},\\ \dfrac{1}{n}, & n\text{为偶数}.\end{cases}$

2. 根据数列极限定义证明:

(1) $\lim\limits_{n\to\infty}\dfrac{1}{n^2}=0$;　(2) $\lim\limits_{n\to\infty}\dfrac{\sin n}{n}=0$;　(3) $\lim\limits_{n\to\infty}\dfrac{3n+1}{2n+1}=\dfrac{3}{2}$;

(4) $\lim\limits_{n\to\infty}(\sqrt{n+1}-\sqrt{n})=0$;　(5) $\lim\limits_{n\to\infty}\dfrac{\sqrt{n^2+a^2}}{n}=1$;　(6) $\lim\limits_{n\to\infty}0.\underbrace{999\cdots9}_{n\text{个}}=1$.

3. 若 $\lim\limits_{n\to\infty}u_n=a$, 证明 $\lim\limits_{n\to\infty}|u_n|=|a|$, 反过来是否成立? 举例说明.

4. 设数列 $\{x_n\}$ 有界, 又 $\lim\limits_{n\to\infty}y_n=0$, 证明 $\lim\limits_{n\to\infty}x_ny_n=0$.

5. 证明数列 $\{x_n\}$ 收敛的充分必要条件是其子数列 $\{x_{2k-1}\}$, $\{x_{2k}\}$ 都收敛且极限相等.

6. 写出下列函数极限的定义:

(1) $\lim\limits_{x\to-\infty}f(x)=A$;　(2) $\lim\limits_{x\to\infty}f(x)=2$;　(3) $\lim\limits_{x\to x_0^+}f(x)=A$;　(4) $\lim\limits_{x\to 1}f(x)=3$.

7. 根据函数极限定义证明:

(1) $\lim\limits_{x\to\infty}\dfrac{1+x^3}{2x^3}=\dfrac{1}{2}$;　(2) $\lim\limits_{x\to+\infty}\dfrac{\sin x}{\sqrt{x}}=0$;　(3) $\lim\limits_{x\to 3}(2x-3)=3$;

(4) $\lim\limits_{x\to 2}\dfrac{x^2-4}{x-2}=4$;　(5) $\lim\limits_{x\to 2}x^2=4$.

8. 讨论函数 $f(x)=\begin{cases}1-x, & x>0,\\ 0, & x=0,\\ 1+x^2, & x<0\end{cases}$ 在点 $x=0$ 是否有左、右极限及极限.

9. 求 $f(x)=\dfrac{x}{x},g(x)=\dfrac{|x|}{x}$ 当 $x\to 0$ 时的左、右极限, 并说明它们当 $x\to 0$ 时的极限是否存在.

10. 设 $f(x)=\begin{cases}1, & x<0,\\ x, & 0<x<1,\\ \sqrt{x}, & x>1,\end{cases}$ $f(x)$ 在 $x=0, x=1$ 两点的极限是否存在? 为什么?

11. 证明: 若 $x\to+\infty$ 与 $x\to-\infty$ 时, 函数 $f(x)$ 的极限都存在且都等于 A, 则 $\lim\limits_{x\to\infty}f(x)=A$.

12. 根据极限定义证明: 函数 $f(x)$ 当 $x\to x_0$ 时极限存在的充分必要条件是 $f(x_0-0)$ 与 $f(x_0+0)$ 都存在并且相等.

第三节　无穷小与无穷大

一、 无穷小

定义 1　在自变量某一极限过程 (如 $n\to\infty, x\to x_0, x\to\infty$ 等) 中, 以零为极限的变量为该极限过程中的**无穷小量**, 简称为**无穷小**.

例如, 数列 $x_n=\dfrac{1}{\sqrt{n}}$ 是当 $n\to\infty$ 时的无穷小; 函数 $y=x^2-1$ 是当 $x\to1$ 时的无穷小.

函数 $f(x)$ 为 $x\to x_0$ 时的无穷小的 "ε-δ" 定义为: 若对于任给的正数 ε, 总存在正数 δ, 使得当 $0<|x-x_0|<\delta$ 时, 恒有 $|f(x)|<\varepsilon$, 则称 $f(x)$ 为 $x\to x_0$ 时的无穷小量, 简称无穷小.

(1) 无穷小不能脱离极限过程. 例如, 当 $x\to0$ 时, 函数 $y=x^2-1$ 就不是无穷小.

(2) 零以外的任何数都不是无穷小, 函数 $y=0$ 是任何极限过程中的无穷小.

下面以 $x\to x_0$ 情况为例, 说明无穷小与函数极限的关系, 其他情况类似.

定理 1　若 $\lim\limits_{x\to x_0}f(x)=A$, 则 $f(x)=A+\alpha$, 其中 α 是当 $x\to x_0$ 时的无穷小; 反之, 若 $f(x)=A+\alpha$, 其中 α 是当 $x\to x_0$ 时的无穷小, 则 $\lim\limits_{x\to x_0}f(x)=A$.

证　设 $\lim\limits_{x\to x_0}f(x)=A$, 则对于任给的 $\varepsilon>0$, 存在 $\delta>0$, 当 $0<|x-x_0|<\delta$ 时, 有

$$|f(x)-A|<\varepsilon.$$

令 $\alpha=f(x)-A$, 则 $\lim\limits_{x\to x_0}\alpha=0$, 即 α 是当 $x\to x_0$ 时的无穷小, 且 $f(x)=A+\alpha$.

反之, 设 $f(x)=A+\alpha$, 其中 A 是常数, α 是当 $x\to x_0$ 时的无穷小, 则

$$|f(x)-A|=|\alpha|.$$

由于 $\lim\limits_{x \to x_0} \alpha = 0$, 对于任给的 $\varepsilon > 0$, 存在 $\delta > 0$, 当 $0 < |x - x_0| < \delta$ 时, 有 $|\alpha| < \varepsilon$, 即

$$|f(x) - A| < \varepsilon.$$

所以

$$\lim_{x \to x_0} f(x) = A.$$

定理 1 表明, 在某一极限过程中, $f(x)$ 以 A 为极限与 $f(x) - A$ 以 0 为极限等价.

无穷小有下列运算性质.

性质 1　有限个无穷小的代数和是无穷小.

证　下面以两个无穷小之和给出证明, 其余情况证明类似.

设 α, β 是当 $x \to x_0$ 时的两个无穷小, 而

$$\gamma = a + \beta.$$

任意给定 $\varepsilon > 0$, 因为 $\lim\limits_{x \to x_0} \alpha = 0$, 所以对于 $\dfrac{\varepsilon}{2} > 0$, 存在 $\delta_1 > 0$, 当 $0 < |x - x_0| < \delta_1$ 时, 不等式

$$|\alpha| < \frac{\varepsilon}{2}$$

成立. 同理, 由 $\lim\limits_{x \to x_0} \beta = 0$, 对上述 $\dfrac{\varepsilon}{2} > 0$, 存在 $\delta_2 > 0$, 当 $0 < |x - x_0| < \delta_2$ 时, 不等式

$$|\beta| < \frac{\varepsilon}{2}$$

成立. 取 $\delta = \min\{\delta_1, \delta_2\}$, 则当 $0 < |x - x_0| < \delta$ 时, $|\alpha| < \dfrac{\varepsilon}{2}$, $|\beta| < \dfrac{\varepsilon}{2}$ 同时成立. 从而

$$|\gamma| = |\alpha + \beta| \leqslant |\alpha| + |\beta| < \frac{\varepsilon}{2} + \frac{\varepsilon}{2} = \varepsilon,$$

即

$$\lim_{x \to x_0} \gamma = 0,$$

所以, γ 是当 $x \to x_0$ 时的无穷小.

性质 2　有界函数与无穷小的乘积是无穷小.

推论 1　常数与无穷小的乘积是无穷小.

推论 2　有限个无穷小的乘积是无穷小.

读者可以练习给出性质 2 的证明.

例 1　求 $\lim\limits_{x\to 0} x\sin\dfrac{1}{x}$.

解　因为 $\left|\sin\dfrac{1}{x}\right| \leqslant 1$, 又 $\lim\limits_{x\to 0} x = 0$, 由性质 2, $\lim\limits_{x\to 0} x\sin\dfrac{1}{x} = 0$.

图 1-15 是函数 $x\sin\dfrac{1}{x}$ 的图形, 可以看出当 $x\to 0$ 时, 对应的函数值虽然交替变化地取正负值, 但无限地接近于 0.

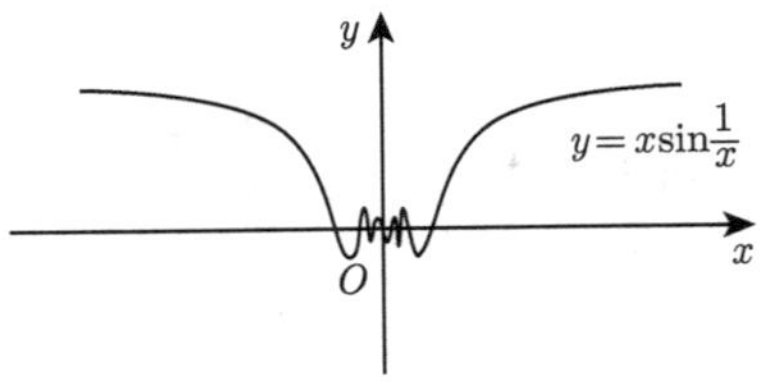

图 1-15

二、 无穷大

若在自变量的某一变化过程中, 如 $x\to x_0$, $x\to\infty$ 等, 函数的绝对值 $|f(x)|$ 无限增大, 则称 $f(x)$ 为该过程中的无穷大.

下面给出当 $x\to x_0$ 时 $f(x)$ 为无穷大的精确定义.

定义 2　设函数 $f(x)$ 在 x_0 的某一去心邻域有定义, 若对于任意给定的正数 M, 不论它多么大, 总存在正数 δ, 使得当 $0<|x-x_0|<\delta$ 时, 恒有 $|f(x)|>M$, 则称函数 $f(x)$ 当 $x\to x_0$ 时为**无穷大量**, 简称**无穷大**. 记作 $\lim\limits_{x\to x_0} f(x)=\infty$.

当 $x\to x_0$ 时 $f(x)$ 为无穷大, 表明在该过程中 $f(x)$ 的极限不存在, 为便于叙述函数的这一性态, 也说“函数的极限是无穷大”.

若在无穷大的定义中把 $|f(x)|>M$ 换成 $f(x)>M$ (或 $f(x)<-M$), 则称当 $x\to x_0$ 时 $f(x)$ 为正 (或负) 无穷大, 记作 $\lim\limits_{x\to x_0} f(x)=+\infty$ (或 $\lim\limits_{x\to x_0} f(x)=-\infty$).

类似地, 还可以给出当 $x\to\infty$, $x\to+\infty$, $x\to-\infty$, $x\to x_0-0$, $x\to x_0+0$ 时无穷大及正 (负) 无穷大的定义, 读者可以自己练习叙述.

例 2　证明 $\lim\limits_{x\to 2}\dfrac{1}{x-2}=\infty$.

证　任给 $M>0$, 要使

$$\left|\frac{1}{x-2}\right|>M,$$

只要

$$|x-2|<\frac{1}{M},$$

取 $\delta=\dfrac{1}{M}$, 则当 $0<|x-2|<\delta$ 时, 就有

$$\left|\frac{1}{x-2}\right|>M,$$

因此

$$\lim_{x\to 2}\frac{1}{x-2}=\infty.$$

函数 $y=\dfrac{1}{x-2}$ 的图形如图 1-16 所示, 直线 $x=2$ 称为函数 $y=\dfrac{1}{x-2}$ 的图形的铅直渐近线.

若 $\lim\limits_{x\to x_0}f(x)=\infty$ 或 $\lim\limits_{x\to x_0^+}f(x)=\infty$ 或 $\lim\limits_{x\to x_0^-}f(x)=\infty$, 则称直线 $x=x_0$ 是曲线 $y=f(x)$ 的**铅直渐近线**;

若 $\lim\limits_{x\to\infty}f(x)=a$, 则称直线 $y=a$ 是曲线 $y=f(x)$ 的**水平渐近线**.

例如, 因为 $\lim\limits_{x\to\infty}\dfrac{1}{x-2}=0$, 所以直线 $y=0$ 是曲线 $y=\dfrac{1}{x-2}$ 的水平渐近线.

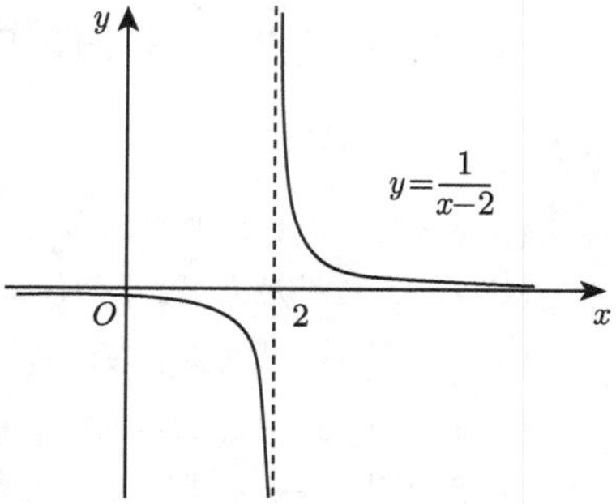

图 1-16

无穷大与无穷小之间有如下关系.

定理 2 在自变量的同一变化过程中, 若 $f(x)$ 为无穷大, 则 $\dfrac{1}{f(x)}$ 为无穷小; 反之, 若 $f(x)$ 为无穷小, 且 $f(x)\neq 0$, 则 $\dfrac{1}{f(x)}$ 为无穷大.

证 以 $x\to x_0$ 为例证明, 设 $\lim\limits_{x\to x_0}f(x)=\infty$, 任给 $\varepsilon>0$, 对于 $M=\dfrac{1}{\varepsilon}$, 存在 $\delta>0$, 当 $0<|x-x_0|<\delta$ 时, 有

$$|f(x)|>M=\frac{1}{\varepsilon},$$

即

$$\left|\frac{1}{f(x)}\right|<\varepsilon,$$

所以, 当 $x\to x_0$ 时, $\dfrac{1}{f(x)}$ 为无穷小.

反之, 设 $\lim\limits_{x\to x_0}f(x)=0$, 且 $f(x)\neq 0$, 任给 $M>0$, 对于 $\varepsilon=\dfrac{1}{M}$, 存在 $\delta>0$, 当 $0<|x-x_0|<\delta$ 时, 有

$$|f(x)|<\varepsilon=\frac{1}{M}.$$

由于当 $0 < |x - x_0| < \delta$ 时, $f(x) \neq 0$, 从而

$$\left|\frac{1}{f(x)}\right| > M,$$

所以当 $x \to x_0$ 时, $\dfrac{1}{f(x)}$ 为无穷大.

由定理 2 易知, $\dfrac{1}{x}$ 是当 $x \to 0$ 时的无穷大, x 是当 $x \to 0$ 时的无穷小.

无穷小与无穷大的性质可用于极限的证明和计算.

习　题　1-3

1. 设数列 $\{x_n\}$ 是无穷小, $\{y_n\}$ 与 $\{z_n\}$ 都是无穷大.

(1) $x_n y_n$ 是不是无穷小, 为什么?　　(2) $y_n + z_n$ 是不是无穷大, 为什么?

(3) $\dfrac{x_n}{y_n}$ 是不是无穷小, 为什么?　　(4) $y_n z_n$ 是不是无穷大, 为什么?

2. (1) 给出当 $x \to -\infty$ 时, α 是无穷小的定义.

(2) 给出当 $x \to x_0$ 时, α 是无穷小的定义.

3. 给出下列无穷大的定义:

(1) $\lim\limits_{x \to +\infty} f(x) = -\infty$;　　(2) $\lim\limits_{x \to \infty} f(x) = \infty$.

4. 根据定义证明, 当 $x \to 0$ 时, 函数 $y = \dfrac{1+2x}{x}$ 是无穷大.

5. 求下列函数的铅直渐近线:

(1) $f(x) = \dfrac{x}{x^2 - 2x - 3}$;　　(2) $f(x) = \dfrac{\sin x}{x - x^2}$.

6. 函数 $y = x\cos x$ 在 $(-\infty, +\infty)$ 内是否有界? 当 $x \to +\infty$ 时, 这个函数是否无穷大? 为什么?

第四节　极限的基本性质及运算法则

本节以 $x \to x_0$ 为例, 介绍极限的基本性质, 如唯一性、局部有界性、局部保号性等, 以及极限的四则运算法则和复合函数的极限运算法则.

一、 极限的基本性质

定理 1 (唯一性)　若函数 $f(x)$ 有极限, 则它的极限必唯一.

证　反证法. 设 $\lim\limits_{x \to x_0} f(x) = A$, 又 $\lim\limits_{x \to x_0} f(x) = B$, 且 $A \neq B$, 不妨设 $A > B$, 则由极限的定义有: 对于 $\varepsilon_0 = \dfrac{A-B}{2} > 0$, 存在 $\delta_1 > 0$, $\delta_2 > 0$, 当 $0 < |x - x_0| < \delta_1$ 时,

$$|f(x) - A| < \frac{A-B}{2},$$

于是

$$f(x) > \frac{A+B}{2}, \tag{4-1}$$

当 $0 < |x - x_0| < \delta_2$ 时,

$$|f(x) - B| < \frac{A-B}{2},$$

于是

$$f(x) < \frac{A+B}{2}. \tag{4-2}$$

令 $\delta = \min\{\delta_1, \delta_2\}$, 当 $0 < |x - x_0| < \delta$ 时, (4-1) 与 (4-2) 同时成立, 这是矛盾的, 故 $A = B$.

定理 2 (局部有界性)　若极限 $\lim\limits_{x \to x_0} f(x)$ 存在, 则存在 x_0 的某去心邻域 $\mathring{U}(x_0)$, 使得 $f(x)$ 在该 $\mathring{U}(x_0)$ 内有界.

作为练习, 读者给出该定理的证明.

定理 3 (局部保号性)　若 $\lim\limits_{x \to x_0} f(x) = A$, 且 $A \neq 0$, 则存在点 x_0 的某去心邻域 $\mathring{U}(x_0)$, 当 $x \in \mathring{U}(x_0)$ 时, $f(x)$ 与 A 同号.

证　不妨设 $A > 0$, 因为 $\lim\limits_{x \to x_0} f(x) = A$, 所以 $f(x) = A + \alpha$, 其中 α 是当 $x \to x_0$ 时的无穷小. 由无穷小定义, 对于 $\varepsilon = \dfrac{A}{2}$, 存在 $\delta > 0$, 当 $0 < |x - x_0| < \delta$ 时, 有

$$|\alpha| < \frac{A}{2},$$

从而

$$0 < \frac{A}{2} < A + \alpha < \frac{3A}{2},$$

即 $f(x) > 0$.

类似地, 可以证明 $A < 0$ 的情形.

定理 4　若在 x_0 的某去心邻域内 $f(x) \geqslant 0$ (或 $f(x) \leqslant 0$), 而且 $\lim\limits_{x \to x_0} f(x) = A$, 则 $A \geqslant 0$ (或 $A \leqslant 0$).

证　反证法. 设 $f(x) \geqslant 0$, $\lim\limits_{x \to x_0} f(x) = A$. 假设结论不成立, 即假设 $A < 0$, 则由极限的保号性知, 存在点 x_0 的某去心邻域 $\mathring{U}(x_0)$, 在该邻域内 $f(x) < 0$, 这与 $f(x) \geqslant 0$ 矛盾, 所以 $A \geqslant 0$.

类似地, 可证明 $f(x) \leqslant 0$ 的情形.

二、 极限的运算法则

定理 5 (四则运算法则)　若 $\lim\limits_{x\to x_0} f(x)$, $\lim\limits_{x\to x_0} g(x)$ 都存在, 则

(1) $\lim\limits_{x\to x_0}[f(x)\pm g(x)]$ 存在, 且 $\lim\limits_{x\to x_0}[f(x)\pm g(x)]=\lim\limits_{x\to x_0} f(x)\pm\lim\limits_{x\to x_0} g(x)$.

(2) $\lim\limits_{x\to x_0}[f(x)g(x)]$ 存在, 且 $\lim\limits_{x\to x_0}[f(x)\cdot g(x)]=\lim\limits_{x\to x_0} f(x)\cdot\lim\limits_{x\to x_0} g(x)$.

特别地,

$$\lim_{x\to x_0} kf(x)=k\lim_{x\to x_0} f(x),\quad k\text{为常数}.$$

(3) 当 $\lim\limits_{x\to x_0} g(x)\neq 0$ 时, $\lim\limits_{x\to x_0}\dfrac{f(x)}{g(x)}$ 存在, 且 $\lim\limits_{x\to x_0}\dfrac{f(x)}{g(x)}=\dfrac{\lim\limits_{x\to x_0} f(x)}{\lim\limits_{x\to x_0} g(x)}$.

下面对定理中 (1) 的情况给出证明.

证　设

$$\lim_{x\to x_0} f(x)=A,\quad \lim_{x\to x_0} g(x)=B.$$

由第三节的定理 1 得 $f(x)=A+\alpha, g(x)=B+\beta$, 其中 α, β 为当 $x\to x_0$ 时的无穷小, 于是

$$f(x)\pm g(x)=(A+\alpha)\pm(B+\beta)=(A\pm B)+(\alpha\pm\beta),$$

由无穷小的性质 1 知, $\alpha\pm\beta$ 是无穷小; 再由第三节的定理 1 得 $\lim\limits_{x\to x_0}[f(x)\pm g(x)]$ 存在, 且

$$\lim_{x\to x_0}[f(x)\pm g(x)]=\lim_{x\to x_0} f(x)\pm\lim_{x\to x_0} g(x).$$

定理中的 (1) 和 (2) 可以推广到任何有限个函数的情形. 特别地, 若 $\lim\limits_{x\to x_0} f(x)=A$, k 是正整数, 则 $\lim\limits_{x\to x_0}[f(x)]^k=A^k$.

例 1　求下列函数的极限:

(1) $\lim\limits_{x\to 1}(2x+5)$;　(2) $\lim\limits_{x\to -1}(2x^3-4x+5)$.

解　(1) $\lim\limits_{x\to 1}(2x+5)=2\lim\limits_{x\to 1}x+\lim\limits_{x\to 1}5=2\cdot 1+5=7$;

(2)
$$\begin{aligned}\lim_{x\to -1}(2x^3+4x-5)&=\lim_{x\to -1}2x^3+\lim_{x\to -1}4x-\lim_{x\to -1}5\\&=2\lim_{x\to -1}x^3+4\lim_{x\to -1}x-5\\&=2(-1)^3+4(-1)-5=-11.\end{aligned}$$

对于 n 次多项式 $f(x)=a_0+a_1x+a_2x^2+\cdots+a_nx^n$, x_0 为任意常数, 则

$$\lim_{x\to x_0} f(x)=\lim_{x\to x_0} a_0+a_1\lim_{x\to x_0} x+a_2\lim_{x\to x_0} x^2+\cdots+a_n\lim_{x\to x_0} x^n$$

$$= a + a_1x_0 + a_2x_0^2 + \cdots + a_nx_0^n = f(x_0).$$

例 2 求 $\lim\limits_{x\to 2}\dfrac{x+2}{3x^2-2x+5}$.

解 $\lim\limits_{x\to 2}\dfrac{x+2}{3x^2-2x+5} = \dfrac{\lim\limits_{x\to 2}(x+2)}{\lim\limits_{x\to 2}(3x^2-2x+5)} = \dfrac{2+2}{3\cdot 2^2-2\cdot 2+5} = \dfrac{4}{13}$.

一般地, 对于有理函数 $F(x) = \dfrac{P(x)}{Q(x)}$, 其中 $P(x), Q(x)$ 都是多项式, 若 $Q(x_0) \neq 0$, 则

$$\lim_{x\to x_0} F(x) = \lim_{x\to x_0}\frac{P(x)}{Q(x)} = \frac{\lim\limits_{x\to x_0} P(x)}{\lim\limits_{x\to x_0} Q(x)} = \frac{P(x_0)}{Q(x_0)} = F(x_0).$$

例 3 求 $\lim\limits_{x\to 3}\dfrac{x^2-3x}{x^2-2x-3}$.

解 因为 $x\to 3$, 且 $x-3\neq 0$, 所以

$$\lim_{x\to 3}\frac{x^2-3x}{x^2-2x-3} = \lim_{x\to 3}\frac{x(x-3)}{(x+1)(x-3)} = \lim_{x\to 3}\frac{x}{x+1} = \frac{3}{3+1} = \frac{3}{4}.$$

例 4 求 $\lim\limits_{x\to 2}\left(\dfrac{1}{x-2}-\dfrac{12}{x^3-8}\right)$.

解 $\lim\limits_{x\to 2}\left(\dfrac{1}{x-2}-\dfrac{12}{x^3-8}\right) = \lim\limits_{x\to 2}\dfrac{x^2+2x-8}{x^3-8} = \lim\limits_{x\to 2}\dfrac{x+4}{x^2+2x+4} = \dfrac{1}{2}$.

例 5 求 $\lim\limits_{x\to\infty}\dfrac{x^2+2x+5}{3x^2+x+4}$.

解 当 $x\to\infty$ 时, 分子、分母的极限都不存在, 所以不能用商的极限运算法则, 但是可以用 x^2 去除分子与分母, 然后取极限:

$$\lim_{x\to\infty}\frac{x^2+2x+5}{3x^2+x+4} = \lim_{x\to\infty}\frac{1+\dfrac{2}{x}+\dfrac{5}{x^2}}{3+\dfrac{1}{x}+\dfrac{4}{x^2}} = \frac{1+0+0}{3+0+0} = \frac{1}{3}.$$

例 6 求 $\lim\limits_{x\to\infty}\dfrac{3x^3-4x+1}{x^2-2x-1}$.

解 由于

$$\lim_{x\to\infty}\frac{x^2-2x-1}{3x^3-4x+1} = \lim_{x\to\infty}\frac{\dfrac{1}{x}-2\cdot\dfrac{1}{x^2}-\dfrac{1}{x^3}}{3-4\cdot\dfrac{1}{x^2}+\dfrac{1}{x^3}} = \frac{0}{3} = 0,$$

应用第三节定理 2, 得

$$\lim_{x\to\infty}\frac{3x^3-4x+1}{x^2-2x-1}=\infty.$$

一般地,

复合函数极限运算法则

$$\lim_{x\to\infty}\frac{a_0x^m+a_1x^{m-1}+\cdots+a_m}{b_0x^n+b_1x^{n-1}+\cdots+b_n}=\begin{cases}\dfrac{a_0}{b_0}, & n=m,\\ 0, & n>m,\\ \infty, & n<m,\end{cases}$$

其中 $a_0\neq 0$, $b_0\neq 0$, m 与 n 为非负整数.

定理 6 (复合运算法则)　设函数 $y=f(u)$ 与 $u=\varphi(x)$ 构成复合函数 $y=f[\varphi(x)]$, 若 $\lim\limits_{x\to x_0}\varphi(x)=a$, $\lim\limits_{u\to a}f(u)=A$, 且当 $x\neq x_0$ 时, $u\neq a$, 则复合函数 $f[\varphi(x)]$ 当 $x\to x_0$ 时的极限存在且 $\lim\limits_{x\to x_0}f[\varphi(x)]=A$.

证　因为 $\lim\limits_{u\to a}f(u)=A$, 所以, 对任给 $\varepsilon>0$, 存在 $\eta>0$, 当 $0<|u-a|<\eta$ 时,

$$|f(u)-A|<\varepsilon$$

成立.

又因为 $\lim\limits_{x\to x_0}\varphi(x)=a$, 所以对于上面得到的 $\eta>0$, 存在 $\delta>0$, 当 $0<|x-x_0|<\delta$ 时, 有

$$|\varphi(x)-a|=|u-a|<\eta.$$

由假设, 当 $x\neq x_0$ 时, $u\neq a$, 即当 $|x-x_0|>0$ 时, $|u-a|>0$, 因此, 当 $0<|x-x_0|<\delta$ 时, 有 $0<|u-a|<\eta$, 从而有

$$|f[\varphi(x)]-A|=|f(u)-A|<\varepsilon,$$

于是, $\lim\limits_{x\to x_0}f[\varphi(x)]$ 存在且 $\lim\limits_{x\to x_0}f[\varphi(x)]=A$.

定理 6 中, 若把 $\lim\limits_{x\to x_0}\varphi(x)=a$ 换成 $\lim\limits_{x\to x_0}\varphi(x)=\infty$, 相应地 $\lim\limits_{u\to a}f(u)=A$ 换成 $\lim\limits_{u\to\infty}f(u)=A$, 有类似结论成立.

利用定理 6 可以求复合函数的极限, 即将求 $\lim\limits_{x\to x_0}f[\varphi(x)]$ 转化为求 $\lim\limits_{u\to a}f(u)$, 这里 $a=\lim\limits_{x\to x_0}\varphi(x)$, 是变量替换求极限的依据.

例 7　求 $\lim\limits_{x\to\frac{\pi}{2}}\ln(1+\sin x)$.

解　令 $u=1+\sin x$, 由于 $\lim\limits_{x\to\frac{\pi}{2}} u=\lim\limits_{x\to\frac{\pi}{2}}(1+\sin x)=2$, 而 $\lim\limits_{u\to 2}\ln u=\ln 2$, 因此

$$\lim_{x\to\frac{\pi}{2}}\ln(1+\sin x)=\ln 2.$$

于是

$$\lim_{x\to\frac{\pi}{2}}\ln(1+\sin x)=\lim_{u\to 2}\ln u=\ln 2.$$

例 8　$\lim\limits_{x\to 0}\dfrac{\sqrt{x+1}-1}{x}$.

解　因为当 $x\to 0$ 时, 分母极限为零, 不能用商的极限运算法则, 先设法改变函数的形式, 将分子、分母同乘 $(\sqrt{x+1}+1)$, 并注意当 $x\to 0$ 时 $x\neq 0$, 于是

$$\lim_{x\to 0}\frac{\sqrt{x+1}-1}{x}=\lim_{x\to 0}\frac{x}{x(\sqrt{x+1}+1)}=\lim_{x\to 0}\frac{1}{\sqrt{x+1}+1}=\frac{1}{1+1}=\frac{1}{2}.$$

习　题　1-4

1. 叙述数列极限的四则运算法则.

2. 下列命题是否正确? 若正确, 请给出证明; 若不正确, 请举出反例.

(1) 若 $\lim\limits_{x\to x_0} f(x)=A$, 则 $\lim\limits_{x\to x_0}[f(x)]^2=A^2$;

(2) 若 $\lim\limits_{x\to x_0} f(x)$, $\lim\limits_{x\to x_0}[f(x)+g(x)]$ 都存在, 则 $\lim\limits_{x\to x_0} g(x)$ 存在;

(3) 若 $\lim\limits_{x\to x_0} f(x)$, $\lim\limits_{x\to x_0} f(x)\cdot g(x)$ 都存在, 则 $\lim\limits_{x\to x_0} g(x)$ 存在;

(4) 若在 x_0 的某邻域内 $f(x)>0$, 且 $\lim\limits_{x\to x_0} f(x)=A$, 则 $A>0$.

3. 证明定理 2.

4. 证明: 若 $\lim\limits_{n\to\infty} x_n=a\neq 0$, 则存在正整数 N, 当 $n>N$ 时, 恒有 $|x_n|>\dfrac{|a|}{3}$.

5. 证明: 若在 x_0 的某去心邻域内恒有 $f(x)\leqslant g(x)$, 且 $\lim\limits_{x\to x_0} f(x)=A$, $\lim\limits_{x\to x_0} g(x)=B$, 则 $A\leqslant B$.

6. 计算下列极限:

(1) $\lim\limits_{x\to 1}\dfrac{3x-5}{2x+1}$;

(2) $\lim\limits_{x\to\sqrt{3}}\dfrac{x+2}{3x^2-1}$;

(3) $\lim\limits_{x\to 1}\dfrac{x^2-1}{2x^2-x-1}$;

(4) $\lim\limits_{x\to 4}\dfrac{x^2-6x+8}{x^2-5x+4}$;

(5) $\lim\limits_{h\to 0}\dfrac{(x+h)^2-x^2}{h}$;

(6) $\lim\limits_{x\to\infty}\left(2-\dfrac{1}{x}+\dfrac{1}{x^2}\right)$;

(7) $\lim\limits_{x\to\infty}\dfrac{x^2+3x+1}{3x^2+5}$;

(8) $\lim\limits_{x\to\infty}\dfrac{x^2+x}{x^4-3x+5}$;

(9) $\lim\limits_{x\to\infty}\dfrac{x^2}{2x-1}$;

(10) $\lim\limits_{x\to\infty}(x^3-x+1)$;

(11) $\lim\limits_{x\to\infty}\left(\dfrac{x^2}{1-x}+\dfrac{x^2-1}{x}\right)$;

(12) $\lim\limits_{x\to 1}\left(\dfrac{1}{x-1}-\dfrac{2}{x^2-1}\right)$;

(13) $\lim\limits_{x\to+\infty}(\sqrt{x^2+x}-x)$;

(14) $\lim\limits_{x\to 0}\dfrac{5x}{\sqrt[3]{1+x}-\sqrt[3]{1-x}}$;

(15) $\lim\limits_{x\to-\infty}(\sqrt{4x^2+x+1}+2x+1)$;

(16) $\lim\limits_{n\to\infty}\dfrac{n}{n^2+1}$;

(17) $\lim\limits_{n\to\infty}\dfrac{2^n+3^n}{2^{n+1}+3^{n+1}}$;

(18) $\lim\limits_{n\to\infty}\left(\dfrac{1}{2!}+\dfrac{2}{3!}+\cdots+\dfrac{n}{(n+1)!}\right)$;

(19) $\lim\limits_{n\to\infty}\dfrac{\sqrt{n+1}-\sqrt{n}}{\sqrt{n+2}-\sqrt{n}}$;

(20) $\lim\limits_{n\to\infty}\left(\dfrac{1}{3}+\dfrac{1}{15}+\cdots+\dfrac{1}{4n^2-1}\right)$;

(21) $\lim\limits_{n\to\infty}\dfrac{(n+1)(n+2)(n+3)}{5n^3}$;

(22) $\lim\limits_{n\to\infty}\left(\dfrac{1+2+\cdots+n}{n+2}-\dfrac{n}{2}\right)$;

(23) $\lim\limits_{n\to\infty}\left(\sqrt{n^2+2n}-n\right)$;

(24) $\lim\limits_{n\to\infty}(\sqrt{2n+\sqrt{n}}-\sqrt{2n-\sqrt{n}})$.

7. 设 $f(x)=\dfrac{1-2^{\frac{1}{x}}}{1+2^{\frac{1}{x}}}$, 求 $\lim\limits_{x\to 0}f(x)$.

第五节　极限存在准则及两个重要极限　无穷小的比较

本节主要介绍极限存在的两个准则, 并利用准则讨论两个重要极限:

$$\lim_{x\to 0}\frac{\sin x}{x}=1,\quad \lim_{x\to\infty}\left(1+\frac{1}{x}\right)^x=\mathrm{e}.$$

最后, 介绍无穷小的比较概念.

一、 极限存在准则及两个重要极限

准则 I (夹逼准则)　若数列 $\{x_n\}$, $\{y_n\}$, $\{z_n\}$ 满足条件

(1) $y_n\leqslant x_n\leqslant z_n(n=1,2,3,\cdots)$;

(2) $\lim\limits_{n\to\infty}y_n=\lim\limits_{n\to\infty}z_n=a$,

则数列 $\{x_n\}$ 的极限存在且 $\lim\limits_{n\to\infty}x_n=a$.

证　因为 $\lim\limits_{n\to\infty}y_n=a$, $\lim\limits_{n\to\infty}z_n=a$, 所以根据数列极限的定义, 对于任给的 $\varepsilon>0$, 存在正整数 N_1,N_2, 当 $n>N_1$ 时, 有

$$|y_n-a|<\varepsilon,$$

当 $n>N_2$ 时, 有

$$|z_n-a|<\varepsilon.$$

取 $N=\max\{N_1,N_2\}$, 则当 $n>N$ 时, 以上两不等式同时成立, 即

$$a-\varepsilon<y_n<a+\varepsilon,\quad a-\varepsilon<z_n<a+\varepsilon$$

同时成立. 又因为 $y_n \leqslant x_n \leqslant z_n$, 所以当 $n > N$ 时, 有

$$a-\varepsilon < y_n \leqslant x_n \leqslant z_n < a+\varepsilon,$$

即

$$|x_n - a| < \varepsilon.$$

因此

$$\lim_{x\to\infty} x_n = a.$$

上述数列极限存在准则可以推广到函数极限的情形, 如下所述.

准则 I′ (夹逼准则)　设函数 $f(x), g(x), h(x)$ 满足

(1) 存在 $\delta > 0$(或 $M > 0$), 当 $x \in \mathring{U}(x_0,\delta)$(或 $|x| > M$) 时, 有 $g(x) \leqslant f(x) \leqslant h(x)$ 成立;

(2) $\lim\limits_{\substack{x\to x_0\\(x\to\infty)}} g(x) = \lim\limits_{\substack{x\to x_0\\(x\to\infty)}} h(x) = A$,

则 $\lim\limits_{\substack{x\to x_0\\(x\to\infty)}} f(x)$ 存在且等于 A.

准则 I 与准则 I′ 称为**夹逼准则**或**迫敛性法则**. 它给出了极限存在的一个充分条件. 夹逼准则不仅可以用来判断极限的存在性, 有时还可以用来求某些极限.

下面应用准则 I′ 证明第一个重要极限:

$$\lim_{x\to 0}\frac{\sin x}{x} = 1.$$

证　作单位圆, 如图 1-17 所示.

因为 $x \to 0$, 所以不妨设 $-\dfrac{\pi}{2} < x < \dfrac{\pi}{2}$ 而 $x \neq 0$. 当 $0 < x < \dfrac{\pi}{2}$ 时, 作圆心角 $\angle AOB$, 其弧度数为 x, 过点 A 作 $AD \perp OA$, 与 OB 的延长线相交于 D, 易见 $\sin x = BC$, $x = \overset{\frown}{AB}$, $\tan x = AD$. 因为 $\triangle AOB$ 的面积<扇形 AOB 的面积 $<\triangle AOD$ 的面积, 所以

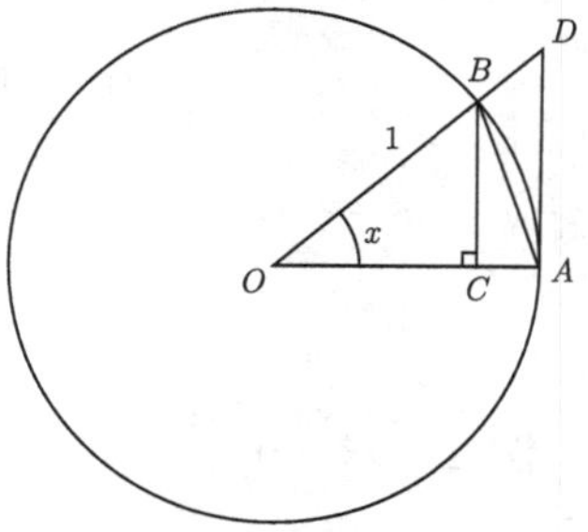

图 1-17

$$\frac{1}{2}\sin x < \frac{1}{2}x < \frac{1}{2}\tan x,$$

即

$$\sin x < x < \tan x.$$

不等号各边都除以 $\sin x$, 有

$$1 < \frac{x}{\sin x} < \frac{1}{\cos x},$$

或

$$\cos x < \frac{\sin x}{x} < 1.$$

因为当 x 用 $-x$ 代替时, 上式依然成立, 即上式对于区间 $\left(-\frac{\pi}{2}, 0\right)$ 内的一切 x 也成立. 从而有

$$0 < 1 - \frac{\sin x}{x} < 1 - \cos x = 2\sin^2\frac{x}{2} < 2\cdot\left(\frac{x}{2}\right)^2 = \frac{x^2}{2},$$

其中 $0 < |x| < \frac{\pi}{2}$.

因为 $\lim\limits_{x\to 0} 0 = 0, \lim\limits_{x\to 0}\frac{x^2}{2} = 0$, 利用夹逼准则 I′ 知

$$\lim_{x\to 0}\left(1 - \frac{\sin x}{x}\right) = 0,$$

即

$$\lim_{x\to 0}\frac{\sin x}{x} = 1.$$

在前面的证明过程中, 应用了 $|\sin x| \leqslant |x|$, 利用夹逼准则 I′ 易知 $\lim\limits_{x\to 0}\sin x = 0$; 同理, 由

$$0 < 1 - \cos x < \frac{x^2}{2}, \quad 0 < |x| < \frac{\pi}{2}$$

可得

$$\lim_{x\to 0}\cos x = 0.$$

例 1　求 $\lim\limits_{x\to 0}\frac{\tan x}{x}$.

解　$\lim\limits_{x\to 0}\frac{\tan x}{x} = \lim\limits_{x\to 0}\frac{\sin x}{x}\cdot\frac{1}{\cos x} = \lim\limits_{x\to 0}\frac{\sin x}{x}\cdot\lim\limits_{x\to 0}\frac{1}{\cos x} = 1\cdot\frac{1}{1} = 1.$

例 2　求 $\lim\limits_{x\to 0}\frac{\sin ax}{x}, a \neq 0$.

解　$\lim\limits_{x\to 0}\frac{\sin ax}{x} = \lim\limits_{x\to 0}\frac{a\sin ax}{ax} = a.$

例 3 求 $\lim\limits_{x\to 0}\dfrac{1-\cos x}{\dfrac{x^2}{2}}$.

解 $\lim\limits_{x\to 0}\dfrac{1-\cos x}{\dfrac{x^2}{2}}=\lim\limits_{x\to 0}\dfrac{2\sin^2\dfrac{x}{2}}{\dfrac{x^2}{2}}=\lim\limits_{x\to 0}\left(\dfrac{\sin\dfrac{x}{2}}{\dfrac{x}{2}}\right)^2=1^2=1.$

例 4 求 $\lim\limits_{n\to\infty}(2^n+3^n)^{\frac{1}{n}}$.

解 $3^n<2^n+3^n<2\cdot 3^n, 3<(2^n+3^n)^{\frac{1}{n}}<2^{\frac{1}{n}}\cdot 3, \lim\limits_{n\to\infty}2^{\frac{1}{n}}=1$, 由数列极限的夹逼准则有

$$\lim_{n\to\infty}(2^n+3^n)^{\frac{1}{n}}=3.$$

一般地, 若在自变量的某变化过程中, 如 $x\to x_0$ (或 $x\to\infty$), 函数 $\varphi(x)\to 0$, 则有

$$\lim_{\substack{x\to x_0\\(x\to\infty)}}\frac{\sin\varphi(x)}{\varphi(x)}=\lim_{\varphi(x)\to 0}\frac{\sin\varphi(x)}{\varphi(x)}=1.$$

准则 Ⅱ (单调有界定理) 单调有界数列必有极限.

若数列 $\{x_n\}$ 满足 $x_1\leqslant x_2\leqslant\cdots\leqslant x_n\leqslant\cdots$, 则称数列 $\{x_n\}$ 是**单调递增的**; 若数列 $\{x_n\}$ 满足条件 $x_1\geqslant x_2\geqslant\cdots\geqslant x_n\geqslant\cdots$, 则称数列 $\{x_n\}$ 是**单调递减数列**. 单调递增数列与单调递减数列统称为**单调数列**.

若数列 $\{x_n\}$ 单调递减且有下界, 则数列存在极限, 且 $\lim\limits_{n\to\infty}x_n$ 也是数列 $\{x_n\}$ 的一个下界;

若数列 $\{x_n\}$ 单调递增且有上界, 则数列存在极限, 且 $\lim\limits_{n\to\infty}x_n$ 也是数列 $\{x_n\}$ 的一个上界.

第二节中曾证明了收敛数列一定有界, 但有界的数列不一定收敛. 准则 Ⅱ 表明: 若数列不仅有界, 并且还是单调的, 则该数列一定收敛.

准则 Ⅱ 可以用来判定某些数列极限的存在, 也可以用来求某些数列的极限.

例 5 设 $x_1=\sqrt{2}$, $x_2=\sqrt{2+\sqrt{2}}$, $x_3=\sqrt{2+\sqrt{2+\sqrt{2}}}$, $\cdots$, $x_n=\sqrt{2+\sqrt{2+\cdots+\sqrt{2}}},\cdots$, 证明 $\lim\limits_{n\to\infty}x_n$ 存在并求其值.

解 $x_1=\sqrt{2}, x_2=\sqrt{2+\sqrt{2}}>\sqrt{2}=x_1, x_3=\sqrt{2+\sqrt{2+\sqrt{2}}}>\sqrt{2+\sqrt{2}}=x_2,\cdots$, 由数学归纳法不难证明 $x_{n+1}>x_n, n=1,2,\cdots$, 即数列 $\{x_n\}$ 单调增加.

又 $x_1=\sqrt{2}<2, x_2=\sqrt{2+x_1}<\sqrt{2+2}=2, x_3=\sqrt{2+x_2}<\sqrt{2+2}=2,\cdots$，仍由数学归纳法可证 $x_n=\sqrt{2+x_{n-1}}<\sqrt{2+2}=2$，即 $\{x_n\}$ 有上界. 由准则 Ⅱ 知, 数列 $\{x_n\}$ 有极限.

设极限 $\lim\limits_{n\to\infty}x_n=a$, 则 $\lim\limits_{n\to\infty}x_n^2=a^2, \lim\limits_{n\to\infty}x_{n-1}=a$, 将 $x_n=\sqrt{2+x_{n-1}}$ 两端平方, 得 $x_n^2=2+x_{n-1}$. 令 $n\to\infty$, 上式两边同时取极限, 于是有 $a^2=2+a$, 解得 $a=2$ 或 $a=-1$. 因为 $x_n>0\ (n=1,2,\cdots)$, 有 $\lim\limits_{x\to\infty}x_n=a\geqslant 0$, 于是, $a=-1$ 舍去, 得 $a=2$, 即 $\lim\limits_{n\to\infty}x_n=2$.

下面利用准则 Ⅱ 证明第二个重要极限:

$$\lim_{x\to\infty}\left(1+\frac{1}{x}\right)^x=\mathrm{e}.$$

第一步　考虑 x 取正整数 n 而趋于 $+\infty$ 的情形, 即 $\lim\limits_{n\to\infty}\left(1+\dfrac{1}{n}\right)^n=\mathrm{e}$.

设 $x_n=\left(1+\dfrac{1}{n}\right)^n$，下面证明数列 $\{x_n\}$ 单调增加且有上界. 按二项式定理:

$$\begin{aligned}
x_n&=\left(1+\frac{1}{n}\right)^n\\
&=1+\frac{n}{1!}\cdot\frac{1}{n}\\
&\quad+\frac{n(n-1)}{2!}\cdot\frac{1}{n^2}+\frac{n(n-1)(n-2)}{3!}\cdot\frac{1}{n^3}+\cdots\\
&\quad+\frac{n(n-1)\cdots(n-n+1)}{n!}\cdot\frac{1}{n^n}\\
&=1+1+\frac{1}{2!}\left(1-\frac{1}{n}\right)+\frac{1}{3!}\left(1-\frac{1}{n}\right)\left(1-\frac{2}{n!}\right)+\cdots\\
&\quad+\frac{1}{n!}\left(1-\frac{1}{n}\right)\left(1-\frac{2}{n}\right)\cdots\left(1-\frac{n-1}{n}\right),
\end{aligned}$$

类似地,

$$\begin{aligned}
x_{n+1}=1+1&+\frac{1}{2!}\left(1-\frac{1}{n+1}\right)+\frac{1}{3!}\left(1-\frac{1}{n+1}\right)\left(1-\frac{2}{n+1}\right)+\cdots\\
&+\frac{1}{n!}\left(1-\frac{1}{n+1}\right)\left(1-\frac{2}{n+1}\right)\cdots\left(1-\frac{n-1}{n+1}\right)\\
&+\frac{1}{(n+1)!}\left(1-\frac{1}{n+1}\right)\left(1-\frac{2}{n+1}\right)\cdots\left(1-\frac{n}{n+1}\right).
\end{aligned}$$

比较 x_n, x_{n+1} 的展开式, 可以看到除前两项外, x_n 的每一项都小于 x_{n+1} 的对应项, 并且 x_{n+1} 还多了最后的一项, 其值大于零, 因此

$$x_n < x_{n+1},$$

这说明数列 $\{x_n\}$ 是单调增加的. 再证 $\{x_n\}$ 是有界的. 因为对任何正整数 n,

$$\begin{aligned} x_n &< 1+1+\frac{1}{2!}+\frac{1}{3!}+\cdots+\frac{1}{n!} \\ &< 1+1+\frac{1}{2}+\frac{1}{2^2}+\cdots+\frac{1}{2^{n-1}} \\ &= 1+\frac{1-\dfrac{1}{2^n}}{1-\dfrac{1}{2}} = 3-\frac{1}{2^{n-1}} < 3, \end{aligned}$$

即 $\{x_n\}$ 是有界的. 根据极限存在准则 Ⅱ, 数列 $\{x_n\}$ 的极限存在, 欧拉 (Euler) 将这个极限记作 e, e 是个无理数, 即

$$\lim_{n\to\infty}\left(1+\frac{1}{n}\right)^n = \mathrm{e}.$$

第二步　x 取正实数而趋于 $+\infty$ 的情形, 即 $\lim\limits_{x\to+\infty}\left(1+\dfrac{1}{x}\right)^x = \mathrm{e}$.

由于任何一个正实数 x 总介于相邻两个正整数 n 与 $n+1$ 之间, 即 $n \leqslant x < n+1$, 于是有

$$\left(1+\frac{1}{n+1}\right)^n < \left(1+\frac{1}{x}\right)^x < \left(1+\frac{1}{n}\right)^{n+1},$$

即

$$\left(1+\frac{1}{n+1}\right)^{n+1}\cdot\frac{1}{1+\dfrac{1}{n+1}} < \left(1+\frac{1}{x}\right)^x < \left(1+\frac{1}{n}\right)^n\cdot\left(1+\frac{1}{n}\right).$$

又当 $x\to+\infty$ 时, $n\to\infty$, 利用 $\lim\limits_{n\to\infty}\left(1+\dfrac{1}{n}\right)^n = \mathrm{e}$, 有

$$\lim_{n\to\infty}\left(1+\frac{1}{n+1}\right)^{n+1}\frac{1}{1+\dfrac{1}{n+1}} = \lim_{n\to\infty}\left(1+\frac{1}{n+1}\right)^{n+1}\cdot\lim_{n\to\infty}\frac{1}{1+\dfrac{1}{n+1}}$$

$$= \mathrm{e} \cdot 1 = \mathrm{e},$$

$$\lim_{n \to \infty} \left(1 + \frac{1}{n}\right)^n \left(1 + \frac{1}{n}\right) = \lim_{n \to \infty} \left(1 + \frac{1}{n}\right)^n \cdot \lim_{n \to \infty} \left(1 + \frac{1}{n}\right)$$

$$= \mathrm{e} \cdot 1 = \mathrm{e},$$

由准则 I, 得 $\lim\limits_{x \to +\infty} \left(1 + \frac{1}{x}\right)^x = \mathrm{e}$.

第三步 x 取负实数而趋于 $-\infty$ 的情形, 即 $\lim\limits_{x \to -\infty} \left(1 + \frac{1}{x}\right)^x = \mathrm{e}$.

当 x 取负实数时, 令 $x = -(t+1)$, 则当 $x \to -\infty$ 时, $t \to +\infty$, 于是

$$\lim_{x \to -\infty} \left(1 + \frac{1}{x}\right)^x = \lim_{t \to +\infty} \left(1 - \frac{1}{t+1}\right)^{-(t+1)} = \lim_{t \to +\infty} \left(\frac{t}{t+1}\right)^{-(t+1)}$$

$$= \lim_{t \to +\infty} \left(\frac{t+1}{t}\right)^{(t+1)} = \lim_{t \to +\infty} \left(1 + \frac{1}{t}\right)^t \cdot \lim_{t \to +\infty} \left(1 + \frac{1}{t}\right)$$

$$= \mathrm{e} \cdot 1 = \mathrm{e}.$$

综上得 $\lim\limits_{x \to \infty} \left(1 + \frac{1}{x}\right)^x = \mathrm{e}$.

无理数 e 在数学中占有重要地位, 它的值是 2.718281828 $\cdots$. 对于 e, 还常用到另一种极限形式

$$\lim_{\alpha \to 0} (1 + \alpha)^{\frac{1}{\alpha}} = \mathrm{e}.$$

事实上, 令 $x = \frac{1}{\alpha}$, 则当 $x \to \infty$ 时, $\alpha \to 0$, 可得 $\lim\limits_{\alpha \to 0} (1 + \alpha)^{\frac{1}{\alpha}} = \mathrm{e}$.

利用复合函数极限的运算法则, 在 x 的某个极限过程中, 若 $\left[1 + \frac{1}{\varphi(x)}\right]^{\varphi(x)}$ 中 $\varphi(x)$ 为无穷大量, 或 $[1 + \varphi(x)]^{\frac{1}{\varphi(x)}}$ 中 $\varphi(x)$ 为无穷小量, 则它们的极限为 e. 如 $x \to x_0$ (或 $x \to \infty$), 函数 $\varphi(x) \to \infty$ (或 $\varphi(x) \to 0$), 则

$$\lim_{\substack{x \to x_0 \\ (x \to \infty)}} \left(1 + \frac{1}{\varphi(x)}\right)^{\varphi(x)} = \lim_{\varphi(x) \to \infty} \left(1 + \frac{1}{\varphi(x)}\right)^{\varphi(x)} = \mathrm{e},$$

或

$$\lim_{\substack{x\to x_0\\(x\to\infty)}}(1+\varphi(x))^{\frac{1}{\varphi(x)}}=\lim_{\varphi(x)\to 0}(1+\varphi(x))^{\frac{1}{\varphi(x)}}=\mathrm{e}.$$

例 6　求 $\lim\limits_{x\to\infty}\left(1-\dfrac{1}{x}\right)^{2x}$.

解　$\lim\limits_{x\to\infty}\left(1-\dfrac{1}{x}\right)^{2x}=\lim\limits_{x\to\infty}\left[\left(1-\dfrac{1}{x}\right)^{-x}\right]^{-2}=\dfrac{1}{\mathrm{e}^2}$.

例 7　求 $\lim\limits_{x\to 0}(1+\sin x)^{\frac{1}{x}}$.

解　$\lim\limits_{x\to 0}(1+\sin x)^{\frac{1}{x}}=\lim\limits_{x\to 0}(1+\sin x)^{\frac{1}{\sin x}\frac{\sin x}{x}}=\lim\limits_{x\to 0}\left[(1+\sin x)^{\frac{1}{\sin x}}\right]^{\frac{\sin x}{x}}=\mathrm{e}$.

例 8　求 $\lim\limits_{x\to\infty}\left(\dfrac{2x+3}{2x+1}\right)^{x+1}$.

解

$$\begin{aligned}\lim_{x\to\infty}\left(\frac{2x+3}{2x+1}\right)^{x+1}&=\lim_{x\to\infty}\left(1+\frac{2}{2x+1}\right)^{\frac{2x+1}{2}+\frac{1}{2}}\\&=\lim_{x\to\infty}\left(1+\frac{2}{2x+1}\right)^{\frac{2x+1}{2}}\cdot\lim_{x\to\infty}\left(1+\frac{2}{2x+1}\right)^{\frac{1}{2}}\\&=\mathrm{e}\cdot 1=\mathrm{e}.\end{aligned}$$

*** 柯西收敛准则**

数列 $\{x_n\}$ 收敛的充分必要条件是: 对于任意给定的正数 ε, 存在正整数 N, 使得当 $n,m>N$ 时, 有 $|x_n-x_m|<\varepsilon$.

证　必要性: 若 $\lim\limits_{n\to\infty}x_n=A$, 则任给 $\varepsilon>0$, 存在正整数 N, 当 $n>N$ 时, 有

$$|x_n-A|<\frac{\varepsilon}{2},$$

同样, 当 $m>N$ 时, 有

$$|x_m-A|<\frac{\varepsilon}{2}.$$

因此, 当 $n,m>N$ 时, 有

$$|x_n-x_m|=|(x_n-A)-(x_m-A)|\leqslant|x_n-A|+|x_m-A|<\frac{\varepsilon}{2}+\frac{\varepsilon}{2}=\varepsilon.$$

充分性: 证明从略.

柯西准则的几何意义是: 数列 $\{x_n\}$ 收敛的充分必要条件是, 对于任意给定的正数 ε, 在数轴上一切具有足够大下标 n 的点 x_n 中, 任意两点间的距离小于 ε. 从数量关系上, 通俗地讲, 数列 $\{x_n\}$ 收敛的充分必要条件是: 只要项数 n 大到一定程度, 就能保证数列中任意两项之差的绝对值小到任意小的程度.

二、 无穷小的比较

无穷小是以零为极限的函数, 在同一极限过程中的几个无穷小, 它们趋于零的快慢不一样. 如何比较它们趋于零的快慢? 以 $x \to x_0$ 为例给出无穷小的阶的概念及有关结论.

定义 1 设 α, β 都是当 $x \to x_0$ 时的无穷小, 且 β 在 x_0 的某邻域内不等于零.

若 $\lim\limits_{x\to x_0}\dfrac{\alpha}{\beta}=0$, 则称 α 是比 β 高阶的无穷小, 记作 $\alpha=o(\beta)$;

若 $\lim\limits_{x\to x_0}\dfrac{\alpha}{\beta}=\infty$, 则称 α 是比 β 低阶的无穷小;

若 $\lim\limits_{x\to x_0}\dfrac{\alpha}{\beta}=c\neq 0$, 则称 α 与 β 是同阶无穷小;

无穷小的比较

若 $\lim\limits_{x\to x_0}\dfrac{\alpha}{\beta^k}=c\neq 0, k>0$, 则称 α 是关于 β 的 k 阶无穷小, 也称 k 为无穷小 α 关于无穷小 β 的阶数;

若 $\lim\limits_{x\to x_0}\dfrac{\alpha}{\beta}=1$, 则称 α 与 β 是等价无穷小, 记作 $\alpha\sim\beta$.

易见, 等价无穷小是同阶无穷小的特殊情形.

例如, 因为 $\lim\limits_{x\to 0}\dfrac{x^2}{x}=0$, $\lim\limits_{x\to 0}\dfrac{x}{3x^2}=\infty$, $\lim\limits_{x\to 0}\dfrac{x}{2x}=\dfrac{1}{2}$, $\lim\limits_{x\to 0}\dfrac{\sin x}{x}=1$, $\lim\limits_{x\to 0}\dfrac{1-\cos x}{x^2}=\dfrac{1}{2}$, 所以, 当 $x\to 0$ 时, x^2 是比 x 高阶的无穷小, x 是比 $3x^2$ 低阶的无穷小, x 与 $2x$ 是同阶无穷小, $\sin x$ 与 x 是等价无穷小, $1-\cos x$ 是关于 x 的二阶无穷小.

下面给出利用等价无穷小的代换性质求某些函数极限的定理.

定理 1 设 $\alpha, \alpha', \beta, \beta'$ 均为当 $x\to x_0$ 时的无穷小, $\alpha\sim\alpha', \beta\sim\beta'$, 且 $\lim\limits_{x\to x_0}\dfrac{\alpha'}{\beta'}$ 存在, 则

$$\lim_{x\to x_0}\frac{\alpha}{\beta}=\lim_{x\to x_0}\frac{\alpha'}{\beta'}.$$

证 $\lim\limits_{x\to x_0}\dfrac{\alpha}{\beta}=\lim\limits_{x\to x_0}\left(\dfrac{\alpha}{\alpha'}\dfrac{\alpha'}{\beta'}\dfrac{\beta'}{\beta}\right)=\lim\limits_{x\to x_0}\dfrac{\alpha}{\alpha'}\cdot\lim\limits_{x\to x_0}\dfrac{\alpha'}{\beta'}\cdot\lim\limits_{x\to x_0}\dfrac{\beta'}{\beta}=\lim\limits_{x\to x_0}\dfrac{\alpha'}{\beta'}.$

定理表明, 求两个无穷小之商的极限时, 分子分母都分别用它们的等价无穷小代换, 可以使计算简化.

例 9 求 $\lim\limits_{x\to 0}\dfrac{\tan 2x}{\sin 5x}$.

解 当 $x\to 0$ 时, $\tan 2x\sim 2x, \sin 5x\sim 5x$, 所以

$$\lim_{x\to 0}\frac{\tan 2x}{\sin 5x}=\lim_{x\to 0}\frac{2x}{5x}=\frac{2}{5}.$$

利用该定理求极限时要注意, 等价无穷小代换只能用于分子或分母中的乘积因子, 若所求极限表达式中含有函数的加减法运算, 不能对其中的加项 (或减项) 用等价无穷小代换.

例 10 求 $\lim\limits_{x\to 0}\dfrac{\tan x-\sin x}{x^3}$.

解
$$\begin{aligned}\lim_{x\to 0}\frac{\tan x-\sin x}{x^3}&=\lim_{x\to 0}\frac{\dfrac{\sin x}{\cos x}-\sin x}{x^3}\\&=\lim_{x\to 0}\sin x\cdot\frac{1-\cos x}{x^3\cos x}\\&=\lim_{x\to 0}\frac{1-\cos x}{x^2}\cdot\frac{1}{\cos x}\\&=\lim_{x\to 0}\frac{2\left(\dfrac{x}{2}\right)^2}{x^2}\cdot\frac{1}{\cos x}\\&=\frac{1}{2}.\end{aligned}$$

定理对于其他极限过程, 比如 $x\to\infty$ 同样成立.

习 题 1-5

1. 求下列极限:

(1) $\lim\limits_{x\to 0}\dfrac{\tan x}{x}$;　　(2) $\lim\limits_{x\to 0}\dfrac{\sin 2x}{\sin 3x}$;

(3) $\lim\limits_{x\to 0}x\cot x$;　　(4) $\lim\limits_{x\to 0}\dfrac{x}{\sqrt{1-\cos x}}$;

(5) $\lim\limits_{x\to \pi}\dfrac{\sin(x-\pi)}{x^2-\pi^2}$;　　(6) $\lim\limits_{x\to a}\dfrac{\sin x-\sin a}{x-a}$;

(7) $\lim\limits_{x\to 0}\dfrac{1-\cos 2x}{x\sin x}$;　　(8) $\lim\limits_{n\to \infty}2^n\sin\dfrac{x}{2^n}$, x 为不等于零的常数.

2. 求下列极限:

(1) $\lim\limits_{x\to\infty}\left(1+\dfrac{3}{x}\right)^x$;　　(2) $\lim\limits_{x\to\infty}\left(1+\dfrac{1}{3x}\right)^{-x}$;　　(3) $\lim\limits_{x\to 0}(1-x)^{\frac{1}{x}}$;

(4) $\lim\limits_{x\to 0}(1+2x)^{\frac{1}{x}}$;　　(5) $\lim\limits_{x\to 0}(1+2\tan x)^{2\csc x}$;　　(6) $\lim\limits_{x\to\infty}\left(\dfrac{x}{1+x}\right)^x$;

(7) $\lim\limits_{x\to 0}\left(\dfrac{1+x}{1-x}\right)^{\frac{1}{x}}$;　　(8) $\lim\limits_{x\to\infty}\left(\dfrac{3x+2}{3x-1}\right)^{2x-1}$.

3. 利用极限存在准则证明:

(1) $\lim\limits_{n\to\infty}\sqrt{1+\dfrac{1}{n}}=1$;　　(2) $\lim\limits_{n\to\infty} n\left(\dfrac{1}{n^2+\pi}+\dfrac{1}{n^2+2\pi}+\cdots+\dfrac{1}{n^2+n\pi}\right)=1$.

4. 设 $y_n=1+\dfrac{y_{n-1}}{1+y_{n-1}}, y_0=1$, 求 $\lim\limits_{n\to\infty} y_n$.

5. 证明: 当 $x\to 0$ 时, 有

(1) $\arcsin x\sim x$;　　(2) $\dfrac{1}{\cos x}-1\sim\dfrac{x^2}{2}$;　　(3) $\arctan x\sim x$.

6. 当 $x\to 0$ 时, 比较下列各对无穷小 α 与 β, 哪一个是高阶无穷小?

(1) $\alpha=x^2+10x, \beta=x^3$;　　(2) $\alpha=\sin^3 x,\ \beta=4x^2$.

7. 当 $x\to 0$ 时, 确定下列各无穷小关于 x 的阶.

(1) x^2+2x;　　(2) $\sqrt[3]{x^2}-\sqrt{x}\quad(x>0)$;　　(3) $\sqrt{5+x^3}-\sqrt{5}$;

(4) $x\sin\sqrt{x}\ (x>0)$;　　(5) $x+\sin x$;　　(6) $\sin x-\tan x$.

8. 利用等价无穷小的性质, 求下列极限:

(1) $\lim\limits_{x\to 0}\dfrac{\tan 3x}{2x}$; (2) $\lim\limits_{x\to 0}\dfrac{1-\cos x}{\sin^2 x}$; (3) $\lim\limits_{x\to 0}\dfrac{\tan x-\sin x}{\sin^3 x}$; (4) $\lim\limits_{x\to 0}\dfrac{\sin(x^n)}{(\sin x)^m}$.

第六节　函数的连续性

连续函数是微积分学研究的主要对象. 本节将讨论连续函数的概念、函数的间断点以及闭区间上连续函数的重要性质.

一、 连续函数的概念

刻画客观世界许多自然现象的变量, 比如气温的变化、流体的流动、植物的生长等都是连续变化的. 以气温的变化为例, 当时间变化很小时, 气温的变化也很小. 反映在数学上, 就是当自变量变化很小时, 函数值的变化也很小, 由此给出函数的连续性定义.

首先给出增量概念. 设函数 $y=f(x)$ 在点 x_0 的某邻域内有定义, 当自变量 x 在该邻域内由 x_0 变到 x 时, 差 $x-x_0$ 称为自变量 x 在点 x_0 的**增量**, 记作 Δx, 即 $\Delta x=x-x_0$. 称函数值之差 $f(x)-f(x_0)$, 或 $f(x_0+\Delta x)-f(x_0)$ 为函数 $f(x)$ 在点 x_0 对应于自变量增量 Δx 的**增量**, 记作 Δy, 即 $\Delta y=f(x_0+\Delta x)-f(x_0)$, 如图 1-18 所示.

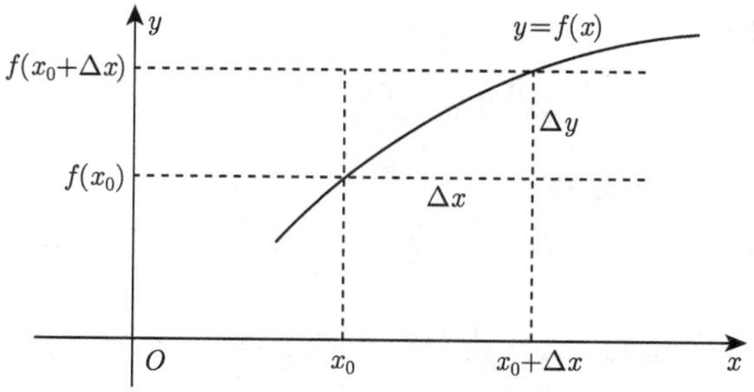

图 1-18

定义 1　设函数 $y=f(x)$ 在点 x_0 的某一邻域内有定义, 若自变量 x 在 x_0 处的增量 Δx 趋于零时, 对应的函数增量 $\Delta y=f\left(x_0+\Delta x\right)-f\left(x_0\right)$ 也趋于零, 即 $\lim\limits_{\Delta x \rightarrow 0} \Delta y=0$, 则称函数 $y=f(x)$ 在点 x_0 **连续**, 点 x_0 称为函数 $y=f(x)$ 的**连续点**.

定义中, 若令 $x=x_0+\Delta x$, 则 $\Delta y=f(x)-f\left(x_0\right), \Delta x \rightarrow 0 \Leftrightarrow x \rightarrow x_0$, 因此, 定义中的 $\lim\limits_{\Delta x \rightarrow 0} \Delta y=0$, 可改写为 $\lim\limits_{x \rightarrow x_0} f(x)=f\left(x_0\right)$. 因此, 函数 $y=f(x)$ 在点 x_0 连续的定义也可叙述为

定义 1′　设函数 $y=f(x)$ 在点 x_0 的某一邻域内有定义, 若 $\lim\limits_{x \rightarrow x_0} f(x)=f\left(x_0\right)$, 则称函数 $y=f(x)$ 在点 x_0 连续.

利用函数极限的 "ε-δ" 定义, 函数 $y=f(x)$ 在点 x_0 连续的定义又可叙述为

定义 1″　设函数 $y=f(x)$ 在点 x_0 的某一邻域内有定义, 若对于任给的正数 ε, 总存在正数 δ, 使得当 $\left|x-x_0\right|<\delta$ 时, 恒有 $\left|f(x)-f\left(x_0\right)\right|<\varepsilon$, 则称函数 $y=f(x)$ 在点 x_0 连续.

函数 $y=f(x)$ 在点 x_0 连续的上述三种定义是等价的.

由定义可知, 函数 $y=f(x)$ 在点 x_0 连续要同时满足以下三个条件:

(1) 函数 $y=f(x)$ 在点 x_0 有定义;

(2) 当 $x \rightarrow x_0$ 时, 极限 $\lim\limits_{x \rightarrow x_0} f(x)$ 存在;

(3) 极限值 $\lim\limits_{x \rightarrow x_0} f(x)$ 等于函数值 $f\left(x_0\right)$, 即 $\lim\limits_{x \rightarrow x_0} f(x)=f\left(x_0\right)$.

利用函数的左、右极限概念, 可给出函数左、右连续的概念.

若函数 $f(x)$ 在点 x_0 的左极限 $\lim\limits_{x \rightarrow x_0-0} f(x)$ 存在且等于 $f\left(x_0\right)$, 即

$$\lim_{x \rightarrow x_0-0} f(x)=f\left(x_0\right),$$

则称函数 $f(x)$ 在点 x_0 **左连续**; 若函数 $f(x)$ 在点 x_0 的右极限 $\lim\limits_{x \rightarrow x_0+0} f(x)$ 存在

且等于 $f(x_0)$，即

$$\lim_{x\to x_0+0} f(x)=f(x_0),$$

则称函数 $f(x)$ 在点 x_0 **右连续**.

易见, 函数 $f(x)$ 在点 x_0 连续的充分必要条件是 $f(x)$ 在点 x_0 既左连续又右连续.

若函数 $f(x)$ 在开区间 (a,b) 内每一点都连续, 则称 $f(x)$ 在 (a,b) 内连续; 若 $f(x)$ 在开区间 (a,b) 内连续, 并且在左端点 a 处右连续, 在右端点 b 处左连续, 则称 $f(x)$ 在闭区间 $[a,b]$ 上连续. 类似地, 可定义函数 $f(x)$ 在半开区间上的连续性. 一般地, 若函数 $f(x)$ 在定义区间 I 上处处连续, 则称它是该区间上的连续函数.

函数 $f(x)$ 在点 x_0 连续的几何意义是: 曲线 $y=f(x)$ 在点 $(x_0,f(x_0))$ 处不断开. 在某区间上连续的函数的图像是该区间上一条连续不断的曲线.

例 1　试证 $y=\sin x$ 在 $(-\infty,+\infty)$ 内连续.

证　设 x 为 $(-\infty,+\infty)$ 内任意取定的一点, 当 x 有增量 Δx 时, 对应的函数增量

$$\Delta y=\sin(x+\Delta x)-\sin x=2\sin\frac{\Delta x}{2}\cos\left(x+\frac{\Delta x}{2}\right).$$

因为

$$0\leqslant|\Delta y|\leqslant 2\left|\sin\frac{\Delta x}{2}\right|\leqslant 2\frac{|\Delta x|}{2}=|\Delta x|,$$

由夹逼准则知 $\lim\limits_{\Delta x\to 0}\Delta y=0$, 由 x 的任意性, 所以可得 $y=\sin x$ 在 $(-\infty,+\infty)$ 内连续.

类似地, 可以证明函数 $y=\cos x$ 在 $(-\infty,+\infty)$ 内是连续的.

例 2　证明函数 $f(x)=\begin{cases}x\cos\dfrac{1}{x}, & x\neq 0,\\ 0, & x=0\end{cases}$ 在点 $x=0$ 连续.

证　由于

$$\lim_{x\to 0}f(x)=\lim_{x\to 0}x\cos\frac{1}{x}=0,$$

而 $f(0)=0$, 故

$$\lim_{x\to 0}f(x)=0,$$

即 $f(x)$ 在 $x=0$ 处连续.

例 3　证明函数 $f(x)=\begin{cases}-\sin x, & x<0,\\ x^2, & x\geqslant 0\end{cases}$ 在点 $x=0$ 连续.

证　由于

$$\lim_{x \to 0^+} f(x) = \lim_{x \to 0^+} x^2 = 0,$$

$$\lim_{x \to 0^-} f(x) = \lim_{x \to 0^-} (-\sin x) = 0,$$

所以, $\lim\limits_{x \to 0} f(x) = 0$, 又 $f(0) = 0$, 所以 $\lim\limits_{x \to 0} f(x) = f(0)$. 因此, $f(x)$ 在 $x = 0$ 处连续.

二、　连续函数的运算、初等函数的连续性

由函数极限的运算法则及连续性的定义, 可得以下定理.

定理 1　若函数 $f(x), g(x)$ 均在点 x_0 连续, 则函数 $f(x) \pm g(x), f(x) \cdot g(x)$, $\dfrac{f(x)}{g(x)}\ (g(x_0) \neq 0)$ 在点 x_0 都连续.

下面仅给出 $f(x) + g(x)$ 情形的证明, 其余证明类似.

证　因 $f(x), g(x)$ 在点 x_0 连续, 故有

$$\lim_{x \to x_0} f(x) = f(x_0), \quad \lim_{x \to x_0} g(x) = g(x_0),$$

由极限运算法则可得

$$\lim_{x \to x_0} [f(x) + g(x)] = \lim_{x \to x_0} f(x) + \lim_{x \to x_0} g(x) = f(x_0) + g(x_0).$$

所以, $f(x), g(x)$ 在点 x_0 连续.

由 $\sin x, \cos x$ 在 $(-\infty, +\infty)$ 内的连续性及定理 1 知, $\tan x = \dfrac{\sin x}{\cos x}, \cot x = \dfrac{\cos x}{\sin x}, \sec x = \dfrac{1}{\cos x}, \csc x = \dfrac{1}{\sin x}$ 在各自定义域上连续.

定理 2　若函数 $y = f(x)$ 在区间 I_x 上单调增加（或单调减少）且连续, 则它的反函数 $x = f^{-1}(y)$ 在对应的区间 $I_y = \{y \mid y = f(x), x \in I_x\}$ 上单调增加 (或单调减少) 且连续.

证明从略.

可以证明指数函数 a^x 在其定义域上是连续的.

利用三角函数 $\sin x, \cos x, \tan x, \cot x$ 与指数函数 a^x 的连续性, 由定理 2 易知, 反三角函数 $\arcsin x, \arccos x, \arctan x, \operatorname{arccot} x$ 与对数函数 $\log_a x$ 在各自的定义域上连续.

定理 3　若函数 $u = \varphi(x)$ 在点 x_0 连续, 且 $\varphi(x_0) = u_0$, 又函数 $y = f(u)$ 在点 x_0 连续, 则复合函数 $y = f[\varphi(x)]$ 在点 x_0 连续.

证　由于 $u=\varphi(x)$ 在点 x_0 连续, $y=f(u)$ 在点 x_0 连续, 故

$$\lim_{x\to x_0}\varphi(x)=\varphi\left(x_0\right), \quad \lim_{u\to u_0}f(u)=f\left(u_0\right).$$

又因为 $\varphi\left(x_0\right)=u_0$, 所以当 $x\to x_0$ 时, $u\to u_0$, 因此, 若 $x\to x_0$ 而 $x\neq x_0$ 时, $u\neq u_0$, 则由本章第四节定理 6 知

$$\lim_{x\to x_0}f[\varphi(x)]=\lim_{u\to u_0}f(u)=f\left(u_0\right)=f\left[\varphi\left(x_0\right)\right].$$

若 $x\to x_0$ 时存在 $x\neq x_0$ 而 $u=u_0$, 则在这些点 $x, f[\varphi(x)]-f\left[\varphi\left(x_0\right)\right]=0$, 而在其他点 $x, \left|f[\varphi(x)]-f\left[\varphi\left(x_0\right)\right]\right|$ 随 $x\to x_0$ 而趋于 0, 所以仍有 $\lim\limits_{x\to x_0}\varphi(x)=\varphi\left(x_0\right)$, 故 $y=f[\varphi(x)]$ 在点 x_0 连续.

例如, 函数 x^μ(μ 为实数) 的定义域为 $(0,+\infty)$, 而 $x^\mu=\mathrm{e}^{\mu\ln x}$, 可看成连续函数 $y=\mathrm{e}^u$ 与 $u=\mu\ln x$ 的复合函数, 利用定理 3 可得: 对任何实数 μ, x^μ 在其定义域 $(0,+\infty)$ 上连续.

从前面的讨论可知, 基本初等函数在它们各自的定义域内处处连续. 再由定理 1、定理 3 可得出重要结论: 所有初等函数在它们定义域内的区间上是连续的.

根据函数 $f(x)$ 在点 x_0 连续的定义, 若已知 $f(x)$ 在点 x_0 连续, 则求极限 $\lim\limits_{x\to x_0}f(x)$ 时, 只要求出函数值 $f\left(x_0\right)$ 就行了, 即

$$\lim_{x\to x_0}f(x)=f\left(x_0\right).$$

例如, $x_0=\dfrac{1}{2}$ 是初等函数 $\sqrt{1-x^2}$ 定义域内的区间 $[-1,1]$ 上的点, 所以

$$\lim_{x\to\frac{1}{2}}\sqrt{1-x^2}=\sqrt{1-\left(\frac{1}{2}\right)^2}=\frac{\sqrt{3}}{2}.$$

又如, $x_0=\dfrac{\pi}{2}$ 是初等函数 $\ln\sin x$ 定义域内的区间 $(0,\pi)$ 内的点, 所以 $\lim\limits_{x\to\frac{\pi}{2}}\ln\sin x=\ln\sin\dfrac{\pi}{2}=0$.

例 4　求 $\lim\limits_{x\to 0}\dfrac{\ln(1+x)}{x}$.

解　$\lim\limits_{x\to 0}\dfrac{\ln(1+x)}{x}=\lim\limits_{x\to 0}\ln(1+x)^{\frac{1}{x}}=\ln\mathrm{e}=1$.

类似地, 有 $\lim\limits_{x\to 0}\dfrac{\log_a(1+x)}{x}=\dfrac{1}{\ln a}$.

例 5 求 $\lim\limits_{x \to 0} \dfrac{a^x - 1}{x}$.

解 令 $a^x - 1 = t$, 则 $x = \log_a(1+t)$, 则当 $x \to 0$ 时, $t \to 0$, 所以

$$\lim_{x \to 0} \frac{a^x - 1}{x} = \lim_{t \to 0} \frac{t}{\log_a(1+t)} = \lim_{t \to 0} \frac{1}{\log_a(1+t)^{\frac{1}{t}}} = \frac{1}{\log_a \mathrm{e}} = \ln a.$$

当 $a = \mathrm{e}$ 时, $\lim\limits_{x \to 0} \dfrac{\mathrm{e}^x - 1}{x} = 1$.

这里的基本思想是: 当 $u = \varphi(x)$ 是中间变量时, 只要 $\lim\limits_{x \to x_0} \varphi(x)$ 存在, $f(u)$ 在 $u = \lim\limits_{x \to x_0} \varphi(x)$ 处连续, 就有 $\lim\limits_{x \to x_0} f[\varphi(x)] = f\left[\lim\limits_{x \to x_0} \varphi(x)\right]$, 即极限可以取到连续函数以内.

三、 函数的间断点及其分类

设函数 $f(x)$ 在点 x_0 的某去心邻域内有定义, 若函数 $f(x)$ 有下列三种情形之一:

(1) 在点 x_0 没有定义;

(2) 在点 x_0 有定义, 但 $\lim\limits_{x \to x_0} f(x)$ 不存在;

(3) 在点 x_0 有定义, 且 $\lim\limits_{x \to x_0} f(x)$ 存在, 但 $\lim\limits_{x \to x_0} f(x) \neq f(x_0)$,

则称函数 $f(x)$ 在点 x_0 不连续, 称点 x_0 为函数 $f(x)$ 的**不连续点或间断点**.

通常, 函数的间断点分为两类: 一类是左、右极限都存在的间断点, 称为**第一类间断点**; 不是第一类的间断点, 统称为**第二类间断点**.

例 6 函数 $f(x) = \begin{cases} \dfrac{|x|}{x}, & x \neq 0, \\ 0, & x = 0 \end{cases}$ 在点 $x = 0$ 有定义, 但因

$$f(0+0) = \lim_{x \to 0^+} f(x) = \lim_{x \to 0^+} \frac{x}{x} = 1,$$

$$f(0-0) = \lim_{x \to 0^-} f(x) = \lim_{x \to 0^-} \frac{-x}{x} = -1,$$

故 $\lim\limits_{x \to 0} f(x)$ 不存在. 因此, $x = 0$ 为 $f(x)$ 的间断点, 且是第一类间断点. 又因为 $f(0-0) \neq f(0+0)$, $y = f(x)$ 的图形在 $x = 0$ 处产生跳跃现象, 所以称 $x = 0$ 为函数 $f(x)$ 的**跳跃间断点**, 如图 1-19 所示.

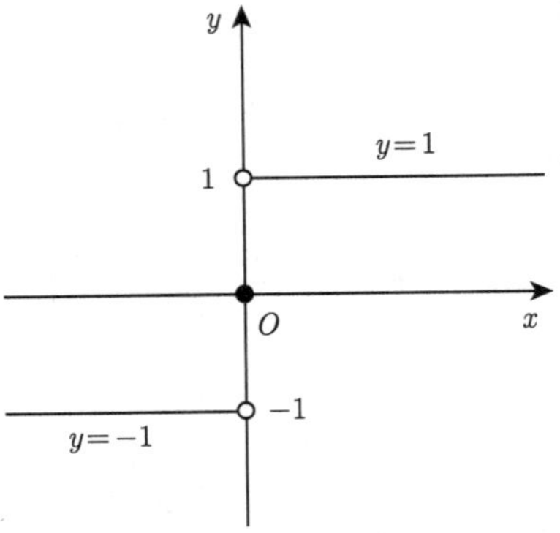

图 1-19

例 7 正切函数 $y=\tan x$ 在 $x=\frac{\pi}{2}$ 处没有定义, 且 $y=\tan x$ 在 $x=\frac{\pi}{2}$ 处左、右极限都不存在, 点 $x=\frac{\pi}{2}$ 是函数 $y=\tan x$ 的第二类间断点. 又因为 $\lim\limits_{x\to\frac{\pi}{2}}\tan x=\infty$, 所以称 $x=\frac{\pi}{2}$ 为函数 $y=\tan x$ 的**无穷间断点**.

例 8 函数 $f(x)=\frac{x^2-1}{x-1}$ 在点 $x=1$ 没有定义, 但是

$$\lim_{x\to1}\frac{x^2-1}{x-1}=\lim_{x\to1}(x+1)=2.$$

所以, $x=1$ 是 $f(x)$ 的第一类间断点. 若补充定义: 令 $x=1$ 时, $f(x)=2$, 即令

$$\bar{f}(x)=\begin{cases}\dfrac{x^2-1}{x-1}, & x\neq1,\\ 2, & x=1,\end{cases}$$

则函数 $\bar{f}(x)$ 在点 $x=1$ 连续了.

例 9 函数 $g(x)=\begin{cases}\dfrac{\sin x}{x}, & x\neq0,\\ 0, & x=0,\end{cases}$ 易见在点 $x=0$ 有定义, 但由于

$$\lim_{x\to0}g(x)=\lim_{x\to0}\frac{\sin x}{x}=1,$$

而 $g(0)=0$, 即 $\lim\limits_{x\to0}g(x)\neq g(0)$, 所以, $x=0$ 是 $g(x)$ 的第一类间断点. 若改变它在 $x=0$ 处的值, 即重新定义 $g(0)=1$, 则函数 $g(x)$ 在点 $x=0$ 就连续了.

以上例 8 和例 9 两例中的间断点称为函数的**可去间断点**. 它的特征是: 函数在该点的极限存在, 该点为函数的第一类间断点, 但函数在该点或者无定义, 或者

虽有定义但极限值与该点函数值不相等. 对于可去间断点, 若补充或改变函数在该点的定义, 使函数值与函数在该点的极限值相等, 则函数在该点就连续了, 称为将函数在可去间断点作**连续延拓**.

例 10　函数 $f(x)=\sin\dfrac{1}{x}$ 在点 $x=0$ 没有定义, 所以 $x=0$ 为函数的间断点. 又因为当 $x\to 0$ 时, 函数值在 -1 与 1 之间无限多次振荡变动, 所以, 点 $x=0$ 是函数 $f(x)=\sin\dfrac{1}{x}$ 的第二类间断点, 也称为函数 $f(x)=\sin\dfrac{1}{x}$ 的**振荡间断点**, 如图 1-20 所示.

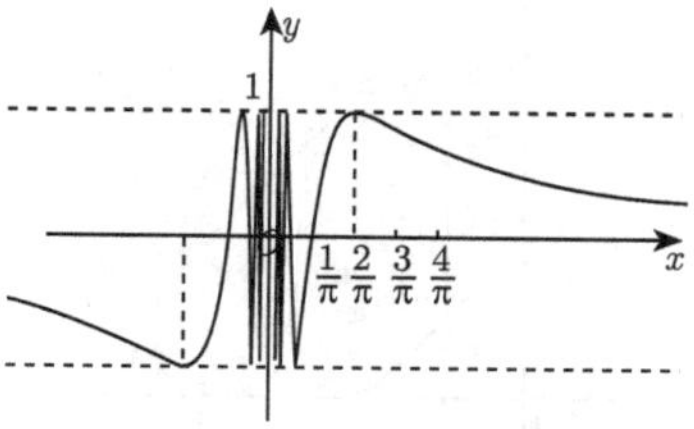

图 1-20

四、闭区间上连续函数的性质

闭区间上的连续函数有几个重要的性质, 下面给出这些性质, 证明从略.

定理 4 (最大值最小值定理)　若函数 $f(x)$ 在闭区间 $[a,b]$ 上连续, 则 $f(x)$ 在 $[a,b]$ 上有界, 并一定有最大值 M 与最小值 m, 即至少有一点 $\xi_1\in[a,b]$, 使得对于一切 $x\in[a,b]$, 有

$$f(x)\leqslant f(\xi_1)=M;$$

同样, 至少存在一点 $\xi_2\in[a,b]$, 使得对于一切 $x\in[a,b]$, 有

$$f(x)\geqslant f(\xi_2)=m.$$

从几何图形上看, 如图 1-21 所示, 定理的结论十分明显.

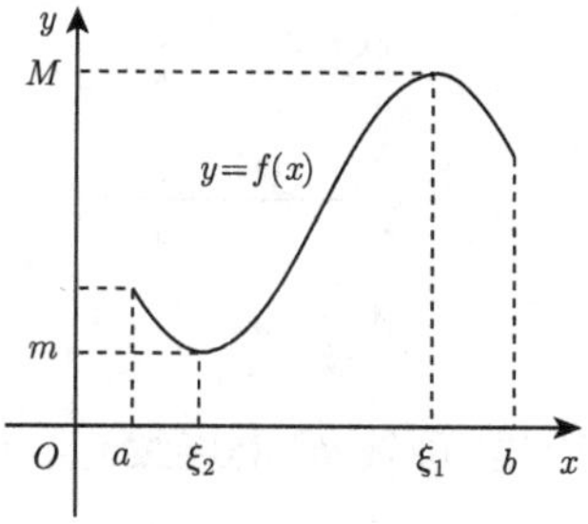

图 1-21

该定理的结论只有当函数 $f(x)$ 在闭区间 $[a,b]$ 上连续时, 才能保证成立. 若区间不是闭的, 或闭区间上的函数不连续, 则结论就不一定成立. 例如, 函数 $y=x$ 在 $(1,2)$ 内是连续的, 但它在 $(1,2)$ 内既无最大值又无最小值; 又如, 函数 $y=f(x)=\begin{cases}-x+1, & 0\leqslant x<1,\\ 1, & x=1,\\ -x+3, & 1<x\leqslant 2\end{cases}$ 在闭区间 $[0,2]$ 上有间断点 $x=1$, 它在闭区间 $[0,2]$ 上既无最大值又无最小值, 如图 1-22 所示.

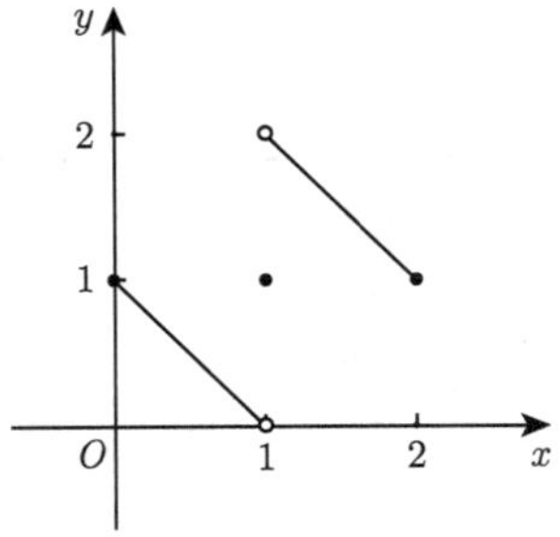

图 1-22

定理 5 (介值性定理)　若函数 $f(x)$ 在闭区间 $[a,b]$ 上连续, 且 $f(a)\neq f(b)$, 若 μ 是介于 $f(a)$ 与 $f(b)$ 之间任一实数, 则在 (a,b) 内至少存在一点 ξ, 使得

$$f(\xi)=\mu.$$

该定理的几何意义, 如图 1-23 所示, 连续曲线弧 $y=f(x)$ 与水平直线 $y=\mu$ 至少相交于一点.

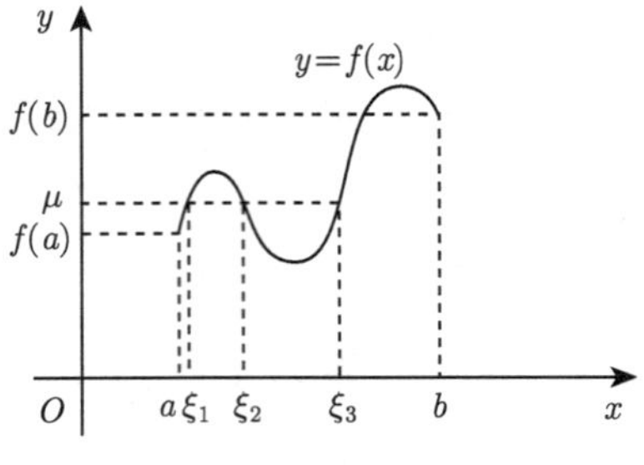

图 1-23

推论 1　若函数 $f(x)$ 在闭区间 $[a,b]$ 上连续, 且 $f(a)$ 与 $f(b)$ 异号, 则在 (a,b) 内至少有一点 ξ, 使得

$$f(\xi)=0.$$

从几何上看, 推论 1 表示, 若连续曲线弧 $y = f(x)$ 的两个端点位于 x 轴的上、下两侧, 则这段曲线弧与 x 轴至少有一个交点, 如图 1-24 所示.

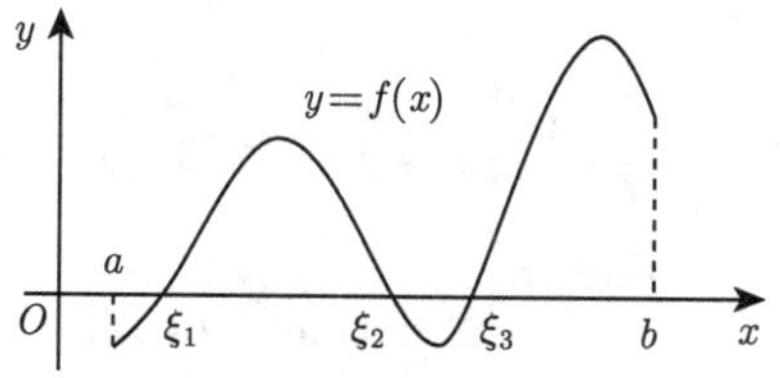

图 1-24

推论 1 中的点 ξ 称为函数 $f(x)$ 的**零点**, 即方程 $f(x) = 0$ 的根, 所以推论 1 被称为函数的**零点定理**或**方程根的存在定理**. 利用零点定理不但可以判定方程 $f(x) = 0$ 根的存在性, 而且可以估计根的存在范围, 是用二分法求方程的根的理论依据.

例 11　证明方程 $3^x - 6x - 2 = 0$ 在区间 $(2,3)$ 内至少有一个根.

证　设 $f(x) = 3^x - 6x - 2$. 易见 $f(x)$ 在区间 $[2,3]$ 上连续, 又

$$f(2) = -5 < 0, \quad f(3) = 7 > 0,$$

根据零点定理, 在 $(2,3)$ 内至少有一点 ξ, 使得 $f(\xi) = 0$, 即方程 $3^x - 6x - 2 = 0$ 在区间 $(2,3)$ 内至少有一个根.

推论 2　闭区间上的连续函数必取到介于最小值与最大值之间的任何值.

推论 2 表明, 闭区间 $[a,b]$ 上连续函数的值域是以函数的最小值 m、最大值 M 为端点的闭区间 $[m,M]$.

本章小结

习　题　1-6

1. 讨论下列函数在指定点的连续性, 并作出它的图形:

(1) $f(x) = \begin{cases} x^2, & 0 \leqslant x \leqslant 1, \\ 2-x, & 1 < x \leqslant 2, \end{cases}$　点 $x = 1$;

(2) $f(x) = \begin{cases} x, & -1 \leqslant x \leqslant 1, \\ 1, & x < 1 \text{ 或 } x > 1, \end{cases}$　点 $x = \pm 1$;

(3) $f(x) = \begin{cases} -1, & x < -1, \\ x^2, & -1 \leqslant x \leqslant 1, \\ 1, & x > 1, \end{cases}$　点 $x = \pm 1$.

2. 证明函数 $f(x) = \cos x$ 在 $(-\infty, +\infty)$ 上连续.

3. 确定常数 a, 使下列函数连续:

(1) $f(x)=\begin{cases} x^2-1, & x\leqslant 1,\\ x^3+a, & x>1;\end{cases}$　　(2) $f(x)=\begin{cases} a+x, & x\leqslant 0,\\ \sin x, & x>0;\end{cases}$

(3) $f(x)=\begin{cases} \mathrm{e}^x, & x<0,\\ a+x, & x>0.\end{cases}$

4. 求函数 $f(x)=\dfrac{x^3+3x^2-x-3}{x^2+x-6}$ 的连续区间, 并求极限 $\lim\limits_{x\to 0}f(x)$, $\lim\limits_{x\to -3}f(x)$, $\lim\limits_{x\to 2}f(x)$.

5. 利用函数的连续性, 求下列极限:

(1) $\lim\limits_{x\to 0}\sqrt{x^2-2x+5}$;　　(2) $\lim\limits_{x\to \frac{\pi}{6}}\ln(2\cos 2x)$;

(3) $\lim\limits_{x\to 0}\arcsin\dfrac{1-x}{1+x}$;　　(4) $\lim\limits_{x\to 1}\dfrac{\arctan x}{\sqrt{x+\ln x}}$.

6. 求下列极限:

(1) $\lim\limits_{x\to 1}\dfrac{\sqrt{5x-4}-\sqrt{x}}{x-1}$;　　(2) $\lim\limits_{x\to\infty}\left(\sqrt{x^2+x}-\sqrt{x^2-x}\right)$;

(3) $\lim\limits_{x\to 1}\cos\dfrac{x^2-1}{x-1}$;　　(4) $\lim\limits_{x\to 0}\dfrac{\sin x}{\ln x}$;

(5) $\lim\limits_{x\to\infty}\mathrm{e}^{\frac{1}{x}}$;　　(6) $\lim\limits_{x\to 0}\dfrac{\ln(1+2x)}{x}$;

(7) $\lim\limits_{x\to+\infty}x(\ln(x+1)-\ln x)$;　　(8) $\lim\limits_{x\to 0}\dfrac{\sqrt{1+\tan x}-\sqrt{1-\tan x}}{\sin x}$.

7. 求下列函数的间断点, 并指出类型; 若为可去间断点, 则补充或改变函数的定义使它连续.

(1) $f(x)=\dfrac{x^2-1}{x^2-3x+2}$;　　(2) $f(x)=\begin{cases} x^2+1, & 0\leqslant x\leqslant 1,\\ 2-x^2, & 1<x\leqslant 2;\end{cases}$

(3) $f(x)=\begin{cases} x^2\sin\dfrac{1}{x}, & x\neq 0,\\ 1, & x=0;\end{cases}$　　(4) $f(x)=\mathrm{e}^{x+\frac{1}{x}}$.

8. 讨论函数 $f(x)=\lim\limits_{n\to\infty}\dfrac{1-x^{2n}}{1+x^{2n}}x$ 的连续性; 若有间断点, 判别其类型.

9. 证明方程 $x\cdot 2^x=1$ 在 $(0,1)$ 内至少有一个根.

10. 证明方程 $x^5-3x=1$ 至少有一个根介于 1 和 2 之间.

11. 证明方程 $x=a\sin x+b\ (a>0,b>0)$ 至少有一个不大于 $a+b$ 的正根.

12. 若 $f(x)$ 在 $[a,b]$ 上连续, $a<x_1<\cdots<x_n<b$, 则在 $[x_1,x_n]$ 上必有 ξ, 使得

$$f(\xi)=\frac{f(x_1)+f(x_2)+\cdots+f(x_n)}{n}.$$

13. 证明: 若函数 $f(x),g(x)$ 都在闭区间 $[a,b]$ 上连续, 且 $f(a)<g(a),f(b)>g(b)$, 则存在点 $c\in(a,b)$, 使得 $f(c)=g(c)$.

14. 证明: 若 $f(x)$ 在点 x_0 连续, 且 $f(x_0)>0\ (<0)$, 则存在 x_0 的某邻域 $U(x_0)$, 使得当 $x\in U(x_0)$ 时, 恒有 $f(x)>\dfrac{f(x_0)}{2}\left(<\dfrac{f(x_0)}{2}\right)$.

第一章总习题

1. 选择题:

(1) 设函数 $g(x)=x+1$, 当 $x\neq 0$ 时, $f[g(x)]=\dfrac{1-x}{x}$, 则 $f\left(\dfrac{1}{2}\right)=($ $)$.

(A) 0 (B) -3 (C) 3 (D) 1

(2) 数列有界是数列收敛的 ( ).

(A) 充分条件 (B) 必要条件 (C) 充分必要条件 (D) 无关条件

(3) 当 $x\to 0$ 时, 变量 $\dfrac{1}{x^2}\sin\dfrac{1}{x}$ 是 ( ).

(A) 无穷小 (B) 无穷大

(C) 有界的, 但不是无穷小 (D) 无界的, 但不是无穷大

(4) 设有数列 $\{x_n\}$, 其中 x_n 满足 $-\dfrac{\pi}{2}\leqslant x_n\leqslant\dfrac{\pi}{2}$, 则 ( ).

(A) 若 $\lim\limits_{n\to\infty}\cos(\sin x_n)$ 存在, 则 $\lim\limits_{n\to\infty}x_n$ 存在

(B) 若 $\lim\limits_{n\to\infty}\sin(\cos x_n)$ 存在, 则 $\lim\limits_{n\to\infty}x_n$ 存在

(C) 若 $\lim\limits_{n\to\infty}\cos(\sin x_n)$ 存在, 则 $\lim\limits_{n\to\infty}\sin x_n$ 存在, 但 $\lim\limits_{n\to\infty}x_n$ 不一定存在

(D) 若 $\lim\limits_{n\to\infty}\sin(\cos x_n)$ 存在, 则 $\lim\limits_{n\to\infty}\cos x_n$ 存在, 但 $\lim\limits_{n\to\infty}x_n$ 不一定存在

(5) 若 $\lim\limits_{x\to 0}\dfrac{f(x)}{1-\cos^2 x}=2$, 则 $f(x)=($ $)$.

(A) $2\tan x$ (B) $\tan^2 x$ (C) $2\tan^2 x$ (D) $\dfrac{1}{2}\sqrt{\tan x}$

(6) 设 $\lim\limits_{x\to+\infty}\left(\dfrac{x^2+1}{x-1}-\alpha x-\beta\right)=1$, 则有 ( ).

(A) $\alpha=-1,\beta=1$ (B) $\alpha=1,\beta=0$ (C) $\alpha=-1,\beta=0$ (D) $\alpha=1,\beta=1$

(7) 设 $f(x)=\begin{cases}\dfrac{1-\cos\sqrt{x}}{ax}, & x>0,\\ b, & x\leqslant 0\end{cases}$ 在 $x=0$ 连续, 则 ( ).

(A) $ab=\dfrac{1}{2}$ (B) $ab=-\dfrac{1}{2}$ (C) $ab=0$ (D) $ab=2$

(8) 当 $x\to 0$ 时, 若 $x-\tan x$ 与 x^k 是同阶无穷小, 则 $k=($ $)$.

(A) 1 (B) 2 (C) 3 (D) 4

(9) 设 $f(x)=\begin{cases}x, & x\leqslant 0,\\ \dfrac{1}{n}, & \dfrac{1}{n+1}<x\leqslant\dfrac{1}{n}, n=1,2,\cdots,\end{cases}$ 则 ( ).

(A) $x=0$ 是 $f(x)$ 的第一类间断点 (B) $x=0$ 是 $f(x)$ 的第二类间断点

(C) $f(x)$ 在 $x=0$ 处连续但不可导　　　　(D) $f(x)$ 在 $x=0$ 处可导

(10) 下列曲线中有渐近线的是 (　　).

(A) $y=x+\sin x$　　　　(B) $y=x^2+\sin x$

(C) $y=x+\sin\dfrac{1}{x}$　　　　(D) $y=x^2+\sin\dfrac{1}{x}$

(11) 当 $x\to 0$ 时, $\alpha(x),\beta(x)$ 是非零无穷小量, 则以下四个命题:

① 若 $\alpha(x)\sim\beta(x)$, 则 $\alpha^2(x)\sim\beta^2(x)$;

② 若 $\alpha^2(x)\sim\beta^2(x)$, 则 $\alpha(x)\sim\beta(x)$;

③ 若 $\alpha(x)\sim\beta(x)$, 则 $\alpha(x)-\beta(x)=o(\alpha(x))$;

④ 若 $\alpha(x)-\beta(x)=o(\alpha(x))$, 则 $\alpha(x)\sim\beta(x)$.

真命题的序号是 (　　).

(A) ①③　　　　(B) ①④　　　　(C) ①③④　　　　(D) ②③④

(12) 已知 $a_n=\sqrt[n]{n}-\dfrac{(-1)^n}{n}$ $(n=1,2,\cdots)$, 则数列 $\{a_n\}$(　　).

(A) 有最大值, 有最小值　　　　(B) 有最大值, 无最小值

(C) 无最大值, 有最小值　　　　(D) 无最大值, 无最小值

(13) 设 $\lim\limits_{x\to a}\dfrac{f(x)-a}{x-a}=b$, 则 $\lim\limits_{x\to a}\dfrac{\sin f(x)-\sin a}{x-a}=$(　　).

(A) $b\sin a$　　　　(B) $b\cos a$　　　　(C) $b\sin f(a)$　　　　(D) $b\cos f(a)$

(14) 函数 $f(x)=\dfrac{e^{\frac{1}{x-1}}\ln|1+x|}{(e^x-1)(x-2)}$ 的第二类间断点的个数为 (　　).

(A) 1　　　　(B) 2　　　　(C) 3　　　　(D) 4

(15) 设有数列 $\{x_n\}$, 下列命题中不正确的是 (　　).

(A) 若 $\lim\limits_{n\to\infty}x_n=a$, 则 $\lim\limits_{n\to\infty}x_{2n}=\lim\limits_{n\to\infty}x_{2n+1}=a$

(B) 若 $\lim\limits_{n\to\infty}x_{2n}=\lim\limits_{n\to\infty}x_{2n+1}=a$, 则 $\lim\limits_{n\to\infty}x_n=a$

(C) 若 $\lim\limits_{n\to\infty}x_n=a$, 则 $\lim\limits_{n\to\infty}x_{3n}=\lim\limits_{n\to\infty}x_{3n+1}=a$

(D) 若 $\lim\limits_{n\to\infty}x_{3n}=\lim\limits_{n\to\infty}x_{3n+1}=a$, 则 $\lim\limits_{n\to\infty}x_n=a$

(16) 设 $\lim\limits_{n\to\infty}a_n=a$, 且 $a\neq 0$, 则当 n 充分大时有 (　　).

(A) $|a_n|>\dfrac{|a|}{2}$　　　　(B) $|a_n|<\dfrac{|a|}{2}$　　　　(C) $a_n>a-\dfrac{1}{n}$　　　　(D) $a_n<a+\dfrac{1}{n}$

(17) 设 $p(x)=a+bx+cx^2+dx^3$. 当 $x\to 0$ 时, 若 $p(x)-\tan x$ 是比 x^3 高阶的无穷小, 则下列选项中错误的是 (　　).

(A) $a=0$　　　　(B) $b=1$　　　　(C) $c=0$　　　　(D) $d=\dfrac{1}{6}$

(18) 若 $\lim\limits_{x\to 0}\left(e^x+ax^2+bx\right)^{\frac{1}{x^2}}=1$, 则 (　　).

(A) $a=\dfrac{1}{2},b=-1$　(B) $a=-\dfrac{1}{2},b=-1$　(C) $a=\dfrac{1}{2},b=1$　(D) $a=-\dfrac{1}{2},b=1$

(19) 设数列 $\{x_n\}$ 收敛, 则 ( ).

(A) 当 $\lim\limits_{n\to\infty}\sin x_n=0$ 时, $\lim\limits_{n\to\infty}x_n=0$

(B) 当 $\lim\limits_{n\to\infty}\left(x_n+\sqrt{|x_n|}\right)=0$ 时, $\lim\limits_{n\to\infty}x_n=0$

(C) 当 $\lim\limits_{n\to\infty}(x_n+x_n^2)=0$ 时, $\lim\limits_{n\to\infty}x_n=0$

(D) 当 $\lim\limits_{n\to\infty}(x_n+\sin x_n)=0$ 时, $\lim\limits_{n\to\infty}x_n=0$

(20) 设 $\alpha_1=x(\cos\sqrt{x}-1),\alpha_2=\sqrt{x}\ln(1+\sqrt[3]{x}),\alpha_3=\sqrt[3]{x+1}-1$, 当 $x\to0^+$ 时, 以上三个无穷小量按照从低阶到高阶的排序是 ( ).

(A) $\alpha_1,\alpha_2,\alpha_3$　(B) $\alpha_2,\alpha_3,\alpha_1$　(C) $\alpha_2,\alpha_1,\alpha_3$　(D) $\alpha_3,\alpha_2,\alpha_1$

(21) 当 $x\to0^+$ 时, 若 $\ln^{\alpha}(1+2x),(1-\cos x)^{\frac{1}{\alpha}}$ 均是比 x 高阶的无穷小, 则 α 的取值范围为 ( ).

(A) $(2,+\infty)$　(B) $(1,2)$　(C) $\left(\dfrac{1}{2},1\right)$　(D) $\left(0,\dfrac{1}{2}\right)$

(22) 设 $\cos x-1=x\sin\alpha(x)$, 其中 $|\alpha(x)|<\dfrac{\pi}{2}$, 则当 $x\to0$ 时, $\alpha(x)$ 是 ( ).

(A) 比 x 高阶的无穷小　(B) 比 x 低阶的无穷小

(C) 与 x 同阶但不等价的无穷小　(D) 与 x 等价的无穷小

(23) 函数 $f(x)=\lim\limits_{t\to0}\left(1+\dfrac{\sin t}{x}\right)^{\frac{x}{t}}$ 在 $(-\infty,+\infty)$ 内 ( ).

(A) 连续　(B) 有可去间断点　(C) 有跳跃间断点　(D) 有无穷间断点

2. 填空题:

(1) 极限 $\lim\limits_{x\to0}\left(\dfrac{1+e^x}{2}\right)^{\cot x}=$ ________.

(2) 若极限 $\lim\limits_{x\to0}\left(\dfrac{1-\tan x}{1+\tan x}\right)^{\frac{1}{\sin kx}}=e$, 则 $k=$ ________.

(3) 已知 $y=f(x)$ 在点 $x=0$ 连续, 当 $x\neq0$ 时, $f(x)=\dfrac{x^2+2}{2x}\sin\dfrac{x}{x^2+1}$, 则 $f(0)=$ ________.

(4) 当 $x\to0$ 时, 若 $-\dfrac{1}{2}x^n$ 与 $\ln\left(1+x^3\right)-x^3\sin\left(ax^3\right)$ 等价, 则 $n=$ ________.

(5) 设 $f(x)=\begin{cases}\arctan\dfrac{1}{x}, & x<0,\\ a+\sqrt{x}, & x\geqslant0\end{cases}$ 在点 $x=0$ 连续, 则 $a=$ ________.

(6) 极限 $\lim\limits_{n\to\infty}\left[\dfrac{1}{1\cdot2}+\dfrac{1}{2\cdot3}+\cdots+\dfrac{1}{n(n+1)}\right]^n=$ ________.

3. 求下列极限:

(1) $\lim\limits_{n\to\infty}\left(\sqrt{n^2+3n}-\sqrt{n^2+1}\right)$;　　(2) $\lim\limits_{x\to1}\dfrac{\sqrt[3]{x}-1}{\sqrt{x}-1}$;

(3) $\lim\limits_{x\to a+0}\dfrac{\sqrt{x}-\sqrt{a}+\sqrt{x-a}}{\sqrt{x^2-a^2}}$;　　(4) $\lim\limits_{x\to+\infty}\dfrac{\sqrt{x^2+2x}-\sqrt{x-1}}{x}$;

(5) $\lim\limits_{x\to0}\dfrac{x^3+x^2}{\left(\sin\dfrac{x}{2}\right)^2}$;　　(6) $\lim\limits_{x\to0}\dfrac{\sqrt{1+\tan x}-\sqrt{1+\sin x}}{x^3}$;

(7) $\lim\limits_{x\to+\infty}\dfrac{x\cos\sqrt{x}}{1+x^2}$;　　(8) $\lim\limits_{x\to\infty}x^2\left(1-\cos\dfrac{1}{x}\right)$;

(9) $\lim\limits_{n\to\infty}\left(1+\dfrac{1}{n}+\dfrac{1}{n^2}\right)^n$;　　(10) $\lim\limits_{x\to\infty}\left(\dfrac{2x^2-1}{2x^2+3}\right)^{x^2}$;

(11) $\lim\limits_{x\to1}x^{\frac{1}{1-x}}$;　　(12) $\lim\limits_{x\to0}(1-\sin x)^{\frac{1}{x}}$.

4. 确定常数 a,b:

(1) $\lim\limits_{x\to\infty}\left(ax+b-\dfrac{x^3+1}{x^2+1}\right)=1$;

(2) $\lim\limits_{x\to+\infty}\left(\sqrt{x^2-x+1}-ax-b\right)=0$;

(3) $\lim\limits_{x\to0}\left[a\arctan\dfrac{1}{x}+(1+|x|)^{\frac{1}{x}}\right]$ 存在;

(4) 当 $n\to\infty$ 时, $\left(1+\dfrac{1}{n}\right)^n-\mathrm{e}$ 与 $\dfrac{b}{n^a}$ 是等价无穷小;

(5) 设 $f(x)=\begin{cases}x, & x<1,\\ a, & x\geqslant1,\end{cases}$ $g(x)=\begin{cases}b, & x<0,\\ x+2, & x\geqslant0,\end{cases}$ $F(x)=f(x)+g(x)$ 在 $(-\infty,+\infty)$ 内连续.

5. 讨论下列函数在点 $x=0$ 的连续性:

(1) $f(x)=\begin{cases}\dfrac{\ln(1+x)}{x}, & x>0,\\ 0, & x=0,\\ \dfrac{\sqrt{1+x}-\sqrt{1-x}}{x}, & -1\leqslant x<0;\end{cases}$　　(2) $f(x)=\begin{cases}x\arctan\dfrac{1}{x}, & x\neq0,\\ 0, & x=0.\end{cases}$

6. 设 $f(x)=\lim\limits_{t\to+\infty}\dfrac{1-x\mathrm{e}^{tx}}{x+\mathrm{e}^{tx}}$, 讨论函数 $f(x)$ 的连续性, 若有间断点, 则指出其类型.

7. 确定下列函数的间断点并判断其类型.

(1) $y=(1-x)\arctan\dfrac{1}{1-x}$;　　(2) $y=\dfrac{1}{1-\dfrac{1}{1-x}}$.

8. 证明方程 $\sin x + x + 1 = 0$ 在 $\left(-\frac{\pi}{2}, \frac{\pi}{2}\right)$ 内至少有一个根.

9. 设函数 $f(x)$ 在 $[0, 2a]$ $(a > 0)$ 上连续, 且 $f(0) = f(2a)$. 证明: 至少有一点 $\xi \in [0, a]$, 使得 $f(\xi) = f(\xi + a)$.

10. 设 $f(x)$ 在 $[0, +\infty)$ 内连续, $f(0) > 0$, $\lim\limits_{x \to +\infty} f(x) = A < 0$. 证明: 在 $(0, +\infty)$ 内至少存在一点 ξ, 使得 $f(\xi) = 0$.

11. 设 $f(x)$ 在闭区间 $[a, b]$ 上连续, $x_i \in [a, b], t_i > 0, i = 1, 2, 3, \cdots, n$, 且 $\sum\limits_{i=1}^{n} t_i = 1$, 证明: 至少存在一点 $\xi \in [a, b]$, 使得 $f(\xi) = \sum\limits_{i=1}^{n} t_i f(x_i)$.

12. 设数列 $\{x_n\}$ 满足 $x_1 > 0, x_n \mathrm{e}^{x_{n+1}} = \mathrm{e}^{x} - 1, n = 1, 2, 3, \cdots$. 证明 $\{x_n\}$ 收敛, 并求 $\lim\limits_{n \to +\infty} x_n$.

13. 当 $x \to 0$ 时, $1 - \cos x \cdot \cos 2x \cdot \cos 3x$ 与 ax^n 为等价无穷小, 求 n, a 的值.

第二章　导数与微分

导数与微分是微分学中两个最重要的基本概念. 用极限方法建立的导数是函数的变化率, 微分是函数增量的近似表示. 本章主要讨论导数与微分的概念及计算方法, 它们是微积分学的重要组成部分.

第一节　导数的概念

在自然科学与工程技术中, 常常需要考虑某个函数的因变量随自变量变化的快慢程度. 导数的概念正是从大量求变化率的实际问题中概括、抽象出来的.

一、 引例

引例 1　切线的斜率.

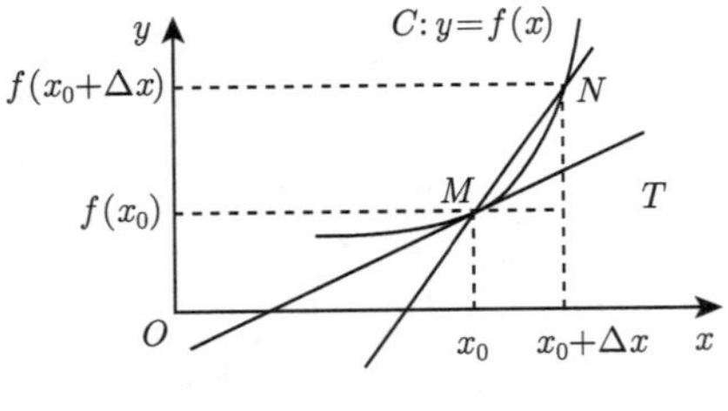

图 2-1

设连续曲线 C 的方程为 $y=f(x), M$ 为曲线上一定点. 在曲线 C 上 M 的近旁另取一点 N, 连接 M 与 N 得割线 MN(图 2-1), 当点 N 沿曲线 C 趋于点 M 时, 若割线 MN 趋于某一极限位置 MT, 则称直线 MT 为曲线 C 在点 M 处的**切线**.

如何计算切线 MT 的斜率 K? 设定点 M 的坐标为 $(x_0, f(x_0))$, 动点 N 的坐标为 $(x_0+\Delta x, f(x_0+\Delta x))$, 由于切线是 $\Delta x \to 0$ 时割线的极限位置, 从而其斜率 K 自然定义为割线 MN 的斜率当 $\Delta x \to 0$ 时的极限 (如果存在). 而割线 MN 的斜率

$$k_{MN} = \frac{f(x_0+\Delta x)-f(x_0)}{\Delta x}.$$

若当 $\Delta x \to 0$ 时上式极限存在, 则

$$k = \lim_{x\to 0} \frac{f(x_0+\Delta x)-f(x_0)}{\Delta x}.$$

引例 2　变速直线运动的速度.

设有一质点做变速直线运动，已知它的运动方程是 $s = s(t)$，则在时刻 t_0 到时刻 $t_0 + \Delta t$ 这一时间间隔内，质点的平均速度是

$$\frac{s(t_0+\Delta t)-s(t_0)}{\Delta t}.$$

易见，当 $|\Delta t|$ 越小，平均速度越接近于质点在时刻 t_0 的速度，但这毕竟不是在时刻 t_0 的精确速度. 那么，怎样得到质点在时刻 t_0 的速度 v_0 呢？这就要使用极限方法. 当 $\Delta t \to 0$ 时，若平均速度 $\dfrac{s(t_0+\Delta t)-s(t_0)}{\Delta t}$ 的极限存在，则就定义

$$v_0 = \lim_{\Delta t\to 0}\frac{s\left(t_0+\Delta t\right)-s\left(t_0\right)}{\Delta t}.$$

以上两例虽然来自不同的领域，一个是几何学的问题，一个是运动学的问题，但是它们在数学处理方法上却是相同的，都是求与函数在一点处的变化有关的一个数值，这个数值都归结为一种同样结构的极限，即函数的增量与自变量的增量之比当自变量增量趋于零时的极限. 这类问题在各学科领域内是很多的，如瞬时电流、比热、线密度、化学反应的速率、生物繁殖率等. 不考虑问题的实际意义，只抽象出由函数在一点对应的这个极限，就可以归纳出导数的定义.

二、 导数的定义

定义 设函数 $y = f(x)$ 在点 x_0 的某邻域 $U(x_0)$ 内有定义，x 在 x_0 取增量 $\Delta x \neq 0 (x_0 + \Delta x \in U(x_0))$，相应地，函数有增量 $\Delta y = f(x_0+\Delta x) - f(x_0)$，若当 $\Delta x \to 0$ 时 $\dfrac{\Delta y}{\Delta x}$ 的极限存在，则称函数 $y = f(x)$ 在点 x_0 处**可导**，并称此极限值为函数 $f(x)$ 在 x_0 的**导数**，记为 $f'(x_0)$ 或 $y'|_{x=x_0}$，$\left.\dfrac{\mathrm{d}y}{\mathrm{d}x}\right|_{x=x_0}$，$\left.\dfrac{\mathrm{d}f(x)}{\mathrm{d}x}\right|_{x=x_0}$，即

$$f'(x_0) = \lim_{\Delta x\to 0}\frac{\Delta y}{\Delta x} = \lim_{\Delta x\to 0}\frac{f(x_0+\Delta x)-f(x_0)}{\Delta x}. \tag{1-1}$$

若极限 $\lim\limits_{\Delta x\to 0}\dfrac{\Delta y}{\Delta x}$ 不存在，则称函数 $f(x)$ 在点 x_0 处**不可导**. 特别地，若 $\lim\limits_{\Delta x\to 0}\dfrac{\Delta y}{\Delta x} = \infty$，则 $f(x)$ 在点 x_0 处不可导，但为方便起见，也称函数 $f(x)$ 在点 x_0 的导数为**无穷大**.

关于导数的定义，说明以下几点.

(1) 若函数 $f(x)$ 在点 x_0 处可导，则导数值 $f'(x_0)$ 取决于函数关系 f 及 x_0，与改变量 Δx 无关.

(2) 导数的定义式 (1-1) 可取不同的形式, 常见的有

$$f'(x_0)=\lim_{h\to 0}\frac{f(x_0+h)-f(x_0)}{h}$$

和

$$f'(x_0)=\lim_{x\to x_0}\frac{f(x)-f(x_0)}{x-x_0}.$$

特别地,

$$f'(0)=\lim_{x\to 0}\frac{f(x)-f(0)}{x}.$$

(3) 数学上, 称 $\dfrac{\Delta y}{\Delta x}$ 为函数 $y=f(x)$ 当自变量从 x_0 变到 $x_0+\Delta x$ 时的**平均变化率**. 而导数 $f'(x)=\lim\limits_{\Delta x\to 0}\dfrac{\Delta y}{\Delta x}$ 称为函数 $y=f(x)$ 在点 x_0 的**变化率**, 它反映了在点 x_0 处函数随自变量的变化而变化的快慢程度.

(4) 由导数的定义可知, 曲线 $y=f(x)$ 在点 $M(x_0,f(x_0))$ 的切线斜率, 就是函数 $f(x)$ 在点 x_0 的导数, 即 $k=f'(x_0)$. 质点做变速直线运动的瞬时速度, 就是路程函数 $s=s(t)$ 在时刻 t_0 对时间 t 的导数, 即 $v(t_0)=s'(t_0)$.

若函数 $f(x)$ 在区间 (a,b) 内的每一点都可导, 则称 $f(x)$ 在区间 (a,b) 内可导, 这时函数 $f(x)$ 在区间 (a,b) 内的每一点 x, 都对应着确定的导数, 这就构成了区间 (a,b) 上新的函数, 称为 $f(x)$ 的**导函数**, 简称导数. 记为 $f'(x)$ 或 y', $\dfrac{\mathrm{d}y}{\mathrm{d}x}$, $\dfrac{\mathrm{d}f(x)}{\mathrm{d}x}$, 即

$$f'(x)=\lim_{\Delta x\to 0}\frac{f(x+\Delta x)-f(x)}{\Delta x}.$$

易见, 函数 $f(x)$ 在点 x_0 的导数 $f'(x_0)$ 就是导函数 $f'(x)$ 在点 x_0 的函数值, 即 $f'(x_0)=f'(x)\big|_{x=x_0}$. 因此, 求某点的导数就归结为求导函数在该点的函数值.

三、 用定义计算导数

用导数定义计算函数 $y=f(x)$ 在 x 点的导数时, 通常分为三步:

第一步 写出函数的改变量 $\Delta y=f(x+\Delta x)-f(x)$;

第二步 计算比式 $\dfrac{\Delta y}{\Delta x}=\dfrac{f(x+\Delta x)-f(x)}{\Delta x}$, 整理化简;

第三步 求极限 $y'=f'(x)=\lim\limits_{\Delta x\to 0}\dfrac{f(x+\Delta x)-f(x)}{\Delta x}$.

例 1 求函数 $y=f(x)=C$ (C 为常数) 的导数.

解　$\Delta y = f(x+\Delta x)-f(x) = C-C = 0, \dfrac{\Delta y}{\Delta x} = \dfrac{0}{\Delta x} = 0, y' = \lim\limits_{\Delta x \to 0} \dfrac{\Delta y}{\Delta x} = 0,$ 即

$$(C)' = 0.$$

也就是说, 常数的导数等于 0.

例 2　求函数 $y = x^n$ (n 为正整数) 的导数.

解　$$\begin{aligned}\Delta y &= (x+\Delta x)^n - x^n \\ &= \left(x^n + nx^{n-1}\Delta x + \frac{n(n-1)}{2}x^{n-2}(\Delta x)^2 + \cdots + (\Delta x)^n\right) - x^n \\ &= nx^{n-1}\Delta x + \frac{n(n-1)}{2}x^{n-2}(\Delta x)^2 + \cdots + (\Delta x)^n,\end{aligned}$$

$$\frac{\Delta y}{\Delta x} = nx^{n-1} + \frac{n(n-1)}{2}x^{n-2}\Delta x + \cdots + (\Delta x)^{n-1},$$

$$\begin{aligned}y' &= \lim_{\Delta x \to 0}\frac{\Delta y}{\Delta x} = nx^{n-1} + \frac{n(n-1)}{2}x^{n-2}\lim_{\Delta x \to 0}\Delta x + \cdots + \lim_{\Delta x \to 0}(\Delta x)^{n-1} \\ &= nx^{n-1},\end{aligned}$$

即

$$(x^n)' = nx^{n-1}.$$

上式对任意 x 成立, 如 $(x^2)' = 2x, (x^3)' = 3x^2$; 特别地, $x' = 1$.

对于一般的幂函数 x^μ (μ 为任意实数), 仍有 $(x^\mu)' = \mu x^{\mu-1}$. 证明将在本章第二节给出.

例 3　求函数 $y = \sin x$ 的导数.

解　对 $x \in (-\infty, +\infty), \Delta x \neq 0$, 有

$$\Delta y = \sin(x+\Delta x) - \sin x = 2\cos\left(x + \frac{\Delta x}{2}\right)\sin\frac{\Delta x}{2},$$

$$\frac{\Delta y}{\Delta x} = \cos\left(x + \frac{\Delta x}{2}\right)\frac{\sin\dfrac{\Delta x}{2}}{\dfrac{\Delta x}{2}},$$

故

$$y' = \lim_{\Delta x \to 0}\frac{\Delta y}{\Delta x} = \lim_{\Delta x \to 0}\cos\left(x + \frac{\Delta x}{2}\right)\lim_{\Delta x \to 0}\frac{\sin\dfrac{\Delta x}{2}}{\dfrac{\Delta x}{2}} = \cos x \cdot 1 = \cos x,$$

即

$$(\sin x)' = \cos x \quad (-\infty < x < \infty).$$

类似地, 可得

$$(\cos x)' = -\sin x \quad (-\infty < x < +\infty).$$

例 4　求自然对数函数 $y = \ln x$ 的导数.

解　对 $x \in (0, +\infty), \Delta x \neq 0$, 有

$$\Delta y = \ln(x + \Delta x) - \ln x = \ln\left(1 + \frac{\Delta x}{x}\right),$$

$$\frac{\Delta y}{\Delta x} = \frac{1}{\Delta x}\ln\left(1 + \frac{\Delta x}{x}\right) = \frac{1}{x}\ln\left(1 + \frac{\Delta x}{x}\right)^{\frac{x}{\Delta x}},$$

故

$$y' = \lim_{\Delta x \to 0}\frac{\Delta y}{\Delta x} = \frac{1}{x}\lim_{\Delta x \to 0}\ln\left(1 + \frac{\Delta x}{x}\right)^{\frac{x}{\Delta x}} = \frac{1}{x}\ln \mathrm{e} = \frac{1}{x},$$

即

$$(\ln x)' = \frac{1}{x} \quad (0 < x < +\infty).$$

以上例题的结果可以作为求导公式使用.

四、 单侧导数

导数是一个极限, 相应于单侧极限. 下面给出单侧导数, 即**左导数**、**右导数**的概念, 二者的记法与定义依次是

$$\text{左导数 } f'_-(x_0) = \lim_{\Delta x \to 0^-}\frac{f(x_0 + \Delta x) - f(x_0)}{\Delta x} \quad \text{或} \quad f'_-(x_0) = \lim_{x \to x_0^-}\frac{f(x) - f(x_0)}{x - x_0},$$

$$\text{右导数 } f'_+(x_0) = \lim_{\Delta x \to 0^+}\frac{f(x_0 + \Delta x) - f(x_0)}{\Delta x} \quad \text{或} \quad f'_+(x_0) = \lim_{x \to x_0^+}\frac{f(x) - f(x_0)}{x - x_0}.$$

易见, 函数 $f(x)$ 在点 x_0 可导的充分必要条件是: 函数 $f(x)$ 在点 x_0 的左、右导数都存在且相等.

若函数 $f(x)$ 在开区间 (a, b) 内可导, 并且在左端点 a 存在右导数 $f'_+(a)$、在右端点 b 存在左导数 $f'_-(b)$, 则称函数 $f(x)$ 在闭区间 $[a, b]$ 上**可导**.

例 5　考察绝对值函数 $f(x) = |x|$ 在点 $x = 0$ 的可导性.

解 因为 $\dfrac{f(x)-f(0)}{x}=\dfrac{f(x)}{x}=\dfrac{|x|}{x}$, 所以

$$f'_+(0)=\lim_{x\to0^+}\frac{f(x)-f(0)}{x}=\lim_{x\to0^+}\frac{|x|}{x}=\lim_{x\to0^+}\frac{x}{x}=1,$$
$$f'_-(0)=\lim_{x\to0^-}\frac{f(x)-f(0)}{x}=\lim_{x\to0^-}\frac{|x|}{x}=\lim_{x\to0^-}\frac{-x}{x}=-1.$$

可见, 左、右导数不相等, 所以 $f(x)$ 在点 $x=0$ 不可导.

例 6 已知函数 $f(x)=\begin{cases}\sin x, & x<0,\\ x, & x\geqslant 0,\end{cases}$ 如图 2-2 所示, 求 $f'(x)$.

解 当 $x<0$ 时, $f(x)=\sin x$, 所以 $f'(x)=\cos x$; 当 $x>0$ 时, $f(x)=x$, 所以 $f'(x)=1$. 对于分段点 $x=0$, 因为

$$f'_-(0)=\lim_{x\to0^-}\frac{f(x)-f(0)}{x}=\lim_{x\to0^-}\frac{\sin x}{x}=1,$$
$$f'_+(0)=\lim_{x\to0^+}\frac{f(x)-f(0)}{x}=\lim_{x\to0^+}\frac{x}{x}=1,$$

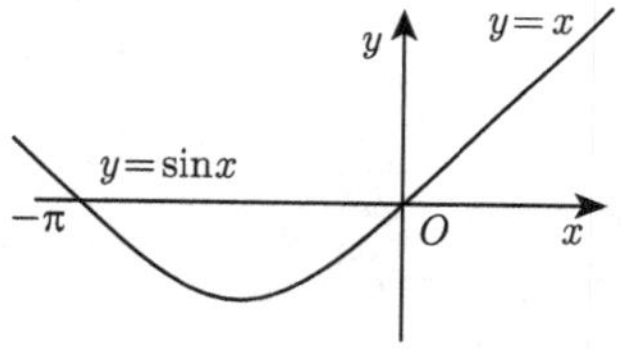

图 2-2

所以 $f'(0)=1$. 综上, $f(x)$ 在 $(-\infty,+\infty)$ 内可导, 且

$$f'(x)=\begin{cases}\cos x, & x<0,\\ 1, & x\geqslant 0.\end{cases}$$

五、 可导与连续的关系

由导数的定义知, 导数是比式 $\dfrac{\Delta y}{\Delta x}$ 的极限, 并且分母 Δx 的极限是 0. 所以, 若函数在点 x 可导, 则必定分子 Δy 的极限也是 0, 即 $\lim\limits_{\Delta x\to0}\Delta y=0$.

事实上, 因为 $\lim\limits_{\Delta x\to0}\dfrac{\Delta y}{\Delta x}=f'(x), \Delta x\neq0$, 而 $\Delta y=\dfrac{\Delta y}{\Delta x}\Delta x$, 所以

$$\lim_{\Delta x\to0}\Delta y=\lim_{\Delta x\to0}\frac{\Delta y}{\Delta x}\cdot\lim_{\Delta x\to0}\Delta x=0.$$

这表明函数 $y=f(x)$ 在点 x 连续. 所以, 有下面的定理.

定理 若函数 $y=f(x)$ 在点 x 可导, 则它在点 x 必连续, 即可导必连续.

从例 5 知, 绝对值函数 $f(x)=|x|$ 在点 $x=0$ 连续, 但却不可导, 这表明连续未必可导. 故函数在某点连续是函数在该点可导的必要条件, 但不是充分条件. 下面的例子也能说明这一点.

例 7　已知函数 $f(x)=\sqrt[3]{x}$. 证明该函数在点 $x=0$ 不可导.

证　因为在点 $x=0$ 处, 有

$$\frac{f(x)-f(0)}{x}=\frac{\sqrt[3]{x}}{x}=\frac{1}{x^{2/3}},$$

所以 $\lim\limits_{x\to0}\frac{f(x)-f(0)}{x}=\lim\limits_{x\to0}\frac{1}{x^{2/3}}=+\infty$, 即导数为无穷大, 故导数不存在.

在几何图形上表现为曲线 $y=\sqrt[3]{x}$ 在点 $(0,0)$ 有垂直于 x 轴的切线 $x=0$, 如图 2-3 所示.

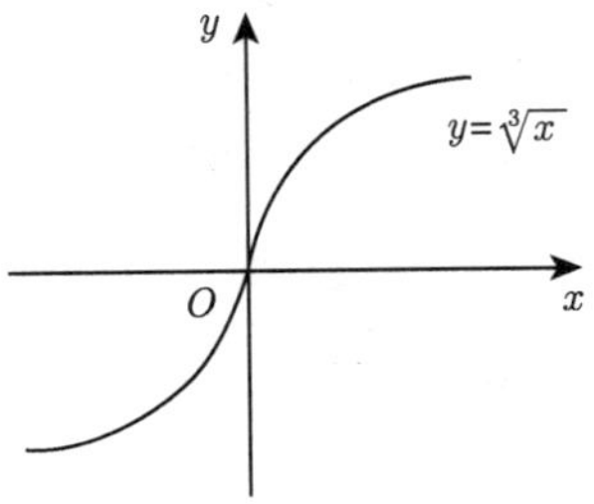

图 2-3

例 8　已知函数 $f(x)=\begin{cases}ax+b, & x<1,\\ \ln x, & x\geqslant 1\end{cases}$ 在 $x=1$ 可导, 求 a 与 b 的值.

解　由 $f(1)=\ln 1=0$ 及 $f(x)$ 在点 $x=1$ 可导必连续知 $a+b=0$. 注意到

$$\begin{aligned}f'_-(1)&=\lim_{h\to0^-}\frac{f(1+h)-f(1)}{h}=\lim_{h\to0^-}\frac{a(1+h)+b-\ln 1}{h}\\&=\lim_{h\to0^-}\frac{a(1+h)+b-(a+b)}{h}\\&=\lim_{h\to0^-}\frac{ah}{h}=a;\\f'_+(1)&=\lim_{h\to0^+}\frac{f(1+h)-f(1)}{h}\\&=\lim_{h\to0^+}\frac{\ln(1+h)-\ln 1}{h}=\lim_{h\to0^+}\frac{\ln(1+h)}{h}\\&=\lim_{h\to0^+}\ln(1+h)^{\frac{1}{h}}=\ln \mathrm{e}=1.\end{aligned}$$

又因为 $f(x)$ 在 $x=1$ 可导, 所以 $f'_+(1)=f'_-(1)$, 得 $a=1$; 再由 $a+b=0$ 得 $b=-1$, 如图 2-4 所示.

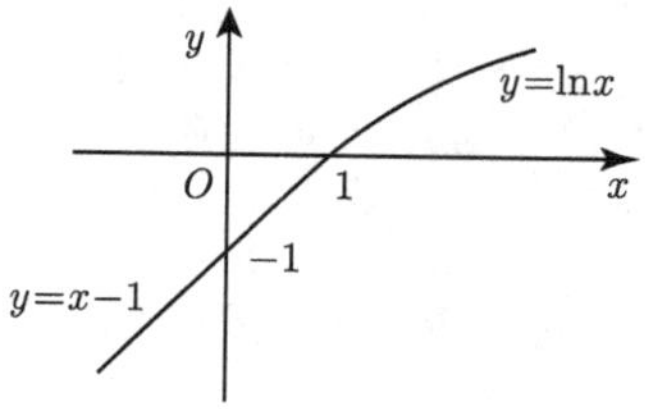

图 2-4

六、导数的几何意义

由引例 1 与导数的定义可知, 函数 $y=f(x)$ 在点 x_0 可导的几何意义是曲线 $y=f(x)$ 在点 $(x_0,f(x_0))$ 处有不垂直于 x 轴的切线, 导数 $f'(x_0)$ 的几何意义是曲线 $y=f(x)$ 在点 $P(x_0,f(x_0))$ 处切线的斜率, 即

$$k=f'(x_0)=\tan\alpha,$$

其中 α 是切线的倾斜角, 如图 2-5 所示. 于是, 曲线 $y=f(x)$ 在点 $P(x_0,f(x_0))$ 的切线方程为

$$y=f'(x_0)(x-x_0)+f(x_0);$$

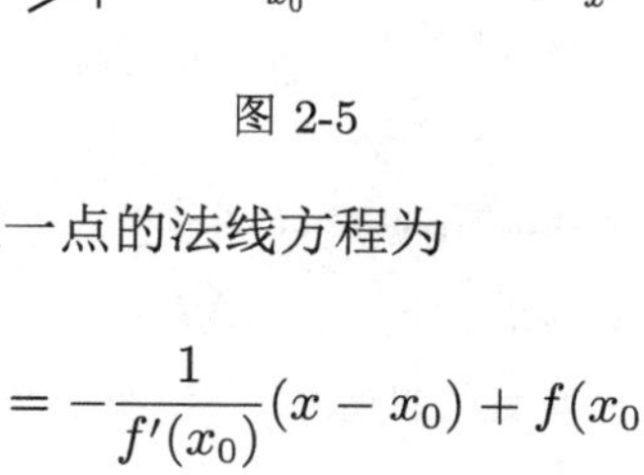

图 2-5

当 $f'(x_0)\neq 0$ 时, 曲线在这一点的法线方程为

$$y=-\frac{1}{f'(x_0)}(x-x_0)+f(x_0).$$

例 9 求曲线 $y=\sin x$ 在点 $P(\pi,0)$ 的切线方程与法线方程.

解 根据导数的几何意义, 曲线在点 $P(\pi,0)$ 的切线与法线斜率分别为

$$k_{切}=\cos x\,|_{x=\pi}=-1,\quad k_{法}=1,$$

从而切线方程为

$$y = -x + \pi;$$

法线方程为

$$y = x - \pi.$$

习 题 2-1

1. 试用导数定义求函数 $f(x) = ax + b$ 的导数.

2. 试用导数定义求函数 $f(x) = 5x^2$ 的导数, 并求 $f'(0), f'(-2)$.

3. 设 $f(x) = x(x-1)(x-2)\cdots(x-50)$, 求 $f'(0)$.

4. 已知函数 $f(x)$ 在 $x = 0$ 处连续, 且 $\lim\limits_{x \to 0} \dfrac{f(x)}{x} = A$, 证明: $f(x)$ 在 $x = 0$ 处可导, 并求 $f'(0)$.

5. 设 $f'(a)$ 存在, 求下列极限:

(1) $\lim\limits_{h \to 0^-} \dfrac{f(a+h) - f(a)}{2h}$; (2) $\lim\limits_{h \to 0} \dfrac{f(a) - f(a+h^2)}{h}$;

(3) $\lim\limits_{h \to 0} \dfrac{f(a-h) - f(a)}{h}$; (4) $\lim\limits_{h \to 0} \dfrac{f(a+h) - f(a-h)}{h}$.

6. 讨论下列函数在点 $x = 0$ 处的连续性与可导性:

(1) $f(x) = \begin{cases} e^x, & x \geqslant 0, \\ \cos x, & x < 0; \end{cases}$ (2) $f(x) = \begin{cases} x \arctan \dfrac{1}{x}, & x \neq 0, \\ 0, & x = 0. \end{cases}$

7. 设 $f(x)$ 是偶函数且 $f'(0)$ 存在, 试证明 $f'(0) = 0$.

8. 试证明函数 $y = f(x) = \begin{cases} x \sin \dfrac{1}{x}, & x \neq 0, \\ 0, & x = 0, \end{cases}$

(1) 在点 $x = 0$ 连续; (2) 在点 $x = 0$ 不可导.

9. 设 $f(x) = \begin{cases} \sin(x-1) + 2, & x < 1, \\ ax + b, & x \geqslant 1, \end{cases}$ 当 a, b 取何值时 $f(x)$ 在 $(-\infty, +\infty)$ 上可导?

10. 设质点运动的路程函数 $s = 3t^2 + 2t + 1$, 试求:

(1) 当 $t = 2, \Delta t = 0.01$ 时的平均速度; (2) 当 $t = 2$ 时的瞬时速度.

11. 求曲线 $y = \ln x$ 在点 $x = 2$ 处的切线方程与法线方程.

12. 曲线 $y = x^2$ 上哪一点的切线平行于直线 $4x - y - 1 = 0$?

13. 一物体绕定轴旋转, 已知在时间间隔 $[0, t]$ 内转过角度 θ, 也就是说, θ 是 t 的函数 $\theta = \theta(t)$. 当旋转是匀速时, 称 $\omega = \dfrac{\theta}{t}$ 是该物体的角速度. 若旋转是非匀速的, 应当怎样确定该物体在时刻 t_0 的角速度?

第二节 求导法则及基本求导公式

利用导数的定义, 可以求一些简单函数的导数, 但是, 当函数较复杂时, 用定义求导数往往很困难. 因此, 有必要进一步解决求导的方法问题. 本节将利用极限理论, 推导出导数的四则运算法则、反函数的求导法则及复合函数的求导法则, 并给出基本初等函数的导数公式, 借助这些法则与公式, 能很方便地求出初等函数的导数.

一、 导数的四则运算法则

定理 1 若函数 $u(x),v(x)$ 在点 x 可导, 则它们的和、差、积、商 (分母不为零) 也在点 x 可导, 并且

(1) $[u(x)\pm v(x)]'=u'(x)\pm v'(x)$.

(2) $[u(x)v(x)]'=u'(x)v(x)+u(x)v'(x)$. (2-1)

特别地, $[ku(x)]'=ku'(x)$, 其中 k 为常数.

(3) $\left[\dfrac{u(x)}{v(x)}\right]'=\dfrac{u'(x)v(x)-u(x)v'(x)}{v^2(x)}(v(x)\neq 0)$.

证 仅对 (2) 和 (3) 加以证明, 将 (1) 留给读者.

(2) 令 $y=u(x)v(x)$, 则

$$\begin{aligned}\Delta y&=[u(x+\Delta x)v(x+\Delta x)]-[u(x)v(x)]\\&=u(x+\Delta x)v(x+\Delta x)-u(x)v(x+\Delta x)+u(x)v(x+\Delta x)-u(x)v(x)\\&=[u(x+\Delta x)-u(x)]v(x+\Delta x)+u(x)[v(x+\Delta x)-v(x)],\end{aligned}$$

$$\frac{\Delta y}{\Delta x}=\frac{u(x+\Delta x)-u(x)}{\Delta x}v(x+\Delta x)+u(x)\frac{v(x+\Delta x)-v(x)}{\Delta x}.$$

由导数的定义及可导必连续, 得

$$\begin{aligned}\lim_{\Delta x\to 0}\frac{\Delta y}{\Delta x}&=\lim_{\Delta x\to 0}\frac{u(x+\Delta x)-u(x)}{\Delta x}\lim_{\Delta x\to 0}v(x+\Delta x)\\&\quad+u(x)\lim_{\Delta x\to 0}\frac{v(x+\Delta x)-v(x)}{\Delta x}\\&=u'(x)v(x)+u(x)v'(x),\end{aligned}$$

即

$$[u(x)v(x)]'=u'(x)v(x)+u(x)v'(x).$$

(3) 令 $y=\dfrac{u(x)}{v(x)}$, 则

$$\begin{aligned}\Delta y&=\frac{u(x+\Delta x)}{v(x+\Delta x)}-\frac{u(x)}{v(x)}=\frac{u(x+\Delta x)v(x)-u(x)v(x+\Delta x)}{v(x)v(x+\Delta x)}\\&=\frac{[u(x+\Delta x)-u(x)]v(x)-u(x)[v(x+\Delta x)-v(x)]}{v(x)v(x+\Delta x)};\end{aligned}$$

$$\frac{\Delta y}{\Delta x}=\left[\frac{u(x+\Delta x)-u(x)}{\Delta x}v(x)-u(x)\frac{v(x+\Delta x)-v(x)}{\Delta x}\right]\cdot\frac{1}{v(x)v(x+\Delta x)}.$$

由导数的定义及可导必连续, $v(x)\neq 0$, 得

$$\begin{aligned}\lim_{\Delta x\to 0}\frac{\Delta y}{\Delta x}=&\left[\left(\lim_{\Delta x\to 0}\frac{u(x+\Delta x)-u(x)}{\Delta x}\right)v(x)-u(x)\left(\lim_{\Delta x\to 0}\frac{v(x+\Delta x)-v(x)}{\Delta x}\right)\right]\\&\cdot\frac{1}{v(x)\lim\limits_{\Delta x\to 0}v(x+\Delta x)}=\frac{u'(x)v(x)-u(x)v'(x)}{v^2(x)},\end{aligned}$$

即

$$\left[\frac{u(x)}{v(x)}\right]'=\frac{u'(x)v(x)-u(x)v'(x)}{v^2(x)}.$$

定理中的 (1) 和 (2) 给出了和、差、积的求导法则, 这些法则可推广到任意有限个可导函数的情况, 例如

$$[u_1(x)\pm u_2(x)\pm\cdots\pm u_n(x)]'=u_1'(x)\pm u_2'(x)\pm\cdots\pm u_n'(x),$$

$$\begin{aligned}[u_1(x)u_2(x)\cdots u_n(x)]'=&u_1'(x)u_2(x)\cdots u_n(x)+u_1(x)u_2'(x)\cdots u_n(x)+\cdots\\&+u_1(x)u_2(x)\cdots u_n'(x);\end{aligned}$$

特别地, $[u(x)v(x)w(x)]'=u'(x)v(x)w(x)+u(x)v'(x)w(x)+u(x)v(x)w'(x)$.

例 1 已知 $f(x)=x^5+4\cos x-\sin\dfrac{\pi}{7}$. 求 $f'(x)$ 及 $f'\left(\dfrac{\pi}{2}\right)$.

解 因为 $f'(x)=(x^5)'+(4\cos x)'-\left(\sin\dfrac{\pi}{7}\right)'=5x^4-4\sin x$, 所以

$$f'\left(\frac{\pi}{2}\right)=\frac{5}{16}\pi^4-4.$$

例 2 求对数函数 $y=\log_a x$ 的导数.

解　因为 $y=\log_a x=\dfrac{\ln x}{\ln a}$, 所以

$$(\log_a x)'=\frac{1}{\ln a}(\ln x)'=\frac{1}{x\ln a}.$$

例 3　求 $y=(2x+3)\log_2 x$ 的导数.

解　$y'=(2x+3)'\log_2 x+(2x+3)(\log_2 x)'=2\log_2 x+\dfrac{2x+3}{x\ln 2}$

$$=\frac{2\ln x}{\ln 2}+\frac{2x+3}{x\ln 2}=\frac{1}{\ln 2}\left(2\ln x+\frac{3}{x}+2\right).$$

例 4　求 $y=\dfrac{\ln x}{1+\sin x}$ 的导数.

解　$y'=\dfrac{(\ln x)'(1+\sin x)-\ln x(1+\sin x)'}{(1+\sin x)^2}=\dfrac{\dfrac{1+\sin x}{x}-\cos x\ln x}{(1+\sin x)^2}$

$$=\frac{1+\sin x-x\cos x\ln x}{x(1+\sin x)^2}.$$

例 5　求正切函数 $y=\tan x$ 的导数.

解　$(\tan x)'=\left(\dfrac{\sin x}{\cos x}\right)'=\dfrac{(\sin x)'\cos x-\sin x(\cos x)'}{\cos^2 x}=\dfrac{1}{\cos^2 x}=\sec^2 x.$

类似地可得

$$(\cot x)'=-\csc^2 x.$$

例 6　求正割函数 $y=\sec x$ 的导数.

解　$(\sec x)'=\left(\dfrac{1}{\cos x}\right)'=-\dfrac{-\sin x}{\cos^2 x}=\sec x\tan x.$

类似地可得

$$(\csc x)'=-\csc x\cot x.$$

二、反函数的求导法则

定理 2　设函数在 $x=g(y)$ 某区间 I_y 内单调、可导, 且 $g'(y)\neq 0$, 则它的反函数 $y=f(x)$ 在对应区间 I_x 内也单调、可导, 且 $f'(x)=\dfrac{1}{g'(y)}$, 即

$$\frac{\mathrm{d}y}{\mathrm{d}x}=\frac{1}{\dfrac{\mathrm{d}y}{\mathrm{d}x}}. \tag{2-2}$$

证　设 $x \in I_x$, 取增量 $\Delta x \neq 0, x+\Delta x \in I_x$, 则由单调函数的反函数仍然单调知

$$\Delta y = f(x+\Delta x) - f(x) \neq 0.$$

于是, 有

$$\frac{\Delta y}{\Delta x} = \frac{1}{\dfrac{\Delta x}{\Delta y}}.$$

因为函数 $x = g(y)$ 可导 (从而连续), 所以其反函数 $y = f(x)$ 也连续, 即当 $\Delta x \to 0$ 时, $\Delta y \to 0$. 再由 $x = g(y)$ 在点 y 可导就得到

$$\frac{\mathrm{d}y}{\mathrm{d}x} = \lim_{\Delta x \to 0} \frac{\Delta y}{\Delta x} = \frac{1}{\lim\limits_{\Delta x \to 0} \dfrac{\Delta x}{\Delta y}} = \frac{1}{\lim\limits_{\Delta y \to 0} \dfrac{\Delta x}{\Delta y}} = \frac{1}{\dfrac{\mathrm{d}x}{\mathrm{d}y}}.$$

例 7　求指数函数 a^x $(a>0, a\neq 1)$ 的导数.

解　因为 $y = a^x$ 是 $x = \log_a y$ 的反函数, 而函数 $x = \log_a y$ 在区间 $(0, +\infty)$ 内单调、可导, 且 $(\log_a y)' = \dfrac{1}{y\ln a} \neq 0$, 所以, 函数 $y = a^x$ 在 $(-\infty, +\infty)$ 内可导, 且

$$\frac{\mathrm{d}y}{\mathrm{d}x} = \frac{1}{(\log_a y)'} = y\ln a = a^x \ln a,$$

即

$$(a^x)' = a^x \ln a, \quad x \in (-\infty, +\infty).$$

特别地,

$$(\mathrm{e}^x)' = \mathrm{e}^x.$$

例 8　求反正弦函数 $y = \arcsin x$ 的导数.

解　因为函数 $y = \arcsin x$ 是函数 $x = \sin y \left(y \in \left[-\dfrac{\pi}{2}, \dfrac{\pi}{2}\right]\right)$ 的反函数, 而函数 $x = \sin y$ 在 $\left(-\dfrac{\pi}{2}, \dfrac{\pi}{2}\right)$ 内单调、可导, 且 $\dfrac{\mathrm{d}x}{\mathrm{d}y} = (\sin y)' = \cos y \neq 0$, 所以, 在 $(-1, 1)$ 上, $y = \arcsin x$ 可导, 且

$$\frac{\mathrm{d}y}{\mathrm{d}x} = \frac{1}{(\sin y)'} = \frac{1}{\cos y} = \frac{1}{\sqrt{1-\sin^2 y}} = \frac{1}{\sqrt{1-x^2}},$$

即

$$(\arcsin x)' = \frac{1}{\sqrt{1-x^2}} \quad (|x|<1).$$

类似地可得

$$(\arccos x)' = -\frac{1}{\sqrt{1-x^2}} \quad (|x|<1).$$

例 9　求反正切函数 $y=\arctan x$ 的导数.

解　因为函数 $y=\arctan x$ 是函数 $x=\tan y, y\in\left(-\frac{\pi}{2},\frac{\pi}{2}\right)$ 的反函数, 而函数 $x=\tan y$ 在 $\left(-\frac{\pi}{2},\frac{\pi}{2}\right)$ 内单调、可导, 且 $\frac{\mathrm{d}x}{\mathrm{d}y}=(\tan y)'=\sec^2 x\neq 0$, 所以, 在 $(-\infty,+\infty)$ 内, $y=\arctan x$ 可导, 且

$$\frac{\mathrm{d}y}{\mathrm{d}x}=\frac{1}{(\tan y)'}=\frac{1}{\sec^2 x}=\frac{1}{1+\tan^2 y}=\frac{1}{1+x^2},$$

即

$$(\arctan x)'=\frac{1}{1+x^2}, \quad x\in(-\infty,+\infty).$$

类似地可得

$$(\operatorname{arccot} x)'=-\frac{1}{1+x^2}, \quad x\in(-\infty,+\infty).$$

三、 复合函数的求导法则

定理 3　设函数 $y=f(u)$ 与函数 $u=\varphi(x)$ 构成复合函数 $y=f[\varphi(x)]$. 若 $u=\varphi(x)$ 在点 x 可导, 且 $y=f(u)$ 在对应点 u 可导, 则复合函数 $y=f[\varphi(x)]$ 在点 x 也可导, 并且 $\frac{\mathrm{d}y}{\mathrm{d}x}=\frac{\mathrm{d}y}{\mathrm{d}u}\cdot\frac{\mathrm{d}u}{\mathrm{d}x}$, 或 $\{f_x[\varphi(x)]\}'=f'[\varphi(x)]\varphi'_x(x)$.

证　设 x 有增量 $\Delta x\neq 0$, 相应地, 函数 $u=\varphi(x)$ 有增量 Δu (Δu 可能为零), 从而函数 $y=f(u)$ 有增量 Δy. 当 $\Delta u\neq 0$ 时, 由 $y=f(u)$ 在点 u 可导, 得 $\lim\limits_{\Delta u\to\infty}\frac{\Delta y}{\Delta u}=f'(u)$. 根据极限与无穷小的关系, 有 $\frac{\Delta y}{\Delta u}=f'(u)+\alpha$, 其中当 $\Delta u\to 0$ 时 $\alpha\to 0$. 上式化为

$$\Delta y=f'(u)\Delta u+\alpha\Delta u.$$

当 $\Delta u=0$ 时, 易见 $\Delta y=0$, 这时规定 $\alpha=0$. 因此, 不论 Δu 是否为零, 都有

$$\Delta y=f'(u)\Delta u+\alpha\Delta u,$$

其中 $\lim\limits_{x\to 0}\alpha=0$. 上式两端同除以 Δx, 得 $\frac{\Delta y}{\Delta x}=f'(u)\frac{\Delta u}{\Delta x}+\alpha\frac{\Delta u}{\Delta x}$. 令 $\Delta x\to 0$, 因为 $u=\varphi(x)$ 可导, 所以连续, 故 $\Delta u\to 0$, 从而 $\Delta\alpha\to 0$, 于是

$$\lim_{\Delta x\to 0}\frac{\Delta y}{\Delta x}=f'(u)\lim_{\Delta x\to 0}\frac{\Delta u}{\Delta x}+\lim_{\Delta u\to 0}\alpha\cdot\lim_{\Delta x\to 0}\frac{\Delta u}{\Delta x}=f'(u)\varphi'(x)+0\cdot\varphi'(x)=f'(u)\varphi'(x),$$

即

$$\frac{\mathrm{d}y}{\mathrm{d}x}=f'(u)\cdot\varphi'(x)=\frac{\mathrm{d}y}{\mathrm{d}u}\cdot\frac{\mathrm{d}u}{\mathrm{d}x}.$$

可见, 复合函数对自变量的导数等于它对中间变量的导数乘以中间变量对自变量的导数. 定理 3 可推广到有限次的复合函数求导的情况, 如设

$$y=f(u),\quad u=\varphi(v),\quad v=\psi(x),$$

则复合函数 $y=f\{\varphi[\psi(x)]\}$ 的导数为

$$\frac{\mathrm{d}y}{\mathrm{d}x}=\frac{\mathrm{d}y}{\mathrm{d}u}\cdot\frac{\mathrm{d}u}{\mathrm{d}v}\cdot\frac{\mathrm{d}v}{\mathrm{d}x}=f'(u)\cdot\varphi'(v)\cdot\psi'(x).$$

因此, 上述求导法则也被形象地称为**链式法则**.

在定理 3 中, $\{f[\varphi(x)]\}'$ 与 $f'[\varphi(x)]$ 的含义不同, 其中 $\{f[\varphi(x)]\}'$ 表示复合函数对自变量 x 求导, 而 $f'[\varphi(x)]$ 则表示函数 $y=f(u)$ 对中间变量 u 求导, 即 $f'[\varphi(x)]=f'(u)$.

例 10　证明幂函数的导数公式 $(x^{\mu})'=\mu x^{\mu-1}$, 其中 $x>0$, μ 为实数.

证　$y=x^{\mu}=\mathrm{e}^{\ln x^{\mu}}=\mathrm{e}^{\mu\ln x}$, 令 $u=\mu\ln x$, 则

$$\frac{\mathrm{d}y}{\mathrm{d}x}=\frac{\mathrm{d}y}{\mathrm{d}u}\cdot\frac{\mathrm{d}u}{\mathrm{d}x}=\mathrm{e}^{u}\cdot\frac{\mu}{x}=x^{\mu}\cdot\frac{\mu}{x}=\mu\cdot x^{\mu-1},$$

即

$$(x^{\mu})'=\mu x^{\mu-1}.$$

利用以上公式, 很容易求出一些常见的幂函数的导数. 例如

$$(\sqrt{x})'=\frac{1}{2\sqrt{x}};$$

$$\left(\frac{1}{x}\right)'=(x^{-1})'=-\frac{1}{x^2}.$$

至此, 已经求出所有基本初等函数的导数公式.

例 11　$y=(1-3x)^4$, 求 y'.

解　设 $u=1-3x$, 则 $y=u^4$, 所以

$$y'=\frac{\mathrm{d}y}{\mathrm{d}u}\cdot\frac{\mathrm{d}u}{\mathrm{d}x}=(u^4)'(1-3x)'=4u^3\cdot(-3)=-12\,(1-3x)^3.$$

例 12　$y=\ln\tan x$, 求 $\dfrac{\mathrm{d}y}{\mathrm{d}x}$.

解 设 $u=\tan x$, 则 $y=\ln u$, 因此

$$\frac{\mathrm{d}y}{\mathrm{d}x}=\frac{\mathrm{d}y}{\mathrm{d}u}\cdot\frac{\mathrm{d}u}{\mathrm{d}x}=(\ln u)'(\tan x)'=\frac{1}{u}\cdot\sec^2 x=\frac{\sec^2 x}{\tan x}=\frac{1}{\sin x\cos x}.$$

函数对自变量的导数是自变量的函数, 求导后, 理应将中间变量代入自变量的表达式. 该法则熟练后, 求导时就不必写出中间变量了, 但需注意对中间变量的求导绝对不能漏掉.

例 13 $y=\sqrt[3]{\csc\frac{x}{2}}$, 求 $\frac{\mathrm{d}y}{\mathrm{d}x}$.

解 $$\frac{\mathrm{d}y}{\mathrm{d}x}=\frac{1}{3}\cdot\frac{1}{\sqrt[3]{\csc^2\frac{x}{2}}}\cdot\left(\csc\frac{x}{2}\right)'=\frac{1}{3}\cdot\frac{1}{\sqrt[3]{\csc^2\frac{x}{2}}}\cdot\left(-\csc\frac{x}{2}\cot\frac{x}{2}\right)\cdot\left(\frac{x}{2}\right)'$$
$$=-\frac{1}{6}\sqrt[3]{\csc\frac{x}{2}}\cot\frac{x}{2}.$$

例 14 $y=\mathrm{e}^{\sin\frac{1}{x}}$, 求 $\frac{\mathrm{d}y}{\mathrm{d}x}$.

解 $$\frac{\mathrm{d}y}{\mathrm{d}x}=\mathrm{e}^{\sin\frac{1}{x}}\cdot\left(\sin\frac{1}{x}\right)'=\mathrm{e}^{\sin\frac{1}{x}}\cdot\left(\cos\frac{1}{x}\right)\cdot\left(\frac{1}{x}\right)'=-\frac{1}{x^2}\cdot\mathrm{e}^{\sin\frac{1}{x}}\cdot\cos\frac{1}{x}.$$

例 15 $y=\mathrm{e}^{\arcsin\sqrt{x}}$, 求 $\frac{\mathrm{d}y}{\mathrm{d}x}$.

解 $$\frac{\mathrm{d}y}{\mathrm{d}x}=\mathrm{e}^{\arcsin\sqrt{x}}\cdot(\arcsin\sqrt{x})'=\mathrm{e}^{\arcsin\sqrt{x}}\cdot\frac{1}{\sqrt{1-x}}\cdot(\sqrt{x})'$$
$$=\mathrm{e}^{\arcsin\sqrt{x}}\cdot\frac{1}{\sqrt{1-x}}\cdot\frac{1}{2\sqrt{x}}=\frac{\mathrm{e}^{\arcsin\sqrt{x}}}{2\sqrt{x-x^2}}.$$

从以上例题可以看到, 使用链式法则时, 关键在于弄清楚函数的复合关系, 恰当地选取中间变量, 由外向内, 一层一层地逐层求导, 不能脱节, 不能遗漏, 一直求到对自变量的导数.

例 16 $y=\ln\frac{\sqrt{a^2+x^2}}{x}$, 求 $\frac{\mathrm{d}y}{\mathrm{d}x}$.

解 为求导简便, 对于对数函数常常可以先利用性质化简, 再求导数.

$$y=\frac{1}{2}\ln(a^2+x^2)-\ln x.$$

$$\frac{\mathrm{d}y}{\mathrm{d}x}=\frac{1}{2}\cdot\frac{1}{a^2+x^2}(a^2+x^2)'-\frac{1}{x}=\frac{2x}{2(a^2+x^2)}-\frac{1}{x}=-\frac{a^2}{x(a^2+x^2)}.$$

例 17 $y=\sqrt{\frac{1-x}{1+x}}$, 求 $\frac{\mathrm{d}y}{\mathrm{d}x}$.

解　$\dfrac{\mathrm{d}y}{\mathrm{d}x}=\dfrac{1}{2\sqrt{\dfrac{1-x}{1+x}}}\left(\dfrac{1-x}{1+x}\right)'=\dfrac{1}{2\sqrt{\dfrac{1-x}{1+x}}}\cdot\dfrac{-(1+x)-(1-x)}{(1+x)^2}$

$=\dfrac{-1}{(1+x)\sqrt{1-x^2}}.$

例 18　求函数 $y=\ln|x|$ 的导数.

解　若 $x>0$, 则函数 $y=\ln|x|=\ln x$, 故 $(\ln x)'=\dfrac{1}{x}$;

若 $x<0$, 原函数为 $y=\ln(-x)$, 由复合函数的求导法则, 不难得出

$$(\ln(-x))'=\frac{1}{-x}\cdot(-1)=\frac{1}{x},$$

因此只要 $x\neq 0$, 就有

$$(\ln|x|)'=\frac{1}{x}.$$

于是

$$(\ln|f(x)|)'=\frac{f'(x)}{f(x)}.$$

四、基本初等函数的导数公式

为便于记忆与查找, 将基本初等函数的导数公式集中列表如下:

(1) 常值函数　$(C)'=0$.

(2) 幂函数　$(x^\mu)'=\mu x^{\mu-1}$.

(3) 指数函数　$(a^x)'=a^x\ln a$;　$(\mathrm{e}^x)'=\mathrm{e}^x$.

(4) 对数函数　$(\log_a x)'=\dfrac{1}{x\ln a}$;　$(\ln x)'=\dfrac{1}{x}$.

(5) 三角函数　$(\sin x)'=\cos x$;　$(\cos x)'=-\sin x$;

$(\tan x)'=\sec^2 x$;　$(\cot x)'=-\csc^2 x$;

$(\sec x)'=\sec x\tan x$;　$(\csc x)'=-\csc x\cot x$.

(6) 反三角函数　$(\arcsin x)'=\dfrac{1}{\sqrt{1-x^2}}$;　$(\arccos x)'=-\dfrac{1}{\sqrt{1-x^2}}$;

$(\arctan x)'=\dfrac{1}{1+x^2}$;　$(\operatorname{arccot} x)'=-\dfrac{1}{1+x^2}$.

有了求导法则与公式, 可以方便地得到一切初等函数的导数, 而不必再用定义计算了. 但对于非初等函数, 例如, 分段表示的函数, 有时仍需要用定义求导数.

例 19　求函数 $y=f(x)=\begin{cases}x^2\sin\dfrac{1}{x}, & x\neq 0,\\ 0, & x=0\end{cases}$ 的导数.

解　当 $x \neq 0$ 时, $f(x) = x^2 \sin \frac{1}{x}$, 导数为

$$f'(x) = 2x \sin \frac{1}{x} - \cos \frac{1}{x};$$

当 $x = 0$ 时, $f'(0) = \lim\limits_{x \to 0} \frac{f(x) - f(0)}{x} = \lim\limits_{x \to 0} x \sin \frac{1}{x} = 0$, 所以

$$y' = f'(x) = \begin{cases} 2x \sin \frac{1}{x} - \cos \frac{1}{x}, & x \neq 0, \\ 0, & x = 0. \end{cases}$$

求分段函数的导数时, 在函数每一段的定义区间内, 导数用求导法则或导数公式来计算; 在分段点处的导数强调用导数定义讨论. 注意, 当分段点两侧函数表达式不一致时, 需要利用单侧导数讨论 (见本章第一节例 6).

习　题　2-2

1. 一物体做直线运动, 经过的路程与时间的关系是 $s = t(t-1)(t+1)$, 求 $t = 1$ 时的瞬时速度.

2. 抛物线 $y = x^2$ 上哪一点的切线与 x 轴成 60° 角?

3. 求曲线 $y = x + \sin^2 x$ 在点 $\left(\frac{\pi}{2}, 1 + \frac{\pi}{2}\right)$ 处的切线方程与法线方程.

4. 求下列函数的导数:

(1) $4x + 5 + \sin x$;　(2) $2^x + x^2 - \mathrm{e}^2$;　(3) $(6x^2 + 1) \ln x$;　(4) $3^x \cos x$;

(5) $\frac{8}{\log_3 x}$;　(6) $\frac{\ln x}{\sin x}$;　(7) $x \tan x \log_a x$;　(8) $\frac{x}{\sin x} - \frac{1}{\ln x}$.

5. 求下列函数的导数:

(1) $\sin 3x$;　(2) $\cos(ax + \varphi)$;　(3) e^{2x+1};

(4) $a^{\frac{1}{x}}$;　(5) $\cot(1 - x^2)$;　(6) $\ln \csc x$;

(7) $y = \ln \sqrt{\frac{x - \sin x}{x + \sin x}}$;　(8) $\cos \log_2 x$;　(9) $a^{\sec(3x+5)}$;

(10) $\log_3 \cos 3^x$;　(11) $y = \sqrt{\tan \sqrt{x}}$;　(12) $\frac{1}{\ln \ln \ln x}$;

(13) $\ln(\csc x - \cot x)$;　(14) $\arcsin \ln \sqrt{3x + 1}$;　(15) $\arctan \mathrm{e}^{\sin(1+x)}$;

(16) $\mathrm{e}^{\arctan^2 x^3}$;　(17) $\sqrt{x^3 + \sin^2(x + \ln x)}$;　(18) $\sqrt{x^3 + \sqrt{x^3 + \sqrt{x^3}}}$.

6. 求下列函数的导数:

(1) $y = x^4(x^2 + 1)(x^2 - 1)$;　(2) $y = (1 - \sqrt{x})\left(1 + \frac{1}{\sqrt{x}}\right)$;　(3) $u = \frac{v + 1}{v - 1}$;

(4) $p=\dfrac{\theta^5+2\theta^4-3\theta^3+4}{\theta^3}$; (5) $x=\dfrac{\ln t^5}{\sqrt{\pi}t^6}$; (6) $y=\dfrac{(3+\sqrt{\pi})x}{4^x}$;

(7) $y=\mathrm{e}^{-\sin^2\frac{1}{x}}$; (8) $y=\dfrac{x}{\sqrt{1-x^2}}$; (9) $y=x\sqrt{x^2-a^2}$;

(10) $y=\sin^2 x\sin(x^2)$; (11) $y=\dfrac{x}{\cos^2 x}-\tan x$; (12) $y=\left(\arccos\dfrac{x}{2}\right)^2$;

(13) $y=\operatorname{arccot}\dfrac{x+1}{x-1}$; (14) $y=3^{\sec x}$; (15) $y=5^{\frac{x}{\ln x}}$;

(16) $y=\ln x-\dfrac{1}{2}\ln\left(1+x^2\right)-\dfrac{1}{x}\arctan x$; (17) $y=\log_3\dfrac{x}{1-x}$;

(18) $y=x\arctan\sqrt{x^3-2x}$; (19) $y=\dfrac{x}{2}\sqrt{a^2-x^2}+\dfrac{a^2}{2}\arcsin\dfrac{x}{a}$;

(20) $y=\dfrac{x}{2}\sqrt{x^2+a^2}+\dfrac{a^2}{2}\ln(x+\sqrt{x^2+a^2})$.

7. 求双曲函数 $\operatorname{sh} x$, $\operatorname{ch} x$, $\operatorname{th} x$ 的导数.

8. 求反双曲函数 $\operatorname{arsh} x$, $\operatorname{arch} x$, $\operatorname{arth} x$ 的导数.

9. 设 $f(x)$ 可导, 求下列函数的导数:

(1) $y=f(x^2)$; (2) $y=f(\mathrm{e}^x)\cdot\mathrm{e}^{f(x)}$; (3) $y=xf\left(\dfrac{1}{x}\right)$.

10. 设有函数 $y=\begin{cases}1+\ln(1-2x), & x\leqslant 0,\\ a+b\mathrm{e}^x, & x>0,\end{cases}$ 试确定 a,b 的值, 使得它是处处可导的函数.

11. 求下列分段函数的导数:

(1) $y=\begin{cases}1-x, & x<1,\\ (1-x)(2-x), & 1\leqslant x\leqslant 2,\\ -(2-x), & x>2;\end{cases}$

(2) $y=\begin{cases}(x-a)^2(x-b)^2, & x\in(a,b),\\ a+b, & x\in(-\infty,a]\cup[b,+\infty);\end{cases}$

(3) $y=\begin{cases}x, & x<0,\\ \ln(1+x), & x\geqslant 0.\end{cases}$

12. 证明下列函数在点 $x=0$ 连续但没有导数:

(1) $y=\begin{cases}x\sin\dfrac{1}{x}, & x\neq 0,\\ 0, & x=0;\end{cases}$ (2) $y=\begin{cases}\dfrac{\sqrt{x+1}+1}{\sqrt{x}}, & x>0,\\ 0, & x\leqslant 0.\end{cases}$

第三节　高 阶 导 数

一、 高阶导数的概念

由导数的变化率背景可知, 若变速直线运动的质点的位移函数为 $s=s(t)$, 则其速度 $v(t)$ 是 $s(t)$ 对时间 t 的导数, 即 $v(t)=s'(t)$. 而加速度 $a(t)$ 又是速度 $v(t)$ 对时间 t 的导数, 从而 $a(t)=v'(t)=[s'(t)]'$, 即加速度是位移函数导数的导数, 这个导数叫作函数 $s=s(t)$ 对 t 的二阶导数. 同样, 还可以考虑加速度的变化率, 从而得到高阶导数的定义.

函数 $y=f(x)$ 的导数 $y=f'(x)$ 仍是 x 的函数, 它仍存在求导数的问题.$y'=f'(x)$ 的导数记为 $y''=f''(x)$, 叫作函数 $y=f(x)$ 的**二阶导数**. 相应地, $y'=f'(x)$ 叫作函数 $y=f(x)$ 的**一阶导数**.

类似地, 二阶导数 $y''=f''(x)$ 的导数记为 $y'''=f'''(x)$, 叫作函数 $y=f(x)$ 的**三阶导数**. 事实上, 我们还需要讨论更高阶的导数. 显然, 函数的一阶、二阶、三阶导数的记法不便应用于更高阶的导数, 于是引用新的记法, 如 $y=f(x)$ 的四阶导数记为 $y^{(4)}=f^{(4)}(x)$, 它是三阶导数 $y'''=f'''(x)$ 的导数. 一般地, 函数的 $n-1$ 阶导数 $y^{(n-1)}=f^{(n-1)}(x)$ 的导数叫作 $y=f(x)$ 的 n **阶导数**, 记为 $y^{(n)}=f^{(n)}(x)$. 函数的二阶、三阶、$\cdots$、n 阶导数也可以分别记为 $\dfrac{\mathrm{d}^2y}{\mathrm{d}x^2},\dfrac{\mathrm{d}^3y}{\mathrm{d}x^3},\cdots,\dfrac{\mathrm{d}^ny}{\mathrm{d}x^n}$.

二阶及二阶以上的导数统称为**高阶导数**. 由高阶导数的定义知, 求 $f(x)$ 的 n 阶导数 $f^{(n)}(x)$ 就是对 $f(x)$ 连续求导 n 次.

例 1　$y=x\mathrm{e}^{x^2}$, 求 $y''|_{x=1}$.

解　$y'=\mathrm{e}^{x^2}+x\mathrm{e}^{x^2}\cdot 2x=(1+2x^2)\mathrm{e}^{x^2}$,

$y''=4x\mathrm{e}^{x^2}+(1+2x^2)\mathrm{e}^{x^2}\cdot 2x=2x(3+2x^2)\mathrm{e}^{x^2}$.

$y''|_{x=1}=2\cdot(3+2)\mathrm{e}=10\mathrm{e}$.

例 2　证明函数 $y=\sqrt{2x-x^2}$ 满足关系式 $y^3y''+1=0$.

证　$y'=\dfrac{2-2x}{2\sqrt{2x-x^2}}=\dfrac{1-x}{\sqrt{2x-x^2}}$,

$$y''=-\frac{\sqrt{2x-x^2}+(1-x)\cdot\dfrac{1-x}{\sqrt{2x-x^2}}}{2x-x^2}=\frac{-1}{(2x-x^2)^{3/2}}=-\frac{1}{y^3}.$$

于是

$$y^3y''+1=y^3\left(-\frac{1}{y^3}\right)+1=0.$$

下面介绍几个初等函数的 n 阶导数.

例 3　求指数函数 e^x 的 n 阶导数.

解　因为 $(\mathrm{e}^x)'=\mathrm{e}^x$, $(\mathrm{e}^x)''=\mathrm{e}^x$, $\cdots$, 可见 $(\mathrm{e}^x)^{(n)}=\mathrm{e}^x$.

例 4　求正弦函数 $\sin x$ 的 n 阶导数.

解　$(\sin x)'=\cos x=\sin\left(x+\dfrac{\pi}{2}\right)$,

$$(\sin x)''=\left[\sin\left(x+\frac{\pi}{2}\right)\right]'=\sin\left(x+\frac{\pi}{2}+\frac{\pi}{2}\right)=\sin\left(x+2\cdot\frac{\pi}{2}\right),$$

$$(\sin x)'''=\sin\left(x+2\cdot\frac{\pi}{2}+\frac{\pi}{2}\right)=\sin\left(x+3\cdot\frac{\pi}{2}\right),$$

$$\cdots\cdots$$

$$(\sin x)^{(n)}=\sin\left(x+n\cdot\frac{\pi}{2}\right).$$

类似地可得

$$(\cos x)^{(n)}=\cos\left(x+n\cdot\frac{\pi}{2}\right).$$

例 5　求幂函数 x^μ 的 n 阶导数.

解　$(x^\mu)=\mu x^{\mu-1}$,

$$(x^\mu)''=\mu(\mu-1)x^{\mu-2},$$

$$\cdots\cdots$$

$$(x^\mu)^{(n)}=\mu(\mu-1)\cdots(\mu-n+1)x^{\mu-n}(n\geqslant 1).$$

若 μ 为正整数 n, 则 $(x^n)^{(n)}=n!,(x^n)^{(n+1)}=0$.

例 6　求对数函数 $\ln(1+x)$ 的 n 阶导数.

解　$[\ln(1+x)]'=\dfrac{1}{1+x}$,

$$[\ln(1+x)]''=\left(\frac{1}{1+x}\right)'=-\frac{1}{(1+x)^2},$$

$$[\ln(1+x)]'''=\left[-\frac{1}{(1+x)^2}\right]'=(-1)^2\frac{1\times 2}{(1+x)^3},$$

$$\cdots\cdots$$

$$[\ln(1+x)]^{(n)}=(-1)^{n-1}\frac{(n-1)!}{(1+x)^n}.$$

二、莱布尼茨公式

设函数 $u(x)$ 与 $v(x)$ 都具有 n 阶导数, 则

$$(uv)'=u'v+uv',$$

$$(uv)''=u''v+2u'v'+uv'',$$

$$(uv)'''=u'''v+3u''v'+3u'v''+uv'''.$$

用数学归纳法可以证明

$$(uv)^{(n)} = u^{(n)}v + nu^{(n-1)}v' + \frac{n(n-1)}{2!}u^{(n-2)}v'' + \cdots + \frac{n(n-1)\cdots(n-k+1)}{k!}u^{(n-k)}v^{(k)} + \cdots + uv^{(n)},$$

即

$$(uv)^{(n)} = \sum_{k=0}^{n} \mathrm{C}_n^k u^{(n-k)}v^{(k)},$$

其中 $u^{(0)} = u, v^{(0)} = v$.

这个求函数乘积的 n 阶导数的公式称为**莱布尼茨** (Leibniz) **公式**.

例 7 $y = x^2 \sin x$, 求 $y^{(10)}$.

解 设 $u = \sin x, v = x^2$, 则由莱布尼茨公式,

$$\begin{aligned} y^{(10)} &= (\sin x)^{(10)} \cdot x^2 + 10(\sin x)^{(9)}(x^2)' + \frac{10 \times 9}{2!}(\sin x)^{(8)}(x^2)'' \\ &= x^2 \sin\left(x + \frac{10\pi}{2}\right) + 20x \sin\left(x + \frac{9\pi}{2}\right) + 90 \sin\left(x + \frac{8\pi}{2}\right) \\ &= -x^2 \sin x + 20x \cos x + 90 \sin x. \end{aligned}$$

关于函数的高阶导数, 还有如下常用的法则: 设函数 $u(x)$ 与 $v(x)$ 都在点 x 具有 n 阶导数, 则 $u(x) \pm v(x), ku(x)$ 也在点 x 具有 n 阶导数, 且

$$[u(x) \pm v(x)]^{(n)} = [u(x)]^{(n)} \pm [v(x)]^{(n)},$$

$$[ku(x)]^{(n)} = k[u(x)]^{(n)},$$

其中 k 为常数.

习 题 2-3

1. 求下列函数的二阶导数:

(1) $y = \sqrt{a^2 - x^2}$; (2) $y = \ln\sqrt{\dfrac{1-x}{1+x}}$; (3) $y = \dfrac{\mathrm{e}^x}{x}$;

(4) $y = (1 + x^2)\arctan x$; (5) $y = \cos^2 x \ln x$.

2. 设 $f(x) = \arctan x$, 求 $f''(0)$, $f'''(0)$.

3. 设函数 $f''(x)$ 存在, 求下列函数的二阶导数 $\dfrac{\mathrm{d}^2y}{\mathrm{d}x^2}$:

(1) $y=f(\ln x)$;　　(2) $y=\sin(f(x^2))$.

4. 验证函数 $y=\cos \mathrm{e}^x+\sin \mathrm{e}^x$ 满足关系式 $y''-y'+y\mathrm{e}^{2x}=0$.

5. 求下列函数的 n 阶导数:

(1) $y=a^x$;　　(2) $y=\cos^2 x$;　　(3) $y=\ln x$;

(4) $y=\dfrac{1}{x^2-3x+2}$;　　(5) $y=\log_a(1+x)$;

(6) $y=a_0x^n+a_1x^{n-1}+a_2x^{n-2}+\cdots+a_{n-1}x+a_n$.

6. 已知 $f(x)=\begin{cases} ax^2+bx+c, & x<0, \\ \ln(1+x), & x\geqslant 0 \end{cases}$ 在 $x=0$ 处有二阶导数, 试确定参数 a,b,c 的值.

7. 求下列函数指定阶的导数.

(1) $y=\mathrm{e}^x\cos\dfrac{x}{2}$, 求 $y^{(4)}$;　　(2) $y=x^2\mathrm{e}^{2x}$, 求 $y^{(50)}$.

第四节　隐函数的导数　由参数方程确定的函数的导数

一、隐函数的导数

前面研究的函数都可以表示为 $y=f(x)$ 形式, 这种形式的特点是: 等号左边是因变量, 右边是只含有自变量的解析式, 用这种方式表达的函数称为**显函数**. 在实际问题中, 常常会遇到另外一类函数, 它的因变量 y 与自变量 x 之间的对应法则是由方程 $F(x,y)=0$ 确定的, 也就是说, 当 x 在点集 D 内任意取定一个值时, 通过方程 $F(x,y)=0$, y 有唯一确定的值与之对应, 这时我们说方程 $F(x,y)=0$ 确定了 y 是 x 的**隐函数**, 记该隐函数为 $y=f(x)$ 或 $y=y(x)$, 则它满足 $F(x,f(x))\equiv 0$ 或 $F(x,y(x))\equiv 0$.

把一个隐函数化成显函数, 叫作**隐函数的显化**. 例如, 从方程 $x-y^3+1=0$ 解出 $y=\sqrt[3]{1+x}$, 就把隐函数显化成了显函数. 但是, 有时隐函数的显式化很困难, 甚至是不可能的. 例如, 著名的开普勒方程 $y-x-\varepsilon\sin y=0$, 可以证明它能够确定 y 是 x 的函数, 但是这个隐函数是很难显式化的. 在实际问题中, 往往需要计算隐函数的导数, 因此, 我们希望有一种方法, 不管隐函数能否显式化, 都能直接由方程 $F(x,y)=0$ 求出它所确定的隐函数的导数. 对于方程 $F(x,y)=0$, 在什么条件下可以确定隐函数 $y=y(x)$, 且 y 关于 x 可导等, 我们将在第八章中讨论. 本节在隐函数存在且可导的前提下, 利用复合函数求导法则探讨隐函数求导的一般方法.

例 1　求方程 $\mathrm{e}^y+xy=\mathrm{e}$ 确定的隐函数 $y=y(x)$ 的导数.

解　若把 $y=y(x)$ 代入方程 $\mathrm{e}^y+xy=\mathrm{e}$, 则得到一个恒等式

$$\mathrm{e}^{y(x)}+xy(x)=\mathrm{e}.$$

在这个恒等式两端分别对 x 求导, 得

$$\mathrm{e}^y y'+y+xy'=0.$$

解得

$$y'=y'(x)=-\frac{y}{x+\mathrm{e}^y}\quad (x+\mathrm{e}^y\neq 0).$$

例 2　设 $y=y(x)$ 是由方程 $y^3+3x^2y+x=1$ 确定的隐函数, 求 $y'(0)$.

解　把 $x=0$ 代入方程解得 $y=1$, 在所给方程两端对 x 求导, 得

$$3y^2y'+3(x^2y'+2xy)+1=0,$$

解得

$$y'=y'(x)=-\frac{1+6xy}{3(x^2+y^2)}.$$

将 $x=0,\ y=1$ 代入上式, 可得 $y'(0)=-\dfrac{1}{3}$.

注意, 隐函数求导允许其结果中含有变量 y, 求隐函数在一点的导数时不但要把 x 值代进去, 还要把对应的 y 值代进去.

例 3　求曲线 $\sin(x+y)=y^2\cos x$ 在原点 $(0,0)$ 的切线方程.

解　由导数的几何意义可知, 所求切线的斜率为 $k=y'|_{x=0}$.

在所给方程两端分别对 x 求导, 得

$$\cos(x+y)(1+y')=2yy'\cos x-y^2\sin x,$$

将 $x=0,\ y=0$ 代入上式, 得 $(1+y')|_{x=0}=0$, 所以

$$y'|_{x=0}=-1,$$

即知切线方程为 $y+x=0$.

除了求一阶导数外, 还可以求隐函数的高阶导数.

例 4　求由方程 $y^2-2xy+9=0$ 确定的隐函数 $y=y(x)$ 的二阶导数.

解　先求 y'. 方程两端对 x 求导, 得

$$2yy'-2y-2xy'=0. \tag{4-1}$$

解得

$$y' = \frac{y}{y-x}.$$

下面用两种方法介绍隐函数高阶导数的求法.

方法 1　注意到 y 是 x 的函数, 利用商的求导法则, 有

$$\begin{aligned} y'' &= \left(\frac{y}{y-x}\right)' = \frac{y'(y-x)-y(y'-1)}{(y-x)^2} = \frac{-xy'+y}{(y-x)^2} \\ &= \frac{-x\cdot\dfrac{y}{y-x}+y}{(y-x)^2} = \frac{y^2-2xy}{(y-x)^3}. \end{aligned}$$

方法 2　方程 (4-1) 两端再对 x 求导, 并注意到 y, y' 都是 x 的函数, 得

$$2(y')^2 + 2yy'' - 2y' - 2y' - 2xy'' = 0,$$

解得

$$y'' = \frac{2y'-(y')^2}{y-x} = \frac{2\cdot\left(\dfrac{y}{y-x}\right) - \left(\dfrac{y}{y-x}\right)^2}{y-x} = \frac{y^2-2xy}{(y-x)^3}.$$

作为隐函数求导法的一个应用, 下面介绍**对数求导法**, 它适合于求幂指函数或多个因子连乘、除、乘方、开方的函数的导数, 其具体方法是, 先对函数等式两端取对数, 再按隐函数求导方法求导数, 从而达到简化函数求导的目的.

例 5　求函数 $y=\sqrt{\dfrac{(x-1)(x-2)}{(x-3)(x-4)}}$ 的导数.

解　由对数求导法, 两端取对数, 得

$$\ln y = \frac{1}{2}[\ln(x-1)+\ln(x-2)-\ln(x-3)-\ln(x-4)],$$

方程两边对 x 求导, 得

$$\frac{1}{y}y' = \frac{1}{2}\left(\frac{1}{x-1}+\frac{1}{x-2}-\frac{1}{x-3}-\frac{1}{x-4}\right),$$

于是

$$y' = \frac{y}{2}\left(\frac{1}{x-1}+\frac{1}{x-2}-\frac{1}{x-3}-\frac{1}{x-4}\right),$$

$$y' = \frac{1}{2}\sqrt{\frac{(x-1)(x-2)}{(x-3)(x-4)}}\left(\frac{1}{x-1}+\frac{1}{x-2}-\frac{1}{x-3}-\frac{1}{x-4}\right).$$

此处的运算是形式的, 但结果是正确的, 其依据是, 若 $f(x)$ 可导, 则当 $f(x)\neq 0$ 时, $\ln|f(x)|$ 的导数与 $f(x)>0$ 时 $\ln(f(x))$ 的导数都形如 $\dfrac{f'(x)}{f(x)}$.

例 6 求函数 $y=x^{\sin x}$ 的导数.

解 这是幂指函数. 等式两端取对数, 得 $\ln y=\sin x\cdot\ln x$, 两端对 x 求导, 有

$$\frac{y'}{y}=\cos x\cdot\ln x+\frac{\sin x}{x},$$

即

$$y=x^{\sin x}\left(\cos x\cdot\ln x+\frac{\sin x}{x}\right).$$

例 6 也可用下面的方法求解.

$y=x^{\sin x}=\mathrm{e}^{\sin x\ln x}$, 根据复合函数求导法则, 得

$$y'=\mathrm{e}^{\sin x\ln x}(\sin x\ln x)'=x^{\sin x}\left(\cos x\cdot\ln x+\frac{\sin x}{x}\right).$$

对于一般的幂指函数 $[u(x)]^{v(x)}$ 可先变形为 $\mathrm{e}^{v(x)\ln u(x)}$ 再进行求导运算.

二、 由参数方程确定的函数的导数

设参数方程

$$\begin{cases} x=\varphi(t), \\ y=\psi(t) \end{cases} \tag{4-2}$$

确定 y 与 x 之间的函数关系 $y=f(x)$, 则称此函数为由参数方程确定的函数. 参数方程有着广泛的应用, 例如, 在研究物体运动的轨迹时, 常会遇到参数方程. 下面讨论如何求由参数方程所确定的函数的导数.

设 $x=\varphi(t)$ 有反函数 $t=\varphi^{-1}(x)$, 则由参数方程 (4-2) 所确定的函数 $y=y(x)$ 可以看成由函数 $y=\psi(t)$ 与 $t=\varphi^{-1}(x)$ 复合而成的函数 $y=\psi(\varphi^{-1}(x))$. 当 $\varphi(t)$, $\psi(t)$ 可导且 $\varphi'(t)\neq 0$ 时, 利用复合函数求导法则及反函数的导数公式, 有

$$\frac{\mathrm{d}y}{\mathrm{d}x}=\frac{\mathrm{d}y}{\mathrm{d}t}\cdot\frac{\mathrm{d}t}{\mathrm{d}x}=\frac{\mathrm{d}y}{\mathrm{d}t}\cdot\frac{1}{\frac{\mathrm{d}x}{\mathrm{d}t}}=\frac{\psi'(t)}{\varphi'(t)},$$

即

$$\frac{\mathrm{d}y}{\mathrm{d}x}=\frac{\frac{\mathrm{d}y}{\mathrm{d}t}}{\frac{\mathrm{d}x}{\mathrm{d}t}}. \tag{4-3}$$

这就是由参数方程确定的函数的导数公式.

若 $x=\varphi(t), y=\psi(t)$ 还有二阶导数, 则可得函数 $y=y(x)$ 的二阶导数公式:

$$\begin{aligned}\frac{\mathrm{d}^2y}{\mathrm{d}x^2}&=\frac{\mathrm{d}}{\mathrm{d}x}\left(\frac{\mathrm{d}y}{\mathrm{d}x}\right)=\frac{\mathrm{d}}{\mathrm{d}t}\left(\frac{\mathrm{d}y}{\mathrm{d}x}\right)\cdot\frac{\mathrm{d}t}{\mathrm{d}x}=\frac{\mathrm{d}}{\mathrm{d}t}\left(\frac{\psi'(t)}{\varphi'(t)}\right)\cdot\frac{1}{\frac{\mathrm{d}x}{\mathrm{d}t}}\\&=\frac{\psi''(t)\varphi'(t)-\psi'(t)\varphi''(t)}{\varphi'^2(t)}\cdot\frac{1}{\varphi'(t)}=\frac{\psi''(t)\varphi'(t)-\psi'(t)\varphi''(t)}{\varphi'^3(t)},\end{aligned}$$

即

$$\frac{\mathrm{d}^2y}{\mathrm{d}x^2}=\frac{\frac{\mathrm{d}^2y}{\mathrm{d}t^2}\cdot\frac{\mathrm{d}x}{\mathrm{d}t}-\frac{\mathrm{d}y}{\mathrm{d}t}\cdot\frac{\mathrm{d}^2x}{\mathrm{d}t^2}}{\left(\frac{\mathrm{d}x}{\mathrm{d}t}\right)^3}.$$

例 7　已知椭圆的参数方程为 $\begin{cases}x=a\cos t,\\ y=b\sin t,\end{cases}$ 求椭圆在 $t=\frac{\pi}{4}$ 的对应点 $M_0(x_0,y_0)$ 处的切线方程 (图 2-6).

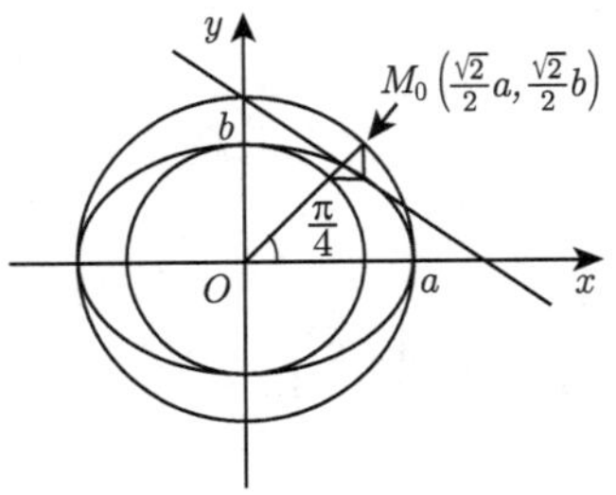

图 2-6

解　由 $t=\frac{\pi}{4}$ 得到

$$x_0=a\cos\frac{\pi}{4}=\frac{\sqrt{2}}{2}a,\quad y_0=b\sin\frac{\pi}{4}=\frac{\sqrt{2}}{2}b,$$

椭圆在点 M_0 的切线斜率为

$$y'|_{t=\frac{\pi}{4}}=\left.\frac{(b\sin t)'}{(a\cos t)'}\right|_{t=\frac{\pi}{4}}=\left.\frac{b\cos t}{-a\sin t}\right|_{t=\frac{\pi}{4}}=-\frac{b}{a}.$$

故所求的切线方程为

$$y=-\frac{b}{a}\left(x-\frac{\sqrt{2}}{2}a\right)+\frac{\sqrt{2}}{2}b,$$

即

$$\frac{x}{a}+\frac{y}{b}=\sqrt{2}.$$

例 8　大炮以 600m/s 的初速度射出炮弹, 炮口的仰角为 30°, 不计空气阻力, 求炮弹的运动轨迹及炮弹在时刻 t 的运动速度.

解　设时刻 t 炮弹所在的位置为 $(x(t),y(t))$, 初速度由它的两个分量确定:

水平分量

$$v_x = 600\cos 30^\circ = 300\sqrt{3}(\mathrm{m/s}),$$

垂直分量

$$v_y = 600\sin 30^\circ = 300(\mathrm{m/s}),$$

所以, 炮弹的运动轨迹为

$$\begin{cases} x(t) = 300\sqrt{3}t, \\ y(t) = 300t - \dfrac{1}{2}gt^2. \end{cases}$$

在时刻 t, 炮弹运动的水平分速度、垂直分速度分别为

$$x'(t) = 300\sqrt{3}, \quad y'(t) = 300 - gt.$$

设炮弹在时刻 t 的运动速度为 $v(t)$, 则 $v(t)$ 的大小为

$$|v(t)| = \sqrt{(300\sqrt{3})^2 + (300 - gt)^2},$$

$v(t)$ 的方向即弹道曲线的切线方向. 设切线与 x 轴的夹角为 θ, 得

$$\tan\theta = \frac{\mathrm{d}y}{\mathrm{d}x} = \frac{\dfrac{\mathrm{d}y}{\mathrm{d}t}}{\dfrac{\mathrm{d}x}{\mathrm{d}t}} = \frac{300 - gt}{300\sqrt{3}}.$$

例 9 设半径为 a 的动圆在 x 轴上无滑动地滚动, M 是圆周上一定点, 开始时点 M 在原点 O 处, 设参变量为 t, 如图 2-7 所示, 则点 M 的轨迹方程为

$$\begin{cases} x = a(t - \sin t), \\ y = a(1 - \cos t). \end{cases}$$

该曲线称为**摆线**或**旋轮线**. 计算摆线的参数方程所确定的函数 $y = y(x)$ 的二阶导数 y''.

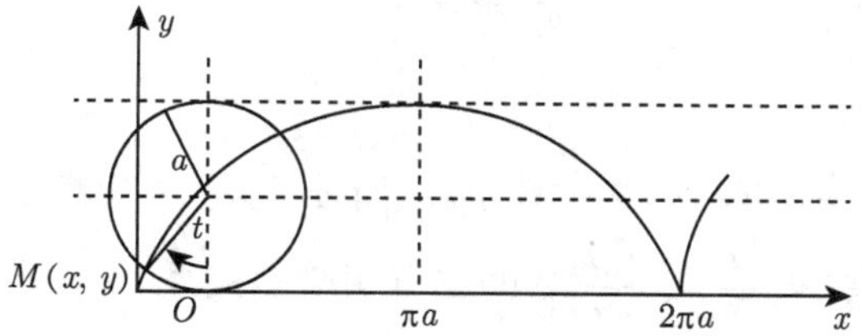

图 2-7

解 $y'=\dfrac{\mathrm{d}y}{\mathrm{d}x}=\dfrac{\dfrac{\mathrm{d}y}{\mathrm{d}t}}{\dfrac{\mathrm{d}x}{\mathrm{d}t}}=\dfrac{\sin t}{1-\cos t}=\cot\dfrac{t}{2}\ (t\neq 2n\pi, n\in\mathbf{Z})$;

$$y''=\frac{\mathrm{d}\left(\cot\dfrac{t}{2}\right)}{\mathrm{d}x}=\frac{\left(\cot\dfrac{t}{2}\right)'}{\dfrac{\mathrm{d}x}{\mathrm{d}t}}=\frac{-\dfrac{1}{2}\csc^2\dfrac{t}{2}}{a(1-\cos t)}=-\frac{1}{a(1-\cos t)^2}\ (t\neq 2n\pi, n\in\mathbf{Z}).$$

当曲线方程以极坐标形式 $r=r(\theta)$ 给出时, 可先利用直角坐标与极坐标间的关系写出曲线的参数方程, 再应用参数方程确定的函数的求导方法进行计算.

例 10 求三叶玫瑰线 $r=a\sin 3\theta$ 在 $\theta=\dfrac{\pi}{4}$ 的对应点处的切线方程.

解 利用直角坐标与极坐标间的关系, 将所给的极坐标方程化为参数方程

$$\begin{cases} x=r\cos\theta=a\sin 3\theta\cos\theta, \\ y=r\sin\theta=a\sin 3\theta\sin\theta, \end{cases}$$

于是

$$\frac{\mathrm{d}y}{\mathrm{d}x}=\frac{\dfrac{\mathrm{d}y}{\mathrm{d}\theta}}{\dfrac{\mathrm{d}x}{\mathrm{d}\theta}}=\frac{3a\cos 3\theta\sin\theta+a\sin 3\theta\cos\theta}{3a\cos 3\theta\cos\theta-a\sin 3\theta\sin\theta},$$

故

$$\left.\frac{\mathrm{d}y}{\mathrm{d}x}\right|_{\theta=\frac{\pi}{4}}=\frac{1}{2}.$$

当 $\theta=\dfrac{\pi}{4}$ 时, $x=y=\dfrac{a}{2}$, 切点坐标为 $\left(\dfrac{a}{2},\dfrac{a}{2}\right)$. 从而得切线方程

$$y-\frac{a}{2}=\frac{1}{2}\left(x-\frac{a}{2}\right),$$

即

$$x-2y+\frac{a}{2}=0.$$

三、 相关变化率

设有可导函数 $x=x(t)$ 与 $y=y(t)$, 而 x 与 y 之间存在某种确定的函数关系, 于是它们的变化率 $\dfrac{\mathrm{d}x}{\mathrm{d}t}$ 与 $\dfrac{\mathrm{d}y}{\mathrm{d}t}$ 之间也有相应的关系, 这时称 $\dfrac{\mathrm{d}x}{\mathrm{d}t}$ 与 $\dfrac{\mathrm{d}y}{\mathrm{d}t}$ 为**相关变化率**. 所谓相关变化率问题, 就是探求这两个变化率之间的关系, 以便从其中一个变化率求出另一个变化率.

例 11　一气球从离开观察员 500m 处离地面铅直上升, 速度是 140m/min, 当气球高度为 500m 时, 观察员的视线仰角增加率是多少?

解　设气球上升时间 t (以 min 为单位) 时高度为 h, 观察员视线的仰角为 α, 则有 $\tan\alpha=\dfrac{h}{500}$, 其中角度 α 与高度 h 都是时间 t 的函数. 两端对 t 求导数, 得

$$\sec^2\alpha\cdot\frac{\mathrm{d}\alpha}{\mathrm{d}t}=\frac{1}{500}\frac{\mathrm{d}h}{\mathrm{d}t}.$$

已知 $\dfrac{\mathrm{d}h}{\mathrm{d}t}=140\ \mathrm{m/min}$, 又当 $h=500\ \mathrm{m}$ 时, $\tan\alpha=1$, $\sec^2\alpha=2$, 代入上式, 得 $2\dfrac{\mathrm{d}\alpha}{\mathrm{d}t}=\dfrac{1}{500}\times 140$, 所以

$$\frac{\mathrm{d}\alpha}{\mathrm{d}t}=\frac{70}{500}=0.14\ (\mathrm{rad/\,min}).$$

习　题　2-4

1. 求下列函数的一阶导数:

(1) $x^3+y^3=3axy$;　　(2) $x^y=y^x$.

2. 求下列方程确定的隐函数 $y=f(x)$ 的一阶及二阶导数:

(1) $b^2x^2+a^2y^2=a^2b^2$;　　(2) $\sqrt{x}+\sqrt{y}=\sqrt{a}$;

(3) $\cos(xy)-x=0$;　　(4) $y=1+x\mathrm{e}^y$.

3. 设函数 $y=y(x)$ 由方程 $\mathrm{e}^y+xy-\mathrm{e}^x=0$ 确定, 求 $y''(0)$.

4. 求下列函数的导数:

(1) $y=\left(\dfrac{x}{1-x}\right)^x$;　　(2) $y=(\tan x)^{\sin x}+(\sin x)^{\cos x}$;

(3) $y=\sqrt[4]{\dfrac{(x^2-1)^2\cos^5 x}{\mathrm{e}^x\arctan x}}$;　　(4) $y=\dfrac{x^2}{1-x}\sqrt{\dfrac{1+x}{(2+x)^3}}$.

5. 求下列参数方程所确定的函数 $y=f(x)$ 的一阶及二阶导数:

(1) $\begin{cases}x=1+\mathrm{e}^t,\\ y=t+\mathrm{e}^{-t};\end{cases}$　　(2) $\begin{cases}x=a\cos t,\\ y=at\sin t;\end{cases}$

(3) $\begin{cases}x=1-t^3,\\ y=t-t^3;\end{cases}$　　(4) $\begin{cases}x=\arctan t,\\ y=\sqrt{1-t^2};\end{cases}$

(5) $\begin{cases}x=\sqrt{t^2+1},\\ y=\ln(t+\sqrt{t^2+1});\end{cases}$　　(6) $\begin{cases}x=t+\mathrm{e}^t,\\ y=\sin t;\end{cases}$

(7) $\begin{cases} x = f'(t), \\ y = tf'(t) - f(t), \end{cases}$ 设 $f''(t)$ 存在且不为 0.

6. 求下列曲线在给定点处的切线方程与法线方程:

(1) 星形线 $x^{\frac{2}{3}} + y^{\frac{2}{3}} = a^{\frac{2}{3}}$, 在点 $\left(\frac{\sqrt{2}a}{4}, \frac{\sqrt{2}a}{4}\right)$;

(2) $x = 3\mathrm{e}^{-t}, y = 2\mathrm{e}^{t}$ 在 $t = 1$ 对应的点处.

7. 一长为 5m 的梯子斜靠在墙上, 若梯子下端以 0.5m/min 的速度滑离墙壁, 试求梯子下端离墙 3m 时, 梯子上端向下滑的速度.

8. 一气体储存器装有 1000cm^3 的气体, 其压力为 5kg/cm^2, 若压力以每小时 0.05kg/cm^2 的速率减少, 试求当压力为 2kg/cm^2 时其体积的增加率 (提示 $pV = C$, 其中 C 为常数, p 为压力, V 为体积).

第五节　函数的微分及其应用

微分是与导数密切相关的微分学中的另一重要概念. 在实际问题中, 还经常要计算当自变量有一个微小增量时函数的增量; 然而, 计算函数增量通常比较困难 (较简单的函数, 如线性函数除外), 因此, 我们希望能找到一个便于计算的近似公式. 微分概念正是适应这一需要而产生的.

一、 微分的概念

先看一个求函数增量的例子.

设函数 $y = x^2$, 自变量在 $x = 2$ 取增量 Δx, 相应地, 函数增量

$$\Delta y = (2 + \Delta x)^2 - 2^2 = 4\Delta x + (\Delta x)^2,$$

这里 Δy 由两部分构成: 一部分是 $4\Delta x$, 它是 Δx 的线性函数, 系数 4 与 Δx 无关; 另一部分是 $(\Delta x)^2$, 当 $\Delta x \to 0$ 时, 它是比 Δx 高阶的无穷小, 因此, 当 $|\Delta x|$ 很小时, $(\Delta x)^2$ 可以忽略不计, 而用 $4\Delta x$ 作为 Δy 的近似值. 易见, $|\Delta x|$ 越小, 近似程度就越好.

一般地, 若 $y = f(x)$ 在 x 相应于 Δx 的增量 Δy 能表示为

$$\Delta y = A\Delta x + o(\Delta x),$$

其中 A 是与 Δx 无关的常数, 则 $\Delta y - A\Delta x$ 是比 Δx 高阶的无穷小. 从而当 $A \neq 0$ 且 $|\Delta x|$ 很小时, 就可以用 Δx 的线性函数 $A\Delta x$ 来近似表示 Δy, 且能保证有很好的近似精度. $A\Delta x$ 就定义为函数的微分.

1. 微分的定义

定义　设函数 $y=f(x)$ 在点 x_0 的某邻域 $U(x_0)$ 内有定义, $x_0+\Delta x\in U(x_0)$, 若函数的增量 $\Delta y=f(x_0+\Delta x)-f(x_0)$ 可表示为 $\Delta y=A\Delta x+o(\Delta x)$, 其中 A 是与 Δx 无关的常数, 则称函数 $f(x)$ 在点 x_0 **可微**, 称 $A\Delta x$ 为函数 $f(x)$ 在 x_0 的**微分**. 记作 $\mathrm{d}y\,|_{x=x_0}$, 或简记为 $\mathrm{d}y$, $\mathrm{d}f(x_0)$, 即

$$\mathrm{d}y\,|_{x=x_0}=A\Delta x.$$

由微分定义可知, 当 $|\Delta x|$ 很小时, Δy 的大小主要由微分 $\mathrm{d}y=A\Delta x$ 决定, 又 $\mathrm{d}y$ 是 Δx 的线性函数, 因此也称 $\mathrm{d}y$ 是 Δy 的**线性主部**. 令 $\Delta y\approx\mathrm{d}y\,|_{x=x_0}$, 则误差是比 Δx 高阶的无穷小, 只要 $|\Delta x|$ 充分小, 就能保证误差 $|\Delta y-\mathrm{d}y|$ 任意小.

2. 可微条件　导数与微分的关系

定理 1　函数 $y=f(x)$ 在 x_0 点可微的充要条件是 $f(x)$ 在点 x_0 可导, 且可微时, $\mathrm{d}y\,|_{x=x_0}=f'(x_0)\Delta x$.

证　必要性: 设函数 $f(x)$ 在点 x_0 可微, 由定义知 $\Delta y=A\Delta x+o(\Delta x)$, 从而 $\dfrac{\Delta y}{\Delta x}=A+\dfrac{o(\Delta x)}{\Delta x}$. 令 $\Delta x\to 0$, 得 $f'(x_0)=\lim\limits_{\Delta x\to 0}\dfrac{\Delta y}{\Delta x}=A$. 故 $f(x)$ 在点 x_0 可导, 且 $f'(x_0)=A$, 此时 $\mathrm{d}y\,|_{x=x_0}=f'(x_0)\Delta x$.

充分性: 设函数 $f(x)$ 在点 x_0 可导, 即 $\lim\limits_{\Delta x\to 0}\dfrac{\Delta y}{\Delta x}=f'(x_0)$, 于是 $\dfrac{\Delta y}{\Delta x}=f'(x_0)+\alpha$, 其中 $\lim\limits_{\Delta x\to 0}\alpha=0$. 两边同乘 Δx, 得 $\Delta y=f'(x_0)\Delta x+\alpha\Delta x$, 此时 $\dfrac{\alpha\Delta x}{\Delta x}=\alpha\to 0\ (\Delta x\to 0)$, 即 $\alpha\Delta x=o(\Delta x)$. 又 $f'(x_0)$ 与 Δx 无关, 所以函数 $f(x)$ 在点 x_0 可微.

定理 1 表明, 函数 $y=f(x)$ 在某点可微与可导是等价的, 且函数的微分等于函数的导数乘以 Δx.

若函数 $f(x)$ 在区间 I 内每一点都可微, 则称函数 $f(x)$ 在 I 内可微, I 内任意一点 x 处的微分记作

$$\mathrm{d}y=f'(x)\Delta x,\quad x\in I.$$

规定, 自变量的微分等于自变量的增量, 即 $\mathrm{d}x=\Delta x$, 于是函数 $f(x)$ 的微分又可以写成 $\mathrm{d}y=f'(x)\mathrm{d}x$, 由此可见 $\dfrac{\mathrm{d}y}{\mathrm{d}x}=f'(x)$, 即函数的导数是函数的微分与自变量微分之商. 因此, 导数又称为“微商”.

例 1　当 $x=1$ 时, 分别计算函数 $y=x^2-3x+7$ 对应于 (1) $\Delta x=0.1$; (2) $\Delta x=0.01$ 时的增量及微分. 并计算增量与微分之间的误差.

解　因为 $\Delta y=[(x+\Delta x)^2-3(x+\Delta x)+7]-(x^2-3x+7)=(2x-3)\Delta x+(\Delta x)^2$,

$$\mathrm{d}y=y'\Delta x=(2x-3)\,\Delta x,$$

所以, (1) 当 $x=1$, $\Delta x=0.1$ 时,

$$\Delta y=(2\times 1-3)\times 0.1+(0.1)^2=-0.09,$$

$$\mathrm{d}y=(2\times 1-3)\times 0.1=-0.1,$$

$$\Delta y-\mathrm{d}y=0.01;$$

(2) 当 $x=1$, $\Delta x=0.01$ 时,

$$\Delta y=(2\times 1-3)\times 0.01+(0.01)^2=-0.0099,$$

$$\mathrm{d}y=(2\times 1-3)\times 0.01=-0.01,$$

$$\Delta y-\mathrm{d}y=0.0001.$$

由本例看到, 当 $|\Delta x|$ 较小时, Δy 与 $\mathrm{d}y$ 之差相当小, 并且 $|\Delta x|$ 越小, 这个差越小.

3. 微分的几何意义

微分的几何意义

设 $P(x_0,f(x_0))$ 是曲线 $y=f(x)$ 上的一个定点, 当自变量 x 有微小增量 Δx 时, 可得曲线上另一点 $Q(x_0+\Delta x,y_0+\Delta y)$, 由图 2-8 知, $PR=\Delta x$, $RQ=\Delta y$. $f(x)$ 在 Δx 可微时, 曲线在点 $P(x_0,f(x_0))$ 处有切线. 设该切线的倾角为 α, 则

$$PQ'=PR\cdot\tan\alpha=f'(x_0)\Delta x=\mathrm{d}y.$$

所以, 当 Δy 是曲线 $y=f(x)$ 上一点的纵坐标的增量时, $\mathrm{d}y$ 就是曲线的切线在该点处纵坐标相应的增量. 当 $|\Delta x|$ 趋于 0 时, $|\Delta y-\mathrm{d}y|$ 是比 $|\Delta x|$ 高阶的无穷小. 因此在点 P 的邻近, 可以用切线段来近似代替曲线段. 在局部范围内用线性函数近似代替非线性函数, 这在数学上称为非线性函数的局部线性化, 这是微分学的基本思想方法之一.

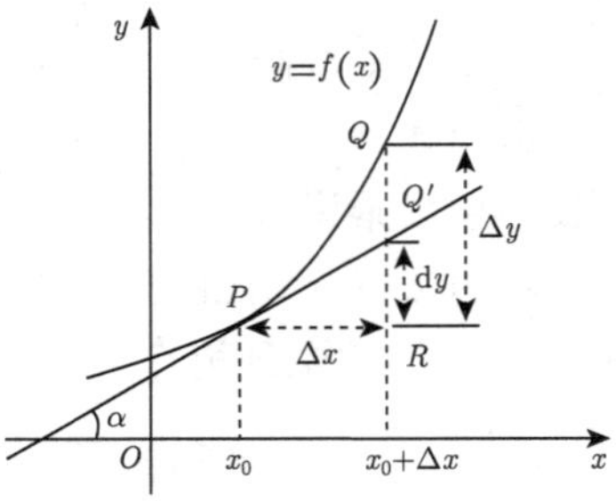

图 2-8

二、 微分的基本公式及运算法则

1. 微分基本公式

根据导数的基本公式及微分表达式 $\mathrm{d}y=y'\mathrm{d}x$, 可以写出微分的基本公式:

(1) $\mathrm{d}(C)=0$ (C 为实数);

(2) $\mathrm{d}(x^{\mu})=\mu x^{\mu-1}\mathrm{d}x$ (μ 为实数);

(3) $\mathrm{d}(a^x)=a^x\ln a\,\mathrm{d}x$ $(a>0, a\neq 1)$;

(4) $\mathrm{d}(\mathrm{e}^x)=\mathrm{e}^x\mathrm{d}x$;

(5) $\mathrm{d}(\log_a x)=\dfrac{1}{x\ln a}\mathrm{d}x$ $(a>0, a\neq 1)$;

(6) $\mathrm{d}(\ln x)=\dfrac{1}{x}\mathrm{d}x$;

(7) $\mathrm{d}(\sin x)=\cos x\mathrm{d}x$;

(8) $\mathrm{d}(\cos x)=-\sin x\mathrm{d}x$;

(9) $\mathrm{d}(\tan x)=\sec^2 x\mathrm{d}x$;

(10) $\mathrm{d}(\cot x)=-\csc^2 x\mathrm{d}x$;

(11) $\mathrm{d}(\sec x)=\sec x\tan x\mathrm{d}x$;

(12) $\mathrm{d}(\csc x)=-\csc x\cot x\mathrm{d}x$;

(13) $\mathrm{d}(\arcsin x)=\dfrac{1}{\sqrt{1-x^2}}\mathrm{d}x$;

(14) $\mathrm{d}(\arccos x)=-\dfrac{1}{\sqrt{1-x^2}}\mathrm{d}x$;

(15) $\mathrm{d}(\arctan x)=\dfrac{1}{1+x^2}\mathrm{d}x$;

(16) $\mathrm{d}(\mathrm{arccot}x)=-\dfrac{1}{1+x^2}\mathrm{d}x$.

2. 微分运算法则

利用导数的运算法则及微分运算公式, 可得微分运算法则.

定理 2 (微分的四则运算法则) 设函数 $u=u(x), v=v(x)$ 都在点 x 可微, 则

(1) $\mathrm{d}(u\pm v)=\mathrm{d}u\pm\mathrm{d}v$.

(2) $\mathrm{d}(uv)=v\mathrm{d}u+u\mathrm{d}v$. 特别地, $\mathrm{d}(Cu)=C(\mathrm{d}u)$ (C 为常数).

(3) $\mathrm{d}\left(\dfrac{u}{v}\right)=\dfrac{v\mathrm{d}u-u\mathrm{d}v}{v^2}$ $(v\neq 0)$.

证 仅证 (2), 其余的证明留给读者完成.

$$\mathrm{d}(uv)=(uv)'\mathrm{d}x=(uv'+u'v)\mathrm{d}x=uv'\mathrm{d}x+vu'\mathrm{d}x=u\mathrm{d}v+v\mathrm{d}u.$$

定理 3 (复合函数的微分法则) 设有复合函数 $y=f[\varphi(x)]$, 若 $u=\varphi(x)$ 在点 x 可微, $y=f(u)$ 在对应点 u 可微, 则 $y=f[\varphi(x)]$ 在点 x 可微, 且 $\mathrm{d}y=f'(u)\mathrm{d}u$, 其中 $\mathrm{d}u=\varphi'(x)\mathrm{d}x$ 是函数 $u=\varphi(x)$ 在点 x 的微分.

证 由复合函数的求导法则及微分表达式, 有

$$\begin{aligned}\mathrm{d}y&=\{f[\varphi(x)]\}'\mathrm{d}x=[f'(u)\varphi'(x)]\mathrm{d}x=f'(u)\varphi'(x)\mathrm{d}x\\&=f'(u)\mathrm{d}u.\end{aligned}$$

由此可见, 对函数 $y=f(u)$ 来讲, 不论 u 是自变量还是中间变量, 微分有着相同的形式, 都是 $\mathrm{d}y=f'(u)\mathrm{d}u$, 这种性质称为函数的**一阶微分形式不变性**.

例 2 已知 $y=\sqrt{\ln\cos x}$, 求 $\mathrm{d}y$.

解 应用微分形式不变性, 有

$$\begin{aligned}\mathrm{d}y&=\frac{1}{2\sqrt{\ln\cos x}}\mathrm{d}(\ln\cos x)=\frac{1}{2\sqrt{\ln\cos x}}\cdot\frac{1}{\cos x}\mathrm{d}\cos x\\&=\frac{1}{2\sqrt{\ln\cos x}}\cdot\frac{1}{\cos x}\cdot(-\sin x)\mathrm{d}x,\end{aligned}$$

即

$$\mathrm{d}y = -\frac{\tan x}{2\sqrt{\ln\cos x}}\mathrm{d}x.$$

例 3　已知 $y = x^2\mathrm{e}^{\tan x}$, 求 $\mathrm{d}y$.

解　应用微分运算公式及微分形式不变性, 有

$$\begin{aligned}\mathrm{d}y &= \mathrm{e}^{\tan x}\mathrm{d}(x^2) + x^2\mathrm{d}(\mathrm{e}^{\tan x}) \\ &= 2x\mathrm{e}^{\tan x}\mathrm{d}x + x^2\mathrm{e}^{\tan x}\mathrm{d}\tan x \\ &= 2x\mathrm{e}^{\tan x}\mathrm{d}x + x^2\mathrm{e}^{\tan x}\sec^2 x\mathrm{d}x \\ &= \mathrm{e}^{\tan x}(2x + x^2\sec^2 x)\mathrm{d}x.\end{aligned}$$

例 4　已知 $y = \dfrac{1-x^2}{1+x^2}$, 求 $\mathrm{d}y$.

解　$$\begin{aligned}\mathrm{d}y &= \frac{(1+x^2)\mathrm{d}(1-x^2) - (1-x^2)\mathrm{d}(1+x^2)}{(1+x^2)^2} \\ &= \frac{(1+x^2)(-2x)\mathrm{d}x - (1-x^2)2x\mathrm{d}x}{(1+x^2)^2} \\ &= \frac{-4x}{(1+x^2)^2}\mathrm{d}x.\end{aligned}$$

利用微分的四则运算法则及微分形式的不变性求隐函数的导数时, 不必区别等式两端自变量、因变量及中间变量, 求微分时可将它们同等对待, 常常可减少计算错误.

例 5　求由方程 $x^y = y^x$ 确定的隐函数 $y = f(x)$ 的导数.

解　等式两端取对数, 得

$$y\ln x = x\ln y,$$

两边再分别求微分, 得

$$\ln x\mathrm{d}y + y\mathrm{d}\ln x = \ln y\mathrm{d}x + x\mathrm{d}\ln y,$$

即

$$\ln x\mathrm{d}y + y\cdot\frac{\mathrm{d}x}{x} = \ln y\mathrm{d}x + x\cdot\frac{\mathrm{d}y}{y}.$$

整理, 得

$$\left(\ln x - \frac{x}{y}\right)\mathrm{d}y = \left(\ln y - \frac{y}{x}\right)\mathrm{d}x,$$

从而

$$\frac{\mathrm{d}y}{\mathrm{d}x}=\frac{xy\ln y-y^2}{xy\ln x-x^2}.$$

例 6　设 $y+x\mathrm{e}^y=1$, 求 $\mathrm{d}y$.

解　等式两端求微分, 得

$$\mathrm{d}y+\mathrm{e}^y\mathrm{d}x+x\mathrm{d}(\mathrm{e}^y)=0,$$

即

$$\mathrm{d}y+\mathrm{e}^y\mathrm{d}x+x\mathrm{e}^y\mathrm{d}y=0,$$

从中解得

$$\mathrm{d}y=-\frac{\mathrm{e}^y}{1+x\,\mathrm{e}^y}\mathrm{d}x.$$

三、 微分在近似计算中的应用

设函数 $y=f(x)$ 在点 x_0 可微, 若 $f'(x)\neq 0$, 且 $|\Delta x|$ 很小时, 则有

$$\Delta y\approx \mathrm{d}y=f'(x_0)\Delta x. \tag{5-1}$$

又 $\Delta y=f(x_0+\Delta x)-f(x_0)$, (5-1) 也可改写为

$$f(x_0+\Delta x)\approx f(x_0)+f'(x_0)\Delta x. \tag{5-2}$$

在 (5-2) 中令 $x=x_0+\Delta x$, 则 $\Delta x=x-x_0$, 于是 (5-2) 式又可改写为

$$f(x)\approx f(x_0)+f'(x_0)(x-x_0). \tag{5-3}$$

若 $x_0=0$, 则有

$$f(x)\approx f(0)+f'(0)x. \tag{5-4}$$

若 $f'(x_0)$ 容易计算, 且当 $|\Delta x|$ 很小时, 则可用 (5-1) 式近似计算函数增量 Δy; 若 $f(x_0)$ 及 $f'(x_0)$ 都容易计算且当 $|\Delta x|=|x-x_0|$ 很小时, 则可用 (5-2) 式或 (5-3) 式近似计算函数值 $f(x_0+\Delta x)$ 或 $f(x)$, 这种近似计算的实质就是利用 x 的线性函数 $f(x_0)+f'(x_0)(x-x_0)$ 来近似表达函数 $f(x)$. 由于线性函数的值容易计算, 因此它为近似计算函数增量或函数值提供了方便.

例 7　有一批半径为 1cm 的球, 为提高球面的光洁度, 要镀上一层铜, 厚度定为 0.01cm, 估计一下每个球需用铜多少克 (铜的密度是 $8.9\mathrm{g/cm^3}$)?

解 先求出镀层体积的近似值, 即球体体积 $V=\frac{4}{3}\pi R^3$ 的增量 ΔV 的近似值. 取 $R_0=1$, $\Delta R=0.01$, 又 $V'=\left(\frac{4}{3}\pi R^3\right)'=4\pi R^2$, $V'|_{R=R_0}=4\pi R_0^2=4\pi$. 由近似公式 (5-1), 知 $\Delta V\approx V'|_{R=R_0}\Delta R$, 即

$$\Delta V\approx 4\pi\times 0.01\approx 0.13\left(\mathrm{cm}^3\right),$$

因此每只球需用的铜约为 $8.9\times 0.13=1.6$ (g).

例 8 求 $\cos 60°12'$ 的近似值.

解 令 $f(x)=\cos x$, 由于 $60°12'=\frac{\pi}{3}+\frac{12}{60}\cdot\frac{\pi}{180}=\frac{\pi}{3}+\frac{12\pi}{10800}$, 所以取 $x_0=\frac{\pi}{3}$, $\Delta x=\frac{12\pi}{10800}$. 又 $f'(x_0)=-\sin x_0$, 由近似公式 (5-2), 得

$$\cos(x_0+\Delta x)\approx\cos x_0-\sin x_0\Delta x,$$

即

$$\cos 60°12'\approx\frac{1}{2}-\frac{\sqrt{3}}{2}\cdot\frac{12\pi}{10800}\approx 0.4970.$$

利用公式 (5-4), 假定 $|x|$ 是充分小的数值, 可以推出下列在工程上常用的近似公式:

(i) $(1+x)^m\approx 1+mx$. 特别地, $\sqrt[n]{1+x}\approx 1+\frac{1}{n}x$.

(ii) $\mathrm{e}^x\approx 1+x$.

(iii) $\ln(1+x)\approx x$.

(iv) $\sin x\approx x$.

(v) $\tan x\approx x$.

证 仅证 (i)、(iii), 其余的留给读者完成.

(i) 令 $f(x)=(1+x)^m$, 则 $f'(x)=m(1+x)^{m-1}$. 又 $f(0)=1$, $f'(0)=1$, 由公式 (5-4) 可得

$$(1+x)^m=1+mx.$$

(iii) 令 $f(x)=\ln(1+x)$, 则 $f'(x)=\frac{1}{x+1}$. 又 $f(0)=0$, $f'(0)=1$, 由公式 (5-4), 得

$$\ln(1+x)\approx x.$$

例 9 近似计算 $\sqrt[5]{270}$.

解 由于 $\sqrt[5]{270}=\sqrt[5]{243+27}=3\times\left(1+\dfrac{27}{243}\right)^{\frac{1}{5}}=3\times\left(1+\dfrac{1}{9}\right)^{\frac{1}{5}}$, 由近似公式 $\sqrt[n]{1+x}\approx 1+\dfrac{1}{n}x$, 得

$$\sqrt[5]{270}=3\times\left(1+\frac{1}{9}\right)^{\frac{1}{5}}\approx 3\left(1+\frac{1}{5}\times\frac{1}{9}\right)\approx 3.0667.$$

本章小结

习　题　2-5

1. 设 $y=x^3-x$, 在 $x=2$ 时分别计算当 $\Delta x=1$ 时的 Δy 与 $\mathrm{d}y$, 当 $\Delta x=0.1$ 时的 Δy 与 $\mathrm{d}y$, 当 $\Delta x=0.01$ 时的 Δy 与 $\mathrm{d}y$.

2. 计算下列函数的微分:

(1) $y=\dfrac{1}{\sqrt{x}}$;　(2) $y=\mathrm{e}^{\cos\frac{1}{x}}$;　(3) $y=(1+x-x^2)^3$;

(4) $y=5^{\ln\tan x}$;　(5) $y=\dfrac{x^3-1}{x^3+1}$;　(6) $y=\ln(1+3^{-x})$.

3. 求由方程 $x^3+y^2\sin x-y=6$ 所确定的隐函数 $y=f(x)$ 的微分 $\mathrm{d}y$.

4. 计算下列函数的近似值:

(1) $\tan 136°$;　(2) $\ln 1.01$;　(3) $\arcsin 0.5002$;　(4) $\sqrt[3]{998}$.

5. 设 $a>0$, $\dfrac{|b|}{a^n}$ 是很小的数, 试证明 $\sqrt[n]{a^n+b}\approx a+\dfrac{b}{na^{n-1}}$.

6. 求内径 $d=100\mathrm{cm}$, 管壁厚为 $3\mathrm{cm}$ 的金属管横截面面积的近似值.

第二章总习题

1. 思考题:

(1) 函数在一点有极限、连续、可导与可微四者之间的关系是怎样的?

(2) 在点 x_0 的左导数与右导数都存在的函数 $f(x)$ 是否在点 x_0 必可微?

(3) 两个不可导函数的和是不是一定不可导? 两个不可导函数的乘积是不是一定不可导?

(4) 一个可导函数与一个不可导函数的和是不是一定不可导? 一个可导函数与一个不可导函数的乘积是不是一定不可导?

2. 选择题:

(1) 设函数 $f(x)$ 在 $(-1,1)$ 内有定义, 且 $\lim\limits_{x\to 0}f(x)=0$, 则 (　　).

(A) 当 $\lim\limits_{x\to 0}\dfrac{f(x)}{\sqrt{|x|}}=0$, $f(x)$ 在 $x=0$ 处可导

(B) 当 $\lim\limits_{x\to 0}\dfrac{f(x)}{x^2}=0$ 时, $f(x)$ 在 $x=0$ 处可导

(C) 当 $f(x)$ 在 $x=0$ 处可导时, $\lim\limits_{x\to 0}\dfrac{f(x)}{\sqrt{|x|}}=0$

(D) 当 $f(x)$ 在 $x=0$ 处可导时, $\lim\limits_{x\to 0}\dfrac{f(x)}{x^2}=0$

(2) 设 $f'(x)$ 在 $[a,b]$ 上连续, 且 $f'_+(a)>0$, $f'_-(b)<0$, 则下列结论中错误的是 (　　).

(A) 至少存在一点 $x_0\in(a,b)$, 使得 $f(x_0)>f(a)$

(B) 至少存在一点 $x_0\in(a,b)$, 使得 $f(x_0)>f(b)$

(C) 至少存在一点 $x_0\in(a,b)$, 使得 $f'(x_0)=0$

(D) 至少存在一点 $x_0\in(a,b)$, 使得 $f(x_0)=0$

(3) 下列函数中, 在 $x=0$ 处不可导的是 (　　).

(A) $f(x)=|x|\sin|x|$　　(B) $f(x)=|x|\sin\sqrt{|x|}$

(C) $f(x)=\cos|x|$　　(D) $f(x)=\cos\sqrt{|x|}$

3. 讨论下列函数的连续性与可微性:

(1) $f(x)=\begin{cases}\dfrac{x}{1+\mathrm{e}^{\frac{1}{x}}}, & x\neq 0,\\ 0, & x=0;\end{cases}$　　(2) $f(x)=\begin{cases}\sin x, & x\leqslant\dfrac{\pi}{2},\\ \dfrac{2}{\pi}x, & x>\dfrac{\pi}{2}.\end{cases}$

4. 求下列函数的导数或微分:

(1) $y=\sqrt[x]{x}+\ln\dfrac{5}{x^2}$, 求 $\mathrm{d}y$;　　(2) $t=\arcsin\dfrac{x}{2}+\sqrt{4-x^2}$, 求 $\dfrac{\mathrm{d}t}{\mathrm{d}x}$;

(3) $y=\sqrt{\mathrm{e}^{\frac{1}{x}}\sqrt{x\sqrt{\cos x}}}$, 求 y';　　(4) $y=\ln\tan\dfrac{x}{2}-\cot x\cdot\ln(1+\sin x)-x$, 求 $\mathrm{d}y$;

(5) $y=\dfrac{\mathrm{e}^x-\mathrm{e}^{-x}}{\mathrm{e}^x+\mathrm{e}^{-x}}$, 求 y';　　(6) $y=x^{x^a}+x^{a^x}+a^{x^x}$, 求 $\dfrac{\mathrm{d}y}{\mathrm{d}x}$.

5. 求下列函数 $y=f(x)$ 的指定阶的导数:

(1) $y=\tan(x+y)$, 求 y'';　　(2) $\begin{cases}x=\cos^2 t+2\sin t+3,\\ \mathrm{e}^y\sin t-\mathrm{e}^y-1=0,\end{cases}$ 求 $\dfrac{\mathrm{d}^2y}{\mathrm{d}x^2}$.

6. 已知曲线的极坐标方程是 $r=1-\cos\theta$, 求该曲线上对应于 $\theta=\dfrac{\pi}{6}$ 处的切线与法线的直角坐标方程.

7. 求曲线 $\begin{cases}x=t-\sin t,\\ y=1-\cos t\end{cases}$ 在 $t=\dfrac{3}{2}\pi$ 对应点处的切线在 y 轴上的截距.

8. 设函数 $f(x)$ 对任何实数 x_1,x_2 有 $f(x_1+x_2)=f(x_1)+f(x_2)$, 且 $f'(0)=1$. 证明: 函

数 $f(x)$ 可导, 且 $f'(x)=1$.

9. 设函数 $y=f(\ln x)\mathrm{e}^{f(x)}$, 其中 f 可微, 求 $\mathrm{d}y$.

10. 已知函数 $f(x)=\mathrm{e}^{\sin x}+\mathrm{e}^{-\sin x}$, 求 $f'''(2\pi)$.

11. 试从 $\dfrac{\mathrm{d}x}{\mathrm{d}y}=\dfrac{1}{y'}$ 导出:

(1) $\dfrac{\mathrm{d}^2x}{\mathrm{d}y^2}=-\dfrac{y''}{(y')^3}$; (2) $\dfrac{\mathrm{d}^3x}{\mathrm{d}y^3}=\dfrac{3(y'')^2-y'y'''}{(y')^5}$.

12. 设 $f(x)=|x-a|\varphi(x)$, 其中 $\varphi(x)$ 连续且 $\varphi(x)\neq 0$, 试讨论 $f(x)$ 在点 a 的可微性.

13. 设 $F(x)=\lim\limits_{t\to+\infty}t^2\left[f\left(x+\dfrac{\pi}{t}\right)-f(x)\right]\sin\dfrac{x}{t}$, 其中 $f(x)$ 二阶可导, 试求 $F(x)$ 与 $F'(x)$.

14. 设 $f(x)=\begin{cases}x^a\sin\dfrac{1}{x^b}, & x\neq 0,\\ 0, & x=0\end{cases}$ (a,b 为常数且 $b>0$), 问 a,b 满足什么条件, 才能使在点 $x=0$ 处:

(1) $f(x)$ 连续; (2) $f'(x)$ 存在; (3) $f'(x)$ 连续.

15. 假设飞机在起飞前沿跑道滑行的距离由公式 $s=\dfrac{10}{9}t^2$ 给出, 其中距离 s 是从起点算起, 并用米来计算, 时间 t 是从放开刹闸算起, 并以秒计算. 已知飞机速度达到 200km/h 时, 飞机就离地升空. 试问要使飞机处于起飞状态需要滑行的时间, 以及飞机滑行的距离.

第三章　中值定理与导数的应用

中值定理是微分学的基本定理, 它建立了区间上的函数与区间内一点处导数之间的联系, 使得能够应用刻画函数局部性质的导数去研究函数的整体性质. 本章先介绍中值定理, 然后在此基础上, 应用导数来研究函数的性质以及曲线的某些性态, 并解决一些实际应用问题.

第一节　中值定理

一、罗尔中值定理

引理 (费马 (Fermat) 引理)　设函数 $f(x)$ 在点 x_0 的某 δ 邻域内有定义, 在点 x_0 可微, 并且对于一切 $x \in U(x_0, \delta)$, 恒有

$$f(x) \leqslant f(x_0) \quad \text{或} \quad f(x) \geqslant f(x_0),$$

则

$$f'(x_0) = 0.$$

证　不妨设对于一切 $x \in U(x_0, \delta)$ 恒有 $f(x) \leqslant f(x_0)$, 则当 $x+\Delta x \in U(x_0, \delta)$ 时,

$$f(x_0 + \Delta x) - f(x_0) \leqslant 0.$$

(1) 若 $\Delta x > 0$, 则 $\dfrac{f(x_0 + \Delta x) - f(x_0)}{\Delta x} \leqslant 0$, 由在点 x_0 可微与极限的保号性, 得

$$f'(x_0) = f'_+(x_0) = \lim_{\Delta x \to 0^+} \frac{f(x_0 + \Delta x) - f(x_0)}{\Delta x} \leqslant 0.$$

(2) 若 $\Delta x < 0$, 则 $\dfrac{f(x_0 + \Delta x) - f(x_0)}{\Delta x} \geqslant 0$, 由在点 x_0 可微与极限的保号性, 得

$$f'(x_0) = f'_-(x_0) = \lim_{\Delta x \to 0^-} \frac{f(x_0 + \Delta x) - f(x_0)}{\Delta x} \geqslant 0.$$

由 (1) 与 (2) 即得

$$f'(x_0) = 0.$$

使得 $f'(x_0)=0$ 的点 x_0 称为函数 $f(x)$ 的**稳定点**或**驻点**. 从几何上看, x_0 是 $f(x)$ 的驻点时, 函数曲线 $y=f(x)$ 在点 $(x_0, f(x_0))$ 处有水平切线, 如图 3-1 所示.

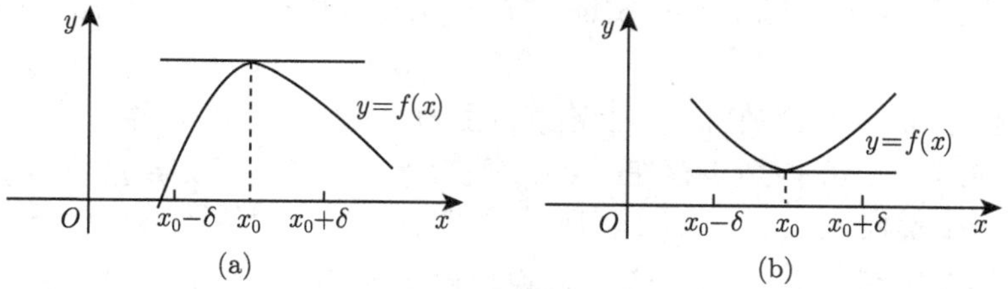

图 3-1

定理 1 (罗尔 (Rolle) 中值定理) 设函数 $f(x)$ 满足条件:

(1) 在闭区间 $[a,b]$ 上连续;

(2) 在开区间 (a,b) 内可微;

(3) $f(a)=f(b)$,

则至少存在一点 $\xi\in(a,b)$, 使得 $f'(\xi)=0$.

证 由 (1) 及闭区间上连续函数的性质, 函数 $f(x)$ 必在闭区间 $[a,b]$ 上取得最大值 M 与最小值 m.

情况 1: $M=m$, 则函数 $f(x)$ 在闭区间 $[a,b]$ 上是常数 M: $f(x)=M$. 显然有 $f'(x)=0$. 这时, 开区间 (a,b) 内的任意一点都可以作为点 ξ, 使得 $f'(\xi)=0$.

情况 2: $M\neq m$, 则 $M>m$. 由 (3) 可知, M 与 m 这两个函数值之中至少有一个 (不妨设是 M) 在开区间 (a,b) 内取得, 即在 (a,b) 内至少有一点 ξ, 使得 $f(\xi)=M$. 于是, 根据费马引理得到 $f'(\xi)=0$.

从几何意义上看, 定理 1 说明: 对于闭区间上的连续曲线弧, 如果除两端点外, 处处有不垂直于 x 轴的切线, 且曲线弧所对应的弦平行于 x 轴, 则在这条曲线弧内至少有一点 C, 使得曲线在该点处的切线平行于 x 轴, 如图 3-2 所示.

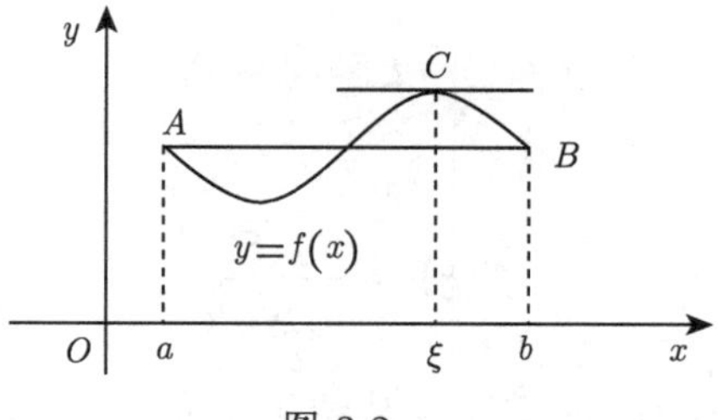

图 3-2

定理 1 中的三个条件都是重要的, 缺了其中一个, 结论就可能不成立. 但这三个条件只是充分条件, 不是必要条件, 即这三个条件不完全满足时, 结论也可能成立. 请读者举例说明.

例 1　设函数 $y=f(x)$ 在闭区间 $[a,b]$ 上连续, 在开区间 (a,b) 内可导, 且导数恒不为零, 又 $f(a)\cdot f(b)<0$, 试证: 方程 $f(x)=0$ 在开区间 (a,b) 内有且仅有一个实根.

证　由于 $y=f(x)$ 在 $[a,b]$ 上连续, 且 $f(a)\cdot f(b)<0$, 由第一章第六节的零点定理可知, 在 (a,b) 内至少存在一点 ξ, 使得 $f(\xi)=0$, 即方程 $f(x)=0$ 在 (a,b) 内至少有一个实根 ξ.

再证实根仅有一个, 用反证法. 假设还有 $\eta\neq\xi$, 使 $f(\eta)=0$, 则由罗尔中值定理, 必存在一点 $c\in(\xi,\eta)$(或 (η,ξ)) $\subset(a,b)$, 使 $f'(c)=0$, 这就与题设 $f(x)$ 在 (a,b) 内导数恒不为零矛盾. 因此方程 $f(x)=0$ 在 (a,b) 内仅有一个实根.

例 2　设函数 $f(x)$ 在 $[0,1]$ 上连续, 在 $(0,1)$ 内可导, 且 $f(1)=0$, 则至少存在一点 $\xi\in(0,1)$, 使得

$$f'(\xi)=-\frac{f(\xi)}{\xi}.$$

证　令 $F(x)=xf(x)$, 则 $F(x)$ 在 $[0,1]$ 上连续, 在 $(0,1)$ 内可导且

$$F'(x)=f(x)+xf'(x),$$

又

$$F(0)=0,\quad F(1)=f(1)=0.$$

由罗尔中值定理知, 至少存在一点 $\xi\in(0,1)$, 使得

$$F'(\xi)=0,$$

即

$$f(\xi)+\xi f'(\xi)=0.$$

从而

$$f'(\xi)=-\frac{f(\xi)}{\xi}.$$

利用定理 1 证明等式, 通常需要从结论出发, 采用倒推的方法构造一个与 $f(x)$ 有密切关系的辅助函数 $F(x)$, 使得 $F(x)$ 满足罗尔中值定理的条件, 然后利用定理 1 证得结论. 设出辅助函数, 使问题得到转化解决, 这是一种重要的数学思想方法.

二、 拉格朗日中值定理

定理 2 (拉格朗日 (Lagrange) 中值定理) 设函数 $f(x)$ 满足条件

(1) 在闭区间 $[a,b]$ 上连续;

(2) 在开区间 (a,b) 内可微,

则至少存在一点 $\xi \in (a,b)$, 使得

$$f'(\xi)=\frac{f(b)-f(a)}{b-a}. \tag{1-1}$$

证 作辅助函数

$$F(x)=f(x)-\frac{f(b)-f(a)}{b-a}x,$$

显然 $F(x)$ 在 $[a,b]$ 上连续, 在 (a,b) 内可导. 又因

$$F(a)=f(a)-\frac{f(b)-f(a)}{b-a}a=\frac{[bf(a)-af(a)]-[af(b)-af(a)]}{b-a}=\frac{bf(a)-af(b)}{b-a},$$

$$F(b)=f(b)-\frac{f(b)-f(a)}{b-a}b=\frac{[bf(b)-af(b)]-[bf(b)-bf(a)]}{b-a}=\frac{bf(a)-af(b)}{b-a},$$

故 $F(a)=F(b)$.

由罗尔中值定理知, 至少存在一点 $\xi \in (a,b)$, 使得 $F'(\xi)=0$, 即

$$f'(\xi)-\frac{f(b)-f(a)}{b-a}=0,$$

从而有

$$f'(\xi)=\frac{f(b)-f(a)}{b-a}.$$

本定理的几何意义是: 对于闭区间上的连续曲线弧 $\overset{\frown}{AB}$, 如果除两个端点外, 处处有不垂直于 x 轴的切线, 则在这条曲线弧内至少有一点 C, 使得曲线在该点处的切线平行于弦 AB, 如图 3-3 所示.

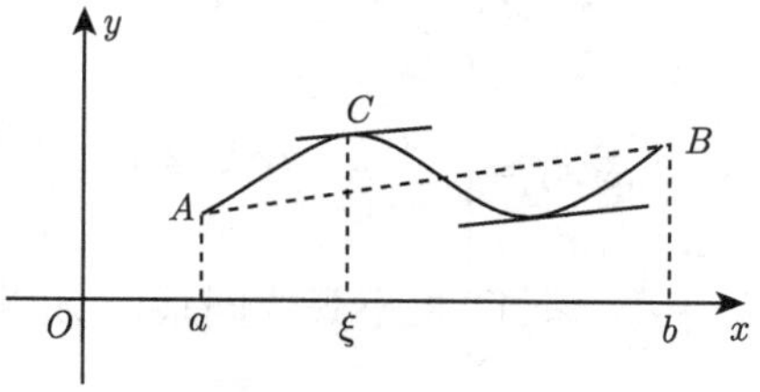

图 3-3

根据几何意义, 定理 2 还可引入曲线 $y=f(x)$ 与直线 AB 的纵坐标之差作为辅助函数, 即

$$F(x)=f(x)-f(a)-\frac{f(b)-f(a)}{b-a}(x-a)$$

来进行证明 (读者不妨试一试), 这说明辅助函数的选取是不唯一的.

称 (1-1) 式为**拉格朗日中值公式**, 它可以表示为下列不同形式:

(1) $f(b)-f(a)=f'(\xi)(b-a),\xi\in(a,b)$ 或 (b,a);

(2) $f(x+\Delta x)-f(x)=f'(x+\theta\Delta x)\Delta x,\theta\in(0,1)$;

(3) $f(x)-f(x_0)=f'(x_0+\theta(x-x_0))(x-x_0),\theta\in(0,1)$;

(4) $f(x_2)-f(x_1)=f'(x_1+\theta(x_2-x_1))(x_2-x_1),\theta\in(0,1)$,

其中公式 (2) 称为**有限增量公式**, 它给出了函数增量 Δy 的准确表达式, 从而为我们用导数这个工具来研究函数的性态提供了极大的方便.

推论　函数 $f(x)$ 在区间 I 为常数函数的充分必要条件是函数 $f(x)$ 在区间 I 上的导数恒为 0.

证　已知常数函数 $f(x)=C$ 的导数为 0, 从而必要性成立. 以下用拉格朗日中值定理证明充分性.

若在区间 I 上恒有 $f'(x)=0$, 则对于 I 的任意一个定点 x_0 和 I 的任意一点 x, 函数 $f(x)$ 在以 x_0 与 x 为端点的区间上满足拉格朗日中值定理的两个条件, 所以

$$\frac{f(x)-f(x_0)}{x-x_0}=f'(\xi)=0,$$

于是

$$f(x)=f(x_0),$$

由 x 是区间 I 的任意一点知, $f(x)$ 为常数函数.

例 3　求证当 $x>0$ 时, $\dfrac{x}{1+x}<\ln(1+x)<x$.

证　设 $f(x)=\ln(1+x)$, 则 $f(x)$ 在区间 $[0,x]$ 上满足定理 2 的条件, 所以

$$f(x)-f(0)=f'(\xi)(x-0),$$

即

$$\ln(1+x)=\frac{x}{1+\xi}\quad(0<\xi<x).$$

由 $0<\xi<x$ 得 $\dfrac{1}{1+x}<\dfrac{1}{1+\xi}<1$. 将不等式同乘以 x, 即得

$$\frac{x}{1+x}<\ln(1+x)<x.$$

例 4 (区间测速问题) 一位司机在某高速公路收费处领到一张超速行驶的罚款单, 理由是该高速公路限速 120 千米/小时, 而该汽车在 2 小时内连续行驶了 260 千米. 试解释这张罚款单的合理性.

解 设位移函数为 $s = s(t)$, 则 s 在 $[0,2]$ 上连续, 由于汽车任一时刻的瞬时速度都存在 (含速度为 0), 所以 s 在 $(0,2)$ 内可导. 由拉格朗日中值定理可知, 至少存在一点 $\xi \in (0,2)$, 使得

$$\frac{s(2)-s(0)}{2-0} = s'(\xi),$$

所以

$$\frac{260-0}{2} = s'(\xi),$$

即

$$s'(\xi) = 130 > 120.$$

此时刻的瞬时速度 $v(\xi) = s'(\xi) = 130 > 120$, 故这张罚单是合理的.

三、 柯西中值定理

在图 3-4 中, 如果将曲线用参数方程表示:

$$\begin{cases} X = g(x), \\ Y = f(x), \end{cases} \quad a \leqslant x \leqslant b,$$

其中点 A 和点 B 的对应参数值分别为 a 和 b, 那么弦 AB 的斜率为

$$k_{AB} = \frac{f(b)-f(a)}{g(b)-g(a)}.$$

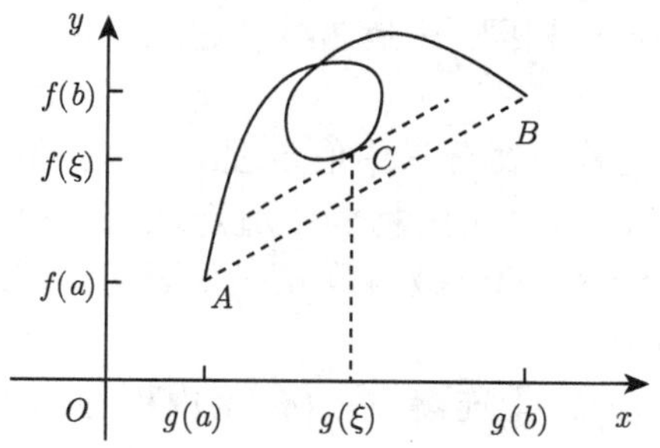

图 3-4

根据参数方程所确定的函数求导法则知, 曲线在点 C 的切线斜率为 $\dfrac{\mathrm{d}Y}{\mathrm{d}X}=\dfrac{f'(\xi)}{g'(\xi)}$. 由拉格朗日中值定理知, 曲线在点 C 的切线与弦 AB 平行. 故

$$\frac{f(b)-f(a)}{g(b)-g(a)}=\frac{f'(\xi)}{g'(\xi)},\quad a<\xi<b.$$

由此可得到柯西中值定理.

定理 3 (柯西 (Cauchy) 中值定理) 设函数 $f(x)$, $g(x)$ 满足条件

(1) 在闭区间 $[a,b]$ 上连续;

(2) 在开区间 (a,b) 内可微;

(3) 对于任意的 $x\in(a,b)$, $g'(x)\neq 0$,

则至少存在一点 $\xi\in(a,b)$, 使得

$$\frac{f(b)-f(a)}{g(b)-g(a)}=\frac{f'(\xi)}{g'(\xi)}.$$

证 首先, 根据条件 (3) 与定理 2, $g(b)-g(a)\neq 0$, 以它作为分母是有意义的, 考虑函数

$$F(x)=f(x)-f(a)-\frac{f(b)-f(a)}{g(b)-g(a)}[g(x)-g(a)],$$

易证函数 $F(x)$ 满足定理 1 的三个条件. 由定理 1, 至少存在一点 $\xi\in(a,b)$, 使得 $F'(\xi)=0$, 即

$$f'(\xi)-\frac{f(b)-f(a)}{g(b)-g(a)}g'(\xi)=0,$$

微分中值定理的区别与联系

整理得

$$\frac{f(b)-f(a)}{g(b)-g(a)}=\frac{f'(\xi)}{g'(\xi)}.$$

柯西中值定理建立了两个函数在区间内同一点处的导数之间的关系. 它的几何意义与拉格朗日中值定理相同, 只是曲线表达上采用了比 $y=f(x)$ 形式更为一般的参数方程.

拉格朗日中值定理也称为微分学中值定理. 罗尔中值定理是拉格朗日中值定理的特殊情况 (要求 $f(a)=f(b)$); 柯西中值定理则是拉格朗日中值定理的推广 (把函数 $g(x)=x$ 推广到任意的可微函数 $g(x)$), 因而定理 3 的证明也是通过辅助函数转化为定理 1 的情形.

例 5 设 $f(x)$ 在 $[a,b]$ 上连续, 在 (a,b) 内可导 $(0<a<b)$. 证明: 方程 $f(b)-f(a)=\left(\ln\dfrac{b}{a}\right)xf'(x)$ 在 (a,b) 内至少有一个根.

证 设 $g(x)=\ln x, x\in[a,b]$, 则可验证 $f(x)$ 和 $g(x)$ 在 $[a,b]$ 上满足柯西中值定理条件, 所以至少存在一点 $\xi\in(a,b)$, 使得

$$\frac{f(b)-f(a)}{\ln b-\ln a}=\frac{f'(\xi)}{(\ln x)'|_{x=\xi}}=\frac{f'(\xi)}{\dfrac{1}{\xi}},$$

整理得

$$f(b)-f(a)=\left(\ln\frac{b}{a}\right)\xi f'(\xi),$$

即方程 $f(b)-f(a)=\left(\ln\dfrac{b}{a}\right)xf'(x)$ 在 (a,b) 内至少有一个根.

习 题 3-1

1. 设 $f(x)=(x-1)(x-2)(x-3)(x-4)$, 试不用求 $f(x)$ 的导数, 判定方程 $f'(x)=0$ 有几个实根, 并指出这些实根所在的开区间.

2. 验证函数 $f(x)=\begin{cases}\dfrac{20+x^2}{8}, & 0\leqslant x\leqslant 2,\\ \dfrac{x^2+2}{x}, & 2<x<+\infty\end{cases}$ 在区间 $[0,4]$ 上满足拉格朗日中值定理的条件, 并求出 $(0,4)$ 内满足拉格朗日中值定理的 ξ.

3. 试证明: 对函数 $y=px^2+qx+r$ 应用拉格朗日中值定理时所求的 ξ 总是位于区间的正中间.

4. 设 $\dfrac{a_0}{n+1}+\dfrac{a_1}{n}+\cdots+a_n=0$, 求证方程 $a_0x^n+a_1x^{n-1}+\cdots+a_n=0$ 在开区间 $(0,1)$ 内至少有一个根.

5. 证明: 等式 $\arcsin x+\arccos x=\dfrac{\pi}{2}$ 在闭区间 $[-1,1]$ 上恒成立.

6. 试用拉格朗日中值定理证明:

(1) 当 $0<b\leqslant a$ 时, $\dfrac{a-b}{a}\leqslant\ln\dfrac{a}{b}\leqslant\dfrac{a-b}{b}$; (2) $|\arctan x-\arctan y|\leqslant|x-y|$;

(3) 当 $x>1$ 时, $\mathrm{e}^x>\mathrm{e}x$.

7. 已知方程 $x^3-3x^2+c=0$, c 是任意一个常数. 试证明该方程在开区间 $(0,1)$ 内不可能有两个不同的实根.

8. 设函数 $f(x)$ 在开区间 (a,b) 内具有二阶导数, 并且

$$f(x_1)=f(x_2)=f(x_3),$$

其中 $a<x_1<x_2<x_3<b$. 试证明在开区间 (x_1,x_3) 内至少有一个 ξ, 使得 $f''(\xi)=0$.

9. 设函数 $f(x)$ 在闭区间 $[a,b]$ 上连续, 在开区间 (a,b) 内可微, 并且 $f(b)=f(a)=0$. 试证明存在 $\xi\in(a,b)$, 使得 $f(\xi)+f'(\xi)=0$.

10. 设 $0\notin(a,b)$, $f(x)$ 在闭区间 $[a,b]$ 上连续, 在开区间 (a,b) 内可微. 证明在开区间 (a,b) 内至少有一点 ξ, 使得 $2\xi[f(b)-f(a)]=(b^2-a^2)f'(\xi)$.

11. 设函数 $f(x)$ 在 $x=0$ 的某邻域内具有 n 阶导数, 且

$$f(0)=f'(0)=\cdots=f^{(n-1)}(0)=0.$$

试用柯西中值定理证明 $\dfrac{f(x)}{x^n}=\dfrac{f^{(n)}(\theta x)}{n!}$, $0<\theta<1$.

第二节　洛必达法则

在计算一个分式函数的极限时, 常常会遇到分子、分母都趋近于零或都趋近于无穷大的情况, 由于这时无法使用“商的极限运算法则”, 求解将会遇到很大困难. 本节将介绍一种利用导数求解这类函数极限的有效方法——洛必达 (L'Hospital) 法则.

一、 洛必达法则的基本定理

若当 $x\to x_0$ 时两个函数 $f(x)$ 与 $g(x)$ 都是无穷小或都是无穷大, 则比式的极限 $\lim\limits_{x\to x_0}\dfrac{f(x)}{g(x)}$ 可能存在也可能不存在. 我们把这样的极限叫作**未定式** (或**未定型**), 并分别简记为 $\dfrac{0}{0}$ 或 $\dfrac{\infty}{\infty}$. 例如, 熟知的 $\lim\limits_{x\to0}\dfrac{\sin x}{x}=1$ 与 $\lim\limits_{x\to\infty}\dfrac{x^3+x+1}{2x^2+3}=\infty$ 就是未定式 $\dfrac{0}{0}$ 与 $\dfrac{\infty}{\infty}$ 的具体例子. 本节应用柯西中值定理证明求 $\dfrac{0}{0}$, $\dfrac{\infty}{\infty}$ 型未定式极限的洛必达法则, 下面以 $x\to x_0$ 为例给出定理.

定理 1 (洛必达法则)　如果

(1) $\lim\limits_{x\to x_0}f(x)=0$, $\lim\limits_{x\to x_0}g(x)=0$;

(2) $f(x)$ 与 $g(x)$ 在 x_0 的某去心邻域 $\mathring{U}(x_0)$ 内都可微, 并且 $g'(x)\neq0$;

(3) $\lim\limits_{x\to x_0}\dfrac{f'(x)}{g'(x)}=p$ (或 ∞),

则

$$\lim_{x\to x_0}\frac{f(x)}{g(x)}=\lim_{x\to x_0}\frac{f'(x)}{g'(x)}=p\ (\text{或 }\infty).$$

证　对任意的 $x\in\mathring{U}(x_0)$, 由条件 (1) 和 (2), 令 $f(x_0)=0$, $g(x_0)=0$, 则 $f(x)$ 和 $g(x)$ 在区间 $[x,x_0]$ 或 $[x_0,x]$ 上满足柯西中值定理的条件, 故有

$$\frac{f(x)}{g(x)}=\frac{f(x)-f(x_0)}{g(x)-g(x_0)}=\frac{f'(\xi)}{g'(\xi)},\quad \xi\text{ 介于 }x\text{ 与 }x_0\text{ 之间}.$$

显然当 $x \to x_0$ 时, 有 $\xi \to x_0$, 再由条件 (3) 知

$$\lim_{x\to\infty}\frac{f(x)}{g(x)}=\lim_{x\to\infty}\frac{f'(x)}{g'(x)}=p.$$

本定理的作用在于: 当计算未定式极限 $\lim\limits_{x\to x_0}\dfrac{f(x)}{g(x)}$ 遇到困难时, 可改为计算极限 $\lim\limits_{x\to x_0}\dfrac{f'(x)}{g'(x)}$ 代替之; 特别是, 当计算未定式极限 $\lim\limits_{x\to x_0}\dfrac{f'(x)}{g'(x)}$ 仍遇到困难时, 还可以改为计算极限 $\lim\limits_{x\to x_0}\dfrac{f(x)}{g(x)}$ 代替之等等.

例 1 求极限 $\lim\limits_{x\to\alpha}\dfrac{\tan x-\tan\alpha}{x-\alpha}$.

解 首先判定所求是 $\dfrac{0}{0}$ 型未定式且分子、分母分别求导数后极限存在, 即可使用洛必达法则.

$$原式=\lim_{x\to\alpha}\frac{(\tan x-\tan\alpha)'}{(x-\alpha)'}=\lim_{x\to\alpha}\frac{\sec^2 x}{1}=\sec^2\alpha.$$

洛必达法则可以连用多次, 但每次使用前要检查是否满足法则条件, 特别要检查是否为未定式.

例 2 求极限 $\lim\limits_{x\to 0}\dfrac{\mathrm{e}^x+\mathrm{e}^{-x}-2}{1-\cos x}$.

解 原式 $\overset{\frac{0}{0}}{=\!=}\lim\limits_{x\to 0}\dfrac{\mathrm{e}^x-\mathrm{e}^{-x}}{\sin x}\overset{\frac{0}{0}}{=\!=}\lim\limits_{x\to 0}\dfrac{\mathrm{e}^x+\mathrm{e}^{-x}}{\cos x}=2.$

注 当定理中的 $x\to x_0$ 改为 $x\to x_0^+$, $x\to x_0^-$, $x\to+\infty$, $x\to-\infty$ 等其他极限过程时, 只要将定理条件 (2) 中可微的范围作相应的改变, 定理结论仍是成立的.

例 3 求极限 $\lim\limits_{x\to+\infty}\dfrac{\dfrac{\pi}{2}-\arctan x}{\sin\dfrac{1}{x^2}}$.

解 因为当 $x\to+\infty$ 时, $\sin\dfrac{1}{x^2}$ 与 $\dfrac{1}{x^2}$ 是等价无穷小, 所以

$$原式\overset{\frac{0}{0}}{=\!=}\lim_{x\to+\infty}\frac{\dfrac{\pi}{2}-\arctan x}{\dfrac{1}{x^2}}\overset{\frac{0}{0}}{=\!=}\lim_{x\to+\infty}\frac{-\dfrac{1}{1+x^2}}{-\dfrac{2}{x^3}}=\lim_{x\to+\infty}\frac{x^3}{2(1+x^2)}=\infty.$$

使用洛必达法则时注意要结合其他求极限的方法, 比如等价无穷小代换、重要极限等可简化运算.

本定理的条件 (1) 改为 $\lim\limits_{x\to x_0} f(x)=\infty$, $\lim\limits_{x\to x_0} g(x)=\infty$, 定理仍成立. 这就是 $\dfrac{\infty}{\infty}$ 型未定式的洛必达法则.

例 4　计算 $\lim\limits_{x\to+\infty}\dfrac{\ln x}{x^a}$, 其中 $a>0$.

解　原式 $\overset{\frac{\infty}{\infty}}{=\!=}\lim\limits_{x\to+\infty}\dfrac{\frac{1}{x}}{ax^{a-1}}=\dfrac{1}{a}\lim\limits_{x\to+\infty}\dfrac{l}{x^a}=0.$

例 5　计算 $\lim\limits_{x\to+\infty}\dfrac{x^a}{b^x}$, 其中 $a>0$, $b>1$.

解　原式 $\overset{\frac{\infty}{\infty}}{=\!=}\lim\limits_{x\to+\infty}\dfrac{ax^{a-1}}{b^x\ln b}=\begin{cases}0, & 0<a\leqslant 1,\\ \dfrac{\infty}{\infty}, & a>1,\end{cases}$ 对于 $a>1$, 存在自然数 n, 使得 $n-1<a\leqslant n$, 连续 n 次使用洛必达法则, 得

$$
\begin{aligned}
\text{原式}&\overset{\frac{\infty}{\infty}}{=}\lim_{x\to+\infty}\frac{ax^{a-1}}{b^x\ln b}=\lim_{x\to+\infty}\frac{a(a-1)x^{a-2}}{b^x(\ln b)^2}=\cdots\\
&=\lim_{x\to+\infty}\frac{a(a-1)\cdots(a-n+1)x^{a-n}}{b^x(\ln b)^n}=0.
\end{aligned}
$$

例 4 与例 5 表明了当 $x\to+\infty$ 时, 三个正无穷大量指数函数 b^x、幂函数 x^a、对数函数 $\ln x$ 的增大速度是很不一样的. 幂函数增大的速度比对数函数快得多, 而指数函数增大的速度又比幂函数快得多.

例 6　计算 $\lim\limits_{x\to\pi^-}\dfrac{\ln(\pi-x)}{\cot x}$.

解　原式 $\overset{\frac{\infty}{\infty}}{=\!=}\lim\limits_{x\to\pi^-}\dfrac{-\frac{1}{\pi-x}}{-\csc^2 x}=\lim\limits_{x\to\pi^-}\dfrac{\sin^2 x}{\pi-x}\overset{\frac{0}{0}}{=\!=}\lim\limits_{x\to\pi^-}\dfrac{2\sin x\cos x}{-1}=0.$

事实上, 洛必达法则的条件只是 $\lim\dfrac{f(x)}{g(x)}=\lim\dfrac{f'(x)}{g'(x)}$ 的充分条件但不是必要条件. 特别地, 当 $\lim\dfrac{f'(x)}{g'(x)}$ 不存在时, 不能用洛必达法则求 $\lim\dfrac{f(x)}{g(x)}$, 但这并不能说明 $\lim\dfrac{f(x)}{g(x)}$ 不存在, 这时, 可考虑用其他方法求极限.

例 7　计算 $\lim\limits_{x\to+\infty}\dfrac{x-\sin x}{x+\sin x}$.

解　因为 $\lim\limits_{x\to+\infty}\dfrac{(x-\sin x)'}{(x+\sin x)'}=\lim\limits_{x\to+\infty}\dfrac{1-\cos x}{1+\cos x}=\lim\limits_{x\to+\infty}\tan^2\dfrac{x}{2}$, 这极限不存

在, 洛必达法则对本题失效. 但是, 原式 $\xlongequal{\frac{\infty}{\infty}} \lim\limits_{x\to+\infty}\dfrac{1-\dfrac{\sin x}{x}}{1+\dfrac{\sin x}{x}}=1$.

二、 其他未定型

形如 $0\cdot\infty$, $\infty-\infty$, 1^{∞}, 0^0, ∞^0 的极限也是未定式, 都可以通过转化为形如 $\dfrac{0}{0}$ 或 $\dfrac{\infty}{\infty}$ 的未定式, 然后使用洛必达法则求极限.

例 8 计算 $\lim\limits_{x\to0^+}x^2\ln x$.

解 原式 $\xlongequal{0\cdot\infty} \lim\limits_{x\to0^+}\dfrac{\ln x}{\dfrac{1}{x^2}} \xlongequal{\frac{\infty}{\infty}} \lim\limits_{x\to0^+}\dfrac{\dfrac{1}{x}}{-\dfrac{2}{x^3}}=\lim\limits_{x\to0^+}\dfrac{-x^2}{2}=0$.

此例将 $0\cdot\infty$ 型转化为 $\dfrac{\infty}{\infty}$ 型是必要的, 若改为 $\dfrac{0}{0}$ 型将不得其解.

例 9 计算 $\lim\limits_{x\to0}\left(\dfrac{1}{x}-\dfrac{1}{\mathrm{e}^x-1}\right)$.

解 原式 $\xlongequal{\infty-\infty} \lim\limits_{x\to0}\dfrac{\mathrm{e}^x-1-x}{x(\mathrm{e}^x-1)}=\lim\limits_{x\to0}\dfrac{\mathrm{e}^x-1-x}{x^2}$

$$\xlongequal{\frac{0}{0}} \lim_{x\to0}\frac{\mathrm{e}^x-1}{2x}=\lim_{x\to0}\frac{x}{2x}=\frac{1}{2}.$$

例 10 计算 $\lim\limits_{x\to0^+}\left(\dfrac{\tan x}{x}\right)^{\frac{1}{x^2}}$.

解 原式 $\xlongequal{1^{\infty}} \lim\limits_{x\to0^+}\mathrm{e}^{\frac{1}{x^2}\ln\frac{\tan x}{x}}$. 归结为计算 $u=\lim\limits_{x\to0^+}\dfrac{\ln\dfrac{\tan x}{x}}{x^2}$. 因为

$$\left(\ln\frac{\tan x}{x}\right)'=(\ln\sin x)'-(\ln x)'-(\ln\cos x)'=\frac{\cos x}{\sin x}-\frac{1}{x}+\frac{\sin x}{\cos x}$$

$$=\frac{x-\sin x\cos x}{x\sin x\cos x},$$

对 u 使用洛必达法则, 得到 $u\xlongequal{\frac{0}{0}} \lim\limits_{x\to0^+}\dfrac{x-\sin x\cos x}{2x^2\sin x\cos x}=\lim\limits_{x\to0^+}\dfrac{x-\sin x\cos x}{2x^3}\cdot\dfrac{1}{\cos x}$, 注意到当 $x\to0$ 时, $\dfrac{1}{\cos x}\to1$, 所以, 只要另一因式的极限存在, 其结果即为所求.

$$u=\lim_{x\to0^+}\frac{x-\sin x\cos x}{2x^3}=\frac{1}{2}\lim_{x\to0^+}\frac{x-\dfrac{1}{2}\sin 2x}{x^3}\xlongequal{\frac{0}{0}}\frac{1}{6}\lim_{x\to0^+}\frac{1-\cos 2x}{x^2}$$

$$\overset{\frac{0}{0}}{=\!=} \frac{2}{6}\lim_{x\to 0^+}\frac{\sin 2x}{2x}=\frac{1}{3}.$$

于是, 原式 $=e^{\frac{1}{3}}$.

在使用洛必达法则时, 注意排除非不定因式可简化运算.

例 11　计算 $\lim\limits_{x\to 0^+} x^{\sin x}$.

解　原式 $\overset{0^0}{=\!=} \lim\limits_{x\to 0^+} e^{\sin x\ln x}=e^{\lim\limits_{x\to 0^+}\sin x\ln x}$. 因为

$$\lim_{x\to 0^+}\sin x\ln x=\lim_{x\to 0^+}x\ln x \overset{0\cdot\infty}{=\!=} \lim_{x\to 0^+}\frac{\ln x}{\frac{1}{x}}$$

$$\overset{\frac{\infty}{\infty}}{=\!=} \lim_{x\to 0^+}\frac{\frac{1}{x}}{-\frac{1}{x^2}}=-\lim_{x\to 0^+}x=0,$$

所以, 原式 $e^0=1$.

还应注意, 对于未定式的数列极限, 不能直接用洛必达法则, 因为数列没有导数, 只有把 n 换成 x, 即 $n\to\infty$ 换成 $x\to+\infty$, 且定理条件满足时才能使用洛必达法则.

例 12　求数列极限 $\lim\limits_{n\to\infty}\sqrt[n]{n}$.

解　先计算相应的函数极限 $\lim\limits_{x\to+\infty}x^{\frac{1}{x}}$, 属于 ∞^0 型未定式, 由于

$$\lim_{x\to+\infty}x^{\frac{1}{x}}=\lim_{x\to+\infty}e^{\frac{\ln x}{x}}=e^{\lim\limits_{x\to+\infty}\frac{\ln x}{x}},$$

而 $\lim\limits_{x\to+\infty}\frac{\ln x}{x} \overset{\frac{\infty}{\infty}}{=\!=} \lim\limits_{x\to+\infty}\frac{1}{x}=0$, 因此, $\lim\limits_{x\to+\infty}x^{\frac{1}{x}}=e^0=1$. 于是得数列极限

$$\lim_{n\to\infty}\sqrt[n]{n}=1.$$

习　题　3-2

求下列极限:

1. $\lim\limits_{x\to 0}\frac{\ln(1+x)}{x}$.　2. $\lim\limits_{x\to a}\frac{x^m-a^m}{x^n-a^n}(a\neq 1)$.　3. $\lim\limits_{x\to 0}\frac{\tan x-x}{x-\sin x}$.

4. $\lim\limits_{x\to 0}\frac{e^{x^2}-1}{\cos x-1}$.　5. $\lim\limits_{x\to\frac{\pi}{2}}\frac{\ln\sin x}{(\pi-2x)^2}$.　6. $\lim\limits_{x\to+\infty}\frac{\ln\left(1+\frac{1}{x}\right)}{\operatorname{arccot}x}$.

7. $\lim\limits_{x\to 0}x^2e^{\frac{1}{x^2}}$.　8. $\lim\limits_{x\to 0}\left(\frac{1}{x^2}-\cot^2 x\right)$.　9. $\lim\limits_{x\to 0^+}\left(\frac{1}{x}\right)^{\tan x}$.

10. $\lim\limits_{x\to+\infty}\left(\dfrac{2}{\pi}\arctan x\right)^{x}$.　11. $\lim\limits_{x\to\frac{\pi}{2}^-}(\cos x)^{\frac{\pi}{2}-x}$.　12. $\lim\limits_{x\to0^+}\left(\ln\dfrac{1}{x}\right)^{x}$.

13. $\lim\limits_{x\to\infty}\left(\tan\dfrac{\pi x}{2x+1}\right)^{\frac{1}{x}}$.　14. $\lim\limits_{x\to0}\dfrac{\mathrm{e}^x-\mathrm{e}^{-x}}{\sin x\cos x}$.

15. 设 $f(x)=\begin{cases}\dfrac{g(x)}{x}, & x\neq0,\\ 0, & x=0,\end{cases}$ 且 $g(x)$ 可微, $g(0)=g'(0)=0$, $g''(0)=17$, 求 $f'(0)$.

第三节　泰勒中值定理

对于较复杂的函数, 常常考虑能否用一个简单的函数, 如多项式函数来近似表示, 这一问题无论在理论研究上还是近似计算中都十分重要.

在利用微分近似计算函数值时曾给出近似计算公式

$$f(x)\approx f(x_0)+f'(x_0)(x-x_0).$$

当 $x\to x_0$ 时, 其误差是比 $x-x_0$ 高阶的无穷小. 这种在局部利用一次多项式表示函数的近似式, 尽管计算简便, 但是它的精确度不高, 且不能具体估计出误差的大小, 因此, 有必要引入精确度高、适用范围广, 且能定量估计误差的近似计算公式. 这就是本节要介绍的泰勒公式.

一、 基本定理

1. 问题的提出

设函数 $f(x)$ 在含有 x_0 的某个区间 (a,b) 内有直到 $n+1$ 阶的导数, 试找出一个关于 $x-x_0$ 的 n 次多项式

$$P_n(x)=a_0+a_1(x-x_0)+a_2(x-x_0)^2+\cdots+a_n(x-x_0)^n \tag{3-1}$$

来近似表达函数 $f(x)$, 使得 $f(x)$ 与 $P_n(x)$ 之差是比 $(x-x_0)^n$ 高阶的无穷小, 并给出 $|f(x)-P_n(x)|$ 的具体表达式.

2. 系数的选取

用多项式 $P_n(x)$ 来近似表达函数 $f(x)$, 需要确定出 $P_n(x)$ 的系数 (待定常数) $a_0, a_1, a_2, \cdots, a_n$.

对于 n 次多项式 $P_n(x)$, 要想其尽可能地逼近函数 $f(x)$, 就必须要和函数有一些共同的特征, 也就要求 $P_n(x)$ 在点 x_0 处与 $f(x)$ 很近似. 从几何上来讲, 首先要求函数 $f(x)$ 和多项式 $P_n(x)$ 在点 x_0 的函数值相同, 也就是两个曲线在此点相交, 即 $P_n(x_0)=f(x_0)$; 但是这样的曲线有无限多, 进一步要求它们在点 x_0 的

导数值相同, 也就是两个曲线在此点切线相同, 即 $P_n'(x_0) = f'(x_0)$; 依次类推, 继续要求在点 x_0 的二阶导数值相同, 使两个曲线在此点有相同的弯曲方向 (相关内容见下一节), 即 $P_n''(x_0) = f''(x_0)$; 依次下去, 直到

$$P_n^{(k)}(x_0) = f^{(k)}(x_0), \quad k = 1, 2, \cdots, n.$$

因此, 可以确定多项式 $P_n(x)$ 的系数

$$a_0 = f(x_0), a_1 = f'(x_0), a_2 = \frac{f''(x_0)}{2!}, \cdots, a_n = \frac{f^{(n)}(x_0)}{n!},$$

代入 (3-1) 式, 有

$$P_n(x) = f(x_0) + f'(x_0)(x - x_0) + \frac{f''(x_0)}{2!}(x - x_0)^2 + \cdots + \frac{f^{(n)}(x_0)}{n!}(x - x_0)^n, \quad (3\text{-}2)$$

称由 (3-2) 式确定的多项式 $P_n(x)$ 为 $f(x)$ 在点 x_0 的 n 次**泰勒多项式**.

3. 误差的确定

按照上面的方法找出的 $P_n(x)$ 显然不是函数 $f(x)$, 两者之间一定有差距, 两者的差距到底有多大?

令

$$R_n(x) = f(x) - P_n(x).$$

注意到

$$R_n(x_0) = R_n'(x_0) = \cdots = R_n^{(n-1)}(x_0) = R_n^{(n)}(x_0) = 0,$$

使用柯西中值公式, 得

$$\frac{R_n(x)}{(x - x_0)^{n+1}} = \frac{R_n(x) - R_n(x_0)}{(x - x_0)^{n+1} - 0} = \frac{R_n'(\xi_1)}{(n+1)(\xi_1 - x_0)^n},$$

其中 ξ_1 在 x 与 x_0 之间; 再用柯西中值公式, 得

$$\frac{R_n(x)}{(x - x_0)^{n+1}} = \frac{R_n'(\xi_1)}{(n+1)(\xi_1 - x_0)^n} = \frac{R_n''(\xi_2)}{(n+1)n(\xi_2 - x_0)^{n-1}},$$

其中 ξ_2 在 ξ_1 与 x_0 之间; 如此连续使用柯西中值公式 $n+1$ 次, 得到

$$\frac{R_n(x)}{(x - x_0)^{n+1}} = \frac{R_n^{(n+1)}(\xi)}{(n+1)!},$$

其中 ξ 在 x 与 x_0 之间. 因为 $P_n^{(n+1)}(x) = 0$, 所以 $R_n^{(n+1)}(x) = f^{(n+1)}(x)$, 代入上式, 即得

$$R_n(x) = \frac{f^{(n+1)}(\xi)}{(n+1)!}(x - x_0)^{n+1},$$

因此给出了误差的定量表达. 如果对于某个固定的 n, 当 x 在开区间 (a,b) 内变动时, $f^{(n+1)}(x)$ 有界, 则显然当 $x \to x_0$ 时, $R_n(x)$ 是比 $(x-x_0)^n$ 高阶的无穷小量, 即

$$R_n(x) = o\left((x-x_0)^n\right).$$

4. 泰勒 (Taylor) 中值定理

定理　设函数 $f(x)$ 在含有 x_0 的某个开区间 (a,b) 内有直到 $n+1$ 阶的导数, 则在 (a,b) 内的任意一点 x, 有

$$\begin{aligned} f(x) = f(x_0) + f'(x_0)(x-x_0) + \frac{f''(x_0)}{2!}(x-x_0)^2 + \cdots \\ + \frac{f^{(n)}(x_0)}{n!}(x-x_0)^n + R_n(x), \end{aligned} \tag{3-3}$$

其中

$$R_n(x) = \frac{f^{(n+1)}(\xi)}{(n+1)!}(x-x_0)^{n+1}, \quad \xi \text{ 在 } x \text{ 与 } x_0 \text{ 之间}. \tag{3-4}$$

公式 (3-3) 称为函数 $f(x)$ 按 $(x-x_0)$ 的幂展开到 n 阶的**泰勒公式**, 其中 $R_n(x)$ 称为该公式的余项. (3-4) 式中, 余项 $R_n(x) = \dfrac{f^{(n+1)}(\xi)}{(n+1)!}(x-x_0)^{n+1}$ 称为**拉格朗日型余项**. 泰勒中值定理的作用不仅在于近似计算, 它还具有重要的理论价值. 显然, 当 $n=0$ 时带拉格朗日型余项的泰勒公式就是拉格朗日中值公式, 所以泰勒中值定理可视为拉格朗日中值定理的推广.

如果把定理的条件降低为函数 $f(x)$ 在 x_0 处的 n 阶导数存在, 则使公式 (3-3) 成立的余项为

$$R_n(x) = o((x-x_0)^n),$$

称为**佩亚诺** (Peano) **型余项**. 当不需要对误差进行数值估计时, 用带佩亚诺型余项的泰勒公式是方便的. 带佩亚诺型余项的泰勒公式是微分概念公式 $f(x) - f(x_0) = f'(x_0)(x-x_0) + o(x-x_0)$ 的推广.

二、 常用公式

泰勒公式中常用的是 $x_0 = 0$ 的情形, 这时的泰勒公式称为**麦克劳林** (Maclaurin) **公式**. 带有拉格朗日型余项的麦克劳林公式是

$$f(x) = f(0) + f'(0)x + \frac{f''(0)}{2!}x^2 + \cdots + \frac{f^{(n)}(0)}{n!}x^n + \frac{f^{(n+1)}(\theta x)}{(n+1)!}x^{n+1}, \quad 0 < \theta < 1. \tag{3-5}$$

下面给出五个常用的带有拉格朗日型余项的麦克劳林公式.

(1) $\mathrm{e}^x = 1 + x + \dfrac{x^2}{2!} + \cdots + \dfrac{x^n}{n!} + \dfrac{\mathrm{e}^{\theta x}}{(n+1)!}x^{n+1}, \quad 0 < \theta < 1.$

(2) $\sin x = x - \dfrac{x^3}{3!} + \dfrac{x^5}{5!} - \cdots + (-1)^{m-1}\dfrac{x^{2m-1}}{(2m-1)!} + \dfrac{\sin\left[\theta x + (2m+1)\dfrac{\pi}{2}\right]}{(2m+1)!}x^{2m+1},$ $0 < \theta < 1, n = 2m.$

(3) $\cos x = 1 - \dfrac{x^2}{2!} + \cdots + (-1)^m\dfrac{x^{2m}}{(2m)!} + \dfrac{\cos\left[\theta x + (2m+1)\dfrac{\pi}{2}\right]}{(2m+1)!}x^{2m+1}, \quad 0 <$ $\theta < 1, n = 2m.$

(4) $\ln(1+x) = x - \dfrac{x^2}{2} + \dfrac{x^3}{3} - \cdots + (-1)^{n-1}\dfrac{x^n}{n} + (-1)^n\dfrac{x^{n+1}}{(n+1)(1+\theta x)^{n+1}}, \quad 0 <$ $\theta < 1.$

(5) $$(1+x)^\alpha = 1 + \alpha x + \frac{\alpha(\alpha-1)}{2!}x^2 + \cdots + \frac{\alpha(\alpha-1)\cdots(\alpha-n+1)}{n!}x^n$$

$$+ \frac{\alpha(\alpha-1)\cdots(\alpha-n+1)(\alpha-n)}{(n+1)!}\cdot(1+\theta x)^{\alpha-n-1}x^{n+1},$$

$0 < \theta < 1.$

例 1　试证明公式 (1), 并求 $\sqrt{\mathrm{e}}$ 的近似值, 使其误差小于 10^{-2}.

证　设 $f(x) = \mathrm{e}^x$, 因为

$$f'(x) = f''(x) = \cdots = f^{(n)}(x) = f^{(n+1)}(x) = \mathrm{e}^x,$$

所以

$$f'(0) = f''(0) = \cdots = f^{(n)}(0) = 1, \quad f^{(n+1)}(\theta x) = \mathrm{e}^{\theta x},$$

代入 (3-5) 式, 即得 (1).

由 (1) 知, 可以用多项式近似表达 e^x 为

$$\mathrm{e}^x \approx 1 + x + \frac{x^2}{2!} + \cdots + \frac{x^n}{n!}, \tag{3-6}$$

误差为

$$|R_n(x)| = \left|\frac{x^{n+1}\mathrm{e}^{\theta x}}{(n+1)!}\right| < \frac{\mathrm{e}^{|x|}|x|^{n+1}}{(n+1)!}.$$

在 (3-6) 式中令 $x = 1$ 即可得 $\mathrm{e} \approx 1 + 1 + \dfrac{1}{2!} + \cdots + \dfrac{1}{n!}$, 误差为

$$|R_n(1)| < \frac{\mathrm{e}}{(n+1)!} < \frac{3}{(n+1)!}.$$

取 (3-6) 式的前 4 项 $e^x \approx 1 + x + \dfrac{x^2}{2} + \dfrac{x^3}{6}$ 来近似计算 $\sqrt{e}$:

$$\sqrt{e} \approx 1 + \frac{1}{2} + \frac{1}{2}\left(\frac{1}{2}\right)^2 + \frac{1}{6}\left(\frac{1}{2}\right)^3 = 1.645,$$

误差为

$$\left|R_3\left(\frac{1}{2}\right)\right| < \frac{\sqrt{3}}{4!}\left(\frac{1}{2}\right)^4 < 0.01.$$

例 2　试证明麦克劳林公式 (2), 在公式 (2) 中分别取 $m = 1, 2, 3$, 写出正弦函数的近似公式, 并讨论其误差 (图 3-5).

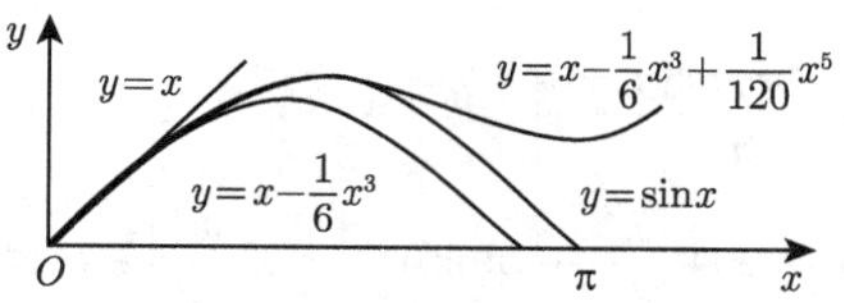

图 3-5

证　设 $f(x) = \sin x$, 因为 $f^{(n)}(x) = \sin\left(x + n \cdot \dfrac{\pi}{2}\right)$ $(n = 1, 2, 3, \cdots)$, 所以 $f(0) = 0$, $f'(0) = 1$, $f''(0) = 0$, $f'''(0) = -1$, $f^{(4)}(0) = 0, \cdots$, 它们顺序循环地取 0, 1, 0, −1 这四个数, 代入 (3-3) 式, 并取 $n = 2m$ 即得 (2).

当 $m = 1$ 时, $\sin x \approx x$,

$$|R_2(x)| = \frac{\left|x^3 \sin\left(\theta x + \frac{3}{2}\pi\right)\right|}{3!} \leqslant \frac{|x|^3}{6!};$$

当 $m = 2$ 时, $\sin x \approx x - \dfrac{x^3}{3!}$,

$$|R_4(x)| = \frac{\left|x^5 \sin\left(\theta x + \frac{5}{2}\pi\right)\right|}{5!} \leqslant \frac{|x|^5}{5!};$$

当 $m = 3$ 时, $\sin x \approx x - \dfrac{x^3}{3!} + \dfrac{x^5}{5!}$,

$$|R_6(x)| \leqslant \frac{|x|^7}{7!}.$$

写出函数 $f(x)$ 按 $(x-x_0)$ 的幂展开到 n 阶的泰勒公式, 也称为将函数 $f(x)$ 在点 $x=x_0$ 展开成 n 阶泰勒公式. 其步骤是

(1) 计算 $f(x_0), f'(x_0), \cdots, f^{(n)}(x_0), f^{(n+1)}(\xi)$($\xi$ 在 x 和 x_0 之间).

(2) 将 (1) 中各值代入公式 (3-3).

例 3 试按照 $(x+1)$ 的升幂展开函数 $f(x)=x^3+3x^2-2x+4$.

解 $f(-1)=8$; $f'(x)=3x^2+6x-2$, $f'(-1)=-5$; $f''(x)=6x+6$, $f''(-1)=0$; $f'''(x)=6$, $f'''(-1)=6$; 当 $n>3$ 时, $f^{(n)}(x)=0$, 所以

$$\begin{aligned}f(x)&=f(-1)+f'(-1)(x+1)+\frac{f''(-1)}{2!}(x+1)^2+\frac{f'''(-1)}{3!}(x+1)^3+0\\&=8-5(x+1)+(x+1)^3.\end{aligned}$$

例 4 求 $\lim\limits_{x\to 0}\dfrac{\mathrm{e}^x\sin x-x(1+x)}{x^3}$.

解
$$\begin{aligned}\text{原式}&=\lim_{x\to 0}\frac{\left[1+x+\dfrac{x^2}{2}+o(x^2)\right]\left[x-\dfrac{x^3}{3!}+o(x^3)\right]-x(1+x)}{x^3}\\&=\lim_{x\to 0}\frac{\left[x+x^2+\dfrac{x^3}{3}+o(x^3)\right]-x(1+x)}{x^3}\\&=\lim_{x\to 0}\frac{\dfrac{x^3}{3}+o(x^3)}{x^3}=\frac{1}{3}.\end{aligned}$$

习 题 3-3

1. 试将对数函数 $\ln(1+x)$ 展开为带有拉格朗日型余项的麦克劳林公式.
2. 试应用泰勒公式, 将多项式 $f(x)=x^4-5x^3+x^2-3x+4$ 按 $(x-4)$ 的升幂展开.
3. 设函数 $f(x)=(x^2-3x+1)^3$, 试应用麦克劳林公式将 $f(x)$ 按 x 的升幂展开为多项式.
4. 试求函数 $f(x)=x\mathrm{e}^x$ 的 n 阶麦克劳林公式.
5. 试求函数 $f(x)=\tan x$ 的二阶麦克劳林公式.
6. 试求函数 $f(x)=\sqrt{x}$ 在 $x_0=4$ 的二阶泰勒公式.
7. 设函数 $f(x)=\sec x$ 在 $x=0$ 处的二次泰勒多项式为 $1+ax+bx^2$, 求 a,b.
8. 试由本节“常用公式”中介绍的公式 (5) 直接写出函数 $\sqrt{1-x}$ 的带有拉格朗日型余项的麦克劳林公式.
9. 试应用三阶泰勒公式求下列函数值的近似值并估计误差:

(1) $\sqrt[3]{30}$; (2) $\cos 89^\circ$.

10. 利用带有佩亚诺型余项的泰勒公式求下列极限:

(1) $\lim\limits_{x\to 0}\dfrac{\sin x - x}{x^3}$;　　(2) $\lim\limits_{x\to 0}\dfrac{\cos x - \mathrm{e}^{-\frac{x^2}{2}}}{x^4}$.

11. 设函数 $f(x)$ 有连续的三阶导数, $f(-1)=0$, $f(1)=1$ 且 $f'(0)=0$, 证明: 至少存在一点 $\xi\in(-1,1)$, 使得 $f'''(\xi)=3$.

第四节 函数性态的研究

有了微分学应用的理论基础——微分中值定理, 就可以利用导数来研究函数在区间上的变化性态. 本节主要讨论函数的单调性, 极值与最值, 函数曲线的凹凸性与拐点、曲线的渐近线以及函数图形的描绘.

一、 函数单调性的判别法

定理 1 设函数 $f(x)$ 在闭区间 $[a,b]$ 上连续, 在开区间 (a,b) 内可微.

(1) 若 $x\in(a,b)$ 恒有 $f'(x)>0$, 则 $f(x)$ 在闭区间 $[a,b]$ 上单调增加;

(2) 若 $x\in(a,b)$ 恒有 $f'(x)<0$, 则 $f(x)$ 在闭区间 $[a,b]$ 上单调减少.

证 设 x_1, x_2 是闭区间 $[a,b]$ 上的任意两点, 且 $x_1<x_2$, 由拉格朗日中值定理,

$$f(x_2)-f(x_1)=f'(\xi)(x_2-x_1), \tag{4-1}$$

其中 $x_1<\xi<x_2$, 显然 $\xi\in(a,b)$.

若 $x\in(a,b)$ 恒有 $f'(x)>0$, 则 (4-1) 的右端为正值, (1) 得证;

若 $x\in(a,b)$ 恒有 $f'(x)<0$, 则 (4-1) 的右端为负值, (2) 得证.

例 1 判定函数 $y=f(x)=x^3$ 的单调性.

解 函数在定义域 $(-\infty,+\infty)$ 内处处可导且 $y'=3x^2$, 得当 $x<0$ 时, $y'>0$. 故函数在 $(-\infty,0]$ 内单调增加; 当 $x>0$ 时, $y'>0$, 故函数在 $[0,+\infty)$ 内也单调增加; 所以函数在 $(-\infty,+\infty)$ 内单调增加. 在 $x=0$ 点函数曲线有水平切线, 见图 3-6.

注 由例 1 可看出, 如果函数仅在某个区间内的有限个点的导数等于零, 而在其余点的导数都大于零 (或都小于零), 则函数在这个区间内单调增加 (或单调减少).

例 2 讨论函数 $y=\dfrac{3}{4}x^4+2x^3-\dfrac{9}{2}x^2+1$ 的单调性 (图 3-7).

解 $y'=3x^3+6x^2-9x=3x(x^2+2x-3)=3x(x-1)(x+3)$.

令 $y'=0$, 得 $x=-3,0,1$. 用这三个点将函数的定义域 $(-\infty,+\infty)$ 分为四个部分 $(-\infty,-3)$, $(-3,0)$, $(0,1)$, $(1,+\infty)$, 分别讨论函数的单调性, 可列表讨论如下:

x	$(-\infty,-3)$	$(-3,0)$	$(0,1)$	$(1,+\infty)$
y'	$-$	$+$	$-$	$+$
y	↘	↗	↘	↗

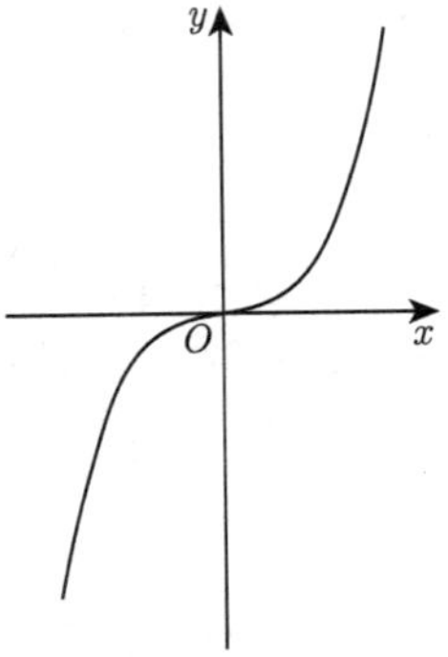

图 3-6

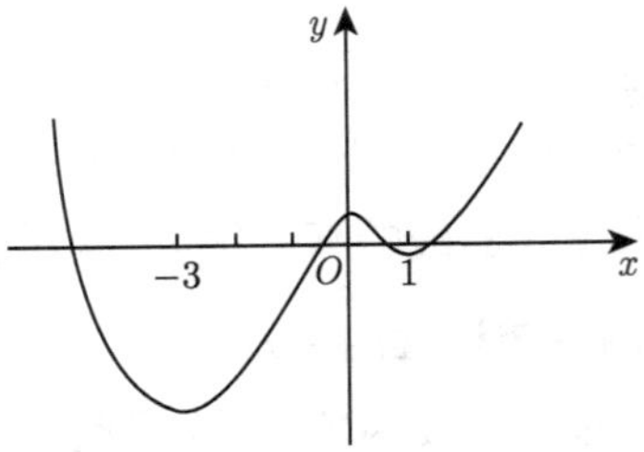

图 3-7

一般地说, 函数可能在定义域里的某些区间单调增加, 在另一些区间单调减少, 这些区间统称为**函数的单调区间**. 当讨论函数的单调区间时, 重要的是找出它们的**分界点** (其左右单调性相异的点), 例 2 表明驻点可能是分界点 (也可能不是, 如例 1). 另外, 不可导的点也可能是分界点, 如下例.

例 3　确定函数 $y=1+\sqrt[3]{x^2}$ 的单调区间.

解　函数在定义域 $(-\infty,+\infty)$ 内处处连续, $y'=\dfrac{2}{3\sqrt[3]{x}}$, $x=0$ 是函数的不可导点.

当 $x<0$ 时, $y'<0$, 因此函数在 $(-\infty,0]$ 内单调减少;

当 $x>0$ 时, $y'>0$, 因此函数在 $[0,+\infty)$ 内单调增加.

例 1 中的函数是奇函数, 例 3 中的函数是偶函数, 也可以先讨论它们在 $[0,+\infty)$ 内的单调性, 然后由奇偶性推知其在 $(-\infty,0]$ 内的单调性.

求函数 $y=f(x)$ 的单调区间的步骤:

(1) 确定 $f(x)$ 的定义域;

(2) 求导数 $f'(x)$, 找出单调区间可能的分界点 (使 $f'(x)=0$ 的点、$f'(x)$ 不存在的点), 并用这些点将定义域分成若干小区间;

(3) 判断各个小区间内 $f'(x)$ 的符号, 进而确定 $y=f(x)$ 在各个小区间上的单调性.

通过证明函数的单调性, 进而证明一些函数不等式, 也是导数的重要应用.

例 4　证明: 当 $x>1$ 时, $\ln x>\dfrac{2(x-1)}{x+1}$.

证　设 $f(x)=\ln x-\dfrac{2(x-1)}{x+1}$, 显然 $f(x)$ 在 $[1,+\infty)$ 内连续, 在 $(1,+\infty)$ 内可导, 且

$$f'(x)=\frac{1}{x}-\frac{2(x+1)-2(x-1)}{(x+1)^2}=\frac{(x-1)^2}{x(x+1)^2}>0.$$

因此, $f(x)$ 在 $[1,+\infty)$ 内单调增加. 当 $x>1$ 时, $f(x)>f(1)$, 而 $f(1)=\ln 1-\dfrac{2(1-1)}{1+1}=0$, 即当 $x>1$ 时, $f(x)>0$, 也就是当 $x>1$ 时, $\ln x>\dfrac{2(x-1)}{x+1}$.

通过讨论函数的单调性, 还可以解决诸如方程根的个数、函数的最值等问题.

例 5　证明: 方程 $f(x)=x-\dfrac{1}{2}\sin x$ 只有一个实根 $x=0$.

证　设辅助函数 $f(x)=x-\dfrac{1}{2}\sin x$, 则 $f'(x)=1-\dfrac{1}{2}\cos x>0\ (-\infty<x<+\infty)$. 因而函数 $f(x)$ 在 $(-\infty,+\infty)$ 内单调增加, 于是 $f(x)=0$ 不可能有两个零点, 即最多有一个零点. 而 $x=0$ 满足方程, 这就证明了方程 $x-\dfrac{1}{2}\sin x=0$ 有唯一的实根 $x=0$.

二、 函数的极值、最大值与最小值问题

1. 极值问题

在讨论函数 $f(x)$ 的单调区间时, 在分界点 x_0 遇到这样的情况: 函数 $f(x)$ 在分界点 x_0 附近左、右两侧的单调性是相反的. 这时, 函数值 $f(x_0)$ 与点 x_0 附近的函数值 $f(x)$ 相比较, $f(x_0)$ 必然或是最大的, 或是最小的, 即所谓的极值.

定义 1　设函数 $f(x)$ 在点 x_0 的某个邻域 $U(x_0)$ 内有定义.

(1) 如果当 $x_0\neq x\in U(x_0)$ 时, 有 $f(x)<f(x_0)$, 则称 $f(x_0)$ 是函数 $f(x)$ 的**极大值**;

(2) 如果当 $x_0\neq x\in U(x_0)$ 时, 有 $f(x)>f(x_0)$, 则称 $f(x_0)$ 是函数 $f(x)$ 的**极小值**.

函数的极大值、极小值统称为函数的**极值**, 函数取得极值的点称为函数的**极值点**.

由定义知函数的极值点 x_0 必是函数定义域的内点, 即函数必须在点 x_0 的某个邻域内有定义.

由本章第一节的费马引理及极值的定义可得如下定理.

定理 2 (极值的必要条件)　设函数 $f(x)$ 在点 x_0 可导, 并且在点 x_0 取得极值, 则必有 $f'(x_0)=0$.

定理 2 表明, 当函数可导时, 极值点必为其驻点, 但驻点不一定是其极值点. 例如, $f(x)=x^3$, 有 $f'(0)=0$, 但点 $x=0$ 并不是 $f(x)=x^3$ 的极值点. 因此,

函数的驻点只是可能的极值点. 此外, 函数在它的不可导点处也可能取得极值. 例如, $x=0$ 是 $f(x)=|x|$ 的不可导点, 但它却是一个极小值点.

由以上讨论可知, 可能的极值点是驻点或者不可导点. 怎样判断函数在这些点处是否取得极值呢? 如果有的话, 是取得极大值还是极小值呢? 下面将给出判定极值的充分条件.

定理 3 (极值的第一充分条件)　设函数在点 x_0 的某个邻域 $(x_0-\delta, x_0+\delta)$ 内连续, 并且在 $(x_0-\delta, x_0)$ 与 $(x_0, x_0+\delta)$ 内都可微.

(1) 如果 $f'(x)$ 在 $(x_0-\delta, x_0)$ 取正值, 在 $(x_0, x_0+\delta)$ 取负值, 则 $f(x_0)$ 为极大值;

(2) 如果 $f'(x)$ 在 $(x_0-\delta, x_0)$ 取负值, 在 $(x_0, x_0+\delta)$ 取正值, 则 $f(x_0)$ 为极小值;

(3) 如果 $f'(x)$ 在 $(x_0-\delta, x_0)$ 与 $(x_0, x_0+\delta)$ 的符号相同, 则 $f(x_0)$ 不是极值.

例 6　求函数 $f(x)=\sqrt[3]{(x^2-2x)^2}$ 的极值.

解　函数定义域为 $(-\infty,+\infty)$, $f'(x)=\dfrac{4(x-1)}{3\sqrt[3]{x(x-2)}}$, 得驻点 $x=1$ 和不可导点 $x=0$, $x=2$. 用极值的第一充分条件来判定极值. 为简明起见, 用这三个点将 $(-\infty,+\infty)$ 分成四个区间, 列表讨论如下:

x	$(-\infty,0)$	0	$(0,1)$	1	$(1,2)$	2	$(2,+\infty)$
$f'(x)$	$-$	∞	$+$	0	$-$	∞	$+$
$f(x)$	↘	极小	↗	极大	↘	极小	↗

可见, 函数有一个极大值 $f(1)=1$, 两个极小值 $f(0)=0$ 与 $f(2)=0$, 如图 3-8 所示.

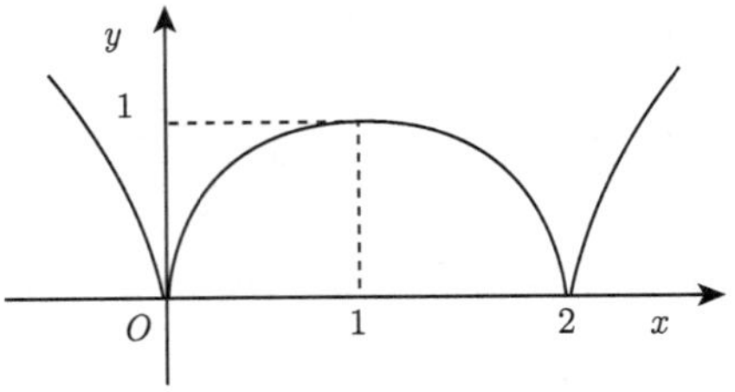

图 3-8

定理 4 (极值的第二充分条件)　如果函数 $f(x)$ 在点 x_0 的二阶导数存在, 并且 $f'(x_0)=0$, $f''(x_0)\neq 0$, 则

(1) 当 $f''(x_0)<0$ 时, $f(x)$ 在点 x_0 取得极大值;

(2) 当 $f''(x_0) > 0$ 时, $f(x)$ 在点 x_0 取得极小值.

极值的判定

证 利用带佩亚诺型余项的泰勒公式

$$f(x) = f(x_0)+f'(x_0)(x-x_0)+\cdots+\frac{f^{(n)}(x_0)}{n!}(x-x_0)^n+o((x-x_0)^n).$$

取 $n = 2$ 并注意到 $f'(x_0) = 0$, $f''(x_0) \neq 0$, 得

$$f(x) - f(x_0) = \frac{1}{2}f''(x_0)(x - x_0)^2 + o((x - x_0)^2).$$

因为右端的第二项是第一项的高阶无穷小, 所以左端 $f(x) - f(x_0)$ 的符号在 x_0 的邻域内决定于右端的 $f''(x_0)$. 可见,

当 $f''(x_0) < 0$ 时, $f(x) < f(x_0)$, 即函数 $f(x)$ 在点 x_0 取得极大值;

当 $f''(x_0) > 0$ 时, $f(x) > f(x_0)$, 即函数 $f(x)$ 在点 x_0 取得极小值.

例 7 求函数 $y = x^3 + 3x^2 - 9x - 6$ 的极值.

解 定义域为 $(-\infty, +\infty)$, 且有

$$y' = 3x^2 + 6x - 9 = 3(x^2 + 2x - 3) = 3(x - 1)(x + 3),$$

解得两个驻点 $x = 1$ 与 $x = -3$. 此题容易求二阶导数, 宜用极值的第二充分条件来判定极值.

$$y'' = (3x^2 + 6x - 9)' = 6(x + 1).$$

因 $y''(-3) = -12 < 0$, 故 $y(-3) = 21$ 为极大值; 同理, 因 $y''(1) = 12 > 0$, 故 $y(1) = -11$ 为极小值, 如图 3-9 所示.

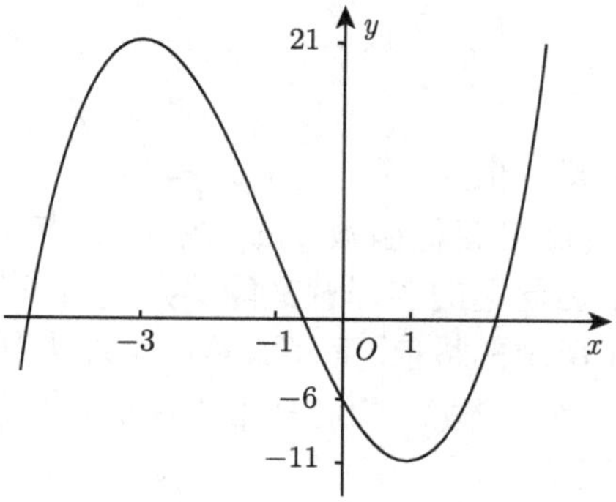

图 3-9

2. 最大值与最小值问题

在生产实践中, 常常需要解决在一定条件下怎样以最小投入获得最大产出、以最低成本获得最大效益等问题, 在数学上, 这就是某一函数 (通常称为目标函数) 的最大值与最小值问题.

函数的最大值、最小值概念是在整个区间上给出的. 由闭区间上连续函数的性质知, $f(x)$ 在 $[a,b]$ 上连续时, 必取得在 $[a,b]$ 上的最大值 M 和最小值 m. M 和 m 都是唯一的, 它们可能在开区间 (a,b) 内取得, 也可能在区间端点处取得. 当然, $m \leqslant M$ 成立.

函数的极值是局部性概念. 函数的极大 (小) 值是函数在极值点的某邻域内的最大 (小) 值. 从整个区间上说, 函数的极值不一定唯一, 它们只能在区间 (a,b) 的内部取得, 极大值也不一定大于极小值. 因此, 在一般情况下, $f(x)$ 在 (a,b) 内的极大 (小) 值不一定是 $f(x)$ 在 $[a,b]$ 上的最大 (小) 值. 但是, 当 $f(x)$ 在区间 $[a,b]$ 上的最大 (小) 值在区间 (a,b) 内取到时, 其一定是函数的极大 (小) 值.

基于上述分析及函数极值的求法, 我们可以给出闭区间上连续函数的最大值、最小值的求法:

(1) 求出函数 $f(x)$ 在区间 (a,b) 内的驻点及导数不存在的点 $x_1, x_2, \cdots, x_n$;

(2) 计算函数值 $f(x_1), f(x_2), \cdots, f(x_n), f(a), f(b)$;

(3) 比较 (2) 中的函数值, 其中最大的就是 $f(x)$ 在 $[a,b]$ 上的最大值 M, 最小的就是 $f(x)$ 在 $[a,b]$ 上的最小值 m.

例 8　求函数 $f(x) = x + (1-x)^{\frac{2}{3}}$ 在区间 $[0,2]$ 上的最值.

解　由 $f'(x) = 1 - \dfrac{2}{3\sqrt[3]{1-x}}$, 令 $f'(x) = 0$, 得驻点 $x = \dfrac{19}{27}$; 注意到有一个不可导的点 $x = 1$, 加上闭区间 $[0,2]$ 上的两个端点, 求这四个点处的函数值.

$$f(0) = 1, \quad f\left(\frac{19}{27}\right) = \frac{31}{27}, \quad f(1) = 1, \quad f(2) = 3.$$

可见最大值为 $f(2) = 3$, 最小值为 $f(0) = f(1) = 1$.

在研究实际问题时, (1) 若目标函数 $f(x)$ 在其定义区间 I 上可微; (2) 在区间 I 内有唯一驻点 x_0; (3) 由问题的实际意义能够判定所求最值存在且必在 I 内取到, 则可断言 $f(x_0)$ 就是所求的最值, 而不必再用定理去判定是不是极值了.

例 9　制作一个容积为定数 V 的圆柱形带盖的铁皮水箱, 为用料最省, 应如何设计其底面半径 r 与高 h?

解　题意是求圆桶的表面积 (目标函数) $S = 2\pi r^2 + 2\pi rh$ 的最小值, 而圆桶的体积 $\pi r^2 h = V$ 是定数.

由 $\pi r^2 h = V$ 解出 $h = \dfrac{V}{\pi r^2}$, 代入目标函数 S, 得到 r 的函数

$$S(r) = 2\pi r^2 + \frac{2V}{r}, \quad r \in (0, +\infty),$$

其导数为

$$S'(r) = 4\pi r - \frac{2V}{r^2},$$

令 $S'(r) = \dfrac{2(2\pi r^3 - V)}{r^2} = 0$, 得开区间 $(0, +\infty)$ 内的唯一驻点 $r_0 = \sqrt[3]{\dfrac{V}{2\pi}}$, 再由问题的实际意义知该问题必在 $(0, +\infty)$ 内有最小值, 故 $S(r_0)$ 即为所求最小值. 这时水桶的高

$$h_0 = \frac{V}{\pi r_0^2} = \frac{V}{\pi}\left(\sqrt[3]{\frac{2\pi}{V}}\right)^2 = 2\sqrt[3]{\frac{V}{2\pi}} = 2r_0,$$

也就是说, 按此要求设计时, 应使水桶的高与底面圆的直径相等.

实际上, 此题用两个判定极值的定理来判定目标函数 $S(r)$ 在所得驻点 r_0 取得最小值也不困难. 首先, $S'(r)$ 在自变量 r 经过驻点 r_0 时的符号由负变为正, 于是由第一充分条件知 $S(r)$ 在驻点 r_0 取得极小值; 或者, 不难求出二阶导数 $S''(r) = 4\pi r + \dfrac{4V}{r^3}$ 是恒取正值的, 由第二充分条件知 $S(r)$ 在驻点 r_0 取得极小值. 再由问题的实际意义可知 $S(r_0)$ 就是所求的最小值.

例 10 设某工厂生产一批产品的固定成本为 2000 元, 每增产 1 吨产品成本增加 50 元, 记 P 为价格, 设该产品的市场需求量为 $Q = 1100 - 10P$. 当产销平衡时, 试求:

(1) 产量为 100 吨时的边际利润 (经济学中, 称经济函数的导数为该经济函数的边际);

(2) 产量为多少吨时, 利润最大?

解 由条件, 价格 $P = 110 - \dfrac{Q}{10}$, 故收入 $R = PQ = 110Q - \dfrac{Q^2}{10}$, 而成本 $C = 2000 + 50Q$, 所以利润为 $L = R - C = 60Q - \dfrac{Q^2}{10} - 2000$.

(1) 边际利润为 $L' = 60 - \dfrac{Q}{5}$, 当产量为 100 吨时, 边际利润为

$$L'(100) = 60 - \frac{100}{5} = 40(\text{元});$$

(2) 令 $L' = 0$, 得 $Q = 300$(吨). 由于 $L'' < 0$, 故当产量为 300 吨时, 利润最大.

三、 曲线的凹凸与拐点　曲线的渐近线

仅知道函数的单调性与极值对于描绘函数的图形是不够的, 还应知道曲线的弯曲方向, 即曲线的凹凸性.

1. 曲线的凹凸性

从几何上看到, 在有的曲线弧上, 如果任取两点, 则连接这两点间的弦总位于这两点间的弧段的上方 (图 3-10(a)), 而有的曲线弧, 则正好相反 (图 3-10(b)). 曲线的这种性质就是曲线的凹凸性. 因此曲线的凹凸性可以用连接曲线弧上任意两点的弦的中点与曲线弧上相应点 (即具有相同横坐标的点) 的位置关系来描述, 下面给出曲线凹凸性的定义.

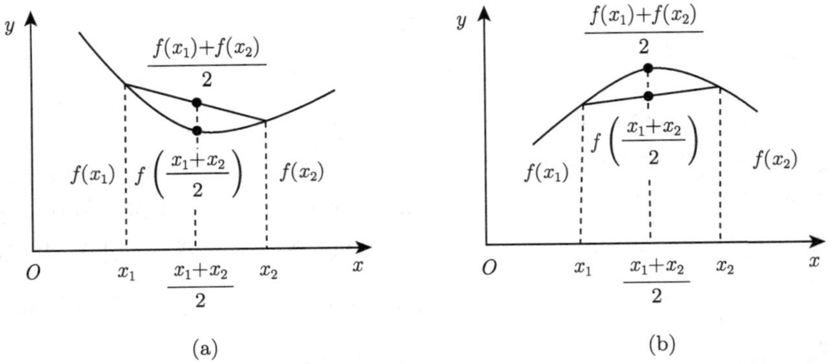

图 3-10

定义 2　设 $f(x)$ 在区间 I 上连续, 如果对 I 上任意两点 x_1, x_2 恒有

$$f\left(\frac{x_1+x_2}{2}\right)<\frac{f\left(x_1\right)+f\left(x_2\right)}{2},$$

那么称 $f(x)$ **在 I 上是凹的** (**或凹弧**); 如果恒有

$$f\left(\frac{x_1+x_2}{2}\right)>\frac{f\left(x_1\right)+f\left(x_2\right)}{2},$$

那么称 $f(x)$ **在 I 上是凸的** (**或凸弧**).

类似于用一阶导数的符号判定函数的单调性, 用二阶导数的符号可以判定函数的凹凸性.

定理 5　设函数 $f(x)$ 在闭区间 $[a,b]$ 上连续, 在开区间 (a,b) 内存在二阶导数, 并且在开区间 (a,b) 内恒有

$$f''(x)>0 \quad (\text{或 } f''(x)<0),$$

则函数 $f(x)$ 在区间 $[a,b]$ 上是凹 (或凸) 的.

证　设 $x_1, x_2 \in [a,b]$, $x_1 < x_2$. 记 $x_0 = \dfrac{x_1+x_2}{2}$, 且 $x_2 - x_0 = x_0 - x_1 = h$, 则 $x_1 = x_0 - h$, $x_2 = x_0 + h$. 将 $f(x)$ 在 $x = x_0$ 处一阶泰勒展开, 得

$$f(x) = f(x_0) + f'(x_0)(x-x_0) + \frac{1}{2!}f''(\xi)(x-x_0)^2, \quad \xi \text{ 介于 } x \text{ 与 } x_0 \text{ 之间}.$$

所以

$$f(x_1) = f(x_0) - f'(x_0)h + \frac{1}{2!}f''(\xi_1)h^2 \quad (x_1 < \xi_1 < x_0),$$

$$f(x_2) = f(x_0) + f'(x_0)h + \frac{1}{2!}f''(\xi_2)h^2 \quad (x_0 < \xi_2 < x_2),$$

相加可得

$$f(x_1) + f(x_2) = 2f(x_0) + \frac{1}{2!}[f''(\xi_1) + f''(\xi_2)]h^2.$$

又因 $f''(\xi_1) > 0$, $f''(\xi_2) > 0$, 故有

$$f(x_1) + f(x_2) > 2f(x_0),$$

即

$$f\left(\frac{x_1+x_2}{2}\right) < \frac{f(x_1)+f(x_2)}{2},$$

所以 $f(x)$ 在 $[a,b]$ 上是凹的. 对于凸的情形可类似证明.

若函数仅在某区间内有限个点的二阶导数等于零, 在其他点的二阶导数都大于零 (或都小于零), 则函数在此区间上是凹 (或凸) 的.

例 11　判定函数 $y = x^4$ 的凹凸性.

解　$y' = 4x^3$, $y'' = 12x^2 \geqslant 0$, 其中等号仅在点 $x = 0$ 成立, 由定理 5 知, 函数 $y = x^4$ 在区间 $(-\infty, +\infty)$ 内是凹的, 如图 3-11 所示.

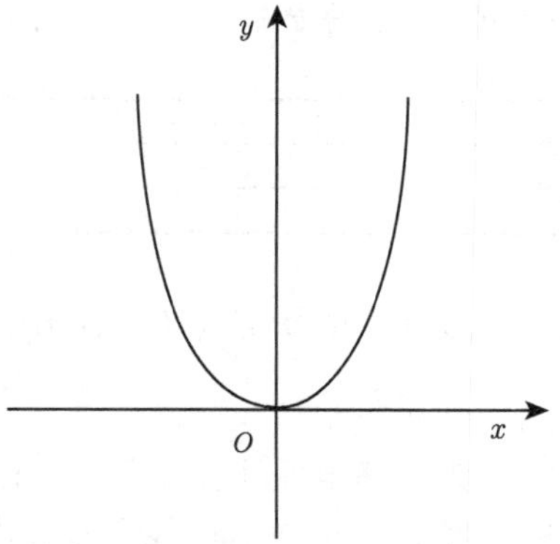

图 3-11

类似于函数单调区间的讨论, 一般地说, 函数可能在它的定义域里的某些区间是凹的, 在另一些区间是凸的, 这样的区间称为函数的**凹凸区间**. 讨论函数的凹凸区间, 关键是找出凹凸区间的分界点 (其两侧凹凸性相异的点). 由上述定理知, 二阶导数在其两侧异号的点即凹凸区间的分界点, 它有可能是二阶导数为零的点和二阶导数不存在的点.

例 12 求曲线 $y=\dfrac{x}{1+x^2}$ 的凹凸区间.

解 $y'=\dfrac{1-x^2}{(1+x^2)^2}$, $y''=\dfrac{2x(x^2-3)}{(1+x^2)^3}$, 令 $y''=0$, 得 $x=0$ 和 $x=\pm\sqrt{3}$. 注意到函数是奇函数, 列表讨论如下:

x	0	$(0,\sqrt{3})$	$\sqrt{3}$	$(\sqrt{3},+\infty)$
y''	0	$-$	0	$+$
y		凸		凹

故曲线在区间 $(-\infty,-\sqrt{3}]$ 和 $[0,\sqrt{3}]$ 上是凸的, 在 $[-\sqrt{3},0]$ 和 $[\sqrt{3},+\infty)$ 上是凹的, 如图 3-12 所示.

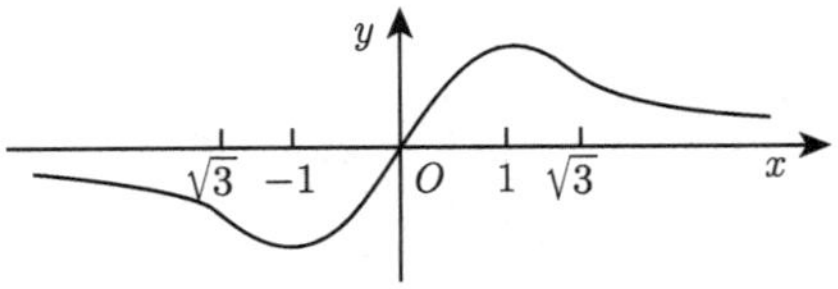

图 3-12

2. 拐点

定义 3 如果连续曲线 $y=f(x)$ 在其上一点 $P(c,f(c))$ 的一侧是凹的, 在另一侧是凸的, 那么称点 $P(c,f(c))$ 是曲线 $y=f(x)$ 的**拐点**.

显然, 曲线的拐点是其凹凸区间的分界点 x 对应的曲线上的点 $(x,f(x))$.

例 13 求曲线 $y=(x-5)x^{\frac{2}{3}}$ 的凹凸区间和拐点.

解 $y'=x^{\frac{2}{3}}+\dfrac{2}{3}(x-5)x^{-\frac{1}{3}}$, $y''=\dfrac{4}{3}x^{-\frac{1}{3}}-\dfrac{2}{9}(x-5)x^{-\frac{4}{3}}=\dfrac{10(x+1)}{9x^{\frac{4}{3}}}$, 令 $y''=0$, 得 $x=-1$; 而当 $x=0$ 时, y'' 不存在. 列表讨论如下:

x	$(-\infty,-1)$	-1	$(-1,0)$	0	$(0,+\infty)$
y''	$-$	0	$+$	不存在	$+$
y	凸	-6	凹	0	凹

故曲线的拐点为 $(-1,-6)$, 凹区间为 $(-1,+\infty]$, 凸区间为 $(-\infty,-1]$.

3. 渐近线

为了确定曲线在无限伸展时的变化性态, 讨论它们的渐近线是十分必要的, 前面已经有了水平渐近线和垂直渐近线的概念和求法, 本节我们给出渐近线的一般定义和斜渐近线的求法.

定义 4　设有曲线 C, P 是 C 上的动点, L 是一条直线. 如果当动点 P 沿着曲线 C 无限远离坐标原点时, 动点 P 到直线 L 的距离 d 是无穷小, 则称直线 L 是曲线 C 的**渐近线**.

例如, 曲线 $y=b+\dfrac{1}{x-a}$, 因为当 $x\to\infty$ 时, $y\to b$, 可见直线 $y=b$ 是它的水平渐近线; 因为当 $x\to a$ 时, $y\to\infty$, 易知直线 $x=a$ 是它的垂直渐近线.

通过讨论曲线 $y=f(x)$ 上的动点 $P(x,f(x))$ 到直线 $y=ax+b$ 的距离 d, 可以证明如下定理.

定理 6　如果 $\lim\limits_{x\to\infty}\dfrac{f(x)}{x}=a$, 并且 $\lim\limits_{x\to\infty}[f(x)-ax]=b$, 则直线 $y=ax+b$ 是曲线 $y=f(x)$ 的 (斜) 渐近线.

例 14　求曲线 $y=\dfrac{(x-3)^2}{4(x-1)}$ 的渐近线.

解　因为当 $x\to\infty$ 时函数极限不存在, 所以曲线没有水平渐近线.

又 $\lim\limits_{x\to1}f(x)=\lim\limits_{x\to1}\dfrac{(x-3)^2}{4(x-1)}=\infty$, 所以 $x=1$ 是曲线的垂直渐近线.

由于

$$a=\lim_{x\to\infty}\frac{f(x)}{x}=\lim_{x\to1}\frac{(x-3)^2}{4(x-1)x}=\frac{1}{4},$$

$$b=\lim_{x\to\infty}[f(x)-ax]=\lim_{x\to\infty}\left[\frac{(x-3)^2}{4(x-1)}-\frac{1}{4}x\right]=\lim_{x\to\infty}\frac{-5x+9}{4(x-1)}=-\frac{5}{4},$$

因而 $y=\dfrac{1}{4}(x-5)$ 是曲线的斜渐近线.

四、 函数图形的描绘

在中学数学里, 用 “求点连线” 法描绘了一些函数的图像. 那时是默认了函数的连续性和光滑 (即切线的斜率连续变化) 性, 并且求哪些点的坐标来连线也是盲目的. 有了微分学的知识, 情况就不同了.

现在, 描绘函数 $y=f(x)$ 的图像可按下列步骤进行:

(1) 确定函数的定义域和值域、奇偶性、周期性;

(2) 观察确定函数是否具有渐近线, 求渐近线;

(3) 求可能的单调区间、凹凸区间的分界点, 即求使得 $f'(x)=0$ 或 $f''(x)=0$ 的点和 $f'(x)$ 或 $f''(x)$ 不存在的点;

(4) 用上述点把定义域划分为若干个小区间, 判定一阶导数和二阶导数在各个小区间的符号, 以确定单调性和凹凸性, 以及极值点和拐点;

(5) 求出函数在各个可能的分界点的坐标, 求出曲线与坐标轴的交点的坐标, 再根据需要求出曲线上一些辅助点的坐标. 将以上诸点结合其所讨论区间的单调性和凹凸性, 用光滑的曲线连接起来, 即得所绘图像.

按照上述步骤 (这五步不可绝对化) 绘图, 仍然是"求点连线", 但所求的点是全部的关键点和个别的辅助点, 并且是在确知函数曲线的升降、凹凸和渐近线的基础上连线的, 做到了心中有数, 这样描绘出的曲线一般是准确的.

例 15　描绘函数 $y=f(x)=\mathrm{e}^{-x^2}$ 的图像.

解　(1) 函数处处有定义, 值域是 $(0,1)$, 是偶函数, 因此只需在 $[0,+\infty)$ 讨论.

(2) 有水平渐近线 $y=0$; 没有垂直渐近线与斜渐近线.

(3) $y'=-2x\mathrm{e}^{-x^2}$; $y''=2(2x^2-1)\mathrm{e}^{-x^2}$. 令 $y'=0$ 得 $x=0$, 令 $y''=0$ 得 $x=\pm\dfrac{\sqrt{2}}{2}$.

(4) 用点 $x=0$, $x=\dfrac{\sqrt{2}}{2}$ 把 $[0,+\infty)$ 分为两个开区间 $\left(0,\dfrac{\sqrt{2}}{2}\right)$ 与 $\left(\dfrac{\sqrt{2}}{2},+\infty\right)$, 分别讨论 y' 与 y'' 的符号, 列表讨论如下:

x	0	$\left(0,\frac{\sqrt{2}}{2}\right)$	$\frac{\sqrt{2}}{2}$	$\left(\frac{\sqrt{2}}{2},+\infty\right)$
y	1		0.6	
y'	0	−	−	−
y''	−	−	0	+
图像	极大	↷	拐	⤹

(5) 求点的坐标: 当 $x=0$ 时, $y=0$; 当 $x=\dfrac{\sqrt{2}}{2}\approx0.7$ 时, $y=\dfrac{1}{\sqrt{\mathrm{e}}}\approx0.6$. 为了绘图更有把握, 增加一个辅助点: 当 $x=1$ 时, $y=\dfrac{1}{\mathrm{e}}\approx0.37$.

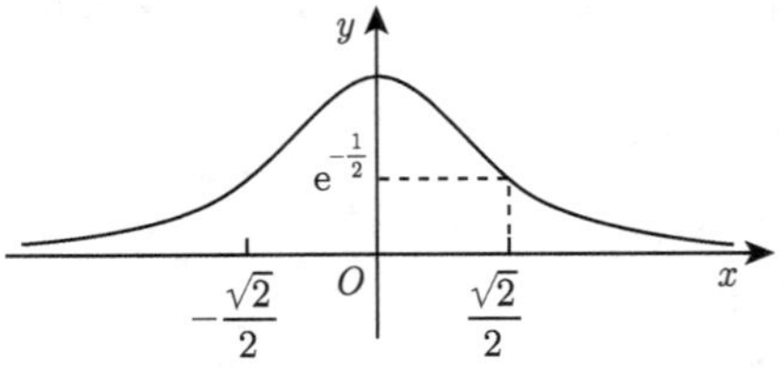

图 3-13

根据偶函数性质知函数曲线关于 y 轴对称, 可先在坐标平面上确定 $(-1,0.37)$, $(-0.7,0.6)$, $(0,1)$, $(0.7,0.6)$, $(1,0.37)$ 五个点的位置, 再注意到函数在 x 轴的上方并以 x 轴为渐近线, 按照表中标明的函数曲线的升降凹凸, 用光滑的曲线连接以上诸点, 即可描绘出函数的图像, 如图 3-13 所示.

例 16　描绘函数 $y=f(x)=\dfrac{x^3}{(x-1)^2}$ 的图像.

解 (1) 定义域为 $(-\infty,1)\cup(1,+\infty)$, 函数不具有奇偶性、周期性.

(2) 因为 $\lim\limits_{x\to 1}\dfrac{x^3}{(x-1)^2}=\infty$, 所以有垂直渐近线 $x=1$.

又因为

$$a=\lim_{x\to\infty}\frac{f(x)}{x}=\lim_{x\to\infty}\frac{x^2}{(x-1)^2}=1,$$

$$b=\lim_{x\to\infty}[f(x)-ax]=\lim_{x\to\infty}\left[\frac{x^3}{(x-1)^2}-x\right]=2,$$

所以有斜渐近线 $y=x+2$.

(3) $y'=\dfrac{x^2(x-3)}{(x-1)^3}$, $y''=\dfrac{6x}{(x-1)^4}$, 令 $y'=0$, 得 $x=0$, $x=3$, 且 $x=1$ 是函数的不可导点; 令 $y''=0$, 得 $x=0$.

(4) 分别在区间 $(-\infty,0)$, $(0,1)$, $(1,3)$, $(3,+\infty)$ 上确定 y' 和 y'' 的符号, 列表如下:

x	$(-\infty,0)$	0	$(0,1)$	1	$(1,3)$	3	$(3,+\infty)$
y		0				$\dfrac{27}{4}$	
y'	+	0	+	不存在	−	0	+
y''	−	0	+	不存在	+	+	+
图像	↷	拐	↶		⤹	极小	↶

(5) 求点的坐标: 当 $x=0$ 时, $y=0$; 当 $x=3$ 时, $y=\dfrac{27}{4}$; 再补充几个点 $\left(-3,-\dfrac{27}{16}\right)$, $\left(\dfrac{2}{3},\dfrac{8}{3}\right)$, $(2,8)$, 然后根据上表曲线的升降性和凹凸性用光滑的曲线连接上述各点, 即可绘出函数的图像, 如图 3-14 所示.

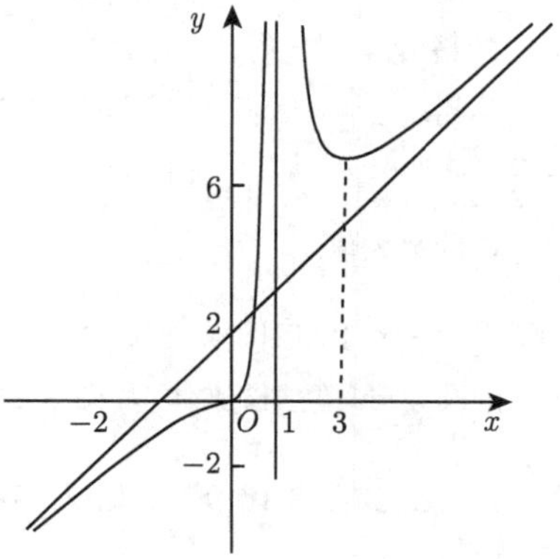

图 3-14

习　题　3-4

1. 判定函数 $f(x)=\arctan x-x$ 的单调性.

2. 试确定下列函数的单调区间, 并指出函数在该区间具有怎样的单调性:

(1) $f(x)=x^3-3x^2-9x+14$;　(2) $f(x)=\sqrt{2x-x^2}$;

(3) $f(x)=\dfrac{1-x}{1+x^2}$;　(4) $f(x)=x+\sin x$;

(5) $f(x)=2x+\dfrac{8}{x}\ (x>0)$;　(6) $f(x)=\dfrac{10}{4x^3-9x^2+6x}$;

(7) $f(x)=x\mathrm{e}^x$;　(8) $f(x)=x^2-\ln x^2$.

3. 证明下列不等式:

(1) $2\sqrt{x}>3-\dfrac{1}{x}\ (x>1)$;

(2) $x-\dfrac{x^3}{3}<\arctan x<x\ (x>0)$;

(3) $\ln(1+x)\geqslant\dfrac{\arctan x}{1+x}\ (x\geqslant 0)$;

(4) $\sin x+\tan x>2x\ \left(0<x<\dfrac{\pi}{2}\right)$.

4. 试证明方程 $x=\sin x$ 只有一个实根.

5. 设函数 $f(x)=ax-b\ln x\ (a>0)$ 有两个零点, 求 $\dfrac{b}{a}$ 的取值范围.

6. 求下列函数的极值:

(1) $f(x)=2x^3-3x^2-12x+21$;　(2) $f(x)=\dfrac{x^2-7x+6}{x-10}$;

(3) $f(x)=\dfrac{1+3x}{\sqrt{4+5x^2}}$;　(4) $f(x)=x^2\ln x$;

(5) $f(x)=x+\dfrac{1}{x}$;　(6) $f(x)=\dfrac{x}{\ln x}$;

(7) $f(x)=x^{\frac{1}{x}}$;　(8) $f(x)=\arctan x-\dfrac{1}{2}\ln(1+x^2)$;

(9) $f(x)=2-(x-1)^{\frac{2}{3}}$;　(10) $f(x)=(x-5)^2\sqrt[3]{(x+1)^2}$.

7. 求下列函数在所给区间上的最值:

(1) $f(x)=x^4-2x^2+5,\ [-2,2]$;　(2) $f(x)=x+2\sqrt{x},\ [0,4]$;

(3) $f(x)=\sin 2x-x,\ \left[-\dfrac{\pi}{2},\dfrac{\pi}{2}\right]$;　(4) $f(x)=\left(x^2-2x\right)^{\frac{2}{3}},\ [0,3]$.

8. 求函数 $y=\dfrac{x}{x^2+1}(x\geqslant 0)$ 的最大值.

9. 求函数 $y=x^2-\dfrac{54}{x}$ 在区间 $(-\infty,0)$ 内的最小值.

10. 从圆上截下中心角为 α 的圆扇形, 卷成圆锥体, 如图 3-15 所示. 当 α 是多少时所得圆锥体的体积最大?

11. 一窗的形状为半圆置于矩形上, 如图 3-16 所示. 如果此窗框的周长为定数 l, 怎样设计圆半径与矩形的高时, 通过的光线最为充分?

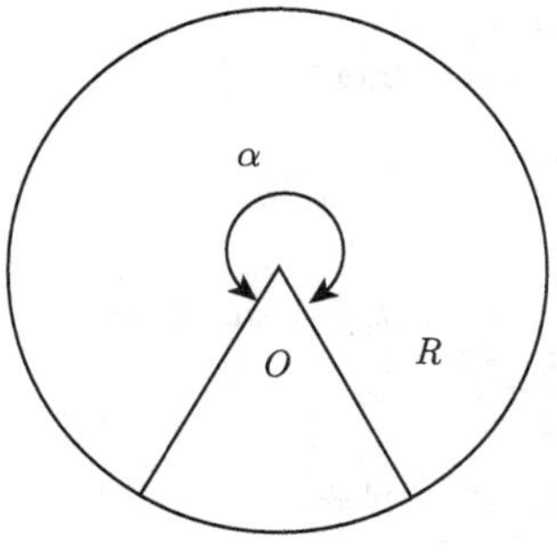

图 3-15

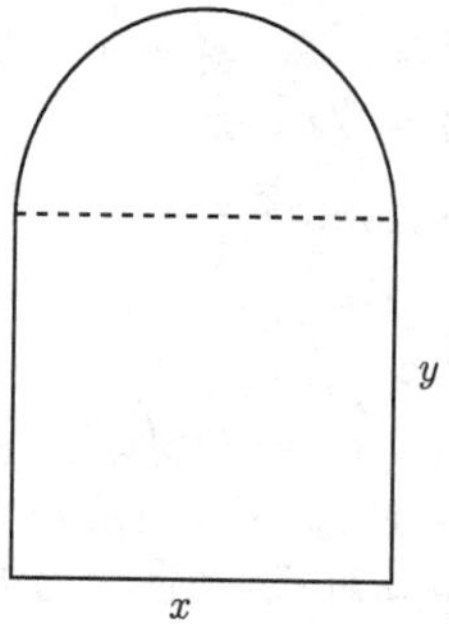

图 3-16

12. 设 A, B, C 三点构成 $\angle ABC = 60^\circ$, 汽车以 80km/h 的速度由 A 向 B 行驶, 火车同时以 50km/h 的速度由 B 向 C 行驶, 若 $AB = 200\text{km}$, 开始行驶后几小时汽车与火车的距离最近?

13. 用三块等宽的长木板做成水槽, 一块做水槽的底, 问做帮的两块应取怎样的角度, 使水槽有最大的过水面积?

14. 平面上一质量为 5kg 的物体受力 $\boldsymbol{F}$ 的作用而移动, 如图 3-17 所示, 设摩擦系数为 $\mu = 0.25$, 问力 $\boldsymbol{F}$ 与水平线的夹角 α 为多少时, 才能使力 $\boldsymbol{F}$ 的大小为最小?

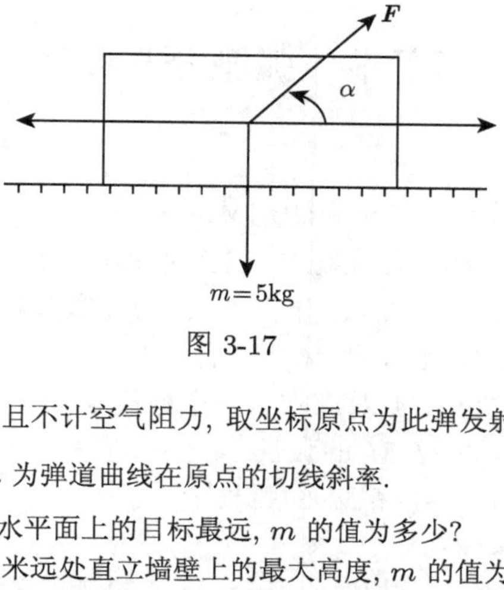

图 3-17

15. 一弹被射向空中, 且不计空气阻力, 取坐标原点为此弹发射之点, 其弹道方程为 $y = mx - \dfrac{(m^2+1)x^2}{800}$, 其中 m 为弹道曲线在原点的切线斜率.

(1) 若要此弹击中同一水平面上的目标最远, m 的值为多少?

(2) 若要此弹击中 300 米远处直立墙壁上的最大高度, m 的值为多少?

16. 已知生产某产品 Q 件的成本为 $C = 9000 + 40Q + 0.001Q^2$(元), 试求: (1) 边际成本函数; (2) 产量为多少件时, 平均成本最小?

17. 某厂生产一批产品, 其固定成本为 2000 元, 每生产 1 吨产品的成本为 60 元, 对这种产品的市场需求规律为 $q = 1000 - 10p$, 其中 q 为需求量, p 为价格. 试求:

(1) 成本函数, 收入函数;

(2) 产量为多少吨时利润最大?

18. 确定下列函数图形的拐点及凹凸区间:

(1) $f(x)=x^3-5x^2+3x+5$;　　(2) $f(x)=xe^{-x}$;

(3) $f(x)=\sqrt[3]{x-a}$;　　(4) $f(x)=\ln(x^2+1)$;

(5) $f(x)=e^{\arctan x}$;　　(6) $f(x)=\dfrac{x^3}{x^2+3a^2}(a>0)$.

19. 求下列曲线的拐点:

(1) $x=t^2, y=3t+t^3$;　　(2) $x=\tan t, y=\sin t\cos t$.

20. 求 a, b 的值, 使得点 $(1,3)$ 是 $y=ax^3+bx^x$ 的拐点.

21. 求曲线 $y=x^2+2\ln x$ 在其拐点处的切线方程.

22. 求 $y=k(x^2-3)^2$ 中的 k 值, 使曲线在拐点处的法线通过原点.

23. 利用函数图形的凹凸性, 证明下列不等式:

(1) $\dfrac{e^x+e^y}{2}>e^{\frac{x+y}{2}}(x\neq y)$;

(2) $x\ln x+y\ln y>(x+y)[\ln(x+y)-\ln 2](x>0,y>0,x\neq y)$.

24. 求下列方程所确定曲线的渐近线:

(1) $y=x\left(1+\arcsin\dfrac{2}{x}\right)$;　　(2) $y=x\ln\left(e+\dfrac{1}{x}\right)$.

25. 绘出下列函数的图形:

(1) $y=\dfrac{6}{x^2-2x+4}$;　　(2) $y=\dfrac{\ln x}{x}$;

(3) $y=2x^3-3x^2$;　　(4) $y=x-2\arctan x$.

第五节　弧微分与曲率

一、 弧微分

作为曲率的预备知识, 先给出弧的定义.

设函数曲线 $L: y=f(x)$ 是光滑的, 也就是说 L 的切线斜率是连续变化的, 即 $f'(x)$ 连续. 在 L 上取定点 $M_0(x_0,f(x_0))$ 作为计算弧长的基点, 设 $M(x,f(x))$ 为曲线 L 上任意一点, 则有弧段 $\widehat{M_0M}$, 称 $\widehat{M_0M}$ 的长度为**弧长**. 相应于基点 $M_0(x_0,f(x_0))$, 我们定义点 M 对应唯一一个数值 s 如下:

(1) 当 $x>x_0$ 时, $s=\widehat{M_0M}$ 的弧长;

(2) 当 $x<x_0$ 时, $s=-(\widehat{M_0M}$ 的弧长$)$;

(3) 当 $x=x_0$ 时, $s=0$.

称 s 为曲线 L 上点 M (相对于基点 M_0) 的**弧**. 简称为曲线 L 的弧, 如图 3-18 所示.

很显然, 当函数 $y=f(x)$ 是单值函数时, 弧 s 是 x 的单调增加函数, 记作

$$s=s(x),\quad x\in E,$$

其中 E 为曲线 L 上点的横坐标集合. 易知 $|s|$ 是相应弧段的长度.

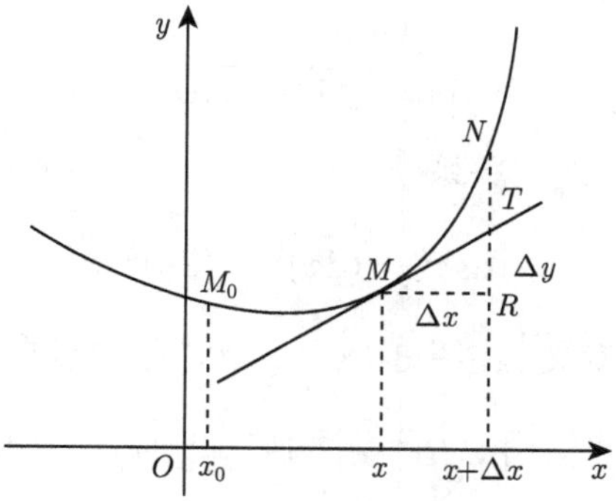

图 3-18

再求弧的微分. 如图 3-18 所示, 对任意一个 $x \in E$, 对应曲线 L 上点 $M(x, f(x))$, 自变量在 x 取增量 $\Delta x \neq 0$, $x+\Delta x$ 对应曲线 L 上点 $N(x+\Delta x, f(x+\Delta x))$, 相应于 $\Delta x \neq 0$, 弧的增量 $\Delta s = s(x+\Delta x) - s(x)$. 易见 Δs 与 Δx 同号, 从而 $\dfrac{\Delta s}{\Delta x} > 0$, 所以

$$\frac{\Delta s}{\Delta x} = \left|\frac{\Delta s}{\Delta x}\right| = \frac{|\Delta s|}{|MN|} \cdot \frac{|MN|}{|\Delta x|},$$

其中 $|MN|$ 是弧段 $\overset{\frown}{MN}$ 所对的弦的长度. 从而

$$\frac{|MN|}{|\Delta x|} = \frac{\sqrt{(\Delta x)^2 + (\Delta y)^2}}{|\Delta x|} = \sqrt{1 + \left(\frac{\Delta y}{\Delta x}\right)^2}.$$

由 $y = f(x)$ 是可导函数知

$$\lim_{\Delta x \to 0} \frac{|MN|}{|\Delta x|} = \lim_{\Delta x \to 0} \sqrt{1 + \left(\frac{\Delta y}{\Delta x}\right)^2} = \sqrt{1 + y'^2}.$$

又因为 $\Delta x \to 0$ 时, 点 N 沿曲线趋于点 M, 而曲线是光滑的, 所以 $\lim\limits_{\Delta x \to 0} \dfrac{|\Delta s|}{|MN|} = 1$, 于是

$$\lim_{\Delta x \to 0} \frac{\Delta s}{\Delta x} = \sqrt{1 + y'^2},$$

即

$$\frac{\mathrm{d}s}{\mathrm{d}x} = \sqrt{1 + y'^2},$$

由此得弧微分公式为

$$\mathrm{d}s=\sqrt{1+y'^2}\mathrm{d}x. \tag{5-1}$$

由 (5-1) 式可得微分之间关系

$$(\mathrm{d}s)^2=(\mathrm{d}x)^2+(\mathrm{d}y)^2.$$

由此易得弧微分的几何意义. 在图 3-18 中, MT 是曲线在点 M 处的切线, 由于

$$|MT|^2=|MR|^2+|RT|^2=(\mathrm{d}x)^2+(\mathrm{d}y)^2,$$

故

$$|\mathrm{d}s|=|MT|.$$

$\triangle MRT$ 也叫作微分三角形.

二、 曲率及其计算公式

我们来讨论怎样表达曲线弯曲的程度.

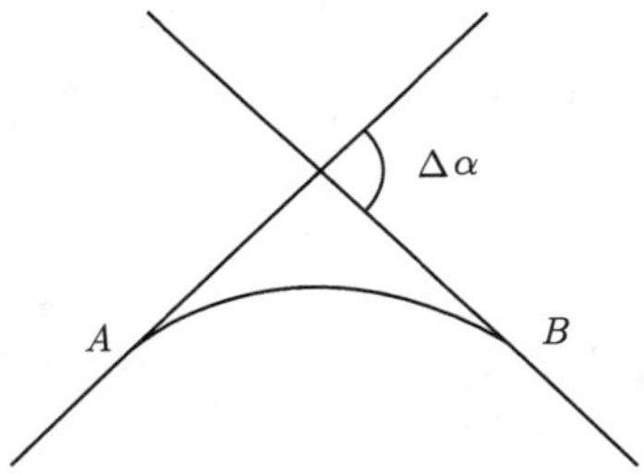

图 3-19

首先, 弧段 $\widehat{AB}$ 的弯曲程度与其长度成反比, 与弧段上点的切线从点 A 到点 B 转过的角大小成正比, 如图 3-19 所示.

设有光滑曲线 L, L 上度量弧的基点为 M_0, 取 L 上的弧段 $\widehat{MN}$, 记曲线在 M 处的倾角为 α_M, 在 N 处的倾角为 α_N, 则 $|\Delta\alpha|=|\alpha_N-\alpha_M|$ 是弧段 $\widehat{MN}$ 上切线转过的角的大小. 又记 L 上点 M 的弧为 s_M, 点 N 的弧为 s_N, 则 $|\Delta s|=|s_N-s_M|$ 是弧段 $\widehat{MN}$ 的长度, 如图 3-20 所示.

定义 称 $\bar{\kappa}=\dfrac{|\Delta\alpha|}{|\Delta s|}$ 为弧段 $\widehat{MN}$(上各点处) 的**平均曲率**. 如果 $\Delta s\to 0$ (即点 N 沿曲线趋于 M) 时, 平均曲率有极限, 则称此极限值为曲线 L 在点 M 处的曲率, 记作 κ, 即

$$\kappa=\lim_{\Delta s\to 0}\left|\frac{\Delta\alpha}{\Delta s}\right|.$$

当 L 是直线时, 切线与直线本身重合, $\alpha_M=\alpha_N$, 得 $\Delta\alpha=0$, 可见曲率 $\kappa=0$, 即直线的曲率处处为 0.

半径为 R 的圆周曲线, 因为 $\Delta s=R\Delta\alpha$, 所以 $\kappa=\dfrac{1}{R}$. 可见半径越小, 曲率越大, 圆周曲线弯曲得越厉害.

现在推导曲线 $L: y=f(x)$ 在点 $M(x,f(x))$ 的曲率的计算公式.

设 $y=f(x)$ 有二阶导数, 记 L 在动点 M 的切线倾角为 α (图 3-21), 由导数的几何意义知

$$y'=\tan\alpha,$$

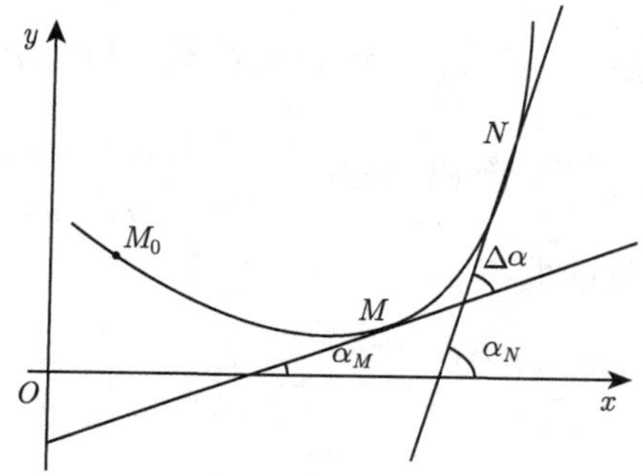

图 3-20

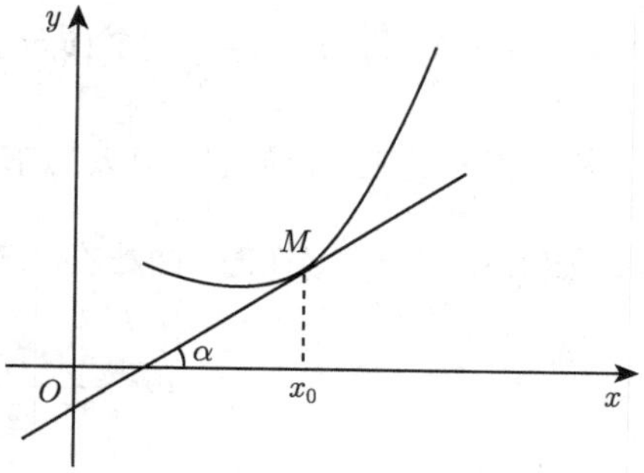

图 3-21

即得

$$\alpha=\arctan y',$$

等式两端微分,

$$\mathrm{d}\alpha=\frac{y''}{1+y'^2}\mathrm{d}x.$$

又 M 处的弧微分 $\mathrm{d}s=\sqrt{1+y'^2}\mathrm{d}x$, 所以

$$\frac{\mathrm{d}\alpha}{\mathrm{d}s}=\frac{y''}{(1+y'^2)^{3/2}},$$

即

$$\lim_{\Delta s\to 0}\frac{\Delta\alpha}{\Delta s}=\frac{y''}{(1+y'^2)^{3/2}},$$

从而

$$\lim_{\Delta s\to 0}\left|\frac{\Delta\alpha}{\Delta s}\right|=\frac{|y''|}{(1+y'^2)^{3/2}},$$

故得曲率的计算公式

$$\kappa=\frac{|y''|}{(1+y'^2)^{\frac{3}{2}}}.\tag{5-2}$$

例 1　求抛物线 $y=ax^2+bx+c$ 的最大曲率.

解　$y'=2ax+b$, $y''=2a$, 代入公式 (5-2), 得

$$\kappa=\frac{|2a|}{[1+(2ax+b)^2]^{\frac{3}{2}}},$$

当 $2ax+b=0$, 即 $x=-\dfrac{b}{2a}$ 时 (即在抛物线的顶点时) 曲率 κ 取得最大值 $|2a|$.

利用参数方程所确定的函数的求导方法, 可计算出当曲线 $L:\begin{cases}x=\varphi(t),\\ y=\psi(t)\end{cases}$ 光滑, $\varphi''(t)$, $\psi''(t)$ 存在时, 曲线在 t 对应点处的曲率

$$\kappa=\frac{|\psi''(t)\varphi'(t)-\psi'(t)\varphi''(t)|}{[\varphi'^2(t)+\psi'^2(t)]^{3/2}}.$$

三、 曲率圆与曲率半径

工程技术中, 有时要用圆弧代替曲线弧, 比如, 用研磨球研磨一个器具的凹面时, 研磨球表面与器具凹面接触的点, 就既在一个圆上, 又在一条曲线上.

设 M 为光滑曲线 L 上一点, 在 M 处代替曲线 L 的圆弧需要满足什么条件呢? 它需要与曲线 L 在点 M 有相同的切线, 有相同的凹向, 特别还要有相同的曲率. 称这样的圆为曲线 L 在点 M 的**曲率圆**. 曲率圆的半径称为曲线 L 在点 M 的**曲率半径**, 曲率圆的圆心也叫作曲线 L 在点 M 的**曲率中心**, 如图 3-22 所示.

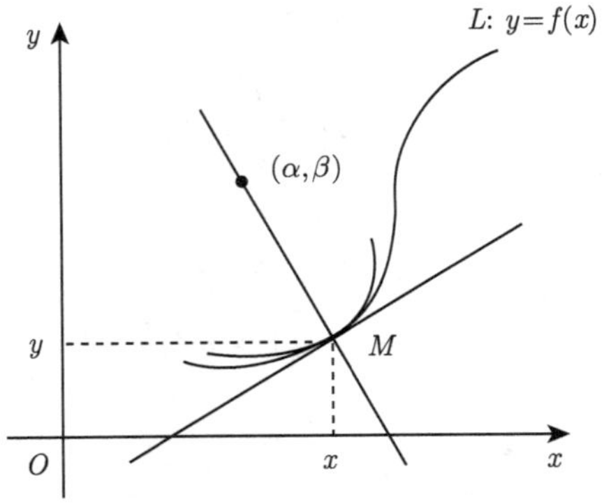

图 3-22

设 L 在点 M 的曲率为 κ, 因为圆弧在任一点的曲率是其半径的倒数, 所以 L 在点 M 的曲率半径 $R=\dfrac{1}{\kappa}$ (当 $\kappa=0$ 时, $R\to+\infty$). L 在点 M 的曲率中心位于

曲线在点 M 的法线 (指向曲线凹的一侧) 上, 设其坐标为 (α,β), 可证明有公式:

$$\begin{cases} \alpha = x - \dfrac{y'(1+y'^2)}{y''}, \\ \beta = y + \dfrac{1+y'^2}{y''}. \end{cases}$$

习 题 3-5

1. 求椭圆 $4x^2+y^2=4$ 在点 (0, 2) 处的曲率.
2. 求曲线 $y=\ln(\sec x)$ 在点 (x,y) 处的曲率.
3. 求曲线 $y=\ln x$ 上曲率半径最小的点.
4. 已知直线 $y=kx+b$ 与曲线 $y=x^3-3x^2+2$ 相切, 并且曲线在切点处的曲率为 0, 试求 k, b 的值.
5. 设曲线 $y=ax^2+bx+c$ 与 $y=\mathrm{e}^x$ 在点 $x=0$ 相切, 并有相同的曲率半径, 试求 a, b, c.
6. 设 $x'(t)$, $y'(t)$ 在 (α,β) 内连续, 试推导参数方程 $\begin{cases} x=x(t), \\ y=y(t) \end{cases}$ 下的弧微分公式.
7. 求摆线 $\begin{cases} x=t-\sin t, \\ y=1-\cos t \end{cases}$ 在 $t=\dfrac{\pi}{3}$ 处的曲率半径.

*第六节 方程的近似解

求方程 $f(x)=0$ 的实根是有实际意义的问题. 但是, 除去个别例子, 这并不是个容易解决的问题. 一般地说, 总是要归结为近似运算, 即求方程 $f(x)=0$ 的实根的近似解.

从几何图像来说, 求方程 $f(x)=0$ 的实根, 就是求函数图像与 x 轴的交点. 以下设函数 $f(x)$:

(1) 在闭区间 $[a,b]$ 上连续;

(2) 一阶导数、二阶导数都保持固定的符号;

(3) $f(a)f(b)<0$.

由 (1) 和 (3) 知, 函数 $y=f(x)$ 在开区间 (a,b) 内必有零点, 即方程 $f(x)=0$ 在开区间 (a,b) 内必有实根, 也即存在 $x_0\in(a,b)$, 使得 $f(x_0)=0$. 假定 a 与 b 两数相差不大, 也就是说, a 与 b 都是 x_0 的近似值. 由 (2) 知, 函数 $y=f(x)$ 在开区间 (a,b) 内的性态必是下列四情况之一: 升凹、升凸、降凹、降凸.

一、 弦线法

函数曲线 $y=f(x)$ 满足上述三个条件, 在闭区间 $[a,b]$ 两个端点的坐标是 $A(a,f(a))$ 与 $B(b,f(b))$. A 与 B 两点连线 (函数曲线的弦) 的方程为

$$y - f(a) = \frac{f(b) - f(a)}{b - a}(x - a) \quad \text{或} \quad y - f(b) = \frac{f(b) - f(a)}{b - a}(x - b).$$

该弦与 x 轴交点的横坐标是

$$x_1 = a - \frac{b - a}{f(b) - f(a)}f(a) \quad \text{或} \quad x_1 = b - \frac{b - a}{f(b) - f(a)}f(b). \tag{6-1}$$

这 x_1 比 a (情况 1 与 4) 或 b (情况 2 与 3) 更接近于 x_0; 用同样的方法于闭区间 $[x_1, b]$ 或 $[a, x_1]$, 可以得到比 x_1 更接近于 x_0 的 x_2, 如此继续, 就可以得到 x_0 的足够精确的近似值.

例 1　试判定方程 $f(x) = x^3 + \frac{11}{10}x^2 + \frac{9}{10}x - \frac{14}{10} = 0$ 在 0 与 1 之间有一个实根 x_0, 并求 x_0 的误差不大于 0.001 的近似值.

解　因

$$f(0) = -\frac{14}{10} < 0, \quad f(1) = 1 + \frac{11}{10} + \frac{9}{10} - \frac{14}{10} = \frac{16}{10} > 0,$$

故由介值定理知在 0 与 1 之间有一个实根 x_0. 又因为

$$f'(x) = 3x^2 + \frac{22}{10}x + \frac{9}{10} \quad \text{与} \quad f''(x) = 6x + \frac{22}{10}$$

在 0 与 1 之间都保持正号, 所以函数图像在 0 与 1 之间是上升的、凹的 (即情况 1). 由公式 (6-1) 的第一式, 求得

$$x_1 = 0 - \frac{1 - 0}{f(1) - f(0)}f(0) \approx 0.467.$$

令 $a = 0.467$, $b = 1$, 再用公式 (6-1) 的第一式, 求得

$$x_2 \approx 0.467 - \frac{1 - 0.467}{f(1) - f(0.467)}f(0.467) \approx 0.617.$$

如此继续, 可得

$$x_3 \approx 0.660, \quad x_4 \approx 0.668, \quad x_5 \approx 0.670, \quad x_6 \approx 0.670.$$

鉴于 x_5 与 x_6 在小数点后前三位数字相同, 并由上述求法知 $f(0.670) > 0$, 计算知 $f(0.671) \approx 0.0012 > 0$, 所以, 取 $x_0 \approx 0.670$, 误差不会超过 0.001.

二、 切线法

函数曲线 $y = f(x)$ 满足前述的三个条件, 在 $x = a$ 与 $x = b$ 处的切线方程依次是

$$y - f(a) = f'(a)(x - a), \quad y - f(b) = f'(b)(x - b).$$

令 $y = 0$, 求得切线与 x 轴交点的横坐标 x_1' 依次是

$$x_1' = a - \frac{f(a)}{f'(a)}, \quad x_1' = b - \frac{f(b)}{f'(b)}. \tag{6-2}$$

当 $f(a)$ 与 $f''(x)$ 同号时用公式 (6-2) 的第一式, 当 $f(b)$ 与 $f''(x)$ 同号时用公式 (6-2) 的第二式. 如此重复使用公式 (6-2), 就可得到足够准确的近似值.

例 2　用切线法重解例 1.

解　在例 1 中已知 $f(0) < 0$, $f(1) > 0$, $f''(x) > 0$, 故用式 (6-2) 的第二式, 得

$$x_1' = 1 - \frac{f(1)}{f'(1)} \approx 0.738,$$

$$x_2' = 0.738 - \frac{f(0.738)}{f'(0.738)} \approx 0.674,$$

$$x_3' = 0.674 - \frac{f(0.674)}{f'(0.674)} \approx 0.671,$$

$$x_4' = 0.671 - \frac{f(0.671)}{f'(0.671)} \approx 0.671.$$

在例 1 中, 已知 $f(0.670) < 0$, $f(0.671) > 0$, 可见取 0.671 为根的近似值的误差不超过 0.001.

三、 综合法

同时使用弦线法与切线法, 既可同时求得实根的过剩近似值与不足近似值, 又可以加速计算过程.

例 3　试用综合法重解例 1.

解　判定如前, 得

$$x_1 = 0 - \frac{1-0}{f(1) - f(0)} f(0) \approx 0.467,$$

$$x_1' = 1 - \frac{f(1)}{f'(1)} \approx 0.738,$$

$$x_2 = 0.467 - \frac{(0.738 - 0.467)f(0.467)}{f(0.738) - f(0.467)} \approx 0.658,$$

$$x_2' = 0.738 - \frac{f(0.738)}{f'(0.738)} \approx 0.674,$$

$$x_3 = 0.658 - \frac{(0.674 - 0.658)f(0.658)}{f(0.674) - f(0.658)} \approx 0.670,$$

$$x_3' = 0.674 - \frac{f(0.674)}{f'(0.674)} \approx 0.671.$$

此处的 x_2 与 x_3 已较例 1 有所改进, 三步就同时得到了实根的过剩近似值与不足近似值.

本章小结

第三章总习题

1. 思考题:

(1) 若 $f(x) > g(x)$, 是不是必有 $f'(x) > g'(x)$?

(2) 若 $f'(x) > g'(x)$, 是不是必有 $f(x) > g(x)$?

(3) 单调函数的导数一定是单调的吗?

(4) 若函数 $f(x)$ 在开区间 (a, b) 内有唯一驻点 x_0, 问 x_0 一定是极值点吗?

(5) 函数 $f(x)$ 的极值点一定不是曲线 $y = f(x)$ 的拐点吗?(曲线 $y = f(x)$ 的拐点一定不是函数 $f(x)$ 的极值点吗?)

(6) 设 $y = f(x)$ 在点 $x = x_0$ 的某邻域内有三阶连续导数, 并且 $f'(x_0) = 0$, $f''(x_0) = 0$, $f'''(x_0) \neq 0$, 那么, $x = x_0$ 必是极值点吗? $(x_0, f(x_0))$ 必是拐点吗?

2. 选择题:

(1) 设函数 $f(x) = \arctan x$, 若 $f(x) = xf'(\xi)$, 则 $\lim\limits_{x \to 0} \dfrac{\xi^2}{x^2} = (\quad)$.

(A) 1　　(B) $\dfrac{2}{3}$　　(C) $\dfrac{1}{2}$　　(D) $\dfrac{1}{3}$

(2) 设函数 $f(x)$ 可导, 且 $f(x)f'(x) > 0$, 则 $(\quad)$.

(A) $f(1) > f(-1)$　　(B) $f(1) < f(-1)$

(C) $|f(1)| > |f(-1)|$　　(D) $|f(1)| < |f(-1)|$

(3) 设函数 $f(x) = \begin{cases} x\,|x|, & x \leqslant 0, \\ x \ln x, & x > 0, \end{cases}$ 则 $x = 0$ 是 $f(x)$ 的 $(\quad)$.

(A) 可导点, 极值点　　(B) 不可导点, 极值点

(C) 可导点, 非极值点　　(D) 不可导点, 非极值点

(4) 设函数 $f(x)$ 在 $x = x_0$ 处有二阶导数, 则 $(\quad)$.

(A) 当 $f(x)$ 在 x_0 的某邻域内单调增加时, $f'(x_0) > 0$

(B) 当 $f'(x_0) > 0$ 时, $f(x)$ 在 x_0 的某邻域内单调增加

(C) 当 $f(x)$ 在 x_0 的某邻域内是凹函数时, $f''(x_0) > 0$

(D) 当 $f''(x_0) > 0$ 时, $f(x)$ 在 x_0 的某邻域内是凹函数

(5) 下列曲线中有渐近线的是 (　　).

(A) $y = x + \sin x$　　(B) $y = x^2 + \sin x$

(C) $y = x + \sin \frac{1}{x}$　　(D) $y = x^2 + \sin \frac{1}{x}$

3. 设 $f''(x)$ 存在, 试证明 $\lim\limits_{h \to 0} \frac{f(x+h) + f(x-h) - 2f(x)}{h^2} = f''(x)$.

4. 已知 $f(x)$ 在 $(-\infty, +\infty)$ 内可导, 且

$$\lim_{x \to \infty} f'(x) = \mathrm{e}, \quad \lim_{x \to \infty} \left(\frac{x+c}{x-c}\right)^x = \lim_{x \to \infty} [f(x) - f(x-1)],$$

求 c 的值.

5. 已知在闭区间 $[0,1]$ 上函数 $f(x)$ 满足 $0 < f(x) < 1$, 可微且 $f'(x) \neq 1$ 试证明方程 $f(x) = x$ 在开区间 $(0,1)$ 内有且仅有一个根.

6. 已知函数 $f(x)$ 二阶可导, 且 $f(0) = f(1) = 0$, $f(x)$ 在 $[0,1]$ 上的最小值为 -1. 证明: 至少存在一点 $\xi \in (0,1)$, 使得 $f''(\xi) \geqslant 8$.

7. 已知 $f(x)$ 在 (a,b) 内二阶可导, 且 $f''(x) \geqslant 0$. 证明对于 (a,b) 内的任意两点 x_1, x_2 及 $0 \leqslant t \leqslant 1$, 有 $f[(1-t)x_1 + tx_2] \leqslant (1-t)f(x_1) + tf(x_2)$.

8. 设 $a > 1$, $f(x) = a^x - ax$ 在 $(-\infty, +\infty)$ 内的驻点为 $x(a)$. 问 a 为何值时, $x(a)$ 最小? 并求出最小值.

9. 设奇函数 $f(x)$ 在 $[-1,1]$ 上具有二阶导数, 且 $f(1) = 1$, 证明:

(1) 存在 $\xi \in (0,1)$, 使得 $f'(\xi) = 1$;

(2) 存在 $\eta \in (-1,1)$, 使得 $f''(\eta) + f'(\eta) = 1$.

10. 已知函数 $f(x)$ 在闭区间 $[0,1]$ 上连续, 在区间 $(0,1)$ 上可导, 且 $f(0) = 0$, $f(1) = \frac{1}{3}$. 证明: 存在 $\xi \in \left(0, \frac{1}{2}\right), \eta \in \left(\frac{1}{2}, 1\right)$, 使得 $f'(\xi) + f'(\eta) = \xi^2 + \eta^2$.

11. 求极限:

(1) $\lim\limits_{x \to 0} \left(\frac{\mathrm{e}^x + \mathrm{e}^{2x} + \cdots + \mathrm{e}^{nx}}{n}\right)^{\frac{1}{x}}$;　　(2) $\lim\limits_{x \to 0^+} \frac{(x^{\sin x} - 1)\ln(1+x)}{x^2 \ln x}$;

(3) $\lim\limits_{x \to 0} \frac{x^2}{\sqrt{1 + x\sin x} - \sqrt{\cos x}}$;　　(4) $\lim\limits_{x \to 0} \left(\frac{\sin x}{x}\right)^{\frac{1}{1-\cos x}}$.

12. 证明不等式:

(1) 当 $b > a > \mathrm{e}$ 时, $a^b > b^a$;

(2) 当 $k \geqslant \ln 2 - 1$ 时, $(x-1)(x - \ln^2 x + 2k\ln x - 1) \geqslant 0$.

13. 已知函数 $f(x) = \begin{cases} x^{2x}, & x > 0, \\ x\mathrm{e}^x + 1, & x \leqslant 0, \end{cases}$ 求 $f'(x)$ 与 $f(x)$ 的极值.

14. 已知 $f(x) = \frac{x|x|}{1+x}$, 求曲线 $y = f(x)$ 的凹凸区间及渐近线.

15. 求曲线弧 $y = \sin x$ 在 $0 < x < \pi$ 一段的曲率半径的最小值.

16. 设曲线 $y = \frac{4x+4}{x^2} - 2$, 求:

(1) 曲线在极值的对应点处的曲率;　　(2) 曲线在拐点处的切线方程.

第四章　不 定 积 分

在第二章中, 讨论了如何求一个函数的导数或微分问题, 本章将讨论它的反问题, 即已知一个函数的导数或微分, 寻找该函数, 这是积分学的基本问题之一.

第一节　不定积分的概念与性质

一、 原函数与不定积分的概念

在第二章中, 已学由变速直线运动的路程函数求其速度, 由其速度求其加速度, 即求出一个函数 $f(x)$ 的导数 $f'(x)$. 但实际中, 也经常遇到这个问题的反问题: 已知道物体的运动速度, 求路程; 已知其加速度, 求速度, 即考虑: 若已知函数 $f(x)$, 则哪个函数求导等于 $f(x)$, 亦即求一个函数 $F(x)$ 使得 $F'(x)=f(x)$, 这里将 $F(x)$ 称为 $f(x)$ 的原函数.

定义 1　设函数 $f(x)$ 与 $F(x)$ 在区间 I 上都有定义, 且

$$F'(x)=f(x),\quad \forall x\in I,$$

或者

$$\mathrm{d}F(x)=f(x)\mathrm{d}x,\quad \forall x\in I,$$

则称 $F(x)$ 为 $f(x)$ 在区间 I 上的一个**原函数**.

例如, 因为 $\left(\dfrac{1}{2}\mathrm{e}^{2x}\right)'=\mathrm{e}^{2x}, x\in(-\infty,+\infty)$, 所以 $\dfrac{1}{2}\mathrm{e}^{2x}$ 是 e^{2x} 在 $(-\infty,+\infty)$ 上的一个原函数; 又因为 $(\ln x)'=\dfrac{1}{x}, x\in(0,+\infty)$, 所以 $\ln x$ 是 $\dfrac{1}{x}$ 在 $(0,+\infty)$ 上的一个原函数; 又注意到在 $(-\infty,+\infty)$ 上, x^3, x^3+1 都是 $3x^2$ 的原函数, 所以原函数不唯一.

由此提出两个问题: 对于给定的函数 $f(x)$, 它是否一定有原函数, 或者在什么条件下有原函数? 若有原函数, 则原函数有多少个, 相互之间的关系是什么?

定理 1 (原函数存在定理)　若函数 $f(x)$ 在区间 I 上连续, 则 $f(x)$ 在区间 I 上存在原函数, 即区间 I 上的连续函数必有原函数.

这个结论的证明要用到定积分的概念, 将在第五章定积分中给出.

易见, 因为初等函数在其定义区间是连续的, 所以初等函数在其定义区间上都存在原函数.

定理 2 设 $F(x)$ 是函数 $f(x)$ 在区间 I 上的一个原函数, 则

(1) 对于任意常数 C, 函数 $F(x)+C$ 也是 $f(x)$ 的原函数;

(2) $f(x)$ 在 I 上的任意两个原函数之间只相差一个常数.

证 (1) 对任意的 $x \in I$, 因为 $[F(x)+C]' = F'(x) = f(x)$, 所以函数 $F(x)+C$ 也是 $f(x)$ 的原函数.

(2) 设 $G(x)$ 是 $f(x)$ 在 I 上的另一个原函数, 则有

$$[F(x)-G(x)]' = F'(x) - G'(x) = f(x) - f(x) \equiv 0,$$

由拉格朗日中值定理的推论知, $F(x)-G(x)$ 是常值函数, 即存在常数, 使得

$$F(x) - G(x) \equiv C, \quad x \in I.$$

定理 2 表明: 只要知道 $f(x)$ 的一个原函数 $F(x)$, 就知道其所有的原函数 $F(x)+C$, 其中 C 为任意常数.

定义 2 称函数 $f(x)$ 在区间 I 上的全体原函数为 $f(x)$ (或 $f(x)\mathrm{d}x$) 在区间 I 上的**不定积分**, 记作

$$\int f(x)\mathrm{d}x,$$

其中记号 $\int$ 称为**积分号**, $f(x)$ 称为**被积函数**, $f(x)\mathrm{d}x$ 称为**积分表达式**, x 称为**积分变量**.

由此定义及前面的说明可知, 若 $F(x)$ 是 $f(x)$ 在区间 I 上的一个原函数, 则 $F(x)+C$ 就是 $f(x)$ 不定积分, 即

$$\int f(x)\mathrm{d}x = F(x) + C,$$

其中 C 是任意常数, 也称为**积分常数**.

例 1 求 $\int \cos x\mathrm{d}x$.

解 由于 $(\sin x)' = \cos x, x \in (-\infty, +\infty)$, 所以 $\sin x$ 是 $\cos x$ 在 $(-\infty, +\infty)$ 的一个原函数, 因此

$$\int \cos x\mathrm{d}x = \sin x + C.$$

例 2 求 $\int \frac{1}{x}\mathrm{d}x$.

解 当 $x>0$ 时, 由于 $(\ln x)'=\dfrac{1}{x}$, 所以 $\ln x$ 是 $\dfrac{1}{x}$ 在 $(0,+\infty)$ 内的一个原函数, 因此, 在 $(0,+\infty)$ 内,

$$\int\frac{1}{x}\mathrm{d}x=\ln x+C;$$

当 $x<0$ 时, 由于 $[\ln(-x)]'=\dfrac{1}{-x}\cdot(-1)=\dfrac{1}{x}$, 所以 $\ln(-x)$ 是 $\dfrac{1}{x}$ 在 $(-\infty,0)$ 内的一个原函数, 因此, 在 $(-\infty,0)$ 内,

$$\int\frac{1}{x}\mathrm{d}x=\ln(-x)+C.$$

把上述结果合起来, 可得

$$\int\frac{1}{x}\mathrm{d}x=\ln|x|+C\quad(x\neq 0).$$

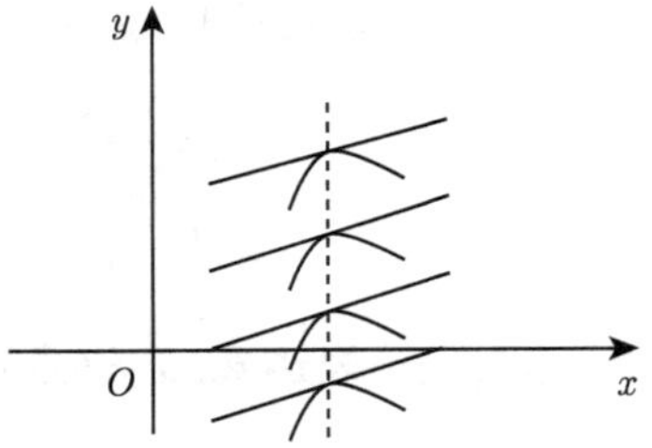

图 4-1

不定积分 $\int f(x)\mathrm{d}x=F(x)+C$ 表示无穷多个函数, 是 $f(x)$ 的全体原函数. 反映在几何上, 则是一族曲线, 它是曲线 $y=F(x)$ 沿 y 轴方向上下平移得到的, 这族曲线称为 $f(x)$ 的**积分曲线族**. 由于在相同的横坐标 x 处, 所有积分曲线的斜率都是 $f(x)$, 因此, 在所有积分曲线上, 以 x 为横坐标的点处的切线彼此平行, 如图 4-1 所示.

在实际问题中, 经常需要求一个满足特定条件的原函数, 这时可先求出不定积分, 再由已知的特定条件确定出积分常数值.

例 3 已知某曲线上任意一点 $P(x,y)$ 处的切线斜率为该点横坐标的 2 倍, 且该曲线过点 $(1,2)$. 求此曲线方程.

解 先求斜率为 $2x$ 的曲线族. 设所求曲线族的方程为 $y=f(x)$, 由题意可知 $y'=2x$, 根据不定积分定义知

$$y=\int 2x\mathrm{d}x=x^2+C,$$

即所求曲线族为 $y=x^2+C$, 如图 4-2 所示. 又曲线过点 $(1,2)$, 故 $2=1+C$, 即 $C=1$, 于是所求曲线方程为 $y=x^2+1$.

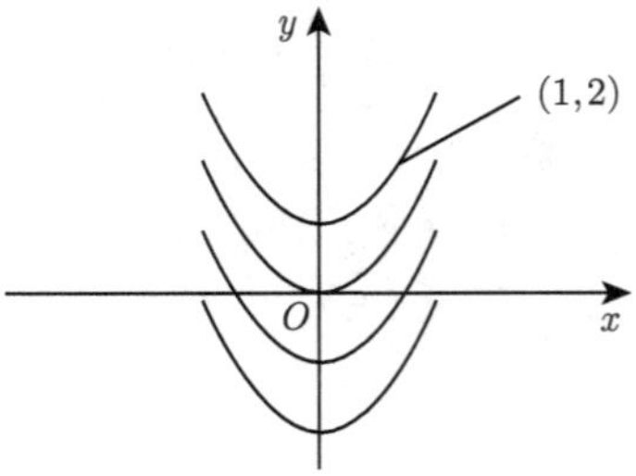

图 4-2

二、 不定积分的基本公式

由不定积分的定义, 可知如下基本关系:

$$\frac{\mathrm{d}}{\mathrm{d}x}\left[\int f(x)\mathrm{d}x\right]=f(x),\quad \mathrm{d}\left[\int f(x)\mathrm{d}x\right]=f(x)\,\mathrm{d}x$$

或

$$\int F'(x)\mathrm{d}x=F(x)+C,\quad \int \mathrm{d}F(x)=F(x)+C.$$

由此可见, 在不考虑积分常数的情形下, 求不定积分与求导 (或求微分) 是互逆的运算. 所以, 由基本求导公式可以相应地得到下列基本积分公式.

基本积分公式如下:

(1) $\int k\mathrm{d}x=kx+C$ (k 为常数);

(2) $\int x^{\mu}\mathrm{d}x=\frac{1}{\mu+1}x^{\mu+1}+C(\mu\neq-1)$;

(3) $\int \frac{1}{x}\mathrm{d}x=\ln|x|+C$;

(4) $\int \mathrm{e}^{x}\mathrm{d}x=\mathrm{e}^{x}+C$;

(5) $\int a^{x}\mathrm{d}x=\frac{a^{x}}{\ln a}+C\quad(a>0,a\neq1)$;

(6) $\int \cos x\mathrm{d}x=\sin x+C$;

(7) $\int \sin x\mathrm{d}x=-\cos x+C$;

(8) $\int \sec^2 x\mathrm{d}x=\tan x+C$;

(9) $\int \csc^2 x\mathrm{d}x=-\cot x+C$;

(10) $\int \sec^2 \tan x\mathrm{d}x=\sec x+C$;

(11) $\int \csc x\cot x\mathrm{d}x=-\csc x+C$;

(12) $\int \frac{1}{1+x^2}\mathrm{d}x=\arctan x+C$;

(13) $\int \frac{\mathrm{d}x}{\sqrt{1-x^2}}=\arcsin x+C$;

(14) $\int \mathrm{sh}x\mathrm{d}x=\mathrm{ch}x+C$;

(15) $\int \mathrm{ch}x\mathrm{d}x=\mathrm{sh}x+C$.

以上基本积分公式是求不定积分的基础, 必须熟记. 下面举几个利用公式的例子.

例 4 求不定积分 $\int \frac{1}{x^3}\mathrm{d}x$.

解 $\int \frac{1}{x^3}\mathrm{d}x=\int x^{-3}\mathrm{d}x=\frac{x^{-3+1}}{-3+1}+C=-\frac{1}{2x^2}+C.$

例 5 求不定积分 $\int \frac{1}{\sqrt{x}}\mathrm{d}x$.

解 $\int \frac{1}{\sqrt{x}}\mathrm{d}x=\int x^{-\frac{1}{2}}\mathrm{d}x=\frac{x^{-\frac{1}{2}+1}}{-\frac{1}{2}+1}+C=2\sqrt{x}+C.$

三、 不定积分的运算性质

性质 1 设函数 $f(x)$ 及 $g(x)$ 的原函数存在, 则

$$\int[f(x)\pm g(x)]\mathrm{d}x=\int f(x)\mathrm{d}x\pm\int g(x)\mathrm{d}x. \tag{1-1}$$

证 将 (1-1) 式右端求导, 得

$$\left[\int f(x)\mathrm{d}x\pm\int g(x)\mathrm{d}x\right]'=\left[\int f(x)\mathrm{d}x\right]'\pm\left[\int g(x)\mathrm{d}x\right]'=f(x)\pm g(x).$$

这表示 (1-1) 式右端是 $f(x)\pm g(x)$ 的原函数, 又 (1-1) 式右端有两个积分记号, 形式上含两个任意常数, 由于任意常数之和仍是任意常数, 故实际上含一个任意常数, 因此 (1-1) 式右端是 $f(x)\pm g(x)$ 的不定积分.

性质 1 对于有限多个函数也是成立的.

类似地可以证明不定积分的第二个性质.

性质 2 设函数 $f(x)$ 的原函数存在, k 为非零常数, 则

$$\int kf(x)\mathrm{d}x=k\int f(x)\mathrm{d}x. \tag{1-2}$$

综合性质 1 与性质 2 有: 设函数 $f(x)$ 及 $g(x)$ 的原函数存在, a, b 为不同时为零的常数, 则

$$\int[af(x)+bg(x)]\mathrm{d}x=a\int f(x)\mathrm{d}x+b\int g(x)\mathrm{d}x. \tag{1-3}$$

利用基本积分表及不定积分的线性运算性质, 可计算一些简单函数的不定积分.

例 6 求不定积分 $\displaystyle\int\frac{x^2-5}{\sqrt{x}}\mathrm{d}x$.

解
$$\begin{aligned}\int\frac{x^2-5}{\sqrt{x}}\mathrm{d}x&=\int(x^{\frac{3}{2}}-5x^{-\frac{1}{2}})\mathrm{d}x=\int x^{\frac{3}{2}}\mathrm{d}x-5\int x^{-\frac{1}{2}}\mathrm{d}x\\&=\frac{2}{5}x^{\frac{5}{2}}-10x^{\frac{1}{2}}+C\\&=\frac{2}{5}x^2\sqrt{x}-10\sqrt{x}+C.\end{aligned}$$

检验不定积分结果是否正确, 只要对结果求导, 看它的导数是否等于被积函数, 相等时结果是正确的, 否则结果是错误的. 以例 6 为例, 由于

$$\left(\frac{2}{5}x^2\sqrt{x}-10\sqrt{x}+C\right)'=\left(\frac{2}{5}x^{\frac{5}{2}}-10x^{\frac{1}{2}}+C\right)'=x^{\frac{3}{2}}-5x^{-\frac{1}{2}}=\frac{x^2-5}{\sqrt{x}},$$

所以结果是正确的.

例 7 求不定积分 $\int(\mathrm{e}^x-3\cos x)\mathrm{d}x$.

解 $\int(\mathrm{e}^x-3\cos x)\mathrm{d}x=\int\mathrm{e}^x\mathrm{d}x-3\int\cos x\mathrm{d}x=\mathrm{e}^x-3\sin x+C.$

例 8 求不定积分 $\int 2^x\mathrm{e}^x\mathrm{d}x$.

解 $\int 2^x\mathrm{e}^x\mathrm{d}x=\int(2\mathrm{e})^x\mathrm{d}x=\frac{1}{\ln(2\mathrm{e})}(2\mathrm{e})^x+C=\frac{2^x\mathrm{e}^x}{\ln 2+1}+C.$

例 9 求下列不定积分 $\int\tan^2 x\mathrm{d}x$.

解 基本积分公式中没有 $\tan^2 x$ 的积分, 但 $\tan^2 x=\sec^2 x-1$, 而 $\sec^2 x$, 常数有积分公式, 所以

$$\int\tan^2 x\mathrm{d}x=\int(\sec^2 x-1)\mathrm{d}x=\int\sec^2 x\mathrm{d}x-\int 1\mathrm{d}x=\tan x-x+C.$$

例 10 求不定积分 $\int\sin^2\frac{x}{2}\mathrm{d}x$.

解 基本积分公式中也没有此类型的积分, 同例 9 一样, 可以先利用三角恒等式变形, 然后再逐项积分:

$$\begin{aligned}\int\sin^2\frac{x}{2}\mathrm{d}x&=\int\frac{1}{2}(1-\cos x)\mathrm{d}x=\frac{1}{2}\int(1-\cos x)\mathrm{d}x\\&=\frac{1}{2}\left(\int\mathrm{d}x-\int\cos x\mathrm{d}x\right)=\frac{1}{2}(x-\sin x)+C.\end{aligned}$$

例 11 求不定积分 $\int\frac{\mathrm{d}x}{\sin^2\frac{x}{2}\cos^2\frac{x}{2}}$.

解 利用三角恒等式,

$$\int\frac{\mathrm{d}x}{\sin^2\frac{x}{2}\cos^2\frac{x}{2}}=\int\frac{1}{\left(\frac{\sin x}{2}\right)^2}\mathrm{d}x=\int\frac{4}{\sin^2 x}\mathrm{d}x=4\int\csc^2 x\mathrm{d}x=-4\cot x+C.$$

例 12 求不定积分 $\int\frac{2x^4+x^2+3}{x^2+1}\mathrm{d}x$.

解 被积函数的分子与分母都是多项式, 通过多项式的除法, 可以把它化成基本积分表中所列类型的积分, 然后再逐项积分:

$$\int\frac{2x^4+x^2+3}{x^2+1}\mathrm{d}x=\int\left(2x^2-1+\frac{4}{x^2+1}\right)\mathrm{d}x$$

$$
\begin{aligned}
&= 2\int x^2 \mathrm{d}x - \int \mathrm{d}x + 4\int \frac{1}{x^2+1}\mathrm{d}x \\
&= \frac{2}{3}x^3 - x + 4\arctan x + C.
\end{aligned}
$$

在上述例 9 与例 10 等题中, 所给被积函数没有积分公式可用, 但经过恒等变形可以转化为有积分公式的函数代数和, 因而可利用不定积分的运算性质与基本积分公式求得结果, 这种方法也称为**直接积分法**.

习　题　4-1

1. 利用定义验证下列不定积分成立:

(1) $\int \frac{1}{\sqrt{x-x^2}}\mathrm{d}x = \arcsin(2x-1)+C$;　　(2) $\int \frac{1}{x^2\sqrt{x^2-1}}\mathrm{d}x = \frac{\sqrt{x^2-1}}{x}+C$;

(3) $\int \frac{2x}{(x^2+1)(x+1)^2}\mathrm{d}x = \arctan x + \frac{1}{x+1}+C$;

(4) $\int \sec x\mathrm{d}x = \ln|\sec x+\tan x|+C$;

(5) $\int x\cos x\mathrm{d}x = x\sin x+\cos x+C$;　　(6) $\int \mathrm{e}^x\sin x\mathrm{d}x = \frac{1}{2}\mathrm{e}^x(\sin x-\cos x)+C$.

2. 求下列不定积分:

(1) $\int \frac{1}{x^2}\mathrm{d}x$;　　(2) $\int x\sqrt{x}\mathrm{d}x$;　　(3) $\int \frac{1}{\sqrt{x}}\mathrm{d}x$;

(4) $\int x^2\sqrt[3]{x}\mathrm{d}x$;　　(5) $\int \frac{1}{x^2\sqrt{x}}\mathrm{d}x$;　　(6) $\int \sqrt[m]{x^n}\mathrm{d}x$;

(7) $\int 5x^3\mathrm{d}x$;　　(8) $\int (x^2-3x+2)\mathrm{d}x$;　　(9) $\int \frac{\mathrm{d}h}{\sqrt{2gh}}$;

(10) $\int (x-2)^2\mathrm{d}x$;　　(11) $\int \left(\frac{1}{x}+\frac{2}{x^2}+\frac{3}{x^3}\right)\mathrm{d}x$;　　(12) $\int \frac{1-x}{1-\sqrt{x}}\mathrm{d}x$;

(13) $\int \frac{(1-x)^2}{\sqrt{x}}\mathrm{d}x$;　　(14) $\int \frac{3x^4+3x^2+1}{x^2+1}\mathrm{d}x$;　　(15) $\int \frac{1}{x^2(1+x^2)}\mathrm{d}x$;

(16) $\int \left(2\mathrm{e}^x+\frac{3}{x}\right)\mathrm{d}x$;　　(17) $\int \left(\frac{3}{1+x^2}-\frac{2}{\sqrt{1-x^2}}\right)\mathrm{d}x$;　　(18) $\int \mathrm{e}^x\left(1-\frac{\mathrm{e}^{-x}}{\sqrt{x}}\right)\mathrm{d}x$;

(19) $\int 3^x\mathrm{e}^x\mathrm{d}x$;　　(20) $\int \frac{2^{x+1}-3^{x-2}}{6^x}\mathrm{d}x$;　　(21) $\int \sec x(\sec x-\tan x)\mathrm{d}x$;

(22) $\int \sin^2\frac{x}{2}\mathrm{d}x$;　　(23) $\int \frac{1}{1+\cos 2x}\mathrm{d}x$;　　(24) $\int \frac{\cos 2x}{\cos x-\sin x}\mathrm{d}x$;

(25) $\int \frac{\mathrm{d}x}{\cos^2 x\cdot\sin^2 x}$;　　(26) $\int \cot^2 x\mathrm{d}x$;　　(27) $\int \frac{\cos 2x}{\cos^2 x\sin^2 x}\mathrm{d}x$.

3. 一曲线通过点 $(\mathrm{e}^2,3)$, 且在任一点处的切线的斜率等于该点横坐标的倒数, 求该曲线的方程.

4. 证明: $\left(\dfrac{2}{\sqrt{a^2+b^2}}\arctan\left(\sqrt{\dfrac{a-b}{a+b}}\tan\dfrac{x}{2}\right)\right)' = \dfrac{1}{a+b\cos x}$ $(a^2>b^2)$, 并由此写出积分公式.

第二节　换元积分法

在计算函数导数时, 复合函数求导法则是最常用的法则之一, 把它反过来用于计算不定积分, 即通过引入中间变量, 将一个不定积分变成另一个容易计算的不定积分, 这就是换元积分法. 换元积分法有两类: 第一换元积分法与第二换元积分法.

一、 第一换元法

定理 1 (第一换元法)　设被积函数形如 $f(\varphi(x))\varphi'(x)$, 其中 $f(u)$ 具有原函数 $F(u)$, $u=\varphi(x)$ 具有连续导数, 则

$$\int f[\varphi(x)]\varphi'(x)\mathrm{d}x = \left[\int f(u)\mathrm{d}u\right]_{u=\varphi(x)} = F[\varphi(x)]+C. \tag{2-1}$$

证　根据复合函数求导法则,

$$\frac{\mathrm{d}}{\mathrm{d}x}\{F[\varphi(x)]+C\} = F'(u)\varphi'(x) = F'[\varphi(x)]\varphi'(x) = f[\varphi(x)]\varphi'(x),$$

由不定积分的定义即得结论.

公式 (2-1) 为**第一换元积分公式**. 要计算不定积分 $\int g(x)\mathrm{d}x$, 若直接积分法不奏效, 而积分表达式 $g(x)\mathrm{d}x$ 能够表示为

$$g(x)\mathrm{d}x = f[\varphi(x)]\varphi'(x)\mathrm{d}x = f[\varphi(x)]\mathrm{d}\varphi(x),$$

凑微分法

且 $\int f(u)\mathrm{d}u$ 较易计算, 则令 $u=\varphi(x)$, 把 $\int g(x)\mathrm{d}x$ 变成 $\int f(u)\mathrm{d}u$ 再计算, 然后代回 $u=\varphi(x)$ 就得到所求不定积分. 从形式上看, 是将所求积分表达式 $g(x)\mathrm{d}x$ “凑” 成 $f[\varphi(x)]\mathrm{d}\varphi(x)$, 所以第一换元法又称为**凑微分法**.

例 1　求 $\int 2\cos 2x\mathrm{d}x$.

解　原式 $=\int \cos 2x\mathrm{d}(2x) \xlongequal{2x=u} \int \cos u\mathrm{d}u = \sin u + C \xlongequal{2x=u} \sin 2x + C$,

这里作换元 $2x=u$. 熟练之后可简化为

$$原式 = \int \cos 2x\mathrm{d}(2x) = \sin 2x + C.$$

例 2　求 $\int \frac{1}{3-2x}\mathrm{d}x$.

解　原式 $= \int \frac{1}{3-2x} \cdot \left(-\frac{1}{2}\right) \mathrm{d}(3-2x) \xlongequal{3-2x=u} -\frac{1}{2}\int \frac{1}{u}\mathrm{d}u = -\frac{1}{2}\ln|u| + C$

$$\xlongequal{3-2x=u} -\frac{1}{2}\ln|3-2x| + C,$$

这里作换元 $3-2x=u$. 熟练掌握之后可简化为

$$原式 = -\frac{1}{2}\int \frac{1}{3-2x}\mathrm{d}(3-2x) = -\frac{1}{2}\ln|3-2x| + C.$$

例 3　求 $\int \frac{x}{1+x^2}\mathrm{d}x$.

解　原式 $= \frac{1}{2}\int \frac{\mathrm{d}(x^2)}{1+x^2} = \frac{1}{2}\int \frac{\mathrm{d}(1+x^2)}{1+x^2} = \frac{1}{2}\ln(1+x^2) + C.$

例 4　求 $\int x^2\sqrt{4-3x^3}\mathrm{d}x$.

解　原式 $= \frac{1}{3}\int \sqrt{4-3x^3}\mathrm{d}(x^3) = -\frac{1}{9}\int \sqrt{4-3x^3}\mathrm{d}(4-3x^3)$

$$= -\frac{1}{9} \cdot \frac{1}{\frac{1}{2}+1}(4-3x^3)^{\frac{1}{2}+1} + C = -\frac{2}{27}(4-3x^3)^{\frac{3}{2}} + C.$$

例 5　求 $\int \tan x\mathrm{d}x$.

解　　原式 $= \int \frac{\sin x}{\cos x}\mathrm{d}x = -\int \frac{\mathrm{d}(\cos x)}{\cos x} = -\ln|\cos x| + C.$

类似地可得

$$\int \cot x\mathrm{d}x = \ln|\sin x| + C.$$

例 6　求 $\int \frac{\mathrm{d}x}{a^2+x^2}$, 其中 $a \neq 0$.

解　原式 $= \frac{1}{a^2}\int \frac{\mathrm{d}x}{1+\left(\frac{x}{a}\right)^2} = \frac{1}{a}\int \frac{\mathrm{d}\left(\frac{x}{a}\right)}{1+\left(\frac{x}{a}\right)^2} = \frac{1}{a}\arctan\frac{x}{a} + C.$

例 7　求 $\int \frac{\mathrm{d}x}{x^2-a^2}$, 其中 $a \neq 0$.

解 原式 $=\dfrac{1}{2a}\displaystyle\int\dfrac{(x+a)-(x-a)}{(x+a)(x-a)}\mathrm{d}x=\dfrac{1}{2a}\int\left(\dfrac{1}{x-a}-\dfrac{1}{x+a}\right)\mathrm{d}x$

$$=\frac{1}{2a}\left(\int\frac{\mathrm{d}(x-a)}{x-a}-\int\frac{\mathrm{d}(x+a)}{x+a}\right)=\frac{1}{2a}\left(\ln|x-a|-\ln|x+a|\right)+C$$

$$=\frac{1}{2a}\ln\left|\frac{x-a}{x+a}\right|+C.$$

例 8 求 $\displaystyle\int\frac{\mathrm{d}x}{\sqrt{a^2-x^2}}$, 其中 $a>0$.

解 原式 $=\dfrac{1}{a}\displaystyle\int\dfrac{\mathrm{d}x}{\sqrt{1-\left(\dfrac{x}{a}\right)^2}}=\int\dfrac{\mathrm{d}\left(\dfrac{x}{a}\right)}{\sqrt{1-\left(\dfrac{x}{a}\right)^2}}=\arcsin\dfrac{x}{a}+C.$

例 9 求 $\displaystyle\int\csc x\mathrm{d}x$.

解

$$\text{原式}=-\int\frac{\mathrm{d}(\csc x+\cot x)}{\csc x+\cot x}=-\ln|\csc x+\cot x|+C$$

$$=\ln|\csc x-\cot x|+C.$$

类似地, 得

$$\int\sec x\mathrm{d}x=\int\frac{\sec x(\sec x+\tan x)\mathrm{d}x}{\sec x+\tan x}=\int\frac{\mathrm{d}(\sec x+\tan x)}{\sec x+\tan x}=\ln|\sec x+\tan x|+C.$$

本题也可这样求解: 原式 $=\displaystyle\int\frac{\mathrm{d}x}{2\sin\frac{x}{2}\cos\frac{x}{2}}=\int\frac{1}{\tan\frac{x}{2}}\cdot\frac{\mathrm{d}\left(\frac{x}{2}\right)}{\cos^2\frac{x}{2}}=\int\frac{\mathrm{d}\tan\frac{x}{2}}{\tan\frac{x}{2}}=$ $\ln\left|\tan\dfrac{x}{2}\right|+C.$

例 5—例 9 等实际上是常用的积分公式, 现补充到基本积分表中, 以备查用.

(16) $\displaystyle\int\tan x\mathrm{d}x=-\ln|\cos x|+C$;

(17) $\displaystyle\int\cot x\mathrm{d}x=\ln|\sin x|+C$;

(18) $\displaystyle\int\sec x\mathrm{d}x=\ln|\sec x+\tan x|+C$;

(19) $\displaystyle\int\csc x\mathrm{d}x=\ln|\csc x-\cot x|+C$;

(20) $\displaystyle\int\frac{1}{a^2+x^2}\mathrm{d}x=\frac{1}{a}\arctan\frac{x}{a}+C\ (a\neq 0)$;

(21) $\int \frac{1}{x^2-a^2}\mathrm{d}x = \frac{1}{2a}\ln\left|\frac{x-a}{x+a}\right| + C\ (a \neq 0)$;

(22) $\int \frac{1}{\sqrt{a^2-x^2}}\mathrm{d}x = \arcsin\frac{x}{a} + C\ (a > 0)$.

例 10　求 $\int \frac{\mathrm{d}x}{1+\mathrm{e}^x}$.

解　原式 $= \int \frac{1+\mathrm{e}^x-\mathrm{e}^x}{1+\mathrm{e}^x}\mathrm{d}x = \int \left(1-\frac{\mathrm{e}^x}{1+\mathrm{e}^x}\right)\mathrm{d}x = \int \mathrm{d}x - \int \frac{\mathrm{d}(1+\mathrm{e}^x)}{1+\mathrm{e}^x}$

$= x - \ln(1+\mathrm{e}^x) + C.$

例 11　求 $\int \frac{\mathrm{d}x}{x(1+2\ln x)}$.

解　原式 $= \int \frac{\mathrm{d}\ln x}{1+2\ln x} = \frac{1}{2}\int \frac{\mathrm{d}(1+2\ln x)}{1+2\ln x} = \frac{1}{2}\ln|1+2\ln x| + C.$

例 12　求 $\int \frac{\arctan\sqrt{x}}{\sqrt{x}(1+x)}\mathrm{d}x$.

解　原式 $= \int \frac{\arctan\sqrt{x}}{1+x}\cdot\frac{\mathrm{d}x}{\sqrt{x}} = 2\int \arctan\sqrt{x}\cdot\frac{\mathrm{d}\sqrt{x}}{1+(\sqrt{x})^2}$

$= 2\int \arctan\sqrt{x}\cdot\mathrm{d}\arctan\sqrt{x}$

$= (\arctan\sqrt{x})^2 + C.$

例 13　求 $\int \sin^3 x\mathrm{d}x$.

解　原式 $= \int \sin^2 x\cdot\sin x\mathrm{d}x = \int (1-\cos^2 x)\mathrm{d}(-\cos x)$

$= -\int \mathrm{d}\cos x + \int \cos^2 x\mathrm{d}\cos x$

$= -\cos x + \frac{1}{3}\cos^3 x + C.$

例 14　求 $\int \cos^2 x\mathrm{d}x$.

解　原式 $= \int \frac{1+\cos 2x}{2}\mathrm{d}x = \frac{1}{2}\int \mathrm{d}x + \frac{1}{4}\int \cos 2x\mathrm{d}(2x) = \frac{x}{2} + \frac{1}{4}\sin 2x + C.$

例 15　求 $\int \cos^4 x\mathrm{d}x$.

解 原式 $=\int\left(\frac{1+\cos 2x}{2}\right)^2\mathrm{d}x=\frac{1}{4}\int\left(1+2\cos 2x+\frac{1+\cos 4x}{2}\right)\mathrm{d}x$

$$=\frac{1}{4}\int\left(\frac{3}{2}+2\cos 2x+\frac{\cos 4x}{2}\right)\mathrm{d}x$$

$$=\frac{3}{8}\int\mathrm{d}x+\frac{1}{2}\int\cos 2x\mathrm{d}x+\frac{1}{8}\int\cos 4x\mathrm{d}x$$

$$=\frac{3}{8}x+\frac{1}{4}\sin 2x+\frac{1}{32}\sin 4x+C.$$

例 16 求 $\int\cos 3x\cos 2x\mathrm{d}x$.

解 原式 $=\frac{1}{2}\int(\cos x+\cos 5x)\mathrm{d}x=\frac{1}{2}\int\cos x\mathrm{d}x+\frac{1}{10}\int\cos 5x\mathrm{d}(5x)$

$$=\frac{1}{2}\sin x+\frac{1}{10}\sin 5x+C.$$

例 17 求 $\int\sec^6 x\mathrm{d}x$.

解 原式 $=\int(\sec^2 x)^2\cdot\sec^2 x\mathrm{d}x=\int(\tan^2 x+1)^2\mathrm{d}\tan x$

$$=\int(\tan^4 x+2\tan^2 x+1)\mathrm{d}\tan x=\frac{1}{5}\tan^5 x+\frac{2}{3}\tan^3 x+\tan x+C.$$

例 18 求 $\int\tan^5 x\sec^3 x\mathrm{d}x$.

解 原式 $=\int\tan^4 x\sec^2 x\cdot\sec x\tan x\mathrm{d}x=\int(\sec^2 x-1)^2\sec^2 x\mathrm{d}\sec x$

$$=\int(\sec^6 x-2\sec^4 x+\sec^2 x)\mathrm{d}\sec x$$

$$=\frac{1}{7}\sec^7 x-\frac{2}{5}\sec^5 x+\frac{1}{3}\sec^3 x+C.$$

例 19 求 $\int\frac{\mathrm{d}x}{\sqrt{1+x-x^2}}$.

解

$$原式=\int\frac{\mathrm{d}\left(x-\frac{1}{2}\right)}{\sqrt{\left(\frac{\sqrt{5}}{2}\right)^2-\left(x-\frac{1}{2}\right)^2}},$$

利用公式 (22), 得

$$\int \frac{\mathrm{d}x}{\sqrt{1+x-x^2}} = \arcsin \frac{2x-1}{\sqrt{5}} + C.$$

例 20　求 $\int \frac{\mathrm{d}x}{\sin^2 x + 5\cos^2 x}$.

解　原式 $= \int \frac{\mathrm{d}x}{\cos^2 x(5+\tan^2 x)} = \int \frac{\sec^2 x \mathrm{d}x}{5+\tan^2 x} = \int \frac{\mathrm{d}\tan x}{(\sqrt{5})^2+\tan^2 x}$,

利用公式 (20), 得

$$\int \frac{\mathrm{d}x}{\sin^2 x + 5\cos^2 x} = \frac{1}{\sqrt{5}} \arctan \frac{\tan x}{\sqrt{5}} + C.$$

二、第二换元法

若将积分变量 x 作为中间变量, 视其为另一个变量 t 的函数: $x = \varphi(t)$, 代入不定积分, 从而求得原函数, 这种方法称为第二换元法.

例 21　求 $\int \frac{1}{1+\sqrt{x}} \mathrm{d}x$.

解　此积分的困难是分母含有根式, 故先作变换把根式去掉. 为此, 设 $t = \sqrt{x}$, 则 $x = t^2, \mathrm{d}x = 2t\mathrm{d}t$, 于是

$$\begin{aligned}
\int \frac{1}{1+\sqrt{x}} \mathrm{d}x &= \int \frac{2t}{1+t} \mathrm{d}t = 2\int \frac{t+1-1}{1+t} \mathrm{d}t = 2\int \left(1 - \frac{1}{1+t}\right) \mathrm{d}t \\
&= 2\int \mathrm{d}t - 2\int \frac{1}{t+1} \mathrm{d}(t+1) = 2t - 2\ln|t+1| + C \\
&= 2\sqrt{x} - 2\ln(\sqrt{x}+1) + C.
\end{aligned}$$

由此可见, 对不能用直接积分法及第一换元法求解的不定积分 $\int f(x)\mathrm{d}x$, 若能选择适当的变换 $x = \varphi(t)$, 将原积分变成 $\int f[\varphi(t)]\varphi'(t)\mathrm{d}t$, 而后者容易求得原函数 $\Phi(t)$, 再以 $x = \varphi(t)$ 的反函数 $t = \varphi^{-1}(x)$ 回代, 可求得原积分. 为保证反函数 $t = \varphi^{-1}(x)$ 的存在与可导性, 需假设 $x = \varphi(t)$ 在所考虑区间上是单调的、可导的, 且 $\varphi'(t) \neq 0$. 归纳总结, 给出如下定理.

定理 2 (第二换元法)　设 $x = \varphi(t)$ 是单调、可导的函数, 并且 $\varphi'(t) \neq 0$, 又设 $f[\varphi(t)]\varphi'(t)$ 有原函数 $\Phi(t)$, 则

$$\int f(x)\mathrm{d}x = \left\{ \int f[\varphi(t)]\varphi'(t)\mathrm{d}t \right\}_{t=\varphi^{-1}(x)} = \Phi[\varphi^{-1}(x)] + C.$$

证 只需证 $\varPhi[\varphi^{-1}(x)]$ 是 $f(x)$ 的原函数.

由条件可知 $x=\varphi(t)$ 有反函数 $t=\varphi^{-1}(x)$. 由复合函数与反函数求导公式得

$$\frac{\mathrm{d}}{\mathrm{d}x}\varPhi[\varphi^{-1}(x)]=\frac{\mathrm{d}\varPhi}{\mathrm{d}t}\cdot\frac{\mathrm{d}t}{\mathrm{d}x}=f[\varphi(t)]\cdot\varphi'(t)\cdot\frac{1}{\varphi'(t)}=f[\varphi(t)]=f(x).$$

这表明 $\varPhi[\varphi^{-1}(x)]$ 是 $f(x)$ 的原函数, 所以

$$\int f(x)\mathrm{d}x=\varPhi[\varphi^{-1}(x)]+C.$$

例 22 求 $\displaystyle\int\frac{\mathrm{d}x}{\sqrt{1+x}+\sqrt{(1+x)^3}}$.

解 将被积函数有理化, 为此消去根式. 设 $\sqrt{1+x}=t$, 则 $x=t^2-1,\mathrm{d}x=2t\mathrm{d}t$, 于是

$$\begin{aligned}\int\frac{\mathrm{d}x}{\sqrt{1+x}+\sqrt{(1+x)^3}}&=\int\frac{2t}{t+t^3}\mathrm{d}t=2\int\frac{1}{1+t^2}\mathrm{d}t=2\arctan t+C\\&=2\arctan\sqrt{1+x}+C.\end{aligned}$$

例 23 求 $\displaystyle\int\sqrt{a^2-x^2}\mathrm{d}x$, 其中 $a>0$.

解 利用三角代换去根式, 令 $x=a\sin t$, 其中 $-\dfrac{\pi}{2}<t<\dfrac{\pi}{2}$, 则 $\mathrm{d}x=a\cos t\mathrm{d}t$, $\sqrt{a^2-x^2}=a\cos t$, 于是

$$\begin{aligned}\int\sqrt{a^2-x^2}\mathrm{d}x&=\int a\cos t\cdot a\cos t\mathrm{d}t=a^2\int\cos^2 t\mathrm{d}t=\frac{a^2}{2}\int(1+\cos 2t)\mathrm{d}t\\&=\frac{a^2}{2}\left(t+\frac{1}{2}\sin 2t\right)+C=\frac{a^2}{2}(t+\sin t\cos t)+C.\end{aligned}$$

为把 t 回代成 x 的函数, 可根据 $x=a\sin t$ 作直角三角形, 称该直角三角形为辅助三角形, 如图 4-3 所示, 于是

$$\cos t=\frac{\sqrt{a^2-x^2}}{a},$$

因此 $\displaystyle\int\sqrt{a^2-x^2}\mathrm{d}x=\frac{a^2}{2}\arcsin\frac{x}{a}+\frac{1}{2}x\sqrt{a^2-x^2}+C$.

例 24　求 $\int \frac{1}{\sqrt{x^2+a^2}}\mathrm{d}x$, 其中 $a>0$.

解　类似上例, 令 $x=a\tan t$, 其中 $-\frac{\pi}{2}<t<\frac{\pi}{2}$, 则 $\mathrm{d}x=a\sec^2 t\mathrm{d}t$, $\sqrt{a^2+x^2}=a\sec t$. 于是

$$\int \frac{1}{\sqrt{x^2+a^2}}\mathrm{d}x=\int \frac{a\sec^2 t}{a\sec t}\mathrm{d}t=\int \sec t\mathrm{d}t=\ln|\sec t+\tan t|+C.$$

根据 $\tan t=\frac{x}{a}$ 作辅助三角形, 如图 4-4 所示, 于是

$$\sec t=\frac{1}{\cos t}=\frac{\sqrt{a^2+x^2}}{a}.$$

因此

$$\int \frac{1}{\sqrt{x^2+a^2}}\mathrm{d}x=\ln\left|\frac{x}{a}+\frac{\sqrt{a^2+x^2}}{a}\right|+C_1=\ln|x+\sqrt{x^2+a^2}|+C,$$

其中 $C=C_1-\ln a$.

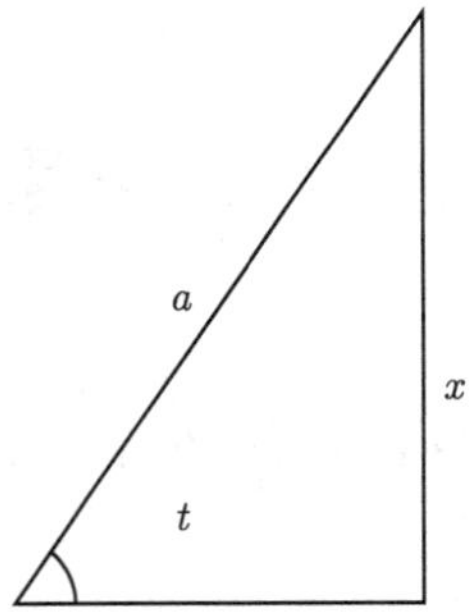

图 4-3

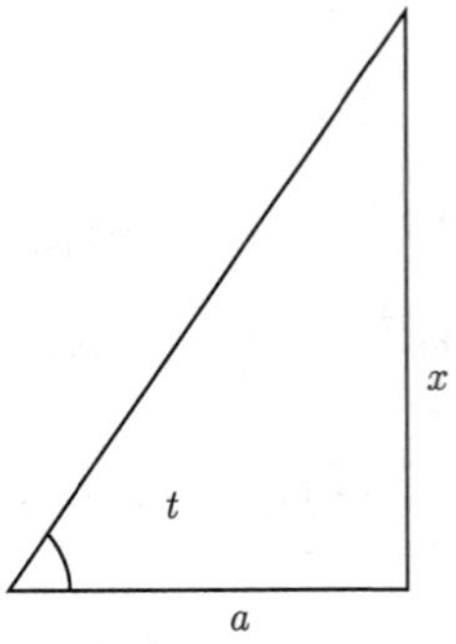

图 4-4

例 25　求 $\int \frac{1}{\sqrt{x^2-a^2}}\mathrm{d}x$, 其中 $a>0$.

解　当 $x>a$ 时, 令 $x=a\sec t$, 其中 $0<t<\frac{\pi}{2}$, 则 $\mathrm{d}x=a\sec t\cdot\tan x\mathrm{d}t$, 于是

$$\int \frac{1}{\sqrt{x^2-a^2}}\mathrm{d}x=\int \frac{a\sec t\cdot\tan t\mathrm{d}t}{a\tan t}=\int \sec t\mathrm{d}t=\ln|\sec t+\tan t|+C.$$

由 $x=a\sec t$, 作辅助三角形, 如图 4-5 所示, 得

$$\tan t=\frac{\sqrt{x^2-a^2}}{a}.$$

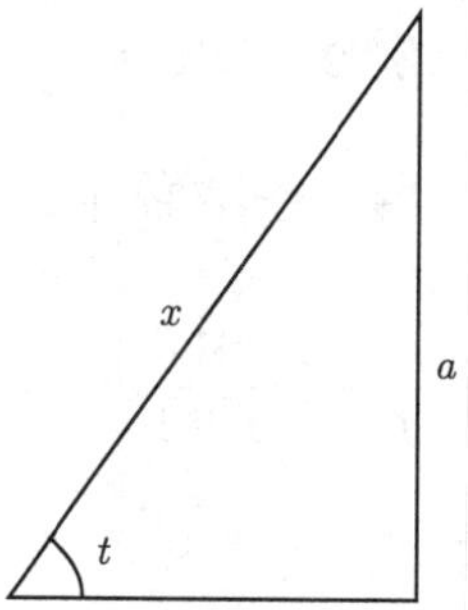

图 4-5

因此

$$\int\frac{1}{\sqrt{x^2-a^2}}\mathrm{d}x=\ln\left|\frac{x}{a}+\frac{\sqrt{x^2-a^2}}{a}\right|+C_1$$
$$=\ln|x+\sqrt{x^2-a^2}|+C,$$

其中 $C=C_1-\ln a$.

当 $x<-a$ 时, 可作同样代换, 只是 $\frac{\pi}{2}<t<\pi$, 积分结果相同.

由上面的几个例题, 此处再补充两个公式, 以备做题查用.

(23) $\int\frac{1}{\sqrt{x^2+a^2}}\mathrm{d}x=\ln|x+\sqrt{x^2+a^2}|+C$;

(24) $\int\frac{1}{\sqrt{x^2-a^2}}\mathrm{d}x=\ln|x+\sqrt{x^2-a^2}|+C$.

从以上几个例子可见, 当被积函数中含有根式 $\sqrt{a^2\pm x^2}$ 或 $\sqrt{x^2-a^2}$ $(a>0)$ 时, 可分别作三角代换 $x=a\tan t$, $x=a\sin t$, $x=a\sec t$ 以化去根式, 但解题时要视被积函数的具体形式, 尽可能选取简便的方法, 不必拘泥于上述变换.

下面介绍另一种常用的变换——倒代换.

例 26 求 $\int\frac{\mathrm{d}x}{x^2\sqrt{a^2+x^2}}$.

解 令 $x=\frac{1}{t}$, 则 $\mathrm{d}x=-\frac{1}{t^2}\mathrm{d}t$, 于是

$$\int\frac{\mathrm{d}x}{x^2\sqrt{a^2+x^2}}=\int\frac{t^3}{\sqrt{a^2t^2+1}}\left(-\frac{1}{t^2}\right)\mathrm{d}t=-\int\frac{t\mathrm{d}t}{\sqrt{a^2t^2+1}}$$
$$=-\frac{1}{2a^2}\int\frac{\mathrm{d}(a^2t^2+1)}{\sqrt{a^2t^2+1}}=-\frac{1}{a^2}\sqrt{a^2t^2+1}+C$$
$$=-\frac{1}{a^2x}\sqrt{a^2+x^2}+C.$$

倒代换 $x=\frac{1}{t}$, 对形如 $\int\frac{\mathrm{d}x}{x\sqrt{a^2\pm x^2}}$, $\int\frac{\mathrm{d}x}{x^2\sqrt{a^2\pm x^2}}$, $\int\frac{\sqrt{a^2\pm x^2}}{x^4}\mathrm{d}x$, $\int\frac{\sqrt{x^2\pm a^2}}{x^4}\mathrm{d}x$ 等分母次数较高的不定积分是可能适用的.

例 27 求 $\int \frac{x+1}{\sqrt[3]{3x+1}}\mathrm{d}x$.

解 令 $\sqrt[3]{3x+1}=t$, 则 $x=\frac{1}{3}(t^3-1), \mathrm{d}x=t^2\mathrm{d}t$, 于是

$$\begin{aligned}\int \frac{x+1}{\sqrt[3]{3x+1}}\mathrm{d}x &= \frac{1}{3}\int \frac{(t^3-1)+3}{t}\cdot t^2\mathrm{d}t = \frac{1}{3}\int (t^4+2t)\mathrm{d}t \\ &= \frac{1}{15}t^5+\frac{1}{3}t^2+C = \frac{1}{15}\left(\sqrt[3]{3x+1}\right)^5+\frac{1}{3}\left(\sqrt[3]{3x+1}\right)^2+C \\ &= \frac{1}{5}\sqrt[3]{(3x+1)^2}(x+2)+C.\end{aligned}$$

例 28 求 $\int \frac{\mathrm{d}x}{\sqrt{x}(1+\sqrt[3]{x})}$.

解 为同时消去被积函数中的 $\sqrt{x}$ 与 $\sqrt[3]{x}$, 令 $t=\sqrt[6]{x}$, 则 $\mathrm{d}x=6t^5\mathrm{d}t$, 于是

$$\begin{aligned}\int \frac{\mathrm{d}x}{\sqrt{x}(1+\sqrt[3]{x})} &= \int \frac{6t^5}{t^3(1+t^2)}\mathrm{d}t = 6\int \frac{t^2}{t^2+1}\mathrm{d}t \\ &= 6\int \left(1-\frac{1}{1+t^2}\right)\mathrm{d}t = 6(t-\arctan t)+C \\ &= 6(\sqrt[6]{x}-\arctan \sqrt[6]{x})+C.\end{aligned}$$

例 29 求 $\int \frac{1}{\sqrt{4x^2+9}}\mathrm{d}x$.

解 $$\int \frac{x+1}{\sqrt{4x^2+9}}\mathrm{d}x = \int \frac{\mathrm{d}x}{\sqrt{(2x)^2+3^2}} = \frac{1}{2}\int \frac{\mathrm{d}(2x)}{\sqrt{(2x)^2+3^2}},$$

利用公式 (23), 得

$$\int \frac{x+1}{\sqrt{4x^2+9}}\mathrm{d}x = \frac{1}{2}\ln(2x+\sqrt{4x^2+9})+C.$$

例 30 求 $\int \frac{\mathrm{d}x}{\sqrt{x^2+x}}$.

解 $$\int \frac{\mathrm{d}x}{\sqrt{x^2+x}} = \int \frac{\mathrm{d}\left(x+\frac{1}{2}\right)}{\sqrt{\left(x+\frac{1}{2}\right)^2-\frac{1}{4}}},$$

利用公式 (24), 得 $\int \frac{\mathrm{d}x}{\sqrt{x^2+x}} = \ln\left|x+\frac{1}{2}+\sqrt{x^2+x}\right|+C.$

习 题 4-2

1. 填空题:

(1) $e^{kx}dx = d(\quad)$; (2) $xdx = d(\quad)$; (3) $x^2dx = d(\quad)$;

(4) $\frac{1}{x^2}dx = d(\quad)$; (5) $\frac{1}{x}dx = d(\quad)$; (6) $\frac{1}{1+x^2}dx = d(\quad)$;

(7) $\cos(\omega t+\varphi)dt = d(\quad)$; (8) $\sin x\cos xdx = d(\quad)$.

2. 求下列不定积分 (其中 a, b, ω, φ 为常数):

(1) $\int (2-x)^{\frac{7}{2}}dx$; (2) $\int \pi e^{-\frac{\pi}{4}x}dx$; (3) $\int (3x+7)^{100}dx$;

(4) $\int \frac{6}{(1+2y)^3}dy$; (5) $\int (a+bx)^k dx, b\neq 0$; (6) $\int \sin(\omega t+\varphi)dt$;

(7) $\int a^{2x}dx$; (8) $\int [f(x)]^{\alpha}f'(x)dx$; (9) $\int \frac{xdx}{\sqrt{3-2x^2}}$;

(10) $\int \frac{dx}{(x^2+1)(x^2+3)}$; (11) $\int \tan 5xdx$; (12) $\int (e^{\frac{x}{a}}-\cos bx+1)dx$;

(13) $\int \frac{x^4}{(x^5+1)^4}dx$; (14) $\int x^2\sqrt[4]{1+x^3}dx$; (15) $\int \frac{dx}{\sqrt{x(1-x)}}$;

(16) $\int \frac{x^3}{2-x^4}dx$; (17) $\int \frac{\sqrt{1-\sqrt{x}}}{\sqrt{x}}dx$; (18) $\int \frac{dx}{x\sqrt{3-\ln^2 x}}$;

(19) $\int \frac{\ln x}{x(\ln^2 x-1)}dx$; (20) $\int \frac{dx}{\cos^4 x\sin^2 x}$; (21) $\int \frac{\sqrt{\arctan x}}{1+x^2}dx$;

(22) $\int \frac{\cos x}{e^{\sin x}}dx$; (23) $\int \frac{dx}{\cos^2 x(1+\tan x)}$; (24) $\int \frac{e^x}{e^{2x}+1}dx$;

(25) $\int \frac{dx}{(1-\arcsin x)^2\sqrt{1-x^2}}$; (26) $\int \frac{\sin x\cos x}{1+\sin^2 x}dx$; (27) $\int \sin 3x\sin 5xdx$;

(28) $\int \cos x\cos\frac{x}{2}dx$; (29) $\int \sin 2x\cos 3xdx$; (30) $\int \sin^2 x\cos^5 xdx$;

(31) $\int \tan^3 x\sec xdx$; (32) $\int \frac{1+\ln x}{(x\ln x)^2}dx$; (33) $\int \frac{dx}{x(x^6+4)}$;

(34) $\int \frac{\sqrt{1+\cos x}}{\sin x}dx$; (35) $\int \frac{dx}{\sqrt{3+x-x^2}}$; (36) $\int e^{e^x+x}dx$;

(37) $\int \frac{1}{\sqrt{e^{-2x}-1}}dx$; (38) $\int \frac{dx}{\sqrt{x}(1+x)}$; (39) $\int \frac{1}{x^2+2x+3}dx$.

3. 求下列不定积分:

(1) $\int \frac{dx}{1+\sqrt[3]{x}}$; (2) $\int \frac{dx}{(x+2)\sqrt{x+1}}$; (3) $\int \frac{dx}{1+\sqrt{2x}}$;

(4) $\int \frac{dx}{(1+\sqrt[3]{x})\sqrt{x}}$; (5) $\int \frac{dx}{\sqrt{x}+\sqrt[4]{x}}$; (6) $\int e^{-\sqrt{x}}\frac{dx}{\sqrt{x}}$;

(7) $\int \frac{x^2}{\sqrt{a^2-x^2}}dx$; (8) $\int \frac{\sqrt{x^2-9}}{x}dx$; (9) $\int \frac{dx}{x\sqrt{x^2-1}}$;

(10) $\int \frac{dx}{\sqrt{(x^2+1)^3}}$; (11) $\int \frac{dx}{1+\sqrt{1-x^2}}$; (12) $\int \frac{dx}{\sqrt{1+e^x}}$;

(13) $\int \sqrt{1+\mathrm{e}^{x}}\mathrm{d}x$;　　(14) $\int \frac{\mathrm{e}^{2x}}{\sqrt[3]{1+\mathrm{e}^{x}}}\mathrm{d}x$;　　(15) $\int \frac{\mathrm{d}x}{(1+x^{2})^{2}}$.

4. 若 $\int f(x)\mathrm{d}x = F(x)+C$, 求 $\int \mathrm{e}^{-x}f(1+\mathrm{e}^{-x})\mathrm{d}x$.

第三节　分部积分法

除了第二节介绍的换元积分法, 利用两个函数乘积的求导公式, 可推得另一个常用的积分方法——分部积分法.

定理　设函数 $u(x)$, $v(x)$ 有连续的导数, 则有

$$\int u(x)v'(x)\mathrm{d}x = u(x)v(x) - \int v(x)u'(x)\mathrm{d}x, \tag{3-1}$$

分部积分法

或简记为

$$\int u\mathrm{d}v = uv - \int v\mathrm{d}u.$$

证　由两个函数乘积的导数公式, 得

$$(uv)' = u'v + uv',$$

移项得

$$uv' = (uv)' - u'v.$$

上式两边求不定积分, 得

$$\begin{aligned}\int u(x)v'(x)\mathrm{d}x &= \int \{[u(x)v(x)]' - v(x)u'(x)\}\mathrm{d}x \\ &= u(x)v(x) - \int v(x)u'(x)\mathrm{d}x.\end{aligned}$$

称式 (3-1) 为**分部积分公式**. 若 $\int u\mathrm{d}v$ 积分困难, 而 $\int v\mathrm{d}u$ 易积分时, 分部积分法达到了由难到易的转化, 这就是它的意义.

例 1　求 $\int x\cos x\mathrm{d}x$.

解　这个积分不能用第二节介绍的方法计算, 现在试用分部积分法求解. 设 $u=x$, $\mathrm{d}v=\cos x\mathrm{d}x$, 则 $\mathrm{d}u=\mathrm{d}x$, $v=\sin x$, 代入分部积分公式, 得

$$\int x\cos x\mathrm{d}x = x\sin x - \int \sin x\mathrm{d}x,$$

而 $\int v\mathrm{d}u=\int \sin x\mathrm{d}x$ 容易积出, 所以

$$\int x\cos x\mathrm{d}x = x\sin x+\cos x+C.$$

求这个积分时, 若设 $u=\cos x, \mathrm{d}v=x\mathrm{d}x$, 则

$$\mathrm{d}u=-\sin x\mathrm{d}x, \quad v=\frac{x^2}{2},$$

于是

$$\int x\cos x\mathrm{d}x=\frac{x^2}{2}\cos x+\int\frac{x^2}{2}\sin x\mathrm{d}x.$$

上式右端的积分比原积分更不容易求出.

用分部积分计算 $\int g(x)\mathrm{d}x$, 只要将 $g(x)\mathrm{d}x$ 表达为 $u(x)\mathrm{d}v(x)$, 就可利用公式 (3-1). 由例 1 可见, 若 u 与 $\mathrm{d}v$ 选取不当, 就不易求出结果, 所以应用分部积分法时, 恰当选取 u 与 $\mathrm{d}v$ 是一个关键. 选取 u 与 $\mathrm{d}v$ 一般要遵循下面两点:

(1) v 要容易求得;

(2) $\int v\mathrm{d}u$ 要比 $\int u\mathrm{d}v$ 容易积分.

例 2　求 $\int x\mathrm{e}^x\mathrm{d}x$.

解　设 $u=x$, $\mathrm{d}v=\mathrm{e}^x\mathrm{d}x$, 则 $\mathrm{d}u=\mathrm{d}x$, $v=\mathrm{e}^x$, 于是

$$\int x\mathrm{e}^x\mathrm{d}x=x\mathrm{e}^x-\int\mathrm{e}^x\mathrm{d}x=x\mathrm{e}^x-\mathrm{e}^x+C=\mathrm{e}^x(x-1)+C.$$

例 3　求 $\int x^2\mathrm{e}^x\mathrm{d}x$.

解　设 $u=x^2$, $\mathrm{d}v=\mathrm{e}^x\mathrm{d}x$, 则 $\mathrm{d}u=2x\mathrm{d}x, v=\mathrm{e}^x$, 于是

$$\int x^2\mathrm{e}^x\mathrm{d}x=x^2\mathrm{e}^x-2\int x\mathrm{e}^x\mathrm{d}x,$$

这里 $\int x\mathrm{e}^x\mathrm{d}x$ 比 $\int x^2\mathrm{e}^x\mathrm{d}x$ 容易积出, 因为被积函数中 x 的次数降低了, 由例 2 可知, 对 $\int x\mathrm{e}^x\mathrm{d}x$ 再使用一次分部积分即可求得. 因此

$$\int x^2\mathrm{e}^x\mathrm{d}x=x^2\mathrm{e}^x-2\int x\mathrm{e}^x\mathrm{d}x=x^2\mathrm{e}^x-2(x\mathrm{e}^x-\mathrm{e}^x)+C=\mathrm{e}^x(x^2-2x+2)+C.$$

总结上面的三例可以知道, 若被积函数是幂函数与正 (余) 弦函数或幂函数与指数函数的乘积, 就可以考虑分部积分法, 并设幂函数为 u, 这样用一次分部积分便可使幂函数的次数降低一次. 这里假定幂函数是正整数次的.

例 4　求 $\int \sqrt{x}\ln x\mathrm{d}x$.

解　设 $u=\ln x, \mathrm{d}v=\sqrt{x}\mathrm{d}x$, 则 $\mathrm{d}u=\frac{1}{x}\mathrm{d}x, v=\frac{2}{3}x^{\frac{3}{2}}$, 于是

$$\begin{aligned}\int \sqrt{x}\ln x\mathrm{d}x&=\frac{2}{3}x^{\frac{3}{2}}\ln x-\frac{2}{3}\int x^{\frac{1}{2}}\mathrm{d}x=\frac{2}{3}\left(x^{\frac{3}{2}}\ln x-\frac{2}{3}x^{\frac{3}{2}}\right)+C\\&=\frac{2}{9}\sqrt{x^3}(3\ln x-2)+C.\end{aligned}$$

例 5　求 $\int \arccos x\mathrm{d}x$.

解　设 $u=\arccos x, \mathrm{d}v=\mathrm{d}x$, 则 $\mathrm{d}u=-\frac{\mathrm{d}x}{\sqrt{1-x^2}}, v=x$, 于是

$$\begin{aligned}\int \arccos x\mathrm{d}x&=x\arccos x+\int\frac{x}{\sqrt{1-x^2}}\mathrm{d}x=x\arccos x-\frac{1}{2}\int\frac{\mathrm{d}(1-x^2)}{\sqrt{1-x^2}}\\&=x\arccos x-\sqrt{1-x^2}+C.\end{aligned}$$

例 6　求 $\int x\arctan x\mathrm{d}x$.

解　设 $u=\arctan x, \mathrm{d}v=x\mathrm{d}x$, 则 $\mathrm{d}u=\frac{\mathrm{d}x}{1+x^2}, v=\frac{x^2}{2}$, 于是

$$\begin{aligned}\int x\arctan x\mathrm{d}x&=\frac{x^2}{2}\arctan x-\frac{1}{2}\int\frac{x^2\mathrm{d}x}{1+x^2}\\&=\frac{x^2}{2}\arctan x-\frac{1}{2}\int\left(1-\frac{1}{1+x^2}\right)\mathrm{d}x\\&=\frac{x^2}{2}\arctan x-\frac{1}{2}x+\frac{1}{2}\arctan x+C\\&=\frac{1}{2}(x^2+1)\arctan x-\frac{1}{2}x+C.\end{aligned}$$

总结上面的三个例子可以知道, 若被积函数是幂函数与对数函数或幂函数与反三角函数的乘积, 就可以考虑用分部积分法, 并设对数函数或反三角函数为 u.

例 7　求 $\int x^n\ln x\mathrm{d}x$.

解 当 $n=-1$ 时,

$$\int x^n\ln x\mathrm{d}x=\int \ln x\mathrm{d}\ln x=\frac{1}{2}(\ln x)^2+C.$$

当 $n\neq -1$ 时, 设 $u=\ln x,\mathrm{d}v=x^n\mathrm{d}x$, 则

$$\begin{aligned}\int x^n\ln x\mathrm{d}x&=\frac{1}{n+1}\int \ln x\mathrm{d}x^{n+1}=\frac{1}{n+1}\left(x^{n+1}\ln x-\int x^n\mathrm{d}x\right)\\&=\frac{1}{n+1}\left(x^{n+1}\ln x-\frac{1}{n+1}x^{n+1}\right)+C\\&=\frac{x^{n+1}}{(n+1)^2}[(n+1)\ln x-1]+C.\end{aligned}$$

下面几个例子中所用的方法也是比较典型的.

例 8 求 $\int \mathrm{e}^x\sin x\mathrm{d}x$.

解 设 $u=\mathrm{e}^x,\mathrm{d}v=\sin x\mathrm{d}x$, 则 $\mathrm{d}u=\mathrm{e}^x\mathrm{d}x,v=-\cos x$, 于是

$$\int \mathrm{e}^x\sin x\mathrm{d}x=-\mathrm{e}^x\cos x+\int \mathrm{e}^x\cos x\mathrm{d}x,$$

等式左端的积分与等式右端的积分是同一类型. 再使用一次分部积分法: 设 $u=\mathrm{e}^x$, $\mathrm{d}v=\cos x\mathrm{d}x$, 则 $\mathrm{d}u=\mathrm{e}^x\mathrm{d}x,v=\sin x$, 于是

$$\int \mathrm{e}^x\sin x\mathrm{d}x=-\mathrm{e}^x\cos x+\mathrm{e}^x\sin x-\int \mathrm{e}^x\sin x\mathrm{d}x,$$

由于上式右端的第三项就是所求的积分, 其系数为 -1, 把它移到等式左端, 再除以 2, 得

$$\int \mathrm{e}^x\sin x\mathrm{d}x=\frac{1}{2}\mathrm{e}^x(\sin x-\cos x)+C.$$

例 9 求 $\int \sec^3 x\mathrm{d}x$.

解 设 $u=\sec x,\mathrm{d}v=\sec^2 x\mathrm{d}x$, 则 $\mathrm{d}u=\sec x\tan x\mathrm{d}x,v=\tan x$, 于是

$$\begin{aligned}\int \sec^3 x\mathrm{d}x&=\sec x\tan x-\int \sec x\tan^2 x\mathrm{d}x\\&=\sec x\tan x-\int \sec x(\sec^2 x-1)\mathrm{d}x\\&=\sec x\tan x-\int \sec^3 x\mathrm{d}x+\int \sec x\mathrm{d}x\\&=\sec x\tan x+\ln|\sec x+\tan x|-\int \sec^3 x\mathrm{d}x,\end{aligned}$$

所以

$$\int \sec^3 x\mathrm{d}x = \frac{1}{2}(\sec x \tan x + \ln|\sec x + \tan x|) + C.$$

例 10　求 $I_n = \int \frac{\mathrm{d}x}{(x^2+a^2)^n}$, 其中 n 为正整数.

解　用分部积分法, 当 $n>1$ 时, 有

$$\begin{aligned} I_{n-1} &= \int \frac{\mathrm{d}x}{(x^2+a^2)^{n-1}} = \frac{x}{(x^2+a^2)^{n-1}} + 2(n-1)\int \frac{x^2\mathrm{d}x}{(x^2+a^2)^n} \\ &= \frac{x}{(x^2+a^2)^{n-1}} + 2(n-1)\int \left[\frac{1}{(x^2+a^2)^{n-1}} - \frac{a^2}{(x^2+a^2)^n}\right]\mathrm{d}x, \end{aligned}$$

即

$$I_{n-1} = \frac{x}{(x^2+a^2)^{n-1}} + 2(n-1)\left(I_{n-1} - a^2 I_n\right),$$

于是

$$I_n = \frac{1}{2a^2(n-1)}\left[\frac{x}{(x^2+a^2)^{n-1}} + (2n-3)I_{n-1}\right].$$

以此为递推公式, 并由 $I_1 = \frac{1}{a}\arctan\frac{x}{a} + C$, 即得 I_n.

例 8—例 10 中利用分部积分法后, 得到了所求积分满足的方程, 通过解方程就得到所求积分, 这种方法称为**循环分部积分法**. 当然, 较复杂的积分求法, 要将多种积分方法 (直接积分法、换元积分法、分部积分法) 综合应用.

习　题　4-3

计算下列不定积分:

1. $\int x\mathrm{e}^{-x}\mathrm{d}x$.
2. $\int x\sin 3x\mathrm{d}x$.
3. $\int x\cos\frac{x}{2}\mathrm{d}x$.
4. $\int (x^2-1)\sin 2x\mathrm{d}x$.
5. $\int \arcsin x\mathrm{d}x$.
6. $\int (\arcsin x)^2\mathrm{d}x$.
7. $\int \frac{\arctan x}{x^2}\mathrm{d}x$.
8. $\int x\tan^2 x\mathrm{d}x$.
9. $\int x^2\cos^2\frac{x}{2}\mathrm{d}x$.
10. $\int x\sin x\cos x\mathrm{d}x$.
11. $\int \ln^2 x\mathrm{d}x$.
12. $\int \frac{\ln x}{x^2}\mathrm{d}x$.
13. $\int x\ln(x-1)\mathrm{d}x$.
14. $\int \ln(x+\sqrt{x^2+1})\mathrm{d}x$.
15. $\int \frac{\ln(\sin x)}{\cos^2 x}\mathrm{d}x$.
16. $\int \cos(\ln x)\mathrm{d}x$.
17. $\int \frac{\sin 3x}{\mathrm{e}^x}\mathrm{d}x$.
18. $\int \mathrm{e}^x\sin^2 x\mathrm{d}x$.
19. $\int \mathrm{e}^{\sqrt[3]{x}}\mathrm{d}x$.
20. $\int \sqrt{x^2+a^2}\mathrm{d}x$.
21. $\int xf''(x)\mathrm{d}x$.
22. 设 $f(x) = x\mathrm{e}^x$, 求 $\int \ln x\cdot f'(x)\mathrm{d}x$.

第四节 有理函数的积分

前面已经介绍了两种基本的积分方法——换元积分法与分部积分法，本节将简要介绍有理函数与可化为有理函数的积分.

一、有理函数的不定积分

两个多项式的商 $\dfrac{P(x)}{Q(x)}$ 称为**有理函数**, 又称为**有理分式**. 这里假定分子 $P(x)$ 与分母 $Q(x)$ 没有公因式. 当分子多项式 $P(x)$ 的次数小于分母多项式 $Q(x)$ 的次数时, 称 $\dfrac{P(x)}{Q(x)}$ 为**真分式**, 否则称 $\dfrac{P(x)}{Q(x)}$ 为**假分式**. 利用多项式除法, 总可以将一个假分式化成一个多项式与一个真分式的和. 所以本节重点讨论有理真分式的积分.

例 1 求 $\displaystyle\int \frac{x+3}{x^2-5x+6}\mathrm{d}x$.

解 这是一个被积函数为有理真分式的积分, 由代数学知识知, 有理真分式在实数范围内分解成若干个最简分式①之和的形式. 因为

$$x^2-5x+6=(x-2)(x-3),$$

所以令

$$\frac{x+3}{x^2-5x+6}=\frac{x+3}{(x-2)(x-3)}=\frac{A}{x-2}+\frac{B}{x-3},$$

其中 A, B 为待定系数, 用 $(x-2)(x-3)$ 同乘以等式两边, 得

$$x+3=A(x-3)+B(x-2),$$

上式展开并**比较系数**, 得 $\begin{cases} A+B=1, \\ -3A-2B=3, \end{cases}$ 解之得 $A=-5$, $B=6$.

A 与 B 也可用取**特殊值**的方法确定. 比如, 令 $x=2$, 得 $A=-5$; 令 $x=3$, 得 $B=6$, 即有

$$\frac{x+3}{x^2-5x+6}=\frac{-5}{x-2}+\frac{6}{x-3}.$$

于是

$$\text{原式}=-5\int\frac{\mathrm{d}(x-2)}{x-2}+6\int\frac{\mathrm{d}(x-3)}{x-3}=-5\ln|x-2|+6\ln|x-3|+C.$$

---

① 最简分式是指形如 $\dfrac{A}{x-a}$, $\dfrac{A}{(x-a)^n}$, $\dfrac{Mx+N}{x^2+px+q}$, $\dfrac{Mx+N}{(x^2+px+q)^n}$ (其中自然数 $n>1$, a, A, M, N, p, q 为常数, x^2+px+q 是没有实根的二次多项式, 即 $p^2-4q<0$) 的分式.

一般地, 对于有理真分式

$$\frac{P_n(x)}{Q_m(x)}=\frac{a_0x^n+a_1x^{n-1}+\cdots+a_n}{b_0x^m+b_1x^{m-1}+\cdots+b_m}\quad(n<m,a_0\neq0,b_0\neq0),$$

若分母多项式 $Q_m(x)$ 在实数范围有分解式:

$$Q_m(x)=b_0(x-\alpha_1)^{n_1}(x-\alpha_2)^{n_2}\cdots(x-\alpha_k)^{n_k}(x^2+p_1x+q_1)^{m_1}$$
$$\cdot(x^2+p_2x+q_2)^{m_2}\cdots(x^2+p_lx+q_l)^{m_l},$$

其中 $p_i^2-4q_i<0\ (i=1,2,\cdots,l)$, $n_1+n_2+\cdots+n_k+2m_1+2m_2+\cdots+2m_l=m$, 则真分式 $\dfrac{P_n(x)}{Q_m(x)}$ 有分解式:

$$\begin{aligned}\frac{P_n(x)}{Q_m(x)}=&\frac{A_1}{(x-\alpha_1)^{n_1}}+\frac{A_2}{(x-\alpha_1)^{n_1-1}}+\cdots+\frac{A_{n_1}}{x-\alpha_1}+\cdots\\&+\frac{B_1}{(x-\alpha_k)^{n_k}}+\frac{B_2}{(x-\alpha_k)^{n_k-1}}+\cdots+\frac{B_{n_k}}{x-\alpha_k}\\&+\frac{M_1x+N_1}{(x^2+p_1x+q_1)^{m_1}}+\frac{M_2x+N_2}{(x^2+p_1x+q_1)^{m_1-1}}+\cdots+\frac{M_{m_1}x+N_{m_1}}{x^2+p_1x+q_1}+\cdots\\&+\frac{G_1x+H_1}{(x^2+p_lx+q_l)^{m_l}}+\frac{G_2x+H_2}{(x^2+p_lx+q_l)^{m_l-1}}+\cdots+\frac{G_{m_l}x+H_{m_l}}{x^2+p_lx+q_l},\end{aligned}\tag{4-1}$$

其中 $A_1,\cdots,A_{n_1},\cdots,B_1,\cdots,B_{n_k},M_1,\cdots,M_{m_1},N_1,\cdots,N_{m_1},\cdots,G_1,\cdots,G_{m_l}$, $H_1,\cdots,H_{m_l}$ 为待定常数, 用比较系数法或取特殊值法可以确定它们.

例 2 求 $\displaystyle\int\frac{2x+1}{x^3-2x^2+x}\mathrm{d}x$.

解 将被积函数分解成最简分式之和:

$$\frac{2x+1}{x^3-2x^2+x}=\frac{2x+1}{x(x-1)^2}=\frac{A}{x}+\frac{B}{x-1}+\frac{D}{(x-1)^2},$$

两端去分母, 得

$$2x+1=A(x-1)^2+Bx(x-1)+Dx.$$

令 $x=0$, 得 $A=1$; 令 $x=1$, 得 $D=3$; 令 $x=2$, 得 $5=A+2B+2D$, 故 $B=-1$, 于是

$$\text{原式}=\int\left[\frac{1}{x}-\frac{1}{x-1}+\frac{3}{(x-1)^2}\right]\mathrm{d}x$$

$$=\int \frac{1}{x}\mathrm{d}x-\int \frac{1}{x-1}\mathrm{d}(x-1)+3\int \frac{1}{(x-1)^2}\mathrm{d}(x-1)$$

$$=\ln|x|-\ln|x-1|-\frac{3}{x-1}+C=\ln\left|\frac{x}{x-1}\right|-\frac{3}{x-1}+C.$$

例 3 求 $\int \frac{x+4}{x^3+2x-3}\mathrm{d}x$.

解 令 $\frac{x+4}{x^3+2x-3}=\frac{x+4}{(x-1)(x^2+x+3)}=\frac{A}{x-1}+\frac{Bx+D}{x^2+x+3}$, 两端去分母, 得

$$x+4=A(x^2+x+3)+(Bx+D)(x-1),$$

令 $x=1$, 得 $A=1$; 令 $x=0$, 得 $4=3A-D$, 故 $D=-1$; 令 $x=2$, 得 $6=9A+2B+D$, 故 $B=-1$, 于是

$$\begin{aligned}
\text{原式}&=\int\left(\frac{1}{x-1}+\frac{-x-1}{x^2+x+3}\right)\mathrm{d}x\\
&=\int \frac{1}{x-1}\mathrm{d}(x-1)-\int \frac{\frac{1}{2}(2x+1)+\frac{1}{2}}{x^2+x+3}\mathrm{d}x\\
&=\int \frac{1}{x-1}\mathrm{d}(x-1)-\frac{1}{2}\int \frac{\mathrm{d}\left(x^2+x+3\right)}{x^2+x+3}-\frac{1}{2}\int \frac{\mathrm{d}\left(x+\frac{1}{2}\right)}{\left(x+\frac{1}{2}\right)^2+\left(\frac{\sqrt{11}}{2}\right)^2}\\
&=\ln|x-1|-\frac{1}{2}\ln(x^2+x+3)-\frac{1}{\sqrt{11}}\arctan\frac{2x+1}{\sqrt{11}}+C.
\end{aligned}$$

注意, 因为 x^2+x+3 是二次质因式 x^2+px+q 的形式 (p,q 为常数), 所以可配方成 $\left(x+\frac{p}{2}\right)^2+\left(\frac{\sqrt{4q-p^2}}{2}\right)^2$ 的形式.

二、 三角函数有理式的积分

三角函数有理式是指由 $\sin x$, $\cos x$ 与常数经有限次四则运算构成的函数, 表示为 $R(\sin x,\cos x)$.

由三角函数关系知, $\sin x$ 与 $\cos x$ 均可用 $\tan\frac{x}{2}$ 的有理式表示:

$$\sin x=2\sin\frac{x}{2}\cos\frac{x}{2}=\frac{2\tan\frac{x}{2}}{\sec^2\frac{x}{2}}=\frac{2\tan\frac{x}{2}}{1+\tan^2\frac{x}{2}},$$

$$\cos x=\cos^2\frac{x}{2}-\sin^2\frac{x}{2}=\frac{1-\tan^2\dfrac{x}{2}}{\sec^2 x}=\frac{1-\tan^2\dfrac{x}{2}}{1+\tan^2\dfrac{x}{2}},$$

所以, 作变换 $t=\tan\dfrac{x}{2}$, 则 $\sin x=\dfrac{2t}{1+t^2},\cos x=\dfrac{1-t^2}{1+t^2}$, 而 $x=2\arctan t,\mathrm{d}x=\dfrac{2}{1+t^2}\mathrm{d}t$, 于是

$$\int R(\sin x,\cos x)\mathrm{d}x=\int R\left(\frac{2t}{1+t^2},\frac{1-t^2}{1+t^2}\right)\frac{2\mathrm{d}t}{1+t^2}.$$

这表明通过代换 $t=\tan\dfrac{x}{2}$, 三角有理式的积分可以转化为有理函数的积分, 故称其为**万能代换**.

例 4　求 $\displaystyle\int\frac{1+\sin x}{1+\cos x}\mathrm{d}x$.

解　这个积分的被积函数为三角有理式, 所以, 作变换 $t=\tan\dfrac{x}{2}$, 于是

$$\begin{aligned}\int\frac{1+\sin x}{1+\cos x}\mathrm{d}x&=\int\frac{1+\dfrac{2t}{1+t^2}}{1+\dfrac{1-t^2}{1+t^2}}\cdot\frac{2}{1+t^2}\mathrm{d}t\\&=\int\frac{t^2+1+2t}{2}\cdot\frac{2}{1+t^2}\mathrm{d}t=\int\left(1+\frac{2t}{1+t^2}\right)\mathrm{d}t\\&=\int\mathrm{d}t+\int\frac{1}{1+t^2}\mathrm{d}(1+t^2)=t+\ln(1+t^2)+C\\&=\tan\frac{x}{2}+\ln\left(\sec^2\frac{x}{2}\right)+C=\tan\frac{x}{2}-2\ln\left|\cos\frac{x}{2}\right|+C.\end{aligned}$$

由于任何三角函数都可以用 $\sin x$ 与 $\cos x$ 表示, 所以万能代换对于三角函数的有理式的积分均适用. 但这个方法对某些三角函数有理式的积分不一定是最简便的方法.

例 5　求 $\displaystyle\int\frac{\cos x\mathrm{d}x}{\sin x+\cos x}$.

解　注意到分子、分母是 $\sin x,\cos x$ 的齐次函数, 因此, 分子、分母同除以 $\cos x$, 并令 $t=\tan x$, 则

$$原式=\int\frac{1}{1+t}\cdot\frac{1}{1+t^2}\mathrm{d}t=\frac{1}{2}\int\left(\frac{1}{1+t}-\frac{t-1}{1+t^2}\right)\mathrm{d}t$$

$$= \frac{1}{2}\left[\ln|1+t| - \frac{1}{2}\ln|1+t^2| + \arctan t\right] + C$$
$$= \frac{1}{2}[\ln|1+\tan x| - \ln|\sec x| + x] + C$$
$$= \frac{1}{2}[\ln|\cos x + \sin x| - x] + C.$$

三、 积分表的使用

为应用方便, 对于更广泛的常见函数类型的积分结果汇集成积分表 (参见附录 Ⅲ), 这样有些积分可以从表中直接查得结果, 若所求积分与积分表中的公式不完全相同, 则可通过变量代换或恒等变形化为积分表中的类型.

例 6 求 $\int \frac{\mathrm{d}x}{\sqrt{5-4x+x^2}}$.

解 被积函数含有 $\sqrt{a+bx+cx^2}$, 属于积分表中 (九) 类的积分, 由公式 (73), 取 $a=5, b=-4, c=1$,

$$\text{原式} = \ln(2x-4+2\sqrt{5-4x+x^2}) + C.$$

例 7 求 $\int \frac{\mathrm{d}x}{5-4\cos x}$.

解 被积函数含有三角函数, 属于积分表中 (十一) 类的积分, 由公式 (105), 取 $a=5, b=-4$, $a^2>b^2$,

$$\text{原式} = \frac{2}{\sqrt{5^2-(-4)^2}}\arctan\left(\sqrt{\frac{5-(-4)}{5+(-4)}}\tan\frac{x}{2}\right) + C = \frac{2}{3}\arctan\left(3\tan\frac{x}{2}\right) + C.$$

例 8 求 $\int \frac{\mathrm{d}x}{x\sqrt{4x^2+9}}$.

解 该积分不能在表中直接查到, 但因被积函数含有形如 $\sqrt{u^2+a^2}$ 的因式, 故作变量代换后可以应用积分表中 (六) 类的公式 (37), 即有

$$\text{原式} = \int \frac{\mathrm{d}(2x)}{2x\sqrt{(2x)^2+3^2}} = \frac{1}{3}\ln\frac{\sqrt{4x^2+9}-3}{2|x|} + C.$$

关于初等函数的积分, 还应指出的是: 并非所有初等函数的原函数都是初等的. 例如 $\int \mathrm{e}^{x^2}\mathrm{d}x$, $\int \frac{\mathrm{d}x}{\ln x}$, $\int \frac{\sin x}{x}\mathrm{d}x$, $\int \frac{\mathrm{d}x}{\sqrt{1+x^4}}$, $\int \sqrt{1-k^2\sin^2 x}\mathrm{d}x$, $\int \frac{1}{\sqrt{1-k^2\sin^2 x}}\mathrm{d}x$ $(0<k<1)$ 等, 它们的原函数都不是初等函数.

习　题　4-4

1. 求下列不定积分:

(1) $\int \frac{2x}{x^2-2x+5}\mathrm{d}x$;　(2) $\int \frac{\mathrm{d}x}{(x^2+2)(x^2+4)}$;　(3) $\int \frac{x\mathrm{d}x}{(x+1)(2x+1)}$;

(4) $\int \frac{3}{x^3+1}\mathrm{d}x$;　(5) $\int \frac{\mathrm{d}x}{x(x^2+1)}$;　(6) $\int \frac{\mathrm{d}x}{(x^2+1)(x^2+x)}$;

(7) $\int \frac{x\mathrm{d}x}{(x+1)(x+2)(x+3)}$;　(8) $\int \frac{x^3+1}{x(x-1)^3}\mathrm{d}x$;　(9) $\int \frac{x^3+x^2+2}{x(x^2+2)^2}\mathrm{d}x$.

2. 求下列不定积分:

(1) $\int \frac{\mathrm{d}x}{2+\sin x}$;　(2) $\int \frac{\cot x\mathrm{d}x}{\sin x+\cos x-1}$;

(3) $\int \frac{1}{\sin x+\tan x}\mathrm{d}x$;　(4) $\int \frac{1}{2\sin x-\cos x+5}\mathrm{d}x$.

本章小结

第四章总习题

一、求下列不定积分 (其中 a, b 为常数):

1. $\int \frac{\mathrm{d}x}{\mathrm{e}^x-\mathrm{e}^{-x}}$.　2. $\int \frac{x}{(1-x)^3}\mathrm{d}x$.　3. $\int \frac{x^2}{a^6-x^6}\mathrm{d}x\ (a>0)$.

4. $\int \frac{1+\cos x}{x+\sin x}\mathrm{d}x$.　5. $\int \frac{\ln(\ln x)}{x}\mathrm{d}x$.　6. $\int \frac{\sin x\cos x}{1+\sin^4 x}\mathrm{d}x$.

7. $\int \tan^4 x\mathrm{d}x$.　8. $\int \sin x\sin 2x\sin 3x\mathrm{d}x$.　9. $\int \frac{\mathrm{d}x}{x(x^6+4)}$.

10. $\int \sqrt{\frac{a+x}{a-x}}\mathrm{d}x\ (a>0)$.　11. $\int \frac{\mathrm{d}x}{\sqrt{x(1+x)}}$.　12. $\int x\cos^2 x\mathrm{d}x$.

13. $\int \mathrm{e}^{ax}\cos bx\mathrm{d}x$.　14. $\int \sqrt{1+\mathrm{e}^x}\mathrm{d}x$.　15. $\int \frac{\mathrm{d}x}{x^2\sqrt{x^2-1}}$.

16. $\int \frac{\mathrm{d}x}{(a^2-x^2)^{5/2}}$.　17. $\int \frac{\mathrm{d}x}{x^4\sqrt{1+x^2}}$.　18. $\int \sqrt{x}\sin\sqrt{x}\mathrm{d}x$.

19. $\int \ln(1+x^2)\mathrm{d}x$.　20. $\int \frac{\sin^2 x}{\cos^3 x}\mathrm{d}x$.　21. $\int \arctan\sqrt{x}\mathrm{d}x$.

22. $\int \frac{x\sin x}{\cos^3 x}\mathrm{d}x$.　23. $\int \frac{x^3}{(1+x^8)^2}\mathrm{d}x$.　24. $\int \frac{x^{11}}{x^8+3x^4+2}\mathrm{d}x$.

25. $\int \frac{\mathrm{d}x}{16-x^4}$.　26. $\int \frac{\sin x}{1+\sin x}\mathrm{d}x$.　27. $\int \frac{x+\sin x}{1+\cos x}\mathrm{d}x$.

28. $\int \mathrm{e}^{\sin x}\frac{x\cos^3 x-\sin x}{\cos^2 x}\mathrm{d}x$.　29. $\int \frac{\sqrt[3]{x}}{x(\sqrt{x}+\sqrt[3]{x})}\mathrm{d}x$.　30. $\int \frac{\mathrm{d}x}{(1+\mathrm{e}^x)^2}$.

31. $\int \frac{\mathrm{e}^{3x}+\mathrm{e}^x}{\mathrm{e}^{4x}-\mathrm{e}^{2x}+1}\mathrm{d}x$.　32. $\int \frac{x\mathrm{e}^x\mathrm{d}x}{(1+\mathrm{e}^x)^2}$.　33. $\int \ln^2(x+\sqrt{1+x^2})\mathrm{d}x$.

34. $\int \frac{\ln x}{(1+x^2)^{\frac{3}{2}}}\mathrm{d}x$.　35. $\int \sqrt{1-x^2}\arcsin x\mathrm{d}x$.　36. $\int \frac{x^3\arccos x}{\sqrt{1-x^2}}\mathrm{d}x$.

37. $\int \frac{\cot x}{1+\sin x}\mathrm{d}x$.　38. $\int \frac{\mathrm{d}x}{\sin^3 x\cos x}$.　39. $\int \frac{\mathrm{d}x}{(2+\cos x)\sin x}$.

40. $\int \frac{\sin x \cos x}{\sin x + \cos x} \mathrm{d}x$. 41. $\int \frac{x+1}{x^2 + x \ln x} \mathrm{d}x$. 42. $\int \frac{\mathrm{d}x}{1 + \tan x}$.

43. 已知 $f(\ln x) = \frac{\ln(1+x)}{x}$, 计算 $\int f(x) \mathrm{d}x$.

44. $\int \mathrm{e}^{2x} \arctan \sqrt{\mathrm{e}^x - 1} \mathrm{d}x$.

二、已知函数 $f(x) = \begin{cases} 2(x-1), & x < 1, \\ \ln x, & x \geqslant 1, \end{cases}$ 求 $f(x)$ 的一个原函数 $F(x)$.

第五章　定　积　分

从这章开始介绍一元积分学的另一个基本问题——定积分，它是计算许多实际量的重要数学模型. 先从实际问题引入定积分的概念，讨论它的性质和计算方法. 关于定积分的应用，将在第六章讨论.

第一节　定积分的概念

一、 定积分问题的引例

引例 1　曲边梯形的面积

由连续曲线 $y=f(x)(\geqslant 0)$ 和直线 $x=a, x=b\ (a<b)$ 以及 x 轴所围成的平面图形称为**曲边梯形**，如图 5-1 所示. 现在计算它的面积 A. 观察图 5-1，当 $f(x)$ 在区间 $[a,b]$ 上为常数时，该图形为矩形. 而对于一般的曲边梯形，其高度 $f(x)$ 在它的底边所在区间 $[a,b]$ 上是变化的，因而不能直接用矩形的面积公式计算. 然而，由于 $f(x)$ 在区间 $[a,b]$ 上是连续变化的，在底边长度很小时，可以用矩形的面积近似曲边梯形的面积，如图 5-2 所示. 因此当把整个曲边梯形分割成一些底边很小的小曲边梯形时，就可以用这些小矩形的面积之和近似所求的曲边梯形的面积.

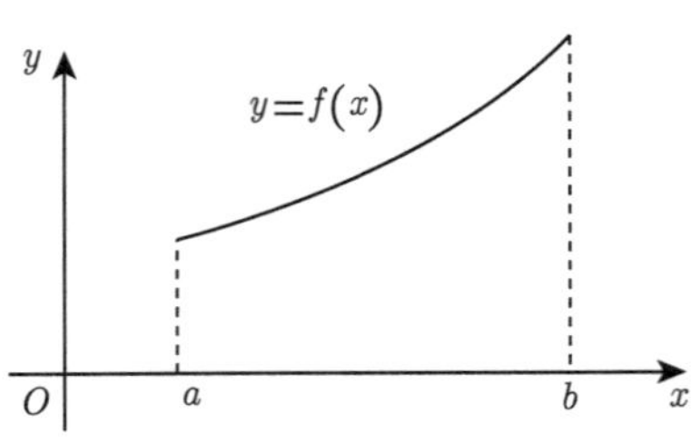

图 5-1

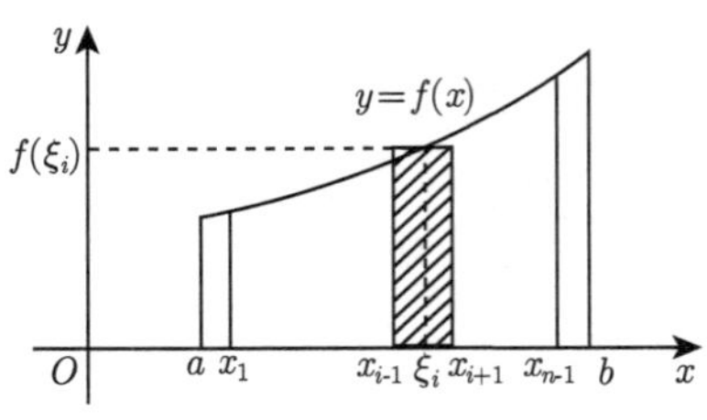

图 5-2

根据以上分析，尝试按以下步骤计算曲边梯形面积 A.

(1) 分割：在区间 $[a,b]$ 内任意插入 $n-1$ 个分点

$$a=x_0<x_1<\cdots<x_{n-1}<x_n=b,$$

将 $[a,b]$ 分割成 n 个小区间，对于 $i=1,2,\cdots,n$，记其长度为

$$\Delta x_i = x_i - x_{i-1},$$

过这 $n-1$ 个分点作垂直于 x 轴的直线, 把曲边梯形相应地分为 n 个小的窄曲边梯形, 记其面积为 ΔA_i.

(2) 近似: 在第 i 个小区间 $[x_{i-1}, x_i]$ 上任取一点 ξ_i, 则区间 $[x_{i-1}, x_i]$ 上的窄曲边梯形的面积 ΔA_i 近似等于以 Δx_i 和 $f(\xi_i)$ 为边长的窄矩形的面积 $f(\xi_i)\Delta x_i$, 即

$$\Delta A_i \approx f(\xi_i)\Delta x_i, \quad x_{i-1} \leqslant \xi_i \leqslant x_i.$$

(3) 求和: 这 n 个窄矩形的面积之和, 近似等于所求曲边梯形的面积, 即

$$A = \sum_{i=1}^{n} \Delta A_i \approx \sum_{i=1}^{n} f(\xi_i)\Delta x_i.$$

(4) 取极限: 无限细分区间 $[a, b]$, 使每个小区间的长度都趋于零. 注意这时插入分点的个数 $n \to \infty$, 但反之, 分点的个数 $n \to \infty$ 时, 并不能保证每个小区间的长度都趋于零. 令 $\lambda = \max\limits_{1 \leqslant i \leqslant n} \{\Delta x_i\}$, 则细分 $[a, b]$ 的过程就是 $\lambda \to 0$ 的过程, 且右端的和式 $\sum\limits_{i=1}^{n} f(\xi_i)\Delta x_i$ 是这个变化过程中的变量, 随着 $\lambda \to 0$, 它与所求的面积 A 也越来越接近. 当 $\lambda \to 0$ 时, 和式的极限就是曲边梯形的面积, 即

$$A = \lim_{\lambda \to 0} \sum_{i=1}^{n} f(\xi_i)\Delta x_i.$$

引例 2 变速直线运动的路程

设某物体做直线运动, 已知速度 $v = v(t)$ 是时间间隔 $[T_1, T_2]$ 上的连续函数, 且 $v(t) \geqslant 0$, 计算这段时间内物体所经过的路程 s.

对于匀速直线运动的路程可用公式 "路程 = 速度 × 时间" 计算. 现在速度随时间变化, 因而不能用上述公式来计算路程. 但由于速度是连续变化的, 即在很短的时间间隔内变化不大, 运动近似于匀速, 因此, 可仿照上例, 计算路程 s.

(1) 分割: 在 $[T_1, T_2]$ 内任意插入 $n-1$ 个分点:

$$T_1 = t_0 < t_1 < \cdots < t_{n-1} < t_n = T_2,$$

把时间间隔 $[T_1, T_2]$ 分成 n 个小时间段, 对于 $i = 1, 2, \cdots, n$, 记其长度为

$$\Delta t_i = t_i - t_{i-1}.$$

相应于各小时间段物体的所走路程记为 Δs_i.

(2) 近似: 在每个小时间段 $[t_{i-1}, t_i]$ 上任取一个时刻 τ_i $(t_{i-1} \leqslant \tau_i \leqslant t_i)$, 以时刻 τ_i 的速度代替 $[t_{i-1}, t_i]$ 上的速度, 即得

$$\Delta s_i \approx v(\tau_i)\Delta t_i.$$

(3) 求和: 将所有这些近似值求和, 得到总路程 s 的近似值

$$s = \sum_{i=1}^{n} \Delta s_i \approx \sum_{i=1}^{n} v(\tau_i)\Delta t_i.$$

(4) 取极限: 对时间段 $[T_1, T_2]$ 无限细分, 令 $\lambda = \max\limits_{1\leqslant i\leqslant n}\{\Delta t_i\}$, 当 $\lambda \to 0$ 时, 和式 $\sum\limits_{i=1}^{n} v(\tau_i)\Delta t_i$ 的极限为变速直线运动的路程, 即

$$s = \lim_{\lambda\to 0} \sum_{i=1}^{n} v(\tau_i)\Delta t_i.$$

二、 定积分的定义

以上两个引例尽管实际背景完全不同, 但解决问题的思想和方法是相同的, 都是通过 “分割、近似、求和、取极限” 这四个步骤, 将所求的量归结为求一种特殊和式的极限. 抛开问题的实际背景, 抓住其数量关系的共有本质和特征, 就可抽象出数学上的定积分的概念.

定义 1 设函数 $f(x)$ 在区间 $[a, b]$ 上有界, 在 $[a, b]$ 内任意插入 $n-1$ 个分点:

$$a = x_0 < x_1 < \cdots < x_{n-1} < x_n = b,$$

将区间 $[a, b]$ 分成 n 个小区间, 对于 $i = 1, 2, \cdots, n$, 每个小区间的长度为 $\Delta x_i = x_i - x_{i-1}$. 在每个小区间 $[x_{i-1}, x_i]$ 上任取一点 ξ_i, 作和

$$\sum_{i=1}^{n} f(\xi_i)\Delta x_i, \tag{1-1}$$

记 $\lambda = \max\limits_{1\leqslant i\leqslant n}\{\Delta x_i\}$. 若不论对区间 $[a, b]$ 怎样划分, 也不论每个小区间 $[x_{i-1}, x_i]$ 上的点 ξ 如何选取, 当 $\lambda \to 0$ 时, 和式 (1-1) 的极限总存在, 则称函数 $f(x)$ 在区间 $[a, b]$ 上**可积**, 并称和式的极限为函数 $f(x)$ 在区间 $[a, b]$ 上的**定积分**, 记作 $\int_a^b f(x)\mathrm{d}x$, 即

$$\int_a^b f(x)\mathrm{d}x = \lim_{\lambda\to 0} \sum_{i=1}^{n} f(\xi_i)\Delta x_i, \tag{1-2}$$

其中 $f(x)$ 称为**被积函数**, $f(x)\,\mathrm{d}x$ 称为**被积表达式**, x 称为**积分变量**, 符号 $\int$ 称为**积分号**, $[a,b]$ 称为**积分区间**, a,b 分别称为**积分下限**和**积分上限**, 和式 (1-1) 称为函数 $f(x)$ 在区间上的**积分和**或**黎曼和**.

利用 "ε-δ" 语言叙述定积分定义如下:

设有常数 I, 如果对于任意的正数 ε, 总存在一个正数 δ, 使得对于区间 $[a,b]$ 的任何分法, 不论 ξ_i 在 $[x_{i-1},x_i]$ 中怎样选取, 只要 $\lambda=\max\limits_{1\leqslant i\leqslant n}\{\Delta x_i\}<\delta$, 总有

定积分的概念

$$\left|\sum_{i=1}^{n} f(\xi_i)\Delta x_i - I\right| < \varepsilon$$

成立, 则称 I 是 $f(x)$ 在区间 $[a,b]$ 上的定积分, 记作

$$I=\int_a^b f(x)\mathrm{d}x.$$

关于定积分的定义, 有以下几点说明:

(1) 函数 $f(x)$ 在区间 $[a,b]$ 上可积, 是指定积分 $\int_a^b f(x)\mathrm{d}x$ 存在, 即不论对区间 $[a,b]$ 怎样划分以及 $[x_{i-1},x_i]$ 上点. ξ_i 如何选取, 当 $\lambda\to 0$ 时, 和式 $\sum\limits_{i=1}^{n} f(\xi_i)\Delta x_i$ 的极限都是 I. 否则, 称函数 $f(x)$ 在区间 $[a,b]$ 上不可积.

(2) 定积分 $\int_a^b f(x)\mathrm{d}x$ 表示一个数值, 它只取决于被积函数 $f(x)$ 和积分区间 $[a,b]$, 而与积分变量用哪个字母来表示没有关系, 即

$$\int_a^b f(x)\mathrm{d}x=\int_a^b f(t)\mathrm{d}t=\int_a^b f(u)\mathrm{d}u=\cdots.$$

(3) 在定义中曾假定 $a<b$, 为了以后研究的方便, 规定

(i) $\int_a^b f(x)\mathrm{d}x=-\int_b^a f(x)\mathrm{d}x$;

(ii) $\int_a^a f(x)\mathrm{d}x=0$.

有了规定 (i), 记号 $\int_a^b f(x)\mathrm{d}x$ 就表示函数 $f(x)$ 从 a 到 b 的定积分.

三、 定积分的几何意义

由定积分的定义知, 引例 1 中曲边梯形的面积就是曲边的纵坐标函数 $f(x)$ 在底边区间 $[a,b]$ 上的定积分, 即 $A=\int_a^b f(x)\mathrm{d}x$. 由此, 给出定积分几何上的解释:

(1) 当 $f(x)\geqslant 0$ 且 $a<b$ 时, 即引例 1 的情形, 则 $\int_a^b f(x)\mathrm{d}x$ 表示由曲线 $y=f(x)$ 与直线 $x=a$, $x=b$ 以及 x 轴所围成的曲边梯形的面积 A.

(2) 当 $f(x)\leqslant 0$ 且 $a<b$ 时, 因为 $-f(x)\geqslant 0$, 所以曲线 $y=-f(x)$ 与直线 $x=a$, $x=b$ 以及 x 轴所围曲边梯形的面积为

$$A=\int_a^b[-f(x)]\mathrm{d}x=\lim_{\lambda\to 0}\sum_{i=1}^{n}[-f(\xi_i)]\Delta x_i=-\left[\lim_{\lambda\to 0}\sum_{i=1}^{n}f(\xi_i)\Delta x_i\right]=-\int_a^b f(x)\mathrm{d}x,$$

从而 $\int_a^b f(x)\mathrm{d}x=-A$, 即当 $f(x)\leqslant 0$ 时, $\int_a^b f(x)\mathrm{d}x$ 在几何上表示曲线 $y=f(x)$ 与直线 $x=a$, $x=b$ 以及 x 轴所围成的曲边梯形面积 A 的负值.

(3) 一般地, 当 $f(x)$ 在 $[a,b]$ 上的值有正也有负时, 定积分 $\int_a^b f(x)\mathrm{d}x$ 在几何上表示曲线 $y=f(x)$ 与直线 $x=a$, $x=b$ 以及 x 轴所围成的在 x 轴上方和下方曲边梯形面积的代数和, 如图 5-3 中, 即 $\int_a^b f(x)\mathrm{d}x=A_1-A_2+A_3$.

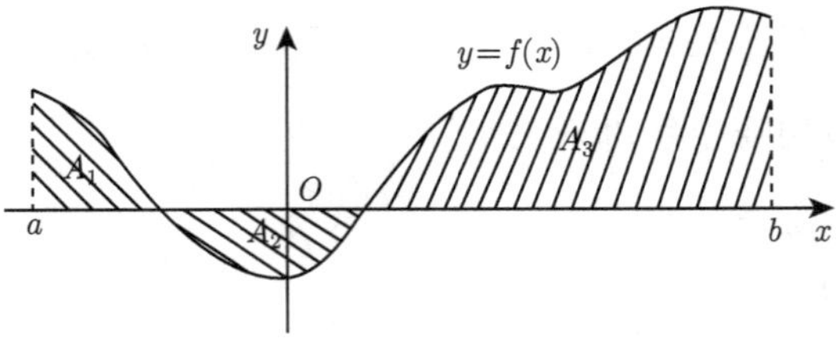

图 5-3

同样, 利用定积分定义, 变速直线运动的路程就是速度函数 $v(t)$ 在时间间隔 $[T_1,T_2]$ 上的定积分, 即 $s=\int_{T_1}^{T_2}v(t)\mathrm{d}t$. 由此, 定积分 $\int_a^b f(t)\mathrm{d}t$ 的物理意义可解释为: 速度为 $f(t)$ 的做直线运动的质点从时刻 $t=a$ 到时刻 $t=b$ 所走过的路程.

定积分的几何意义有时也可用于定积分的计算 (见本节习题 5).

四、 可积的条件

对于定积分, 有一个重要的问题, 就是函数 $f(x)$ 在闭区间 $[a,b]$ 上满足什么条件是可积的? 下面给出可积的两个充分条件.

定理 1 设函数 $f(x)$ 在闭区间 $[a,b]$ 上连续, 则 $f(x)$ 在 $[a,b]$ 上可积.

定理 2 设函数 $f(x)$ 在闭区间 $[a,b]$ 上有界, 且只有有限多个间断点, 则 $f(x)$ 在 $[a,b]$ 上可积.

定积分的定义是构造性的, 理论上可以用来判断函数 $f(x)$ 是否在区间 $[a,b]$ 上可积, 以及在可积时求出积分 $\int_a^b f(x)\mathrm{d}x$. 下面举例说明在定积分存在的条件下, 如何用定义计算定积分.

例 1 利用定积分定义计算 $I=\int_0^1 x^2\mathrm{d}x$.

解 由于函数 $f(x)=x^2$ 在区间 $[0,1]$ 上连续, 所以定积分存在. 因此, 积分与区间 $[0,1]$ 的分法以及点 ξ_i 的选取无关. 现在将区间 $[0,1]$ 作 n 等分, 则第 i 个分点为 $x_i=\dfrac{i}{n}$, $i=0,1,2,\cdots,n$. 每个小区间长度为 $\Delta x_i=\dfrac{1}{n}$, 取 $\xi_i=x_i$, $i=1,2,\cdots,n$, 于是, 得和式

$$\begin{aligned}\sum_{i=1}^n f(\xi_i)\Delta x_i&=\sum_{i=1}^n \xi_i^2\Delta x_i=\sum_{i=1}^n x_i^2\Delta x_i=\sum_{i=1}^n\left(\frac{i}{n}\right)^2\cdot\frac{1}{n}=\frac{1}{n^3}\sum_{i=1}^n i^2\\&=\frac{1}{n^3}\cdot\frac{n(n+1)(2n+1)}{6}=\frac{1}{6}\left(1+\frac{1}{n}\right)\left(2+\frac{1}{n}\right).\end{aligned}$$

因此, $I=\int_0^1 x^2\mathrm{d}x=\lim\limits_{n\to\infty}\dfrac{1}{6}\left(1+\dfrac{1}{n}\right)\left(2+\dfrac{1}{n}\right)=\dfrac{1}{3}$.

习 题 5-1

1. 设函数 $f(x)$ 在区间 $[-a,a]$ 连续, 根据定积分几何意义说明:

(1) 当 $f(x)$ 为奇函数时, $\int_{-a}^a f(x)\mathrm{d}x=0$;

(2) 当 $f(x)$ 为偶函数时, $\int_{-a}^a f(x)\mathrm{d}x=2\int_0^a f(x)\mathrm{d}x$.

2. 利用定积分的定义计算下列定积分:

(1) $\int_a^b x\mathrm{d}x$; (2) $\int_0^1 \mathrm{e}^x\mathrm{d}x$.

3. 设曲边梯形由 $y=x^2+1$, x 轴及 $x=-1, x=2$ 围成, 用定积分表示该曲边梯形的面积.

4. 物体以速度 $v=\frac{1}{2}t+2$ 做直线运动, 将该物体在时间间隔 $[0,3]$ 内所走过的路程 s 表示为定积分, 并利用定积分的几何意义求出 s.

5. 利用定积分的几何意义, 计算下列定积分:

(1) $\int_0^1 2x\mathrm{d}x$; (2) $\int_0^1 \sqrt{1-x^2}\mathrm{d}x$; (3) $\int_1^3 |x-2|\,\mathrm{d}x$; (4) $\int_{-1}^3 [x]\mathrm{d}x$.

6. 设函数 $y=f(x)$ 在 $[a,b]$ 上有定义, 并且假定 $y=f(x)$ 在任何子区间上有最大值与最小值. 对于任意一个分割:

$$T: x_0=a<x_1<x_2<\cdots<x_{n-1}<x_n=b.$$

记 m_i 是 $y=f(x)$ 在 $[x_{i-1},x_i]$ 中的最小值, 而 M_i 是 $y=f(x)$ 在 $[x_{i-1},x_i]$ 中的最大值. 证明: $y=f(x)$ 在 $[a,b]$ 上可积的充要条件是极限

$$\lim_{\lambda\to 0}\sum_{i=1}^{n} m_i\Delta x_i \quad 与 \quad \lim_{\lambda\to 0}\sum_{i=1}^{n} M_i\Delta x_i$$

存在且相等.

第二节 定积分的性质

根据定积分的定义和极限的性质, 可以证明定积分具有以下性质 (在以下的叙述中, 总假定函数 $f(x),g(x)$ 在所讨论的区间上都是可积的).

性质 1 (线性性质) 设 k_1, k_2 为两个任意常数, 则

$$\int_a^b [k_1f(x)+k_2g(x)]\mathrm{d}x=k_1\int_a^b f(x)\mathrm{d}x+k_2\int_a^b g(x)\mathrm{d}x. \tag{2-1}$$

证 左端 $=\lim\limits_{\lambda\to 0}\sum\limits_{i=1}^{n}[k_1f(\xi_i)+k_2g(\xi_i)]\Delta x_i$

$$=k_1\lim_{\lambda\to 0}\sum_{i=1}^{n} f(\xi_i)\Delta x_i+k_2\lim_{\lambda\to 0}\sum_{i=1}^{n}\cdot g(\xi_i)\Delta x_i=右端.$$

当 $k_1=k_2=1$ 时, 表明 “和的积分等于积分的和”; 当 $k_1=1,k_2=-1$ 时, 表明 “差的积分等于积分的差”; 当 $k_2=0$ 时, 表明 “被积函数中的常数因子可以提到积分符号之外”.

性质 2 (区间可加性) 若将积分区间分为两部分, 则在整个区间上的定积分等于这两部分区间上的定积分的和, 即设 $a<c<b$, 则

$$\int_a^b f(x)\mathrm{d}x=\int_a^c f(x)\mathrm{d}x+\int_c^b f(x)\mathrm{d}x. \tag{2-2}$$

证　首先, 由前面的假定, $f(x)$ 在 $[a,b]$, $[a,c]$, $[c,b]$ 上可积, 下证 (2-2) 成立. 由于 $f(x)$ 在 $[a,b]$ 上可积, 所以将 $[a,b]$ 分割时, 可以使 c 永远是一个分点, 则

$$\sum_{[a,b]} f(\xi_i)\Delta x_i = \sum_{[a,c]} f(\xi_i)\Delta x_i + \sum_{[c,b]} f(\xi_i)\Delta x_i,$$

令 $\lambda \to 0$, 上式两端同取极限即得结论成立.

性质 2 可推广为: 无论 a,b,c 三者的大小关系如何, 只要 $f(x)$ 在以其中任意两点为端点的区间上可积, 就有 (2-2) 成立.

性质 3 (常数的积分)　常数 1 的积分等于积分上、下限之差, 即

$$\int_a^b 1\mathrm{d}x = \int_a^b \mathrm{d}x = b - a. \tag{2-3}$$

证　由定积分的定义即知.

性质 4 (积分的不等性)　若在区间 $[a,b]$ 上 $f(x) \geqslant 0$, 则

$$\int_a^b f(x)\mathrm{d}x \geqslant 0. \tag{2-4}$$

证　由 $f(x) \geqslant 0$, $\Delta x_i \geqslant 0$, $i = 1, 2, \cdots, n$, 所以

$$\sum_{i=1}^n f(\xi_i)\Delta x_i \geqslant 0.$$

令 $\lambda \to 0$ 取极限, 由极限的保号性即得 (2-4).

推论 1　如果在区间 $[a,b]$ 上 $f(x) \geqslant g(x)$, 则

$$\int_a^b f(x)\mathrm{d}x \geqslant \int_a^b g(x)\mathrm{d}x. \tag{2-5}$$

证　因为 $f(x) \geqslant g(x)$, 由性质 4 得

$$\int_a^b [f(x) - g(x)]\,\mathrm{d}x \geqslant 0,$$

再由性质 1, 即可得到所要证明的不等式.

用推论 1 可以比较同区间上两个定积分的大小.

推论 2 (绝对值性质)

$$\left|\int_a^b f(x)\mathrm{d}x\right| \leqslant \int_a^b |f(x)|\mathrm{d}x, \quad x \in [a,b]. \tag{2-6}$$

证 因为 $-|f(x)| \leqslant f(x) \leqslant |f(x)|$, 所以由推论 1 得到

$$-\int_a^b |f(x)|\mathrm{d}x \leqslant \int_a^b f(x)\mathrm{d}x \leqslant \int_a^b |f(x)|\mathrm{d}x \quad (a<b).$$

再由绝对值性质, 即可得到求证的不等式.

可以证明: $f(x)$ 在 $[a,b]$ 上可积时, 必有 $|f(x)|$ 在 $[a,b]$ 上可积, 但反之不然.

性质 5 (定积分估值定理) 设 M, m 分别为函数 $f(x)$ 在区间 $[a,b]$ 上的最大值和最小值, 则

$$m(b-a) \leqslant \int_a^b f(x)\mathrm{d}x \leqslant M(b-a). \tag{2-7}$$

证 由 $M \leqslant f(x) \leqslant m$, 应用性质 4 的推论 1 即得.

例 1 估计积分 $\int_{-1}^{1} \mathrm{e}^{-x^2}\mathrm{d}x$ 的值.

解 先求 $f(x)=\mathrm{e}^{-x^2}$ 在区间 $[-1,1]$ 上的最大和最小值. 由 $f'(x)=-2x\mathrm{e}^{-x^2}=0$, 得驻点 $x=0$. 比较函数在驻点及区间端点的函数值 $f(0)=1, f(\pm 1)=\mathrm{e}^{-1}$ 知道, $f(x)$ 在 $[-1,1]$ 上的最大值 $M=f(0)=1$, 最小值 $m=f(\pm 1)=\mathrm{e}^{-1}$. 由定积分性质 5 得

$$\frac{2}{\mathrm{e}} \leqslant \int_{-1}^{1} \mathrm{e}^{-x^2}\mathrm{d}x \leqslant 2.$$

性质 6 (积分中值定理) 如果函数 $f(x)$ 在区间 $[a,b]$ 上连续, 则在区间 $[a,b]$ 上至少存在一点 ξ, 使得

$$\int_a^b f(x)\mathrm{d}x = f(\xi)(b-a). \tag{2-8}$$

证 因为 $f(x)$ 在 $[a,b]$ 上连续, 所以 $f(x)$ 在 $[a,b]$ 上必取得最大值 M 和最小值 m, 即

$$m \leqslant f(x) \leqslant M.$$

由性质 5 得

$$m(b-a) \leqslant \int_a^b f(x)\mathrm{d}x \leqslant M(b-a),$$

即

$$m \leqslant \frac{1}{b-a}\int_a^b f(x)\mathrm{d}x \leqslant M.$$

由闭区间上连续函数的介值定理知，我们对介于两个最值之间的数值 $\dfrac{1}{b-a}\displaystyle\int_a^b f(x)\mathrm{d}x$, 必存在点 $\zeta \in [a,b]$, 使得

$$f(\xi)=\frac{1}{b-a}\int_a^b f(x)\mathrm{d}x,$$

即

$$\int_a^b f(x)\mathrm{d}x=f(\xi)(b-a).$$

(2-8) 称为定积分的中值公式. 我们容易证明: 积分中值公式对 $a>b$ 也成立 (ξ 在 a 与 b 之间).

积分中值定理的几何意义是: $[a,b]$ 上至少存在一点 ξ, 使得以区间 $[a,b]$ 为底边、连续曲线 $y=f(x)$ 为曲边的曲边梯形的面积等于同底边, 高为 $f(\xi)$ 的矩形面积, 如图 5-4 所示.

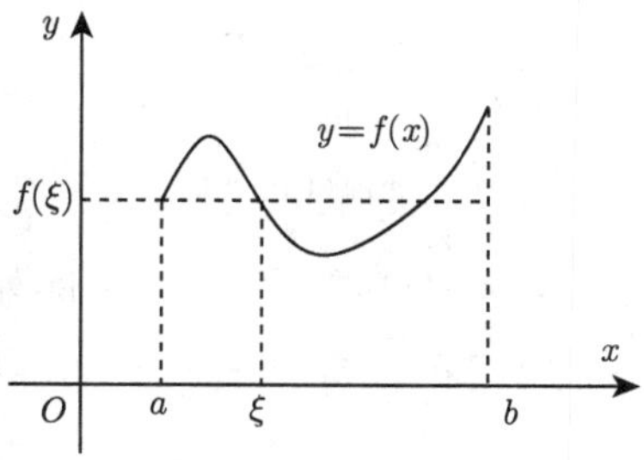

图 5-4

从几何解释可以看出, 数值 $\dfrac{1}{b-a}\displaystyle\int_a^b f(x)\mathrm{d}x$ 表示连续曲线 $y=f(x)$ 在区间 $[a,b]$ 上的平均高度, 即函数 $f(x)$ 在区间 $[a,b]$ 上的**平均值**. 这是从有限个数的算术平均值

$$\frac{\sum\limits_{i=1}^{n} f(\xi_i)}{n}$$

推广到区间上连续函数平均值

$$\lim_{n\to\infty}\frac{\sum\limits_{i=1}^{n} f(\xi_i)}{n}=\lim_{n\to\infty}\frac{\sum\limits_{i=1}^{n} f(\xi_i)\cdot\dfrac{b-a}{n}}{b-a}=\frac{\displaystyle\int_a^b f(x)\mathrm{d}x}{b-a}$$

的情形.

习 题 5-2

1. (1) 试用定积分定义证明 $\displaystyle\int_a^b kf(x)\mathrm{d}x=k\int_a^b f(x)\mathrm{d}x$;

(2) 设函数 $f(x)$ 在区间 $[a,b]$ 上单调增加, 证明

$$f(a)(b-a) \leqslant \int_a^b f(x)\mathrm{d}x \leqslant f(b)(b-a).$$

2. 比较下列定积分的大小:

(1) $\int_0^1 x^2\mathrm{d}x$ 与 $\int_0^1 x^3\mathrm{d}x$;　　(2) $\int_1^2 x^2\mathrm{d}x$ 与 $\int_1^2 x^3\mathrm{d}x$;

(3) $\int_3^4 \ln x\mathrm{d}x$ 与 $\int_3^4 \ln^2 x\mathrm{d}x$;　　(4) $\int_0^1 x\mathrm{d}x$ 与 $\int_0^1 \ln(1+x)\mathrm{d}x$;

(5) $\int_0^1 \mathrm{e}^x\mathrm{d}x$ 与 $\int_0^1 (1+x)\mathrm{d}x$;　　(6) $\int_0^{\frac{\pi}{2}} x\mathrm{d}x$ 与 $\int_0^{\frac{\pi}{2}} \sin x\mathrm{d}x$.

3. 估计下列定积分的值:

(1) $\int_0^1 \sqrt{2+x-x^2}\mathrm{d}x$;　　(2) $\int_{\frac{\pi}{4}}^{\frac{5\pi}{4}} \sqrt{1+\sin^2 x}\mathrm{d}x$;

(3) $\int_{\frac{\sqrt{3}}{3}}^{\sqrt{3}} x\arctan x\mathrm{d}x$;　　(4) $\int_0^2 \mathrm{e}^{x^2-x}\mathrm{d}x$.

4. 设 $f(x)$ 及 $g(x)$ 在区间 $[a,b]$ 连续, 证明:

(1) 若在 $[a,b]$ 上 $f(x) \geqslant 0$ 且 $\int_a^b f(x)\mathrm{d}x = 0$, 则在 $[a,b]$ 上 $f(x) \equiv 0$;

(2) 若在 $[a,b]$ 上 $f(x) \geqslant 0$ 且 $f(x)$ 不恒等于 0, 则 $\int_a^b f(x)\mathrm{d}x > 0$;

(3) 若在 $[a,b]$ 上 $f(x) \leqslant g(x)$ 且 $\int_a^b f(x)\mathrm{d}x = \int_a^b g(x)\mathrm{d}x$, 则在 $[a,b]$ 上 $f(x) \equiv g(x)$.

5. 设 $0 < b < \dfrac{\pi}{2}$, 求 $\lim\limits_{n\to\infty} \int_0^b \sin^n x\mathrm{d}x$.

6. 证明: 积分中值定理中的 ξ 可取自开区间 (a,b).

第三节　微积分学基本定理

利用定积分定义计算定积分是困难的, 因此, 本节将讨论连续函数的变上限定积分性质, 建立定积分与不定积分的联系, 得到计算定积分的新方法.

引例　变速直线运动的路程 s.

设时刻 t 物体所在位置为 $s(t)$, 速度为 $v(t)$, 由定积分定义, 物体在时间间隔 $[T_1,T_2]$ 上经过的路程为 $s = \int_{T_1}^{T_2} v(t)\mathrm{d}t$; 另一方面, s 又可以通过位置函数 $s(t)$ 在时间间隔 $[T_1,T_2]$ 的增量表示: $s = s(T_2) - s(T_1)$. 所以

$$\int_{T_1}^{T_2} v(t)\mathrm{d}t = s(T_2) - s(T_1).$$

因为 $s'(t)=v(t)$, 即位置函数 $s(t)$ 是速度函数 $v(t)$ 的原函数, 所以上式表明, 速度函数 $v(t)$ 在区间 $[T_1,T_2]$ 的定积分等于 $v(t)$ 的原函数 $s(t)$ 在区间 $[T_1,T_2]$ 上的增量.

从上面引例可以看出, 在一定条件下, 定积分可由原函数的增量表示.

一、 积分上限函数及其导数

设函数 $f(t)$ 在 $[a,b]$ 上可积, 则对任意的 $x\in[a,b]$, 定义了新函数 $\int_a^x f(t)\mathrm{d}t$, 称其为**积分上限函数**或**变上限定积分**, 记为

$$\Phi(x)=\int_a^x f(t)\mathrm{d}t,\quad x\in[a,b]. \tag{3-1}$$

积分上限函数具有以下重要的性质.

定理 1　如果函数 $f(x)$ 在 $[a,b]$ 上连续, 则积分上限函数 $\Phi(x)=\int_a^x f(t)\mathrm{d}t$ 在 $[a,b]$ 上可导, 且

$$\Phi'(x)=\frac{\mathrm{d}}{\mathrm{d}x}\int_a^x f(t)\mathrm{d}t=f(x),\quad x\in[a,b]. \tag{3-2}$$

证　若 $x\in(a,b)$, 任取 $\Delta x\neq 0$, 且 $x+\Delta x\in(a,b)$, 则

$$\begin{aligned}\Delta\Phi=\Phi(x+\Delta x)-\Phi(x)&=\int_a^{x+\Delta x} f(t)\mathrm{d}t-\int_a^x f(t)\mathrm{d}t\\&=\int_a^x f(t)\mathrm{d}t+\int_x^{x+\Delta x} f(t)\mathrm{d}t-\int_a^x f(t)\mathrm{d}t=\int_x^{x+\Delta x} f(t)\mathrm{d}t.\end{aligned}$$

由于函数 $f(x)$ 在 $[a,b]$ 上连续, 利用积分中值定理, 存在 ξ 介于 x 与 $x+\Delta x$ 之间, 使得

$$\Delta\Phi=f(\xi)\Delta x.$$

易见, 当 $\Delta x\to 0$ 时, $\xi\to x$. 再由导数定义及 $f(x)$ 的连续性知

$$\Phi'(x)=\lim_{\Delta x\to 0}\frac{\Delta\Phi}{\Delta x}=\lim_{\Delta x\to 0} f(\xi)=\lim_{\xi\to x} f(\xi)=f(x).$$

若 $x=a$, 取 $\Delta x>0$, 重复上面的步骤可证 $\Phi'_+(a)=f(a)$. 同理, $\Phi'_-(b)=f(b)$.

定理 1 表明, 函数 $f(x)$ 连续时, 其积分上限函数就是 $f(x)$ 的一个原函数. 这就是重要的原函数存在定理.

定理 2 (原函数存在定理) 若函数 $f(x)$ 在 $[a,b]$ 上连续, 则积分上限函数

$$\Phi(x)=\int_a^x f(t)\mathrm{d}t,\quad x\in[a,b]$$

是 $f(x)$ 在 $[a,b]$ 上的一个原函数.

若 $f(x)$ 在 $[a,b]$ 上连续, 则 $f(x)$ 在 $[a,b]$ 上的定积分与不定积分都存在, 且

$$\int f(x)\mathrm{d}x=\int_a^x f(t)\mathrm{d}t+C.$$

这一关系揭示了积分学中两个基本概念之间的内在联系.

下面举例讨论积分上限函数.

例 1 设 $f(x)=\displaystyle\int_0^x \sin t^2\mathrm{d}t$, 求 $f'(x)$.

解 由定理 1 直接得到 $f'(x)=\sin x^2$.

例 2 设 $f(x)$ 在 $[0,+\infty)$ 内连续, 且 $f(x)>0$, 求证函数 $F(x)=\dfrac{\displaystyle\int_0^x tf(t)\mathrm{d}t}{\displaystyle\int_0^x f(t)\mathrm{d}t}$ 在 $(0,+\infty)$ 内单调增加.

证 对任意的 $x>0$, 由 $f(x)>0$ 及习题 5-2 的 4(2), 得 $\displaystyle\int_0^x f(t)\mathrm{d}t>0$, 所以 $F(x)$ 在 $(0,+\infty)$ 内有定义, 且

$$F'(x)=\frac{xf(x)\displaystyle\int_0^x f(t)\mathrm{d}t-f(x)\int_0^x tf(t)\mathrm{d}t}{\left[\displaystyle\int_0^x f(t)\mathrm{d}t\right]^2}=\frac{f(x)\displaystyle\int_0^x (x-t)f(t)\mathrm{d}t}{\left[\displaystyle\int_0^x f(t)\mathrm{d}t\right]^2}.$$

对于 $t\in[0,x]$, $(x-t)f(t)$ 非负且不恒为零, 所以 $\displaystyle\int_0^x (x-t)f(t)\mathrm{d}t>0$, 进而 $F'(x)>0$, 因此 $F(x)$ 在区间 $(0,+\infty)$ 内单调递增.

类似可定义积分下限函数:

$$H(x)=\int_x^b f(t)\mathrm{d}t,\quad a\leqslant x\leqslant b.$$

当 $f(x)$ 在区间 $[a,b]$ 内连续时,

$$H'(x)=-f(x).$$

积分限为复合函数 $\int_a^{\varphi(x)} f(t)\mathrm{d}t$ 时, 若 $\varphi(x)$ 在 $[a,b]$ 可导, $f(x)$ 在相应的区间连续时, 则 $\int_a^{\varphi(x)} f(t)\mathrm{d}t$ 就是变上限函数 $\int_a^{u} f(t)\mathrm{d}t$ 与 $u=\varphi(x)$ 构成的复合函数, 由复合函数求导法则知

$$\frac{\mathrm{d}}{\mathrm{d}x}\int_a^{\varphi(x)} f(t)\mathrm{d}t = f[\varphi(x)]\varphi'(x).$$

更一般地, 若 $\varphi(x),\psi(x)$ 在 $[a,b]$ 可导, 且 $f(x)$ 在相应的区间连续时, 变限函数 $\int_{\psi(x)}^{\varphi(x)} f(t)\mathrm{d}t$ 是 $x\in[a,b]$ 的可导函数, 且

$$\left[\int_{\psi(x)}^{\varphi(x)} f(t)\mathrm{d}t\right]' = f[\varphi(x)]\cdot\varphi'(x) - f[\psi(x)]\cdot\psi'(x). \tag{3-3}$$

例 3　求极限 $\lim\limits_{x\to 0}\dfrac{\int_{\cos x}^{1}\mathrm{e}^{-t^2}\mathrm{d}t}{x^2}$.

解　这是一个 $\dfrac{0}{0}$ 型未定式, 可以使用洛必达法则计算. 利用 (3-3) 得

$$\text{原式} = \lim_{x\to 0}\frac{-\mathrm{e}^{-\cos^2 x}\cdot(\cos x)'}{2x} = \lim_{x\to 0}\frac{\mathrm{e}^{-\cos^2 x}\cdot\sin x}{2x} = \frac{1}{2\mathrm{e}}.$$

二、 牛顿–莱布尼茨公式

定理 3 (微积分基本原理)　如果 $F(x)$ 是连续函数 $f(x)$ 在区间 $[a,b]$ 上的一个原函数, 则

$$\int_a^b f(x)\mathrm{d}x = F(b) - F(a). \tag{3-4}$$

证　由原函数存在定理, $\int_a^x f(t)\mathrm{d}t$ 是 $f(x)$ 在 $[a,b]$ 上的原函数, 又 $F(x)$ 也是 $f(x)$ 的原函数, 因此存在常数 C, 使得

$$F(x) = \int_a^x f(t)\mathrm{d}t + C, \quad x\in[a,b].$$

微积分基本原理

上式中令 $x=a$, 得

$$F(a) = C,$$

令 $x=b$, 得

$$F(b)=\int_a^b f(t)\mathrm{d}t+C.$$

因此, $\int_a^b f(x)\mathrm{d}x=F(b)-F(a)$.

(3-4) 称为**牛顿–莱布尼茨公式**, 也称为**微积分基本公式**, 其等号右端常记为

$$F(b)-F(a)=F(x)\big|_a^b \quad 或 \quad F(b)-F(a)=[F(x)]_a^b.$$

牛顿–莱布尼茨公式的重要性在于建立了函数的定积分与其原函数之间的关系, 将求函数 $f(x)$ 在区间 $[a,b]$ 上的定积分转化为计算其任意一个原函数 $F(x)$ 在 $[a,b]$ 上的增量 $F(b)-F(a)$, 从而为定积分提供了一个有效的计算方法.

下面举几个应用牛顿–莱布尼茨公式的例子.

例 4 计算第一节中的定积分 $\int_0^1 x^2\mathrm{d}x$.

解 取 x^2 的一个原函数 $\frac{x^3}{3}$, 由牛顿–莱布尼茨公式得

$$\int_0^1 x^2\mathrm{d}x=\left[\frac{x^3}{3}\right]_0^1=\frac{1}{3}(1-0)=\frac{1}{3}.$$

由本例可以看出, 相比于用定义计算, 牛顿–莱布尼茨公式是一个非常高效的计算积分的方法.

例 5 计算 $\int_0^{\frac{\pi}{3}}\cos x\mathrm{d}x$.

解 由于 $-\sin x$ 是 $\cos x$ 的一个原函数, 因此

$$\int_0^{\frac{\pi}{3}}\cos x\mathrm{d}x=[\sin x]_0^{\frac{\pi}{3}}=\frac{\sqrt{3}}{2}.$$

例 6 计算 $\int_{-1}^2 |x|\mathrm{d}x$.

解
$$\begin{aligned}\int_{-1}^2 |x|\mathrm{d}x&=\int_{-1}^0(-x)\mathrm{d}x+\int_0^2 x\mathrm{d}x=-\frac{1}{2}x^2\bigg|_{-1}^0+\frac{1}{2}x^2\bigg|_0^2\\&=0+\frac{1}{2}+2-0=\frac{5}{2}.\end{aligned}$$

例 6 的求解过程提示我们: 当原函数是积分区间上的分段函数时, 应利用定积分的区间可加性计算.

例 7 汽车以 36km/h 的速度形式, 到某处需要减速停车, 设其刹车的加速度为 $a=-5\mathrm{m/s^2}$. 问从开始刹车到停止, 汽车驶过的距离.

解 首先计算从开始刹车到停车经过的时间. 当 $t=0$ 时汽车的速度是

$$v_0=36\mathrm{km/h}=\frac{36\times 1000}{3600}\mathrm{m/s}=10\mathrm{m/s},$$

经刹车时间 t 后停驶, 速度变为 $v(t)=v_0+at=0$, 解得

$$t=-\frac{v_0}{a}=2(\mathrm{s}).$$

于是, 在这段时间内, 汽车驶过的距离是

$$s=\int_0^2 v(t)\mathrm{d}t=\int_0^2(10-5t)\mathrm{d}t=\left[10t-\frac{5}{2}t^2\right]_0^2=10(\mathrm{m}),$$

即从开始刹车到停止, 汽车驶过了 10m.

习 题 5-3

1. 求下列函数的导数

(1) $f(x)=\int_0^x t\sqrt{1+t^2}\mathrm{d}t$; (2) $f(x)=\int_x^2 \mathrm{e}^{-t^2}\mathrm{d}t$;

(3) $f(x)=\int_{\sqrt{x}}^{\sqrt[3]{x}}\sqrt{t+1}\mathrm{d}t$; (4) $f(x)=\int_0^x (t^3-x^3)\cos t^2\mathrm{d}t$.

2. 求函数 $I(x)=\int_0^x t\cos^2 t\mathrm{d}t$ 在点 $x=1, x=\dfrac{\pi}{2}, x=\pi$ 处的导数.

3. 求参数方程 $x=\int_0^t \sin^2 u\mathrm{d}u, y=\int_{t^2}^0 \cos\sqrt{u}\mathrm{d}u$ 所确定的函数 y 对 x 的一阶和二阶导数.

4. 求方程 $\int_0^y \mathrm{e}^{t^2}\mathrm{d}t+\int_0^{x^2} t\mathrm{e}^t\mathrm{d}t=0$ 所确定的函数 y 对 x 的导数.

5. 当 x 为何值时, 函数 $I(x)=\int_0^x t\mathrm{e}^{-t^2}\mathrm{d}t$ 有极值?

6. 计算下列定积分:

(1) $\int_0^a (3x^2-x+1)\mathrm{d}x$; (2) $\int_1^2\left(x^2+\dfrac{1}{x^4}\right)\mathrm{d}x$; (3) $\int_{1/\sqrt{3}}^{\sqrt{3}}\dfrac{1}{1+x^2}\mathrm{d}x$;

(4) $\int_{-\frac{1}{2}}^{\frac{1}{2}}\dfrac{1}{\sqrt{1-x^2}}\mathrm{d}x$; (5) $\int_1^{\mathrm{e}}\dfrac{1}{x}\mathrm{d}x$; (6) $\int_{-1}^1 |x|\mathrm{d}x$;

(7) $\int_0^{2\pi}|\sin x|\,\mathrm{d}x$; (8) $f(x)=\begin{cases} x, & x\leqslant 0,\\ x^2, & x>0,\end{cases}$ 计算 $\int_{-1}^1 f(x)\mathrm{d}x$.

7. 求下列极限:

(1) $\lim\limits_{x\to 0}\dfrac{\displaystyle\int_0^x \sin t^2\mathrm{d}t}{x^3}$; (2) $\lim\limits_{x\to 0}\dfrac{\left(\displaystyle\int_0^x \mathrm{e}^{t^2}\mathrm{d}t\right)^2}{\displaystyle\int_0^x t\mathrm{e}^{2t^2}\mathrm{d}t}$.

8. 设 $f(x)$ 是闭区间 $[0,1]$ 上的连续函数, 且

$$f(x)=\frac{1}{1+x^2}+x^3\int_0^1 f(t)\mathrm{d}t,$$

求 $\displaystyle\int_0^1 f(t)\mathrm{d}t$.

9. 设函数 $f(x)$ 在闭区间 $[a,b]$ 上连续, 在开区间 (a,b) 内可导, 且 $f'(x)\leqslant 0$, 证明 $F(x)=\dfrac{1}{x-a}\displaystyle\int_a^x f(t)\mathrm{d}t$ 在 (a,b) 内有 $F'(x)\leqslant 0$.

10. 设 $f(x)$ 是连续函数, 且 $\displaystyle\int_0^x (x-t)f(t)\mathrm{d}t=1-\cos x$, 证明 $\displaystyle\int_0^{\frac{\pi}{2}} f(t)\mathrm{d}t=1$.

11. 证明定理 3 (微积分基本原理) 中条件可弱化为: $F(x)$ 是可积函数 $f(x)$ 在区间 $[a,b]$ 上的一个原函数.

12. 利用上题计算 $\displaystyle\int_0^1 f(x)\mathrm{d}x$, 其中 $f(x)=\begin{cases}2x\sin\dfrac{1}{x}-\cos\dfrac{1}{x}, & x\neq 0,\\ 0, & x=0.\end{cases}$

第四节 定积分的换元法与分部积分法

由牛顿–莱布尼茨公式知, 只要求出被积函数的一个原函数, 就可以求出积分区间上的定积分. 在第四章中, 用换元积分法和分部积分法计算原函数. 下面讨论定积分的这两种方法.

一、 定积分的换元积分法

定理 1 设函数 $f(x)$ 在区间 $[a,b]$ 上连续, 函数 $x=\varphi(t)$ 满足条件:

(1) $\varphi(\alpha)=a$, $\varphi(\beta)=b$;

(2) 在以 α, β 为端点的区间上有连续导数;

(3) t 从 α 变到 β 时, $\varphi(t)$ 从 a 变到 b,

则

$$\int_a^b f(x)\mathrm{d}x=\int_\alpha^\beta f[\varphi(t)]\varphi'(t)\mathrm{d}t. \tag{4-1}$$

证 由假设, (4-1) 两边的被积函数都是连续的, 因此, 定积分都存在, 原函数也都存在. 设 $F(x)$ 是 $f(x)$ 在 $[a,b]$ 上的一个原函数, 由牛顿–莱布尼茨公式,

$$\int_a^b f(x)\mathrm{d}x=F(b)-F(a).$$

另一方面, 由于

$$\frac{\mathrm{d}}{\mathrm{d}t}F[\varphi(t)]=F'[\varphi(t)]\varphi'(t)=f[\varphi(t)]\varphi'(t),$$

所以 $F[\varphi(t)]$ 是 $f[\varphi(t)]\varphi'(t)$ 的一个原函数. 再次由牛顿–莱布尼茨公式,

$$\int_\alpha^\beta f[\varphi(t)]\varphi'(t)\mathrm{d}t=F[\varphi(\beta)]-F[\varphi(\alpha)]=F(b)-F(a)=\int_a^b f(x)\mathrm{d}x.$$

定积分中 $\int_a^b f(x)\mathrm{d}x$ 中的 $\mathrm{d}x$, 本来是整个积分记号中不可分割的一部分, 但由上述定理可知, 在一定条件下, 它确实可作为微分记号来对待. 应用换元公式时, 若把 $\int_a^b f(x)\mathrm{d}x$ 中的 x 代换成 $\varphi(t)$, 则 $\mathrm{d}x$ 就换成 $\varphi'(t)\mathrm{d}t$, 这正好是 $x=\varphi(t)$ 的微分 $\mathrm{d}x$.

应用定积分换元公式计算定积分时要注意以下两点.

(1) 积分限问题: 用 $\varphi(t)$ 替换积分变量 x 得到用新积分变量 t 表示的被积函数后, 必须将积分上、下限换成相应于新变量 t 的新积分上、下限, 且 $a=\varphi(\alpha)$ $(b=\varphi(\beta))$ 的对应值 $\alpha(\beta)$ 作新下 (上) 限, 即换元后的积分 (即公式右端) 原下限对应值作新下限, 原上限对应值作新上限, 而不必管 α 与 β 的大小关系. 并且当 $a>b$ 时换元公式仍成立, 仍是原下 (上) 限对应值作为新下 (上) 限. 请自证.

(2) 变量还原问题: 求出 $f[\varphi(t)]\varphi'(t)$ 的一个原函数 $\Phi(t)$ 后, 不必像不定积分那样再把 $\Phi(t)$ 还原成原来变量 x 的函数, 只需把新变量 t 的上、下限分别代入 $\Phi(t)$ 中然后相减即可.

例 1 计算 $\int_0^a\sqrt{a^2-x^2}\mathrm{d}x, a>0$.

解 令 $x=a\sin t$, 则 $\mathrm{d}x=a\cos t\mathrm{d}t$. 当 $x=0$ 时, $t=0$; 当 $x=a$ 时, $t=\frac{\pi}{2}$. 于是

$$\begin{aligned}\int_0^a\sqrt{a^2-x^2}\mathrm{d}x&=a^2\int_0^{\frac{\pi}{2}}\cos^2 t\mathrm{d}t=\frac{a^2}{2}\int_0^{\frac{\pi}{2}}(1+\cos 2t)\mathrm{d}t\\&=\frac{a^2}{2}\left[t+\frac{1}{2}\sin 2t\right]_0^{\frac{\pi}{2}}=\frac{\pi a^2}{4}.\end{aligned}$$

例 2 计算 $\int_0^3\frac{x}{\sqrt{1+x}}\mathrm{d}x$.

解 令 $\sqrt{1+x}=t$, 则 $x=t^2-1$, $\mathrm{d}x=2t\mathrm{d}t$. 当 $x=0$ 时, $t=1$; 当 $x=3$

时, $t=2$. 于是,

$$\int_0^3 \frac{x}{\sqrt{1+x}}\mathrm{d}x=\int_1^2 \frac{t^2-1}{t}\cdot 2t\ \mathrm{d}t=2\int_1^2 (t^2-1)\mathrm{d}t=2\left[\frac{t^3}{3}-t\right]_1^2=\frac{8}{3}.$$

例 3　计算 $\int_0^{\ln 2}\sqrt{\mathrm{e}^x-1}\mathrm{d}x$.

解　令 $t=\sqrt{\mathrm{e}^x-1}$, 则 $x=\ln(t^2+1)$, $\mathrm{d}x=\frac{2t}{1+t^2}\mathrm{d}t$. 当 $x=0$ 时, $t=0$; 当 $x=\ln 2$ 时, $t=1$. 于是

$$\int_0^{\ln 2}\sqrt{\mathrm{e}^x-1}\mathrm{d}x=\int_0^1 \frac{2t^2}{1+t^2}\mathrm{d}t=2\int_0^1\left(1-\frac{1}{1+t^2}\right)\mathrm{d}t$$
$$=2(t-\arctan t)\big|_0^1=2-\frac{\pi}{2}.$$

同样可以使用第一换元法计算定积分.

例 4　计算 $\int_{\frac{1}{\pi}}^{\frac{2}{\pi}}\frac{1}{\theta^2}\sin\left(\frac{1}{\theta}\right)\mathrm{d}\theta$.

解　原式 $=-\int_{\frac{1}{\pi}}^{\frac{2}{\pi}}\sin\left(\frac{1}{\theta}\right)\mathrm{d}\frac{1}{\theta}=\cos\left(\frac{1}{\theta}\right)\Big|_{\frac{1}{\pi}}^{\frac{2}{\pi}}=\cos\frac{\pi}{2}-\cos\pi=1.$

例 5　计算 $\int_0^1(\mathrm{e}^x-1)^4\mathrm{e}^x\mathrm{d}x$.

解　原式 $=\int_0^1(\mathrm{e}^x-1)^4\mathrm{d}(\mathrm{e}^x-1)=\frac{1}{5}(\mathrm{e}^x-1)^5\Big|_0^1=\frac{1}{5}(\mathrm{e}-1)^5.$

例 6　计算 $\int_0^{\pi}\sqrt{\sin^3x-\sin^5x}\mathrm{d}x$.

解　$\int_0^{\pi}\sqrt{\sin^3x-\sin^5x}\mathrm{d}x=\int_0^{\pi}\sqrt{\sin^3x\cos^2x}\mathrm{d}x=\int_0^{\pi}\sin^{\frac{3}{2}}x\,|\cos x|\,\mathrm{d}x$

$$=\int_0^{\frac{\pi}{2}}\sin^{\frac{3}{2}}x\mathrm{d}\sin x-\int_{\frac{\pi}{2}}^{\pi}\sin^{\frac{3}{2}}x\mathrm{d}\sin x$$
$$=\frac{5}{2}\left(\sin^{\frac{5}{2}}x\Big|_0^{\frac{\pi}{2}}-\sin^{\frac{5}{2}}x\Big|_{\frac{\pi}{2}}^{\pi}\right)=5.$$

可见, 定积分 $\int_a^b f(x)\mathrm{d}x$ 是否用换元法计算, 使用时作什么变换, 完全取决于相应的不定积分 $\int f(x)\mathrm{d}x$ 的求法; 当用凑微分法求 $f(x)$ 的原函数而不设出中间变量时, 定积分的上、下限不必改变.

例 7　设 $f(x)$ 在 $[-a,a]$ 上连续, 证明:

(1) 若 $f(x)$ 为偶函数, 则有

$$\int_{-a}^{a} f(x)\mathrm{d}x = 2\int_{0}^{a} f(x)\mathrm{d}x;$$

(2) 若 $f(x)$ 为奇函数, 则有

$$\int_{-a}^{a} f(x)\mathrm{d}x = 0.$$

证　注意到 $\int_{-a}^{a} f(x)\mathrm{d}x = \int_{-a}^{0} f(x)\mathrm{d}x + \int_{0}^{a} f(x)\mathrm{d}x$. 对积分 $\int_{-a}^{0} f(x)\mathrm{d}x$ 作代换 $x=-t$, 得

$$\int_{-a}^{0} f(x)\mathrm{d}x = -\int_{a}^{0} f(-t)\mathrm{d}t = \int_{0}^{a} f(-t)\mathrm{d}t = \int_{0}^{a} f(-x)\mathrm{d}x,$$

于是

$$\int_{-a}^{a} f(x)\mathrm{d}x = \int_{-a}^{0} f(x)\mathrm{d}x + \int_{0}^{a} f(x)\mathrm{d}x = \int_{0}^{a} [f(-x)+f(x)]\mathrm{d}x.$$

(1) 若 $f(x)$ 为偶函数, 即 $f(-x)=f(x)$, 则

$$\int_{-a}^{a} f(x)\mathrm{d}x = \int_{0}^{a} [f(-x)+f(x)]\mathrm{d}x = \int_{0}^{a} 2f(x)\mathrm{d}x = 2\int_{0}^{a} f(x)\mathrm{d}x;$$

(2) 若 $f(x)$ 为奇函数, 即 $f(-x)=-f(x)$, 则

$$\int_{-a}^{a} f(x)\mathrm{d}x = \int_{0}^{a} [f(-x)+f(x)]\mathrm{d}x = \int_{0}^{a} [f(x)-f(x)]\mathrm{d}x = 0.$$

此题的结论在定积分计算中可以直接应用, 能简化计算奇、偶函数在对称区间上的定积分.

例 8　设 $f(x)$ 在 $[0,\pi]$ 上连续, 证明

$$\int_{0}^{\pi} xf(\sin x)\mathrm{d}x = \frac{\pi}{2}\int_{0}^{\pi} f(\sin x)\mathrm{d}x,$$

并利用此结果计算定积分 $\int_{0}^{\pi} \frac{x\sin x}{1+\cos^2 x}\mathrm{d}x$.

证 令 $x = \pi - t$, 则 $\mathrm{d}x = -\mathrm{d}t$, 且 $\sin x = \sin(\pi - t) = \sin t$, 当 $x = 0$ 时, $t = \pi$; 当 $x = \pi$ 时, $t = 0$. 于是

$$\begin{aligned}\int_0^{\pi} xf(\sin x)\mathrm{d}x &= -\int_{\pi}^{0}(\pi - t)f[\sin(\pi - t)]\mathrm{d}t = \int_0^{\pi}(\pi - t)f(\sin t)\mathrm{d}t \\ &= \pi\int_0^{\pi} f(\sin t)\mathrm{d}t - \int_0^{\pi} tf(\sin t)\mathrm{d}t \\ &= \pi\int_0^{\pi} f(\sin t)\mathrm{d}t - \int_0^{\pi} xf(\sin x)\mathrm{d}x,\end{aligned}$$

将上式移项后两边同除以 2, 得

$$\int_0^{\pi} xf(\sin x)\mathrm{d}x = \frac{\pi}{2}\int_0^{\pi} f(\sin x)\mathrm{d}x.$$

利用上述结论, 有

$$\begin{aligned}\int_0^{\pi}\frac{x\sin x}{1+\cos^2 x}\mathrm{d}x &= \frac{\pi}{2}\int_0^{\pi}\frac{\sin x}{1+\cos^2 x}\mathrm{d}x = -\frac{\pi}{2}\int_0^{\pi}\frac{1}{1+\cos^2 x}\mathrm{d}\cos x \\ &= -\frac{\pi}{2}[\arctan(\cos x)]_0^{\pi} = \frac{\pi^2}{4}.\end{aligned}$$

该定积分被积函数的原函数不易求得, 但利用换元法却方便地计算出了它的结果.

二、 定积分的分部积分法

定理 2 设函数 $u(x), v(x)$ 在区间 $[a,b]$ 上具有连续导数, 则有**定积分分部积分公式**

$$\int_a^b u(x)v'(x)\mathrm{d}x = u(x)v(x)\Big|_a^b - \int_a^b u'(x)v(x)\mathrm{d}x.$$

证 因为 $u(x)v(x)$ 是 $u(x)v'(x) + u'(x)v(x)$ 在 $[a,b]$ 上的一个原函数, 所以

$$\int_a^b u(x)v'(x)\mathrm{d}x + \int_a^b u'(x)v(x)\mathrm{d}x = \int_a^b [u(x)v'(x) + u'(x)v(x)]\mathrm{d}x = u(x)v(x)\Big|_a^b,$$

移项后即得

$$\int_a^b u(x)v'(x)\mathrm{d}x = u(x)v(x)\Big|_a^b - \int_a^b u'(x)v(x)\mathrm{d}x.$$

例 9　计算 $\int_0^1 x\arctan x\mathrm{d}x$.

解　$\int_0^1 x\arctan x\mathrm{d}x = \frac{1}{2}\int_0^1 \arctan x\mathrm{d}x^2 = \frac{1}{2}x^2\arctan x\Big|_0^1 - \frac{1}{2}\int_0^1 \frac{x^2}{1+x^2}\mathrm{d}x$

$$= \frac{1}{2}\left[\frac{\pi}{4} - \int_0^1\left(1-\frac{1}{1+x^2}\right)\mathrm{d}x\right]$$

$$= \frac{1}{2}\left(\frac{\pi}{4} - 1 + \arctan x|_0^1\right) = \frac{\pi}{4} - \frac{1}{2}.$$

例 10　计算 $\int_0^1 \mathrm{e}^{\sqrt{x}}\mathrm{d}x$.

解　令 $\sqrt{x}=t$, 则 $x=t^2, \mathrm{d}x=2t\mathrm{d}t$, 且当 $x=0$ 时, $t=0$. 当 $x=1$ 时, $t=1$, 所以

$$\int_0^1 \mathrm{e}^{\sqrt{x}}\mathrm{d}x = 2\int_0^1 t\mathrm{e}^t\mathrm{d}t = 2\left(t\mathrm{e}^t\Big|_0^1 - \int_0^1 \mathrm{e}^t\mathrm{d}t\right)$$

$$= 2\left[\mathrm{e} - \mathrm{e}^t\Big|_0^1\right] = 2(\mathrm{e}-\mathrm{e}+1) = 2.$$

例 11　证明定积分公式:

$$I_n = \int_0^{\frac{\pi}{2}} \sin^n x\mathrm{d}x = \int_0^{\frac{\pi}{2}} \cos^n x\mathrm{d}x$$

$$= \begin{cases} \dfrac{n-1}{n}\cdot\dfrac{n-3}{n-2}\cdots\dfrac{3}{4}\cdot\dfrac{1}{2}\cdot\dfrac{\pi}{2}, & n \text{ 为正偶数}, I_0 = \dfrac{\pi}{2}, \\ \dfrac{n-1}{n}\cdot\dfrac{n-3}{n-2}\cdots\dfrac{4}{5}\cdot\dfrac{2}{3}, & n \text{ 为大于 1 的正奇数}. \end{cases}$$

证　令 $x=\frac{\pi}{2}-t$, 则 $\mathrm{d}x=-\mathrm{d}t$, 于是

$$\int_0^{\frac{\pi}{2}} \cos^n x\mathrm{d}x = -\int_{\frac{\pi}{2}}^0 \cos^n\left(\frac{\pi}{2}-t\right)\mathrm{d}t = \int_0^{\frac{\pi}{2}} \sin^n t\mathrm{d}t = \int_0^{\frac{\pi}{2}} \sin^n x\mathrm{d}x.$$

当 $n \geqslant 2$ 时, 设 $u=\sin^{n-1}x, \mathrm{d}v=\sin x\mathrm{d}x$, 则

$$\mathrm{d}u = (n-1)\sin^{n-2}x\cos x\mathrm{d}x, \quad v = -\cos x,$$

于是, 由分部积分公式, 得

$$I_n = \left[-\cos x\sin^{n-1}x\right]_0^{\frac{\pi}{2}} + (n-1)\int_0^{\frac{\pi}{2}} \sin^{n-2}x\cos^2 x\mathrm{d}x$$

$$
\begin{aligned}
&= (n-1)\int_0^{\frac{\pi}{2}} \sin^{n-2} x(1-\sin^2 x)\mathrm{d}x \\
&= (n-1)\int_0^{\frac{\pi}{2}} \sin^{n-2} x\mathrm{d}x - (n-1)\int_0^{\frac{\pi}{2}} \sin^n x\mathrm{d}x \\
&= (n-1)I_{n-2} - (n-1)I_n,
\end{aligned}
$$

由此得递推公式

$$I_n = \frac{n-1}{n} I_{n-2}.$$

如果把 n 换成 $n-2$, 则得

$$I_{n-2} = \frac{n-3}{n-2} I_{n-4}.$$

重复应用递推公式, 直到下标递减到 0 或 1, 于是有

当 n 为偶数时, $I_n = \frac{n-1}{n}\cdot\frac{n-3}{n-2}\cdots\frac{3}{4}\cdot\frac{1}{2}\cdot I_0$;

当 n 为大于 1 的奇数时, $I_n = \frac{n-1}{n}\cdot\frac{n-3}{n-2}\cdots\frac{4}{5}\cdot\frac{2}{3}\cdot I_1$.

而 $I_0 = \int_0^{\frac{\pi}{2}} \mathrm{d}x = \frac{\pi}{2}, I_1 = \int_0^{\frac{\pi}{2}} \sin x\mathrm{d}x = 1$, 因此

$$
I_n = \begin{cases}
\frac{n-1}{n}\cdot\frac{n-3}{n-2}\cdots\frac{3}{4}\cdot\frac{1}{2}\cdot\frac{\pi}{2}, & n \text{ 为正偶数}, I_0 = \frac{\pi}{2}, \\
\frac{n-1}{n}\cdot\frac{n-3}{n-2}\cdots\frac{4}{5}\cdot\frac{2}{3}, & n \text{ 为大于 1 的正奇数}.
\end{cases}
$$

这个结果可在计算定积分时直接使用. 例如

$$\int_0^{\frac{\pi}{2}} \sin^5 x\mathrm{d}x = \frac{4}{5}\cdot\frac{2}{3}\cdot 1 = \frac{8}{15}, \quad \int_0^{\frac{\pi}{2}} \cos^6 x\mathrm{d}x = \frac{5}{6}\cdot\frac{3}{4}\cdot\frac{1}{2}\cdot\frac{\pi}{2} = \frac{5\pi}{32}.$$

习 题 5-4

1. 计算下列定积分:

(1) $\int_{\frac{\pi}{3}}^{\pi} \sin\left(x+\frac{\pi}{3}\right)\mathrm{d}x$;　(2) $\int_{\frac{\pi}{6}}^{\frac{\pi}{2}} \cos^2 u\mathrm{d}u$;　(3) $\int_0^{\frac{\pi}{2}} \sin\varphi\cos^3\varphi\mathrm{d}\varphi$;

(4) $\int_{-2}^{2} \frac{x+|x|}{2+x^2}\mathrm{d}x$;　(5) $\int_0^1 \frac{\sqrt{x}}{2-\sqrt{x}}\mathrm{d}x$;　(6) $\int_0^3 \frac{x}{1+\sqrt{1+x}}\mathrm{d}x$;

(7) $\int_{-1}^{1} \frac{x}{\sqrt{5-4x}}\mathrm{d}x$;　(8) $\int_1^2 \frac{\sqrt{x^2-1}}{x}\mathrm{d}x$;　(9) $\int_0^a x^2\sqrt{a^2-x^2}\mathrm{d}x$;

(10) $\int_0^1 \sqrt{4-x^2}\mathrm{d}x$; (11) $\int_{\frac{1}{\sqrt{2}}}^1 \frac{\sqrt{1-x^2}}{x^2}\mathrm{d}x$; (12) $\int_0^1 \frac{x^2}{(1+x^2)^2}\mathrm{d}x$;

(13) $\int_0^1 t\mathrm{e}^{-\frac{t^2}{2}}\mathrm{d}t$; (14) $\int_1^{\mathrm{e}^2} \frac{\mathrm{d}x}{x\sqrt{1+\ln x}}$; (15) $\int_{-2}^0 \frac{(x+2)\mathrm{d}x}{x^2+2x+2}$;

(16) $\int_{-\frac{\pi}{2}}^{\frac{\pi}{2}} \cos x\cos 2x\mathrm{d}x$; (17) $\int_{-\frac{\pi}{2}}^{\frac{\pi}{2}} \sqrt{\cos x-\cos^3 x}\mathrm{d}x$; (18) $\int_0^{\frac{\pi}{4}} \tan^4 x\mathrm{d}x$.

2. 计算下列定积分:

(1) $\int_0^1 x\mathrm{e}^{-x}\mathrm{d}x$; (2) $\int_1^{\mathrm{e}} \ln x\mathrm{d}x$; (3) $\int_{\frac{\pi}{4}}^{\frac{\pi}{3}} \frac{x}{\sin^2 x}\mathrm{d}x$;

(4) $\int_1^4 \frac{\ln x}{\sqrt{x}}\mathrm{d}x$; (5) $\int_0^1 x\cdot\arctan x\mathrm{d}x$; (6) $\int_1^2 \log_2 x\mathrm{d}x$;

(7) $\int_1^{\mathrm{e}} \sin(\ln x)\mathrm{d}x$; (8) $\int_{\frac{1}{\mathrm{e}}}^{\mathrm{e}} |\ln x|\,\mathrm{d}x$; (9) $\int_0^{\pi} (x\sin x)^2\mathrm{d}x$.

3. 证明 $\int_0^a x^3 f(x^2)\mathrm{d}x = \frac{1}{2}\int_0^{a^2} xf(x)\mathrm{d}x,\ a>0$.

4. 证明 $\int_0^1 x^n(1-x)^m\,\mathrm{d}x = \int_0^1 x^m(1-x)^n\,\mathrm{d}x$.

5. 证明 $\int_0^{\pi} \sin^n x\mathrm{d}x = 2\int_0^{\frac{\pi}{2}} \sin^n x\mathrm{d}x$.

6. 设 $f(x)$ 是以 l 为周期的连续函数, 证明 $\int_a^{a+l} f(x)\mathrm{d}x$ 的值与 a 无关.

7. 设 $f(x)$ 是连续函数, 证明

(1) 若 $f(x)$ 是偶函数, 则 $\varPhi(x)=\int_0^x f(t)\mathrm{d}t$ 是奇函数;

(2) 若 $f(x)$ 是奇函数, 则 $\varPhi(x)=\int_0^x f(t)\mathrm{d}t$ 是偶函数;

(3) 若 $f(x)$ 是偶函数, 则 $G(x)=\int_0^x (x-2t)f(t)\mathrm{d}t$ 是偶函数.

8. 设函数 $f(x)$ 在 $(-\infty,+\infty)$ 连续, 以 T 为周期, 证明:

(1) 函数 $F(x)=\frac{x}{T}\int_0^T f(t)\mathrm{d}t-\int_0^x f(t)\mathrm{d}t$ 也以 T 为周期;

(2) $\lim\limits_{x\to\infty}\frac{1}{x}\int_0^x f(t)\mathrm{d}t=\frac{1}{T}\int_0^T f(t)\mathrm{d}t$.

第五节 广义积分

前面所讨论的定积分, 其积分区间都是有限闭区间且被积函数在该区间上有界. 然而, 在一些实际问题中, 常常会遇到积分区间为无穷区间, 或者被积函数为无界函数的积分, 它们已经不属于前面所讲的定积分. 因此, 对定积分进行推广, 形成无穷积分和瑕积分两种广义积分.

一、 无穷区间上的广义积分

定义 1 设 $f(x)$ 在 $[a,+\infty)$ 上有定义, 且对任意的 $b>a$, $f(x)$ 在区间 $[a,b]$ 上可积, 则称式 $\lim\limits_{b\to+\infty}\int_a^b f(x)\mathrm{d}x$ 为 $f(x)$ 在无穷区间 $[a,+\infty)$ 上的广义积分, 简称**无穷积分**. 记作 $\int_a^{+\infty} f(x)\mathrm{d}x$, 即

$$\int_a^{+\infty} f(x)\mathrm{d}x=\lim_{b\to+\infty}\int_a^b f(x)\mathrm{d}x. \tag{5-1}$$

若上式等号右端的极限存在, 则称无穷积分 $\int_a^{+\infty} f(x)\mathrm{d}x$ **收敛**, 极限值称为无穷积分的值. 否则称其**发散**.

类似地, 可定义 $f(x)$ 在无穷区间 $(-\infty,b)$ 上的广义积分为

$$\int_{-\infty}^b f(x)\mathrm{d}x=\lim_{a\to-\infty}\int_a^b f(x)\mathrm{d}x.$$

若上式等号右端的极限存在, 则称广义积分 $\int_{-\infty}^b f(x)\mathrm{d}x$ **收敛**; 否则称其**发散**. 函数 $f(x)$ 在无穷区间 $(-\infty,+\infty)$ 上的广义积分定义为

$$\int_{-\infty}^{+\infty} f(x)\mathrm{d}x=\int_{-\infty}^c f(x)\mathrm{d}x+\int_c^{+\infty} f(x)\mathrm{d}x,$$

其中 c 为任意实数. 当上式等号右端两个积分都收敛时, 则称其**收敛**; 否则称其**发散**.

例 1 计算无穷积分 $\int_0^{+\infty}\mathrm{e}^{-x}\mathrm{d}x$.

解 $\int_0^{+\infty}\mathrm{e}^{-x}\mathrm{d}x=\lim\limits_{b\to+\infty}\int_0^b\mathrm{e}^{-x}\mathrm{d}x=\lim\limits_{b\to+\infty}\left[-\mathrm{e}^{-x}\right]_0^b=\lim\limits_{b\to+\infty}\left(-\mathrm{e}^{-b}+1\right)=1.$

例 2 计算无穷积分 $\int_{-\infty}^{+\infty}\dfrac{\mathrm{d}x}{1+x^2}$.

解 $$\int_{-\infty}^{+\infty}\frac{\mathrm{d}x}{1+x^2}=\int_{-\infty}^{0}\frac{\mathrm{d}x}{1+x^2}+\int_{0}^{+\infty}\frac{\mathrm{d}x}{1+x^2}$$
$$=\lim_{a\to-\infty}\int_a^0\frac{\mathrm{d}x}{1+x^2}+\lim_{b\to+\infty}\int_0^b\frac{\mathrm{d}x}{1+x^2}$$
$$=\lim_{a\to-\infty}[\arctan x]_a^0+\lim_{b\to+\infty}[\arctan x]_0^b$$
$$=-\lim_{a\to-\infty}\arctan a+\lim_{b\to+\infty}\arctan b$$
$$=-\left(-\frac{\pi}{2}\right)+\frac{\pi}{2}=\pi.$$

这个广义积分值的几何意义: 当 $a\to-\infty, b\to+\infty$ 时, 虽然图 5-5 中阴影部分向左、右无限延伸, 但其面积却有确定的极限值 π. 它是位于曲线 $y=\dfrac{1}{1+x^2}$ 的下方, x 轴上方图形的面积. 如图 5-5 所示.

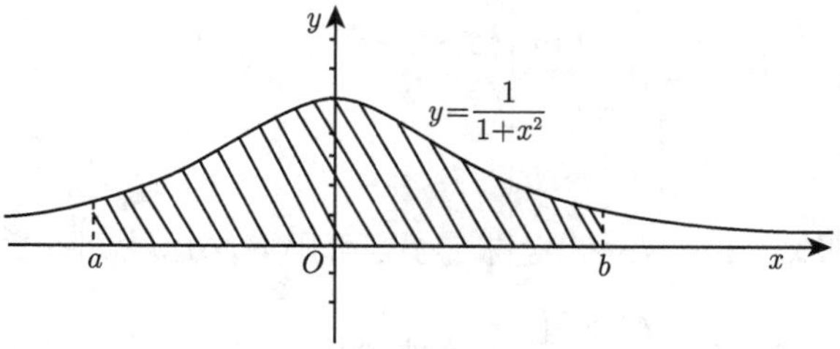

图 5-5

用定义计算广义积分 (或判定其敛散性) 的步骤是

$$\int_a^{+\infty}f(x)\mathrm{d}x=\lim_{b\to+\infty}\int_a^b f(x)\mathrm{d}x=\lim_{b\to+\infty}F(b)-F(a),$$

其中 $F(x)$ 是函数 $f(x)$ 在区间 $[a,+\infty)$ 上的一个原函数. 用记号 $F(x)|_a^{+\infty}$ 表示 $\lim\limits_{b\to+\infty}[F(x)]_a^b$, 则步骤可简化为

$$\int_a^{+\infty}f(x)\mathrm{d}x=F(x)|_a^{+\infty}=\lim_{b\to+\infty}F(b)-F(a).$$

当 $\lim\limits_{x\to+\infty}F(x)$ 存在时, 广义积分 $\displaystyle\int_a^{+\infty}f(x)\mathrm{d}x$ 收敛; 否则广义积分发散. 对广义

积分 $\int_{-\infty}^{b} f(x)\mathrm{d}x$ 也有类似的结果, 即

$$\int_{-\infty}^{b} f(x)\mathrm{d}x = F(x)\Big|_{-\infty}^{b} = F(b) - \lim_{x\to-\infty} F(x),$$

其中 $F(x)$ 是函数 $f(x)$ 在区间 $(-\infty, b]$ 上的一个原函数. 当 $\lim\limits_{x\to-\infty} F(x)$ 存在时, 广义积分 $\int_{-\infty}^{b} f(x)\mathrm{d}x$ 收敛; 否则, 广义积分发散.

例 3　计算无穷积分 $\int_{0}^{+\infty} t\mathrm{e}^{-pt}\mathrm{d}t$, p 是常数, 且 $p>0$.

解　$$\begin{aligned}\int_{0}^{+\infty} t\mathrm{e}^{-pt}\mathrm{d}t &= -\frac{1}{p}\int_{0}^{+\infty} t\mathrm{d}(\mathrm{e}^{-pt}) = -\frac{1}{p}[t\mathrm{e}^{-pt}]_{0}^{+\infty} + \int_{0}^{+\infty} \mathrm{e}^{-pt}\mathrm{d}t \\ &= -\frac{1}{p}t\,\mathrm{e}^{-pt}\Big|_{0}^{+\infty} - \frac{1}{p^2}\,\mathrm{e}^{-pt}\Big|_{0}^{+\infty} \\ &= -\frac{1}{p}(\lim_{t\to+\infty} t\mathrm{e}^{-pt} - 0) - \frac{1}{p^2}(0-1) \\ &= \frac{1}{p^2}.\end{aligned}$$

注意上式中极限 $\lim\limits_{t\to+\infty} t\mathrm{e}^{-pt}$ 是未定式, 可用洛必达法则计算.

例 4　讨论无穷积分 $\int_{1}^{+\infty} \frac{1}{x^p}\mathrm{d}x$ 的收敛性.

解　当 $p=1$ 时, $\int_{1}^{+\infty} \frac{1}{x}\mathrm{d}x = \ln|x|\,\Big|_{1}^{+\infty} = +\infty$;

当 $p\neq 1$ 时, $\int_{1}^{+\infty} \frac{1}{x^p}\mathrm{d}x = \left[\frac{x^{1-p}}{1-p}\right]_{1}^{+\infty} = \begin{cases} +\infty, & p<1, \\ \dfrac{1}{p-1}, & p>1. \end{cases}$

因此, 当 $p\leqslant 1$ 时, 该积分发散; 当 $p>1$ 时, 该积分收敛, 其值为 $\frac{1}{p-1}$.

二、 无界函数的积分

定义 2　设函数 $f(x)$ 在区间 $(a,b]$ 上连续, 在端点 a 处间断, 且 $\lim\limits_{x\to a^+} f(x) = \infty$, 则称式 $\lim\limits_{\varepsilon\to0^+}\int_{a+\varepsilon}^{b} f(x)\mathrm{d}x$ 为无界函数 $f(x)$ 在 $(a,b]$ 上的广义积分, 记为 $\int_{a}^{b} f(x)\mathrm{d}x$, 即

$$\int_a^b f(x)\mathrm{d}x = \lim_{\varepsilon\to 0^+}\int_{a+\varepsilon}^b f(x)\mathrm{d}x. \tag{5-2}$$

若上式等号右端极限存在，则称此无界函数的广义积分**收敛**；否则，称为**发散**.

类似地，若函数 $f(x)$ 在区间 $[a,b)$ 上连续，点 b 是函数 $f(x)$ 的无穷间断点，则称式 $\lim\limits_{\varepsilon\to 0^+}\int_a^{b-\varepsilon} f(x)\mathrm{d}x$ 为无界函数 $f(x)$ 在 $[a,b)$ 上的广义积分，记为 $\int_a^b f(x)\mathrm{d}x$，即

$$\int_a^b f(x)\mathrm{d}x = \lim_{\varepsilon\to 0^+}\int_a^{b-\varepsilon} f(x)\mathrm{d}x.$$

若上式等号右端极限存在，则称为**收敛**；否则称为**发散**.

如果函数在 $f(x)$ 在区间 $[a,c)$ 和 $(c,b]$ 连续，则称广义积分 $\int_a^c f(x)\mathrm{d}x$ 与 $\int_c^b f(x)\mathrm{d}x$ 的和为函数 $f(x)$ 在区间 $[a,b]$ 上的广义积分，仍记为 $\int_a^b f(x)\mathrm{d}x$. 若广义积分 $\int_a^c f(x)\mathrm{d}x$ 与 $\int_c^b f(x)\mathrm{d}x$ 都收敛，则称广义积分 $\int_a^b f(x)\mathrm{d}x$ **收敛**；否则，称其**发散**.

上述无界函数的广义积分也称为**瑕积分**，无界函数的无穷间断点也称为**瑕点**. 瑕积分与定积分的记号虽然一样，但其含义不同. 因此，在计算时，首先要考察是定积分还是瑕积分，若是瑕积分，则要按瑕积分的定义计算或判断其敛散性.

例 5 计算瑕积分 $\int_0^1 \frac{1}{\sqrt{x}}\mathrm{d}x$.

解 $x=0$ 是瑕点，于是

$$\int_0^1 \frac{1}{\sqrt{x}}\mathrm{d}x = \lim_{\varepsilon\to 0^+}\int_\varepsilon^1 \frac{1}{\sqrt{x}}\mathrm{d}x = \lim_{\varepsilon\to 0^+}\left[2\sqrt{x}\right]_\varepsilon^1 = \lim_{\varepsilon\to 0^+}\left(2-2\sqrt{\varepsilon}\right) = 2.$$

例 6 计算瑕积分 $\int_{-1}^1 \frac{\mathrm{d}x}{x^2}$.

解 $x=0$ 是瑕点，于是

$$\int_{-1}^1 \frac{\mathrm{d}x}{x^2} = \int_{-1}^0 \frac{\mathrm{d}x}{x^2} + \int_0^1 \frac{\mathrm{d}x}{x^2} = \lim_{\varepsilon_1\to 0^+}\int_{-1}^{0-\varepsilon_1} \frac{\mathrm{d}x}{x^2} + \lim_{\varepsilon_2\to 0^+}\int_{0+\varepsilon_2}^1 \frac{\mathrm{d}x}{x^2},$$

由于 $\int_{-1}^0 \frac{\mathrm{d}x}{x^2} = \lim\limits_{\varepsilon_1\to 0^+}\int_{-1}^{0-\varepsilon_1} \frac{\mathrm{d}x}{x^2} = \lim\limits_{\varepsilon_1\to 0^+}\left(\frac{1}{\varepsilon_1}-1\right) = +\infty$，所以 $\int_{-1}^1 \frac{\mathrm{d}x}{x^2}$ 发散 (只要其中一个极限不存在，即可判断为发散).

注意, 本例如果疏忽了 $x=0$ 是瑕点, 就会得到错误结果:

$$\int_{-1}^{1}\frac{\mathrm{d}x}{x^2}=\left[-\frac{1}{x}\right]_{-1}^{1}=-1-1=-2.$$

例 7 计算瑕积分 $\displaystyle\int_0^a\frac{\mathrm{d}x}{\sqrt{a^2-x^2}}, a>0$.

解 $x=a$ 是瑕点, 于是

$$\begin{aligned}\int_0^a\frac{1}{\sqrt{a^2-x^2}}\mathrm{d}x&=\lim_{\varepsilon\to 0^+}\int_0^{a-\varepsilon}\frac{1}{\sqrt{a^2-x^2}}\mathrm{d}x\\&=\lim_{\varepsilon\to 0^+}\arcsin\frac{x}{a}\Big|_0^{a-\varepsilon}\\&=\lim_{\varepsilon\to 0^+}\left(\arcsin\frac{a-\varepsilon}{a}-0\right)\\&=\arcsin 1=\frac{\pi}{2}.\end{aligned}$$

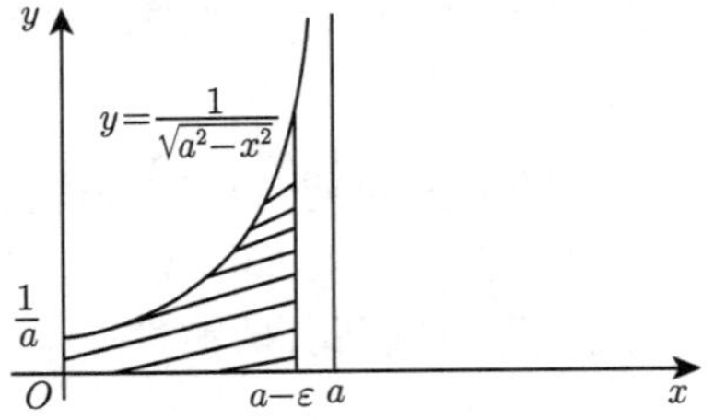

图 5-6

这个瑕积分值的几何意义是: 位于曲线 $\dfrac{1}{\sqrt{a^2-x^2}}$ 之下、x 轴之上, 直线 $x=0$ 与 $x=a$ 间的图形的面积, 如图 5-6 所示.

例 8 证明瑕积分 $\displaystyle\int_0^1\frac{1}{x^q}\mathrm{d}x$ 当 $0<q<1$ 时收敛, $q\geqslant 1$ 时发散.

证 当 $q=1$ 时, $\displaystyle\int_0^1\frac{1}{x}\mathrm{d}x=\lim_{\varepsilon\to 0^+}\int_{0+\varepsilon}^1\frac{1}{x}\mathrm{d}x=\lim_{\varepsilon\to 0^+}\ln|x|\,\Big|_\varepsilon^1=\lim_{\varepsilon\to 0^+}(0-\ln\varepsilon)=+\infty$;

当 $q\neq 1$ 时, $\displaystyle\int_0^1\frac{1}{x^q}\mathrm{d}x=\lim_{\varepsilon\to 0^+}\int_{0+\varepsilon}^1\frac{1}{x^q}\mathrm{d}x=\lim_{\varepsilon\to 0^+}\frac{x^{1-q}}{1-q}\Bigg|_\varepsilon^1=\lim_{\varepsilon\to +0}\left(\frac{1}{1-q}-\frac{\varepsilon^{1-q}}{1-q}\right)=\begin{cases}\dfrac{1}{1-q}, & q<1,\\ +\infty, & q>1.\end{cases}$

所以, 当 $0<q<1$ 时, 瑕积分收敛, 其值为 $\dfrac{1}{1-q}$; 当 $q\geqslant 1$ 时, 瑕积分发散.

习 题 5-5

1. 讨论下列广义积分的收敛性, 若收敛, 求其值:

(1) $\displaystyle\int_1^{+\infty}\frac{1}{x^4}\mathrm{d}x$;　　(2) $\displaystyle\int_1^{+\infty}\frac{1}{\sqrt{x}}\mathrm{d}x$;　　(3) $\displaystyle\int_0^{+\infty}\mathrm{e}^{-\lambda x}\mathrm{d}x, \lambda>0$;

(4) $\int_{-\infty}^{0}\frac{\mathrm{d}x}{x^2+2x+2}$;　(5) $\int_{-\infty}^{+\infty}\frac{2x}{x^2+1}\mathrm{d}x$;　(6) $\int_{\mathrm{e}}^{+\infty}\frac{\mathrm{d}x}{x(\ln x)^2}$;

(7) $\int_{0}^{+\infty}\mathrm{e}^{-\sqrt{x}}\mathrm{d}x$;　(8) $\int_{-1}^{8}\frac{\mathrm{d}x}{\sqrt[3]{x^2}}$;　(9) $\int_{-1}^{1}\frac{\mathrm{d}x}{x^4}$;

(10) $\int_{0}^{1}\frac{x}{\sqrt{1-x^2}}\mathrm{d}x$;　(11) $\int_{1}^{\mathrm{e}}\frac{1}{x\sqrt{1-(\ln x)^2}}\mathrm{d}x$;　(12) $\int_{0}^{1}\frac{x^2\arcsin x}{\sqrt{1-x^2}}\mathrm{d}x$.

2. 当 k 为何值时, 判断积分 $\int_{2}^{+\infty}\frac{1}{x(\ln x)^k}\mathrm{d}x$ 是否收敛? 当 k 为何值时积分发散?

3. 证明瑕积分 $\int_{a}^{b}\frac{\mathrm{d}x}{(x-a)^p}\ (a<b)$ 当 $0<p<1$ 时收敛; 当 $p\geqslant 1$ 时发散.

4. 若广义积分 $\int_{0}^{+\infty}\frac{\mathrm{d}x}{x^a(1+x)^b}$ 收敛, 求 a,b 的取值范围.

5. 计算广义积分 $\int_{0}^{+\infty}\frac{\ln x}{x^2+a^2}\mathrm{d}x, a>0$.

*第六节　广义积分的审敛法　Γ 函数

对广义积分来说, 判断敛散性是一个重要的问题, 如果发散, 则不必计算. 利用定义判断广义积分的敛散性比较困难. 本节将给出不依赖于定义判定敛散性的方法.

一、 无穷限广义积分的审敛法

定理 1 (比较判别法)　设 $f(x)$ 和 $g(x)$ 是定义在 $[a,+\infty)$ 上的非负连续函数, 且 $f(x)\leqslant g(x)$, 则

(1) 若 $\int_{a}^{+\infty}g(x)\mathrm{d}x$ 收敛, 则广义积分 $\int_{a}^{+\infty}f(x)\mathrm{d}x$ 收敛;

(2) 若 $\int_{a}^{+\infty}f(x)\mathrm{d}x$ 发散, 则广义积分 $\int_{a}^{+\infty}g(x)\mathrm{d}x$ 发散.

证　(1) 设 $a<t<+\infty$, 由条件 $0\leqslant f(x)\leqslant g(x)$ 及 $\int_{a}^{+\infty}g(x)\mathrm{d}x$ 收敛, 得

$$\int_{a}^{t}f(x)\mathrm{d}x\leqslant\int_{a}^{t}g(x)\mathrm{d}x\leqslant\int_{a}^{+\infty}g(x)\mathrm{d}x,$$

因此, $\int_{a}^{b}f(x)\mathrm{d}x$ 是关于上限 t 的单调有界函数, 因此 $\lim\limits_{t\to\infty}\int_{a}^{t}f(x)\mathrm{d}x$ 存在, 即 $\int_{a}^{+\infty}f(x)\mathrm{d}x$ 收敛.

(2) 利用反证法及 (1) 可证.

例 1　判断 $\int_{1}^{+\infty}\frac{1}{\sqrt{x^3+1}}\mathrm{d}x$ 的敛散性.

解 由 $\dfrac{1}{\sqrt{x^3+1}} < \dfrac{1}{x^{\frac{3}{2}}}$ 及 $\displaystyle\int_1^{+\infty} \frac{1}{x^{\frac{3}{2}}}\mathrm{d}x = \left[-\frac{2}{\sqrt{x}}\right]_1^{+\infty} = 2$, 再结合定理 1 可得 $\displaystyle\int_1^{+\infty} \frac{1}{\sqrt{x^3+1}}\mathrm{d}x$ 收敛.

定理 2 (柯西判别法) 设 $f(x)$ 是定义在 $[a,+\infty)$ 上的非负连续函数, 若存在常数 $p>1$, 使得 $\lim\limits_{x\to+\infty} x^p f(x)$ 存在, 则广义积分 $\displaystyle\int_a^{+\infty} f(x)\mathrm{d}x$ 收敛; 若存在常数 $p\leqslant 1$, 使得 $\lim\limits_{x\to+\infty} x^p f(x) = l > 0$ (或 $+\infty$), 则广义积分 $\displaystyle\int_a^{+\infty} f(x)\mathrm{d}x$ 发散.

例 2 判断广义积分 $\displaystyle\int_0^{+\infty} \mathrm{e}^{-x^2}\mathrm{d}x$ 的敛散性.

解 由于 $\lim\limits_{x\to+\infty} x^2\cdot \mathrm{e}^{-x^2} = 0$, 根据柯西判别法, 广义积分 $\displaystyle\int_0^{+\infty} \mathrm{e}^{-x^2}\mathrm{d}x$ 收敛.

例 3 判断广义积分 $\displaystyle\int_1^{+\infty} \frac{\arctan x}{x}\mathrm{d}x$ 的敛散性.

解 由于 $\lim\limits_{x\to+\infty} x\cdot\dfrac{\arctan x}{x} = \dfrac{\pi}{2}$, 根据柯西判别法, 广义积分 $\displaystyle\int_1^{+\infty} \frac{\arctan x}{x}\mathrm{d}x$ 发散.

例 4 讨论广义积分 $\displaystyle\int_2^{+\infty} \frac{1}{x^a \ln x}\mathrm{d}x\ (a>0)$ 的敛散性.

解 当 $a=1$ 时, $\displaystyle\int_2^{+\infty} \frac{1}{x\ln x}\mathrm{d}x = \int_2^{+\infty} \frac{1}{\ln x}\mathrm{d}\ln x = [\ln(\ln x)]_2^{+\infty} = +\infty$, 因此广义积分发散;

当 $a>1$ 时, 由于 $\lim\limits_{x\to+\infty} x^a\cdot\dfrac{1}{x^a\ln x} = \lim\limits_{x\to+\infty}\dfrac{1}{\ln x} = 0$, 根据柯西判别法, 广义积分收敛; 当 $0<a<1$ 时, 由于 $\lim\limits_{x\to+\infty} x^{\frac{a+1}{2}}\cdot\dfrac{1}{x^a\ln x} = \lim\limits_{x\to+\infty}\dfrac{x^{\frac{1-a}{2}}}{\ln x} = -\infty$, 根据柯西判别法, 广义积分发散.

当函数 $f(x)$ 在所讨论的区间上变号时, 我们有如下结论.

定理 3 设 $f(x)$ 是定义在 $[a,+\infty)$ 上的连续函数, 若 $\displaystyle\int_a^{+\infty} |f(x)|\mathrm{d}x$ 收敛, 则广义积分 $\displaystyle\int_a^{+\infty} f(x)\mathrm{d}x$ 也收敛, 并称 $\displaystyle\int_a^{+\infty} f(x)\mathrm{d}x$ 绝对收敛.

例 5 判断广义积分 $\displaystyle\int_1^{+\infty} \frac{\sin x}{x\sqrt{1+x^2}}\mathrm{d}x$ 的敛散性.

解 因为 $\left|\dfrac{\sin x}{x\sqrt{1+x^2}}\right| \leqslant \dfrac{1}{x^2}$, 又 $\displaystyle\int_1^{+\infty}\frac{1}{x^2}\mathrm{d}x$ 收敛, 根据比较判别法, 广义积分 $\displaystyle\int_1^{+\infty}\frac{\sin x}{x\sqrt{1+x^2}}\mathrm{d}x$ 绝对收敛.

二、 无界函数广义积分的审敛法

对于无界函数的广义积分, 也有类似结论.

定理 4 (比较判别法) 设 $f(x)$ 和 $g(x)$ 是定义在 $(a,b]$ 上的非负连续函数, $\lim\limits_{x\to a^+} f(x)=+\infty$, 且 $f(x)\leqslant g(x)$, 则

(1) 若 $\displaystyle\int_a^b g(x)\mathrm{d}x$ 收敛, 则广义积分 $\displaystyle\int_a^b f(x)\mathrm{d}x$ 收敛;

(2) 若 $\displaystyle\int_a^b f(x)\mathrm{d}x$ 发散, 则广义积分 $\displaystyle\int_a^b g(x)\mathrm{d}x$ 发散.

定理 5 (柯西判别法) 设 $f(x)$ 是定义在 $(a,b]$ 上的非负连续函数, $\lim\limits_{x\to a^+} f(x)=+\infty$. 若存在常数 $0<q<1$, 使得 $\lim\limits_{x\to a^+}(x-a)^q f(x)$ 存在, 则广义积分 $\displaystyle\int_a^b f(x)\mathrm{d}x$ 收敛; 若存在常数 $q\geqslant 1$, 使得 $\lim\limits_{x\to+\infty} x^p f(x)=l>0$ (或 $+\infty$), 则广义积分 $\displaystyle\int_a^b f(x)\mathrm{d}x$ 发散.

例 6 判断广义积分 $\displaystyle\int_1^{\sqrt{2}}\frac{\mathrm{d}x}{x\sqrt{x^2-1}}$ 的敛散性.

解 因为 $\lim\limits_{x\to1^+}(x-1)^{\frac{1}{2}}\cdot\dfrac{1}{x\sqrt{x^2-1}}=\lim\limits_{x\to1^+}\dfrac{1}{x\sqrt{x+1}}=\dfrac{1}{\sqrt{2}}$, 所以利用定理 5 (柯西判别法), 广义积分 $\displaystyle\int_1^{\sqrt{2}}\frac{\mathrm{d}x}{x\sqrt{x^2-1}}$ 收敛.

例 7 判断广义积分 $\displaystyle\int_1^2\frac{\mathrm{d}x}{\ln x}$ 的敛散性.

解 因为 $\lim\limits_{x\to1^+}(x-1)\cdot\dfrac{1}{\ln x}=1$, 所以利用定理 5 (柯西判别法), 广义积分 $\displaystyle\int_1^{\sqrt{2}}\frac{\mathrm{d}x}{x\sqrt{x^2-1}}$ 发散.

对于无界函数的广义积分, 当被积函数在所讨论的区间上变号时, 也有与定理 3 类似的结论, 在此不再赘述.

例 8 判断广义积分 $\displaystyle\int_0^1\frac{1}{\sqrt{x}}\sin\frac{1}{x}\mathrm{d}x$ 的敛散性.

解 因为 $\left|\frac{1}{\sqrt{x}}\sin\frac{1}{x}\right| \leqslant \frac{1}{\sqrt{x}}$, 而 $\int_0^1 \frac{1}{\sqrt{x}}\mathrm{d}x$ 收敛, 根据比较判别法, 广义积分 $\int_0^1 \frac{1}{\sqrt{x}}\sin\frac{1}{x}\mathrm{d}x$ 绝对收敛.

例 9 讨论广义积分 $\int_0^{+\infty} x^{s-1}\mathrm{e}^{-x}\mathrm{d}x\ (s>0)$ 的敛散性.

解 这是一个无穷区间上的广义积分, 当 $s-1<0$ 时, 又是以 $x=0$ 为瑕点的无界函数广义积分, 故具有双重广义性. 我们将其分为两个积分, 分别讨论如下:

对于积分 $\int_0^1 x^{s-1}\mathrm{e}^{-x}\mathrm{d}x$, 当 $s\geqslant 1$ 时, 为常义积分; 当 $0<s<1$ 时, 为无界函数的广义积分, 由于 $x^{s-1}\mathrm{e}^{-x} < \frac{1}{x^{1-s}}$, 又 $1-s<1$, 所以 $\int_0^1 x^{s-1}\mathrm{e}^{-x}\mathrm{d}x$ 收敛.

对于无穷区间上的广义积分 $\int_1^{+\infty} x^{s-1}\mathrm{e}^{-x}\mathrm{d}x$, 由于 $\lim\limits_{x\to\infty} x^2\cdot\left(x^{s-1}\mathrm{e}^{-x}\right) = \lim\limits_{x\to\infty}\frac{x^{s+1}}{\mathrm{e}^x}=0$, 由定理 2 可知 $\int_1^{+\infty} x^{s-1}\mathrm{e}^{-x}\mathrm{d}x$ 收敛.

因此, 当 $s>0$ 时, 广义积分 $\int_0^{+\infty} x^{s-1}\mathrm{e}^{-x}\mathrm{d}x = \int_0^1 x^{s-1}\mathrm{e}^{-x}\mathrm{d}x + \int_1^{+\infty} x^{s-1}\mathrm{e}^{-x}\mathrm{d}x$ 收敛.

三、 Γ 函数

由例 9 知, 广义积分 $\int_0^{+\infty} x^{s-1}\mathrm{e}^{-x}\mathrm{d}x\ (s>0)$ 收敛, 由它确定的参数 s 的函数, 称为 **Γ 函数**, 记作 $\Gamma(s)$, 即

$$\Gamma(s) = \int_0^{+\infty} x^{s-1}\mathrm{e}^{-x}\mathrm{d}x, \quad s>0.$$

它在概率论与数理统计中有着重要的应用. Γ 函数的图形如图 5-7 所示.

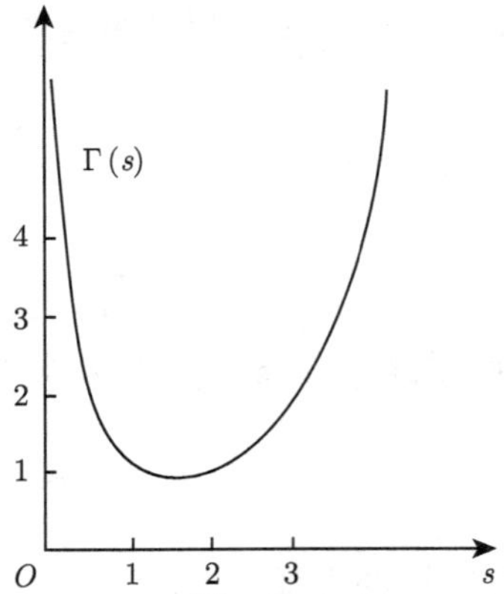

图 5-7

Γ 函数有如下重要性质.

(1) 递推公式

$$\Gamma(s) = (s-1)\Gamma(s-1) \quad (s>1).$$

事实上,

$$\Gamma(s) = \int_0^{+\infty} x^{s-1}\mathrm{e}^{-x}\mathrm{d}x = -x^{s-1}\mathrm{e}^{-x}\Big|_0^{+\infty} + (s-1)\int_0^{+\infty} x^{s-2}\mathrm{e}^{-x}\mathrm{d}x$$

$$= (s-1)\Gamma(s-1).$$

当 $s = n+1 (n \in \mathbf{N})$ 时, 有

$$\Gamma(n+1) = n\Gamma(n) = n(n-1)\Gamma(n-1) = \cdots = n!\Gamma(1).$$

又 $\Gamma(1) = \int_0^{+\infty} \mathrm{e}^{-x}\mathrm{d}x = 1$, 所以 $\Gamma(n+1) = n!$.

(2) 余元公式:

$$\Gamma(s)\Gamma(1-s) = \frac{\pi}{\sin \pi s}, \quad 0 < s < 1.$$

当 $s = \frac{1}{2}$ 时, 由余元公式得 $\Gamma\left(\frac{1}{2}\right) = \sqrt{\pi}$.

(3) 当 $s \to 0^+$ 时, $\Gamma(s) \to +\infty$.

事实上, 因为 $\Gamma(s) = \frac{\Gamma(s+1)}{s}$, $\Gamma(1) = 1$, 所以当 $s \to 0^+$ 时, $\Gamma(s) \to +\infty$.

(4) 在 $\Gamma(s) = \int_0^{+\infty} x^{s-1}\mathrm{e}^{-x}\mathrm{d}x$ 中, 作代换 $x = u^2$, 有

$$\Gamma(s) = 2\int_0^{+\infty} u^{2s-1}\mathrm{e}^{-u^2}\mathrm{d}x. \tag{6-1}$$

再令 $2s - 1 = t$, 则 $s = \frac{1+t}{2}$, 即有

$$\int_0^{+\infty} u^t \mathrm{e}^{-u^2}\mathrm{d}x = \frac{1}{2}\Gamma\left(\frac{1+t}{2}\right), \quad t > -1. \tag{6-2}$$

(6-2) 左端是应用上常见的积分, 它的值可通过 (6-2) 用 Γ 函数计算出来. 在 (6-1) 中, 令 $s = \frac{1}{2}$, 得 $2\int_0^{+\infty} \mathrm{e}^{-u^2}\mathrm{d}x = \Gamma\left(\frac{1}{2}\right) = \sqrt{\pi}$. 从而

$$\int_0^{+\infty} \mathrm{e}^{-u^2}\mathrm{d}x = \frac{\sqrt{\pi}}{2}. \tag{6-3}$$

上式左端的积分是在概率论中常用的积分.

习 题 5-6

1. 判断下列广义积分的敛散性.

(1) $\displaystyle\int_0^{+\infty}\frac{x^2}{x^4+x^2+1}\mathrm{d}x$; (2) $\displaystyle\int_1^{+\infty}\frac{x}{2x^3-1}\mathrm{d}x$; (3) $\displaystyle\int_1^{+\infty}\sin\frac{1}{x^2}\mathrm{d}x$;

(4) $\displaystyle\int_0^{+\infty}\frac{1}{1+x\,|\sin x|}\mathrm{d}x$; (5) $\displaystyle\int_0^{1}\frac{\arcsin x}{\sqrt{x+x^2}}\mathrm{d}x$; (6) $\displaystyle\int_1^{2}\frac{\mathrm{d}x}{(\ln x)^3}$;

(7) $\displaystyle\int_0^{1}\frac{x}{\sqrt{1-x^4}}\mathrm{d}x$; (8) $\displaystyle\int_0^{1}\frac{\mathrm{d}x}{\mathrm{e}^x-1}$.

2. 用 Γ 函数表示下列定积分, 并指出这些积分的收敛范围:

(1) $\displaystyle\int_0^{+\infty}\mathrm{e}^{-x^n}\mathrm{d}x\,(n>0)$; (2) $\displaystyle\int_0^{1}\left(\ln\frac{1}{x}\right)^p\mathrm{d}x$; (3) $\displaystyle\int_0^{+\infty}x^m\mathrm{e}^{-x^n}\mathrm{d}x\,(n\neq 0)$.

3. 证明 $\Gamma\left(\dfrac{2k+1}{2}\right)=\dfrac{1\cdot 3\cdot 5\cdot\cdots\cdot(2k-1)\sqrt{\pi}}{2^k}$, 其中 k 为自然数.

本章小结

第五章总习题

1. 填空题:

(1) 函数 $f(x)$ 在 $[a,b]$ 上有界是 $f(x)$ 在 $[a,b]$(常义) 可积的____________ 条件, 而 $f(x)$ 在 $[a,b]$ 上连续是 $f(x)$ 在 $[a,b]$ 可积的____________ 条件.

(2) 绝对收敛的广义积分 $\displaystyle\int_a^{+\infty}f(x)\mathrm{d}x$ 一定是____________.

2. 选择题:

(1) 设在区间 $[a,b]$ 上 $f(x)>0$, $f'(x)<0$, $f''(x)>0$, 令 $S_1=\displaystyle\int_a^b f(x)\mathrm{d}x$, $S_2=f(b)(b-a)$, $S_3=\dfrac{1}{2}[f(a)+f(b)](b-a)$, 则应有 ( ).

(A) $S_1<S_2<S_3$ (B) $S_2<S_1<S_3$ (C) $S_3<S_1<S_2$ (D) $S_2<S_3<S_1$

(2) 设 $M=\displaystyle\int_{-\frac{\pi}{2}}^{\frac{\pi}{2}}\frac{\sin x}{1+x^2}\cos^4 x\mathrm{d}x$, $N=\displaystyle\int_{-\frac{\pi}{2}}^{\frac{\pi}{2}}(\sin^2 x+\cos^4 x)\mathrm{d}x$, $P=\displaystyle\int_{-\frac{\pi}{2}}^{\frac{\pi}{2}}(x^2\sin^3 x-\cos^4 x)\mathrm{d}x$, 则有 ( ).

(A) $N<P<M$ (B) $M<P<N$ (C) $N<M<P$ (D) $P<M<N$

(3) 设 $f(x)$ 连续, 则 $\dfrac{\mathrm{d}}{\mathrm{d}x}\displaystyle\int_0^x tf(x^2-t^2)\mathrm{d}t=$ ( ).

(A) $xf(x^2)$ (B) $-xf(x^2)$ (C) $2xf(x^2)$ (D) $-2xf(x^2)$

(4) 下列无穷限广义积分收敛的是 ( ).

(A) $\int_{-\infty}^{+\infty} \sin x \mathrm{d}x$ (B) $\int_{1}^{+\infty} \frac{\mathrm{d}x}{\sqrt{x}}$ (C) $\int_{-\infty}^{0} \mathrm{e}^{x} \mathrm{d}x$ (D) $\int_{0}^{+\infty} \frac{x^2}{1+x^3} \mathrm{d}x$

3. 计算下列极限:

(1) $\lim\limits_{n\to+\infty} \left(\frac{n}{n^2+1}+\frac{n}{n^2+2^2}+\cdots+\frac{n}{n^2+n^2}\right)$;

(2) $\lim\limits_{n\to+\infty} \frac{1^p+2^p+\cdots+n^p}{n^{p+1}}, p>0$;

(3) $\lim\limits_{x\to a} \frac{x}{x-a}\int_a^x f(t)\mathrm{d}t$, 其中 $f(x)$ 连续;

(4) $\lim\limits_{x\to+\infty} \frac{\int_0^x (\arctan t)^2 \mathrm{d}t}{\sqrt{x^2+1}}$.

4. 设 $f(x)=\begin{cases} \mathrm{e}^{2x}, & 0\leqslant x\leqslant 1, \\ \frac{x}{1+x^2}, & 1<x\leqslant 2, \end{cases}$ 求 $\int_0^x f(t)\mathrm{d}t$.

5. 下列计算是否正确? 试说明理由:

(1) $\int_{-1}^{1} \frac{\mathrm{d}x}{1+x^2} = -\int_{-1}^{1} \frac{\mathrm{d}\left(\frac{1}{x}\right)}{1+\left(\frac{1}{x^2}\right)} = \left[-\arctan\frac{1}{x}\right]_{-1}^{1} = -\frac{\pi}{2}$;

(2) 因为 $\int_{-1}^{1} \frac{\mathrm{d}x}{x^2+x+1} = -\int_{-1}^{1} \frac{\mathrm{d}t}{t^2+t+1}$, 其中 $x=\frac{1}{t}$, 所以 $\int_{-1}^{1} \frac{\mathrm{d}x}{x^2+x+1}=0$;

(3) $\int_{-\infty}^{+\infty} \frac{x}{1+x^2}\mathrm{d}x = \lim\limits_{A\to+\infty} \int_{-A}^{A} \frac{x}{1+x^2}\mathrm{d}x = 0$.

6. 设 $f(x), g(x)$ 在区间 $[a,b]$ 连续, 证明:

(1) $\left(\int_a^b f(x)g(x)\mathrm{d}x\right)^2 \leqslant \int_a^b f^2(x)\mathrm{d}x \cdot \int_a^b g^2(x)\mathrm{d}x$ (柯西–施瓦茨不等式);

(2) $\left(\int_a^b [f(x)+g(x)]^2 \mathrm{d}x\right)^{\frac{1}{2}} \leqslant \left[\int_a^b f^2(x)\mathrm{d}x\right]^{\frac{1}{2}} + \left[\int_a^b g^2(x)\mathrm{d}x\right]^{\frac{1}{2}}$ (闵可夫斯基不等式).

7. 设 $f(x)$ 在区间 $[a,b]$ 连续, 且 $f(x)>0$, 证明 $\int_a^b f(x)\mathrm{d}x \cdot \int_a^b \frac{1}{f(x)}\mathrm{d}x \geqslant (b-a)^2$.

8. 计算下列积分:

(1) $\int_0^{\frac{\pi}{2}} \frac{x+\sin x}{1+\cos x}\mathrm{d}x$;

(2) $\int_0^{\frac{\pi}{4}} \ln(1+\tan x)\mathrm{d}x$;

(3) $\int_0^a \frac{\mathrm{d}x}{x+\sqrt{a^2-x^2}}$;

(4) $\int_0^{\frac{\pi}{2}} \sqrt{1-\sin 2x}\mathrm{d}x$;

(5) 已知函数 $f(x)=\int_1^x \sqrt{1+t^4}\mathrm{d}t$, 求 $\int_0^1 x^2 f(x)\mathrm{d}x$;

(6) 已知 $f(x)=\int_1^x \frac{\ln(t+1)}{t}\mathrm{d}t$, 求 $\int_0^1 \frac{f(x)}{\sqrt{x}}\mathrm{d}x$;

(7) 设连续函数 $f(x)$ 满足 $f(x+2)-f(x)=x$, 且 $\int_0^2 f(x)\mathrm{d}x=0$, 求 $\int_1^3 f(x)\mathrm{d}x$.

9. 设 $f(x)$ 是连续函数, 证明 $\int_0^x f(t)(x-t)\mathrm{d}t = \int_0^x \left[\int_0^t f(u)\mathrm{d}u\right]\mathrm{d}t$.

10. 设 $f(x)$ 是 $[a,b]$ 上的连续函数, 且 $f(x)>0$, $F(x)=\int_a^x f(t)\mathrm{d}t+\int_b^x \frac{1}{f(t)}\mathrm{d}t$, 证明:

(1) $F'(x)\geqslant 2$;

(2) 方程在区间 (a,b) 内有且只有一个根.

11. 设 $f(x)=\begin{cases}\dfrac{1}{1+x}, & x\geqslant 0,\\ \dfrac{1}{1+\mathrm{e}^x}, & x<0,\end{cases}$ 求 $\int_0^2 f(x-1)\mathrm{d}x$.

12. 设 $f(x)$ 在区间 $[a,b]$ 上连续, $g(x)$ 在区间 $[a,b]$ 上连续且不变号, 证明至少存在一点 $\xi\in[a,b]$, 使得

$$\int_a^b f(x)g(x)\mathrm{d}x = f(\xi)\int_a^b g(x)\mathrm{d}x \quad (积分第一中值定理).$$

13. 设 $f(x)$ 在 $(-\infty,+\infty)$ 内可导, 且 $f(x)>0$, $f(0)=0$, $f(a)=b$, $g(x)$ 是 $f(x)$ 的反函数, 证明:

$$\int_0^a f(x)\mathrm{d}x+\int_0^b g(x)\mathrm{d}x = ab.$$

14. 设函数 $f(x)$ 有二阶导数, $f'(0)=f'(1)$, $|f''(x)|\leqslant 1$, 证明:

$$\left|\int_0^1 f(x)\mathrm{d}x-\frac{f(0)+f(1)}{2}\right|\leqslant \frac{1}{12}.$$

15. 设 $x>0$ 时 $f(x)$ 可导, 且 $f(x)=1+\int_1^x \frac{1}{x}f(t)\mathrm{d}t$, 求 $f(x)$.

16. 设 $F(x)=\int_a^x (x-t)^2 f(t)\mathrm{d}t$, 证明: $F'(x)=2\int_a^x (x-t)f(t)\mathrm{d}t$.

*17. 判断下列广义积分的敛散性:

(1) $\int_0^{+\infty}\frac{\sin x}{\sqrt{x^3}}\mathrm{d}x$;

(2) $\int_2^{+\infty}\frac{\mathrm{d}x}{x\sqrt[3]{x^2-3x+2}}$;

(3) $\int_2^{+\infty}\frac{\cos x}{\ln x}\mathrm{d}x$;

(4) $\int_0^{+\infty}\frac{\mathrm{d}x}{\sqrt[3]{x^2(x-1)(x-2)}}$.

*18. 计算下列广义积分:

(1) $\int_0^{+\infty}\frac{\mathrm{d}x}{x^2+2x+2}$;

(2) $\int_1^{+\infty}\frac{\ln x}{(1+x)^2}\mathrm{d}x$;

(3) $\int_0^{\frac{\pi}{2}}\ln(\sin x)\mathrm{d}x$;

(4) $\int_0^{+\infty}\frac{\mathrm{d}x}{(1+x^2)(1+x^a)}$, $a\geqslant 0$.

*19. 证明: $\int_0^{+\infty}x^n\mathrm{e}^{-x^2}\mathrm{d}x=\frac{n-1}{2}\int_0^{+\infty}x^{n-2}\mathrm{e}^{-x^2}\mathrm{d}x$, 其中 n 是大于 1 的正整数, 并用其证明

$$\int_0^{+\infty}x^{2n+1}\mathrm{e}^{-x^2}\mathrm{d}x=\frac{1}{2}\Gamma(n+1),\quad n\in\mathbf{N}.$$

第六章　定积分的应用

本章将应用前面学习过的定积分理论与方法分析和解决几何、物理的计算. 基本思想方法是定积分的元素法. 利用元素法, 建立一些几何量、物理量的计算公式.

第一节　定积分的元素法

元素法是运用定积分解决实际问题的基本方法. 为了说明这种方法, 我们先回顾一下第五章解决曲边梯形面积问题时所使用的方法.

设 $f(x)$ 在区间 $[a,b]$ 上连续且 $f(x) \geqslant 0$, 以 $y=f(x)$ 为曲边、底为 $[a,b]$ 的曲边梯形面积 $A=\int_a^b f(x)\,\mathrm{d}x$. 其计算的步骤是

(1) 用任意一组分点将 $[a,b]$ 分为长度为 Δx_i $(i=1,2,\cdots,n)$ 的 n 个小区间, 相应地把曲边梯形分成 n 个小的窄曲边梯形, 第 i 个窄曲边梯形的面积设为 ΔA_i, 于是, 有

$$A=\sum_{i=1}^{n}\Delta A_i;$$

(2) 计算 ΔA_i 的近似值

$$\Delta A_i \approx f(\xi_i)\Delta x_i, \quad x_{i-1}\leqslant \xi_i \leqslant x_i;$$

(3) 求和, 得 A 的近似值

$$A\approx \sum_{i=1}^{n} f(\xi_i)\Delta x_i;$$

(4) 求极限, 得

$$A=\lim_{\lambda\to 0}\sum_{i=1}^{n} f(\xi_i)\Delta x_i=\int_a^b f(x)\,\mathrm{d}x.$$

其中 $\lambda=\max\limits_{1\leqslant i\leqslant n}\{\Delta x_i\}$.

步骤 (1) 和 (2) 可以看成将面积 A "化整为零" 局部近似的过程, 步骤 (3) 和 (4) 则是 "集零为整" 求出面积 A 的过程. 之所以能够这样做, 是

首先, 所求量 A(即面积) 与区间 $[a,b]$ 有关, 且关于区间 $[a,b]$ 具有可加性, 即如果把区间 $[a,b]$ 分成许多部分区间, 则所求量相应地分成许多部分量 (即 ΔA_i).

其次, 在将区间 $[a,b]$ 无限细分的过程中, 面积的近似值的极限要存在, 关于极限存在的条件, 这里仅粗略地指出: 只要在无限细分的过程中, 小区间 $[x_{i-1},\ x_i]$ 上面积的部分量与其近似值 $f(\xi_i)\Delta x_i$ 之间相差一个比小区间长度 Δx_i 高阶的无穷小, 这样就可以保证和式的极限存在, 也就有 $A=\int_a^b f(x)\,\mathrm{d}x$. 而这一点通常由 $f(x)$ 在区间 $[a,b]$ 上的连续性来保证.

由以上分析知:

元素法介绍

1. 可得量 U 能表示成定积分的条件

(1) U 是一个与变量 x 的取值区间 $[a,b]$ 有关的量, 且 U 对于区间 $[a,b]$ 具有可加性;

(2) 部分量 ΔU_i 的近似值可表示为 $f(\xi_i)\Delta x_i$, 其中 ξ_i 是 $[x_{i-1},\ x_i]$ 上任意取定的一点, Δx_i 是区间 $[x_{i-1},\ x_i]$ 的长度, 且将 $[a,b]$ 无限细分时, ΔU_i 与 $f(\xi_i)\Delta x_i$ 相差一个比 Δx_i 高阶的无穷小.

2. 量 U 表示成定积分的方法步骤

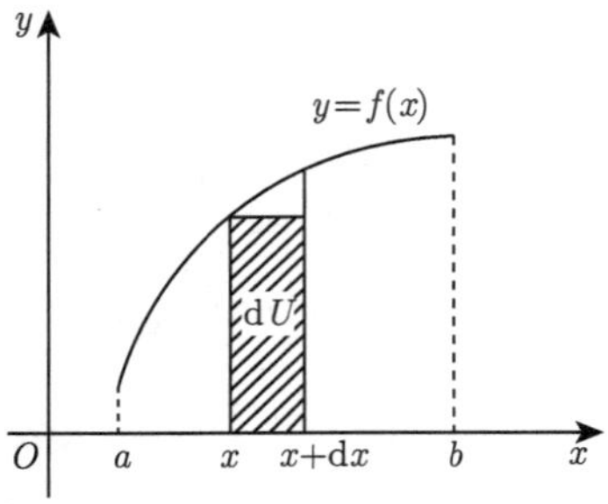

图 6-1

为应用时更加方便高效, 将上述 "四步法" 简化抽象为下列步骤.

(1) **确定积分变量和区间**. 根据实际问题建立适当的坐标系, 选取一个变量 (例如 x) 作为积分变量, 并确定它的变化区间 $[a,b]$.

(2) **找积分元素**. 设想把区间 $[a,b]$ 分成若干小区间, 任取小区间 $[x,x+\mathrm{d}x]$, 将相应于该小区间的部分量 ΔU 的近似值表示为 $[a,b]$ 上的一个连续函数在 x 处的值 $f(x)$ 与 $\mathrm{d}x$ 的乘积, 并称 $f(x)\mathrm{d}x$ 为量 U 的积分元素, 记作 $\mathrm{d}U$, 即 $\Delta U\approx \mathrm{d}U=f(x)\mathrm{d}x$ (图 6-1).

(3) **积分**. 以所求量 U 的积分元素 $\mathrm{d}U=f(x)$ 为积分表达式在区间 $[a,b]$ 上作定积分, 即

$$U=\int_a^b \mathrm{d}U=\int_a^b f(x)\,\mathrm{d}x.$$

这个方法通常称为**元素法或微元法**, 形象地讲就是找出所求量的元素, 然后进行累积. 它在自然科学研究和生产实践中有着广泛的应用. 具有可加性的连续非均匀分布量的求和问题, 一般地都可以通过元素法将其表达为定积分, 从而得到解决. 下面将应用元素法讨论定积分在几何与物理方面的应用.

第二节　平面图形的面积

利用上节介绍的元素法, 本节将给出平面封闭图形面积的计算公式.

一、 直角坐标系情形

平面图形的面积

计算平面图形的面积, 可以利用定积分的几何意义, 也可以使用元素法. 由第五章知, 由连续曲线 $y=f(x)(f(x)\geqslant 0)$ 与直线 $x=a, x=b\ (a<b)$ 以及 x 轴所围成的曲边梯形的面积为

$$A=\int_a^b f(x)\mathrm{d}x,$$

其中被积表达式 $f(x)\mathrm{d}x$ 就是直角坐标系下的面积元素, 它表示高为 $f(x)$, 底为 $[x, x+\mathrm{d}x]$ 的小矩形面积.

应用定积分不但可以计算曲边梯形面积, 还可以计算一些比较复杂的平面图形的面积.

例 1　计算由两条抛物线 $y=x^2$ 与 $x=y^2$ 所围成图形的面积.

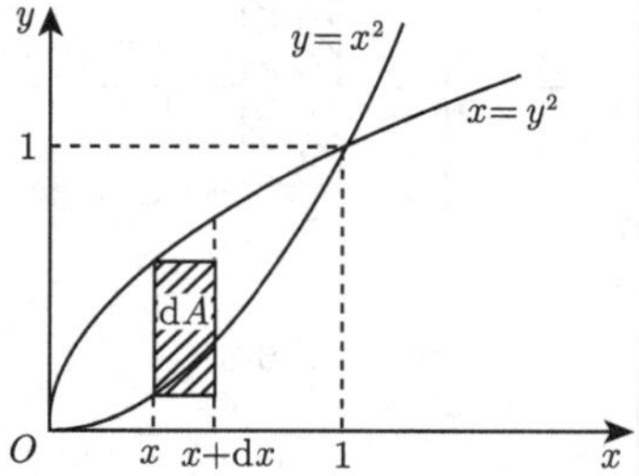

图 6-2

解　两条抛物线所围成的图形如图 6-2 所示, 利用元素法求其面积, 经由以下三个步骤:

(1) 确定 x 为积分变量: 求解方程组 $\begin{cases} y=x^2, \\ y^2=x \end{cases}$ 得到两个交点 $(0,0)$ 和 $(1,1)$. 从图形可知积分区间为 $[0,1]$.

(2) 在区间 $[0,1]$ 上任取一个小区间 $[x, x+\mathrm{d}x]$, 该区间上面积的部分量近似于高为 $\sqrt{x}-x^2$, 底为 $\mathrm{d}x$ 的矩形面积 (图 6-2 中阴影部分的面积), 从而面积元素为

$$\mathrm{d}A=(\sqrt{x}-x^2)\mathrm{d}x.$$

(3) 因此, 所求面积为

$$A=\int_0^1 \mathrm{d}A=\int_0^1(\sqrt{x}-x^2)\mathrm{d}x=\left(\frac{2}{3}x^{\frac{3}{2}}-\frac{1}{3}x^3\right)\Big|_0^1=\frac{1}{3}.$$

一般地, 如图 6-3 所示, 由连续曲线 $y=f(x)$, $y=g(x)(f(x)\geqslant g(x))$ 及直线 $x=a, x=b(a<b)$ 所围的图形的面积元素为

$$\mathrm{d}A=[f(x)-g(x)]\,\mathrm{d}x,$$

所求图形的面积为

$$A=\int_a^b[f(x)-g(x)]\,\mathrm{d}x. \tag{2-1}$$

类似地, 如图 6-4 所示, 由连续曲线 $x=\varphi(y), x=\psi(y)(\varphi(y)\geqslant\psi(y))$ 及直线 $y=c, y=d$ 所围成的图形的面积元素为

$$\mathrm{d}A=[\varphi(y)-\psi(y)]\mathrm{d}y.$$

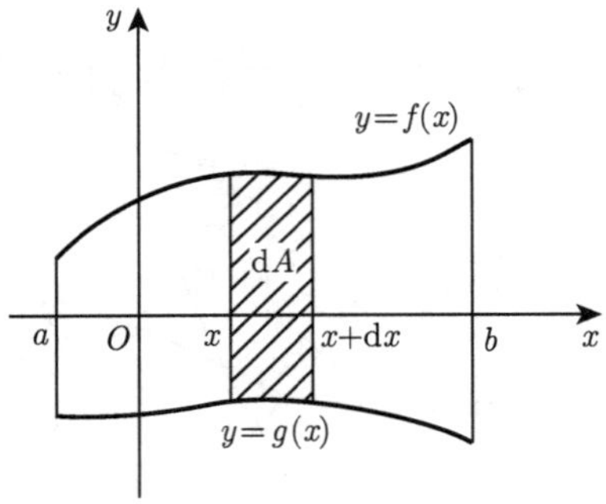

图 6-3

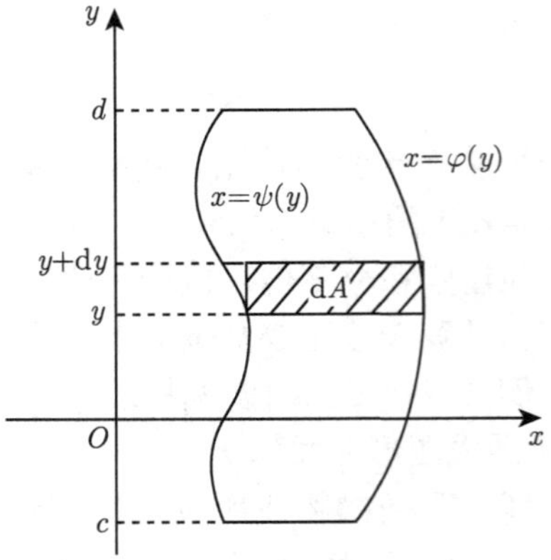

图 6-4

图形的面积为

$$A=\int_c^d[\varphi(y)-\psi(y)]\,\mathrm{d}y. \tag{2-2}$$

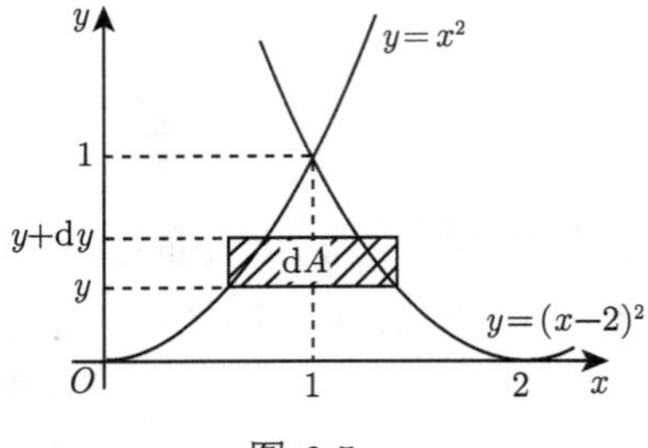

图 6-5

例 2 求曲线 $y=x^2$ 与 $y=(x-2)^2$ 所围平面图形的面积.

解 (1) 如图 6-5 所示, 选取 y 为积分变量, 解方程组

$$\begin{cases} y=x^2, \\ y=(x-2)^2, \end{cases}$$

得曲线的交点为 (1, 1), 因此积分区间为 $[0,1]$.

(2) 在区间 $[0,1]$ 上任取小区间 $[y,y+\mathrm{d}y]$, 该区间上窄条面积近似于高为 $(2+\sqrt{y})-\sqrt{y}$, 底宽为 $\mathrm{d}y$ 的矩形面积, 如图 6-5 中阴影部分的面积所示, 从而, 面积元素为

$$\mathrm{d}A=[(2+\sqrt{y})-\sqrt{y}]\mathrm{d}y=2(1-\sqrt{y})\mathrm{d}y.$$

(3) 所求图形的面积为

$$A=\int_0^1 2(1-\sqrt{y})\mathrm{d}y=\left[2y-\frac{4}{3}y^{\frac{3}{2}}\right]_0^1=\frac{2}{3}.$$

此例若选取 x 为积分变量, 容易得出积分区间为 $[0,2]$, 但要注意面积元素在 $[0,1]$ 和 $[1,2]$ 两部分区间上表达式不同, 如图 6-6 所示, 在 $[0,1]$ 上的元素 $\mathrm{d}A_1=x^2\mathrm{d}x$, 在 $[1,2]$ 上的元素 $\mathrm{d}A_2=(x-2)^2\mathrm{d}x$, 所求面积为

$$A=\int_0^1\mathrm{d}A_1+\int_1^2\mathrm{d}A_2=\int_0^1x^2\mathrm{d}x+\int_1^2(2-x)^2\mathrm{d}x=\frac{2}{3}.$$

易见, 这种解法比较烦琐. 因此, 选取适当的积分变量, 可使问题简化, 另外, 还应注意利用图形的对称性以简化分析、运算.

例 3　求椭圆 $\dfrac{x^2}{a^2}+\dfrac{y^2}{b^2}=1$ 所围图形的面积.

解　如图 6-7 所示, 椭圆关于两个坐标轴都对称, 所以, 椭圆所围图形的面积 $A=4A_1$, 其中 A_1 是该椭圆在第一象限部分与两个坐标轴所围成图形的面积, 因此 $A=4A_1=4\displaystyle\int_0^a y\mathrm{d}x$.

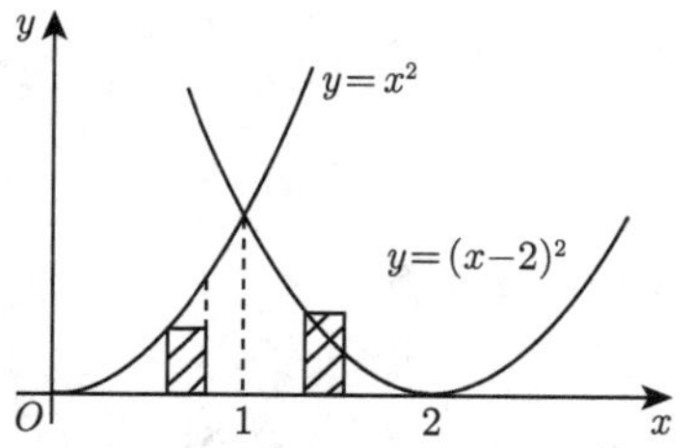

图 6-6

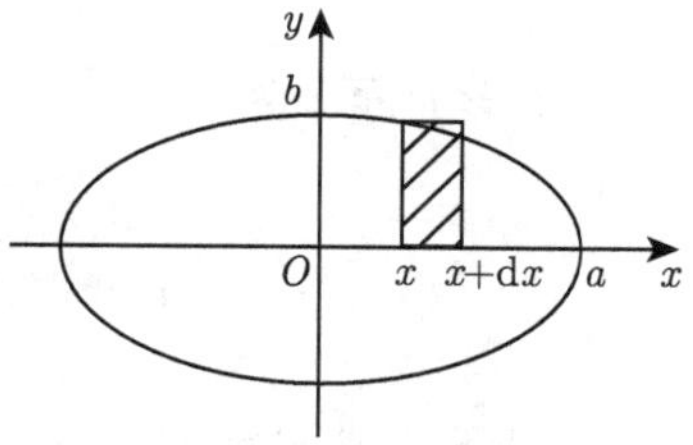

图 6-7

利用椭圆的参数方程 $\begin{cases}x=a\cos t,\\ y=b\sin t,\end{cases}$ 应用定积分换元法. 当 x 由 0 变到 a 时, t 由 $\dfrac{\pi}{2}$ 变到 0, 所以

$$A=4\int_{\frac{\pi}{2}}^0 b\sin t\,\mathrm{d}(a\cos t)=-4ab\int_{\frac{\pi}{2}}^0\sin^2 t\mathrm{d}t=4ab\int_0^{\frac{\pi}{2}}\sin^2 t\mathrm{d}t$$

$$= 2ab\int_0^{\frac{\pi}{2}}(1-\cos 2t)\mathrm{d}t = 2ab\left[t-\frac{1}{2}\sin 2t\right]_0^{\frac{\pi}{2}} = \pi ab.$$

特别地, 当 $a=b$ 时, 上式就是圆面积公式 $A=\pi a^2$.

一般地, 当曲线 C: $y=f(x)\geqslant 0$, $x\in[a,b]$ 由参数方程 $x=x(t), y=y(t), t\in[\alpha,\beta]$(或 $[\beta,\alpha]$) 给出, $y=y(t)$ 连续, $x=x(t)$ 有连续的导数, $x'(t)\neq 0$, 且 $x(\alpha)=a, y(\beta)=b$, 则由曲线 C、直线 $x=a, y=b$ 以及 x 轴所围成图形的面积为

$$A=\int_\alpha^\beta y(t)\,x'(t)\mathrm{d}t.$$

二、 极坐标情形

有些平面图形用极坐标计算面积比较方便.

设由曲线 $r=r(\theta)$ 及射线 $\theta=\alpha$ 与 $\theta=\beta(\alpha<\beta)$ 围成一平面图形 (称为曲边扇形), 如图 6-8 所示. 现在计算其面积. 这里, $r=r(\theta)\geqslant 0$ 且在 $[\alpha,\beta]$ 上连续.

当 θ 在 $[\alpha,\beta]$ 内变动时, 极径 $r=r(\theta)$ 也随之变动, 因此所求图形面积不能直接利用圆扇形的面积公式 $A=\dfrac{1}{2}r^2\theta$ 计算. 利用元素法, 选取极角 θ 为积分变量, 它的变化区间为 $[\alpha,\beta]$, 在任意小区间 $[\theta,\theta+\mathrm{d}\theta]$ 对应的小曲边扇形面积可用半径为 $r=r(\theta)$, 中心角为 $\mathrm{d}\theta$ 的圆扇形面积近似, 所以曲边扇形的面积元素为

$$\mathrm{d}A=\frac{1}{2}r^2(\theta)\mathrm{d}\theta.$$

从而, 曲边扇形的面积为

$$A=\int_\alpha^\beta \mathrm{d}A=\frac{1}{2}\int_\alpha^\beta r^2(\theta)\mathrm{d}\theta,\quad \alpha<\beta. \tag{2-3}$$

例 4 计算阿基米德螺线 $r=a\theta\ (a>0)$ 上对应于 θ 从 0 变到 2π 的一段曲线与极轴所围成图形的面积, 如图 6-9 所示.

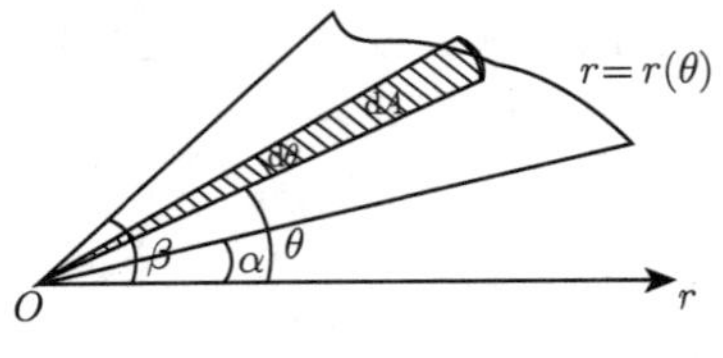

图 6-8

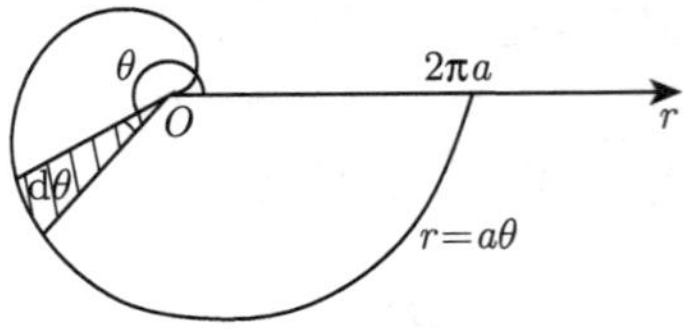

图 6-9

解　取 θ 为积分变量, $\theta \in (0, 2\pi)$, 面积元素为

$$\mathrm{d}A = \frac{1}{2}(a\theta)^2\mathrm{d}\theta,$$

于是 $A = \frac{1}{2}\int_0^{2\pi} (a\theta)^2\mathrm{d}\theta = \frac{a^2}{2} \cdot \frac{\theta^3}{3}\Big|_0^{2\pi} = \frac{4}{3}a^2\pi^3.$

例 5　计算双纽线 $r^2 = a^2\cos 2\theta (a > 0)$ 所围图形的面积, 如图 6-10 所示.

解　如图 6-10, 由图形的对称性, 只需求阴影部分面积 A 的 4 倍, 直接用 (2-3), 得

$$A = 4 \times \frac{1}{2}\int_0^{\frac{\pi}{4}} a^2\cos 2\theta \mathrm{d}\theta = 2a^2\left[\frac{1}{2}\sin 2\theta\right]_0^{\frac{\pi}{4}} = a^2.$$

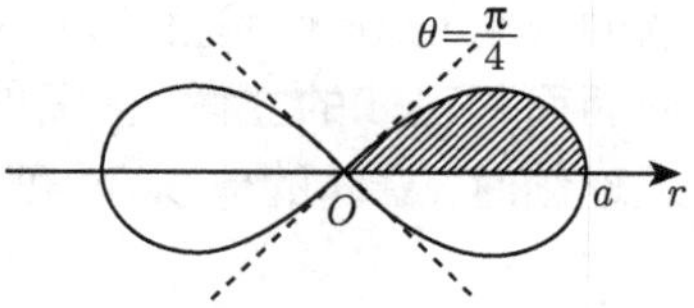

图 6-10

习　题　6-2

1. 计算下列各曲线所围成图形的面积:

(1) $y = x^2, y = x$;

(2) $y = \ln x, y = \ln 2, y = \ln 7, x = 0$;

(3) $y = x^3, y = 2x$;

(4) $y = \frac{1}{x}, y = x, x = 2$;

(5) $y = \frac{1}{2}x^2,\quad x^2 + y^2 = 8$;

(6) $y = \mathrm{e}^x, y = \mathrm{e}^{-x}, x = 1$;

(7) $y = \frac{1}{x}, y = \frac{1}{x^2}, x = \frac{1}{2}, x = 2$;

(8) $y^2 = 2x, x - y = 4$.

2. 抛物线 $y = -x^2 + 4x - 3$ 及其在点 $(0, -3)$ 和点 $(3, 0)$ 处的切线所围成图形的面积.

3. 求下列各曲线所围成图形的面积:

(1) $r = 2a\cos\theta,\ \theta = 0,\ \theta = \frac{\pi}{6}$;

(2) $r = 2a(2 + \cos\theta), \theta = 0, \theta = 2\pi$;

(3) $x = a\cos^3 t, y = a\sin^3 t, 0 \leqslant t \leqslant 2\pi$;

(4) $r = 8\sin 3\theta$.

4. 求由摆线 $x = a(t - \sin t), y = a(1 - \cos t)$ 的一拱 $(0 \leqslant t \leqslant 2\pi)$ 与横轴所围成图形的面积.

5. 求下列各曲线所围成图形的公共部分的面积:

(1) $r = 3\cos\theta, r = 1 + \cos\theta$;

(2) $r = \sqrt{2}\sin\theta, r^2 = \cos 2\theta$.

6. 在第一象限内, 求曲线 $y = 1 - x^2$ 上的一点, 使该点处的切线与所给曲线及两个坐标轴围成的图形面积最小, 并求此最小面积.

第三节　立 体 体 积

某些特殊的立体体积可以用定积分表示, 本节将给出这几类立体的体积公式.

一、 平行截面面积已知立体体积

设一立体介于过 x 轴上 a,$b(a<b)$ 两点且垂直于 x 轴的两个平面之间, 过任意的 $x\in[a,b]$ 作垂直于 x 轴的平面, 所截得的截面面积可求, 则称此立体为**平行截面面积已知的立体**. 截面的面积是 x 的函数, 记为 $A(x)$, 当 $A(x)$ 在区间 $[a,b]$ 上连续时, 立体的体积 V 可表示为定积分, 如图 6-11 所示, 下面用元素法求它的体积.

取为 x 积分变量, 则 $x\in[a,b]$. 任取小区间 $[x,x+\mathrm{d}x]\subset[a,b]$, 对应于这个小区间上的薄片立体的体积近似等于底面积为 $A(x)$, 高为 $\mathrm{d}x$ 的扁柱体的体积, 即体积元素为

$$\mathrm{d}V=A(x)\mathrm{d}x,$$

于是所求立体体积是

$$V=\int_a^b A(x)\mathrm{d}x, \tag{3-1}$$

即平行截面面积已知的立体体积等于截面面积函数的定积分.

例 1　一平面经过半径 r 的圆柱体的底圆中心, 并且与底圆交成 α 角, 如图 6-12 所示. 计算这个平面截圆柱体所得立体的体积.

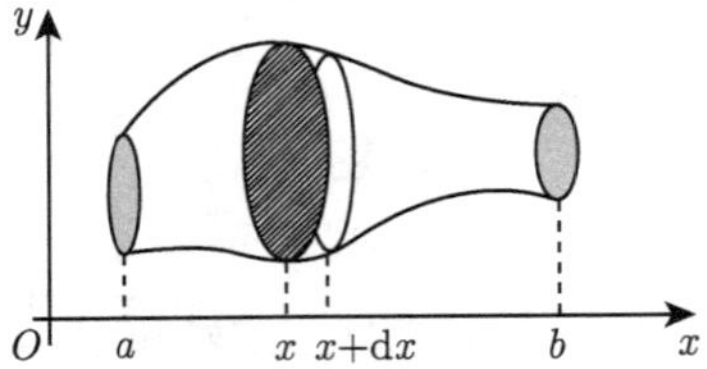

图 6-11

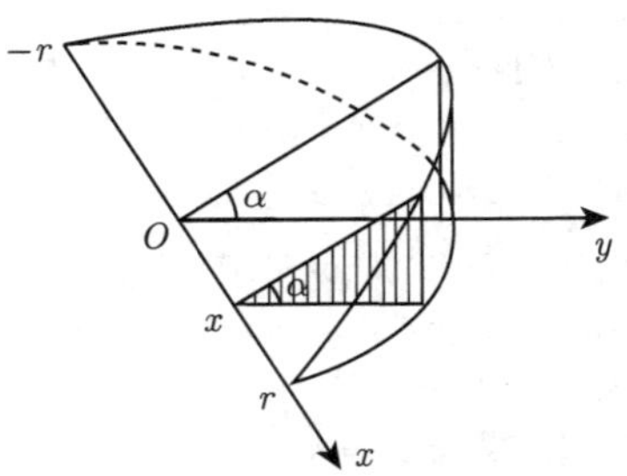

图 6-12

解　方法 1　取平面与圆柱体底面交线为 x 轴, 底面上过圆中心且垂直于 x 轴的直线为 y 轴, 则底圆的方程为 $x^2+y^2=r^2$, 坐标系如图 6-12 所示. 立体中过点 x 且垂直于 x 轴的截面是一直角三角形, 它两条直角边的长度分别为 y

和 $y\tan\alpha$, 即 $\sqrt{r^2-x^2}$ 和 $\sqrt{r^2-x^2}\cdot\tan\alpha$, 于是截面三角形的面积为 $A(x)=\frac{1}{2}(r^2-x^2)\tan\alpha$. 故所求体积为

$$V=\frac{1}{2}\int_{-r}^{r}(r^2-x^2)\tan\alpha\mathrm{d}x=\frac{\tan\alpha}{2}\left[r^2x-\frac{1}{3}x^3\right]_{-r}^{r}=\frac{2}{3}r^3\tan\alpha.$$

方法 2 取坐标系同上, 如图 6-13 所示, 过点 y 作垂直于 y 轴的截面, 截得图形为矩形, 其高为 $y\tan\alpha$, 底为 $2\sqrt{r^2-y^2}$, 从而截面面积为 $A(y)=2\tan\alpha\cdot y\sqrt{r^2-y^2}$. 于是所求体积为

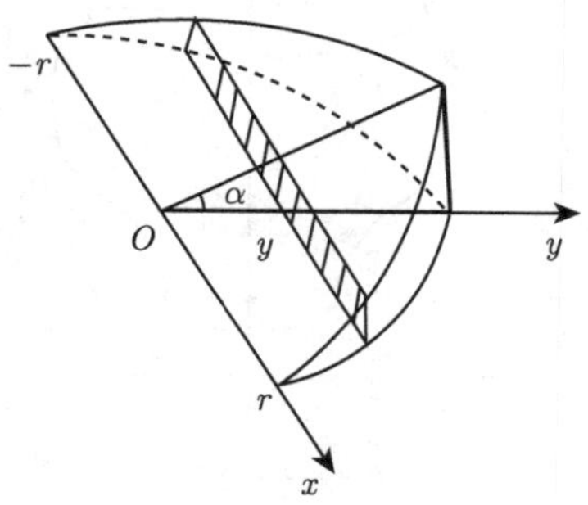

图 6-13

$$\begin{aligned}V&=2\tan\alpha\int_0^r y\sqrt{r^2-y^2}\mathrm{d}y\\&=-\tan\alpha\int_0^r\sqrt{r^2-y^2}\mathrm{d}(r^2-y^2)\\&=-\tan\alpha\cdot\frac{2}{3}(r^2-y^2)^{\frac{3}{2}}\Big|_0^r=\frac{2}{3}r^3\tan\alpha.\end{aligned}$$

二、 旋转体的体积

圆柱、圆锥、圆台、球体等都是由一个平面图形绕这个平面内的一条直线旋转形成的, 它们统称为**旋转体**, 这条直线称为其**旋转轴**.

下面用定积分计算由连续曲线 $f(x)$, 直线 $x=a,x=b$ $(a<b)$ 及 x 轴所围成的曲边梯形绕 x 轴旋转一周所成旋转体的体积 V, 如图 6-14 所示. 由于旋转体的截面是圆, 故求这个旋转体的体积实际上就是求平行截面为圆面的立体体积. 过 $[a,b]$ 上任意一点 x 作垂直于 x 轴的平面, 截面是半径为 $|y|$ 的圆面, 所以截面面积为 πy^2, 所求立体体积为

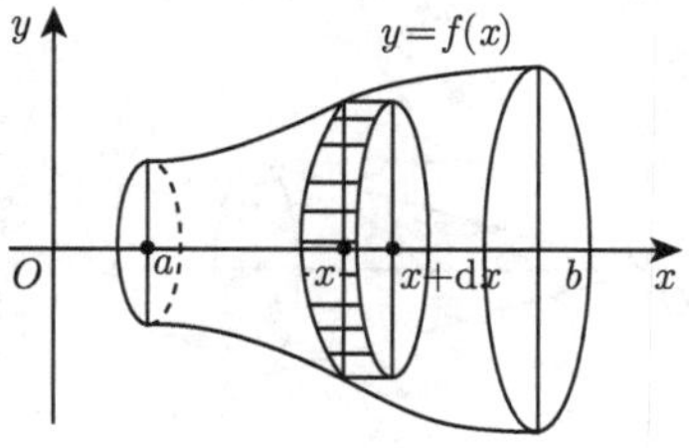

图 6-14

$$V=\pi\int_a^b y^2\,\mathrm{d}x=\pi\int_a^b f^2(x)\mathrm{d}x.\qquad(3\text{-}2)$$

类似地, 如果旋转体是由连续曲线 $x=g(y)$, 直线 $y=c$, $y=d$ $(c<d)$ 及 y 轴所围成的图形绕 y 轴旋转一周而形成的, 如图 6-15 所示, 则旋转体的体积为

$$V=\pi\int_c^d x^2\mathrm{d}y=\pi\int_c^d g^2(y)\mathrm{d}y. \tag{3-3}$$

例 2 求由曲线 $xy=a\ (a>0)$ 与直线 $x=a, x=2a$ 及 x 轴所围成的图形绕 x 轴旋转一周所形成旋转体的体积. 如图 6-16 所示.

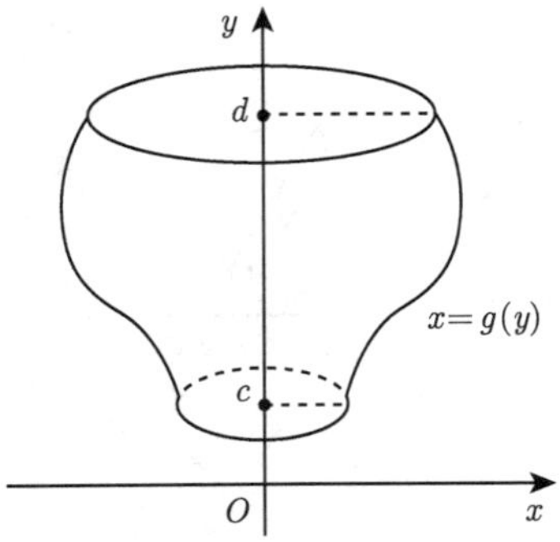

图 6-15

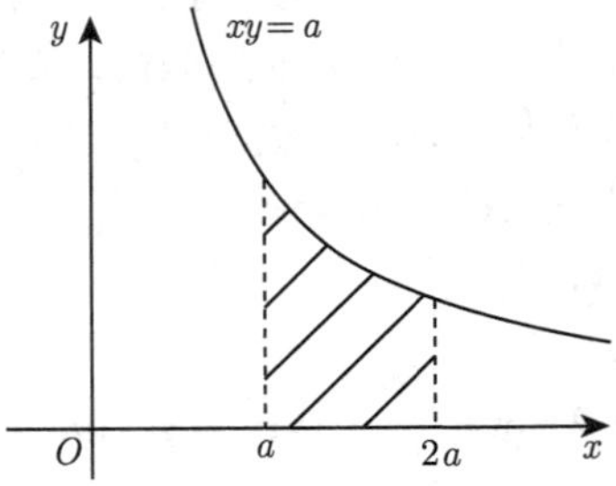

图 6-16

解 由前面讨论, 如图 6-16 所示, 所求体积为

$$\begin{aligned}V&=\pi\int_a^{2a} y^2\mathrm{d}x=\pi\int_a^{2a}\left(\frac{a}{x}\right)^2\mathrm{d}x\\&=\pi a^2\left[-\frac{1}{x}\right]_a^{2a}=\frac{1}{2}\pi a.\end{aligned}$$

例 3 求底面半径为 r, 高为 h 的直圆锥的体积.

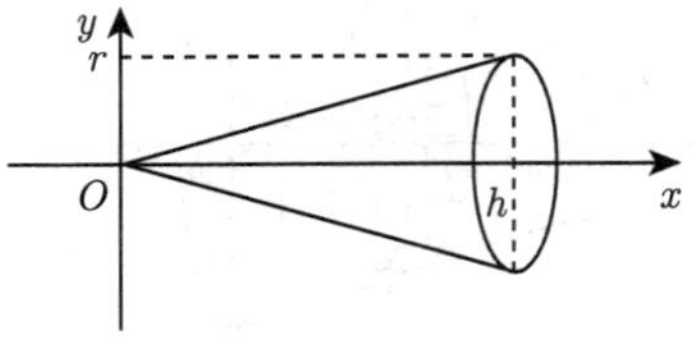

图 6-17

解 以圆锥体的轴线为 x 轴, 顶点为原点建立直角坐标系, 如图 6-17 所示. 此圆锥可看成由过原点及点 $P(h,r)$ 的直线 $y=\frac{r}{h}x$, 直线 $x=h$ 以及 x 轴所围成的三角形绕 x 轴旋转而成. 故其体积为

$$\begin{aligned}V&=\pi\int_0^h y^2\mathrm{d}x=\pi\int_0^h\left(\frac{r}{h}x\right)^2\mathrm{d}x\\&=\frac{\pi r^2}{3h^2}x^3\Big|_0^h=\frac{1}{3}\pi r^2h.\end{aligned}$$

例 4 求圆 $(x-b)^2+y^2=a^2(0<a<b)$ 绕 y 轴旋转而成的旋转体 (圆环体) 的体积.

解 此旋转体为一圆环体, 如图 6-18 所示. 左半圆的方程可表示为 $x = g_1(y) = b - \sqrt{a^2 - y^2}$, 右半圆的方程可表示为 $x = g_2(y) = b + \sqrt{a^2 - y^2}$. 所求体积为右半圆, 左半圆分别与直线 $y = -a$、$y = a$ 以及 y 轴所围成的图形绕 y 轴旋转一周所形成的两个旋转体的体积之差, 即

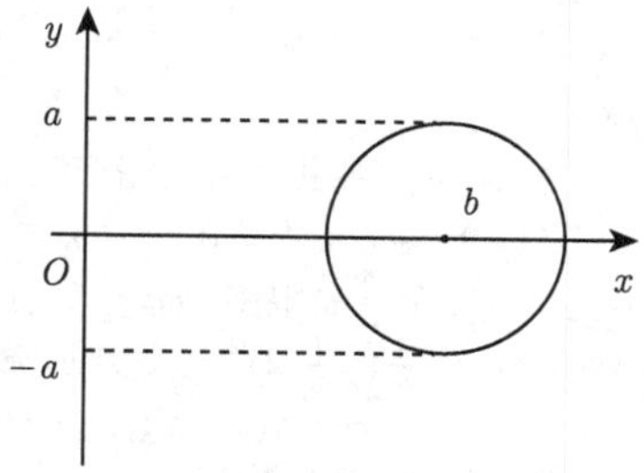

图 6-18

$$V = \pi \int_{-a}^{a} [g_1^2(y) - g_2^2(y)]\mathrm{d}y = \pi \int_{-a}^{a} 4b\sqrt{a^2 - y^2}\mathrm{d}y$$

$$= 8\pi b \int_0^a \sqrt{a^2 - y^2}\mathrm{d}y.$$

令 $y = a\sin t$, 则

$$V = 8\pi b \int_0^{\frac{\pi}{2}} a^2 \cos^2 t\mathrm{d}t = 4\pi a^2 b \int_0^{\frac{\pi}{2}} (1 + \cos 2t)\mathrm{d}t$$

$$= 4\pi a^2 b \left[t + \frac{1}{2}\sin 2t\right]_0^{\frac{\pi}{2}} = 2\pi^2 a^2 b.$$

习 题 6-3

1. 计算底面是半径为 r 的圆, 垂直于底上一条固定直径的所有截面都是等边三角形的立体的体积. 如图 6-19 所示.

2. 设某立体底面是长半轴 $a = 10$、短半轴 $b = 5$ 的椭圆, 而垂直于长轴的截面都是等边三角形, 求其体积.

3. 设某立体的底面是由直线 $3x + 4y = 12$ 与坐标轴围成的三角形, 它的每一个垂直于 x 轴的截面都是半圆, 如图 6-20 所示. 求其体积.

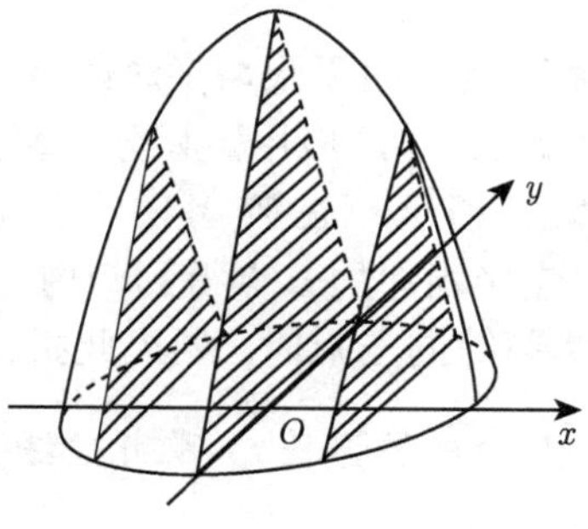

图 6-19

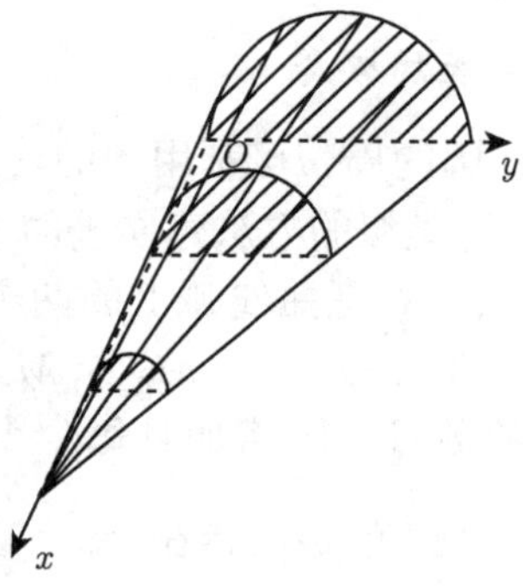

图 6-20

4. 求由 $x=\sqrt{1-y^2}$ 与 $y^2=\dfrac{3}{2}x$ 所围成的图形分别绕 x 轴及 y 轴旋转而成的旋转体的体积.

5. 求下列各曲线所围图形绕指定轴旋转而成的旋转体的体积:

(1) $2x-y+4=0, x=0$ 与 $y=0$, 绕 x 轴;

(2) 在第一象限中, $xy=9$ 与 $x+y=10$ 之间的平面图形, 绕 y 轴;

(3) $x^2+(y-2)^2=1$ 分别绕 x 轴、绕 y 轴;

(4) 摆线 $x=a(t-\sin t), y=a(1-\cos t)$ 的一拱, $y=0$, 绕直线 $y=2a$.

6. 设 D_1 由抛物线 $y=2x^2$ 与直线 $y=0, x=a, x=2$ 围成的平面区域, D_2 是由抛物线 $y=2x^2$ 与直线 $y=0, x=a$ 围成的平面区域, 其中 $0<a<2$.

(1) 求 D_1 绕 x 轴旋转而成的旋转体体积 V_1; D_2 绕 y 轴旋转而成的旋转体体积 V_2.

(2) 问当 a 为何值时, V_1+V_2 取得最大值? 并求此最大值.

7. 证明: 直角坐标系下, 由平面图形 $0\leqslant a\leqslant x\leqslant b, 0\leqslant y\leqslant f(x)$ 绕 y 轴旋转而成旋转体的体积为 $V=2\pi\displaystyle\int_a^b xf(x)\mathrm{d}x$. 如图 6-21 所示.

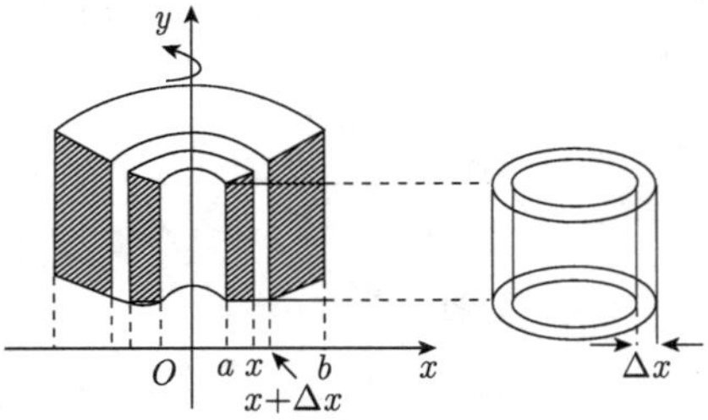

图 6-21

第四节　平面曲线的弧长　旋转体的侧面积

一、 平面曲线的弧长

1. 弧长的概念

已知圆的周长可利用圆的内接正多边形的周长当边数无限增多时的极限来确定. 现在用类似的方法建立平面上的连续曲线的弧长概念, 应用定积分计算弧长.

设 A, B 是曲线弧上的两个端点, 如图 6-22 所示. 在弧 $\widehat{AB}$ 上任取分点 $A=M_0, M_1, M_2, \cdots, M_{n-1}, M_n=B$, 并依次连接相邻的分点得到一内接折线. 当分点的数目无限增加且每个小弧段 $\widehat{M_{i-1}M_i}$ 都缩向一点时, 如果此折线的长 $\displaystyle\sum_{i=1}^{n}|M_{i-1}M_i|$ 的极限存在, 那么称此极限为曲线弧 $\widehat{AB}$ 的**弧长**, 并称此**曲线弧** $\widehat{AB}$ **是可求长的**.

关于曲线弧可求长的条件, 我们给出结论: 分段光滑的曲线弧一定可求长.

2. 曲线的弧长

设曲线弧 L 由参数方程

$$\begin{cases} x=\varphi(t), \\ y=\psi(t), \end{cases} \quad \alpha \leqslant t \leqslant \beta$$

给出, 其中 $\varphi(t), \psi(t)$ 在区间 $[\alpha, \beta]$ 上具有连续导数. 现在计算曲线的弧长.

取参数 t 为积分变量, 变化区间为 $[\alpha, \beta]$. 相应于 $[\alpha, \beta]$ 上任一小区间 $[t, t+\mathrm{d}t]$ 的小弧段的长度 Δs 近似等于对应的弦的长度 $\sqrt{(\Delta x)^2+(\Delta y)^2}$, MT 的长度如图 6-23 所示, 因为

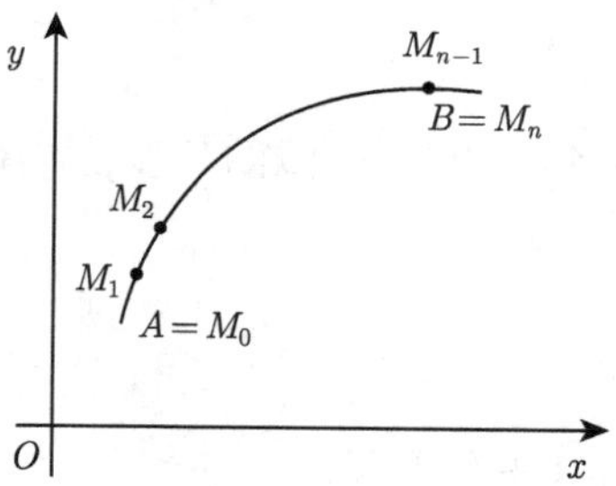

图 6-22

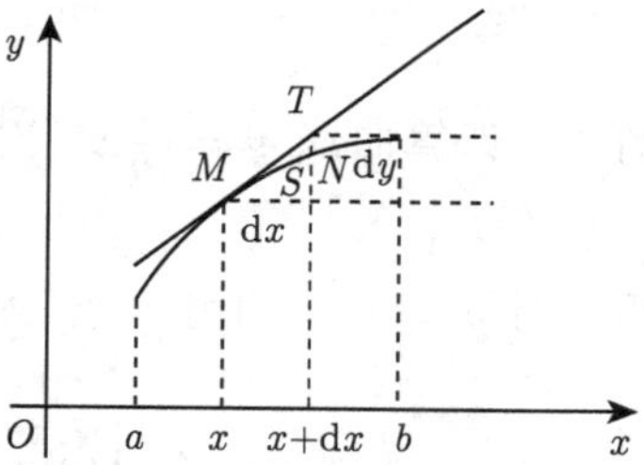

图 6-23

$$\Delta x=\varphi(t+\mathrm{d}t)-\varphi(t)=\varphi'(t)\mathrm{d}t+o(\mathrm{d}t) \approx \varphi'(t)\mathrm{d}t,$$

$$\Delta y=\psi(t+\mathrm{d}t)-\psi(t)=\psi'(t)\mathrm{d}t+o(\mathrm{d}t) \approx \psi'(t)\mathrm{d}t,$$

所以, Δs 的近似值 (弧微分) 即弧长元素为

$$\mathrm{d}s=\sqrt{(\mathrm{d}x)^2+(\mathrm{d}y)^2}=\sqrt{(\varphi'(t))^2+(\psi'(t))^2}\mathrm{d}t.$$

于是, 所求弧长为

$$s=\int_\alpha^\beta \sqrt{(\varphi'(t))^2+(\psi'(t))^2}\mathrm{d}t. \tag{4-1}$$

当曲线弧由方程

$$y=f(x), \quad a \leqslant x \leqslant b$$

给出, 其中 $f(x)$ 在 $[a, b]$ 上具有一阶连续导数, 这时曲线弧的参数方程为

$$\begin{cases} x=x, \\ y=f(x), \end{cases} \quad a \leqslant x \leqslant b.$$

从而所求弧长为

$$s=\int_a^b \sqrt{1+y'^2}\mathrm{d}x. \tag{4-2}$$

当曲线弧由极坐标方程 $\rho=\rho(\theta)(\alpha\leqslant\theta\leqslant\beta)$ 给出, 其中 $\rho=\rho(\theta)$ 在 $[\alpha,\beta]$ 上有连续导数, 则由直角坐标系与极坐标系的关系得

$$\begin{cases} x=\rho(\theta)\cos\theta, \\ y=\rho(\theta)\sin\theta, \end{cases} \quad \alpha\leqslant\theta\leqslant\beta.$$

这是以极角 θ 为参数的曲线参数方程. 利用 (4-1) 得弧长为

$$s=\int_\alpha^\beta \sqrt{\rho^2(\theta)+\rho'^2(\theta)}\mathrm{d}\theta. \tag{4-3}$$

例 1　计算曲线 $y=\dfrac{2}{3}x^{\frac{3}{2}}$ 对应于 x 从 a 到 b 的一段弧的长度, 如图 6-24 所示.

解　因 $y'=x^{\frac{1}{2}}$, 利用 (4-2), 弧长为

$$\begin{aligned} s&=\int_a^b \sqrt{1+y'^2}\mathrm{d}x=\int_a^b \sqrt{1+(x^{\frac{1}{2}})^2}\mathrm{d}x \\ &=\int_a^b \sqrt{1+x}\mathrm{d}x=\left[\frac{2}{3}(1+x)^{\frac{3}{2}}\right]_a^b \\ &=\frac{2}{3}\left[(1+b)^{\frac{3}{2}}-(1+a)^{\frac{3}{2}}\right]. \end{aligned}$$

例 2　两根电线杆之间的电线, 由于其本身的重量, 下垂呈曲线形, 这样的曲线叫悬链线, 适当选取坐标系后, 悬链线的方程可表示为 $y=a\mathrm{ch}\dfrac{x}{a}$. 其中 $a\neq 0$ 为常数. 计算悬链线上介于 $x=-b$ 与 $x=b$ 之间的一段弧的长度. 如图 6-25 所示.

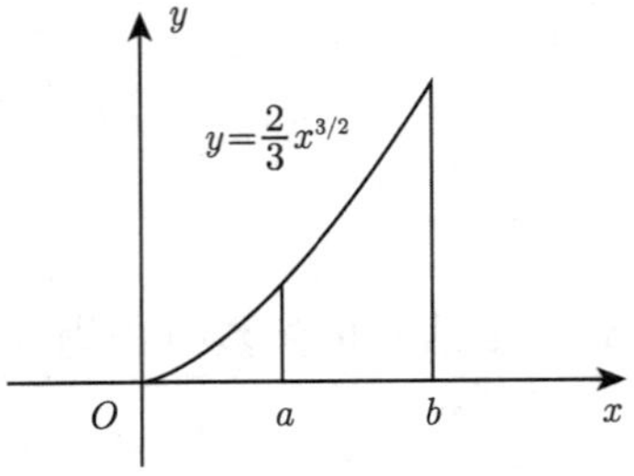

图 6-24

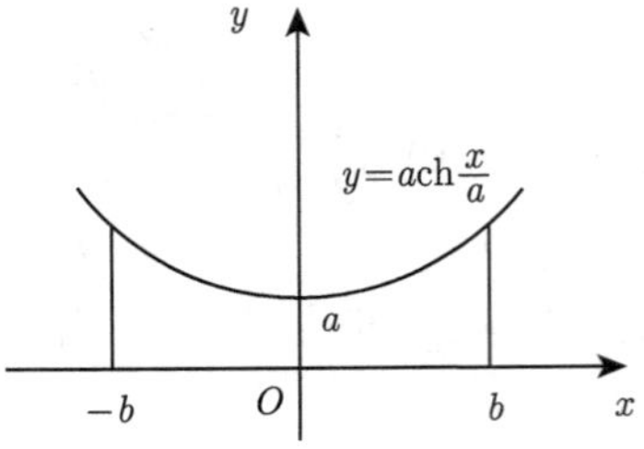

图 6-25

解　由对称性, 所求弧长为 x 从 0 到 b 的一段弧长的两倍. 因为 $y'=\operatorname{sh}\dfrac{x}{a}$, 所以弧长为

$$s=2\int_a^b\sqrt{1+\operatorname{sh}^2\frac{x}{a}}\mathrm{d}x=2\int_a^b\operatorname{ch}\frac{x}{a}\mathrm{d}x=2a\left[\operatorname{sh}\frac{x}{a}\right]_a^b=2a\operatorname{sh}\frac{b}{a}.$$

例 3　求曲线 $y=\displaystyle\int_{-\sqrt{3}}^{x}\sqrt{3-t^2}\mathrm{d}t$ 的弧长.

解　函数是变上限 x 的函数, x 的变化范围是 $[-\sqrt{3},\sqrt{3}]$, 因 $y'=\sqrt{3-x^2}$, 故弧长为

$$s=\int_{-\sqrt{3}}^{\sqrt{3}}\sqrt{1+y'^2}\mathrm{d}x=2\int_0^{\sqrt{3}}\sqrt{4-x^2}\mathrm{d}x=\frac{4}{3}\pi+\sqrt{3}.$$

例 4　计算摆线 $\begin{cases}x=a(\theta-\sin\theta),\\ y=a(1-\cos\theta)\end{cases}$ 的一拱 $(0\leqslant\theta\leqslant 2\pi)$ 的长度. 如图 6-26 所示.

解　利用 (4-1), 弧长为

$$\begin{aligned}s&=\int_0^{2\pi}\sqrt{x'^2(\theta)+y'^2(\theta)}\mathrm{d}\theta\\&=\int_0^{2\pi}\sqrt{a^2(1-\cos\theta)^2+a^2\sin^2\theta}\mathrm{d}\theta\\&=\int_0^{2\pi}2a\sin\frac{\theta}{2}\mathrm{d}\theta=8a.\end{aligned}$$

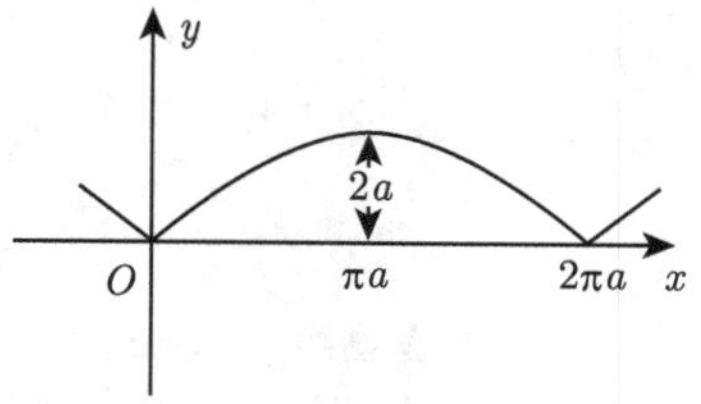

图 6-26

例 5　求阿基米德螺线 $\rho=a\theta\ (a>0)$ 对应于 θ 从 0 到 2π 的一段弧长.

解　利用 (4-3), 弧长为

$$\begin{aligned}s&=\int_0^{2\pi}\sqrt{\rho^2(\theta)+\rho'^2(\theta)}\mathrm{d}\theta\\&=\int_0^{2\pi}\sqrt{a^2\theta^2+a^2}\mathrm{d}\theta\\&=\frac{a}{2}\left[2\pi\sqrt{1+4\pi^2}+\ln(2\pi+\sqrt{1+4\pi^2})\right].\end{aligned}$$

二、旋转体的侧面积

设函数 $y=f(x)$ 在区间 $[a,b]$ 上有连续导数, 且 $f(x)\geqslant 0$, 曲线 $y=f(x)$ 与直线 $x=a$, $x=b$, 即 x 轴围成的曲边梯形, 求其绕 x 轴旋转一周所得的旋转体的侧面积.

利用元素法计算. 任取 $[a,b]$ 上的小区间 $[x,x+\mathrm{d}x]$, 以 $f(x)$ 为半径, 周长 $2\pi f(x)$ 与小区间上对应弧长 $\mathrm{d}s$ 的乘积近似代替小区间上旋转体的侧面积. 因此旋转体的侧面积元素为

$$\mathrm{d}A=2\pi f(x)\mathrm{d}s=2\pi f(x)\sqrt{1+f'^2(x)}\mathrm{d}x.$$

旋转体的侧面积为

$$A=2\pi\int_a^b f(x)\sqrt{1+f'^2(x)}\mathrm{d}x. \tag{4-4}$$

例 6　求半径为 r 的球面面积.

解　如图 6-27 所示, 球面可看成上半圆周 $f(x)=\sqrt{r^2-x^2}$ 绕 x 轴旋转一周而成. 取积分变量为 x, 其变化区间为 $[-r,r]$. 利用 (4-4), 侧面积

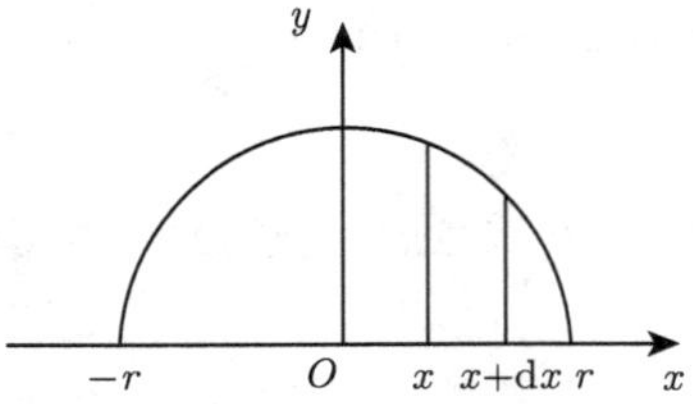

图 6-27

$$A=2\pi\int_{-r}^{r}\sqrt{r^2-x^2}\sqrt{1+\left(\frac{-x}{\sqrt{r^2-x^2}}\right)^2}\mathrm{d}x$$
$$=2\pi\int_{-r}^{r}r\mathrm{d}x=4\pi r^2.$$

习　题　6-4

1. 计算抛物线 $y=ax^2$ 在 $x=-b$ 至 $x=b$ 之间的弧长.

2. 计算曲线 $y=\ln(1-x^2)$ 上相应于 $0\leqslant x\leqslant\dfrac{1}{2}$ 的一段弧长.

3. 计算抛物线 $y^2=2px$ 从顶点到这曲线上的一点 $M(x,y)$ 的弧长.

4. 计算曲线 $y=\displaystyle\int_0^x\tan t\mathrm{d}t\ \left(0\leqslant x\leqslant\dfrac{\pi}{4}\right)$ 的弧长.

5. 计算 $x=\arctan t, y=\dfrac{1}{2}\ln(1+t^2)$ 相应于 $0\leqslant t\leqslant 1$ 的一段曲线弧的长度.

6. 在摆线 $x=a(t-\sin t), y=a(1-\cos t)$ 上, 求分摆线第一拱 $(0\leqslant t\leqslant 2\pi)$ 成 $1:3$ 的点的坐标.

7. 求曲线 $r\theta=1$ 相应于 $\dfrac{3}{4}\leqslant\theta\leqslant\dfrac{4}{3}$ 的一段弧长.

8. 求心形线 $r=a(1+\cos\theta)$ 的全长.

9. 将立方抛物线 $y=x^3$ 介于 $x=0$ 与 $x=1$ 之间的一段弧绕 x 轴旋转, 试求旋转体的侧面积.

10. 星形线 $x^{\frac{2}{3}}+y^{\frac{2}{3}}=a^{\frac{2}{3}}$ 的参数方程是 $\begin{cases}x=a\cos^3\theta,\\ y=a\sin^3\theta.\end{cases}$

(1) 求星形线的长度;

(2) 将星形线绕 x 轴旋转, 求旋转体的侧面积.

第五节 定积分的物理应用

定积分不仅可以用来求面积、体积、弧长和侧面积等几何量, 在物理学中也有广泛的应用, 本节将举例说明.

一、 变力沿直线所做功

从物理学知道, 如果物体在做直线运动的过程中有一个不变的力 F 作用在这物体上, 且这个力的方向与物体的运动方向一致, 那么当物体移动了距离 s 时, 力 F 对物体所做的功为 $W = F \cdot s$.

如果物体在运动过程中所受的力是变化的, 就会遇到变力对物体做功的问题. 下面通过具体的例子说明如何计算变力所作的功.

例 1 火箭由地面垂直向上发射, 求火箭离地面高为 h 时克服地球引力所做的功, 并求火箭脱离地球引力应具有的速度.

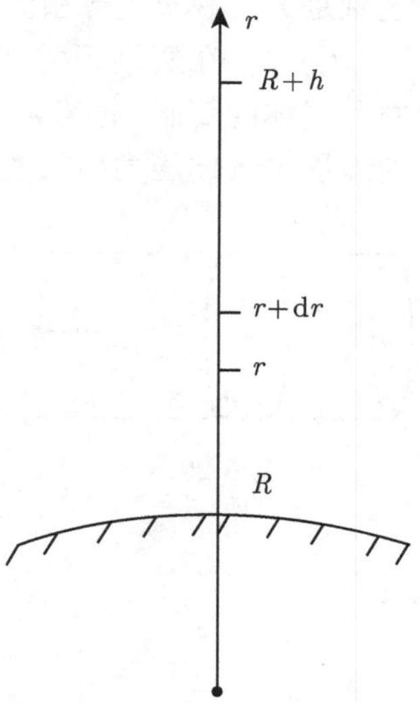

图 6-28

解 火箭由地面垂直向上发射时, 火箭离地心的距离 r 是变化的, 如图 6-28 建立坐标系. 设地球半径为 R, 质量为 M, 火箭的质量为 m, 以 r 为积分变量, 其变化区间为 $[R, R+h]$, 任取小区间 $[r, r+\mathrm{d}r] \subset [R, R+h]$, 则功元素

$$\mathrm{d}W = \frac{GMm}{r^2}\mathrm{d}r.$$

所以

$$W = \int_R^{R+h} \frac{GMm}{r^2}\mathrm{d}r = GMm\left(\frac{1}{R} - \frac{1}{R+h}\right),$$

即当火箭从地面发射到高为 h 时, 克服地球引力所做的功.

又因为当 $r = R$ 时, 地球对火箭的引力为 mg, 于是 $\dfrac{GMm}{R^2} = mg$. 所以

$$W = mg\left(R - \frac{R^2}{R+h}\right).$$

而火箭脱离地球引力, 可认为是 $h \to +\infty$, 此时

$$W_\infty = \lim_{h\to\infty} mg\left(R - \frac{R^2}{R+h}\right) = mgR.$$

由能量守恒定律知, 火箭起飞应具有的动能不小于 W_∞. 令

$$\frac{1}{2}mv_0^2 = mgR,$$

其中 v_0 为火箭的初速度, 由此可得

$$v_0 = \sqrt{2gR} = \sqrt{2 \times 9.8 \times 6.371 \times 10^6} \approx 11.2(\mathrm{km/s}).$$

这就是火箭脱离地球引力所需要的最小初速度, 也称为第二宇宙速度.

例 2 在底面积为 S 的圆柱形容器中盛有一定数量的气体. 在等温条件下, 由于气体的膨胀, 把容器中的一个活塞 (面积为 S) 从点 a 推移到点 b. 计算在移动过程中气体压力所做的功.

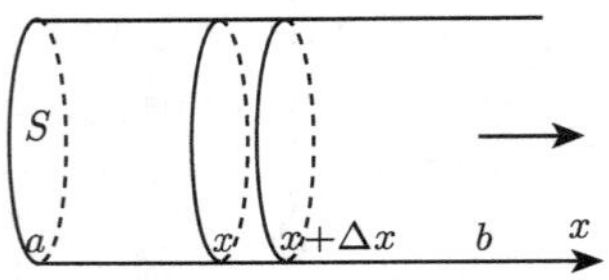

图 6-29

解 取坐标系如图 6-29 所示, 活塞的位置用坐标 x 来表示. 由物理学知, 一定量的气体在等温条件下, 压强 p 与体积 V 的乘积是常数 k, 即

$$pV = k \quad 或 \quad p = \frac{k}{V}.$$

因为 $V = xS$, 所以 $p = \dfrac{k}{xS}$. 于是, 作用在活塞上的力

$$F = pS = \frac{k}{x}.$$

在气体膨胀过程中, 体积 V 是变的, 因而 x 也是变的, 所以作用在活塞上的力是变的. 取 x 为积分变量, 则 $x \in [a, b]$. 任取小区间 $[x, x + \mathrm{d}x] \subset [a, b]$, 当活塞从 x 移到 $x + \mathrm{d}x$ 时, 变力 F 所做的功近似于 $F\mathrm{d}x = \dfrac{k}{x}\mathrm{d}x$, 即功元素为 $\mathrm{d}W = \dfrac{k}{x}\mathrm{d}x$, 于是, 所求的功为

$$W = \int_a^b \frac{k}{x}\mathrm{d}x = k\left[\ln x\right]_a^b = k \ln \frac{b}{a}.$$

例 3 修建大桥的桥墩时, 先要下围囹, 再抽出其中的水以便施工. 围囹是圆柱形, 其直径为 20m, 水深为 27m, 围囹高出水面 3m. 求抽尽围囹中的水需做多少功.

解 在抽水的过程中, 围囹中的水深度是变化的. 如图 6-30 建立坐标系. 以水深 x 为积分变量, 变化范围为 $[3, 30]$(m). 任取小区间 $[x, x + \mathrm{d}x]$, 将这一薄层水抽出到围囹外所做的功, 近似于这薄层水向上移动距离 x 所做的功, 于是功元素

$$\mathrm{d}W = \pi 10^2 \rho g x \mathrm{d}x,$$

其中 $\rho = 10^3\text{kg/m}^3$ 为水的密度, 所以

$$W = \int_3^{30} 9.8 \times 10^5 \pi x \mathrm{d}x \approx 1.4 \times 10^9(\text{J}).$$

二、 静止液体的压力

由物理学可知, 在深为 h 处, 液体的压强为 $p = \rho g h$, 其中 ρ 是液体的密度, $g = 9.8\text{N/kg}$. 若有一面积为 A 的平板水平地放置在深为 h 的液体中, 则平板一侧所受的压力为

$$F = pA = \rho g h A.$$

如果平板垂直放在液体中, 那么由于液体的深度不同, 就不能用上面的公式计算平板一侧所受的压力, 需用定积分来求解. 下面举例说明.

例 4 一个横放的半径为 R 的圆柱形油桶盛有半桶油, 油的密度为 ρ, 计算桶的圆形一侧所受的压力.

解 由于桶的圆形一侧与桶中的油是垂直状态, 不同位置的液体深度不同. 如图 6-31 建立坐标系. 取 x 为积分变量, 则 $x \in [0, R]$. 在此坐标系中, 所讨论的半圆的方程是 $x^2 + y^2 = R^2, y \geqslant 0$. 任取小区间 $[x, x + \mathrm{d}x] \subset [0, R]$, 半圆上相应于 $[x, x + \mathrm{d}x]$ 的小横条的面积近似于 $2\sqrt{R^2 - x^2}\mathrm{d}x$, 其上各点的压强近似于 $\rho g x$. 从而该横条所受压力的近似值, 即压力元素为 $\mathrm{d}F = 2\rho g x\sqrt{R^2 - x^2}\mathrm{d}x$, 于是, 所求压力

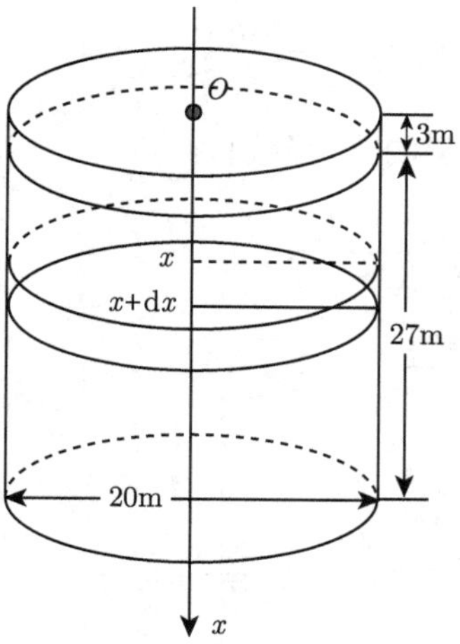

图 6-30

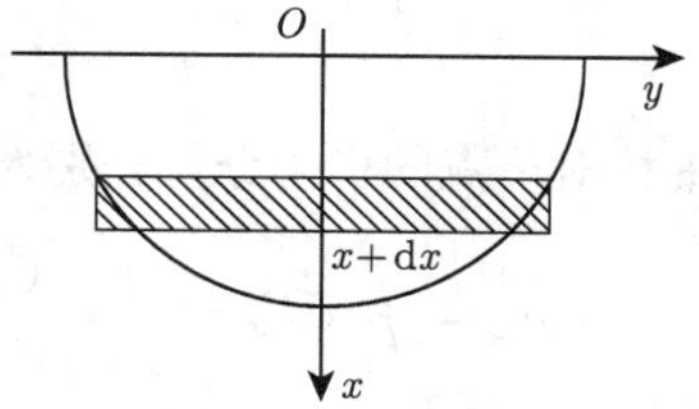

图 6-31

$$F = \int_0^R 2\rho g x\sqrt{R^2 - x^2}\mathrm{d}x = -\rho g \int_0^R \sqrt{R^2 - x^2}\mathrm{d}(R^2 - x^2)$$

$$= -\rho g\left[\frac{2}{3}(R-x^2)^{\frac{3}{2}}\right]_0^R = \frac{2}{3}\rho g R^3.$$

三、引力

从物理学知, 质量分别为 m_1, m_2, 相距为 r 的两个质点间的引力大小为

$$F = G\frac{m_1 m_2}{r^2},$$

其中 G 为引力常数, 引力的方向沿着两个质点的连线方向.

如要计算一根细棒对一个质点的引力, 那么, 由于细棒上各点与质点的距离是变化的, 且各点对该质点的引力的方向也是变化的, 因此不能用上述公式计算. 下面举例说明它的计算方法.

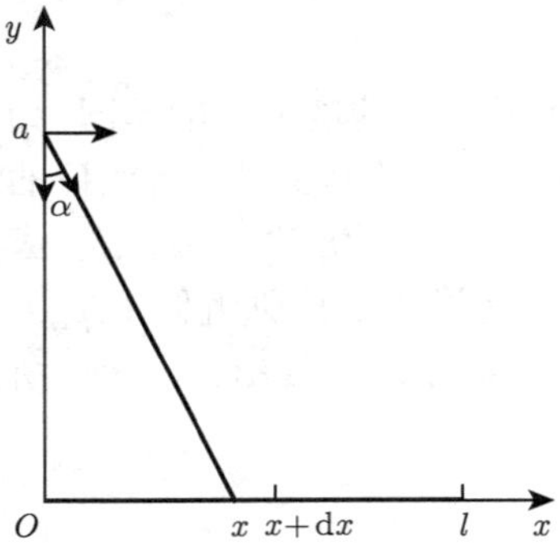

图 6-32

例 5　设有一长为 l 的均匀细棒, 线密度为 ρ, 求细棒对位于其一端垂直上方, 距离为 a, 质量为 m 的质点的引力.

解　如图 6-32 建立坐标系, 细棒占据的区间为 $[0, l]$, 以 x 为积分变量, 则 $x \in [0, l]$. 任取小区间 $[x, x+\mathrm{d}x] \subset [0, l]$, 细棒相应于 $[x, x+\mathrm{d}x]$ 的质量为 $\rho\mathrm{d}x$, 近似看成集中于点 x 处, 则其对距离为 $r = \sqrt{x^2+a^2}$ 的质点的引力元素大小为

$$\mathrm{d}F(x) = \frac{Gm\rho\mathrm{d}x}{x^2+a^2}.$$

其在 x 轴与 y 轴上的分量分别为

$$\mathrm{d}F_x = \frac{Gm\rho\mathrm{d}x}{x^2+a^2}\sin\alpha = \frac{Gm\rho\mathrm{d}x}{x^2+a^2}\cdot\frac{x}{\sqrt{x^2+a^2}},$$

$$\mathrm{d}F_y = -\frac{Gm\rho\mathrm{d}x}{x^2+a^2}\cos\alpha = -\frac{Gm\rho\mathrm{d}x}{x^2+a^2}\cdot\frac{a}{\sqrt{x^2+a^2}}.$$

所以细棒对质点的引力分量分别为

$$F_x = \int_0^l \mathrm{d}F_x = \int_0^l \frac{Gm\rho x\mathrm{d}x}{(\sqrt{x^2+a^2})^3} = Gm\rho\left(\frac{1}{a} - \frac{1}{\sqrt{l^2+a^2}}\right),$$

$$F_y = \int_0^l \mathrm{d}F_y = -\int_0^l \frac{Gm\rho a\mathrm{d}x}{(\sqrt{x^2+a^2})^3} = -\frac{Gm\rho l}{a\sqrt{l^2+a^2}}.$$

故引力为

$$\boldsymbol{F} = F_x\boldsymbol{i} + F_y\boldsymbol{j}.$$

习 题 6-5

1. 由实验知, 弹簧在拉伸过程中, 需要的力 F 与伸长量 s 成正比, 即 $F=ks$ (k 为比例常数), 如果把弹簧由原长拉伸 6cm, 计算所做的功.

2. 直径为 20cm, 高为 80cm 的圆柱体内充满压强为 $10\mathrm{N/cm}^2$ 的蒸汽. 设温度保持不变, 要是蒸汽体积缩小一半, 需要做多少功?

3. 一物体按规律 $x=ct^3$ 做直线运动, 介质的阻力与速度的平方成正比. 计算物体由 $x=0$ 移至 $x=a$ 时, 克服介质阻力所做的功.

4. 半径为 2m 的圆柱形水池充满了水, 现在要将水从池中吸出, 使水面降低 5m, 问需要做多少功?

5. 有圆锥形贮水池, 深 15m, 口径 20m, 盛满水, 将水汲净, 做了多少功?

6. 为清除井底污泥, 用缆绳将抓斗放入井底, 抓起污泥后提出井口. 已知井深 30m, 抓斗自重 400N, 缆绳每米重 50N, 抓斗抓起的污泥重 2000N, 提升速度为 3m/s, 在提升过程中污泥以 20N/s 的速度从抓斗缝隙中漏掉, 现将抓起污泥的抓斗提升到井口, 问克服重力需做多少功?

7. 有一矩形闸门, 其尺寸如图 6-33 所示, 求水面超过门顶 1m 时, 闸门上所受的水压力.

8. 边长为 5m 的正方形薄片直立地沉在水中 (图 6-34), 其一个顶点位于水平面而另一个对角线与水面平行, 求薄片所受的压力.

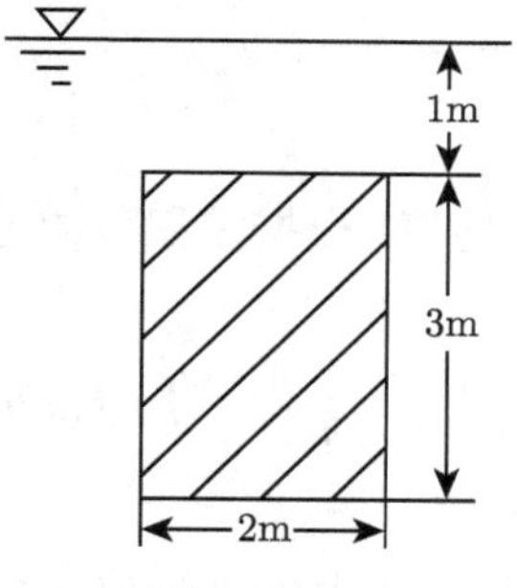

图 6-33

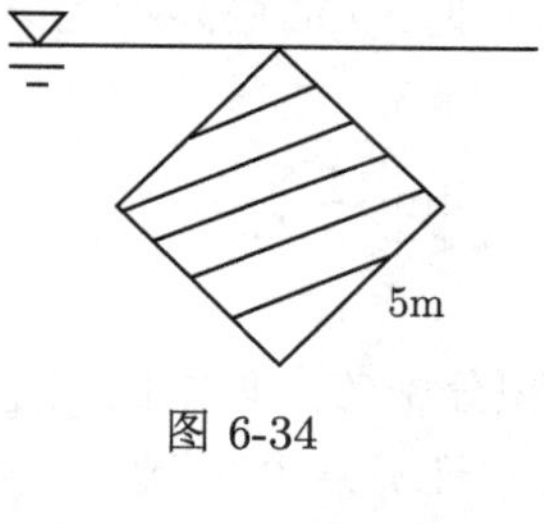

图 6-34

9. 边长为 a 和 b 的矩形薄板, 与液面成角 α 斜沉于液体内, 长边平行于液面而位于深 h 处, 设 $a>b$, 液体的密度为 ρ, 求薄板每面所受的压力.

10. 有一抛物线平板竖直沉入水中, 如图 6-35 所示, 问其顶向下沉到距水面多少米处, 板的一侧受水压力为 $3\dfrac{7}{15}$ 吨?

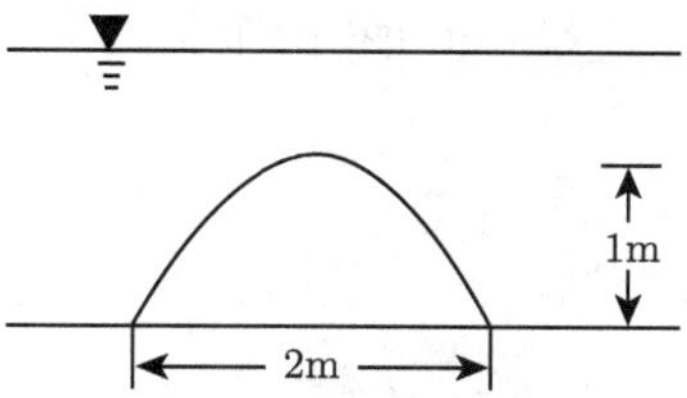

图 6-35

11. 设有一长度为 l, 线密度为 ρ 的均匀细棒, 在其中垂线上距棒 a 单位处有一质量为 m 的质点 M, 计算该棒对质点 M 的引力.

12. 设有一半径为 R, 中心角为 α 的圆弧形细棒, 其线密度为常数 ρ, 在圆心处有一质量为 m 的质点 M, 求细棒对质点 M 的引力.

*第六节　平均值　均方根

一、 平均值

许多问题常要计算连续函数在区间上的平均值, 如 24 小时的平均气温等.

设函数 $f(x)$ 在闭区间 $[a,b]$ 上连续, 从而可积, 将 $[a,b]$ 分成 n 等份, 设等分点依次为 $a=x_0,x_1,x_2,\cdots,x_n=b$, 每个小区间的长度为 $\Delta x=\dfrac{b-a}{n}$, 当 n 充分大时, 每个小区间的长 Δx 就足够小, 于是可用 $f(x_i)$ 近似代替小区间 $[x_{i-1},x_i]$ 上各点的函数值, $i=1,2,\cdots,n$. 于是, $f(x)$ 在区间 $[a,b]$ 的近似平均值为

$$\bar{y}=\frac{f(x_1)+f(x_2)+\cdots+f(x_n)}{n}=\frac{1}{n}\sum_{i=1}^{n}f(x_i).$$

当 $\Delta x\to 0$ 时, $\bar{y}$ 的极限称为 $f(x)$ 在 $[a,b]$ 上的平均值. 根据定积分的定义, 易知

$$\bar{y}=\lim_{\Delta x\to 0}\frac{1}{n}\sum_{i=1}^{n}f(x_i)=\lim_{\Delta x\to 0}\frac{1}{b-a}\sum_{i=1}^{n}f(x_i)\Delta x=\frac{1}{b-a}\int_a^b f(x)\mathrm{d}x.$$

可见, 定积分中值定理中的 $f(\xi)$ 就是 $f(x)$ 在区间 $[a,b]$ 上的**平均值**.

例 1　计算从 0 秒到 T 秒这段时间内自由落体的平均速度.

解　自由落体的速度为 $v=gt$, 所以要计算的平均速度为

$$\bar{v}=\frac{1}{T-0}\int_0^T gt\mathrm{d}t=\frac{g}{T}\left[\frac{1}{2}t^2\right]_0^T=\frac{gT}{2}.$$

例 2　设 (1) 交流电 $i=I_0\sin\omega t$; (2) 两个交流半周的整流电流 $i=I_0|\sin\omega t|$. 求其在一个周期上的平均值 $\bar{I}$.

解　(1) i 的周期为 $T=\dfrac{2\pi}{\omega}$, 于是

$$\bar{I}=\frac{1}{T}\int_0^T I_0\sin\omega t\mathrm{d}t=\frac{\omega I_0}{2\pi}\int_0^{\frac{2\pi}{\omega}}\sin\omega t\mathrm{d}t=\frac{I_0}{2\pi}\int_0^{2\pi}\sin u\mathrm{d}u=0;$$

(2) i 的周期为 $T=\frac{\pi}{\omega}$, 于是

$$\bar{I}=\frac{\omega}{\pi}\int_0^{\frac{\pi}{\omega}} I_0\sin\omega t\mathrm{d}t=\frac{2I_0}{\pi}.$$

平均值 $\bar{I}$ 是直流电的强度, 它等于一个周期内流过的交流电量.

二、 均方根

在物理学中, 除讨论电流在一个周期上的平均值外, 还常考虑电流 $i(t)$ 的有效值. 周期性非恒定电流 $i(t)$ 的有效值规定为: 当 $i(t)$ 在其一个周期内, 在负载电阻 R 上消耗的平均功率等于取固定值 I 的直流电流在 R 上消耗的功率时, 称这个 I 值为 $i(t)$ 的**有效期**.

由于固定值 I 的电流在电阻 R 上消耗的功率为 I^2R, 电流 $i(t)$ 在 R 上消耗的功率为 $i^2(t)R$, 它在一个周期 T 内的平均值为 $\frac{1}{T}\int_0^T i^2(t)R\mathrm{d}t$, 所以

$$I^2R=\frac{1}{T}\int_0^T i^2(t)R\mathrm{d}t=\frac{R}{T}\int_0^T i^2(t)\mathrm{d}t,$$

从而 $I^2=\frac{1}{T}\int_0^T i^2(t)\mathrm{d}t$, 即

$$I=\sqrt{\frac{1}{T}\int_0^T i^2(t)\mathrm{d}t}.\tag{6-1}$$

数学上, 将 $\sqrt{\frac{1}{b-a}\int_a^b f^2(x)\mathrm{d}x}$ 称为函数 $f(x)$ 在区间 $[a,b]$ 上的**均方根**. 所以, 电流 $i(t)$ 的有效值即为它在一个周期上的均方根. 由此可知:

(1) 没有经过整流的电流 $i=I_0\sin\omega t$ 的有效值为

$$I=\frac{\omega}{2\pi}\int_0^{\frac{2\pi}{\omega}} I_0^2\sin^2\omega t\mathrm{d}t=\frac{I_0}{\sqrt{2}};$$

(2) 整流为两个交流半周的电流 $i=I_0|\sin\omega t|$ 的有效值

$$I=\sqrt{\frac{\omega}{\pi}\int_0^{\frac{\pi}{\omega}} I_0^2\sin^2\omega t\mathrm{d}t}=\frac{I_0}{\sqrt{2}}.$$

两者结果相同. 这是因为消耗的功率相同, 而与电流的方向无关.

习　题　6-6

1. 某物体以速度 $v=3t^2+2t(\mathrm{m/s})$ 做直线运动, 算出它在 $t=0$ 到 $t=3\mathrm{s}$ 一段时间内的平均速度.

2. 计算函数 $y=2x\mathrm{e}^{-x}$ 在区间 $[0,2]$ 上的平均值.

3. 在某电路中, 已知电压 $u(t)=3\sin 2t$, 计算在时间区间 $\left[0,\dfrac{\pi}{2}\right]$ 上电压的平均值和均方差.

本章小结

第六章总习题

1. 如图 6-36 所示, 设曲线方程为 $y=x^2+\dfrac{1}{2}$, 梯形 $OABC$ 的面积为 D, 曲边梯形 $OABC$ 的面积为 D_1, 点 A 的坐标为 $(a,0)$, $a>0$, 证明: $\dfrac{D}{D_1}<\dfrac{3}{2}$.

2. 求曲线 $r=a\sin\theta, r=a(\cos\theta+\sin\theta)$ $(a>0)$ 所围图形公共部分的面积.

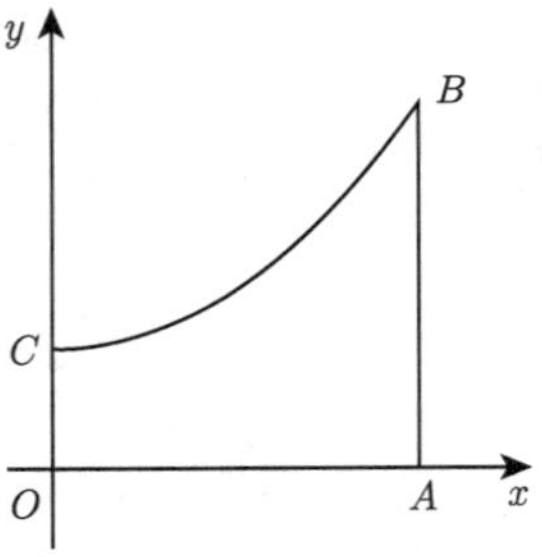

图 6-36

3. 设抛物线 $y=ax^2+bx+c$ 过点 $(0,0)$, 且当 $x\in[0,1]$ 时 $y\geqslant 0$, 确定 a,b,c 的值, 使得该抛物线与直线 $x=1, y=0$ 所围成图形的面积为 $\dfrac{4}{9}$, 且使该图形绕 x 轴旋转而成的旋转体的体积最小.

4. 在抛物线 $y^2=2(x-1)$ 上横坐标等于 3 的点处作一切线, 求由所作切线及 x 轴与抛物线围成的图形绕 x 轴旋转而成的旋转体的体积.

5. 上题中, 用经过 x 轴的平面截旋转体, 试求截面的面积.

6. 证明曲线 $y=\sin x$ 的一个周期的弧长等于曲线 $2x^2+y^2=2$ 的周长.

7. 设 D 是由曲线 $y=x^{\frac{1}{3}}$, 直线 $x=a$ $(a>0)$ 及 x 轴所围成的平面图形, V_x, V_y 分别是 D 绕 x 轴, y 轴旋转一周而成的旋转体的体积, 若 $V_y=10V_x$, 求 a 的值.

8. 曲线 $y=\dfrac{\mathrm{e}^x+\mathrm{e}^{-x}}{2}$ 与直线 $x=0, x=t$ $(t>0)$ 及 $y=0$ 围成的曲边梯形, 该曲边梯形绕 x 轴旋转一周得一旋转体, 其体积为 $V(t)$, 侧面积为 $S(t)$, 在 $x=t$ 处的底面积为 $F(t)$.

(1) 求 $\dfrac{S(t)}{V(t)}$ 的值;

(2) 计算极限 $\lim\limits_{t\to+\infty}\dfrac{S(t)}{F(t)}$.

9. 有一圆台形蓄水池, 深 10m, 上口径 20m, 下口径 15m, 盛满水后将水汲尽, 问需做多少功?

10. 一水库的水闸为直角梯形, 上底为 6m, 下底为 2m, 高为 10m, 求当水面与上底面相齐时, 水闸所受的压力.

11. 半径为 r 的球沉入水中, 球的上部与水面相切, 球的比重与水相同, 现将球从水中取出, 需做多少功?

12. 一人造地球卫星的质量为 173kg, 在高于地面 630km 处进入轨道, 问把这个卫星从地面送到 630km 高空处, 克服地球引力要做多少功? 已知引力常数 $G = 6.67 \times 10^{-11}\mathrm{N \cdot m^2/kg^2}$, 地球质量 $M = 5.98 \times 10^{24}\mathrm{kg}$, 地球半径 $R = 6370\mathrm{km}$.

13. 设星形线 $x = a\cos^3 t, y = a\sin^3 t$ 上每一点处的线密度的大小等于该点到原点的距离的立方, 在原点 O 处有一单位质点, 求星形线在第一象限的弧段对该质点的引力.

14. 一容器内侧由图 6-37 中曲线绕 y 轴旋转而成的曲面, 该曲线由 $x^2+y^2 = 2y \left(y \geqslant \dfrac{1}{2}\right)$ 与 $x^2 + y^2 = 1 \left(y \leqslant \dfrac{1}{2}\right)$ 连接而成.

(1) 求容器的体积;

(2) 若将容器内盛满的水从容器顶部全部抽出, 至少需要做多少功? (长度单位: m, 重力加速度为 g, 单位为 $\mathrm{m/s^2}$, 水密度单位为 $10^3\mathrm{kg/m^3}$)

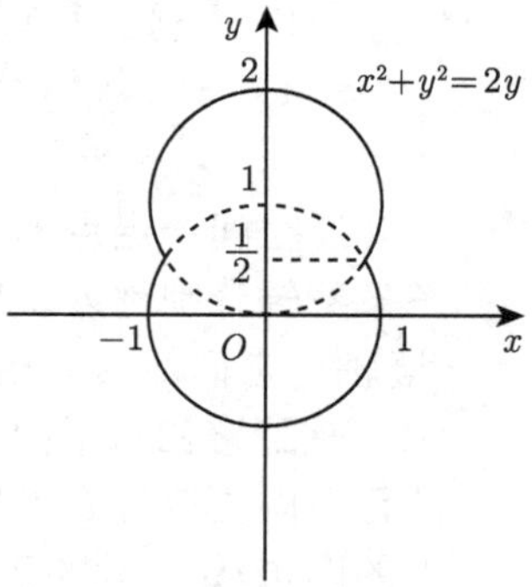

图 6-37

15. 某建筑工程打地基时, 需用气锤将桩打进土层. 气锤每次击打, 都将克服土层对桩的阻力而做功. 设土层对桩的阻力的大小与桩被打进地下的深度成正比 (比例系数为 $k, k > 0$), 气锤第一次击打将桩打进地下 am. 根据设计方案, 要求气锤每次击打桩时所做的功与前一次击打时所做的功之比为常数 r $(0 < r < 1)$. 问

(1) 气锤击打桩 3 次后, 可将桩打进地下多深?

(2) 若击打次数不限, 气锤最多能将桩打进地下多深?

第七章　向量代数与空间解析几何

平面解析几何的知识对于学习一元函数微积分是不可缺少的; 同样, 空间解析几何知识也是研究多元函数微积分学的重要工具. 本章首先给出空间直角坐标系, 然后介绍向量的概念、运算及其坐标表示; 最后以向量为工具, 通过方程来研究空间解析几何的基本图形及性质.

第一节　空间直角坐标系

一、 空间直角坐标系

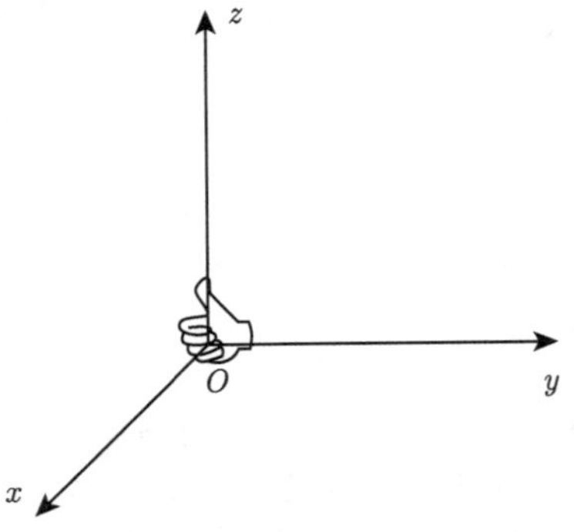

图 7-1

过空间一定点 O, 作三条互相垂直的数轴, 这三条数轴分别称为 x **轴** (横轴)、y **轴** (纵轴)、z **轴** (竖轴), 它们都具有相同的长度单位. 通常把 x 轴和 y 轴配置在水平面上, 而 z 轴则是铅垂线; 它们的正方向要符合右手规则, 即右手握住 z 轴, 当右手的四指从 x 轴的正向转过 $\frac{\pi}{2}$ 角度指向 y 轴正向时, 大拇指的指向就是 z 轴的正向, 这样就建立了一个空间直角坐标系, 称为 $Oxyz$ **直角坐标系**, 点 O 称为**坐标原点**, (简称**原点**). 如图 7-1 所示.

在 $Oxyz$ 直角坐标系下, 数轴 Ox, Oy, Oz 统称为**坐标轴**, 三条坐标轴中任意两条坐标轴可以确定一个平面, 统称为**坐标面**, 分别叫作 xOy 面、yOz 面及 zOx 面. 这三个坐标面把空间分成八个部分, 每一部分称为空间的一个**卦限**, 含有 x 轴、y 轴及 z 轴正半轴的那个卦限称为**第一卦限**, 其他第二、第三及第四卦限在 xOy 面上方按逆时针方向确定, 在 xOy 面下方与第一至第四卦限相对应的是第五至第八卦限. 这八个卦限分别用 I, II, III, IV, V, VI, VII, VIII 表示, 如图 7-2 所示.

二、 空间点的坐标

设 M 为空间中的任意一点, 过点 M 作三个平面分别垂直于 x 轴、y 轴及 z 轴, 它们与 x 轴、y 轴及 z 轴的交点依次为 P, Q 及 R, 如图 7-3 所示. 这三点

在 x 轴、y 轴及 z 轴的坐标依次为 x, y 及 z, 于是空间的一点 M 就唯一确定了一个有序数组 (x,y,z); 反之, 若任意给定一个有序数组 (x,y,z) 在 x 轴、y 轴及 z 轴上分别取坐标为 (x,y,z) 的三个点 P, Q, R, 过这三个点分别作垂直于三个坐标轴的平面, 那么这三个平面的唯一交点 M, 就是有序数组 (x,y,z) 所确定的点.

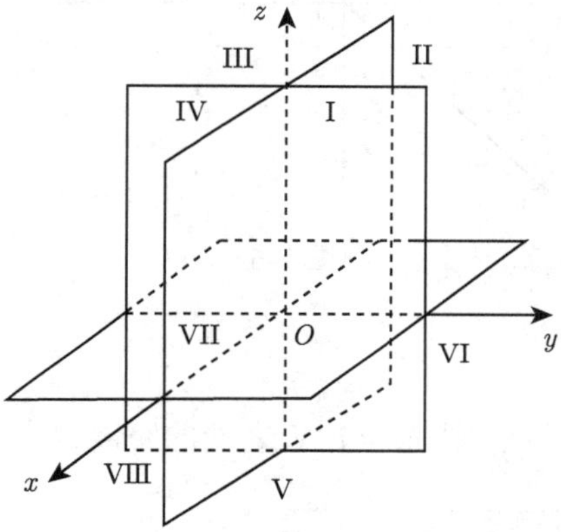

图 7-2

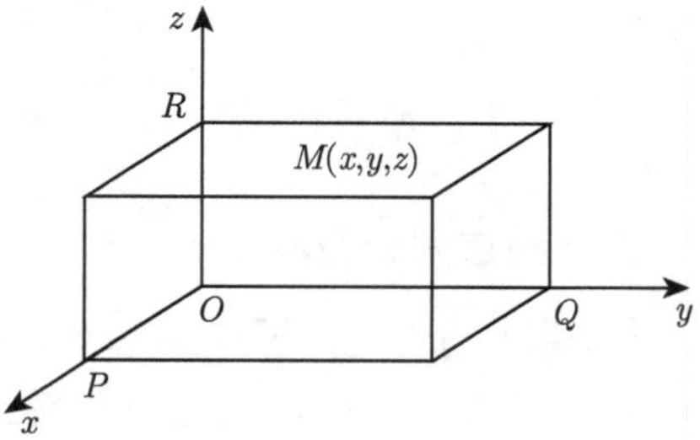

图 7-3

这样, 通过空间直角坐标系, 建立了空间中的点 M 和三元有序数组 x,y,z 之间的一一对应关系. 称点 M 对应的有序数组 x,y,z 为点 M 在空间直角坐标系 $Oxyz$ 中的**坐标**, 记作 $M(x,y,z)$, 其中 x,y,z 分别称为点 M 的**横坐标**、**纵坐标**和**竖坐标**.

给出空间点 M 的坐标 (x,y,z), 利用有向折线法可以比较简便地作出空间点 M. 如图 7-4 所示, 在 x 轴上作线段 OP, 使线段的长 $|OP|=x$; 作线段 $PN//y$ 轴, 使线段的长 $|PN|=y$; 再作线段 $NM//z$ 轴, 使线段的长 $|NM|=z$, 则点 M 就是以 x,y,z 为坐标的点.

各卦限中, 各坐标平面和坐标轴上的点, 其坐标都有特征. 如卦限 I 中, $x>0,y>0,z>0$; 卦限 Ⅲ 中, $x<0,y<0,z>0$; 卦限 V 中, $x>0,y>0,z<0$. 又如在 xOy 面上, 点的竖坐标 $z=0$; 在 zOx 面上, 点的纵坐标 $y=0$; 而在 x 轴上, 点的纵坐标 $y=0$, 竖坐标 $z=0$; 在 z 轴上, 点的横坐标 $x=0$, 纵坐标 $y=0$. 坐标原点 O 的坐标为 $x=y=z=0$.

例 1　判断点 $A(1,2,-2)$ 所在的卦限, 并求出点 A 关于 xOy 面、y 轴、原点的对称点的坐标.

解　如图 7-5, 点 $A(1,2,-2)$ 在第五卦限中, 它关于 xOy 面的对称点是第一卦限中的点 $B(1,2,2)$; 它关于 y 轴对称的点是第二卦限中的点 $C(-1,2,2)$; 它关于原点的对称点是第三卦限中的点 $D(-1,-2,2)$.

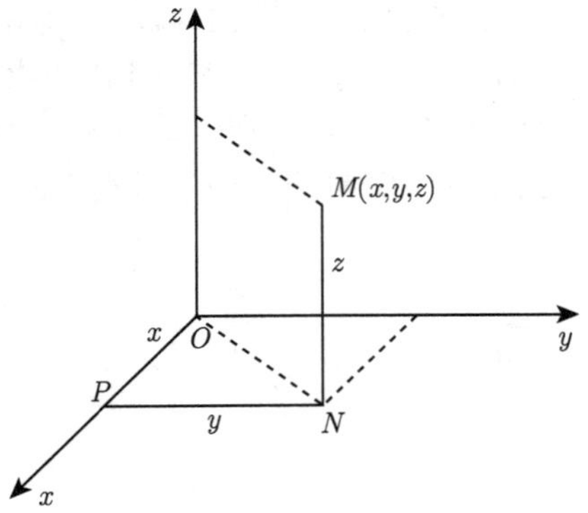

图 7-4

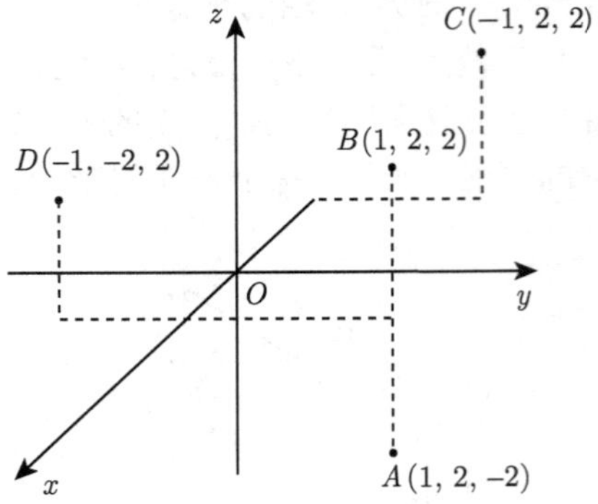

图 7-5

三、 空间两点间的距离公式

设 $M(x_1, y_1, z_1), N(x_2, y_2, z_2)$ 为空间两点, 则 M 与 N 之间的距离为

$$d = \sqrt{(x_2 - x_1)^2 + (y_2 - y_1)^2 + (z_2 - z_1)^2}.$$

事实上, 过点 M 和 N 作垂直于 xOy 平面的直线, 分别交 xOy 平面于点 M_1 与 N_1, 则 $MM_1 // NN_1$. 显然, 点 M_1 的坐标为 $(x_1, y_1, 0)$, 点 N_1 的坐标为 $(x_2, y_2, 0)$, 如图 7-6 所示.

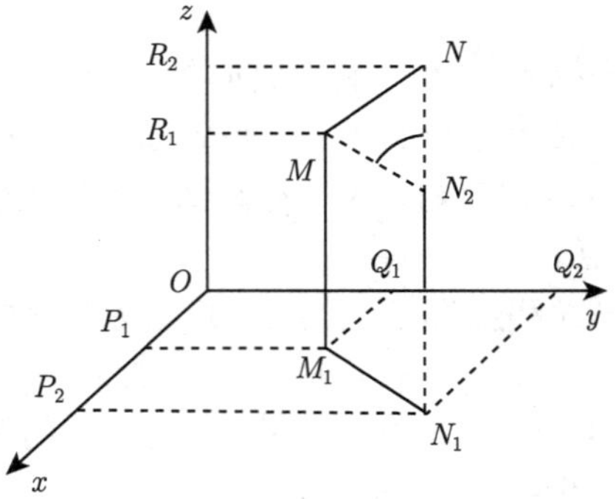

图 7-6

由平面解析几何的两点间距离公式知, 点 M_1 与 N_1 之间的距离为

$$|M_1N_1| = \sqrt{(x_2 - x_1)^2 + (y_2 - y_1)^2}.$$

过点 M 作平行于 xOy 平面的平面, 交直线 NN_1 于 N_2, 则 $M_1N_1 // MN_2$, 因此

N_2 的坐标为 (x_2, y_2, z_1), 且

$$|MN_2| = |M_1N_1| = \sqrt{(x_2 - x_1)^2 + (y_2 - y_1)^2}.$$

在直角 $\triangle MN_2N$ 中,

$$|N_2N| = |z_2 - z_1|.$$

所以点 M 与 N 之间的距离为

$$d = \sqrt{|MN_2|^2 + |N_2N|^2} = \sqrt{(x_2 - x_1)^2 + (y_2 - y_1)^2 + (z_2 - z_1)^2}.$$

例 2 在 z 轴上求与点 $A(3,5,-2)$ 和 $B(-4,1,5)$ 等距离的点 M.

解 由于所求的点 M 在 z 轴上, 因而 M 点的坐标可设为 $(0,0,z)$. 又由于 $|MA| = |MB|$, 由公式得

$$\sqrt{3^2 + 5^2 + (-2 - z)^2} = \sqrt{(-4)^2 + 1^2 + (5 - z)^2}.$$

从而, 解得 $z = \dfrac{2}{7}$, 即所求的点为 $M\left(0, 0, \dfrac{2}{7}\right)$.

例 3 证明以 $A(0,0,0), B(4,3,0), C(1,3,4)$ 为顶点的 $\triangle ABC$ 是一个等腰三角形.

证 由距离公式得

$$|AB| = \sqrt{(4-0)^2 + (3-0)^2 + (0-0)^2} = 5,$$
$$|BC| = \sqrt{(1-4)^2 + (3-3)^2 + (4-0)^2} = 5,$$

由于 $|AB| = |BC|$, 故 $\triangle ABC$ 是等腰三角形.

习　题　7-1

1. 在空间直角坐标系中指出点 M 的坐标特征:

(1) M 在 zOx 坐标面上;

(2) M 在与 yOz 面平行且相互距离为 2 的平面上;

(3) M 在与 z 轴垂直且与原点相距为 1 的平面上.

2. 已知点 $A(1,-2,3)$. 求

(1) 点 A 关于各坐标轴的对称点的坐标;

(2) 点 A 关于各坐标面的对称点的坐标;

(3) 点 A 关于坐标原点的对称点的坐标.

3. 在空间直角坐标系中作出下列各点:

$$A(1,4,2);\quad B(-3,-2,1);\quad C(1,-2,-1);\quad D(-1,2,3).$$

4. 求以点 $A(2,1,4)$, $B(3,-1,2)$, $C(5,0,6)$ 为顶点的三角形的各边长.
5. 在 y 轴上求一点 M, 使点 M 到点 $A(1,-4,7)$ 与 $B(5,6,5)$ 的距离相等.
6. 求点 $M(4,-3,5)$ 到各坐标轴、坐标面的距离.
7. 证明以点 $A(4,1,9), B(0,-1,6), C(2,4,3)$ 为顶点的三角形不是等腰直角三角形.

第二节　向量及其运算

一、 向量的基本概念

在自然科学及工程技术中, 有些量如质量、距离、体积、温度、功等, 只有大小, 没有方向, 这样的量称为**数量** (或**标量**); 还有些量如力、位移、速度、电场强度等, 不仅有大小, 而且还有方向, 这种既有大小又有方向的量, 叫作**向量** (或**矢量**).

在数学上, 常用有向线段 $\overrightarrow{AB}$ 来表示向量, A 称为向量的起点, B 称为向量的终点, 有向线段的长度就表示向量的大小, 有向线段的方向就表示向量的方向. 通常在印刷时用黑体小写字母 $\boldsymbol{a}, \boldsymbol{b}, \boldsymbol{c}, \cdots$ 来表示向量, 手写时用带箭头的小写字母 $\vec{a}, \vec{b}, \vec{c}, \cdots$ 来记向量.

向量的大小称为向量的模, 记作 $|\boldsymbol{a}|$ 或 $|\overrightarrow{AB}|$. 模为 1 的向量叫作单位向量. 模为 0 的向量叫作零向量, 记作 0. 规定: 零向量的方向可以是任意的.

大小相等, 方向相同的向量称为相等向量, 记作 $\boldsymbol{a}=\boldsymbol{b}$. 规定: 所有的零向量都相等. 一般规定向量经过平移以后仍与原向量相等, 即向量完全由它的大小和方向决定而与它的起点无关, 这样的向量称为自由向量. 数学中研究的向量都是自由向量. 这样可以根据需要把向量的起点放在空间中任何一点, 这给讨论向量带来极大的方便. 后面如不特别说明都是指自由向量.

与向量 $\boldsymbol{a}$ 大小相等, 方向相反的向量叫作 $\boldsymbol{a}$ 的**负向量** (或**反向量**), 记作 $-\boldsymbol{a}$. 平行于同一直线的一组向量称为**平行向量** (或**共线向量**). 平行于同一平面的一组向量叫作**共面向量**, 零向量与任意向量共面.

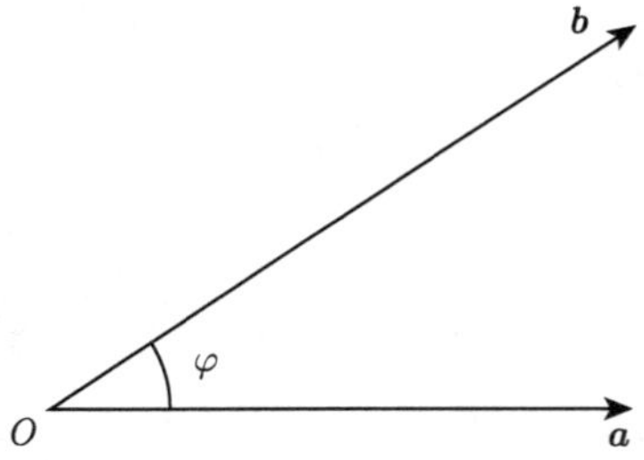

图 7-7

设有两个非零向量 $\boldsymbol{a}$ 与 $\boldsymbol{b}$, 任取空间一点 O, 将 $\boldsymbol{a}$ 与 $\boldsymbol{b}$ 平移, 使它们的起点都是 O, 规定以 $\boldsymbol{a}$ 与 $\boldsymbol{b}$ 为边, 不超过 π 的角 φ 为向量 $\boldsymbol{a}$ 与 $\boldsymbol{b}$ 的**夹角**, 记为 $(\widehat{\boldsymbol{a},\boldsymbol{b}})$, 即 $(\widehat{\boldsymbol{a},\boldsymbol{b}})=\varphi$, 如图 7-7 所示. 若向量 $\boldsymbol{a}$ 与 $\boldsymbol{b}$ 中有一个是零向量, 规定它们的夹角为 0 与 π 之间的任意一个角. 若 $\varphi=0$ (或 π), 则称向量 $\boldsymbol{a}$ 与 $\boldsymbol{b}$ **平行**, 记为 $\boldsymbol{a}/\!/\boldsymbol{b}$. 若 $\varphi=\dfrac{\pi}{2}$, 则称向量 $\boldsymbol{a}$ 与 $\boldsymbol{b}$ **垂直**, 记为 $\boldsymbol{a}\perp\boldsymbol{b}$.

二、 向量的线性运算

向量的加法、减法及数与向量的乘法, 统称为向量的线性运算.

1. 向量的加法

力的合成法则——平行四边形法则, 也广泛适用于速度、位移等向量, 抽象这个法则, 便可得到向量的加法定义.

定义 1 如图 7-8 所示, 若向量 $\boldsymbol{a}$ 与 $\boldsymbol{b}$ 不平行, 经过平移使 $\boldsymbol{a}$, $\boldsymbol{b}$ 的起点重合为点 O, 得以 $\boldsymbol{a}$, $\boldsymbol{b}$ 为邻边的平行四边形 $OABC$, 称对角线表示的向量 $\boldsymbol{c}=\overrightarrow{OC}$ 为向量 $\boldsymbol{a}$, $\boldsymbol{b}$ 的**和**, 记作 $\boldsymbol{a}+\boldsymbol{b}$, 即 $\boldsymbol{c}=\boldsymbol{a}+\boldsymbol{b}$. 这种向量求和方法称为**平行四边形法则**.

若两个向量 $\boldsymbol{a}$ 与 $\boldsymbol{b}$ 平行, 则定义它们的和向量为: 当 $\boldsymbol{a}$ 与 $\boldsymbol{b}$ 同向时, 和向量的方向与这两个的方向相同, 长度等于这两个向量的长度之和; 当 $\boldsymbol{a}$ 与 $\boldsymbol{b}$ 反向时, 和向量的方向与其中模较大的向量的方向相同, 其长度等于这两个向量的长度之差的绝对值.

若将向量 $\boldsymbol{b}$ 平移, 使其起点与向量 $\boldsymbol{a}$ 的终点重合, 则以 $\boldsymbol{a}$ 的起点为起点, $\boldsymbol{b}$ 的终点为终点的向量 $\boldsymbol{c}$ 就是 $\boldsymbol{a}$ 与 $\boldsymbol{b}$ 的和, 该法则称为**三角形法则**, 如图 7-9 所示. 三角形法则比平行四边形法则有更一般的意义, 它适合 $\boldsymbol{a}$ 与 $\boldsymbol{b}$ 共线时两向量的和, 也便于将向量和的定义推广到任意有限个向量. 向量加法满足以下运算规律:

(1)(交换律) $\boldsymbol{a}+\boldsymbol{b}=\boldsymbol{b}+\boldsymbol{a}$.

(2)(结合律) $(\boldsymbol{a}+\boldsymbol{b})+\boldsymbol{c}=\boldsymbol{a}+(\boldsymbol{b}+\boldsymbol{c})$.

(3) $\boldsymbol{a}+\boldsymbol{0}=\boldsymbol{a}$.

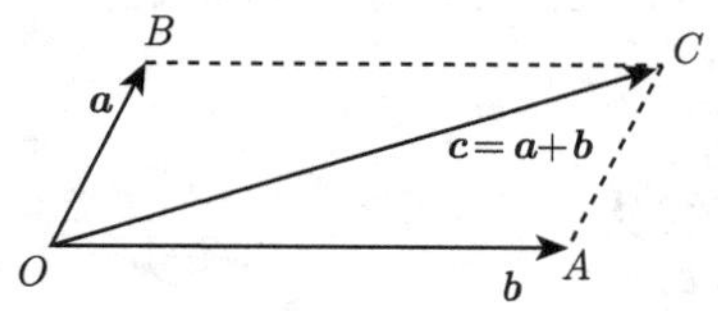

图 7-8

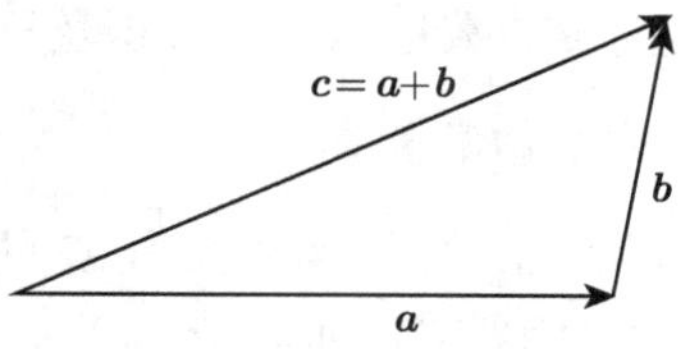

图 7-9

2. 向量的减法

与数量的减法类似, 向量的减法可以视为向量加法的逆运算.

定义 2 若 $\boldsymbol{b}+\boldsymbol{c}=\boldsymbol{a}$, 则称向量 $\boldsymbol{c}$ 为向量 $\boldsymbol{a}$ 与 $\boldsymbol{b}$ 的**差**, 记作 $\boldsymbol{a}-\boldsymbol{b}$, 即 $\boldsymbol{c}=\boldsymbol{a}-\boldsymbol{b}$.

显然 $\boldsymbol{a}-\boldsymbol{b}=\boldsymbol{a}+(-\boldsymbol{b})$, 这与熟知的数的代数运算一致. 由此, 容易得出向量**减法的三角形法则**, 如图 7-10 所示. 设向量 $\boldsymbol{a}$ 与 $\boldsymbol{b}$ 起点相同, 则以 $\boldsymbol{b}$ 的终点为起点, 以 $\boldsymbol{a}$ 的终点为终点的向量就是 $\boldsymbol{a}$ 与 $\boldsymbol{b}$ 的差向量 $\boldsymbol{a}-\boldsymbol{b}$.

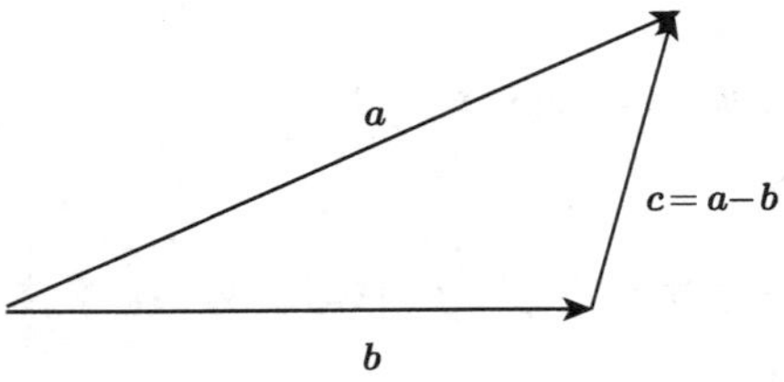

图 7-10

特别地, 当 $\boldsymbol{b}=\boldsymbol{a}$ 时, 有 $\boldsymbol{a}-\boldsymbol{b}=\boldsymbol{a}+(-\boldsymbol{b})=\boldsymbol{0}$.

3. 数与向量的乘法

将 m 个相同的向量 $\boldsymbol{a}$ 相加, 得到的和向量为 $\boldsymbol{r}$, 则 $\boldsymbol{r}$ 与 $\boldsymbol{a}$ 方向相同, 其模 $|\boldsymbol{r}|=m|\boldsymbol{a}|$. 由此可以给出数与向量的乘法定义.

定义 3　实数 λ 与向量 $\boldsymbol{a}$ 的乘积是一个向量, 记作 $\lambda\boldsymbol{a}$, $\lambda\boldsymbol{a}$ 的模是 $|\lambda||\boldsymbol{a}|$. 当 $\lambda>0$ 时, $\lambda\boldsymbol{a}$ 与 $\boldsymbol{a}$ 同向; 当 $\lambda<0$ 时, $\lambda\boldsymbol{a}$ 与 $\boldsymbol{a}$ 反向; 当 $\lambda=0$ 时, $\lambda\boldsymbol{a}=\boldsymbol{0}$. 这种运算称为数量与向量的乘法, 简称为**数乘**.

对于任意向量 $\boldsymbol{a}$, $\boldsymbol{b}$ 以及任意实数 λ,μ, 数乘满足如下运算规律:

(1) (分配律) $(\lambda+\mu)\boldsymbol{a}=\lambda\boldsymbol{a}+\mu\boldsymbol{a}$; $\lambda(\boldsymbol{a}+\boldsymbol{b})=\lambda\boldsymbol{a}+\lambda\boldsymbol{b}$;

(2) (结合律) $\lambda(\mu\boldsymbol{a})=(\lambda\mu)\boldsymbol{a}=\mu(\lambda\boldsymbol{a})$.

设 $\boldsymbol{a}$ 为非零向量, 令 $\lambda=\dfrac{1}{|\boldsymbol{a}|}$, 则 $\lambda\boldsymbol{a}=\dfrac{1}{|\boldsymbol{a}|}\boldsymbol{a}$. 显然向量 $\dfrac{1}{|\boldsymbol{a}|}\boldsymbol{a}$ 的模为 1, 且与 $\boldsymbol{a}$ 同向. 称 $\dfrac{1}{|\boldsymbol{a}|}\boldsymbol{a}$ 为与 $\boldsymbol{a}$ 同向的单位向量, 记为 $\boldsymbol{a}^0$, 即 $\boldsymbol{a}^0=\dfrac{1}{|\boldsymbol{a}|}\boldsymbol{a}$. 显然任一非零向量 $\boldsymbol{a}$ 都可用 $\boldsymbol{a}^0$ 表示为 $\boldsymbol{a}=|\boldsymbol{a}|\boldsymbol{a}^0$. 又易见, 与 $\boldsymbol{a}$ 平行的单位向量有两个: $\boldsymbol{a}^0$ 与 $-\boldsymbol{a}^0$.

三、 向量的乘法运算

两向量的数量积、向量积及三向量的混合积, 统称为**向量的乘法运算**.

1. 向量的数量积

在物理学中, 设物体在力 $\boldsymbol{F}$ 的作用下沿直线从点 M_1 移动到 M_2, 即取得位移 $s=\overrightarrow{M_1M_2}$, 力与位移的夹角为 θ, 即 $\theta=(\widehat{\boldsymbol{F},\boldsymbol{s}})$, 则力 $\boldsymbol{F}$ 所做的功为 $W=|\boldsymbol{F}||\boldsymbol{s}|\cos\theta$, 如图 7-11 所示. 这里功是一个数量, 它由两个向量——力与位移所唯一确定. 类似的情况在其他问题中也常遇到.

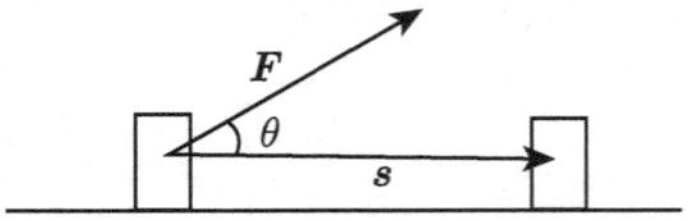

图 7-11

定义 4　两个向量 $\boldsymbol{a}$ 与 $\boldsymbol{b}$ 的模和它们夹角的余弦的乘积称为向量 $\boldsymbol{a}$ 与 $\boldsymbol{b}$ 的**数量积**, 记为 $\boldsymbol{a}\cdot\boldsymbol{b}$, 即 $\boldsymbol{a}\cdot\boldsymbol{b}=|\boldsymbol{a}||\boldsymbol{b}|\cos(\widehat{\boldsymbol{a},\boldsymbol{b}})$. 两个向量的数量积也称为两个向量的**点积**或**内积**.

零向量与任何向量的数量积为零; $\boldsymbol{a}$ 与 $\boldsymbol{a}$ 的数量积也记为 $|\boldsymbol{a}|^2$, 即 $\boldsymbol{a}^2=\boldsymbol{a}\cdot\boldsymbol{a}=|\boldsymbol{a}||\boldsymbol{a}|\cos(\widehat{\boldsymbol{a},\boldsymbol{a}})=|\boldsymbol{a}|^2$.

由数量积的定义知, 物体在力 $\boldsymbol{F}$ 作用下沿直线取得位移 $\boldsymbol{s}$ 所做的功 W, 就是力 $\boldsymbol{F}$ 与位移 $\boldsymbol{s}$ 的数量积, 即 $W=\boldsymbol{F}\cdot\boldsymbol{s}$. 数量积在解决有关长度、角度、垂直等度量问题上起着重要作用.

对于两个向量 $\boldsymbol{a},\boldsymbol{b},\boldsymbol{a}$ 与 $\boldsymbol{b}$ 垂直的充要条件是它们的数量积为零, 即

$$\boldsymbol{a}\perp\boldsymbol{b}\Leftrightarrow\boldsymbol{a}\cdot\boldsymbol{b}=0.$$

数量积的运算满足如下性质: 对于任意向量 $\boldsymbol{a},\boldsymbol{b}$ 及任意实数 λ, 有

(1) (交换律) $\boldsymbol{a}\cdot\boldsymbol{b}=\boldsymbol{b}\cdot\boldsymbol{a}$.

(2) (分配律) $\boldsymbol{a}\cdot(\boldsymbol{b}+\boldsymbol{c})=\boldsymbol{a}\cdot\boldsymbol{b}+\boldsymbol{a}\cdot\boldsymbol{c}$.

(3) (与数乘结合律) $(\lambda\boldsymbol{a})\cdot\boldsymbol{b}=\lambda(\boldsymbol{a}\cdot\boldsymbol{b})=\boldsymbol{a}\cdot(\lambda\boldsymbol{b})$.

(4) $\boldsymbol{a}\cdot\boldsymbol{a}\geqslant 0$, 当且仅当 $\boldsymbol{a}=\boldsymbol{0}$ 时, 等号成立.

例 1　设 $\boldsymbol{a}+\boldsymbol{b}+\boldsymbol{c}=\boldsymbol{0},|\boldsymbol{a}|=1,|\boldsymbol{b}|=2,|\boldsymbol{c}|=3$, 求 $\boldsymbol{a}\cdot\boldsymbol{b}+\boldsymbol{b}\cdot\boldsymbol{c}+\boldsymbol{c}\cdot\boldsymbol{a}$.

解　由 $\boldsymbol{a}+\boldsymbol{b}+\boldsymbol{c}=\boldsymbol{0}$ 得

$$\boldsymbol{a}\cdot(\boldsymbol{a}+\boldsymbol{b}+\boldsymbol{c})=\boldsymbol{a}^2+\boldsymbol{a}\cdot\boldsymbol{b}+\boldsymbol{a}\cdot\boldsymbol{c}=0,$$

$$\boldsymbol{b}\cdot(\boldsymbol{a}+\boldsymbol{b}+\boldsymbol{c})=\boldsymbol{a}\cdot\boldsymbol{b}+\boldsymbol{b}^2+\boldsymbol{b}\cdot\boldsymbol{c}=0,$$

$$\boldsymbol{c}\cdot(\boldsymbol{a}+\boldsymbol{b}+\boldsymbol{c})=\boldsymbol{c}\cdot\boldsymbol{a}+\boldsymbol{c}\cdot\boldsymbol{b}+\boldsymbol{c}^2=0,$$

代入 $|\boldsymbol{a}|=1,|\boldsymbol{b}|=2,|\boldsymbol{c}|=3$, 得 $\boldsymbol{a}\cdot\boldsymbol{b}+\boldsymbol{a}\cdot\boldsymbol{c}=-1,\boldsymbol{a}\cdot\boldsymbol{b}+\boldsymbol{b}\cdot\boldsymbol{c}=-4,\boldsymbol{c}\cdot\boldsymbol{a}+\boldsymbol{c}\cdot\boldsymbol{b}=-9$, 三式相加, 得 $2(\boldsymbol{a}\cdot\boldsymbol{b}+\boldsymbol{b}\cdot\boldsymbol{c}+\boldsymbol{c}\cdot\boldsymbol{a})=-14$. 所以, $\boldsymbol{a}\cdot\boldsymbol{b}+\boldsymbol{b}\cdot\boldsymbol{c}+\boldsymbol{c}\cdot\boldsymbol{a}=-7$.

例 2　试用向量证明三角形的余弦定理.

证　设在 $\triangle ABC$ 中 $\angle BCA=\theta$, $|BC|=a$, $|CA|=b$, $|AB|=c$, 求证

$$c^2=a^2+b^2-2ab\cos\theta.$$

取 $\overrightarrow{CB}=\boldsymbol{a},\overrightarrow{CA}=\boldsymbol{b},\overrightarrow{AB}=\boldsymbol{c}$, 则 $\boldsymbol{c}=\boldsymbol{a}-\boldsymbol{b}$. 于是

$$|\boldsymbol{c}|^2=\boldsymbol{c}\cdot\boldsymbol{c}=(\boldsymbol{a}-\boldsymbol{b})(\boldsymbol{a}-\boldsymbol{b})=\boldsymbol{a}\cdot\boldsymbol{a}+\boldsymbol{b}\cdot\boldsymbol{b}-2\boldsymbol{a}\cdot\boldsymbol{b}=|\boldsymbol{a}|^2+|\boldsymbol{b}|^2-2|\boldsymbol{a}||\boldsymbol{b}|\cos\theta.$$

再由 $|\boldsymbol{a}|=a,|\boldsymbol{b}|=b,|\boldsymbol{c}|=c$, 即得所求.

2. 向量的向量积

在力学中, 力 $\boldsymbol{F}$ 对于定点 O 的力矩是一个向量 $\boldsymbol{m}$, 它的模是由力 $\boldsymbol{F}$ 的作用点 P 关于定点 O 的向径 $\boldsymbol{r}$ (由点 O 向作用点的有向线段) 与力 $\boldsymbol{F}$ 确定的数 $|\boldsymbol{r}||\boldsymbol{F}|\sin(\widehat{\boldsymbol{r},\boldsymbol{F}})$; 它的方向满足 $\boldsymbol{m}$ 垂直于 $\boldsymbol{r},\boldsymbol{F}$ 确定的平面, 且 $\boldsymbol{r},\boldsymbol{F},\boldsymbol{m}$ 顺次成为右手系, 如图 7-12 所示.

由于数 $|\boldsymbol{r}||\boldsymbol{F}|\sin(\widehat{\boldsymbol{r},\boldsymbol{F}})$ 及 $\boldsymbol{m}$ 的方向由 $\boldsymbol{r},\boldsymbol{F}$ 唯一确定, 故力矩 $\boldsymbol{m}$ 是由力 $\boldsymbol{F}$ 和向径 $\boldsymbol{r}$ 所唯一确定的向量. 由两个向量按同样的规则来确定另一个向量, 在其他物理学问题中还会遇到, 由此, 抽象出如下的定义:

定义 5 设有向量 $\boldsymbol{a}$ 与 $\boldsymbol{b}$, 按下述方法由 $\boldsymbol{a}$ 与 $\boldsymbol{b}$ 确定向量 $\boldsymbol{c}$:

(1) $|\boldsymbol{c}|=|\boldsymbol{a}||\boldsymbol{b}|\sin(\widehat{\boldsymbol{a},\boldsymbol{b}})$;

(2) $\boldsymbol{c}$ 垂直于 $\boldsymbol{a}$ 与 $\boldsymbol{b}$ 确定的平面, 且 $\boldsymbol{a},\boldsymbol{b},\boldsymbol{c}$ 顺次成为右手系, 则称向量 $\boldsymbol{c}$ 为向量 $\boldsymbol{a}$ 与 $\boldsymbol{b}$ 的**向量积**, 记为 $\boldsymbol{a}\times\boldsymbol{b}$, 即 $\boldsymbol{c}=\boldsymbol{a}\times\boldsymbol{b}$. 向量 $\boldsymbol{a}$ 与 $\boldsymbol{b}$ 的向量积也称为它们的**矢量积** (或**叉积**), 如图 7-13 所示. 由向量积定义, 力矩 $\boldsymbol{m}=\boldsymbol{r}\times\boldsymbol{F}$.

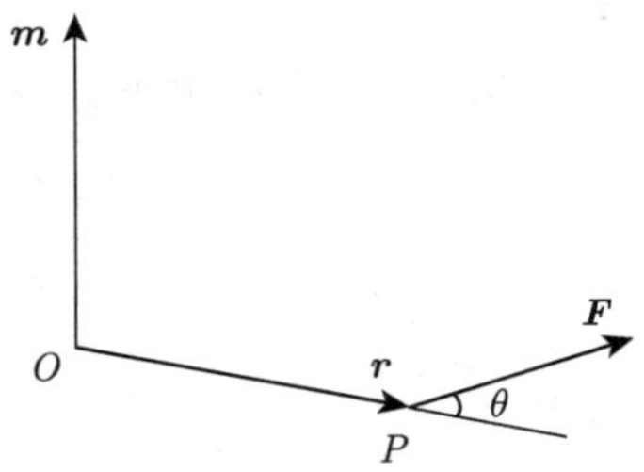

图 7-12

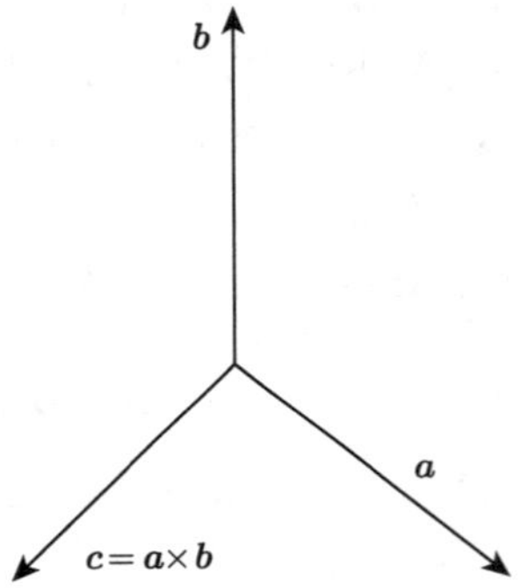

图 7-13

两个向量 $\boldsymbol{a}$ 与 $\boldsymbol{b}$ 的向量积 $\boldsymbol{a}\times\boldsymbol{b}$ 是一个向量, 其模 $|\boldsymbol{a}\times\boldsymbol{b}|$ 的几何意义是以 $\boldsymbol{a},\boldsymbol{b}$ 为邻边的平行四边形的面积. 这一几何性质可应用于求平行四边形的面积和三角形的面积. 因为 $|\boldsymbol{a}\times\boldsymbol{a}|=0$, 故 $\boldsymbol{a}\times\boldsymbol{a}=\boldsymbol{0}$. 对两个非零向量 $\boldsymbol{a}$ 与 $\boldsymbol{b}$, $\boldsymbol{a}$ 与 $\boldsymbol{b}$ 平行的充要条件是它们的向量积为零向量, 即

$$\boldsymbol{a}//\boldsymbol{b}\Leftrightarrow\boldsymbol{a}\times\boldsymbol{b}=\boldsymbol{0}.$$

向量积的运算满足如下性质: 对任意向量 $\boldsymbol{a}$, $\boldsymbol{b}$ 及任意实数 λ, 有

(1) 反交换律

$$\boldsymbol{a}\times\boldsymbol{b}=-\boldsymbol{b}\times\boldsymbol{a}.$$

(2) 分配律

$$\boldsymbol{a}\times(\boldsymbol{b}+\boldsymbol{c})=\boldsymbol{a}\times\boldsymbol{b}+\boldsymbol{a}\times\boldsymbol{c},$$

$$(\boldsymbol{a}+\boldsymbol{b})\times\boldsymbol{c}=\boldsymbol{a}\times\boldsymbol{c}+\boldsymbol{b}\times\boldsymbol{c}.$$

(3) 与数乘的结合律

$$(\lambda\boldsymbol{a})\times\boldsymbol{b}=\lambda(\boldsymbol{a}\times\boldsymbol{b})=\boldsymbol{a}\times(\lambda\boldsymbol{b}).$$

向量积并不满足交换律.

例 3　证明: $(\boldsymbol{a}\times\boldsymbol{b})^2=\boldsymbol{a}^2\boldsymbol{b}^2-(\boldsymbol{a}\cdot\boldsymbol{b})^2$.

证

$$\begin{aligned}(\boldsymbol{a}\times\boldsymbol{b})^2&=(\boldsymbol{a}\times\boldsymbol{b})(\boldsymbol{a}\times\boldsymbol{b})=|\boldsymbol{a}\times\boldsymbol{b}||\boldsymbol{a}\times\boldsymbol{b}|\cos(\widehat{\boldsymbol{a}\times\boldsymbol{b},\boldsymbol{a}\times\boldsymbol{b}})\\&=|\boldsymbol{a}|^2|\boldsymbol{b}|^2(\sin(\widehat{\boldsymbol{a},\boldsymbol{b}}))^2=|\boldsymbol{a}|^2|\boldsymbol{b}|^2\left[1-(\cos(\widehat{\boldsymbol{a},\boldsymbol{b}}))^2\right]\\&=|\boldsymbol{a}|^2|\boldsymbol{b}|^2-\left[|\boldsymbol{a}|^2|\boldsymbol{b}|^2\cos(\widehat{\boldsymbol{a},\boldsymbol{b}})\right]^2=\boldsymbol{a}^2\boldsymbol{b}^2-(\boldsymbol{a}\cdot\boldsymbol{b})^2.\end{aligned}$$

3. 向量的混合积

定义 6　设有三个向量 $\boldsymbol{a},\boldsymbol{b},\boldsymbol{c}$, 若先作前两个向量 $\boldsymbol{a}$ 与 $\boldsymbol{b}$ 的向量积 $\boldsymbol{a}\times\boldsymbol{b}$, 再作 $\boldsymbol{a}\times\boldsymbol{b}$ 与向量 $\boldsymbol{c}$ 的数量积便得到一个数 $(\boldsymbol{a}\times\boldsymbol{b})\cdot\boldsymbol{c}$, 称这个数为三个向量 $\boldsymbol{a},\boldsymbol{b},\boldsymbol{c}$ 的**混合积**, 记为 $[\boldsymbol{abc}]$, 即 $[\boldsymbol{abc}]=(\boldsymbol{a}\times\boldsymbol{b})\cdot\boldsymbol{c}$.

混合积是一个实数, 由 $|\boldsymbol{a}\times\boldsymbol{b}|$ 及 $|\boldsymbol{c}|\cos(\widehat{\boldsymbol{a}\times\boldsymbol{b},\boldsymbol{c}})$ 的几何意义可知, $[\boldsymbol{abc}]$ 的绝对值等于以向量 $\boldsymbol{a},\boldsymbol{b},\boldsymbol{c}$ 为棱的平行六面体的体积, 如图 7-14 所示. 平行六面体的底面积即为 $|\boldsymbol{a}\times\boldsymbol{b}|$, 其高为 $|\boldsymbol{c}|\cos(\widehat{\boldsymbol{a}\times\boldsymbol{b},\boldsymbol{c}})$, 所以平行六面体的体积为

$$V=|\boldsymbol{a}\times\boldsymbol{b}||\boldsymbol{c}|\cos(\widehat{\boldsymbol{a}\times\boldsymbol{b},\boldsymbol{c}})=(\boldsymbol{a}\times\boldsymbol{b})\cdot\boldsymbol{c}=[\boldsymbol{abc}].$$

由混合积的定义可知, 三个非零向量 $\boldsymbol{a},\boldsymbol{b},\boldsymbol{c}$ 共面 (即三个向量在同一个平面上, 或在互相平行的平面上) 的充分必要条件是 $[\boldsymbol{abc}]=0$. 若 $\boldsymbol{c}$ 与 $\boldsymbol{a}\times\boldsymbol{b}$ 在 $\boldsymbol{a},\boldsymbol{b}$ 决定的平面同侧, 则 $[\boldsymbol{abc}]>0$; 若 $\boldsymbol{c}$ 与 $\boldsymbol{a}\times\boldsymbol{b}$ 在 $\boldsymbol{a},\boldsymbol{b}$ 决定的平面两侧, 则 $[\boldsymbol{abc}]<0$.

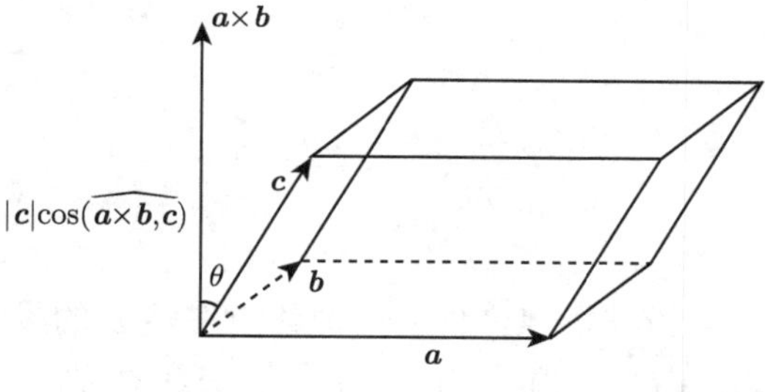

图 7-14

因为向量积不满足交换律而满足反交换律, 从而混合积与参加运算的向量顺序有关. 轮换混合积中三个向量的顺序时, 其值不变. 对调混合积中两个相邻向量的顺序时, 混合积变号, 即

(1) $[\boldsymbol{abc}]=[\boldsymbol{cab}]=[\boldsymbol{bca}]$.

(2) $[\boldsymbol{abc}]=-[\boldsymbol{bac}]=-[\boldsymbol{acb}]=-[\boldsymbol{cba}]$.

四、 向量在轴上的投影

指定了正向的直线称为轴. 设轴 u_1 与 u_2 共面, 经平移后有交点 O, 将一轴绕交点转动与另一轴重合时, 所转过的不超过 π 的角 θ, 记作 $(\widehat{u_1,u_2})$ 或者 $(\widehat{u_2,u_1})$, 即有 $0\leqslant(\widehat{u_2,u_1})\leqslant\pi$, 如图 7-15 和图 7-16 所示; 若轴 u_1 与轴 u_2 异面, 则可在空间任取一点 O, 过点 O 分别作与轴 u_1,u_2 平行且指向相同的轴 u_1' 与轴 u_2', 把 u_1' 与 u_2' 的夹角规定为**轴 $\boldsymbol{u_1}$ 与轴 $\boldsymbol{u_2}$ 的夹角**.

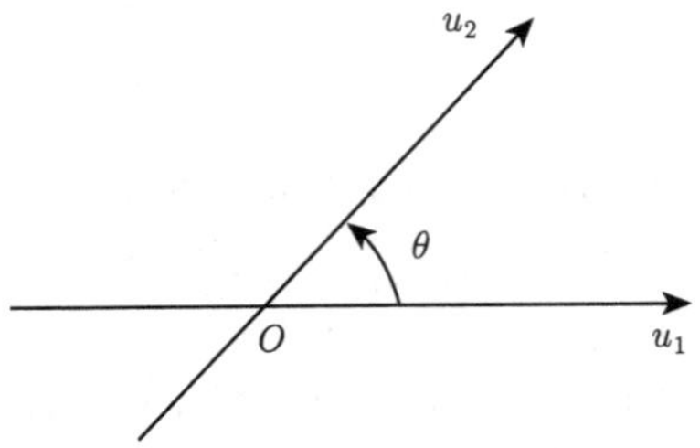

图 7-15

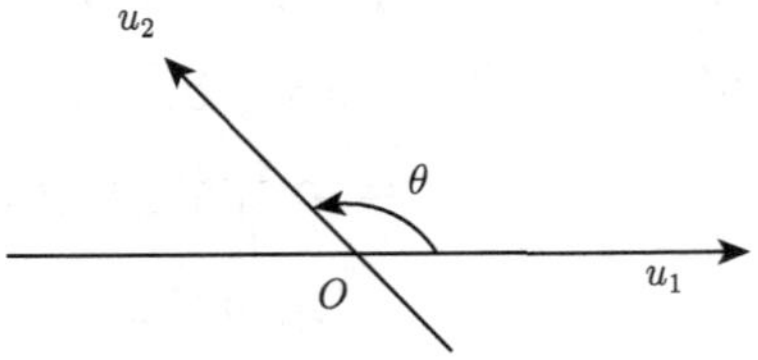

图 7-16

向量 $\boldsymbol{a}$ 与轴 u 的夹角定义如下: 作轴与向量 $\boldsymbol{a}$ 同向, 轴 u' 与 u 的夹角称为**向量 $\boldsymbol{a}$ 与轴 u 的夹角**, 如图 7-17 所示.

设 A 为空间中一点, 过点 A 作轴 u 的垂线, 垂足为 A', 则 A' 称为点 A 在轴 u 上的**投影**, 如图 7-18 所示.

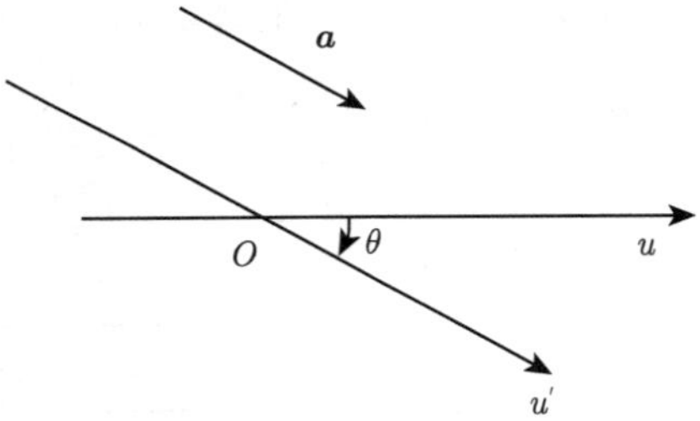

图 7-17

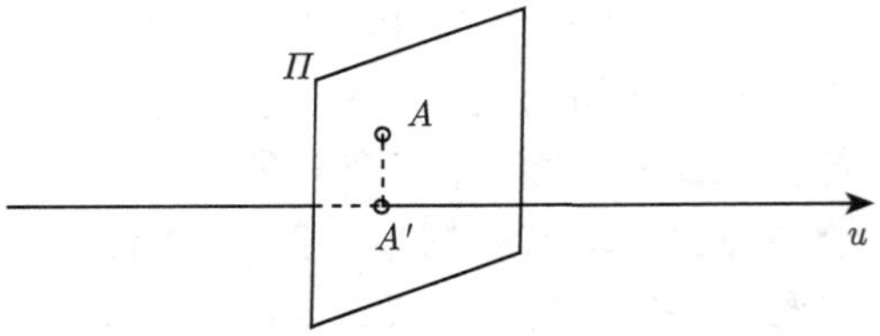

图 7-18

设向量 $\overrightarrow{AB}$ 的始点与终点在轴 u 的投影分别为 A', B', 那么轴 u 上的有向线段 $\overrightarrow{A'B'}$ 的值 $A'B'$ 叫作向量 $\overrightarrow{AB}$ 在轴 u 上的**投影**, 记作 $\mathrm{Prj}_u\overrightarrow{AB} = A'B'$, 轴 u 称为**投影轴**, 如图 7-19 所示.

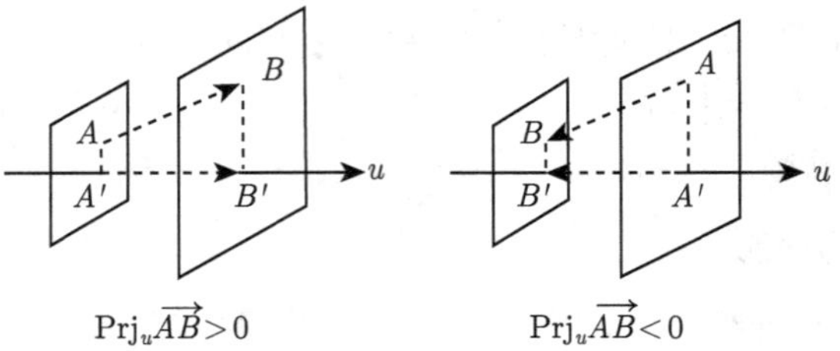

图 7-19

当 $\overrightarrow{A'B'}$ 与轴 u 同向时, 投影取正号, 当 $\overrightarrow{A'B'}$ 与轴 u 反向时, 投影取负号. 若轴 u 是数轴, 点 A' 的坐标是 u_1, 点 B' 的坐标是 u_2, 则 $\mathrm{Prj}_u\overrightarrow{AB} = u_2 - u_1$, 即

$\text{Prj}_u\overrightarrow{AB}$ 就是终点 B' 与起点 A' 的坐标差. 设轴 u 与向量 $\boldsymbol{b}$ 同向, 则定义向量 $\boldsymbol{a}$ 在轴 u 上的投影为**向量 $\boldsymbol{a}$ 在向量 $\boldsymbol{b}$ 上的投影**, 记作 $\text{Prj}_{\boldsymbol{b}}\boldsymbol{a}$. 同样可定义, 向量 $\boldsymbol{b}$ 在向量 $\boldsymbol{a}$ 上的投影 $\text{Prj}_{\boldsymbol{a}}\boldsymbol{b}$.

关于向量的投影有两个重要定理, 称它们为投影定理.

定理 1　向量 $\overrightarrow{AB}$ 在轴 u 上的投影等于向量的模乘以轴与向量的夹角 θ 的余弦, 即

$$\text{Prj}_u\overrightarrow{AB}=|AB|\cos\theta.$$

证　如图 7-20 所示, 过向量 $\overrightarrow{AB}$ 的起点 A 作轴 u' 与轴 u 平行且同向, 则轴 u' 与向量 $\boldsymbol{a}$ 的夹角也是 θ, 过点 A, B 分别作平面 Π_1 与 Π_2 垂直于轴 u', 当然也垂直于轴 u, 平面 Π_2 与轴 u' 的交点是 B', 从而

$$\text{Prj}_u\overrightarrow{AB}=\text{Prj}_{u'}\overrightarrow{AB}=AB'=|AB|\cos\theta.$$

由 $\cos\theta$ 的符号与 θ 的关系知, 当非零向量与投影轴成锐角时, 向量的投影为正值; 当成钝角时, 向量的投影为负值; 当成直角时, 向量的投影为零.

推论　两个相等的向量在平行轴上的投影相等.

定理 2　(1) 有限个向量的和在轴上的投影等于它们分别在该轴上的投影之和, 即

$$\text{Prj}_u(\boldsymbol{a}_1+\boldsymbol{a}_2+\cdots+\boldsymbol{a}_n)=\text{Prj}_u\boldsymbol{a}_1+\text{Prj}_u\boldsymbol{a}_2+\cdots+\text{Prj}_u\boldsymbol{a}_n.$$

(2) 数与向量的数乘在轴上的投影等于数乘以向量在该轴上的投影, 即 $\text{Prj}_u(\lambda\boldsymbol{a})=\lambda\,\text{Prj}_u\boldsymbol{a}$.

证　下面仅就 (1) 中 $n=2$ 的情况给出证明.

如图 7-21 所示, 设 u 为投影轴, 并作折线 ABC, 使 $\overrightarrow{AB}=\boldsymbol{a}_1,\overrightarrow{BC}=\boldsymbol{a}_2$, 由向量加法的三角形法则知, 向量 $\overrightarrow{AC}$ 就是 $\boldsymbol{a}_1$ 与 $\boldsymbol{a}_2$ 的和. 设点 A,B,C 在轴 u 上的投影分别是 A',B',C', 那么

$$\text{Prj}_u\overrightarrow{AB}=A'B',\quad \text{Prj}_u\overrightarrow{BC}=B'C',$$
$$\text{Prj}_u\overrightarrow{CA}=C'A'.$$

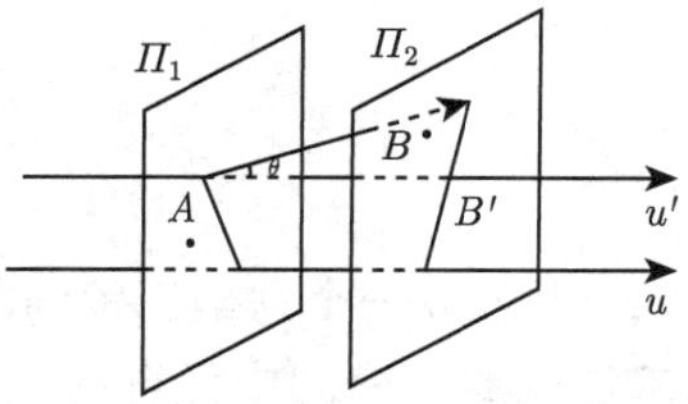

图 7-20

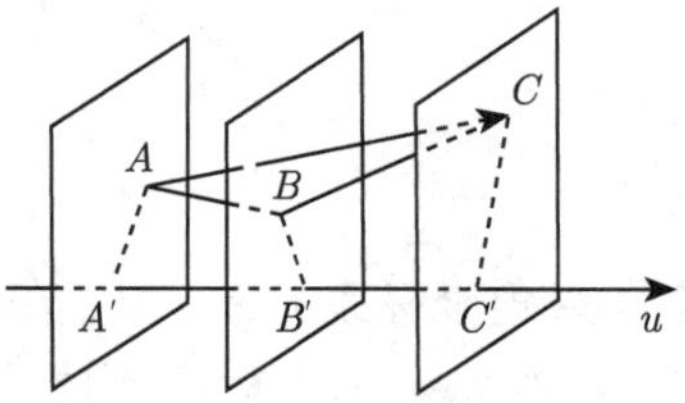

图 7-21

由于不论 A', B', C' 在轴 u 上的位置如何, 都有

$$A'B' + B'C' = A'C',$$

所以 $\mathrm{Prj}_u \overrightarrow{AB} + \mathrm{Prj}_u \overrightarrow{BC} = \mathrm{Prj}_u \overrightarrow{AC}$, 即 $\mathrm{Prj}_u (\boldsymbol{a}_1 + \boldsymbol{a}_2) = \mathrm{Prj}_u \boldsymbol{a}_1 + \mathrm{Prj}_u \boldsymbol{a}_2$.

习　题　7-2

1. 设 $\boldsymbol{u} = \boldsymbol{a} - \boldsymbol{b} + 2\boldsymbol{c}, \boldsymbol{v} = -\boldsymbol{a} + 3\boldsymbol{b} - \boldsymbol{c}$, 试用 $\boldsymbol{a}, \boldsymbol{b}, \boldsymbol{c}$ 表示 $2\boldsymbol{u} - 3\boldsymbol{v}$.
2. 设 $|\boldsymbol{a}| = 5, |\boldsymbol{b}| = 8$, 且 $(\widehat{\boldsymbol{a}, \boldsymbol{b}}) = 60^\circ$. 计算: $|\boldsymbol{a} + \boldsymbol{b}|, |\boldsymbol{a} - \boldsymbol{b}|, \boldsymbol{a} \cdot \boldsymbol{b}$ 及 $|\boldsymbol{a} \times \boldsymbol{b}|$.
3. 设 $(\boldsymbol{a} \times \boldsymbol{b}) \cdot \boldsymbol{c} = 2$, 计算: $[(\boldsymbol{a} + \boldsymbol{b}) \times (\boldsymbol{b} + \boldsymbol{c})] \cdot (\boldsymbol{c} + \boldsymbol{a})$.
4. 已知 $\boldsymbol{a}, \boldsymbol{b}, \boldsymbol{c}$ 为单位向量, 且满足 $\boldsymbol{a} + \boldsymbol{b} + \boldsymbol{c} = \boldsymbol{0}$, 计算 $\boldsymbol{a} \cdot \boldsymbol{b} + \boldsymbol{b} \cdot \boldsymbol{c} + \boldsymbol{c} \cdot \boldsymbol{a}$.
5. 设 $|\boldsymbol{a}| = 6, (\widehat{\boldsymbol{a}, \boldsymbol{u}}) = 60^\circ$, 求 $\mathrm{Prj}_u \boldsymbol{a}$.
6. 设 $|\boldsymbol{a}| = 2, |\boldsymbol{b}| = \sqrt{2}, |\boldsymbol{a} \times \boldsymbol{b}| = 2$, 计算 $\boldsymbol{a} \cdot \boldsymbol{b}$.
7. 已知向量 $\boldsymbol{a}$, 求向量 $\boldsymbol{b}$, 使 $\boldsymbol{a}$ 在 $\boldsymbol{b}$ 上的投影等于 $\boldsymbol{b}$ 在 $\boldsymbol{a}$ 上的投影.

第三节　向量及其运算的坐标表示

一、 向量的坐标

若 M 为空间直角坐标系中的一点, 向量 $\overrightarrow{OM}$ 称为点 M 的**向径**, 通常用 $\boldsymbol{r}$ 表示, 即 $\boldsymbol{r} = \overrightarrow{OM}$. 设点 M 在 x 轴、y 轴、z 轴上的投影为 A, B, C, 如图 7-22 所示, 则由向量的加法知, $\boldsymbol{r} = \overrightarrow{OA} + \overrightarrow{OB} + \overrightarrow{OC}$. 向量 $\overrightarrow{OA}, \overrightarrow{OB}, \overrightarrow{OC}$ 称为向量 $\overrightarrow{OM}$ 在坐标轴上的**分向量**.

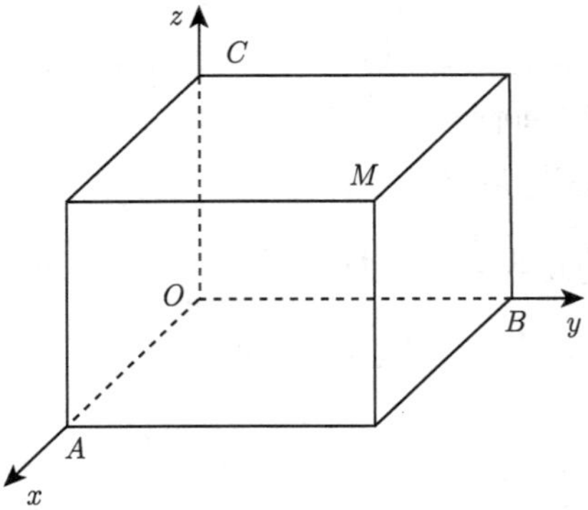

图 7-22

空间直角坐标系 $Oxyz$ 中, 在 x 轴、y 轴、z 轴上各取一个与坐标轴同向的单位向量, 依次记作 $\boldsymbol{i}, \boldsymbol{j}, \boldsymbol{k}$, 它们称为**空间的基本单位向量**. 空间中任意向量 $\boldsymbol{a}$, 可以唯一地表示为 $\boldsymbol{i}, \boldsymbol{j}, \boldsymbol{k}$ 数乘之和.

事实上, 设 $\boldsymbol{a}=\overrightarrow{MN}$, 过点 M, N 作坐标轴的投影, 如图 7-23 所示.

$$\boldsymbol{a}=\overrightarrow{MN}=\overrightarrow{MA}+\overrightarrow{AP}+\overrightarrow{PN}=\overrightarrow{MA}+\overrightarrow{MB}+\overrightarrow{MC}.$$

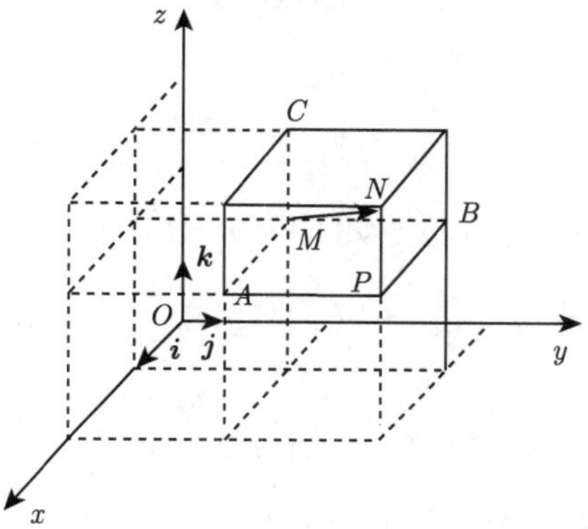

图 7-23

由于 $\overrightarrow{MA}$ 与 $\boldsymbol{i}$ 平行, $\overrightarrow{MB}$ 与 $\boldsymbol{j}$ 平行, $\overrightarrow{MC}$ 与 $\boldsymbol{k}$ 平行, 所以, 存在唯一的实数 x,y,z, 使得

$$\overrightarrow{MA}=x\boldsymbol{i},\quad \overrightarrow{MB}=y\boldsymbol{j},\quad \overrightarrow{MC}=z\boldsymbol{k},$$

即

$$\boldsymbol{a}=x\boldsymbol{i}+y\boldsymbol{j}+z\boldsymbol{k}.$$

称上式为向径 $\boldsymbol{r}=\overrightarrow{OM}$ 按基本单位向量的**分解式**, 把上式中 $\boldsymbol{i},\boldsymbol{j},\boldsymbol{k}$ 系数组成的有序数组 (x,y,z) 叫作**向量 $\boldsymbol{a}$ 的坐标**, 记为 $\boldsymbol{a}=(x,y,z)$. 易见, 上式中的 x,y,z 是向量 $\boldsymbol{a}$ 分别在 x 轴、y 轴、z 轴上的投影. 因此, 在空间直角坐标系中的向量 $\boldsymbol{a}$ 的坐标就是该向量在三个坐标轴上的投影组成的有序数组.

设 $\overrightarrow{MN}$ 为空间直角坐标系中的一个向量, 点 M 的坐标为 (x_1,y_1,z_1), 点 N 的坐标为 (x_2,y_2,z_2), 显然, 向量 $\overrightarrow{MN}$ 在三个坐标轴上的投影分别为 x_2-x_1,y_2-y_1,z_2-z_1, 也称向量 $\overrightarrow{MN}$ 在坐标轴上的投影这个有序三数组 $(x_2-x_1,y_2-y_1,z_2-z_1)$ 为**向量 $\overrightarrow{MN}$ 的坐标**.

例 1　在空间直角坐标系中设点 $M(4,3,2)$, $N(5,4,3)$, 求向量 $\overrightarrow{MN}$ 及 $\overrightarrow{NM}$ 的坐标.

解　由于向量的坐标即为向量在坐标轴上的投影组成的有序数组, 而向量的各投影即为终点坐标与起点坐标对应分量的差. 所以向量 $\overrightarrow{MN}$ 的坐标为 $(1,1,1)$, 向量 $\overrightarrow{NM}$ 的坐标为 $(-1,-1,-1)$.

例 2 (定比分点公式)　设 $A(x_1,y_1,z_1)$ 和 $B(x_2,y_2,z_2)$ 为已知点, 有向线段 $\overrightarrow{AB}$ 上的点 M 将它分为两条有向线段 $\overrightarrow{AM}$ 和 $\overrightarrow{MB}$, 使它们的值的比等于数 $\lambda\ (\lambda \neq -1)$, 即 $\dfrac{AM}{MB}=\lambda$, 求分点 $M(x,y,z)$ 的坐标.

解　如图 7-24 所示, 因 $\overrightarrow{AM}$ 与 $\overrightarrow{MB}$ 在同一直线上, 且同方向, 故 $\overrightarrow{AM}=\lambda\overrightarrow{MB}$, 而

$$\overrightarrow{AM}=(x-x_1,y-y_1,z-z_1),\quad \overrightarrow{MB}=(x_2-x,y_2-y,z_2-z),$$
$$\lambda\overrightarrow{MB}=(\lambda(x_2-x),\lambda(y_2-y),\lambda(z_2-z)).$$

所以, $x-x_1=\lambda(x_2-x), y-y_1=\lambda(y_2-y), z-z_1=\lambda(z_2-z)$. 解得

$$x=\frac{x_1+\lambda\cdot x_2}{1+\lambda},\quad y=\frac{y_1+\lambda\cdot y_2}{1+\lambda},\quad z=\frac{z_1+\lambda\cdot z_2}{1+\lambda}.$$

当 $\lambda=1$ 时, 点 M 是有向线段 $\overrightarrow{AB}$ 的中点, 其坐标为

$$x=\frac{x_1+x_2}{2},\quad y=\frac{y_1+y_2}{2},\quad z=\frac{z_1+z_2}{2}.$$

二、 向量的模与方向余弦的坐标表示

向量可以用模与方向来表示, 也可以用它的坐标式来表示, 这两种表示法之间是有联系的.

设空间向量 $\boldsymbol{a}=\overrightarrow{M_1M_2}$ 与三条坐标轴的正向的夹角分别为 α,β,γ, 规定 $0\leqslant\alpha\leqslant\pi, 0\leqslant\beta\leqslant\pi, 0\leqslant\gamma\leqslant\pi$, 称 α,β,γ 为向量 $\boldsymbol{a}$ 的**方向角**, 如图 7-25 所示.

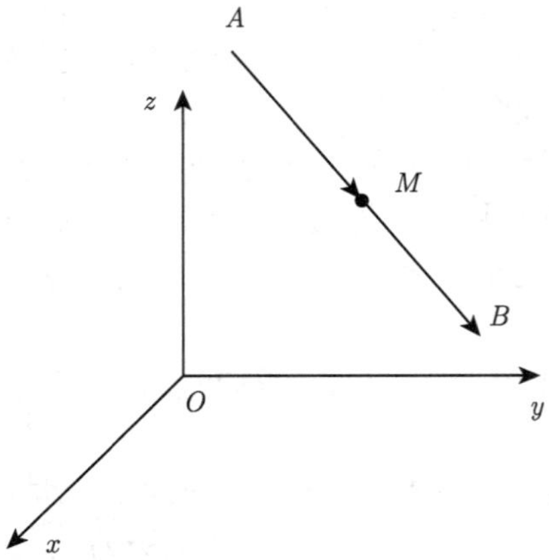

图 7-24

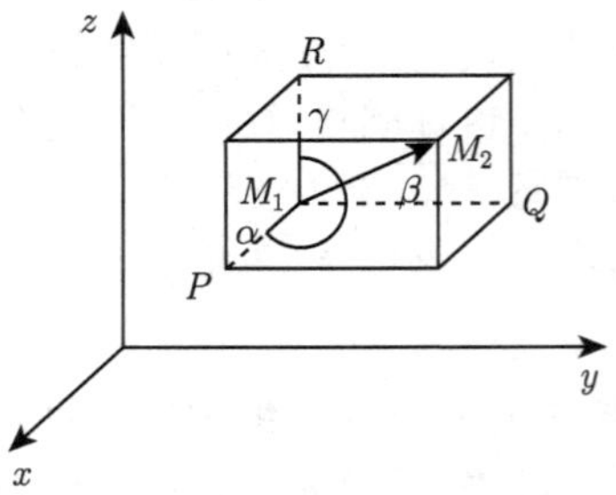

图 7-25

因为向量 $\boldsymbol{a}$ 的坐标就是向量在坐标轴上的投影, 因此,

$$a_x=\left|\overrightarrow{M_1M_2}\right|\cos\alpha=|\boldsymbol{a}|\cos\alpha,$$

$$a_y=\left|\overrightarrow{M_1M_2}\right|\cos\beta=|\boldsymbol{a}|\cos\beta,$$

$$a_z=\left|\overrightarrow{M_1M_2}\right|\cos\gamma=|\boldsymbol{a}|\cos\gamma,$$

上式中出现的 $\cos\alpha,\cos\beta,\cos\gamma$ 称为向量 $\boldsymbol{a}$ **的方向余弦**. $\boldsymbol{a}=(\boldsymbol{a}_x,\boldsymbol{a}_y,\boldsymbol{a}_z)=(|\boldsymbol{a}|\cos\alpha,|\boldsymbol{a}|\cos\beta,|\boldsymbol{a}|\cos\gamma)=|\boldsymbol{a}|(\cos\alpha,\cos\beta,\cos\gamma)=|\boldsymbol{a}|\boldsymbol{e}_{\boldsymbol{a}}$, 其中 $\boldsymbol{e}_{\boldsymbol{a}}=(\cos\alpha,\cos\beta,\cos\gamma)$ 是与向量 $\boldsymbol{a}$ 同方向的单位向量.

$$|\boldsymbol{a}|=\left|\overrightarrow{M_1M_2}\right|=\sqrt{|M_1P|^2+|M_1Q|^2+|M_1R|^2},$$

$$|M_1P|=a_x,\quad |M_1Q|=a_y,\quad |M_1R|=a_z,$$

故向量 $\boldsymbol{a}$ 的模为 $|\boldsymbol{a}|=\sqrt{a_x^2+a_y^2+a_z^2}$. 从而向量 $\boldsymbol{a}$ 的方向余弦为

$$\cos\alpha=\frac{a_x}{\sqrt{a_x^2+a_y^2+a_z^2}},\quad \cos\beta=\frac{a_y}{\sqrt{a_x^2+a_y^2+a_z^2}},\quad \cos\gamma=\frac{a_z}{\sqrt{a_x^2+a_y^2+a_z^2}},$$

且 $\cos^2\alpha+\cos^2\beta+\cos^2\gamma=1$.

例 3 设有两点 $M_1(5,0,4)$ 与 $M_2(1,3,7)$, 求向量 $\overrightarrow{M_1M_2}$ 的方向余弦.

解 因为 $\overrightarrow{M_1M_2}=(1-5,3-0,7-4)$, 所以 $\overrightarrow{M_1M_2}=\sqrt{(-4)^2+3^2+(3)^2}=\sqrt{34}$, 于是 $\cos\alpha=\dfrac{-4}{\sqrt{34}},\cos\beta=\dfrac{3}{\sqrt{34}},\cos\gamma=\dfrac{3}{\sqrt{34}}$.

例 4 设向量 $\boldsymbol{a}$ 与 x 轴、y 轴的夹角分别为 $\alpha=\dfrac{\pi}{3}$, $\beta=\dfrac{2\pi}{3}$, 它与 z 轴的夹角 γ 是钝角, 求 γ.

解 由 $\cos^2\alpha+\cos^2\beta+\cos^2\gamma$, 得

$$\cos^2\gamma=1-\cos^2\alpha-\cos^2\beta=1-\left(\frac{1}{2}\right)^2-\left(-\frac{1}{2}\right)^2=\frac{1}{2}.$$

故 $\cos\gamma=\pm\dfrac{1}{\sqrt{2}}$. 又因为 γ 是钝角, 所以 $\gamma=\arccos\left(-\dfrac{1}{\sqrt{2}}\right)=\dfrac{3}{4}\pi$.

三、 向量运算的坐标表示

1. 用坐标进行向量的线性运算

设有两个向量 $\boldsymbol{a}=(a_x,a_y,a_z)=a_x\boldsymbol{i}+a_y\boldsymbol{j}+a_z\boldsymbol{k}$ 与 $\boldsymbol{b}=(b_x,b_y,b_z)=b_x\boldsymbol{i}+b_y\boldsymbol{j}+b_z\boldsymbol{k}$, 则由向量加法的交换律与结合律, 以及向量与数 λ 乘法的结合律与分

配律, 有

(1) 加、减法

$$\boldsymbol{a} \pm \boldsymbol{b} = (a_x \pm b_x)\,\boldsymbol{i} + (a_y \pm b_y)\,\boldsymbol{j} + (a_z \pm b_z)\,\boldsymbol{k},$$

或

$$\boldsymbol{a} \pm \boldsymbol{b} = (a_x \pm b_x, a_y \pm b_y, a_z \pm b_z);$$

(2) 数乘法

$$\lambda\boldsymbol{a} = \lambda\,(a_x\boldsymbol{i} + a_y\boldsymbol{j} + a_z\boldsymbol{k}) = \lambda a_x\boldsymbol{i} + \lambda a_y\boldsymbol{j} + \lambda a_z\boldsymbol{k},$$

或

$$\lambda\boldsymbol{a} = (\lambda a_x, \lambda a_y, \lambda a_z) = \lambda\,(a_x, a_y, a_z).$$

2. 用坐标进行向量的乘法运算

(1) 数量积.

$$\begin{aligned}\boldsymbol{a}\cdot\boldsymbol{b} =& (a_x\boldsymbol{i} + a_y\boldsymbol{j} + a_z\boldsymbol{k})\cdot(b_x\boldsymbol{i} + b_y\boldsymbol{j} + b_z\boldsymbol{k}) \\ =& a_xb_x(\boldsymbol{i}\cdot\boldsymbol{i}) + a_xb_y(\boldsymbol{i}\cdot\boldsymbol{j}) + a_xb_z(\boldsymbol{i}\cdot\boldsymbol{k}) + a_yb_x(\boldsymbol{j}\cdot\boldsymbol{i}) + a_yb_y(\boldsymbol{j}\cdot\boldsymbol{j}) \\ &+ a_yb_z(\boldsymbol{j}\cdot\boldsymbol{k}) + a_zb_x(\boldsymbol{k}\cdot\boldsymbol{i}) + a_zb_y(\boldsymbol{k}\cdot\boldsymbol{j}) + a_zb_z(\boldsymbol{k}\cdot\boldsymbol{k}) \\ =& a_xb_x + a_yb_y + a_zb_z,\end{aligned}$$

即两个向量的数量积等于它们对应坐标的乘积之和: $\boldsymbol{a}\cdot\boldsymbol{b} = a_xb_x + a_yb_y + a_zb_z$.

由数量积的定义及其坐标表示式可得, 两个非零向量夹角余弦的坐标计算公式

$$\cos(\widehat{\boldsymbol{a},\boldsymbol{b}}) = \frac{\boldsymbol{a}\cdot\boldsymbol{b}}{|\boldsymbol{a}||\boldsymbol{b}|} = \frac{a_xb_x + a_yb_y + a_zb_z}{\sqrt{a_x^2 + a_y^2 + a_z^2}\sqrt{b_x^2 + b_y^2 + b_z^2}}.$$

例 5　$\boldsymbol{a} = 2\boldsymbol{i} - 2\boldsymbol{j} + \boldsymbol{k}, \boldsymbol{b} = \boldsymbol{i} - \boldsymbol{j} + \boldsymbol{k}$, 求: (i) $\boldsymbol{a}\cdot\boldsymbol{b}$; (ii) $\mathrm{Prj}_{\boldsymbol{a}}\boldsymbol{b}$.

解　(i) $\boldsymbol{a}\cdot\boldsymbol{b} = 2\times1 + (-2)\times(-1) + 1\times1 = 5$;

(ii) 由 $\boldsymbol{a}\cdot\boldsymbol{b} = |\boldsymbol{a}|\,\mathrm{Prj}_{\boldsymbol{a}}\,\boldsymbol{b}$, 得 $\mathrm{Prj}_{\boldsymbol{a}}\,\boldsymbol{b} = \dfrac{\boldsymbol{a}\cdot\boldsymbol{b}}{|\boldsymbol{a}|} = \dfrac{5}{\sqrt{2^2 + (-2)^2 + 1}} = \dfrac{5}{3}$.

例 6　已知向量 $\boldsymbol{a} = (3, -1, -2), \boldsymbol{b} = (1, 2, -1)$, 求 $\boldsymbol{a}\cdot\boldsymbol{b}$ 及向量 $\boldsymbol{a}$ 与 $\boldsymbol{b}$ 的夹角的余弦值.

解　由题意可知

$$\boldsymbol{a}\cdot\boldsymbol{b} = 3\times1 - 1\times2 + (-2)\times(-1) = 3.$$

又因

$$|\boldsymbol{a}| = \sqrt{3^2 + (-1)^2 + (-2)^2} = \sqrt{14}, \quad |\boldsymbol{b}| = \sqrt{1^2 + 2^2 + (-1)^2} = \sqrt{6},$$

故 $\cos(\widehat{\boldsymbol{a}, \boldsymbol{b}}) = \dfrac{\boldsymbol{a} \cdot \boldsymbol{b}}{|\boldsymbol{a}||\boldsymbol{b}|} = \dfrac{3}{\sqrt{14} \times \sqrt{6}} = \dfrac{\sqrt{21}}{14}$.

(2) 向量积.

由向量积的定义知, 对任意向量 $\boldsymbol{a}$, 都有 $\boldsymbol{a} \times \boldsymbol{a} = \boldsymbol{0}$, 对于基本单位向量有

$$\boldsymbol{i} \times \boldsymbol{j} = \boldsymbol{k}, \quad \boldsymbol{j} \times \boldsymbol{k} = \boldsymbol{i}, \quad \boldsymbol{k} \times \boldsymbol{i} = \boldsymbol{j}, \quad \boldsymbol{j} \times \boldsymbol{i} = -\boldsymbol{k}, \quad \boldsymbol{k} \times \boldsymbol{j} = -\boldsymbol{i},$$

$$\boldsymbol{i} \times \boldsymbol{k} = -\boldsymbol{j}, \quad \boldsymbol{i} \times \boldsymbol{i} = \boldsymbol{0}, \quad \boldsymbol{j} \times \boldsymbol{j} = \boldsymbol{0}, \quad \boldsymbol{k} \times \boldsymbol{k} = \boldsymbol{0}.$$

设 $\boldsymbol{a} = a_x\boldsymbol{i} + a_y\boldsymbol{j} + a_z\boldsymbol{k}, \boldsymbol{b} = b_x\boldsymbol{i} + b_y\boldsymbol{j} + b_z\boldsymbol{k}$, 由向量积的运算规律, 得

$$\begin{aligned}
\boldsymbol{a} \times \boldsymbol{b} &= (a_x\boldsymbol{i} + a_y\boldsymbol{j} + a_z\boldsymbol{k}) \times (b_x\boldsymbol{i} + b_y\boldsymbol{j} + b_z\boldsymbol{k}) \\
&= a_x\boldsymbol{i} \times (b_x\boldsymbol{i} + b_y\boldsymbol{j} + b_z\boldsymbol{k}) + a_y\boldsymbol{j} \times (b_x\boldsymbol{i} + b_y\boldsymbol{j} + b_z\boldsymbol{k}) + a_z\boldsymbol{k} \\
&\quad \times (b_x\boldsymbol{i} + b_y\boldsymbol{j} + b_z\boldsymbol{k}) \\
&= a_xb_x(\boldsymbol{i} \times \boldsymbol{i}) + a_xb_y(\boldsymbol{i} \times \boldsymbol{j}) + a_xb_z(\boldsymbol{i} \times \boldsymbol{k}) + a_yb_x(\boldsymbol{j} \times \boldsymbol{i}) + a_yb_y(\boldsymbol{j} \times \boldsymbol{j}) \\
&\quad + a_yb_z(\boldsymbol{j} \times \boldsymbol{k}) + a_zb_x(\boldsymbol{k} \times \boldsymbol{i}) + a_zb_y(\boldsymbol{k} \times \boldsymbol{j}) + a_zb_z(\boldsymbol{k} \times \boldsymbol{k}) \\
&= (a_yb_z - a_zb_y)\,\boldsymbol{i} + (a_zb_x - a_xb_z)\,\boldsymbol{j} + (a_xb_y - a_yb_x)\,\boldsymbol{k}.
\end{aligned}$$

为便于记忆, 上式可用三阶行列式记号形式地表示为

$$\boldsymbol{a} \times \boldsymbol{b} = \begin{vmatrix} \boldsymbol{i} & \boldsymbol{j} & \boldsymbol{k} \\ a_x & a_y & a_z \\ b_x & b_y & b_z \end{vmatrix}.$$

向量积的坐标表示

按第一行展开, 得

$$\boldsymbol{a} \times \boldsymbol{b} = \begin{vmatrix} a_y & a_z \\ b_y & b_z \end{vmatrix} \boldsymbol{i} - \begin{vmatrix} a_x & a_z \\ b_x & b_z \end{vmatrix} \boldsymbol{j} + \begin{vmatrix} a_x & a_y \\ b_x & b_y \end{vmatrix} \boldsymbol{k}.$$

例 7 设 $\boldsymbol{a} = \boldsymbol{i} - \boldsymbol{k}, \boldsymbol{b} = 2\boldsymbol{i} + 3\boldsymbol{j} + \boldsymbol{k}$, 求 $\boldsymbol{a} \times \boldsymbol{b}$.

解 $\boldsymbol{a} \times \boldsymbol{b} = \begin{vmatrix} \boldsymbol{i} & \boldsymbol{j} & \boldsymbol{k} \\ 1 & 0 & -1 \\ 2 & 3 & 1 \end{vmatrix} = 3\boldsymbol{i} - 3\boldsymbol{j} + 3\boldsymbol{k}.$

例 8　对例 7 中的向量 $\boldsymbol{a},\boldsymbol{b}$, 求一单位向量 $\boldsymbol{c}^0$, 使得 $\boldsymbol{c}^0$ 与 $\boldsymbol{a},\boldsymbol{b}$ 都垂直.

解　取 $\boldsymbol{c}=\pm(\boldsymbol{a}\times\boldsymbol{b})$, 则 $\boldsymbol{c}$ 与 $\boldsymbol{a}$, $\boldsymbol{b}$ 都垂直, 由例 7 知 $\boldsymbol{c}=\pm(3\boldsymbol{i}-3\boldsymbol{j}+3\boldsymbol{k})$, 故

$$\boldsymbol{c}^0=\pm\frac{\boldsymbol{c}}{|\boldsymbol{c}|}=\pm\frac{\boldsymbol{i}-\boldsymbol{j}+\boldsymbol{k}}{3}.$$

例 9　设 $\triangle ABC$ 的顶点为 $A(3,0,2),B(5,3,1),C(0,-1,3)$, 求三角形的面积.

解　由向量的模的几何意义知, $\triangle ABC$ 的面积 $S=\dfrac{1}{2}|\overrightarrow{AB}\times\overrightarrow{AC}|$. 因为 $\overrightarrow{AB}=(2,3,-1),\overrightarrow{AC}=(-3,-1,1)$, 所以

$$\overrightarrow{AB}\times\overrightarrow{AC}=\begin{vmatrix}\boldsymbol{i}&\boldsymbol{j}&\boldsymbol{k}\\2&3&-1\\-3&-1&1\end{vmatrix}=2\boldsymbol{i}+\boldsymbol{j}+7\boldsymbol{k},$$

从而 $|\overrightarrow{AB}\times\overrightarrow{AC}|=\sqrt{2^2+1^2+7^2}=\sqrt{54}=3\sqrt{6}$. 于是 $S=\dfrac{3}{2}\sqrt{6}$.

(3) 混合积.

对向量 $\boldsymbol{a}=(a_x,a_y,a_z),\boldsymbol{b}=(b_x,b_y,b_z),\boldsymbol{c}=(c_x,c_y,c_z)$, 由向量积的坐标表达式可知

$$\boldsymbol{a}\times\boldsymbol{b}=\begin{vmatrix}\boldsymbol{i}&\boldsymbol{j}&\boldsymbol{k}\\a_x&a_y&a_z\\b_x&b_y&b_z\end{vmatrix}=\begin{vmatrix}a_y&a_z\\b_y&b_z\end{vmatrix}\boldsymbol{i}-\begin{vmatrix}a_x&a_z\\b_x&b_z\end{vmatrix}\boldsymbol{j}+\begin{vmatrix}a_x&a_y\\b_x&b_y\end{vmatrix}\boldsymbol{k},$$

由数量积的坐标表达式, 得

$$[\boldsymbol{abc}]=(\boldsymbol{a}\times\boldsymbol{b})\cdot\boldsymbol{c}=\begin{vmatrix}a_y&a_z\\b_y&b_z\end{vmatrix}c_x-\begin{vmatrix}a_x&a_z\\b_x&b_z\end{vmatrix}c_y+\begin{vmatrix}a_x&a_y\\b_x&b_y\end{vmatrix}c_z$$

$$=\begin{vmatrix}a_x&a_y&a_z\\b_x&b_y&b_z\\c_x&c_y&c_z\end{vmatrix},$$

即 $\boldsymbol{a},\boldsymbol{b},\boldsymbol{c}$ 的混合积的坐标表示为 $[\boldsymbol{abc}]=\begin{vmatrix}a_x&a_y&a_z\\b_x&b_y&b_z\\c_x&c_y&c_z\end{vmatrix}$.

例 10　设空间中四点 $A(1,1,3),B(0,1,1),C(1,0,2),D(4,3,11)$, 证明这四点共面.

证 因为 $\overrightarrow{AB}=(-1,0,-2),\overrightarrow{AC}=(0,-1,-1),\overrightarrow{AD}=(3,2,8)$, 而

$$[\overrightarrow{AB}\overrightarrow{AC}\overrightarrow{AD}]=\begin{vmatrix}-1&0&-2\\0&-1&-1\\3&2&8\end{vmatrix}=-1\begin{vmatrix}-1&-1\\2&8\end{vmatrix}-2\begin{vmatrix}0&-1\\3&2\end{vmatrix}=0,$$

所以向量 $\overrightarrow{AB},\overrightarrow{AC},\overrightarrow{AD}$ 共面, 从而点 A,B,C,D 共面.

习 题 7-3

1. 求与向量 $\boldsymbol{a}=(2,-1,2)$ 平行且满足 $\boldsymbol{a}\cdot\boldsymbol{x}=-18$ 的向量 $\boldsymbol{x}$.

2. 设 $\boldsymbol{a}=\boldsymbol{i}+2\boldsymbol{j}+3\boldsymbol{k},\boldsymbol{b}=2\boldsymbol{i}+4\boldsymbol{j}+\lambda\boldsymbol{k}$, 试确定 λ, 使

(1) $\boldsymbol{a}\perp\boldsymbol{b}$; (2) $\boldsymbol{a}//\boldsymbol{b}$.

3. 求与向量 $\boldsymbol{a}=\boldsymbol{i}-\boldsymbol{k},\boldsymbol{b}=2\boldsymbol{i}+3\boldsymbol{j}$ 都垂直的单位向量.

4. 设 $\boldsymbol{a}\times\boldsymbol{b}=\boldsymbol{c}\times\boldsymbol{d},\boldsymbol{a}\times\boldsymbol{c}=\boldsymbol{b}\times\boldsymbol{d}$, 证明 $\boldsymbol{a}-\boldsymbol{d}$ 和 $\boldsymbol{b}-\boldsymbol{c}$ 平行.

5. 设 $\boldsymbol{a}$ 和 $\boldsymbol{b}$ 是互相垂直的单位向量, 计算以向量 $\boldsymbol{p}=2\boldsymbol{a}+3\boldsymbol{b}$ 和 $\boldsymbol{q}=\boldsymbol{a}-4\boldsymbol{b}$ 为边的平行四边形的面积.

6. 设 $\boldsymbol{a}=3\boldsymbol{i}-\boldsymbol{j}-2\boldsymbol{k},\boldsymbol{b}=\boldsymbol{i}+2\boldsymbol{j}-\boldsymbol{k}$, 求

(1) $\boldsymbol{a}\cdot\boldsymbol{b}$; (2) $\boldsymbol{a}\times\boldsymbol{b}$;

(3) $\mathrm{Prj}_{\boldsymbol{a}}\boldsymbol{b}$; (4) $\mathrm{Prj}_{\boldsymbol{b}}\boldsymbol{a}$;

(5) $\cos(\widehat{\boldsymbol{a},\boldsymbol{b}})$.

7. 设 $\boldsymbol{a}=2\boldsymbol{i}-3\boldsymbol{j}+\boldsymbol{k},\boldsymbol{b}=\boldsymbol{i}-\boldsymbol{j}+3\boldsymbol{k},\boldsymbol{c}=\boldsymbol{i}-2\boldsymbol{j}$, 求

(1) $(\boldsymbol{a}\times\boldsymbol{b})\cdot\boldsymbol{c}$; (2) $(\boldsymbol{a}\times\boldsymbol{b})\times\boldsymbol{c}$;

(3) $\boldsymbol{a}\times(\boldsymbol{b}\times\boldsymbol{c})$; (4) $(\boldsymbol{a}\cdot\boldsymbol{b})\boldsymbol{c}-(\boldsymbol{a}\cdot\boldsymbol{c})\boldsymbol{b}$.

第四节 曲面及其方程

在空间解析几何中, 曲面被视为按一定规律变动的点的轨迹, 因为动点可以用坐标 (x,y,z) 表示, 所以它适应的规律在代数上通常为 x,y,z 的方程. 因此, 在空间解析几何中, 对曲面的研究主要有以下两方面的问题.

(1) 已知曲面作为某动点的轨迹, 求它的方程;

(2) 已知曲面的方程, 研究它的形状和性质.

一、 曲面方程的概念

定义 1 如果曲面 S 与方程 $F(x,y,z)=0$ 满足如下关系:

(1) 曲面 S 上每一点的坐标都满足方程 $F(x,y,z)=0$;

(2) 以满足方程 $F(x,y,z)=0$ 的解为坐标的点都在曲面 S 上,

则称方程 $F(x,y,z)=0$ 为**曲面 S 的方程**, 而称曲面 S 为此**方程的图形**, 如图 7-26 所示.

例 1 求球心在点 $M_0(\boldsymbol{x}_0, \boldsymbol{y}_0, \boldsymbol{z}_0)$, 半径为 R 的球面方程, 如图 7-27 所示.

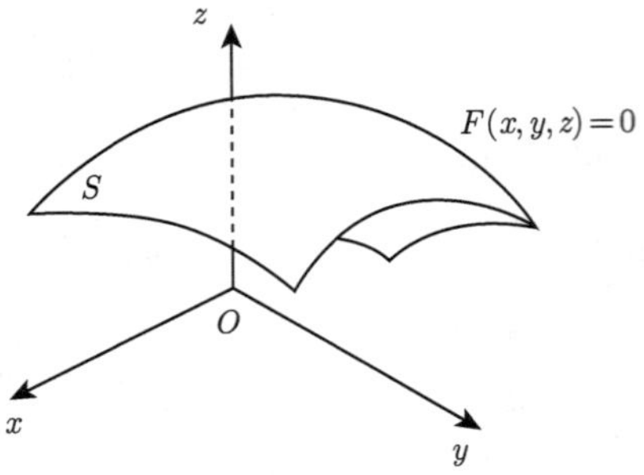

图 7-26

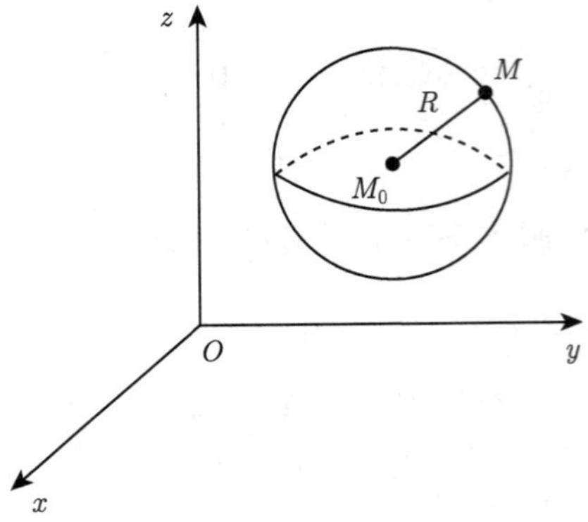

图 7-27

解 设 $M(x,y,z)$ 是球面上任一点, 则 $|M_0M| = R$, 即

$$\sqrt{(x-x_0)^2+(y-y_0)^2+(z-z_0)^2} = R.$$

两边平方, 得

$$(x-x_0)^2+(y-y_0)^2+(z-z_0)^2 = R^2. \tag{4-1}$$

这说明, 球面上任意一点的坐标都满足 (4-1), 而不在球面上的点的坐标一定不满足 (4-1). 所以, 由曲面方程的定义, (4-1) 就是所求的球面方程, 称为球心在点 $M_0(x_0,y_0,z_0)$, 半径为 R 的**球面的标准方程**. 特别地, 以坐标原点为球心, 以 R 半径的球面方程为

$$x^2+y^2+z^2 = R^2. \tag{4-2}$$

将 (4-1) 展开得

$$x^2+y^2+z^2-2x_0x-2y_0y-2z_0z+x_0^2+y_0^2+z_0^2-R^2=0.$$

令 $A=-2x_0, B=-2y_0, C=-2z_0, D=x_0^2+y_0^2+z_0^2-R^2$, 则有

$$x^2+y^2+z^2+Ax+By+Cz+D=0, \tag{4-3}$$

此方程称为球面的**一般方程**. 所以, 球面方程具有下列两个特点:

(1) 它是 x,y,z 的二次方程, 且方程中缺 xy,yz,zx 项;

(2) x^2,y^2,z^2 的系数相同且不为零.

例 2 方程 $x^2+y^2+z^2+2x-6y+1=0$ 表示怎样的曲面?

解 由球面的一般式方程的特征知, 方程 $x^2+y^2+z^2+2x-6y+1=0$ 表示球面. 进而, 经过配方, 方程可化为

$$(x+1)^2+(y-3)^2+z^2=3^2.$$

所以, 方程表示球心在 $(-1,3,0)$, 半径为 3 的球面.

例 3 求与原点 O 及 $M_0(2,3,4)$ 的距离之比为 $1:2$ 的点的全体所组成的曲面方程.

解 设 $M(x,y,z)$ 是曲面上任一点, 根据题意有 $\dfrac{|MO|}{|MM_0|}=\dfrac{1}{2}$, 即有

$$\frac{\sqrt{x^2+y^2+z^2}}{\sqrt{(x-2)^2+(y-3)^2+(z-4)^2}}=\frac{1}{2},$$

那么所求方程为

$$\left(x+\frac{2}{3}\right)^2+(y+1)^2+\left(z+\frac{4}{3}\right)^2=\frac{116}{9}.$$

由以上例题知, 建立一曲面的方程, 就是将曲面上任一点满足的几何规律用其坐标 (x,y,z) 所满足的方程表达出来. 反之, 研究一个关于 x,y,z 的方程表示什么样的曲面, 要看满足方程的 x,y,z 为坐标的点满足什么几何规律. 这一点, 有时可以通过将方程变形为某种曲面的标准方程来进行.

二、 柱面

定义 2 一直线平行于定直线并沿着定曲线 C 移动所形成的曲面叫作**柱面**, 如图 7-28 所示. 这条动直线称为柱面的**母线**, 定曲线 C 称为柱面的**准线**.

柱面的准线不唯一. 柱面上的任一条曲线都可作为其准线. 因此, 只研究母线平行于坐标轴、准线在坐标平面上的柱面的方程.

在直角坐标系中, 如果母线平行于 z 轴、准线为 xOy 面上的曲线 $C: F(x,y)=0$, 则柱面方程为

$$F(x,y)=0. \tag{4-4}$$

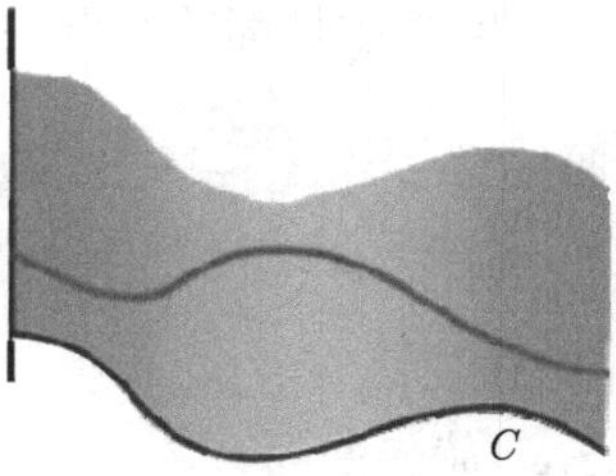

图 7-28

事实上, 在柱面上任取一点 $M(x,y,z)$, 过 M 作直线平行于 z 轴, 交 xOy 面于点 $M_0(x,y,0)$, 则点 M_0 必在准线上, 如图 7-29 所示. 所以坐标 x,y 满足 $F(x,y)=0$, 即柱面上任一点的坐标都满足方程 $F(x,y)=0$.

反之, 若点 $M(x,y,z)$ 不在柱面上, 则点 M 不可能在任意一条既平行于 z 轴又与准线 C 相交的直线上, 从而点 M 的坐标一定不满足 $F(x,y)=0$. 综上, 二元方程 $F(x,y)=0$ 在空间中表示以 xOy 面上曲线 $F(x,y)=0$ 为准线, 母线平行于 z 轴的柱面. 同理, 方程 $G(y,z)=0$ 表示以 yOz 面上曲线 $G(y,z)=0$ 为准线, 母线平行于 x 轴的柱面. 方程 $H(x,z)=0$ 表示以 zOx 面上曲线 $H(x,z)=0$ 为准线, 母线平行于 y 轴的柱面.

例 4　分析方程 $x^2+y^2=R^2$ 表示怎样的曲面?

解　在 xOy 坐标面上, 方程 $x^2+y^2=R^2$ 表示圆心在坐标原点, 半径为 R 的圆. 在空间直角坐标系中, 由于方程缺少 z, 这意味着不论空间中的点 z 怎么取, 坐标 x,y 满足 $x^2+y^2=R^2$ 的点都在曲面上. 因此, 任意点 $M(x,y,z)$ 在曲面上的充要条件是点 $M_0(x,y,0)$ 在圆 $x^2+y^2=R^2$ 上, 而点 M 由过点 M_0 且平行于 z 轴的直线组成, 即方程 $x^2+y^2=R^2$ 表示柱面, 此柱面称为**圆柱面**, 如图 7-30 所示.

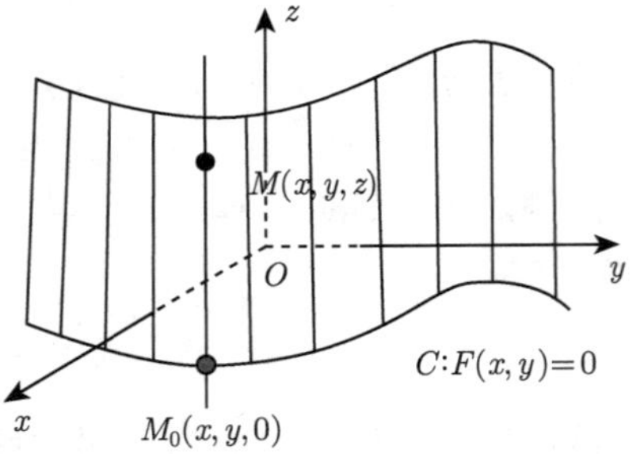

图 7-29

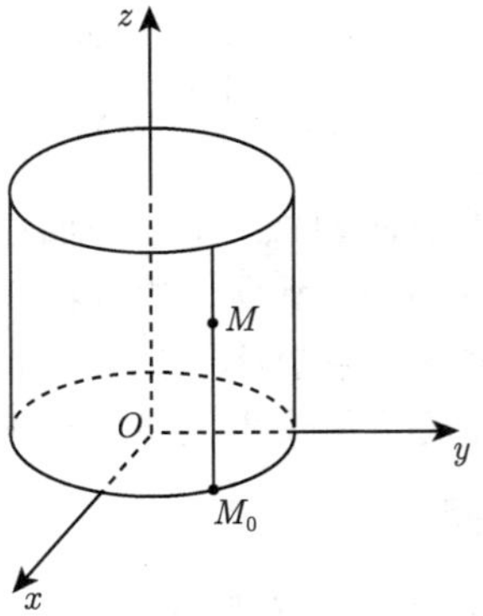

图 7-30

常见的柱面除了圆柱面: $x^2+y^2=R^2$ 外, 还有椭圆柱面: $\dfrac{y^2}{b^2}+\dfrac{z^2}{c^2}=1$, 双曲柱面: $\dfrac{y^2}{b^2}-\dfrac{x^2}{a^2}=1$, 抛物柱面: $x^2=2py$, 如图 7-31 所示. 若柱面方程是二次的, 则称该柱面为**二次柱面**. 圆柱面、椭圆柱面、双曲柱面、抛物柱面都是二次柱面.

三、 旋转曲面

一条平面曲线 C 绕所在平面内的一条定直线 L 旋转一周所形成的曲面称为**旋转曲面**. 曲线 C 称为旋转曲面的**母线**, 定直线 L 称为旋转曲面的**旋转轴**, 简称**轴**, 如图 7-32 所示.

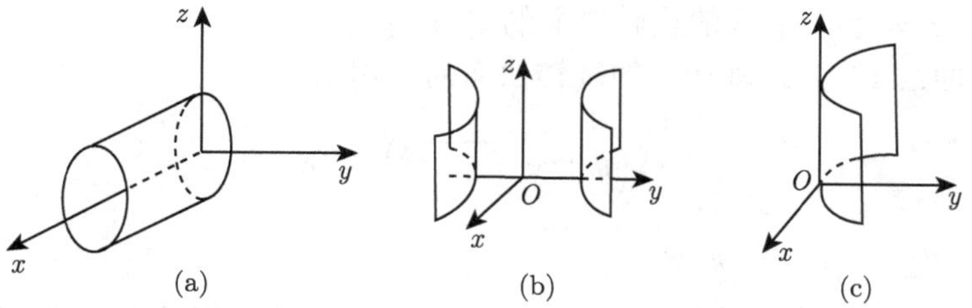

图 7-31

例如, 双曲线型冷却塔是电厂、核电站的循环水自然通风冷却的一种建筑物, 它的外表面就是旋转曲面, 如图 7-33 所示.

下面讨论坐标轴为旋转轴的旋转曲面. 设 yOz 坐标面上的曲线 $C: F(y,z)=0$ 绕 z 轴旋转, 建立旋转曲面方程, 如图 7-34 所示.

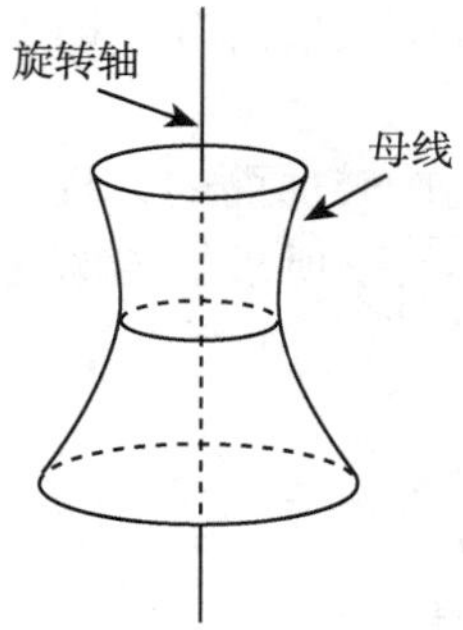

图 7-32

图 7-33

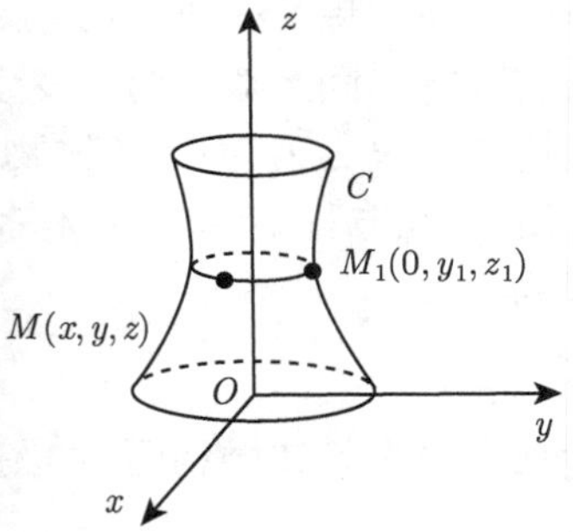

图 7-34

设 $M(x,y,z)$ 是曲面上任意一点, 则点 M 可视为是由 C 上的点 $M_1(0,y_1,z_1)$ 绕 z 轴旋转而得, 即点 M 一定在由 C 上的点 M_1 绕 z 轴旋转而成的圆周上. 由于该圆周在过点 M_1 且垂直于 z 轴的平面上, 且其半径为 $|y_1|$, 所以有 $z=z_1$ 且 $\sqrt{x^2+y^2}=|y_1|$, 即

$$y_1=\pm\sqrt{x^2+y^2};$$

又因为 y_1, z_1 满足方程 $F(y_1,z_1)=0$, 所以点 M 的坐标 (x,y,z) 满足

$$F\left(\pm\sqrt{x^2+y^2},z\right)=0. \tag{4-5}$$

反之, 不在旋转曲面上的点, 其坐标显然不满足 (4-5), 所以方程

$$F\left(\pm\sqrt{x^2+y^2},z\right)=0$$

就是曲线绕 z 轴旋转形成的旋转曲面的方程.

同理, 曲线 C 绕 y 轴旋转的旋转曲面的方程为

$$F\left(y, \pm\sqrt{x^2+z^2}\right)=0,$$

即将 $F(y,z)=0$ 中的 z 换成 $\pm\sqrt{x^2+z^2}$.

对于 zOx 平面内的曲线 $H(z,x)=0$ 绕 x 轴旋转的旋转曲面的方程为

$$H\left(\pm\sqrt{y^2+z^2}, x\right)=0,$$

即将 $H(z,x)=0$ 中的 z 换成 $\pm\sqrt{y^2+z^2}$.

坐标平面内的曲线绕哪个坐标轴旋转, 就在曲线方程中保持哪个 (坐标) 变量不变, 而将另一变量换成其余两个变量平方和的平方根. 这是由平面曲线方程得到旋转曲面方程的一般方法. 反之, 一个方程是否表示旋转曲面, 只需看方程中是否含有具有相同系数的两个变量的平方和.

例 5　求 zOx 面上的抛物线 $x^2=z$ 绕 z 轴旋转而成的旋转曲面的方程.

解　在方程 $x^2=z$ 中保持 z 不变, 将 x 换作 $\pm\sqrt{x^2+y^2}$, 所求旋转曲面的方程为

$$x^2+y^2=z.$$

上述曲面称为**旋转抛物面**, 如图 7-35 所示.

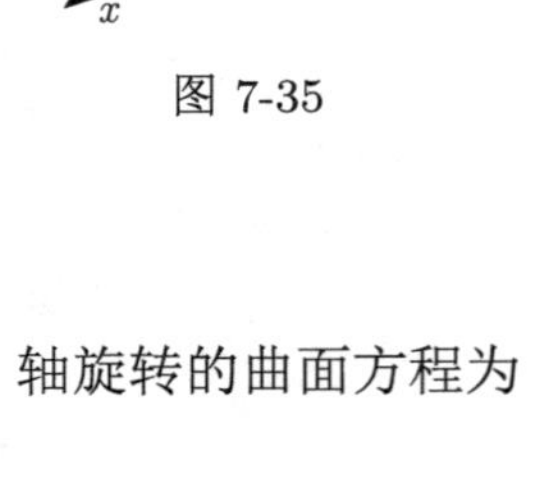

图 7-35

例 6　求 xOy 面上的双曲线 $\dfrac{x^2}{4}-\dfrac{y^2}{9}=1$ 分别绕 x 轴、y 轴旋转而成的旋转曲面的方程.

解　在方程 $\dfrac{x^2}{4}-\dfrac{y^2}{9}=1$ 中保持 x 不变, 将 y 换作 $\pm\sqrt{y^2+z^2}$, 绕 x 轴旋转的曲面方程为

$$\frac{x^2}{4}-\frac{y^2+z^2}{9}=1.$$

上述曲面称为**双叶旋转双曲面**, 如图 7-36 所示. 在方程 $\dfrac{x^2}{4}-\dfrac{y^2}{9}=1$ 中保持 y 不变, 将 x 换作 $\pm\sqrt{x^2+z^2}$, 绕 y 轴旋转的曲面方程为

$$\frac{x^2+z^2}{4}-\frac{y^2}{9}=1.$$

上述曲面称为**单叶旋转双曲面**, 如图 7-37 所示.

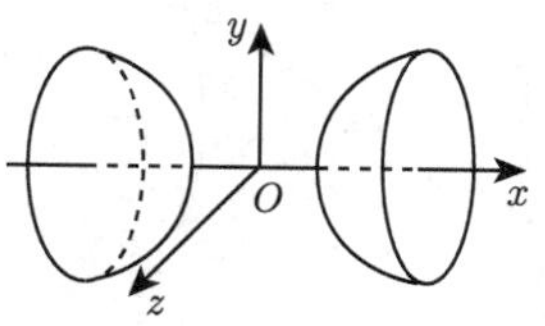

图 7-36

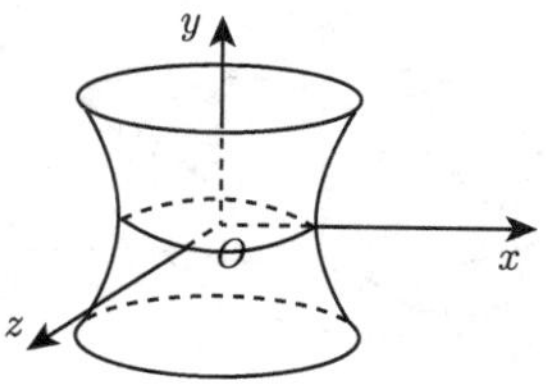

图 7-37

例 7　直线 L 绕另一条与 L 斜交的直线旋转一周所得旋转曲面叫作**圆锥面**. 两直线的交点叫作圆锥面的**顶点**, 两直线的夹角 $\alpha\left(0<\alpha<\dfrac{\pi}{2}\right)$ 叫作圆锥面的**半顶角**. 试建立顶点在坐标原点, 旋转轴为 z 轴, 半顶角为 α 的圆锥面方程.

解　设 yOz 平面上直线方程为 $z=y\cot\alpha$. 因旋转轴为 z 轴, 故只要将方程中的 y 改成 $\pm\sqrt{x^2+y^2}$, 便得到这个圆锥面方程

$$z=\pm\sqrt{x^2+y^2}\cot\alpha$$

或

$$z^2=a^2\left(x^2+y^2\right),$$

其中 $a=\cot\alpha$. 这是一个顶点在原点, 对称轴为 z 轴的圆锥面, 如图 7-38 所示.

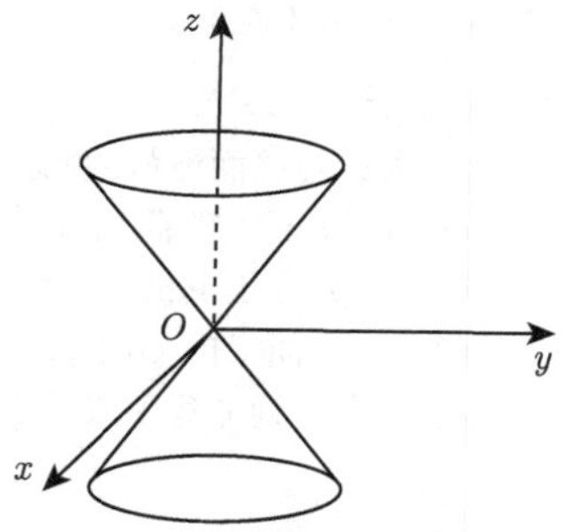

图 7-38

一般地, 在形如 $Ax^2+By^2+Cz^2=0$ 的方程中, 若有两项的系数相等, 而且这两项系数的符号与第三项系数的符号相反, 则这个方程表示圆锥面, 其旋转轴就是第三项变量对应的坐标轴.

例 8　指出下列方程表示什么曲面, 是旋转曲面的, 指出它是什么曲线绕哪个坐标轴旋转而成.

(1) $\dfrac{x^2+y^2}{a^2}+\dfrac{z^2}{b^2}=1$;　　　　(2) $2x^2-3y^2+2z^2=0$.

解　(1) 方程 $\dfrac{x^2+y^2}{a^2}+\dfrac{z^2}{b^2}=1$ 表示旋转椭球面. 它由 xOz 面内的椭圆 $\dfrac{x^2}{a^2}+\dfrac{z^2}{c^2}=1$ 绕 z 轴旋转而成, 或由 yOz 面内的椭圆 $\dfrac{y^2}{a^2}+\dfrac{z^2}{c^2}=1$ 绕 z 轴旋转而成, 如图 7-39 所示.

(2) 方程 $2x^2-3y^2+2z^2=0$ 表示圆锥面, 中心轴是 y 轴. 它由 xOy 面内的直线 $y=\dfrac{2\sqrt{3}}{3}x$ 绕 y 轴旋转而成, 或由 yOz 面内的直线 $y=\dfrac{2\sqrt{3}}{3}z$ 绕 y 轴旋转而成, 其半顶角为 $\alpha=\operatorname{arccot}\dfrac{2\sqrt{3}}{3}$, 如图 7-40 所示.

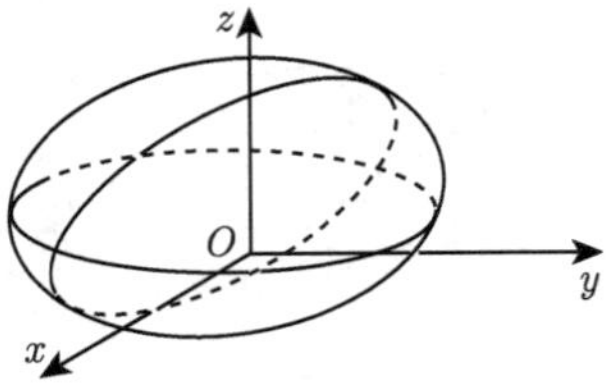

图 7-39

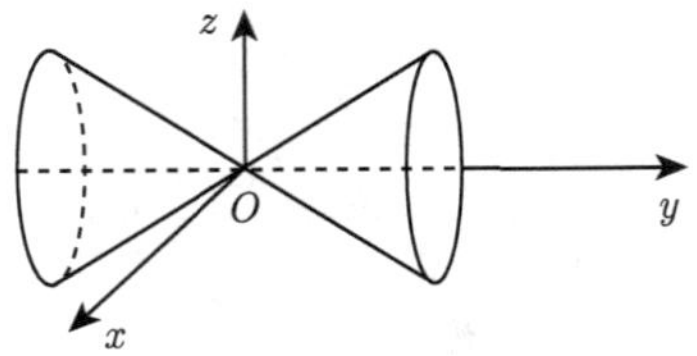

图 7-40

习　题　7-4

1. 确定下列球面的球心和半径.

(1) $x^2+y^2+z^2-2x=0$;　　(2) $2x^2+2y^2+2z^2-5y-8=0$.

2. 画出下列方程所表示的曲面.

(1) $x^2+4y^2=1$;　　(2) $-\dfrac{x^2}{4}+\dfrac{y^2}{9}=1$;

(3) $y^2-z=0$.

3. 求旋转曲面方程, 并画出曲面草图.

(1) xOy 面上的曲线 $4x^2-9y^2=1$ 分别绕 x 轴、y 轴旋转一周形成;

(2) zOx 面上的曲线 $z^2=5x$ 绕 x 轴旋转一周形成;

(3) yOz 面上的曲线 $y=z^2$ 绕 z 轴旋转一周形成.

4. 指出下列方程所表示的曲面哪些是旋转曲面, 这些旋转曲面是怎样形成的.

(1) $x^2+y^2+z^2=1$;　　(2) $x^2+y+z=1$;

(3) $x+y^2+z^2=1$;　　(4) $x^2-y^2-z^2=1$;

(5) $x^2+y^2-z^2+2z=1$.

5. 一球面过原点和点 $A(2,0,0),B(1,1,0),C(1,0,-1)$, 求它的方程.

6. 一动点 M 在 zOx 面上且 M 到原点和点 $A(5,-3,1)$ 距离相等, 求点 M 的轨迹方程.

第五节　平面及其方程

由立体几何知道, 过不在同一直线上的三个定点可以确定一个平面; 过两条相交直线可以确定一个平面; 过一定点并且垂直于已知直线的平面是唯一确定的; 等等. 空间解析几何利用这些条件及有关的向量知识来建立平面的方程.

一、 平面的点法式方程

设 Π 为一平面, 称垂直于该平面的非零向量为该平面的**法向量**, 如图 7-41 所示. 易见, 平面的法向量不唯一, 法向量垂直于平面内的任一向量.

由立体几何知识知道, 过一个定点且垂直于一个非零向量的平面有且只有一个. 设平面 Π 的法向量 $\boldsymbol{n}=(A,B,C)$, $M_0(x_0,y_0,z_0)$ 为平面 Π 上一定点, 建立平面 Π 的方程.

设 $M(x,y,z)$ 为平面 Π 上的任一点, 由于 $\boldsymbol{n}$ 垂直于平面, 因此 $\boldsymbol{n}\perp\overrightarrow{M_0M}$. 由两向量垂直的充要条件, 得

$$\boldsymbol{n}\cdot\overrightarrow{M_0M}=0,$$

而

$$\overrightarrow{M_0M}=(x-x_0,y-y_0,z-z_0),$$

$$\boldsymbol{n}=(A,B,C),$$

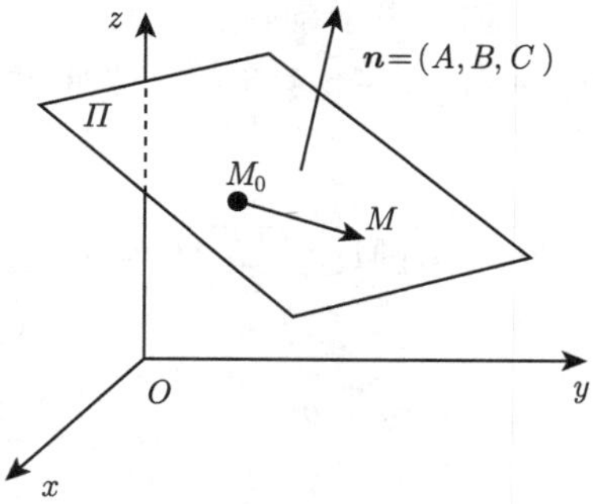

图 7-41

平面的点法式方程

所以可得

$$A(x-x_0)+B(y-y_0)+C(z-z_0)=0. \quad (5\text{-}1)$$

由于平面 Π 上任意一点 $M(x,y,z)$ 都满足上述方程, 而不在平面 Π 上的点都不满足该方程, 因此上述方程就是平面 Π 的方程. 由于上述方程是给定点 $M_0(x_0,y_0,z_0)$ 和法向量 $\boldsymbol{n}=(A,B,C)$ 所确定的, 因而上式称为平面 Π 的**点法式方程**.

例 1 求通过点 $M_0(1,1,2)$ 且垂直于向量 $\boldsymbol{n}=(2,-1,4)$ 的平面方程.

解 由于 $\boldsymbol{n}=(2,-1,4)$ 为所求平面的一个法向量, 平面又过点 $M_0(1,1,2)$, 所以, 由平面的点法式方程可得所求平面的方程为

$$2(x-1)-1(y-1)+4(z-2)=0,$$

整理上式, 可得

$$2x-y+4z-9=0.$$

例 2 求过点 $(1,1,1)$, 且垂直于平面 $x-y+z=7$ 与 $3x+2y-12z+7=0$ 的平面方程.

解 记 $\boldsymbol{n}_1=(1,-1,1),\boldsymbol{n}_2=(3,2,-12)$, 可取所求平面的法向量为

$$\boldsymbol{n}=\boldsymbol{n}_1\times\boldsymbol{n}_2=\begin{vmatrix}\boldsymbol{i}&\boldsymbol{j}&\boldsymbol{k}\\1&-1&1\\3&2&-12\end{vmatrix}=(10,15,5).$$

所求平面方程为 $10(x-1)+15(y-1)+5(z-1)=0$, 化简得

$$2x+3y+z-6=0.$$

例 3 求过不共线的三点 $M_i\,(x_i,y_i,z_i)\,(i=1,2,3)$ 的平面方程.

解 由于向量 $\overrightarrow{M_1M_2}=(x_2-x_1,y_2-y_1,z_2-z_1)$ 与 $\overrightarrow{M_1M_3}=(x_3-x_1,y_3-y_1,z_3-z_1)$ 在同一平面上, 故可取平面的法向量

$$\boldsymbol{n}=\overrightarrow{M_1M_2}\times\overrightarrow{M_1M_3}=\begin{vmatrix}\boldsymbol{i} & \boldsymbol{j} & \boldsymbol{k}\\ x_2-x_1 & y_2-y_1 & z_2-z_1\\ x_3-x_1 & y_3-y_1 & z_3-z_1\end{vmatrix}$$

$$=\begin{vmatrix}y_2-y_1 & z_2-z_1\\ y_3-y_1 & z_3-z_1\end{vmatrix}\boldsymbol{i}-\begin{vmatrix}x_2-x_1 & z_2-z_1\\ x_3-x_1 & z_3-z_1\end{vmatrix}\boldsymbol{j}+\begin{vmatrix}x_2-x_1 & y_2-y_1\\ x_3-x_1 & y_3-y_1\end{vmatrix}\boldsymbol{k}.$$

那么所求平面方程为

$$\begin{vmatrix}y_2-y_1 & z_2-z_1\\ y_3-y_1 & z_3-z_1\end{vmatrix}(x-x_1)-\begin{vmatrix}x_2-x_1 & z_2-z_1\\ x_3-x_1 & z_3-z_1\end{vmatrix}(y-y_1)$$
$$+\begin{vmatrix}x_2-x_1 & y_2-y_1\\ x_3-x_1 & y_3-y_1\end{vmatrix}(z-z_1)=0,$$

即

$$\begin{vmatrix}x-x_1 & y-y_1 & z-z_1\\ x_2-x_1 & y_2-y_1 & z_2-z_1\\ x_3-x_1 & y_3-y_1 & z_3-z_1\end{vmatrix}=0. \tag{5-2}$$

称 (5-2) 为平面的**三点式方程**. 特别地, 过三点 $A(a,0,0),B(0,b,0),C(0,0,c)$ $(abc\neq 0)$ 的平面的方程为

$$\begin{vmatrix}x-a & y & z\\ -a & b & 0\\ -a & 0 & c\end{vmatrix}=0,$$

化简整理得

$$\frac{x}{a}+\frac{y}{b}+\frac{z}{c}=1.$$

设点 A,B,C 为平面与三个坐标轴的交点, 把这三个点中的坐标分量 a,b,c 分别称为该平面在 x 轴、y 轴和 z 轴上**截距**, 上述方程称为平面的**截距式方程**, 如图 7-42 所示.

例 4 求在 x,y,z 轴上的截距分别为 $-1,\dfrac{1}{2},2$ 的平面.

解　在 x, y, z 轴上的截距分别为 $-1, \dfrac{1}{2}, 2$ 的平面为 $\dfrac{x}{-1}+\dfrac{y}{\frac{1}{2}}+\dfrac{z}{2}=1$, 即平面方程为 $2x-4y-z+2=0$.

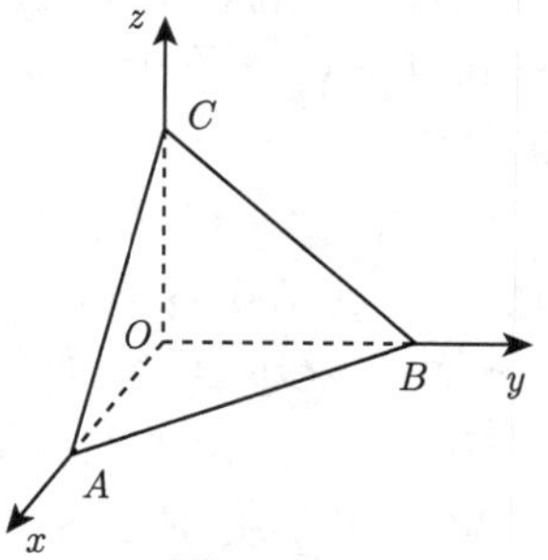

图 7-42

二、 平面的一般式方程

将平面的点法式方程展开, 得

$$Ax+By+Cz-(Ax_0+By_0+Cz_0)=0.$$

设 $D=-(Ax_0+By_0+Cz_0)$, 则

$$Ax+By+Cz+D=0, \quad A, B, C \text{ 不全为零}. \tag{5-3}$$

即任意一个平面的方程都是关于 x, y, z 的三元一次方程. 反之, 任意一个关于 x, y, z 的三元一次方程都表示一个平面.

事实上, 设 $M_0(x_0, y_0, z_0)$ 是满足方程 $Ax+By+Cz+D=0$ 的一组解, 则

$$Ax_0+By_0+Cz_0+D=0.$$

上述两个式子两边分别相减, 得

$$A(x-x_0)+B(y-y_0)+C(z-z_0)=0.$$

设点 $M(x, y, z)$ 为平面上任一点, 易见非零向量 $\boldsymbol{n}=(A, B, C)$ 与向量

$$\overrightarrow{M_0M}=(x-x_0, y-y_0, z-z_0)$$

垂直. 因此, 平面上任一点 M 与 M_0 的连线均与 $\boldsymbol{n}$ 垂直, 由平面的点法式方程可知, 方程 $Ax+By+Cz+D=0$ 表示一个平面. 称方程 $Ax+By+Cz+D=0$ 为平面的**一般式方程**, 其中 $\boldsymbol{n}=(A, B, C)$ 为该平面的一个法向量.

综上所述, 平面与三元一次方程之间有一一对应关系. 不同的三元一次方程表示不同的平面, 其位置关系由系数 A, B, C 和常数项 D 来确定. 当系数 A, B, C 或常数项 D 为零时, 平面有明显的位置特征.

(1) 若 $D=0$, 则方程为 $Ax+By+Cz=0$, 此时 $(0,0,0)$ 为方程的解, 因此平面通过原点. 反之, 若平面通过原点, 则 $D=0$.

(2) 若 A, B, C 中有一个为 0, 例如 $A=0$, 则方程为 $By+Cz+D=0$. 当 $D\neq 0$ 时, x 轴上任意一点都不满足方程, 所以 x 轴与平面平行; 当 $D=0$ 时,

x 轴上每一点都满足方程, 这时平面通过 x 轴. 反之, 当平面平行于 x 轴时, 有 $D \neq 0, A=0$; 平面通过 x 轴时, 有 $D=0, A=0$. 对于其他两种情况可以得出类似的结论.

(3) 若 A, B, C 中有两个为 0 时, 平面平行于 yOz 坐标面 (zOx 面或 xOy 面) 当且仅当 $D \neq 0, B=C=0$($A=C=0$ 或 $A=B=0$); 平面就是 yOz 坐标面 (zOx 面或 xOy 面) 当且仅当 $D=0, B=C=0$ ($A=C=0$ 或 $A=B=0$).

例 5 求过两点 $A(3,0,-2), B(-1,2,4)$ 且与 x 轴平行的平面方程.

解 由已知, 所求平面的法向量同时与 $\overrightarrow{AB}$ 和 x 轴垂直. 即法向量同时与 $\overrightarrow{AB}=(-4,2,6)$ 和 $\boldsymbol{i}=(1,0,0)$ 垂直. 因此, 可取 $\overrightarrow{AB} \times \boldsymbol{i}$ 作为该平面的一个法向量.

$$\begin{aligned}\boldsymbol{n}=\overrightarrow{AB} \times \boldsymbol{i} &= \begin{vmatrix} \boldsymbol{i} & \boldsymbol{j} & \boldsymbol{k} \\ -4 & 2 & 6 \\ 1 & 0 & 0 \end{vmatrix} = \begin{vmatrix} 2 & 6 \\ 0 & 0 \end{vmatrix} \boldsymbol{i} - \begin{vmatrix} -4 & 6 \\ 1 & 0 \end{vmatrix} \boldsymbol{j} + \begin{vmatrix} -4 & 2 \\ 1 & 0 \end{vmatrix} \boldsymbol{k} \\ &= 0\boldsymbol{i}+6\boldsymbol{j}-2\boldsymbol{k}.\end{aligned}$$

所以 $\boldsymbol{n}=(0,6,-2)$ 为所求平面的一个法向量. 再由平面的点法式方程得所求平面的方程为

$$0(x-3)+6(y-0)-2(z+2)=0,$$

整理得

$$3y-z-2=0.$$

例 6 设平面过原点及点 $(6,-3,2)$, 且与平面 $\Pi_1: 4x-y+2z=8$ 垂直, 求此平面方程.

解 **方法 1** 设平面方程为 $Ax+By+Cz+D=0$, 由平面过原点知 $D=0$. 由平面过点 $(6,-3,2)$ 知, $6A-3B+2C=0$. 因为

$$\boldsymbol{n}=(A, B, C) \perp (4,-1,2),$$

所以

$$\begin{cases} 4A-B+2C=0, \\ 6A-3B+2C=0 \end{cases} \Rightarrow A=B=-\frac{2}{3}C.$$

所求平面方程为

$$2x+2y-3z=0.$$

方法 2 设 $\boldsymbol{a}=\overrightarrow{OM}=(6,-3,2), \boldsymbol{n}_1=(4,-1,2)$, 由题知, 所求平面的法向量 $\boldsymbol{n}$ 同时垂直于向量 $\boldsymbol{a}$ 和向量 $\boldsymbol{n}_1$, 于是可取

$$\boldsymbol{n}=\boldsymbol{n}_1\times\boldsymbol{n}_1=\begin{vmatrix}\boldsymbol{i} & \boldsymbol{j} & \boldsymbol{k}\\ 6 & -3 & 2\\ 4 & -1 & 2\end{vmatrix}=(-4,-4,6).$$

故所求平面方程为

$$2x+2y-3z=0.$$

三、 两平面间的位置关系

空间两个平面之间的位置关系有三种: 平行、重合和相交. 下面根据两个平面的方程来讨论它们之间的位置关系.

设有两个平面 Π_1 与 Π_2, 它们的方程为

$$\Pi_1: A_1x+B_1y+C_1z+D_1=0,\quad A_1,B_1,C_1 \text{ 不同时为零},$$
$$\Pi_2: A_2x+B_2y+C_2z+D_2=0,\quad A_2,B_2,C_2 \text{ 不同时为零},$$

则它们的法向量分别为 $\boldsymbol{n}_1=(A_1,B_1,C_1)$ 与 $\boldsymbol{n}_2=(A_2,B_2,C_2)$.

(1) 两个平面平行 $\Leftrightarrow \boldsymbol{n}_1/\!/\boldsymbol{n}_2 \Leftrightarrow \dfrac{A_1}{A_2}=\dfrac{B_1}{B_2}=\dfrac{C_1}{C_2}\neq\dfrac{D_1}{D_2}$.

(2) 两个平面重合 $\Leftrightarrow \dfrac{A_1}{A_2}=\dfrac{B_1}{B_2}=\dfrac{C_1}{C_2}=\dfrac{D_1}{D_2}$.

(3) 两个平面相交 $\Leftrightarrow A_1,B_1,C_1$ 与A_2,B_2,C_2 不成比例.

当两个平面相交时, 把它们的夹角 θ 定义为其法向量的夹角, 且规定 $0\leqslant\theta\leqslant\dfrac{\pi}{2}$, 即

$$\cos\theta=\left|\cos\left(\widehat{\boldsymbol{n}_1,\boldsymbol{n}_2}\right)\right|=\frac{|\boldsymbol{n}_1\cdot\boldsymbol{n}_2|}{|\boldsymbol{n}_1|\,|\boldsymbol{n}_2|}$$
$$=\frac{|A_1A_2+B_1B_2+C_1C_2|}{\sqrt{A_1^2+B_1^2+C_1^2}\cdot\sqrt{A_2^2+B_2^2+C_2^2}}.$$

特别地, 当 $\Pi_1\perp\Pi_2$ 时, $\boldsymbol{n}_1\perp\boldsymbol{n}_2$, 则 $\boldsymbol{n}_1\cdot\boldsymbol{n}_2=0$, 即

$$A_1A_2+B_1B_2+C_1C_2=0.$$

反之亦然. 所以

$$\Pi_1\perp\Pi_2\Leftrightarrow A_1A_2+B_1B_2+C_1C_2=0.$$

例 7 求两个平面 $x-y+2z-6=0$ 和 $2x+y+z-5=0$ 的夹角.

解　由公式得

$$\cos\theta=\frac{|1\times 2+(-1)\times 1+2\times 1|}{\sqrt{1^2+(-1)^2+2^2}\sqrt{2^2+1^2+1^2}}=\frac{1}{2}.$$

因此, 所求夹角 $\theta=\dfrac{\pi}{3}$.

四、 点到平面的距离

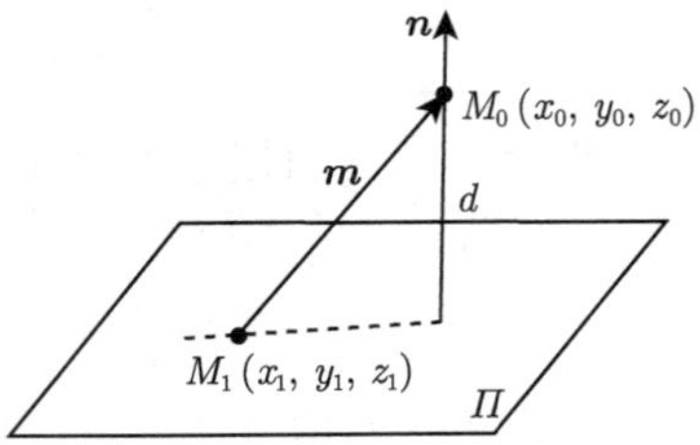

图 7-43

如图 7-43 所示, 设 $M_0(x_0,y_0,z_0)$ 是平面 $Ax+By+Cz+D=0$ 外一点, 在平面上任取一点 $M_1(x_1,y_1,z_1)$, 记向量 $\boldsymbol{m}=\overrightarrow{M_1M_0}=(x_0-x_1,y_0-y_1,z_0-z_1)$, 则点 M_0 到平面的距离 d 就是向量 $\boldsymbol{m}$ 在法向量 $\boldsymbol{n}=(A,B,C)$ 上投影的绝对值:

$$\begin{aligned}d&=|\mathrm{Prj}_{\boldsymbol{n}}\,\boldsymbol{m}|=\left||\boldsymbol{m}|\cos(\widehat{\boldsymbol{m},\boldsymbol{n}})\right|\\&=\left|\frac{|\boldsymbol{n}||\boldsymbol{m}|\cos(\widehat{\boldsymbol{m},\boldsymbol{n}})}{|\boldsymbol{n}|}\right|=\frac{|\boldsymbol{m}\cdot\boldsymbol{n}|}{|\boldsymbol{n}|}\\&=\frac{|A(x_0-x_1)+B(y_0-y_1)+C(z_0-z_1)|}{\sqrt{A^2+B^2+C^2}},\end{aligned}$$

由 $Ax_1+By_1+Cz_1=-D$, 代入上式, 得

$$d=\frac{|Ax_0+By_0+Cz_0+D|}{\sqrt{A^2+B^2+C^2}}.$$

这就是平面外一点到平面的距离公式.

例 8　在 x 轴上求一点, 使它到平面 $16x-12y+15z-9=0$ 与到平面 $12x+9y+20z-19=0$ 的距离相等.

解　因所求点在 x 轴上, 故可设这一点的坐标为 $M(x,0,0)$, 由点到平面的距离公式知

$$\frac{|12x-19|}{\sqrt{12^2+9^2+20^2}}=\frac{|16x-9|}{\sqrt{16^2+(-12)^2+15^2}},$$

由于 $\sqrt{12^2+9^2+20^2}=\sqrt{16^2+(-12)^2+15^2}=\sqrt{625}$, 所以 $|12x-19|=|16x-9|$. 解得 $x=1$ 或 $x=-\dfrac{5}{2}$, 于是所求点为 $M_1(1,0,0)$ 或 $M_2\left(-\dfrac{5}{2},0,0\right)$.

例 9　一平面通过两点 $M_1(1,1,1)$ 和 $M_2(0,1,-1)$, 且垂直于平面 $\Pi: x+y+z=0$. 求该平面的方程.

解 设所求平面的法向量为 $\boldsymbol{n}=(A,B,C)$, 则所求平面方程为

$$A(x-1)+B(y-1)+C(z-1)=0.$$

由于 $\boldsymbol{n}\perp\overrightarrow{M_1M_2}$, 所以 $-A+0\cdot B-2C=0$, 即 $A=-2C$, $\boldsymbol{n}$ 垂直于 Π 的法向量. 所以 $A+B+C=0$, 故 $B=-(A+C)=C$. 因此有

$$-2C(x-1)+C(y-1)+C(z-1)=0\quad(C\neq 0),$$

即方程为

$$2x-y-z=0.$$

习 题 7-5

1. 求过点 $M_0(2,9,-6)$ 且与连接坐标原点及点 M_0 的线段 OM_0 垂直的平面方程.
2. 画出下列方程表示的平面:

(1) $2x+4y+z+6=0$;　　(2) $3x+2y+z=0$;

(3) $4y+z+1=0$;　　(4) $y-\dfrac{3}{2}=0$.

3. 求过点 $(1,-1,1)$ 且与平面 $x-y+z-1=0$ 和平面 $2x+y+z+1=0$ 均垂直的平面方程.
4. 求过点 $(6,-10,1)$ 且在 x 轴上的截距为 -3, 在 z 轴上的截距为 2 的平面方程.
5. 求平面 $2x-3y-z+12=0$ 在 x,y,z 三个坐标轴上的截距 a,b,c.
6. 讨论平面 $2x-y+z-7=0$ 与 $x+y+2z-11=0$ 的位置关系.
7. 在 z 轴上求一点, 使它到平面 $12x+9y+20z-19=0$ 和 $16x-12y+15z-9=0$ 的距离相等.
8. 求过点 $M_1(3,0,0)$ 和 $M_1(0,0,1)$ 且与 xOy 面成 $\dfrac{\pi}{3}$ 角的平面方程.

第六节 空间曲线及其方程 曲线的投影

一、 空间曲线的一般方程

空间曲线可看作两个曲面的交线. 设 $F(x,y,z)=0$ 和 $G(x,y,z)=0$ 是两个曲面 S_1 与 S_2 的方程, 它们的交线为 C, 如图 7-44 所示. 曲线上的任何点的坐标 x,y,z 应同时满足这两个曲面方程. 因此, 应满足方程组

$$\begin{cases}F(x,y,z)=0,\\ G(x,y,z)=0.\end{cases}\tag{6-1}$$

反之, 若点 M 不在曲线 C 上, 则它不可能同时在两曲面上. 所以, 它的坐标不满足方程组 (6-1). 由上述两点可知: 曲线 C 可由 (6-1) 表示. 称 (6-1) 为**空间曲线的一般方程**.

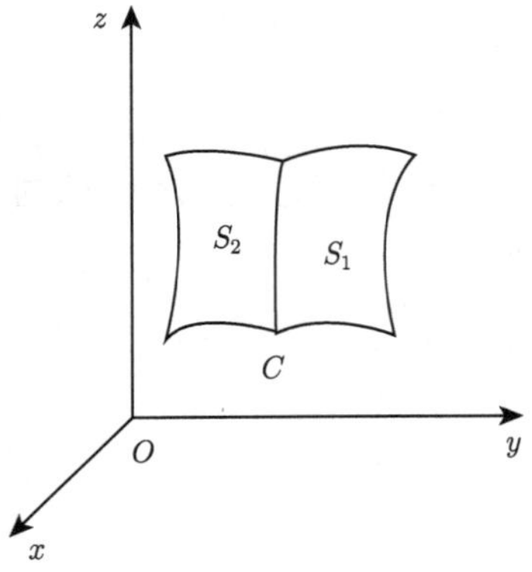

图 7-44

由于通过空间一条曲线的曲面有无穷多个，因此，即使在同一个空间直角坐标系中，空间曲线的方程也不是唯一的.

例如，方程组

$$\begin{cases} x^2+y^2+z^2=1, \\ x^2+y^2=1; \end{cases} \quad \begin{cases} x^2+y^2=1, \\ z=0; \end{cases}$$

$$\begin{cases} x^2+y^2+z^2=1, \\ z=0; \end{cases} \quad \begin{cases} x^2+y^2+(z-1)^2=2, \\ z=0 \end{cases}$$

都表示 xOy 面上以原点为圆心的单位圆周. (6-1) 并非都能表示曲线，因为当两个曲面无公共交点时 (6-1) 无解，所以以这两个曲面的方程构成的方程组不表示任何曲线.

例 1　讨论方程组 $\begin{cases} x^2+y^2=1, \\ 2x+3z=6 \end{cases}$ 表示怎样的曲线？

解　$x^2+y^2=1$ 表示圆柱面，$2x+3y=6$ 表示平面. 所以方程组就表示圆柱面与平面的交线，即椭圆，如图 7-45 所示.

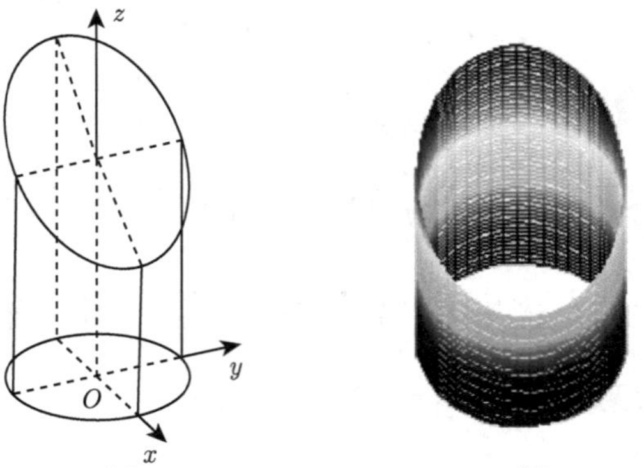

(a)　　　　(b)

图 7-45

例 2　讨论方程组 $\begin{cases} z=\sqrt{a^2-x^2-y^2}, \\ x^2+y^2-ax=0 \end{cases}$ 表示怎样的曲线？

解　$z=\sqrt{a^2-x^2-y^2}$ 表示上半球面，$x^2+y^2-ax=0$ 表示圆柱面，它们的交线方程为 $\begin{cases} z=\sqrt{a^2-x^2-y^2}, \\ x^2+y^2-ax=0. \end{cases}$ 这条线称为维维安尼曲线，也称**相贯线**，如图 7-46 所示.

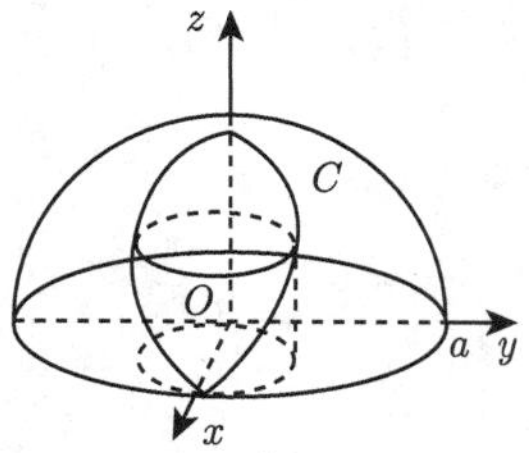

(a)

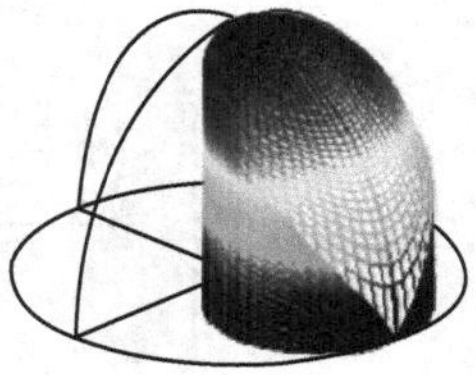

(b)

图 7-46

例 3　画出曲线 $\begin{cases} x^2+y^2=a^2, \\ x^2+z^2=a^2 \end{cases}$ 在第一卦限中的图形.

解　$x^2+y^2=a^2$ 表示母线平行于 z 轴的圆柱面, $x^2+z^2=a^2$ 表示母线平行于 y 轴的圆柱面, 方程组 $\begin{cases} x^2+y^2=a^2, \\ x^2+z^2=a^2 \end{cases}$ 表示两个柱面的交线 C. C_1 为 C 在第一卦限的部分, 如图 7-47 所示.

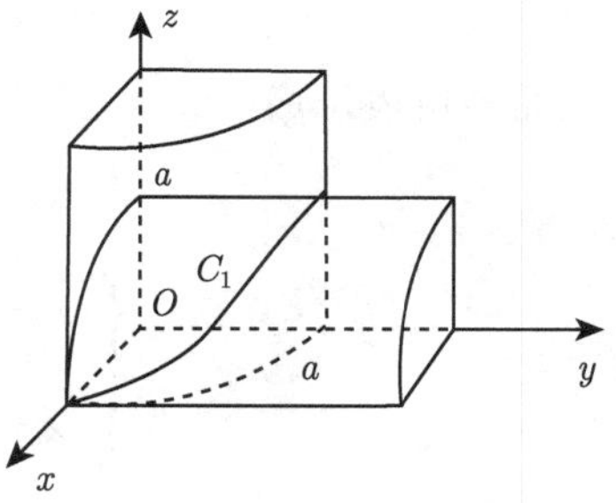

图 7-47

二、 空间曲线的参数方程

空间曲线除了用一般式方程表示外, 还可以用参数形式表示. 将空间曲线 C 上的动点的坐标 x, y, z 表示成为参数 t 的函数

$$\begin{cases} x=x(t), \\ y=y(t), \quad t \in I. \\ z=z(t), \end{cases} \tag{6-2}$$

当给定 $t=t_1$ 时, 就得到曲线 C 上的一个点 (x_1, y_1, z_1), 随着参数 t 的变化可得到曲线 C 上的全部点. 即当 t 在某一范围内变动时, 动点 P 就描绘出曲线 C, 方程组 (6-2) 称为**空间曲线的参数方程**.

例 4　将空间曲线 $C:\begin{cases} x^2+y^2+z^2=\dfrac{9}{2}, \\ x+z=1 \end{cases}$ 表示成参数方程.

解　由方程组消去 z, 得

$$x^2+y^2+(1-x)^2=\frac{9}{2},$$

化简整理得

$$\frac{\left(x-\dfrac{1}{2}\right)^2}{2}+\frac{y^2}{4}=1.$$

由于 C 在此椭圆柱面上, 故 C 的方程可用如下形式来表示:

$$\begin{cases} \dfrac{\left(x-\dfrac{1}{2}\right)^2}{2}+\dfrac{y^2}{4}=1, \\ x+z=1. \end{cases}$$

令 $\dfrac{x-\dfrac{1}{2}}{\sqrt{2}}=\cos t$, 由椭圆柱面方程有 $\dfrac{y}{2}=\sin t$, 而

$$z=1-x=1-\left(\frac{1}{2}+\sqrt{2}\cos t\right)=\frac{1}{2}-\sqrt{2}\cos t.$$

则曲线可表示成

$$\begin{cases} x=\dfrac{1}{2}+\sqrt{2}\cos t, \\ y=2\sin t, \qquad\qquad (0\leqslant t\leqslant 2\pi). \\ z=\dfrac{1}{2}-\sqrt{2}\cos t \end{cases}$$

例 5　螺旋线是实际中常用的曲线, 例如: 平头螺丝钉的螺纹就是螺旋线. 螺旋线的运动轨迹如图 7-48 所示: 空间一点 M 在圆柱面 $x^2+y^2=a^2$ 以角速度 ω 绕 z 轴旋转, 同时以线速度 v 沿平行于 z 轴的正方向上升, 点 M 的轨迹构成**螺旋线**图形. 试建立其数学模型.

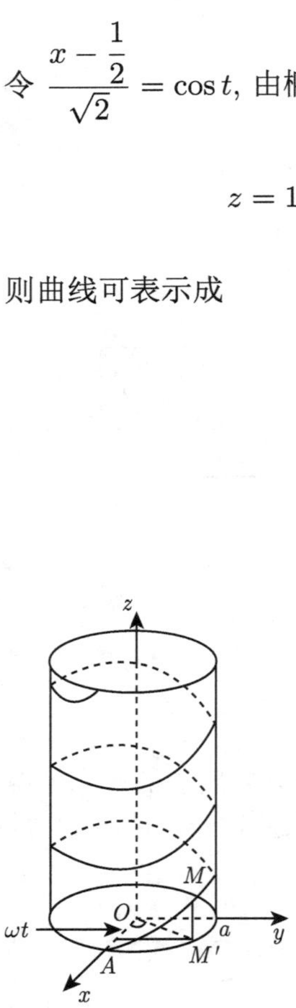

图 7-48

解　取时间 t 为参数, 建立直角坐标系. 设 $t=0$ 时, 动点在 x 轴上点 $A(a,0,0)$ 处. 经过 t 时间, 点 A 运动到点 $M(x,y,z)$. 点 M 在 xOy 面的投影 $M'(x,y,0)$. 由于动点在圆柱面上以角速度 ω 绕 z 轴旋转, 以线速度 v 沿平行于 z 轴的正方向上升, 所以

$$\angle AOM'=\omega t,\quad M'M=vt,$$

从而得螺旋线方程为

$$\begin{cases} x=a\cos\omega t, \\ y=a\sin\omega t, \qquad -\infty<t<+\infty. \\ z=vt, \end{cases}$$

令 $\theta=\omega t, b=\dfrac{v}{\omega}$, 螺旋线的参数方程还可以写为

$$\begin{cases} x=a\cos\theta, \\ y=a\sin\theta, \quad -\infty<\theta<+\infty. \\ z=b\theta, \end{cases}$$

当 $\theta=2\pi$ 时, M 点就上升固定的高度为 $h=2\pi b$, 这个高度在工程技术上称为**螺距**.

螺旋线有广泛的应用, 如平头螺丝钉——圆柱螺旋线、圆锥对数螺旋线、植物中的对数螺旋线现象.

例 6 将曲线的参数方程 $\begin{cases} x=3\sin t, \\ y=4\sin t, \\ z=5\cos t \end{cases}$ 化为一般式方程.

解 由 $x=3\sin t$ 和 $y=4\sin t$ 可得 $4x-3y=0$; 由 $y=4\sin t$ 和 $z=5\cos t$ 可得 $\dfrac{y^2}{16}+\dfrac{z^2}{25}=1$. 联立上面两式, 得曲线的一般式方程为 $\begin{cases} 4x-3y=0, \\ \dfrac{y^2}{16}+\dfrac{z^2}{25}=1. \end{cases}$ 这是平面与椭圆柱面的交线, 该交线的一般方程也可以是 $\begin{cases} 4x-3y=0, \\ \dfrac{x^2}{9}+\dfrac{z^2}{25}=1. \end{cases}$

三、 空间曲线在坐标面上的投影

如图 7-49 所示, 设 Γ 为空间曲线, 过 Γ 作母线平行于 z 轴的柱面 S, 柱面与 xOy 面的交线为 Γ', 称 Γ' 为曲线 Γ 在 xOy 面上的**投影曲线**, 简称**曲线的投影**. 称柱面 S 为曲线 Γ 关于 xOy 面的**投影柱面**.

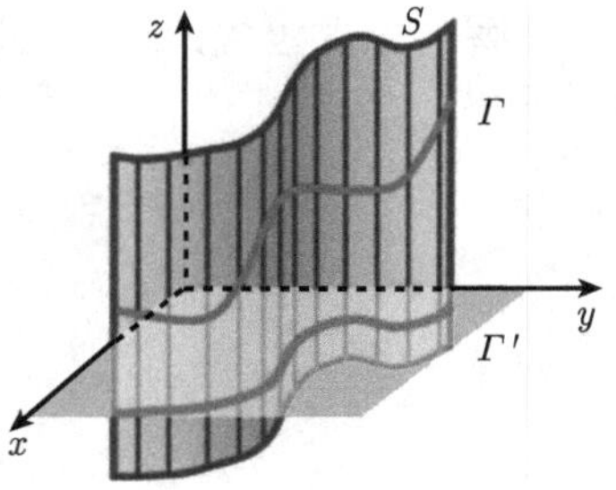

图 7-49

设空间曲线 Γ 的一般方程:

$$\begin{cases} F(x,y,z)=0, \\ G(x,y,z)=0. \end{cases} \tag{6-3}$$

如图 7-50 所示, 设点 $M(x,y,z)$ 为投影柱面 S 上任意一点, 则在曲线 Γ 上必有点 $M_1(x,y,z_1)$, 使得点 M 在过 M_1 而平行于 z 轴的直线上, 从而

$$\begin{cases} F(x,y,z_1)=0, \\ G(x,y,z_1)=0. \end{cases}$$

消去变量 z_1 后可得点 M 的坐标满足的方程:

$$H(x,y)=0,$$

即曲线 Γ 关于 xOy 面上的**投影柱面方程**. 它可以直接由 (6-3) 消去变量 z 得到.

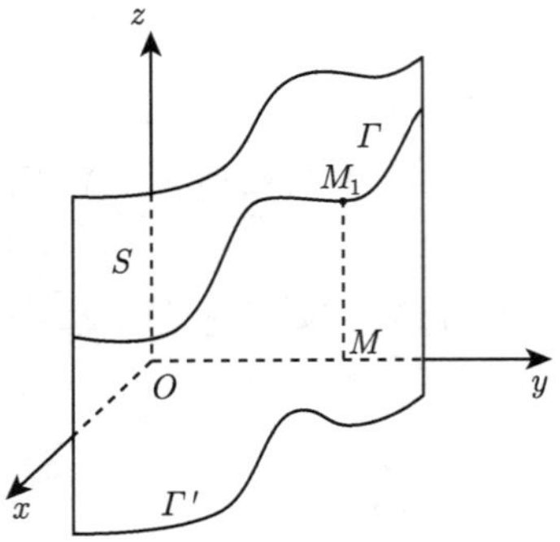

图 7-50

空间曲线 Γ 在 xOy 面上的**投影曲线方程**:

$$\begin{cases} H(x,y)=0, \\ z=0. \end{cases}$$

同理, 消去 (6-3) 中的变量 x 或 y, 就得到曲线关于 yOz 面或 xOz 面的投影柱面方程 $R(y,z)=0$ 或 $T(x,z)=0$. 这两个方程再分别与 $x=0$ 或 $y=0$ 联立, 得到空间曲线 C 在 yOz 面或 xOz 面上的投影曲线方程:

$$\begin{cases} R(y,z)=0, \\ x=0 \end{cases} \quad \text{或} \quad \begin{cases} T(x,z)=0, \\ y=0. \end{cases}$$

例 7　已知

$$\begin{cases} 2x^2+y^2+z^2=16, \\ x^2+z^2-y^2=0. \end{cases}$$

求它们的交线 C 在 xOy 面上的投影曲线方程.

解　先求包含曲线 C 且母线平行于 Z 轴的柱面, 从方程组

$$\begin{cases} 2x^2+y^2+z^2=16, \\ x^2+z^2-y^2=0 \end{cases}$$

中消去 z, 有

$$x^2+2y^2=16.$$

此方程为投影柱面方程, 即一个准线为 xOy 面上的椭圆 $x^2+2y^2=16$, 母线平行于 z 轴的椭圆柱面. 于是, 曲线 C 在 xOy 面上的投影曲线为

$$\begin{cases} x^2+2y^2=16, \\ z=0. \end{cases}$$

设 Ω 是一空间图形, Ω 上的点在某坐标平面上投影点的集合, 称为 Ω 在该坐标平面上的投影. 有了空间曲线的投影, 容易求出空间立体图形在坐标平面上的投影.

例 8　设 Ω 由上半球面 $z=\sqrt{2-x^2-y^2}$ 和旋转抛物面 $z=x^2+y^2$ 所围成, 如图 7-51 所示. 求它在 xOy 面和 yOz 面上的投影.

解　Ω 在 xOy 面上的投影就是上半球面与旋转抛物面的交线在 xOy 面上的投影曲线所围成的平面点集. 上半球面和旋转抛物面的交线为

$$C:\begin{cases} z=\sqrt{2-x^2-y^2}, \\ z=x^2+y^2. \end{cases}$$

消去 z 得关于 xOy 面上的投影柱面 $x^2+y^2=1$, 则交线 C 在 xOy 面上的投影曲线为

$$\begin{cases} x^2+y^2=1, \\ z=0, \end{cases}$$

这条曲线围成的点集 $D_{xy}=\left\{(x,y)\mid x^2+y^2\leqslant 1\right\}$ 就是 Ω 在 xOy 面上的投影.

类似方法, 可求得 Ω 在 yOz 面上的投影为 yOz 面上的曲线 $\begin{cases} z=\sqrt{2-y^2}, \\ x=0 \end{cases}$ 与 $\begin{cases} z=y^2, \\ y=0 \end{cases}$ 围成的图形表示为 $D_{yz}=\left\{(y,z)\mid y^2\leqslant z\leqslant\sqrt{2-y^2}\right\}$.

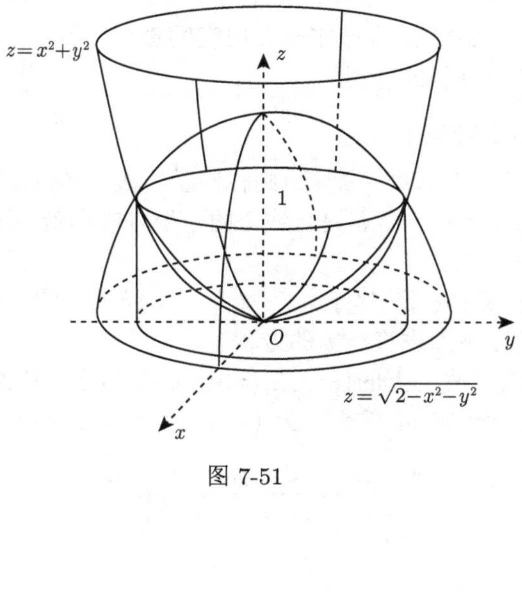

图 7-51

习　题　7-6

1. 下列方程分别表示什么曲线?

(1) $\begin{cases} \dfrac{x^2}{a^2}+\dfrac{y^2}{b^2}=1, \\ z=c; \end{cases}$　　(2) $\begin{cases} x^2=4y, \\ z=1. \end{cases}$

2. 画出下列曲线:

(1) $\begin{cases} 2x+3y+4z=12, \\ x=2; \end{cases}$　　(2) $\begin{cases} z=\sqrt{4-x^2-y^2}, \\ x=y; \end{cases}$

(3) $\begin{cases} z=x^2+y^2, \\ x+y=1. \end{cases}$

3. 分别求母线平行于 x 轴与 y 轴且通过曲线 $\begin{cases} 2x^2+y^2+z^2=16, \\ x^2+z^2-y^2=0 \end{cases}$ 的柱面方程.

4. 将下列曲线方程化为参数方程:

(1) $\begin{cases} x^2+y^2+z^2=9, \\ y=x; \end{cases}$　　(2) $\begin{cases} (x-1)^2+y^2+(z-1)^2=4, \\ z=0. \end{cases}$

5. 设曲线方程为 $\begin{cases} 2x^2+4y+z^2=4z, \\ x^2-8y+3z^2=12z. \end{cases}$ 求它在三个坐标面上的投影.

6. 设 Ω 由曲面 $z=\sqrt{4-x^2-y^2}$ 和平面 $z=1$ 围成, 求 Ω 在 xOy 面、yOz 面上的投影.

第七节　空间直线及其方程

由立体几何的知识可知, 过两点可以确定一条直线; 过已知点且平行于一条已知直线可以确定一条直线; 过已知点且垂直于已知平面可以确定一条直线; 两个相交平面也确定一条直线. 将这些条件用空间直角坐标系中向量及点的坐标表示出来, 就建立了空间直线的方程.

一、 空间直线的点向式方程

若一个非零向量 $\boldsymbol{s}$ 与直线 l 平行, 则称向量 $\boldsymbol{s}$ 是直线 l 的一个**方向向量**. 易见, 直线的方向向量不唯一. 若 $\boldsymbol{v}$ 是直线 l 的一个方向向量, 则 $\lambda\boldsymbol{v}$ (λ 为任意非零实数) 都是 l 的方向向量.

在空间直角坐标系中, 若 $M_0(x_0,y_0,z_0)$ 是直线 l 上的一个点, $\boldsymbol{s}=(m,n,p)$ 为 l 的一个方向向量, 下面求直线 l 的方程.

设 $M(x,y,z)$ 为直线 l 上的任一点, 如图 7-52 所示, 则 $\overrightarrow{M_0M}//\boldsymbol{s}$, 所以两向量对应坐标成比例. 而 $\overrightarrow{M_0M}$ 的坐标为 $(x-x_0,y-y_0,z-z_0)$, 因此有

$$\frac{x-x_0}{m}=\frac{y-y_0}{n}=\frac{z-z_0}{p}. \tag{7-1}$$

称上式为直线 l 的**点向式方程** (也叫**对称式方程**或**标准方程**), 其中 (x_0, y_0, z_0) 是直线 l 上一点的坐标, $\boldsymbol{s} = (m, n, p)$ 为直线 l 的一个**方向向量**. 方向向量 $\boldsymbol{s}$ 的坐标 m, n, p 称为直线 l 的一组**方向数**, 方向向量 $\boldsymbol{s}$ 的方向余弦称为该直线的**方向余弦**.

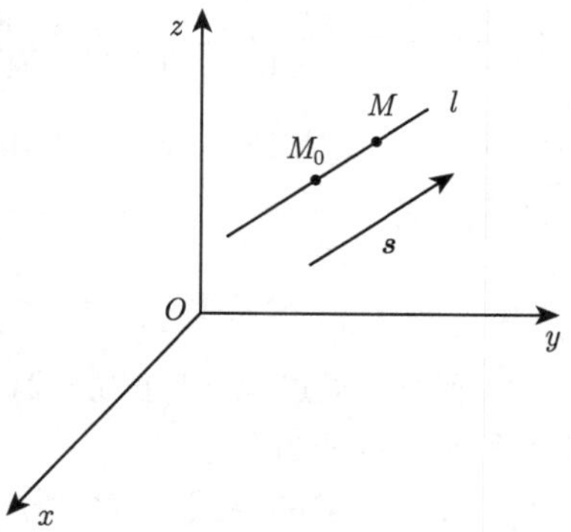

图 7-52

由于直线 l 的方向向量 $\boldsymbol{s} \neq \boldsymbol{0}$, 所以 m, n, p 不全为零, 但当有一个为零时, 如 $m = 0$ 时, 方程为

$$\begin{cases} x - x_0 = 0, \\ \dfrac{y - y_0}{n} = \dfrac{z - z_0}{p}, \end{cases}$$

该直线与 yOz 面平行. 当有两个为零时, 如 $m = n = 0$ 时, 方程为

$$\begin{cases} x - x_0 = 0, \\ y - y_0 = 0, \end{cases}$$

该直线与 z 轴平行.

由直线的点向式方程可以推导出直线的参数方程. 设

$$\frac{x - x_0}{m} = \frac{y - y_0}{n} = \frac{z - z_0}{p} = t,$$

那么方程组

$$\begin{cases} x = x_0 + mt, \\ y = y_0 + nt, \\ z = z_0 + pt, \end{cases} \tag{7-2}$$

就是直线的**参数方程**, 其中 t 为参数.

例 1 求过点 $(-2, 1, 0)$, 且垂直于平面 $3x - 10y + 9z - 2 = 0$ 的直线的对称式与参数式方程.

解 因为直线垂直于平面 $3x - 10y + 9z - 2 = 0$, 故可取平面的法向量 $\boldsymbol{s}$ 为所求直线的方向向量, 即

$$\boldsymbol{s} = \boldsymbol{n} = (3, -10, 9).$$

由 (7-1), 得直线的对称式方程为

$$\frac{x + 2}{3} = \frac{y - 1}{-10} = \frac{z}{9}.$$

令 $\dfrac{x+2}{3}=\dfrac{y-1}{-10}=\dfrac{z}{9}=t$, 得直线的参数式方程

$$\begin{cases} x=-2+3t, \\ y=1-10t, \\ z=9t. \end{cases}$$

例 2　求过点 $M(1,0,-2)$ 且与两平面 $\Pi_1: x+z=5$ 和 $\Pi_2: 2x-3y+z=18$ 都平行的直线方程.

解　所求的直线与 Π_1 与 Π_2 都平行, 即与 Π_1, Π_2 的法向量 $\boldsymbol{n}_1, \boldsymbol{n}_2$ 都垂直, 其中 $\boldsymbol{n}_1=(1,0,1), \boldsymbol{n}_2=(2,-3,1)$. 因此可用 $\boldsymbol{n}_1 \times \boldsymbol{n}_2$ 作为直线的一个方向向量 $\boldsymbol{s}$.

$$\boldsymbol{s}=\boldsymbol{n}_1 \times \boldsymbol{n}_2=\begin{vmatrix} \boldsymbol{i} & \boldsymbol{j} & \boldsymbol{k} \\ 1 & 0 & 1 \\ 2 & -3 & 1 \end{vmatrix}=3\boldsymbol{i}+\boldsymbol{j}-3\boldsymbol{k},$$

即 $\boldsymbol{s}=(3,1,-3)$. 于是所求直线的方程为

$$\frac{x-1}{3}=\frac{y-0}{1}=\frac{z+2}{-3}.$$

例 3　求过两点 $M_1(x_1,y_1,z_1)$ 和 $M_2(x_2,y_2,z_2)$ 的直线方程.

解　取直线的方向向量为 $\boldsymbol{s}=\overrightarrow{M_1M_2}=(x_2-x_1, y_2-y_1, z_2-z_1)$, 由 (7-1), 得直线的对称式方程为

$$\frac{x-x_1}{x_2-x_1}=\frac{y-y_1}{y_2-y_1}=\frac{z-z_1}{z_2-z_1}. \tag{7-3}$$

也称 (7-3) 为直线的两点式方程.

二、　空间直线的一般式方程

类似于空间曲线, 空间任一条直线都可看成通过该直线的两个平面的交线. 设两个平面的方程为

$$\Pi_1: A_1x+B_1y+C_1z+D_1=0,$$

$$\Pi_2: A_2x+B_2y+C_2z+D_2=0,$$

则

$$\begin{cases} A_1x+B_1y+C_1z+D_1=0, \\ A_2x+B_2y+C_2z+D_2=0 \end{cases}$$

表示一条直线, 其中 A_1, B_1, C_1 与 A_2, B_2, C_2 不成比例. 称上述方程组为直线的**一般式方程**.

过空间一直线 Γ 的平面有无穷多个, 其中任意两个平面都可以确定这条直线 Γ. 因此直线 Γ 的一般式方程不是唯一的. 直线方程的三种形式可以互相转化, 应用较多的是将直线的一般式方程化成对称式方程或参数方程.

例 4 将直线的一般式方程

$$\begin{cases} 2x - y + 3z - 1 = 0, \\ 3x + 2y - z - 12 = 0 \end{cases}$$

化为对称式方程和参数方程.

解 先求直线上一点 M_0, 不妨设 $z = 0$, 代入方程中得

$$\begin{cases} 2x - y - 1 = 0, \\ 3x + 2y - 12 = 0, \end{cases}$$

解之得

$$x = 2, \quad y = 3,$$

所以 $M_0(2, 3, 0)$ 为直线上的一点.

再求直线的一个方向向量 $\boldsymbol{s}$. 由于直线与两个平面的法向量 $\boldsymbol{n}_1$, $\boldsymbol{n}_2$ 都垂直, 其中 $\boldsymbol{n}_1 = (2, -1, 3), \boldsymbol{n}_2 = (3, 2, -1)$, 因此可用 $\boldsymbol{n}_1 \times \boldsymbol{n}_2$ 作为直线的一个方向向量 $\boldsymbol{s}$.

$$\boldsymbol{s} = \boldsymbol{n}_1 \times \boldsymbol{n}_2 = \begin{vmatrix} \boldsymbol{i} & \boldsymbol{j} & \boldsymbol{k} \\ 2 & -1 & 3 \\ 3 & 2 & -1 \end{vmatrix} = -5\boldsymbol{i} + 11\boldsymbol{j} + 7\boldsymbol{k},$$

即 $\boldsymbol{s} = (-5, 11, 7)$. 于是, 该直线的对称式方程为

$$\frac{x-2}{-5} = \frac{y-3}{11} = \frac{z}{7}.$$

令 $\dfrac{x-2}{-5} = \dfrac{y-3}{11} = \dfrac{z}{7} = t$, 得所给直线的参数方程为

$$\begin{cases} x = 2 - 5t, \\ y = 3 + 11t, \\ z = 7t. \end{cases}$$

由该例知直线 $\begin{cases} A_1x+B_1y+C_1z+D_1=0, \\ A_2x+B_2y+C_2z+D_2=0 \end{cases}$ 的方向向量可以取为

$$\boldsymbol{s}=\begin{vmatrix} \boldsymbol{i} & \boldsymbol{j} & \boldsymbol{k} \\ A_1 & B_1 & C_1 \\ A_2 & B_2 & C_2 \end{vmatrix}.$$

三、 两条直线的位置关系

两条直线的方向向量的夹角 (通常取锐角) 称为两条直线的**夹角**. 设两条直线 l_1 与 l_2 的方程为

$$l_1: \frac{x-x_1}{m_1}=\frac{y-y_1}{n_1}=\frac{z-z_1}{p_1}, \quad l_2: \frac{x-x_2}{m_2}=\frac{y-y_2}{n_2}=\frac{z-z_2}{p_2}.$$

若 l_1 与 l_2 的方向向量分别为 $\boldsymbol{s}_1, \boldsymbol{s}_2$, 显然有

$$\cos\theta=\left|\cos\left(\widehat{\boldsymbol{s}_1, \boldsymbol{s}_2}\right)\right|=\frac{|\boldsymbol{s}_1\cdot\boldsymbol{s}_2|}{|\boldsymbol{s}_1|\,|\boldsymbol{s}_2|}=\frac{|m_1m_2+n_1n_2+p_1p_2|}{\sqrt{m_1^2+n_1^2+p_1^2}\sqrt{m_2^2+n_2^2+p_2^2}}.$$

若 $l_1//l_2$, 相当于 $\dfrac{m_1}{m_2}=\dfrac{n_1}{n_2}=\dfrac{p_1}{p_2}$, 规定 l_1 与 l_2 的夹角为 0. 对于异面直线, 可把这两条直线平移至相交状态, 此时, 它们的夹角称为异面直线的夹角. 若 $l_1\perp l_2 \Leftrightarrow \boldsymbol{s}_1\cdot\boldsymbol{s}_2=0 \Leftrightarrow m_1m_2+n_1n_2+p_1p_2=0$.

例 5　求直线 $l_1: \dfrac{x-1}{1}=\dfrac{y}{-4}=\dfrac{z+3}{1}$ 和 $l_2: \begin{cases} x+y+2=0, \\ x+2z=0 \end{cases}$ 的夹角.

解　直线 l_1 的方向向量为 $\boldsymbol{s}_1=(1,-4,1)$, 直线 l_2 的方向向量为

$$\boldsymbol{s}_2=\begin{vmatrix} \boldsymbol{i} & \boldsymbol{j} & \boldsymbol{k} \\ 1 & 1 & 0 \\ 1 & 0 & 2 \end{vmatrix}=(2,-2,-1),$$

则两直线的夹角余弦为

$$\cos\theta=\frac{|1\times2+(-4)\times(-2)+1+1\times(-1)|}{\sqrt{1^2+(-4)^2+1^2}\cdot\sqrt{2^2+(-2)^2+(-1)^2}}=\frac{1}{\sqrt{2}}=\frac{\sqrt{2}}{2},$$

所以 $\theta=\dfrac{\pi}{4}$.

四、 直线与平面的位置关系

直线与平面的位置关系: 平行、相交、直线在平面上.

直线方向向量与平面法向量的夹角的余角 θ (取锐角) 称为**直线与平面的夹角**. 已知直线 $l: \dfrac{x-x_0}{m}=\dfrac{y-y_0}{n}=\dfrac{z-z_0}{p}$, 平面 $\Pi: Ax+By+Cz+D=0$, 则直线 l 的方向向量为 $\boldsymbol{s}=(m,n,p)$, 平面 π 的法向量为 $\boldsymbol{n}=(A,B,C)$. 设直线 l 与平面 π 的法线之间的夹角为 φ, 则 $\theta=\dfrac{\pi}{2}-\varphi$. 所以

$$\sin\theta=|\cos\varphi|=\frac{|\boldsymbol{s}\cdot\boldsymbol{n}|}{|\boldsymbol{s}|\cdot|\boldsymbol{n}|}=\frac{|Am+Bn+Cp|}{\sqrt{m^2+n^2+p^2}\cdot\sqrt{A^2+B^2+C^2}}.$$

特别地,

(1) $l\perp\Pi\Leftrightarrow\boldsymbol{s}//\boldsymbol{n}\Leftrightarrow\boldsymbol{s}\times\boldsymbol{n}=\boldsymbol{0}\Leftrightarrow\dfrac{m}{A}=\dfrac{n}{B}=\dfrac{p}{C}$;

(2) l 在 Π 内或 $l//\Pi\Leftrightarrow\boldsymbol{s}\perp\boldsymbol{n}\Leftrightarrow\boldsymbol{s}\cdot\boldsymbol{n}=0\Leftrightarrow Am+Bn+Cp=0$;

(3) l 与 Π 相交 $\Leftrightarrow Am+Bn+Cp\neq0$, 联立即可求交点.

例 6 讨论直线 $L: \dfrac{x-1}{1}=\dfrac{y-2}{-4}=\dfrac{z-3}{1}$ 与平面 $\Pi: x+y+z=1$ 之间的关系. 若该直线与该平面相交, 求它们的夹角与交点坐标.

解 直线的方向向量为 $\boldsymbol{s}=(1,-4,1)$, 平面的法向量为 $\boldsymbol{n}=(1,1,1)$. 因为 $\boldsymbol{s}\cdot\boldsymbol{n}=-2\neq0$, 故相交. 由直线与平面夹角的正弦公式得

$$\sin\theta=\frac{|\boldsymbol{s}\cdot\boldsymbol{n}|}{|\boldsymbol{s}|\cdot|\boldsymbol{n}|}=\frac{2}{\sqrt{18}\sqrt{3}}=\frac{\sqrt{6}}{9}\Rightarrow\theta=\arcsin\frac{\sqrt{6}}{9}.$$

直线的参数方程为 $\begin{cases}x=1+t,\\ y=2-4t,\\ z=3+t,\end{cases}$ 代入平面方程得 $(1+t)+(2-4t)+(3+t)=1$.

解得 $t=\dfrac{5}{2}$, 代回直线的参数方程, 得 $x=\dfrac{7}{2}, y=-8, z=\dfrac{11}{2}$, 所以交点坐标为 $\left(\dfrac{7}{2},-8,\dfrac{11}{2}\right)$.

例 7 求点 $(-1,2,0)$ 在平面 $x+2y-z+1=0$ 上的投影.

解 过点 $(-1,2,0)$ 且与平面 $x+2y-z+1=0$ 垂直的直线方程为

$$\frac{x+1}{1}=\frac{y-2}{2}=\frac{z}{-1}.$$

令 $\dfrac{x+1}{1}=\dfrac{y-2}{2}=\dfrac{z}{-1}=t$, 则 $x=-1+t, y=2+2t, z=-t$. 代入平面方程得

$$(-1+t)+2(2+2t)-(-t)+1=0.$$

解得 $t=-\dfrac{2}{3}$, 从而直线与平面的交点坐标为 $x=-\dfrac{5}{3},y=\dfrac{2}{3},z=\dfrac{2}{3}$, 即点 $\left(-\dfrac{5}{3},\dfrac{2}{3},\dfrac{2}{3}\right)$ 为所求投影.

例 8　求点 $M(2,1,3)$ 到直线 $L:\dfrac{x+1}{3}=\dfrac{y-1}{2}=\dfrac{z}{-1}$ 的距离.

解　过点 $M(2,1,3)$ 作平面 Π 垂直于直线 L, 则平面 Π 的方程为

$$3(x-2)+2(y-1)-(z-3)=0.$$

化直线方程为参数式方程 $\begin{cases}x=-1+3t,\\ y=1+2t,\\ z=-t,\end{cases}$ 再代入平面 π 的方程, 得

$$3[(-1+3t)-2]+2[(1+2t)-1]-(-t-3)=0,$$

解得 $t=\dfrac{3}{7}$. 从而得直线与平面的交点为 $N\left(\dfrac{2}{7},\dfrac{13}{7},-\dfrac{3}{7}\right)$, 则点 N 与 M 之间的距离就是点 M 到直线 L 的距离, 于是

$$d=|MN|=\sqrt{\left(\frac{2}{7}-2\right)^2+\left(\frac{13}{7}-1\right)^2+\left(-\frac{3}{7}-3\right)^2}=\frac{6\sqrt{21}}{7}.$$

五、 平面束

已知通过空间一条直线可以作无穷多个平面, 称通过定直线的全体平面为该直线的**平面束**, 如图 7-53 所示.

图 7-53

设直线 Γ 的方程为 $\begin{cases}A_1x+B_1y+C_1z+D_1=0,\\ A_2x+B_2y+C_2z+D_2=0,\end{cases}$

且方程

$$\lambda(A_1x+B_1y+C_1z+D_1)+\mu\left(A_2x+B_2y+C_2z+D_2\right)=0, \tag{7-4}$$

则 (7-4) 就是直线 Γ 的**平面束方程**, 其中 λ,μ 是不同时为零的任意常数.

事实上, (7-4) 是关于 x,y,z 的三元一次方程, 且由于 A_1,B_1,C_1 与 A_2,B_2,C_2 不成比例, 从而 (7-4) 的系数 $\lambda A_1+\mu A_2,\lambda B_1+\mu B_2,\lambda C_1+\mu C_2$ 不全为零, 所以式 (7-4) 表示一个平面. 又直线 Γ 上任一点 $M_0\left(x_0,y_0,z_0\right)$ 的坐标都满足 (7-4), 所以 λ,μ 取不同值时, (7-4) 表示过直线 Γ 的不同平面. 反之, 设

$$Ax+By+Cz+D=0$$

是任何一个过 Γ 的平面, 可以证明一定有不同时为零的实数 λ,μ, 使该平面有形如式 (7-4) 的方程.

例 9　求过直线 $L_1:\begin{cases}2x+y-z-2=0,\\3x-2y-2z+1=0,\end{cases}$ 且与直线 $L_2:\dfrac{x-2}{3}=\dfrac{y-1}{2}=\dfrac{z-3}{3}$ 平行的平面方程.

解　过直线 L_1 的平面束方程为

$$\lambda(2x+y-z-2)+\mu(3x-2y-2z+1)=0,$$

即 $(2\lambda+3\mu)x+(\lambda-2\mu)y-(\lambda+2\mu)z-2\lambda+\mu=0$, 则平面的法向量为

$$\boldsymbol{n}=(2\lambda+3\mu,\lambda-2\mu,-\lambda-2\mu),$$

其中 λ,μ 为待定常数. 由题设知, 平面与直线 L_2 平行, 故 $\boldsymbol{n}\perp\boldsymbol{s}=(3,2,3)$, 即

$$3(2\lambda+3\mu)+2(\lambda-2\mu)+3(-\lambda-2\mu)=0,$$

解之得 $\mu=5\lambda$. 代入 L_1 的平面束方程, 得所求平面方程

$$17x-9y-11z+3=0.$$

例 10　求直线 $\Gamma:\dfrac{x-1}{1}=\dfrac{y}{1}=\dfrac{z-1}{-1}$ 在平面 $\Pi:x-y+2z-1=0$ 上的投影直线 Γ_0 的方程.

解　如图 7-54 所示, 先求过直线 Γ, 且与平面 Π 垂直的平面方程. 直线 Γ 的方程可以写为

$$\begin{cases}x-y-1=0,\\y+z-1=0,\end{cases}$$

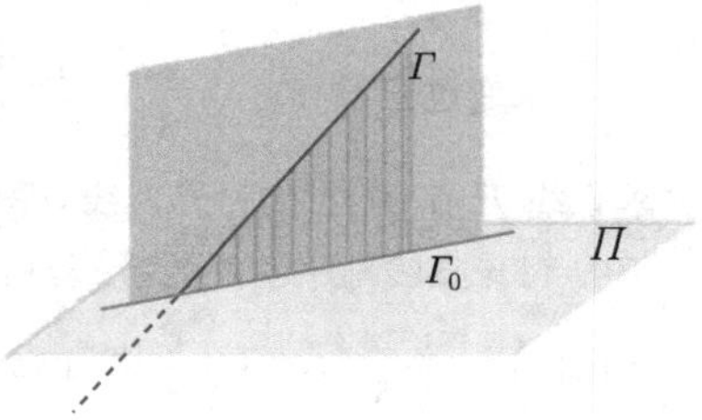

图 7-54

故 Γ 的平面束方程为

$$\lambda(x-y-1)+\mu(y+z-1)=0\Leftrightarrow\lambda x+(\mu-\lambda)y+\mu z-\lambda-\mu=0,\tag{7-5}$$

其法向量为 $\boldsymbol{n}=(\lambda,\mu-\lambda,\mu)$. 因为所求平面与平面 Π 垂直, 而 Π 的法向量为 $\boldsymbol{n}_1=(1,-1,2)$, 所以 $\boldsymbol{n}\cdot\boldsymbol{n}_1=\lambda-(\mu-\lambda)+2\mu=2\lambda+\mu=0$, 可得 $\mu=-2\lambda$. 代入式 (7-5), 得过直线 Γ 且与平面 Π 垂直的平面方程为 $x-3y-2z+1=0$. 从而直线 Γ 在平面 Π 上的投影直线 Γ_0 的方程为

$$\begin{cases}x-y+2z-1=0,\\x-3y-2z+1=0.\end{cases}$$

习　题　7-7

1. 求过点 $(4,-1,3)$ 且平行于直线 $\dfrac{x-3}{2}=y=\dfrac{z-1}{5}$ 的直线方程.

2. 求过点 $M_1(0,-2,1)$ 与 $M_2(3,0,2)$ 的直线方程.

3. 求过点 $(0,1,2)$ 且与直线 $\dfrac{x-1}{1}=\dfrac{y-1}{-1}=\dfrac{z}{2}$ 垂直相交的直线方程.

4. 化直线的一般方程为对称式方程和参数方程:

(1) $\begin{cases} x+2y-3z-4=0, \\ 3x-y+5z+9=0; \end{cases}$　　(2) $\begin{cases} x=2z-5, \\ y=6z+7. \end{cases}$

5. 设平面 $\Pi: y+2z-2=0$ 和直线 $\Gamma: \begin{cases} 2x-y-2=0, \\ 3y-2z+2=0. \end{cases}$

(1) 直线 Γ 与平面 Π 是否平行? 说明理由.

(2) 求 Γ 与 Π 的交点坐标.

(3) 求过 Γ 且与 Π 垂直的平面 Π' 的方程.

6. 求点 $M(2,-1,1)$ 到直线 $\Gamma: \begin{cases} x-2y+z-1=0, \\ x+2y-z+3=0 \end{cases}$ 的距离.

7. 一直线过点 $(2,-1,3)$ 且与直线 $\dfrac{x-1}{2}=\dfrac{y}{-1}=\dfrac{z+2}{1}$ 相交, 又与平面 $3x-2y+z+5=0$ 平行, 求此直线方程.

8. 求通过直线 $\Gamma: \begin{cases} 2x-4y+z=0, \\ 3x-y-2z=0, \end{cases}$ 且垂直于平面 $\Pi: 4x-y+z=1$ 的平面方程, 并求直线 Γ 在 Π 上的投影直线方程.

9. 讨论直线与平面的关系, 若相交, 求出它的夹角与交点.

(1) $\dfrac{x}{2}=\dfrac{y-2}{5}=\dfrac{z-6}{3}$ 和 $15x-9y+5z=12$;

(2) $x-1=\dfrac{y-2}{-4}=z-3$ 和 $x+y+z=1$.

10. 设 M_0 是直线 Γ 外一点, M 是直线上任意一点, 且直线的方向向量为 $\boldsymbol{s}$, 试证: 点 M_0 到直线 Γ 的距离 $d=\dfrac{\left|\overrightarrow{M_0M}\times\boldsymbol{s}\right|}{|\boldsymbol{s}|}$.

第八节　二 次 曲 面

在空间解析几何中, 方程 $F(x,y,z)=0$ 表示曲面. 若方程是一次的, 则它表示的曲面也叫一次曲面; 若方程是二次的, 则它表示的曲面称为二次曲面. 在这一节, 介绍几种常见的二次曲面.

一、 椭球面

由方程

$$\frac{x^2}{a^2}+\frac{y^2}{b^2}+\frac{z^2}{c^2}=1 \quad (a>0,b>0,c>0) \tag{8-1}$$

所表示的曲面称为**椭球面**, a,b,c 称为**椭球面的半轴**, 此方程称为**椭球面的标准方程**.

由 (8-1) 知, $\frac{x^2}{a^2}\leqslant 1,\frac{y^2}{b^2}\leqslant 1,\frac{z^2}{c^2}\leqslant 1$, 即 $|x|\leqslant a,|x|\leqslant b,|x|\leqslant c$. 这说明椭球面位于平面 $x=\pm a,y=\pm b,z=\pm c$ 所围成的长方体内. 由 (8-1) 知, 椭球面关于坐标平面、坐标轴、坐标原点都是对称的.

用平行于 xOy 面的平面 $z=h$ $(|h|\leqslant c)$ 去截椭球面, 所得截痕为

$$\begin{cases}\dfrac{x^2}{a^2}+\dfrac{y^2}{b^2}=1-\dfrac{h^2}{c^2},\\ z=h.\end{cases} \tag{8-2}$$

当 $|h|<c$ 时, 截痕为平面 $z=h$ 上的椭圆

$$\begin{cases}\dfrac{x^2}{a^2\left(1-\dfrac{h^2}{c^2}\right)}+\dfrac{y^2}{b^2\left(1-\dfrac{h^2}{c^2}\right)}=1,\\ z=h.\end{cases}$$

特别地, 当 $h=0$ 时, 即用坐标面 $z=0$ 去截椭球面, 得 xOy 面上的一个椭圆

$$\begin{cases}\dfrac{x^2}{a^2}+\dfrac{y^2}{b^2}=1,\\ z=0.\end{cases}$$

当 $|h|$ 逐渐增大时, 椭圆的半轴逐渐减小. 当 $|h|=c$ 时, (8-2) 的方程变为

$$\begin{cases}\dfrac{x^2}{a^2}+\dfrac{y^2}{b^2}=0,\\ z=\pm c.\end{cases}$$

这时截痕为两点 $(0,0,c)$ 与 $(0,0,-c)$. 当 $|h|>c$ 时, 平面 $z=h$ 与椭球面无交点. 用平行于 yOz 面及 zOx 面的平面去截椭球面, 可得类似的结果. 综合所述, 可画出椭球面的图形, 如图 7-55 所示.

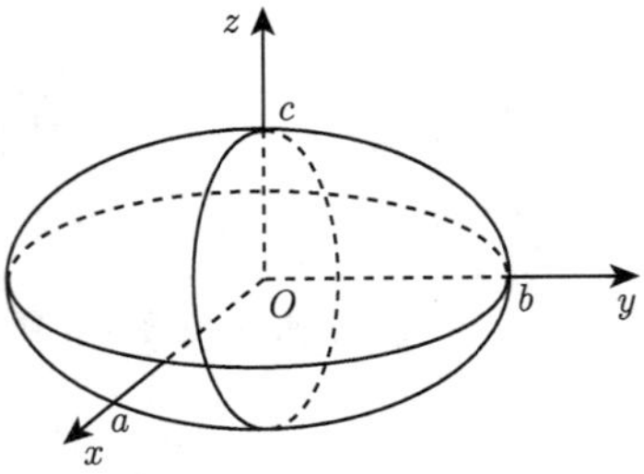

图 7-55

特别地, 当 $a=b$ 时, 方程 (8-1) 变为

$$\frac{x^2+y^2}{a^2}+\frac{z^2}{c^2}=1.$$

它表示 zOx 面上的椭圆 $\frac{x^2}{a^2}+\frac{z^2}{c^2}=1$ 或 yOz 面上的椭圆 $\frac{y^2}{a^2}+\frac{z^2}{c^2}=1$ 绕 z 轴旋转一周而成的**旋转椭球面**. 当 $a=b=c$ 时, 方程变为 $x^2+y^2+z^2=a^2$, 它表示球心在原点, 半径为 a 的**球面**.

二、 双曲面

1. 单叶双曲面

由方程

$$\frac{x^2}{a^2}+\frac{y^2}{b^2}-\frac{z^2}{c^2}=1,\quad a>0,\ b>0,\ c>0 \tag{8-3}$$

所确定的曲面称为**单叶双曲面**, 其中 a,b,c 称为它的**半轴**. 由 (8-3) 知, 双曲面关于坐标平面、坐标轴、坐标原点都是对称的.

用平行于 xOy 面的平面 $z=h\ (-\infty<h<+\infty)$ 去截双曲面, 所得截痕为一椭圆

$$\begin{cases}\dfrac{x^2}{a^2}+\dfrac{y^2}{b^2}=1+\dfrac{h^2}{c^2},\\ z=h,\end{cases} \tag{8-4}$$

或

$$\begin{cases}\dfrac{x^2}{a^2\left(1+\dfrac{h^2}{c^2}\right)}+\dfrac{y^2}{b^2\left(1+\dfrac{h^2}{c^2}\right)}=1.\\ z=h.\end{cases}$$

特别地, 当 $h=0$ 时, 即用坐标面 $z=0$ 去截双曲面, 得 xOy 面上的一个椭圆

$$\begin{cases}\dfrac{x^2}{a^2}+\dfrac{y^2}{b^2}=1,\\ z=0.\end{cases}$$

当 $|h|$ 逐渐增大时, 椭圆的半轴逐渐增大. 所以单叶双曲面在空间无限伸展. 用平行于 zOx 面的平面 $y=k\ (-\infty<k<+\infty)$ 去截曲面, 所得截痕是双曲线

$$\begin{cases} \dfrac{x^2}{a^2} - \dfrac{z^2}{c^2} = 1 - \dfrac{k^2}{b^2}, \\ y = k. \end{cases}$$

当 $|k| < b$ 时, 双曲线的实轴平行于 x 轴, 虚轴平行于 y 轴, 有

$$\begin{cases} \dfrac{x^2}{a^2\left(1 - \dfrac{k^2}{b^2}\right)} - \dfrac{z^2}{c^2\left(1 - \dfrac{k^2}{b^2}\right)} = 1, \\ y = k. \end{cases}$$

当 $|k| > b$ 时, 双曲线的实轴平行于 z 轴, 虚轴平行于 x 轴, 有

$$\begin{cases} -\dfrac{x^2}{a^2\left(\dfrac{k^2}{b^2} - 1\right)} + \dfrac{z^2}{c^2\left(\dfrac{k^2}{b^2} - 1\right)} = 1, \\ y = k. \end{cases}$$

当 $k = 0$ 时, 截痕为 zOx 面上的双曲线

$$\begin{cases} \dfrac{x^2}{a^2} - \dfrac{z^2}{c^2} = 1, \\ y = 0. \end{cases}$$

当 $|k| = b$ 时, 截痕为两条相交直线

$$\begin{cases} \dfrac{x}{a} \pm \dfrac{z}{c} = 0, \\ y = b\ (\text{或} -b). \end{cases}$$

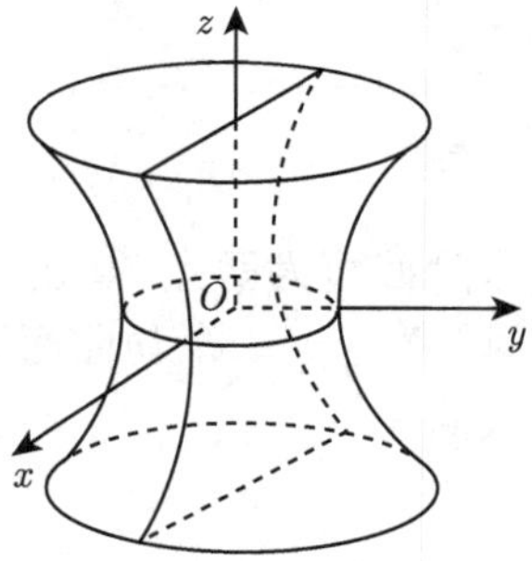

图 7-56

当截面为 $y = b$ 时, 两条直线的交点为 $(0, b, 0)$, 当截面为 $y = -b$ 时, 两条直线的交点为 $(0, -b, 0)$. 类似地, 可讨论用平行于 yOz 面的平面去截双曲面. 综合所述, 可画出单叶双曲面的图形, 如图 7-56 所示.

在 (8-3) 中, 当 $a = b$ 时, 有 $\dfrac{x^2 + y^2}{a^2} - \dfrac{z^2}{c^2} = 1$, 它表示由 zOx 面上的双曲线 $\dfrac{x^2}{a^2} - \dfrac{z^2}{c^2} = 1$ 或 yOz 面上的双曲线 $\dfrac{y^2}{a^2} - \dfrac{z^2}{c^2} = 1$ 绕 z 轴旋转而成的单叶旋转双曲面. 类似地, 方程 $\dfrac{x^2}{a^2} - \dfrac{y^2}{b^2} + \dfrac{z^2}{c^2} = 1$ 与 $-\dfrac{x^2}{a^2} + \dfrac{y^2}{b^2} + \dfrac{z^2}{c^2} = 1$ 也都是单叶双曲面.

2. 双叶双曲面

由方程

$$\frac{x^2}{a^2}+\frac{y^2}{b^2}-\frac{z^2}{c^2}=-1,\quad a>0,\ b>0,\ c>0 \tag{8-5}$$

所确定的曲面称为**双叶双曲面**, 其中 a,b,c 称为它的**半轴**.

易见, 若 $|z|<c$, 则 (8-5) 无意义, 所以双叶双曲面在平面 $z=c$ 上方及平面 $z=-c$ 下方, 而且曲面关于坐标平面、坐标轴、坐标原点都是对称的.

用平行于 xOy 面的平面 $z=h$ $(|h|\geqslant c)$ 去截曲面, 所得截痕为

$$\begin{cases}\dfrac{x^2}{a^2}+\dfrac{y^2}{b^2}=\dfrac{h^2}{c^2}-1,\\ z=h.\end{cases}$$

当 $|h|>c$ 时, 截痕为平面 $z=h$ 上的椭圆

$$\begin{cases}\dfrac{x^2}{a^2\left(\dfrac{h^2}{c^2}-1\right)}+\dfrac{y^2}{b^2\left(\dfrac{h^2}{c^2}-1\right)}=1,\\ z=h.\end{cases}$$

当 $|h|$ 逐渐增大时, 椭圆的半轴逐渐增大. 当 $|h|=c$ 时, 截痕为

$$\begin{cases}\dfrac{x^2}{a^2}+\dfrac{y^2}{b^2}=0,\\ z=\pm c.\end{cases}$$

这时截痕为两点 $(0,0,c)$ 与 $(0,0,-c)$. 它是双叶双曲面的两个顶点. 当 $|h|<c$ 时, 平面 $z=h$ 与曲面无交点. 用平行于 yOz 面的平面 $x=k$ 去截曲面, 截痕为双曲线

$$\begin{cases}\dfrac{z^2}{c^2}-\dfrac{y^2}{b^2}=1+\dfrac{k^2}{a^2},\\ x=k.\end{cases}$$

双曲线的实轴平行于 z 轴, 虚轴平行于 y 轴. 当 $k=0$ 时, 截痕为 yOz 面上的双曲线

$$\begin{cases}\dfrac{y^2}{b^2}-\dfrac{z^2}{c^2}=-1,\\ x=0.\end{cases}$$

双曲线的实轴为 z 轴, 虚轴为 y 轴. 用类似的方法讨论可知, 当用平行于 zOx 面的平面 $y=m$ 去截曲面时, 所得截痕也是双曲线. 综上所述, 可画出双叶双曲面的图形, 如图 7-57 所示.

在方程 (8-5) 中, 当 $a=b$ 时, 有 $-\dfrac{x^2+y^2}{a^2}+\dfrac{z^2}{c^2}=1$, 表示由 zOx 面上的双曲线 $-\dfrac{x^2}{a^2}+\dfrac{z^2}{c^2}=1$ 或 yOz 面上的双曲线 $-\dfrac{y^2}{a^2}+\dfrac{z^2}{c^2}=1$ 绕 z 轴旋转而成的双叶旋转双曲面.

类似地, 方程 $\dfrac{x^2}{a^2}-\dfrac{y^2}{b^2}+\dfrac{z^2}{c^2}=-1$ 和 $-\dfrac{x^2}{a^2}+\dfrac{y^2}{b^2}+\dfrac{z^2}{c^2}=-1$ 也都是双叶双曲面.

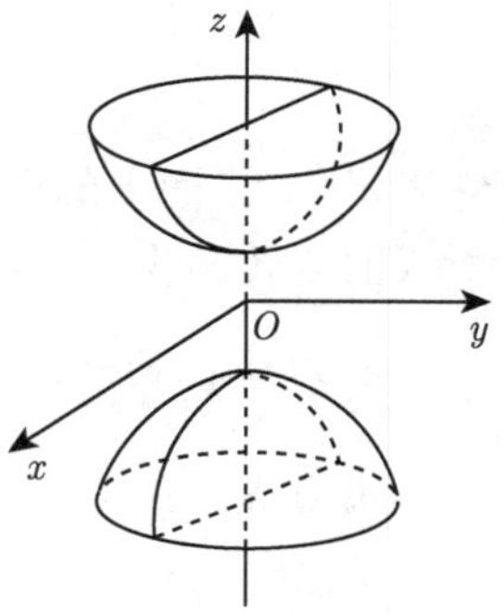

图 7-57

三、 抛物面

1. 椭圆抛物面

由方程

$$\frac{x^2}{2p}+\frac{y^2}{2q}=z,\quad p \text{ 与 } q \text{ 同号}, \tag{8-6}$$

所表示的曲面称为**椭圆抛物面**.

设 $p>0, q>0$, 用平行于 xOy 面的平面 $z=h$ 去截曲面, 当 $h>0$ 时, 得截痕为椭圆

$$\begin{cases} \dfrac{x^2}{2ph}+\dfrac{y^2}{2qh}=1, \\ z=h. \end{cases}$$

当 h 逐渐增大时, 椭圆的半轴逐渐增大. 当 $h=0$ 时, 截痕为坐标原点. 当 $h<0$ 时, 平面与曲面无交点. 用平行于 yOz 面的平面 $x=k$ 去截曲面, 所得截痕为抛物线

$$\begin{cases} y^2=2q\left(z-\dfrac{k^2}{2p}\right), \\ x=k. \end{cases}$$

它的轴平行于 z 轴, 顶点为 $\left(k,0,\dfrac{k^2}{2p}\right)$. 类似地, 用平行于 zOx 面的平面 $y=m$ 去截曲面, 所得截痕为抛物线

$$\begin{cases} x^2=2p\left(z-\dfrac{m^2}{2q}\right), \\ y=m. \end{cases}$$

综上所述, 可得椭圆抛物面的图形, 如图 7-58 所示. 它在 xOy 面的上方, 以坐标原点为顶点, 向 z 轴正方向无限伸展且关于 z 轴和 yOz 面、zOx 面对称.

当 $p = q$ 时, 方程 (8-6) 变为

$$\frac{x^2+y^2}{2p} = z, \quad p > 0.$$

它表示 zOx 面上的抛物线 $x^2 = 2pz$ 或 yOz 面上的抛物线 $y^2 = 2pz$ 绕 z 轴旋转所成的旋转抛物面. 这时用平行于 xOy 面的平面去截曲面, 截痕都是圆.

2. 双曲抛物面

由方程

$$-\frac{x^2}{2p} + \frac{y^2}{2q} = z, \quad p \text{ 与 } q \text{ 同号},$$

所确定的曲面称为**双曲抛物面**, 双曲抛物面的图形形状很像马鞍, 因此也称**马鞍面**.

当 $p > 0, q > 0$ 时, 曲面的形状如图 7-59 所示.

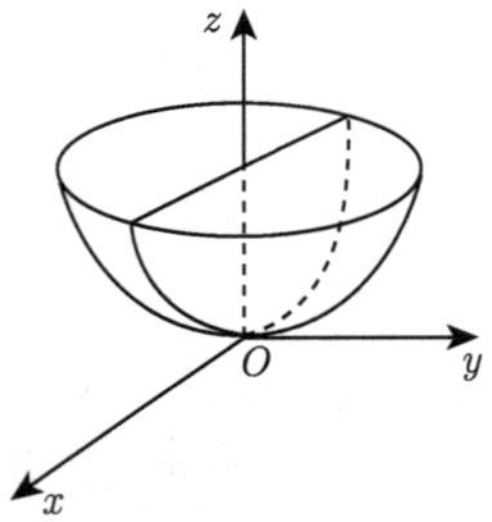

图 7-58

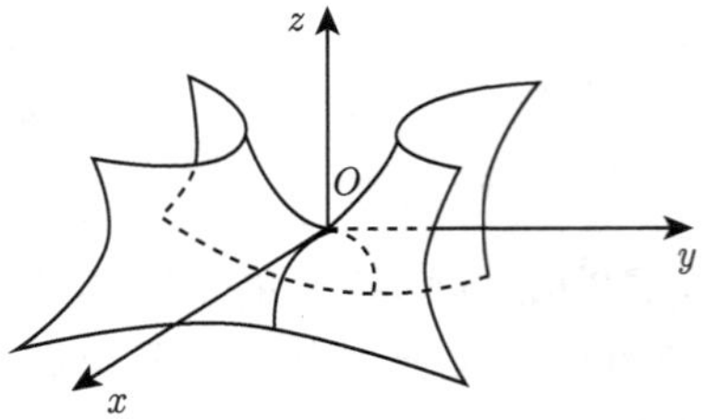

图 7-59

用平行于 xOy 面的平面 $z = h$ 去截曲面, 得截痕方程为

$$\begin{cases} \dfrac{-x^2}{2p} + \dfrac{y^2}{2q} = h, \\ z = h. \end{cases}$$

当 $h > 0$ 时, 截痕是双曲线, 其实轴平行于 y 轴. 当 $h = 0$ 时, 截痕是 xOy 面上两条相交于原点的直线. 当 $h < 0$ 时, 截痕是双曲线, 其实轴平行于 x 轴. 用平行

于 zOx 面的平面 $y=k$ 去截曲面, 所得截痕为

$$\begin{cases} z=-\dfrac{x^2}{2p}+\dfrac{k^2}{2q}, \\ y=k. \end{cases}$$

不论 k 为何值, 它都是开口向下的抛物线, 顶点在抛物线

$$\begin{cases} z=\dfrac{y^2}{2q}, \\ x=0 \end{cases}$$

上. 用平行于 yOz 面的平面 $x=l$ 去截曲面, 所得截痕为

$$\begin{cases} z=\dfrac{y^2}{2q}-\dfrac{l^2}{2p}, \\ x=l. \end{cases}$$

不论 l 为何值, 它都是开口向上的抛物线, 顶点在抛物线

$$\begin{cases} z=-\dfrac{x^2}{2p}, \\ y=0 \end{cases}$$

上.

习 题 7-8

1. 用截痕法讨论方程的图形:

(1) $z=xy$; (2) $z=2\left(1-\dfrac{x^2}{16}-\dfrac{y^2}{25}\right)$.

2. 画出下列方程表示的曲线:

(1) $\begin{cases} x^2+y^2+z^2=36, \\ x=2; \end{cases}$ (2) $\begin{cases} \dfrac{x^2}{36}+\dfrac{y^2}{9}+\dfrac{z^2}{4}=1, \\ y=2; \end{cases}$

(3) $\begin{cases} x^2-4y^2+z^2=25, \\ x=-3; \end{cases}$ (4) $\begin{cases} x^2+\dfrac{y^2}{4}-\dfrac{z}{4}=1, \\ y=0. \end{cases}$

3. 画出下列方程表示的曲线:

(1) $\dfrac{x^2}{16}+\dfrac{y^2}{9}+z^2=1$; (2) $z=\dfrac{x^2}{4}+\dfrac{y^2}{9}$;

(3) $z^2 = \dfrac{x^2}{4} + \dfrac{y^2}{9} - 1$.

4. 画出下列各曲面围成的立体图形:

(1) $x = 0, y = 0, z = 0, 3x + 4y + 2z - 12 = 0$;

(2) $z = \sqrt{x^2 + y^2}, z = 2$;

(3) $x^2 + y^2 = 1, x^2 + z^2 = 1, x = 0, y = 0, z = 0$ (在第一卦限内的部分);

(4) $z = \sqrt{x^2 + y^2}, z = \sqrt{1 - x^2 - y^2}$;

(5) $z = 0, x = 1, x + y - z = 0, x - y - z = 0$.

5. 指出下列方程在平面解析几何和空间解析几何中分别表示什么图形:

(1) $x = 2$;　　(2) $y = x + 1$;

(3) $x^2 + y^2 = 4$;　　(4) $x^2 - y^2 = 1$;

(5) $\begin{cases} y = 5x + 1, \\ y = 2x - 3; \end{cases}$　　(6) $\begin{cases} \dfrac{x^2}{4} + \dfrac{y^2}{9} = 1, \\ y = 3. \end{cases}$

本章小结

第七章总习题

1. 填空题:

(1) 设点 $P_1(4, \sqrt{2}, 1)$ 和点 $P_2(3, 0, 2)$, 则用坐标表示 $\overrightarrow{P_1P_2} =$ ______; 向量 $\overrightarrow{P_1P_2}$ 的方向余弦是______.

(2) 设 $\boldsymbol{a} = (1, 1, -4), \boldsymbol{b} = (2, -2, 1)$, 则用坐标表示: $\boldsymbol{a} \cdot \boldsymbol{b} =$ ______; $\boldsymbol{a} \times \boldsymbol{b} =$ ______; 与向量 $\boldsymbol{a}$ 及 $\boldsymbol{b}$ 都垂直的向量 $\boldsymbol{c} =$ ______.

(3) 直线 $\dfrac{x+2}{-2} = \dfrac{y-1}{3} = \dfrac{z-3}{2}$ 与平面 $x + 2y - 2z + 6 = 0$ 的位置关系是______.

(4) 由 $\begin{cases} y^2 = x, \\ z = 0 \end{cases}$ 绕 x 轴旋转一周而成的旋转曲面方程为______.

(5) 直线 $L_1: \dfrac{x-1}{1} = \dfrac{y-5}{-2} = \dfrac{z+8}{1}$ 与直线 $L_2: \begin{cases} x - y = 6 \\ 2y + z = 3 \end{cases}$ 的夹角 $\theta =$ ______.

(6) 与两直线 $\begin{cases} x = 1, \\ y = -1 + t, \\ z = 2 + t \end{cases}$ 及 $\dfrac{x+1}{1} = \dfrac{y+2}{2} = \dfrac{z-1}{1}$ 都平行, 且过原点的平面方程是______.

(7) 过点 $M(1, 2, -1)$ 且与直线 $\begin{cases} x = -t + 2, \\ y = 3t - 4, \\ z = t - 1 \end{cases}$ 垂直的平面方程是______.

(8) 已知直线 L_1 和 L_2 的方程为 $L_1: \dfrac{x-1}{1} = \dfrac{y-2}{0} = \dfrac{z-3}{-1}$ 和 $L_2: \dfrac{x-2}{2} = \dfrac{y-1}{1} = \dfrac{z}{1}$, 则过 L_1 且平行于 L_2 的平面方程是______.

2. 选择题:

(1) 设有直线 $L:\begin{cases} x+3y+2z+1=0, \\ 2x-y-10z+3=0 \end{cases}$ 及平面 $\Pi: 4x-2y+z-2=0$, 则直线 L ( ).

(A) 平行于 Π　　(B) 在 Π 上

(C) 垂直于 Π　　(D) 与 Π 斜交

(2) 在空间直角坐标系中, 点 $M(a,-b,-c)$ 关于 xOy 面的对称点的坐标是 ( ).

(A) (a,b,c)　　(B) $(-a,b,c)$

(C) $(a,b,-c)$　　(D) $(a,-b,c)$

(3) 设直线 L_1 的方向向量为 $\boldsymbol{s}_1=(3,2,1)$, L_1 与 L_2 垂直, 则 L_2 的方向向量为 ( ).

(A) $(1,2,3)$　　(B) $(2,-3,0)$

(C) $(0,2,1)$　　(D) $(-1,-2,6)$

(4) 下列四组角度中, 可以作为一向量的方向角的是 ( ).

(A) $45^\circ,60^\circ,60^\circ$　　(B) $30^\circ,45^\circ,60^\circ$

(C) $0^\circ,30^\circ,150^\circ$　　(D) $30^\circ,60^\circ,60^\circ$

(5) 直线 $\begin{cases} x=1, \\ y=0 \end{cases}$ 绕 z 轴旋转所成的旋转曲面的方程为 ( ).

(A) $x^2=1$　　(B) $x^2+y^2=1$

(C) $x^2+z^2=1$　　(D) $y^2+z^2=1$

3. 计算题:

(1) 求过点 $(4,-3,1)$ 且与直线 $\dfrac{x}{1}=\dfrac{y}{2}=\dfrac{z}{-3}$ 及 $\begin{cases} x-2z-1=0, \\ y+2=0 \end{cases}$ 都平行的平面方程.

(2) 已知平面 Π_1, Π_2 的方程分别为 $x+y-z=0$ 和 $x-y+z=1$, 求一平面方程且该平面过 Π_1 和 Π_2 的交线和点 (2, 3, -4).

(3) 求过点 $(-1,0,4)$ 且与直线 $\begin{cases} x+2y-z=0, \\ x+2y+2z+4=0 \end{cases}$ 垂直又与平面 $3x-4y+z-10=0$ 平行的直线方程.

(4) 求点 $(-1,2,0)$ 在平面 $x+2y-z-1=0$ 上的投影.

(5) 求过点 $(2,0,-1)$ 且与直线 $\dfrac{x-3}{2}=\dfrac{y+1}{1}=\dfrac{z-3}{-1}$ 垂直相交的直线方程.

(6) 将直线的一般方程 $\begin{cases} x+2y-z=1 \\ 2x-y+z=3 \end{cases}$ 化为对称式和参数方程.

(7) 求直线 $\begin{cases} x=b, \\ y=\dfrac{b}{c}z \end{cases}$ $(bc\neq 0)$ 绕 z 轴旋转而成的旋转面的方程, 并指出它表示什么曲面.

(8) 求母线平行于 z 轴且通过曲线 $\begin{cases} 3x^2+y^2+2z^2=16, \\ x^2-y^2+z^2=4 \end{cases}$ 的柱面方程.

(9) 求空间曲线 $\begin{cases} 3x^2+y^2+2z^2=16, \\ x^2-y^2+2z^2=14 \end{cases}$ 在 zOx 面上的投影曲线的方程.

(10) 一动点 M 到点 (1, 2, 1) 与到点 (2, 0, 1) 的距离分别等于 3 和 2, 求动点轨迹的方程.

(11) 设直线 L 过 $A(1,0,0), B(0,1,1)$ 两点, 将 L 绕 z 轴旋转一周得到曲面 Σ, 求曲面 Σ 的方程.

(12) 椭球面 S_1 是椭圆 $\frac{x^2}{4}+\frac{y^2}{3}=1$ 绕 x 轴旋转而成, 圆锥面 S_2 是由过点 $(4,0)$ 且与椭圆 $\frac{x^2}{4}+\frac{y^2}{3}=1$ 相切的直线绕 x 轴旋转而成的. 求 S_1 与 S_2 的方程.

4. 证明题:

(1) 设 $\overrightarrow{AD}, \overrightarrow{BE}, \overrightarrow{CF}$ 分别为三角形的 BC, AC, AB 边上的中线, 证明

$$\overrightarrow{AD}+\overrightarrow{BE}+\overrightarrow{CF}=\mathbf{0}.$$

(2) 设 a, b, c 为一平面在坐标轴上的截距, d 为原点到该平面的距离, 证明

$$\frac{1}{a^2}+\frac{1}{b^2}+\frac{1}{c^2}=\frac{1}{d^2}.$$

附录 I　基本初等函数的图形及其主要性质

<table>
<tr><td>函数</td><td>幂函数
$y=x^{\mu}$(μ 是常数)</td><td>指数函数
$y=a^{x}$(a 是常数, $a>0, a\neq 1$)</td></tr>
<tr><td>图形</td><td>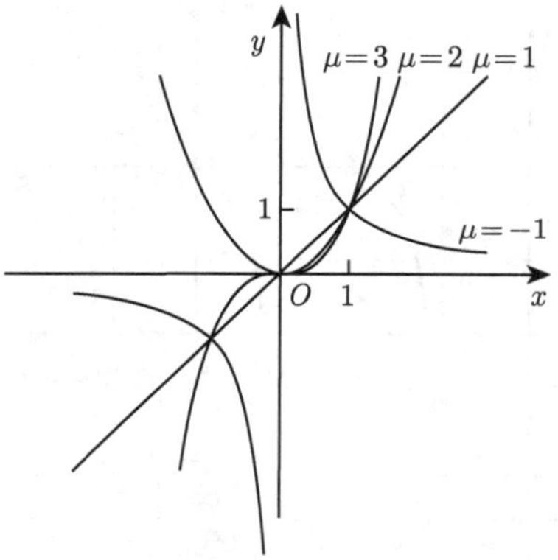
</td><td>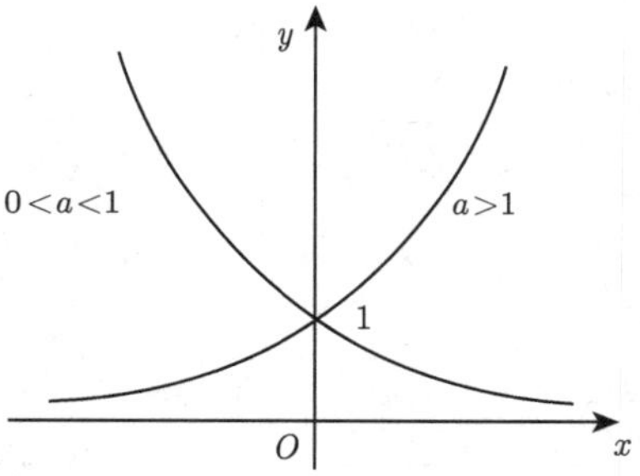
</td></tr>
<tr><td>定义域</td><td>随 μ 不同而不同, 但不论 μ 取什么值, x^{μ} 在 $(0,+\infty)$ 内总有定义</td><td>$(-\infty,+\infty)$</td></tr>
<tr><td>值域</td><td>随 μ 不同而不同</td><td>$(0,+\infty)$</td></tr>
<tr><td>主要性质</td><td>若 $\mu>0$, x^{μ} 在 $(0,+\infty)$ 内单调增加;
若 $\mu<0$, x^{μ} 在 $(0,+\infty)$ 内单调减少</td><td>$a^{0}=1$.
若 $a>1$, a^{x} 单调增加;
若 $0<a<1$, a^{x} 单调减少;
直线 $y=0$ 为函数图形的水平渐近线</td></tr>
</table>

<table>
<tr><td>函数</td><td>对数函数
$y=\log_{a}x$ (a 是常数, $a>0, a\neq 1$)</td><td>正弦函数
$y=\sin x$</td></tr>
<tr><td>图形</td><td>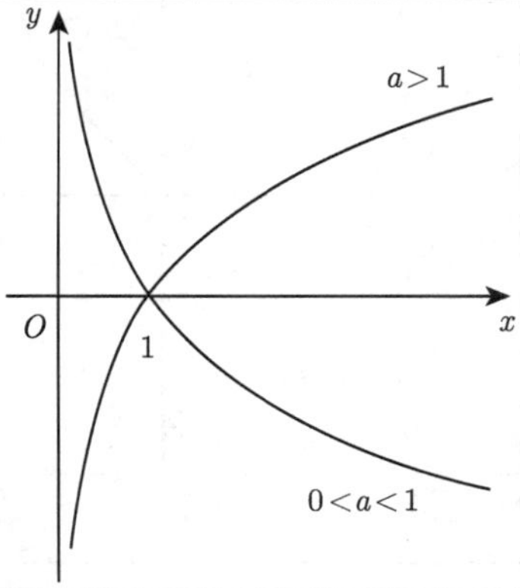
</td><td>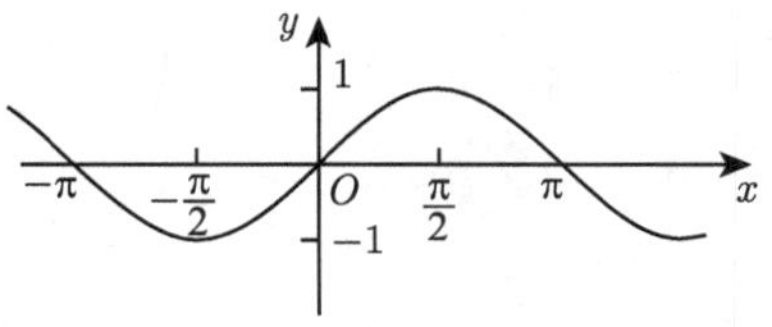
</td></tr>
<tr><td>定义域</td><td>$(0,+\infty)$</td><td>$(-\infty,+\infty)$</td></tr>
</table>

续表

函数	对数函数 $y=\log_a x$ (a 是常数, $a>0, a\neq 1$)	正弦函数 $y=\sin x$
值域	$(-\infty,+\infty)$	$[-1,1]$
主要性质	$\log_a 1=0$. 若 $a>1$, $\log_a x$ 单调增加; 若 $0<a<1$, $\log_a x$ 单调减少; 直线 $x=0$ 为函数图形的铅直线渐近线	以 2π 为周期的周期函数. 在 $\left[-\frac{\pi}{2},\frac{\pi}{2}\right]$ 上单调增加. 奇函数
函数	余弦函数 $y=\cos x$	正切函数 $y=\tan x$
图形	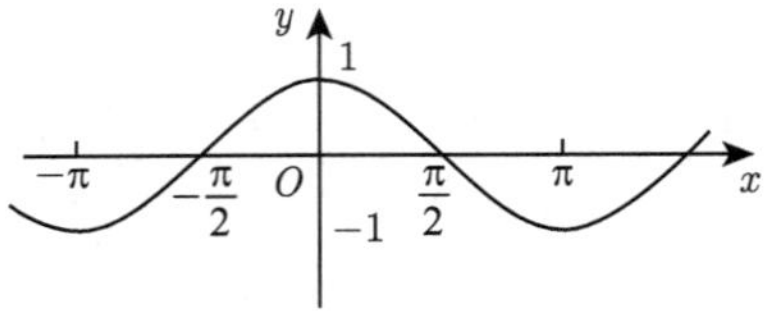	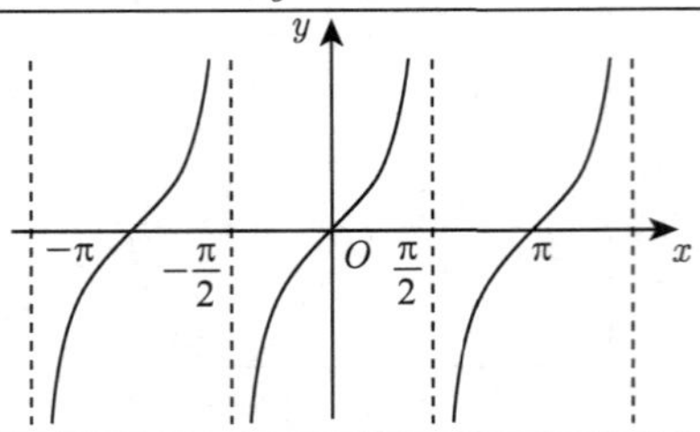
定义域	$(-\infty,+\infty)$	$(2n-1)\frac{\pi}{2}<x<(2n+1)\frac{\pi}{2}$ $(n=0,\pm1,\pm2,\cdots)$
值域	$[-1,1]$	$(-\infty,+\infty)$
主要性质	以 2π 为周期的周期函数 在 $[0,\pi]$ 上单调减少. 偶函数	以 π 为周期的周期函数. 在 $\left(-\frac{\pi}{2},\frac{\pi}{2}\right)$ 上单调增加. 奇函数. 直线 $x=(2n+1)\frac{\pi}{2}$ 为函数图形的铅直线渐近线 $(n=0,\pm1,\pm2,\cdots)$
函数	余切函数 $y=\cot x$	反正弦函数 $y=\arcsin x$
图形	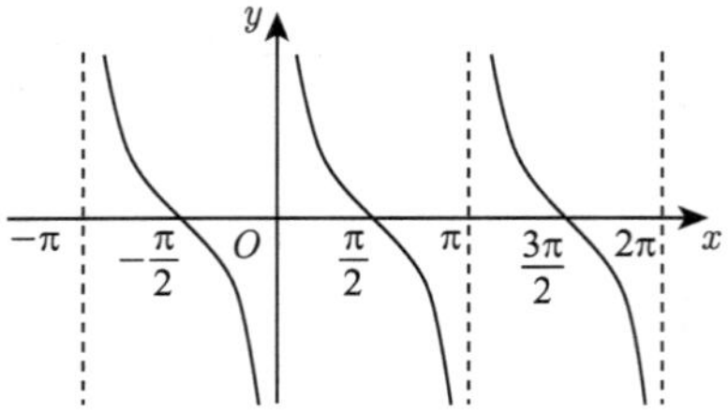	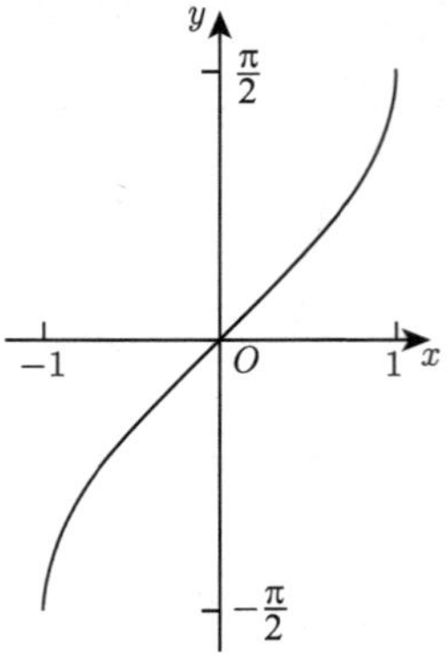
定义域	$n\pi<x<(n+1)\pi$ $(n=0,\pm1,\pm2,\cdots)$	$[-1,1]$

续表

函数	余切函数 $y=\cot x$	反正弦函数 $y=\arcsin x$
值域	$(-\infty,+\infty)$	$\left[-\dfrac{\pi}{2},\dfrac{\pi}{2}\right]$
主要性质	以 π 为周期的周期函数. 在 $(0,\pi)$ 上单调减少. 奇函数. 直线 $x=n\pi$ 为函数图形的铅直线渐近线 $(n=0,\pm1,\pm2,\cdots)$	单调增加. 奇函数

函数	反余弦函数 $y=\arccos x$	反正切函数 $y=\arctan x$
图形	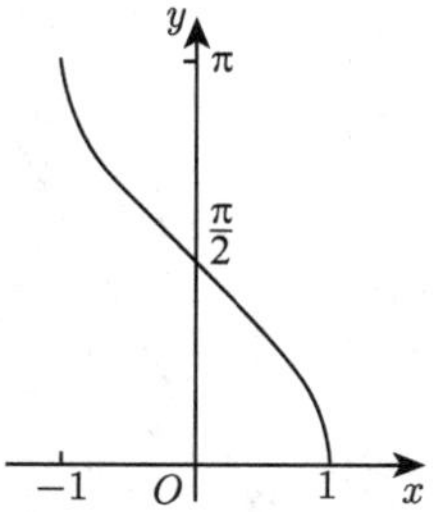	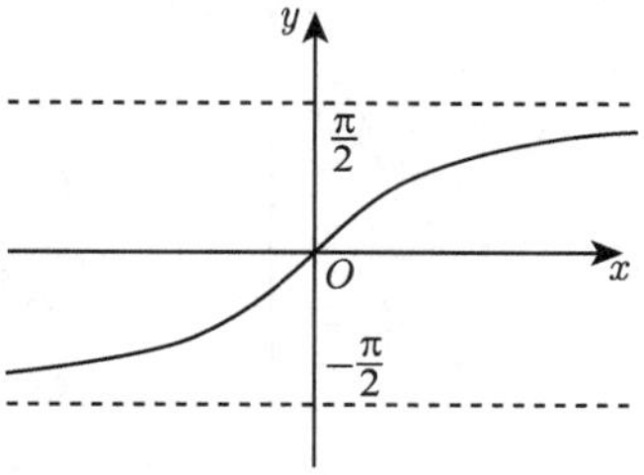
定义域	$[-1,1]$	$(-\infty,+\infty)$
值域	$[0,\pi]$	$\left(-\dfrac{\pi}{2},\dfrac{\pi}{2}\right)$
主要性质	单调减少	单调增加. 奇函数. 直线 $y=-\dfrac{\pi}{2}$ 及 $y=\dfrac{\pi}{2}$ 为函数图形的水平渐近线

函数	反余切函数 $y=\operatorname{arccot} x$
图形	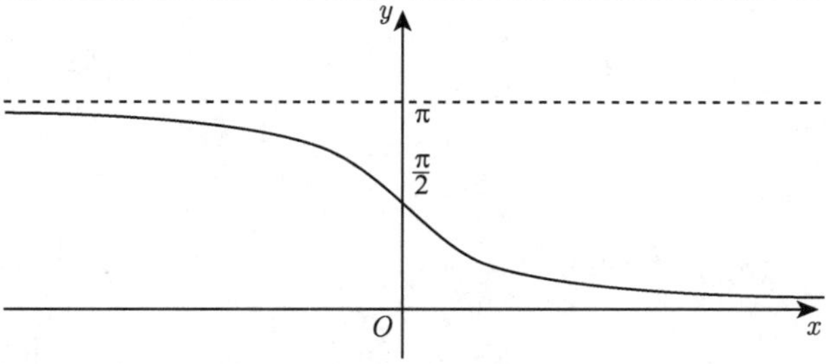
定义域	$(-\infty,+\infty)$
值域	$(0,\pi)$
主要性质	单调减少. 直线 $y=0$ 及 $y=\pi$ 为函数图形的水平渐近线

附录 II　几种常见的曲线

(1) 三次抛物线

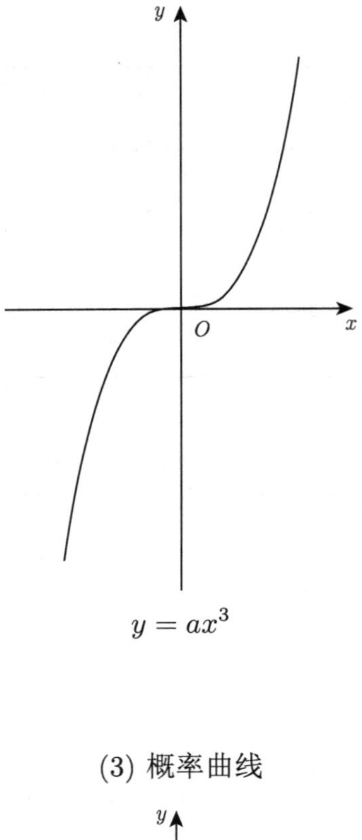

$y = ax^3$

(2) 半立方抛物线

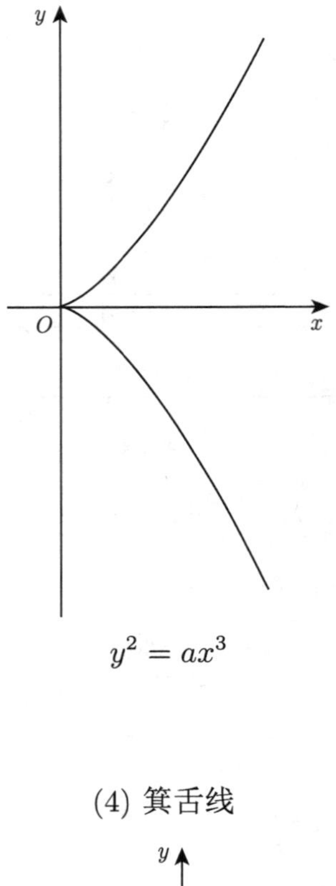

$y^2 = ax^3$

(3) 概率曲线

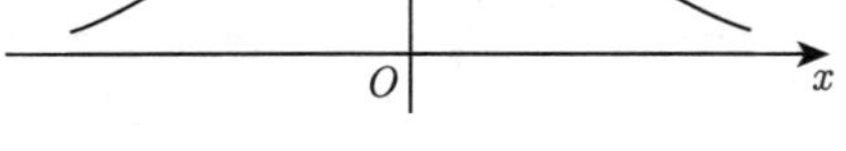

$y = \mathrm{e}^{-x^2}$

(4) 箕舌线

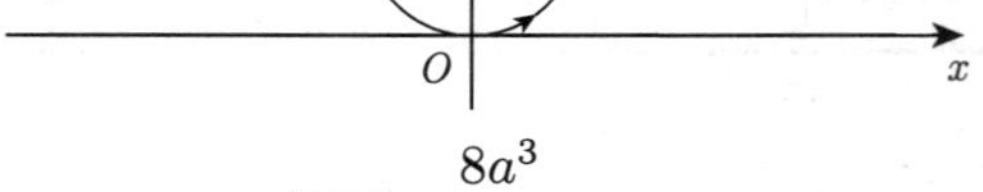

$$y = \frac{8a^3}{x^2 + 4a^2}$$

(5) 蔓叶线

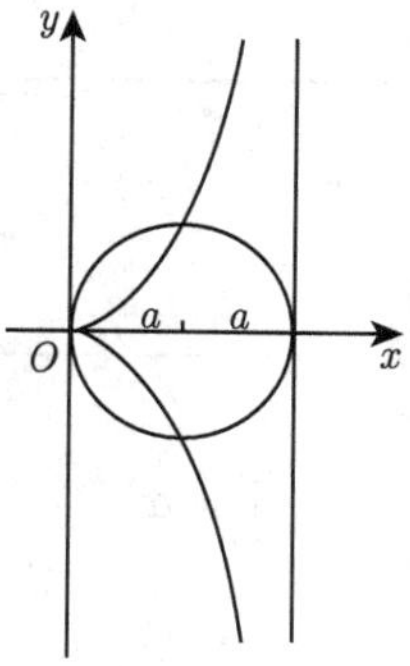

$$y^2(2a-x)=x^3$$

(6) 笛卡儿叶形线

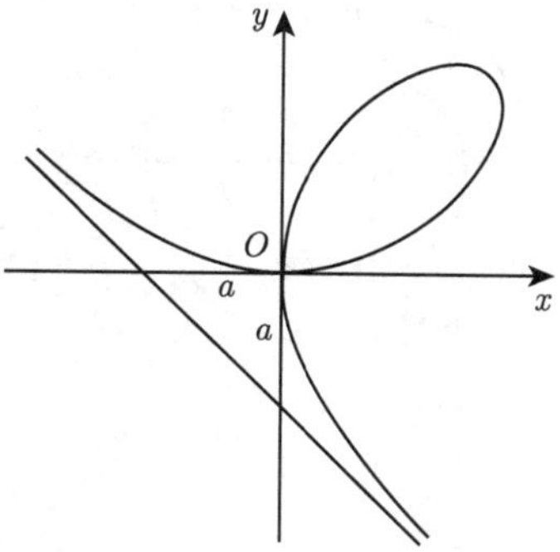

$$x^3+y^3-3axy=0,$$
$$x=\frac{3at}{1+t^3};\quad y=\frac{3at^2}{1+t^3}$$

(7) 星形线 (内摆线的一种)

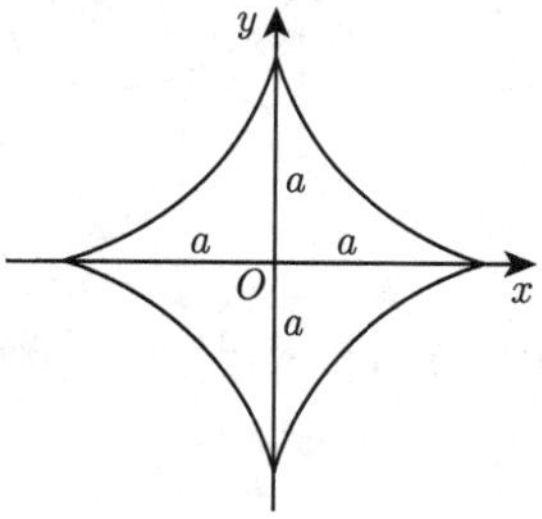

$$x^{\frac{2}{3}}+y^{\frac{2}{3}}=a^{\frac{2}{3}}$$
$$\begin{cases}x=a\cos^3\theta,\\ y=a\sin^3\theta\end{cases}$$

(8) 摆线

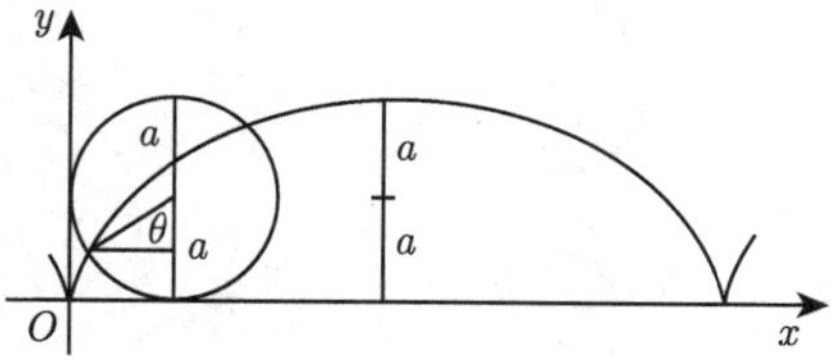

$$\begin{cases}x=a(\theta-\sin\theta),\\ y=a(1-\cos\theta)\end{cases}$$

(9) 心形线 (外摆线的一种)

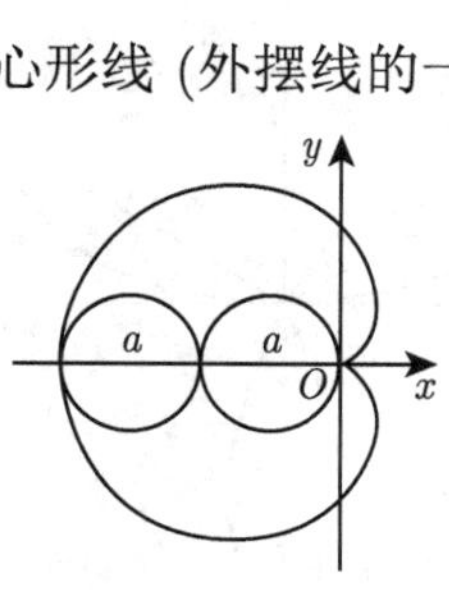

$$x^2+y^2+ax=a\sqrt{x^2+y^2}.$$
$$r=a(1-\cos\theta)$$

(10) 阿基米德螺线

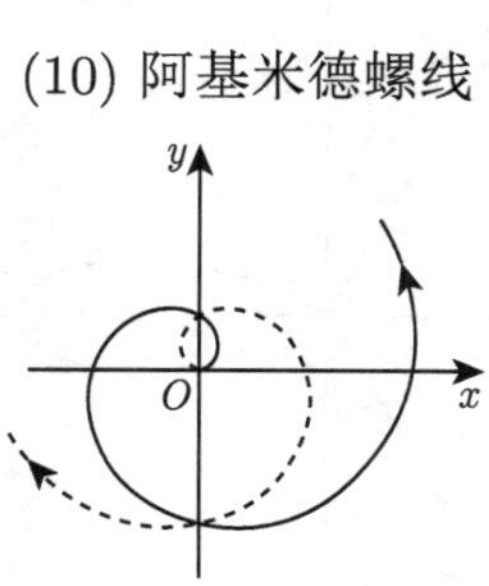

$$r=a\theta$$

(11) 对数螺线

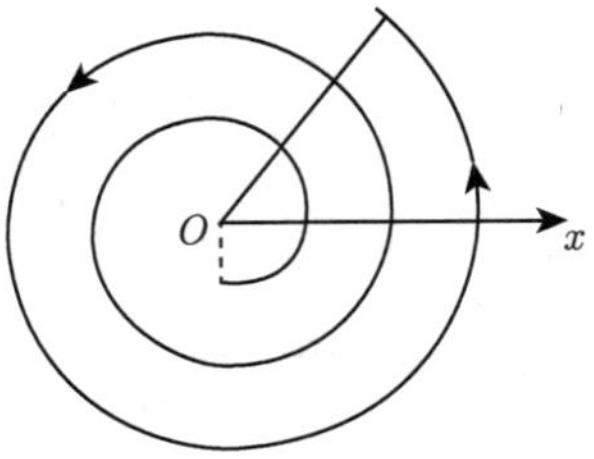

$r = \mathrm{e}^{a\theta}$

(12) 双曲螺线

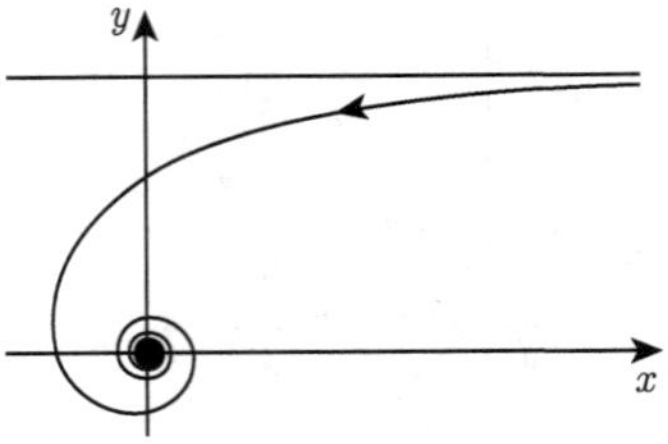

$r\theta = a$

(13) 伯努利双纽线 (1)

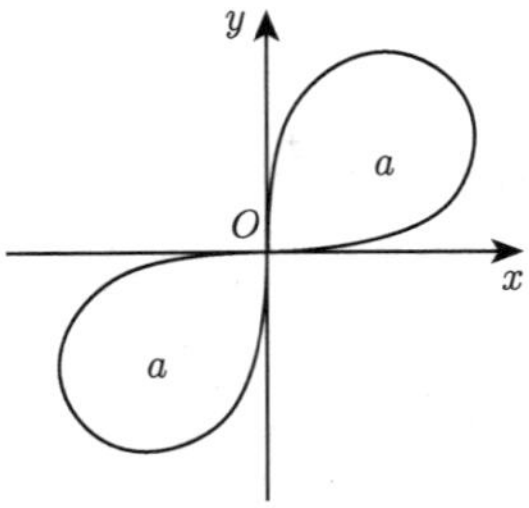

$(x^2 + y^2)^2 = 2a^2xy$

$r^2 = a^2 \sin 2\theta$

(14) 伯努利双纽线 (2)

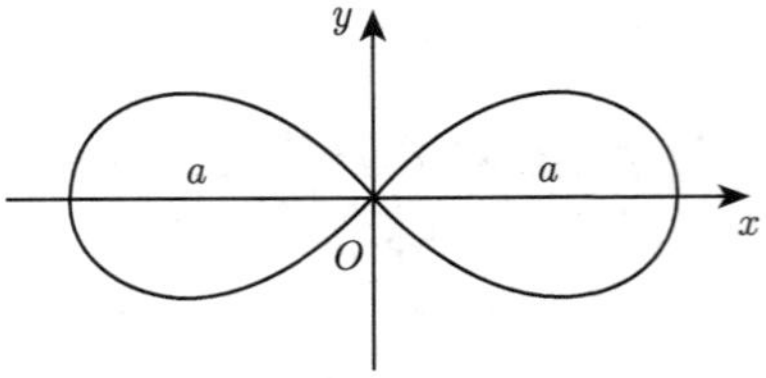

$(x^2 + y^2)^2 = a^2(x^2 - y^2)$

$r^2 = a^2 \cos 2\theta$

(15) 三叶玫瑰线

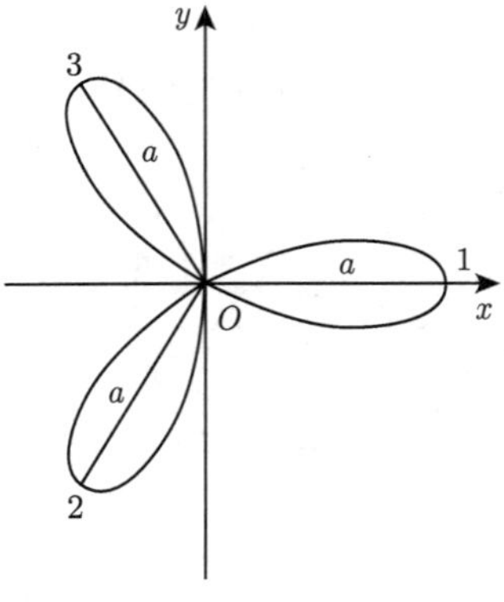

$r = a \cos 3\theta$

(16) 三叶玫瑰线

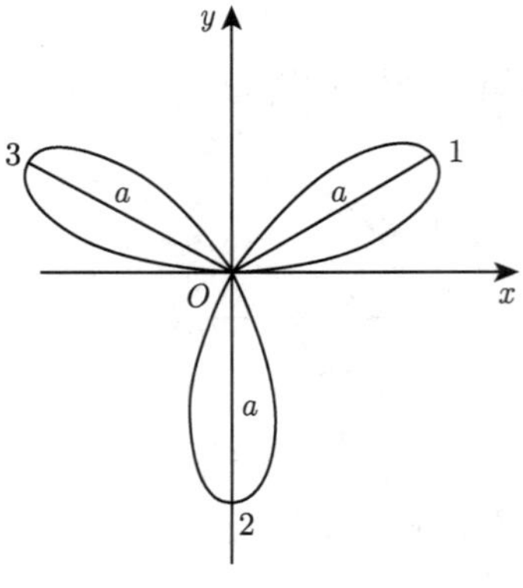

$r = a \sin 3\theta$

(17) 四叶玫瑰线

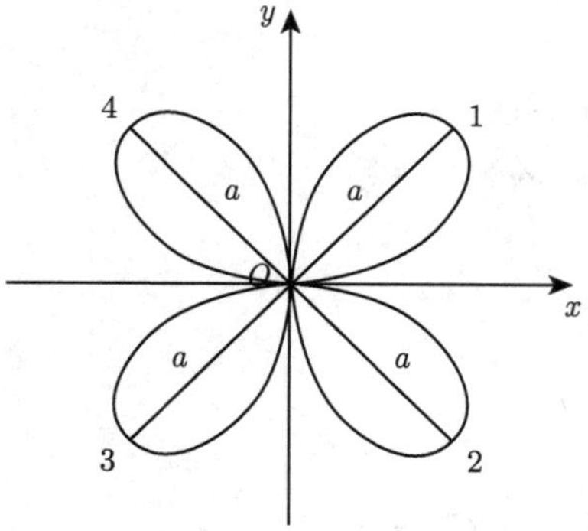

$r = a\sin 2\theta$

(18) 四叶玫瑰线

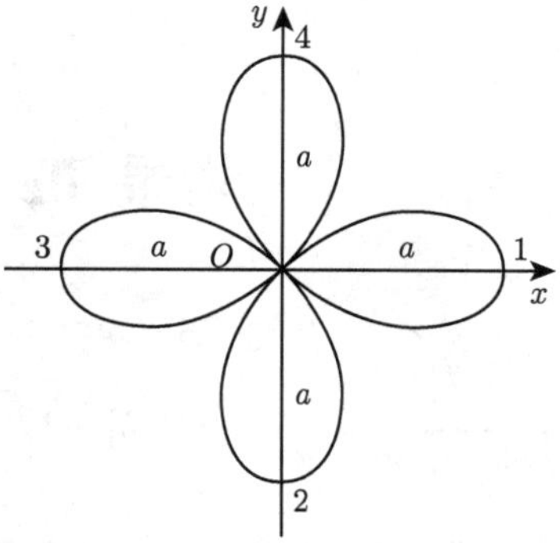

$r = a\cos 2\theta$

附录 III 积 分 表

(一) 含有 $ax+b$ 的积分

1. $\displaystyle\int \frac{\mathrm{d}x}{ax+b}=\frac{1}{a}\ln|ax+b|+C.$

2. $\displaystyle\int (ax+b)^{\mu}\,\mathrm{d}x=\frac{1}{a(\mu+1)}(ax+b)^{\mu+1}+C\ \ (\mu\neq-1).$

3. $\displaystyle\int \frac{x}{ax+b}\mathrm{d}x=\frac{1}{a^2}(ax+b-b\ln|ax+b|)+C.$

4. $\displaystyle\int \frac{x^2}{ax+b}\mathrm{d}x=\frac{1}{a^3}\left[\frac{1}{2}(ax+b)^2-2b(ax+b)+b^2\ln|ax+b|\right]+C.$

5. $\displaystyle\int \frac{\mathrm{d}x}{x(ax+b)}=-\frac{1}{b}\ln\left|\frac{ax+b}{x}\right|+C.$

6. $\displaystyle\int \frac{\mathrm{d}x}{x^2(ax+b)}=-\frac{1}{bx}+\frac{a}{b^2}\ln\left|\frac{ax+b}{x}\right|+C.$

7. $\displaystyle\int \frac{x}{(ax+b)^2}\mathrm{d}x=\frac{1}{a^2}\left(\ln|ax+b|+\frac{b}{ax+b}\right)+C.$

8. $\displaystyle\int \frac{x^2}{(ax+b)^2}\mathrm{d}x=\frac{1}{a^3}\left(ax+b-2b\ln|ax+b|-\frac{b^2}{ax+b}\right)+C.$

9. $\displaystyle\int \frac{\mathrm{d}x}{x(ax+b)^2}=\frac{1}{b(ax+b)}-\frac{1}{b^2}\ln\left|\frac{ax+b}{x}\right|+C.$

(二) 含有 $\sqrt{ax+b}$ 的积分

10. $\displaystyle\int \sqrt{ax+b}\,\mathrm{d}x=\frac{2}{3a}\sqrt{(ax+b)^3}+C.$

11. $\displaystyle\int x\sqrt{ax+b}\,\mathrm{d}x=\frac{2}{15a^2}(3ax-2b)\sqrt{(ax+b)^3}+C.$

12. $\displaystyle\int x^2\sqrt{ax+b}\,\mathrm{d}x=\frac{2}{105a^3}(15a^2x^2-12abx+8b^2)\sqrt{(ax+b)^3}+C.$

13. $\displaystyle\int \frac{x}{\sqrt{ax+b}}\mathrm{d}x=\frac{2}{3a^2}(ax-2b)\sqrt{ax+b}+C.$

14. $\displaystyle\int \frac{x^2}{\sqrt{ax+b}}\mathrm{d}x=\frac{2}{15a^3}(3a^2x^2-4abx+8b^2)\sqrt{ax+b}+C.$

15. $\displaystyle\int \frac{\mathrm{d}x}{x\sqrt{ax+b}} = \begin{cases} \dfrac{1}{\sqrt{b}}\ln\left|\dfrac{\sqrt{ax+b}-\sqrt{b}}{\sqrt{ax+b}+\sqrt{b}}\right| + C \ (b>0), \\ \dfrac{2}{\sqrt{-b}}\arctan\sqrt{\dfrac{ax+b}{-b}} + C \ (b<0). \end{cases}$

16. $\displaystyle\int \frac{\mathrm{d}x}{x^2\sqrt{ax+b}} = -\frac{\sqrt{ax+b}}{bx} - \frac{a}{2b}\int \frac{\mathrm{d}x}{x\sqrt{ax+b}}.$

17. $\displaystyle\int \frac{\sqrt{ax+b}}{x}\mathrm{d}x = 2\sqrt{ax+b} + b\int \frac{\mathrm{d}x}{x\sqrt{ax+b}}.$

18. $\displaystyle\int \frac{\sqrt{ax+b}}{x^2}\mathrm{d}x = -\frac{\sqrt{ax+b}}{x} + \frac{a}{2}\int \frac{\mathrm{d}x}{x\sqrt{ax+b}}.$

(三) 含有 $x^2 \pm a^2$ 的积分

19. $\displaystyle\int \frac{\mathrm{d}x}{x^2+a^2} = \frac{1}{a}\arctan\frac{x}{a} + C.$

20. $\displaystyle\int \frac{\mathrm{d}x}{(x^2+a^2)^n} = \frac{x}{2(n-1)a^2(x^2+a^2)^{n-1}} + \frac{2n-3}{2(n-1)a^2}\int \frac{\mathrm{d}x}{(x^2+a^2)^{n-1}}.$

21. $\displaystyle\int \frac{\mathrm{d}x}{x^2-a^2} = \frac{1}{2a}\ln\left|\frac{x-a}{x+a}\right| + C.$

(四) 含有 $ax^2+b\ (a>0)$ 的积分

22. $\displaystyle\int \frac{\mathrm{d}x}{ax^2+b} = \begin{cases} \dfrac{1}{\sqrt{ab}}\arctan\sqrt{\dfrac{a}{b}}x + C \quad (b>0), \\ \dfrac{1}{2\sqrt{-ab}}\ln\left|\dfrac{\sqrt{a}x-\sqrt{-b}}{\sqrt{a}x+\sqrt{-b}}\right| + C \quad (b<0). \end{cases}$

23. $\displaystyle\int \frac{x}{ax^2+b}\mathrm{d}x = \frac{1}{2a}\ln|ax^2+b| + C.$

24. $\displaystyle\int \frac{x^2}{ax^2+b}\mathrm{d}x = \frac{x}{a} - \frac{b}{a}\int \frac{\mathrm{d}x}{ax^2+b}.$

25. $\displaystyle\int \frac{\mathrm{d}x}{x(ax^2+b)} = \frac{1}{2b}\ln\frac{x^2}{|ax^2+b|} + C.$

26. $\displaystyle\int \frac{\mathrm{d}x}{x^2(ax^2+b)} = -\frac{1}{bx} - \frac{a}{b}\int \frac{\mathrm{d}x}{ax^2+b}.$

27. $\displaystyle\int \frac{\mathrm{d}x}{x^3(ax^2+b)} = \frac{a}{2b^2}\ln\frac{|ax^2+b|}{x^2} - \frac{1}{2bx^2} + C.$

28. $\displaystyle\int \frac{\mathrm{d}x}{(ax^2+b)^2} = \frac{x}{2b(ax^2+b)} + \frac{1}{2b}\int \frac{\mathrm{d}x}{ax^2+b}.$

(五) 含有 $ax^2+bx+c\ (a>0)$ 的积分

29. $\displaystyle\int\frac{\mathrm{d}x}{ax^2+bx+c}=\begin{cases}\dfrac{2}{\sqrt{4ac-b^2}}\arctan\dfrac{2ax+b}{\sqrt{4ac-b^2}}+C\ (b^2<4ac),\\[2ex]\dfrac{1}{\sqrt{b^2-4ac}}\ln\left|\dfrac{2ax+b-\sqrt{b^2-4ac}}{2ax+b+\sqrt{b^2-4ac}}\right|+C\ (b^2>4ac).\end{cases}$

30. $\displaystyle\int\frac{x}{ax^2+bx+c}\mathrm{d}x=\frac{1}{2a}\ln|ax^2+bx+c|-\frac{b}{2a}\int\frac{\mathrm{d}x}{ax^2+bx+c}.$

(六) 含有 $\sqrt{x^2+a^2}\ (a>0)$ 的积分

31. $\displaystyle\int\frac{\mathrm{d}x}{\sqrt{x^2+a^2}}=\operatorname{arsh}\frac{x}{a}+C_1=\ln(x+\sqrt{x^2+a^2})+C.$

32. $\displaystyle\int\frac{\mathrm{d}x}{\sqrt{(x^2+a^2)^3}}=\frac{x}{a^2\sqrt{x^2+a^2}}+C.$

33. $\displaystyle\int\frac{x}{\sqrt{x^2+a^2}}\mathrm{d}x=\sqrt{x^2+a^2}+C.$

34. $\displaystyle\int\frac{x}{\sqrt{(x^2+a^2)^3}}\mathrm{d}x=-\frac{1}{\sqrt{x^2+a^2}}+C.$

35. $\displaystyle\int\frac{x^2}{\sqrt{x^2+a^2}}\mathrm{d}x=\frac{x}{2}\sqrt{x^2+a^2}-\frac{a^2}{2}\ln(x+\sqrt{x^2+a^2})+C.$

36. $\displaystyle\int\frac{x^2}{\sqrt{(x^2+a^2)^3}}\mathrm{d}x=-\frac{x}{\sqrt{x^2+a^2}}+\ln(x+\sqrt{x^2+a^2})+C.$

37. $\displaystyle\int\frac{\mathrm{d}x}{x\sqrt{x^2+a^2}}=\frac{1}{a}\ln\frac{\sqrt{x^2+a^2}-a}{|x|}+C.$

38. $\displaystyle\int\frac{\mathrm{d}x}{x^2\sqrt{x^2+a^2}}=-\frac{\sqrt{x^2+a^2}}{a^2x}+C.$

39. $\displaystyle\int\sqrt{x^2+a^2}\mathrm{d}x=\frac{x}{2}\sqrt{x^2+a^2}+\frac{a^2}{2}\ln(x+\sqrt{x^2+a^2})+C.$

40. $\displaystyle\int\sqrt{(x^2+a^2)^3}\mathrm{d}x=\frac{x}{8}\left(2x^2+5a^2\right)\sqrt{x^2+a^2}+\frac{3}{8}a^4\ln(x+\sqrt{x^2+a^2})+C.$

41. $\displaystyle\int x\sqrt{x^2+a^2}\mathrm{d}x=\frac{1}{3}\sqrt{(x^2+a^2)^3}+C.$

42. $\displaystyle\int x^2\sqrt{x^2+a^2}\mathrm{d}x=\frac{x}{8}\left(2x^2+a^2\right)\sqrt{x^2+a^2}-\frac{a^4}{8}\ln\left(x+\sqrt{x^2+a^2}\right)+C.$

43. $\displaystyle\int\frac{\sqrt{x^2+a^2}}{x}\mathrm{d}x=\sqrt{x^2+a^2}+a\ln\frac{\sqrt{x^2+a^2}-a}{|x|}+C.$

44. $\displaystyle\int\frac{\sqrt{x^2+a^2}}{x^2}\mathrm{d}x=-\frac{\sqrt{x^2+a^2}}{x}+\ln\left(x+\sqrt{x^2+a^2}\right)+C.$

(七) 含有 $\sqrt{x^2-a^2}$ $(a>0)$ 的积分

45. $\displaystyle\int \frac{\mathrm{d}x}{\sqrt{x^2-a^2}} = \frac{x}{|x|}\operatorname{arch}\frac{|x|}{a} + C_1 = \ln|x+\sqrt{x^2-a^2}| + C.$

46. $\displaystyle\int \frac{\mathrm{d}x}{\sqrt{(x^2-a^2)^3}} = -\frac{x}{a^2\sqrt{x^2-a^2}} + C.$

47. $\displaystyle\int \frac{x}{\sqrt{x^2-a^2}}\mathrm{d}x = \sqrt{x^2-a^2} + C.$

48. $\displaystyle\int \frac{x}{\sqrt{(x^2-a^2)^3}}\mathrm{d}x = -\frac{1}{\sqrt{x^2-a^2}} + C.$

49. $\displaystyle\int \frac{x^2}{\sqrt{x^2-a^2}}\mathrm{d}x = \frac{x}{2}\sqrt{x^2-a^2} + \frac{a^2}{2}\ln|x+\sqrt{x^2-a^2}| + C.$

50. $\displaystyle\int \frac{x^2}{\sqrt{(x^2-a^2)^3}}\mathrm{d}x = -\frac{x}{\sqrt{x^2-a^2}} + \ln|x+\sqrt{x^2-a^2}| + C.$

51. $\displaystyle\int \frac{\mathrm{d}x}{x\sqrt{x^2-a^2}} = \frac{1}{a}\arccos\frac{a}{|x|} + C.$

52. $\displaystyle\int \frac{\mathrm{d}x}{x^2\sqrt{x^2-a^2}} = \frac{\sqrt{x^2-a^2}}{a^2x} + C.$

53. $\displaystyle\int \sqrt{x^2-a^2}\,\mathrm{d}x = \frac{x}{2}\sqrt{x^2-a^2} - \frac{a^2}{2}\ln|x+\sqrt{x^2-a^2}| + C.$

54. $\displaystyle\int \sqrt{(x^2-a^2)^3}\,\mathrm{d}x = \frac{x}{8}\left(2x^2-5a^2\right)\sqrt{x^2-a^2} + \frac{3}{8}a^4\ln|x+\sqrt{x^2-a^2}| + C.$

55. $\displaystyle\int x\sqrt{x^2-a^2}\,\mathrm{d}x = \frac{1}{3}\sqrt{(x^2-a^2)^3} + C.$

56. $\displaystyle\int x^2\sqrt{x^2-a^2}\,\mathrm{d}x = \frac{x}{8}(2x^2-a^2)\sqrt{x^2-a^2} - \frac{a^4}{8}\ln|x+\sqrt{x^2-a^2}| + C.$

57. $\displaystyle\int \frac{\sqrt{x^2-a^2}}{x}\mathrm{d}x = \sqrt{x^2-a^2} - a\arccos\frac{a}{|x|} + C.$

58. $\displaystyle\int \frac{\sqrt{x^2-a^2}}{x^2}\mathrm{d}x = -\frac{\sqrt{x^2-a^2}}{x} + \ln|x+\sqrt{x^2-a^2}| + C.$

(八) 含有 $\sqrt{a^2-x^2}$ $(a>0)$ 的积分

59. $\displaystyle\int \frac{\mathrm{d}x}{\sqrt{a^2-x^2}} = \arcsin\frac{x}{a} + C.$

60. $\displaystyle\int \frac{\mathrm{d}x}{\sqrt{(a^2-x^2)^3}} = \frac{x}{a^2\sqrt{a^2-x^2}} + C.$

61. $\displaystyle\int \frac{x}{\sqrt{a^2-x^2}}\mathrm{d}x = -\sqrt{a^2-x^2} + C.$

62. $\int \frac{x}{\sqrt{(a^2-x^2)^3}}\mathrm{d}x = \frac{1}{\sqrt{a^2-x^2}} + C.$

63. $\int \frac{x^2}{\sqrt{a^2-x^2}}\mathrm{d}x = -\frac{x}{2}\sqrt{a^2-x^2} + \frac{a^2}{2}\arcsin\frac{x}{a} + C.$

64. $\int \frac{x^2}{\sqrt{(a^2-x^2)^3}}\mathrm{d}x = \frac{x}{\sqrt{a^2-x^2}} - \arcsin\frac{x}{a} + C.$

65. $\int \frac{\mathrm{d}x}{x\sqrt{a^2-x^2}} = \frac{1}{a}\ln\frac{a-\sqrt{a^2-x^2}}{|x|} + C.$

66. $\int \frac{\mathrm{d}x}{x^2\sqrt{a^2-x^2}} = -\frac{\sqrt{a^2-x^2}}{a^2x} + C.$

67. $\int \sqrt{a^2-x^2}\mathrm{d}x = \frac{x}{2}\sqrt{a^2-x^2} + \frac{a^2}{2}\arcsin\frac{x}{a} + C.$

68. $\int \sqrt{(a^2-x^2)^3}\mathrm{d}x = \frac{x}{8}\left(5a^2-2x^2\right)\sqrt{a^2-x^2} + \frac{3}{8}a^4\arcsin\frac{x}{a} + C.$

69. $\int x\sqrt{a^2-x^2}\mathrm{d}x = -\frac{1}{3}\sqrt{(a^2-x^2)^3} + C.$

70. $\int x^2\sqrt{a^2-x^2}\mathrm{d}x = \frac{x}{8}(2x^2-a^2)\sqrt{a^2-x^2} + \frac{a^4}{8}\arcsin\frac{x}{a} + C.$

71. $\int \frac{\sqrt{a^2-x^2}}{x}\mathrm{d}x = \sqrt{a^2-x^2} + a\ln\frac{a-\sqrt{a^2-x^2}}{|x|} + C.$

72. $\int \frac{\sqrt{a^2-x^2}}{x^2}\mathrm{d}x = -\frac{\sqrt{a^2-x^2}}{x} - \arcsin\frac{x}{a} + C.$

(九) 含有 $\sqrt{\pm ax^2+bx+c}$ $(a>0)$ 的积分

73. $\int \frac{\mathrm{d}x}{\sqrt{ax^2+bx+c}} = \frac{1}{\sqrt{a}}\ln|\,2ax+b+2\sqrt{a}\sqrt{ax^2+bx+c}\,| + C.$

74. $$\int \sqrt{ax^2+bx+c}\mathrm{d}x = \frac{2ax+b}{4a}\sqrt{ax^2+bx+c} + \frac{4ac-b^2}{8\sqrt{a^3}}\ln|2ax+b+2\sqrt{a}\sqrt{ax^2+bx+c}| + C.$$

75. $$\int \frac{x}{\sqrt{ax^2+bx+c}}\mathrm{d}x = \frac{1}{a}\sqrt{ax^2+bx+c} - \frac{b}{2\sqrt{a^3}}\ln|\,2ax+b+2\sqrt{a}\sqrt{ax^2+bx+c}\,| + C.$$

76. $\int \frac{\mathrm{d}x}{\sqrt{c+bx-ax^2}} = \frac{1}{\sqrt{a}}\arcsin\frac{2ax-b}{\sqrt{b^2+4ac}} + C.$

77. $\int \sqrt{c+bx-ax^2}\mathrm{d}x = \frac{2ax-b}{4a}\sqrt{c+bx-ax^2}$

$+\frac{b^2+4ac}{8\sqrt{a^3}}\arcsin\frac{2ax-b}{\sqrt{b^2+4ac}}+C.$

78. $\int \frac{x}{\sqrt{c+bx-ax^2}}\mathrm{d}x = -\frac{1}{a}\sqrt{c+bx-ax^2}+\frac{b}{2\sqrt{a^3}}\arcsin\frac{2ax-b}{\sqrt{b^2+4ac}}+C.$

(十) 含有 $\sqrt{\pm\frac{x-a}{x-b}}$ 或 $\sqrt{(x-a)(b-x)}$ 的积分

79. $\int \sqrt{\frac{x-a}{x-b}}\mathrm{d}x = (x-b)\sqrt{\frac{x-a}{x-b}}+(b-a)\ln(\sqrt{|x-a|}+\sqrt{|x-b|})+C.$

80. $\int \sqrt{\frac{x-a}{b-x}}\mathrm{d}x = (x-b)\sqrt{\frac{x-a}{b-x}}+(b-a)\arcsin\sqrt{\frac{x-a}{b-a}}+C.$

81. $\int \frac{\mathrm{d}x}{\sqrt{(x-a)(b-x)}} = 2\arcsin\sqrt{\frac{x-a}{b-a}}+C\ (a<b).$

82. $\int \sqrt{(x-a)(b-x)}\mathrm{d}x = \frac{2x-a-b}{4}\sqrt{(x-a)(b-x)}$

$+\frac{(b-a)^2}{4}\arcsin\sqrt{\frac{x-a}{b-a}}+C\ \ (a<b).$

(十一) 含有三角函数的积分

83. $\int \sin x\mathrm{d}x = -\cos x+C.$

84. $\int \cos x\mathrm{d}x = \sin x+C.$

85. $\int \tan x\mathrm{d}x = -\ln|\cos x|+C.$

86. $\int \cot x\mathrm{d}x = \ln|\sin x|+C.$

87. $\int \sec x\mathrm{d}x = \ln\left|\tan\left(\frac{\pi}{4}+\frac{x}{2}\right)\right|+C = \ln|\sec x+\tan x|+C.$

88. $\int \csc x\mathrm{d}x = \ln\left|\tan\frac{x}{2}\right|+C = \ln|\csc x-\cot x|+C.$

89. $\int \sec^2 x\mathrm{d}x = \tan x+C.$

90. $\int \csc^2 x\mathrm{d}x = -\cot x+C.$

91. $\int \sec x\tan x\mathrm{d}x = \sec x+C.$

92. $\int \csc x \cot x \mathrm{d}x = -\csc x + C.$

93. $\int \sin^2 x \mathrm{d}x = \frac{x}{2} - \frac{1}{4}\sin 2x + C.$

94. $\int \cos^2 x \mathrm{d}x = \frac{x}{2} + \frac{1}{4}\sin 2x + C.$

95. $\int \sin^n x \mathrm{d}x = -\frac{1}{n}\sin^{n-1} x \cos x + \frac{n-1}{n}\int \sin^{n-2} x \mathrm{d}x.$

96. $\int \cos^n x \mathrm{d}x = \frac{1}{n}\cos^{n-1} x\sin x + \frac{n-1}{n}\int \cos^{n-2} x \mathrm{d}x.$

97. $\int \frac{\mathrm{d}x}{\sin^n x} = -\frac{1}{n-1}\cdot\frac{\cos x}{\sin^{n-1} x} + \frac{n-2}{n-1}\int \frac{\mathrm{d}x}{\sin^{n-2} x}.$

98. $\int \frac{\mathrm{d}x}{\cos^n x} = \frac{1}{n-1}\cdot\frac{\sin x}{\cos^{n-1} x} + \frac{n-2}{n-1}\int \frac{\mathrm{d}x}{\cos^{n-2} x}.$

99. $$\begin{aligned}\int \cos^m x \sin^n x \mathrm{d}x &= \frac{1}{m+n}\cos^{m-1} x\sin^{n+1} x + \frac{m-1}{m+n}\int \cos^{m-2} x\sin^n x\mathrm{d}x \\ &= -\frac{1}{m+n}\cos^{m+1} x \sin^{n-1} x \\ &\quad + \frac{n-1}{m+n}\int \cos^m x \sin^{n-2} x \mathrm{d}x.\end{aligned}$$

100. $\int \sin ax \cos bx \mathrm{d}x = -\frac{1}{2(a+b)}\cos(a+b)x - \frac{1}{2(a-b)}\cos(a-b)x + C.$

101. $\int \sin ax \sin bx \mathrm{d}x = -\frac{1}{2(a+b)}\sin(a+b)x + \frac{1}{2(a-b)}\sin(a-b)x + C.$

102. $\int \cos ax \cos bx \mathrm{d}x = \frac{1}{2(a+b)}\sin(a+b)x + \frac{1}{2(a-b)}\sin(a-b)x + C.$

103. $\int \frac{\mathrm{d}x}{a+b\sin x} = \frac{2}{\sqrt{a^2-b^2}}\arctan\frac{a\tan\frac{x}{2}+b}{\sqrt{a^2-b^2}} + C\ (a^2>b^2).$

104. $\int \frac{\mathrm{d}x}{a+b\sin x} = \frac{1}{\sqrt{b^2-a^2}}\ln\left|\frac{a\tan\frac{x}{2}+b-\sqrt{b^2-a^2}}{a\tan\frac{x}{2}+b+\sqrt{b^2-a^2}}\right| + C\ (a^2<b^2).$

105. $\int \frac{\mathrm{d}x}{a+b\cos x} = \frac{2}{a+b}\sqrt{\frac{a+b}{a-b}}\arctan\left(\sqrt{\frac{a-b}{a+b}}\tan\frac{x}{2}\right) + C\ (a^2>b^2).$

106. $\int \frac{\mathrm{d}x}{a+b\cos x} = \frac{1}{a+b}\sqrt{\frac{a+b}{b-a}}\ln\left|\frac{\tan\frac{x}{2}+\sqrt{\frac{a+b}{b-a}}}{\tan\frac{x}{2}-\sqrt{\frac{a+b}{b-a}}}\right| + C\ (a^2<b^2).$

107. $\displaystyle\int \frac{\mathrm{d}x}{a^2\cos^2 x + b^2\sin^2 x} = \frac{1}{ab}\arctan\left(\frac{b}{a}\tan x\right) + C.$

108. $\displaystyle\int \frac{\mathrm{d}x}{a^2\cos^2 x - b^2\sin^2 x} = \frac{1}{2ab}\ln\left|\frac{b\tan x + a}{b\tan x - a}\right| + C.$

109. $\displaystyle\int x\sin ax\mathrm{d}x = \frac{1}{a^2}\sin ax - \frac{1}{a}x\cos ax + C.$

110. $\displaystyle\int x^2\sin ax\mathrm{d}x = -\frac{1}{a}x^2\cos ax + \frac{2}{a^2}x\sin ax + \frac{2}{a^3}\cos ax + C.$

111. $\displaystyle\int x\cos ax\mathrm{d}x = \frac{1}{a^2}\cos ax + \frac{1}{a}x\sin ax + C.$

112. $\displaystyle\int x^2\cos ax\mathrm{d}x = \frac{1}{a}x^2\sin ax + \frac{2}{a^2}x\cos ax - \frac{2}{a^3}\sin ax + C.$

(十二) 含有反三角函数的积分 (其中 $a > 0$)

113. $\displaystyle\int \arcsin\frac{x}{a}\mathrm{d}x = x\arcsin\frac{x}{a} + \sqrt{a^2 - x^2} + C.$

114. $\displaystyle\int x\arcsin\frac{x}{a}\mathrm{d}x = \left(\frac{x^2}{2} - \frac{a^2}{4}\right)\arcsin\frac{x}{a} + \frac{x}{4}\sqrt{a^2 - x^2} + C.$

115. $\displaystyle\int x^2\arcsin\frac{x}{a}\mathrm{d}x = \frac{x^3}{3}\arcsin\frac{x}{a} + \frac{1}{9}(x^2 + 2a^2)\sqrt{a^2 - x^2} + C.$

116. $\displaystyle\int \arccos\frac{x}{a}\mathrm{d}x = x\arccos\frac{x}{a} - \sqrt{a^2 - x^2} + C.$

117. $\displaystyle\int x\arccos\frac{x}{a}\mathrm{d}x = \left(\frac{x^2}{2} - \frac{a^2}{4}\right)\arccos\frac{x}{a} - \frac{x}{4}\sqrt{a^2 - x^2} + C.$

118. $\displaystyle\int x^2\arccos\frac{x}{a}\mathrm{d}x = \frac{x^3}{3}\arccos\frac{x}{a} - \frac{1}{9}(x^2 + 2a^2)\sqrt{a^2 - x^2} + C.$

119. $\displaystyle\int \arctan\frac{x}{a}\mathrm{d}x = x\arctan\frac{x}{a} - \frac{a}{2}\ln(a^2 + x^2) + C.$

120. $\displaystyle\int x\arctan\frac{x}{a}\mathrm{d}x = \frac{1}{2}(a^2 + x^2)\arctan\frac{x}{a} - \frac{a}{2}x + C.$

121. $\displaystyle\int x^2\arctan\frac{x}{a}\mathrm{d}x = \frac{x^3}{3}\arctan\frac{x}{a} - \frac{a}{6}x^2 + \frac{a^3}{6}\ln(a^2 + x^2) + C.$

(十三) 含有指数函数的积分

122. $\displaystyle\int a^x\mathrm{d}x = \frac{1}{\ln a}a^x + C.$

123. $\displaystyle\int \mathrm{e}^{ax}\mathrm{d}x = \frac{1}{a}\mathrm{e}^{ax} + C.$

124. $\displaystyle\int x\mathrm{e}^{ax}\mathrm{d}x = \frac{1}{a^2}(ax - 1)\mathrm{e}^{ax} + C.$

125. $\int x^n e^{ax} dx = \frac{1}{a} x^n e^{ax} - \frac{n}{a} \int x^{n-1} e^{ax} dx.$

126. $\int x a^x dx = \frac{x}{\ln a} a^x - \frac{1}{(\ln a)^2} a^x + C.$

127. $\int x^n a^x dx = \frac{1}{\ln a} x^n a^x - \frac{n}{\ln a} \int x^{n-1} a^x dx.$

128. $\int e^{ax} \sin bx dx = \frac{1}{a^2 + b^2} e^{ax} (a \sin bx - b \cos bx) + C.$

129. $\int e^{ax} \cos bx dx = \frac{1}{a^2 + b^2} e^{ax} (b \sin bx + a \cos bx) + C.$

130. $$\int e^{ax} \sin^n bx dx = \frac{1}{a^2 + b^2 n^2} e^{ax} \sin^{n-1} bx \, (a \sin bx - nb \cos bx) + \frac{n(n-1)b^2}{a^2 + b^2 n^2} \int e^{ax} \sin^{n-2} bx dx.$$

131. $$\int e^{ax} \cos^n bx dx = \frac{1}{a^2 + b^2 n^2} e^{ax} \cos^{n-1} bx \, (a \cos bx + nb \sin bx) + \frac{n(n-1)b^2}{a^2 + b^2 n^2} \int e^{ax} \cos^{n-2} bx dx.$$

(十四) 含有对数函数的积分

132. $\int \ln x dx = x \ln x - x + C.$

133. $\int \frac{dx}{x \ln x} = \ln |\ln x| + C.$

134. $\int x^n \ln x dx = \frac{1}{n+1} x^{n+1} \left(\ln x - \frac{1}{n+1} \right) + C.$

135. $\int (\ln x)^n dx = x (\ln x)^n - n \int (\ln x)^{n-1} dx.$

136. $\int x^m (\ln x)^n dx = \frac{1}{m+1} x^{m+1} (\ln x)^n - \frac{n}{m+1} \int x^m (\ln x)^{n-1} dx.$

(十五) 含有双曲函数的积分

137. $\int \mathrm{sh} x dx = \mathrm{ch} x + C.$

138. $\int \mathrm{ch} x dx = \mathrm{sh} x + C.$

139. $\int \mathrm{th} x dx = \ln \mathrm{ch} x + C.$

140. $\int \mathrm{sh}^2 x dx = -\frac{x}{2} + \frac{1}{4} \mathrm{sh} 2x + C.$

141. $\int \mathrm{ch}^2 x\mathrm{d}x = \frac{x}{2} + \frac{1}{4}\mathrm{sh}2x + C.$

(十六) 定积分

142. $\int_{-\pi}^{\pi} \cos nx\mathrm{d}x = \int_{-\pi}^{\pi} \sin nx\mathrm{d}x = 0.$

143. $\int_{-\pi}^{\pi} \cos mx \sin nx\mathrm{d}x = 0.$

144. $\int_{-\pi}^{\pi} \cos mx \cos nx\mathrm{d}x = \begin{cases} 0, & m \neq n, \\ \pi, & m = n. \end{cases}$

145. $\int_{-\pi}^{\pi} \sin mx \sin nx\mathrm{d}x = \begin{cases} 0, & m \neq n, \\ \pi, & m = n. \end{cases}$

146. $\int_{0}^{\pi} \sin mx \sin nx\mathrm{d}x = \int_{0}^{\pi} \cos mx \cos nx\mathrm{d}x = \begin{cases} 0, & m \neq n, \\ \frac{\pi}{2}, & m = n. \end{cases}$

147. $I_n = \int_{0}^{\frac{\pi}{2}} \sin^n x\mathrm{d}x = \int_{0}^{\frac{\pi}{2}} \cos^n x\mathrm{d}x,$

$$I_n = \frac{n-1}{n} I_{n-2}$$

$$= \begin{cases} \frac{n-1}{n} \cdot \frac{n-3}{n-2} \cdot \cdots \cdot \frac{4}{5} \cdot \frac{2}{3}\ (n\text{为大于1的正奇数}), & I_1 = 1, \\ \frac{n-1}{n} \cdot \frac{n-3}{n-2} \cdot \cdots \cdot \frac{3}{4} \cdot \frac{1}{2} \cdot \frac{\pi}{2}\ (n\text{为正偶数}), & I_0 = \frac{\pi}{2}. \end{cases}$$

部分习题参考答案与提示

习　题　1-1

1. (1) $[-1,0)\cup(0,1]$;　　(2) $[1,4]$　　(3) $\left[0,\dfrac{1}{2}\right]$;　　(4) $[-2,1)$.

2. (1) 不相同, 定义域不同;　(2) 相同;　(3) 相同;　(4) 不相同, 定义域不同.

3. (1) $0,\ \dfrac{\pi}{6},\ -\dfrac{\pi}{6}$;　　(2) 2, 0.

4. (1) 提示令 $F(x)=f(x)+f(-x)$ 为偶函数;

(2) 提示令 $G(x)=f(x)-f(-x)$ 为奇函数;

(3) $f(x)=\dfrac{F(x)+G(x)}{2}$.

5. (1) 是, $T=\pi$;　(2) 不是;　(3) 不是;　(4) 是, $T=\pi$;　(5) 是, $T=\dfrac{\pi}{2}$.

6. (1) 有界函数;　(2) 无界函数.

7. (1) $y=\sin u, u=3x$;　　(2) $y=\ln u, u=\cos x$;

(3) $y=\mathrm{e}^u, u=v^2, v=\sin w, w=\dfrac{1}{x}$;　　(4) $y=\arcsin u, u=\sqrt{v}, v=1-x^2$.

8. (1) $[-1,1]$;　(2) $[2k\pi,2k\pi+\pi], k=0,\pm1,\pm2,\cdots$;　(3) $[1,\mathrm{e}]$;

(4) $D=\begin{cases}[a,1-a], & 0<a<\dfrac{1}{2},\\ \left\{\dfrac{1}{2}\right\}, & a=\dfrac{1}{2},\\ \varnothing, & a>\dfrac{1}{2}.\end{cases}$

9. (1) $f(x)=x^2+2x-6$;　　(2) $f(x)=\dfrac{1+\sqrt{1+x^2}}{x}$.

10. $\dfrac{x-1}{x}, x$.

11. (1) $\mathrm{e}^{2x},\ \mathrm{e}^{x^2},\ x^4$.

(2) $f[g(x)]=\begin{cases}1, & x<0,\\ 0, & x=0,\\ -1, & x>0\end{cases}$ 和 $g[f(x)]=\begin{cases}\mathrm{e}, & |x|<1,\\ 1, & |x|=1,\\ \mathrm{e}^{-1}, & |x|>1.\end{cases}$

(3) $f[g(x)]=\begin{cases}x-2, & x<0,\\ -x-2, & x\geqslant 0\end{cases}$ 和 $g[f(x)]=\begin{cases}2+x^2, & x<0;\\ 2+x, & x\geqslant 0.\end{cases}$

12. (1) $y=\dfrac{1-x}{1+x}$;　　(2) $y=x+\sqrt{1+x^2}, x\in[-\infty,+\infty)$;

(3) $y=\log_2\dfrac{x}{1-x}, 0<x<1$;　　(4) $y=\ln\left(x+\sqrt{x^2+1}\right), x\in[1,+\infty)$.

13. (1) 是;　(2) 是;　(3) 不是;　(4) 不是.

15. $y=\begin{cases}0.15x, & 0\leqslant x\leqslant 50,\\ 7.5+0.25(x-50), & x>50.\end{cases}$

16. 成本函数 $C(x)=60x$, 收入函数 $R(x)=\begin{cases}100x, & 0\leqslant x\leqslant 200,\\ 90x+2000, & x>200,\end{cases}$

利润函数 $L(x)=\begin{cases}40x, & 0\leqslant x\leqslant 200,\\ 30x+2000, & x>200.\end{cases}$

17. $R=5000+4x-0.001x^2$.

习　题　1-2

1. (1) 有, 1;　(2) 无;　(3) 无;　(4) 有, 0;　(5) 有, 0;　(6) 无.

3. 反过来不一定成立, 例如, $u_n=(-1)^n$.

4. 提示: 利用极限定义和数列的有界性.

8. $\lim\limits_{x\to 0^-}f(x)=\lim\limits_{x\to 0^+}f(x)=1, \lim\limits_{x\to 0}f(x)=1$.

9. $\lim\limits_{x\to 0^-}f(x)=\lim\limits_{x\to 0^+}f(x)=1, \lim\limits_{x\to 0}f(x)=1, \lim\limits_{x\to 0^-}g(x)=-1, \lim\limits_{x\to 0^+}g(x)=1, \lim\limits_{x\to 0}g(x)$ 不存在.

10. $\lim\limits_{x\to 0^-}f(x)=1, \lim\limits_{x\to 0^+}f(x)=0, \lim\limits_{x\to 0}f(x)$ 不存在;

$\lim\limits_{x\to 1^-}f(x)=\lim\limits_{x\to 1^+}f(x)=1, \lim\limits_{x\to 1}f(x)=1$.

习　题　1-3

1. (1) 不一定. 反例: $\{x_n\}=\left\{\dfrac{1}{n}\right\}, \{y_n\}=\{n\}$.

(2) 不一定. 反例: $\{y_n\}=\{n\}, \{z_n\}=\{-2n\}$.　(3) 是.　(4) 是.

4. 提示: $y=2+\dfrac{1}{x}$.

5. (1) $x=-1, x=3$;　(2) $x=1$.

6. 函数 $y=x\cos x$ 在 $(-\infty,+\infty)$ 内无界, 当 $x\to+\infty$ 时, 这个函数不是无穷大, 存在点列 $\{x_n\}=\left\{2n\pi+\dfrac{\pi}{2}\right\}$, 有 $y_n=\left(2n\pi+\dfrac{\pi}{2}\right)\cos\left(2n\pi+\dfrac{\pi}{2}\right)=0$.

习　题　1-4

2. (1) 正确;　(2) 正确;　(3) 不正确, $f(x)=x,\ g(x)=\sin\dfrac{1}{x}$;

(4) 不正确, $f(x)=\begin{cases}|x|, & x\neq 0,\\ 0, & x=0.\end{cases}$

4. 提示 $\lim\limits_{n\to\infty}|x_n|=|a|>0$, 结合极限定义.

5. 提示反证并利用极限的保号性.

6. (1) $-\frac{2}{3}$; (2) $\frac{2+\sqrt{3}}{8}$; (3) $\frac{2}{3}$; (4) $\frac{2}{3}$; (5) $2x$; (6) 2;

(7) $\frac{1}{3}$; (8) 0; (9) ∞; (10) ∞; (11) -1; (12) $\frac{1}{2}$;

(13) $\frac{1}{2}$; (14) $\frac{15}{2}$; (15) $\frac{3}{4}$; (16) 0; (17) $\frac{1}{3}$; (18) 1;

(19) $\frac{1}{2}$; (20) $\frac{1}{2}$; (21) $\frac{1}{5}$; (22) $-\frac{1}{2}$; (23) 1; (24) $\frac{\sqrt{2}}{2}$.

7. $\lim\limits_{x\to0^+}f(x)=-1$, $\lim\limits_{x\to0^-}f(x)=1$, 而 $\lim\limits_{x\to0}f(x)$ 不存在.

习 题 1-5

1. (1) $\lim\limits_{x\to0}\frac{\tan x}{x}=1$; (2) $\lim\limits_{x\to0}\frac{\sin 2x}{\sin 3x}=\frac{2}{3}$; (3) $\lim\limits_{x\to0}x\cot x=1$;

(4) $\lim\limits_{x\to0}\frac{x}{\sqrt{1-\cos x}}=\sqrt{2}$; (5) $\lim\limits_{x\to\pi}\frac{\sin(x-\pi)}{x^2-\pi^2}=\frac{1}{2\pi}$; (6) $\lim\limits_{x\to a}\frac{\sin x-\sin a}{x-a}=\cos a$;

(7) $\lim\limits_{x\to0}\frac{1-\cos 2x}{x\sin x}=2$; (8) $\lim\limits_{n\to\infty}2^n\sin\frac{x}{2^n}=x$.

2. (1) e^3; (2) $\mathrm{e}^{-\frac{1}{3}}$; (3) e^{-1}; (4) e^2; (5) e^4; (6) e^{-1}; (7) e^2; (8) e^2.

4. $\lim\limits_{n\to\infty}y_n=\frac{1+\sqrt{5}}{2}$.

5. (1) 令 $\arcsin x=t$, $\lim\limits_{x\to0}\frac{\arcsin x}{x}=\lim\limits_{t\to0}\frac{t}{\sin t}=1$;

(2) $\lim\limits_{x\to0}\frac{\frac{1}{\cos x}-1}{\frac{x^2}{2}}=\lim\limits_{x\to0}\frac{2(1-\cos x)}{\cos x\cdot x^2}=\lim\limits_{x\to0}\frac{2\cdot2\sin\frac{2x}{2}}{\cos x\cdot x^2}=\lim\limits_{x\to0}\left(\frac{\sin\frac{x}{2}}{\frac{x}{2}}\right)^2\frac{1}{\cos x}=1$;

(3) 令 $\arctan x=t$, $\lim\limits_{x\to0}\frac{\arctan x}{x}=\lim\limits_{t\to0}\frac{t}{\tan t}=1$.

6. (1) 当 $x\to0$ 时, β 是比 α 高阶无穷小; (2) 当 $x\to0$ 时, α 是比 β 高阶无穷小.

7. (1) 1; (2) $\frac{1}{2}$; (3) 3; (4) $\frac{3}{2}$; (5) 1; (6) 3.

8. (1) $\frac{3}{2}$; (2) $\frac{1}{2}$; (3) $\frac{1}{2}$; (4) $\lim\limits_{x\to0}\frac{\sin(x^n)}{(\sin x)^m}=\begin{cases}0, & m<n,\\ 1, & m=n,\\ \infty, & m>n.\end{cases}$

习 题 1-6

1. (1) $f(x)$ 在 $x=1$ 点处连续;

(2) $f(x)$ 在 $x=1$ 点处连续, $f(x)$ 在 $x=-1$ 点处不连续;

(3) $f(x)$ 在 $x=1$ 点处连续, $f(x)$ 在 $x=-1$ 点处不连续.

3. (1) $a=-1$; (2) $a=0$; (3) $a=1$.

4. $f(x)$ 的连续区间包括 $(-\infty,-3),(-3,2),(2,+\infty)$,

$\lim\limits_{x\to0}f(x)=\frac{1}{2}$, $\lim\limits_{x\to-3}f(x)=-\frac{8}{5}$, $\lim\limits_{x\to2}f(x)=\infty$.

5. (1) $\sqrt{5}$; (2) 0; (3) $\dfrac{\pi}{2}$; (4) $\dfrac{\pi}{4}$.

6. (1) 2; (2) 1; (3) $\cos 2$; (4) 0; (5) 1; (6) 2; (7) 1; (8) 1.

7. (1) $x=1$ 为可去间断点, $x=2$ 为第二类间断点;

(2) $x=1$ 为跳跃间断点;

(3) $x=0$ 为可去间断点;

(4) $x=0$ 为第二类间断点.

8. $f(x)$ 在 $(-\infty,-1),(-1,1),(1,+\infty)$ 上连续, $x=\pm 1$ 为跳跃间断点.

9. 提示: 令辅助函数 $F(x)=x\cdot 2^x-1$, 利用根的存在定理.

10. 提示: 令辅助函数 $F(x)=x^5-3x-1$, 利用根的存在定理.

11. 提示: 令辅助函数 $F(x)=x-(a\sin x+b)$, 利用根的存在定理.

13. 提示: 令辅助函数 $F(x)=f(x)-g(x)$, 利用根的存在性定理.

14. 提示: 利用极限的定义和极限的保号性.

第一章总习题

1. (1) (B); (2) (B); (3) (D); (4) (D); (5) (C); (6) (B);
(7) (A); (8) (C); (9) (D); (10) (C); (11) (C); (12) (A);
(13) (B); (14) (C); (15) (D); (16) (A); (17) (D); (18) (B);
(19) (D); (20) (B); (21) (B); (22) (C); (23) (B).

2. (1) $e^{\frac{1}{2}}$; (2) -2; (3) 1; (4) 6; (5) $-\dfrac{\pi}{2}$; (6) e^{-1}.

3. (1) $\dfrac{3}{2}$; (2) $\dfrac{2}{3}$; (3) $\dfrac{1}{\sqrt{2a}}$; (4) 1; (5) 4; (6) $\dfrac{1}{4}$;
(7) 0; (8) $\dfrac{1}{2}$; (9) e; (10) e^{-2}; (11) e^{-1}; (12) e^{-1}.

4. (1) $a=b=1$; (2) $a=1,b=-\dfrac{1}{2}$; (3) $a=\dfrac{1}{\pi}\left(\dfrac{1}{e}-e\right)$;
(4) $a=1,b=-\dfrac{e}{2}$; (5) $a=1,b=2$.

5. (1) $x=0$ 为可去间断点; (2) 函数在 $x=0$ 处连续.

6. 提示: $f(x)=\begin{cases}-x, & x>0,\\ 1, & x=0,\\ \dfrac{1}{x}, & x<0\end{cases}$ 在 $x=0$ 间断, 为第二类间断点.

7. (1) $x=1$ 为可去间断点. (2) $x=0$ 为无穷间断点; $x=1$ 为可去间断点.

8. 令辅助函数 $F(x)=\sin x+x+1$, 在 $\left(-\dfrac{\pi}{2},\dfrac{\pi}{2}\right)$ 利用根的存在定理. 证明方程 $\sin x+x+1=0$ 在 $\left(-\dfrac{\pi}{2},\dfrac{\pi}{2}\right)$ 内至少有一个根.

9. 令辅助函数 $F(x)=f(x)-f(x+a)$, 在 $[0,2a]$ 利用根的存在定理.

10. 因为 $\lim\limits_{x\to+\infty} f(x)=A<0$, 所以 $\exists X>0,\forall x>X, f(x)<\dfrac{A}{2}$, 取 $X_1>X$, $f(X_1)<0, f(0)>0$, 又因为函数在 $[0,X_1]$ 上连续, 由连续函数的零点定理知 $(0,X_1)$ 内存在 ξ, 使得 $f(\xi)=0$, 即在 $[0,+\infty)$ 内存在 ξ, 使得 $f(\xi)=0$.

12. 提示: 因为当 $x>0$ 时, $\mathrm{e}^x-1>x$, $x_1>0, \mathrm{e}^{x_2}=\dfrac{\mathrm{e}^{x_1}-1}{x_1}>1$, $x_2>0$, 若 $x_k>0$, $\mathrm{e}^{x_{k+1}}=\dfrac{\mathrm{e}^{x_k}-1}{x_k}>1, x_{k+1}>0$, 所以 $\{x_n\}$ 有下界.

又 $x_n\mathrm{e}^{x_{n+1}}=\mathrm{e}^{x_n}-1, \mathrm{e}^{x_{n+1}}=\dfrac{\mathrm{e}^{x_n}-1}{x_n}, x_{n+1}=\ln\dfrac{\mathrm{e}^{x_n}-1}{x_n}$, $x_{n+1}-x_n=\ln\dfrac{\mathrm{e}^{x_n}-1}{x_n}-\ln\mathrm{e}^{x_n}=\ln\dfrac{\mathrm{e}^{x_n}-1}{x_n\mathrm{e}^{x_n}}$, 令 $f(x)=x\mathrm{e}^x-(\mathrm{e}^x-1), x\in[0,+\infty), f(0)=0, f'(x)=x\mathrm{e}^x>0, x\in(0,+\infty)$, $f(x)>0, \forall x\in(0,+\infty)$, 即 $x\mathrm{e}^x>(\mathrm{e}^x-1), x\in(0,+\infty)$, 所以 $x_{n+1}-x_n=\ln\dfrac{\mathrm{e}^{x_n}-1}{x_n\mathrm{e}^{x_n}}<\ln 1=0$, 即数列 $\{x_n\}$ 单调递减, 所以 $\lim\limits_{n\to\infty}x_n$ 存在, 设 $\lim\limits_{n\to\infty}x_n=a$, 则有 $a\mathrm{e}^a=\mathrm{e}^a-1, a=0$.

13. $\lim\limits_{x\to0}\dfrac{1-\cos x}{x^2}=\dfrac{1}{2}, \lim\limits_{x\to0}\dfrac{1-\cos 2x}{x^2}=2, \lim\limits_{x\to0}\dfrac{1-\cos 3x}{x^2}=\dfrac{9}{2}$,

所以当 $x\to0$ 时,

$$\begin{cases}\cos x=1-\dfrac{1}{2}x^2+o\left(x^2\right),\\ \cos 2x=1-2x^2+o\left(x^2\right),\\ \cos 3x=1-\dfrac{9}{2}x^2+o\left(x^2\right),\end{cases}$$

$$\begin{aligned}1-\cos x\cdot\cos 2x\cdot\cos 3x&=1-\left(1-\frac{1}{2}x^2+o\left(x^2\right)\right)\left(1-2x^2+o\left(x^2\right)\right)\left(1-\frac{9}{2}x^2+o\left(x^2\right)\right)\\&=7x^2+o(x^2),\end{aligned}$$

$1-\cos x\cdot\cos 2x\cdot\cos 3x$ 与 ax^n 为等价无穷小, $n=2, a=7$.

习　题　2-1

1. $f'(x)=a$.
2. $f'(x)=10x$, $f'(0)=0$, $f'(-2)=-20$.
3. $f'(0)=50!$.
4. $f'(0)=A$.
5. (1) $\dfrac{1}{2}f'_-(a)$;　(2) 0;　(3) $-f'(a)$;　(4) $2f'(a)$.
6. (1) 在 $x=0$ 处连续但不可导;　(2) 在 $x=0$ 处连续但不可导.
9. $a=1$, $b=1$.
10. (1) 14.03;　(2) 14.
11. 切线方程为 $y=\dfrac{1}{2}x-1+\ln 2$; 法线方程为 $y=-2x+4+\ln 2$.

12. (2,4).

13. $\left.\dfrac{\mathrm{d}\theta}{\mathrm{d}t}\right|_{t=t_0}$.

习 题 2-2

1. $v(1)=2$.

2. $\left(\dfrac{\sqrt{3}}{2},\dfrac{3}{4}\right)$.

3. 切线方程 $y=x+1$; 法线方程 $y=-x+1+\pi$.

4. (1) $4+\cos x$; (2) $2^x\ln 2+2x$; (3) $y=12x\ln x+6x+\dfrac{1}{x}$;

(4) $3^x(\cos x\ln 3-\sin x)$; (5) $\dfrac{-8\ln 3}{x\ln^2 x}$; (6) $\dfrac{\dfrac{1}{x}\sin x-\cos x\cdot\ln x}{\sin^2 x}$;

(7) $\tan x\log_a x+x\sec^2 x\log_a x+\dfrac{\tan x}{\ln a}$; (8) $\dfrac{\sin x-x\cos x}{\sin^2 x}+\dfrac{1}{x\ln^2 x}$.

5. (1) $3\cos 3x$; (2) $-a\sin(ax+\varphi)$; (3) $2\mathrm{e}^{2x+1}$; (4) $-\dfrac{1}{x^2}a^{\frac{1}{x}}\ln a$;

(5) $2x\csc^2(1-x^2)$; (6) $-\cot x$; (7) $\dfrac{1-\cos x}{2(x-\sin x)}-\dfrac{1+\cos x}{2(x+\sin x)}$;

(8) $-\sin\log_2 x\cdot\dfrac{1}{x\ln 2}$; (9) $3\ln a\cdot a^{\sec(3x+5)}\sec(3x+5)\tan(3x+5)$;

(10) $-3^x\tan 3^x$; (11) $\dfrac{\sec^2\sqrt{x}}{4\sqrt{x}\sqrt{\tan\sqrt{x}}}$; (12) $\dfrac{-1}{x\ln x\ln\ln x(\ln\ln\ln x)^2}$;

(13) $\csc x$; (14) $\dfrac{3}{(6x+2)(\sqrt{1-(\ln\sqrt{3x+1})^2})}$; (15) $\dfrac{\cos(1+x)\mathrm{e}^{\sin(1+x)}}{1+\mathrm{e}^{2\sin(1+x)}}$;

(16) $\dfrac{6x^2\arctan x^3\cdot\mathrm{e}^{\arctan^2 x^3}}{1+x^6}$; (17) $\dfrac{3x^2+\left(1+\dfrac{1}{x}\right)\sin 2(x+\ln x)}{2\sqrt{x^3+\sin^2(x+\ln x)}}$;

(18) $\dfrac{3}{8}x^2\cdot\dfrac{4\sqrt{x^3}\sqrt{x^3+\sqrt{x^3}}+2\sqrt{x^3}+1}{\sqrt{x^3}\sqrt{x^3+\sqrt{x^3}}\sqrt{x^3+\sqrt{x^3+\sqrt{x^3}}}}$.

6. (1) $4x^3(2x^4-1)$; (2) $-\dfrac{1}{2\sqrt{x}}\left(1+\dfrac{1}{x}\right)$; (3) $-\dfrac{2}{(v-1)^2}$;

(4) $2\theta+2-12\theta^{-4}$; (5) $\dfrac{5}{\sqrt{\pi}}\cdot\dfrac{1-6\ln t}{t^7}$; (6) $(3+\sqrt{\pi})4^{-x}(1-x\ln 4)$;

(7) $\mathrm{e}^{-\sin^2\frac{1}{x}}\dfrac{2}{x^2}\sin\dfrac{1}{x}\cos\dfrac{1}{x}$; (8) $(1-x^2)^{-\frac{3}{2}}$; (9) $\sqrt{x^2-a^2}+\dfrac{x^2}{\sqrt{x^2-a^2}}$;

(10) $2\sin x(\cos x\sin(x^2)+x\sin x\cos(x^2))$; (11) $2x\sec^2 x\tan x$;

(12) $\dfrac{-\arccos\dfrac{x}{2}}{\sqrt{1-\dfrac{x^2}{4}}}$; (13) $\dfrac{1}{x^2+1}$; (14) $3^{\sec x}\cdot\ln 3\cdot\sec x\cdot\tan x$;

(15) $5^{\frac{x}{\ln x}}\cdot\ln 5\cdot\dfrac{\ln x-1}{\ln^2 x}$;　(16) $\dfrac{\arctan x}{x^2}$;　(17) $\dfrac{1}{x(1-x)\ln 3}$;

(18) $\arctan\sqrt{x^3-2x}+\dfrac{3x^3-2x}{2(x^3-2x+1)\sqrt{x^3-2x}}$;　(19) $\sqrt{a^2-x^2}$;

(20) $\sqrt{a^2+x^2}$.

7. $\mathrm{ch}x, \mathrm{sh}x, \dfrac{1}{\mathrm{ch}^2 x}$.

8. $\dfrac{1}{\sqrt{x^2+1}}, \dfrac{1}{\sqrt{x^2-1}}, \dfrac{1}{1-x^2}$.

9. (1) $y'=2xf'(x^2)$;　(2) $y'=\mathrm{e}^x f'(\mathrm{e}^x)\mathrm{e}^{f(x)}+f(\mathrm{e}^x)\mathrm{e}^{f(x)}f'(x)$;

(3) $y'=f\left(\dfrac{1}{x}\right)-\dfrac{1}{x}f'\left(\dfrac{1}{x}\right)$.

10. $a=3,\ b=-2$.

11. (1) $y'=\begin{cases}-1, & x<1,\\ 2x-3, & 1\leqslant x\leqslant 2,\\ 1, & x>2;\end{cases}$

(2) $y'=\begin{cases}2(x-a)(x-b)(2x-a-b), & x\in(a,b),\\ 0, & x\in(-\infty,a)\cup(b,+\infty);\end{cases}$

(3) $y'=\begin{cases}1, & x<0,\\ \dfrac{1}{1+x}, & x\geqslant 0.\end{cases}$

习　题　2-3

1. (1) $\dfrac{-a^2}{(a^2-x^2)^{\frac{3}{2}}}$;　(2) $\dfrac{-2x}{(1-x^2)^2}$;　(3) $\dfrac{\mathrm{e}^x(x^2-2x+2)}{x^3}$;

(4) $2\arctan x+\dfrac{2x}{1+x^2}$;　(5) $-2\cos 2x\cdot\ln x-\dfrac{2\sin 2x}{x}-\dfrac{\cos^2 x}{x^2}$.

2. 0,　-2.

3. (1) $y''=\dfrac{1}{x^2}(f''(\ln x)-f'(\ln x))$;

(2) $y''=-(2x\cdot f'(x^2))^2\cdot\sin(f(x^2))+\cos(f(x^2))(4x^2(f''(x^2)+2f'(x^2)))$.

5. (1) $(\ln a)^n a^x$;　(2) $2^{n-1}\cos\left(2x+\dfrac{n}{2}\pi\right)$;　(3) $(-1)^{n+1}\dfrac{(n-1)!}{x^n}$;

(4) $(-1)^n n!\left[\dfrac{1}{(x-2)^{n+1}}-\dfrac{1}{(x-1)^{n+1}}\right]$;　(5) $\dfrac{(-1)^{n-1}\cdot(n-1)!}{(\ln a)(1+x)^n}$;　(6) $a_0 n!$.

6. $a=-\dfrac{1}{2},\ b=1,\ c=0$.

7. (1) $y^{(4)}=-\dfrac{7}{16}\mathrm{e}^x\cos\dfrac{x}{2}-\dfrac{3}{2}\mathrm{e}^x\sin\dfrac{x}{2}$;　(2) $y^{(50)}=2^{50}\mathrm{e}^{2x}\left(x^2+50x+\dfrac{1225}{2}\right)$.

习 题 2-4

1. (1) $\dfrac{x^2-ay}{ax-y^2}$; (2) $\dfrac{y(x\ln y-y)}{x(y\ln x-x)}$.

2. (1) $-\dfrac{b^2x}{a^2y},-\dfrac{b^4}{a^2y^3}$; (2) $-\sqrt{\dfrac{y}{x}},\dfrac{y^{\frac{1}{2}}+x^{\frac{1}{2}}}{2x^{\frac{3}{2}}}$;

(3) $-\dfrac{\csc(xy)+y}{x},\dfrac{2\csc(xy)+2y-x\csc^2(xy)\cot(xy)}{x^2}$;

(4) $\dfrac{e^y}{1-xe^y},\dfrac{e^{2y}(2-xe^y)}{(1-xe^y)^3}$.

3. -2.

4. (1) $y'=\left(\dfrac{x}{1-x}\right)^x\left(\ln\dfrac{x}{1-x}+\dfrac{1}{1-x}\right)$;

(2) $y'=(\tan x)^{\sin x}(\cos x\ln\tan x+\sec x)+(\sin x)^{\cos x}(\cot x\cos x-\sin x\ln\sin x)$;

(3) $y'=\sqrt[4]{\dfrac{(x^2-1)^2\cos^5 x}{e^x\arctan x}}\left(\dfrac{x}{x^2-1}-\dfrac{5}{4}\tan x-\dfrac{1}{4}-\dfrac{1}{4(1+x^2)\arctan x}\right)$;

(4) $y'=\dfrac{x^2}{1-x}\sqrt{\dfrac{1+x}{(2+x)^3}}\left(\dfrac{2}{x}+\dfrac{1}{1-x}+\dfrac{1}{2(1+x)}-\dfrac{3}{2(2+x)}\right)$.

5. (1) $\dfrac{dy}{dx}=\dfrac{1-e^{-t}}{e^t},\ \dfrac{d^2y}{dx^2}=\dfrac{2-e^t}{e^{3t}}$; (2) $\dfrac{dy}{dx}=\dfrac{\sin t+t\cos t}{-\sin t},\dfrac{d^2y}{dx^2}=\dfrac{\cos t\sin t-t}{a\sin^3 t}$;

(3) $\dfrac{dy}{dx}=1-\dfrac{1}{3t^2},\dfrac{d^2y}{dx^2}=-\dfrac{2}{9t^5}$; (4) $\dfrac{dy}{dx}=-t,\ \dfrac{d^2y}{dx^2}=-\sqrt{1-t^2}$;

(5) $\dfrac{dy}{dx}=\dfrac{1}{t},\ \dfrac{d^2y}{dx^2}=-\dfrac{\sqrt{1+t^2}}{t^3}$; (6) $\dfrac{dy}{dx}=\dfrac{\cos t}{1+e^t},\ \dfrac{d^2y}{dx^2}=\dfrac{-\sin t-e^t\sin t-e^t\cos t}{(1+e^t)^3}$;

(7) $\dfrac{dy}{dx}=t,\dfrac{d^2y}{dx^2}=\dfrac{1}{f''(t)}$.

6. (1) 切线方程是 $y=-x+\dfrac{\sqrt{2}}{2}a$; 法线方程是 $y=x$.

(2) 切线方程是 $y=-\dfrac{2}{3}e^2\left(x-\dfrac{3}{e}\right)+2e$; 法线方程是 $y=\dfrac{3}{2}e^{-2}\left(x-\dfrac{3}{e}\right)+2e$.

7. $\dfrac{3}{8}$(m/min).

8. 62.5(cm^3/h).

习 题 2-5

1. 当 $\Delta x=1$ 时, $\Delta y=18,dy=11$;
当 $\Delta x=0.1$时, $\Delta y=1.161$, $dy=1.1$;
当 $\Delta x=0.01$时, $\Delta y=0.110601$, $dy=0.11$.

2. (1) $dy=-\dfrac{1}{2}x^{-\frac{3}{2}}dx$; (2) $dy=\dfrac{1}{x^2}\sin\dfrac{1}{x}e^{\cos\frac{1}{x}}dx$; (3) $dy=3(1+x-x^2)^2(1-2x)dx$;

(4) $dy=5^{\ln\tan x}\ln 5\sec x\csc x dx$; (5) $dy=\dfrac{6x^2}{(x^3+1)^2}dx$; (6) $dy=-\dfrac{\ln 3}{1+3^x}dx$.

3. $\mathrm{d}y=\dfrac{3x^2+y^2\cos x}{1-2y\sin x}\mathrm{d}x$.

4. (1) -0.96509;　(2) 0.01;　(3) $30^\circ 47''$;　(4) 9.99.

6. $300\pi(\mathrm{cm}^2)$.

第二章总习题

1. (1) 可导 $\Longleftrightarrow$ 可微 $\Longrightarrow$ 连续 $\Longrightarrow$ 有极限;

(2) 未必, 可导 $\Longleftrightarrow$ 可微 $\Longleftrightarrow$ 左右导数都存在并且相等;

(3) 均未必;

(4) 前者必不可导, 可用反证法证明; 后者未必.

2. (1) (C);　(2) (D);　(3) (D).

3. (1) 处处连续, 在点 $x=0$ 处不可导;

(2) 处处连续, 在点 $x=\dfrac{\pi}{2}$ 处不可导.

4. (1) $\left(\sqrt[x]{x}\dfrac{1-\ln x}{x^2}-\dfrac{2}{x}\right)\mathrm{d}x$;　(2) $\dfrac{1-x}{\sqrt{4-x^2}}$;

(3) $\mathrm{e}^{\frac{1}{2x}}x^{\frac{1}{4}}(\cos x)^{\frac{1}{8}}\left(\dfrac{-1}{2x^2}+\dfrac{1}{4x}-\dfrac{\tan x}{8}\right)$;　(4) $\csc^2 x\ln(1+\sin x)\mathrm{d}x$;

(5) $\dfrac{1}{\mathrm{ch}^2 x}$;　(6) $x^{x^a+a-1}(a\ln x+1)+x^{a^x}a^x\left(\ln a\ln x+\dfrac{1}{x}\right)+a^{x^x}x^x\ln a(\ln x+1)$.

5. (1) $-2\csc^2(x+y)\cot^3(x+y)$; (2) $\dfrac{1}{2(1-\sin t)^4}$.

6. 切线方程: $x-y+\dfrac{5}{4}-\dfrac{3\sqrt{3}}{4}=0$; 法线方程: $x+y+\dfrac{1}{4}-\dfrac{\sqrt{3}}{4}=0$.

7. 截距为 $\dfrac{3}{2}\pi+2$.

9. $\mathrm{d}y=\left[\dfrac{1}{x}\mathrm{e}^{f(x)}f'(\ln x)+f(\ln x)\mathrm{e}^{f(x)}f'(x)\right]\mathrm{d}x$.

10. 0.

12. 不可微.

13. $F(x)=\pi xf'(x)$, $F'(x)=\pi f'(x)+\pi xf''(x)$.

14. (1) $a>0$;　(2) $a>1$;　(3) $a>b+1$.

15. 255, $\dfrac{6250}{9}$.

习　题　3-1

1. 有分别位于区间 $(1,2)$, $(2,3)$ 及 $(3,4)$ 内的三个根.

2. $\xi=2$.

习 题 3-2

1. 1. 2. $\dfrac{m}{n}a^{m-n}$. 3. 2. 4. −2.

5. $-\dfrac{1}{8}$. 6. 1. 7. $+\infty$. 8. $\dfrac{2}{3}$.

9. 1. 10. $\mathrm{e}^{-\frac{2}{\pi}}$. 11. 1. 12. 1.

13. 1. 14. 2. 15. $\dfrac{17}{2}$.

习 题 3-3

1. $\ln(1+x)=x-\dfrac{x^2}{2}+\dfrac{x^3}{3}-\cdots+(-1)^{n-1}\dfrac{x^n}{n}+(-1)^n\dfrac{x^{n+1}}{(n+1)(1+\theta x)^{n+1}}\ (0<\theta<1)$.

2. $f(x)=-56+21(x-4)+37(x-4)^2+11(x-4)^3+(x-4)^4$.

3. $f(x)=1-9x+30x^2-45x^3+30x^4-9x^5+x^6$.

4. $x\mathrm{e}^x=x+x^2+\dfrac{x^3}{2!}+\cdots+\dfrac{x^n}{(n-1)!}+\dfrac{\mathrm{e}^{\theta x}}{n!}x^{n+1}\,(0<\theta<1)$.

5. $\tan x=x+\dfrac{1+2\sin^2(\theta x)}{3\cos^4(\theta x)}x^3\ (0<\theta<1)$.

6. $\sqrt{x}=2+\dfrac{x-4}{4}-\dfrac{(x-4)^2}{64}+\dfrac{3(x-4)^3}{3!\cdot 8[4+\theta(x-4)]^{\frac{5}{2}}}\,(0<\theta<1)$.

7. $a=0,b=\dfrac{1}{2}$.

8. $\sqrt{1-x}=1-\dfrac{x}{2}-\dfrac{x^2}{2!\cdot 2^2}-\dfrac{1\times 3}{3!\cdot 2^3}x^3-\cdots-\dfrac{(2n-1)!!}{2^{n+1}(n+1)!}(1-\theta x)^{-\frac{1}{2}-n}x^{n+1}(0<\theta<1)$.

9. (1) $\sqrt[3]{30}\approx 3.10724$; (2) $\cos 89^\circ\approx 0.01745$.

10. (1) $-\dfrac{1}{6}$; (2) $-\dfrac{1}{12}$.

习 题 3-4

1. 单调减少.

2. (1) 在 $(-\infty,-1]$ 和 $[3,+\infty)$ 内单调增加, 在 $[-1,3]$ 内单调减少;

(2) 在 $[0,1]$ 上单调增加, 在 $[1,2]$ 上单调减少;

(3) 在 $(-\infty,1-\sqrt{2}]$ 和 $[1+\sqrt{2},+\infty)$ 内单调增加, 在 $[1-\sqrt{2},1+\sqrt{2}]$ 上单调减少;

(4) 在 $(-\infty,+\infty)$ 内单调增加;

(5) 在 $[2,+\infty)$ 上单调增加, 在 $(0,2]$ 上单调减少;

(6) 在 $(-\infty,0)$, $\left(0,\dfrac{1}{2}\right)$ 和 $[1,+\infty)$ 内单调减少, 在 $\left[\dfrac{1}{2},1\right]$ 上单调增加;

(7) 在 $(-\infty,-1)$ 内单调减少, 在 $(-1,+\infty)$ 内单调增加;

(8) 在 $(-\infty,-1)$ 和 $(0,1)$ 内单调减少, 在 $(-1,0)$ 和 $(1,+\infty)$ 内单调增加.

5. $\mathrm{e}<\dfrac{b}{a}<+\infty$.

6. (1) 极大值 $f(-1)=28$, 极小值 $f(2)=1$;

(2) 极大值 $f(4)=1$, 极小值 $f(16)=25$;

(3) 极大值 $f\left(\frac{12}{5}\right)=\frac{1}{10}\sqrt{205}$;

(4) 极小值 $f\left(\frac{1}{\sqrt{e}}\right)=-\frac{1}{2e}$;

(5) 极大值 $f(-1)=-2$, 极小值 $f(1)=2$;

(6) 极小值 $f(e)=e$;

(7) 极大值 $f(e)=e^{\frac{1}{e}}$;

(8) 极大值 $f(1)=\frac{\pi}{4}-\frac{1}{2}\ln 2$;

(9) 极大值 $f(1)=2$;

(10) 极大值 $f\left(\frac{1}{2}\right)=\frac{81}{8}\sqrt[3]{18}$, 极小值 $f(-1)=f(5)=0$.

7. (1) 最大值 $f(-2)=f(2)=13$, 最小值 $f(-1)=f(1)=4$;

(2) 最大值 $f(4)=8$, 最小值 $f(0)=0$;

(3) 最大值 $f\left(-\frac{\pi}{2}\right)=\frac{\pi}{2}$, 最小值 $f\left(\frac{\pi}{2}\right)=-\frac{\pi}{2}$;

(4) 最小值 $f(0)=f(2)=0$, 最大值 $f(3)=\sqrt[3]{9}$.

8. 当 $x=1$ 时有最大值 $\frac{1}{2}$.

9. 当 $x=-3$ 时有最小值 27.

10. $\alpha=\frac{2\sqrt{6}}{3}\pi$.

11. 半径与矩形的高均为 $\frac{l}{\pi+4}$.

12. $1\frac{27}{43}$.

13. 帮与底的夹角 (锐角) $\alpha=60^\circ$.

14. $\alpha=\arctan 0.25\approx 14^\circ 2'$.

15. (1) $m=1$; (2) $m=\frac{4}{3}$.

16. (1) $C'=40+0.002Q$; (2) 当产量为 3000 件时平均成本最小.

17. (1) 成本函数 $C(q)=60q+2000$, 收入函数 $R(q)=100q-\frac{1}{10}q^2$;

(2) 产量为 200 吨时利润最大.

18. (1) 拐点 $\left(\frac{5}{3},\frac{20}{27}\right)$, 在 $\left(-\infty,\frac{5}{3}\right]$ 内是凸的, 在 $\left[\frac{5}{3},+\infty\right)$ 内是凹的;

(2) 拐点 $\left(2,\frac{2}{e^2}\right)$, 在 $(-\infty,2]$ 内是凸的, 在 $[2,+\infty)$ 内是凹的;

(3) 拐点 $(a,0)$, 在 $(-\infty,a]$ 内是凹的, 在 $[a,+\infty)$ 内是凸的;

(4) 拐点 $(-1,\ln 2)$,$(1,\ln 2)$; 在 $(-\infty,-1]$ 和 $[1,+\infty)$ 内是凸的, 在 $[-1,1]$ 内是凹的;

(5) 拐点 $\left(\frac{1}{2},e^{\arctan\frac{1}{2}}\right)$, 在 $\left(-\infty,\frac{1}{2}\right]$ 内是凹的, 在 $\left[\frac{1}{2},+\infty\right)$ 内是凸的;

(6) 拐点 $(0,0),\left(-3a,-\frac{9}{4}a\right)$, $\left(3a,\frac{9}{4}a\right)$; 在 $[-3a,0],[3a,+\infty)$ 内是凸的, 在 $(-\infty,-3a]$, $[0,3a]$ 内是凹的.

19. (1) $(1,\pm 4)$; (2) $(0,0)$, $\left(\sqrt{3},\frac{\sqrt{3}}{4}\right)$, $\left(-\sqrt{3},-\frac{\sqrt{3}}{4}\right)$.

20. $a=-\frac{3}{2}$, $b=\frac{9}{2}$.

21. $y=4x-3$.

22. $k=\pm\frac{\sqrt{2}}{8}$.

24. (1) $y=x+2$; (2) $x=-\mathrm{e}^{-1}$, $y=x+\frac{1}{\mathrm{e}}$.

25. (1) 定义域: $(-\infty,+\infty)$; 渐近线: $y=0$; 极大值 $y(1)=2$; 拐点 $\left(0,\frac{3}{2}\right)$, $\left(2,\frac{3}{2}\right)$; 在 $(-\infty,1]$ 单调增加, 在 $[1,+\infty)$ 单调减少, 在 $(-\infty,0]$ 内凹, 在 $[0,2)$ 内凸; 在 $[2,+\infty)$ 内凹;

(2) 定义域: $(0,+\infty)$; 渐近线: $x=0$, $y=0$; 极大值 $y(\mathrm{e})=\frac{1}{\mathrm{e}}$; 拐点 $\left(\mathrm{e}^{\frac{3}{2}},\frac{3}{2}\mathrm{e}^{-\frac{3}{2}}\right)$; 在 $(0,\mathrm{e}]$ 单调增加, 在 $[\mathrm{e},+\infty)$ 单调减少; 在 $(0,\mathrm{e}^{\frac{3}{2}}]$ 内凸, 在 $[\mathrm{e}^{\frac{3}{2}},+\infty)$ 内凹;

(3) 定义域: $(-\infty,+\infty)$; 极大值 $y(0)=0$, 极小值 $y(1)=-1$; 拐点 $\left(\frac{1}{2},-\frac{1}{2}\right)$; 在 $(-\infty,0]$, $[1,+\infty)$ 单调增加, 在 $[0,1]$ 单调减少, 在 $\left(-\infty,\frac{1}{2}\right]$ 内凸, 在 $\left[\frac{1}{2},+\infty\right)$ 内凹;

(4) 定义域: $(-\infty,+\infty)$; 对称于原点; 渐近线: $y=x+\pi$, $y=x-\pi$; 极大值 $y(-1)=\frac{\pi}{2}-1$, 极小值 $y(1)=1-\frac{\pi}{2}$; 拐点 $(0,0)$; 在 $(-\infty,-1]$, $[1,+\infty)$ 单调增加, 在 $[-1,1]$ 单调减少, 在 $(-\infty,0]$ 内凸, $[0,+\infty)$ 内凹.

习 题 3-5

1. $\kappa=2$.
2. $\kappa=|\cos x|$.
3. 在 $\left(\frac{\sqrt{2}}{2},-\ln\frac{\sqrt{2}}{2}\right)$ 处有最小曲率半径 $\frac{3\sqrt{3}}{2}$.
4. $k=-3$, $b=3$.
5. $a=\frac{1}{2}$, $b=1$, $c=1$.
6. $\mathrm{d}s=\sqrt{x'^2(t)+y'^2(t)}\mathrm{d}t$.
7. $\kappa=\frac{1}{2}$.

第三章总习题

1. (1) 未必. 如 $f(x)=\cos x, g(x)=\sin x, x\in\left(0,\frac{\pi}{4}\right)$.

(2) 未必. 如 $f(x)=\sin x, g(x)=\cos x, x\in\left(0,\dfrac{\pi}{4}\right)$.

(3) 未必. 如 $f(x)=x^3$.

(4) 未必. 如 $f(x)=x^3, x\in(-1,1)$.

(5) 未必. 如 $f(x)=\begin{cases}\sin x, & x\leqslant 0,\\ \cos x-1, & x>0\end{cases}$ 在点 $x=0$ 处.

(6) x_0 不是极值点, $(x_0,f(x_0))$ 是拐点. 因为不妨设 $f'''(x_0)>0$, 由于 $f'''(x)$ 连续, 由保号性可推知 $f''(x)$ 在 x_0 的某邻域 $U(x_0)$ 内单调增加, 即在 $U(x_0)$ 内: 当 $x<x_0$ 时, $f''(x)<f'''(x_0)=0$; 当 $x>x_0$ 时, $f''(x)>f''(x_0)=0$. 从而 $(x_0,f(x_0))$ 为拐点. 又因为当 $x<x_0$ 时, $f''(x)<0$, 所以 $f'(x)$ 单调减少, 即 $f'(x)>f'(x_0)=0$. 同理, 当 $x>x_0$ 时, 有 $f'(x)>f'(x_0)=0$, 即在 $U(x_0)$ 内 $f'(x)$ 不变号, 故 x_0 非极值点.

2. (1) (D);　(2) (C);　(3) (B);　(4) (B);　(5) (C).

4. $c=\dfrac{1}{2}$.

8. $a=\mathrm{e}^{\mathrm{e}}$, $x(\mathrm{e}^{\mathrm{e}})=1-\dfrac{1}{\mathrm{e}}$.

11. (1) $\mathrm{e}^{\frac{n+1}{2}}$;　(2) 1;　(3) $\dfrac{4}{3}$;　(4) $\mathrm{e}^{-\frac{1}{3}}$.

13. 当 $x>0$ 时, $f'(x)=2x^{2x}(\ln x+1)$; 当 $x<0$ 时, $f'(x)=(x+1)\mathrm{e}^x$; $f'(0)$ 不存在. 极大值 $f(0)=1$, 极小值点 $f\left(\dfrac{1}{\mathrm{e}}\right)=\mathrm{e}^{-\frac{2}{\mathrm{e}}}, f(-1)=1-\dfrac{1}{\mathrm{e}}$.

14. 铅直渐近线 $x=-1$, 斜渐近线 $y=x-1$ 和 $y=-x+1$. 凹区间 $(-\infty,-1),[0,+\infty)$, 凸区间 $(-1,0)$.

15. 曲率半径在点 $\left(\dfrac{\pi}{2},1\right)$ 处有最小值 1.

16. (1) 曲线在极值点 $x=-2$ 的对应点处的曲率为 $\dfrac{1}{2}$.

(2) 曲线在拐点 $\left(-3,-\dfrac{26}{9}\right)$ 的对应点处的切线方程为 $4x+27y+90=0$.

习　题　4-1

2. (1) $-\dfrac{1}{x}+C$;　(2) $\dfrac{2}{5}x^{\frac{5}{2}}+C$;　(3) $2\sqrt{x}+C$;　(4) $\dfrac{3}{10}x^{\frac{10}{3}}+C$;

(5) $-\dfrac{2}{3}x^{-\frac{3}{2}}+C$;　(6) $\dfrac{m}{m+n}x^{\frac{m+n}{m}}+C$;　(7) $\dfrac{5}{4}x^4+C$;

(8) $\dfrac{1}{3}x^3-\dfrac{3}{2}x^2+2x+C$;　(9) $\sqrt{\dfrac{2h}{g}}+C$;　(10) $\dfrac{1}{3}x^3-2x^2+4x+C$;

(11) $\ln|x|-\dfrac{2}{x}-\dfrac{3}{2x^2}+C$;　(12) $x+\dfrac{2}{3}x\sqrt{x}+C$;

(13) $2\sqrt{x}-\dfrac{4}{3}x^{\frac{3}{2}}+\dfrac{2}{5}x^{\frac{5}{2}}+C$;　(14) $x^3+\arctan x+C$;

(15) $-\dfrac{1}{x}-\arctan x+C$;　(16) $2\mathrm{e}^x+3\ln|x|+C$;

(17) $3\arctan x-2\arcsin x+C$;　(18) $\mathrm{e}^x-2\sqrt{x}+C$;

(19) $\dfrac{3^x e^x}{\ln 3+1}+C$;

(20) $-\dfrac{2}{3^x\ln 3}+\dfrac{1}{9\cdot 2^x\cdot\ln 2}+C$;

(21) $\tan x-\sec x+C$;

(22) $\dfrac{1}{2}(x-\sin x)+C$;

(23) $\dfrac{1}{2}\tan x+C$;

(24) $\sin x-\cos x+C$;

(25) $\tan x-\cot x+C$;

(26) $-\cot x-x+C$;

(27) $-\cot x-\tan x+C$.

3. $y=\ln x+1$.

4. $\displaystyle\int\frac{1}{a+b\cos x}\mathrm{d}x=\frac{2}{\sqrt{a^2+b^2}}\arctan\left(\sqrt{\frac{a-b}{a+b}}\tan\frac{x}{2}\right)+C$.

习 题 4-2

1. (1) $\dfrac{1}{k}e^{kx}+C$;

(2) $\dfrac{1}{2}x^2+C$;

(3) $\dfrac{1}{3}x^3+C$;

(4) $-\dfrac{1}{x}+C$;

(5) $\ln|x|+C$;

(6) $\arctan x+C$;

(7) $\dfrac{1}{\omega}\sin(\omega t+\varphi)+C$;

(8) $\dfrac{1}{2}\sin^2 x+C$.

2. (1) $-\dfrac{2}{9}(2-x)^{\frac{9}{2}}+C$;

(2) $-4e^{-\frac{\pi}{4}x}+C$;

(3) $\dfrac{1}{303}(3x+7)^{101}+C$;

(4) $-\dfrac{3}{2}\dfrac{1}{(1+2y)^2}+C$;

(5) $\dfrac{1}{b(k+1)}(a+bx)^{k+1}+c, k\neq -1, \dfrac{1}{b}\ln|a+bx|, k=-1$;

(6) $-\dfrac{1}{\omega}\cos(\omega t+\varphi)+C$;

(7) $\dfrac{a^{2x}}{2\ln a}+C$;

(8) $\begin{cases}\dfrac{1}{a+1}[f(x)]^{a+1}, & a\neq -1,\\ \ln|f(x)|+C, & a=-1;\end{cases}$

(9) $-\dfrac{\sqrt{3-2x^2}}{2}+C$;

(10) $\dfrac{1}{2}\left(\arctan x-\dfrac{1}{\sqrt{3}}\arctan\dfrac{x}{\sqrt{3}}\right)+C$;

(11) $-\dfrac{1}{5}\ln|\cos 5x|+C$;

(12) $ae^{\frac{x}{a}}-\dfrac{1}{b}\sin bx+x+C$;

(13) $-\dfrac{1}{15(x^5+1)^3}+C$;

(14) $\dfrac{4}{15}(1+x^3)^{\frac{5}{4}}+C$;

(15) $2\arcsin\sqrt{x}+C$;

(16) $-\dfrac{1}{4}\ln\left|2-x^4\right|+C$;

(17) $-\dfrac{4}{3}(1-\sqrt{x})^{\frac{3}{2}}+C$;

(18) $\arcsin\dfrac{\ln x}{\sqrt{3}}+C$;

(19) $\dfrac{1}{2}\ln\left|\ln^2 x-1\right|+C$;

(20) $\dfrac{1}{3}\tan^3 x+2\tan x-\cot x+C$;

(21) $\dfrac{2}{3}(\arctan x)^{\frac{3}{2}}+C$;

(22) $-e^{-\sin x}+C$;

(23) $\ln|1+\tan x|+C$;

(24) $\arctan(e^x)+C$;

(25) $\dfrac{1}{1-\arcsin x}+C$;

(26) $\dfrac{1}{2}\ln\left|1+\sin^2 x\right|+C$;

(27) $\dfrac{1}{4}\sin 2x-\dfrac{1}{16}\sin 8x+C$;

(28) $\frac{1}{3}\sin\frac{3}{2}x+\sin\frac{x}{2}+C$;

(29) $-\frac{1}{10}\cos 5x+\frac{1}{2}\cos x+C$;

(30) $\frac{1}{3}\sin^3 x-\frac{2}{5}\sin^5 x+\frac{1}{7}\sin^7 x+C$;

(31) $\frac{1}{3}\sec^3 x-\sec x+C$;

(32) $-\frac{1}{x\ln x}+C$;

(33) $\frac{1}{24}\ln\frac{x^6}{x^6+4}+C$;

(34) $\sqrt{2}\ln\left|\csc\frac{x}{2}-\cot\frac{x}{2}\right|+C$;

(35) $\arcsin\frac{2x-1}{\sqrt{13}}+C$;

(36) $\mathrm{e}^{\mathrm{e}^x}+C$;

(37) $\arcsin \mathrm{e}^x+C$;

(38) $2\arctan\sqrt{x}+C$;

(39) $\frac{\sqrt{2}}{2}\arctan\frac{x+1}{\sqrt{2}}+C$.

3. (1) $\frac{3}{2}\sqrt[3]{x^2}-3\sqrt[3]{x}+3\ln\left|1+\sqrt[3]{x}\right|+C$;

(2) $2\arctan\sqrt{x+1}+C$;

(3) $\sqrt{2x}-\ln(1+\sqrt{2x})+C$;

(4) $6\left(\sqrt[6]{x}-\arctan\sqrt[6]{x}\right)+C$;

(5) $2\sqrt{x}-4\sqrt[4]{x}+4\ln\left|\sqrt[4]{x}+1\right|+C$;

(6) $-2\mathrm{e}^{-\sqrt{x}}+C$;

(7) $\frac{a^2}{2}\left(\arcsin\frac{x}{a}-\frac{x}{a^2}\sqrt{a^2-x^2}\right)+C$;

(8) $\sqrt{x^2-9}-3\arccos\frac{3}{|x|}+C$;

(9) $\arccos\frac{1}{|x|}+C$;

(10) $\frac{x}{\sqrt{x^2+1}}+C$;

(11) $\arcsin x-\frac{1-\sqrt{1-x^2}}{x}+C$;

(12) $\ln\frac{\sqrt{1+\mathrm{e}^x}-1}{\sqrt{1+\mathrm{e}^x}+1}+C$.

(13) $2[\sqrt{1+\mathrm{e}^x}+\ln(\sqrt{1+\mathrm{e}^x}-1)]-x+C$;

(14) $\frac{3}{5}(1+\mathrm{e}^x)^{\frac{5}{3}}-\frac{3}{2}(1+\mathrm{e}^x)^{\frac{2}{3}}+C$;

(15) $\frac{1}{2}\arctan x+\frac{x}{2(1+x^2)}+C$.

4. $-F(1+\mathrm{e}^{-x})+C$.

习 题 4-3

1. $-\mathrm{e}^{-x}(x+1)+C$.
2. $-\frac{1}{3}x\cos 3x+\frac{1}{9}\sin 3x+C$.
3. $2x\sin\frac{x}{2}+4\cos\frac{x}{2}+C$.
4. $-\frac{1}{2}\left(x^2-\frac{3}{2}\right)\cos 2x+\frac{x}{2}\sin 2x+C$.
5. $x\arcsin x+\sqrt{1-x^2}+C$.
6. $x(\arcsin x)^2+2\sqrt{1-x^2}\arcsin x-2x+C$.
7. $\frac{1}{2}\ln\frac{x^2}{1+x^2}-\frac{1}{x}\arctan x+C$.
8. $-\frac{1}{2}x^2+x\tan x+\ln|\cos x|+C$.
9. $\frac{1}{6}x^3+\frac{1}{2}x^2\sin x+x\cos x-\sin x+C$.
10. $-\frac{1}{4}x\cos 2x+\frac{1}{8}\sin 2x+C$.

11. $x\ln^2 x - 2x\ln x + 2x + C$.

12. $-\dfrac{1}{x}(\ln x + 1) + C$.

13. $\dfrac{1}{2}(x^2 - 1)\ln(x-1) - \dfrac{1}{4}x^2 - \dfrac{1}{2}x + C$.

14. $x\ln(x + \sqrt{x^2+1}) - \sqrt{x^2+1} + C$.

15. $\tan x \ln(\sin x) - x + C$.

16. $\dfrac{x}{2}(\cos\ln x + \sin\ln x) + C$.

17. $-\dfrac{1}{10}\mathrm{e}^{-x}(\sin 3x + 3\cos 3x) + C$.

18. $\dfrac{1}{2}\mathrm{e}^x - \dfrac{1}{5}\mathrm{e}^x\sin 2x - \dfrac{1}{10}\mathrm{e}^x\cos 2x + C$.

19. $3\mathrm{e}^{\sqrt[3]{x}}(\sqrt[3]{x^2} - 2\sqrt[3]{x} + 2) + C$.

20. $\dfrac{1}{2}\left[x\sqrt{x^2+a^2} + a^2\ln(x + \sqrt{x^2+a^2})\right] + C$.

21. $xf'(x) - f(x) + C$.

22. $\mathrm{e}^x(x\ln x - 1) + C$.

习　题　4-4

1. (1) $\ln\left|x^2 - 2x + 5\right| + \arctan\dfrac{x-1}{2} + C$;　(2) $\dfrac{1}{2\sqrt{2}}\arctan\dfrac{x}{\sqrt{2}} - \dfrac{1}{4}\arctan\dfrac{x}{2} + C$;

(3) $\ln|x+1| - \dfrac{1}{2}\ln|2x+1| + C$;

(4) $\ln\dfrac{|x+1|}{\sqrt{x^2-x+1}} + \sqrt{3}\arctan\dfrac{2x-1}{\sqrt{3}} + C$;

(5) $\ln|x| - \dfrac{1}{2}\ln(x^2+1) + C$;

(6) $\ln\dfrac{|x|}{\sqrt{x+1}\sqrt[4]{x^2+1}} - \dfrac{1}{2}\arctan x + C$;

(7) $-\dfrac{1}{2}\ln|x+1| + 2\ln|x+2| - \dfrac{3}{2}\ln|x+3| + C$;

(8) $\ln\dfrac{(x-1)^2}{|x|} - \dfrac{x}{(x-1)^2} + C$;

(9) $\dfrac{1}{2}\ln|x| - \dfrac{1}{4}\ln(x^2+2) + \dfrac{1}{x(x^2+2)} - \dfrac{1}{2x} + \dfrac{1}{2\sqrt{2}}\arctan\dfrac{x}{\sqrt{2}} + C$.

2. (1) $\dfrac{2}{\sqrt{3}}\arctan\dfrac{2\tan\frac{x}{2}+1}{\sqrt{3}} + C$;　(2) $-\dfrac{1}{2}\cot\dfrac{x}{2} + \dfrac{1}{2}\ln\left|\tan\dfrac{x}{2}\right| + C$;

(3) $\dfrac{1}{2}\ln\left|\tan\dfrac{x}{2}\right| - \dfrac{1}{4}\tan^2\dfrac{x}{2} + C$;　(4) $\dfrac{1}{\sqrt{5}}\arctan\dfrac{3\tan\frac{x}{2}+1}{\sqrt{5}} + C$.

第四章总习题

一、1. $\dfrac{1}{2}\ln\dfrac{\mathrm{e}^x-1}{\mathrm{e}^x+1} + C$.　2. $\dfrac{1}{2(1-x)^2} - \dfrac{1}{1-x} + C$.

3. $\frac{1}{6a^3}\ln\left|\frac{a^3+x^3}{a^3-x^3}\right|+C.$

4. $\ln|x+\sin x|+C.$

5. $\ln x\,[\ln(\ln x)-1]+C.$

6. $\frac{1}{2}\arctan(\sin^2 x)+C.$

7. $\frac{1}{3}\tan^3 x-\tan x+x+C.$

8. $\frac{1}{8}\left(\frac{1}{3}\cos 6x-\frac{1}{2}\cos 4x-\cos 2x\right)+C.$

9. $\frac{1}{4}\ln|x|-\frac{1}{24}\ln(x^6+4)+C.$

10. $a\arcsin\frac{x}{a}-\sqrt{a^2-x^2}+C.$

11. $2\ln\left(\sqrt{x}+\sqrt{1+x}\right)+C.$

12. $\frac{1}{4}x^2+\frac{x}{4}\sin 2x+\frac{1}{8}\cos 2x+C.$

13. $\frac{1}{a^2+b^2}\mathrm{e}^{ax}(a\cos bx+b\sin bx)+C.$

14. $2\left[\sqrt{1+\mathrm{e}^x}+\ln(\sqrt{1+\mathrm{e}^x}-1)\right]-x+C.$

15. $\frac{\sqrt{x^2-1}}{x}+C.$

16. $\frac{1}{3a^4}\left[\frac{3x}{\sqrt{a^2-x^2}}+\frac{x^3}{\sqrt{(a^2-x^2)^3}}\right]+C.$

17. $-\frac{\sqrt{(1+x^2)^3}}{3x^3}+\frac{\sqrt{1+x^2}}{x}+C.$

18. $(4-2x)\cos\sqrt{x}+4\sqrt{x}\sin\sqrt{x}+C.$

19. $x(1+x^2)-2x+2\arctan x+C.$

20. $\frac{1}{2}\sin x\sec^2 x-\frac{1}{2}\ln|\sec x+\tan x|+C.$

21. $(x+1)\arctan\sqrt{x}-\sqrt{x}+C.$

22. $\frac{1}{2}(x\sec^2 x-\tan x)+C.$

23. $\frac{x^4}{8(1+x^8)}+\frac{1}{8}\arctan x^4+C.$

24. $\frac{x^4}{4}+\ln\frac{\sqrt[4]{x^4+1}}{x^4+2}+C.$

25. $\frac{1}{16}\arctan\frac{x}{2}+\frac{1}{32}\ln\frac{2+x}{2-x}+C.$

26. $x+\sec x-\tan x+C.$

27. $x\tan\frac{x}{2}+C.$

28. $\mathrm{e}^{\sin x}(x-\sec x)+C.$

29. $\ln x-6\ln(\sqrt[6]{x}+1)+C.$

30. $\ln\frac{\mathrm{e}^x}{1+\mathrm{e}^x}+\frac{1}{1+\mathrm{e}^x}+C.$

31. $\arctan(\mathrm{e}^x-\mathrm{e}^{-x})+C.$

32. $\frac{x\mathrm{e}^x}{\mathrm{e}^x+1}-\ln(1+\mathrm{e}^x)+C.$

33. $x\ln^2(x+\sqrt{1+x^2})-2\sqrt{1+x^2}\ln(x+\sqrt{1+x^2})+2x+C.$

34. $\frac{x\ln x}{\sqrt{1+x^2}}-\ln(x+\sqrt{1+x^2})+C.$

35. $\frac{1}{4}(\arcsin x)^2+\frac{x}{2}\sqrt{1-x^2}\arcsin x-\frac{1}{4}x^2+C.$

36. $-\frac{2+x^2}{3}\sqrt{1-x^2}\arccos x-\frac{2}{3}x-\frac{1}{9}x^3+C.$

37. $-\ln|1+\csc x|+C.$

38. $\ln|\tan x|-\frac{1}{2\sin^2 x}+C.$

39. $\frac{1}{3}\ln(2+\cos x)-\frac{1}{2}\ln(1+\cos x)+\frac{1}{6}\ln(1-\cos x)+C.$

40. $\frac{1}{2}(\sin x-\cos x)-\frac{1}{2\sqrt{2}}\ln\left|\csc\left(x+\frac{\pi}{4}\right)-\cot\left(x+\frac{\pi}{4}\right)\right|+C.$

41. $\ln(x+\ln x)+C.$

42. $\frac{1}{2}x+\frac{1}{2}\ln|\sin x+\cos x|+C.$

43. $x-(1+\mathrm{e}^{-x})\ln(1+\mathrm{e}^x)+C.$

44. $\frac{1}{2}e^{2x}\arctan\sqrt{e^x-1}-\frac{1}{6}(e^x-1)^{\frac{3}{2}}-\frac{1}{2}(e^x-1)^{\frac{1}{2}}+C$.

二、$F(x)=\begin{cases}(x-1)^2, & x<1,\\ x(\ln x-1), & x\geqslant 1.\end{cases}$

习 题 5-1

2. (1) $\frac{1}{2}(b^2-a^2)$; (2) $e-1$.

3. $A=\int_{-1}^{2}(x^2+1)dx$.

4. $s=\int_0^3\left(\frac{1}{2}t+2\right)dt$, $\frac{33}{4}$.

5. (1) 1; (2) $\frac{\pi}{4}$; (3) 1; (4) 2.

习 题 5-2

2. (1) $\int_0^1 x^2dx$ 较大; (2) $\int_1^2 x^3dx$ 较大; (3) $\int_3^4 \ln^2 x dx$ 较大;

(4) $\int_0^1 x dx$ 较大; (5) $\int_0^1 e^x dx$ 较大; (6) $\int_0^{\frac{\pi}{2}} x dx$ 较大.

3. (1) $\sqrt{2}\leqslant\int_0^1\sqrt{2+x-x^2}dx\leqslant\frac{3}{2}$; (2) $\pi\leqslant\int_{\frac{\pi}{4}}^{\frac{5\pi}{4}}\sqrt{1+\sin^2 x}dx\leqslant\sqrt{2}\pi$;

(3) $\frac{\pi}{9}\leqslant\int_{\frac{\sqrt{3}}{3}}^{\sqrt{3}}x\arctan x dx\leqslant\frac{2}{3}\pi$; (4) $2e^{-\frac{1}{4}}\leqslant\int_0^2 e^{x^2-x}dx\leqslant 2e^2$.

5. 0.

习 题 5-3

1. (1) $x\sqrt{1+x^2}$; (2) $-e^{-x^2}$;

(3) $\frac{\sqrt{\sqrt[3]{x}+1}}{3\sqrt[3]{x^2}}-\frac{\sqrt{\sqrt{x}+1}}{2\sqrt{x}}$; (4) $x^3\cos x^2-3x^2\int_0^x\cos t^2dt$.

2. $\cos^2 1, 0, \pi$.

3. $\frac{dy}{dx}=-\frac{2t\cos\sqrt{t^2}}{\sin^2 t}$, $\frac{d^2y}{dx^2}=-\frac{\sin t\left[2\cos\sqrt{t^2}-\frac{2t^2}{\sqrt{t^2}}\sin\sqrt{t^2}\right]-4t\cos\sqrt{t^2}\cdot\cos t}{\sin^5 t}$.

4. $-\frac{2x^3e^{x^2}}{e^{y^2}}$.

5. 当 $x=0$ 时, $I(x)$ 有极小值.

6. (1) $a\left(a^2-\frac{a}{2}+1\right)$; (2) $\frac{21}{8}$; (3) $\frac{\pi}{6}$; (4) $\frac{\pi}{3}$;

(5) 1;　(6) 1;　(7) 4;　(8) $-\frac{1}{6}$.

7. (1) $\frac{1}{3}$;　(2) 2.　8. $\frac{\pi}{3}$.　12. $\sin 1$.

习　题　5-4

1. (1) 0;　(2) $\frac{1}{2}\left(\frac{\pi}{3}-\frac{\sqrt{3}}{4}\right)$;　(3) $\frac{1}{4}$;　(4) $\ln 3$;

(5) $8\ln 2-5$;　(6) $\frac{5}{3}$;　(7) $\frac{1}{6}$;　(8) $\sqrt{3}-\frac{\pi}{3}$;

(9) $\frac{\pi}{16}a^4$;　(10) $\frac{\pi}{3}+\frac{\sqrt{3}}{2}$;　(11) $1-\frac{\pi}{4}$;　(12) $\frac{\pi}{8}-\frac{1}{4}$;

(13) $1-\mathrm{e}^{-\frac{1}{2}}$;　(14) $2\left(\sqrt{3}-1\right)$;　(15) $\frac{\pi}{2}$;　(16) $\frac{2}{3}$;

(17) $\frac{4}{3}$;　(18) $\frac{\pi}{4}-\frac{2}{3}$.

2. (1) $1-\frac{2}{\mathrm{e}}$;　(2) 1;　(3) $\left(\frac{1}{4}-\frac{\sqrt{3}}{9}\right)\pi+\frac{1}{2}\ln\frac{3}{2}$;

(4) $4(\ln 4-1)$;　(5) $\frac{\pi}{4}-\frac{1}{2}$;　(6) $2-\frac{1}{\ln 2}$;

(7) $\frac{1}{2}(\mathrm{e}\sin 1-\mathrm{e}\cos 1+1)$;　(8) $2\left(1-\frac{1}{\mathrm{e}}\right)$;　(9) $\frac{\pi^3}{6}-\frac{\pi}{4}$.

习　题　5-5

1. (1) $\frac{1}{3}$;　(2) 发散;　(3) $\frac{1}{\lambda}$;　(4) $\frac{3\pi}{4}$;　(5) 发散;　(6) 1;　(7) 2;

(8) 9;　(9) 发散;　(10) 1;　(11) $\frac{\pi}{2}$;　(12) $\frac{\pi^2}{16}+\frac{1}{4}$.

2. 当 $k>1$ 时收敛于 $\frac{1}{(k-1)(\ln 2)^{k-1}}$; 当 $k\leqslant 1$ 时发散.

4. $a<1$ 且 $a+b>1$.

5. $\frac{\pi\ln a}{2a}$ $\left(\text{提示: 作换元 } t=\frac{x}{a}\right)$.

习　题　5-6

1. (1) 收敛;　(2) 收敛;　(3) 收敛;　(4) 发散;　(5) 收敛;　(6) 发散;
(7) 收敛;　(8) 发散.

2. (1) $\frac{1}{n}\Gamma\left(\frac{1}{n}\right), n>0$;　(2) $\Gamma(p+1), p>-1$;　(3) $\frac{1}{|n|}\Gamma\left(\frac{m+1}{n}\right), \frac{m+1}{n}>0$.

第五章总习题

1. (1) 必要, 充分;　(2) 收敛的.

2. (1) B;　(2) D;　(3) A;　(4) C.

3. (1) $\frac{\pi}{4}$; (2) $\frac{1}{p+1}$; (3) $af(a)$; (4) $\frac{\pi^2}{4}$.

4. $\int_0^x f(t)\mathrm{d}t=\begin{cases}\frac{1}{2}\left(\mathrm{e}^{2x}-1\right), & 0\leqslant x\leqslant 1,\\ \frac{1}{2}\left(\mathrm{e}^2-1\right)+\frac{1}{2}\left[\ln\left(1+x^2\right)-\ln 2\right], & 1<x\leqslant 2.\end{cases}$

8. (1) $\frac{\pi}{2}$; (2) $\frac{\pi}{8}\ln 2$ (提示: 令 $x=\frac{\pi}{4}-u$); (3) $\frac{\pi}{4}$; (4) $2(\sqrt{2}-1)$;
(5) $\frac{1}{18}(1-2\sqrt{2})$; (6) $-4\ln 2+8-2\pi$; (7) $\frac{1}{2}$.

11. $\ln(\mathrm{e}+1)$.

15. $1+\ln x$.

17. (1) 收敛; (2) 收敛; (3) 收敛, 提示: 先分部积分再判别; (4) 收敛.

18. (1) $\frac{\pi}{4}$; (2) $\ln 2$; (3) $-\frac{\pi}{2}\ln 2$, 提示: $\int_{\frac{\pi}{4}}^{\frac{\pi}{2}}\ln(\sin x)\,\mathrm{d}x=\int_0^{\frac{\pi}{4}}\ln(\cos x)\,\mathrm{d}x$;
(4) $\frac{\pi}{4}$, 提示: 令 $x=\frac{1}{t}$.

习 题 6-2

1. (1) $\frac{1}{2}$; (2) 2; (3) 1; (4) $\frac{3}{2}-\ln 2$; (5) $2\pi+\frac{4}{3}$, $6\pi-\frac{4}{3}$;
(6) $\mathrm{e}+\frac{1}{\mathrm{e}}-2$; (7) $\frac{1}{2}$; (8) 18.

2. $\frac{9}{4}$.

3. (1) $a^2\left(\frac{\pi}{6}+\frac{\sqrt{3}}{4}\right)$; (2) $18\pi a^2$; (3) $\frac{3}{8}\pi a^2$; (4) 16π.

4. $3\pi a^2$.

5. (1) $\frac{5}{4}\pi$; (2) $\frac{\pi}{6}+\frac{1-\sqrt{3}}{2}$.

6. $\left(\frac{1}{\sqrt{3}},\frac{2}{3}\right)$, $\frac{2}{9}(2\sqrt{3}-3)$.

习 题 6-3

1. $\frac{4\sqrt{3}}{3}r^3$. 2. $\frac{1000}{3}\sqrt{3}$. 3. $\frac{3}{2}\pi$. 4. $\frac{19}{48}\pi$, $\frac{7\sqrt{3}}{10}\pi$.

5. (1) $\frac{32}{3}\pi$; (2) $\frac{512}{3}\pi$; (3) $4\pi^2$, $\frac{4}{3}\pi$; (4) $7\pi^2a^3$.

6. (1) $V_1=\frac{4\pi}{5}(32-a^5)$, $V_2=\pi a^4$; (2) $a=1$, $\frac{129}{5}\pi$.

习 题 6-4

1. $b\sqrt{1+4a^2b^2}+\frac{1}{2a}\ln(\sqrt{1+4a^2b^2}+2ab)$. 2. $\ln 3-\frac{1}{2}$.

3. $\frac{1}{p}\int_0^y \sqrt{p^2+y^2}\mathrm{d}y = \frac{y}{2p}\sqrt{p^2+y^2} + \frac{p}{2}[\ln(y+\sqrt{p^2+y^2}) - \ln p]$.

4. $\ln(1+\sqrt{2})$.　　5. $\ln(1+\sqrt{2})$.　　6. $x = a\left(\frac{2\pi}{3} - \frac{\sqrt{3}}{2}\right)$, $y = \frac{3a}{2}$.

7. $\ln\frac{3}{2} + \frac{5}{12}$.　　8. $8a$.

9. $\frac{\pi}{27}(10\sqrt{10}-1)$.

10. (1) $6a$;　(2) $\frac{12}{5}\pi a^2$.

习　题　6-5

1. $0.18k$J.　　2. $800\pi\ln 2$J.　　3. $\frac{27}{7}kc^{\frac{2}{3}}a^{\frac{7}{3}}$ (k 为比例常数).

4. 1.54×10^6J.　　5. 57697.5kJ.　　6. 91500J.

7. 1.47×10^5N.　　8. 8.66×10^5N.　　9. $\frac{1}{2}\rho gab(2h+b\sin\alpha)$.

10. 2m.　　11. $F_x = -\frac{2Gm\rho l}{a}\cdot\frac{1}{\sqrt{4a^2+l^2}}, F_y = 0$.

12. 引力的大小为 $\frac{2Gm\rho}{R}\sin\frac{\alpha}{2}$, 方向为 M 指向圆弧的中点.

习　题　6-6

1. 12m/s.　　2. $1-\frac{3}{\mathrm{e}^2}$.　　3. $\frac{6}{\pi}$, $\frac{3\sqrt{2}}{2}$.

第六章总习题

2. $\frac{\pi-1}{4}a^2$.　　3. $a=-\frac{5}{3}, b=2, c=0$.　　4. $\frac{4}{3}\pi$,　　5. $\frac{8}{3}$.　　7. $a=7\sqrt{7}$.

8. (1) 2;　(2) 1.　　9. 1.07×10^8J.　　10. 1.6×10^6N.

11. $\frac{4}{3}\pi r^4 g$.　　12. 9.75×10^8J.　　13. $\boldsymbol{F} = \left(\frac{3}{5}Ga^2, \frac{3}{5}Ga^2\right)$.

14. (1) $\frac{9}{4}\pi$;　(2) $\frac{27000}{8}\pi g$.

15. (1) $\sqrt{1+r+r^2}a$m;　(2) $\sqrt{\frac{1}{1-r}}a$m.

习　题　7-1

1. (1) $y=0$;　(2) $x=\pm2$;　(3) $z=\pm1$.
2. (1) 关于 x 轴: $(1,2,-3)$; 关于 y 轴: $(-1,-2,-3)$; 关于 z 轴: $(-1,2,3)$.
(2) 关于 xOy 面: $(1,-2,-3)$; 关于 yOz 面: $(-1,-2,3)$; 到 zOx 面: (1, 2, 3).
(3) 关于原点: $(-1,2,-3)$.
4. $|AB|=3$; $|AC|=\sqrt{14}$; $|BC|=\sqrt{21}$.
5. $M(0,1,0)$.
6. 到 x 轴: $d=\sqrt{34}$; 到 y 轴: $d=\sqrt{41}$; 到 z 轴: $d=5$.
到 xOy 面: $d=5$; 到 yOz 面: $d=4$; 到 zOx 面: $d=3$.

习 题 7-2

1. $5\boldsymbol{a}-11\boldsymbol{b}+7\boldsymbol{c}$.
2. $\sqrt{129}$; 7; 20; $20\sqrt{3}$.
3. 4.
4. $-\dfrac{3}{2}$.
5. 3.
6. ± 2.
7. $|\boldsymbol{a}|=|\boldsymbol{b}|$ 或 $\boldsymbol{a}\perp\boldsymbol{b}$.

习 题 7-3

1. $\boldsymbol{x}=-4\boldsymbol{i}+2\boldsymbol{j}-4\boldsymbol{k}$.
2. (1) $-\dfrac{10}{3}$; (2) 6.
3. $\pm\dfrac{1}{\sqrt{22}}(3,-2,3)$.
5. 11.
6. (1) 3; (2) $5\boldsymbol{i}+\boldsymbol{j}+7\boldsymbol{k}$; (3) $\dfrac{3}{\sqrt{14}}$; (4) $\dfrac{3}{\sqrt{6}}$; (5) $\dfrac{3}{2\sqrt{21}}$.
7. (1) 2; (2) $2\boldsymbol{i}+\boldsymbol{j}+21\boldsymbol{k}$; (3) $8\boldsymbol{j}+24\boldsymbol{k}$; (4) $-8\boldsymbol{j}-24\boldsymbol{k}$.

习 题 7-4

1. (1) (1, 0, 0), 1; (2) $\left(0,\dfrac{5}{4},0\right)$, $\dfrac{\sqrt{89}}{4}$.
2. (1) 椭圆柱面; (2) 双曲柱面; (3) 抛物柱面.
3. (1) $4x^2-9\left(y^2+x^2\right)=1$, $4\left(x^2+z^2\right)-9y^2=1$;
(2) $y^2+z^2=5x$; (3) $\sqrt{x^2+y^2}=z^2$.
4. (1) xOy 平面上的圆 $x^2+y^2=1$ 绕 x 轴或 y 轴旋转而成;
(2) 不是旋转抛物面;
(3) zOx 平面上的抛物线 $x+z^2=1$ 或 xOy 平面上的抛物线 $x+y^2=1$ 绕 x 轴旋转而成;
(4) xOy 平面上的双曲线 $x^2-y^2=1$ 或 zOx 平面上的双曲线 $x^2-z^2=1$ 绕 x 轴旋转而成;
(5) yOz 平面上的直线 $y\pm(z-1)=0$ 或者 zOx 平面上的直线 $x\pm(z-1)=0$ 绕 z 轴旋转一周而成.
5. $(x-1)^2+y^2+z^2=1$.
6. $10x+2z-35=0$.

习 题 7-5

1. $2x+9y-6z-121=0$.
3. $2x-y-3z=0$.
4. $4x+3y-6z+12=0$.

5. $a=-6, b=4, c=12$.

6. 两个平面相交, 夹角 $\theta=\dfrac{\pi}{3}$.

7. $M(0,0,2)$ 或 $N\left(0,0,\dfrac{4}{5}\right)$.

8. $x+\sqrt{26}y+3z-3=0$ 或 $x-\sqrt{26}y+3z-3=0$.

习　题　7-6

1. (1) 平面 $z=c$ 上的椭圆;　(2) 平面上 $z=1$ 上的抛物线.

3. $3y^2-z^2=16; 3x^2+2z^2=16$.

4. (1) $\begin{cases} x=\dfrac{3}{\sqrt{2}}\cos\theta, \\ y=\dfrac{3}{\sqrt{2}}\cos\theta, \\ z=3\sin\theta \end{cases}$ $(0\leqslant\theta\leqslant 2\pi)$;　(2) $\begin{cases} x=1+\sqrt{3}\cos\theta, \\ y=\sqrt{3}\sin\theta, \\ z=0 \end{cases}$ $(0\leqslant\theta\leqslant 2\pi)$.

5. 在 xOy 面上 $\begin{cases} x^2+4y=0, \\ z=0; \end{cases}$

在 xOz 面上 $\begin{cases} x^2+z^2-4z=0, \\ y=0; \end{cases}$

在 yOz 面上 $\begin{cases} 4y-z^2+4z=0, \\ x=0. \end{cases}$

习　题　7-7

1. $\dfrac{x-4}{2}=y+1=\dfrac{z-3}{5}$.

2. $\dfrac{x}{3}=\dfrac{y+2}{2}=\dfrac{z-1}{1}$.

3. $\dfrac{x}{-3}=y-1=\dfrac{z-2}{2}$.

4. (1) $\dfrac{x+2}{1}=\dfrac{y-3}{-2}=\dfrac{z}{-1}$, $\begin{cases} x=-2+t, \\ y=3-2t, \\ z=-t; \end{cases}$　(2) $\dfrac{x+5}{2}=\dfrac{y-7}{6}=\dfrac{z}{1}$, $\begin{cases} x=-5+2t, \\ y=7+6t, \\ z=t. \end{cases}$

5. (1) 不平行, 因为法向量与方向向量不垂直;　(2) $(1,0,1)$;　(3) $x-2y+z-2=0$.

6. $\dfrac{\sqrt{230}}{5}$.

7. $\dfrac{x-2}{11}=\dfrac{y+1}{-1}=\dfrac{z-3}{-35}$.

8. 平面方程为 $17x+31y-37z=0$; 投影直线方程为 $\begin{cases} 17x+31y-37z=0, \\ 4x-y+z=1. \end{cases}$

9. (1) 直线与平面平行;

(2) 相交, 夹角 $\theta=\arcsin\dfrac{2}{3\sqrt{6}}$, 交点为 $\left(\dfrac{7}{2},-8,\dfrac{11}{2}\right)$.

习 题 7-8

2. (1) 圆; (2) 椭圆; (3) 双曲线; (4) 抛物线.
5. (1) 平面中是直线, 空间中是平面;
(2) 平面中是直线, 空间中是平面;
(3) 平面中是圆, 空间中是圆柱面;
(4) 平面中是双曲线, 空间中是双曲柱面;
(5) 平面中表示点 $\left(-\frac{4}{3},-\frac{17}{3}\right)$, 空间中表示直线;
(6) 平面中表示点 (0, 3), 空间中表示直线.

第七章总习题

1. (1) $(-1,-\sqrt{2},1)$; $-\frac{1}{2}$; $-\frac{\sqrt{2}}{2}$; $\frac{1}{2}$.
(2) -4; $-7\boldsymbol{i}-9\boldsymbol{j}-4\boldsymbol{k}$; $k(7,9,4)$ (k 是常数).
(3) 直线在平面上. (4) $y^2+z^2=x$. (5) $\frac{\pi}{3}$.
(6) $x-y+z=0$. (7) $x-3y-z+4=0$. (8) $x-3y+z+2=0$.
2. (1) C; (2) D; (3) B; (4) A; (5) B.
3. (1) $2x-7y-4z-25=0$. (2) $5x-y+z-3=0$.
(3) $\frac{x+1}{1}=\frac{y}{2}=\frac{z-4}{5}$. (4) $\left(-\frac{4}{3},\frac{4}{3},\frac{1}{3}\right)$.
(5) $\frac{x-2}{4}=\frac{y}{-1}=\frac{z+1}{7}$. (6) $\frac{x}{1}=\frac{y-4}{-3}=\frac{z-7}{-5}$, $\begin{cases} x=t, \\ y=4-3t, \\ z=7-5t. \end{cases}$
(7) $\frac{x^2}{b^2}+\frac{y^2}{b^2}-\frac{z^2}{c^2}=1$ 是单叶旋转双曲面.
(8) $x^2+3y^2=8$. (9) $\begin{cases} 2x^2+2z^2=15, \\ y=0. \end{cases}$
(10) $\begin{cases} x^2+y^2+z^2-2x-4y-2z-3=0, \\ x^2+y^2+z^2-4x-2z+1=0. \end{cases}$
(11) $x^2+y^2=1-2z+2z^2$.
(12) S_1 的方程: $\frac{x^2}{4}+\frac{y^2+z^2}{3}=1$; S_2 的方程: $(x-4)^2-4y^2-4z^2=0$.

高等数学

(下册)

李晓迪　朱爱玲　赵　强　主编

科学出版社

北　京

内 容 简 介

本书由山东师范大学数学与统计学院组织编写，旨在更好地培养学生的分析、归纳、抽象、演绎推理以及计算等能力，促进学生形成具有创新精神、科学态度以及利用数学知识建立数学模型、解决实际问题的素养. 全书分上、下两册，上册内容包括函数、极限、连续，导数与微分，中值定理与导数的应用，不定积分，定积分，定积分的应用，向量代数与空间解析几何等；下册内容包括多元函数微分学，重积分，曲线积分与曲面积分，无穷级数以及常微分方程与差分方程等. 文中以二维码形式链接了知识点精讲视频和每章小结视频. 书末附有基本初等函数的图形及其主要性质、几种常见的曲线、积分表、部分习题参考答案与提示.

本书可作为普通高等院校非数学专业高等数学课程的教材，也可供考研学子及科研工作者参考.

图书在版编目(CIP)数据

高等数学 ： 全 2 册 / 李晓迪，朱爱玲，赵强主编. -- 北京 ： 科学出版社，2025. 8. -- ISBN 978-7-03-080934-6

I. O13

中国国家版本馆 CIP 数据核字第 20244TE538 号

责任编辑：胡海霞　李香叶 / 责任校对：杨聪敏

责任印制：师艳茹 / 封面设计：无极书装

科学出版社 出版

北京东黄城根北街 16 号

邮政编码: 100717

http://www.sciencep.com

三河市骏杰印刷有限公司印刷

科学出版社发行　各地新华书店经销

*

2025 年 8 月第　一　版　开本: 720×1000　1/16

2025 年 8 月第一次印刷　印张: 45 1/4

字数: 907 000

定价: 139.00 元 (全 2 册)

(如有印装质量问题，我社负责调换)

目　录

第八章　多元函数微分学

许多实际问题中需要考虑三个及以上变量之间的关系, 这种关系可以用多元函数来描述. 多元函数微分学是一元函数微分学的推广与发展, 其概念和方法与一元函数微分学既有密切联系, 又有本质区别. 这些本质区别在二元函数中全部体现出来, 从二元函数到三元及以上的多元函数, 仅会提高复杂度. 因此研究多元函数微分学以二元函数为主. 有了二元函数微分学的理论与研究方法之后, 可以把它们推广到三元及以上的多元函数.

第一节　多元函数的基本概念

一、 区域

1. 平面点集中的邻域

设 $P_0(x_0,y_0)$ 是 xOy 面上的点, δ 是正实数, 与点 $P_0(x_0,y_0)$ 的距离小于 δ 的点 $P(x,y)$ 的全体, 称为点 P_0 的 δ **邻域**, 记为 $U(P_0,\delta)$, 即

$$U(P_0,\delta)=\left\{(x,y)\middle|\sqrt{(x-x_0)^2+(y-y_0)^2}<\delta\right\}.$$

在几何上, $U(P_0,\delta)$ 是 xOy 面上以点 $P_0(x_0,y_0)$ 为中心、$\delta>0$ 为半径的圆的内部点的全体. 从 $U(P_0,\delta)$ 中去掉点 P_0, 称为点 P_0 的**去心 δ 邻域**, 记为 $\mathring{U}(P_0,\delta)$, 即

$$\mathring{U}(P_0,\delta)=\left\{(x,y)\middle|\ 0<\sqrt{(x-x_0)^2+(y-y_0)^2}<\delta\right\}.$$

P_0 的 δ 邻域或去心 δ 邻域简称为**邻域**或**去心邻域**, 在不需指明邻域半径时, 简记为 $U(P_0)$ 或 $\mathring{U}(P_0)$.

2. 平面点集中的区域

1) 内点、边界点

设 E 是一个平面点集, P 是平面 E 上的一个点, 若存在 $\delta>0$, 使 $U(P,\delta)\subset E$, 则称点 P 为点集 E 的**内点**, 如图 8-1 所示. E 的内点的全体构成的集合称为 E 的**内部**. 例如, 集合 $E_1=\{(x,y)\mid 1<x^2+y^2<4\}$ 中的任一点都是 E_1 的内点; $E_2=\{(x,y)|\ x+y\geqslant 1\}$ 中满足 $x+y=1$ 的点 (x,y) 都不是 E_2 的内点.

若点 P 的任一邻域内既有属于 E 的点, 也有不属于 E 的点, 则称点 P 为 E 的**边界点**, 如图 8-2 所示. E 的边界点的全体构成的集合称为 E 的**边界**, 记为 ∂E.

例如 $\partial E_1 = \{(x,y)|\ x^2+y^2=1\}\cup\{(x,y)|\ x^2+y^2=4\}$, $\partial E_2=\{(x,y)|\ x+y=1\}$.

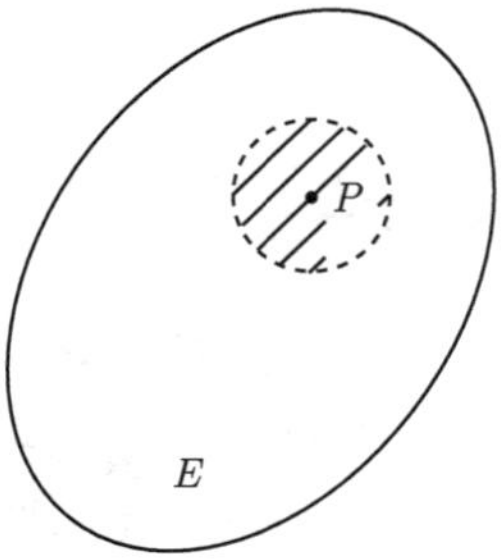

图 8-1

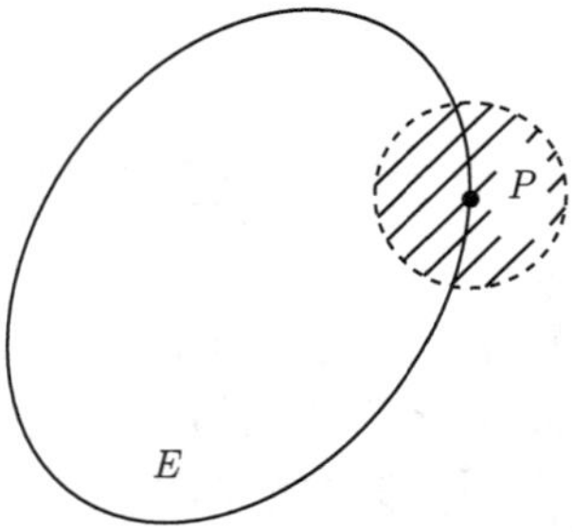

图 8-2

2) 开集、闭集

若点集 E 中的每一点都是 E 的内点, 则称 E 为**开集**. 若点集 E 包含它的全部内点和边界点, 则称 E 为**闭集**. 例如 E_1 是开集, E_2 是闭集, $E_3=\{(x,y)|1<x^2+y^2\leqslant 2\}$ 既非开集, 也非闭集.

3) 连通集、区域

设 E 是平面点集, 若对于 E 中任意两点 P, Q, 总可以用完全含在 E 内的折线连接起来, 则称 E 是**连通集**. 例如 E_1, E_2, E_3 是连通集, 点集 $E_4=\{(x,y)|\ x\cdot y\neq 0\}$ 是非连通集.

连通的开集称为**区域**或**开区域**, 开区域及它的边界构成的点集称为**闭区域**. 例如 E_1 是开区域, E_2 是闭区域.

4) 有界集、无界集

设 E 是平面点集, 若存在某个正实数 r, 使得 $E\subset U(O,r)$, 其中 O 表示坐标原点, 则称 E 为**有界集**. 否则称为**无界集**. 例如 E_1, E_3 为有界集, 而 E_2, E_4 为无界集.

3. 聚点

设 E 是平面上的一个点集, 若平面 E 上点 P 的任一邻域内总有无限多个点属于 E, 则称 P 为 E 的**聚点**. 易见, E 的内点一定是 E 的聚点, 而 E 的边界点可能是 E 的聚点也可能不是 E 的聚点. 不是聚点的边界点称为**孤立点**. E 的聚点可能属于 E, 也可能不属于 E. 例如集合 E_3, 满足 $x^2+y^2=1$ 的点 (x,y) 都是 E_3 的边界点, 也是 E_3 的聚点, 它们都不属于 E_3, 而满足 $x^2+y^2=4$ 的点 (x,y) 都是 E_3 的边界点, 也是 E_3 的聚点, 它们都属于 E_3.

4. n 维空间

已知数轴上的点与实数有一一对应关系, 实数的全体表示数轴上所有点的集合. 在平面或空间引入直角坐标系后, 平面上或空间中的点, 与有序数组 (x,y) 或

(x,y,z) 有一一对应关系, 有序数组 (x,y) 或 (x,y,z) 的全体表示平面上或空间中所有点的集合. 一般地, 设 n 为正整数, 称 n 元有序数组 $(x_1,x_2,\cdots,x_n)$ 的全体为 n **维空间**, 记为 $\mathbf{R}^n$. 每个 n 元有序数组 $(x_1,x_2,\cdots,x_n)$ 称为 n **维空间中的一个点**. 对于 $i=1,2,\cdots,n$, 数 x_i 称为该点的**第 i 个坐标**. n 维空间中两点 $P(x_1,x_2,\cdots,x_n)$ 与 $Q(y_1,y_2,\cdots,y_n)$ 间的**距离**定义为

$$|PQ|=\sqrt{(y_1-x_1)^2+(y_2-x_2)^2+\cdots+(y_n-x_n)^2}.$$

当 $n=1,2,3$ 时, 上式为解析几何在数轴上、平面上、空间中两点间的距离.

以上对平面点集给出的一系列概念, 都可推广到 n 维空间中. 例如 n 维空间中点 $P_0(x_1^0,x_2^0,\cdots,x_n^0)$ 的 δ 邻域, 定义为 n 维空间中的点集

$$U(P_0,\delta)=\Big\{P\Big|\sqrt{(x_1-x_1^0)^2+(x_2-x_2^0)^2+\cdots+(x_n-x_n^0)^2}<\delta,$$
$$P(x_1,x_2,\cdots,x_n)\in\mathbf{R}^n,\delta>0\Big\}.$$

以此邻域概念为基础, 可定义 n 维空间中点集的内点、边界点、区域等一系列概念.

二、 多元函数

例 1 一定质量的理想气体, 其压强 P 与容积 V 及绝对温度 T 之间满足气态方程

$$P=\frac{kT}{V},\quad T>T_0,\ V>0,$$

其中 k 为常数. 当 T,V 的值给定时, 由以上关系式, P 有确定的值与之对应, 称变量 P 为变量 T,V 的二元函数.

例 2 圆柱体的侧面积 S, 底半径 r 与高 h 满足

$$S=2\pi rh,\quad r>0,\ h>0.$$

当 r 与 h 值分别给定时, S 有确定的值与之对应, 称变量 S 是变量 r 与 h 的二元函数.

以上两个实例, 虽然具体背景不同, 但它们在数学上具有共同的性质, 这些共性给出二元函数的定义.

定义 1 设 D 为非空平面点集, 称映射 $f:D\to\mathbf{R}$ 为定义在 D 上的**二元函数**, 通常记为

$$z=f(x,y),\quad (x,y)\in D\quad 或\quad z=f(P),\quad P\in D,$$

其中 x,y 称为**自变量**, z 称为**因变量**, D 称为函数 f 的**定义域**. 数集 $\{z\mid z=f(x,y),(x,y)\in D\}$ 称为函数 f 的**值域**.

当 z 是 x,y 的函数时, 也可记为 $z=z(x,y)$, $z=\varphi(x,y)$ 等. 类似地, 可以定义三元函数 $u=f(x,y,z)$ 以及三元以上的函数.

一般地, 把定义 1 中自变量 x,y 的取值范围 D 换为自变量 $x_1,x_2,\cdots,x_n$ 的取值范围 D, 则可类似地定义 n 元函数 $u=f(x_1,x_2,\cdots,x_n)$, 这里点 $P(x_1,x_2,\cdots,x_n)\in D$. 当 $n=1$ 时, n 元函数就是一元函数; 当 $n\geqslant 2$ 时, n 元函数统称为**多元函数**.

与一元函数情况类似, 由实际问题给出的多元函数, 其定义域是使实际问题有意义的自变量的取值范围. 例如例 2 中, 自变量 r,h 分别表示圆柱体的底半径与高, 函数定义域为 $\{(r,h)\,|\,r>0,h>0\}$, 如图 8-3 所示, 是一个无界开区域. 而由解析式表达的多元函数 $u=f(P)$ 的定义域, 则是使该解析式有意义的自变量的取值范围.

例 3 求函数 $z=\ln(x^2+y^2-2x)+\ln(4-x^2-y^2)$ 的定义域, 并将定义域用平面图形表示.

解 当

$$x^2+y^2-2x>0 \quad 且 \quad 4-x^2-y^2>0$$

时该函数有意义, 解得定义域为 $\{(x,y)\mid 2x<x^2+y^2<4\}$, 如图 8-4 所示.

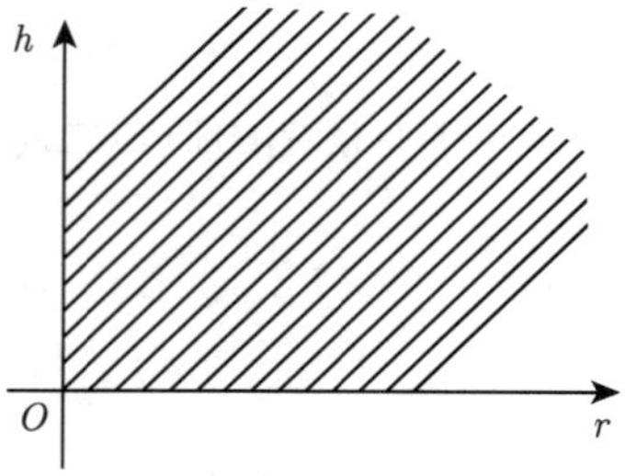

图 8-3

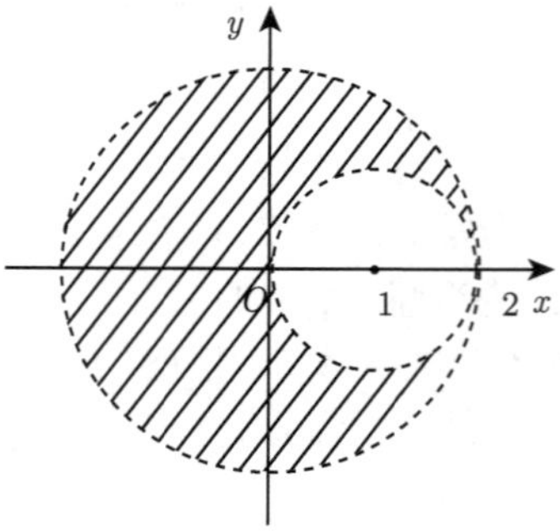

图 8-4

设二元函数 $z=f(x,y)$ 的定义域为 D, 对于 D 中每一点 $P(x,y)$, 由函数 $z=f(x,y)$, 有空间中一点 $M(x,y,f(x,y))$ 与之对应. 称空间中点集

$$\{(x,y,z)\mid z=f(x,y),(x,y)\in D\}$$

为二元函数 $z=f(x,y)$ 的**图形**. 通常, 二元函数的图形是三维空间中的一张曲面, 如图 8-5 所示.

例如, 线性函数

$$z = ax + by + c$$

的图形是一张平面, 而函数 $z = x^2 + y^2$ 的图形是旋转抛物面.

三元及以上的多元函数图形没有直观的几何图像.

另外, 多元函数也有单值函数与多值函数之分, 而多值函数可转化为单值函数来讨论. 以后如无特别说明, 所讨论的函数总是单值的.

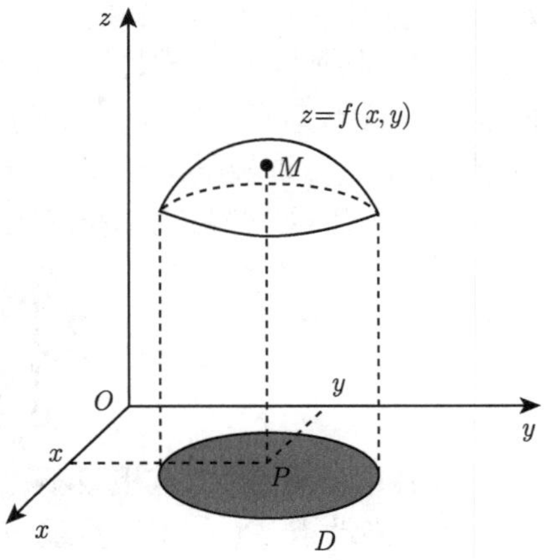

图 8-5

三、 多元函数的极限

定义 2　设函数 $z = f(x,y)$ 的定义域为 D, 点 $P_0(x_0,y_0)$ 是 D 的聚点, A 是一个常数. 若对任意给定的正数 ε, 总存在正数 δ, 使得对于 D 中满足不等式 $0 < |PP_0| = \sqrt{(x-x_0)^2+(y-y_0)^2} < \delta$ 的所有点 $P(x,y)$, 都有 $|f(x,y) - A| < \varepsilon$, 则称数 A 为函数 $z = f(x,y)$ 当 $(x,y) \to (x_0,y_0)$ 时的**极限**. 记作

$$\lim_{(x,y)\to(x_0,y_0)} f(x,y) = A \quad 或 \quad f(P) \to A \quad (P \to P_0).$$

为区别于一元函数的极限, 二元函数的极限称为**二重极限**.

例 4　证明 $\lim\limits_{(x,y)\to(0,0)}(x^2+y^2)\sin\dfrac{1}{x^2+y^2} = 0.$

证　因为 $\left|(x^2+y^2)\sin\dfrac{1}{x^2+y^2} - 0\right| = |x^2+y^2|\cdot\left|\sin\dfrac{1}{x^2+y^2}\right| \leqslant x^2+y^2$, 所以, 对任意 $\varepsilon > 0$, 取 $\delta = \sqrt{\varepsilon}$, 则当

$$0 < \sqrt{(x-0)^2+(y-0)^2} < \delta$$

时, 总有

$$\left|(x^2+y^2)\sin\frac{1}{x^2+y^2} - 0\right| < \varepsilon$$

成立, 从而

$$\lim_{(x,y)\to(0,0)}(x^2+y^2)\sin\frac{1}{x^2+y^2} = 0.$$

由二元函数极限定义不难看出, 函数 $f(x,y)$ 在点 $P_0(x_0,y_0)$ 的二重极限存在, 是指 xOy 坐标面上的动点 $P(x,y)$ 在函数定义域 D 中以任意方式趋于点

$P_0(x_0, y_0)$ 时, 相应的函数值 $f(x, y)$ 都无限接近常数 A. 因此, 若动点 $P(x, y)$ 在区域 D 中以某种特殊方式趋于 $P_0(x_0, y_0)$ 时, $f(x, y)$ 不趋于一个确定的常数, 或以两种方式趋于 $P_0(x_0, y_0)$ 时, $f(x, y)$ 趋于不同的常数, 则可断定当 $(x, y) \to (x_0, y_0)$ 时 $f(x, y)$ 的二重极限不存在.

例 5 证明: 普吕克 (Plücker) 函数

$$f(x,y)=\begin{cases}\dfrac{xy}{x^2+y^2}, & (x,y)\neq(0,0),\\ 0, & (x,y)=(0,0)\end{cases}$$

当 $(x, y) \to (0, 0)$ 时二重极限不存在.

证 当动点 $P(x, y)$ 沿直线 $y = kx$, k 为任意实常数, 趋于 $(0, 0)$ 时, 有

$$\lim_{\substack{x\to 0\\ y=kx}} f(x,y)=\lim_{x\to 0}\frac{kx^2}{x^2+k^2x^2}=\frac{k}{1+k^2}.$$

易见, 它随着 k 的不同而不同, 所以当 $(x, y) \to (0, 0)$ 时 $f(x, y)$ 的二重极限不存在.

例 6 二元函数

$$f(x,y)=\begin{cases}1, & 0<y<x^2, -\infty<x<+\infty,\\ 0, & 其他.\end{cases}$$

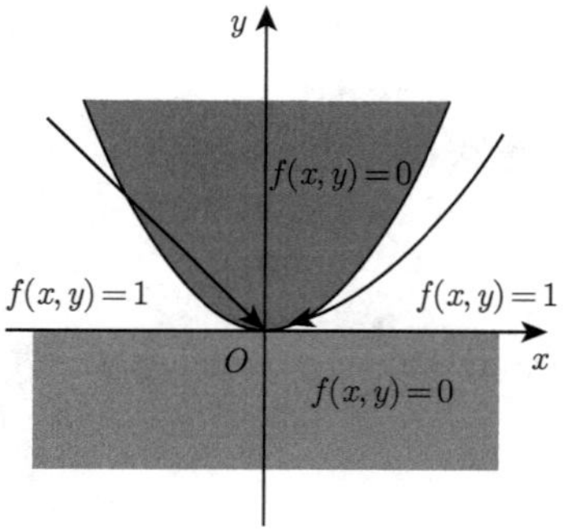

图 8-6

如图 8-6 所示, 当点 (x, y) 沿任何直线趋于原点 O 时, $f(x, y)$ 都趋于零, 但这并不表明此函数当 $(x, y) \to (0, 0)$ 时函数 $f(x, y)$ 的极限存在. 因为当点 (x, y) 沿抛物线 $y = kx^2, 0 < k < 1$, 趋于原点 O 时, $f(x, y)$ 趋于 1. 所以极限

$$\lim_{(x,y)\to(0,0)} f(x,y)$$

不存在.

二元函数的极限具有与一元函数极限类似的性质与运算法则.

例 7 求 $\displaystyle\lim_{(x,y)\to(0,2)}\frac{\sin(xy)}{x}$.

解 函数 $f(x,y)=\dfrac{\sin(xy)}{x}$ 在区域 $D=\{(x,y)|\ x\neq 0, -\infty<y<+\infty\}$ 内有定义, $P_0(0, 2)$ 为区域 D 的聚点, 在区域 D 内当 (x, y) 充分接近 $P_0(0, 2)$ 时, 由二元函数的极限运算法则得

$$\lim_{(x,y)\to(0,2)} \frac{\sin(xy)}{x} = \lim_{x\to 0} \frac{\sin(xy)}{xy} \cdot \lim_{y\to 2} y = 1 \cdot 2 = 2.$$

若 P_0, P 是 n 维空间中的点, 则将定义 2 推广, 可得到 n 重极限的定义. 二元函数极限的有关定理与运算法则也可推广到 n 元函数中.

四、 多元函数的连续性

定义 3 设函数 $f(x,y)$ 在区域 D 上有定义, 点 $P_0(x_0,y_0)$ 是区域 D 的聚点且 $P_0 \in D$. 当 $(x,y) \in D$ 时,

$$\lim_{(x,y)\to(x_0,y_0)} f(x,y) = f(x_0,y_0),$$

则称函数 $f(x,y)$ 在点 $P_0(x_0,y_0)$ **连续**.

若 $f(x,y)$ 在区域 (或闭区域) D 内每一点都连续, 则称函数 $f(x,y)$ **在区域 (或闭区域)** D **上连续**. 若函数 $f(x,y)$ 在点 $P_0(x_0,y_0)$ 不连续, 则称 $f(x,y)$ 在点 P_0 **间断**, 点 P_0 称为 $f(x,y)$ 的**间断点**.

由例 5 可知, 点 $(0,0)$ 是普吕克函数的间断点. 函数 $z = \dfrac{xy}{y-x^2}$ 在抛物线 $y = x^2$ 上没有定义, 所以该抛物线上的点都是间断点.

例 8 设 $\alpha > 0$, 讨论函数

$$f(x,y) = \begin{cases} \dfrac{x^\alpha}{x^2+y^2}, & (x,y) \neq (0,0), \\ 0, & (x,y) = (0,0) \end{cases}$$

在点 $(0,0)$ 的连续性.

解 当 $\alpha > 2$ 且 $r \to 0$ 时,

$$|f(r\cos\theta, r\sin\theta)| = \left|r^{\alpha-2}(\cos\theta)^\alpha\right| \leqslant r^{\alpha-2} \to 0,$$

因此 $\lim\limits_{(x,y)\to(0,0)} f(x,y) = 0 = f(0,0)$, 此时 $f(x,y)$ 在点 $(0,0)$ 连续; 当 $\alpha \leqslant 2$ 时, $\lim\limits_{(x,y)\to(0,0)} f(x,y)$ 不存在, 此时 $f(x,y)$ 在点 $(0,0)$ 间断.

由极限运算法则和二元函数连续的概念, 可证明二元连续函数的和、差、积均为连续函数; 当分母不为零时, 二元连续函数的商是连续函数; 二元连续函数的复合函数也是连续函数.

由 x, y 的基本初等函数及常数经过有限次四则运算与复合步骤所得到的函数称为**二元初等函数**. 例如 $\dfrac{x+x^2-y^2}{1+x^2}, \sin(x+y), \mathrm{e}^{x+y}, \ln(1+x^2+y^2)$ 都是二元初等函数.

由二元连续函数的和、差、积、商与连续函数的复合函数的连续性及基本初等函数的连续性, 可得结论: 二元初等函数 $z=f(x,y)$ 在它的定义域内是连续的.

由二元初等函数的连续性结论知, 当点 $P_0(x_0,y_0)$ 属于初等函数 $f(x,y)$ 的定义区域时, 有

$$\lim_{(x,y)\to(x_0,y_0)} f(x,y)=f(x_0,y_0).$$

以上关于二元函数的连续性定义、性质及二元初等函数定义及有关结论, 可推广到 n 元函数中去.

闭区间上的一元连续函数的重要性质, 同样可推广到多元函数中.

性质 1 (最大值与最小值定理)　若多元函数 $f(P)$ 在有界闭区域 D 上连续, 则函数 $f(P)$ 在区域 D 上一定能取到最大值与最小值, 即在区域 D 内至少有两点 P_1 与 P_2, 对于一切点 $P\in D$, 有

$$f(P_1)\leqslant f(P)\leqslant f(P_2).$$

由此可得有界闭区域 D 上连续函数在区域 D 上有界.

性质 2 (介值定理)　若多元函数 $f(P)$ 在有界闭区域 D 上连续, P_1, P_2 是区域 D 内两点且 $f(P_1)<f(P_2)$, 则对满足 $f(P_1)<u<f(P_2)$ 的任意实数 u, 在区域 D 上至少存在一点 P_0, 使得 $f(P_0)=u$.

由性质 1 与性质 2 可得, 有界闭区域 D 上连续的函数, 必取得介于其在区域 D 上的最大值 M 与最小值 m 之间的任何值.

习　题　8-1

1. 判断下列平面点集中哪些是开集、闭集、有界集、区域, 并分别指出它们的聚点与边界点:

(1) $\{(x,y)\mid xy\neq 0\}$;　　(2) $\{(x,y)\mid |x|<1,|y-1|<2\}$;

(3) $\left\{(x,y)\,\middle|\, x^2+(y-1)^2\geqslant 1\right\}\cap\left\{(x,y)\,\middle|\, x^2+(y-2)^2\leqslant 4\right\}$;

(4) $\left\{(x,y)\,\middle|\, y=\sin\dfrac{1}{x}, x>0\right\}$.

2. (1) 设 $f(x,y)=\dfrac{xy}{x+y}$, 求 $f(x+y,x-y)$;

(2) 设 $f(x,y)=x^2-y^2,\varphi(x)=\cos x,\psi(x)=\sin x$, 求 $f(\varphi(x),\psi(x))$;

(3) 设 $f(x,y)=3x+2y$, 求 $f(1,f(x,y))$.

3. 求下列函数的定义域, 并作出定义域图形:

(1) $z=\ln xy$;　　(2) $z=\ln(1-x^2)+\sqrt{y-x^2}+\sqrt[3]{x+y+1}$;

(3) $z=\arccos\dfrac{x}{x+y}$;　　(4) $z=\arcsin\dfrac{x^2+y^2}{4}+\dfrac{1}{\sqrt{x^2+y^2}}$;

(5) $z=\sqrt{\sin(x^2+y^2)}$;　　(6) $z=\mathrm{e}^{-(x^2+y^2)}$.

4. 求下列极限:

(1) $\lim\limits_{\substack{x\to 1\\ y\to 2}}\dfrac{3xy+x^2y^2}{x+y}$;　　(2) $\lim\limits_{\substack{x\to 0\\ y\to 0}}\dfrac{x^2y^2}{x^2+y^2}$;

(3) $\lim\limits_{\substack{x\to 1\\ y\to 0}}\dfrac{\ln(1+xy)}{y}$;　　(4) $\lim\limits_{\substack{x\to 0\\ y\to 0}}(x^2+y^2)\sin\dfrac{1}{x^2+y^2}$;

(5) $\lim\limits_{\substack{x\to 0\\ y\to 0}}\dfrac{1-\cos(x^2+y^2)}{(x^2+y^2)(1+\mathrm{e}^{xy})}$;　　(6) $\lim\limits_{\substack{x\to 0\\ y\to 0}}(x^2+y^2)^{x^2y^2}$.

5. 证明下列极限不存在:

(1) $\lim\limits_{\substack{x\to 0\\ y\to 0}}\dfrac{x^2y}{x^4+y^2}$;　　(2) $\lim\limits_{\substack{x\to 0\\ y\to 0}}\dfrac{x^2y^2}{x^2y^2+(x-y)^2}$.

6. 求下列函数的连续区域:

(1) $z=\dfrac{\ln(x^2+y^2)}{x+y}$;　　(2) $z=\begin{cases} x\sin\dfrac{1}{y}+y\sin\dfrac{1}{x}, & xy\neq 0,\\ 0, & xy=0.\end{cases}$

7. 证明: 若函数 $f(x,y)$ 在某一区域 G 上对 x 连续, 对 y 满足利普希茨 (Lipschitz) 条件, 即对任何 $(x,y')\in G$, $(x,y'')\in G$, 有

$$\left|f(x,y')-f(x,y'')\right|\leqslant L\left|y'-y''\right|,$$

其中 L 是常数, 则函数 $f(x,y)$ 在区域 G 上连续.

第二节 偏 导 数

一、 偏导数概念

定义 1 设函数 $z=f(x,y)$ 在点 (x_0,y_0) 的某邻域内有定义, 将 y 固定在 y_0, 而 x 在 x_0 取增量 $\Delta x\neq 0$, 相应地函数有增量

$$\Delta_x z=f(x_0+\Delta x,y_0)-f(x_0,y_0).$$

$\Delta_x z$ 称为函数 $z=f(x,y)$ 在点 (x_0,y_0) 对 x 的**偏增量**. 若极限

$$\lim_{\Delta x\to 0}\frac{\Delta_x z}{\Delta x}=\lim_{\Delta x\to 0}\frac{f(x_0+\Delta x,y_0)-f(x_0,y_0)}{\Delta x}$$

存在, 则称此极限为函数 $z=f(x,y)$ 在点 (x_0,y_0) 对 x 的**偏导数**, 记作

$$f_x(x_0,y_0),\quad z_x\Big|_{\substack{x=x_0\\ y=y_0}},\quad \frac{\partial f}{\partial x}\Big|_{\substack{x=x_0\\ y=y_0}}\quad 或\quad \frac{\partial z}{\partial x}\Big|_{\substack{x=x_0\\ y=y_0}}.$$

类似地, 若函数 $z=f(x,y)$ 对 y 的偏增量 $\Delta_y z$ 与 Δy 之比的极限

$$\lim_{\Delta y\to 0}\frac{\Delta_y z}{\Delta y}=\lim_{\Delta y\to 0}\frac{f(x_0,y_0+\Delta y)-f(x_0,y_0)}{\Delta y}$$

存在, 则称此极限为函数 $z=f(x,y)$ 在点 (x_0,y_0) 对 y 的**偏导数**, 记作

$$f_y(x_0,y_0),\quad z_y\Big|_{\substack{x=x_0\\y=y_0}},\quad \frac{\partial f}{\partial y}\Big|_{\substack{x=x_0\\y=y_0}}\quad 或\quad \frac{\partial z}{\partial y}\Big|_{\substack{x=x_0\\y=y_0}}.$$

由定义可知, 二元函数 $f(x,y)$ 在点 (x_0,y_0) 对 x (或对 y) 的偏导数, 是一元函数 $f(x,y_0)$ 在点 x_0 的导数 (或 $f(x_0,y)$ 在点 y_0 的导数). 它刻画的是函数 $f(x,y)$ 在点 (x_0,y_0) 动点沿平行于 x 轴 (或 y 轴) 的直线 $y=y_0$ (或 $x=x_0$) 变化时的变化率.

若函数 $z=f(x,y)$ 在区域 D 内每一点 $P(x,y)$ 对 x 的偏导数都存在, 则对于区域 D 内每一点 $P(x,y)$, 都有对 x 的偏导数值与它对应. 因此, 函数对 x 的偏导数是区域 D 内点 P 的函数, 也是 x,y 的二元函数. 该函数称为**函数** $z=f(x,y)$ **对自变量** x **的偏导函数**. 记作

$$f_x(x,y),\quad z_x,\quad \frac{\partial f}{\partial x}\quad 或\quad \frac{\partial z}{\partial x}.$$

类似地, 可定义**函数** $z=f(x,y)$ **对自变量** y **的偏导函数**, 记作

$$f_y(x,y),\quad z_y,\quad \frac{\partial f}{\partial y}\quad 或\quad \frac{\partial z}{\partial y},$$

即函数 $f(x,y)$ 对 x,y 的偏导函数分别为

$$\frac{\partial f}{\partial x}=\lim_{\Delta x\to 0}\frac{f(x+\Delta x,y)-f(x,y)}{\Delta x},$$
$$\frac{\partial f}{\partial y}=\lim_{\Delta y\to 0}\frac{f(x,y+\Delta y)-f(x,y)}{\Delta y}.$$

由此可见, 函数 $f(x,y)$ 在点 (x_0,y_0) 对 x,y 的偏导数 $f_x(x_0,y_0), f_y(x_0,y_0)$ 是偏导函数 $f_x(x,y)$, $f_y(x,y)$ 在点 (x_0,y_0) 的函数值. 以后在不致混淆的情况下, 把偏导函数简称为**偏导数**.

例 1　求 $z=x^2y+y^2$ 在点 $(2,3)$ 的偏导数.

解　**方法 1**　视 y 为常量, 对 x 求导, 得

$$\frac{\partial z}{\partial x}=2xy.$$

类似地

$$\frac{\partial z}{\partial y}=x^2+2y.$$

于是

$$\left.\frac{\partial z}{\partial x}\right|_{\substack{x=2\\y=3}}=2\cdot2\cdot3=12,\quad \left.\frac{\partial z}{\partial y}\right|_{\substack{x=2\\y=3}}=2^2+2\cdot3=10.$$

方法 2 将 $y=3$ 代入函数表达式, 得

$$z=f(x,3)=3x^2+9.$$

类似地, 将 $x=2$ 代入函数表达式, 得

$$z=f(2,y)=4y+y^2.$$

于是

$$\left.\frac{\partial z}{\partial x}\right|_{\substack{x=2\\y=3}}=\left.\frac{\mathrm{d}}{\mathrm{d}x}f(x,3)\right|_{x=2}=\left.6x\right|_{x=2}=12,$$

$$\left.\frac{\partial z}{\partial y}\right|_{\substack{x=2\\y=3}}=\left.\frac{\mathrm{d}}{\mathrm{d}x}f(2,y)\right|_{y=3}=\left.(4+2y)\right|_{y=3}=10.$$

一般地, n 元函数 $u=f(x_1,x_2,\cdots,x_n)$ 在点 $(x_1,x_2,\cdots,x_n)$ 对 x_k 的偏导数为

$$\frac{\partial u}{\partial x_k}=\lim_{\Delta x_k\to0}\frac{f(x_1,\cdots,x_k+\Delta x_k,\cdots,x_n)-f(x_1,\cdots,x_k,\cdots,x_n)}{\Delta x_k},$$

$$k=1,2,\cdots,n.$$

由偏导数定义可知, 求多元函数 $f(x_1,x_2,\cdots,x_n)$ 对 x_k 的偏导数, 可视 x_k 为变量, 其余的自变量均视为常量, 对 x_k 求导数, 即求偏导数归结为求一元函数的导数.

例 2 当 $x>0,x\neq1$, 求 $u=x^y\sin 3z$ 的偏导数.

解 将 y 与 z 都视为常量, 对 x 求导得

$$\frac{\partial u}{\partial x}=yx^{y-1}\sin 3z.$$

类似地

$$\frac{\partial u}{\partial y}=x^y\ln x\sin 3z,\quad \frac{\partial u}{\partial z}=3x^y\cos 3z.$$

例 3 已知气态方程为 $PV=kT$, 其中 k 为常数. 证明:

$$\frac{\partial P}{\partial V}\cdot\frac{\partial V}{\partial T}\cdot\frac{\partial T}{\partial P}=-1.$$

证 因为

$$P=\frac{kT}{V},\quad \frac{\partial P}{\partial V}=-\frac{kT}{V^2},$$
$$V=\frac{kT}{P},\quad \frac{\partial V}{\partial T}=\frac{k}{P},$$
$$T=\frac{PV}{k},\quad \frac{\partial T}{\partial P}=\frac{V}{k},$$

所以

$$\frac{\partial P}{\partial V}\cdot\frac{\partial V}{\partial T}\cdot\frac{\partial T}{\partial P}=-\frac{kT}{V^2}\cdot\frac{k}{P}\cdot\frac{V}{k}=-\frac{kT}{PV}=-1.$$

一元函数的导数 $\frac{\mathrm{d}y}{\mathrm{d}x}$ 可看作函数的微分 $\mathrm{d}y$ 与自变量的微分 $\mathrm{d}x$ 之商. 而偏导数记号 $\frac{\partial z}{\partial x},\frac{\partial z}{\partial y}$ 等是一个整体记号, 不能看作分子与分母的商.

二、 偏导数的几何意义 偏导数存在与连续的关系

第一节中已指出, 二元函数 $z=f(x,y),(x,y)\in D$ 的图形通常是一张空间曲面, 函数 $f(x,y)$ 在点 $(x_0,y_0)\in D$ 对 x 的偏导数 $f_x(x_0,y_0)$, 是先固定 $y=y_0$, 即有 $z=f(x,y_0)$, 再对 x 求导. 所以偏导数 $f_x(x_0,y_0)$ 在几何上表示由平面 $y=y_0$ 截曲面 $z=f(x,y)$ 所得的一条平面曲线 $\begin{cases} z=f(x,y), \\ y=y_0 \end{cases}$ 在点 $M_0(x_0,y_0,f(x_0,y_0))$ 的切线 M_0T_x 关于 x 轴的斜率, 如图 8-7 所示. 同样, 偏导数 $f_y(x_0,y_0)$ 表示平面 $x=x_0$ 截曲面 $z=f(x,y)$ 所得平面曲线 $\begin{cases} z=f(x,y), \\ x=x_0 \end{cases}$ 在点 M_0 的切线 M_0T_y 对 y 轴的斜率.

若一元函数 $y=f(x)$ 在点 x_0 可导, 则必有 $y=f(x)$ 在点 x_0 连续. 但是, 二元函数 $f(x,y)$ 在点 (x_0,y_0) 对 x 与 y 的偏导数 $f_x(x_0,y_0)$ 与 $f_y(x_0,y_0)$ 都存在, 也不能保证 $f(x,y)$ 在点 (x_0,y_0) 连续. 这是因为 $f(x,y)$ 在点 (x_0,y_0) 对 x 的偏导数 $f_x(x_0,y_0)$ 存在只能保证一元函数 $z=f(x,y_0)$ 在点 x_0 连续, 即只能保证当动点 (x,y) 沿直线 $y=y_0$ 趋于点 (x_0,y_0) 时, $f(x,y)$ 与 $f(x_0,y_0)$ 无限接近. 同样, $f_y(x_0,y_0)$ 存在只能保证当动点 (x,y) 沿直线 $x=x_0$ 趋于点 (x_0,y_0) 时, $f(x,y)$

与 $f(x_0,y_0)$ 无限接近. 而 $f(x,y)$ 在点 (x_0,y_0) 连续, 需动点 (x,y) 在函数定义域内以任意方式趋于点 (x_0,y_0) 时, $f(x,y)$ 与 $f(x_0,y_0)$ 无限接近, 如普吕克函数

$$f(x,y)=\begin{cases}\dfrac{xy}{x^2+y^2}, & (x,y)\neq(0,0),\\ 0, & (x,y)=(0,0)\end{cases}$$

在点 $(0,0)$ 对 x 的偏导数为

$$f_x(0,0)=\lim_{\Delta x\to 0}\frac{f(0+\Delta x,0)-f(0,0)}{\Delta x}=\lim_{\Delta x\to 0}0=0,$$

同样地,

$$f_y(0,0)=0,$$

但在第一节中已证 $f(x,y)$ 在 $(0,0)$ 点不连续.

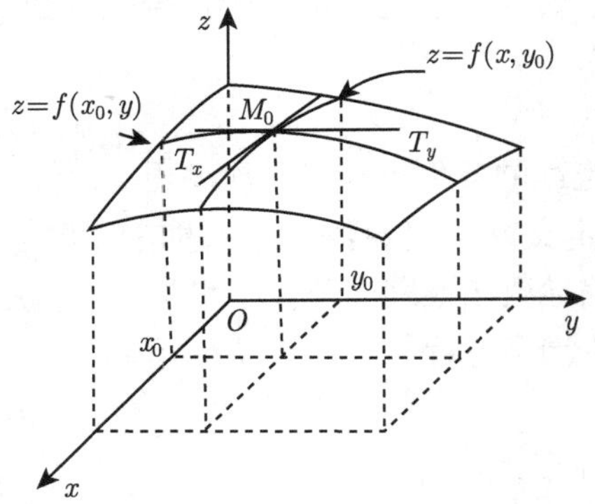

图 8-7

偏导数的几何意义

三、 高阶偏导数

设函数 $z=f(x,y)$ 在区域 D 上具有偏导数

$$\frac{\partial z}{\partial x}=f_x(x,y),\quad \frac{\partial z}{\partial y}=f_y(x,y),$$

则在区域 D 上 $f_x(x,y)$ 与 $f_y(x,y)$ 都是关于 x,y 的函数. 若这两个函数的偏导数存在, 则称它们为函数 $z=f(x,y)$ 的**二阶偏导数**. 这样的偏导数共有四个, 按照对变量求导次序的不同记为

$$f_{xx}(x,y)=\frac{\partial}{\partial x}\left(\frac{\partial z}{\partial x}\right)=\frac{\partial^2 z}{\partial x^2},\quad f_{xy}(x,y)=\frac{\partial}{\partial y}\left(\frac{\partial z}{\partial x}\right)=\frac{\partial^2 z}{\partial x\partial y},$$

$$f_{yx}(x,y)=\frac{\partial}{\partial x}\left(\frac{\partial z}{\partial y}\right)=\frac{\partial^2 z}{\partial y\partial x},\quad f_{yy}(x,y)=\frac{\partial}{\partial y}\left(\frac{\partial z}{\partial y}\right)=\frac{\partial^2 z}{\partial y^2},$$

其中 $f_{xy}(x,y), f_{yx}(x,y)$ 称为 $f(x,y)$ 的**二阶混合偏导数**. 同样地, 可定义三阶、四阶 …… 及 n 阶偏导数. 二阶与二阶以上的偏导数统称为**高阶偏导数**.

例 4 设 $z=x^3y^2-3xy^3-xy+1$, 求 $\frac{\partial^2 z}{\partial x^2},\frac{\partial^2 z}{\partial y\partial x},\frac{\partial^2 z}{\partial x\partial y},\frac{\partial^2 z}{\partial y^2}$ 及 $\frac{\partial^3 z}{\partial x^3}$.

解 $\frac{\partial z}{\partial x}=3x^2y^2-3y^3-y,\qquad \frac{\partial z}{\partial y}=2x^3y-9xy^2-x,$

$\frac{\partial^2 z}{\partial x^2}=6xy^2,\qquad \frac{\partial^2 z}{\partial y\partial x}=6x^2y-9y^2-1,$

$\frac{\partial^2 z}{\partial x\partial y}=6x^2y-9y^2-1,\qquad \frac{\partial^2 z}{\partial y^2}=2x^3-18xy,\quad \frac{\partial^3 z}{\partial x^3}=6y^2.$

本题中, 两个混合偏导数相等, 这是由二元连续函数本身的性质决定的.

定理 1 若函数 $z=f(x,y)$ 在区域 D 上有连续的二阶混合偏导数 $f_{xy}(x,y)$, $f_{yx}(x,y)$, 则必有 $f_{xy}(x,y)=f_{yx}(x,y)$.

证明从略.

定理 1 说明, 二阶混合偏导数在连续的条件下与求导次序无关.

对于二元以上的函数, 可类似地定义高阶偏导数, 且上述定理可推广到更高阶的混合偏导数的情形, 即高阶混合偏导数在连续的条件下也与求导次序无关.

例 5 验证函数 $z=\ln\sqrt{x^2+y^2}$ 满足方程

$$\frac{\partial^2 z}{\partial x^2}+\frac{\partial^2 z}{\partial y^2}=0.$$

证 因为

$$z=\ln\sqrt{x^2+y^2}=\frac{1}{2}\ln(x^2+y^2),$$

所以

$$\frac{\partial z}{\partial x}=\frac{x}{x^2+y^2},\quad \frac{\partial z}{\partial y}=\frac{y}{x^2+y^2},$$

$$\frac{\partial^2 z}{\partial x^2}=\frac{(x^2+y^2)-x\cdot 2x}{(x^2+y^2)^2}=\frac{y^2-x^2}{(x^2+y^2)^2},$$

$$\frac{\partial^2 z}{\partial y^2}=\frac{(x^2+y^2)-y\cdot 2y}{(x^2+y^2)^2}=\frac{x^2-y^2}{(x^2+y^2)^2}.$$

因此

$$\frac{\partial^2 z}{\partial x^2}+\frac{\partial^2 z}{\partial y^2}=\frac{y^2-x^2}{(x^2+y^2)^2}+\frac{x^2-y^2}{(x^2+y^2)^2}=0.$$

例 6 设 $r=\sqrt{x^2+y^2+z^2}$, 证明函数 $u=\dfrac{1}{r}$ 满足方程

$$\frac{\partial^2 u}{\partial x^2}+\frac{\partial^2 u}{\partial y^2}+\frac{\partial^2 u}{\partial z^2}=0.$$

证 因为

$$\frac{\partial u}{\partial x}=-\frac{1}{r^2}\frac{\partial r}{\partial x}=-\frac{1}{r^2}\cdot\frac{x}{r}=-\frac{x}{r^3},$$

$$\frac{\partial^2 u}{\partial x^2}=-\frac{1}{r^3}+\frac{3x}{r^4}\cdot\frac{\partial r}{\partial x}=-\frac{1}{r^3}+\frac{3x^2}{r^5}.$$

由函数关于自变量的对称性得

$$\frac{\partial^2 u}{\partial y^2}=-\frac{1}{r^3}+\frac{3y^2}{r^5},\quad \frac{\partial^2 u}{\partial z^2}=-\frac{1}{r^3}+\frac{3z^2}{r^5}.$$

因此

$$\frac{\partial^2 u}{\partial x^2}+\frac{\partial^2 u}{\partial y^2}+\frac{\partial^2 u}{\partial z^2}=-\frac{3}{r^3}+\frac{3(x^2+y^2+z^2)}{r^5}=-\frac{3}{r^3}+\frac{3r^2}{r^5}=0.$$

例 5 与例 6 中的两个方程都称为拉普拉斯 (Laplace) 方程, 是数学物理方程中很重要的方程.

习 题 8-2

1. 求下列函数的偏导数:

(1) $z=\dfrac{xy}{x-y}$; (2) $z=\ln\tan\dfrac{x}{y}$;

(3) $z=x^{x^y}$; (4) $u=(x^2+y^2)z^2+\sin x^2$;

(5) $u=\dfrac{y}{x}+\dfrac{z}{y}-\dfrac{x}{z}$; (6) $u=\arctan(x-y)^z$.

2. 求下列函数在指定点的偏导数:

(1) 设 $z=\arctan\dfrac{(x-2)y+y^2}{xy+(x-2)^2y^3}$, 求 $\left.\dfrac{\partial z}{\partial y}\right|_{(2,0)}$;

(2) 设 $u=\ln(xy+z)$, 求 $\left.\dfrac{\partial u}{\partial x}\right|_{(2,1,0)}$, $\left.\dfrac{\partial u}{\partial y}\right|_{(2,1,0)}$, $\left.\dfrac{\partial u}{\partial z}\right|_{(2,1,0)}$.

3. 证明函数 $z=\sqrt{x^2+y^2}$ 在点 $(0,0)$ 连续但偏导数不存在.

4. 求曲线 $\begin{cases} z=\sqrt{1+x^2+y^2}, \\ x=1 \end{cases}$ 在点 $(1,1,\sqrt{3})$ 的切线与 y 轴正向所成的角.

5. 求下列函数的二阶偏导数.

(1) $z=y^x$;　　(2) $z=\arctan\dfrac{y}{x}$;

(3) $z=\sin^2(ax+by)$;　　(4) $z=x+xy^2+4x^3-\ln(x^2+1)$.

6. 验证以下命题.

(1) 函数 $z=\ln(\sqrt{x}+\sqrt{y})$ 满足方程 $x\dfrac{\partial z}{\partial x}+y\dfrac{\partial z}{\partial y}=\dfrac{1}{2}$;

(2) 函数 $u=\mathrm{e}^{-3y}\cos 3x$ 满足方程 $\dfrac{\partial^2 u}{\partial x^2}+\dfrac{\partial^2 u}{\partial y^2}=0$;

(3) 函数 $r=\sqrt{x^2+y^2+z^2}$ 满足方程 $\dfrac{\partial^2 r}{\partial x^2}+\dfrac{\partial^2 r}{\partial y^2}+\dfrac{\partial^2 r}{\partial z^2}=\dfrac{2}{r}$.

第三节　全微分及其应用

一、 全微分的概念

由第二节讨论知, 二元函数对某个自变量的偏导数是当另一个自变量固定时, 因变量相对于该自变量的变化率, 根据一元函数增量与微分的关系, **函数** $f(x,y)$ **对** x **的偏增量**为

$$\Delta_x z=f(x+\Delta x,y)-f(x,y)\approx f_x(x,y)\Delta x.$$

记 $\mathrm{d}_x z=f_x(x,y)\Delta x$, 称为函数 $f(x,y)$ 对 x 的**偏微分**. 函数 $f(x,y)$ 对 x 的偏增量 $\Delta_x z$ 可用函数对 x 的偏微分 $\mathrm{d}_x z=f_x(x,y)\Delta x$ 近似表示, 其误差是比增量 Δx 高阶的无穷小, 即

$$\Delta_x z=f_x(x,y)\Delta x+o(\Delta x).$$

同理, 函数 $f(x,y)$ 对 y 的偏增量 $\Delta_y z$ 可用函数对 y 的偏微分 $\mathrm{d}_y z=f_y(x,y)\Delta x$ 近似表示, 其误差是比增量 Δy 高阶的无穷小, 即

$$\Delta_y z=f_y(x,y)\Delta y+o(\Delta y).$$

设二元函数 $z=f(x,y)$ 在点 $P_0(x_0,y_0)$ 的某邻域内有定义, 令自变量 x,y 分别在 x_0,y_0 取增量 $\Delta x,\Delta y,\Delta x,\Delta y$ 不全为零, 并设点 $(x_0+\Delta x,y_0+\Delta y)$ 仍在该邻域内, 则称 $f(x_0+\Delta x,y_0+\Delta y)-f(x_0,y_0)$ 为函数 $f(x,y)$ 在点 P_0 对自变量增量 Δx 与 Δy 的**全增量**, 记作 Δz, 即

$$\Delta z=f(x_0+\Delta x,y_0+\Delta y)-f(x_0,y_0). \tag{3-1}$$

一般地, 计算全增量 Δz 比较复杂, 与一元函数的情形类似, 希望能用自变量的增量 $\Delta x,\Delta y$ 的线性函数来近似代替全增量 Δz.

定义 1 若函数 $z=f(x,y)$ 在点 (x_0,y_0) 的全增量

$$\Delta z=f(x_0+\Delta x,y_0+\Delta y)-f(x_0,y_0)$$

可表示为

$$\Delta z=A\cdot\Delta x+B\cdot\Delta y+o(\rho), \tag{3-2}$$

其中 A,B 仅与点 (x_0,y_0) 有关, 而与增量 $\Delta x,\Delta y$ 无关, 且 $\rho=\sqrt{(\Delta x)^2+(\Delta y)^2}$, 则称函数 $z=f(x,y)$ 在点 (x_0,y_0) **可微**, 并称 $A\cdot\Delta x+B\cdot\Delta y$ 为函数 $z=f(x,y)$ 在点 (x_0,y_0) 的**全微分**, 记作 $\mathrm{d}z\big|_{\substack{x=x_0\\y=y_0}}$, 即

$$\mathrm{d}z\big|_{\substack{x=x_0\\y=y_0}}=A\cdot\Delta x+B\cdot\Delta y.$$

若函数在区域 D 内每一点都可微, 则称函数在区域 D 上可微. 函数在区域 D 内每一点 (x,y) 的全微分称为 $z=f(x,y)$ 在区域 D 上的**全微分**, 记作

$$\mathrm{d}z=A\cdot\Delta x+B\cdot\Delta y,$$

其中 A,B 仅与点 (x,y) 有关, 而与 $\Delta x,\Delta y$ 无关.

易见, 全微分 $\mathrm{d}z$ 有下述特性:

(1) 全微分 $\mathrm{d}z$ 是 $\Delta x,\Delta y$ 的线性函数;

(2) 当 $\rho\to 0$ 时, 全微分 $\mathrm{d}z$ 与全增量 Δz 之差是比 ρ 高阶的无穷小.

二、 函数可微的条件

定理 1 (必要条件 1) 若函数 $z=f(x,y)$ 在点 $P_0(x_0,y_0)$ 可微, 则函数 $f(x,y)$ 在点 $P_0(x_0,y_0)$ 连续.

证 因为函数 $f(x,y)$ 在点 $P_0(x_0,y_0)$ 可微, 由 (3-2) 可得

$$\lim_{\rho\to 0}\Delta z=\lim_{\substack{\Delta x\to 0\\\Delta y\to 0}}[A\cdot\Delta x+B\cdot\Delta y+o(\rho)]=0,$$

所以

$$\lim_{\substack{\Delta x\to 0\\\Delta y\to 0}}f(x_0+\Delta x,y_0+\Delta y)=\lim_{\substack{\Delta x\to 0\\\Delta y\to 0}}[f(x_0,y_0)+\Delta z]=f(x_0,y_0).$$

定理 2 (必要条件 2) 若函数 $z=f(x,y)$ 在点 $P_0(x_0,y_0)$ 可微, 则函数 $f(x,y)$ 的两个偏导数在点 $P_0(x_0,y_0)$ 都存在, 且 $f_x(x_0,y_0)=A$, $f_y(x_0,y_0)=B$, 其中 A,B 是 (3-2) 中的两个常数.

证　因为函数 $z=f(x,y)$ 在点 $P_0(x_0,y_0)$ 可微, 所以对点 $P_0(x_0,y_0)$ 某邻域内任一点 $(x_0+\Delta x, y_0+\Delta y)$, 总有

$$f(x_0+\Delta x, y_0+\Delta y)-f(x_0,y_0)=A\cdot\Delta x+B\cdot\Delta y+o(\rho)$$

成立. 令 $\Delta y=0$, 上式变为

$$f(x_0+\Delta x, y_0)-f(x_0,y_0)=A\cdot\Delta x+o(|\Delta x|).$$

两边同除以 Δx, 再令 $\Delta x\to 0$ 取极限, 得

$$\lim_{\Delta x\to 0}\frac{f(x_0+\Delta x,y_0)-f(x_0,y_0)}{\Delta x}=\lim_{\Delta x\to 0}\left(A+\frac{o(|\Delta x|)}{\Delta x}\right)=A.$$

上式表示 $f_x(x_0,y_0)$ 存在, 且 $f_x(x_0,y_0)=A$.

同理可证 $f_y(x_0,y_0)$ 存在且 $f_y(x_0,y_0)=B$.

由定理 2 知, 函数 $z=f(x,y)$ 在点 $P_0(x_0,y_0)$ 可微时, 全微分为

$$\mathrm{d}z=f_x(x_0,y_0)\Delta x+f_y(x_0,y_0)\Delta y,$$

即全微分是两个偏微分之和.

由可微的定义与必要条件 2 得: 当函数 $f(x,y)$ 的两个偏导数在点 $P_0(x_0,y_0)$ 都存在时, 函数 $f(x,y)$ 在点 $P_0(x_0,y_0)$ 可微等价于

$$\lim_{\rho\to 0}\frac{\Delta z-[f_x(x_0,y_0)\Delta x+f_y(x_0,y_0)\Delta y]}{\rho}=0.$$

例 1　证明: 函数 $f(x,y)=\begin{cases}\dfrac{xy}{\sqrt{x^2+y^2}}, & (x,y)\neq(0,0),\\ 0, & (x,y)=(0,0)\end{cases}$ 在点 $(0,0)$ 连续, 两个偏导数都存在, 但不可微.

证　因为

$$|f(x,y)-f(0,0)|=\frac{|xy|}{\sqrt{x^2+y^2}}\leqslant\frac{\frac{1}{2}(x^2+y^2)}{\sqrt{x^2+y^2}}=\frac{1}{2}\sqrt{x^2+y^2},$$

所以, 对任意给定的 $\varepsilon>0$, 取 $\delta=2\varepsilon$, 则当 $\sqrt{x^2+y^2}<\delta$ 时, 有

$$|f(x,y)-f(0,0)|\leqslant\frac{1}{2}\sqrt{x^2+y^2}<\varepsilon,$$

即函数 $f(x,y)$ 在点 $(0,0)$ 连续. 而

$$\lim_{\Delta x\to 0}\frac{f(0+\Delta x,0)-f(0,0)}{\Delta x}=\lim_{\Delta x\to 0}0=0,$$

即 $f_x(0,0)=0$.

同理 $f_y(0,0)=0$. 所以函数 $f(x,y)$ 的两个偏导数在点 $(0,0)$ 都存在. 但由于

$$\frac{\Delta z-[f_x(0,0)\Delta x+f_y(0,0)\Delta y]}{\rho}=\frac{\Delta z}{\rho}=\frac{\Delta x\cdot\Delta y}{(\Delta x)^2+(\Delta y)^2},$$

而 $\lim\limits_{\substack{\Delta x\to 0\\ \Delta y\to 0}}\dfrac{\Delta x\cdot\Delta y}{(\Delta x)^2+(\Delta y)^2}$ 不存在 (第一节例 5 已证), 由微分的定义知, 函数在点 $(0,0)$ 不可微.

一元函数在一点可导与可微是等价的, 而对于多元函数, 由定理 2 与例 1 表明, 偏导数存在仅是函数可微的必要条件, 而不是充分条件.

定理 3 (可微的充分条件)　若函数 $z=f(x,y)$ 的偏导数 $f_x(x,y)$ 与 $f_y(x,y)$ 在点 $P_0(x_0,y_0)$ 都连续, 则函数在该点可微.

证　函数 $z=f(x,y)$ 在点 $P_0(x_0,y_0)$ 的全增量为

$$\begin{aligned}\Delta z&=f(x_0+\Delta x,y_0+\Delta y)-f(x_0,y_0)\\&=[f(x_0+\Delta x,y_0+\Delta y)-f(x_0,y_0+\Delta y)]+[f(x_0,y_0+\Delta y)-f(x_0,y_0)].\end{aligned}$$

上式第一个方括号中的式子可看作 x 的一元函数 $f(x,y_0+\Delta y)$ 在点 $(x,y_0+\Delta y)$ 的偏增量. 由条件知, $f(x,y_0+\Delta y)$ 在区间 $[x_0,x_0+\Delta x]$ 上满足拉格朗日中值定理条件. 故

$$\begin{aligned}&f(x_0+\Delta x,y_0+\Delta y)-f(x_0,y_0+\Delta y)\\&=f_x(x_0+\theta_1\Delta x,y_0+\Delta y)\Delta x,\quad 0<\theta_1<1.\end{aligned}$$

同理可得

$$f(x_0,y_0+\Delta y)-f(x_0,y_0)=f_y(x_0,y_0+\theta_2\Delta y)\Delta y,\quad 0<\theta_2<1,$$

从而

$$\Delta z=f_x(x_0+\theta_1\Delta x,y_0+\Delta y)\Delta x+f_y(x_0,y_0+\theta_2\Delta y)\Delta y,\quad 0<\theta_1,\theta_2<1.\tag{3-3}$$

又由条件 $f_x(x,y)$ 与 $f_y(x,y)$ 在点 $P_0(x_0,y_0)$ 都连续, 则

$$f_x(x_0+\theta_1\Delta x,y_0+\Delta y)\Delta x=f_x(x_0,y_0)\Delta x+\varepsilon_1\Delta x,\tag{3-4}$$

其中 ε_1 为 Δx 与 Δy 的函数, 且 $\lim\limits_{\substack{\Delta x\to 0\\ \Delta y\to 0}}\varepsilon_1=0$.

$$f_y(x_0,y_0+\theta_2\Delta y)\Delta y=f_y(x_0,y_0)\Delta y+\varepsilon_2\Delta y, \tag{3-5}$$

其中 ε_2 为 Δy 的函数, 且 $\lim\limits_{\Delta y\to 0}\varepsilon_2=0$. 将 (3-4), (3-5) 代入 (3-3), 得

$$\Delta z=f_x(x_0,y_0)\Delta x+f_y(x_0,y_0)\Delta y+\varepsilon_1\Delta x+\varepsilon_2\Delta y,$$

又

$$\left|\frac{\varepsilon_1\Delta x+\varepsilon_2\Delta y}{\rho}\right|\leqslant|\varepsilon_1|+|\varepsilon_2|,$$

由微分的定义知函数 $z=f(x,y)$ 在点 $P_0(x_0,y_0)$ 可微.

例 2　讨论函数

$$z=f(x,y)=\begin{cases}(x^2+y^2)\sin\dfrac{1}{x^2+y^2}, & (x,y)\neq(0,0),\\ 0, & (x,y)=(0,0)\end{cases}$$

在点 $(0,0)$ 的可微性及偏导数 $f_x(x,y)$, $f_y(x,y)$ 在点 $(0,0)$ 的连续性.

解　因为

$$f_x(0,0)=\lim_{\Delta x\to 0}\frac{f(0+\Delta x,0)-f(0,0)}{\Delta x}=\lim_{\Delta x\to 0}\frac{(\Delta x)^2\cdot\sin\dfrac{1}{(\Delta x)^2}}{\Delta x}=0,$$

同样有 $f_y(0,0)=0$. 又

$$\begin{aligned}&\lim_{\rho\to 0}\frac{\Delta z-[f_x(0,0)\Delta x+f_y(0,0)\Delta y]}{\rho}\\ =&\lim_{\substack{\Delta x\to 0\\ \Delta y\to 0}}\frac{\left[(\Delta x)^2+(\Delta y)^2\right]\sin\dfrac{1}{(\Delta x)^2+(\Delta y)^2}}{\sqrt{(\Delta x)^2+(\Delta y)^2}}=0,\end{aligned}$$

所以, 函数 $z=f(x,y)$ 在点 $(0,0)$ 可微, 且

$$\mathrm{d}z\Big|_{\substack{x=0\\ y=0}}=f_x(0,0)\mathrm{d}x+f_y(0,0)\mathrm{d}y=0.$$

当 $(x,y)\neq(0,0)$ 时,

$$f_x(x,y)=2x\sin\frac{1}{x^2+y^2}-\frac{2x}{x^2+y^2}\cos\frac{1}{x^2+y^2},$$

$$f_y(x,y)=2y\sin\frac{1}{x^2+y^2}-\frac{2y}{x^2+y^2}\cos\frac{1}{x^2+y^2}.$$

但当动点 (x,y) 沿直线 $y=x$ 趋于点 $(0,0)$ 时, 极限

$$\lim_{\substack{y=x\\x\to 0}} f_x(x,y)=\lim_{x\to 0}\left(2x\sin\frac{1}{2x^2}-\frac{1}{x}\cos\frac{1}{2x^2}\right)$$

不存在, 即 $f_x(x,y)$ 在点 $(0,0)$ 不连续. 同理可证, $f_y(x,y)$ 在点 $(0,0)$ 也不连续.

此例说明, 多元函数可微不能保证偏导数连续.

利用可微的必要条件 2 可将求全微分归结为求偏导数. 与一元函数类似, 仍规定自变量的增量为自变量的微分, 记作 $\Delta x=\mathrm{d}x$, $\Delta y=\mathrm{d}y$, 则当函数 $z=f(x,y)$ 在点 $P_0(x_0,y_0)$ 可微时, 有全微分

$$\mathrm{d}z\Big|_{\substack{x=x_0\\y=y_0}}=f_x(x_0,y_0)\mathrm{d}x+f_y(x_0,y_0)\mathrm{d}y. \tag{3-6}$$

当函数 $z=f(x,y)$ 在区域 D 上可微时, 函数在区域 D 上的全微分为

$$\mathrm{d}z=f_x(x,y)\mathrm{d}x+f_y(x,y)\mathrm{d}y,\quad (x,y)\in D. \tag{3-7}$$

以上全微分的定义、可微条件及计算方法都可直接推广到三元及三元以上的函数.

例 3　求函数 $z=x^2y+y^2$ 的全微分.

解　因为 $\dfrac{\partial z}{\partial x}=2xy$ 与 $\dfrac{\partial z}{\partial y}=x^2+2y$ 在任一点 (x,y) 都连续, 所以函数 $z=x^2y+y^2$ 在任一点 (x,y) 都可微, 且

$$\mathrm{d}z=2xy\mathrm{d}x+\left(x^2+2y\right)\mathrm{d}y.$$

例 4　求函数 $z=\mathrm{e}^{xy}$ 在点 $(2,1)$ 的全微分.

解　因为

$$\frac{\partial z}{\partial x}=y\mathrm{e}^{xy},\quad \frac{\partial z}{\partial y}=x\mathrm{e}^{xy},$$
$$\frac{\partial z}{\partial x}\Big|_{\substack{x=2\\y=1}}=\mathrm{e}^2,\quad \frac{\partial z}{\partial y}\Big|_{\substack{x=2\\y=1}}=2\mathrm{e}^2,$$

所以

$$\mathrm{d}z\Big|_{\substack{x=2\\y=1}}=\mathrm{e}^2\mathrm{d}x+2\mathrm{e}^2\mathrm{d}y.$$

例 5　求函数 $u=x+\sin\dfrac{y}{2}+\mathrm{e}^{yz}$ 的全微分.

解　因为

$$\frac{\partial u}{\partial x}=1,\quad \frac{\partial u}{\partial y}=\frac{1}{2}\cos\frac{y}{2}+z\mathrm{e}^{yz},\quad \frac{\partial u}{\partial z}=y\mathrm{e}^{yz},$$

所以

$$\mathrm{d}u=\mathrm{d}x+\left(\frac{1}{2}\cos\frac{y}{2}+z\mathrm{e}^{yz}\right)\mathrm{d}y+y\mathrm{e}^{yz}\mathrm{d}z.$$

三、全微分在近似计算中的应用

函数 $z=f(x,y)$ 在点 (x_0,y_0) 可微, 即有等式

$$\begin{aligned}\Delta z&=f(x_0+\Delta x,y_0+\Delta y)-f(x_0,y_0)\\&=f_x(x_0,y_0)\Delta x+f_y(x_0,y_0)\Delta y+o(\rho)\end{aligned}$$

成立, 其中 $o(\rho)$ 是当 $\rho\to 0$ 时比 ρ 高阶的无穷小, 因此当 $|\Delta x|$ 与 $|\Delta y|$ 都较小时, 有近似公式

$$\Delta z\approx \mathrm{d}z=f_x(x_0,y_0)\Delta x+f_y(x_0,y_0)\Delta y \tag{3-8}$$

或

$$f(x_0+\Delta x,y_0+\Delta y)\approx f(x_0,y_0)+f_x(x_0,y_0)\Delta x+f_y(x_0,y_0)\Delta y. \tag{3-9}$$

以上两式可用来计算 $f(x_0+\Delta x,y_0+\Delta y)$ 与 Δz 的近似值.

例 6　计算 $(1.03)^{3.02}$ 的近似值.

解　设函数 $f(x,y)=x^y$, 要计算的值是函数在 $x=1.03,y=3.02$ 时的函数值 $f(1.03,3.02)$. 取 $x_0=1,y_0=3,\Delta x=0.03,\Delta y=0.02$, 因为 $f(1,3)=1$,

$$\begin{aligned}&f_x(x,y)=yx^{y-1},\quad f_x(1,3)=3,\\&f_y(x,y)=x^y\ln x,\quad f_y(1,3)=0.\end{aligned}$$

由 (3-7), 得

$$\begin{aligned}1.03^{3.02}&=f(1.03,3.02)\approx f(1,3)+f_x(1,3)\Delta x+f_y(1,3)\Delta y\\&=1+3\times 0.03+0\times 0.02=1.09.\end{aligned}$$

例 7　有一圆锥体在外力作用下发生变形, 其底半径由 30 厘米增大到 30.1 厘米, 高度由 60 厘米减少到 59.5 厘米, 求圆锥体体积变化的近似值.

解　设圆锥体的底半径与高为 $r>0, h>0$, 则体积 $V=\frac{1}{3}\pi r^2 h$. 记 r, h 及 V 的改变量为 $\Delta r, \Delta h$ 及 ΔV, 由 (3-6) 得

$$\Delta V \approx \mathrm{d}V=\frac{\partial V}{\partial r}\cdot\Delta r+\frac{\partial V}{\partial h}\cdot\Delta h=\frac{2}{3}\pi r h\Delta r+\frac{1}{3}\pi r^2\Delta h.$$

把 $r=30, \Delta r=0.1, h=60, \Delta h=-0.5$ 代入, 得

$$\Delta V\approx\frac{2}{3}\pi\times 30\times 60\times 0.1+\frac{1}{3}\pi\times 30^2\times(-0.5)=-30\pi,$$

即圆锥体发生变形后体积大约减少了 30π 厘米^3.

习　题　8-3

1. 求下列函数的全微分:

(1) $z=\frac{x+y}{x-y}$;　(2) $z=\mathrm{e}^{\frac{y}{x}}$;　(3) $z=\arctan\frac{y}{x}$;

(4) $z=y\sin(x+y)$;　(5) $u=x^{yz}$;　(6) $u=x\mathrm{e}^{yz}+\mathrm{e}^{-z}+y$.

2. 求下列函数在给定点的全微分:

(1) $z=\ln\sqrt{1+x^2+y^2}$ 在点 $(1,1)$;

(2) $z=\frac{x}{\sqrt{x^2+y^2}}$ 在点 $(1,0)$.

3. 求函数 $z=\frac{y}{x}$ 在 $x=2, y=1, \Delta x=0.1, \Delta y=-0.2$ 时的全微分与全增量.

4. 证明: 函数 $f(x,y)=\sqrt{|xy|}$ 在点 $(0,0)$ 处连续, $f_x(0,0), f_y(0,0)$ 存在, 但函数 $f(x,y)$ 在点 $(0,0)$ 不可微.

*5. 求 $\ln(\sqrt[3]{1.03}+\sqrt[4]{0.98}-1)$ 的近似值.

*6. 设有一无盖圆柱形容器, 容器的壁与底的厚度均为 0.1 厘米, 内高为 20 厘米, 内半径为 4 厘米, 求该容器外壳体积的近似值.

第四节　多元复合函数的微分法

一、 多元复合函数的求导法则

多元函数的复合关系多种多样, 下面以二元复合函数为例给出求导法则, 然后举例说明.

定理 1　设 $u=\varphi(x,y)$ 与 $v=\psi(x,y)$ 在点 (x,y) 对 x, y 的偏导数存在, $z=f(u,v)$ 在对应点 (u,v) 可微, 则复合函数 $z=f[\varphi(x,y),\psi(x,y)]$ 对 x, y 的偏导数存在, 且

$$\begin{aligned}\frac{\partial z}{\partial x}&=\frac{\partial z}{\partial u}\cdot\frac{\partial u}{\partial x}+\frac{\partial z}{\partial v}\cdot\frac{\partial v}{\partial x},\\ \frac{\partial z}{\partial y}&=\frac{\partial z}{\partial u}\cdot\frac{\partial u}{\partial y}+\frac{\partial z}{\partial v}\cdot\frac{\partial v}{\partial y}.\end{aligned}\tag{4-1}$$

证　设变量 x 有增量 Δx, 变量 y 固定, 相应地, 函数 u,v 有偏增量

$$\Delta_x u=u(x+\Delta x,y)-u(x,y),\quad \Delta_x v=v(x+\Delta x,y)-v(x,y),$$

从而函数 $z=f(u,v)$ 也相应地有增量

$$\Delta z=f(u+\Delta_x u,v+\Delta_x v)-f(u,v).$$

由函数 $f(u,v)$ 可微知

$$\Delta z=\frac{\partial z}{\partial u}\Delta_x u+\frac{\partial z}{\partial v}\Delta_x v+o(\rho),$$

其中 $\rho=\sqrt{(\Delta_x u)^2+(\Delta_x v)^2}$. 上式两端同除以 Δx, 得

$$\frac{\Delta z}{\Delta x}=\frac{\partial z}{\partial u}\frac{\Delta_x u}{\Delta x}+\frac{\partial z}{\partial v}\frac{\Delta_x v}{\Delta x}+\frac{o(\rho)}{\Delta x}.$$

因为

$$\left|\frac{o(\rho)}{\Delta x}\right|=\left|\frac{o(\rho)}{\rho}\right|\cdot\left|\frac{\rho}{\Delta x}\right|=\left|\frac{o(\rho)}{\rho}\right|\sqrt{\left(\frac{\Delta_x u}{\Delta x}\right)^2+\left(\frac{\Delta_x v}{\Delta x}\right)^2},$$

$u(x,y),v(x,y)$ 对 x 的偏导数存在, 所以当 $\Delta x\to 0$ 时, $\Delta_x u\to 0$, $\Delta_x v\to 0$, 从而 $\rho\to 0$, 且

$$\lim_{\Delta x\to 0}\left|\frac{o(\rho)}{\Delta x}\right|=\lim_{\rho\to 0}\left|\frac{o(\rho)}{\rho}\right|\cdot\lim_{\Delta x\to 0}\sqrt{\left(\frac{\Delta_x u}{\Delta x}\right)^2+\left(\frac{\Delta_x v}{\Delta x}\right)^2}=0,$$

于是

$$\lim_{\Delta x\to 0}\frac{\Delta z}{\Delta x}=\frac{\partial z}{\partial u}\cdot\lim_{\Delta x\to 0}\frac{\Delta_x u}{\Delta x}+\frac{\partial z}{\partial v}\cdot\lim_{\Delta x\to 0}\frac{\Delta_x v}{\Delta x},$$

即

$$\frac{\partial z}{\partial x}=\frac{\partial z}{\partial u}\cdot\frac{\partial u}{\partial x}+\frac{\partial z}{\partial v}\cdot\frac{\partial v}{\partial x}.$$

类似可证 (4-1) 中第二式.

(4-1) 称为多元复合函数的**链式法则**.

(4-1) 可推广到中间变量或自变量不限于两个的情形. 例如, 设 $u=\varphi(x,y)$, $v=\psi(x,y)$, $w=\omega(x,y)$ 在点 (x,y) 对 x,y 的偏导数存在, 函数 $z=f(u,v,w)$ 在对应点 (u,v,w) 可微, 则复合函数

$$z=f[\varphi(x,y),\psi(x,y),\omega(x,y)]$$

对 x,y 的偏导数存在, 且

$$\begin{aligned}\frac{\partial z}{\partial x}&=\frac{\partial z}{\partial u}\cdot\frac{\partial u}{\partial x}+\frac{\partial z}{\partial v}\cdot\frac{\partial v}{\partial x}+\frac{\partial z}{\partial w}\cdot\frac{\partial w}{\partial x},\\ \frac{\partial z}{\partial y}&=\frac{\partial z}{\partial u}\cdot\frac{\partial u}{\partial y}+\frac{\partial z}{\partial v}\cdot\frac{\partial v}{\partial y}+\frac{\partial z}{\partial w}\cdot\frac{\partial w}{\partial y}.\end{aligned}\tag{4-2}$$

又例如, 设 $u=\varphi(t)$, $v=\psi(t)$, $w=\omega(t)$ 在点 t 可导, 函数 $z=f(u,v,w)$ 在对应点 (u,v,w) 可微, 则以 u,v,w 为中间变量, 以 t 为自变量的复合函数

$$z=f[\varphi(t),\psi(t),w(t)]$$

可导, 且

$$\frac{\mathrm{d}z}{\mathrm{d}t}=\frac{\partial z}{\partial u}\frac{\mathrm{d}u}{\mathrm{d}t}+\frac{\partial z}{\partial v}\frac{\mathrm{d}v}{\mathrm{d}t}+\frac{\partial z}{\partial w}\frac{\mathrm{d}w}{\mathrm{d}t}.\tag{4-3}$$

(4-3) 中的导数 $\frac{\mathrm{d}z}{\mathrm{d}t}$ 称为函数对自变量 t 的全导数.

搞清楚多元复合函数变量之间的关系, 是掌握多元复合函数链式法则的关键. 为了明确变量之间的关系, 可以利用函数关系图, 直观地表示出变量之间的关系, 使复杂的关系变得一目了然. 例如, (4-1)—(4-3) 相应的函数关系图分别如图 8-8、图 8-9、图 8-10 所示.

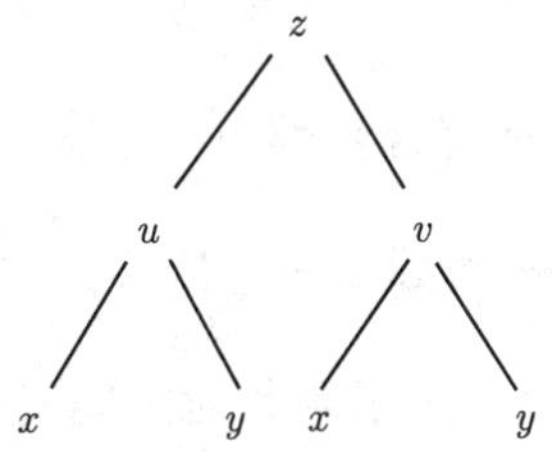

图 8-8

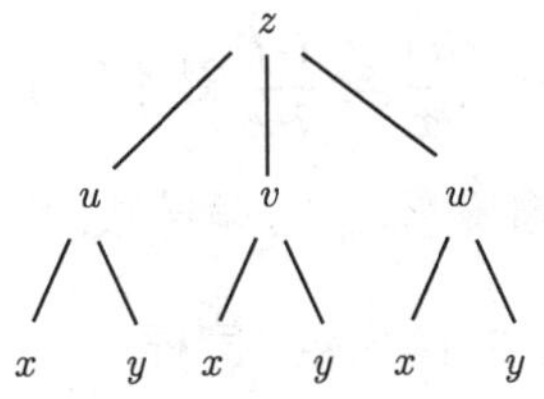

图 8-9

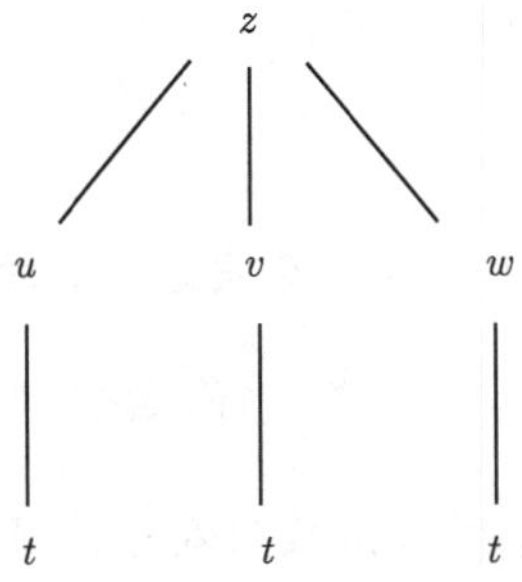

图 8-10

结合函数关系图可以看出, 多元复合函数链式法则满足如下规律.

多元复合函数的链式法则

(1) 函数有几个自变量, 链式法则中就有几个偏导数的链式公式.

(2) 函数对某自变量的偏导数公式的结构为

(i) 有几个中间变量含有该自变量, 公式就有几项相加;

(ii) 每项为函数对一个中间变量的 (偏) 导数与该中间变量对自变量的 (偏) 导数之积.

例 1　设 $z=u\mathrm{e}^v, u=x^2+y^2, v=xy$, 求 $\dfrac{\partial z}{\partial x}, \dfrac{\partial z}{\partial y}$.

解　由关系图 8-8, 得

$$\frac{\partial z}{\partial x}=\frac{\partial z}{\partial u}\cdot\frac{\partial u}{\partial x}+\frac{\partial z}{\partial v}\cdot\frac{\partial v}{\partial x}=\mathrm{e}^v\cdot 2x+u\mathrm{e}^v\cdot y=(2x+x^2y+y^3)\mathrm{e}^{xy},$$

$$\frac{\partial z}{\partial y}=\frac{\partial z}{\partial u}\cdot\frac{\partial u}{\partial y}+\frac{\partial z}{\partial v}\cdot\frac{\partial v}{\partial y}=\mathrm{e}^v\cdot 2y+u\mathrm{e}^v\cdot x=(2y+x^3+xy^2)\mathrm{e}^{xy}.$$

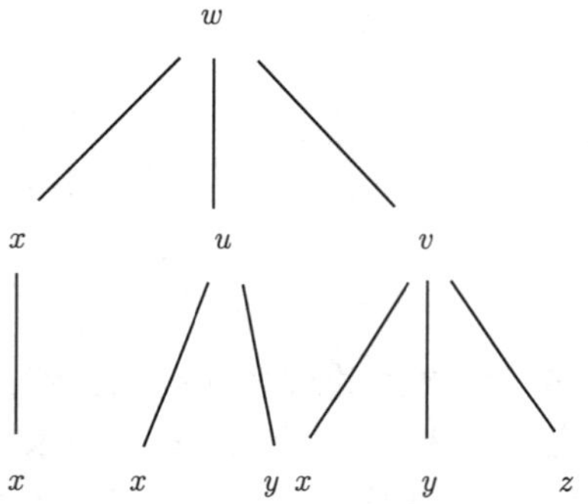

图 8-11

例 2　若 $w=f(x,xy,xyz)$ 可微, 求 $\dfrac{\partial w}{\partial x}, \dfrac{\partial w}{\partial y}, \dfrac{\partial w}{\partial z}$.

解　令 $u=xy, v=xyz$, 函数关系图如图 8-11 所示.

由链式法则, 得

$$\frac{\partial w}{\partial x}=\frac{\partial f}{\partial x}\cdot 1+\frac{\partial f}{\partial u}\frac{\partial u}{\partial x}+\frac{\partial f}{\partial v}\frac{\partial v}{\partial x}=\frac{\partial f}{\partial x}+y\frac{\partial f}{\partial u}+yz\frac{\partial f}{\partial v},$$

$$\frac{\partial w}{\partial y}=\frac{\partial f}{\partial u}\frac{\partial u}{\partial y}+\frac{\partial f}{\partial v}\frac{\partial v}{\partial y}=x\frac{\partial f}{\partial u}+xz\frac{\partial f}{\partial v},$$

$$\frac{\partial w}{\partial z}=\frac{\partial f}{\partial v}\frac{\partial v}{\partial z}=xy\frac{\partial f}{\partial v}.$$

在对 x 的偏导数表示式中, $\dfrac{\partial w}{\partial x}$ 与 $\dfrac{\partial f}{\partial x}$ 是不同的, $\dfrac{\partial w}{\partial x}$ 是复合函数 $\omega=f(x,xy,xyz)$ 把 y,z 当作常数时, 对自变量 x 的偏导数, 而 $\dfrac{\partial f}{\partial x}$ 是函数 $\omega=f(x,u,v)$ 把 u,v 当作常数时对中间变量 x 的偏导数. 同样, $\dfrac{\partial f}{\partial u}, \dfrac{\partial f}{\partial v}$ 分别表示函数对中间变量 u 与 v 的偏导数.

例 3　设 $z=f\left(\dfrac{y}{x}\right)$ 可微, 证明

$$x\frac{\partial z}{\partial x}+y\frac{\partial z}{\partial y}=0.$$

证　令 $\dfrac{y}{x}=u$, 函数关系图如图 8-12 所示. 于是

$$\frac{\partial z}{\partial x}=f'(u)\frac{\partial u}{\partial x}=f'(u)\left(-\frac{y}{x^2}\right),$$

$$\frac{\partial z}{\partial y}=f'(u)\frac{\partial u}{\partial y}=f'(u)\cdot\frac{1}{x}.$$

因此

$$x\frac{\partial z}{\partial x}+y\frac{\partial z}{\partial y}=f'(u)\left(-\frac{y}{x}+\frac{y}{x}\right)=0.$$

例 4　设 $w=f(x+y+z,xyz)$ 有二阶连续偏导数, 求 $\frac{\partial w}{\partial x}$ 与 $\frac{\partial^2 w}{\partial x\partial z}$.

解　令 $u=x+y+z,v=xyz$, 函数关系图如图 8-13 所示. 于是

$$\frac{\partial w}{\partial x}=\frac{\partial f}{\partial u}\frac{\partial u}{\partial x}+\frac{\partial f}{\partial v}\frac{\partial v}{\partial x}=\frac{\partial f}{\partial u}+yz\frac{\partial f}{\partial v}.$$

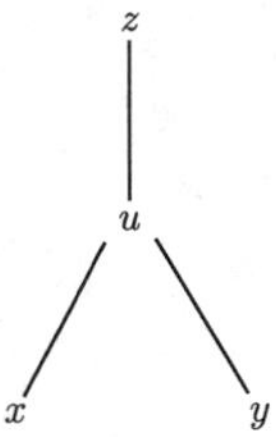

图 8-12

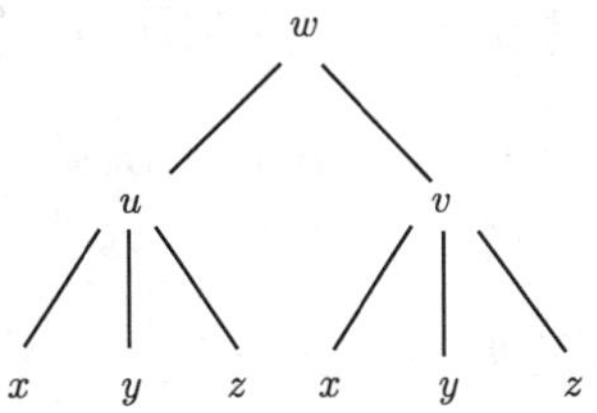

图 8-13

为表达简单, 记

$$f_1'=\frac{\partial f}{\partial u},\qquad f_2'=\frac{\partial f}{\partial v},$$
$$f_{11}''=\frac{\partial^2 f}{\partial u^2},\qquad f_{12}''=\frac{\partial^2 f}{\partial u\partial v},$$
$$f_{21}''=\frac{\partial^2 f}{\partial v\partial u},\qquad f_{22}''=\frac{\partial^2 f}{\partial v^2},$$

则

$$\frac{\partial w}{\partial x}=f_1'+yzf_2',$$

$$\frac{\partial^2 w}{\partial x\partial z}=\frac{\partial}{\partial z}(f_1'+yzf_2')=\frac{\partial f_1'}{\partial z}+yf_2'+yz\frac{\partial f_2'}{\partial z}.$$

而

$$\frac{\partial f_1'}{\partial z}=\frac{\partial f_1'}{\partial u}\frac{\partial u}{\partial z}+\frac{\partial f_1'}{\partial v}\frac{\partial v}{\partial z}=f_{11}''+xyf_{12}'',$$

$$\frac{\partial f_2'}{\partial z}=\frac{\partial f_2'}{\partial u}\frac{\partial u}{\partial z}+\frac{\partial f_2'}{\partial v}\frac{\partial v}{\partial z}=f_{21}''+xyf_{22}''.$$

于是

$$\begin{aligned}\frac{\partial^2 w}{\partial x\partial z}&=f_{11}''+xyf_{12}''+yf_2'+yz(f_{21}''+xyf_{22}'')\\&=f_{11}''+y(x+z)f_{12}''+xy^2zf_{22}''+yf_2'.\end{aligned}$$

求多元复合函数的二阶偏导数要加强对函数关系的分析, 如在此例中要特别注意, f_1', f_2' 仍然是以 u,v 为中间变量, x,y,z 为自变量的复合函数, 因而求 $\dfrac{\partial f_1'}{\partial z}$ 与 $\dfrac{\partial f_2'}{\partial z}$ 时仍需应用复合函数的链式法则.

例 5 设 $u=u(x,y)$ 的所有二阶偏导数连续, 证明:

$$\frac{\partial^2 u}{\partial x^2}+\frac{\partial^2 u}{\partial y^2}=\frac{\partial^2 u}{\partial r^2}+\frac{1}{r}\frac{\partial u}{\partial r}+\frac{1}{r^2}\frac{\partial^2 u}{\partial \theta^2},$$

其中 $x=r\cos\theta, y=r\sin\theta$.

证 先求 $\dfrac{\partial u}{\partial r},\dfrac{\partial^2 u}{\partial r^2},\dfrac{\partial^2 u}{\partial \theta^2}$.

$$\frac{\partial u}{\partial r}=\frac{\partial u}{\partial x}\frac{\partial x}{\partial r}+\frac{\partial u}{\partial y}\frac{\partial y}{\partial r}=\frac{\partial u}{\partial x}\cos\theta+\frac{\partial u}{\partial y}\sin\theta,$$

$$\frac{\partial^2 u}{\partial r^2}=\frac{\partial}{\partial r}\left(\frac{\partial u}{\partial x}\cos\theta+\frac{\partial u}{\partial y}\sin\theta\right)=\frac{\partial^2 u}{\partial x^2}\cos^2\theta+2\frac{\partial^2 u}{\partial x\partial y}\sin\theta\cos\theta+\frac{\partial^2 u}{\partial y^2}\sin^2\theta,$$

$$\frac{\partial u}{\partial \theta}=-r\frac{\partial u}{\partial x}\sin\theta+r\frac{\partial u}{\partial y}\cos\theta,$$

$$\begin{aligned}\frac{\partial^2 u}{\partial \theta^2}&=\frac{\partial}{\partial \theta}\left(-r\frac{\partial u}{\partial x}\sin\theta+r\frac{\partial u}{\partial y}\cos\theta\right)\\&=-r\frac{\partial u}{\partial x}\cos\theta+r^2\frac{\partial^2 u}{\partial x^2}\sin^2\theta-2r^2\frac{\partial^2 u}{\partial x\partial y}\sin\theta\cos\theta\\&\quad-r\frac{\partial u}{\partial y}\sin\theta+r^2\frac{\partial^2 u}{\partial y^2}\cos^2\theta,\end{aligned}$$

所以

$$\frac{\partial^2 u}{\partial r^2}+\frac{1}{r}\frac{\partial u}{\partial r}+\frac{1}{r^2}\frac{\partial^2 u}{\partial \theta^2}$$

$$= \frac{\partial^2 u}{\partial x^2}\cos^2\theta + 2\frac{\partial^2 u}{\partial x\partial y}\sin\theta\cos\theta + \frac{\partial^2 u}{\partial y^2}\sin^2\theta + \frac{1}{r}\left(\frac{\partial u}{\partial x}\cos\theta + \frac{\partial u}{\partial y}\sin\theta\right)$$

$$+ \frac{1}{r^2}\left(-r\frac{\partial u}{\partial x}\cos\theta + r^2\frac{\partial^2 u}{\partial x^2}\sin^2\theta - 2r^2\frac{\partial^2 u}{\partial x\partial y}\sin\theta\cos\theta\right.$$

$$\left.- r\frac{\partial u}{\partial y}\sin\theta + r^2\frac{\partial^2 u}{\partial y^2}\cos^2\theta\right)$$

$$= \frac{\partial^2 u}{\partial x^2} + \frac{\partial^2 u}{\partial y^2}.$$

二、 一阶全微分形式不变性

设二元函数 $z = f(u, v)$ 有连续的偏导数, 则有全微分

$$\mathrm{d}z = \frac{\partial z}{\partial u}\mathrm{d}u + \frac{\partial z}{\partial v}\mathrm{d}v.$$

若 $u = u(x, y)$, $v = v(x, y)$ 有连续偏导数, 则复合函数 $z = f[u(x, y), v(x, y)]$ 的全微分为

$$\mathrm{d}z = \frac{\partial z}{\partial x}\mathrm{d}x + \frac{\partial z}{\partial y}\mathrm{d}y,$$

其中 $\frac{\partial z}{\partial x}, \frac{\partial z}{\partial y}$ 分别由 (4-1) 给出. 把 (4-1) 中的 $\frac{\partial z}{\partial x}, \frac{\partial z}{\partial y}$ 代入上式得

$$\begin{aligned}\mathrm{d}z &= \left(\frac{\partial z}{\partial u}\frac{\partial u}{\partial x} + \frac{\partial z}{\partial v}\frac{\partial v}{\partial x}\right)\mathrm{d}x + \left(\frac{\partial z}{\partial u}\frac{\partial u}{\partial y} + \frac{\partial z}{\partial v}\frac{\partial v}{\partial y}\right)\mathrm{d}y \\ &= \frac{\partial z}{\partial u}\left(\frac{\partial u}{\partial x}\mathrm{d}x + \frac{\partial u}{\partial y}\mathrm{d}y\right) + \frac{\partial z}{\partial v}\left(\frac{\partial v}{\partial x}\mathrm{d}x + \frac{\partial v}{\partial y}\mathrm{d}y\right) \\ &= \frac{\partial z}{\partial u}\mathrm{d}u + \frac{\partial z}{\partial v}\mathrm{d}v.\end{aligned}$$

由此可见, 无论 u, v 是中间变量还是自变量, 函数 $z = f(u, v)$ 的全微分形式是一样的, 这种性质称为**一阶全微分形式不变性**, 该性质对于 n 元函数亦成立. 全微分形式的不变性, 为计算复合函数的偏导数与全微分提供了一种有效的方法, 在计算过程中, 不需区分 u, v 是自变量还是中间变量.

例 6 设 $u = f(x, y, z)$, $y = \varphi(x, t)$, $t = \psi(x, z)$ 都具有连续的偏导数, 求 $\frac{\partial u}{\partial x}, \frac{\partial u}{\partial z}$.

解 由全微分形式的不变性, 得

$$\mathrm{d}u = \frac{\partial u}{\partial x}\mathrm{d}x + \frac{\partial u}{\partial y}\mathrm{d}y + \frac{\partial u}{\partial z}\mathrm{d}z$$

$$
\begin{aligned}
&= \frac{\partial f}{\partial x}\mathrm{d}x + \frac{\partial f}{\partial y}\left[\frac{\partial \varphi}{\partial x}\mathrm{d}x + \frac{\partial \varphi}{\partial t}\mathrm{d}t\right] + \frac{\partial f}{\partial z}\mathrm{d}z \\
&= \frac{\partial f}{\partial x}\mathrm{d}x + \frac{\partial f}{\partial y}\left[\frac{\partial \varphi}{\partial x}\mathrm{d}x + \frac{\partial \varphi}{\partial t}\left(\frac{\partial \psi}{\partial x}\mathrm{d}x + \frac{\partial \psi}{\partial z}\mathrm{d}z\right)\right] + \frac{\partial f}{\partial z}\mathrm{d}z \\
&= \left(\frac{\partial f}{\partial x} + \frac{\partial f}{\partial y}\frac{\partial \varphi}{\partial x} + \frac{\partial f}{\partial y}\frac{\partial \varphi}{\partial t}\frac{\partial \psi}{\partial x}\right)\mathrm{d}x + \left(\frac{\partial f}{\partial y}\frac{\partial \varphi}{\partial t}\frac{\partial \psi}{\partial z} + \frac{\partial f}{\partial z}\right)\mathrm{d}z.
\end{aligned}
$$

所以

$$
\frac{\partial u}{\partial x} = \frac{\partial f}{\partial x} + \frac{\partial f}{\partial y}\frac{\partial \varphi}{\partial x} + \frac{\partial f}{\partial y}\frac{\partial \varphi}{\partial t}\frac{\partial \psi}{\partial x}, \quad \frac{\partial u}{\partial z} = \frac{\partial f}{\partial y}\frac{\partial \varphi}{\partial t}\frac{\partial \psi}{\partial z} + \frac{\partial f}{\partial z}.
$$

作为一阶全微分形式不变性的应用, 下列公式成立:

(1) $\mathrm{d}(u \pm v) = \mathrm{d}u \pm \mathrm{d}v$;

(2) $\mathrm{d}(cu) = c\mathrm{d}u$, c 为常数;

(3) $\mathrm{d}(uv) = v\mathrm{d}u + u\mathrm{d}v$;

(4) $\mathrm{d}\left(\frac{u}{v}\right) = \frac{v\mathrm{d}u - u\mathrm{d}v}{v^2}, v \neq 0$;

(5) $\mathrm{d}f(u) = f'(u)\mathrm{d}u$,

其中 u, v 是点 (x, y) 的可微函数, f 是一元可微函数.

例 7 设 $u = \sin\left(x^2 + y^2\right) + \mathrm{e}^{xz}$, 求在点 $(1, 0, 1)$ 的全微分 $\mathrm{d}u$.

解 由一阶全微分形式不变性, 得

$$
\begin{aligned}
\mathrm{d}u &= \cos\left(x^2 + y^2\right)\mathrm{d}\left(x^2 + y^2\right) + \mathrm{e}^{xz}\mathrm{d}(xz) \\
&= \cos\left(x^2 + y^2\right)(2x\mathrm{d}x + 2y\mathrm{d}y) + \mathrm{e}^{xz}(z\mathrm{d}x + x\mathrm{d}z).
\end{aligned}
$$

将 $x = 1, y = 0, z = 1$ 代入上式, 得

$$
\begin{aligned}
\mathrm{d}u &= \cos 1 \cdot 2\mathrm{d}x + \mathrm{e}(\mathrm{d}x + \mathrm{d}z) \\
&= (2\cos 1 + \mathrm{e})\mathrm{d}x + \mathrm{e}\mathrm{d}z.
\end{aligned}
$$

习 题 8-4

1. 求解下列各题:

(1) 设 $z = u^2 \ln v$, $u = \frac{x}{y}$, $v = 3x - y$, 求 $\frac{\partial z}{\partial x}$, $\frac{\partial z}{\partial y}$;

(2) 设 $z = \sin(x - y)$, $x = 3t$, $y = 4t^3$, 求 $\frac{\mathrm{d}z}{\mathrm{d}t}$;

(3) 设 $u = \arctan\frac{xy}{z}$, $y = \mathrm{e}^{ax}$, $z = (ax + 1)^3$, 求 $\frac{\mathrm{d}u}{\mathrm{d}x}$;

(4) 设 $z = x^2y - xy^2$, $x = u\cos v$, $y = \sin v$, 求 $\frac{\partial z}{\partial u}$, $\frac{\partial z}{\partial v}$.

2. 设 f 是可微函数, 求下列函数的一阶偏导数:

(1) $u=f\left(xy,\dfrac{x}{y}\right)$;　　(2) $u=f(x^2-y^2,\mathrm{e}^{xy})$;

(3) $u=f(x,xy,xyz)$;　　(4) $u=f(u,v)$, 其中 $u=\sqrt{xy}$, $v=x+y$.

3. 设 $z=xy+xF(u)$, $u=\dfrac{y}{x}$, $F(u)$ 为可导函数, 证明:

$$x\frac{\partial z}{\partial x}+y\frac{\partial z}{\partial y}=z+xy.$$

4. 设 $z=\dfrac{y}{f(x^2-y^2)}$, 其中 $f(u)$ 为可导函数, 验证

$$\frac{1}{x}\frac{\partial z}{\partial x}+\frac{1}{y}\frac{\partial z}{\partial y}=\frac{z}{y^2}.$$

5. 设 $u=f(x+y+z,x^2+y^2+z^2)$, f 有二阶连续偏导数, 求 $\dfrac{\partial^2 u}{\partial x^2}+\dfrac{\partial^2 u}{\partial y^2}+\dfrac{\partial^2 u}{\partial z^2}$.

6. 设 $u=f(\zeta,\eta)$, 其中 $\zeta=\mathrm{e}^x\cos y$, $\eta=\mathrm{e}^x\sin y$, 求 $\dfrac{\partial^2 u}{\partial x^2}$.

7. 设 f 有二阶连续偏导数, 求下列函数的二阶偏导数 $\dfrac{\partial^2 z}{\partial x^2}$, $\dfrac{\partial^2 z}{\partial x\partial y}$, $\dfrac{\partial^2 z}{\partial y^2}$.

(1) $z=f(xy^2,x^2y)$;　　(2) $z=f\left(x,\dfrac{x}{y}\right)$;

(3) $z=f(\sin x,\cos y,\mathrm{e}^{x+y})$;　　(4) $z=f(u,x,y)$, $u=x\mathrm{e}^y$.

8. 设 φ, ψ 都是二阶可微函数, $u=x\varphi(x+y)+y\psi(x+y)$. 证明:

$$\frac{\partial^2 u}{\partial x^2}-2\frac{\partial^2 u}{\partial x\partial y}+\frac{\partial^2 u}{\partial y^2}=0.$$

9. 设函数 $u(x,y)$ 有二阶连续偏导数, 且满足拉普拉斯方程

$$\frac{\partial^2 u}{\partial x^2}+\frac{\partial^2 u}{\partial y^2}=0.$$

证明: 作变量替换

$$x=\mathrm{e}^s\cos t,\quad y=\mathrm{e}^s\sin t$$

后, u 依然满足关于 s,t 的拉普拉斯方程

$$\frac{\partial^2 u}{\partial s^2}+\frac{\partial^2 u}{\partial t^2}=0.$$

第五节　方向导数与梯度

一、 方向导数

函数 $z=f(x,y)$ 在点 $P_0(x_0,y_0)$ 的两个偏导数 $f_x(x_0,y_0)$, $f_y(x_0,y_0)$ 是函数 $z=f(x,y)$ 在点 P_0 沿过点 P_0 且平行于坐标轴的直线变化的变化率. 在许多实际问题中, 需要研究函数在点 P_0 沿某一方向变化的变化率, 称为方向导数.

定义 1 设函数 $u=f(x,y,z)$ 在点 $P_0(x_0,y_0,z_0)$ 的某邻域 $U(P_0)$ 内有定义, $\boldsymbol{l}$ 为从点 P_0 出发的射线, 点 $P(x,y,z)$ 为 $\boldsymbol{l}$ 上且含于 $U(P_0)$ 内的任一点, ρ 表示两点 P 与 P_0 间的距离. 若

$$\lim_{\rho\to 0^+}\frac{f(P)-f(P_0)}{\rho} \tag{5-1}$$

存在, 则称此极限为函数 $f(x,y,z)$ 在点 P_0 沿方向 $\boldsymbol{l}$ 的**方向导数**, 记作 $\left.\dfrac{\partial f}{\partial \boldsymbol{l}}\right|_{P_0}$.

关于方向导数的存在条件与计算方法, 有如下结论.

定理 1 若函数 $f(x,y,z)$ 在点 $P_0(x_0,y_0,z_0)$ 可微, 则函数 f 在点 P_0 沿任一方向 $\boldsymbol{l}$ 的方向导数存在, 且

$$\left.\frac{\partial f}{\partial \boldsymbol{l}}\right|_{P_0}=\left.\frac{\partial f}{\partial x}\right|_{P_0}\cos\alpha+\left.\frac{\partial f}{\partial y}\right|_{P_0}\cos\beta+\left.\frac{\partial f}{\partial z}\right|_{P_0}\cos\gamma, \tag{5-2}$$

其中 $\cos\alpha,\cos\beta,\cos\gamma$ 为方向 $\boldsymbol{l}$ 的方向余弦.

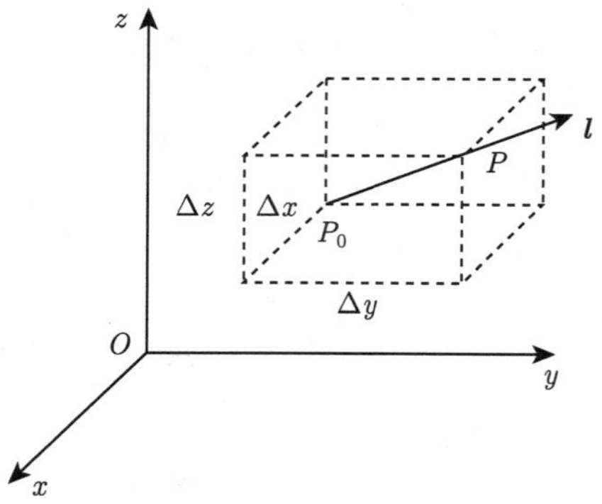

图 8-14

证 设点 $P(x,y,z)$ 为 $\boldsymbol{l}$ 上任一点, ρ 为点 P 与点 P_0 间的距离, 如图 8-14 所示, 于是

$$\begin{aligned} x-x_0&=\Delta x=\rho\cos\alpha,\\ y-y_0&=\Delta y=\rho\cos\beta,\\ z-z_0&=\Delta z=\rho\cos\gamma. \end{aligned} \tag{5-3}$$

由于 $f(x,y,z)$ 在点 P_0 可微, 则当 $\rho\to 0$ 时,

$$\begin{aligned} &f(P)-f(P_0)\\ &=\left.\frac{\partial f}{\partial x}\right|_{P_0}\Delta x+\left.\frac{\partial f}{\partial y}\right|_{P_0}\Delta y+\left.\frac{\partial f}{\partial z}\right|_{P_0}\Delta z+o(\rho). \end{aligned}$$

等式两端同除以 ρ, 并由 (5-3) 得

$$\begin{aligned} &\frac{f(P)-f(P_0)}{\rho}\\ &=\left.\frac{\partial f}{\partial x}\right|_{P_0}\frac{\Delta x}{\rho}+\left.\frac{\partial f}{\partial y}\right|_{P_0}\frac{\Delta y}{\rho}+\left.\frac{\partial f}{\partial z}\right|_{P_0}\frac{\Delta z}{\rho}+\frac{o(\rho)}{\rho} \end{aligned}$$

$$= \left.\frac{\partial f}{\partial x}\right|_{P_0} \cos\alpha + \left.\frac{\partial f}{\partial y}\right|_{P_0} \cos\beta + \left.\frac{\partial f}{\partial z}\right|_{P_0} \cos\gamma + \frac{o(\rho)}{\rho}.$$

因为当 $\rho \to 0^+$ 时, $\left.\frac{\partial f}{\partial x}\right|_{P_0}, \left.\frac{\partial f}{\partial y}\right|_{P_0}, \left.\frac{\partial f}{\partial z}\right|_{P_0}$, $\cos\alpha, \cos\beta, \cos\gamma$ 都是常数, 而 $\frac{o(\rho)}{\rho} \to 0$, 所以

$$\left.\frac{\partial f}{\partial \boldsymbol{l}}\right|_{P_0} = \lim_{\rho\to 0^+} \frac{f(P)-f(P_0)}{\rho} = \left.\frac{\partial f}{\partial x}\right|_{P_0} \cos\alpha + \left.\frac{\partial f}{\partial y}\right|_{P_0} \cos\beta + \left.\frac{\partial f}{\partial z}\right|_{P_0} \cos\gamma.$$

对于二元函数 $f(x,y)$ 来说, 由于 $\gamma = \frac{\pi}{2}$, 所以相应于 (5-1) 的结果是

$$\left.\frac{\partial f}{\partial \boldsymbol{l}}\right|_{P_0} = \left.\frac{\partial f}{\partial x}\right|_{P_0} \cos\alpha + \left.\frac{\partial f}{\partial y}\right|_{P_0} \cos\beta, \tag{5-4}$$

其中 α, β 分别是方向 $\boldsymbol{l}$ 与 x 轴、y 轴正向的夹角.

例 1　设 $f(x,y,z) = \ln(x+\sqrt{y^2+z^2})$, 求 f 在点 $A(1,0,1)$ 沿从点 A 到点 $B(3,-2,2)$ 方向的方向导数.

解　方向 $\boldsymbol{l}$ 即向量 $\overrightarrow{AB} = (2,-2,1)$ 的方向, 因此 $\boldsymbol{l}$ 的方向余弦是

$$\cos\alpha = \frac{2}{\sqrt{2^2+(-2)^2+1^2}} = \frac{2}{3},$$

$$\cos\beta = \frac{-2}{\sqrt{2^2+(-2)^2+1^2}} = -\frac{2}{3},$$

$$\cos\gamma = \frac{1}{\sqrt{2^2+(-2)^2+1^2}} = \frac{1}{3}.$$

在点 $(1,0,1)$, $\frac{\partial f}{\partial x} = \frac{1}{2}, \frac{\partial f}{\partial y} = 0, \frac{\partial f}{\partial z} = \frac{1}{2}$, 故所求方向导数为

$$\left.\frac{\partial f}{\partial \boldsymbol{l}}\right|_{A} = \frac{1}{2}\cdot\frac{2}{3} + 0\cdot\left(-\frac{2}{3}\right) + \frac{1}{2}\cdot\frac{1}{3} = \frac{1}{2}.$$

由方向导数定义易知, 当 $f(x,y,z)$ 在点 P_0 的偏导数 $\left.\frac{\partial f}{\partial x}\right|_{P_0}$ 存在时, $f(x,y,z)$ 在点 P_0 沿 x 轴正向 $\boldsymbol{l}_1 = (1,0,0)$ 与沿 x 轴负向 $\boldsymbol{l}_2 = (-1,0,0)$ 的方向导数都存在, 且 $\left.\frac{\partial f}{\partial \boldsymbol{l}_1}\right|_{P_0} = \left.\frac{\partial f}{\partial x}\right|_{P_0}, \left.\frac{\partial f}{\partial \boldsymbol{l}_2}\right|_{P_0} = -\left.\frac{\partial f}{\partial x}\right|_{P_0}$; 反之, 当 $\left.\frac{\partial f}{\partial \boldsymbol{l}_1}\right|_{P_0}$ 与 $\left.\frac{\partial f}{\partial \boldsymbol{l}_2}\right|_{P_0}$ 都存在

且 $\left.\frac{\partial f}{\partial \boldsymbol{l}_1}\right|_{P_0} = -\left.\frac{\partial f}{\partial \boldsymbol{l}_2}\right|_{P_0}$ 成立时, $f(x,y,z)$ 在点 P_0 对 x 的偏导数存在且 $\left.\frac{\partial f}{\partial x}\right|_{P_0} = \left.\frac{\partial f}{\partial \boldsymbol{l}_1}\right|_{P_0} = -\left.\frac{\partial f}{\partial \boldsymbol{l}_2}\right|_{P_0}$. 对偏导数 $\left.\frac{\partial f}{\partial y}\right|_{P_0}$ 及 $\left.\frac{\partial f}{\partial z}\right|_{P_0}$ 也有类似的结论.

二、 梯度

函数 $f(x,y,z)$ 在点 P_0 沿方向 $\boldsymbol{l}$ 的方向导数 $\left.\frac{\partial f}{\partial \boldsymbol{l}}\right|_{P_0}$ 刻画了函数在该点沿方向 $\boldsymbol{l}$ 的变化率. 当 $\left.\frac{\partial f}{\partial \boldsymbol{l}}\right|_{P_0} > 0$ (或 < 0) 时, 函数在点 P_0 沿方向 $\boldsymbol{l}$ 增加 (减少), 且 $\left|\left.\frac{\partial f}{\partial \boldsymbol{l}}\right|_{P_0}\right|$ 越大, 增加 (减少) 速度越快. 然而在许多问题中, 往往还需要知道函数在点 P_0 沿哪一个方向增加最快, 沿哪个方向减少最快. 又增加 (或减少) 的最大速率是多少, 为此引入梯度的概念.

设函数 $u = f(x,y,z)$ 在点 $P_0(x_0,y_0,z_0)$ 可微, $\boldsymbol{l}$ 是由点 P_0 引出的任意方向, 其方向余弦为 $\cos\alpha, \cos\beta, \cos\gamma$, 则函数 $f(x,y,z)$ 在点 P_0 沿 $\boldsymbol{l}$ 的方向导数

$$\begin{aligned}\left.\frac{\partial f}{\partial \boldsymbol{l}}\right|_{P_0} &= \left.\frac{\partial f}{\partial x}\right|_{P_0}\cos\alpha + \left.\frac{\partial f}{\partial y}\right|_{P_0}\cos\beta + \left.\frac{\partial f}{\partial z}\right|_{P_0}\cos\gamma \\ &= \left(\left.\frac{\partial f}{\partial x}\right|_{P_0}, \left.\frac{\partial f}{\partial y}\right|_{P_0}, \left.\frac{\partial f}{\partial z}\right|_{P_0}\right)\cdot(\cos\alpha, \cos\beta, \cos\gamma),\end{aligned}$$

记 $\boldsymbol{G} = \left(\left.\frac{\partial f}{\partial x}\right|_{P_0}, \left.\frac{\partial f}{\partial y}\right|_{P_0}, \left.\frac{\partial f}{\partial z}\right|_{P_0}\right) = \left.\left(\frac{\partial f}{\partial x}, \frac{\partial f}{\partial y}, \frac{\partial f}{\partial z}\right)\right|_{P_0}$, 则

$$\left.\frac{\partial f}{\partial \boldsymbol{l}}\right|_{P_0} = \boldsymbol{G}\cdot\boldsymbol{l}^\circ = |\boldsymbol{G}|\cos(\boldsymbol{G},\boldsymbol{l}), \tag{5-5}$$

其中 $\boldsymbol{G}$ 是由函数 $f(x,y,z)$ 在点 P_0 确定的向量, $\boldsymbol{l}^\circ$ 为与 $\boldsymbol{l}$ 同向的单位向量. 由 (5-5) 易见, 当 $\boldsymbol{l}$ 与 $\boldsymbol{G}$ 同向时, 方向导数 $\left.\frac{\partial f}{\partial \boldsymbol{l}}\right|_{P_0} = |\boldsymbol{G}|$ 最大; 当 $\boldsymbol{l}$ 与 $\boldsymbol{G}$ 反向时, 方向导数 $\left.\frac{\partial f}{\partial \boldsymbol{l}}\right|_{P_0} = -|\boldsymbol{G}|$ 最小; 当 $\boldsymbol{l}$ 与 $\boldsymbol{G}$ 垂直时, 方向导数 $\left.\frac{\partial f}{\partial \boldsymbol{l}}\right|_{P_0} = 0$; 而对任何方向 $\boldsymbol{l}$, $\left.\frac{\partial f}{\partial \boldsymbol{l}}\right|_{P_0} = \mathrm{Prj}_{\boldsymbol{l}}\boldsymbol{G}$. 向量 $\boldsymbol{G}$ 称为函数 $f(x,y,z)$ 在点 $P_0(x_0,y_0,z_0)$ 的**梯度**.

定义 2 若函数 $u = f(x,y,z)$ 在点 $P_0(x_0,y_0,z_0)$ 可微, 则称向量 $\left(\frac{\partial f}{\partial x}, \frac{\partial f}{\partial y},\right.$

$\left.\dfrac{\partial f}{\partial z}\right)\bigg|_{P_0}$ 为函数 $f(x,y,z)$ 在点 P_0 的**梯度**. 记作 $\mathbf{grad}u(P_0)$, 即

$$\mathbf{grad}u(P_0)=\left.\left(\frac{\partial f}{\partial x},\frac{\partial f}{\partial y},\frac{\partial f}{\partial z}\right)\right|_{P_0}.$$

对于二元函数 $z=f(x,y)$, 可类似地定义函数在点 $P_0(x_0,y_0)$ 的**梯度** $\mathbf{grad}z|_{P_0}$, 即

$$\mathbf{grad}z|_{P_0}=\left.\left(\frac{\partial f}{\partial x},\frac{\partial f}{\partial y}\right)\right|_{P_0}.$$

由定义及上述分析知, $\mathbf{grad}u(P_0)$ 是一个向量, 它具有性质:

(1) $\mathbf{grad}u(P_0)$ 的方向是函数 $u=f(x,y,z)$ 在点 P_0 方向导数最大的方向, 也即函数增加最快的方向. 模 $|\mathbf{grad}u(P_0)|$ 是函数 $u=f(x,y,z)$ 在点 P_0 最大的方向导数, 也即函数增加的最大速率.

(2) 梯度在任何一个方向 $\boldsymbol{l}$ 上的投影, 等于函数 $u=f(x,y,z)$ 在点 P_0 沿方向 $\boldsymbol{l}$ 的方向导数.

由定义知, 梯度的求法归结为求偏导数, 由偏导数运算法则, 可推出梯度的运算法则.

例 2 设 $f(x,y,z)=xyz$, 求 $\mathbf{grad}f|_{(1,2,3)}$.

解 由梯度的定义, 得

$$\mathbf{grad}f|_{(1,2,3)}=(yz,xz,xy)\big|_{(1,2,3)}=(6,3,2).$$

例 3 设一金属平板上电压的分布为 $V=50-x^2-4y^2$, 问在点 $P_0(1,-2)$, 沿什么方向电压上升最快? 沿什么方向电压下降最快? 其速率各为多少? 沿什么方向电压变化最慢?

解 因为电压分布 V 在点 P_0 的梯度是

$$\mathbf{grad}V\big|_{P_0}=(-2x,-8y)\big|_{(1,-2)}=(-2,16),$$

所以在点 P_0 沿方向 $(-2,16)$ 的电压升高最快, 沿 $(2,-16)$ 方向的电压下降最快, 其上升、下降的速率都为 $\sqrt{2^2+16^2}=\sqrt{260}$.

由于 $\pm(16,2)$ 的方向与 $\mathbf{grad}V|_{P_0}$ 垂直, 所以沿 $\pm(16,2)$ 的方向电压不变.

例 4 设点电荷 q 位于坐标原点, 则空间任一点 $P(x,y,z)$ 到它的距离为 $r=\sqrt{x^2+y^2+z^2}$. 由物理学知, 点电荷 q 产生的静电场在点 P 的电位 $V=\dfrac{q}{4\pi\varepsilon}\cdot\dfrac{1}{r}$, 求电位 V 的梯度.

解 $\dfrac{\partial V}{\partial x}=\dfrac{q}{4\pi\varepsilon}\dfrac{\partial}{\partial x}\left(\dfrac{1}{r}\right)=\dfrac{q}{4\pi\varepsilon}\cdot\left(-\dfrac{1}{r^2}\right)\dfrac{\partial r}{\partial x}=-\dfrac{q}{4\pi\varepsilon r^3}x.$

同理

$$\frac{\partial V}{\partial y}=-\frac{q}{4\pi\varepsilon r^3}y,\quad \frac{\partial V}{\partial z}=-\frac{q}{4\pi\varepsilon r^3}z.$$

于是

$$\begin{aligned}\mathbf{grad}V&=\left(-\frac{q}{4\pi\varepsilon r^3}x,-\frac{q}{4\pi\varepsilon r^3}y,-\frac{q}{4\pi\varepsilon r^3}z\right)\\&=-\frac{q}{4\pi\varepsilon r^3}(x,y,z)=-\frac{q}{4\pi\varepsilon r^3}\cdot\frac{\boldsymbol{r}}{r}.\end{aligned}$$

由物理学知, 去掉负号, 这正是点电荷在点 P 的电场强度 E, 因此, $E=-\mathbf{grad}V$, 即电场强度为电位的负梯度.

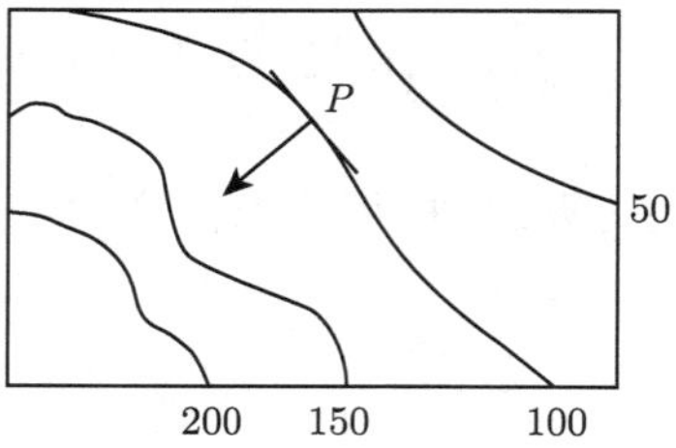

图 8-15

梯度概念在地图学上有重要应用. 图 8-15 是某一地区的地形图. 框中的曲线称为地形等高线, 其方程为 $F(x,y)=C$, 其中 $C=200,150,100,50$, 在等高线上点 P 的法线上由数值较低的等高线指向数值较高的等高线的方向, 是函数 $F(x,y)$ 在点 P 的梯度的方向.

下面简单介绍数量场与向量场的概念.

若对于空间区域 G 内的任一点 M, 都有一个确定的数量 $f(M)$ 与之对应, 则称在该空间区域 G 内确定了一个**数量场**, 如温度场、密度场等. 一个数量场可用一个数量函数 $f(M)$ 来表示. 若与点 M 相对应的是一个向量 $\boldsymbol{F}(M)$, 则称在该空间区域 G 内确定了一个**向量场**, 如力场、速度场等. 一个向量场可用一个向量函数 $\boldsymbol{F}(M)$ 表示. 在直角坐标系中, 设点 M 的坐标为 (x,y,z), 则

$$\boldsymbol{F}(M)=P(M)\boldsymbol{i}+Q(M)\boldsymbol{j}+R(M)\boldsymbol{k}$$

或

$$\boldsymbol{F}(x,y,z)=P(x,y,z)\boldsymbol{i}+Q(x,y,z)\boldsymbol{j}+R(x,y,z)\boldsymbol{k},$$

其中 $P(M)$, $Q(M)$, $R(M)$ 都是点 M 的数量函数.

若 G 是平面中的区域, 则 $f(M)$, $\boldsymbol{F}(M)$ 分别表示平面数量场、平面向量场.

对于向量函数, 除了讨论其线性运算、数量积、向量积等代数运算外, 还需要讨论其极限、连续性、微分法、积分法等微积分学的概念与运算, 这些都可以归结为对其坐标函数或数量函数进行相应的讨论.

利用场的概念, 若数量函数 $u(M)$ 在区域 G 内可微, 则对于 G 内任意一点 M, 都有一个梯度 $\mathbf{grad}u|_M$ 与之对应, 所以说数量函数的梯度确定了一个向量场——梯度场, 记作 $\mathbf{grad}u$. 在直角坐标系下, 梯度场用向量函数

$$\mathbf{grad}u=\frac{\partial u}{\partial x}\boldsymbol{i}+\frac{\partial u}{\partial y}\boldsymbol{j}+\frac{\partial u}{\partial z}\boldsymbol{k}$$

表示.

若对于一个向量函数 $\boldsymbol{F}(M)$, 存在数量函数 $u(M)$, 使得 $\mathbf{grad}u=\boldsymbol{F}$, 则称 $\boldsymbol{F}$ 表示的向量场为**有势场**. 函数 $u(M)$ 称为该向量场的**势函数**.

习　题　8-5

1. 求函数 $z=x^2+y^2$ 在点 $(1,2)$ 沿从点 $(1,2)$ 到点 $(2,2+\sqrt{3})$ 的方向的方向导数.

2. 求函数 $f(x,y)=\ln(x+y)$ 在点 $(1,2)$ 沿抛物线 $y=2x^2$ 在该点的切线方向的方向导数.

3. 求函数 $z=1-\left(\frac{x^2}{a^2}+\frac{y^2}{b^2}\right)$ 在点 $\left(\frac{a}{\sqrt{2}},\frac{b}{\sqrt{2}}\right)$ 沿曲线 $\frac{x^2}{a^2}+\frac{y^2}{b^2}=1$ 在该点的内法线方向的方向导数.

4. 求函数 $f(x,y)=x^2-xy+y^2$ 在点 $P_0(2+\sqrt{3},1+2\sqrt{3})$ 沿极角为 θ 的方向 $\boldsymbol{l}$ 的方向导数, 并求当 θ 取何值时, 对应的方向导数:

(1) 达到最大值;

(2) 达到最小值;

(3) 等于 0.

5. 求 $z=f(x,y)=x^2+2xy+y^2$ 在点 $(1,2)$ 的梯度.

6. 设 $r=\sqrt{x^2+y^2+z^2}$, 求 $\mathbf{grad}r$, $\mathbf{grad}\frac{1}{r}$.

7. 求 $z=f(x,y)=\arctan\frac{y}{x}$ 在点 (x_0,y_0) 的梯度, 并求沿向量 (x_0,y_0) 的方向导数.

8. 设 u,v 是 x,y,z 的函数, 且有连续的一阶偏导数. 证明:

(1) $\mathbf{grad}(u+v)=\mathbf{grad}u+\mathbf{grad}v$;

(2) $\mathbf{grad}(uv)=v\mathbf{grad}u+u\mathbf{grad}v$;

(3) $\mathbf{grad}\left(\frac{u}{v}\right)=\frac{v\cdot\mathbf{grad}u-u\cdot\mathbf{grad}v}{v^2},v\neq 0$;

(4) $\mathbf{grad}f(u)=f'(u)\mathbf{grad}u$, 其中 $f'(u)$ 连续.

9. 求函数 $z=f(x,y)=\ln\frac{y}{x}$ 在点 $A\left(\frac{1}{3},\frac{1}{10}\right)$ 与点 $B\left(1,\frac{1}{6}\right)$ 的两个梯度之间的夹角余弦.

第六节　隐函数的求导公式

在一元函数微分学中, 已给出隐函数的概念, 并在方程 $F(x,y)=0$ 确定的隐函数 $y=f(x)$ 可导的前提下, 给出了不经过显化直接求导数的方法. 本节将利用

多元函数微分学的概念与方法, 给出隐函数存在的条件与求导公式, 即隐函数存在定理.

一、 由一个方程所确定的隐函数的求导公式

隐函数存在定理 1 设函数 $F(x,y)$ 在点 $P(x_0,y_0)$ 的某邻域上有连续的偏导数, 且 $F(x_0,y_0)=0$, $F_y(x_0,y_0)\neq 0$, 则方程

$$F(x,y)=0 \tag{6-1}$$

在点 (x_0,y_0) 的某一邻域上能唯一确定一个单值连续且具有连续导数的函数 $y=f(x)$, 满足条件 $y_0=f(x_0)$, 且

$$\frac{\mathrm{d}y}{\mathrm{d}x}=-\frac{F_x(x,y)}{F_y(x,y)}. \tag{6-2}$$

定理 1 的证明略. 现仅推导 (6-2).

将方程 (6-1) 所确定的函数 $y=f(x)$ 代入 (6-1), 得恒等式

$$F(x,f(x))\equiv 0.$$

左端是关于 x 的复合函数, 恒等式两端对 x 求导, 根据复合函数求导法则可得

$$\frac{\partial F}{\partial x}+\frac{\partial F}{\partial y}\cdot\frac{\mathrm{d}y}{\mathrm{d}x}=0.$$

由于 $F_y(x,y)$ 连续, 且 $F_y(x_0,y_0)\neq 0$, 所以存在 $P(x_0,y_0)$ 的某一邻域 $U(P)$, 在该邻域上 $F_y(x,y)\neq 0$, 于是

$$\frac{\mathrm{d}y}{\mathrm{d}x}=-\frac{F_x(x,y)}{F_y(x,y)}.$$

若 $F(x,y)$ 在 $U(P)$ 上有二阶连续偏导数, 则根据多元复合函数求导法则, 得

$$\begin{aligned}\frac{\mathrm{d}^2y}{\mathrm{d}x^2}&=\frac{\partial}{\partial x}\left(-\frac{F_x}{F_y}\right)+\frac{\partial}{\partial y}\left(-\frac{F_x}{F_y}\right)\cdot\frac{\mathrm{d}y}{\mathrm{d}x}\\&=-\frac{F_{xx}F_y-F_{yx}F_x}{(F_y)^2}-\frac{F_{xy}F_y-F_{yy}F_x}{(F_y)^2}\left(-\frac{F_x}{F_y}\right)\\&=-\frac{F_{xx}F_y^2-2F_{xy}F_xF_y+F_{yy}F_x^2}{(F_y)^3}.\end{aligned}$$

例 1　验证方程 $x^2+y^2-1=0$ 在点 $P_0(0,1)$ 的某一邻域内能唯一确定一个单值且有连续导数, 当 $x=0$ 时 $y=1$ 的隐函数 $y=f(x)$, 并求该函数的导数.

解　设 $F(x,y)=x^2+y^2-1$, 则 $F_x(x,y)=2x, F_y(x,y)=2y, F(0,1)=0$, $F_y(0,1)=2\neq 0$.

因此由定理 1 可知, 方程 $x^2+y^2-1=0$ 在点 $P_0(0,1)$ 的某邻域内能唯一确定一个单值且有连续导数, 当 $x=0$ 时 $y=1$ 的函数 $y=f(x)$, 且

$$\frac{\mathrm{d}y}{\mathrm{d}x}=-\frac{F_x}{F_y}=-\frac{x}{y}.$$

隐函数存在定理 2　设函数 $F(x_1,x_2,\cdots,x_n,u)$ 在点 $P_0(x_1^0,x_2^0,\cdots,x_n^0,u_0)$ 的邻域上有连续的一阶偏导数, 且 $F(P_0)=0$, $F_u(P_0)\neq 0$, 则方程

$$F(x_1,x_2,\cdots,x_n,u)=0 \tag{6-3}$$

在点 $P_0(x_1^0,x_2^0,\cdots,x_n^0,u_0)$ 的某一邻域上能唯一确定一个单值并有连续偏导数的 n 元函数 $u=f(x_1,x_2,\cdots,x_n)$, 满足条件 $u_0=f(x_1^0,x_2^0,\cdots,x_n^0)$, 且

$$\frac{\partial u}{\partial x_i}=-\frac{F_{x_i}}{F_u},\quad i=1,2,\cdots,n. \tag{6-4}$$

证明从略.

定理 2 的特别情形, 若三元方程 $F(x,y,z)=0$ 可唯一确定 z 是 x,y 的隐函数 $z=z(x,y)$, 则

$$\frac{\partial z}{\partial x}=-\frac{F_x}{F_z},\quad \frac{\partial z}{\partial y}=-\frac{F_y}{F_z}. \tag{6-5}$$

例 2　求方程 $xy+yz+\mathrm{e}^{xz}=3$ 所确定的隐函数 $z(x,y)$ 的偏导数 z_x, z_y.

解　方法 1　直接套用公式. 令

$$F(x,y,z)=xy+yz+\mathrm{e}^{xz}-3.$$

这时 $\dfrac{\partial F}{\partial z}=y+x\mathrm{e}^{xz}$, 由此可见, 当 $y+x\mathrm{e}^{xz}\neq 0$ 时, 对于满足方程 $F(x,y,z)=0$ 的点 (x,y,z), 可以确定一个隐函数 $z=z(x,y)$. 由定理 2 可知

$$\frac{\partial z}{\partial x}=-\frac{F_x}{F_z}=-\frac{y+z\mathrm{e}^{xz}}{y+x\mathrm{e}^{xz}},$$

$$\frac{\partial z}{\partial y}=-\frac{F_y}{F_z}=-\frac{x+z}{y+x\mathrm{e}^{xz}}.$$

在计算隐函数 $z=z(x,y)$ 的偏导数时, 也可以不套用现成公式, 用另外一种方法求解.

方法 2　在方程

$$xy+yz+\mathrm{e}^{xz}-3=0$$

中将 z 视为 (x,y) 的函数, 这时上述方程变成关于 x,y 的恒等式. 方程两端对 x 求偏导数, 注意, z 是 x,y 的函数, 得

$$y+yz_x+\mathrm{e}^{xz}(z+xz_x)=0,$$

由此解出

$$\frac{\partial z}{\partial x}=-\frac{y+z\mathrm{e}^{xz}}{y+x\mathrm{e}^{xz}}.$$

同理, 方程两边同时对 y 求偏导数, 可解出

$$\frac{\partial z}{\partial y}=-\frac{x+z}{y+x\mathrm{e}^{xz}}.$$

例 3　求由方程 $z^3-2xz+y^2=0$ 所确定的隐函数 $z=z(x,y)$ 的二阶偏导数 $\dfrac{\partial^2 z}{\partial x^2}$.

解　设 $F(x,y,z)=z^3-2xz+y^2$, 则 $F_x=-2z$, $F_z=3z^2-2x$. 由 (6-5) 有

$$\frac{\partial z}{\partial x}=-\frac{F_x}{F_z}=\frac{2z}{3z^2-2x}.$$

两边对 x 求偏导数, 得

$$\begin{aligned}\frac{\partial^2 z}{\partial x^2}&=\frac{\partial}{\partial x}\left(\frac{2z}{3z^2-2x}\right)\\&=\frac{2(3z^2-2x)\dfrac{\partial z}{\partial x}-2z\left(6z\dfrac{\partial z}{\partial x}-2\right)}{(3z^2-2x)^2}\\&=-\frac{16xz}{(3z^2-2x)^3},\end{aligned}$$

或者

$$\frac{\partial^2 z}{\partial x^2}=\frac{\partial}{\partial x}\left(\frac{2z}{3z^2-2x}\right)+\frac{\partial}{\partial z}\left(\frac{2z}{3z^2-2x}\right)\cdot\frac{\partial z}{\partial x}$$

$$= \frac{-2z(-2)}{(3z^2-2x)^2} + \frac{2(3z^2-2x)-2z(6z)}{(3z^2-2x)^2} \cdot \frac{2z}{3z^2-2x}$$

$$= -\frac{16xz}{(3z^2-2x)^3}.$$

二、 由方程组确定的隐函数的求导公式

若方程的个数不止一个, 则在一定条件下, 由给定的联立方程组能确定若干个隐函数, 这些隐函数求导的方法同由一个方程确定的隐函数情况类似.

隐函数存在定理 3 设函数 $F(x,y,u,v)$, $G(x,y,u,v)$ 在点 $P_0(x_0,y_0,u_0,v_0)$ 的某一邻域上有对各个变量的连续偏导数, 又 $F(x_0,y_0,u_0,v_0)=0$, $G(x_0,y_0,u_0,v_0)=0$, 且偏导数所组成的函数行列式, 称**雅可比** (Jacobi) **式**

$$J = \frac{\partial(F,G)}{\partial(u,v)} = \begin{vmatrix} \dfrac{\partial F}{\partial u} & \dfrac{\partial F}{\partial v} \\ \dfrac{\partial G}{\partial u} & \dfrac{\partial G}{\partial u} \end{vmatrix}$$

在点 P_0 不等于零, 则方程组

$$\begin{cases} F(x,y,u,v)=0, \\ G(x,y,u,v)=0 \end{cases} \tag{6-6}$$

在点 P_0 的某一邻域上能唯一确定一组单值连续且具有连续偏导数的函数 $u=u(x,y)$ 与 $v=v(x,y)$, 它们满足条件 $u_0=u(x_0,y_0), v_0=v(x_0,u_0)$, 且

$$\begin{aligned} \frac{\partial u}{\partial x} &= -\frac{1}{J}\frac{\partial(F,G)}{\partial(x,v)} = -\frac{\begin{vmatrix} F_x & F_v \\ G_x & G_v \end{vmatrix}}{\begin{vmatrix} F_u & F_v \\ G_u & G_v \end{vmatrix}}, \\ \frac{\partial v}{\partial x} &= -\frac{1}{J}\frac{\partial(F,G)}{\partial(u,x)} = -\frac{\begin{vmatrix} F_u & F_x \\ G_u & G_x \end{vmatrix}}{\begin{vmatrix} F_u & F_v \\ G_u & G_v \end{vmatrix}}, \\ \frac{\partial u}{\partial y} &= -\frac{1}{J}\frac{\partial(F,G)}{\partial(y,v)} = -\frac{\begin{vmatrix} F_y & F_v \\ G_y & G_v \end{vmatrix}}{\begin{vmatrix} F_u & F_v \\ G_u & G_v \end{vmatrix}}, \end{aligned} \tag{6-7}$$

$$\frac{\partial v}{\partial y}=-\frac{1}{J}\frac{\partial(F,G)}{\partial(u,y)}=-\frac{\begin{vmatrix} F_u & F_y \\ G_u & G_y \end{vmatrix}}{\begin{vmatrix} F_u & F_v \\ G_u & G_v \end{vmatrix}}.$$

定理的证明略. 仅推导 (6-7).

将方程组 (6-6) 所确定的隐函数 $u=u(x,y)$, $v=v(x,y)$ 代入 (6-6), 得

$$F[x,y,u(x,y),v(x,y)]\equiv 0,$$

$$G[x,y,u(x,y),v(x,y)]\equiv 0.$$

恒等式两端分别对 x 求导, 应用复合函数求导法则, 得

$$\begin{cases} \dfrac{\partial F}{\partial x}+\dfrac{\partial F}{\partial u}\dfrac{\partial u}{\partial x}+\dfrac{\partial F}{\partial v}\dfrac{\partial v}{\partial x}=0, \\ \dfrac{\partial G}{\partial x}+\dfrac{\partial G}{\partial u}\dfrac{\partial u}{\partial x}+\dfrac{\partial G}{\partial v}\dfrac{\partial v}{\partial x}=0. \end{cases}$$

这是关于 $\dfrac{\partial u}{\partial x},\dfrac{\partial v}{\partial x}$ 的线性方程组, 由定理假设可知在点 $P_0(x_0,y_0,u_0,v_0)$ 的某一邻域内, 系数行列式

$$J=\begin{vmatrix} \dfrac{\partial F}{\partial u} & \dfrac{\partial F}{\partial v} \\ \dfrac{\partial G}{\partial u} & \dfrac{\partial G}{\partial v} \end{vmatrix}\neq 0,$$

从而解得

$$\frac{\partial u}{\partial x}=-\frac{1}{J}\frac{\partial(F,G)}{\partial(x,v)},\quad \frac{\partial v}{\partial x}=-\frac{1}{J}\frac{\partial(F,G)}{\partial(u,x)}.$$

同理, 可得

$$\frac{\partial u}{\partial y}=-\frac{1}{J}\frac{\partial(F,G)}{\partial(y,v)},\quad \frac{\partial v}{\partial y}=-\frac{1}{J}\frac{\partial(F,G)}{\partial(u,y)}.$$

由定理 3 可得一个重要的推论.

推论 1 (反函数存在定理)　设函数 $x=x(u,v)$, $y=y(u,v)$ 在点 (u_0,v_0) 的某邻域上有连续的偏导数, 且 $\dfrac{\partial(x,y)}{\partial(u,v)}$ 在点 (u_0,v_0) 不等于零, 则方程组

$$\begin{cases} x=x(u,v), \\ y=y(u,v) \end{cases} \tag{6-8}$$

在点 (x_0, y_0, u_0, v_0) 的某一邻域上唯一确定一组单值连续且有连续偏导数的反函数 $u = u(x, y)$, $v = v(x, y)$, 且

$$\frac{\partial u}{\partial x} = \frac{1}{J}\frac{\partial y}{\partial v}, \quad \frac{\partial v}{\partial x} = -\frac{1}{J}\frac{\partial y}{\partial u},$$
$$\frac{\partial u}{\partial y} = -\frac{1}{J}\frac{\partial x}{\partial v}, \quad \frac{\partial v}{\partial y} = \frac{1}{J}\frac{\partial x}{\partial u}.$$

证　将方程组 (6-8) 改写为

$$\begin{cases} F(x, y, u, v) = x - x(u, v) = 0, \\ G(x, y, u, v) = y - y(u, v) = 0. \end{cases}$$

则由假设

$$J = \frac{\partial(F, G)}{\partial(u, v)} = \frac{\partial(x, y)}{\partial(u, v)} \neq 0.$$

由隐函数存在定理 3 得: 在点 (x_0, y_0, u_0, v_0) 的某一邻域上唯一确定一组单值连续且具有连续偏导数的反函数 $u = u(x, y)$, $v = v(x, y)$.

再将 (6-8) 确定的反函数 $u = u(x, y)$, $v = v(x, y)$ 代入 (6-8), 得

$$\begin{cases} x \equiv x[u(x, y), v(x, y)], \\ y \equiv y[u(x, y), v(x, y)]. \end{cases}$$

上述等式两端分别对 x 求偏导数, 得

$$\begin{cases} 1 = \dfrac{\partial x}{\partial u} \cdot \dfrac{\partial u}{\partial x} + \dfrac{\partial x}{\partial v} \cdot \dfrac{\partial v}{\partial x}, \\ 0 = \dfrac{\partial y}{\partial u} \cdot \dfrac{\partial u}{\partial x} + \dfrac{\partial y}{\partial v} \cdot \dfrac{\partial v}{\partial x}. \end{cases}$$

因为 $J \neq 0$, 所以解得

$$\frac{\partial u}{\partial x} = \frac{1}{J}\frac{\partial y}{\partial v}, \quad \frac{\partial v}{\partial x} = -\frac{1}{J}\frac{\partial y}{\partial u}.$$

同理, 得

$$\frac{\partial u}{\partial y} = -\frac{1}{J}\frac{\partial x}{\partial v}, \quad \frac{\partial v}{\partial y} = \frac{1}{J}\frac{\partial x}{\partial u}.$$

例 4　设 $\begin{cases} x^2 + y^2 - uv = 0, \\ xy - u^2 + v^2 = 0, \end{cases}$ 求 $\dfrac{\partial u}{\partial x}, \dfrac{\partial u}{\partial y}$.

解　方法 1　令

$$F(x,y,u,v)=x^2+y^2-uv,$$
$$G(x,y,u,v)=xy-u^2+v^2,$$

则

$$J=\frac{\partial(F,G)}{\partial(u,v)}=\begin{vmatrix}\dfrac{\partial F}{\partial u} & \dfrac{\partial F}{\partial v}\\ \dfrac{\partial G}{\partial u} & \dfrac{\partial G}{\partial v}\end{vmatrix}=\begin{vmatrix}-v & -u\\ -2u & 2v\end{vmatrix}=-2(u^2+v^2),$$

$$\frac{\partial(F,G)}{\partial(x,v)}=\begin{vmatrix}\dfrac{\partial F}{\partial x} & \dfrac{\partial F}{\partial v}\\ \dfrac{\partial G}{\partial x} & \dfrac{\partial G}{\partial v}\end{vmatrix}=\begin{vmatrix}2x & -u\\ y & 2v\end{vmatrix}=4xv+yu,$$

$$\frac{\partial(F,G)}{\partial(y,v)}=\begin{vmatrix}\dfrac{\partial F}{\partial y} & \dfrac{\partial F}{\partial v}\\ \dfrac{\partial G}{\partial y} & \dfrac{\partial G}{\partial v}\end{vmatrix}=\begin{vmatrix}2y & -u\\ x & 2v\end{vmatrix}=4yv+xu.$$

由 (6-7), 得

$$\frac{\partial u}{\partial x}=-\frac{1}{J}\frac{\partial(F,G)}{\partial(x,v)}=\frac{4xv+yu}{2(u^2+v^2)},$$
$$\frac{\partial u}{\partial y}=-\frac{1}{J}\frac{\partial(F,G)}{\partial(y,v)}=\frac{4yv+xu}{2(u^2+v^2)},$$

其中 $u^2+v^2\neq 0$.

方法 2　方程组两边先对自变量求偏导数, 再求解.

方程组中每个方程两边对 x 求导, 得

$$\begin{cases}2x-v\dfrac{\partial u}{\partial x}-u\dfrac{\partial v}{\partial x}=0,\\[2mm] y-2u\dfrac{\partial u}{\partial x}+2v\dfrac{\partial v}{\partial x}=0.\end{cases}$$

因为

$$J=\begin{vmatrix}-v & -u\\ -2u & 2v\end{vmatrix}=-2(u^2+v^2)\neq 0,$$

所以求解关于 $\dfrac{\partial u}{\partial x}, \dfrac{\partial v}{\partial x}$ 的二元一次方程组, 得

$$\frac{\partial u}{\partial x} = \frac{4xv + yu}{2(u^2 + v^2)}.$$

同样地, 方程组中每个方程两边对 y 求导, 解得

$$\frac{\partial u}{\partial y} = \frac{4yv + xu}{2(u^2 + v^2)}.$$

方法 2 就是 (6-7) 的推导过程所给出的方法. 易见, 用方法 2 求方程组确定的隐函数的偏导数, 避免了强行记忆 (6-7), 比较方便.

习　题　8-6

1. 求由下列方程确定的隐函数 $y = y(x)$ 的导数 $\dfrac{\mathrm{d}y}{\mathrm{d}x}$.

(1) $\sin y + \mathrm{e}^x - xy^2 = 0$;

(2) $\ln\sqrt{x^2 + y^2} = \arctan\dfrac{y}{x}$;

(3) $y^x = x^y$.

2. 求由下列各方程确定的隐函数 $z = z(x, y)$ 的偏导数 $\dfrac{\partial z}{\partial x}, \dfrac{\partial z}{\partial y}$.

(1) $x + y + z = \mathrm{e}^{-(x+y+z)}$;　　(2) $yz = \ln z + x + y$;

(3) $x + z - \varepsilon\sin z = y \ (0 < \varepsilon < 1)$;　　(4) $\dfrac{x}{z} = \ln\dfrac{z}{y}$.

3. 设由方程 $f(xy^2, x + y) = 0$ 确定的隐函数为 $y = y(x)$, 求 $\dfrac{\mathrm{d}y}{\mathrm{d}x}$.

4. 设 $z = x + y\varphi(z)$, 若 $1 - y\varphi'(z) = 0$, 证明:

$$\frac{\partial z}{\partial y} = \varphi(z)\frac{\partial z}{\partial x}.$$

5. 设函数 $z = z(x, y)$ 由方程 $F\left(x + \dfrac{z}{y}, y + \dfrac{z}{x}\right) = 0$ 确定, F 为可微函数, 证明:

$$x\frac{\partial z}{\partial x} + y\frac{\partial z}{\partial y} = z - xy.$$

6. 设 $z + \cos xy = \mathrm{e}^z$, 求 $\dfrac{\partial z}{\partial x}$ 与 $\dfrac{\partial^2 z}{\partial x^2}$.

7. 设 $z^3 - 3xyz = a^3$, 求 $\dfrac{\partial^2 z}{\partial x \partial y}$.

8. 求下列方程组确定的函数的导数或偏导数:

(1) 设 $\begin{cases} z = x^2 + y^2, \\ x^2 + 2y^2 + 3z^2 = 0, \end{cases}$ 求 $\dfrac{\mathrm{d}y}{\mathrm{d}x}, \dfrac{\mathrm{d}z}{\mathrm{d}x}$;

(2) 设 $\begin{cases} x = \mathrm{e}^u + u\sin v, \\ y = \mathrm{e}^u - u\cos v, \end{cases}$ 求 $\dfrac{\partial u}{\partial x}, \dfrac{\partial u}{\partial y}, \dfrac{\partial v}{\partial x}, \dfrac{\partial v}{\partial y}$;

(3) 设 $\begin{cases} u = f(ux, v + y), \\ v = g(u - x, v^2 y), \end{cases}$ 其中 f, g 具有一阶连续偏导数, 求 $\dfrac{\partial u}{\partial x}, \dfrac{\partial v}{\partial x}$.

9. 设 $x = u\cos v$, $y = u\sin v$, $z = kv$, 其中 k 为常数, 求 $\dfrac{\partial z}{\partial x}, \dfrac{\partial z}{\partial y}$.

10. 设 $y = f(x, t)$, 而 t 是由方程 $F(x, y, t) = 0$ 确定的 x, y 的函数, 证明:

$$\frac{\mathrm{d}y}{\mathrm{d}x} = \frac{\dfrac{\partial f}{\partial x}\dfrac{\partial F}{\partial t} - \dfrac{\partial f}{\partial t}\dfrac{\partial F}{\partial x}}{\dfrac{\partial f}{\partial t}\dfrac{\partial F}{\partial y} + \dfrac{\partial F}{\partial t}}.$$

第七节　多元函数微分法的几何应用

一、 空间曲线的切线与法平面

类似于平面曲线, 空间曲线在其上点 M_0 的切线定义为割线的极限位置 (存在时), 过点 M_0 且与切线垂直的平面就称为曲线在点 M_0 的法平面, 如图 8-16 所示.

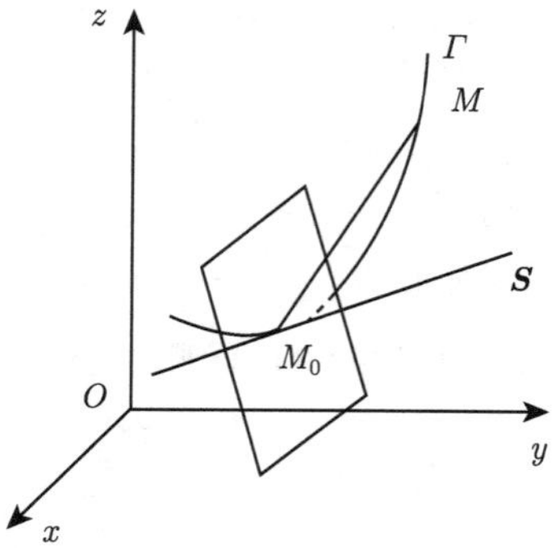

图 8-16

设空间曲线 Γ 的参数方程为 $x = \varphi(t)$, $y = \psi(t)$, $z = \omega(t)$, 在点 M_0 有切线. 点 M_0 对应参数 t_0, 即点 M_0 的坐标是 $x_0 = \varphi(t_0)$, $y_0 = \psi(t_0)$, $z_0 = \omega(t_0)$. 在曲线上点 M_0 附近任取点 $M(x, y, z)$, 点 M 对应参数 $t \neq t_0$, 则割线 M_0M 的一个方向向量为

$$\boldsymbol{S}(t) = \left(\frac{x - x_0}{t - t_0}, \frac{y - y_0}{t - t_0}, \frac{z - z_0}{t - t_0}\right).$$

易见, 动点 M 沿曲线 Γ 趋于点 M_0 等价于参数 t 趋于 t_0. 若 $t \to t_0$ 时, 向量 $\boldsymbol{S}(t)$ 的坐标有极限, 且极限值不全为 0, 即函数 $\varphi(t), \psi(t), \omega(t)$ 在点 t_0 可导, 且 $\varphi'(t_0)$, $\psi'(t_0)$, $\omega'(t_0)$ 不全为 0, 则向量

$$\boldsymbol{S} = (\varphi'(t_0), \psi'(t_0), \omega'(t_0)) \tag{7-1}$$

是曲线 Γ 在点 M_0 的切线的一个方向向量, 称为曲线 Γ 在点 M_0 的切向量. 由此得, 曲线 Γ 在点 M_0 的切线方程为

$$\frac{x-x_0}{\varphi'(t_0)}=\frac{y-y_0}{\psi'(t_0)}=\frac{z-z_0}{\omega'(t_0)}, \tag{7-2}$$

曲线 Γ 在点 M_0 的法平面方程为

$$\varphi'(t_0)(x-x_0)+\psi'(t_0)(y-y_0)+\omega'(t_0)(z-z_0)=0. \tag{7-3}$$

例 1　求曲线 $x=t,y=t^2,z=t^3$ 在点 $(1,1,1)$ 的切线及法平面方程.

解　因为 $x'_t=1,y'_t=2t,z'_t=3t^2$, 且点 $(1,1,1)$ 所对应的参数 $t=1$, 所以 $\boldsymbol{S}=(1,2,3)$, 从而切线方程为

$$\frac{x-1}{1}=\frac{y-1}{2}=\frac{z-1}{3},$$

法平面方程为

$$(x-1)+2(y-1)+3(z-1)=0,$$

即

$$x+2y+3z=6.$$

例 2　求曲线 $\begin{cases} y=x^2, \\ z=3x+1 \end{cases}$ 在点 $(0,0,1)$ 的切线及法平面方程.

解　取 x 为参数, 曲线的参数方程为 $x=x,y=x^2,z=3x+1$, 点 $(0,0,1)$ 的切向量

$$\boldsymbol{S}=(1,2x,3)\big|_{(0,0,1)}=(1,0,3),$$

所以切线方程为

$$\frac{x-0}{1}=\frac{y-0}{0}=\frac{z-1}{3},$$

即

$$\begin{cases} 3x-z+1=0, \\ y=0. \end{cases}$$

法平面方程为

$$(x-0)+3(z-1)=0,$$

即

$$x+3z-3=0.$$

一般地, 若空间曲线 Γ 的方程形如

$$\begin{cases} y = \varphi(x), \\ z = \psi(x), \end{cases}$$

且 $\varphi(x), \psi(x)$ 都是 x 的可导函数, 则空间曲线 Γ 在点 $M(x,y,z)$ 的切向量 $\boldsymbol{S} = (1, \varphi'(x), \psi'(x))$, 曲线上点 $M_0(x_0, y_0, z_0)$ 的切线方程为

$$\frac{x - x_0}{1} = \frac{y - y_0}{\varphi'(x_0)} = \frac{z - z_0}{\psi'(x_0)},$$

法平面方程为

$$(x - x_0) + \varphi'(x_0)(y - y_0) + \psi'(x_0)(z - z_0) = 0.$$

若空间曲线 Γ 的方程形如

$$\begin{cases} F(x,y,z) = 0, \\ G(x,y,z) = 0, \end{cases} \tag{7-4}$$

设 $M_0(x_0, y_0, z_0)$ 是曲线 Γ 上的一点, F, G 在点 M_0 附近有对各变量的连续偏导数, 且

$$\left.\frac{\partial(F,G)}{\partial(y,z)}\right|_{(x_0,y_0,z_0)} \neq 0,$$

由隐函数存在定理, 方程组 (7-4) 在点 M_0 附近确定一组函数 $y = \varphi(x)$, $z = \psi(x)$, 且

$$\varphi'(x) = \frac{\dfrac{\partial(F,G)}{\partial(z,x)}}{\dfrac{\partial(F,G)}{\partial(y,z)}}, \quad \psi'(x) = \frac{\dfrac{\partial(F,G)}{\partial(x,y)}}{\dfrac{\partial(F,G)}{\partial(y,z)}}.$$

从而曲线 Γ 在点 $M_0(x_0, y_0, z_0)$ 的切向量为

$$\boldsymbol{S} = \left(1, \frac{\dfrac{\partial(F,G)}{\partial(z,x)}}{\dfrac{\partial(F,G)}{\partial(y,z)}}, \frac{\dfrac{\partial(F,G)}{\partial(x,y)}}{\dfrac{\partial(F,G)}{\partial(y,z)}}\right)_{M_0},$$

或

$$\boldsymbol{S} = \left(\frac{\partial(F,G)}{\partial(y,z)}, \frac{\partial(F,G)}{\partial(z,x)}, \frac{\partial(F,G)}{\partial(x,y)}\right)_{M_0}. \tag{7-5}$$

于是曲线上点 $M_0(x_0,y_0,z_0)$ 处的切线方程为

$$\frac{x-x_0}{\left.\frac{\partial(F,G)}{\partial(y,z)}\right|_{M_0}}=\frac{y-y_0}{\left.\frac{\partial(F,G)}{\partial(z,x)}\right|_{M_0}}=\frac{z-z_0}{\left.\frac{\partial(F,G)}{\partial(x,y)}\right|_{M_0}},\tag{7-6}$$

法平面方程为

$$\left.\frac{\partial(F,G)}{\partial(y,z)}\right|_{M_0}(x-x_0)+\left.\frac{\partial(F,G)}{\partial(z,x)}\right|_{M_0}(y-y_0)+\left.\frac{\partial(F,G)}{\partial(x,y)}\right|_{M_0}(z-z_0)=0,\tag{7-7}$$

其中 $\left.\frac{\partial(F,G)}{\partial(y,z)}\right|_{M_0},\left.\frac{\partial(F,G)}{\partial(z,x)}\right|_{M_0},\left.\frac{\partial(F,G)}{\partial(x,y)}\right|_{M_0}$ 不全为零.

二、 曲面的切平面与法线

设 M_0 为曲面 Σ 上一点, 若曲面 Σ 上任意一条过点 M_0 的曲线在点 M_0 有切线, 且这些切线在同一平面内, 则称此平面为曲面 Σ 在点 M_0 的**切平面**, 称过点 M_0 而垂直于切平面的直线为曲面 Σ 在点 M_0 的**法线**, 称法线的方向向量, 即切平面的法向量, 为曲面 Σ 在点 M_0 的**法向量**.

设曲面 Σ 的方程为 $F(x,y,z)=0$, 点 $M_0(x_0,y_0,z_0)$ 在曲面 Σ 上. 可以证明: 若 $F(x,y,z)$ 在点 M_0 可微, 且 $F_x(x_0,y_0,z_0)$, $F_y(x_0,y_0,z_0)$, $F_z(x_0,y_0,z_0)$ 不全为 0, 则曲面 Σ 在点 M_0 有切平面, 且向量

$$\boldsymbol{n}=\left(F_x\left(x_0,y_0,z_0\right),F_y\left(x_0,y_0,z_0\right),F_z\left(x_0,y_0,z_0\right)\right)\tag{7-8}$$

是曲面 Σ 在点 M_0 的一个法向量.

仅证明, 若函数 $F(x,y,z)$ 满足上面的条件, 曲面 Σ 在点 M_0 的法向量为 (7-8).

设 Γ 为曲面 Σ 上过点 M_0 的任意一条曲线, 其参数方程为 $x=\varphi(t)$, $y=\psi(t)$, $z=\omega(t)$, 点 M_0 对应参数 $t=t_0$, 如图 8-17 所示, 则曲线 Γ 在点 M_0 的切向量为

$$\boldsymbol{S}=\left(\varphi'(t_0),\psi'(t_0),\omega'(t_0)\right),$$

其中 $\varphi'(t_0),\psi'(t_0),\omega'(t_0)$ 不全为 0. 因为曲线 Γ 在曲面 Σ 上, 所以

$$F[\varphi(t),\psi(t),\omega(t)]\equiv 0.$$

由多元复合函数求导法则知, 上式左端函数在 $t=t_0$ 全导数存在, 且

$$F_x(M_0)\varphi'(t_0)+F_y(M_0)\psi'(t_0)+F_z(M_0)\omega'(t_0)=0.$$

$$\boldsymbol{n}=(F_x(M_0),F_y(M_0),F_z(M_0)),$$

则有 $\boldsymbol{S}$ 垂直于 $\boldsymbol{n}$, 即 $\boldsymbol{S}$ 在以 $\boldsymbol{n}$ 为法向量的平面内. 又曲线 Γ 过点 M_0, 故结论得证.

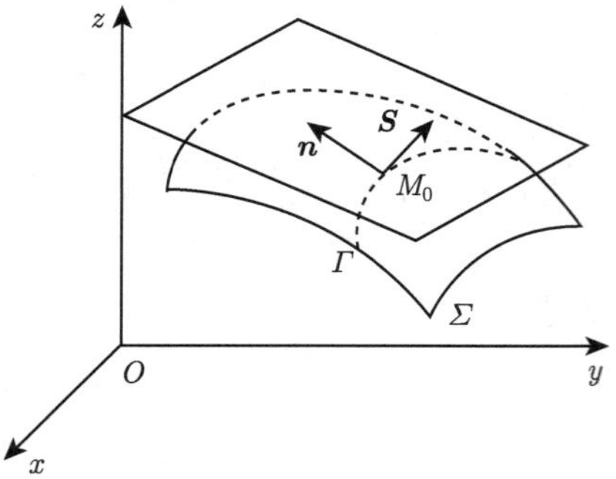

图 8-17

于是由 (7-6) 可得曲面 Σ 在点 M_0 的切平面方程为

$$F_x(M_0)(x-x_0)+F_y(M_0)(y-y_0)+F_z(M_0)(z-z_0)=0; \tag{7-9}$$

曲面 Σ 在点 M_0 的法线方程为

$$\frac{x-x_0}{F_x(M_0)}=\frac{y-y_0}{F_y(M_0)}=\frac{z-z_0}{F_z(M_0)}. \tag{7-10}$$

若曲面 Σ 在点 M 的法向量随点 M 的变动而连续转动, 则称曲面 Σ 是光滑的. 由上述讨论可知, 曲面 Σ: $F(x,y,z)=0$ 光滑的条件是: $F(x,y,z)$ 的偏导数在 Σ 上连续, 且 F_x,F_y,F_z 处处不全为零.

若曲面 Σ 方程形如 $z=f(x,y)$, 令 $F(x,y,z)=f(x,y)-z$, 则

$$\frac{\partial F}{\partial x}=f_x(x,y),\quad \frac{\partial F}{\partial y}=f_y(x,y),\quad \frac{\partial F}{\partial z}=-1,$$

所以曲面 Σ 在点 M_0 的法向量为

$$\boldsymbol{n}=(f_x(x_0,y_0),f_y(x_0,y_0),-1), \tag{7-11}$$

切平面方程为

$$z-z_0=f_x(x_0,y_0)(x-x_0)+f_y(x_0,y_0)(y-y_0), \tag{7-12}$$

法线方程为

$$\frac{x_0-x}{f_x(x_0,y_0)}=\frac{y_0-y}{f_y(x_0,y_0)}=\frac{z_0-z}{-1}. \tag{7-13}$$

由 (7-12) 可得, 当自变量 x,y 在 x_0,y_0 分别有增量 $x-x_0,y-y_0$ 时, 函数的全微分在几何上是曲面 $z=f(x,y)$ 在点 (x_0,y_0,z_0) 的切平面的竖坐标增量 $z-z_0$.

例 3　求锥面 $z=\sqrt{x^2+y^2}$ 在点 $(4,3,5)$ 的切平面和法线方程.

解　设 $z=f(x,y)=\sqrt{x^2+y^2}$, 则

$$f_x=\frac{x}{\sqrt{x^2+y^2}},\quad f_y=\frac{y}{\sqrt{x^2+y^2}},$$

锥面 $z=\sqrt{x^2+y^2}$ 在点 $(4,3,5)$ 的法向量 $\boldsymbol{n}=\left(\frac{4}{5},\frac{3}{5},-1\right)$, 取与 $\boldsymbol{n}$ 平行的向量 $(4,3,-5)$ 为法向量, 则切平面方程为

$$z-5=\frac{4}{5}(x-4)+\frac{3}{5}(y-3),$$

即

$$4x+3y-5z=0.$$

法线方程为

$$\frac{x-4}{4}=\frac{y-3}{3}=\frac{z-5}{-5}.$$

习 题 8-7

1. 求下列曲线在指定点的切线及法平面方程:

(1) $x=t-\sin t,\ y=1-\cos t,\ z=4\sin\frac{t}{2}$, 点 $\left(\frac{\pi}{2}-1,1,2\sqrt{2}\right)$;

(2) 曲线 $\begin{cases}x^2+y^2+z^2=6,\\ x+y+z=0,\end{cases}$ 点 $(1,-2,1)$;

(3) 曲线 $\begin{cases}y^2=2mx,\\ z^2=m-x,\end{cases}$ 点 (x_0,y_0,z_0).

2. 在曲线 $x=t,\ y=t^2,\ z=t^3$ 上求一点, 使在该点的切线平行于平面 $x+2y+z=4$.

3. 求下列曲面在给定点 P_0 的切平面与法线方程:

(1) 球面 $x^2+y^2+z^2=14$, 点 $P_0(1,2,3)$;

(2) 旋转抛物面 $z=x^2+y^2-1$, 点 $P_0(2,1,4)$;

(3) 曲面 $\mathrm{e}^z-z+xy=3$, 点 $P_0(2,1,0)$;

(4) 曲面 $2^{\frac{x}{z}}+2^{\frac{y}{z}}=8$, 点 $P_0(2,2,1)$.

4. 求椭球面 $x^2+2y^2+z=1$ 上平行于平面 $x-y+2z=0$ 的切平面方程.

5. 求曲面 $3x^2+y^2-z^2=27$ 的切平面, 使其过直线 $\begin{cases}10x+2y-2z=27,\\ x+y-z=0.\end{cases}$

6. 设 $a>0$, 证明: 曲面 $xyz=a^3$ 上任一点的切平面与坐标平面围成的体积是定值.

7. 设 $a>0$, 证明: 曲面 $\sqrt{x}+\sqrt{y}+\sqrt{z}=\sqrt{a}$ 上任一点的切平面在各坐标轴上的截距之和等于 a.

第八节 多元函数的极值

一、 多元函数的极值

仿照一元函数可以给出多元函数极值的概念, 并用偏导数讨论多元函数的极值. 以二元函数为例, 先给出二元函数极值的定义.

定义 1　设函数 $z=f(x,y)$ 在点 (x_0,y_0) 的某邻域上有定义, 若对于该邻域内异于 (x_0,y_0) 的点, 都有 $f(x,y)<f(x_0,y_0)$ (或 $f(x,y)>f(x_0,y_0)$), 则称函数在点 (x_0,y_0) 取得**极大值** $f(x_0,y_0)$ (或**极小值** $f(x_0,y_0)$). 极大值与极小值统称为**极值**. 函数取得极值的点称为**极值点**.

例如, 函数 $z=\sqrt{x^2+y^2}$ 在点 $(0,0)$ 取得极小值 0, 因为在点 $(0,0)$ 邻域内的任意异于点 $(0,0)$ 的点 (x,y), 总有 $z=\sqrt{x^2+y^2}>0$. 再如, 函数 $z=\sqrt{1-x^2-y^2}$ 在点 $(0,0)$ 取得极大值 1, 因为在点 $(0,0)$ 邻域内的任意异于 $(0,0)$ 的点 (x,y), 总有 $z=\sqrt{1-x^2-y^2}<1$. 函数 $z=xy$ 在点 $(0,0)$ 不取极值, 因为在点 $(0,0)$ 函数值为零, 而在点 $(0,0)$ 的任意邻域内, 总有使函数值为正的点, 也总有使函数值为负的点.

类似地可给出 n 元函数极值的定义.

定理 1 (极值存在的必要条件)　设函数 $z=f(x,y)$ 在点 (x_0,y_0) 具有一阶偏导数, 且在点 (x_0,y_0) 取到极值, 则它在该点的偏导数必为零, 即

$$f_x(x_0,y_0)=0,\quad f_y(x_0,y_0)=0.$$

证　不妨设 $z=f(x,y)$ 在点 (x_0,y_0) 取到极大值, 则对于点 (x_0,y_0) 的某邻域内的任意异于 (x_0,y_0) 的点 (x,y), 都有

$$f(x,y)<f(x_0,y_0).$$

特别地, 在该邻域内取 $x\neq x_0$ 但 $y=y_0$ 的点, 有

$$f(x,y_0)<f(x_0,y_0).$$

这表明可导的一元函数 $f(x,y_0)$ 在点 $x=x_0$ 取得极大值, 所以必有 $f_x(x_0,y_0)=0$.

类似地可证 $f_y(x_0,y_0)=0$.

从几何上看, 若曲面 $\Sigma: z=f(x,y)$ 在点 $M_0(x_0,y_0,z_0)$ 有切平面, 且点 (x_0,y_0) 是极值点, 则切平面

$$z-z_0=f_x(x_0,y_0)(x-x_0)+f_y(x_0,y_0)(y-y_0)$$

是平行于坐标面 xOy 的平面 $z-z_0=0$.

类似于一元函数, 当 $f_x(x_0,y_0)=0, f_y(x_0,y_0)=0$ 同时成立, 称点 (x_0,y_0) 为函数 $z=f(x,y)$ 的**驻点**. 定理 1 表明具有偏导数的函数的极值点必定是驻点, 但驻点未必是极值点, 例如, 点 $(0,0)$ 是函数 $z=xy$ 的驻点, 但不是极值点.

下面给出判定驻点是不是极值点的方法.

定理 2 (极值存在的充分条件)　设函数 $z=f(x,y)$ 在点 (x_0,y_0) 的某邻域上连续, 有一阶与二阶连续偏导数且 $f_x(x_0,y_0)=0, f_y(x_0,y_0)=0$. 令

$$f_{xx}(x_0,y_0)=A,\quad f_{xy}(x_0,y_0)=B,\quad f_{yy}(x_0,y_0)=C,$$

记

$$\Delta=\begin{vmatrix} A & B \\ B & C \end{vmatrix}=AC-B^2,$$

称为函数 $f(x,y)$ 在点 (x_0,y_0) 的**黑塞矩阵**, 则

(1) 当 $\Delta>0$ 时, 点 (x_0,y_0) 是函数 $f(x,y)$ 极值点, 且

(i) 若 $A>0$ (或 $C>0$), 点 (x_0,y_0) 是函数 $f(x,y)$ 极小值点;

(ii) 若 $A<0$ (或 $C<0$), 点 (x_0,y_0) 是函数 $f(x,y)$ 极小值点.

(2) 当 $\Delta<0$ 时, 点 (x_0,y_0) 不是函数 $f(x,y)$ 极值点.

(3) 当 $\Delta=0$ 时, 无法判定点 (x_0,y_0) 是否为函数 $f(x,y)$ 极值点.

证明从略.

由定理 1 知偏导数存在的函数的极值只可能在驻点取得, 再由定理 2 知求具有二阶连续偏导数的函数 $z=f(x,y)$ 的极值的步骤如下:

(1) 解方程组 $\begin{cases} f_x(x_0,y_0)=0, \\ f_y(x_0,y_0)=0, \end{cases}$ 求出所有驻点;

(2) 根据各驻点 (x_0,y_0) 的黑塞矩阵 Δ 与 A (或 C) 的符号判定 $f(x_0,y_0)$ 是否为极值, 是极大值还是极小值.

例 1　求函数 $f(x,y)=x^3+y^3-3xy$ 的极值.

解　令 $\begin{cases} f_x=3x^2-3y=0, \\ f_y=3y^2-3x=0, \end{cases}$ 得驻点 $(0,0),(1,1)$. 又

$$f_{xx}=6x,\quad f_{xy}=-3,\quad f_{yy}=6y.$$

在点 $(0,0)$, $A=0,B=-3,C=0$, $\Delta=-9<0$, 所以函数在点 $(0,0)$ 无极值;

在点 $(1,1)$, $A=6,B=-3,C=6$, $\Delta=27>0$, 且 $A>0$, 所以函数 $f(x,y)$ 在点 $(1,1)$ 取极小值 $f(1,1)=-1$.

若函数在个别点的偏导数不存在, 这些点不是驻点, 但仍有可能是极值点. 例如, 函数 $z=\sqrt{x^2+y^2}$ 在点 $(0,0)$ 的偏导数不存在, 但它在点 $(0,0)$ 有极小值. 因此对函数偏导数不存在的点也应考虑其是否为极值点.

二、 多元函数的最值

类似于一元函数, 可用多元函数极值求解实际问题的最大值与最小值问题.

若区域 D 为有界闭区域, 函数 $z=f(x,y)$ 在区域 D 上连续, 则函数在区域 D 上必有最大值 (或最小值), 它们或在区域 D 的内部, 或在区域 D 的边界上取得. 若函数 $z=f(x,y)$ 在区域 D 内部取得最大值、最小值, 则它必为极值. 因此, 若函数在区域 D 上连续, 求最值的一般方法是, 先求出函数在区域 D 内的所有极值与边界上的最大值、最小值, 再比较它们的大小, 最大 (或最小) 者即为最大 (或最小) 值.

若函数 $f(x,y)$ 的最大值 (或最小值) 在开区域 D 内取到, 函数 $f(x,y)$ 在区域 D 上可微, 且函数 $f(x,y)$ 在区域 D 内只有唯一的极值 $f(x_0,y_0)$, 则 $f(x_0,y_0)$ 是极大值 (或极小值) 时, $f(x_0,y_0)$ 是函数 $f(x,y)$ 在区域 D 内的最大值 (或最小值).

在实际问题中, 若由问题的性质可确定所求函数 $f(x,y)$ 的最大值 (或最小值) 是在区域 D 的内部取得, 且函数 $f(x,y)$ 在区域 D 上可微且只有唯一的驻点 (x_0,y_0), 则 $f(x_0,y_0)$ 为所求的最大值 (或最小值).

例 2 要造一个容积为定值 k 的长方体无盖水池. 问应如何选择水池的尺寸, 使它的表面积为最小?

解 设水池长为 x, 宽为 y, $x>0,y>0$, 则其高应为 $\dfrac{k}{xy}$. 由题意知水池所用材料的面积为

$$A=xy+2\left(y\frac{k}{xy}+x\frac{k}{xy}\right).$$

令

$$\begin{cases}A_x=y-\dfrac{2k}{x^2}=0,\\ A_y=x-\dfrac{2k}{y^2}=0,\end{cases}$$

解得驻点 $(\sqrt[3]{2k},\sqrt[3]{2k})$. 又在此驻点 $A_{xx}=2>0$, $A_{xy}=1,A_{yy}=2$, 故 $\varDelta>0$, 从而驻点为极小值点. 由于实际问题的函数 A 在开区域内极值唯一, 且在点 $(\sqrt[3]{2k},\sqrt[3]{2k})$ 取极小值, 所以 A 在此点取最小值, 即取其长与宽均为 $\sqrt[3]{2k}$, 高为 $\dfrac{1}{2}\sqrt[3]{2k}$ 时表面积最小.

例 3 有一宽为 24cm 的长方形铁皮, 将它两边折起做成一截面为等腰梯形的水槽, 如图 8-18 所示. 问: 如何折使截面面积最大?

解 设梯形的腰为 x, 腰与底边夹角为 α, $0<x<12,0<\alpha\leqslant\dfrac{\pi}{2}$, 则截面积为

$$A(x,\alpha)=\frac{1}{2}(24-2x+2x\cos\alpha+24-2x)\cdot x\sin\alpha$$

$$= 24x\sin\alpha - 2x^2\sin\alpha + x^2\sin\alpha\cos\alpha.$$

令

$$\begin{cases} A_x = 24\sin\alpha - 4x\sin\alpha + 2x\sin\alpha\cos\alpha = 0, \\ A_\alpha = 24x\cos\alpha - 2x^2\cos\alpha + x^2(\cos^2\alpha - \sin^2\alpha) = 0, \end{cases}$$

由于 $\sin\alpha \neq 0$, $x \neq 0$, 上述方程组可简化为

$$\begin{cases} 12 - 2x + x\cos\alpha = 0, \\ 24\cos\alpha - 2x\cos\alpha + x(2\cos^2\alpha - 1) = 0, \end{cases}$$

解得 $x = 8, \alpha = \dfrac{\pi}{3}$.

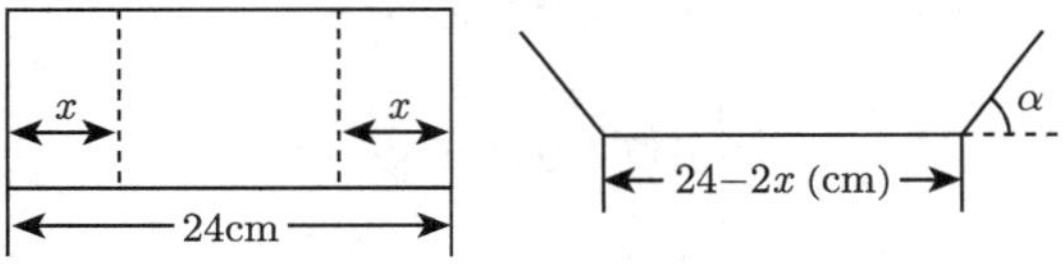

图 8-18

由题意可知, 截面的最大值一定存在, 并在区域 $D: 0 < x < 12, 0 < \alpha \leqslant \dfrac{\pi}{2}$ 的内部取得. 又函数 $A(x, \alpha)$ 在区域 D 上可微且只有唯一驻点 $\left(8, \dfrac{\pi}{3}\right)$, 故当 $x = 8$, $\alpha = \dfrac{\pi}{3}$ 时, 截面积为最大.

例 4　设某产品的产量 Q 由资本投入量 x 与劳动投入量 y 决定, 生产函数 $Q = 12x^{\frac{1}{2}}y^{\frac{1}{6}}$, 该产品的销售单价 P 与 Q 的关系为 $P = 1160 - 1.5Q$. 若单位资本投入与单位劳动投入的价格分别为 6 与 8, 求利润最大时的产量.

解　利润

$$L = PQ - 6x - 8y = (1160 - 1.5Q)\,Q - 6x - 8y$$
$$= 13920x^{\frac{1}{2}}y^{\frac{1}{6}} - 216xy^{\frac{1}{3}} - 6x - 8y,$$

令

$$\begin{cases} L'_x = 6960x^{-\frac{1}{2}}y^{\frac{1}{6}} - 216y^{\frac{1}{3}} - 6 = 3y^{\frac{1}{3}}(2320x^{-\frac{1}{2}}y^{-\frac{1}{6}} - 72) - 6 = 0, \\ L'_y = 2320x^{\frac{1}{2}}y^{-\frac{5}{6}} - 72xy^{-\frac{2}{3}} - 8 = xy^{-\frac{2}{3}}(2320x^{-\frac{1}{2}}y^{-\frac{1}{6}} - 72) - 8 = 0, \end{cases}$$

得驻点为 (256, 64), 此时 $Q = 12 \times \sqrt{256} \times \sqrt[6]{64} = 384$. 由驻点唯一, 故利润 L 在 $Q = 384$ 取最大值.

三、 条件极值与拉格朗日乘数法

若讨论二元函数的极值时，对自变量除限制在定义域内变化外并无其他约束条件，则称为**无条件极值**. 但很多实际问题中，要讨论对自变量加了约束条件的极值，称为**条件极值**.

例 2 可看作一个条件极值问题. 设高为 z，即求在约束条件 $xyz = k$ 下函数 $A = xy + 2(yz + zx)$ 的极值. 由于约束条件比较简单，解出 $z = \dfrac{k}{xy}$ 代入函数 A，就转化为无条件极值问题了.

但许多条件极值问题未必能从约束条件解出自变量，使之转化为无条件极值. 下面介绍一种直接求条件极值问题的可能极值点的方法——**拉格朗日乘数法**.

为此，先分析函数 $z = f(x, y)$ 在条件 $\varphi(x, y) = 0$ 下取极值的必要条件.

若函数 $z = f(x, y)$ 在点 (x_0, y_0) 取极值，则有

$$\varphi(x_0, y_0) = 0. \tag{8-1}$$

设在点 (x_0, y_0) 的某邻域上 $f(x, y)$ 与 $\varphi(x, y)$ 均有连续的一阶偏导数，且 $\varphi_y(x_0, y_0) \neq 0$. 由隐函数存在定理，方程 $\varphi(x, y) = 0$ 确定一个单值可导且具有连续导数的函数 $y = \psi(x)$，将其代入 $z = f(x, y)$ 得一元函数

$$z = f[x, \psi(x)]. \tag{8-2}$$

易见，$z = f(x, y)$ 在点 (x_0, y_0) 取极值相当于函数 (8-2) 在点 x_0 取极值. 由一元可导函数取极值的必要条件知

$$\left.\frac{\mathrm{d}z}{\mathrm{d}x}\right|_{x=x_0} = f_x(x_0, y_0) + f_y(x_0, y_0)\left.\frac{\mathrm{d}y}{\mathrm{d}x}\right|_{x=x_0} = 0. \tag{8-3}$$

对 $\varphi(x, y) = 0$ 用隐函数求导公式得

$$\left.\frac{\mathrm{d}y}{\mathrm{d}x}\right|_{x=x_0} = -\frac{\varphi_x(x_0, y_0)}{\varphi_y(x_0, y_0)}.$$

将上式代入 (8-3)，得

$$f_x(x_0, y_0) - f_y(x_0, y_0)\frac{\varphi_x(x_0, y_0)}{\varphi_y(x_0, y_0)} = 0. \tag{8-4}$$

(8-1) 与 (8-4) 是函数 $z = f(x, y)$ 在条件 $\varphi(x, y) = 0$ 下取极值的必要条件.

设 $\dfrac{f_y(x_0,y_0)}{\varphi_y(x_0,y_0)}=-\lambda$, 上述必要条件即为

$$\begin{cases} f_x(x_0,y_0)+\lambda\varphi_x(x_0,y_0)=0, \\ f_y(x_0,y_0)+\lambda\varphi_y(x_0,y_0)=0, \\ \varphi(x_0,y_0)=0. \end{cases} \tag{8-5}$$

(8-5) 中的前两式的左端恰为函数

$$L(x,y)=f(x,y)+\lambda\varphi(x,y)$$

的两个一阶偏导数在点 (x_0,y_0) 的值, 其中 λ 为待定常数.

拉格朗日乘数法 设函数 $z=f(x,y)$ 与 $\varphi(x,y)$ 均有连续的一阶偏导数, 求函数 $z=f(x,y)$ 在条件 $\varphi(x,y)=0$ 下可能极值点的步骤如下:

1° 作函数 $L(x,y)=f(x,y)+\lambda\varphi(x,y)$, 称为**拉格朗日函数**;

2° 函数 $L(x,y)$ 分别对 x 与 y 求一阶偏导数, 并解方程组

拉格朗日乘数法

$$\begin{cases} f_x(x,y)+\lambda\varphi_x(x,y)=0, \\ f_y(x,y)+\lambda\varphi_y(x,y)=0, \\ \varphi(x,y)=0 \end{cases}$$

得 x,y 是可能极值点的坐标.

上述点是否为极值点, 需再根据问题的实际意义确定.

拉格朗日乘数法可推广到自变量多于两个, 约束条件多于一个的情形. 例如, 求函数 $u=f(x,y,z)$ 在条件 $\varphi(x,y,z)=0$ 与 $\psi(x,y,z)=0$ 下的极值. 可构造函数

$$L(x,y,z)=f(x,y,z)+\lambda\varphi(x,y,z)+\mu\psi(x,y,z),$$

解方程组

$$\begin{cases} L_x(x,y,z)=f_x(x,y,z)+\lambda\varphi_x(x,y,z)+\mu\psi_x(x,y,z)=0, \\ L_y(x,y,z)=f_y(x,y,z)+\lambda\varphi_y(x,y,z)+\mu\psi_y(x,y,z)=0, \\ L_z(x,y,z)=f_z(x,y,z)+\lambda\varphi_z(x,y,z)+\mu\psi_z(x,y,z)=0, \\ \varphi(x,y,z)=0, \\ \psi(x,y,z)=0 \end{cases} \tag{8-6}$$

得 x,y,z 是可能极值点的坐标.

例 5 求抛物线 $y=x^2$ 到直线 $x-y-2=0$ 的最短距离.

解 设抛物线上的点为 (x, y), 它到直线的距离为 d, 则

$$u = d^2 = \frac{1}{2}(x - y - 2)^2.$$

问题转化为求函数 u 在条件 $y - x^2 = 0$ 下的最小值. 构造函数

$$L(x, y) = \frac{1}{2}(x - y - 2)^2 + \lambda(y - x^2),$$

求其对 x, y 的偏导数, 并令其为零, 得

$$\begin{cases} x - y - 2 - 2\lambda x = 0, \\ -x + y + 2 + \lambda = 0, \\ y - x^2 = 0. \end{cases}$$

解得 $x = \frac{1}{2}, y = \frac{1}{4}$. 由于这是唯一的可能极值点, 且问题本身最短距离一定存在, 所以 u 的最小值在点 $\left(\frac{1}{2}, \frac{1}{4}\right)$ 取得, 所求最短距离为

$$d = \frac{\left|\frac{1}{2} - \frac{1}{4} - 2\right|}{\sqrt{2}} = \frac{7}{8}\sqrt{2}.$$

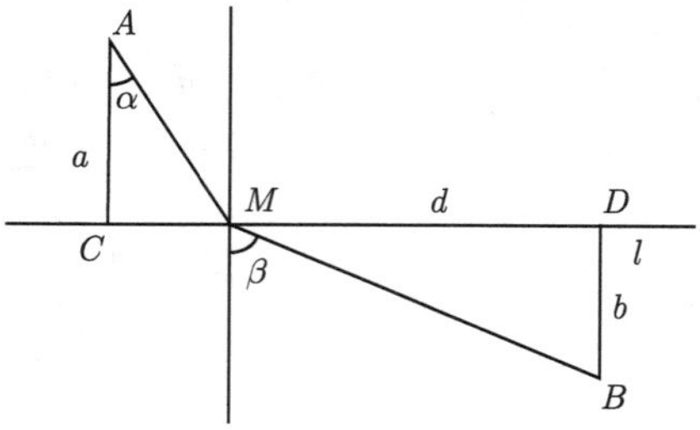

图 8-19

例 6 给定直线 l, 点 A, B 分别在直线 l 两侧, M 为直线 l 上的动点, 设一粒子从点 A 起沿折线 AMB 到达点 B, 如图 8-19 所示, 且在线段 AM, MB 上该粒子分别以速度 v_1, v_2 运动. 问如何才能从 A 点最快到达 B 点?

解 过点 A, B 作直线 l 的垂线, 交 l 于 C, D 两点, 设 $AC = a, BD = b, CD = d$, 并取夹角 α, β 为自变量, 则

$$|AM| = \frac{a}{\cos\alpha}, \quad |MB| = \frac{b}{\cos\beta},$$

$$|CM| = a\tan\alpha, \quad |MD| = b\tan\beta.$$

问题转化为求函数

$$f(\alpha, \beta) = \frac{a}{v_1\cos\alpha} + \frac{b}{v_2\cos\beta}$$

在约束条件

$$g(\alpha,\beta)=a\tan\alpha+b\tan\beta-d=0$$

下的最小值.

易见, 要取最小值点 M 需在 C 与 D 之间, 即 $0\leqslant\alpha\leqslant\arctan\dfrac{d}{a}$. 构造函数

$$L(\alpha,\beta)=\frac{a}{v_1\cos\alpha}+\frac{b}{v_2\cos\beta}+\lambda(a\tan\alpha+b\tan\beta-d),$$

求偏导数, 并使之为零, 得

$$\begin{cases}\dfrac{\partial L}{\partial\alpha}=\dfrac{a\sin\alpha}{v_1\cos^2\alpha}+\lambda\dfrac{a}{\cos^2\alpha}=0,\\ \dfrac{\partial L}{\partial\beta}=\dfrac{b\sin\beta}{v_2\cos^2\beta}+\lambda\dfrac{b}{\cos^2\beta}=0,\\ a\tan\alpha+b\tan\beta-d=0.\end{cases}$$

解得 $\sin\alpha=-\lambda v_1,\sin\beta=-\lambda v_2$, 即当 $\dfrac{\sin\alpha}{\sin\beta}=\dfrac{v_1}{v_2}$ 时, 粒子从 A 点最快到达 B 点, 这是光的折射定律.

习　题　8-8

1. 求下列函数的极值:

(1) $f(x,y)=x^2(x-1)^2+y^2$;

(2) $f(x,y)=x^3y^2(6-x-y)$, 其中 $x>0,y>0$;

(3) $f(x,y)=(6x-x^2)(4y-y^2)$;

(4) $f(x,y)=(x^2+y)\sqrt{\mathrm{e}^2}$.

2. 确定下列函数在所给条件下的最大值与最小值:

(1) $z=x^2+y^2$, 当 $\dfrac{x}{2}+\dfrac{y}{3}=1$ 时;

(2) $z=3x+4y$, 当 $x^2+y^2=1$ 时.

3. 求由方程 $x^2+y^2+z^2-2x-2y-4z-10=0$ 确定的函数 $z=f(x,y)$ 的极值.

4. 在两个平面 $y+2z=12$ 与 $x+y=6$ 的交线上求到原点距离最近的点.

5. 将周长为 $2p$ 的矩形绕它的一边旋转构成一圆柱体, 问当矩形边长各为多少时, 可使圆柱体积最大?

6. 在半径为 a 的球内, 求体积最大的内接长方体.

7. 抛物面 $z=x^2+y^2$ 被平面 $x+y+z=1$ 所截, 得到一个椭圆, 求原点到此椭圆的最长与最短距离.

8. 在某一行星表面要安装一个无线电望远镜, 为了减少干扰, 要将望远镜装在磁场最弱的位置. 设该行星为一球体, 半径为 6 个单位. 若以球心为坐标原点, 建立坐标系 $Oxyz$, 则行星表面上点 (x,y,z) 的磁场强度为

$$H(x,y,z)=6x-y^2+xz+60.$$

问: 应将望远镜安装在何处?

*第九节 二元函数的泰勒公式

在一元函数微积分中, 介绍了一元函数的泰勒公式, 并利用它解决了用多项式近似表达一个函数及其误差的估计问题. 为了同样的目标, 将一元函数的泰勒公式推广到多元函数上.

定理 1 设函数 $z=f(x,y)$ 在点 (x_0,y_0) 的某邻域上连续且有直到 $n+1$ 阶的连续偏导数, (x_0+h,y_0+k) 为此邻域内的任一点, 则

$$\begin{aligned}f(x_0+h,y_0+k)=&f(x_0,y_0)+\left(h\frac{\partial}{\partial x}+k\frac{\partial}{\partial y}\right)f(x_0,y_0)\\&+\frac{1}{2!}\left(h\frac{\partial}{\partial x}+k\frac{\partial}{\partial y}\right)^2 f(x_0,y_0)+\cdots\\&+\frac{1}{n!}\left(h\frac{\partial}{\partial x}+k\frac{\partial}{\partial y}\right)^n f(x_0,y_0)+R_n,\end{aligned}\tag{9-1}$$

其中

$$R_n=\frac{1}{(n+1)!}\left(h\frac{\partial}{\partial x}+k\frac{\partial}{\partial y}\right)^{n+1} f(x_0+\theta h,y_0+\theta k),\quad 0<\theta<1.\tag{9-2}$$

记号 $\left(h\frac{\partial}{\partial x}+k\frac{\partial}{\partial y}\right)f(x_0,y_0)$ 表示 $hf_x(x_0,y_0)+kf_y(x_0,y_0)$, $\left(h\frac{\partial}{\partial x}+k\frac{\partial}{\partial y}\right)^2 f(x_0,y_0)$ 表示 $h^2f_{xx}(x_0,y_0)+2hkf_{xy}(x_0,y_0)+k^2f_{yy}(x_0,y_0)$. 一般地, 记号 $\left(h\frac{\partial}{\partial x}+k\frac{\partial}{\partial y}\right)^m f(x_0,y_0)$ 表示 $\sum\limits_{p=0}^{m}\mathrm{C}_m^p h^p k^{m-p}\left.\frac{\partial^m f}{\partial x^p\partial y^{m-p}}\right|_{(x_0,y_0)}$.

(9-1) 称为函数在点 (x_0,y_0) 的 n **阶泰勒公式**, (9-2) 称为 (9-1) 的**拉格朗日型余项**.

证 用一元函数泰勒公式进行证明. 引入一元函数

$$F(t)=f(x_0+ht,y_0+kt),\quad 0\leqslant t\leqslant 1.$$

易见, $F(0)=f(x_0,y_0)$, $F(1)=f(x_0+h,y_0+k)$. 由多元复合函数求导法则得

$$\begin{aligned}F'(t)&=hf_x(x_0+ht,y_0+kt)+kf_y(x_0+ht,y_0+kt)\\&=\left(h\frac{\partial}{\partial x}+k\frac{\partial}{\partial y}\right)f(x_0+ht,y_0+kt),\end{aligned}$$

$$
\begin{aligned}
F''(t) &= h^2 f_{xx}(x_0+ht, y_0+kt) + 2hkf_{xy}(x_0+ht, y_0+kt) \\
&\quad + k^2 f_{yy}(x_0+ht, y_0+kt) \\
&= \left(h\frac{\partial}{\partial x} + k\frac{\partial}{\partial y}\right)^2 f(x_0+ht, y_0+kt),
\end{aligned}
$$

$\cdots\cdots$

$$
\begin{aligned}
F^{(n+1)}(t) &= \sum_{p=0}^{n+1} \mathrm{C}_{n+1}^{p} h^p k^{n+1-p} \left.\frac{\partial^{n+1} f}{\partial x^p \partial y^{n+1-p}}\right|_{(x_0+ht, y_0+kt)} \\
&= \left(h\frac{\partial}{\partial x} + k\frac{\partial}{\partial y}\right)^{n+1} f(x_0+ht, y_0+kt).
\end{aligned}
$$

由一元函数的麦克劳林公式得

$$
F(1) = F(0) + F'(0) + \frac{1}{2}F''(0) + \cdots + \frac{1}{n!}F^{(n)}(0) + \frac{1}{(n+1)!}F^{(n+1)}(\theta), \quad 0<\theta<1.
$$

将 $F(1) = f(x_0+h, y_0+k)$, $F(0) = f(x_0, y_0)$, $F(t)$ 直到 n 阶的导数在 $t=0$ 的值及 $F^{(n+1)}(t)$ 在 $t=\theta$ 的值都代入上式, 得函数在点 (x_0, y_0) 的带有拉格朗日型余项的 n 阶泰勒公式.

易见, 用 (9-1) 右端 h 与 k 的 n 次多项式近似表达函数 $f(x_0+h, y_0+k)$ 时, 其误差为 $|R_n|$. 由于函数直到 $n+1$ 阶的偏导数都是连续的, 所以这些偏导数的绝对值在点 (x_0, y_0) 的某邻域上都不超过某一正常数 M, 故有误差估计式

$$
\begin{aligned}
|R_n| &\leqslant \frac{M}{(n+1)!}(|h|+|k|)^{n+1} \\
&\leqslant \frac{M}{(n+1)!}\rho^{n+1}(|\cos\alpha| + |\sin\alpha|)^{n+1} \\
&\leqslant \frac{(\sqrt{2})^{n+1}}{(n+1)!}M\rho^{n+1}, \qquad (9\text{-}3)
\end{aligned}
$$

其中 $\rho = \sqrt{h^2+k^2}$. 由 (9-3) 可知, 误差 $|R_n|$ 当 $\rho \to 0$ 时是比 ρ^n 高阶的无穷小.

当 $n=0$ 时, (9-1) 为

$$
f(x_0+h, y_0+k) = f(x_0, y_0) + hf_x(x_0+\theta h, y_0+\theta k) + kf_y(x_0+\theta h, y_0+\theta k),
$$

称为**二元函数的拉格朗日中值公式**. 由此, 若函数 $z = f(x, y)$ 的偏导数 $f_x(x, y)$, $f_y(x, y)$ 在某区域上恒为零, 则在该区域上 $f(x, y)$ 为一常数.

在 (9-1) 中取 $x_0=0, y_0=0$, 则得二元函数 $z=f(x,y)$ 的 n 阶麦克劳林公式

$$f(x,y)=f(0,0)+\left(x\frac{\partial}{\partial x}+y\frac{\partial}{\partial y}\right)f(0,0)+\frac{1}{2!}\left(x\frac{\partial}{\partial x}+y\frac{\partial}{\partial y}\right)^2 f(0,0)+\cdots$$

$$+\frac{1}{n!}\left(x\frac{\partial}{\partial x}+y\frac{\partial}{\partial y}\right)^n f(0,0)$$

$$+\frac{1}{(n+1)!}\left(x\frac{\partial}{\partial x}+y\frac{\partial}{\partial y}\right)^{n+1} f(\theta x,\theta y),\quad 0<\theta<1.$$

例 1　求 $f(x,y)=\mathrm{e}^x\ln(1+y)$ 的具有拉格朗日型余项的三阶麦克劳林公式.

解　因为

$$f_x(x,y)=\mathrm{e}^x\ln(1+y),\quad f_y(x,y)=\frac{\mathrm{e}^x}{1+y},$$

$$f_{xx}(x,y)=\mathrm{e}^x\ln(1+y),\quad f_{xy}(x,y)=\frac{\mathrm{e}^x}{1+y},\quad f_{yy}(x,y)=-\frac{\mathrm{e}^x}{(1+y)^2},$$

$$f_{xxx}(x,y)=\mathrm{e}^x\ln(1+y),\quad f_{xxy}(x,y)=\frac{\mathrm{e}^x}{1+y},\quad f_{xyy}(x,y)=-\frac{\mathrm{e}^x}{(1+y)^2},$$

$$f_{yyy}(x,y)=\frac{2\mathrm{e}^x}{(1+y)^3},\quad f_{xxxx}(x,y)=\mathrm{e}^x\ln(1+y),\quad f_{xxxy}(x,y)=\frac{\mathrm{e}^x}{1+y},$$

$$f_{yyxx}(x,y)=-\frac{\mathrm{e}^x}{(1+y)^2},\quad f_{yyyx}(x,y)=\frac{2\mathrm{e}^x}{(1+y)^3},\quad f_{yyyy}(x,y)=\frac{3!\mathrm{e}^x}{(1+y)^4},$$

所以

$$\left(x\frac{\partial}{\partial x}+y\frac{\partial}{\partial y}\right)f(0,0)=xf_x(0,0)+yf_y(0,0)=y,$$

$$\left(x\frac{\partial}{\partial x}+y\frac{\partial}{\partial y}\right)^2 f(0,0)=x^2f_{xx}(0,0)+2xyf_{xy}(0,0)+y^2f_{yy}(0,0)$$
$$=2xy-y^2,$$

$$\left(x\frac{\partial}{\partial x}+y\frac{\partial}{\partial y}\right)^3 f(0,0)=x^3f_{xxx}(0,0)+3x^2yf_{xxy}(0,0)$$
$$+3xy^2f_{xyy}(0,0)+y^3f_{yyy}(0,0)$$
$$=3x^2y-3xy^2+2y^3.$$

又 $f(0,0)=0$, 故

$$\mathrm{e}^x\ln(1+y)=y+xy-\frac{1}{2}y^2+\frac{1}{2}x^2y-\frac{1}{2}xy^2+\frac{1}{3}y^3+R_3,$$

其中

$$
\begin{aligned}
R_3 &= \frac{1}{4!}\left(x\frac{\partial}{\partial x}+y\frac{\partial}{\partial y}\right)^4 f(\theta x,\theta y)\\
&= \frac{\mathrm{e}^{\theta x}}{24}\left[x^4\ln(1+\theta y)+\frac{4x^3y}{1+\theta y}-\frac{6x^2y^2}{(1+\theta y)^2}\right.\\
&\quad \left.+\frac{8xy^3}{(1+\theta y)^3}-\frac{6y^4}{(1+\theta y)^4}\right],\quad 0<\theta<1.
\end{aligned}
$$

请读者自己模仿二元函数的 n 阶泰勒公式的形式给出一般的 m 元函数的 n 阶泰勒公式.

习　题　8-9

1. 设 $f(x,y)=\mathrm{e}^{x+y}$, 求 $f(x,y)$ 的具有拉格朗日型余项的 n 阶麦克劳林公式.
2. 将函数 $f(x,y)=\ln(1+x+y)$ 展开为三阶麦克劳林公式.
3. 求函数 $f(x,y)=2x^2-xy-y^2-6x-3y+5$ 在点 $(1,-2)$ 的泰勒公式.
4. 利用函数 $f(x,y)=x^y$ 的三阶泰勒公式, 计算 $1.1^{1.02}$ 的近似值.

本章小结

第八章总习题

1. 设 $f(x,y)$ 具有一阶偏导数, 且在任意的 (x,y), 都有 $\dfrac{\partial f(x,y)}{\partial x}>0$, $\dfrac{\partial f(x,y)}{\partial y}<0$, 则 (　　).

(A) $f(0,0)>f(1,1)$　　(B) $f(0,0)<f(1,1)$

(C) $f(0,1)>f(1,0)$　　(D) $f(0,1)<f(1,0)$

2. 关于函数 $f(x,y)=\begin{cases} xy, & xy\neq 0,\\ x, & y=0,\\ y, & x=0,\end{cases}$ 给出以下结论:

① $\left.\dfrac{\partial f}{\partial x}\right|_{(0,0)}=1$;　　② $\left.\dfrac{\partial^2 f}{\partial x\partial y}\right|_{(0,0)}=1$;

③ $\lim\limits_{(x,y)\to(0,0)} f(x,y)=0$;　　④ $\lim\limits_{y\to 0}\lim\limits_{x\to 0} f(x,y)=0$.

其中正确的个数为 (　　).

(A) 4　　(B) 3　　(C) 2　　(D) 1

3. 设函数 $f(x,y)$ 可微, 且 $f(x+1,\mathrm{e}^x)=x(x+1)^2$, $f(x,x^2)=2x^2\ln x$, 则 $\mathrm{d}f(1,1)=$ (　　).

(A) $\mathrm{d}x+\mathrm{d}y$　　(B) $\mathrm{d}x-\mathrm{d}y$

(C) $\mathrm{d}y$　　(D) $-\mathrm{d}y$

4. 过点 $(1,0,0)$, $(0,1,0)$ 且与曲面 $z=x^2+y^2$ 相切的平面为 (　　).

(A) $z=0$ 与 $x+y-z=1$　　(B) $z=0$ 与 $2x+2y-z=2$

(C) $x=y$ 与 $x+y-z=1$　　(D) $x=y$ 与 $2x+2y-z=2$

5. 设 $z=\arctan[xy+\sin(x+y)]$, 则 $\mathrm{d}z|_{(0,\pi)}=$ ________.

6. 设函数 $z=z(x,y)$ 由方程 $(x+1)z+y\ln z-\arctan(2xy)=1$ 所确定, 则 $\left.\dfrac{\partial z}{\partial x}\right|_{(0,2)}=$ ________.

7. 已知函数 $u(x,y)$ 满足 $2\dfrac{\partial^2 u}{\partial x^2}-2\dfrac{\partial^2 u}{\partial y^2}+3\dfrac{\partial u}{\partial x}+3\dfrac{\partial u}{\partial y}=0$, 求 a,b 的值, 使得在变换 $u(x,y)=v(x,y)\mathrm{e}^{ax+by}$ 之下, 上述等式可化为函数 $v(x,y)$ 的不含一阶偏导数的等式.

8. 已知函数 $y(x)$ 由方程 $x^3+y^3-3x+3y-2=0$ 所确定. 求 $y(x)$ 的极值.

9. 将长为 2 米的铁丝分成三段, 依次围成圆、正方形与正三角形. 三个图形的面积之和是否存在最小值? 若存在, 求出最小值.

10. 求函数 $f(x,y)=x^3+8y^3-xy$ 的极值.

11. 设函数 $f(u)$ 具有二阶连续导数, $z=f(\mathrm{e}^x\cos y)$ 满足

$$\frac{\partial^2 z}{\partial x^2}+\frac{\partial^2 z}{\partial y^2}=(4z+\mathrm{e}^x\cos y)\mathrm{e}^{2x},$$

若 $f(0)=0$, $f'(0)=0$, 求 $f(u)$ 的表达式.

12. 设 a,b 为实数, 函数 $z=2+ax^2+by^2$ 在点 $(3,4)$ 的方向导数中, 沿方向 $\boldsymbol{l}=-3\boldsymbol{i}-4\boldsymbol{j}$ 的方向导数最大, 值为 10, 求:

(1) a,b;

(2) 曲面 $z=2+ax^2+by^2$ 中 $z\geqslant 0$ 部分的面积.

第九章　重　积　分

类似于多元函数微分学, 重积分是定积分的推广. 重积分着重考虑二元函数、三元函数在平面、空间区域上的积分, 主要包括重积分的概念、性质、计算及应用.

第一节　二重积分的概念与性质

一、 二重积分的概念

下面, 通过两个实例来引入二重积分的概念.

1. 引例

例 1 曲顶柱体的体积.

所谓**曲顶柱体**, 是指在直角坐标系下, 以 xOy 面上的有界闭区域 D 为底, 区域 D 的边界曲线为准线, 母线平行于 z 轴的柱面为侧面, 以曲面 $z = f(x,y)$, $(x,y) \in D$ 为顶的立体. 当 $f(x,y) \geqslant 0$ 且在区域 D 上连续时, 如图 9-1 所示. 计算该曲顶柱体的体积 V.

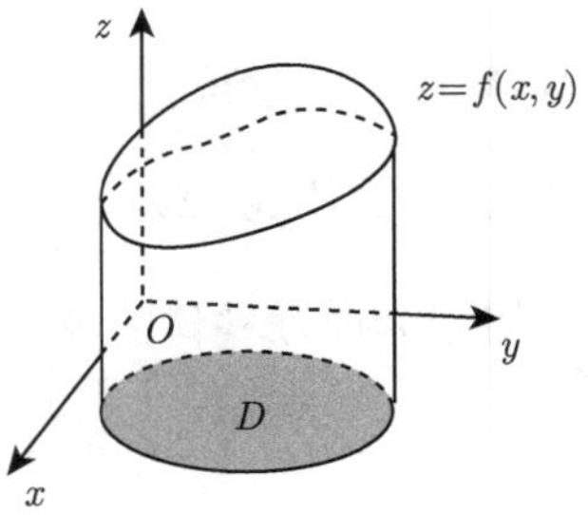

图 9-1

由几何知识可知, 平顶柱体的高是固定的, 它的体积计算公式为

$$体积 = 底面积 \times 高.$$

对于曲顶柱体, 当点 (x,y) 在区域 D 内变动时, 相应的高度 $f(x,y)$ 是变化的, 它的体积无法直接用上述公式计算. 类似于计算曲边梯形面积的思想与方法, 可作如下处理.

第一步: 分割. 用任意一组曲线网把区域 D 分成 n 个小闭区域:

$$\Delta D_1, \Delta D_2, \cdots, \Delta D_n,$$

它们的面积相应记作 $\Delta\sigma_1, \Delta\sigma_2, \cdots, \Delta\sigma_n$, 分别以这些小闭区域的边界曲线为准线, 作母线平行于 z 轴的柱面, 这些柱面把原来的曲顶柱体分为 n 个细小的曲顶柱体, 如图 9-2 所示, 对于 $i = 1, 2, \cdots, n$, 设以 ΔD_i 为底的小曲顶柱体的体积为 ΔV_i, 则

$$V = \sum_{i=1}^{n} \Delta V_i.$$

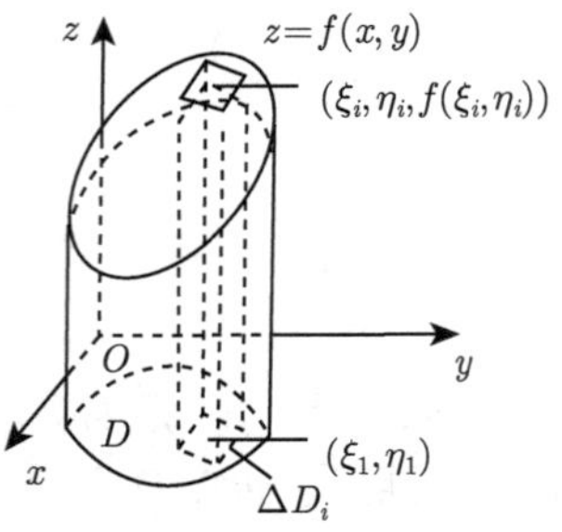

图 9-2

第二步: 近似代替. 当小区域 ΔD_i 的直径很小时, 由于函数 $f(x,y)$ 连续, 所以在小区域 ΔD_i 上, $f(x,y)$ 变化很小. 这时, 在 ΔD_i 内任取一点 (ξ_i,η_i), 则以 ΔD_i 为底, $f(\xi_i,\eta_i)$ 为高的平顶柱体体积 $f(\xi_i,\eta_i)\Delta\sigma_i$, 近似于以 ΔD_i 为底的小曲顶柱体的体积 ΔV_i, 即

$$\Delta V_i \approx f(\xi_i,\eta_i)\Delta\sigma_i.$$

第三步: 求和. 将这 n 个小平顶柱体体积相加, 得曲顶柱体体积的近似值, 即

$$V \approx \sum_{i=1}^{n} f(\xi_i,\eta_i)\Delta\sigma_i.$$

第四步: 取极限. 将区域 D 无限细分, 即对每次分割, 记

$$\lambda = \max\left\{\Delta D_i \text{ 的直径} \mid i=1,2,\cdots,n\right\},$$

则 $\lambda\to 0$ 的过程就是将区域 D 无限细分的过程. 若当 $\lambda\to 0$ 时, 不论对区域 D 如何分, 也不论 ΔD_i 上点 (ξ_i,η_i) 如何取, 和式 $\sum\limits_{i=1}^{n} f(\xi_i,\eta_i)\Delta\sigma_i$ 的极限都存在, 则此极限为曲顶柱体的体积 V, 即

$$V = \lim_{\lambda\to 0}\sum_{i=1}^{n} f(\xi_i,\eta_i)\Delta\sigma_i.$$

例 2 平面薄片的质量.

设有一平面薄片占有 xOy 平面上的闭区域 D, 它在点 (x,y) 处的面密度为 $\rho(x,y)$, 这里 $\rho(x,y)>0$ 且在 D 上连续, 下面计算该薄片的质量 M.

由物理知识可知, 若薄片是均匀的, 即面密度是常数, 则薄片的质量公式为

$$\text{质量} = \text{面密度} \times \text{面积}.$$

现在面密度 $\rho(x,y)$ 是变量, 薄片的质量无法直接用上式计算. 类似于曲顶柱体体积的计算方法, 作如下处理.

用任意一组曲线网把区域 D 分为 n 个小区域

$$\Delta D_1, \Delta D_2, \cdots, \Delta D_n,$$

即把薄片分为相应的 n 个小薄片. 对于 $i=1,2,\cdots,n$, 小区域 ΔD_i 的面积记作 $\Delta\sigma_i$, 相应的小薄片的质量记作 ΔM_i, 则有

$$M=\sum_{i=1}^{n}\Delta M_i.$$

在小区域 ΔD_i 上任取一点 (ξ_i,η_i), 因为 $\rho(x,y)$ 在小区域 ΔD_i 上连续, 所以当小区域 ΔD_i 的直径很小, ΔD_i 可近似看作均匀薄片, 以 $\rho(\xi_i,\eta_i)$ 作为 ΔD_i 的面密度, 如图 9-3 所示, 则

$$\Delta M_i\approx\rho(\xi_i,\eta_i)\Delta\sigma_i.$$

将每个小薄片质量的近似值求和, 得到平面薄片质量的近似值

$$M\approx\sum_{i=1}^{n}\rho(\xi_i,\eta_i)\Delta\sigma_i.$$

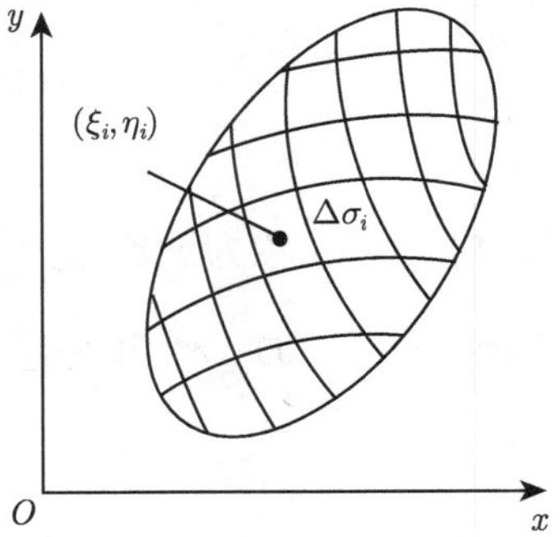

图 9-3

当闭区域 D 无限细分, 若上述式子右边的和式有极限, 则

$$M=\lim_{\lambda\to 0}\sum_{i=1}^{n}\rho(\xi_i,\eta_i)\Delta\sigma_i,$$

其中 $\lambda=\max\left\{\Delta D_i\text{ 的直径}\mid i=1,2,\cdots,n\right\}$.

上面两个问题的实际意义虽然不同, 但是求解的思想与定积分一样, 均是通过“分割、近似代替、求和、取极限”这四步, 将所求量归结为同一形式的和式的极限. 不同的是, 以上问题的讨论对象为定义在平面区域上的二元函数. 事实上, 还有许多物理的、几何的或经济的量都可归结为该形式的和式的极限.

2. 二重积分定义

定义 1 (二重积分)　设 $f(x,y)$ 是 xOy 面内有界闭区域 D 上的有界函数. 将闭区域 D 任意划分成 n 个小闭区域

$$\Delta D_1,\Delta D_2,\cdots,\Delta D_n,$$

对于 $i=1,2,\cdots,n$, 用 $\Delta\sigma_i$ 表示第 i 个小区域 ΔD_i 的面积. 在每个 ΔD_i 上任取一点 (ξ_i,η_i), 作乘积 $f(\xi_i,\eta_i)\Delta\sigma_i$, 并作和 $\sum\limits_{i=1}^{n}f(\xi_i,\eta_i)\Delta\sigma_i$. 记

$$\lambda=\max\left\{\Delta D_i\text{ 的直径}\mid i=1,2,\cdots,n\right\},$$

若当 $\lambda \to 0$ 时, 不论对区域 D 如何划分, 也不论 ΔD_i 上点 (ξ_i, η_i) 如何选取, 和 $\sum\limits_{i=1}^{n} f(\xi_i, \eta_i)\Delta\sigma_i$ 的极限存在, 则称此极限为函数 $f(x, y)$ 在闭区域 D 上的**二重积分**, 记作 $\iint\limits_D f(x, y)\mathrm{d}\sigma$, 即

$$\iint\limits_D f(x, y)\mathrm{d}\sigma = \lim_{\lambda \to 0} \sum_{i=1}^{n} f(\xi_i, \eta_i)\Delta\sigma_i, \tag{1-1}$$

其中 $f(x, y)$ 称为**被积函数**, $f(x, y)\mathrm{d}\sigma$ 称为**被积表达式**, $\mathrm{d}\sigma$ 称为**面积元素**, x, y 称为**积分变量**, D 称为**积分区域**, $\sum\limits_{i=1}^{n} f(\xi_i, \eta_i)\Delta\sigma_i$ 称为**积分和**.

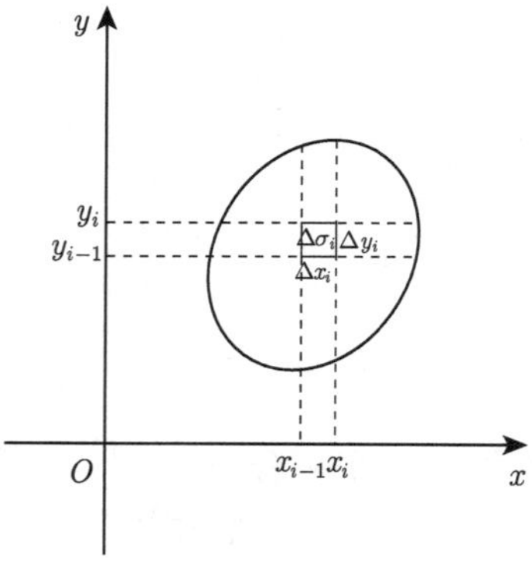

图 9-4

二重积分记号中的面积元素 $\mathrm{d}\sigma$ 是平面区域 D 的面积元素. 为了便于计算, 常取一些特殊的分割方法, 例如在直角坐标系中, 用平行于坐标轴的直线网划分 D, 则除了包含边界的一些小闭区域外, 其余的小闭区域都是矩形闭区域. 设矩形闭区域 ΔD_i 的边长为 Δx_i 和 Δy_i, 则 $\Delta\sigma_i = \Delta x_i \Delta y_i$, 如图 9-4 所示, 因此平面区域 D 的面积元素可记作 $\mathrm{d}x\mathrm{d}y$, 此时二重积分可记作

$$\iint\limits_D f(x, y)\mathrm{d}x\mathrm{d}y.$$

二重积分定义与定积分定义的区别

事实上, 若 (1-1) 式右端和式的极限存在, 通常也称函数 $f(x, y)$ 在有界闭区域 D 上的二重积分存在, 或函数 $f(x, y)$ 在区域 D 上可积. 下面, 不加证明地指出:

(1) 若函数 $f(x, y)$ 在有界闭区域 D 上连续, 则它在 D 上的二重积分必存在;

(2) 如果函数 $f(x, y)$ 在有界闭区域上 (除有限个间断点或只有有限条曲线处间断外) 有界, 则函数 $f(x, y)$ 在 D 上二重积分必存在.

由二重积分定义可知, 曲顶柱体的体积是曲顶的坐标函数 $f(x, y)$ 在底 D 上的二重积分, 即

$$V = \iint\limits_D f(x, y)\mathrm{d}\sigma;$$

平面薄片的质量是面密度函数 $\rho(x,y)$ 在薄片所占闭区域 D 上的二重积分, 即

$$M=\iint\limits_{D}\rho(x,y)\mathrm{d}\sigma.$$

反之, 当函数 $f(x,y)$ 在有界闭区域 D 上非负时, 二重积分 $\iint\limits_{D}f(x,y)\mathrm{d}\sigma$ 的几何意义是以 D 为底, 曲顶为曲面 $z=f(x,y)$ 的曲顶柱体体积; 其物理意义是占据平面区域 D 而面密度为 $f(x,y)$ 的薄片质量. 当 $f(x,y)$ 在有界闭区域 D 上非正或可正可负时, 二重积分 $\iint\limits_{D}f(x,y)\mathrm{d}\sigma$ 的几何意义类似于定积分的相应情况.

二、 二重积分的性质

设 D 是 xOy 面上的有界闭区域, 其面积记作 σ.

性质 1 (线性性质) 若函数 $f(x,y)$, $g(x,y)$ 都在区域 D 上可积, 则对任意的常数 α, β, 函数 $\alpha f(x,y)+\beta g(x,y)$ 也在区域 D 上可积, 且

$$\iint\limits_{D}[\alpha f(x,y)+\beta g(x,y)]\mathrm{d}x\mathrm{d}y=\alpha\iint\limits_{D}f(x,y)\mathrm{d}x\mathrm{d}y+\beta\iint\limits_{D}g(x,y)\mathrm{d}x\mathrm{d}y.$$

性质 2 (积分区域可加性) 若函数 $f(x,y)$ 在区域 D 上可积, 一曲线将 D 分割成两个闭区域 D_1 与 D_2, 则 $f(x,y)$ 在区域 D_1 或区域 D_2 上也可积, 且

$$\iint\limits_{D}f(x,y)\mathrm{d}x\mathrm{d}y=\iint\limits_{D_1}f(x,y)\mathrm{d}x\mathrm{d}y+\iint\limits_{D_2}f(x,y)\mathrm{d}x\mathrm{d}y.$$

性质 3 (常数的积分) 若在区域 D 上函数 $f(x,y)\equiv k$, 则

$$\iint\limits_{D}k\mathrm{d}\sigma=k\sigma.$$

特别地, 当 $k=1$ 时, $\iint\limits_{D}\mathrm{d}\sigma=\sigma$.

性质 4 (积分的不等性) 若函数 $f(x,y)$ 在区域 D 上可积, 且在区域 D 上 $f(x,y)\geqslant 0$, 则

$$\iint\limits_{D}f(x,y)\mathrm{d}x\mathrm{d}y\geqslant 0.$$

推论 1　若 $f(x,y)$, $g(x,y)$ 在区域 D 上都可积, 且在区域 D 上 $f(x,y) \leqslant g(x,y)$, 则

$$\iint\limits_D f(x,y)\mathrm{d}x\mathrm{d}y \leqslant \iint\limits_D g(x,y)\mathrm{d}x\mathrm{d}y.$$

推论 2　若 $f(x,y)$ 在区域 D 上可积, 则函数 $|f(x,y)|$ 在区域 D 上也可积, 且

$$\left|\iint\limits_D f(x,y)\mathrm{d}x\mathrm{d}y\right| \leqslant \iint\limits_D |f(x,y)|\mathrm{d}x\mathrm{d}y.$$

性质 5 (积分的估值性质)　若函数 $f(x,y)$ 在区域 D 上可积, 且在区域 D 上有最大值 M 与最小值 m, 则有

$$m\sigma \leqslant \iint\limits_D f(x,y)\mathrm{d}x\mathrm{d}y \leqslant M\sigma.$$

性质 6 (积分中值定理)　若函数 $f(x,y)$ 在有界闭区域 D 上连续, 则在区域 D 内至少存在一点 (ξ,η), 使得

$$\iint\limits_D f(x,y)\mathrm{d}x\mathrm{d}y = f(\xi,\eta)\sigma.$$

例 3　估计二重积分 $\iint\limits_D \mathrm{e}^{\sin x\cos y}\mathrm{d}x\mathrm{d}y$ 的取值范围, 其中区域 D 为圆形区域 $x^2+y^2 \leqslant 4$.

解　对任意的 $(x,y) \in D$, 因 $-1 \leqslant \sin x\cos y \leqslant 1$, 故

$$\frac{1}{\mathrm{e}} \leqslant \mathrm{e}^{\sin x\cos y} \leqslant \mathrm{e}.$$

又因为区域 D 的面积 $\sigma = 4\pi$, 所以

$$\frac{4\pi}{\mathrm{e}} \leqslant \iint\limits_D \mathrm{e}^{\sin x\cos y}\mathrm{d}x\mathrm{d}y \leqslant 4\pi\mathrm{e}.$$

习　题　9-1

1. 将一平面薄板铅直浸没于水中, 取 x 轴竖直向下, y 轴位于水面上, 并设薄板占有 xOy 面上的闭区域 D, 试用二重积分表示薄板的一侧所受到的水压力.

2. 设函数 $f(x,y)$ 连续, $I_1=\iint\limits_{D_1}f(x,y)\mathrm{d}x\mathrm{d}y$, 其中 D_1 是矩形区域: $-a\leqslant x\leqslant a$, $-b\leqslant y\leqslant b$, a, b 为正常数; $I_2=\iint\limits_{D_2}f(x,y)\mathrm{d}x\mathrm{d}y$, 其中 D_2 是矩形区域: $0\leqslant x\leqslant a$, $0\leqslant y\leqslant b$, 试用二重积分的几何意义证明: 当 $f(x,y)$ 满足 $f(x,y)=f(-x,y)=f(x,-y)=f(-x,-y)$ 时, 有 $I_1=4I_2$.

3. 利用二重积分的几何意义计算以下二重积分:

(1) $\iint\limits_{D}(1-x-y)\mathrm{d}\sigma$, 其中区域 D 是以 $(0,0)$, $(1,0)$, $(0,1)$ 为顶点的三角形区域;

(2) $\iint\limits_{D}\sqrt{a^2-x^2-y^2}\mathrm{d}\sigma$, 其中区域 D 是以点 $(0,0)$ 为圆心, 半径为 a 的圆域.

4. 利用二重积分的性质, 比较下列积分的大小:

(1) $\iint\limits_{D}(x+y)^2\mathrm{d}x\mathrm{d}y$ 与 $\iint\limits_{D}(x+y)^3\mathrm{d}x\mathrm{d}y$, 其中区域 D 由 x 轴、y 轴与直线 $x+y=1$ 围成;

(2) $\iint\limits_{D}(x+y)^2\mathrm{d}x\mathrm{d}y$ 与 $\iint\limits_{D}(x+y)^3\mathrm{d}x\mathrm{d}y$, 其中区域 D 由圆周 $(x-2)^2+(y-1)^2=2$ 围成;

(3) $\iint\limits_{D}\mathrm{e}^{xy}\mathrm{d}x\mathrm{d}y$ 与 $\iint\limits_{D}\mathrm{e}^{2xy}\mathrm{d}x\mathrm{d}y$, 其中 D 是矩形区域: $0\leqslant x\leqslant 1$, $0\leqslant y\leqslant 1$;

(4) $\iint\limits_{D}\mathrm{e}^{xy}\mathrm{d}x\mathrm{d}y$ 与 $\iint\limits_{D}\mathrm{e}^{2xy}\mathrm{d}x\mathrm{d}y$, 其中 D 是矩形区域: $-1\leqslant x\leqslant 0$, $0\leqslant y\leqslant 1$.

5. 利用二重积分的性质, 估计下列积分的值:

(1) $I=\iint\limits_{D}xy(x+y)\mathrm{d}x\mathrm{d}y$, 其中 D 是矩形区域: $0\leqslant x\leqslant 1$, $0\leqslant y\leqslant 1$;

(2) $I=\iint\limits_{D}(x+y+1)\mathrm{d}x\mathrm{d}y$, 其中 D 是矩形区域: $0\leqslant x\leqslant 1$, $0\leqslant y\leqslant 2$;

(3) $I=\iint\limits_{D}\mathrm{e}^{x^2+y^2}\mathrm{d}x\mathrm{d}y$, 其中 D 为圆形闭区域: $x^2+y^2\leqslant 1$;

(4) $I=\iint\limits_{D}(x^2+4y^2+9)\mathrm{d}x\mathrm{d}y$, 其中 D 为环形区域: $1\leqslant x^2+y^2\leqslant 4$.

第二节　二重积分的计算

本节介绍计算二重积分的基本方法: 将二重积分转化为两次定积分——二次积分来计算.

一、利用直角坐标计算二重积分

若平面区域 D 可用不等式组

$$\varphi_1(x) \leqslant y \leqslant \varphi_2(x), \quad a \leqslant x \leqslant b$$

表示，如图 9-5 所示，其中 $\varphi_1(x), \varphi_2(x)$ 在 $[a,b]$ 上单值连续，则称此区域为 **X-型区域**.

下面用几何方法推导在 X-型区域上二重积分 $\iint\limits_D f(x,y)\mathrm{d}x\mathrm{d}y$ 的计算公式. 为方便起见，设函数 $f(x,y)$ 在区域 D 上连续且 $f(x,y) \geqslant 0$，但所得结果并不受此条件的限制.

根据二重积分的几何意义，$\iint\limits_D f(x,y)\mathrm{d}x\mathrm{d}y$ 等于以区域 D 为底，曲面 $z = f(x,y)$ 为顶的曲顶柱体的体积 V；另一方面，该曲顶柱体又是平行于 yOz 面的截面面积为已知的立体，按照第六章第三节的方法，在区间 $[a,b]$ 上任意取一点 x，过该点作平行于 yOz 面的平面，截曲顶柱体得一曲边梯形，如图 9-6 所示，其底是 y 轴上闭区间 $[\varphi_1(x), \varphi_2(x)]$，曲边为曲线 $z = f(x,y)$，$y \in [\varphi_1(x), \varphi_2(x)]$，该截面面积为

$$A(x) = \int_{\varphi_1(x)}^{\varphi_2(x)} f(x,y)\mathrm{d}y.$$

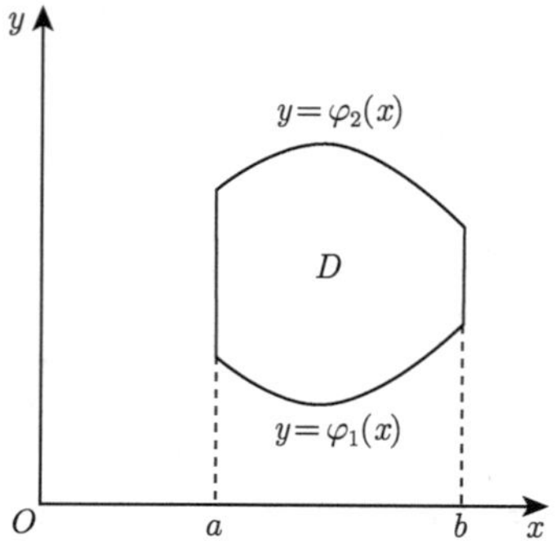

图 9-5

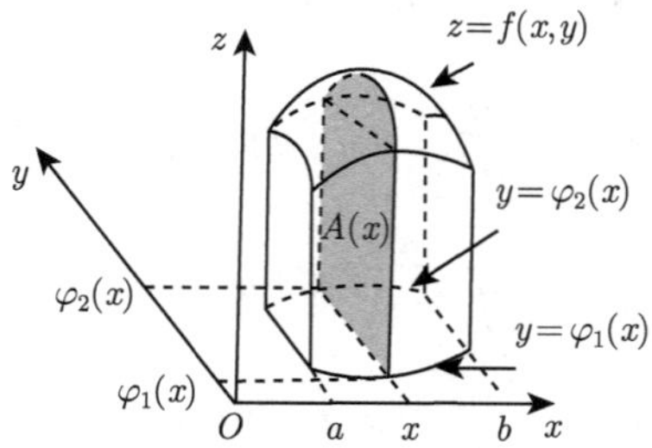

图 9-6

于是得曲顶柱体体积

$$V = \int_a^b A(x)\mathrm{d}x = \int_a^b \left[\int_{\varphi_1(x)}^{\varphi_2(x)} f(x,y)\mathrm{d}y\right]\mathrm{d}x,$$

从而有

$$\iint_D f(x,y)\mathrm{d}x\mathrm{d}y=\int_a^b\left[\int_{\varphi_1(x)}^{\varphi_2(x)}f(x,y)\mathrm{d}y\right]\mathrm{d}x.$$

上式右端称为先对 y 后对 x 的二次积分, 也即先把 x 看作常数, 把 $f(x,y)$ 看作 y 的一元函数, 对 y 从 $\varphi_1(x)$ 到 $\varphi_2(x)$ 作定积分, 所得结果是 x 的函数; 再将该函数对 x 从 a 到 b 作定积分. 该二次积分也常记作

$$\int_a^b\mathrm{d}x\int_{\varphi_1(x)}^{\varphi_2(x)}f(x,y)\mathrm{d}y.$$

从而, 在 X-型区域上, 可把二重积分化为先对 y 后对 x 的二次积分, 即

$$\iint_D f(x,y)\mathrm{d}x\mathrm{d}y=\int_a^b\mathrm{d}x\int_{\varphi_1(x)}^{\varphi_2(x)}f(x,y)\mathrm{d}y, \tag{2-1}$$

称为把二重积分化为先对 y 后对 x 的**二次积分公式**.

类似地, 若积分区域 D 可用不等式组

$$\psi_1(y)\leqslant x\leqslant\psi_2(y),\quad c\leqslant y\leqslant d$$

表示, 其中 $\psi_1(y)$, $\psi_2(y)$ 在 $[c,d]$ 上单值连续, 如图 9-7 所示, 称此区域为 **Y-型区域**. 可把二重积分化为先对 x 后对 y 的二次积分, 即

$$\iint_D f(x,y)\mathrm{d}x\mathrm{d}y=\int_c^d\mathrm{d}y\int_{\psi_1(y)}^{\psi_2(y)}f(x,y)\mathrm{d}x, \tag{2-2}$$

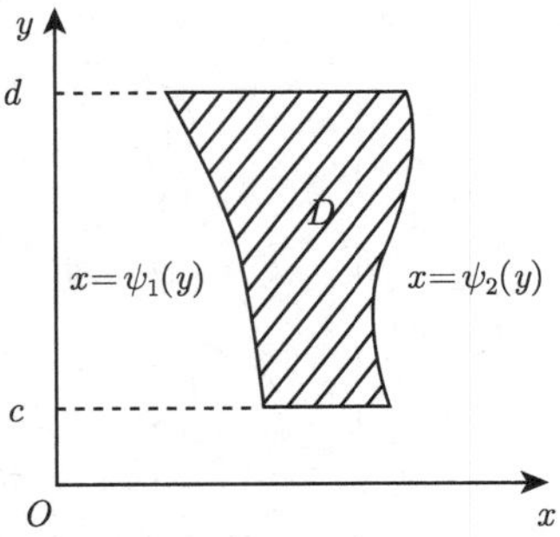

图 9-7

称为把二重积分化为先对 x 后对 y 的**二次积分公式**.

由上可知, X-型 (Y-型) 区域上的二重积分可化为先对 y 后对 x (先对 x 后对 y) 的二次积分; 反之, 若要把二重积分化为先对 y 后对 x (先对 x 后对 y) 的二次积分, 需把积分区域 D 按 X-型 (Y-型) 来表达.

若积分区域 D 既是 X-型又是 Y-型, 则二重积分 $\iint\limits_D f(x,y)\mathrm{d}x\mathrm{d}y$ 既可用 (2-1) 化为先对 y 后对 x 的二次积分, 也可用 (2-2) 化为先对 x 后对 y 的二次积分. 若积分区域 D 既不是 X-型也不是 Y-型, 通常可把区域 D 分成几部分, 使每部分是 X-型区域或 Y-型区域, 然后利用二重积分对积分区域的可加性来计算区域 D 上的二重积分. 如图 9-8 所示的区域 D 可分解成三部分, 其中区域 I、Ⅲ 为 Y-型区域, 区域 Ⅱ 为 X-型区域.

例 1　计算 $\iint\limits_D xy\mathrm{d}x\mathrm{d}y$, 其中 D 是由曲线 $y=1$, $x=2$ 与 $y=x$ 围成的闭区域.

解　如图 9-9 所示, 区域 D 既是 X-型区域, 也是 Y-型区域. 若按 X-型区域计算, 则先将区域 D 向 x 轴投影, 得投影区间 $[1,2]$, 然后任取一个 $x\in[1,2]$, 过点 $(x,0)$ 作平行于 y 轴的直线, 该直线与区域 D 的下方边界交点的纵坐标是 $y=1$, 与区域 D 的上方边界交点的纵坐标是 $y=x$, 从而区域 D 可表示为

$$D=\{(x,y)\mid 1\leqslant y\leqslant x,\ 1\leqslant x\leqslant 2\}.$$

由 (2-1), 有

$$\iint\limits_D xy\mathrm{d}x\mathrm{d}y=\int_1^2\mathrm{d}x\int_1^x xy\mathrm{d}y=\int_1^2\frac{1}{2}(x^3-x)\mathrm{d}x=\frac{9}{8}.$$

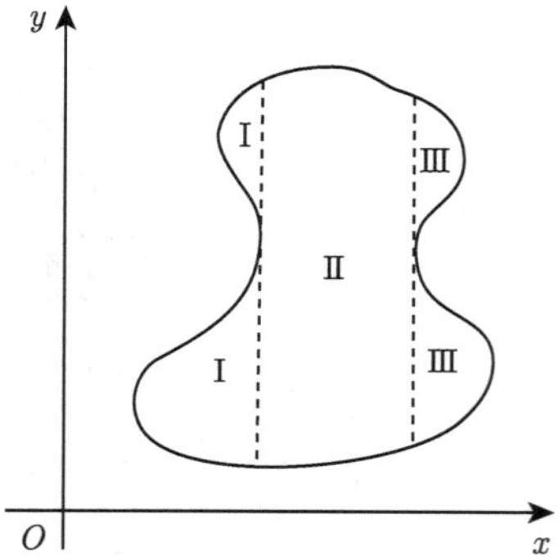

图 9-8

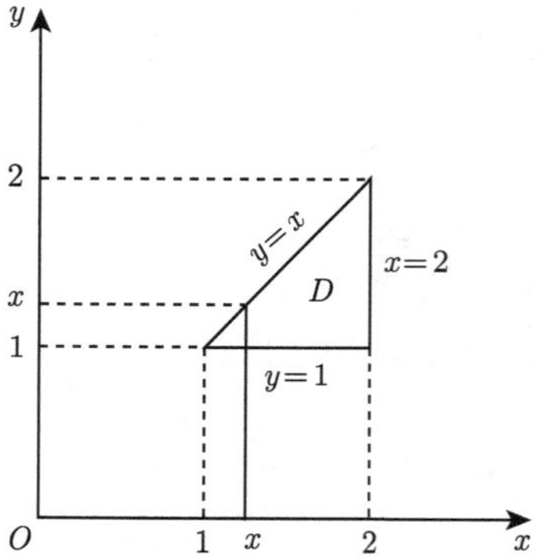

图 9-9

若按 Y-型区域计算, 则先将区域 D 向 y 轴投影, 得投影区间 $[1,2]$, 然后任取一个 $y\in[1,2]$, 过点 $(0,y)$ 作平行于 x 轴的直线, 该直线与区域 D 的左方边界交点的横坐标是 $y=x$, 与区域 D 的右方边界交点的横坐标是 $x=2$, 从而区域 D 可表示为

$$D=\{(x,y)|\ y\leqslant x\leqslant 2,\ 1\leqslant y\leqslant 2\}.$$

由 (2-2), 得

$$\iint\limits_D xy\mathrm{d}x\mathrm{d}y=\int_1^2\mathrm{d}y\int_y^2 xy\mathrm{d}x=\int_1^2\frac{1}{2}(4y-y^3)\mathrm{d}y=\frac{9}{8}.$$

例 2　计算 $\iint\limits_D xy\mathrm{d}x\mathrm{d}y$, 其中区域 D 是由直线 $y=x-2$ 与抛物型 $x=y^2$ 围成的有界闭区域.

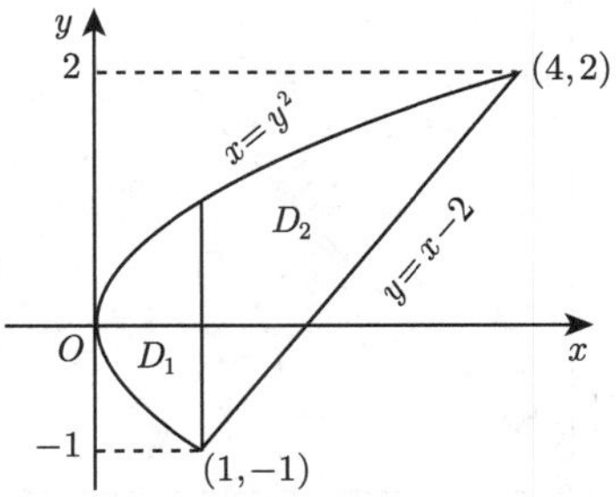

图 9-10

解　区域 D 如图 9-10 所示, D 既是 X-型又是 Y-型.

若按 X-型区域计算, 则区域 D 中的点的横坐标 x 的变化范围是区间 $[0,4]$, 而区域 D 的下方边界曲线为

$$y=\varphi_1(x)=\begin{cases}-\sqrt{x}, & 0\leqslant x\leqslant 1,\\ x-2, & 1\leqslant x\leqslant 4,\end{cases}$$

用过点 $(1,1)$ 且平行于 y 轴的直线 $x=1$ 将区域 D 分为 D_1 与 D_2 两部分, 其表达式分别为

$$D_1:-\sqrt{x}\leqslant y\leqslant\sqrt{x},0\leqslant x\leqslant 1;\quad D_2:x-2\leqslant y\leqslant\sqrt{x},1\leqslant y\leqslant 4.$$

由积分区域可加性与 (2-1), 得

$$\iint\limits_D xy\mathrm{d}x\mathrm{d}y=\iint\limits_{D_1} xy\mathrm{d}x\mathrm{d}y+\iint\limits_{D_2} xy\mathrm{d}x\mathrm{d}y=\int_0^1\mathrm{d}x\int_{-\sqrt{x}}^{\sqrt{x}}xy\mathrm{d}y+\int_1^4\mathrm{d}x\int_{x-2}^{\sqrt{x}}xy\mathrm{d}y$$

$$=\int_1^4\frac{1}{2}(-x^3+5x^2-4x)\mathrm{d}x=\frac{45}{8}.$$

若按 Y-型区域计算, 区域 D 可表示为

$$y^2\leqslant x\leqslant y+2,\quad -1\leqslant y\leqslant 2.$$

由 (2-2), 得

$$\iint\limits_D xy\mathrm{d}x\mathrm{d}y=\int_{-1}^2\mathrm{d}y\int_{y^2}^{y+2}xy\mathrm{d}x=\int_{-1}^2\frac{1}{2}(y^3+4y^2+4y-y^5)\mathrm{d}y=\frac{45}{8}.$$

易见, 本例题先对 x 后对 y 的二次积分, 不论表达形式还是计算过程都比较简单.

例 3　计算 $\iint\limits_D \dfrac{x\sin y}{y}\mathrm{d}x\mathrm{d}y$, 其中区域 D 是由直线 $y=x$ 与曲线 $y=\sqrt{x}$ 围成的有界闭区域.

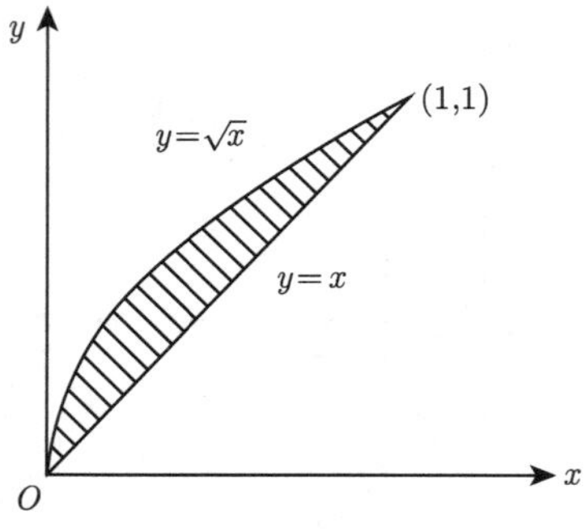

图 9-11

解　区域 D 如图 9-11 所示, D 既是 X-型又是 Y-型区域. 若按 X-型区域计算, 则由 (2-1), 得

$$\iint\limits_D \frac{x\sin y}{y}\mathrm{d}x\mathrm{d}y = \int_0^1 \mathrm{d}x \int_x^{\sqrt{x}} \frac{x\sin y}{y}\mathrm{d}y.$$

但该二次积分无法求出.

若按 Y-型区域, 则由 (2-2), 得

$$\iint\limits_D \frac{x\sin y}{y}\mathrm{d}x\mathrm{d}y = \int_0^1 \mathrm{d}y \int_{y^2}^{y} \frac{x\sin y}{y}\mathrm{d}x$$

$$= \frac{1}{2}\int_0^1 y\sin y\mathrm{d}y - \frac{1}{2}\int_0^1 y^3\sin y\mathrm{d}y.$$

利用定积分的分部积分法计算, 可得

$$\iint\limits_D \frac{x\sin y}{y}\mathrm{d}x\mathrm{d}y = 2\sin 1 - 3\cos 1.$$

由以上几例可见, 将二重积分化为二次积分时, 选择适当的二次积分次序很重要, 不仅直接关系到计算的难易程度, 还甚至关系到二重积分是否能求出. 一般来说, 要根据积分区域 D 与被积函数的具体特点选择积分次序, 并兼顾以下两个方面:

(1) 使积分区域 D 尽量不分块或少分块;

(2) 使第一次积分容易计算并能为第二次积分的计算创造有利条件.

二重积分在计算方面需注意的问题

若化成的二次积分不易计算, 则需改换积分次序. 其步骤是

(1) 根据已有的二次积分上、下限画出积分区域 D;

(2) 用 x, y 的不等式组将区域 D 按新的次序要求表达;

(3) 写出新次序下的二次积分.

例 4　求两个底圆半径相等的直交圆柱面 $x^2+y^2=R^2$ 与 $x^2+z^2=R^2$ 围成的立体的体积.

解　由对称性, 所求立体的体积 V 是该立体位于第一卦限部分的体积的 8 倍. 立体位于第一卦限的部分可以看成一曲顶柱体, 它的底为区域 $D: 0 \leqslant y \leqslant \sqrt{R^2-x^2}, 0 \leqslant x \leqslant R$, 顶为柱面 $z=\sqrt{R^2-x^2}$ 的一部分, 如图 9-12 所示.

由二重积分的几何意义, 得

$$V = 8\iint\limits_D \sqrt{R^2-x^2}\mathrm{d}x\mathrm{d}y = 8\int_0^R \mathrm{d}x \int_0^{\sqrt{R^2-x^2}} \sqrt{R^2-x^2}\mathrm{d}y$$

$$= 8\int_0^R (R^2 - x^2)\mathrm{d}x = \frac{16}{3}R^3.$$

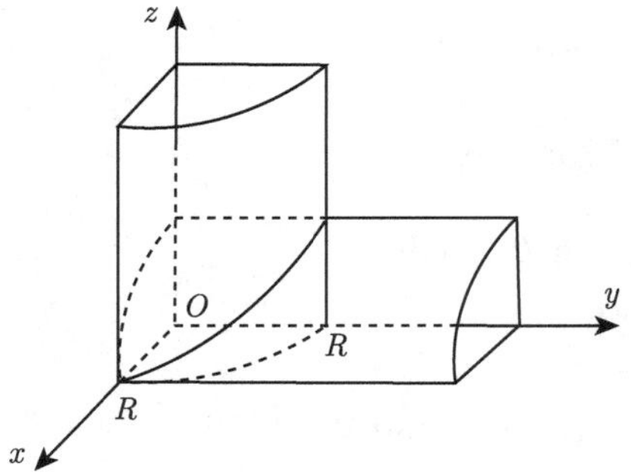

(a)

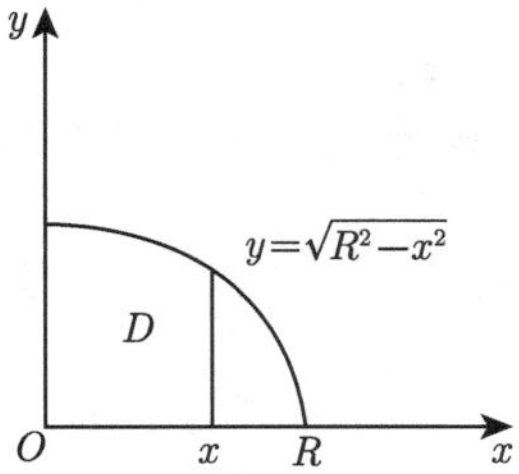

(b)

图 9-12

二、 利用极坐标计算二重积分

当被积函数用极坐标变量 r,θ 表示比较简单时, 可考虑用极坐标计算二重积分 $\iint\limits_D f(x,y)\mathrm{d}\sigma$.

首先给出积分表达式 $f(x,y)\mathrm{d}\sigma$ 在极坐标下的形式.

设极坐标系的极点与直角坐标系的原点重合, 极轴与 x 轴正半轴重合, 则积分区域 D 内任一点 P 的直角坐标 (x,y) 与极坐标 (r,θ) 之间的关系是

$$x = r\cos\theta, \quad y = r\sin\theta,$$

于是被积函数用极坐标表示为

$$f(x,y) = f(r\cos\theta, r\sin\theta).$$

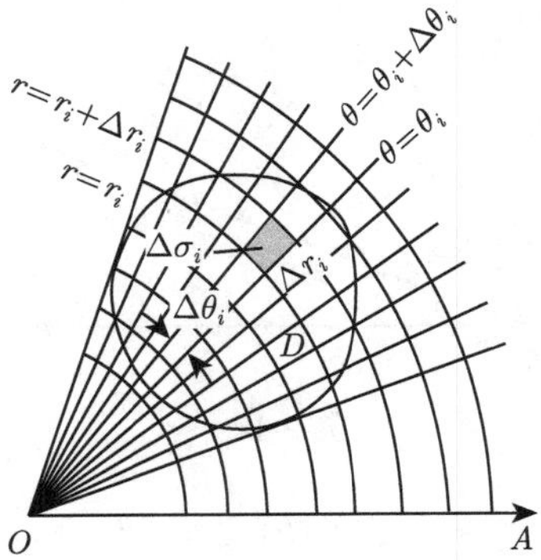

图 9-13

当积分区域 D 满足: 从极点 O 出发且穿过区域 D 内部的射线与区域 D 的边界曲线的交点不多于两个. 用极坐标曲线网如以极点为中心的一族同心圆和从极点出发的一族射线把区域 D 分为 n 个小闭区域 $\Delta D_1, \Delta D_2, \cdots, \Delta D_n$, 其中 ΔD_i 是由 $r=r_i$, $r=r_i+\Delta r$ 及 $\theta=\theta_i$, $\theta=\theta_i+\Delta\theta_i$ 围成的曲边四边形区域, 如图 9-13 所示. 若小区域 ΔD_i 的面积为 $\Delta\sigma_i$, 则它近似于边长为 $r_i\Delta\theta_i$ 与 Δr_i 的小矩形面积, 即

$$\Delta\sigma_i \approx r_i\Delta r_i\Delta\theta_i,$$

若将 D 无限细分过程中 $\Delta\sigma_i$ 与 $r_i\Delta r_i\Delta\theta_i$ 相差一个比 $\Delta r_i\Delta\theta_i$ 高阶的无穷小, 则平面区域的面积元素在极坐标系下表达式为

$$\mathrm{d}\sigma = r\mathrm{d}r\mathrm{d}\theta,$$

所以, 二重积分被积表达式在极坐标下的形式为

$$f(r\cos\theta, r\sin\theta)r\mathrm{d}r\mathrm{d}\theta.$$

于是

$$\iint\limits_D f(x,y)\mathrm{d}\sigma = \iint\limits_D f(r\cos\theta, r\sin\theta)r\mathrm{d}r\mathrm{d}\theta.$$

又因为在直角坐标系中二重积分 $\iint\limits_D f(x,y)\mathrm{d}\sigma$ 常记作 $\iint\limits_D f(x,y)\mathrm{d}x\mathrm{d}y$, 所以有

$$\iint\limits_D f(x,y)\mathrm{d}x\mathrm{d}y = \iint\limits_D f(r\cos\theta, r\sin\theta)r\mathrm{d}r\mathrm{d}\theta \tag{2-3}$$

成立, 此时公式右边的积分区域 D 视为极坐标系中的区域.

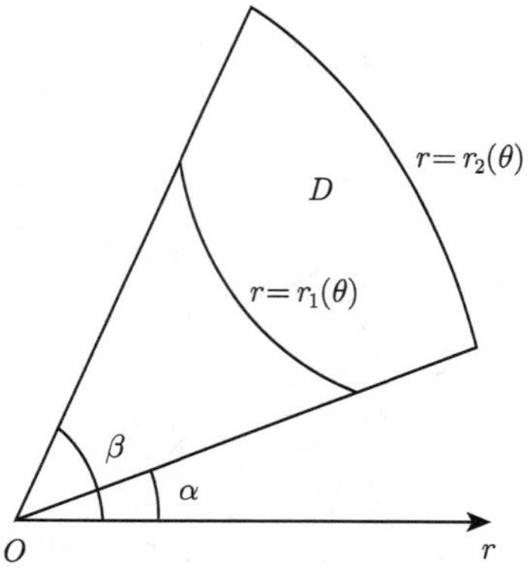

图 9-14

(2-3) 表明将直角坐标下的二重积分变换为极坐标下的二重积分时, 只要将 $x = r\cos\theta, y = r\sin\theta$ 代入 $f(x,y)$, 将 $\mathrm{d}x\mathrm{d}y$ 换为 $r\mathrm{d}r\mathrm{d}\theta$ 即可.

下面讨论如何将极坐标下的二重积化为二次积分. 设积分区域 D 由射线 $\theta = \alpha, \theta = \beta$ 及曲线 $r = r_1(\theta), r = r_2(\theta)$ 围成, 如图 9-14 所示, 其中 $\alpha \leqslant \beta$, 函数 $r_1(\theta)$, $r_2(\theta)$ 在区间 $[\alpha,\beta]$ 上连续, 且对任何 $\theta \in [\alpha,\beta]$ 有 $0 \leqslant r_1(\theta) \leqslant r_2(\theta)$, 则积分区域 D 可用 r, θ 的不等式组

$$r_1(\theta) \leqslant r \leqslant r_2(\theta), \quad \alpha \leqslant \theta \leqslant \beta$$

表示. 特别地, 当极点在区域 D 的内部时, D 可表示为 $0 \leqslant r_1(\theta) \leqslant r_2(\theta), 0 \leqslant \theta \leqslant 2\pi$, 如图 9-15 所示. 这样, 极坐标下的二重积分可化为先对 r 后对 θ 的二次积分

$$\iint\limits_D f(r\cos\theta, r\sin\theta)r\mathrm{d}r\mathrm{d}\theta = \int_\alpha^\beta \mathrm{d}\theta \int_{r_1(\theta)}^{r_2(\theta)} f(r\cos\theta, r\sin\theta)r\mathrm{d}r. \tag{2-4}$$

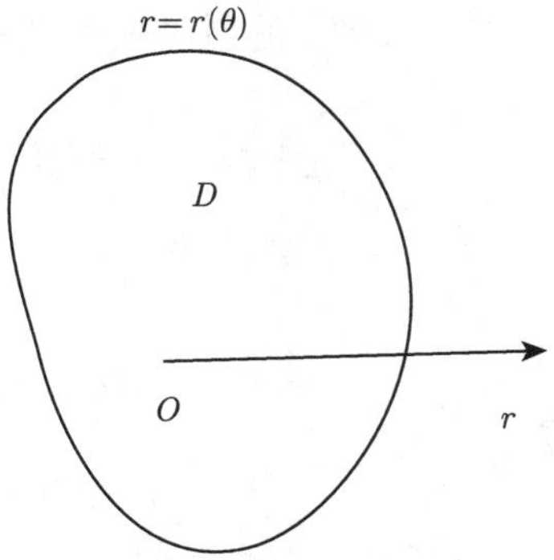

图 9-15

例 5　计算 $\iint\limits_D \sqrt{x^2+y^2}\mathrm{d}x\mathrm{d}y$, 其中区域 D 是由圆 $x^2+y^2=1$, 圆 $x^2+y^2=4$ 与直线 $y=x$, $x=0$ 围成的位于第一象限中的有界闭区域.

解　用极坐标计算. 在极坐标下, 区域 D 由曲线 $r=1$, $r=2$ 与射线 $\theta=\dfrac{\pi}{4},\theta=\dfrac{\pi}{2}$ 围成, 如图 9-16 所示. 所以

$$D=\left\{(r,\theta)\middle|1\leqslant r\leqslant 2,\frac{\pi}{4}\leqslant\theta\leqslant\frac{\pi}{2}\right\}$$

且

$$\sqrt{x^2+y^2}=r.$$

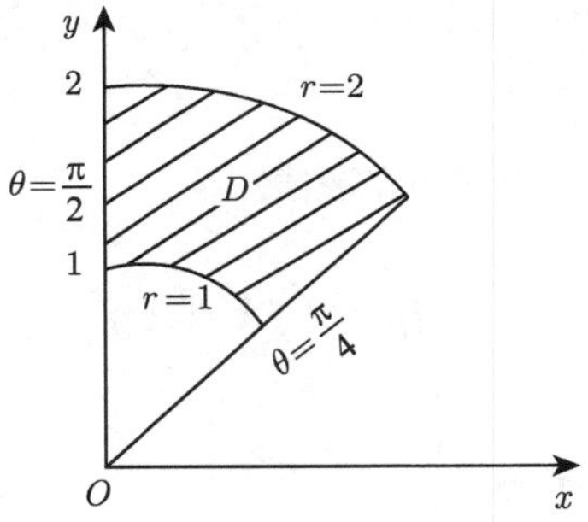

图 9-16

所以

$$\iint\limits_D \sqrt{x^2+y^2}\mathrm{d}x\mathrm{d}y=\iint\limits_D r^2\mathrm{d}r\mathrm{d}\theta=\int_{\frac{\pi}{4}}^{\frac{\pi}{2}}\mathrm{d}\theta\int_1^2 r^2\mathrm{d}r=\frac{7}{12}\pi.$$

不难看出, 本题若用直角坐标计算会复杂得多.

例 6　计算 $\iint\limits_D \mathrm{e}^{-x^2-y^2}\mathrm{d}x\mathrm{d}y$, 其中区域 D 为圆域 $x^2+y^2=a^2$, $a>0$.

解　在极坐标下,

$$D=\{(r,\theta)\mid 0\leqslant r\leqslant a,0\leqslant\theta\leqslant 2\pi\},$$

所以

$$\iint\limits_D \mathrm{e}^{-x^2-y^2}\mathrm{d}x\mathrm{d}y=\iint\limits_D \mathrm{e}^{-r^2}r\mathrm{d}r\mathrm{d}\theta=\int_0^{2\pi}\mathrm{d}\theta\int_0^a \mathrm{e}^{r^2}r\mathrm{d}r$$

$$=2\pi\cdot\left(-\frac{1}{2}\mathrm{e}^{-r^2}\right)\bigg|_0^a=(1-\mathrm{e}^{-a^2})\pi.$$

本例若用直角坐标计算, 由于 e^{-x^2} 的原函数不是初等函数, 所以二次积分无法计算.

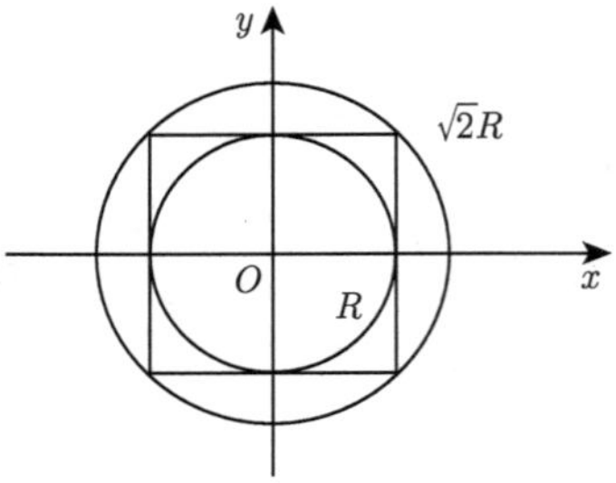

图 9-17

利用本题所得结果, 可计算重要的广义积分 $\int_0^{+\infty} e^{-x^2}dx$. 设

$$D_1 = \left\{(x,y)|x^2+y^2 \leqslant R^2\right\},$$

$$D_2 = \left\{(x,y)|x^2+y^2 \leqslant 2R^2\right\},$$

$$S_2 = \{(x,y)||x| \leqslant R, |y| \leqslant R\},$$

则 $D_1 \subset S \subset D_2$, 如图 9-17 所示.

由于对任何 x 与 $y, e^{-x^2-y^2} > 0$, 所以

$$\iint\limits_{D_1} e^{-x^2-y^2}dxdy < \iint\limits_{S} e^{-x^2-y^2}dxdy < \iint\limits_{D_2} e^{-x^2-y^2}dxdy.$$

由上述计算结果,

$$\iint\limits_{D_1} e^{-x^2-y^2}dxdy = (1-e^{-R^2})\pi, \quad \iint\limits_{D_2} e^{-x^2-y^2}dxdy = (1-e^{-2R^2})\pi,$$

而

$$\iint\limits_{S} e^{-x^2-y^2}dxdy = \int_{-R}^{R} e^{-x^2}dx \cdot \int_{-R}^{R} e^{-y^2}dx = \left(\int_{-R}^{R} e^{-x^2}dx\right)^2$$

$$= 4\left(\int_0^R e^{-x^2}dx\right)^2.$$

故

$$\frac{1}{4}(1-e^{-R^2})\pi < \left(\int_0^R e^{-x^2}dx\right)^2 < \frac{1}{4}(1-e^{-2R^2})\pi.$$

令 $R \to +\infty$, 用两边夹法则, 得

$$\int_0^{+\infty} e^{-x^2}dx = \frac{\sqrt{\pi}}{2}.$$

该广义积分在概率论中有重要的应用.

例 7 设 $a>0$, 求球体 $x^2+y^2+z^2\leqslant 4a^2$ 被圆柱面 $x^2+y^2=2ax$ 所截得的含在圆柱面内的那部分立体的体积 V.

解 如图 9-18 所示, 由对称性可知, 所求体积 V 为位于第一卦限那部分立体体积的 4 倍, 所以

$$V=4\iint\limits_{D}\sqrt{4a^2-x^2-y^2}\mathrm{d}x\mathrm{d}y,$$

其中区域 D 为半圆周 $y=\sqrt{2ax-x^2}$ 与 x 轴所围成的闭区域. 在极坐标下, 区域 D 可表示为

$$D=\left\{(r,\theta)\middle|\ 0\leqslant r\leqslant 2a\cos\theta, 0\leqslant\theta\leqslant\frac{\pi}{2}\right\},$$

从而

$$\begin{aligned}V&=4\iint\limits_{D}\sqrt{4a^2-x^2-y^2}\mathrm{d}x\mathrm{d}y=4\iint\limits_{D}\sqrt{4a^2-r^2}r\mathrm{d}r\mathrm{d}\theta\\&=4\int_0^{\frac{\pi}{2}}\mathrm{d}\theta\int_0^{2a\cos\theta}\sqrt{4a^2-r^2}r\mathrm{d}r=\frac{32}{3}a^3\left(\frac{\pi}{2}-\frac{2}{3}\right).\end{aligned}$$

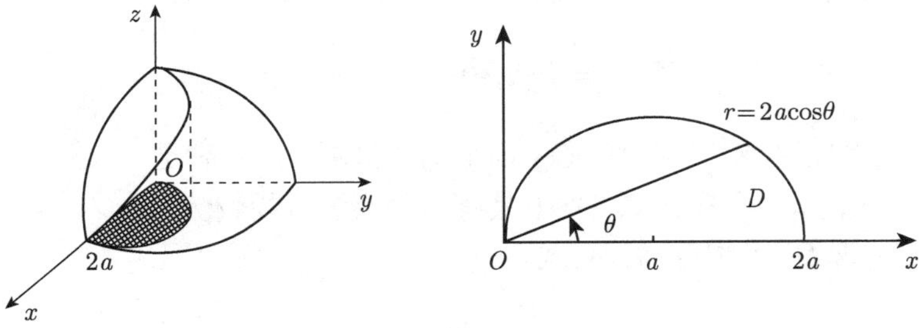

图 9-18

从以上例子可以看出, 在计算一些二重积分时, 采用极坐标可以带来很大便利, 有时甚至可以算出直角坐标下无法算出的积分. 当然, 也不是所有的二重积分都适宜用极坐标计算. 一般地, 当 D 为圆形域、环形域或扇形域, 或者当被积函数中含有 x^2+y^2, $\arctan\dfrac{y}{x}$ 时, 可考虑采用极坐标.

*三、二重积分的换元法

换元法在简化积分计算方面发挥着极其重要的作用. 定积分换元法的主要目的是将被积表达式转换为更易于找到其原函数的形式. 在二重积分计算中, 换元法有两个目的: 第一是把被积表达式简化; 第二是把积分区域简化.

本质上, 二重积分换元法是定积分换元法的直接推广, 为了清晰地展示这一事实, 现回顾一下定积分换元法. 设函数 $f(x)$ 在区间 $X=[a,b]$ 上连续, 函数 $x=\varphi(t)$ 在区间 $Y=[\alpha,\beta]$ 上具有连续导数且 $\varphi'(t)\neq 0$, 且满足 $X=\varphi(Y)$, 则

$$\int_a^b f(x)\mathrm{d}x=\int_\alpha^\beta f[\varphi(t)]|\varphi'(t)|\mathrm{d}t. \tag{2-5}$$

注意到, 当 $\varphi'(t)>0$ 时, t 从 α 增加到 β 时, $x=\varphi(t)$ 同步地从 a 递增到 b, 则

$$\int_\alpha^\beta f[\varphi(t)]\varphi'(t)\mathrm{d}t=\int_a^b f(x)\mathrm{d}x;$$

但当 $\varphi'(t)<0$ 时, t 从 α 增加到 β 时, $x=\varphi(t)$ 同步地从 b 递减到 a, 则

$$\int_\alpha^\beta f[\varphi(t)]\varphi'(t)\mathrm{d}t=\int_b^a f(x)\mathrm{d}x=-\int_a^b f(x)\mathrm{d}x.$$

综上所述, (2-5) 总成立.

对于二重积分的换元法, 一般地, 有如下定理.

定理 1 设 $f(x,y)$ 在 xOy 面上的闭区域 D 上连续, 若变换

$$T: x=x(u,v),\quad y=y(u,v) \tag{2-6}$$

将 uOv 面上的闭区域 D' 变为 xOy 面上的闭区域 D, 且满足

(i) $x(u,v)$, $y(u,v)$ 在区域 D' 上具有一阶连续偏导数;

(ii) 在区域 D' 上雅可比行列式

$$J(u,v)=\frac{\partial(x,y)}{\partial(u,v)}\neq 0;$$

(iii) 变换 T 是区域 D' 与区域 D 之间的一个一一对应,

则

$$\iint_D f(x,y)\mathrm{d}x\mathrm{d}y=\iint_{D} f[x(u,v),y(u,v)]|J(u,v)|\mathrm{d}u\mathrm{d}v. \tag{2-7}$$

(2-7) 称为**二重积分的换元公式**. 二重积分换元法的基本思想是用 uOv 面上的轴向直线网相对应的 xOy 面上的曲线网对积分区域 D 进行分割. 由于坐标变换下平面区域形状的变化远比数轴上区间的变化复杂, 因此, 二重积分换元法的证明也远比定积分换元法的证明复杂. 这里, 仅简单介绍一下 (2-7) 产生的过程.

如图 9-19 所示, 设 S' 是 uOv 面上的一轴向小矩形区域, S' 位于变换 T 的定义域内, S' 的左下角点为 $A'(u_0,v_0)$, 两边边长分别为 Δu 和 Δv, 经 T 变换后, S' 的像区域是 xOy 面上的曲边四边形区域 S, $A'(u_0,v_0)$ 的像点是 $A(x_0,y_0)$, 同时 S' 的下方边界 $A'B'$ 的像曲线 $\overset{\frown}{AB}$ 具有参数方程

$$\begin{cases} x = x(u,v_0), \\ y = y(u,v_0), \end{cases} \quad u \in [u_0, u_0+\Delta u].$$

根据对 T 所作的假设, 曲线段 $\overset{\frown}{AB}$ 在点 (x_0,y_0) 的切线存在, 切向量为

$$\boldsymbol{\tau}_u = (x_u(u_0,v_0), y_u(u_0,v_0)),$$

并且 $\overset{\frown}{AB}$ 的长度为

$$\begin{aligned} &\int_{u_0}^{u_0+\Delta u} \sqrt{x_u^2(u_0,v_0)+y_u^2(u_0,v_0)}\mathrm{d}u \\ =& \sqrt{x_u^2(u_0+\theta\Delta u,v_0)+y_u^2(u_0+\theta\Delta u,v_0)}\Delta u \\ \approx& \sqrt{x_u^2(u_0,v_0)+y_u^2(u_0,v_0)}\Delta u = |\boldsymbol{\tau}_u|\Delta u \quad (0<\theta<1). \end{aligned}$$

类似地, S' 的左侧边界 $A'C'$ 的像曲线 $\overset{\frown}{AC}$ 在点 (x_0,y_0) 的切线存在, 切向量为

$$\boldsymbol{\tau}_v = (x_v(u_0,v_0), y_v(u_0,v_0)),$$

且 $\overset{\frown}{AC}$ 的长度近似于 $|\boldsymbol{\tau}_v|\Delta v$.

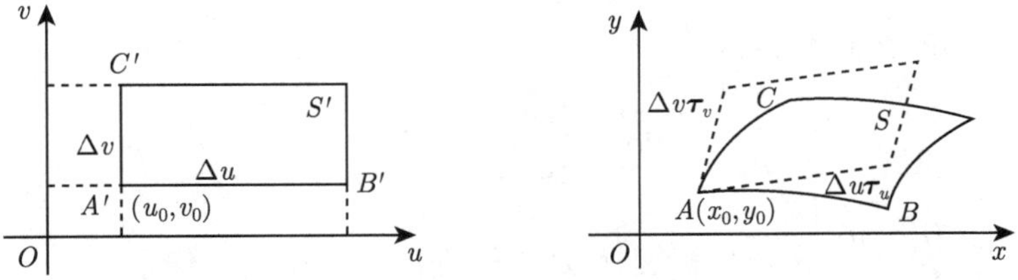

图 9-19

当 Δu, Δv 很小时, 用向量 $\Delta u\boldsymbol{\tau}_u$ 与 $\Delta v\boldsymbol{\tau}_v$ 张成的平行四边形的面积来近似地表示曲边四边形 S 的面积. 利用向量积, 该平行四边形的面积为

$$|(\Delta u\boldsymbol{\tau}_u)\times(\Delta v\boldsymbol{\tau}_v)| = |\boldsymbol{\tau}_u\times\boldsymbol{\tau}_v|\Delta u\Delta v = \left|\frac{\partial(x,y)}{\partial(u,v)}\right|\Delta u\Delta v.$$

若记 S 与 S' 的面积分别为 $\Delta\sigma$ 与 $\Delta\sigma'$, 则

$$\Delta\sigma \approx \left|\frac{\partial(x,y)}{\partial(u,v)}\right| \Delta\sigma',$$

其中 $\dfrac{\partial(x,y)}{\partial(u,v)}$ 在点 (u_0,v_0) 取值.

现对定理中的 D' 用轴向直线网分割, 该分割对应产生 D 的曲线网分割, 如图 9-20 所示.

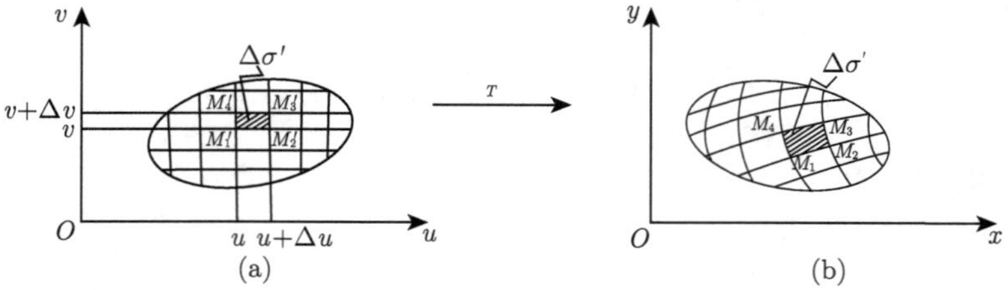

图 9-20

按照上面的分析, 有

$$\sum f(x_i,y_j)\Delta\sigma_{ij} \approx \sum f[x(u_i,v_j),y(u_i,v_j)] \left|\frac{\partial(x,y)}{\partial(u,v)}\right| \Delta\sigma'_{ij},$$

其中 $\dfrac{\partial(x,y)}{\partial(u,v)}$ 在点 (u_i,v_j) 取值. 于是当各小矩形直径的最大值 λ 趋于零时, 得 (2-7).

由此可见, 在变换 $T:\begin{cases} x=x(u,v), \\ y=y(u,v) \end{cases}$ 下, 区域 D 的面积元素 $\mathrm{d}\sigma$ 与区域 D' 的面积元素 $\mathrm{d}\sigma'$ 之间有关系

$$\mathrm{d}\sigma = \left|\frac{\partial(x,y)}{\partial(u,v)}\right| \mathrm{d}\sigma'.$$

实际上, 这里 $\dfrac{\partial(x,y)}{\partial(u,v)}$ 是在坐标变换 T 下平面图形面积的变化率.

还要指出, 若雅可比行列式 $J(u,v)$ 只在区域 D' 内个别点上, 或一条曲线上为零, 而在其他点上不为零, 则换元公式 (2-7) 仍成立.

现用二重积分换元法观点来解释极坐标变换

$$T:\begin{cases} x=r\cos\theta, \\ y=r\sin\theta, \end{cases} \quad r\geqslant 0, \quad 0\leqslant\theta\leqslant 2\pi, \tag{2-8}$$

即把它看成直角坐标 r, θ 到直角坐标 x, y 的变换. 这样, 对于 $rO\theta$ 面上的一点 $P'(r,\theta)$, 通过变换 (2-8) 变成 xOy 面上的一点 $P(x,y)$, 而 $rO\theta$ 面上的有界闭区域 D' 变成 xOy 面上的有界闭区域 D, 且有

$$J(r,\theta)=\frac{\partial(x,y)}{\partial(r,\theta)}=\begin{vmatrix}\dfrac{\partial x}{\partial r} & \dfrac{\partial x}{\partial \theta}\\ \dfrac{\partial y}{\partial r} & \dfrac{\partial y}{\partial \theta}\end{vmatrix}=\begin{vmatrix}\cos\theta & -r\sin\theta\\ \sin\theta & r\cos\theta\end{vmatrix}=r,$$

注意, 当 $r=0$ 与 $\theta=2\pi$ 时, 极坐标变换 (2-8) 并不是一一对应的, 且当 $r=0$ 时, $J(r,\theta)=0$, 但这并不妨碍定理的结论成立, 因此, (2-3) 是 (2-7) 的一个特例.

在运用 (2-7) 计算二重积分 $\iint\limits_D f(x,y)\mathrm{d}x\mathrm{d}y$ 时, 选择何种变换一般取决于积分区域 D 和被积函数 $f(x,y)$ 的特点, 归根到底取决于变换后的二重积分是否易于计算.

例 8　求由直线 $x+y=c$, $x+y=d$, $y=ax$, $y=bx$ $(0<c<d, 0<a<b)$ 所围的闭区域 D 的面积.

分析　由二重积分的性质,

$$D\text{ 的面积 }=\iint\limits_D \mathrm{d}x\mathrm{d}y,$$

区域 D 不论按 X-型还是 Y-型表达, 都需分块. 为便于计算, 考虑通过变换将 D 变为 uOv 面中的矩形, 如图 9-21 所示.

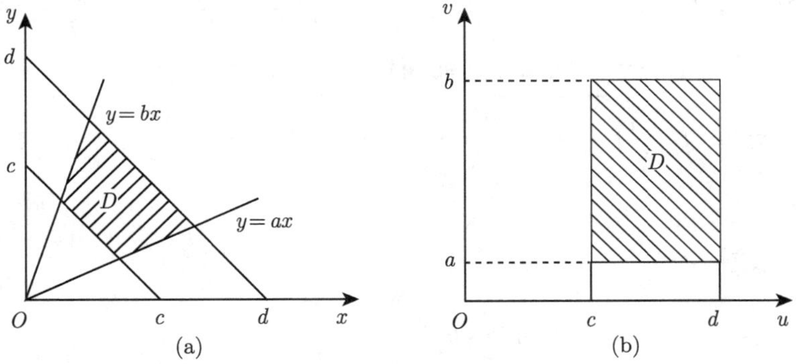

图 9-21

解　由题设, 区域 D 表达为

$$D: c\leqslant x+y\leqslant d,\quad a\leqslant \frac{y}{x}\leqslant d.$$

令 $u=x+y,\ v=\dfrac{y}{x}$, 得变换

$$T: x=\frac{u}{1+v},\quad y=\frac{uv}{1+v}.$$

在此变换下, 与区域 D 对应的区域 D' 为

$$D': c \leqslant u \leqslant d,\quad a \leqslant v \leqslant b.$$

又由变换的雅可比行列式为

$$\frac{\partial(x,y)}{\partial(u,v)}=\frac{u}{(1+v)^2}\neq 0,\quad (u,v)\in D',$$

所以

$$\mathrm{d}x\mathrm{d}y=\left|\frac{\partial(x,y)}{\partial(u,v)}\right|\mathrm{d}u\mathrm{d}v=\frac{u}{(1+v)^2}\mathrm{d}u\mathrm{d}v,$$

于是

$$\begin{aligned} D\ \text{的面积} &= \iint\limits_{D}\mathrm{d}x\mathrm{d}y=\iint\limits_{D'}\frac{u}{(1+v)^2}\mathrm{d}u\mathrm{d}v \\ &= \int_c^d u\mathrm{d}u\cdot\int_a^b\frac{1}{(1+v)^2}\mathrm{d}v=\frac{(b-a)(d^2-c^2)}{2(1+a)(1+b)}. \end{aligned}$$

本题利用变换 $T: x=\dfrac{u}{1+v},\ y=\dfrac{uv}{1+v}$ 将 xOy 面中的一般四边形区域 D 变换为 uOv 面中的矩形区域 D', 从而简化了二重积分.

例 9 计算 $\iint\limits_{D}\sqrt{1-\dfrac{x^2}{a^2}-\dfrac{y^2}{b^2}}\mathrm{d}x\mathrm{d}y$, 其中 D 为椭圆 $\dfrac{x^2}{a^2}+\dfrac{y^2}{b^2}=1$ 围成的闭区域 (其中 $a>0,\ b>0$).

解 作变换 T.

$$T:\begin{cases} x=ar\cos\theta, \\ y=br\sin\theta, \end{cases}\quad r\geqslant 0,\quad 0\leqslant\theta\leqslant 2\pi,$$

则在此变换下, 与 D 对应的区域 D' 为

$$D': 0\leqslant r\leqslant 1,\quad 0\leqslant\theta\leqslant 2\pi,$$

雅可比行列式为

$$J(r,\theta)=\frac{\partial(x,y)}{\partial(r,\theta)}=abr,$$

从而有

$$\iint\limits_D\sqrt{1-\frac{x^2}{a^2}-\frac{y^2}{b^2}}\mathrm{d}x\mathrm{d}y=\iint\limits_D\sqrt{1-r^2}abr\mathrm{d}r\mathrm{d}\theta=\frac{2}{3}\pi ab.$$

变换 $T:\begin{cases}x=\mathrm{a}r\cos\theta,\\ y=\mathrm{b}r\sin\theta,\end{cases}$ $r\geqslant 0,\ 0\leqslant\theta\leqslant 2\pi$ 称为**广义极坐标变换**, 将 xOy 平面内的椭圆形区域 D 变换为 $rO\theta$ 平面内的矩形区域, 可看成极坐标变换与伸缩变换的复合.

习　题　9-2

1. 设 $D=[a,b]\times[c,d]$, 即 D 是由直线 $x=a,x=b,y=c,y=d$ $(a<b,c<d)$ 围成的闭区域, 证明

$$\iint\limits_D f(x)g(y)\mathrm{d}x\mathrm{d}y=\left(\int_a^b f(x)\mathrm{d}x\right)\left(\int_c^d g(y)\mathrm{d}y\right).$$

2. 画出积分区域, 并计算下列二重积分:

(1) $\iint\limits_D(x^2+y^2)\mathrm{d}x\mathrm{d}y$, $D=[0,1]\times[0,1]$;

(2) $\iint\limits_D|y-x^2|\mathrm{d}x\mathrm{d}y$, $D=[0,1]\times[-1,1]$;

(3) $\iint\limits_D\frac{2y}{1+x}\mathrm{d}x\mathrm{d}y$, D 是由直线 $x=0,y=0,y=x-1$ 围成的闭区域;

(4) $\iint\limits_D y\mathrm{e}^x\mathrm{d}x\mathrm{d}y$, D 是顶点分别为 $(0,0)$, $(2,4)$, $(6,0)$ 的三角形闭区域;

(5) $\iint\limits_D(1+x)\sin y\mathrm{d}x\mathrm{d}y$, D 是顶点分别为 $(0,0)$, $(1,0)$, $(1,2)$ 及 $(0,1)$ 的梯形闭区域;

(6) $\iint\limits_D\mathrm{e}^{x+y}\mathrm{d}x\mathrm{d}y$, D 是由 $|x|+|y|\leqslant 1$ 所确定的闭区域;

(7) $\iint\limits_D x^2y\mathrm{d}x\mathrm{d}y$, D 是由直线 $y=0,y=1$ 与双曲线 $x^2-y^2=1$ 围成的闭区域;

(8) $\iint\limits_D\sin\frac{x}{y}\mathrm{d}x\mathrm{d}y$, D 是由直线 $y=x,y=2$ 与抛物线 $x=y^3$ 围成的闭区域.

3. 设 $f(x,y)$ 在闭区域 $[a,b]\times[c,d]$ 上连续, $g(x,y)=\int_a^x \mathrm{d}u\int_c^y f(u,v)\mathrm{d}v$, 证明:

$$g_{xy}(x,y)=g_{yx}(x,y)=f(x,y),\quad (x,y)\in D=[a,b]\times[c,d].$$

4. 按两种不同次序化二重积分 $\iint\limits_D f(x,y)\mathrm{d}x\mathrm{d}y$ 为二次积分, 其中 D 为以下区域:

(1) 由直线 $y=x$ 与抛物线 $y^2=4x$ 围成的闭区域;

(2) 由 $y=0$ 与 $y=\sin x$ $(0\leqslant x\leqslant \pi)$ 围成的闭区域;

(3) 由直线 $y=x$, $x=2$ 及双曲线 $y=\dfrac{1}{x}(x>0)$ 围成的闭区域;

(4) 由 x 轴、抛物线 $y=x^2$ 及 $(x-1)^2+y^2=1$ 围成的闭区域.

5. 先交换积分次序, 再计算下列二次积分:

(1) $\int_0^1 \mathrm{d}x\int_{3x}^3 \mathrm{e}^{y^2}\mathrm{d}y$;　　(2) $\int_0^1 \mathrm{d}y\int_{\sqrt{y}}^1 \sqrt{x^3+1}\mathrm{d}x$;

(3) $\int_0^1 \mathrm{d}x\int_{x^2}^1 x^3\sin y^3\mathrm{d}y$;　　(4) $\int_0^1 \mathrm{d}y\int_{\arcsin y}^{\frac{\pi}{2}} \cos x\sqrt{1+\cos^2 x}\mathrm{d}x$.

6. 利用二重积分求下列立体区域 Ω 的体积:

(1) 区域 Ω 由抛物面 $z=x^2+2y^2$ 与 $z=6-2x^2-y^2$ 围成;

(2) 区域 Ω 是由平面 $x=0$, $y=0$, $x+y=1$ 所围成的柱面被平面 $z=0$ 及抛物面 $x^2+y^2=6-z$ 所截得的立体.

7. 画出积分区域, 把二重积分 $\iint\limits_D f(x,y)\mathrm{d}x\mathrm{d}y$ 表示为极坐标下的二次积分, 其中积分区域 D 为以下区域:

(1) 由圆 $x^2+y^2=1$ 与 $x^2+y^2=4$ 围成的环形闭区域;

(2) 由直线 $x=0$, $y=0$, $x+y=1$ 围成的有界闭区域;

(3) 由直线 $y=1$ 与抛物线 $y=x^2$ 围成的有界闭区域;

(4) 由圆 $x^2+y^2=2y$ 围成的有界闭区域;

(5) $2x\leqslant x^2+y^2\leqslant 4$;

(6) 由直线 $x=0,y=0,x=1$ 及圆弧 $y=1+\sqrt{1-x^2}$ 围成的有界闭区域.

8. 利用极坐标计算下列二重积分:

(1) $\iint\limits_D \ln(1+x^2+y^2)\mathrm{d}x\mathrm{d}y$, 其中 D 是由圆周 $x^2+y^2=1$ 与坐标轴围成的位于第一象限的闭区域;

(2) $\iint\limits_D \arctan\dfrac{y}{x}\mathrm{d}x\mathrm{d}y$, 其中 D 是由圆周 $x^2+y^2=4$, $x^2+y^2=1$ 及直线 $y=0,y=x$ 所围成的在第一象限的闭区域;

(3) $\iint\limits_D \sqrt{4-x^2-y^2}\mathrm{d}x\mathrm{d}y$, 其中 D 是由圆周 $x^2+y^2=2x$ 围成的闭区域.

9. 化下列二次积分为极坐标下的二次积分, 并计算积分值:

(1) $\int_0^1 \mathrm{d}x \int_{1-x}^{\sqrt{1-x^2}} (x^2+y^2)^{-\frac{3}{2}} \mathrm{d}y$;　　(2) $\int_0^1 \mathrm{d}x \int_{x^2}^{x} (x^2+y^2)^{-\frac{1}{2}} \mathrm{d}y$;

(3) $\int_0^2 \mathrm{d}x \int_0^{\sqrt{2x-x^2}} xy\mathrm{d}y$;　　(4) $\int_1^2 \mathrm{d}x \int_0^x \frac{y\sqrt{x^2+y^2}}{x} \mathrm{d}y$.

10. 设平面薄片所占的闭区域 D 是由心脏线 $r=1+\cos\theta$ 上满足 $0 \leqslant \theta \leqslant \pi$ 的段弧与极轴围成, 其上点 $P(r,\theta)$ 的密度等于点 P 到极点的距离, 求该薄片的质量.

11. 利用极坐标计算下列立体 Ω 的体积:

(1) 区域 Ω 由柱面 $x^2+y^2=y$ 与平面 $6x+4y+z=12$, $z=0$ 围成;

(2) 区域 Ω 由平面 $y=0, y=kx\ (k>0)$, $z=0$ 及球心在原点、半径为 R 的上半球面所围成的在第一卦限内的立体.

*12. 作适当的变换, 计算下列二重积分:

(1) $\iint\limits_D x^2y^2\mathrm{d}x\mathrm{d}y$, 其中区域 D 由双曲线 $xy=1$, $xy=2$ 及直线 $y=x$ 与 $y=4x$ 围成且在第一象限;

(2) $\iint\limits_D \left(\frac{x^2}{4}+\frac{y^2}{9}\right)\mathrm{d}x\mathrm{d}y$, 其中区域 D 为 $\frac{x^2}{4}+\frac{y^2}{9} \leqslant 1$;

(3) $\iint\limits_D (x-y)^2\sin^2(x+y)\mathrm{d}x\mathrm{d}y$, 其中 D 是平行四边形闭区域, 它的四个顶点是 $(\pi,0)$, $(2\pi,\pi)$, $(\pi,2\pi)$, $(0,\pi)$;

(4) $\iint\limits_D 2\mathrm{d}x\mathrm{d}y$, 其中 D 是由曲线 $y=x^3$, $y=4x^3$, $x=y^3$, $x=4y^3$ 围成的第一象限内的闭区域.

*13. 作适当的变换, 证明下列等式:

(1) $\iint\limits_D \cos\left(\frac{x-y}{x+y}\right)\mathrm{d}x\mathrm{d}y = \frac{1}{2}\sin 1$, 其中区域 D 由直线 $x+y=1$, $x=0$, $y=0$ 围成;

(2) $\iint\limits_D f(x+y)\mathrm{d}x\mathrm{d}y = \int_{-1}^{1} f(u)\mathrm{d}u$, 其中 D 为闭区域 $|x|+|y| \leqslant 1$.

第三节　三重积分的概念与计算

一、 三重积分的概念

三重积分概念是二重积分概念的直接推广. 现在仿照二重积分的定义, 给出三重积分的定义.

定义 1 (三重积分)　设 $f(x,y,z)$ 是空间有界闭区域 Ω 上的有界函数, 将区

域 Ω 任意划分为 n 个小闭区域

$$\Delta\Omega_1, \Delta\Omega_2, \cdots, \Delta\Omega_n,$$

用 ΔV_i 表示第 i 个小闭区域 $\Delta\Omega_i$ 的体积, 其中 $i = 1, 2, \cdots, n$. 在每个 $\Delta\Omega_i$ 上任取一点 (ξ_i, η_i, ζ_i), 作乘积 $f(\xi_i, \eta_i, \zeta_i)\Delta V_i$, 再作和 $\sum\limits_{i=1}^{n} f(\xi_i, \eta_i, \zeta_i)\Delta V_i$, 记

$$\lambda = \max\left\{\Delta\Omega_i \text{ 的直径} \mid i = 1, 2, \cdots, n\right\},$$

当 $\lambda \to 0$ 时, 若该和的极限存在, 则称此极限为函数 $f(x, y, z)$ 在闭区域 Ω 上的**三重积分**, 记作 $\iiint\limits_{\Omega} f(x, y, z)\mathrm{d}V$, 即

$$\iiint\limits_{\Omega} f(x, y, z)\mathrm{d}V = \lim_{\lambda \to 0} \sum_{i=1}^{n} f(\xi_i, \eta_i, \zeta_i)\Delta V_i. \tag{3-1}$$

三重积分记号中各部分的名称与二重积分类似, 其中 $\mathrm{d}V$ 称为**体积元素**. 在直角坐标系中, 将 $\mathrm{d}V$ 记作 $\mathrm{d}x\mathrm{d}y\mathrm{d}z$, 因此三重积分可记作 $\iiint\limits_{\Omega} f(x, y, z)\mathrm{d}x\mathrm{d}y\mathrm{d}z$.

三重积分存在的条件与二重积分类似. 因为三元函数的图像存在于四维空间, 所以三重积分不再有直观的几何意义. 但仍有物理意义: 若某物体占据空间闭区域 Ω, 其体密度函数为 $f(x, y, z)$, $(x, y, z) \in \Omega$, $f(x, y, z)$ 在区域 Ω 上连续, 则该物体的质量 M 就是 $f(x, y, z)$ 在区域 Ω 上的三重积分, 即

$$M = \iiint\limits_{\Omega} f(x, y, z)\mathrm{d}V.$$

反之, 当 $f(x, y, z)$ 在有界闭区域 Ω 上非负时, 三重积分 $\iiint\limits_{\Omega} f(x, y, z)\mathrm{d}V$ 的物理意义是: 占据空间区域 Ω 而体密度为 $f(x, y, z)$ 的立体质量.

三重积分有与二重积分相应的性质, 读者可参见本章第一节, 这里不再一一赘述. 此外, 计算三重积分的基本方法仍是将其化为三次定积分——三次积分来计算. 接下来, 将给出利用直角坐标、柱面坐标、球面坐标计算三重积分的方法.

二、 利用直角坐标计算三重积分

如无特别说明, 下面积分中的被积函数 $f(x, y, z)$ 总是连续的.

1. 坐标面投影法

设积分区域 Ω 具有如下特点: 任何一条垂直于 xOy 平面而穿过区域 Ω 内部的直线与区域 Ω 边界曲面 Σ 的交点不多于两个. 将区域 Ω 向 xOy 面投影得投影区域 D_{xy}. 以 D_{xy} 的边界为准线作母线平行于 z 轴的柱面, 则区域 Ω 由此柱面及上、下两个曲面 Σ_1, Σ_2 围成.

设下曲面 Σ_1 的方程为

$$\Sigma_1 : z = z_1(x, y), \quad (x, y) \in D_{xy};$$

上曲面 Σ_2 的方程为

$$\Sigma_2 : z = z_2(x, y), \quad (x, y) \in D_{xy},$$

则区域 Ω 能表示为

$$\Omega=\{(x, y, z)|z_1(x, y)\leqslant z\leqslant z_2(x, y), (x, y) \in D_{xy}\}.$$

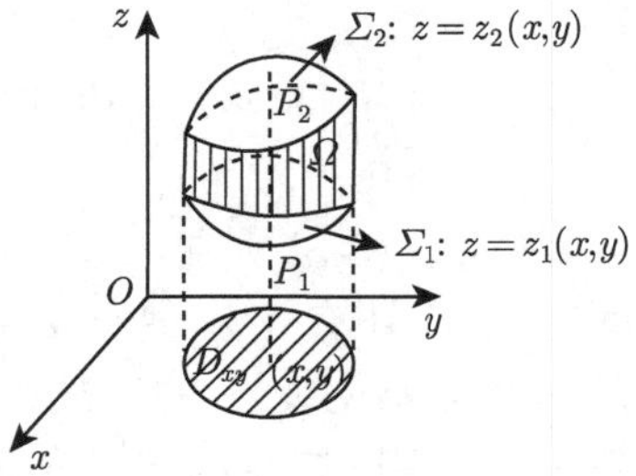

图 9-22

这样的区域称为 XY-型区域, 如图 9-22 所示.

对于任意固定的点 $(x, y) \in D_{xy}$, 过点 (x, y) 而垂直于 xOy 面的直线穿过区域 Ω 与曲面 Σ_1, Σ_2 分别交于点 $P_1(x, y, z_1(x, y))$ 和 $P_2(x, y, z_2(x, y))$, 将 $f(x, y, z)$ 在区间 $[z_1(x, y), z_2(x, y)]$ 上对 z 作定积分, 得 x, y 的二元函数

$$\Phi(x, y) = \int_{z_1(x,y)}^{z_2(x,y)} f(x, y, z)\mathrm{d}z,$$

再将 $\Phi(x, y)$ 在区域 D_{xy} 上作二重积分, 得

$$\iint\limits_{D_{xy}} \Phi(x, y)\mathrm{d}x\mathrm{d}y = \iint\limits_{D_{xy}} \left(\int_{z_1(x,y)}^{z_2(x,y)} f(x, y, z)\mathrm{d}z\right)\mathrm{d}x\mathrm{d}y,$$

可证, 这是 $f(x, y, z)$ 在 Ω 上的三重积分, 即

$$\iiint\limits_{\Omega} f(x, y, z)\mathrm{d}x\mathrm{d}y\mathrm{d}z = \iint\limits_{D_{xy}} \left(\int_{z_1(x,y)}^{z_2(x,y)} f(x, y, z)\mathrm{d}z\right) \mathrm{d}x\mathrm{d}y. \tag{3-2}$$

根据区域 D_{xy} 是 X-型或是 Y-型, 把 D_{xy} 上的二重积分化为二次积分, 就可将三重积分化为三次积分. 若

$$D_{xy} = \{(x, y) \mid y_1(x) \leqslant y \leqslant y_2(x), a \leqslant x \leqslant b\},$$

则

$$\iiint_{\Omega} f(x,y,z)\mathrm{d}x\mathrm{d}y\mathrm{d}z = \int_a^b \mathrm{d}y \int_{y_1(x)}^{y_2(x)} \mathrm{d}y \int_{z_1(x,y)}^{z_2(x,y)} f(x,y,z)\mathrm{d}z. \tag{3-3}$$

若

$$D_{xy} = \{(x,y)|x_1(y) \leqslant x \leqslant x_2(y), c \leqslant y \leqslant d\},$$

则

$$\iiint_{\Omega} f(x,y,z)\mathrm{d}x\mathrm{d}y\mathrm{d}z = \int_c^d \mathrm{d}y \int_{x_1(y)}^{x_2(y)} \mathrm{d}x \int_{z_1(x,y)}^{z_2(x,y)} f(x,y,z)\mathrm{d}z.$$

(3-2), (3-3) 是把三重积分化为先对 z 后对 x,y 的三次积分公式. 类似地, 空间区域 Ω 还有 YZ-型及 ZX-型的, 相应地可把三重积分划为先对 x 后对 y,z 或是先对 y 后对 z,x 的三次积分. 由于该方法是先把积分区域 Ω 向坐标面作投影, 使 (3-1) 中的二重积分是在区域 Ω 的投影区域上进行的, 故称该方法为**坐标面投影法**, 或形象地称为**先一后二法**.

若将区域 Ω 向某个坐标面投影而垂直于该坐标面的直线穿过 Ω 的内部时, 与区域 Ω 的边界曲面交点多于两个, 则需将区域 Ω 分块.

例 1　计算 $\iiint\limits_{\Omega} x\mathrm{d}x\mathrm{d}y\mathrm{d}z$, 其中 Ω 是由三个坐标面及平面 $x+2y+z=1$ 围成的有界闭区域.

解　将 Ω 视作 XY-型空间区域, 如图 9-23(a) 所示, 则区域 Ω 在 xOy 平面内的投影区域 D_{xy}, 如图 9-23(b) 所示, 即

$$D_{xy} = \{(x,y) \mid x \geqslant 0, y \geqslant 0, x+2y \leqslant 1\},$$

区域 Ω 外表面的下曲面为

$$\Sigma_1 : z = 0, \quad (x,y) \in D_{xy};$$

上曲面为

$$\Sigma_2 : z = 1 - x - 2y, \quad (x,y) \in D_{xy}.$$

再将区域 D_{xy} 按 X-型平面区域表示为

$$D_{xy} : 0 \leqslant y \leqslant \frac{1-x}{2}, \quad 0 \leqslant x \leqslant 1,$$

则空间区域 Ω 可表示为

$$\Omega : 0 \leqslant z \leqslant 1 - x - 2y, \quad 0 \leqslant y \leqslant \frac{1-x}{2},\ 0 \leqslant x \leqslant 1.$$

于是

$$\iiint\limits_{\Omega} x\mathrm{d}x\mathrm{d}y\mathrm{d}z = \int_0^1 \mathrm{d}x \int_0^{\frac{1-x}{2}} \mathrm{d}y \int_0^{1-x-2y} x\mathrm{d}z = \int_0^1 \mathrm{d}x \int_0^{\frac{1-x}{2}} x(1-x-2y)\mathrm{d}y$$

$$= \int_0^1 \frac{1}{4}x(1-x)^2\mathrm{d}x = \frac{1}{48}.$$

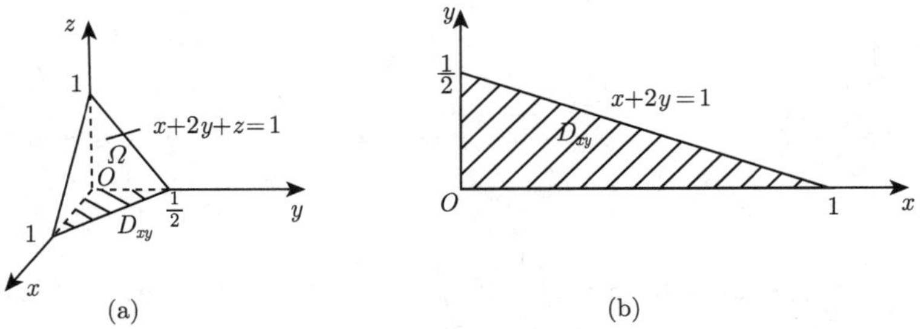

图 9-23

例 2　设 Ω 是曲面 $z=x^2+y^2$ 与 $z=1$ 围成的有界闭区域, 将

$$\iiint\limits_{\Omega} f(x,y,z)\mathrm{d}x\mathrm{d}y\mathrm{d}z$$

化为

(1) 先对 z 后对 x,y 的三次积分;　　(2) 先对 y 后对 z,x 的三次积分.

解　区域 Ω 如图 9-24 所示.

(1) 区域 Ω 在 xOy 面内的投影区域为

$$D_{xy}: x^2+y^2 \leqslant 1$$

下曲面为

$$\Sigma_1: z=x^2+y^2 \leqslant 1, \quad (x,y)\in D_{xy},$$

上曲面为

$$\Sigma_2: z=1, \quad (x,y)\in D_{xy}.$$

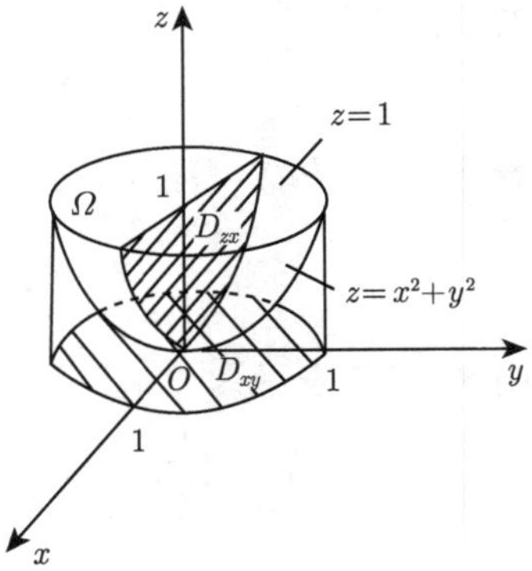

图 9-24

若将 D_{xy} 按 X-型表示为

$$D_{xy}: -\sqrt{1-x^2} \leqslant y \leqslant \sqrt{1-x^2}, \quad -1 \leqslant x \leqslant 1,$$

则区域 Ω 表示为

$$\Omega: x^2+y^2 \leqslant z \leqslant 1, \quad -\sqrt{1-x^2} \leqslant y \leqslant \sqrt{1-x^2},\ -1 \leqslant x \leqslant 1.$$

于是

$$\iiint\limits_{\Omega} f(x,y,z)\mathrm{d}x\mathrm{d}y\mathrm{d}z=\int_{-1}^{1}\mathrm{d}x\int_{-\sqrt{1-x^2}}^{\sqrt{1-x^2}}\mathrm{d}y\int_{x^2+y^2}^{1}f(x,y,z)\mathrm{d}z.$$

若将区域 D_{xy} 按 Y-型区域表示为

$$D_{xy}:-\sqrt{1-y^2}\leqslant x\leqslant\sqrt{1-y^2},\quad -1\leqslant y\leqslant 1,$$

则 Ω 表示为

$$\Omega: x^2+y^2\leqslant z\leqslant 1,\quad -\sqrt{1-y^2}\leqslant x\leqslant\sqrt{1-y^2},\ -1\leqslant y\leqslant 1.$$

于是

$$\iiint\limits_{\Omega} f(x,y,z)\mathrm{d}x\mathrm{d}y\mathrm{d}z=\int_{-1}^{1}\mathrm{d}y\int_{-\sqrt{1-y^2}}^{\sqrt{1-y^2}}\mathrm{d}x\int_{x^2+y^2}^{1}f(x,y,z)\mathrm{d}z.$$

(2) 区域 Ω 在 zOx 平面内的投影区域为

$$D_{zx}: x^2\leqslant z\leqslant 1.$$

区域 Ω 的外表面的左曲面为

$$\Sigma_1: y=-\sqrt{z-x^2},\quad (x,y)\in D_{zx},$$

右曲面为

$$\Sigma_2: y=\sqrt{z-x^2},\quad (x,y)\in D_{zx}.$$

若将 D_{xy} 按 X-型区域表示为

$$D_{zx}: x^2\leqslant z\leqslant 1,\quad -1\leqslant x\leqslant 1,$$

则区域 Ω 表示为

$$\Omega: -\sqrt{z-x^2}\leqslant y\leqslant\sqrt{z-x^2},\quad x^2\leqslant z\leqslant 1,\ -1\leqslant x\leqslant 1.$$

于是

$$\iiint\limits_{\Omega} f(x,y,z)\mathrm{d}x\mathrm{d}y\mathrm{d}z=\int_{-1}^{1}\mathrm{d}x\int_{x^2}^{1}\mathrm{d}z\int_{-\sqrt{z-x^2}}^{\sqrt{z-x^2}}f(x,y,z)\mathrm{d}y.$$

若将区域 D_{zx} 按 Z-型区域表示为

$$D_{zx}: -\sqrt{z} \leqslant x \leqslant \sqrt{z}, \quad 0 \leqslant z \leqslant 1,$$

则区域 Ω 表示为

$$\Omega: -\sqrt{z-x^2} \leqslant y \leqslant \sqrt{z-x^2}, \quad -\sqrt{z} \leqslant x \leqslant \sqrt{z},\ 0 \leqslant z \leqslant 1.$$

于是

$$\iiint\limits_{\Omega} f(x,y,z)\mathrm{d}x\mathrm{d}y\mathrm{d}z = \int_0^1 \mathrm{d}z \int_{-\sqrt{z}}^{\sqrt{z}} \mathrm{d}x \int_{-\sqrt{z-x^2}}^{\sqrt{z-x^2}} f(x,y,z)\mathrm{d}y.$$

2. 坐标投影法

若将空间区域 Ω 向 z 轴上投影得投影区间 $[a,b]$, 对于任何 $z \in [a,b]$, 过点 $(0,0,z)$ 而平行于 xOy 平面的平面截区域 Ω 所得的平面区域为 D_z, 则区域 Ω 可表示为

$$\Omega = \{(x,y,z)|(x,y) \in D_z, a \leqslant z \leqslant b\}.$$

这样的区域成为 Z-型区域, 如图 9-25 所示.

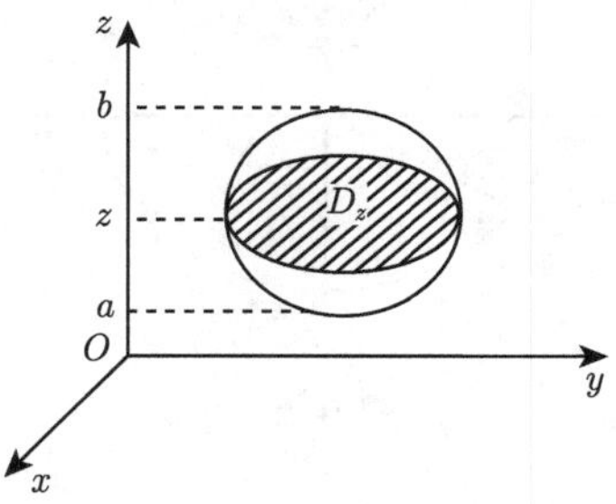

图 9-25

在 Z-型区域上, 对任意固定的 $z \in [a,b]$, 将 $f(x,y,z)$ 在 D_z 上对 x, y 作二重积分, 得一个 z 的函数

$$\psi(z) = \iint\limits_{D_z} f(x,y,z)\mathrm{d}x\mathrm{d}y.$$

再将 $\psi(z)$ 在 $[a,b]$ 上对 z 作定积分, 得

$$\int_a^b \psi(z)\mathrm{d}z = \int_a^b \left(\iint\limits_{D_z} f(x,y,z)\mathrm{d}x\mathrm{d}y\right)\mathrm{d}z,$$

可证, 这是 $f(x,y,z)$ 在区域 Ω 上的三重积分, 即

$$\iiint\limits_{\Omega} f(x,y,z)\mathrm{d}x\mathrm{d}y\mathrm{d}z = \int_a^b \left(\iint\limits_{D_z} f(x,y,z)\mathrm{d}x\mathrm{d}y\right)\mathrm{d}z. \tag{3-4}$$

然后根据区域 D_z 是 X-型或是 Y-型平面区域, 把区域 D_z 上的二重积分化为二次积分, 就将三重积分 $\iiint\limits_{\Omega} f(x,y,z)\mathrm{d}x\mathrm{d}y\mathrm{d}z$ 化成了先对 x, y, 后对 z 的三次积分.

类似地, 将区域 Ω 向 x 轴或 y 轴上投影, 就可将空间区域 Ω 看作 X-型或 Y-型区域, 这时, 可相应地把三重积分化为先对 y, z, 后对 x, 或先对 z, x, 后对 y 的三次积分. 由于这一方法是先把积分区域 Ω 向坐标轴作投影, 使 (3-4) 中的二重积分在区域 Ω 的截面区域上进行, 故称该方法为**坐标轴投影法**或**截面法**或**先二后一法**.

例 3 计算 $\iiint\limits_{\Omega} z^2\mathrm{d}x\mathrm{d}y\mathrm{d}z$, 其中 Ω 是由 $\dfrac{x^2}{a^2}+\dfrac{y^2}{b^2}+\dfrac{z^2}{c^2}=1$ 椭球面所围成的空间区域.

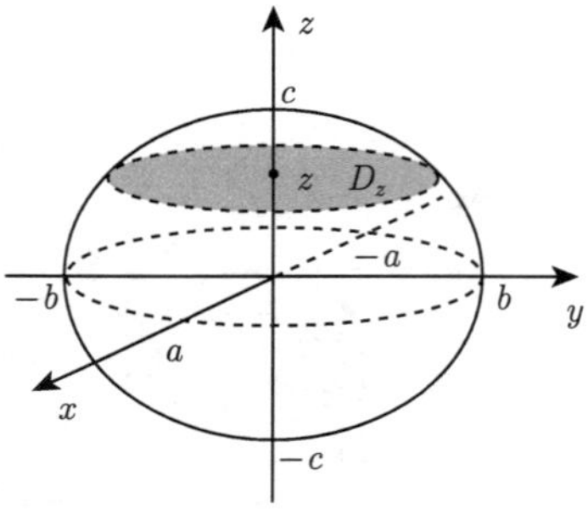

图 9-26

解 如图 9-26 所示, 区域 Ω 在 z 轴上的投影区间为 $[-c,c]$, 对任意固定的 $z\in[-c,c]$, 截面区域 $D_z=\left\{(x,y)\left|\dfrac{x^2}{a^2}+\dfrac{y^2}{b^2}\leqslant 1-\dfrac{z^2}{c^2}\right.\right\}$, 则

$$\iiint\limits_{\Omega} z^2\mathrm{d}x\mathrm{d}y\mathrm{d}z=\int_{-c}^{c}\mathrm{d}z\iint\limits_{D_z} z^2\mathrm{d}x\mathrm{d}y=\int_{-c}^{c}z^2\mu\left(D_z\right)\mathrm{d}z,$$

其中 $\mu(D_z)$ 表示 D_z 的面积. 由椭圆面积公式,

$$\mu\left(D_z\right)=\pi\left(a\sqrt{1-\frac{z^2}{c^2}}\right)\left(b\sqrt{1-\frac{z^2}{c^2}}\right)=\pi ab\left(1-\frac{z^2}{c^2}\right),$$

所以

$$\iiint\limits_{\Omega} z^2\mathrm{d}x\mathrm{d}y\mathrm{d}z=\int_{-c}^{c}\pi abz^2\left(1-\frac{z^2}{c^2}\right)\mathrm{d}z=\frac{4}{15}\pi abc^3.$$

由本例可见, 若对任意 $z\in[a,b]$, 二重积分 $\iint\limits_{D_z} f(x,y,z)\mathrm{d}x\mathrm{d}y$ 比较容易计算, 其结果再对 z 积分也比较方便, 则利用坐标轴投影法计算三重积分就比较简单.

三、 利用柱面坐标计算二重积分

在直角坐标系中, 设 $M(x,y,z)$ 为空间内一点, 其中 (x,y) 是点 M 在 xOy 平面上的投影点 P 的平面直角坐标. 设点 P 的平面极坐标为 (r,θ), 其中极点为 xOy 面的原点, 极轴为 Ox 轴的正半轴, 则点 M 与三元有序数组 (r,θ,z) 便建立了对应关系, 并称数组 (r,θ,z) 为空间点 M 的**柱面坐标**. 这里规定 r, θ, z 的变化范围如下:

$$0 \leqslant r < +\infty, \quad 0 \leqslant \theta \leqslant 2\pi, \quad -\infty < z < +\infty.$$

三组坐标面为

$r =$ 常数, 是以 z 轴为中心轴的圆柱面;

$\theta =$ 常数, 是以 z 轴为边的半平面;

$z =$ 常数, 是与 xOy 面平行的平面, 如图 9-27 所示.

点 M 的直角坐标与柱面坐标之间的关系是

$$\begin{cases} x = r\cos\theta, \\ y = r\sin\theta, \\ z = z. \end{cases} \tag{3-5}$$

类似于用极坐标计算二重积分, 利用柱面坐标计算三重积分, 首先给出直角坐标下三重积分 $\iiint\limits_{\Omega} f(x, y, z)\,\mathrm{d}V$ 变换到柱面坐标下的表达式, 即利用 (3-5), 将积分区域 Ω, 被积函数 $f(x, y, z)$, 体积元素 $\mathrm{d}V$ 用柱面坐标表示. 为此, 用三组柱面坐标面

$$\begin{aligned} r &= r_i, \quad i = 1, 2, \cdots, l, \\ \theta &= \theta_j, \quad j = 1, 2, \cdots, m, \\ z &= z_k, \quad k = 1, 2, \cdots, n, \end{aligned}$$

其中 r_i, θ_j, z_k 都是常数, 将区域 Ω 分为若干个小闭区域, 除了个别含区域 Ω 的边界点的不规则小闭区域外, 所有小区域都是柱体. 任取其中一个, 看作由 r, θ, z 各取得微小增量 $\mathrm{d}r$, $\mathrm{d}\theta$, $\mathrm{d}z$ 所成的柱体, 如图 9-28 所示, 这个柱体的体积等于底面积与高 $\mathrm{d}z$ 的乘积. 由极坐标系中平面图形的面积元素为 $r\mathrm{d}r\mathrm{d}\theta$ 知, 在不计高阶无穷小时, 在柱面坐标系中立体的体积元素为

$$\mathrm{d}V = r\mathrm{d}r\mathrm{d}\theta\mathrm{d}z.$$

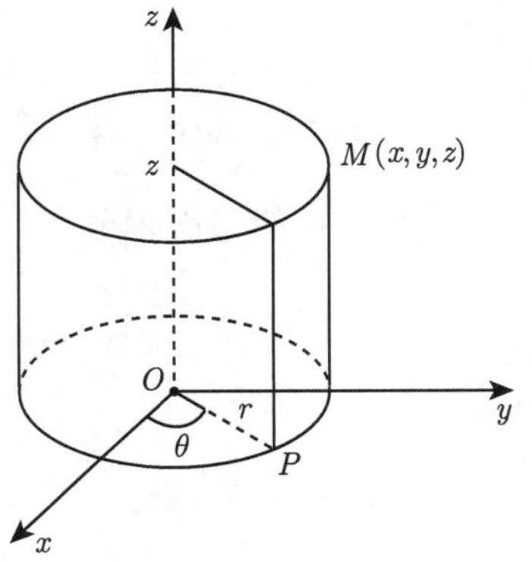

图 9-27

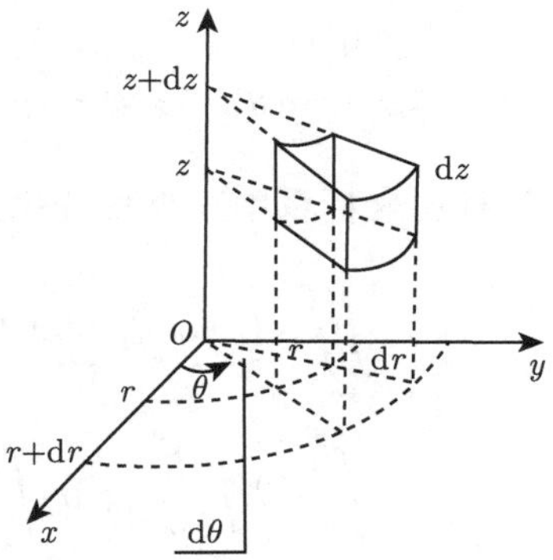

图 9-28

则三重积分从直角坐标到柱面坐标的变换公式为

$$\iiint\limits_{\Omega} f(x,y,z)\mathrm{d}V = \iiint\limits_{\Omega} f(r\cos\theta, r\sin\theta, z) r\mathrm{d}r\mathrm{d}\theta\mathrm{d}z \tag{3-6}$$

再根据积分区域 Ω 的特点, 将柱面坐标系中的三重积分化为对积分变量的三次积分. 相应于直角坐标系中的 XY-型区域上的三重积分可化为先对 z, 后对 x, y 的三次积分, 柱面坐标系中的三重积分可化为先对 z, 后对 r, θ 的三重积分. 由于 r, θ 是平面中点的极坐标, 所以对 r, θ 的积分次序主要是先对 r 后对 θ. 具体方法如下:

区域 Ω 在 xOy 平面内的投影区域 D_{xy} 在极坐标系中为

$$D_{r\theta} = \{(r,\theta)|r_1(\theta) \leqslant r \leqslant r_2(\theta), \alpha \leqslant \theta \leqslant \beta\}.$$

对于任意的 $(r,\theta) \in D_{r\theta}$, 在柱面坐标系中, 区域 Ω 的下曲面 Σ_1 的方程为

$$z = z_1(r\cos\theta, r\sin\theta), \quad (r,\theta) \in D_{r\theta};$$

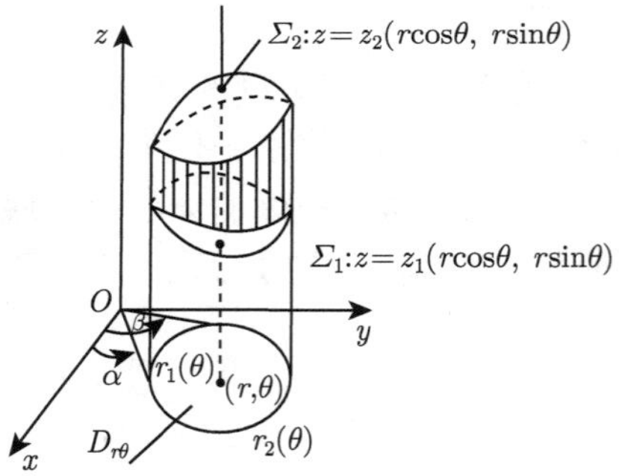

图 9-29

上曲面 Σ_2 的方程为

$$z = z_2(r\cos\theta, r\sin\theta), \quad (r,\theta) \in D_{r\theta},$$

即对于任意的 $(r,\theta) \in D$, 区域 Ω 上点的竖坐标 z 的变化范围是

$$z_1(r\cos\theta, r\sin\theta) \leqslant z \leqslant z_2(r\cos\theta, r\sin\theta).$$

如图 9-29 所示, 在柱面坐标系中区域 Ω 表示为

$$\Omega : z_1(r\cos\theta, r\sin\theta) \leqslant z \leqslant z_1(r\cos\theta, r\sin\theta), \quad r_1(\theta) \leqslant r \leqslant r_2(\theta),\ \alpha \leqslant \theta \leqslant \beta.$$

于是, 在柱面坐标系中三重积分化为先对 z, 再对 r, 后对 θ 的三次积分

$$\begin{aligned}&\iiint\limits_{\Omega} f(r\cos\theta, r\sin\theta, z) r\mathrm{d}r\mathrm{d}\theta\mathrm{d}z \\ =& \int_{\alpha}^{\beta}\mathrm{d}\theta\int_{r_1(\theta)}^{r_2(\theta)} r\mathrm{d}r\int_{z_1(r\cos\theta, r\sin\theta)}^{z_2(r\cos\theta, r\sin\theta)} f(r\cos\theta, r\sin\theta, z)\mathrm{d}z.\end{aligned} \tag{3-7}$$

例 4　利用柱面坐标计算 $\iiint\limits_{\Omega} z\mathrm{d}x\mathrm{d}y\mathrm{d}z$, 其中 Ω 为由半球面

$$z=\sqrt{2-x^2-y^2},$$

圆柱面 $x^2+y^2=1$ 及平面 $z=0$ 围成的有界闭区域.

解　区域 Ω 如图 9-30 所示, 将其投影到 xOy 面上, 得半径为 1 的圆域 D. 将圆域 D 用极坐标表示为 $0\leqslant r\leqslant 1$, $0\leqslant\theta\leqslant 2\pi$. 对于任意的 $(r,\theta)\in D$, 区域 Ω 的下曲面方程为 $z=0$, 上曲面方程为 $z=\sqrt{2-r^2}$, 所以区域 Ω 用柱面坐标表示为 $0\leqslant z\leqslant\sqrt{2-r^2}$, $0\leqslant r\leqslant 1$, $0\leqslant\theta\leqslant 2\pi$. 于是

$$\begin{aligned}\iiint\limits_{\Omega} z\mathrm{d}x\mathrm{d}y\mathrm{d}z&=\iiint\limits_{\Omega} zr\mathrm{d}r\mathrm{d}\theta\mathrm{d}z=\int_0^{2\pi}\mathrm{d}\theta\int_0^1 r\mathrm{d}r\int_0^{\sqrt{2-r^2}}z\mathrm{d}z\\&=\int_0^{2\pi}\mathrm{d}\theta\int_0^1 r\mathrm{d}r\cdot\left[\frac{1}{2}z^2\right]_0^{\sqrt{2-r^2}}\\&=2\pi\cdot\frac{1}{2}\int_0^1 r(2-r^2)\mathrm{d}r=\pi\left[r^2-\frac{1}{4}r^4\right]_0^1=\frac{3\pi}{4}.\end{aligned}$$

例 5　利用柱面坐标计算 $\iiint\limits_{\Omega}(x^2+y^2)\mathrm{d}V$, 其中 Ω 是由曲面 $z=x^2+y^2$ 与 $z=H(H>0)$ 围成的有界闭区域.

解　区域 Ω 如图 9-31 所示, Ω 在柱面坐标系中表示为

$$\Omega: r^2\leqslant z\leqslant H,\quad 0\leqslant r\leqslant\sqrt{H},\quad 0\leqslant\theta\leqslant 2\pi.$$

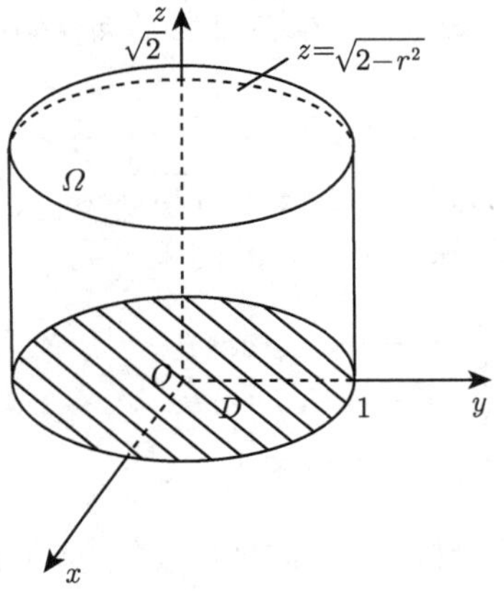

图 9-30

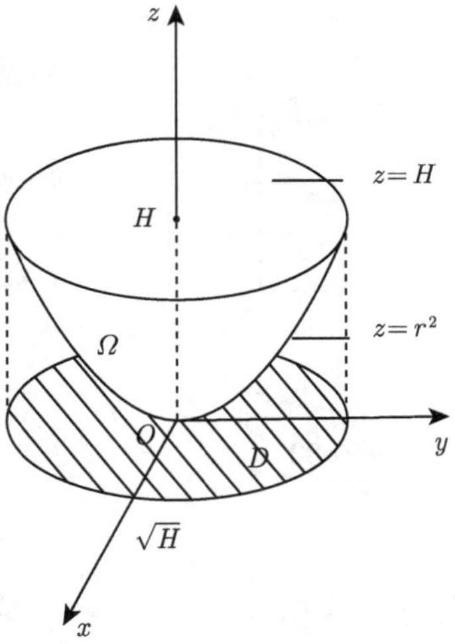

图 9-31

于是

$$\iiint\limits_{\Omega}(x^2+y^2)\mathrm{d}V=\iiint\limits_{\Omega}r^2\cdot r\mathrm{d}r\mathrm{d}\theta\mathrm{d}z=\int_0^{2\pi}\mathrm{d}\theta\int_0^{\sqrt{H}}r^3\mathrm{d}r\int_{r^2}^{H}\mathrm{d}z$$

$$=2\pi\int_0^{\sqrt{H}}r^3(H-r^2)\mathrm{d}r$$

$$=2\pi\cdot\left[\frac{H}{4}r^4-\frac{1}{6}r^6\right]_0^{\sqrt{H}}=\frac{1}{6}\pi H^3.$$

由以上例题可知, 当积分区域 Ω 由旋转轴为 z 轴的旋转曲面围成, 被积函数 $f(x,y,z)$ 中含有 x^2+y^2 时, 三重积分用柱面坐标计算比较简单.

另外, 若 Ω 是直角坐标系中的 ZX-型 (或 YZ-型) 区域, 相应的柱面坐标变换可为 $z=r\cos\theta$, $x=r\sin\theta$, $y=y$ (或 $y=r\cos\theta$, $z=r\sin\theta$, $x=x$), 其他讨论可类似推出.

四、 利用球面坐标计算三重积分

在直角坐标系中, 设 $M(x,y,z)$ 为空间中一点, 在 xOy 面上的投影点为 P, 连接 OM 及 OP, 记 $|\overrightarrow{OM}|=r$, 则 $0\leqslant r<+\infty$; 记自 z 轴正向转到 $\overrightarrow{OM}$ 的角为 φ, 这里规定 $0\leqslant\varphi\leqslant\pi$; 再记沿 z 轴正半轴向下看自 x 轴按逆时针方向转到 $\overrightarrow{OP}$ 的角为 θ, 这里规定 $0\leqslant\theta\leqslant 2\pi$. 这样, 建立了点 M 与三元有序数组 (r,φ,θ) 的对应关系, 并称数组 (r,φ,θ) 为空间点 M 的**球面坐标**. 三组坐标面为

$r=$ 常数, 是以原点为球心的球面;

$\varphi=$ 常数, 是以原点为顶点, z 轴为中心轴的圆锥面;

$\theta=$ 常数, 是 z 轴为边的半平面, 如图 9-32 所示.

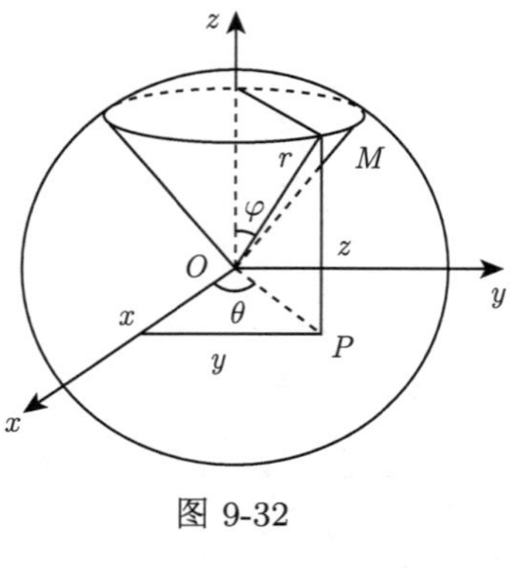

图 9-32

由于 $|\overrightarrow{OM}|=r$, $|\overrightarrow{OP}|=|\overrightarrow{OM}|\sin\varphi$, 而 $x=|\overrightarrow{OP}|\cos\theta$, $y=|\overrightarrow{OP}|\sin\theta$, $z=|\overrightarrow{OM}|\cos\varphi$, 所以点 M 的直角坐标与球面坐标之间的关系为

$$\begin{cases}x=r\sin\varphi\cos\theta,\\ y=r\sin\varphi\sin\theta,\\ z=r\cos\varphi.\end{cases}\tag{3-8}$$

利用关系 (3-8), 易得一些常见曲面的球面坐标方程, 如球面 $x^2+y^2+z^2=a^2$ 的球面坐标方程为 $r=a$; 平面 $z=0$ 的球面坐标方程为 $\varphi=\dfrac{\pi}{2}$; 上半圆锥面

$z=\sqrt{x^2+y^2}$ 的球面坐标方程为 $\varphi=\dfrac{\pi}{4}$; 半平面 $x=0$ $(y>0)$ 的球面坐标方程为 $\theta=\dfrac{\pi}{2}$. 特别地, 规定 z 轴正半轴用球面坐标表示为 $\varphi=0$, z 轴负半轴表示为 $\varphi=\pi$.

现在将给出直角坐标系下的三重积分 $\iiint\limits_{\Omega} f(x,y,z)\mathrm{d}V$ 中的变量变换为球面坐标的方法. 用三组球面坐标

$$r=r_i,\quad i=1,2,\cdots,l,$$

$$\varphi=\varphi_j,\quad j=1,2,\cdots,m,$$

$$\theta=\theta_k,\quad k=1,2,\cdots,n,$$

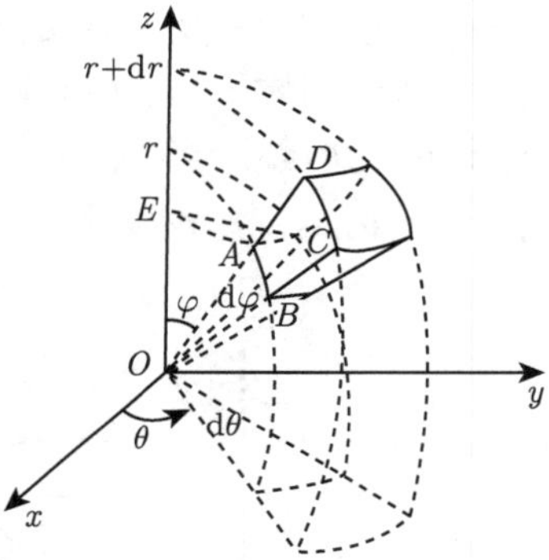

图 9-33

其中 r_i, φ_j, θ_k 均为常数, 将区域 Ω 分为若干个小闭区域, 任取其中一个看成由 r, φ, θ 各取得微小增量 $\mathrm{d}r$, $\mathrm{d}\varphi$, $\mathrm{d}\theta$ 所成的六面体, 如图 9-33 所示. 当不计高阶无穷小时, 这个六面体的体积近似于以 $\overset{\frown}{AB}, \overset{\frown}{AC}, AD$ 的长为边长的长方体的体积. 而

$$|\overset{\frown}{AB}|=r\mathrm{d}\varphi,$$

$$|\overset{\frown}{AC}|=|AE|\mathrm{d}\theta=r\sin\varphi\mathrm{d}\theta,$$

$$|AD|=\mathrm{d}r,$$

所以, 在球面坐标系中体积元素为

$$\mathrm{d}V=r^2\sin\varphi\mathrm{d}r\mathrm{d}\varphi\mathrm{d}\theta.$$

又 $f(x,y,z)=f(r\sin\varphi\cos\theta,r\sin\varphi\sin\theta,r\cos\varphi)$, 于是三重积分从直角坐标到球面坐标的变换公式为

$$\iiint\limits_{\Omega} f(x,y,z)\mathrm{d}V=\iiint\limits_{\Omega} F(r,\varphi,\theta)r^2\sin\varphi\mathrm{d}r\mathrm{d}\varphi\mathrm{d}\theta, \tag{3-9}$$

其中 $F(r,\varphi,\theta)=f(r\sin\varphi\cos\theta,r\sin\varphi\sin\theta,r\cos\varphi)$.

球面坐标系中的三重积分, 可化为先对 r, 再对 φ, 后对 θ 的三次积分, 确定各次积分的积分限的方法如下.

(1) 先定 θ. 若区域 Ω 夹在两个从 z 轴引出的半平面 $\theta=\alpha, \theta=\beta\ (\alpha<\beta)$ 之间, 则 $\alpha\leqslant\theta\leqslant\beta$. 若区域 Ω 包含 z 轴, 则 $0\leqslant\theta\leqslant 2\pi$.

(2) 再定 φ. 对任意的 $\theta\in[\alpha,\beta]$, 对应的半平面截区域 Ω 得截面, 若这个截面夹在两个顶点在坐标原点、以 z 轴为中心轴的圆锥面 $\varphi=\varphi_1(\theta)$ 与 $\varphi=\varphi_2(\theta)(\varphi_1(\theta)<\varphi_2(\theta))$ 之间, 则 $\varphi_1(\theta)\leqslant\varphi\leqslant\varphi_2(\theta)$. 若区域 Ω 含 z 轴正向, 则 $\varphi_1(\theta)=0$; 若 Ω 含 z 轴负向, 则 $\varphi_2(\theta)=\pi$.

(3) 最后定 r. 对于任意的 $\theta\in[\alpha,\beta], \varphi\in[\varphi_1(\theta),\varphi_2(\theta)]$, 若由原点引出的穿过区域 Ω 的射线, 穿入点所在曲面为 $r=r_1(\varphi,\theta)$, 穿出点所在曲面为 $r=r_2(\varphi,\theta)$, 则 $r_1(\varphi,\theta)\leqslant r\leqslant r_2(\varphi,\theta)$. 当区域 Ω 包含原点时, $r_1(\varphi,\theta)=0$, 如图 9-34 所示.

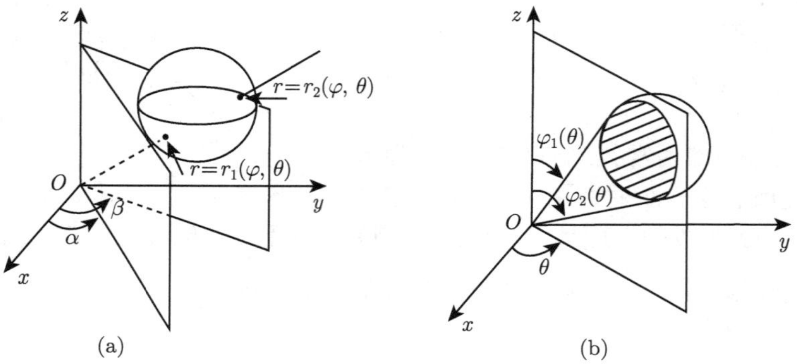

图 9-34

从而在球面坐标系中, 区域 Ω 表示为

$$r_1(\varphi,\theta)\leqslant r\leqslant r_2(\varphi,\theta),\quad \varphi_1(\theta)\leqslant\varphi\leqslant\varphi_2(\theta),\quad \alpha\leqslant\theta\leqslant\beta.$$

于是, 在球面坐标系中三重积分化为先对 r, 再对 φ, 最后对 θ 的三次积分, 即

$$\iiint_{\Omega} F(r,\varphi,\theta)r^2\sin\varphi\mathrm{d}r\mathrm{d}\varphi\mathrm{d}\theta=\int_{\alpha}^{\beta}\mathrm{d}\theta\int_{\varphi_1(\theta)}^{\varphi_2(\theta)}\mathrm{d}\varphi\int_{r_1(\varphi,\theta)}^{r_2(\varphi,\theta)}F(r,\varphi,\theta)r^2\sin\varphi\mathrm{d}r. \tag{3-10}$$

易见, 若积分区域 Ω 的边界曲面是一个包围原点的闭曲面, 其球面坐标方程为 $r=r(\varphi,\theta)$, 则

$$\iiint_{\Omega} F(r,\varphi,\theta)r^2\sin\varphi\mathrm{d}r\mathrm{d}\varphi\mathrm{d}\theta=\int_0^{2\pi}\mathrm{d}\theta\int_0^{\pi}\mathrm{d}\varphi\int_0^{r(\varphi,\theta)}F(r,\varphi,\theta)r^2\sin\varphi\mathrm{d}r.$$

特别地, 当区域 Ω 由球面 $r=a$ 围成时,

$$\iiint\limits_{\Omega} F(r,\varphi,\theta)r^2\sin\varphi \mathrm{d}r\mathrm{d}\varphi\mathrm{d}\theta = \int_0^{2\pi}\mathrm{d}\theta\int_0^{\pi}\mathrm{d}\varphi\int_0^{a}F(r,\varphi,\theta)r^2\sin\varphi \mathrm{d}r.$$

例 6　将 $\iiint\limits_{\Omega} f(x^2+y^2+z^2)\mathrm{d}V$ 在球面坐标系下化为三次积分, 其中

(1) 区域 Ω 由上半平面 $z=\sqrt{a^2-x^2-y^2}$ 与平面 $z=0$ 围成;

(2) 区域 Ω 由上半平面 $z=\sqrt{3(x^2+y^2)}$ 与平面 $z=H(H>0)$ 围成.

解　利用球面坐标变换 $x=r\sin\varphi\cos\theta$, $y=r\sin\varphi\sin\theta$, $z=r\cos\varphi$, 则

$$x^2+y^2+z^2=r^2,\quad \mathrm{d}V=r^2\sin\varphi \mathrm{d}r\mathrm{d}\varphi\mathrm{d}\theta.$$

(1) 上半球面方程为 $r=a$, 平面 $z=0$ 的球面方程为 $\varphi=\dfrac{\pi}{2}$, 所以区域 Ω 表示为

$$\Omega: 0\leqslant r\leqslant a,\ 0\leqslant\varphi\leqslant\frac{\pi}{2},\ 0\leqslant\theta\leqslant 2\pi.$$

于是

$$\begin{aligned}\iiint\limits_{\Omega} f(x^2+y^2+z^2)\mathrm{d}V &= \iiint\limits_{\Omega} f(r^2)r^2\sin\varphi \mathrm{d}r\mathrm{d}\varphi\mathrm{d}\theta\\ &= \int_0^{2\pi}\mathrm{d}\theta\int_0^{\frac{\pi}{2}}\mathrm{d}\varphi\int_0^{a}f(r^2)r^2\sin\varphi \mathrm{d}r.\end{aligned}$$

(2) 曲面 $z=\sqrt{3(x^2+y^2)}$ 的球面坐标方程为 $\varphi=\dfrac{\pi}{6}$, 平面 $z=H$ 的球面坐标方程为 $r=H\sec\varphi$, 所以区域 Ω 表示为

$$\Omega: 0\leqslant r\leqslant H\sec\varphi,\ 0\leqslant\varphi\leqslant\frac{\pi}{6},\ 0\leqslant\theta\leqslant 2\pi.$$

于是

$$\begin{aligned}\iiint\limits_{\Omega} f(x^2+y^2+z^2)\mathrm{d}V &= \iiint\limits_{\Omega} f(r^2)r^2\sin\varphi \mathrm{d}r\mathrm{d}\varphi\mathrm{d}\theta\\ &= \int_0^{2\pi}\mathrm{d}\theta\int_0^{\frac{\pi}{6}}\mathrm{d}\varphi\int_0^{H\sec\varphi}f(r^2)r^2\sin\varphi \mathrm{d}r.\end{aligned}$$

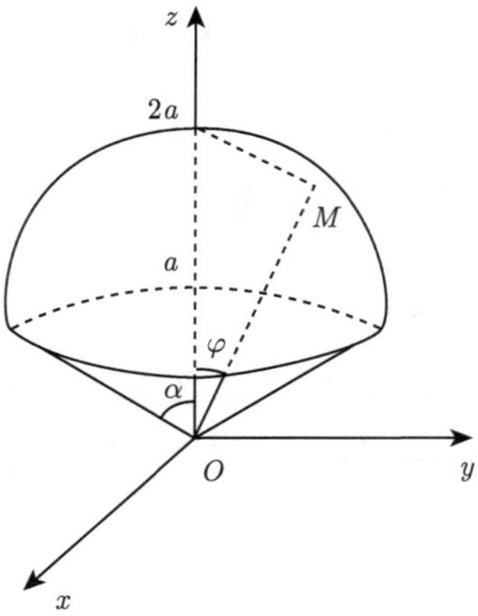

图 9-35

例 7　求半径为 a 的球面与半顶角为 α 的内接圆锥面所围成的立体的体积, 如图 9-35 所示.

解　设球面通过原点 O, 球心在 z 轴上, 内接锥面的顶点在原点 O, 其轴与 z 轴重合. 利用球面坐标, 球面方程为 $r=2a\cos\varphi$, 锥面方程为 $\varphi=\alpha$, 立体所占的空间闭区域 Ω 可表示为

$$0\leqslant r\leqslant 2a\cos\varphi,\quad 0\leqslant\varphi\leqslant\alpha,\quad 0\leqslant\theta\leqslant 2\pi.$$

所以

$$\begin{aligned}V&=\iiint_{\Omega}\mathrm{d}V=\iiint_{\Omega}r^2\sin\varphi\mathrm{d}r\mathrm{d}\varphi\mathrm{d}\theta\\&=\int_0^{2\pi}\mathrm{d}\theta\int_0^{\alpha}\mathrm{d}\varphi\int_0^{2a\cos\varphi}r^2\sin\varphi\mathrm{d}r\\&=2\pi\int_0^{\alpha}\sin\varphi\cdot\left[\frac{1}{3}r^3\right]_0^{2a\cos\varphi}\mathrm{d}\varphi\\&=\frac{16\pi}{3}a^3\int_0^{\alpha}\sin\varphi\cos^3\varphi\mathrm{d}\varphi\\&=\frac{4\pi a^3}{3}(1-\cos^4\alpha).\end{aligned}$$

一般地, 当函数 $f(x,y,z)$ 中含有 $x^2+y^2+z^2$ 或 x^2+y^2, 空间区域 Ω 由球面或圆锥面围成时, 用球面坐标计算三重积分 $\iiint\limits_{\Omega}f(x,y,z)\mathrm{d}V$ 比较方便.

*五、三重积分的换元法

设 $f(x,y,z)$ 在 $Oxyz$ 空间内的闭区域 Ω 上连续, 若变换

$$T:\begin{cases}x=x(u,v,w),\\y=y(u,v,w),\\z=z(u,v,w)\end{cases}\tag{3-11}$$

将 $Ouvw$ 空间内的闭区域 Ω' 变为 $Oxyz$ 空间内闭区域 Ω, 且满足

(i) $x(u,v,w)$, $y(u,v,w)$, $z(u,v,w)$ 在区域 Ω' 上具有一阶连续偏导数;

(ii) 在区域 Ω' 上, 雅可比行列式

$$J(u,v,w)=\frac{\partial(x,y,z)}{\partial(u,v,w)}=\begin{vmatrix}\dfrac{\partial x}{\partial u} & \dfrac{\partial x}{\partial v} & \dfrac{\partial x}{\partial w}\\ \dfrac{\partial y}{\partial u} & \dfrac{\partial y}{\partial v} & \dfrac{\partial y}{\partial w}\\ \dfrac{\partial z}{\partial u} & \dfrac{\partial z}{\partial v} & \dfrac{\partial z}{\partial w}\end{vmatrix}\neq 0;$$

(iii) 变换 T 是区域 Ω' 与区域 Ω 之间的一个一一对应, 则三重积分换元公式为

$$\iiint_{\Omega} f(x,y,z)\mathrm{d}V=\iiint_{\Omega'} f[x(u,v,w),y(u,v,w),z(u,v,w)]\cdot|J(u,v,w)|\mathrm{d}u\mathrm{d}v\mathrm{d}w, \tag{3-12}$$

其中 $|J(u,v,w)|\mathrm{d}u\mathrm{d}v\mathrm{d}w$ 是 $Ouvw$ 空间中的体积元素, 即

$$\mathrm{d}V=|J(u,v,w)|\mathrm{d}u\mathrm{d}v\mathrm{d}w.$$

事实上, 类似于极坐标变换, 柱面坐标变换和球面坐标变换也不是一一对应的, 并且两者的雅可比行列式在某些情况下等于零, 但可证换元公式 (3-12) 针对柱面坐标变换与球面坐标变换仍然是成立的. 对于柱面坐标变换 (3-5), 易见

$$\frac{\partial(x,y,z)}{\partial(r,\theta,z)}=\begin{vmatrix}\dfrac{\partial x}{\partial r} & \dfrac{\partial x}{\partial \theta} & \dfrac{\partial x}{\partial z}\\ \dfrac{\partial y}{\partial r} & \dfrac{\partial y}{\partial \theta} & \dfrac{\partial y}{\partial z}\\ \dfrac{\partial z}{\partial r} & \dfrac{\partial z}{\partial \theta} & \dfrac{\partial z}{\partial z}\end{vmatrix}=\begin{vmatrix}\cos\theta & -r\sin\theta & 0\\ \sin\theta & r\cos\theta & 0\\ 0 & 0 & 1\end{vmatrix}=r,$$

所以

$$\mathrm{d}V=r\mathrm{d}r\mathrm{d}\theta\mathrm{d}z.$$

对于球面坐标变换 (3-8), 有

$$\frac{\partial(x,y,z)}{\partial(r,\varphi,\theta)}=\begin{vmatrix}\dfrac{\partial x}{\partial r} & \dfrac{\partial x}{\partial \varphi} & \dfrac{\partial x}{\partial \theta}\\ \dfrac{\partial y}{\partial r} & \dfrac{\partial y}{\partial \varphi} & \dfrac{\partial y}{\partial \theta}\\ \dfrac{\partial z}{\partial r} & \dfrac{\partial z}{\partial \varphi} & \dfrac{\partial z}{\partial \theta}\end{vmatrix}$$

$$=\begin{vmatrix}\sin\varphi\cos\theta & r\cos\varphi\cos\theta & -r\sin\varphi\sin\theta\\ \sin\varphi\sin\theta & r\cos\varphi\sin\theta & r\sin\varphi\cos\theta\\ \cos\varphi & -r\sin\varphi & 0\end{vmatrix}=r^2\sin\varphi,$$

所以

$$\mathrm{d}V = r^2 \sin\varphi \mathrm{d}r\mathrm{d}\varphi\mathrm{d}\theta.$$

运用 (3-12), 容易得到柱面坐标系下的 (3-6) 和球面坐标系下的 (3-9). 因此柱面坐标变换和球面坐标变换是上述换元法的特例.

另外, 运用三重积分换元法, 易得广义球面坐标变换下的换元公式. 由

$$T: \begin{cases} x = ar\sin\varphi\cos\theta, \\ y = br\sin\varphi\sin\theta, \qquad a>0, b>0, c>0, \\ z = cr\cos\varphi, \end{cases}$$

得

$$\frac{\partial(x,y,z)}{\partial(r,\varphi,\theta)} = abcr^2\sin\varphi,$$

则

$$\mathrm{d}V = abcr^2 \sin\varphi \mathrm{d}r\mathrm{d}\varphi\mathrm{d}\theta,$$

于是

$$\begin{aligned} &\iiint\limits_{\Omega} f(x,y,z)\mathrm{d}V \\ =& \iiint\limits_{\Omega'} f(ar\sin\varphi\cos\theta, br\sin\varphi\sin\theta, cr\cos\varphi)\cdot abcr^2\sin\varphi\mathrm{d}r\mathrm{d}\varphi\mathrm{d}\theta. \end{aligned} \tag{3-13}$$

当区域 Ω 由椭球面 $\dfrac{x^2}{a^2}+\dfrac{y^2}{b^2}+\dfrac{z^2}{c^2}=1$ 围成时, 利用该变换可化简计算.

习 题 9-3

1. 设 $f(x,y,z)$ 在区域 Ω 上连续, (x_0,y_0,z_0) 是 Ω 的一个内点, Ω_r 是以 (x_0,y_0,z_0) 为中心, 以 r 为半径的闭球域, 求极限 $\lim\limits_{r\to0}\dfrac{1}{\pi r^3}\iiint\limits_{\Omega_r} f(x,y,z)\mathrm{d}x\mathrm{d}y\mathrm{d}z$.

2. 设 Ω 是由平面 $x=0, y=0, z=0$ 及平面 $x+2y+3z=1$ 所围成的有界闭区域, 将三重积分 $\iiint\limits_{\Omega} f(x,y,z)\mathrm{d}V$ 化为六种不同次序的三次积分.

3. 化三重积分 $I=\iiint\limits_{\Omega} f(x,y,z)\mathrm{d}x\mathrm{d}y\mathrm{d}z$ 为三次积分, 其中积分区域 Ω 分别是

(1) 由曲面 $z=x^2+y^2$ 与平面 $z=1$ 围成的闭区域;

(2) 由平面 $z=0$, $z=y$ 及柱面 $y=\sqrt{1-x^2}$ 围成的闭区域;

(3) 由曲面 $z=xy$ 及平面 $x+y=1$, $x=0, y=0, z=0$ 围成的位于第一卦限的闭区域;

(4) 由曲面 $z=x^2+2y^2$ 与 $z=2-x^2$ 围成的闭区域.

4. 设区域 $\Omega=[a,b]\times[c,d]\times[l,m]$, 证明

$$\iiint\limits_{\Omega} f(x)g(y)h(z)\mathrm{d}x\mathrm{d}y\mathrm{d}z=\left(\int_a^b f(x)\mathrm{d}x\right)\left(\int_c^d g(y)\mathrm{d}y\right)\left(\int_l^m h(z)\mathrm{d}z\right).$$

5. 利用直角坐标计算下列三重积分:

(1) $\displaystyle\iiint\limits_{\Omega}\frac{\mathrm{d}x\mathrm{d}y\mathrm{d}z}{(1+x+y+z)^3}$, 其中 Ω 为平面 $x=0$, $y=0$, $z=0$ 及 $x+y+z=1$ 围成的四面体;

(2) $\displaystyle\iiint\limits_{\Omega} yz\mathrm{d}x\mathrm{d}y\mathrm{d}z$, 其中 Ω 为平面 $x=0$, $y=1$, $z=y$ 及柱面 $y=x^2$ 所围成的闭区域;

(3) $\displaystyle\iiint\limits_{\Omega} xyz\mathrm{d}x\mathrm{d}y\mathrm{d}z$, 其中 Ω 为球面 $x^2+y^2+z^2=1$ 与三个坐标平面所围成的在第一卦限内的闭区域;

(4) $\displaystyle\iiint\limits_{\Omega} z^2\mathrm{d}x\mathrm{d}y\mathrm{d}z$, 其中 Ω 是两个球体 $x^2+y^2+z^2\leqslant R^2$ 与 $x^2+y^2+z^2\leqslant 2Rz$ 的公共部分, 其中 $R>0$. (提示: 用坐标轴投影法)

6. 利用柱面坐标计算下列积分:

(1) $\displaystyle\iiint\limits_{\Omega} z\mathrm{d}V$, 其中 Ω 是由曲面 $z=\sqrt{2-x^2-y^2}$ 与 $z=x^2+y^2$ 围成的闭区域;

(2) $\displaystyle\iiint\limits_{\Omega}\sqrt{x^2+y^2}\mathrm{d}V$, 其中 Ω 是由曲面 $z=9-x^2-y^2$ 与平面 $z=0$ 围成的闭区域;

(3) $\displaystyle\iiint\limits_{\Omega} z\mathrm{d}V$, 其中 Ω 是由曲面 $z=x^2+y^2$ 与平面 $z=2y$ 围成的闭区域.

7. 利用球面坐标计算下列三重积分:

(1) $\displaystyle\iiint\limits_{\Omega} y^2\mathrm{d}V$, 其中 Ω 为介于两球面 $x^2+y^2+z^2=a^2$ 与 $x^2+y^2+z^2=b^2$ 之间的部分, 其中 $0\leqslant a\leqslant b$;

(2) $\displaystyle\iiint\limits_{\Omega}(x^2+y^2+z^2)\mathrm{d}V$, 其中 Ω 为球面 $x^2+y^2+(z-1)^2=1$ 所围成的闭区域;

(3) $\displaystyle\iiint\limits_{\Omega}(x^2+y^2)\mathrm{d}V$, 其中 Ω 是由曲面 $z=\sqrt{x^2+y^2}$ 与 $z=\sqrt{1-x^2-y^2}$ 所围成的闭区域.

8. 选用适当的坐标计算下列积分.

(1) $\iiint\limits_{\Omega} xy\mathrm{d}V$, 其中 Ω 为柱面 $x^2+y^2=1$ 与平面 $x=0, y=0, z=0, z=1$ 围成的在第一卦限内的闭区域;

(2) $\iiint\limits_{\Omega} \sin z\mathrm{d}x\mathrm{d}y\mathrm{d}z$, 其中 Ω 为柱面 $z=\sqrt{x^2+y^2}$ 与平面 $z=\pi$ 围成的闭区域;

(3) $\int_0^3 \mathrm{d}y \int_0^{\sqrt{9-y^2}} \mathrm{d}x \int_{\sqrt{x^2+y^2}}^{\sqrt{18-x^2-y^2}} (x^2+y^2+z^2)\mathrm{d}z$;

(4) $\int_{-3}^3 \mathrm{d}x \int_{-\sqrt{9-x^2}}^{\sqrt{9-x^2}} \mathrm{d}y \int_0^{\sqrt{9-x^2-y^2}} z\sqrt{x^2+y^2+z^2}\mathrm{d}z$.

9. 利用三重积分计算下列立体 Ω 的体积.

(1) Ω 由曲面 $z=\sqrt{x^2+y^2}$ 与 $z=x^2+y^2$ 围成;

(2) Ω 由曲面 $z=6-x^2-y^2$ 与 $z=\sqrt{x^2+y^2}$ 围成;

(3) $\Omega=\{(x,y,z)|x^2+y^2\leqslant 1, x^2+z^2\leqslant 1\}$;

(4) $\Omega=\{(x,y,z)|4\leqslant x^2+y^2+z^2\leqslant 9, z^2\leqslant x^2+y^2\}$.

*10. 利用适当的变换计算下列三重积分:

(1) $\iiint\limits_{\Omega} x^2\mathrm{d}x\mathrm{d}y\mathrm{d}z$, 其中 Ω 为曲面 $\dfrac{x^2}{a^2}+\dfrac{y^2}{b^2}+\dfrac{z^2}{c^2}=1$ 围成的闭区域;

(2) $\iiint\limits_{\Omega} x^2\mathrm{d}x\mathrm{d}y\mathrm{d}z$, 其中 Ω 是由曲面 $z=ay^2$, $z=by^2(0<a<b)$, $z=\alpha x$, $z=0$, $z=\beta x(0<\alpha<\beta)$, $z=h(h>0)$ 及 $y=0$ 围成的满足 $y>0$ 的部分闭区域.

第四节　重积分的应用

类似于定积分, 利用重积分可以计算一些几何的、物理的及其他的量值, 其基本思想方法仍是元素法.

一、 几何应用

1. 空间立体的体积

前面两节中, 已经给出了利用重积分计算体积的例子, 方法有以下两种:

(1) 利用二重积分的几何意义计算曲顶柱体的体积. 设曲顶柱体的底占据 xOy 平面内的有界区域 D, 曲顶的竖标函数为 $z=f(x,y)$, $(x,y)\in D$, 则

$$V=\iint\limits_{D}|f(x,y)|\mathrm{d}\sigma. \tag{4-1}$$

(2) 利用三重积分的性质计算空间立体 Ω 的体积, 有

$$V=\iiint_{\Omega} 1\cdot \mathrm{d}V. \tag{4-2}$$

2. 曲面的面积

相应于曲线弧长定义及曲线可求长的条件, 曲面的面积也有其定义及可求积的条件. 本书仅介绍在曲面面积存在的条件下, 用二重积分计算曲面面积的方法.

例 1 设一底面为 xOy 面为矩形的柱体被一平面所截, 若截面的法向量为 $\boldsymbol{n}=(\cos\alpha,\cos\beta,\cos\gamma)$, 证明: 截面的面积 A 与底面的面积 σ 满足

$$A=\frac{1}{|\cos\gamma|}\sigma.$$

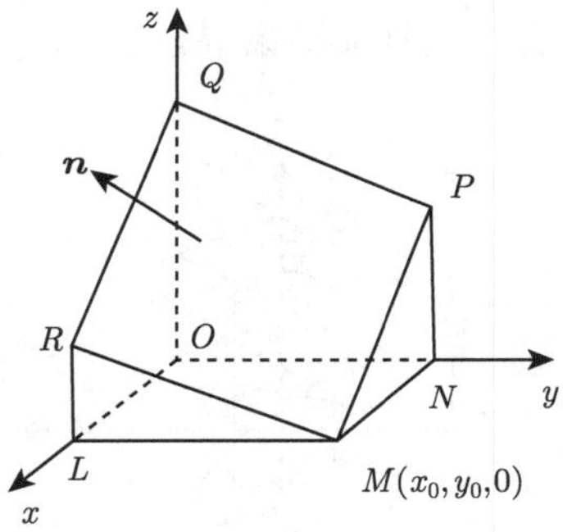

图 9-36

证 不妨设截面 $MPQR$ (平行四边形) 与底面 $MNOL$ (矩形) 的位置关系, 如图 9-36 所示, 其中点 M 的坐标为 $(x_0,y_0,0)$.

由解析几何知, 截面 $MPQR$ 的点法式方程为

$$(x-x_0)\cos\alpha+(y-y_0)\cos\beta+(z-0)\cos\gamma=0.$$

将点 P 的坐标 $x=0,\ y=y_0,\ z=z_1$ 代入方程, 得 $z_1=\dfrac{\cos\alpha}{\cos\gamma}x_0$, 即点 P 的坐标为 $\left(0,y_0,\dfrac{\cos\alpha}{\cos\gamma}x_0\right)$; 又将点 R 的坐标 $x=x_0,\ y=0, z=z_2$ 代入方程, 得 $z_2=\dfrac{\cos\alpha}{\cos\gamma}y_0$, 即点 R 的坐标为 $\left(x_0,0,\dfrac{\cos\alpha}{\cos\gamma}y_0\right)$, 因此

$$\overrightarrow{MP}=\left(-x_0,0,\frac{\cos\alpha}{\cos\gamma}x_0\right)=x_0\left(-1,0,\frac{\cos\alpha}{\cos\gamma}\right),$$

$$\overrightarrow{MR}=\left(0,-y_0,\frac{\cos\alpha}{\cos\gamma}y_0\right)=y_0\left(0,-1,\frac{\cos\alpha}{\cos\gamma}\right),$$

于是截面的面积

$$A=|\overrightarrow{MP}\times\overrightarrow{MR}|=\left|\left(\frac{\cos\alpha}{\cos\gamma},\frac{\cos\beta}{\cos\gamma},1\right)\right|\cdot|x_0|\cdot|y_0|=\frac{1}{|\cos\gamma|}\sigma.$$

一般地, 底面位于 xOy 面的任一平面区域 D 的一柱体被一平面所截, 截得截面的法向量 $\boldsymbol{n}=(\cos\alpha,\cos\beta,\cos\gamma)$ 时, 利用二重积分定义及例 1 的结果, 仍得截

面面积 A 与底面面积 σ 之间的关系是

$$A=\frac{1}{|\cos\gamma|}\sigma.$$

设空间曲面 S 由方程

$$z=f(x,y),\quad (x,y)\in D_{xy}$$

给出, 其中 D_{xy} 为曲面 S 在 xOy 面上的投影区域, 函数 $f(x,y)$ 在区域 D_{xy} 上单值且具有连续偏导数 $f_x(x,y)$ 和 $f_y(x,y)$, 计算曲面 S 的面积 A.

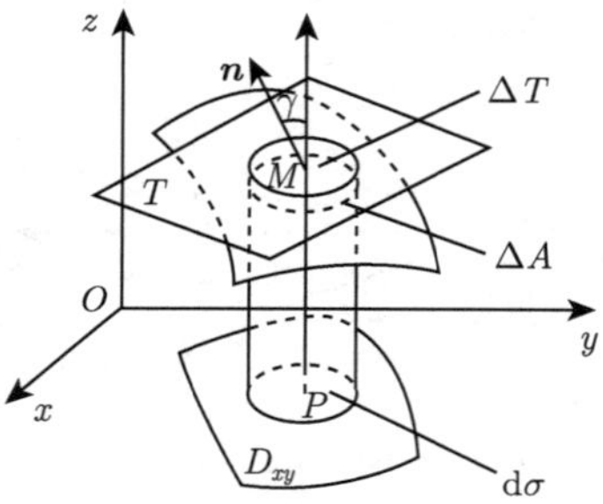

图 9-37

利用元素法, 在闭区域 D_{xy} 上任取一直径很小的闭区域 $\mathrm{d}\sigma$, $\mathrm{d}\sigma$ 也表示这小闭区域的面积. 在 $\mathrm{d}\sigma$ 上任取一点 $P(x,y)$, 对应的曲面 S 上有一点 $M(x,y,f(x,y))$, 即点 M 在 xOy 面上的投影为点 P. 曲面 S 在点 M 的切平面设为 T, T 的存在性由 $f_x(x,y),f_y(x,y)$ 在 D_{xy} 上连续保证, 则 T 的法向量为 $\boldsymbol{n}=(f_x(x,y),f_y(x,y),-1)$, 如图 9-37 所示. 以小闭区域 $\mathrm{d}\sigma$ 的边界为准线作母线平行于 z 轴的柱面, 这柱面在曲面 S 上截下一小片曲面 ΔA, 在切平面 T 上截下一小片平面 $\Delta T,\Delta T$ 也表示该小切平面片的面积. 由于 $\mathrm{d}\sigma$ 的直径很小, 所以小切平面的面积 ΔT 可以近似代替相应的小片曲面的面积 ΔA. 设曲面 S 在点 M 的法向量与 z 轴所成的角为 γ, 则

$$\Delta A\approx\Delta T=\frac{\mathrm{d}\sigma}{|\cos\gamma|}.$$

因为

$$|\cos\gamma|=\frac{1}{\sqrt{1+f_x^2(x,y)+f_y^2(x,y)}},$$

所以

$$\Delta T=\sqrt{1+f_x^2(x,y)+f_y^2(x,y)}\mathrm{d}\sigma.$$

又因为 $f_x(x,y),f_y(x,y)$ 在 D_{xy} 上连续, 所以, 曲面 S 的面积元素为

$$\mathrm{d}A=\sqrt{1+f_x^2(x,y)+f_y^2(x,y)}\mathrm{d}\sigma. \tag{4-3}$$

由元素法原理得曲面 S 的面积

$$A=\iint\limits_{D_{xy}}\sqrt{1+f_x^2(x,y)+f_y^2(x,y)}\mathrm{d}\sigma,$$

或

$$A=\iint\limits_{D_{xy}}\sqrt{1+\left(\frac{\partial z}{\partial x}\right)^2+\left(\frac{\partial z}{\partial y}\right)^2}\mathrm{d}x\mathrm{d}y. \tag{4-4}$$

这就是曲面面积的计算公式.

若曲面 S 由方程

$$x=g(y,z),\quad (y,z)\in D_{yz}\quad 或\quad y=h(z,x),\quad (z,x)\in D_{zx}$$

表示, 其中 D_{yz} 与 D_{zx} 分别是曲面 S 在 yOz 面或 zOx 面上的投影区域, $g(y,z)$, $h(z,x)$ 在相应区域 D_{yz} 和 D_{zx} 上单值且偏导数连续, 类似地可得

$$A=\iint\limits_{D_{yz}}\sqrt{1+\left(\frac{\partial x}{\partial y}\right)^2+\left(\frac{\partial x}{\partial z}\right)^2}\mathrm{d}y\mathrm{d}z \tag{4-5}$$

或

$$A=\iint\limits_{D_{zx}}\sqrt{1+\left(\frac{\partial y}{\partial z}\right)^2+\left(\frac{\partial y}{\partial x}\right)^2}\mathrm{d}z\mathrm{d}x. \tag{4-6}$$

例 2 求旋转抛物面 $z=x^2+y^2$ 位于 $0\leqslant z\leqslant 9$ 之间的那一部分的面积.

解 设曲面在 xOy 面内的投影为 D_{xy}, 则

$$D_{xy}=\{(x,y)|x^2+y^2\leqslant 9\}.$$

而 $\dfrac{\partial z}{\partial x}=2x$, $\dfrac{\partial z}{\partial y}=2y$ 在 D_{xy} 上连续, 由 (4-4) 得

$$A=\iint\limits_{D_{xy}}\sqrt{1+(2x)^2+(2y)^2}\mathrm{d}x\mathrm{d}y=\iint\limits_{D_{xy}}\sqrt{1+4(x^2+y^2)}\mathrm{d}x\mathrm{d}y.$$

利用极坐标, 得

$$A=\iint\limits_{D_{xy}}\sqrt{1+4r^2}r\mathrm{d}r\mathrm{d}\theta=\int_0^{2\pi}\mathrm{d}\theta\int_0^3\sqrt{1+4r^2}r\mathrm{d}r=\frac{\pi}{6}(37\sqrt{37}-1).$$

例 3　求半径为 a 的球的表面积.

解　以球心为原点建立直角坐标系, 则球面方程为

$$x^2+y^2+z^2=a^2.$$

上半球面方程为

$$z=\sqrt{a^2-y^2-z^2},$$

它在 xOy 面上的投影区域为

$$D_{xy}=\{(x,y)|x^2+y^2\leqslant a^2\}.$$

由球面的对称性及曲面面积公式得

$$A=\iint\limits_{D_{xy}}\sqrt{1+\left(\frac{\partial z}{\partial x}\right)^2+\left(\frac{\partial z}{\partial y}\right)^2}\mathrm{d}x\mathrm{d}y.$$

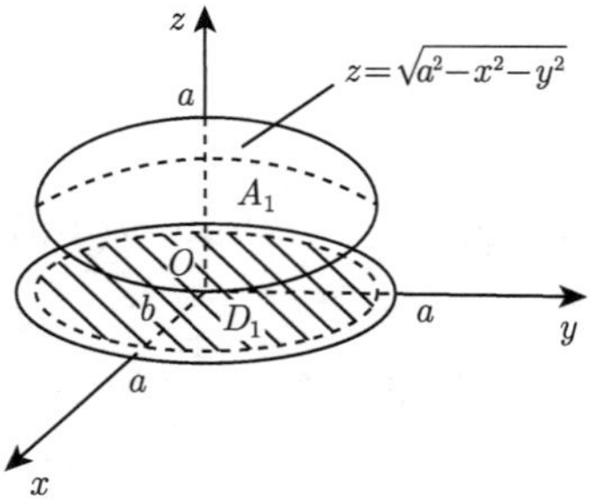

图 9-38

因为 $\sqrt{1+\left(\frac{\partial z}{\partial x}\right)^2+\left(\frac{\partial z}{\partial y}\right)^2}=\frac{a}{\sqrt{a^2-x^2-y^2}}$ 在区域 D_{xy} 内连续, 但当 (x,y) 在 D_{xy} 内无限接近 D_{xy} 的边界点时, $\frac{a}{\sqrt{a^2-x^2-y^2}}$ 为趋于无穷大, 所以 $\iint\limits_{D_{xy}}\frac{a}{\sqrt{a^2-x^2-y^2}}\mathrm{d}x\mathrm{d}y$ 是二重广义积分. 先取区域 $D_1: x^2+y^2\leqslant b^2\ (0<b<a)$ 为积分区域, 如图 9-38 所示, 算出相应于 D_1 上的球面面积 A_1 后, 令 $b\to a$ 取 A_1 的极限, 该极限 (存在时) 就是球面的面积. 由极坐标, 得

$$\begin{aligned}A&=2\iint\limits_{D_1}\frac{a}{\sqrt{a^2-x^2-y^2}}\mathrm{d}x\mathrm{d}y=2\iint\limits_{D_1}\frac{a}{\sqrt{a^2-r^2}}r\mathrm{d}r\mathrm{d}\theta\\&=2a\int_0^{2\pi}\mathrm{d}\theta\int_0^b\frac{r\mathrm{d}r}{\sqrt{a^2-r^2}}=4\pi a(a-\sqrt{a^2-b^2}),\end{aligned}$$

于是

$$A=\lim_{b\to a}A_1=\lim_{b\to a}4\pi a(a-\sqrt{a^2-b^2})=4\pi a^2.$$

例 4 设距地球表面高 $h=36000$ 千米处有一颗地球同步轨道通信卫星, 其运行的角速度与地球自转的角速度相同. 记地球半径 $R=6400$ 千米, 求该通信卫星的覆盖面积与地球表面积的比值.

解 记地心为坐标原点 O, 取地心指向通信卫星的中心的射线为 z 的正半轴, 建立相应的空间直角坐标系, 如图 9-39 所示. 通信卫星覆盖的曲面 S 是上半球面被半顶角为 α 的圆锥面所截得的部分, 其方程为

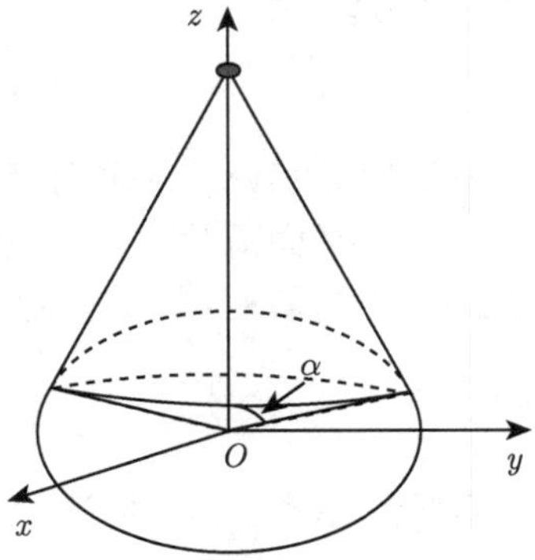

图 9-39

$$z=\sqrt{R^2-x^2-y^2},\quad x^2+y^2\leqslant R^2\sin^2\alpha.$$

由曲面面积公式 (4-4) 知, 卫星的覆盖面积为

$$A=\iint\limits_{D_{xy}}\sqrt{1+\left(\frac{\partial z}{\partial x}\right)^2+\left(\frac{\partial z}{\partial y}\right)^2}\mathrm{d}x\mathrm{d}y$$
$$=\iint\limits_{D_{xy}}\frac{R}{\sqrt{R^2-x^2-y^2}}\mathrm{d}x\mathrm{d}y,$$

其中 $D_{xy}=\{(x,y)|\ x^2+y^2\leqslant R^2\sin^2\alpha\}$. 将上述二重积分转化为极坐标系下的二次积分. 由于在极坐标下

$$D_{xy}=\{(r,\theta)|0\leqslant r\leqslant R\sin\alpha,0\leqslant\theta\leqslant 2\pi\},$$

因此

$$A=\int_0^{2\pi}\mathrm{d}\theta\int_0^{R\sin\alpha}\frac{Rr\mathrm{d}r}{\sqrt{R^2-r^2}}$$
$$=2\pi R\int_0^{R\sin\alpha}\frac{r\mathrm{d}r}{\sqrt{R^2-r^2}}=2\pi R^2(1-\cos\alpha).$$

又因为 $\cos\alpha=\dfrac{R}{R+h}$, 代入上式得

$$A=2\pi R^2\left(1-\frac{R}{R+h}\right)=\frac{2\pi hR^2}{R+h}.$$

所以该颗通信卫星的覆盖面积与地球表面积之比为

$$\frac{A}{4\pi R^2}=\frac{h}{2(R+h)}=\frac{36\cdot 10^6}{2(36+64)\cdot 10^6}\approx 42.5\%.$$

二、 物理应用

1. 质量

利用重积分可求平面薄片和空间物体的质量.

设一平面薄片占据平面区域 D, 薄片在区域 D 内每一点 P 的密度已知为 $\rho(P)$, 则平面薄片的质量为

$$m=\iint\limits_{D}\rho(P)\mathrm{d}\sigma,$$

在直角坐标系下, 即为

$$m=\iint\limits_{D}\rho(x,y)\mathrm{d}x\mathrm{d}y.$$

若平面薄片均匀, 即薄片在区域 D 内每一点 P 的密度为常数 ρ, 则

$$m=\iint\limits_{D}\rho\mathrm{d}\sigma=\rho\sigma,$$

其中 σ 是区域 D 的面积.

设一空间物体占据空间区域 Ω, 物体在区域 Ω 内每一点 P 的密度为 $\rho(P)$, 则物体的质量为

$$m=\iiint\limits_{\Omega}\rho(P)\mathrm{d}V,$$

在直角坐标系下, 上式可表述为

$$m=\iiint\limits_{\Omega}\rho(x,y,z)\mathrm{d}x\mathrm{d}y\mathrm{d}z.$$

若物体密度均匀, 设物体在 Ω 内每一点 P 的密度为常数 ρ, 则

$$m=\iiint\limits_{\Omega}\rho(P)\mathrm{d}V=\rho V,$$

其中 V 是区域 Ω 的体积.

2. 重心和转动惯量

力学中关于静力矩和转动惯量的计算公式最初是对质点给出的. 设 xOy 平面上一质点位于点 (x,y), 且质量为 m, 则该质点关于 x 轴和 y 轴的静力矩分别为

$$M_x=my,\quad M_y=mx,$$

该质点关于 x 轴与 y 轴的转动惯量分别是

$$I_x = my^2, \quad I_y = mx^2.$$

将单个质点扩充为质点系后, 质点系的静力矩和转动惯量就为系中各质点的静力矩和转动惯量的数量和. 比如, 设质点系是 xOy 面上的 n 个质点, 它们分别位于点 $(x_1, y_1), (x_2, y_2), \cdots, (x_n, y_n)$, 质量分别为 $m_1, m_2, \cdots, m_n$, 则该质点系关于 x 轴和 y 轴的静力矩分别是

$$M_x = \sum_{i=1}^{n} m_i y_i, \quad M_y = \sum_{i=1}^{n} m_i x_i,$$

该质点系关于 x 轴与 y 轴的转动惯量分别为

$$I_x = \sum_{i=1}^{n} m_i y_i^2, \quad I_y = \sum_{i=1}^{n} m_i x_i^2. \tag{4-7}$$

与静力矩密切相关的一个力学概念是重心. 质点系的重心坐标 $(\bar{x}, \bar{y})$ 为

$$\bar{x} = \frac{M_y}{m} = \frac{\sum\limits_{i=1}^{n} m_i x_i}{\sum\limits_{i=1}^{n} m_i}; \quad \bar{y} = \frac{M_x}{m} = \frac{\sum\limits_{i=1}^{n} m_i y_i}{\sum\limits_{i=1}^{n} m_i}. \tag{4-8}$$

利用重积分元素法及质点系的重心坐标和转动惯量计算方法, 可将平面薄片及空间立体的重心和转动惯量表示为重积分. 下面重点给出平面薄片的重心和转动惯量的计算公式, 然后直接推广到空间立体上.

设一平面薄片, 它占据 xOy 面上的有界闭区域 D, 在区域 D 内点 (x, y) 的面密度为 $\rho(x, y)$, 设 $\rho(x, y)$ 是区域 D 上的连续函数. 在闭区域 D 上任取一直径很小的闭域 $\mathrm{d}\sigma$, $\mathrm{d}\sigma$ 也表示其面积, $P(x, y)$ 是这个小区域上任一点, 如图 9-40 所示, 由于小区域 $\mathrm{d}\sigma$ 直径很小, $\rho(x, y)$ 在区域 D 上连续, 故该小块薄片的质量近似等于 $\rho(x, y)\mathrm{d}\sigma$, 该部分质量可以近似地看成集中在点 $P(x, y)$ 处, 利用已知的质点静力矩公式, 可得平面薄片的静力矩元素 $\mathrm{d}M_x$ 与 $\mathrm{d}M_y$ 分别为

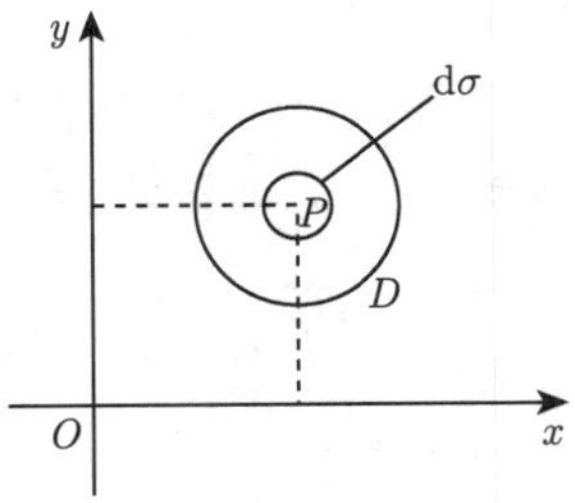

图 9-40

$$\mathrm{d}M_x = y\rho(x, y)\mathrm{d}\sigma, \quad \mathrm{d}M_y = x\rho(x, y)\mathrm{d}\sigma.$$

由元素法, 平面薄片的静力矩为

$$M_x = \iint\limits_D y\rho(x,y)\mathrm{d}\sigma, \quad M_y = \iint\limits_D x\rho(x,y)\mathrm{d}\sigma.$$

又薄片的质量为

$$m = \iint\limits_D \rho(x,y)\mathrm{d}\sigma,$$

所以得平面薄片的重心坐标为

$$\bar{x} = \frac{\iint\limits_D x\rho(x,y)\mathrm{d}\sigma}{\iint\limits_D \rho(x,y)\mathrm{d}\sigma}, \quad \bar{y} = \frac{\iint\limits_D y\rho(x,y)\mathrm{d}\sigma}{\iint\limits_D \rho(x,y)\mathrm{d}\sigma}. \tag{4-9}$$

若薄片是均匀的, 即面密度是常量, 则

$$\bar{x} = \frac{1}{A}\iint\limits_D x\mathrm{d}\sigma, \quad \bar{y} = \frac{1}{A}\iint\limits_D y\mathrm{d}\sigma, \tag{4-10}$$

其中 $A = \iint\limits_D \mathrm{d}\sigma$ 是区域 D 的面积. 这时, 平面薄片的重心坐标与密度无关而完全由闭区域 D 的形状所决定, 所以薄片的重心就是平面区域 D 的形心.

应用元素法, 经过完全类似的讨论, 可得平面薄片对 x 轴与 y 轴及原点的转动惯量分别为

$$I_x = \iint\limits_D y^2\rho(x,y)\mathrm{d}\sigma, \quad I_y = \iint\limits_D x^2\rho(x,y)\mathrm{d}\sigma, \quad I_O = \iint\limits_D (x^2+y^2)\rho(x,y)\mathrm{d}\sigma. \tag{4-11}$$

类似地, 设物体占据空间有界闭区域 Ω, 在区域 Ω 内点 (x,y,z) 的体密度为 $\rho(x,y,z)$, $\rho(x,y,z)$ 在 Ω 上连续, 则由元素法, 可得物体的重心坐标为

$$\bar{x} = \frac{\iiint\limits_\Omega x\rho(x,y,z)\mathrm{d}V}{\iiint\limits_\Omega \rho(x,y,z)\mathrm{d}V}, \quad \bar{y} = \frac{\iiint\limits_\Omega y\rho(x,y,z)\mathrm{d}V}{\iiint\limits_\Omega \rho(x,y,z)\mathrm{d}V}, \quad \bar{z} = \frac{\iiint\limits_\Omega z\rho(x,y,z)\mathrm{d}V}{\iiint\limits_\Omega \rho(x,y,z)\mathrm{d}V}. \tag{4-12}$$

物体关于坐标轴的转动惯量为

$$I_x = \iiint\limits_{\Omega} (y^2 + z^2)\rho(x, y, z)\mathrm{d}V,$$

$$I_y = \iiint\limits_{\Omega} (z^2 + x^2)\rho(x, y, z)\mathrm{d}V, \tag{4-13}$$

$$I_z = \iiint\limits_{\Omega} (x^2 + y^2)\rho(x, y, z)\mathrm{d}V.$$

当 $\rho(x,y,z)$ 在区域 Ω 上式常数时, $(\bar{x},\bar{y},\bar{z})$ 就是区域 Ω 的形心, 物体关于坐标原点和坐标平面的转动惯量也有类似的公式, 读者可自行给出.

例 5　求位于两圆 $\rho = 2\sin\theta$ 与 $\rho = 4\sin\theta$ 之间的月牙形均匀薄片的重心, 如图 9-41 所示.

解　因月牙形均匀薄片关于 y 轴对称, 所以重心的横坐标 $\bar{x} = 0$. 又由 (4-10), 重心的纵坐标为

$$\bar{y} = \frac{\iint\limits_{D} y\mathrm{d}x\mathrm{d}y}{\iint\limits_{D} \mathrm{d}x\mathrm{d}y} = \frac{1}{3\pi}\iint\limits_{D} y\mathrm{d}x\mathrm{d}y = \frac{1}{3\pi}\iint\limits_{D} r^2\sin\theta\mathrm{d}r\mathrm{d}\theta$$

$$= \frac{1}{3\pi}\int_0^{\pi}\mathrm{d}\theta\int_{2\sin\theta}^{4\sin\theta} r^2\sin\theta\mathrm{d}r = \frac{7}{3},$$

故重心坐标为 $\left(0, \dfrac{7}{3}\right)$.

例 6　设球体 $x^2 + y^2 + z^2 \leqslant 2az\ (a > 0)$ 内各点处的体密度与该点到坐标原点的距离成正比, 如图 9-42 所示, 求

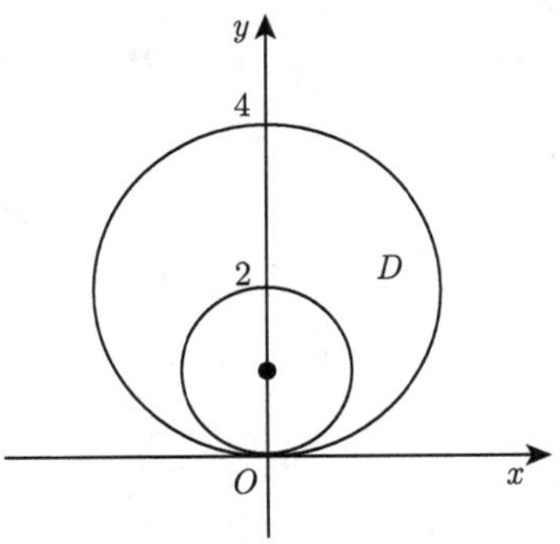

图 9-41

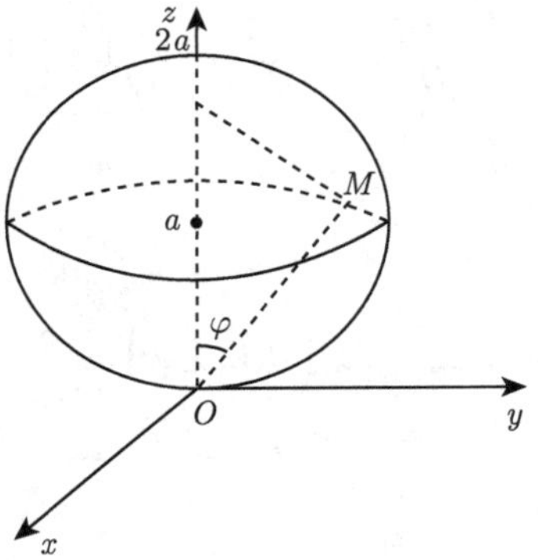

图 9-42

(1) 该球体的重心;

(2) 该球体关于 x 轴、xOy 面、z 轴的转动惯量.

解 由题意, 球体内点 $M(x,y,z)$ 的密度为

$$\rho = k\sqrt{x^2+y^2+z^2},$$

其中 k 是正常数.

(1) 球体的质量为

$$m = \iiint\limits_{\Omega} \rho \mathrm{d}V = \iiint\limits_{\Omega} k\sqrt{x^2+y^2+z^2}\mathrm{d}V,$$

利用球面坐标, 得

$$m = k\iiint\limits_{\Omega} r^3 \sin\varphi \mathrm{d}r\mathrm{d}\varphi\mathrm{d}\theta = k\int_0^{2\pi}\mathrm{d}\theta\int_0^{\frac{\pi}{2}}\mathrm{d}\varphi\int_0^{2a\cos\varphi} r^3\sin\varphi\mathrm{d}r = \frac{8}{5}k\pi a^4.$$

由重心坐标公式 (4-12), 得

$$\bar{x} = \frac{1}{m}\iiint\limits_{\Omega} x\rho(x,y,z)\mathrm{d}V = \frac{1}{m}\iiint\limits_{\Omega} kx\sqrt{x^2+y^2+z^2}\mathrm{d}x\mathrm{d}y\mathrm{d}z = 0,$$

$$\bar{y} = \frac{1}{m}\iiint\limits_{\Omega} x\rho(x,y,z)\mathrm{d}V = \frac{1}{m}\iiint\limits_{\Omega} ky\sqrt{x^2+y^2+z^2}\mathrm{d}x\mathrm{d}y\mathrm{d}z = 0,$$

$$\begin{aligned}\bar{z} &= \frac{1}{m}\iiint\limits_{\Omega} x\rho(x,y,z)\mathrm{d}V = \frac{1}{m}\iiint\limits_{\Omega} kz\sqrt{x^2+y^2+z^2}\mathrm{d}x\mathrm{d}y\mathrm{d}z \\ &= \frac{k}{m}\iiint\limits_{\Omega} r\cos\varphi\cdot r\cdot r^2\mathrm{d}r\mathrm{d}\varphi\mathrm{d}\theta = \frac{k}{m}\int_0^{2\pi}\mathrm{d}\theta\int_0^{\frac{\pi}{2}}\sin\varphi\cos\varphi\mathrm{d}\varphi\int_0^{2a\cos\varphi} r^4\mathrm{d}r \\ &= \frac{8}{7}a,\end{aligned}$$

所以重心坐标为 $\left(0,0,\dfrac{8}{7}a\right)$.

(2) 由转动惯量公式 (4-13), 得

$$I_x = \iiint\limits_{\Omega} (y^2+z^2)\rho(x,y,z)\mathrm{d}V = \iiint\limits_{\Omega} k(y^2+z^2)\sqrt{x^2+y^2+z^2}\mathrm{d}x\mathrm{d}y\mathrm{d}z$$

$$= \iiint\limits_{\Omega} kr^5(\sin^2\varphi\cos^2\varphi + \cos^2\varphi)\sin\varphi \mathrm{d}r\mathrm{d}\varphi\mathrm{d}\theta$$

$$= \iiint\limits_{\Omega} kr^5\sin^3\varphi\cos^2\varphi \mathrm{d}r\mathrm{d}\varphi\mathrm{d}\theta + \iiint\limits_{\Omega} kr^5\cos^2\varphi\sin\varphi \mathrm{d}r\mathrm{d}\varphi\mathrm{d}\theta$$

$$= \frac{64k\pi}{189}a^6 + \frac{32k\pi}{27}a^6 = \frac{32}{21}k\pi a^6;$$

$$I_{xy} = \iiint\limits_{\Omega} z^2 \cdot k\sqrt{x^2+y^2+z^2}\mathrm{d}x\mathrm{d}y\mathrm{d}z$$

$$= \iiint\limits_{\Omega} kr^3\cos^2\varphi \cdot r^2\sin\varphi \mathrm{d}r\mathrm{d}\varphi\mathrm{d}\theta = \frac{64}{27}k\pi a^6;$$

$$I_z = \iiint\limits_{\Omega}(x^2+y^2)\rho(x,y,z)\mathrm{d}V = \iiint\limits_{\Omega} k(x^2+y^2)\sqrt{x^2+y^2+z^2}\mathrm{d}x\mathrm{d}y\mathrm{d}z$$

$$= \iiint\limits_{\Omega} kr^5\sin^3\varphi \mathrm{d}r\mathrm{d}\varphi\mathrm{d}\theta = \frac{128}{189}k\pi a^6.$$

3. 引力

引力是一个矢量, 求引力需求其在坐标轴上的投影, 这些投影可用元素法表示为重积分.

设一单位质量的质点位于空间中的点 $P_0(x_0,y_0,z_0)$ 处, 另有一质量为 m 的质点位于点 $P(x,y,z)$ 处, 如图 9-43 所示, 则由万有引力定律知, 该质点对单位质量质点的引力为

$$\boldsymbol{F} = \frac{km}{r^2}\boldsymbol{e}_r = \frac{km}{r^3}\boldsymbol{r},$$

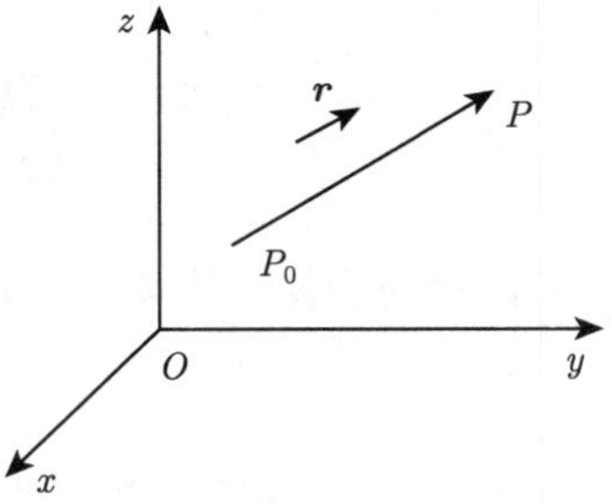

图 9-43

其中 k 为引力常数. 又因为

$$\boldsymbol{r} = \overrightarrow{P_0P} = (x-x_0, y-y_0, z-z_0),$$

$$r = |\boldsymbol{r}| = \sqrt{(x-x_0)^2+(y-y_0)^2+(z-z_0)^2},$$

所以引力 $\boldsymbol{F}$ 在三个坐标轴上的投影分别为

$$F_x = \frac{km(x-x_0)}{r^3}, \quad F_y = \frac{km(y-y_0)}{r^3}, \quad F_z = \frac{km(z-z_0)}{r^3}.$$

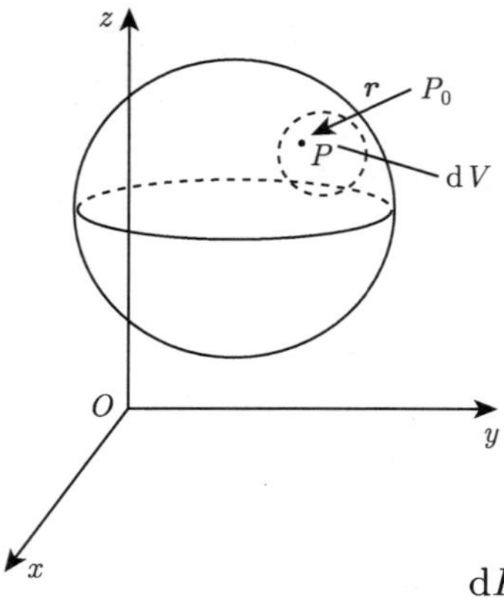

图 9-44

考虑空间一物体对物体外一点 $P_0(x_0,y_0,z_0)$ 处的单位质量质点的引力. 设物体占有空间有界区域 Ω, 它在点 $P(x,y,z)$ 的体密度为 $\rho(x,y,z)$, $\rho(x,y,z)$ 在 Ω 上连续, 在物体上任取直径很小的一块 $\mathrm{d}V$, $\mathrm{d}V$ 也表示其体积, $P(x,y,z)$ 是 $\mathrm{d}V$ 内一点, 如图 9-44 所示, 这小块的质量近似于 $\rho(x,y,z)\mathrm{d}V$, 该部分质量可近似看成集中在点 $P(x,y,z)$ 处, 于是这一小块物体对位于点 $P_0(x_0,y_0,z_0)$ 处的单位质量质点的引力在各坐标轴上的投影元素为

$$\mathrm{d}F_x=\frac{k\rho(x,y,z)(x-x_0)}{r^3}\mathrm{d}V,$$

$$\mathrm{d}F_y=\frac{k\rho(x,y,z)(y-y_0)}{r^3}\mathrm{d}V,$$

$$\mathrm{d}F_z=\frac{k\rho(x,y,z)(z-z_0)}{r^3}\mathrm{d}V.$$

由元素法, 空间物体对物体外一点 $P_0(x_0,y_0,z_0)$ 处的单位质量质点的引力在三个坐标轴上的投影分别为

$$\begin{aligned}F_x&=\iiint\limits_{\Omega}\mathrm{d}F_x=\iiint\limits_{\Omega}\frac{k\rho(x,y,z)(x-x_0)}{r^3}\mathrm{d}V,\\F_y&=\iiint\limits_{\Omega}\mathrm{d}F_y=\iiint\limits_{\Omega}\frac{k\rho(x,y,z)(y-y_0)}{r^3}\mathrm{d}V,\\F_z&=\iiint\limits_{\Omega}\mathrm{d}F_z=\iiint\limits_{\Omega}\frac{k\rho(x,y,z)(z-z_0)}{r^3}\mathrm{d}V,\end{aligned}\tag{4-14}$$

从而, 空间物体对物体外一点 $P_0(x_0,y_0,z_0)$ 处的单位质量质点的引力为

$$\boldsymbol{F}=(F_x,F_y,F_z).$$

若考虑平面薄片对薄片外一点 $P_0(x_0,y_0,z_0)$ 处的单位质点的引力, 设平面薄片占有 xOy 面上的有界闭区域 D, 其密度为 $\rho(x,y)$, 则

$$\begin{aligned}&F_x=\iint\limits_{D}\frac{k\rho(x,y)(x-x_0)}{r^3}\mathrm{d}\sigma,\quad F_y=\iint\limits_{D}\frac{k\rho(x,y)(y-y_0)}{r^3}\mathrm{d}\sigma,\\&F_z=\iint\limits_{D}\frac{k\rho(x,y)z_0}{r^3}\mathrm{d}\sigma,\end{aligned}\tag{4-15}$$

其中 $r=\sqrt{(x-x_0)^2+(y-y_0)^2+z_0^2}$.

例 7　求半径为 R、体密度为常数 μ 的均匀球体 $x^2+y^2+z^2\leqslant R^2$ 对于点 $(0,0,a)$ 处单位质点的引力, 其中 $a>R$.

解　由球体的对称性及质量分布均匀知

$$F_x=0,\quad F_y=0.$$

再由 (4-14), 所求引力沿 z 轴的分量为

$$F_z=\iiint\limits_{\Omega}\frac{k(z-a)\mu}{[x^2+y^2+(z-a)^2]^{\frac{3}{2}}}\mathrm{d}x\mathrm{d}y\mathrm{d}z.$$

由坐标轴投影法,

$$F_z=k\mu\int_{-R}^{R}\mathrm{d}z\iint\limits_{D_z}\frac{z-a}{[x^2+y^2+(z-a)^2]^{\frac{3}{2}}}\mathrm{d}x\mathrm{d}y,$$

其中 $D_z=\{(x,y)|x^2+y^2\leqslant R^2-z^2\}$. 又因为

$$\begin{aligned}\iint\limits_{D_z}\frac{z-a}{[x^2+y^2+(z-a)^2]^{\frac{3}{2}}}\mathrm{d}x\mathrm{d}y&=\iint\limits_{D_z}\frac{z-a}{[r^2+(z-a)^2]^{\frac{3}{2}}}r\mathrm{d}r\mathrm{d}\theta\\&=(z-a)\int_0^{2\pi}\mathrm{d}\theta\int_0^{\sqrt{R^2-z^2}}\frac{\frac{1}{2}\mathrm{d}[r^2+(z-a)^2]}{[r^2+(z-a)^2]^{\frac{3}{2}}}\\&=2\pi\left(-1-\frac{z-a}{\sqrt{R^2+a^2-2az}}\right),\end{aligned}$$

所以

$$\begin{aligned}F_z&=2\pi k\mu\int_{-R}^{R}\left(-1-\frac{z-a}{\sqrt{R^2+a^2-2az}}\right)\mathrm{d}z\\&=2\pi k\mu\left[-2R+\frac{1}{a}\int_{-R}^{R}(z-a)\mathrm{d}\sqrt{R^2+a^2-2az}\right]=-k\frac{M}{a^2}.\end{aligned}$$

从而所求引力为

$$\boldsymbol{F}=\left(0,0,-k\frac{M}{a^2}\right),$$

其中 $M=\dfrac{4\pi R^3}{3}\mu$ 为均匀球体的质量. 该结果表明: 均匀球体对球外一质点的引力与球的质量集中在球心时两个质点的引力相同.

习　题　9-4

1. 求下列空间区域的体积:

(1) 区域 Ω 由曲面 $z=x^2+y^2$ 与平面 $x=z,\ y=0,\ z=0,\ x+y=1$ 围成;

(2) 区域 Ω 由曲面 $z=6-x^2-y^2$ 与 $x^2+y^2=2z$ 围成.

2. 求下列曲面的面积:

(1) 圆锥面 $z=\sqrt{x^2+y^2}$ 含在圆柱面 $x^2+y^2=ax$ 内部的那一部分;

(2) 平面 $3x+2y+z=1$ 被椭圆柱面 $2x^2+y^2=1$ 截下的部分;

(3) 球面 $x^2+y^2+z^2=2R^2$ 在圆锥面 $x^2+y^2=z^2$ 内的部分, 其中 $R>0$.

3. 一圆环由半径各为 4 与 8 的同心圆所围成, 其上任一点的面密度与该点到圆心的距离成反比, 已知在内圆周上各点的面密度为 1, 求圆环的质量.

4. 设圆盘 $x^2+y^2\leqslant 2ax$ 内各点处的面密度与该点到坐标原点的距离成正比, 求该圆盘的重心.

5. 求下列平面图形的形心.

(1) 区域 D 由曲线 $y=\sqrt{2x}$ 及直线 $x=2, y=0$ 围成;

(2) 区域 D 由心脏线 $r=a(1+\cos\theta)$ 所围成, 其中 $a>0$.

6. 求下列空间立体的形心:

(1) 区域 $\Omega=\left\{(x,y,z)\left|\dfrac{x^2}{a^2}+\dfrac{y^2}{b^2}+\dfrac{z^2}{c^2}\leqslant 1, x\geqslant 0, y\geqslant 0, z\geqslant 0\right.\right\}$;

(2) 区域 Ω 为以抛物柱面 $z=4-x^2$ 与平面 $x=0,\ y=0,\ z=0$ 及 $y=6$ 围成的第一卦限内的部分.

7. 设高为 h, 底半径为 a 的直圆锥内各点的体密度与该点到它的轴的距离成正比, 求其重心.

8. 求下列转动惯量:

(1) 由抛物线 $y^2=\dfrac{9}{2}x$ 与直线 $x=2$ 所围成的均匀平面薄片对两个坐标轴的转动惯量;

(2) 半径为 a, 高为 h 的均匀圆柱体对其对称轴的转动惯量;

(3) 均匀上半球体 $\Omega=\{(x,y,z)|\ x^2+y^2\leqslant a^2, 0\leqslant z\leqslant\sqrt{a^2-x^2-y^2}\}$ 对于坐标原点与 xOy 面的转动惯量.

9. 求面密度为 ρ 的均匀半圆形薄片, $0\leqslant y\leqslant\sqrt{a^2-x^2}$ 对位于点 $P_0(0,0,b)$ 的单位质点的引力 $\boldsymbol{F}$, 其中 $b>0$.

10. 设底面半径为 R, 高为 h 的均匀圆锥体, 求此圆锥体对其顶点处一单位质点的引力 $\boldsymbol{F}$.

本章小结

第九章总习题

1. 证明:

(1) 若二重积分的积分区域 D 关于 x 轴对称, $f(x,y)$ 关于 y 具有奇偶性, 则当 $f(x,y)$ 关于 y 是奇函数, 即 $f(x,-y)=-f(x,y)$ 时, $\iint\limits_D f(x,y)\mathrm{d}\sigma=0$; 当 $f(x,y)$ 关于 y 是偶函数, 即 $f(x,-y)=f(x,y)$ 时, $\iint\limits_D f(x,y)\mathrm{d}\sigma=2\iint\limits_{D_1} f(x,y)\mathrm{d}\sigma$, 其中 D_1 为 D 在 x 轴上方的部分.

(2) 若三重积分的积分区域 Ω 关于 yOz 面对称, $f(x,y,z)$ 关于 x 具有奇偶性, 则当 $f(-x,y,z)=-f(x,y,z)$ 时, $\iiint\limits_{\Omega} f(x,y,z)\mathrm{d}V=0$; 当 $f(-x,y,z)=f(x,y,z)$ 时, $\iiint\limits_{\Omega} f(x,y,z)\mathrm{d}V=2\iiint\limits_{\Omega_1} f(x,y,z)\mathrm{d}V$, 其中 Ω_1 是 Ω 在 yOz 面前面的部分.

2. 计算下列二重积分:

(1) $\iint\limits_{D} x^2\mathrm{d}\sigma$, 其中 D 为曲线 $r=a(1-\cos\theta)$ 所围成的有界闭区域, 其中 $a>0$;

(2) $\iint\limits_{D} |\cos(x+y)|\mathrm{d}\sigma$, 其中 D 为直线 $y=x$, $y=0$, $x=\dfrac{\pi}{2}$ 所围成的有界闭区域;

(3) $\iint\limits_{D} \dfrac{1}{(1+x^2+y^2)^2}\mathrm{d}\sigma$, 其中 D 为双纽线 $(x^2+y^2)^2-(x^2-y^2)=0$ 的一叶所围成的区域;

(4) $\iint\limits_{D} \sin\dfrac{\pi x}{2y}\mathrm{d}\sigma$, 其中区域 D 由直线 $y=x$, $y=2$ 与曲线 $y=\sqrt{x}$ 围成;

(5) $\iint\limits_{D} (xy+\cos x\sin y)\mathrm{d}x\mathrm{d}y$, 其中区域 $D=\{(x,y)|-a\leqslant x\leqslant a, x\leqslant y\leqslant a\}$;

(6) $\iint\limits_{D} x\mathrm{d}x\mathrm{d}y$, 其中区域 $D=\left\{(r,\theta)\middle|2\leqslant r\leqslant 2(1+\cos\theta), -\dfrac{\pi}{2}\leqslant\theta\leqslant\dfrac{\pi}{2}\right\}$;

(7) $\iint\limits_{D} \dfrac{(x-y)^2}{x^2+y^2}\mathrm{d}x\mathrm{d}y$, 其中区域 $D=\{(x,y)|y-2\leqslant x\leqslant\sqrt{4-y^2}, 0\leqslant y\leqslant 2\}$.

3. 计算下列三重积分:

(1) $\iiint\limits_{\Omega} xy^2\mathrm{d}V$, 其中 Ω 是由平面 $z=0$, $x+y-z=0$, $x-y-z=0$, $x=1$ 围成的区域;

(2) $\iiint\limits_{\Omega} (y^2+z^2)\mathrm{d}V$, 其中 Ω 是由 xOy 平面上曲线 $y^2=2x$ 绕 x 轴旋转而成的曲面与平面 $x=5$ 所围成的闭区域;

(3) $\iiint\limits_{\Omega} (3x^2+5y^2+7z^2)\mathrm{d}V$, 其中区域 $\Omega=\{(x,y,z)|\ 0\leqslant z\leqslant\sqrt{R^2-x^2-y^2}\}$;

(4) $\iiint\limits_{\Omega} |xyz|\mathrm{d}V$, 区域 Ω 为椭球体 $\dfrac{x^2}{a^2}+\dfrac{y^2}{b^2}+\dfrac{z^2}{c^2}\leqslant 1$ 围成;

(5) $\iiint\limits_{\Omega} (x^2+5x\sin\sqrt{x^2+y^2})\mathrm{d}V$, 其中区域 Ω 由 $z=\dfrac{1}{2}(x^2+y^2)$, $z=1$, $z=4$ 围成.

4. 证明:

(1) $\int_0^a \mathrm{d}y\int_0^y \mathrm{e}^{m(a-x)}f(x)\mathrm{d}x=\int_0^a (a-x)\,\mathrm{e}^{m(a-x)}f(x)\mathrm{d}x$;

(2) $\int_0^1 \mathrm{d}x \int_0^x \mathrm{d}y \int_0^y f(x)\mathrm{d}z = \frac{1}{2}\int_0^1 (1-z)^2 f(z)\mathrm{d}z$;

(3) $\iint\limits_D x^2 \mathrm{d}\sigma = \iint\limits_D y^2 \mathrm{d}\sigma = \frac{1}{2}\iint\limits_D (x^2+y^2)\mathrm{d}\sigma$, 其中区域 $D = \{(x,y)|x \geqslant 0, y \geqslant 0, x^2 + y^2 \leqslant R^2\}$;

(4) 设函数 $f(x)$ 在区间 $[0,1]$ 上连续, 且 $\int_0^1 f(x)\mathrm{d}x = A$, 证明

$$\int_0^1 \mathrm{d}x \int_x^1 f(x)f(y)\,\mathrm{d}y = \frac{1}{2}A^2.$$

5. 将 $\int_0^1 \mathrm{d}x \int_0^{1-x} \mathrm{d}y \int_0^{x+y} f(x,y,z)\mathrm{d}z$ 改换为按 x, z, y 的次序的三次积分.

6. 将 $\int_0^1 \mathrm{d}x \int_0^1 \mathrm{d}y \int_0^{x^2+y^2} f(x,y,z)\mathrm{d}z$ 改换为按 y, z, x 的次序的三次积分.

7. 将 $I = \iiint\limits_\Omega f(x,y,z)\mathrm{d}V$ 表示为柱面坐标系和球面坐标系下的三次积分, 其中区域 Ω 是由曲面 $2z = x^2+y^2$ 及平面 $z=2$ 所围成的立体.

8. 设 $f(x)$ 连续, 且 $f(0)=a$, 若

$$F(t) = \iiint\limits_\Omega [z + f(x^2+y^2+z^2)]\mathrm{d}V,$$

其中 Ω: $\sqrt{x^2+y^2} \leqslant z \leqslant \sqrt{t^2-x^2-y^2}$, 求 $\lim\limits_{t\to 0} \frac{F(t)}{t^2}$.

9. 设 $r(\theta)$ 在 $[\alpha,\beta]$ 上连续, $0 \leqslant \alpha \leqslant \beta \leqslant \pi$, V 为曲边扇形 $\alpha \leqslant \theta \leqslant \beta$, $0 \leqslant r \leqslant r(\theta)$ 绕极轴旋转所得旋转体的体积, 用球面坐标下的三次积分的计算公式证明 $V = \frac{2\pi}{3}\int_\alpha^\beta r^3(\theta)\sin\theta \mathrm{d}\theta$, 并由此计算心脏线 $r = a(1+\cos\theta)$ 绕极轴旋转所得旋转体的体积.

10. 分别利用定积分、二重积分及三重积分计算旋转抛物面 $z = x^2+y^2$ 与平面 $z=4$ 所围成的空间区域 Ω 的体积.

11. 曲面 $z = 13 - x^2 - y^2$ 将球面 $x^2+y^2+z^2=25$ 分成三部分, 计算这三部分的面积之比.

12. 求圆柱面 $x^2+y^2=a^2$ 在第一卦限中被平面 $z=0$, $z=mx$ $(m>0)$, $x=b$ $(0<b<a)$ 所截下的有限部分的面积.

13. 在半径为 R 的均匀半球旁, 拼上一个底半径为 R, 高为 h, 密度相同的均匀圆柱体, 使圆柱体的底圆与球的底圆重合. 问 h 多大时, 拼得的整个物体的重心恰在球心上?

14. 设有一密度均匀的球锥体, 如图 9-45 所示, 球的半径为 R, 锥顶角为 $\frac{\pi}{3}$, 求该球锥体对位于其顶点处的单位质点的引力.

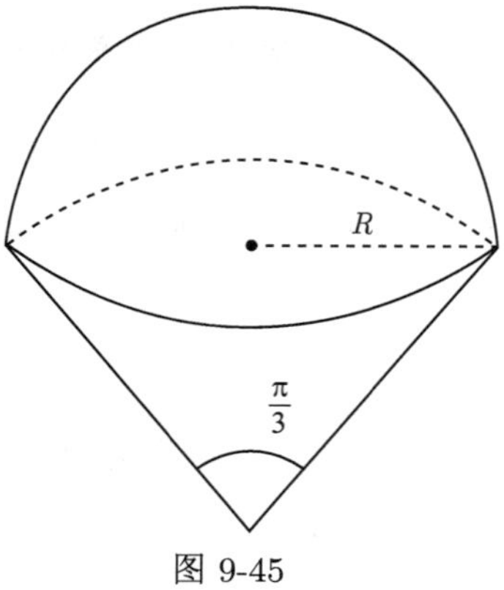

图 9-45

第十章　曲线积分与曲面积分

第九章将积分概念从定积分推广到积分范围为平面或空间区域的情形. 本章讨论积分范围为曲线弧或曲面的情形, 即曲线积分或曲面积分, 并阐明它们的基本内容.

第一节　第一类曲线积分

一、 概念与性质

1. 柱面的面积

设 Σ 是一张母线平行于 z 轴, 准线为 xOy 面上曲线 L 的柱面的一部分, 如图 10-1 所示, 其高度 $h(x,y)$, $(x,y)\in L$ 是一个变量, 现在计算 Σ 的面积 S.

由几何知识知, 若 Σ 的高度是常量 h, 准线 L 的长度为 s, 则

$$S = s\times h.$$

现在 Σ 的高度随曲线 L 上的点 (x,y) 的变化而变化, 因此不能直接用上述公式计算. 仿照计算曲边梯形面积的方法, 用 L 上的点 $A=M_0, M_1, M_2, \cdots, M_n=B$ 将 L 分成 n 个小段, 过每个分点作 z 轴的平行线, 把 Σ 分为 n 条小柱面, 记以弧段 $\widehat{M_{i-1}M_i}$ 为准线的小柱面面积为 ΔS_i. 当高度函数 $h(x,y)$ 在曲线 L 上连续时, 在 $\widehat{M_{i-1}M_i}$ 上任取一点 (ξ_i,η_i), 则

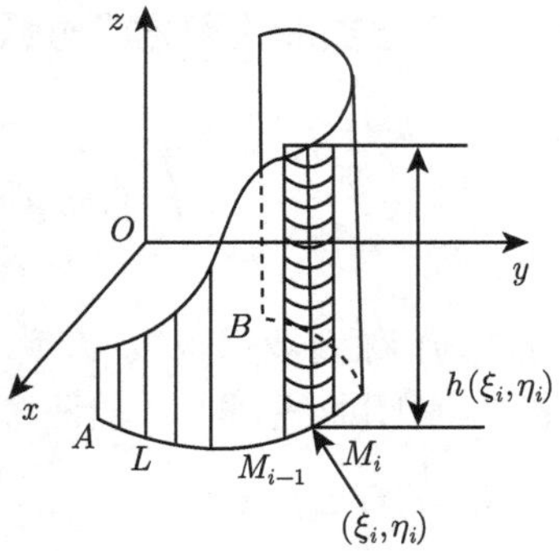

图 10-1

$$\Delta S_i \approx h(\xi_i,\eta_i)\Delta s_i,$$

其中 Δs_i 表示 $\widehat{M_{i-1}M_i}$ 的长度. 于是柱面 Σ 的面积

$$S=\sum_{i=1}^{n}\Delta S_i \approx \sum_{i=1}^{n} h(\xi_i,\eta_i)\Delta s_i.$$

用 λ 表示 n 个小弧段的最大长度, 当 $\lambda \to 0$ 时, 即将 L 无限细分, $\sum\limits_{i=1}^{n} h(\xi_i, \eta_i) \Delta s_i$ 有极限, 则定义该极限值为柱面 Σ 的面积, 即

$$S = \lim_{\lambda \to 0} \sum_{i=1}^{n} h(\xi_i, \eta_i) \Delta s_i.$$

在实际中, 有许多量与一条平面曲线弧和定义在弧上的二元函数有关, 例如非均匀的曲线性构件的质量、转动惯量等, 其值都可以表示为与柱面面积 S 类似的和式的极限. 对这种和式的极限进行抽象就得到第一类曲线积分.

2. 第一类曲线积分定义

定义 1　设 L 是 xOy 平面内以 A, B 为端点的曲线弧, 函数 $f(x,y)$ 在 L 上有界, 在 L 上任意插入点列 $A = M_0, M_1, M_2, \cdots, M_n = B$, 把 L 分成 n 个小弧段. 设第 i 个小段 $\widehat{M_{i-1}M_i}$ 的长度为 Δs_i, $i = 1, 2, \cdots, n$. 在 $\widehat{M_{i-1}M_i}$ 上任取一点 (ξ_i, η_i), 作和 $\sum\limits_{i=1}^{n} f(\xi_i, \eta_i) \Delta s_i$, 记 $\lambda = \max\limits_{1 \leqslant i \leqslant n} \{\Delta s_i\}$, 若当 $\lambda \to 0$ 时, 无论对 L 怎样分, 也无论 (ξ_i, η_i) 怎样取, 该和式的极限存在, 则称此极限值为函数 $f(x,y)$ 在曲线 L 上的**第一类曲线积分**或**对弧长的曲线积分**, 记作 $\int_L f(x,y) \mathrm{d}s$, 即

$$\int_L f(x,y) \mathrm{d}s = \lim_{\lambda \to 0} \sum_{i=1}^{n} f(\xi_i, \eta_i) \Delta s_i, \tag{1-1}$$

其中 $f(x,y)$ 称为被积函数, L 称为**积分弧段**, $\mathrm{d}s$ 称为**弧长元素**.

若 L 是闭曲线, 即 L 的两个端点 A 与 B 重合, 则将 $f(x,y)$ 在 L 上的曲线积分记作 $\oint_L f(x,y) \mathrm{d}s$.

类似定积分, 当 L 是光滑或分段光滑曲线, $f(x,y)$ 在 L 上连续, 或 $f(x,y)$ 在 L 上有界且在 L 上仅有有限个间断点时, 曲线积分 $\int_L f(x,y) \mathrm{d}s$ 必定存在.

根据定义, 变高柱面的面积可以表示为

$$S = \int_L h(x,y) \mathrm{d}s.$$

3. 性质

对弧长的曲线积分有与定积分类似的性质.

(i) 若在 L 上 $f(x,y)\equiv 1$, 则 $\int_L \mathrm{d}s = L$ 的长度. (1-2)

(ii) 对任何实数 α, β,

$$\int_L [\alpha f(x,y)+\beta g(x,y)]\,\mathrm{d}s=\alpha\int_L f(x,y)\mathrm{d}s+\beta\int_L g(x,y)\mathrm{d}s. \tag{1-3}$$

(iii) L 由弧段 L_1 与 L_2 连接而成, 则

$$\int_L f(x,y)\mathrm{d}s=\int_{L_1} f(x,y)\mathrm{d}s+\int_{L_2} f(x,y)\mathrm{d}s. \tag{1-4}$$

上述各性质中出现的曲线积分都是存在的.

设 $\varGamma$ 是空间中以 A, B 为端点的曲线弧, $f(x,y,z)$ 在 $\varGamma$ 上有界. 类似地, $f(x,y,z)$ 在 $\varGamma$ 上的第一类曲线积分定义为

$$\int_\varGamma f(x,y,z)\mathrm{d}s=\lim_{\lambda\to 0}\sum_{i=1}^{n} f(\xi_i,\eta_i,\zeta_i)\Delta s_i. \tag{1-5}$$

$\int_\varGamma f(x,y,z)\mathrm{d}s$ 与 $\int_L f(x,y)\mathrm{d}s$ 有类似的性质.

二、 计算方法

定理 1　设平面曲线弧 L 由参数方程

$$\begin{cases} x=\varphi(t), \\ y=\psi(t), \end{cases} \quad \alpha\leqslant t\leqslant\beta$$

给出, 其中 $\varphi(t)$, $\psi(t)$ 在 $[\alpha,\beta]$ 上单值、有一阶连续导数, 且 $\varphi'^2(t)+\psi'^2(t)\neq 0$, $f(x,y)$ 是 L 上的连续函数, 则

$$\int_L f(x,y)\mathrm{d}s=\int_\alpha^\beta f[\varphi(t),\psi(t)]\sqrt{\varphi'^2(t)+\psi'^2(t)}\mathrm{d}t,\quad \alpha<\beta. \tag{1-6}$$

证　由 L 与 $f(x,y)$ 满足的条件知, (1-6) 左端的曲线积分及右端的定积分是存在的, 现在推证 (1-6) 成立.

设当参数 t 由 α 变到 β 时, L 上的点 $M(x,y)$ 由点 A 到点 B 的方向描出曲线 L. 在 L 上从 A 到 B 取一列点

$$A=M_0,M_1,M_2,\cdots,M_n=B,$$

它们对应一列单调的参数值

$$\alpha = t_0, t_1, t_2, \cdots, t_n = \beta.$$

由对弧长的曲线积分定义, 有

$$\int_L f(x,y)\mathrm{d}s = \lim_{\lambda\to 0}\sum_{i=1}^{n} f(\xi_i,\eta_i)\Delta s_i,$$

其中 $(\xi_i,\eta_i)\in\widehat{M_{i-1}M_i}$. 设点 (ξ_i,η_i) 对应于参数值 $\tau_i\in[t_{i-1},t_i]$, 即

$$\xi_i=\varphi(\tau_i),\quad \eta_i=\psi(\tau_i).$$

而第 i 个小弧段的长度为

$$\Delta s_i=\int_{t_{i-1}}^{t_i}\sqrt{\varphi'^2(t)+\psi'^2(t)}\mathrm{d}t,$$

利用定积分中值定理,

$$\Delta s_i=\sqrt{\varphi'^2(\gamma_i)+\psi'^2(\gamma_i)}\Delta t_i,$$

其中 $\Delta t_i=t_i-t_{i-1}$, γ_i 是 $[t_{i-1},t_i]$ 上的一点. 于是

$$\int_L f(x,y)\mathrm{d}s=\lim_{\lambda\to 0}\sum_{i=1}^{n} f[\varphi(\tau_i),\psi(\tau_i)]\sqrt{\varphi'^2(\gamma_i)+\psi'^2(\gamma_i)}\Delta t_i,$$

由于 $\lambda\to 0$ 是把区间 $[\alpha,\beta]$ 无限细分的过程, 且函数

$$f[\varphi(t),\psi(t)]\sqrt{\varphi'^2(t)+\psi'^2(t)}$$

在 $[\alpha,\beta]$ 上连续, 所以

$$\begin{aligned}&\lim_{\lambda\to 0}\sum_{i=1}^{n} f[\varphi(\tau_i),\psi(\tau_i)]\sqrt{\varphi'^2(\gamma_i)+\psi'^2(\gamma_i)}\Delta t_i\\ =&\lim_{\lambda\to 0}\sum_{i=1}^{n} f[\varphi(\tau_i),\psi(\tau_i)]\sqrt{\varphi'^2(\tau_i)+\psi'^2(\tau_i)}\Delta t_i,\end{aligned}$$

从而

$$\int_L f(x,y)\mathrm{d}s=\int_\alpha^\beta f[\varphi(t),\psi(t)]\sqrt{\varphi'^2(t)+\psi'^2(t)}\mathrm{d}t,\quad \alpha<\beta.$$ □

(1-6) 表明, 对弧长的曲线积分可转化为定积分来计算, 只要把积分表达式中的 x, y, $\mathrm{d}s$ 分别换为 $\varphi(t)$, $\psi(t)$, $\sqrt{\varphi'^2(t)+\psi'^2(t)}\mathrm{d}t$, 再从 α 到 β 作定积分即可. 注意, 定积分的下限 α 一定要小于上限 β, 这是因为小弧段的长度 Δs_i 总是正的, 从而要求 $\Delta t_i > 0$.

若曲线 L 由方程 $y=\psi(x)$ $(a \leqslant x \leqslant b)$ 给出, 则

$$\int_L f(x,y)\mathrm{d}s = \int_a^b f[x,\psi(x)]\sqrt{1+\psi'^2(x)}\mathrm{d}x, \quad a<b. \tag{1-7}$$

若曲线 L 由方程 $x=\varphi(y)(c \leqslant y \leqslant d)$ 给出, 则

$$\int_L f(x,y)\mathrm{d}s = \int_c^d f[\varphi(y),y]\sqrt{\varphi'^2(y)+1}\mathrm{d}y, \quad c<d. \tag{1-8}$$

若空间曲线 Γ 由方程

$$\begin{cases} x=x(t), \\ y=y(t), \qquad \alpha \leqslant t \leqslant \beta \\ z=z(t), \end{cases}$$

给出, $x(t)$, $y(t)$, $z(t)$ 在 $[\alpha,\beta]$ 上单值、有一阶连续导数且 $x'^2(t)+y'^2(t)+z'^2(t) \neq 0$, $f(x,y,z)$ 在 Γ 上连续, 则

$$\int_L f(x,y,z)\mathrm{d}s = \int_\alpha^\beta f[x(t),y(t),z(t)]\sqrt{x'^2(t)+y'^2(t)+z'^2(t)}\mathrm{d}t, \quad \alpha<\beta. \tag{1-9}$$

例 1 计算 $\int_L \sqrt{y}\mathrm{d}s$, 其中 L 是抛物线 $y=x^2$ 上点 $(0,0)$ 到点 $(1,1)$ 之间的一段弧, 如图 10-2 所示.

解 积分曲线 L 由方程

$$y=x^2, \quad 0 \leqslant t \leqslant 1$$

给出, 所以

$$\int_L \sqrt{y}\mathrm{d}s = \int_0^1 \sqrt{x^2}\sqrt{1+(2x)^2}\mathrm{d}x = \int_0^1 x\sqrt{1+4x^2}\mathrm{d}x = \frac{5\sqrt{5}-1}{12}.$$

例 2 计算 $\int_L \sqrt{R^2-x^2-y^2}\mathrm{d}s$, 其中 L 为 $x^2+y^2=Rx$ 的上半圆周, 如图 10-3 所示.

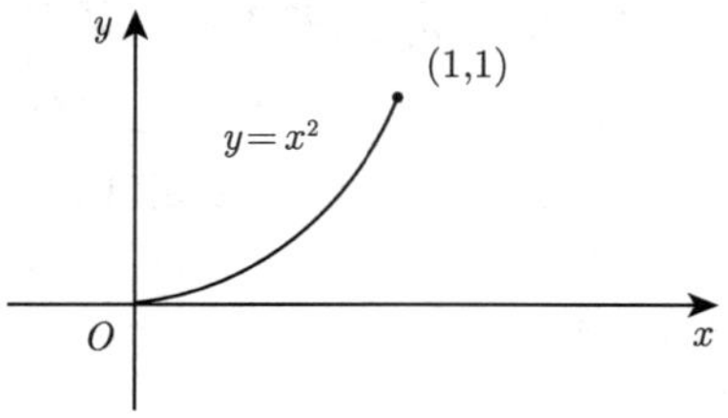

图 10-2

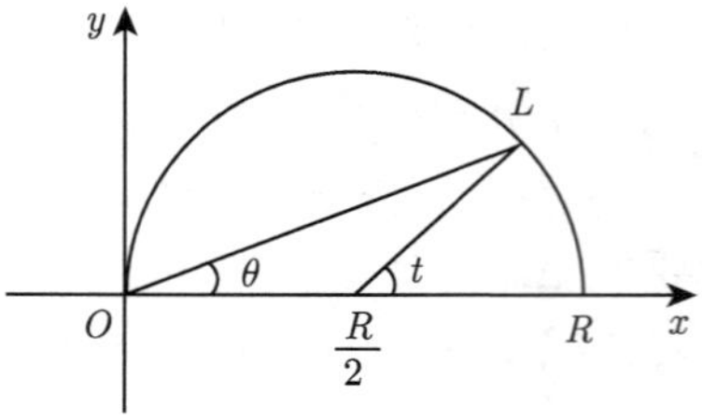

图 10-3

解　方法 1　取圆心角 t 为参数, L 的参数方程为

$$\begin{cases} x=\dfrac{R}{2}+\dfrac{R}{2}\cos t, \\ y=\dfrac{R}{2}\sin t, \end{cases} \qquad 0\leqslant t\leqslant \pi,$$

所以

$$\int_L \sqrt{R^2-x^2-y^2}\mathrm{d}s=\int_0^{\pi}\frac{R^2}{2}\sin\frac{t}{2}\mathrm{d}t=R^2.$$

方法 2　取极角 θ 为参数, L 的方程为

$$\begin{cases} x=R\cos^2\theta, \\ y=R\cos\theta\sin\theta, \end{cases} \qquad 0\leqslant \theta\leqslant \frac{\pi}{2},$$

所以

$$\begin{aligned}&\int_L \sqrt{R^2-x^2-y^2}\mathrm{d}s\\ =&\int_0^{\frac{\pi}{2}}\sqrt{R^2-R^2\cos^2\theta}\cdot\sqrt{R^2\sin^2 2\theta-R^2\cos^2 2\theta}\ \mathrm{d}\theta\\ =&R^2\int_0^{\frac{\pi}{2}}\sin\theta\mathrm{d}\theta=R^2.\end{aligned}$$

方法 3　取 x 为参数, L 的方程为

$$y=\sqrt{Rx-x^2},\quad 0\leqslant x\leqslant R,$$

所以

$$\int_L \sqrt{R^2-x^2-y^2}\mathrm{d}s$$

$$
\begin{aligned}
&= \int_0^R \sqrt{R^2 - R^2 x} \cdot \sqrt{1 + \left(\frac{R - 2x}{2\sqrt{Rx - x^2}}\right)^2} \mathrm{d}x \\
&= \frac{R\sqrt{R}}{2} \int_0^R \frac{1}{\sqrt{x}} \mathrm{d}x = \lim_{\varepsilon \to 0^+} \frac{R\sqrt{R}}{2} \int_\varepsilon^R \frac{1}{\sqrt{x}} \mathrm{d}x \\
&= R^2.
\end{aligned}
$$

例 3 计算 $\int_\Gamma xyz\mathrm{d}s$, 其中 Γ 是空间曲线 $x = t$, $y = \frac{2}{3}t\sqrt{2t}$, $z = \frac{1}{2}t^2$ 在 $0 \leqslant t \leqslant 1$ 上的一段.

解 因为 $\mathrm{d}s = \sqrt{1 + 2t + t^2}\mathrm{d}t = (1 + t)\mathrm{d}t$, 所以

$$
\int_\Gamma xyz\mathrm{d}s = \int_0^1 \frac{\sqrt{2}}{3} t^{\frac{9}{2}} (1 + t)\mathrm{d}t = \frac{16\sqrt{2}}{143}.
$$

若空间曲线弧 Γ 由一般式方程

$$
\begin{cases} F(x, y, z) = 0, \\ G(x, y, z) = 0 \end{cases}
$$

给出, 则通常需要先将方程转化为参数方程, 再按 (1-9) 计算 $\int_\Gamma f(x, y, z)\mathrm{d}s$, 但有时并不容易. 在一些特殊情况下, 可通过特殊方法来处理, 如计算 $\oint_\Gamma x^2\mathrm{d}s$, 其中 Γ 为圆周

$$
\begin{cases} x^2 + y^2 + z^2 = 1, \\ x + y + z = 0, \end{cases}
$$

由于 Γ 上 x, y, z 地位完全对称, 所以

$$
\oint_\Gamma x^2\mathrm{d}s = \oint_\Gamma y^2\mathrm{d}s = \oint_\Gamma z^2\mathrm{d}s = \frac{1}{3}\oint_\Gamma (x^2 + y^2 + z^2)\mathrm{d}s = \frac{1}{3}\oint_\Gamma \mathrm{d}s = \frac{2\pi}{3}.
$$

这里巧妙地利用了曲线上点的坐标的对称性及点在曲面 $x^2 + y^2 + z^2 = 1$ 上来简化计算.

例 4 求质量均匀的心形线 $r = a(1 + \cos\theta)$, $0 \leqslant \theta \leqslant 2\pi$ 的重心坐标.

解 类似于平面薄片重心坐标, 平面曲线形构件的重心坐标为

$$
\bar{x} = \frac{1}{M}\int_L \rho x\mathrm{d}s, \quad \bar{y} = \int_L \rho y\mathrm{d}s,
$$

其中 $M=\int_L \rho \mathrm{d}s$ 是构件的质量, ρ 是构件的线密度. 当构件质量均匀时,

$$\bar{x}=\frac{1}{A}\int_L x\mathrm{d}s,\quad \bar{y}=\frac{1}{A}\int_L y\mathrm{d}s,$$

其中 A 是曲线 L 的弧长.

由于心形线关于极轴对称且质量均匀的, 所以 $\bar{y}=0$. 取极角 θ 为参数, 则心形线的参数方程是

$$\begin{cases} x=a(1+\cos\theta)\cos\theta, \\ y=a(1+\cos\theta)\sin\theta, \end{cases}\quad 0\leqslant\theta\leqslant 2\pi,$$

弧长元素为

$$\mathrm{d}s=\sqrt{r^2(\theta)+r^2(\theta)}\mathrm{d}\theta=2a\left|\cos\frac{\theta}{2}\right|\mathrm{d}\theta.$$

于是

$$A=\int_L \mathrm{d}s=\int_0^{2\pi} 2a\left|\cos\frac{\theta}{2}\right|\mathrm{d}\theta=8a,$$

$$\begin{aligned}\int_L x\mathrm{d}s&=\int_0^{2\pi} 2a^2(1+\cos\theta)\cos\theta\left|\cos\frac{\theta}{2}\right|\mathrm{d}\theta\\ &=8a^2\left[\int_0^{\pi}\left(1-3\sin^2\frac{\theta}{2}+2\sin^4\frac{\theta}{2}\right)\mathrm{d}\sin\frac{\theta}{2}\right.\\ &\quad\left.-\int_{\pi}^{2\pi}\left(1-3\sin^2\frac{\theta}{2}+2\sin^4\frac{\theta}{2}\right)\mathrm{d}\sin\frac{\theta}{2}\right]\\ &=\frac{32}{5}a^2.\end{aligned}$$

故心形线的重心坐标是 $\bar{x}=\frac{4}{5}a^2$, $\bar{y}=0$.

习　题　10-1

1. 设有一空间曲线形构件 Γ, 两个端点为 A, B, 其上点 (x,y,z) 处的线密度为 $\rho(x,y,z)$, 试按照对弧长的曲线积分定义所给出的步骤, 将该构件的质量 m 及它关于 x 轴、y 轴的转动惯量 I_x, I_y 表示为对弧长的曲线积分.

2. 计算下列对弧长的曲线积分:

(1) $\int_L \frac{1}{x-y}\mathrm{d}s$, 其中 L 为连接点 $(1,0)$ 与点 $(2,1)$ 的直线段;

(2) $\int_L \sqrt{2y}\mathrm{d}s$, 其中 L 为摆线 $x=a(t-\sin t)$, $y=a(t-\cos t)(a>0)$ 第一拱;

(3) $\oint_L (x^2+y^2)^n\mathrm{d}s$, 其中 L 为圆周 $x^2+y^2=a^2$;

(4) $\oint_\Gamma (x^2+y^2+z^2)\mathrm{d}s$, 其中 Γ 为螺旋线 $x=\cos t$, $y=\sin t$, $z=t$ 上相应于 t 从 0 到 2π 的一段弧;

(5) $\int_\Gamma xyz\mathrm{d}s$, 其中 Γ 为折线 OAB, 这里 O, A, B 依次为点 $(0,0,0)$, $(1,2,3)$, $(1,4,3)$;

(6) $\oint_\Gamma |y|\mathrm{d}s$, 其中 Γ 为球面 $x^2+y^2+z^2=2$ 与平面 $x=y$ 的交线.

3. 设螺旋形弹簧一圈的方程为 $x=a\cos t$, $x=a\sin t$, $z=kt$ $(0\leqslant t\leqslant 2\pi)$, 它的线密度函数是 $\rho(x,y,z)=x^2+y^2+z^2$, 求:

(1) 它关于 z 轴的转动惯量 I_z; (2) 它的重心坐标.

第二节　第二类曲线积分

一、 概念与性质

1. 有向曲线及其切向量

当动点沿着曲线向前连续移动时, 就形成了曲线的方向, 一条曲线通常有两种方向, 若将其中的一种规定为正向, 则另一种就是反向. 称规定了正向的曲线为**有向曲线**.

设有向曲线 Γ 的起点为 A, 终点为 B, 则记 $\Gamma=\overset{\frown}{AB}$. 在图形上, 用箭头标出 Γ 的方向, 如图 10-4 所示. 与 Γ 反向的曲线用 Γ^- 或 $-\Gamma$ 表示, 有 $\Gamma^-=\overset{\frown}{BA}$. 注意, 有向曲线记号中, 前面的字母为曲线的起点, 后面的字母为曲线的终点.

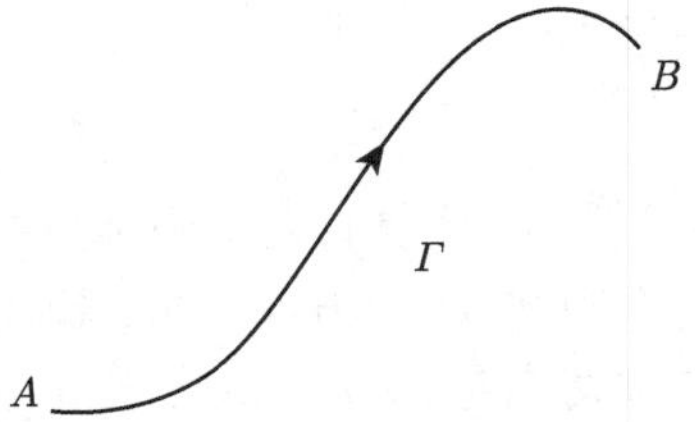

图 10-4

当曲线 Γ 由参数方程给出时, 参数的每个值对应曲线上的一个点, 当参数由小变大或由大变小时, 曲线上的动点就走出曲线的两种不同方向. 因此, 将有向曲线用参数方程给出时, 必须指明参数的变化情况. 有向曲线 $\Gamma=\overset{\frown}{AB}$ 的参数方程写作

$$\begin{cases} x=x(t), \\ y=y(t), \quad\quad t: a\to b. \\ z=z(t), \end{cases} \tag{2-1}$$

它表明曲线 Γ 从 A 到 B 的方向与参数 t 从 a 到 b 的变化过程是一致的. 换句

话说, 起点 A 对应参数 $t=a$, 终点 B 对应参数 $t=b$, 而对 a 与 b 谁大谁小没有要求.

对于一条光滑有向曲线, 规定: 曲线上各点处切向量的方向只有一个, 即指向曲线的正向. 由此, 曲线的正向与其切向量方向是一回事.

若规定光滑曲线 Γ 的正向为参数增大的方向, 即 Γ 由方程 (2-1) 表示时 $a<b$, 设 $M(x(t),y(t),z(t))$ 是曲线上任意一点, 参数在 t 取增量 Δt, 则当 $\Delta t>0$ 时, Γ 上的点 $N(x(t+\Delta t),y(t+\Delta t),z(t+\Delta t))$ 总是位于点 M 的前方, 从而向量 $\dfrac{\overrightarrow{MN}}{\Delta t}$ 是指向曲线正向的割线 $\overrightarrow{MN}$ 的方向向量; 而当 $\Delta t<0$ 时, 点 N 总是位于点 M 的后方, 从而向量 $\dfrac{\overrightarrow{MN}}{\Delta t}$ 仍然指向曲线的正向. 因此, 不论哪种情形, 向量

$$\frac{\overrightarrow{MN}}{\Delta t}=\left(\frac{x(t+\Delta t)-x(t)}{\Delta t},\frac{y(t+\Delta t)-y(t)}{\Delta t},\frac{z(t+\Delta t)-z(t)}{\Delta t}\right)$$

都是指向曲线正向的割线的方向向量. 从而, 当极限 $\lim\limits_{\Delta t\to 0}\dfrac{\overrightarrow{MN}}{\Delta t}$ 存在时, 有向曲线 Γ 在点 M 的切向量为 $\lim\limits_{\Delta t\to 0}\dfrac{\overrightarrow{MN}}{\Delta t}$, 即

$$\boldsymbol{\tau}=(x'(t),y'(t),z'(t))\,.$$

同理, 若 Γ 的正向时参数减小的方向, 则 Γ 在点 $M\,(x(t),y(t),z(t))$ 的切向量为

$$\boldsymbol{\tau}=(-x'(t),-y'(t),-z'(t))\,.$$

设 Γ 是空间直角坐标系中的一条光滑有向曲线, 在 Γ 上任取一段有向弧 $\Delta\boldsymbol{s}$, 其方向与 Γ 的方向一致, 长为 Δs. 在 $\Delta\boldsymbol{s}$ 上任取一点 $M(x,y,z)$, Γ 在 M 处的单位切向量为 $\boldsymbol{\tau}^{\circ}$, 取向量 $\boldsymbol{\tau}=\boldsymbol{\tau}^{\circ}\Delta s=(\cos\alpha\Delta s,\cos\beta\Delta s,\cos\gamma\Delta s)$, 其中 $\cos\alpha$, $\cos\beta$, $\cos\gamma$ 为 Γ 在点 $M(x,y,z)$ 的切向量的方向余弦, 如图 10-5 所示, 则

$$\Delta\boldsymbol{s}\approx\boldsymbol{\tau}=\boldsymbol{\tau}^{\circ}\Delta s.$$

若当 $\Delta s\to 0$ 时, 向量 $\boldsymbol{\tau}^{\circ}\Delta s$ 有极限, 即向量的每个坐标都有极限, 则称此极限向量为有向曲线 Γ 的**有向弧元素**, 记作 $\mathrm{d}\boldsymbol{s}$, 即

$$\mathrm{d}\boldsymbol{s}=\boldsymbol{\tau}^{\circ}\mathrm{d}s=(\cos\alpha\mathrm{d}s,\cos\beta\mathrm{d}s,\cos\gamma\mathrm{d}s),$$

其中 $\cos\alpha$, $\cos\beta$, $\cos\gamma$ 为有向曲线 Γ 上任一点处的切向方向余弦, $\mathrm{d}\boldsymbol{s}$ 为曲线 Γ 的弧长元素.

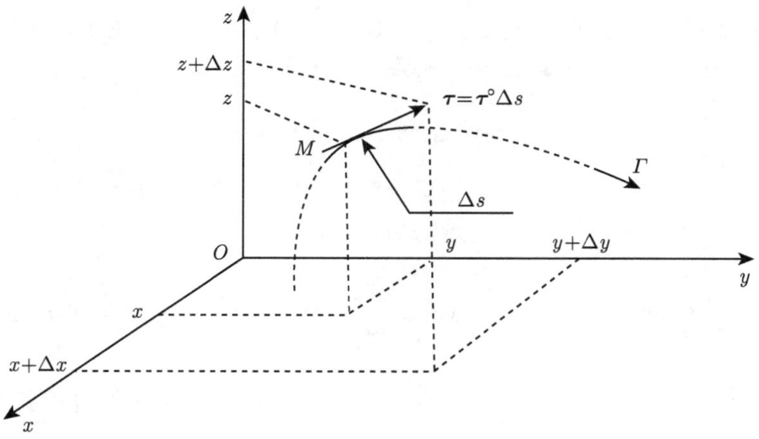

图 10-5

设有向弧段 $\Delta \boldsymbol{s}$ 在坐标轴上的投影为 Δx, Δy, Δz, 则由图 10-5 易知

$$\Delta x \approx \cos\alpha\Delta s, \quad \Delta y \approx \cos\beta\Delta s, \quad \Delta z \approx \cos\gamma\Delta s,$$

其中 $\cos\alpha, \cos\beta, \cos\gamma$ 为 Γ 上点 $M(x,y,z)$ 处的切向方向余弦. 所以, 当 $\Delta s \to 0$ 时, 有

$$\mathrm{d}x \approx \cos\alpha\mathrm{d}s, \quad \mathrm{d}y \approx \cos\beta\mathrm{d}s, \quad \mathrm{d}z \approx \cos\gamma\mathrm{d}s,$$

其中 $\cos\alpha$, $\cos\beta$, $\cos\gamma$ 为有向曲线 Γ 上任一点处的切向方向余弦, $\mathrm{d}s$ 为曲线 Γ 的弧长元素. $\mathrm{d}x$, $\mathrm{d}y$, $\mathrm{d}z$ 是有向弧元在坐标轴上的投影, 称为有向曲线 Γ 上的有向弧在坐标轴上的**投影元素**. 利用投影元素, 有

$$\mathrm{d}\boldsymbol{s} = (\mathrm{d}x, \mathrm{d}y, \mathrm{d}z).$$

当 $z \equiv 0$ 时, 上面的讨论就是平面曲线的情形.

2. 变力沿曲线所做的功

设一个质点在力场 $\boldsymbol{F}(x,y) = P(x,y)\boldsymbol{i} + Q(x,y)\boldsymbol{j}$ 作用下从点 A 沿光滑的有向平面曲线 L 移动到点 B, 求这个移动过程中变力 $\boldsymbol{F}$ 所做的功 W.

已知质点在常力 $\boldsymbol{F}$ 作用下从点 A 沿直线移动到点 B 所做的功 $W = \boldsymbol{F}\cdot\overrightarrow{AB}$. 当力 $\boldsymbol{F}$ 在 L 上连续, 即 $P(x,y)$, $Q(x,y)$ 是 L 上的连续函数时, 类似于定积分的方法, 将变力沿光滑有向曲线所做的功用常力沿直线所做的功来近似. 如图 10-6 所示, L 上的点 $A = M_0, M_1, M_2, \cdots, M_n = B$ 将 L 分为 n 个有向小弧段 $\widehat{M_{i-1}M_i}$, $i = 1,2,\cdots,n$. 设 $\widehat{M_{i-1}M_i}$ 的长度为 Δs_i, 在 $\widehat{M_{i-1}M_i}$ 上任取一点 (ξ_i,η_i), 将 $\widehat{M_{i-1}M_i}$ 近似看作长度为 $\Delta \boldsymbol{s}_i$ 的有向线段, 其方向为 L 在点 (ξ_i,η_i) 的切向量的

方向, 再用点 (ξ_i,η_i) 处的力 $\boldsymbol{F}(\xi_i,\eta_i)$ 代替 $\overset{\frown}{M_{i-1}M_i}$ 上各点处的力, 则质点在变力 $\boldsymbol{F}$ 作用下由点 M_{i-1} 沿曲线 L 移动到点 M_i 所做的功为

$$\Delta W_i \approx \boldsymbol{F}(\xi_i,\eta_i)\cdot\Delta\boldsymbol{\tau}^{\circ}(\xi_i,\eta_i)\Delta s_i,$$

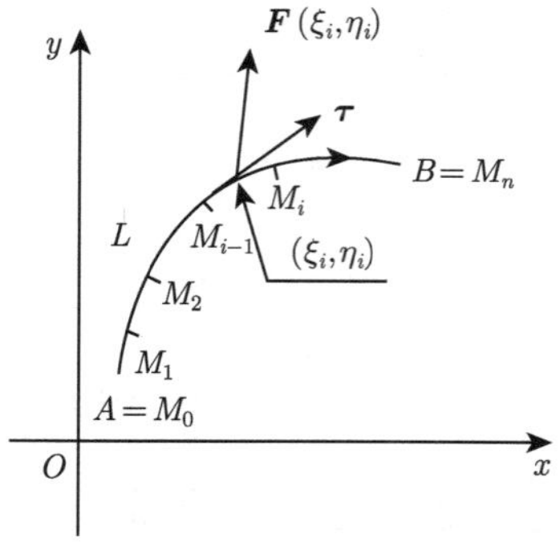

图 10-6

这里 $\boldsymbol{\tau}^{\circ}(\xi_i,\eta_i)$ 是曲线 L 在点 (ξ_i,η_i) 的单位向量, 从而

$$W=\sum_{i=1}^{n}\Delta W_i \approx \sum_{i=1}^{n}\boldsymbol{F}(\xi_i,\eta_i)\cdot\Delta\boldsymbol{\tau}^{\circ}(\xi_i,\eta_i)\Delta s_i.$$

记 $\lambda=\max\limits_{1\leqslant i\leqslant n}\{\Delta s_i\}$, $\lambda\to 0$ 的过程就是把 L 无限细分的过程. 若 $\lambda\to 0$ 时, 上式右端和式的极限存在, 则定义该极限值为变力 $\boldsymbol{F}$ 沿有向曲线 L 所做的功, 即

$$W=\lim_{\lambda\to 0}\sum_{i=1}^{n}\boldsymbol{F}(\xi_i,\eta_i)\cdot\boldsymbol{\tau}^{\circ}(\xi_i,\eta_i)\Delta s_i. \quad (2\text{-}2)$$

对以上过程及和式的极限进行数学抽象, 就得到如下曲线积分的定义.

3. 第二类曲线积分定义

定义 1 设 L 是 xOy 平面内的一条光滑有向曲线, 起点为 A, 终点为 B, 向量函数 $\boldsymbol{F}(x,y)=P(x,y)\boldsymbol{i}+Q(x,y)\boldsymbol{j}$ 在 L 上有界, 即 $P(x,y)$, $Q(x,y)$ 在 L 上有界, 用 L 上的点列 $A=M_0,M_1,M_2,\cdots,M_n=B$ 将 L 分为 n 个小弧段, 在第 i 个小弧段 $\overset{\frown}{M_{i-1}M_i}$ 上任取一点 (ξ_i,η_i), $i=1,2,\cdots,n$. 记曲线在该点的单位切向量为 $\boldsymbol{\tau}^{\circ}(\xi_i,\eta_i)$, 弧段 $\overset{\frown}{M_{i-1}M_i}$ 的长度为 Δs_i, 作数量积 $\boldsymbol{F}(\xi_i,\eta_i)\cdot\boldsymbol{\tau}^{\circ}(\xi_i,\eta_i)\Delta s_i$, 再求和, 得

$$\sum_{i=1}^{n}\boldsymbol{F}(\xi_i,\eta_i)\cdot\boldsymbol{\tau}^{\circ}(\xi_i,\eta_i)\Delta s_i,$$

记 $\lambda=\max\limits_{1\leqslant i\leqslant n}\{\Delta s_i\}$, 若当 $\lambda\to 0$ 时, 无论对 L 怎样分, 也无论 (ξ_i,η_i) 怎样取, 该和式的极限总存在, 则称此极限值为**向量函数 $\boldsymbol{F}(x,y)$ 沿有向曲线 L 从 A 到 B 的曲线积分**或**第二类曲线积分**, 记作 $\int_L \boldsymbol{F}(x,y)\cdot \mathrm{d}\boldsymbol{s}$, 即

$$\int_L \boldsymbol{F}(x,y)\cdot \mathrm{d}\boldsymbol{s}=\lim_{\lambda\to 0}\sum_{i=1}^{n}\boldsymbol{F}(\xi_i,\eta_i)\cdot\boldsymbol{\tau}^{\circ}(\xi_i,\eta_i)\Delta s_i, \quad (2\text{-}3)$$

其中 $\mathrm{d}\boldsymbol{s}$ 为有限曲线 L 的有向弧元素. 设 $\boldsymbol{\tau}^{\circ}(x,y)$ 是 L 上任意一点 (x,y) 处的单位切向量, 则 $\mathrm{d}\boldsymbol{s}=\boldsymbol{\tau}^{\circ}(x,y)\mathrm{d}s=(\mathrm{d}x,\mathrm{d}y)$, $\mathrm{d}s$ 是曲线 L 的弧长元素.

记 $\boldsymbol{\tau}^{\circ}(\xi_i,\eta_i)=(\cos\alpha_i,\cos\beta_i)$, 利用 $\boldsymbol{F}(x,y)$, $\mathrm{d}\boldsymbol{s}$ 的坐标, 可得第二类曲线积分的数量形式. (2-3) 左边的积分表达式

$$\boldsymbol{F}(x,y)\cdot\mathrm{d}\boldsymbol{s}=P(x,y)\mathrm{d}x+Q(x,y)\mathrm{d}y,$$

右边的和式

$$\begin{aligned}\sum_{i=1}^{n}\boldsymbol{F}(\xi_i,\eta_i)\cdot\boldsymbol{\tau}^{\circ}(\xi_i,\eta_i)\Delta s_i&=\sum_{i=1}^{n}[P(\xi_i,\eta_i)\cos\alpha_i\Delta s_i+Q(\xi_i,\eta_i)\cos\beta_i\Delta s_i]\\&=\sum_{i=1}^{n}[P(\xi_i,\eta_i)\Delta x_i+Q(\xi_i,\eta_i)\Delta y_i],\end{aligned}$$

其中 Δx_i, Δy_i 是向量 $\boldsymbol{\tau}^{\circ}(\xi_i,\eta_i)\Delta s_i$ 在坐标轴上的投影. 所以 $\boldsymbol{F}(x,y)$ 在有向曲线 L 上的积分有形式:

$$\int_L P(x,y)\mathrm{d}x+Q(x,y)\mathrm{d}y=\lim_{\lambda\to0}\sum_{i=1}^{n}\left[P(\xi_i,\eta_i)\Delta x_i+Q(\xi_i,\eta_i)\Delta y_i\right].\tag{2-4}$$

若在 $\boldsymbol{F}(x,y)$ 中, $Q(x,y)\equiv0$, 则

$$\int_L P(x,y)\mathrm{d}x=\lim_{\lambda\to0}\sum_{i=1}^{n}[P(\xi_i,\eta_i)\Delta x_i];\tag{2-5}$$

若在 $\boldsymbol{F}(x,y)$ 中, $P(x,y)\equiv0$, 则

$$\int_L Q(x,y)\mathrm{d}y=\lim_{\lambda\to0}\sum_{i=1}^{n}[Q(\xi_i,\eta_i)\Delta y_i].\tag{2-6}$$

也称 $\int_L P(x,y)\mathrm{d}x$ 为函数 $P(x,y)$ 在 L 上**对坐标 x 的积分**; $\int_L Q(x,y)\mathrm{d}y$ 为函数 $Q(x,y)$ 在 L 上**对坐标 y 的积分**; 而称 $\int_L P(x,y)\mathrm{d}x+Q(x,y)\mathrm{d}y$ 为函数 $P(x,y)$, $Q(x,y)$ 在 L 上**对坐标 x, y 的积分**.

由 (2-4)—(2-6) 易知, 当 $\int_L P(x,y)\mathrm{d}x$ 与 $\int_L Q(x,y)\mathrm{d}y$ 都存在时, 必有 $\int_L P(x,y)\mathrm{d}x+Q(x,y)\mathrm{d}y$ 存在, 且

$$\int_L P(x,y)\mathrm{d}x+Q(x,y)\mathrm{d}y=\int_L P(x,y)\mathrm{d}x+\int_L Q(x,y)\mathrm{d}y.\tag{2-7}$$

因此, 也称 $\int_L P(x,y)\mathrm{d}x+Q(x,y)\mathrm{d}y$ 为**组合曲线积分**或**对坐标的曲线积分的完全形式**.

利用第二类曲线积分定义, 变力沿曲线做功可表示为

$$W=\int_L \boldsymbol{F}(x,y)\cdot\mathrm{d}\boldsymbol{s}\quad 或\quad W=\int_L P(x,y)\mathrm{d}x+Q(x,y)\mathrm{d}y.$$

需要指出的是

(1) 当函数 $\boldsymbol{F}(x,y)$ 在分段光滑的有向曲线 L 上连续时, 即 $P(x,y)$, $Q(x,y)$ 在 L 上连续时, 曲线积分 $\int_L \boldsymbol{F}(x,y)\cdot\mathrm{d}\boldsymbol{s}$, 即 $\int_L P(x,y)\mathrm{d}x+Q(x,y)\mathrm{d}y$ 一定存在, 且

$$\int_L P(x,y)\mathrm{d}x+Q(x,y)\mathrm{d}y=\int_L P(x,y)\mathrm{d}x+\int_L Q(x,y)\mathrm{d}y.$$

(2) 第二类曲线积分具有线性性质和对有向曲线弧的可加性. 特别重要的是具有性质

$$\int_L \boldsymbol{F}(x,y)\cdot\mathrm{d}\boldsymbol{s}=\int_{-L}\boldsymbol{F}(x,y)\cdot\mathrm{d}\boldsymbol{s}$$

或

$$\int_L P(x,y)\mathrm{d}x+Q(x,y)\mathrm{d}y=\int_{-L}P(x,y)\mathrm{d}x+Q(x,y)\mathrm{d}y. \tag{2-8}$$

(3) 设 $\varGamma$ 是空间光滑的有向曲线, 向量值函数

$$\boldsymbol{F}(x,y,z)=P(x,y,z)\boldsymbol{i}+Q(x,y,z)\boldsymbol{j}+R(x,y,z)\boldsymbol{k}$$

在 $\varGamma$ 上有界, 则 $\boldsymbol{F}(x,y,z)$ 在 $\varGamma$ 上的第二类曲线积分定义为

$$\int_\varGamma \boldsymbol{F}(x,y,z)\cdot\mathrm{d}\boldsymbol{s}=\lim_{\lambda\to 0}\sum_{i=1}^{n}\boldsymbol{F}(\xi_i,\eta_i,\zeta_i)\cdot\boldsymbol{\tau}^\circ(\xi_i,\eta_i,\zeta_i)\Delta s_i \tag{2-9}$$

或

$$\begin{aligned}&\int_\varGamma P(x,y,z)\mathrm{d}x+Q(x,y,z)\mathrm{d}y+R(x,y,z)\mathrm{d}z\\ =&\lim_{\lambda\to 0}\sum_{i=1}^{n}[P(\xi_i,\eta_i,\zeta_i)\Delta x_i+Q(\xi_i,\eta_i,\zeta_i)\Delta y_i+R(\xi_i,\eta_i,\zeta_i)\Delta z_i].\end{aligned} \tag{2-10}$$

平面曲线上的第二类曲线积分的其他概念可以直接推广到空间的情形.

4. 两类曲线积分之间的关系

在平面上第二类曲线积分的定义中, 注意到

$$\boldsymbol{F}(\xi_i,\eta_i)\cdot\boldsymbol{\tau}^\circ(\xi_i,\eta_i)\Delta s_i=[\boldsymbol{F}(\xi_i,\eta_i)\cdot\boldsymbol{\tau}^\circ(\xi_i,\eta_i)]\Delta s_i.$$

所以, 向量函数 $\boldsymbol{F}(x,y)$ 沿有向曲线 L 的曲线积分就是数量函数 $\boldsymbol{F}(x,y)\cdot\boldsymbol{\tau}^\circ(x,y)$ 在 L 上对弧长的曲线积分, 即

$$\int_L \boldsymbol{F}(x,y)\cdot\mathrm{d}\boldsymbol{s}=\int_L[\boldsymbol{F}(x,y)\cdot\boldsymbol{\tau}^\circ(x,y)]\mathrm{d}s. \tag{2-11}$$

设 L 在点 (x,y) 切向量的方向余弦为 $\cos\alpha,\cos\beta$, 即 $\boldsymbol{\tau}^\circ(x,y)=(\cos\alpha,\cos\beta)$, 代入 $\boldsymbol{F}(x,y)$, $\mathrm{d}\boldsymbol{s}$ 的坐标, 就有

$$\int_L P(x,y)\mathrm{d}x+Q(x,y)\mathrm{d}y=\int_L[P(x,y)\cos\alpha+Q(x,y)\cos\beta]\mathrm{d}s. \tag{2-12}$$

(2-11) 或 (2-12) 建立了对坐标的与对弧长的两类曲线积分之间的关系. 空间的情形为

$$\int_\Gamma \boldsymbol{F}(x,y,z)\cdot\mathrm{d}\boldsymbol{s}=\int_\Gamma[\boldsymbol{F}(x,y,z)\cdot\boldsymbol{\tau}^\circ(x,y,z)]\mathrm{d}s$$

或

$$\begin{aligned}&\int_\Gamma P(x,y,z)\mathrm{d}x+Q(x,y,z)\mathrm{d}y+R(x,y,z)\mathrm{d}z\\=&\int_\Gamma[P(x,y,z)\cos\alpha+Q(x,y,z)\cos\beta+R(x,y,z)\cos\gamma]\mathrm{d}s,\end{aligned} \tag{2-13}$$

其中 $\cos\alpha,\cos\beta,\cos\gamma$ 是空间有向曲线 Γ 上点 (x,y,z) 处切向量的方向余弦, $\mathrm{d}s$ 为曲线 Γ 的弧长元素.

利用两类曲线积分之间的关系, 可以将一类曲线积分转化为另一类曲线积分来讨论.

二、 计算方法

第二类曲线积分的计算方法

定理 1　设平面上有向光滑曲线弧 L 由参数方程

$$\begin{cases}x=\varphi(t),\\ y=\psi(t),\end{cases}\quad t:\alpha\to\beta$$

给出, $P(x,y)$, $Q(x,y)$ 在 L 上连续, 则

$$\int_L P(x,y)\mathrm{d}x+Q(x,y)\mathrm{d}y=\int_\alpha^\beta\{P[\varphi(t),\psi(t)]\varphi'(t)+Q[\varphi(t),\psi(t)]\psi'(t)\}\mathrm{d}t,\tag{2-14}$$

其中右端定积分的下限 α 与上限 β 分别是 L 的起点与终点对应的参数.

证 由定理的条件, (2-14) 左端的曲线积分及右端的定积分存在, 下面只推证 (2-14) 成立. 因为

$$\int_L P(x,y)\mathrm{d}x+Q(x,y)\mathrm{d}y=\int_L[P(x,y)\cos\alpha+Q(x,y)\cos\beta]\mathrm{d}s,$$

若 $\alpha<\beta$, 则

$$\cos\alpha=\frac{\varphi'(t)}{\sqrt{\varphi'^2(t)+\psi'^2(t)}},\quad \cos\beta=\frac{\psi'(t)}{\sqrt{\varphi'^2(t)+\psi'^2(t)}},\quad \mathrm{d}s=\sqrt{\varphi'^2(t)+\psi'^2(t)}\mathrm{d}t.$$

所以, 由第一类曲线积分的计算公式, 得

$$\begin{aligned}\int_L P(x,y)\mathrm{d}x+Q(x,y)\mathrm{d}y&=\int_L[P(x,y)\cos\alpha+Q(x,y)\cos\beta]\mathrm{d}s\\&=\int_\alpha^\beta\left\{P[\varphi(t),\psi(t)]\frac{\varphi'(t)}{\sqrt{\varphi'^2(t)+\psi'^2(t)}}\right.\\&\quad\left.+Q[\varphi(t),\psi(t)]\frac{\psi'(t)}{\sqrt{\varphi'^2(t)+\psi'^2(t)}}\right\}\sqrt{\varphi'^2(t)+\psi'^2(t)}\mathrm{d}t\\&=\int_\alpha^\beta\{P[\varphi(t),\psi(t)]\varphi'(t)+Q[\varphi(t),\psi(t)]\psi'(t)\}\mathrm{d}t.\end{aligned}$$

若 $\alpha>\beta$, 则

$$\cos\alpha=-\frac{\varphi'(t)}{\sqrt{\varphi'^2(t)+\psi'^2(t)}},\quad \cos\beta=-\frac{\psi'(t)}{\sqrt{\varphi'^2(t)+\psi'^2(t)}},$$
$$\mathrm{d}s=\sqrt{\varphi'^2(t)+\psi'^2(t)}\mathrm{d}t.$$

利用第一类曲线积分的计算公式, 也有

$$\begin{aligned}&\int_L P(x,y)\mathrm{d}x+Q(x,y)\mathrm{d}y\\=&\int_\beta^\alpha\left\{P[\varphi(t),\psi(t)]\frac{-\varphi'(t)}{\sqrt{\varphi'^2(t)+\psi'^2(t)}}+Q[\varphi(t),\psi(t)]\frac{-\psi'(t)}{\sqrt{\varphi'^2(t)+\psi'^2(t)}}\right\}\end{aligned}$$

$$\cdot\sqrt{\varphi'^2(t)+\psi'^2(t)}\mathrm{d}t$$

$$=\int_{\alpha}^{\beta}\{P[\varphi(t),\psi(t)]\varphi'(t)+Q[\varphi(t),\psi(t)]\psi'(t)\}\mathrm{d}t.$$

这就证明了无论 $\alpha<\beta$ 还是 $\alpha>\beta$, (2-14) 都成立.

定理表明, 计算第二类曲线积分, 只需将 $x=\varphi(t)$, $y=\psi(t)$ 代入积分表达式, 再计算从 L 的起点对应的参数到 L 的终点对应的参数的定积分即可. 注意, 由于第二类曲线积分与曲线的方向密切相关, 定积分中不必考虑上下限 α,β 谁大谁小, 下限 α 一定是 L 的起点对应的参数, 上限 β 一定是 L 的终点对应的参数.

若曲线 L 由方程 $y=f(x), x:a\to b$ 给出, 则

$$\int_L P(x,y)\mathrm{d}x+Q(x,y)\mathrm{d}y=\int_a^b\{P[x,f(x)]+Q[x,f(x)]f'(x)\}\mathrm{d}x. \tag{2-15}$$

若曲线 L 由方程 $x=g(y)$, $y:c\to d$ 给出, 则

$$\int_L P(x,y)\mathrm{d}x+Q(x,y)\mathrm{d}y=\int_c^d\{P[g(y),y]g'(y)+Q[g(y),y]\}\mathrm{d}y. \tag{2-16}$$

若空间光滑有向曲线 $\varGamma$ 由方程

$$\begin{cases} x=x(t), \\ y=y(t), \qquad t:a\to b \\ z=z(t), \end{cases}$$

给出, $P(x,y,z)$, $Q(x,y,z)$, $R(x,y,z)$ 在 $\varGamma$ 上连续, 则

$$\int_{\varGamma} P(x,y,z)\mathrm{d}x+Q(x,y,z)\mathrm{d}y+R(x,y,z)\mathrm{d}z$$
$$=\int_a^b P[x(t),y(t),z(t)]x'(t)+Q[x(t),y(t),z(t)]y'(t)+R[x(t),y(t),z(t)]z'(t)\mathrm{d}t. \tag{2-17}$$

例 1 计算 $\int_L y^2\mathrm{d}x$, 其中 L 的方程为

(1) 半径为 a, 圆心在坐标原点的上半圆周, 取逆时针方向;

(2) 从点 $A(a,0)$ 沿 x 轴到 $B(-a,0)$ 的有向直线段.

解　(1) 取圆心角 t 为参数, L 的方程为

$$\begin{cases} x = a\cos t, \\ y = a\sin t, \end{cases} \quad t: 0 \to \pi,$$

则

$$\int_L y^2 \mathrm{d}x = \int_0^{\pi} a^2 \sin^2 t \mathrm{d}a\cos t = a^3 \int_0^{\pi} (1-\cos^2 t)\mathrm{d}a\cos t = -\frac{4}{3}a^3.$$

(2) 取 x 为参数, L 的方程为 $y=0$, $x: a \to -a$, 则

$$\int_L y^2 \mathrm{d}x = \int_a^{-a} 0\mathrm{d}x = 0.$$

例 2　计算 $\int_L 2xy\mathrm{d}x + x^2\mathrm{d}y$, 其中 L 为

(1) 抛物线 $y = x^2$ 上从点 $O(0,0)$ 到点 $A(1,1)$ 的一段有向弧;

(2) 抛物线 $y = \sqrt{x}$ 上从点 $O(0,0)$ 到点 $A(1,1)$ 的一段有向弧;

(3) 有向折线 $\overrightarrow{OB} + \overrightarrow{BA}$, 点 O, B, A 分别为 $O(0,0)$, $B(1,0)$, $A(1,1)$.

解　(1) 取 x 为参数, L 的方程为 $y = x^2$, $x: 0 \to 1$, 则

$$\int_L 2xy\mathrm{d}x + x^2\mathrm{d}y = \int_0^1 (2x \cdot x^2 + x^2 \cdot 2x)\mathrm{d}x = \int_0^1 4x^3 \mathrm{d}x = 1.$$

(2) 取 x 为参数, L 的方程为 $y = \sqrt{x}$, $x: 0 \to 1$, 则

$$\int_L 2xy\mathrm{d}x + x^2\mathrm{d}y = \int_0^1 \left(2x \cdot \sqrt{x} + x^2 \cdot \frac{1}{2\sqrt{x}}\right)\mathrm{d}x = \int_0^1 \frac{5}{2}x^{\frac{3}{2}}\mathrm{d}x = 1.$$

(3) 由曲线积分的性质,

$$\int_L 2xy\mathrm{d}x + x^2\mathrm{d}y = \int_{\overrightarrow{OB}} 2xy\mathrm{d}x + x^2\mathrm{d}y + \int_{\overrightarrow{BA}} 2xy\mathrm{d}x + x^2\mathrm{d}y,$$

其中 $\overrightarrow{OB}$ 的方程为 $y = 0$, $x: 0 \to 1$; $\overrightarrow{BA}$ 的方程为 $x = 1$, $y: 0 \to 1$. 所以

$$\int_{\overrightarrow{OB}} 2xy\mathrm{d}x + x^2\mathrm{d}y = \int_0^1 0\mathrm{d}x + x^2 \cdot 0\mathrm{d}x = \int_0^1 0\mathrm{d}x = 0,$$

$$\int_{\overrightarrow{BA}} 2xy\mathrm{d}x + x^2\mathrm{d}y = \int_0^1 2 \cdot 1 \cdot y \cdot 0\mathrm{d}x + 1\mathrm{d}y = \int_0^1 1\mathrm{d}y = 1.$$

于是

$$\int_L 2xy\mathrm{d}x + x^2\mathrm{d}y = 0 + 1 = 1.$$

例 1 中同一积分表达式沿不同有向曲线的第二类曲线积分不同, 例 2 中同一积分表达式沿不同有向曲线的第二类曲线积分相同, 这不是偶然的, 其中的奥秘将在本章第五节给出.

例 3　计算 $\oint_\Gamma (y-z)\mathrm{d}x + (z-x)\mathrm{d}y + (x-y)\mathrm{d}z$, 其中 Γ 为圆柱面 $x^2+y^2=1$ 与平面 $x+y+z=0$ 的交线, 从 z 轴正向看去沿逆时针方向.

解　曲线 Γ 的方程为 $\begin{cases} x^2+y^2=1, \\ x+y+z=0, \end{cases}$ 它在 xOy 平面上的投影为 $\begin{cases} x^2+y^2=1, \\ z=0, \end{cases}$ 所以它的参数方程为

$$\begin{cases} x = \cos t, \\ y = \sin t, \\ z = -(\cos t + \sin t), \end{cases} \qquad t: 0 \to 2\pi.$$

于是

$$\begin{aligned} &\oint_\Gamma (y-z)\mathrm{d}x + (z-x)\mathrm{d}y + (x-y)\mathrm{d}z \\ =&\int_0^{2\pi} [(2\sin t + \cos t)(-\sin t) - (2\sin t + \cos t)(\cos t) \\ &+ (\cos t - \sin t)(\sin t - \cos t)]\mathrm{d}t \\ =&\int_0^{2\pi} (-3)\mathrm{d}t = -6\pi. \end{aligned}$$

例 4　质量为 m 的质点受重力的作用沿空间中光滑曲线 Γ 由 $A(x_1, y_1, z_1)$ 移动到 $B(x_2, y_2, z_2)$, 求重力所做的功.

解　设空间曲线 Γ 如图 10-7 所示, 则力函数

$$\boldsymbol{F}(x,y,z) = -mg\boldsymbol{k},$$

有向曲线弧元素

$$\mathrm{d}\boldsymbol{s} = \boldsymbol{i}\mathrm{d}x + \boldsymbol{j}\mathrm{d}y + \boldsymbol{k}\mathrm{d}z.$$

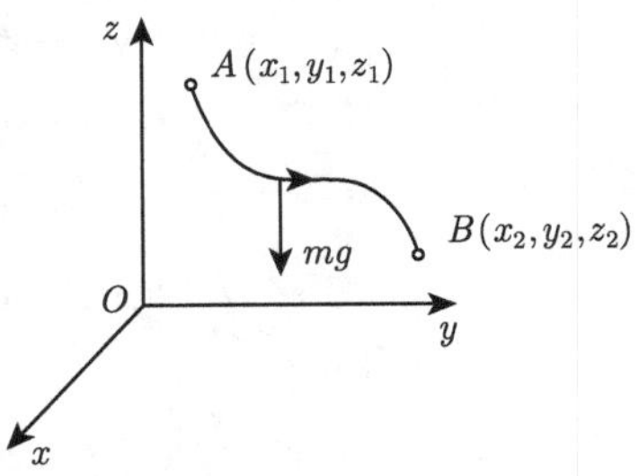

图 10-7

所以

$$W = \int_L \boldsymbol{F} \cdot \mathrm{d}\boldsymbol{s} = \int_L -mg\mathrm{d}z = -mg\int_{z_1}^{z_2} \mathrm{d}z$$
$$= mg(z_1 - z_2).$$

可见重力所做的功与质点移动的路径无关, 仅与下降的垂直距离有关. 在场论中, 向量函数的曲线积分仅与所沿曲线的起点与终点有关, 而与路径无关时, 则称该场为**保守场**. 本例说明, 重力场是个保守场.

习　题　10-2

1. 设 L 为 xOy 平面上直线 $x=a$ 上的一段有向线段, 证明:

$$\int_L P(x,y)\mathrm{d}x = 0.$$

2. 设 L 为 xOy 平面上 x 轴上从点 $(a,0)$ 到点 $(b,0)$ 的一段直线, 证明:

$$\int_L P(x,y)\mathrm{d}x + Q(x,y)\mathrm{d}y = \int_a^b P(x,0)\mathrm{d}x.$$

3. 把第二类曲线积分 $\int_L P(x,y)\mathrm{d}x + Q(x,y)\mathrm{d}y$ 化成对弧长的曲线积分, 其中 L 为

(1) 从点 $(0,0)$ 沿抛物线 $y=x^2$ 到点 $(1,1)$ 的有向曲线;

(2) 从点 $(0,0)$ 沿上半圆周 $x^2+y^2=2x$ 到点 $(1,1)$ 的有向弧段.

4. 把对坐标的曲线积分 $\int_\Gamma P(x,y,z)\mathrm{d}x + Q(x,y,z)\mathrm{d}y + R(x,y,z)\mathrm{d}z$ 化为对弧长的曲线积分, 其中 Γ 为

(1) 从点 $(0,0,0)$ 到点 $\left(\frac{\sqrt{2}}{2}, \frac{\sqrt{2}}{2}, 1\right)$ 的有向直线段;

(2) 有向弧 $\begin{cases} x=t, \\ y=t, \\ z=1-\sqrt{1-2t^2}, \end{cases}$ $\quad t: 0 \to \frac{\sqrt{2}}{2}.$

5. 设 Γ 为曲线 $x=1-\cos t$, $y=\sin t$, $z=t^3$ 上对应于 $t=0$ 到 $t=\pi$ 的一段有向弧, 证明:

$$\int_\Gamma P(x,y,z)\mathrm{d}x + Q(x,y,z)\mathrm{d}y + R(x,y,z)\mathrm{d}z$$
$$= \int_\Gamma \left[P(x,y,z) + Q(x,y,z)\cot t + R(x,y,z)\frac{3t^2}{\sin t}\right]\mathrm{d}z.$$

6. 计算下列第二类曲线积分:

(1) $\int_L (x+y)\mathrm{d}x + xy\mathrm{d}y$, L 为折线 $y=1-|1-x|$ 上从点 $(0,0)$ 到点 $(2,0)$ 的有向折线段;

(2) $\int_L (1+2xy)\mathrm{d}x + x^2\mathrm{d}y$, L 为从点 $(1,0)$ 到点 $(-1,0)$ 的上半椭圆周 $x^2+2y^2=1$;

(3) $\oint_L \boldsymbol{F}\cdot\mathrm{d}\boldsymbol{s}$, 其中 $\boldsymbol{F}=-y\boldsymbol{i}+x\boldsymbol{j}$, L 为由 $y=x$, $x=1$ 及 $y=0$ 所构成的三角形闭曲线, 取逆时针方向;

(4) $\oint_L \boldsymbol{F}\cdot\mathrm{d}\boldsymbol{s}$, 其中 $\boldsymbol{F}=\dfrac{y\boldsymbol{i}-x\boldsymbol{j}}{x^2+y^2}$, L 为取逆时针方向的圆周 $\begin{cases} x=a\cos t, \\ y=a\sin t, \end{cases}$ $t:0\to 2\pi$;

(5) $\int_\Gamma x^2\mathrm{d}x + x\mathrm{d}y - y\mathrm{d}z$, Γ 为 $x=k\theta$, $y=a\cos\theta$, $z=a\sin\theta$ 上从 $\theta_1=0$ 到 $\theta_2=\pi$ 的一段有向弧;

(6) $\int_\Gamma x\mathrm{d}x + y\mathrm{d}y + (x+y-1)\mathrm{d}z$, Γ 为由点 $(1,1,1)$ 到点 $(2,3,4)$ 的有向直线段;

(7) $\oint_\Gamma \boldsymbol{F}\cdot\mathrm{d}\boldsymbol{s}$, 其中 $\boldsymbol{F}=(y^2-z^2)\boldsymbol{i}+(z^2-x^2)\boldsymbol{j}+(x^2-y^2)\boldsymbol{k}$, Γ 为球面 $x^2+y^2+z^2=1$ 在第一卦限部分的边界曲线, 且从指向坐标原点的方向看去, 取逆时针方向;

(8) $\oint_\Gamma (z-y)\mathrm{d}x + (x-z)\mathrm{d}y + (x-y)\mathrm{d}z$, Γ 为有向椭圆 $\begin{cases} x^2+y^2=1, \\ x-y+z=2, \end{cases}$ 且从 z 轴正方向看去, Γ 取顺时针方向.

7. 设有一力场, 场力的大小与作业点到 z 轴的距离成反比 (比例系数为 k), 方向垂直于 z 轴并且指向 z 轴. 试求一质点沿圆弧 $x=\cos t$, $y=1$, $z=\sin t$ 从点 $(1,1,0)$ 依参数 t 增加的方向移动到点 $(0,1,1)$ 时场力所做的功.

8. 设 s 为有向曲线 L 之长, M 是函数 $\sqrt{P^2+Q^2}$ 在 L 上的一个上界. 证明

$$\left|\int_L P\mathrm{d}x + Q\mathrm{d}y\right| \leqslant Ms.$$

第三节　第一类曲面积分

一、 概念与性质

1. 曲面构件的质量

在设计曲面构件时, 为了合理使用材料, 有时会根据构件各部分的受力要求, 将其不同点处厚薄程度设计的不同, 这样得到的曲面形构件的面密度就是不均匀的. 若把构件看成空间中的曲面 Σ, 并设其上点 (x,y,z) 处的面密度为 $\rho(x,y,z)$, 现计算它的质量 m.

如图 10-8 所示, 用 Σ 上的曲线网将 Σ 任意地分为 n 个小曲面片, 其中第 i 个用 $\Delta\Sigma_i$ 表示, 用 ΔS_i 表示 $\Delta\Sigma_i$ 的面积, $i=1,2,\cdots,n$. 设面密度 $\rho(x,y,z)$ 为

连续函数, 在 $\Delta\Sigma_i$ 上任取一点 (ξ_i,η_i,ζ_i), 并以 $\rho(\xi_i,\eta_i,\zeta_i)$ 近似代替该小片上其他点处的面密度, 则 $\Delta\Sigma_i$ 的质量近似于

$$\rho(\xi_i,\eta_i,\zeta_i)\Delta S_i.$$

因此, 整个构件的质量

$$m\approx\sum_{i=1}^{n}\rho(\xi_i,\eta_i,\zeta_i)\Delta S_i.$$

用 λ 表示 n 个小曲面片直径的最大值, $\lambda\to 0$ 的过程就是将 Σ 无限细分的过程. 若在这个过程中, 和式 $\sum\limits_{i=1}^{n}\rho(\xi_i,\eta_i,\zeta_i)\Delta S_i$ 有极限, 且该极限与对 Σ 的分法和点 (ξ_i,η_i,ζ_i) 的取法无关, 则定义

$$m=\lim_{\lambda\to 0}\sum_{i=1}^{n}\rho(\xi_i,\eta_i,\zeta_i)\Delta S_i.$$

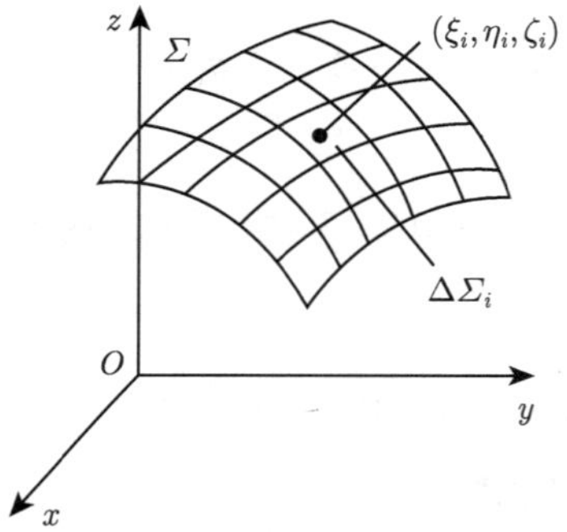

图 10-8

不考虑整个极限的实际意义, 仅从数学上进行抽象, 就得到对面积的曲面积分的概念.

2. 第一类曲面积分定义

定义 1　设 Σ 是一曲面片, 函数 $f(x,y,z)$ 在 Σ 上有界, 将 Σ 任意划分成 n 个小片 $\Delta\Sigma_i$, $i=1,2,\cdots,n$, 记第 i 个小片 $\Delta\Sigma_i$ 的面积为 ΔS_i, 在 $\Delta\Sigma_i$ 上任取一点 (ξ_i,η_i,ζ_i), 求和

$$\sum_{i=1}^{n}f(\xi_i,\eta_i,\zeta_i)\Delta S_i.$$

记 λ 为 n 个小片直径的最大值, 若当 $\lambda\to 0$ 时, 无论对 Σ 怎样分, 也无论点 (ξ_i,η_i,ζ_i) 怎样取, 该和式的极限总存在, 则称此极限为函数 $f(x,y,z)$ 在曲面 Σ 上的**第一类曲面积分**或**对面积的曲面积分**, 记作 $\iint\limits_{\Sigma}f(x,y,z)\mathrm{d}S$, 即

$$\iint\limits_{\Sigma}f(x,y,z)\mathrm{d}S=\lim_{\lambda\to 0}\sum_{i=1}^{n}f(\xi_i,\eta_i,\zeta_i)\Delta S_i,\tag{3-1}$$

其中 $f(x,y,z)$ 称为**被积函数**, Σ 称为**积分曲面**, $\mathrm{d}S$ 称为**曲面面积元素**.

若 Σ 是空间闭曲面, 也就是说 Σ 为一个空间立体 Ω 的外表面, 则将 Σ 上的曲面积分记作 $\oiint\limits_{\Sigma} f(x,y,z)\mathrm{d}S$.

当 Σ 是光滑或分片光滑的曲面, 且 $f(x,y,z)$ 在 Σ 上连续时, 曲面积分 $\iint\limits_{\Sigma} f(x,y,z)\mathrm{d}S$ 一定存在.

根据定义, 面密度为 $\rho(x,y,z)$ 的曲面形构件 Σ 的质量为

$$m=\iint\limits_{\Sigma} \rho(x,y,z)\mathrm{d}S.$$

对面积的曲面积分有与对弧长的曲线积分完全类似的性质, 其中最常用的是线性性质与对积分曲面 Σ 的可加性. 特别地, 当在 Σ 上 $f(x,y,z)\equiv 1$ 时, $\iint\limits_{\Sigma}\mathrm{d}S$ 为 Σ 的面积.

二、 计算方法

第一类曲面积分的计算方法

定理 1　设光滑曲面 Σ 由方程

$$z=z(x,y),\quad (x,y)\in D_{xy}$$

给出, D_{xy} 为 Σ 在 xOy 平面上的投影区域, $z(x,y)$ 是 D_{xy} 内的单值函数, 函数 $f(x,y,z)$ 在 Σ 上连续, 则

$$\iint\limits_{\Sigma} f(x,y,z)\mathrm{d}S=\iint\limits_{D_{xy}} f[x,y,z(x,y)]\sqrt{1+z_x^2(x,y)+z_y^2(x,y)}\mathrm{d}\sigma, \tag{3-2}$$

其中 $\mathrm{d}\sigma$ 是投影区域 D_{xy} 的面积元素.

证　只需证明 (3-2) 成立. 由对面积的曲面积分定义可知

$$\iint\limits_{\Sigma} f(x,y,z)\mathrm{d}S=\lim_{\lambda\to 0}\sum_{i=1}^{n} f(\xi_i,\eta_i,\zeta_i)\Delta S_i,$$

现设 Σ 上第 i 个小曲面片 $\Delta\Sigma_i$ 在 xOy 平面上的投影区域为 ΔD_i, 如图 10-9 所示, 则上式和中的 ΔS_i 可表示为二重积分

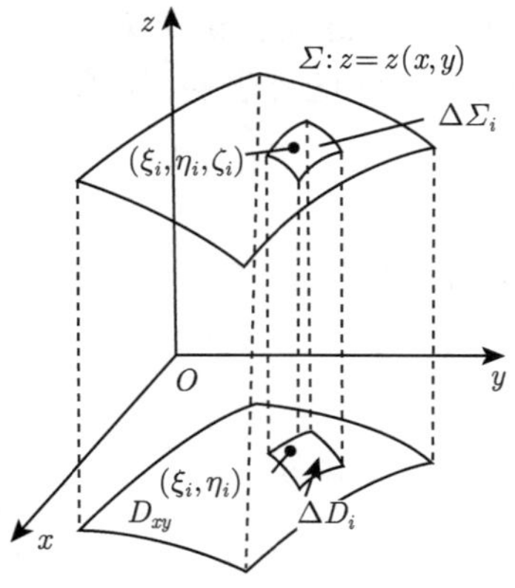

图 10-9

$$\Delta S_i = \iint\limits_{D_{xy}} \sqrt{1 + z_x^2(x, y) + z_y^2(x, y)}\mathrm{d}\sigma.$$

记 ΔD_i 的面积为 $\Delta\sigma_i$, 利用二重积分中值定理, 有

$$\Delta S_i = \sqrt{1 + z_x^2(\xi_i', \eta_i') + z_y^2(\xi_i', \eta_i')}\Delta\sigma_i,$$

其中 $(\xi_i', \eta_i', 0)$ 是小闭区域 ΔD_i 上的一点.

因为 (ξ_i, η_i, ζ_i) 在曲面 Σ 上, 所以有 $\zeta_i = z(\xi_i, \eta_i)$, $(\xi_i, \eta_i) \in \Delta D_i$, 于是

$$\sum_{i=1}^{n} f(\xi_i, \eta_i, \zeta_i)\Delta S_i = \sum_{i=1}^{n} f[\xi_i, \eta_i, z(\xi_i, \eta_i)]\sqrt{1 + z_x^2(\xi_i', \eta_i') + z_y^2(\xi_i', \eta_i')}\Delta\sigma_i.$$

由于函数 $f[x, y, z(x, y)]$ 与函数 $\sqrt{1 + z_x^2(x, y) + z_y^2(x, y)}$ 都在闭区域 D_{xy} 上连续, 所以

$$\begin{aligned}
&\lim_{\lambda\to 0}\sum_{i=1}^{n} f[\xi_i, \eta_i, z(\xi_i, \eta_i)]\sqrt{1 + z_x^2(\xi_i', \eta_i') + z_y^2(\xi_i', \eta_i')}\Delta\sigma_i \\
=&\lim_{\lambda\to 0}\sum_{i=1}^{n} f[\xi_i, \eta_i, z(\xi_i, \eta_i)]\sqrt{1 + z_x^2(\xi_i, \eta_i) + z_y^2(\xi_i, \eta_i)}\Delta\sigma_i \\
=&\iint\limits_{D_{xy}} f[x, y, z(x, y)]\sqrt{1 + z_x^2(x, y) + z_y^2(x, y)}\mathrm{d}\sigma.
\end{aligned}$$

于是

$$\iint\limits_{\Sigma} f(x, y, z)\mathrm{d}S = \iint\limits_{D_{xy}} f[x, y, z(x, y)] \cdot \sqrt{1 + z_x^2(x, y) + z_y^2(x, y)}\mathrm{d}\sigma.$$

定理表明, 计算曲面积分 $\iint\limits_{\Sigma} f(x, y, z)\mathrm{d}S$ 时, 若积分曲面由方程 $z = z(x, y)$ 给出, 则只要把 $z = z(x, y)$ 代入被积函数, 把 $\mathrm{d}S$ 换为 Σ 的面积元素 $\sqrt{1 + z_x^2(x, y) + z_y^2(x, y)}\mathrm{d}\sigma$, 再计算 Σ 的投影区域 D_{xy} 上的二重积分即可.

若积分曲面 Σ 由方程 $x = x(y, z)$ 或 $y = y(z, x)$ 给出, 类似地, 可把对面积的曲面积分化为相应的 D_{yz} 或 D_{zx} 上的二重积分, 有公式

$$\iint\limits_{\Sigma} f(x, y, z)\mathrm{d}S = \iint\limits_{D_{yz}} f[x(y, z), y, z] \cdot \sqrt{1 + x_y^2(y, z) + x_z^2(y, z)}\mathrm{d}\sigma, \tag{3-3}$$

$$\iint\limits_{\Sigma} f(x,y,z)\mathrm{d}S = \iint\limits_{D_{zx}} f[x,y(z,x),z]\cdot\sqrt{1+y_z^2(z,x)+y_x^2(z,x)}\mathrm{d}\sigma. \tag{3-4}$$

由 (3-2)—(3-4) 知, 第一类曲面积分化为二重积分, 并根据曲面方程选择二重积分的积分变量.

例 1 计算 $\iint\limits_{\Sigma}\frac{1}{z}\mathrm{d}S$, 其中 Σ 是球面 $x^2+y^2+z^2=a^2$ 被平面 $z=h$ $(0<h<a)$ 截出的顶部.

解 Σ 如图 10-10 所示, 其方程为 $z=\sqrt{a^2-x^2-y^2}$, 其面积元素为

$$\mathrm{d}S = \sqrt{1+z_x^2(x,y)+z_y^2(x,y)}\mathrm{d}x\mathrm{d}y = \frac{a}{\sqrt{a^2-x^2-y^2}}\mathrm{d}x\mathrm{d}y,$$

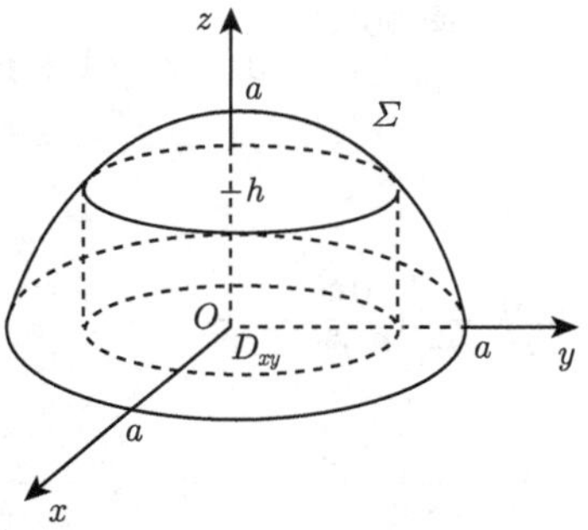

图 10-10

Σ 的边界曲线为

$$\begin{cases} z=\sqrt{a^2-x^2-y^2}, \\ z=h, \end{cases}$$

其在 xOy 平面上的投影曲线为

$$\begin{cases} x^2+y^2=a^2-h^2, \\ z=0. \end{cases}$$

所以 Σ 在 xOy 平面上的投影区域为

$$D_{xy}: x^2+y^2 \leqslant a^2-h^2.$$

由 (3-2), 有

$$\iint\limits_{\Sigma}\frac{1}{z}\mathrm{d}S = \iint\limits_{\Sigma}\frac{1}{\sqrt{a^2-x^2-y^2}}\cdot\frac{a}{\sqrt{a^2-x^2-y^2}}\mathrm{d}x\mathrm{d}y = \iint\limits_{\Sigma}\frac{a}{a^2-x^2-y^2}\mathrm{d}x\mathrm{d}y,$$

利用极坐标, 得

$$\iint\limits_{\Sigma}\frac{1}{z}\mathrm{d}S = \int_0^{2\pi}\mathrm{d}\theta\int_0^{\sqrt{a^2-h^2}}\frac{ar}{a^2-r^2}\mathrm{d}r = 2\pi a\left[-\frac{1}{2}\ln(a^2-r^2)\right]_0^{\sqrt{a^2-h^2}} = 2\pi a\ln\frac{a}{h}.$$

例 2 计算 $\iint\limits_{\Sigma}\frac{\mathrm{d}S}{x^2+y^2+z^2}$, 其中 Σ 为柱面 $x^2+y^2=R^2$ 位于平面 $z=0$, $z=H$ $(H>0)$ 之间的部分.

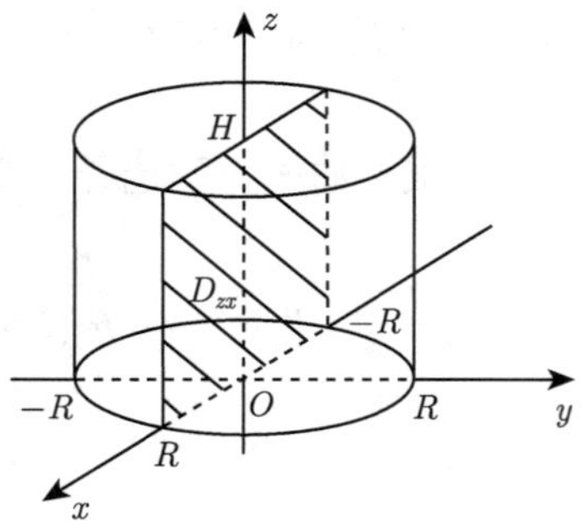

图 10-11

解　Σ 如图 10-11 所示, Σ 被 zOx 平面分为左、右两部分, 分别记为 Σ_1, Σ_2, 其方程为

$$\Sigma_1 : y = -\sqrt{R^2 - x^2}, \quad \Sigma_2 : y = \sqrt{R^2 - x^2}.$$

它们在 zOx 平面上的投影区域为

$$D_{zx} : -R \leqslant x \leqslant R, \quad 0 \leqslant z \leqslant H,$$

面积元素为

$$\mathrm{d}S = \sqrt{1 + y_x^2 + y_z^2}\mathrm{d}\sigma = \frac{R}{\sqrt{R^2 - x^2}}\mathrm{d}z\mathrm{d}x,$$

所以

$$\begin{aligned}
&\iint_{\Sigma} \frac{\mathrm{d}S}{x^2 + y^2 + z^2} \\
=&\iint_{\Sigma_1} \frac{\mathrm{d}S}{x^2 + y^2 + z^2} + \iint_{\Sigma_2} \frac{\mathrm{d}S}{x^2 + y^2 + z^2} \\
=&\iint_{D_{zx}} \frac{1}{R^2 + z^2} \frac{R}{\sqrt{R^2 - x^2}}\mathrm{d}z\mathrm{d}x + \iint_{D_{zx}} \frac{1}{R^2 + z^2} \frac{R}{\sqrt{R^2 - x^2}}\mathrm{d}z\mathrm{d}x \\
=&2R \iint_{D_{zx}} \frac{1}{R^2 + z^2} \frac{R}{\sqrt{R^2 - x^2}}\mathrm{d}z\mathrm{d}x = 2R \int_0^H \frac{1}{R^2 + z^2}\mathrm{d}z \cdot \int_{-R}^{R} \frac{1}{\sqrt{R^2 - x^2}}\mathrm{d}x \\
=&2R \cdot \left[\frac{1}{R}\arctan\frac{z}{R}\right]_0^H \cdot \left[\arcsin\frac{x}{R}\right]_{-R}^{R} = 2\pi\arctan\frac{H}{R}.
\end{aligned}$$

注意, 因为 Σ 在 xOy 平面内的投影区域面积为零, 所以该曲面积分不能化为对 x, y 的二重积分; 与以上过程类似, 可化为 y, z 的二重积分.

例 3　计算 $\oiint_{\Sigma} xyz\mathrm{d}S$, 其中 Σ 是平面 $x = 0$, $y = 0$, $z = 0$ 及 $x + y + z = 1$ 所围成的四面体的表面.

解　Σ 如图 10-12 所示, Σ 在 $x = 0$, $y = 0$, $z = 0$ 及 $x + y + z = 1$ 上的部分分别记 Σ_1, Σ_2, Σ_3 及 Σ_4, 则

$$\oiint_{\Sigma} xyz\mathrm{d}S = \oiint_{\Sigma_1} xyz\mathrm{d}S + \oiint_{\Sigma_2} xyz\mathrm{d}S + \oiint_{\Sigma_3} xyz\mathrm{d}S + \oiint_{\Sigma_4} xyz\mathrm{d}S.$$

由于在 Σ_1, Σ_2, Σ_3 上被积函数 xyz 均为 0, 所以

$$\oiint_{\Sigma_1} xyz\mathrm{d}S = \oiint_{\Sigma_2} xyz\mathrm{d}S = \oiint_{\Sigma_3} xyz\mathrm{d}S = 0.$$

在 Σ_4 上, $z = 1 - x - y$, 它在 xOy 平面上的投影区域为

$$D_{xy} = \{(x, y) \mid x > 0, y > 0, x + y \leqslant 1\},$$

面积元素 $\mathrm{d}S = \sqrt{1 + z_x^2 + z_y^2}\mathrm{d}\sigma = \sqrt{3}\mathrm{d}x\mathrm{d}y$, 于是

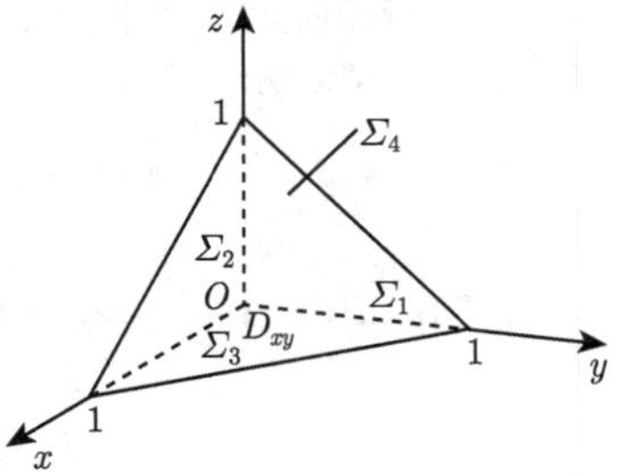

图 10-12

$$\oiint_{\Sigma} xyz\mathrm{d}S = \iint_{\Sigma_4} xyz\mathrm{d}S = \iint_{D_{xy}} xy(1 - x - y)\sqrt{3}\mathrm{d}x\mathrm{d}y$$

$$= \sqrt{3}\int_0^1 \mathrm{d}x \int_0^{1-x} xy(1 - x - y)\mathrm{d}y = \frac{\sqrt{3}}{120}.$$

习　题　10-3

1. 当 Σ 是 xOy 面内的一个有界闭区域时, 曲面积分 $\iint\limits_{\Sigma} f(x, y, z)\mathrm{d}S$ 与二重积分有什么关系?

2. 设有一物质曲面 Σ, 其面密度为 $\rho(x, y, z)$, 试用第一类曲面积分表达:

(1) 曲面对三个坐标轴的转动惯量;

(2) 曲面对位于 Σ 外的一点 (x_0, y_0, z_0) 处的单位质点的引力.

3. 计算下列对面积的曲面积分:

(1) $\iint\limits_{\Sigma} \left(2x + \frac{4}{3}y + z\right)\mathrm{d}S$, 其中 Σ 是平面 $\frac{x}{2} + \frac{y}{3} + \frac{z}{4} = 1$ 在第一卦限的部分;

(2) $\iint\limits_{\Sigma} (xy + yz + zx)\mathrm{d}S$, 其中 Σ 为锥面 $z = \sqrt{x^2 + y^2}$ 被柱面 $x^2 + y^2 = 2ax$ 所截得的部分;

(3) $\oiint\limits_{\Sigma} (x^2 + y^2)\mathrm{d}S$, 其中 Σ 为锥面 $z = \sqrt{x^2 + y^2}$ 与平面 $z = 1$ 所围成的空间区域的整个边界曲面;

(4) $\oiint\limits_{\Sigma} \frac{1}{(1 + x + y)^2}\mathrm{d}S$, 其中 Σ 为以点 $(0, 0, 0)$, $(1, 0, 0)$, $(0, 1, 0)$, $(0, 0, 1)$ 为顶点的四面体的整个边界曲面;

(5) $\iint\limits_{\Sigma} xyz\mathrm{d}S$, 其中 Σ 是柱面 $x^2+y^2=9$ 与平面 $z=0$, $z=3$ 所围区域的整个边界曲面.

4. 求密度为常数 ρ 的均匀半球壳 $z=\sqrt{a^2-x^2-y^2}$ 的重心坐标及对于 z 轴的转动惯量.

5. 设光滑闭曲面 Σ 关于 yOz 面对称, Σ 上 yOz 面前面 $(x\geqslant 0)$ 的部分记作 Σ_1, $f(x,y,z)$ 在 Σ 上连续, 试证明:

(1) 若在 Σ 上 $f(-x,y,z)=-f(x,y,z)$, 则 $\iint\limits_{\Sigma} f(x,y,z)\mathrm{d}S=0$;

(2) 若在 Σ 上 $f(-x,y,z)=f(x,y,z)$, 则 $\iint\limits_{\Sigma} f(x,y,z)\mathrm{d}S=2\iint\limits_{\Sigma_1} f(x,y,z)\mathrm{d}S$.

第四节　第二类曲面积分

一、 概念与性质

1. 有向曲面及其投影

空间曲面有双侧与单侧之分. 所谓**双侧曲面**, 就是取定曲面上一点的法线方向后, 当该点沿曲面上任一条不越过曲面边界的闭曲线移动而回到原来位置时, 法线的方向保持不变. 与之相反, 若回到原来位置时, 法线方向与出发时的方向相反, 则称此曲面为**单侧曲面**. 有名的默比乌斯 (Möbius) 带就是一个单侧曲面. 它是通过将长方形纸条 $ABCD$ 的 AB 边保持原状, CD 边扭转 $180°$ 后将 A 与 C, B 与 D 粘合而成的, 如图 10-13 所示. 通常遇到的曲面都是双侧的, 本节只讨论双侧曲面.

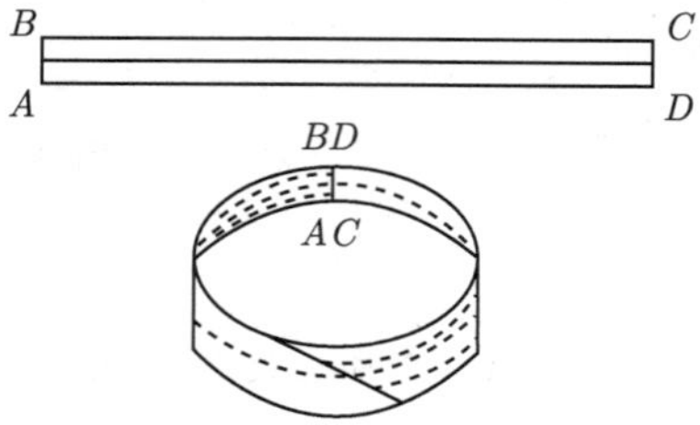

图 10-13

空间直角坐标系中, 曲面的侧可用其法向量的指向确定. 若曲面 Σ 与平行于 z 轴的直线至多有一个交点, 就规定 Σ 上任意一点处法向量 $\boldsymbol{n}$ 的方向余弦满足 $\cos\gamma>0$ ($\boldsymbol{n}$ 上指) 的一侧为 Σ 的上侧, 而 $\cos\gamma<0$ ($\boldsymbol{n}$ 下指) 的一侧为 Σ 的下侧. 若曲面 Σ 与平行于 y 轴的直线至多有一个交点, 就规定 Σ 上任意一点处法向量 $\boldsymbol{n}$ 的方向余弦满足 $\cos\beta>0$ 的一侧为右侧, 而 $\cos\beta<0$ 的一侧为左侧. 同样地, 若 Σ 与平行于 x 轴的直线至多有一个交点, 可规定其前侧和后侧. 前侧上每点的法向量余弦满足 $\cos\alpha>0$, 后侧上每点的法向量方向余弦满足 $\cos\alpha<0$, 如图 10-14 所示. 对于闭曲面, 规定法向量指向内部的一侧为曲面的内侧, 法向量指向外部的一侧为外侧.

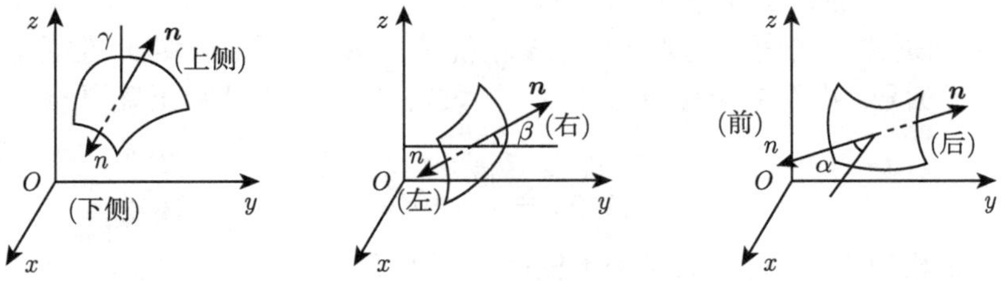

图 10-14

在解决实际问题的过程中, 有时需要取定曲面的一侧. 通常称取定侧的双侧曲面为**有向曲面**, 且称取定的一侧为其**正向**, 而另一侧为其**负向**. 若用 Σ 表示一个有向曲面, 则其负向记作 Σ^-. 注意, 在讨论有向曲面时, Σ 与 Σ^- 表示不同的曲面.

类似于有向曲线在坐标轴上的投影, 可以定义有向曲面在坐标平面内的投影. 以与平行于 z 轴的直线交点不多于一个的有向曲面 Σ 为例. 设 $\Delta\Sigma$ 为 Σ 上的一个小曲面片, 其面积记作 ΔS. $\Delta\Sigma$ 在 xOy 平面上的投影区域记作 ΔD_{xy}, 其面积记作 $\Delta\sigma_{xy}$. 这里规定 $\Delta\Sigma$ 在 xOy 面上的投影 ΔS_{xy} 满足: 若 $\Delta\Sigma$ 是上侧, 则 $\Delta S_{xy}=\Delta\sigma_{xy}$; 若 $\Delta\Sigma$ 是下侧, 则 $\Delta S_{xy}=-\Delta\sigma_{xy}$, 特别地, 当 $\Delta\Sigma$ 上 $\cos\gamma\equiv 0$ 时, 规定 $\Delta S_{xy}=0$. 下面考虑 $\Delta\Sigma$ 的面积 ΔS 与它在 xOy 平面内的投影 ΔS_{xy} 之间的关系. 如图 10-15 所示, 在 $\Delta\Sigma$ 上任取一点 M, 再取曲面在点 M 的切平面片 ΔA (也表示其面积), 使 ΔA 在 xOy 平面内的投影区域也是 ΔD_{xy}, 则

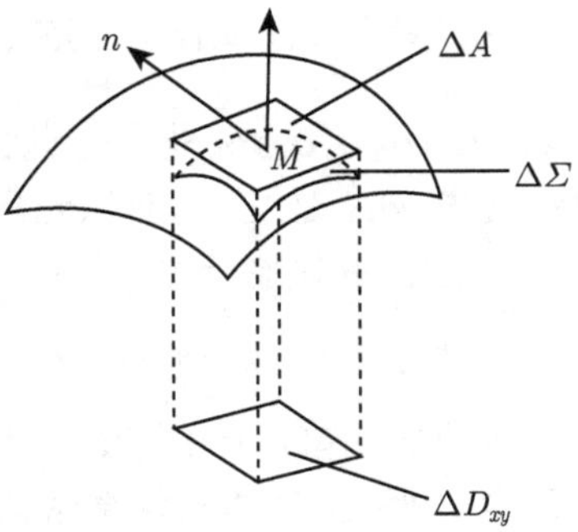

图 10-15

$$\Delta S\approx\Delta A=\frac{\Delta\sigma_{xy}}{|\cos\gamma|},$$

其中 γ 是点 M 的法向量 $\boldsymbol{n}$ 与 z 轴正向的夹角. 于是

$$\Delta S\cos\gamma\approx\begin{cases}\Delta\sigma_{xy}, & \cos\gamma>0,\\ -\Delta\sigma_{xy}, & \cos\gamma<0,\\ 0, & \cos\gamma=0,\end{cases}$$

即

$$\Delta S_{xy} \approx \Delta S \cos\gamma.$$

当 $\Delta\Sigma$ 这个小曲面趋于无限小, 即 $\Delta\Sigma$ 的边界沿 Σ 无限缩向点 M, 忽略高阶无穷小, ΔS 就是曲面的面积元素 $\mathrm{d}S$, ΔS_{xy} 就是 xOy 平面上区域 D 的面积元素附以相应的正负号, 并称它为有向曲面 Σ 在 xOy 平面内的**投影元素**, 仍记作 $\mathrm{d}x\mathrm{d}y$, 于是

$$\mathrm{d}x\mathrm{d}y = \cos\gamma\mathrm{d}S.$$

易见, $\mathrm{d}x\mathrm{d}y$ 相应于 Σ 是上侧还是下侧而为正或负.

类似地, 有向曲面在 zOx 面内的投影元素为 $\mathrm{d}z\mathrm{d}x = \cos\beta\mathrm{d}S$; 在 yOz 面内的投影元素为 $\mathrm{d}y\mathrm{d}z = \cos\alpha\mathrm{d}S$, 其中 $\mathrm{d}S$ 是曲面的面积元素.

类似于有向曲线的有向弧元素, 也可以定义有向曲面的有向面元素.

在有向曲面 Σ 上任取小曲面片 $\Delta\Sigma$, 其面积为 ΔS, 使 $\Delta\Sigma$ 上任一点 M 处的 $\cos\alpha, \cos\beta, \cos\gamma$ 符号相同, Σ 在点 M 的单位法向量记作 $\boldsymbol{n}^\circ$, 则向量

$$\boldsymbol{n}^\circ\Delta S = (\cos\alpha\Delta S, \cos\beta\Delta S, \cos\gamma\Delta S)$$

的模为 $\Delta\Sigma$ 的面积, 方向指向 $\Delta\Sigma$ 正侧. 它表示与 $\Delta\Sigma$ 面积相同、侧也相同的有向平面片. 若当 $\Delta S \to 0$, 即 $\Delta\Sigma$ 缩向一点时, $\boldsymbol{n}^\circ\Delta S$ 有极限, 则称此极限为有向曲面 Σ 的**有向面元素**, 记作 $\mathrm{d}\boldsymbol{S}$, 即

$$\mathrm{d}\boldsymbol{S} = \boldsymbol{n}^\circ\mathrm{d}S = (\cos\alpha\mathrm{d}S, \cos\beta\mathrm{d}S, \cos\gamma\mathrm{d}S) = (\mathrm{d}y\mathrm{d}z, \mathrm{d}z\mathrm{d}x, \mathrm{d}x\mathrm{d}y),$$

其中 $\cos\alpha, \cos\beta, \cos\gamma$ 是 Σ 上任一点处的法向方向余弦, $\boldsymbol{n}^\circ$ 是 Σ 上任一点处的单位法向量, $\mathrm{d}S$ 是 Σ 的面积元素, $\mathrm{d}y\mathrm{d}z, \mathrm{d}z\mathrm{d}x, \mathrm{d}x\mathrm{d}y$ 分别是 Σ 在 yOz 面、zOx 面、xOy 面内的**投影元素**.

2. 流体流向曲面一侧的流量

液体的流动可以用它的流速场 $\boldsymbol{V}$ 刻画. 流速不随时间 t 的变化而变化时, 称流体是稳定的; 流体的密度是常值时, 称流体是不可压缩的. 稳定而不可压缩的流体的速度场就是流体所占据空间内点的函数. 在直角坐标系下,

$$\boldsymbol{V}(x,y,z) = P(x,y,z)\boldsymbol{i} + Q(x,y,z)\boldsymbol{j} + R(x,y,z)\boldsymbol{k},$$

其中 P, Q, R 是 x, y, z 的数量函数.

设 Σ 是流速场中一片光滑的有向曲面, 在单位时间内通过 Σ 并流向 Σ 指定一侧的流体的质量称为流量, 记为 Φ. 下面给出计算 Φ 的方法.

不妨设流体的密度 $\rho = 1$, 此时, 流量即流体的体积.

若 Σ 是一片面积为 A 的有向平面, 其单位法向量为 $\boldsymbol{n}^{\circ}$, 而流速是常向量场 $\boldsymbol{V}$, 其与单位法向量 $\boldsymbol{n}^{\circ}$ 的夹角为 θ, 则在单位时间内通过 Σ 流向指定一侧的流体组成一个底面积为 A, 斜高为 $|\boldsymbol{V}|$ 的斜柱体, 如图 10-16 所示.

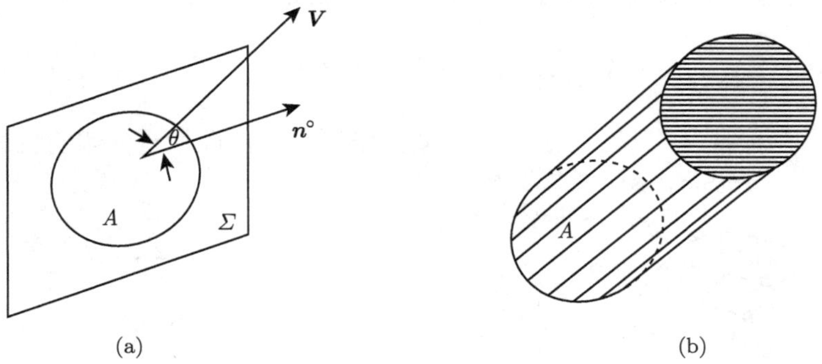

图 10-16

根据 θ 的取值不同, 有

(1) 若 $\theta<\dfrac{\pi}{2}$, 则该柱体的直高为

$$|\mathrm{Prj}_{\boldsymbol{n}}\boldsymbol{V}|=|\boldsymbol{V}|\cos\theta,$$

进而流量

$$\varPhi=A|\mathrm{Prj}_{\boldsymbol{n}}\boldsymbol{V}|=A|\boldsymbol{V}|\cos\theta=A(\boldsymbol{V}\cdot\boldsymbol{n}^{\circ}).$$

易见 $\boldsymbol{V}\cdot\boldsymbol{n}^{\circ}>0$, 故 $A(\boldsymbol{V}\cdot\boldsymbol{n}^{\circ})>0$, 此时流体通过面积为 A 的闭区域流向 $\boldsymbol{n}^{\circ}$ 所指的一侧的流量 $\varPhi=A(\boldsymbol{V}\cdot\boldsymbol{n}^{\circ})$.

(2) 若 $\theta=\dfrac{\pi}{2}$, 则 $\boldsymbol{V}\cdot\boldsymbol{n}^{\circ}=0$, 进而 $A(\boldsymbol{V}\cdot\boldsymbol{n}^{\circ})=0$. 这与此时 “流体通过面积为 A 的闭区域流向 $\boldsymbol{n}^{\circ}$ 所指的一侧的流量 $\varPhi$ 为零” 这一事实相吻合, 故亦有 $\varPhi=A(\boldsymbol{V}\cdot\boldsymbol{n}^{\circ})$.

(3) 若 $\theta>\dfrac{\pi}{2}$, 则 $\boldsymbol{V}\cdot\boldsymbol{n}^{\circ}<0$, 于是 $\varPhi=A(\boldsymbol{V}\cdot\boldsymbol{n}^{\circ})<0$. 此时流体通过面积为 A 的闭区域流向 $\boldsymbol{n}^{\circ}$ 所指的一侧的流量 $\varPhi$ 仍为 $A(\boldsymbol{V}\cdot\boldsymbol{n}^{\circ})$, 这意味着流体通过面积为 A 的闭区域流向 $-\boldsymbol{n}^{\circ}$ 所指的一侧的流量为 $-A(\boldsymbol{V}\cdot\boldsymbol{n}^{\circ})$.

综上所述, 不论 θ 取何值, 流体通过面积为 A 的闭区域流向 $\boldsymbol{n}^{\circ}$ 所指的一侧的流量 $\varPhi$ 均为 $A(\boldsymbol{V}\cdot\boldsymbol{n}^{\circ})$.

对于 Σ 为一般有向曲面, 流速是变向量场 $\boldsymbol{V}(x,y,z)$ 的情形, 采用以前引出各类积分概念时使用过的分割、近似替代、求和、取极限的方法来计算 $\varPhi$.

如图 10-17 所示, 用 Σ 上的曲线网将有向曲面 Σ 分割为 n 块小曲面片 $\Delta\Sigma_1$, $\Delta\Sigma_2$, $\cdots$, $\Delta\Sigma_n$, $\Delta\Sigma_i$ 的面积记作 ΔS_i, $i=1,2,\cdots,n$. 在 $\Delta\Sigma_i$ 上任取

一点 (ξ_i,η_i,ζ_i), 曲面在这一点的单位法向量为 $\boldsymbol{n}^\circ(\xi_i,\eta_i,\zeta_i)$, 流速场在这一点的流速为 $\boldsymbol{V}(\xi_i,\eta_i,\zeta_i)$. 由于 Σ 是光滑曲面, 所以只要流速场是连续的, 就可以用 $\boldsymbol{n}^\circ(\xi_i,\eta_i,\zeta_i)$ 代替 $\Delta\Sigma_i$ 上其他各点处的法向量, 用 $\boldsymbol{V}(\xi_i,\eta_i,\zeta_i)$ 代替 $\Delta\Sigma_i$ 上各点处的流速, 则通过 $\Delta\Sigma_i$ 流向指定侧的流量 $\Delta\Phi_i$ 的近似值为

$$\boldsymbol{V}(\xi_i,\eta_i,\zeta_i)\cdot\boldsymbol{n}^\circ(\xi_i,\eta_i,\zeta_i)\Delta S_i.$$

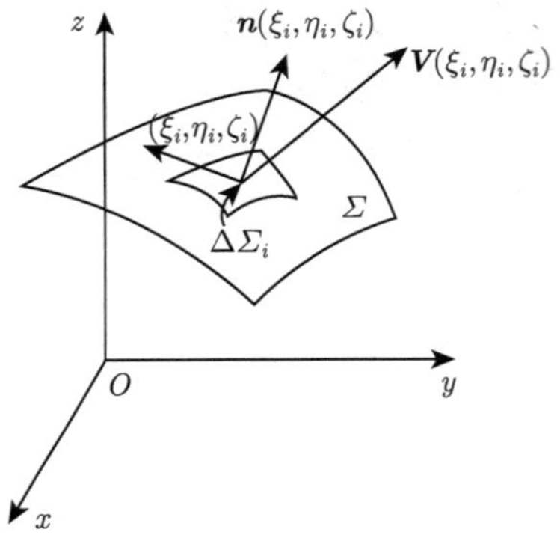

图 10-17

从而, 通过 Σ 流向指定一侧的流量为

$$\Phi=\sum_{i=1}^{n}\Delta\Phi_i\approx\sum_{i=1}^{n}\boldsymbol{V}(\xi_i,\eta_i,\zeta_i)\cdot\boldsymbol{n}^\circ(\xi_i,\eta_i,\zeta_i)\Delta S_i.$$

记 $\lambda=\max\limits_{1\leqslant i\leqslant n}\{\Delta\Sigma_i \text{ 的直径}\}$, 若当 $\lambda\to 0$ 时, 上面和式的极限存在, 那么就定义这个极限值为所求的流量, 即

$$\Phi=\lim_{\lambda\to 0}\sum_{i=1}^{n}V(\xi_i,\eta_i,\zeta_i)\cdot\boldsymbol{n}^\circ(\xi_i,\eta_i,\zeta_i)\Delta S_i. \tag{4-1}$$

对以上过程以及和式的极限进行抽象, 得到如下曲面积分的定义.

3. 第二类曲面积分的定义

定义 设 Σ 是一片光滑的有向曲面, 向量函数

$$\boldsymbol{F}(x,y,z)=P(x,y,z)\boldsymbol{i}+Q(x,y,z)\boldsymbol{j}+R(x,y,z)\boldsymbol{k}$$

在 Σ 上有界, 将 Σ 任意分为 n 片小曲面, 在第 i 片小曲面 $\Delta\Sigma_i$ 上任取一点 (ξ_i,η_i,ζ_i), 记曲面在该点的单位法向量为 $\boldsymbol{n}^\circ(\xi_i,\eta_i,\zeta_i)$, 小曲面片 $\Delta\Sigma_i$ 的面积为 ΔS_i, 计算数量积 $\boldsymbol{F}(\xi_i,\eta_i,\zeta_i)\cdot\boldsymbol{n}^\circ(\xi_i,\eta_i,\zeta_i)\Delta S_i$, 再求和, 得

$$\sum_{i=1}^{n}\boldsymbol{F}(\xi_i,\eta_i,\zeta_i)\cdot\boldsymbol{n}^\circ(\xi_i,\eta_i,\zeta_i)\Delta S_i.$$

记 $\lambda=\max\limits_{1\leqslant i\leqslant n}\{\Delta\Sigma_i \text{ 的直径}\}$, 若当 $\lambda\to 0$ 时, 无论对 Σ 怎样分, 也无论点 (ξ_i,η_i,ζ_i) 怎样取, 该和式的极限总存在, 则称此极限值为**向量函数** $\boldsymbol{F}(x,y,z)$ **在有向曲面** Σ

上的曲面积分或第二类曲面积分, 记作 $\iint\limits_{\Sigma} \boldsymbol{F}(x,y,z)\cdot \mathrm{d}\boldsymbol{S}$, 即

$$\iint\limits_{\Sigma} \boldsymbol{F}(x,y,z)\cdot \mathrm{d}\boldsymbol{S} = \lim_{\lambda\to 0}\sum_{i=1}^{n} \boldsymbol{F}(\xi_i,\eta_i,\zeta_i)\cdot \boldsymbol{n}^{\circ}(\xi_i,\eta_i,\zeta_i)\Delta S_i, \tag{4-2}$$

其中 $\mathrm{d}\boldsymbol{S} = \boldsymbol{n}^{\circ}(x,y,z)\mathrm{d}S$ 为有向曲面 Σ 的有向面元素, $\boldsymbol{n}^{\circ}(x,y,z)$ 是有向曲面 Σ 上任意一点 (x,y,z) 处的单位法向量, $\mathrm{d}S$ 是 Σ 的面积元素.

将 $\boldsymbol{F}(x,y,z)$, $\mathrm{d}\boldsymbol{S}$, $\boldsymbol{n}^{\circ}(\xi_i,\eta_i,\zeta_i)$ 的坐标代入 (4-2) 式, 就得第二类曲面积分的数量形式.

(4-2) 左边的积分表达式

$$\boldsymbol{F}(x,y,z)\cdot \mathrm{d}\boldsymbol{S} = P(x,y,z)\mathrm{d}y\mathrm{d}z + Q(x,y,z)\mathrm{d}z\mathrm{d}x + R(x,y,z)\mathrm{d}x\mathrm{d}y,$$

右边的和式

$$\begin{aligned}&\sum_{i=1}^{n} F(\xi_i,\eta_i,\zeta_i)\cdot \boldsymbol{n}^{\circ}(\xi_i,\eta_i,\zeta_i)\Delta S_i\\ =&\sum_{i=1}^{n}[P(\xi_i,\eta_i,\zeta_i)\cos\alpha_i\Delta S_i + Q(\xi_i,\eta_i,\zeta_i)\cos\beta_i\Delta S_i + R(\xi_i,\eta_i,\zeta_i)\cos\gamma_i\Delta S_i]\\ =&\sum_{i=1}^{n}[P(\xi_i,\eta_i,\zeta_i)(\Delta S_{yz})_i + Q(\xi_i,\eta_i,\zeta_i)(\Delta S_{zx})_i + R(\xi_i,\eta_i,\zeta_i)(\Delta S_{xy})_i],\end{aligned}$$

其中 $(\Delta S_{yz})_i$, $(\Delta S_{zx})_i$, $(\Delta S_{xy})_i$ 是向量 $\boldsymbol{n}^{\circ}(\xi_i,\eta_i,\zeta_i)\Delta S_i$ 在坐标轴上的投影, 也是有向曲面片 $\Delta\Sigma_i$ 在 yOz 面、zOx 面、xOy 面上投影的近似值. 所以第二类曲面积分有形式:

$$\begin{aligned}&\iint\limits_{\Sigma} P(x,y,z)\mathrm{d}y\mathrm{d}z + Q(x,y,z)\mathrm{d}z\mathrm{d}x + R(x,y,z)\mathrm{d}x\mathrm{d}y\\ =&\lim_{\lambda\to 0}\sum_{i=1}^{n}[P(\xi_i,\eta_i,\zeta_i)(\Delta S_{yz})_i + Q(\xi_i,\eta_i,\zeta_i)(\Delta S_{zx})_i + R(\xi_i,\eta_i,\zeta_i)(\Delta S_{xy})_i].\end{aligned} \tag{4-3}$$

若在 $\boldsymbol{F}(x,y,z)$ 中, $Q(x,y,z)\equiv 0, R(x,y,z)\equiv 0$, 则

$$\iint\limits_{\Sigma} P(x,y,z)\mathrm{d}y\mathrm{d}z = \lim_{\lambda\to 0}\sum_{i=1}^{n} P(\xi_i,\eta_i,\zeta_i)(\Delta S_{yz})_i, \tag{4-4}$$

同理,

$$\iint_{\Sigma} Q(x,y,z)\mathrm{d}z\mathrm{d}x = \lim_{\lambda\to 0}\sum_{i=1}^{n} Q(\xi_i,\eta_i,\zeta_i)(\Delta S_{zx})_i, \tag{4-5}$$

$$\iint_{\Sigma} R(x,y,z)\mathrm{d}x\mathrm{d}y = \lim_{\lambda\to 0}\sum_{i=1}^{n} R(\xi_i,\eta_i,\zeta_i)(\Delta S_{xy})_i. \tag{4-6}$$

分别称 $\iint\limits_{\Sigma} P(x,y,z)\mathrm{d}y\mathrm{d}z$ 为函数 $P(x,y,z)$ 在 Σ 上**对坐标 y, z 的积分**, $\iint\limits_{\Sigma} Q(x,y,z)\mathrm{d}z\mathrm{d}x$ 为函数 $Q(x,y,z)$ 在 Σ 上**对坐标 z,x 的积分**, $\iint\limits_{\Sigma} R(x,y,z)\mathrm{d}x\mathrm{d}y$ 为函数 $R(x,y,z)$ 在 Σ 上**对坐标 x,y 的积分**; 另称

$$\iint_{\Sigma} P(x,y,z)\mathrm{d}y\mathrm{d}z + Q(x,y,z)\mathrm{d}z\mathrm{d}x + R(x,y,z)\mathrm{d}x\mathrm{d}y$$

为函数 $P(x,y,z)$, $Q(x,y,z)$, $R(x,y,z)$ 在 Σ 上**对坐标的曲面积分**.

由 (4-3)—(4-6) 易知, 当 $\iint\limits_{\Sigma} P(x,y,z)\mathrm{d}y\mathrm{d}z$, $\iint\limits_{\Sigma} Q(x,y,z)\mathrm{d}z\mathrm{d}x$, $\iint\limits_{\Sigma} R(x,y,z)\mathrm{d}x\mathrm{d}y$ 都存在时,

$$\iint_{\Sigma} P(x,y,z)\mathrm{d}y\mathrm{d}z + Q(x,y,z)\mathrm{d}z\mathrm{d}x + R(x,y,z)\mathrm{d}x\mathrm{d}y$$

存在, 且

$$\begin{aligned}&\iint_{\Sigma} P(x,y,z)\mathrm{d}y\mathrm{d}z + Q(x,y,z)\mathrm{d}z\mathrm{d}x + R(x,y,z)\mathrm{d}x\mathrm{d}y\\ =&\iint_{\Sigma} P(x,y,z)\mathrm{d}y\mathrm{d}z + \iint_{\Sigma} Q(x,y,z)\mathrm{d}z\mathrm{d}x + \iint_{\Sigma} R(x,y,z)\mathrm{d}x\mathrm{d}y.\end{aligned}$$

因此, 也称 $\iint\limits_{\Sigma} P(x,y,z)\mathrm{d}y\mathrm{d}z + Q(x,y,z)\mathrm{d}z\mathrm{d}x + R(x,y,z)\mathrm{d}x\mathrm{d}y$ 为**组合曲面积分**, **或对坐标的曲面积分的完全形式**.

若 Σ 是封闭的有向曲面, 积分号也改记为 $\oiint\limits_{\Sigma}$.

利用对坐标的曲面积分定义, 流体流向曲面一侧的流量 $\varPhi$ 表示为

$$\varPhi=\iint\limits_{\Sigma}\boldsymbol{V}\cdot \mathrm{d}\boldsymbol{S} \quad 或 \quad \varPhi=\iint\limits_{\Sigma}P\mathrm{d}y\mathrm{d}z+Q\mathrm{d}z\mathrm{d}x+R\mathrm{d}x\mathrm{d}y.$$

此外, 当函数 $\boldsymbol{F}(x,y,z)$ 在分片光滑的有向曲面 Σ 上连续时, 曲面积分 $\iint\limits_{\Sigma}\boldsymbol{F}(x,y,z)\cdot \mathrm{d}\boldsymbol{S}$ 一定存在, 且对坐标的曲面积分也具有线性性质与对有向曲面的可加性. 特别地, 类似于对坐标的曲线积分, 还有

$$\iint\limits_{\Sigma}\boldsymbol{F}(x,y,z)\cdot \mathrm{d}\boldsymbol{S}=-\iint\limits_{\Sigma^-}\boldsymbol{F}(x,y,z)\cdot \mathrm{d}\boldsymbol{S}$$

或

$$\iint\limits_{\Sigma}P\mathrm{d}y\mathrm{d}z+Q\mathrm{d}z\mathrm{d}x+R\mathrm{d}x\mathrm{d}y=-\iint\limits_{\Sigma^-}P\mathrm{d}y\mathrm{d}z+Q\mathrm{d}z\mathrm{d}x+R\mathrm{d}x\mathrm{d}y.$$

4. 两类曲面积分之间的关系

在 (4-2) 中, 注意到

$$\boldsymbol{F}(\xi_i,\eta_i,\zeta_i)\cdot \boldsymbol{n}^\circ(\xi_i,\eta_i,\zeta_i)\Delta S_i=[\boldsymbol{F}(\xi_i,\eta_i,\zeta_i)\cdot \boldsymbol{n}^\circ(\xi_i,\eta_i,\zeta_i)]\Delta S_i=F_n(\xi_i,\eta_i,\zeta_i)\Delta S_i,$$

其中 $F_n(\xi_i,\eta_i,\zeta_i)$ 为向量 $\boldsymbol{F}(\xi_i,\eta_i,\zeta_i)$ 在法向量 $\boldsymbol{n}^\circ(\xi_i,\eta_i,\zeta_i)$ 上的投影, 所以向量函数 $\boldsymbol{F}(x,y,z)$ 在有向曲面 Σ 上的积分就是数量函数 $\boldsymbol{F}(x,y,z)\cdot \boldsymbol{n}^\circ(x,y,z)$ 或 $F_n(x,y,z)$ 在 Σ 上对面积的曲面积分, 即

$$\iint\limits_{\Sigma}\boldsymbol{F}(x,y,z)\cdot \mathrm{d}\boldsymbol{S}=\iint\limits_{\Sigma}[\boldsymbol{F}(x,y,z)\cdot \boldsymbol{n}^\circ(x,y,z)]\mathrm{d}S=\iint\limits_{\Sigma}F_n(x,y,z)\mathrm{d}S. \tag{4-7}$$

设 Σ 在点 (x,y,z) 的法向量方向余弦为 $\cos\alpha,\cos\beta,\cos\gamma$, 代入 $\boldsymbol{F}(x,y,z)$, $\mathrm{d}\boldsymbol{S}$ 的坐标, 有

$$\iint\limits_{\Sigma}P\mathrm{d}y\mathrm{d}z+Q\mathrm{d}z\mathrm{d}x+R\mathrm{d}x\mathrm{d}y=\iint\limits_{\Sigma}(P\cos\alpha+Q\cos\beta+R\cos\gamma)\mathrm{d}S. \tag{4-8}$$

(4-7) 与 (4-8) 表明了对坐标的和对面积的两类曲面积分之间的关系. 利用这一关系, 有时可简化曲面积分的讨论或计算.

若曲面 Σ 由方程 $z=z(x,y)$ 给出, Σ 是上侧, 则 Σ 上点 (x,y,z) 的法向量为

$$\boldsymbol{n}=(-z_x(x,y),-z_y(x,y),1),$$

所以

$$\cos\alpha=\frac{-z_x(x,y)}{\sqrt{1+z_x^2(x,y)+z_y^2(x,y)}},$$

$$\cos\beta=\frac{-z_y(x,y)}{\sqrt{1+z_x^2(x,y)+z_y^2(x,y)}},$$

$$\cos\gamma=\frac{1}{\sqrt{1+z_x^2(x,y)+z_y^2(x,y)}}.$$

若 Σ 是下侧, 则 Σ 上点 (x,y,z) 的法向量为

$$\boldsymbol{n}=(z_x(x,y),z_y(x,y),-1),$$

所以

$$\cos\alpha=\frac{z_x(x,y)}{\sqrt{1+z_x^2(x,y)+z_y^2(x,y)}},$$

$$\cos\beta=\frac{z_y(x,y)}{\sqrt{1+z_x^2(x,y)+z_y^2(x,y)}},$$

$$\cos\gamma=\frac{-1}{\sqrt{1+z_x^2(x,y)+z_y^2(x,y)}}.$$

若曲面 Σ 由方程 $y=y(z,x)$ 或 $x=x(y,z)$ 给出, 用类似的方法, 不难确定 Σ 上任一点处的方向余弦.

若曲面 Σ 由方程 $F(x,y,z)=0$ 给出, 则 $\boldsymbol{n}=(F_x,F_y,F_z)$ 是 Σ 在点 (x,y,z) 法线的一个方向向量. 若 Σ 是上侧, 则当 $F_z>0$ 时,

$$\cos\alpha=\frac{F_x}{\sqrt{F_x^2+F_y^2+F_z^2}},$$

$$\cos\beta=\frac{F_y}{\sqrt{F_x^2+F_y^2+F_z^2}},$$

$$\cos\gamma=\frac{F_z}{\sqrt{F_x^2+F_y^2+F_z^2}};$$

当 $F_z < 0$ 时, 上述的 $\cos\alpha, \cos\beta, \cos\gamma$ 的分子上需添加 “$-$” 号.

Σ 是其他侧的情形, 也可以根据所对应的方向余弦的符号, 确定出 $\cos\alpha, \cos\beta, \cos\gamma$ 的表达式.

例 1 将第二类曲面积分 $\iint\limits_{\Sigma} P\mathrm{d}y\mathrm{d}z + Q\mathrm{d}z\mathrm{d}x + R\mathrm{d}x\mathrm{d}y$ 化为第一类曲面积分, 其中

(1) Σ: $3x + 2y + z = 1$ 位于第一卦限部分上侧;

(2) Σ: $x^2 + y^2 + z^2 = 4$ 位于 zOx 面右边部分的左侧.

解 (1) $\Sigma : z = 1 - 3x - 2y$ 是上侧, 所以

$$\boldsymbol{n} = (3, 2, 1),$$

即有

$$\cos\alpha = \frac{3}{\sqrt{14}}, \quad \cos\beta = \frac{2}{\sqrt{14}}, \quad \cos\gamma = \frac{1}{\sqrt{14}},$$

故

$$\iint\limits_{\Sigma} P\mathrm{d}y\mathrm{d}z + Q\mathrm{d}z\mathrm{d}x + R\mathrm{d}x\mathrm{d}y = \iint\limits_{\Sigma} \frac{3P + 2Q + R}{\sqrt{14}}\mathrm{d}S.$$

(2) 令 $F(x, y, z) = x^2 + y^2 + z^2 - 4$, 则

$$F_x = 2x, \quad F_y = 2y, \quad F_z = 2z.$$

因为 Σ 是 zOx 面右边部分的左侧, 所以需要 $\cos\beta < 0$; 又因为 Σ 上 $F_y = 2y > 0$, 所以 Σ 上点 (x, y, z) 的法向量为

$$\boldsymbol{n} = (-2x, -2y, -2z).$$

即

$$\cos\alpha = \frac{-x}{\sqrt{x^2 + y^2 + z^2}}, \quad \cos\beta = \frac{-y}{\sqrt{x^2 + y^2 + z^2}}, \quad \cos\gamma = \frac{-z}{\sqrt{x^2 + y^2 + z^2}}.$$

故

$$\begin{aligned}\iint\limits_{\Sigma} P\mathrm{d}y\mathrm{d}z + Q\mathrm{d}z\mathrm{d}x + R\mathrm{d}x\mathrm{d}y &= \iint\limits_{\Sigma} \frac{-xP - yQ - zR}{\sqrt{x^2 + y^2 + z^2}}\mathrm{d}S \\ &= \frac{1}{2}\iint\limits_{\Sigma} (-xP - yQ - zR)\mathrm{d}S.\end{aligned}$$

二、计算方法

对坐标的曲面积分也是化为二重积分来计算, 下面直接叙述转化方法.

因为 $\mathrm{d}y\mathrm{d}z$, $\mathrm{d}z\mathrm{d}x$, $\mathrm{d}x\mathrm{d}y$ 分别为有向曲面在 yOz 面, zOx 面, xOy 面上的投影元素, 所以当 Σ 为分片光滑的有向曲面, $P(x,y,z)$, $Q(x,y,z)$, $R(x,y,z)$ 在 Σ 上连续时, 曲面积分

$$\iint_{\Sigma} P\mathrm{d}y\mathrm{d}z + Q\mathrm{d}z\mathrm{d}x + R\mathrm{d}x\mathrm{d}y$$

要按照三个积分

$$\iint_{\Sigma} P\mathrm{d}y\mathrm{d}z, \quad \iint_{\Sigma} Q\mathrm{d}z\mathrm{d}x, \quad \iint_{\Sigma} R\mathrm{d}x\mathrm{d}y$$

分别将它们化为对 y,z, 对 z,x, 对 x,y 的二重积分, 然后相加. 具体方法如下:

计算 $\iint\limits_{\Sigma} R(x,y,z)\mathrm{d}x\mathrm{d}y$ 时, 先将曲面 Σ 用方程 $z=z(x,y)$, $(x,y)\in D_{xy}$ 表示出来, 其中 D_{xy} 是 Σ 在 xOy 面上的投影区域, 过 D_{xy} 上的点而平行于 z 轴的直线与曲面 Σ 的交点不多于一个. 由两类曲面积分之间的关系, 得

$$\iint_{\Sigma} R(x,y,z)\mathrm{d}x\mathrm{d}y = \iint_{\Sigma} R(x,y,z)\cos\gamma\mathrm{d}S,$$

其中 $\cos\gamma = \pm\dfrac{1}{\sqrt{1+z_x^2(x,y)+z_y^2(x,y)}}$, $\mathrm{d}S=\sqrt{1+z_x^2(x,y)+z_y^2(x,y)}\mathrm{d}x\mathrm{d}y$. 由对面积的曲面积分的计算公式, 得

$$\begin{aligned}\iint_{\Sigma} R(x,y,z)\cos\gamma\mathrm{d}S = &\iint_{D_{xy}} R[x,y,z(x,y)]\cdot\frac{\pm 1}{\sqrt{1+z_x^2(x,y)+z_y^2(x,y)}}\\ &\cdot\sqrt{1+z_x^2(x,y)+z_y^2(x,y)}\mathrm{d}x\mathrm{d}y,\end{aligned}$$

即

$$\iint_{\Sigma} R(x,y,z)\mathrm{d}x\mathrm{d}y = \pm\iint_{D_{xy}} R(x,y,z(x,y))\mathrm{d}x\mathrm{d}y. \tag{4-9}$$

利用 $\cos\gamma$ 正、负号的确定方法知, 当 Σ 是上侧曲面时, (4-9) 中二重积分前取 “+” 号; 当 Σ 是下侧曲面时, 二重积分前取 “−” 号.

(4-9) 是对坐标 x, y 的曲面积分的计算公式. 由此公式, 化曲面积分 $\iint\limits_{\Sigma} R(x, y, z)\mathrm{d}x\mathrm{d}y$ 为二重积分的步骤可为:

(i) 将 Σ 用方程 $z = z(x, y)$, $(x, y) \in D_{xy}$ 表示, 其中 D_{xy} 是 Σ 在 xOy 面上的投影区域;

(ii) 将 $z = z(x, y)$ 代入被积函数 $R(x, y, z)$, 然后在 D_{xy} 上作二重积分;

(iii) 根据 Σ 是上侧还是下侧曲面, 确定二重积分前面的正负号.

用同样方法不难得到:

要计算 $\iint\limits_{\Sigma} Q(x, y, z)\mathrm{d}z\mathrm{d}x$, 就把 Σ 用方程

$$y = y(z, x), \quad (z, x) \in D_{zx}$$

表示, 其中 D_{zx} 是 Σ 在 zOx 面上的投影区域, 则

$$\iint\limits_{\Sigma} Q(x, y, z)\mathrm{d}z\mathrm{d}x = \pm \iint\limits_{D_{zx}} Q[x, y(z, x), z]\mathrm{d}z\mathrm{d}x. \tag{4-10}$$

当 Σ 为右侧曲面时, 二重积分前取 "+" 号; Σ 为左侧曲面时, 二重积分前取 "−" 号.

要计算 $\iint\limits_{\Sigma} P(x, y, z)\mathrm{d}y\mathrm{d}z$, 就把 Σ 用方程

$$x = x(y, z), \quad (y, z) \in D_{yz}$$

表示, 其中 D_{yz} 是 Σ 在 yOz 面上的投影区域, 则

$$\iint\limits_{\Sigma} P(x, y, z)\mathrm{d}y\mathrm{d}z = \pm \iint\limits_{D_{yz}} P[x, y(z, x), z]\mathrm{d}y\mathrm{d}z. \tag{4-11}$$

当 Σ 为前侧曲面时, 二重积分前取 "+" 号; 当 Σ 为后侧曲面时, 二重积分前取 "−" 号.

例 2　计算曲面积分 $\iint\limits_{\Sigma} xyz\mathrm{d}x\mathrm{d}y$, 其中 Σ 是球面 $x^2 + y^2 + z^2 = 1$ 的外侧并满足 $x \geqslant 0$, $y \geqslant 0$ 的部分.

解　如图 10-18 所示, 因为 Σ 上 $z = \pm\sqrt{1 - x^2 - y^2}$, 所以将 Σ 分为上、下两片, 上片为

$$\Sigma_1 : z = \sqrt{1-x^2-y^2},$$

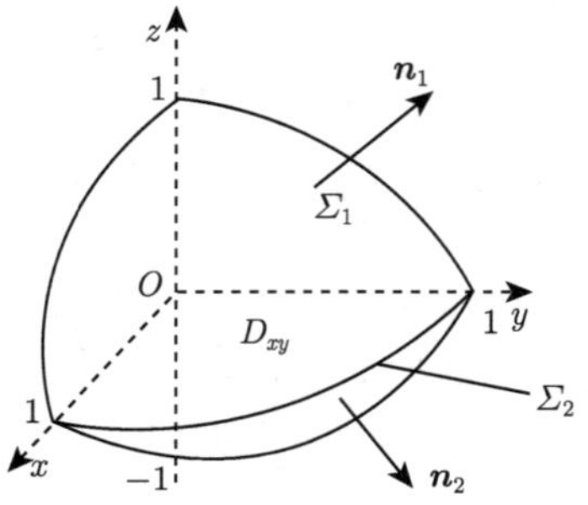

图 10-18

取上侧; 下片为

$$\Sigma_2 : z = -\sqrt{1-x^2-y^2},$$

取下侧. Σ_1, Σ_2 在 xOy 面上的投影区域都是

$$D_{xy} : x^2-y^2 \leqslant 1, \quad x \geqslant 0, \quad y \geqslant 0.$$

所以

$$\begin{aligned}
\iint_{\Sigma} xyz\mathrm{d}x\mathrm{d}y &= \iint_{\Sigma_1} xyz\mathrm{d}x\mathrm{d}y + \iint_{\Sigma_2} xyz\mathrm{d}x\mathrm{d}y \\
&= \iint_{D_{xy}} xy\sqrt{1-x^2-y^2}\mathrm{d}x\mathrm{d}y - \iint_{D_{xy}} xy(-\sqrt{1-x^2-y^2})\mathrm{d}x\mathrm{d}y \\
&= 2\iint_{D_{xy}} xy\sqrt{1-x^2-y^2}\mathrm{d}x\mathrm{d}y \\
&= 2\int_0^{\frac{\pi}{2}} \mathrm{d}\theta \int_0^1 (r\cos\theta)(r\sin\theta)\sqrt{1-r^2}r\mathrm{d}r \\
&= \int_0^{\frac{\pi}{2}} \sin 2\theta \mathrm{d}\theta \cdot \int_0^1 r^3\sqrt{1-r^2}\mathrm{d}r = \frac{2}{15}.
\end{aligned}$$

当 Σ 由多片有向曲面组成时, 应分片计算积分, 再求和. 此外, 根据有向曲面在坐标平面上投影的定义, 若 Σ 是垂直于 xOy 面的柱面, 则它在 xOy 面上的投影 $\cos\gamma\mathrm{d}S = 0$, 这时 $\iint\limits_{\Sigma} R(x,y,z)\mathrm{d}x\mathrm{d}y = 0$. 类似地, 当 Σ 是垂直于 yOz 面的柱面时, $\iint\limits_{\Sigma} P(x,y,z)\mathrm{d}y\mathrm{d}z = 0$; 当 Σ 是垂直于 zOx 面的柱面时,

$$\iint_{\Sigma} Q(x,y,z)\mathrm{d}z\mathrm{d}x = 0.$$

例 3　计算曲面积分

$$\oiint\limits_{\Sigma}(x+y)\mathrm{d}y\mathrm{d}z+(y+z)\mathrm{d}z\mathrm{d}x+(z+x)\mathrm{d}x\mathrm{d}y,$$

其中 Σ 是以原点为中心, 边长为 a 的轴向正方体的整个表面的外侧, 如图 10-19 所示.

解 有向曲面 Σ 可分为六片:

$\Sigma_1: z=\dfrac{a}{2},|x|\leqslant\dfrac{a}{2},|y|\leqslant\dfrac{a}{2}$, 取上侧;

$\Sigma_2: z=-\dfrac{a}{2},|x|\leqslant\dfrac{a}{2},|y|\leqslant\dfrac{a}{2}$, 取下侧;

$\Sigma_3: x=\dfrac{a}{2},|y|\leqslant\dfrac{a}{2},|z|\leqslant\dfrac{a}{2}$, 取前侧;

$\Sigma_4: x=-\dfrac{a}{2},|y|\leqslant\dfrac{a}{2},|z|\leqslant\dfrac{a}{2}$, 取后侧;

$\Sigma_5: y=\dfrac{a}{2},|z|\leqslant\dfrac{a}{2},|x|\leqslant\dfrac{a}{2}$, 取右侧;

$\Sigma_6: y=-\dfrac{a}{2},|z|\leqslant\dfrac{a}{2},|x|\leqslant\dfrac{a}{2}$, 取左侧.

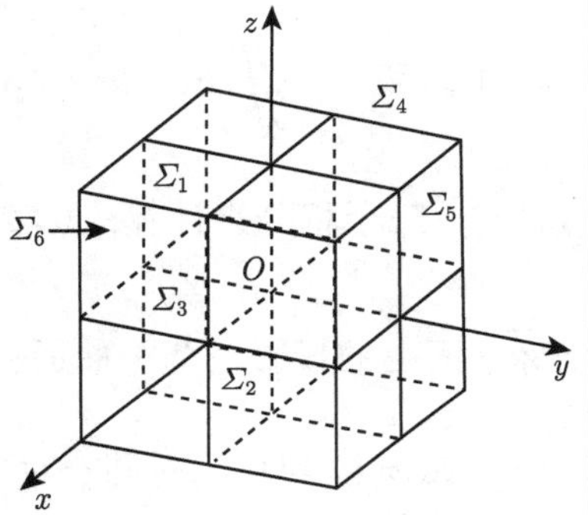

图 10-19

由于 $\Sigma_3, \Sigma_4, \Sigma_5, \Sigma_6$ 都垂直于 xOy 面, 所以

$$\begin{aligned}&\oiint\limits_{\Sigma}(z+x)\mathrm{d}x\mathrm{d}y\\=&\iint\limits_{\Sigma_1}(z+x)\mathrm{d}x\mathrm{d}y+\iint\limits_{\Sigma_2}(z+x)\mathrm{d}x\mathrm{d}y\\=&\iint\limits_{D_{xy}}\left(\frac{a}{2}+x\right)\mathrm{d}x\mathrm{d}y-\iint\limits_{D_{xy}}\left(-\frac{a}{2}+x\right)\mathrm{d}x\mathrm{d}y\\=&\iint\limits_{D_{xy}}a\mathrm{d}x\mathrm{d}y=a^3.\end{aligned}$$

同理有

$$\oiint\limits_{\Sigma}(y+z)\mathrm{d}z\mathrm{d}x=\iint\limits_{\Sigma_5}(y+z)\mathrm{d}z\mathrm{d}x+\iint\limits_{\Sigma_6}(y+z)\mathrm{d}z\mathrm{d}x=a^3,$$

$$\oiint_{\Sigma}(x+y)\mathrm{d}y\mathrm{d}z=a^3,$$

所以

$$\oiint_{\Sigma}(x+y)\mathrm{d}y\mathrm{d}z+(y+z)\mathrm{d}z\mathrm{d}x+(z+x)\mathrm{d}x\mathrm{d}y=3a^3.$$

将曲面积分 $\iint\limits_{\Sigma}P\mathrm{d}y\mathrm{d}z+Q\mathrm{d}z\mathrm{d}x+R\mathrm{d}x\mathrm{d}y$ 分为 $\iint\limits_{\Sigma}P\mathrm{d}y\mathrm{d}z$, $\iint\limits_{\Sigma}Q\mathrm{d}z\mathrm{d}x$, $\iint\limits_{\Sigma}R\mathrm{d}x\mathrm{d}y$ 三个积分来计算, 虽然思路简单但有时计算比较烦琐. 利用有向曲面在坐标平面上的投影及两类曲面积分之间的关系, 可以将曲面积分 $\iint\limits_{\Sigma}P\mathrm{d}y\mathrm{d}z+Q\mathrm{d}z\mathrm{d}x+R\mathrm{d}x\mathrm{d}y$ 转化为对同一对坐标 x,y (或 y,z 或 z,x) 的二重积分.

因为投影元素

$$\mathrm{d}y\mathrm{d}z=\cos\alpha\mathrm{d}S,\quad \mathrm{d}z\mathrm{d}x=\cos\beta\mathrm{d}S,\quad \mathrm{d}x\mathrm{d}y=\cos\gamma\mathrm{d}S,$$

所以

$$\mathrm{d}S=\frac{\mathrm{d}y\mathrm{d}z}{\cos\alpha}=\frac{\mathrm{d}z\mathrm{d}x}{\cos\beta}=\frac{\mathrm{d}x\mathrm{d}y}{\cos\gamma}.$$

从而

$$\mathrm{d}y\mathrm{d}z=\frac{\cos\alpha}{\cos\gamma}\mathrm{d}x\mathrm{d}y,\quad \mathrm{d}z\mathrm{d}x=\frac{\cos\beta}{\cos\gamma}\mathrm{d}x\mathrm{d}y,$$

或者

$$\mathrm{d}y\mathrm{d}z=\frac{\cos\alpha}{\cos\beta}\mathrm{d}z\mathrm{d}x,\quad \mathrm{d}x\mathrm{d}y=\frac{\cos\gamma}{\cos\beta}\mathrm{d}z\mathrm{d}x,$$

以及

$$\mathrm{d}z\mathrm{d}x=\frac{\cos\beta}{\cos\alpha}\mathrm{d}y\mathrm{d}z,\quad \mathrm{d}x\mathrm{d}y=\frac{\cos\gamma}{\cos\alpha}\mathrm{d}y\mathrm{d}z.$$

由这些关系, 可将组合曲面积分化为对同一对坐标的二重积分.

例 4 计算曲面积分 $\iint\limits_{\Sigma}(z^2+x)\mathrm{d}y\mathrm{d}z-z\mathrm{d}x\mathrm{d}y$, 其中 Σ 是旋转抛物面 $z=\frac{1}{2}(x^2+y^2)$ 介于平面 $z=0$ 及 $z=2$ 之间的部分的下侧, 如图 10-20 所示.

解　Σ 的方程为

$$z=\frac{1}{2}(x^2+y^2),$$

Σ 在 xOy 面上的投影区域为

$$D_{xy}=\{(x,y)|x^2+y^2\leqslant 4\},$$

Σ 指定侧的方向余弦为

$$\cos\alpha=\frac{x}{\sqrt{1+x^2+y^2}},$$

$$\cos\beta=\frac{y}{\sqrt{1+x^2+y^2}},$$

$$\cos\gamma=\frac{-1}{\sqrt{1+x^2+y^2}}.$$

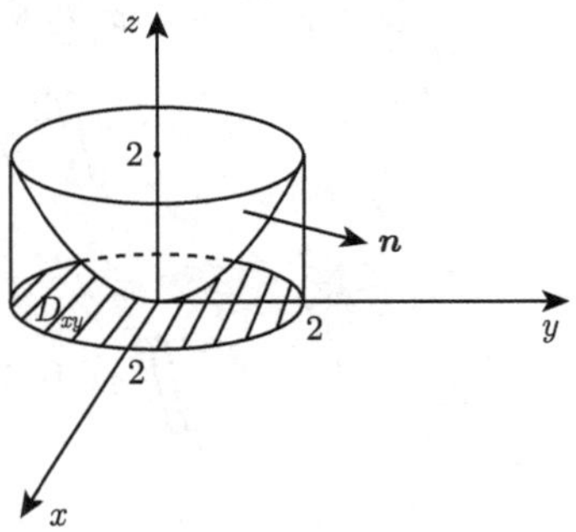

图 10-20

所以

$$\mathrm{d}y\mathrm{d}z=-x\mathrm{d}x\mathrm{d}y,$$

从而

$$\begin{aligned}&\iint\limits_{\Sigma}(z^2+x)\mathrm{d}y\mathrm{d}z-z\mathrm{d}x\mathrm{d}y\\&=\iint\limits_{\Sigma}(z^2+x)(-x\mathrm{d}x\mathrm{d}y)-z\mathrm{d}x\mathrm{d}y=\iint\limits_{\Sigma}(-z^2x-x^2-z)\mathrm{d}x\mathrm{d}y\\&=-\iint\limits_{D_{xy}}\left[-\frac{1}{4}(x^2+y^2)^2x-x^2-\frac{1}{2}(x^2+y^2)\right]\mathrm{d}x\mathrm{d}y\\&=\iint\limits_{D_{xy}}\left[\frac{1}{4}(x^2+y^2)^2x+x^2+\frac{1}{2}(x^2+y^2)\right]\mathrm{d}x\mathrm{d}y.\end{aligned}$$

利用 D_{xy} 关于 y 轴对称而 $\frac{1}{4}x(x^2+y^2)^2$ 关于 x 是奇函数, 得

$$\iint\limits_{\Sigma}(z^2+x)\mathrm{d}y\mathrm{d}z-z\mathrm{d}x\mathrm{d}y=\iint\limits_{D_{xy}}\left[x^2+\frac{1}{2}(x^2+y^2)\right]\mathrm{d}x\mathrm{d}y.$$

又因为 D_{xy} 关于直线 $y=x$ 对称, 所以

$$\iint\limits_{D_{xy}} x^2\mathrm{d}x\mathrm{d}y=\iint\limits_{D_{xy}} y^2\mathrm{d}x\mathrm{d}y.$$

于是

$$\iint\limits_{D_{xy}} x^2\mathrm{d}x\mathrm{d}y=\frac{1}{2}\iint\limits_{D_{xy}}(x^2+y^2)\mathrm{d}x\mathrm{d}y,$$

从而

$$\iint\limits_{\Sigma}(z^2+x)\mathrm{d}y\mathrm{d}z-z\mathrm{d}x\mathrm{d}y=\iint\limits_{D_{xy}}(x^2+y^2)\mathrm{d}x\mathrm{d}y=\int_0^{2\pi}\mathrm{d}\theta\int_0^2 r^3\mathrm{d}r=8\pi.$$

习　题　10-4

1. 当有向曲面 Σ 与 xOy 平面上的有界闭区域 D 重合时, 第二类曲面积分 $\iint\limits_{\Sigma} R(x,y,z)\mathrm{d}x\mathrm{d}y$ 与二重积分 $\iint\limits_{D} R(x,y,0)\mathrm{d}x\mathrm{d}y$ 是什么关系?

2. 将第二类曲面积分 $\iint\limits_{\Sigma} P\mathrm{d}y\mathrm{d}z+Q\mathrm{d}z\mathrm{d}x+R\mathrm{d}x\mathrm{d}y$ 化为第一类曲面积分:

(1) Σ 为平面 $3x+2y+z=1$ 位于第一卦限的部分, 取上侧;

(2) Σ 为平面 $x=1$ 被柱面 $y^2+z^2=1$ 所截的部分, 取前侧;

(3) Σ 为抛物面 $y=2x^2+z^2$ 被平面 $y=0$, $y=2$ 所夹的部分, 取左侧.

3. Σ 的方程为 $y=y(z,x)$, $(z,x)\in D_{zx}$, 将有向曲面 Σ 上的第二类曲面积分 $\iint\limits_{\Sigma}\boldsymbol{F}\cdot\mathrm{d}\boldsymbol{S}$ 化为对坐标 z, x 的曲面积分.

4. Σ 的方程为 $x=x(y,z)$, $(y,z)\in D_{yz}$, 将有向曲面 Σ 上的第二类曲面积分 $\iint\limits_{\Sigma}\boldsymbol{F}\cdot\mathrm{d}\boldsymbol{S}$ 化为 yOz 平面上有界闭区域 D_{yz} 上的二重积分.

5. 计算下列第二类曲面积分:

(1) $\iint\limits_{\Sigma} x\mathrm{d}y\mathrm{d}z+xy\mathrm{d}z\mathrm{d}x+xz\mathrm{d}x\mathrm{d}y$, Σ 是平面 $3x+2y+z=6$ 在第一卦限的部分的上侧;

(2) $\iint\limits_{\Sigma} x^2y^2z\mathrm{d}x\mathrm{d}y$, Σ 是球面 $x^2+y^2+z^2=R^2$ 的下半部分的下侧;

(3) $\oint\!\!\!\oint\limits_{\Sigma} xz\mathrm{d}x\mathrm{d}y+xy\mathrm{d}y\mathrm{d}z+yz\mathrm{d}z\mathrm{d}x$, Σ 是平面 $x=0$, $y=0$, $z=0$, $x+y+z=1$ 所围成的空间区域的整个边界曲面的外侧;

(4) $\oiint\limits_{\Sigma}[f(x,y,z)+x]\mathrm{d}y\mathrm{d}z+[2f(x,y,z)+y]\mathrm{d}z\mathrm{d}x+[f(x,y,z)+z]\mathrm{d}x\mathrm{d}y$, 其中 $f(x,y,z)$ 为连续函数, Σ 是平面 $x-y+z=1$ 在第四卦限部分的上侧;

(5) $\iint\limits_{\Sigma}(x^2+y^2)\mathrm{d}z\mathrm{d}x+z\mathrm{d}x\mathrm{d}y$, 其中 Σ 为圆锥面 $z=\sqrt{x^2+y^2}$ 上 $x\geqslant 0$, $y\geqslant 0$, $z\leqslant 1$ 部分的下侧.

第五节 格林公式

一元函数微分学与积分学之间、定积分与不定积分之间的联系, 集中表现为牛顿–莱布尼茨公式. 多元函数微积分也有类似的关系, 它们集中表现为格林公式、高斯公式及斯托克斯公式. 从本节开始, 讨论这三个公式及有关应用.

一、 格林公式

1. 平面单 (复) 连通区域及其正向边界

设 D 为一平面区域, 若 D 内任意一条闭曲线所围成的有界区域都属于 D, 则称 D 为**平面单连通区域**. 直观上看, 单连通区域就是没有 “洞” 的区域. 不是单连通的平面区域称为**复连通区域**. 例如, xOy 面上的圆形区域 $\{(x,y)|x^2+y^2<1\}$、上半平面 $\{(x,y)|y>0\}$ 等都是单连通区域; 而圆环形区域 $\{(x,y)|1<x^2+y^2<2\}$ 及去心的圆形区域 $\{(x,y)|\ 0<x^2+y^2<1\}$ 都是复连通区域. 复连通区域是有 “洞” 的.

设平面区域 D 的边界曲线是 L, 规定 L 的正向如下: 当人沿 L 的这个方向行走时, D 内在人邻近处的部分总在人的左边. 并用 L^+ 记 D 的正向边界曲线. 例如, $D=\{(x,y)|\ x^2+y^2<1\}$ 时, L^+ 是逆时针方向的单位圆周; 而 $D=\{(x,y)|\ x^2+y^2\geqslant 1\}$ 时, L^+ 是顺时针方向的单位圆周; 当 $D=\{(x,y)|\ 1\leqslant x^2+y^2\leqslant 2\}$ 时, L^+ 由顺时针方向的内圆周与逆时针方向的外圆周共同组成.

2. 格林公式

英国数理学家格林 (Green) 在 1825 年给出以下结论.

定理 1 (格林定理) 设 D 是 xOy 平面上的有界闭区域, 其边界曲线 L 是分段光滑的, 若函数 $P(x,y)$, $Q(x,y)$ 在 D 上具有一阶连续偏导数, 则

$$\iint\limits_{D}\left(\frac{\partial Q}{\partial x}-\frac{\partial P}{\partial y}\right)\mathrm{d}x\mathrm{d}y=\oint_{L^+}P\left(x,y\right)\mathrm{d}x+Q\left(x,y\right)\mathrm{d}y. \tag{5-1}$$

(5-1) 称为**格林公式**. 它建立了曲线积分与二重积分之间的联系, 是牛顿–莱布尼茨公式在二重积分的推广.

证 先设区域 D 为单连通区域. 若穿过区域 D 内部且平行于坐标轴的直线与 D 的边界曲线 L 的交点不多于两个, 则区域 D 既是 X-型, 又是 Y-型.

设 $D=\{(x,y)|\varphi_1(x)\leqslant y\leqslant\varphi_2(x),a\leqslant x\leqslant b\}$. D 的正向边界 $L^+=L_1+L_2$, 其中 $L_1=\widehat{AmB}$, $L_2=\widehat{BnA}$, 如图 10-21(a) 所示.

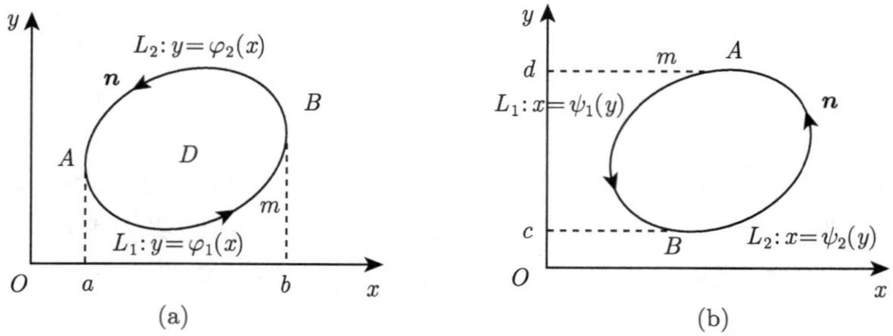

图 10-21

因为 $\dfrac{\partial P}{\partial y}$ 在 D 上连续, 所以

$$\begin{aligned}\iint\limits_D\frac{\partial P}{\partial y}\mathrm{d}x\mathrm{d}y&=\int_a^b\left\{\int_{\varphi_1(x)}^{\varphi_2(x)}\frac{\partial P(x,y)}{\partial y}\mathrm{d}y\right\}\mathrm{d}x\\&=\int_a^b\{P[x,\varphi_2(x)]-P[x,\varphi_1(x)]\}\,\mathrm{d}x.\end{aligned}$$

另一方面, 由对坐标的曲线积分的性质及计算公式, 有

$$\begin{aligned}\oint_{L^+}P(x,y)\mathrm{d}x&=\int_{L_1}P(x,y)\mathrm{d}x+\int_{L_2}P(x,y)\mathrm{d}x\\&=\int_a^b P[x,\varphi_1(x)]\mathrm{d}x+\int_b^a P[x,\varphi_2(x)]\mathrm{d}x\\&=\int_a^b\{P[x,\varphi_1(x)]-P[x,\varphi_2(x)]\}\,\mathrm{d}x,\end{aligned}$$

从而有

$$-\iint\limits_D\frac{\partial P}{\partial y}\mathrm{d}x\mathrm{d}y=\oint_{L^+}P(x,y)\mathrm{d}x. \tag{5-2}$$

又设 $D=\{(x,y)|\psi_1(y)\leqslant x\leqslant\psi_2(y),c\leqslant y\leqslant d\}$, D 的正向边界 $L^+=L_1+L_2$, 其中 $L_1=\widehat{AmB}$, $L_2=\widehat{BnA}$, 如图 10-21(b) 所示. 因为 $\dfrac{\partial Q}{\partial x}$ 在 D 上连

续, 所以

$$\iint\limits_D \frac{\partial Q}{\partial x}\mathrm{d}x\mathrm{d}y = \int_c^d \left\{\int_{\psi_1(y)}^{\psi_2(y)} \frac{\partial Q(x,y)}{\partial x}\mathrm{d}x\right\}\mathrm{d}y = \int_c^d \{P[\psi_2(y),y] - P[\psi_1(y),y]\}\,\mathrm{d}y.$$

而

$$\begin{aligned}\oint_{L^+} Q(x,y)\mathrm{d}y &= \int_{L_1} Q(x,y)\mathrm{d}y + \int_{L_2} Q(x,y)\mathrm{d}y \\ &= \int_c^d Q[\psi_2(y),y]\mathrm{d}y + \int_c^d Q[\psi_1(y),y]\mathrm{d}y \\ &= \int_c^d \{Q[\psi_2(y),y] - Q[\psi_1(y),y]\}\,\mathrm{d}y,\end{aligned}$$

于是

$$\iint\limits_D \frac{\partial Q}{\partial x}\mathrm{d}x\mathrm{d}y = \oint_{L^+} Q(x,y)\mathrm{d}y. \tag{5-3}$$

由于在区域 D 上 (5-2) 和 (5-3) 同时成立, 合并后就得到 (5-1).

若穿过区域 D 内部且平行于坐标轴的直线与 D 的边界曲线交点多于两个, 则可以在 D 内引进一条或多条辅助曲线把 D 分为有限个部分区域, 使得每个部分区域都满足其边界与平行于坐标轴的直线交点不多于两个, 也能证明公式 (5-1) 成立. 如图 10-22 所示, 区域 D 的边界曲线 L 为 $\widehat{MNPM}$, 引进辅助直线 ABC, 将 D 分为 D_1, D_2, D_3 三部分, 应用公式 (5-1) 于每部分, 得

$$\iint\limits_{D_1} \left(\frac{\partial Q}{\partial x} - \frac{\partial P}{\partial y}\right)\mathrm{d}x\mathrm{d}y = \oint_{\widehat{MCBAM}} P\mathrm{d}x + Q\mathrm{d}y,$$

$$\iint\limits_{D_2} \left(\frac{\partial Q}{\partial x} - \frac{\partial P}{\partial y}\right)\mathrm{d}x\mathrm{d}y = \oint_{\widehat{ABPA}} P\mathrm{d}x + Q\mathrm{d}y,$$

$$\iint\limits_{D_3} \left(\frac{\partial Q}{\partial x} - \frac{\partial P}{\partial y}\right)\mathrm{d}x\mathrm{d}y = \oint_{\widehat{BCNB}} P\mathrm{d}x + Q\mathrm{d}y.$$

将这三个等式相加, 注意到相加时沿辅助曲线的曲线积分相互抵消, 得

$$\iint\limits_D \left(\frac{\partial Q}{\partial x} - \frac{\partial P}{\partial y}\right)\mathrm{d}x\mathrm{d}y = \oint_{L^+} P\mathrm{d}x + Q\mathrm{d}y.$$

再设 D 是复连通区域, 如图 10-23 所示, 添加辅助线将其"割开", 则 D 成为一个以 $L_1+\overline{BA}+L_2+\overline{AB}$ 为正向边界的单连通区域, 这里 L_1 取逆时针方向, L_2 取顺时针方向. 由以上讨论, 有

$$\iint\limits_D \left(\frac{\partial Q}{\partial x}-\frac{\partial P}{\partial y}\right)\mathrm{d}x\mathrm{d}y=\oint_{L_1+\overline{BA}+L_2+\overline{AB}} P\mathrm{d}x+Q\mathrm{d}y.$$

因为

$$\int_{\overline{AB}} P\mathrm{d}x+Q\mathrm{d}y+\int_{\overline{BA}} P\mathrm{d}x+Q\mathrm{d}y=0,$$

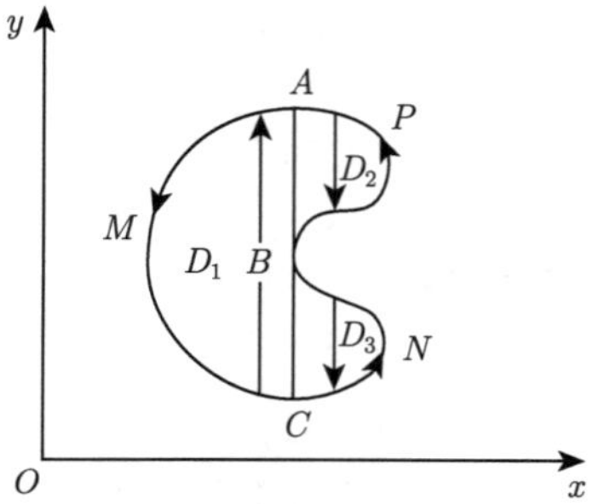

图 10-22

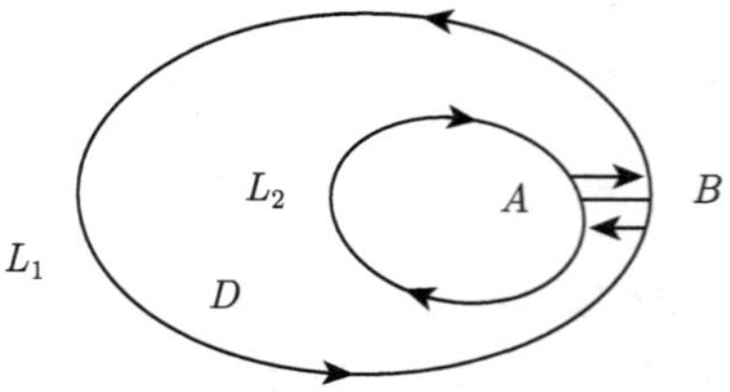

图 10-23

从而

$$\iint\limits_D \left(\frac{\partial Q}{\partial x}-\frac{\partial P}{\partial y}\right)\mathrm{d}x\mathrm{d}y=\int_{L_1+L_2} P\mathrm{d}x+Q\mathrm{d}y.$$

利用格林公式可把二重积分转化为曲线积分来计算, 也可把曲线积分转化为二重积分来计算. 应用更多的是后者.

例 1 计算 $\oint_{L^+} xy^2\mathrm{d}y-yx^2\mathrm{d}x$, 其中 L^+ 为圆周 $x^2+y^2=R^2$ 的逆时针方向.

解 $P(x,y)=-yx^2$, $Q(x,y)=xy^2$, L^+ 是 $D=\{(x,y)|x^2+y^2\leqslant R^2\}$ 的正向边界, 由格林公式, 得

$$\oint_{L^+} xy^2\mathrm{d}y-yx^2\mathrm{d}x=\iint\limits_D (x^2+y^2)\mathrm{d}x\mathrm{d}y=\int_0^{2\pi}\mathrm{d}\theta\int_0^R r^3\mathrm{d}r=\frac{\pi R^4}{2}.$$

一条曲线段上的积分, 可通过添加辅助曲线段而构成闭曲线, 然后应用格林公式及曲线积分的运算性质进行计算.

例 2　计算 $\int_L (x^2-2y)\mathrm{d}x+(3x+y\mathrm{e}^y)\mathrm{d}y$, 其中 L 是由直线 $x+2y=2$ 上从点 $A(2,0)$ 到点 $B(0,1)$ 的一段及圆弧 $x=-\sqrt{1-y^2}$ 上从点 $B(0,1)$ 到点 $C(-1,0)$ 的一段连接而成的有向曲线, 如图 10-24 所示.

解　$L=\overline{AB}+\widehat{BC}$, 在 L 上添加有向线段 $\overline{CA}$, 则 L 与 $\overline{CA}$ 构成闭曲线所围成的有界闭区域为 D, $L+\overline{CA}$ 是 D 的正向边界. 故由格林公式, 得

$$\oint_{L+\overline{CA}} (x^2-2y)\mathrm{d}x+(3x+y\mathrm{e}^y)\mathrm{d}y=\iint_D [3-(-2)]\mathrm{d}x\mathrm{d}y$$

$$=5\iint_D \mathrm{d}x\mathrm{d}y=5\left(\frac{\pi}{4}+1\right).$$

而

$$\int_{\overline{CA}} (x^2-2y)\mathrm{d}x+(3x+y\mathrm{e}^y)\mathrm{d}y=\int_{-1}^{2} x^2\mathrm{d}x=3.$$

所以

$$\int_L (x^2-2y)\mathrm{d}x+(3x+y\mathrm{e}^y)\mathrm{d}y=\oint_{L+\overline{CA}}-\oint_{\overline{CA}}=\frac{5\pi}{4}+2.$$

若 $P(x,y)$, $Q(x,y)$ 在闭曲线 L 为边界的有界闭区域 D 上不是处处偏导数连续, 但仅在个别 (有限个) 点上偏导数不连续, 则可设法将这样的点“挖去”, 然后再用格林公式及曲线积分的运算性质进行计算.

例 3　计算 $\oint_L \frac{-y\mathrm{d}x+x\mathrm{d}y}{x^2+y^2}$, L 为椭圆周 $\frac{x^2}{a^2}+\frac{y^2}{b^2}=1$ 的逆时针方向.

解　L 及其所围成区域如图 10-25 所示, 此处

$$P=\frac{-y}{x^2+y^2},\quad Q=\frac{x}{x^2+y^2}.$$

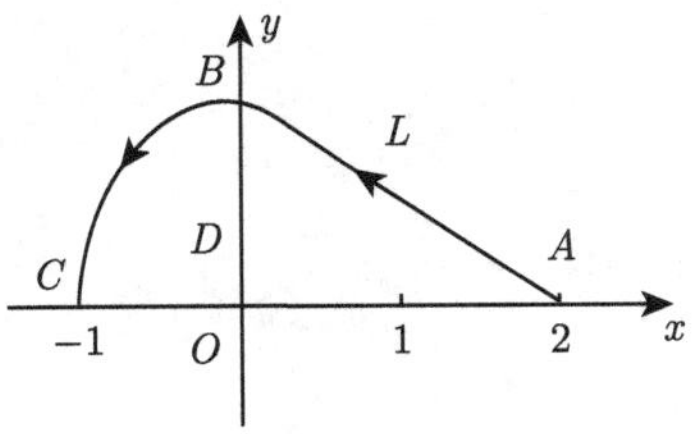

图 10-24

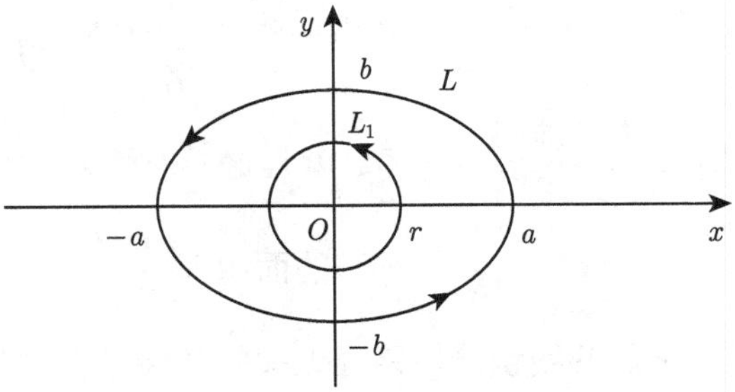

图 10-25

因为

$$\frac{\partial P}{\partial y}=\frac{\partial Q}{\partial x}=\frac{y^2-x^2}{(x^2+y^2)^2}$$

在原点处不连续, 所以不满足格林定理条件. 为应用格林公式, 可取充分小的 $r>0$, 作位于 L 所围区域内的圆周 $L_1: x=r\cos\theta,\ y=r\sin\theta$, 并取其逆时针方向. 记由 L 与 L_1 围成的有界闭区域为 D, 则 D 的正向边界为 $L+L_1^-$, 且 P, Q 在 D 内有一阶连续偏导数. 故由格林公式得

$$\oint_{L+L_1^-}\frac{-y\mathrm{d}x+x\mathrm{d}y}{x^2+y^2}=\iint_D\left(\frac{\partial Q}{\partial x}-\frac{\partial P}{\partial y}\right)\mathrm{d}\sigma=0.$$

再由曲线积分性质,

$$\oint_{L+L_1^-}\frac{-y\mathrm{d}x+x\mathrm{d}y}{x^2+y^2}=\oint_L\frac{-y\mathrm{d}x+x\mathrm{d}y}{x^2+y^2}-\oint_{L_1}\frac{-y\mathrm{d}x+x\mathrm{d}y}{x^2+y^2},$$

所以

$$\oint_L\frac{-y\mathrm{d}x+x\mathrm{d}y}{x^2+y^2}=\oint_{L_1}\frac{-y\mathrm{d}x+x\mathrm{d}y}{x^2+y^2}=\int_0^{2\pi}\frac{r^2\sin^2\theta+r^2\cos^2\theta}{r^2}\mathrm{d}\theta=2\pi.$$

在例 3 中, P, Q 及其一阶偏导数在 L 包围的区域内除点 $(0,0)$ 外处处连续, 而仅在 $(0,0)$ 不连续. 这样的点称为**奇点**. 若环绕奇点一周的任何正向闭曲线上的曲线积分是同一个常数, 称这个常数为区域 D 上对应于该奇点的**循环常数**. 2π 就是例 3 中 D 对应于奇点的循环常数, 即将例 3 中椭圆周换为任何一条分段光滑, 包含原点但不过原点的逆时针闭曲线 L, 曲线积分都是 2π.

格林公式还有一个优美而简单的应用, 由它可推出用曲线积分计算平面图形面积的公式. 在 (5-1) 中, 若 P, Q 除满足格林定理的条件外, 还满足 $\frac{\partial Q}{\partial x}-\frac{\partial P}{\partial y}=1$, 则

$$D\text{ 的面积}=\iint_D\mathrm{d}\sigma=\oint_{L^+}P\mathrm{d}x+Q\mathrm{d}y.$$

例如, $P=-\frac{1}{2}y$, $Q=\frac{1}{2}x$ 就是这样的函数, 所以

$$D\text{的面积}=\frac{1}{2}\oint_{L^+}(-y)\mathrm{d}x+x\mathrm{d}y. \tag{5-4}$$

二、 平面曲线积分与路径无关的条件 全微分求积

由第二节可看到, 有的曲线积分与积分路径有关, 有的则无关. 一般地, 设

G 为一平面开区域, A, B 是 G 内任意两点, L_1 与 L_2 是 G 内从 A 到 B 的任意两条有向曲线, 若 $\int_{L_1} P\mathrm{d}x + Q\mathrm{d}y = \int_{L_2} P\mathrm{d}x + Q\mathrm{d}y$ 恒成立, 则称**曲线积分** $\int_L P\mathrm{d}x + Q\mathrm{d}y$ **在 G 内与路径无关**. 否则称与路径有关. 由格林公式, 很容易给出平面曲线积分与路径无关的充分必要条件. 又若二元函数 $u(x,y)$ 在 G 内可微, 则有

$$\mathrm{d}u(x,y) = \frac{\partial u}{\partial x}\mathrm{d}x + \frac{\partial u}{\partial y}\mathrm{d}y.$$

反之, 对于表达式 $P(x,y)\mathrm{d}x + Q(x,y)\mathrm{d}y$, 考虑在 G 内是否存在二元函数 $u(x,y)$, 使得 $\mathrm{d}u(x,y) = P(x,y)\mathrm{d}x + Q(x,y)\mathrm{d}y$ 这样一个问题. 若在 G 内

$$\mathrm{d}u(x,y) = P(x,y)\mathrm{d}x + Q(x,y)\mathrm{d}y$$

成立, 则称 $u(x,y)$ 是 $P(x,y)\mathrm{d}x + Q(x,y)\mathrm{d}y$ **在 G 内的原函数**. 关于上述问题有如下结论.

定理 2 设 G 是平面上的单连通区域, $P(x,y)$, $Q(x,y)$ 在 G 内具有一阶连续偏导数, 则以下四个条件相互等价:

(i) 对 G 内的任意一条分段光滑的有向闭曲线 L,

$$\oint_L P(x,y)\mathrm{d}x + Q(x,y)\mathrm{d}y = 0;$$

(ii) 曲线积分 $\int_L P\mathrm{d}x + Q\mathrm{d}y$ 在 G 内与路径无关, L 是 G 内的有向曲线;

(iii) 表达式 $P(x,y)\mathrm{d}x + Q(x,y)\mathrm{d}y$ 在 G 内是某个二元函数的全微分, 即存在 $u(x,y)$, 使得

$$\mathrm{d}u = P(x,y)\mathrm{d}x + Q(x,y)\mathrm{d}y;$$

(iv) $\dfrac{\partial Q}{\partial x} = \dfrac{\partial P}{\partial y}$ 在 G 内处处成立.

证 下面采用循环推证方式, 遵照 (i) $\Rightarrow$ (ii) $\Rightarrow$ (iii) $\Rightarrow$ (iv) $\Rightarrow$ (i) 的证明路线来证明.

(i) $\Rightarrow$ (ii): 如图 10-26 所示, 在 G 内任取两点 A 与 B, 设 L_1 与 L_2 是 G 内任意两条从 A 到 B 的有向曲线 ($L_1 \neq L_2$), 则 $L_1 + L_2^-$ 是 G 内的一条有向闭曲线, 由于 (i) 成立, 所以

$$0 = \oint_{L_1 + L_2^-} P\mathrm{d}x + Q\mathrm{d}y = \int_{L_1} P\mathrm{d}x + Q\mathrm{d}y + \int_{L_2^-} P\mathrm{d}x + Q\mathrm{d}y$$

$$= \int_{L_1} P\mathrm{d}x + Q\mathrm{d}y - \int_{L_2} P\mathrm{d}x + Q\mathrm{d}y,$$

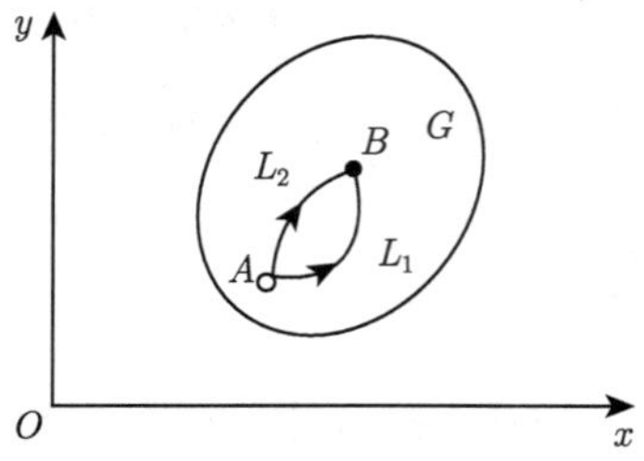

图 10-26

故有

$$\oint_{L_1} P\mathrm{d}x + Q\mathrm{d}y = \oint_{L_2} P\mathrm{d}x + Q\mathrm{d}y,$$

即 (ii) 成立.

(ii) $\Rightarrow$ (iii): 设 $M_0(x_0, y_0)$, $M(x,y)$ 是 G 内任意两点, 因为 (ii) 成立, 所以曲线积分 $\int_{\widehat{M_0M}} P\mathrm{d}x + Q\mathrm{d}y$ 与路径无关, 仅依赖于起点 M_0 及终点 M 的位置. 此时记该曲线积分为 $\int_{(x_0,y_0)}^{(x,y)} P\mathrm{d}x + Q\mathrm{d}y$. 若固定点 $M_0(x_0, y_0)$, 则积分 $\int_{(x_0,y_0)}^{(x_0,y_0)} P\mathrm{d}x + Q\mathrm{d}y$ 只是点 (x,y) 的函数, 记作 $u(x,y)$, 即

$$u(x,y) = \int_{(x_0,y_0)}^{(x,y)} P(x,y)\mathrm{d}x + Q(x,y)\mathrm{d}y. \tag{5-5}$$

因为 $P(x,y)$, $Q(x,y)$ 在 G 内, 所以只需证明

$$\frac{\partial u}{\partial x} = P(x,y), \quad \frac{\partial u}{\partial y} = Q(x,y),$$

就证明了 $u\,(x,y)$ 在 G 内可微, 且有

$$\mathrm{d}u = P(x,y)\mathrm{d}x + Q(x,y)\mathrm{d}y.$$

为此, 在点 $M(x,y)$ 给自变量 x 一个增量 $\Delta x \neq 0$, 得 G 内的点 $N(x+\Delta x, y)$, 则

$$u(x+\Delta x, y) = \int_{(x_0,y_0)}^{(x+\Delta x,y)} P(x,y)\mathrm{d}x + Q(x,y)\mathrm{d}y.$$

由于曲线积分与路径无关, 所以可取如图 10-27 所示的积分路径 $\widehat{M_0M} + \overline{MN}$ 来计算 $u(x+\Delta x, y)$, 于是

$$u(x+\Delta x, y) - u(x,y) = \int_{(x_0,y_0)}^{(x+\Delta x,y)} P\mathrm{d}x + Q\mathrm{d}y - \int_{(x_0,y_0)}^{(x,y)} P\mathrm{d}x + Q\mathrm{d}y$$

$$= \int_{(x,y)}^{(x+\Delta x,y)} P\mathrm{d}x + Q\mathrm{d}y$$

$$= \int_{x}^{x+\Delta x} P\mathrm{d}x + Q\mathrm{d}y.$$

由定积分中值定理, 得

$$u(x+\Delta x, y) - u(x,y)$$
$$=P(x+\theta\Delta x, y)\Delta x,$$

其中 $0<\theta<1$, 从而

$$\frac{\Delta u}{\Delta x} = \frac{u(x+\Delta x,y)-u(x,y)}{\Delta x}$$
$$= P(x+\theta\Delta x, y)\Delta x.$$

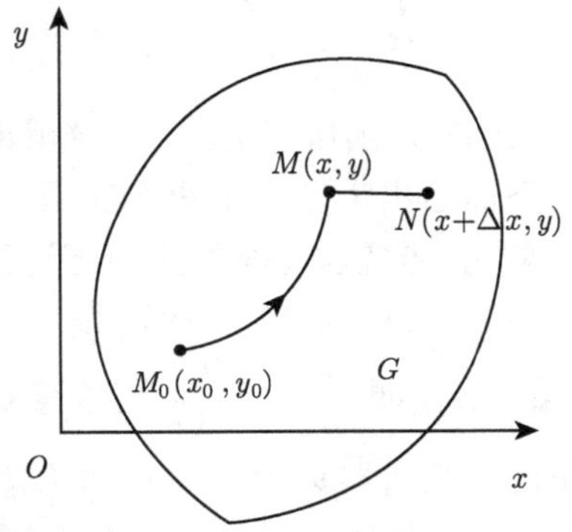

图 10-27

由偏导数定义及 $P(x,y)$ 的连续性, 有

$$\frac{\partial u}{\partial x} = \lim_{\Delta x\to 0}\frac{\Delta u}{\Delta x} = P(x,y).$$

同理可证

$$\frac{\partial u}{\partial y} = Q(x,y),$$

即 (iii) 成立.

(iii) $\Rightarrow$ (iv): 因为

$$\frac{\partial u}{\partial x} = P(x,y), \quad \frac{\partial u}{\partial y} = Q(x,y),$$

而 P, Q 在 G 内一阶偏导数连续, 所以 $u(x,y)$ 在 G 内二阶偏导数连续, 且

$$\frac{\partial^2 u}{\partial x\partial y} = \frac{\partial P}{\partial y}, \quad \frac{\partial^2 u}{\partial y\partial x} = \frac{\partial Q}{\partial x}.$$

从而 $\dfrac{\partial^2 u}{\partial x\partial y} = \dfrac{\partial^2 u}{\partial y\partial x}$, 即

$$\frac{\partial P}{\partial y} = \frac{\partial Q}{\partial x}$$

在 G 内处处成立, 即 (iv) 成立.

(iv) $\Rightarrow$ (i): 因为在 G 内每一点 (x,y) 都有 $\dfrac{\partial Q}{\partial x}=\dfrac{\partial P}{\partial y}$, 而 G 是单连通区域, 故在 G 内任意一条分段光滑的有向曲线 L 上应用格林公式, 有

$$\oint_L P(x,y)\mathrm{d}x+Q(x,y)\mathrm{d}y=\pm\iint_D\left(\frac{\partial Q}{\partial x}-\frac{\partial P}{\partial y}\right)\mathrm{d}x\mathrm{d}y=0,$$

其中 D 是 L 所围成的区域. 这就证明了 (i) 成立. 至此, 定理 2 证明完毕.

下面给出定理 2 的重要应用.

首先, 若需验证平面上单连通区域内的曲线积分是否与路径无关或验证 $P(x,y)\mathrm{d}x+Q(x,y)\mathrm{d}y$ 在 G 内是否为一可微函数的全微分, 最便于应用的条件是定理 2 中的 (iv), 即 $\dfrac{\partial Q}{\partial x}=\dfrac{\partial P}{\partial y}$ 是否在 G 内处处成立. 当曲线积分与路径无关, 可选择简单的路径, 能够极大地简化曲线积分的计算; 当 $P(x,y)\mathrm{d}x+Q(x,y)\mathrm{d}y$ 在 G 内是一可微函数的全微分, 可由 (5-5) 求出其原函数.

例 4　计算 $\displaystyle\int_L(x^2-y^2)\mathrm{d}x-2xy\mathrm{d}y$, 其中 L 是沿曲线 $y=\begin{cases}\dfrac{\sin x}{x}, & x\neq 0,\\ 1, & x=0\end{cases}$ 由点 $A(0,1)$ 到 $B(\pi,0)$ 的一段有向弧.

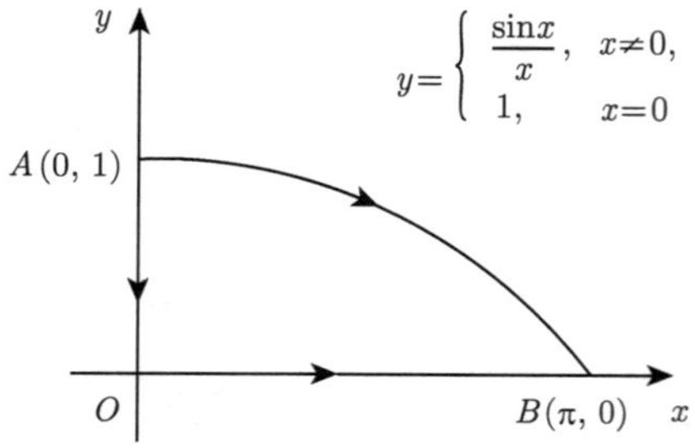

图 10-28

解　本题若直接计算会相当困难, 但注意到

$$P=x^2-y^2,\quad Q=-2xy$$

在整个平面上有一阶连续偏导数, 且 $\dfrac{\partial P}{\partial y}=-2y=\dfrac{\partial Q}{\partial x}$ 处处成立, 所以曲线积分与路径无关. 取坐标轴上由 A 到 B 的有向折线段 $\overline{AO}+\overline{OB}$ (图 10-28) 进行计算, 有

$$\begin{aligned}\int_L(x^2-y^2)\mathrm{d}x-2xy\mathrm{d}y=&\int_{\overline{AO}}(x^2-y^2)\mathrm{d}x-2xy\mathrm{d}y\\&+\int_{\overline{OB}}(x^2-y^2)\mathrm{d}x-2xy\mathrm{d}y,\end{aligned}$$

其中

$$\overline{AO}: x=0, y:1\to 0;\quad \overline{OB}: y=0, x:0\to \pi.$$

所以

$$\int_L (x^2-y^2)\mathrm{d}x-2xy\mathrm{d}y=\int_1^0 0\mathrm{d}y+\int_0^\pi x^2\mathrm{d}x=\frac{\pi^3}{3}.$$

$P(x,y)\mathrm{d}x+Q(x,y)\mathrm{d}y$ 在 G 内可微的原函数

$$u(x,y)=\int_{(x_0,y_0)}^{(x,y)} P(x,y)\mathrm{d}x+Q(x,y)\mathrm{d}y$$

中, $M_0(x_0,y_0)$ 是 G 内一定点, $M(x,y)$ 是 G 内的动点. 因为右边的曲线积分与路径无关, 所以取从 M_0 到 M 的平行于坐标轴的有向折线段进行计算, 就有

$$u(x,y)=\int_{x_0}^{x} P(x,y_0)\mathrm{d}x+\int_{y_0}^{y} Q(x,y)\mathrm{d}y, \tag{5-6}$$

如图 10-29 所示, 或

$$u(x,y)=\int_{x_0}^{x} P(x,y)\mathrm{d}x+\int_{y_0}^{y} Q(x_0,y)\mathrm{d}y, \tag{5-7}$$

如图 10-30 所示.

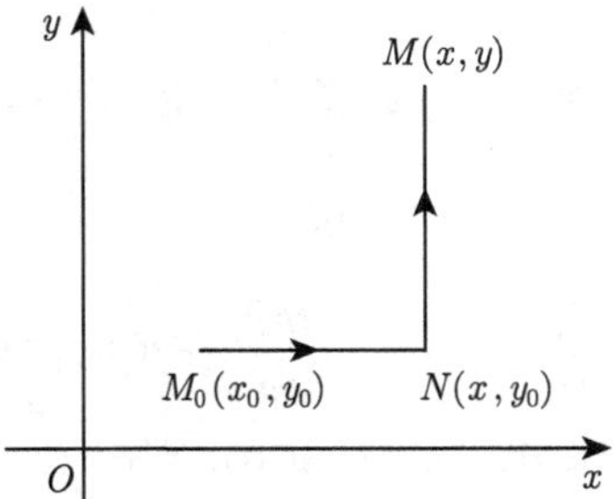

图 10-29

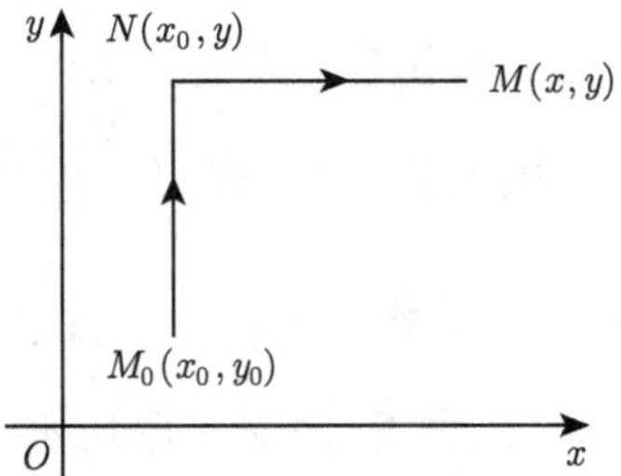

图 10-30

$P(x,y)\mathrm{d}x+Q(x,y)\mathrm{d}y$ 在 G 内有可微的原函数 $u(x,y)$, 即曲线积分 $\int_L P(x,y)\mathrm{d}x+Q(x,y)\mathrm{d}y$ 在区域 G 内与路径无关, G 内由点 $A(x_1,y_1)$ 到点 $B(x_2,y_2)$ 的有向曲线段 L 上的积分可以记为

$$\int_{(x_1,y_1)}^{(x_2,y_2)} P(x,y)\mathrm{d}x+Q(x,y)\mathrm{d}y \quad 或 \quad \int_A^B \boldsymbol{F}(x,y)\cdot \mathrm{d}\boldsymbol{s},$$

其中 $\boldsymbol{F}(x,y)=P(x,y)\boldsymbol{i}+Q(x,y)\boldsymbol{j}$, $\mathrm{d}\boldsymbol{s}=(\mathrm{d}x,\mathrm{d}y)$. 取 L 为从 A 到点 B 的平行于坐标轴的有向折线段, 计算得

$$\int_{(x_1,y_1)}^{(x_2,y_2)} P(x,y)\mathrm{d}x+Q(x,y)\mathrm{d}y=\int_{x_1}^{x_2} P(x,y_1)\mathrm{d}x+\int_{y_1}^{y_2} Q(x_2,y)\mathrm{d}y \tag{5-8}$$

或

$$\int_{(x_1,y_1)}^{(x_2,y_2)} P(x,y)\mathrm{d}x+Q(x,y)\mathrm{d}y=\int_{x_1}^{x_2} P(x,y_2)\mathrm{d}x+\int_{y_1}^{y_2} Q(x_1,y)\mathrm{d}y. \tag{5-9}$$

而且易明

$$\int_{(x_1,y_1)}^{(x_2,y_2)} P(x,y)\mathrm{d}x+Q(x,y)\mathrm{d}y=u(x_2,y_2)-u(x_1,y_1) \tag{5-10}$$

或

$$\int_A^B \boldsymbol{F}(x,y)\cdot\mathrm{d}\boldsymbol{s}=u(B)-u(A). \tag{5-11}$$

通常也记

$$u(x_2,y_2)-u(x_1,y_1)=u(x,y)\Big|_{(x_1,y_1)}^{(x_2,y_2)},\quad u(B)-u(A)=u|_A^B.$$

(5-10) 或 (5-11) 是二元向量值函数的**微积分基本公式**, 也称为**平面曲线积分基本公式**.

例 5　验证整个平面上 $(x^2-y)\mathrm{d}x-(x+\sin^2 y)\mathrm{d}y$ 是某个函数的全微分, 求出其一个原函数, 并计算 $\displaystyle\int_{(-1,-2)}^{(1,2)}(x^2-y)\mathrm{d}x-(x+\sin^2 y)\mathrm{d}y$.

解　$P=x^2-y$, $Q=-(x+\sin^2 y)$. 因为 $\dfrac{\partial P}{\partial y}=-1=\dfrac{\partial Q}{\partial x}$ 在平面内处处成立, 所以由定理 2, $P\mathrm{d}x+Q\mathrm{d}y$ 是某个函数的全微分. 取 $M_0(0,0)$, 则由 (5-5), 得

$$\begin{aligned}u(x,y)&=\int_{(0,0)}^{(x,y)}(x^2-y)\mathrm{d}x-(x+\sin^2 y)\mathrm{d}y=\int_0^x x^2\mathrm{d}x+\int_0^y -(x+\sin^2 y)\mathrm{d}y\\&=\frac{1}{3}x^3-xy-\frac{1}{2}y+\frac{1}{4}\sin 2y.\end{aligned}$$

由 (5-10), 有

$$\int_{(-1,-2)}^{(1,2)}(x^2-y)\mathrm{d}x-(x+\sin^2 y)\mathrm{d}y=\left(\frac{1}{3}x^3-xy-\frac{1}{2}y+\frac{1}{4}\sin 2y\right)\Bigg|_{(-1,-2)}^{(1,2)}=-\frac{4}{3}.$$

习 题 10-5

1. 利用格林公式计算下列曲线积分:

(1) $\int_L (x+y^2)\mathrm{d}x-(x^2+y^2)\mathrm{d}y$, L 是以 $(0,0)$, $(1,0)$, $(0,1)$ 为顶点的三角形区域的正向边界;

(2) $\int_L (x^2+y)\mathrm{d}x-(x-y^2)\mathrm{d}y$, L 是椭圆 $\dfrac{x^2}{a^2}+\dfrac{y^2}{b^2}=1$ 所围区域的正向边界;

(3) $\int_L \mathrm{e}^x(1-\cos y)\mathrm{d}x-\mathrm{e}^x(y-\sin y)\mathrm{d}y$, L 为 $y=\sin x$ 与 x 轴 $(0\leqslant x\leqslant \pi)$ 所围区域的正向边界;

(4) $\int_L (\mathrm{e}^x\sin y-my)\mathrm{d}x+(\mathrm{e}^x\cos y-m)\mathrm{d}y$, L 为 $x^2+y^2=2ax$ 的上半圆周, 取逆时针方向;

(5) $\int_L \left(y+\dfrac{\mathrm{e}^y}{x}\right)\mathrm{d}x+\mathrm{e}^y\ln x\mathrm{d}y$, L 为半圆周 $x=1+\sqrt{2y-y^2}$ 上从点 $(1,0)$ 到点 $(2,1)$ 的一段弧.

2. 利用第二类曲线积分, 计算下列曲线围成的图形的面积:

(1) 星形线 $x=a\cos^3 t$, $y=a\sin^3 t$;

(2) 曲线 $x=\cos t$, $y=\sin^3 t$.

3. 证明下列曲线积分与路径无关, 并求值:

(1) $\displaystyle\int_{(1,0)}^{(2,1)} (2xy-y^4+3)\mathrm{d}x+(x^2-4xy^3)\mathrm{d}y$;

(2) $\displaystyle\int_{(0,0)}^{\left(\frac{\pi}{2},\frac{\pi}{2}\right)} y\cos x\mathrm{d}x+\sin x\mathrm{d}y$;

(3) $\displaystyle\int_{(2,1)}^{(1,2)} \frac{y\mathrm{d}x-x\mathrm{d}y}{x^2}$ (路径不过 y 轴);

(4) $\int_L (2xy+3x\sin x)\mathrm{d}x+(x^2-y\mathrm{e}^x)\mathrm{d}y$, L 由点 $(0,0)$ 沿摆线 $x=a(t-\sin t)$, $y=a(t-\cos t)$ 到点 $(\pi a,2a)$;

(5) $\displaystyle\int_{(1,0)}^{(2,\pi)} (y-\mathrm{e}^x\cos y)\mathrm{d}x+(x+\mathrm{e}^x\sin y)\mathrm{d}y$.

4. 验证下列表达式是某一函数 $u(x,y)$ 的全微分, 并求 $u(x,y)$:

(1) $(x+2y)\mathrm{d}x+(2x+y)\mathrm{d}y$;

(2) $(2x\cos y-y^2\sin x)\mathrm{d}x+(2y\cos x-x^2\sin y)\mathrm{d}y$;

(3) $\dfrac{1}{x^2}(y\mathrm{d}x-x\mathrm{d}y)$ 在不含 y 轴的区域内;

(4) $\dfrac{y\mathrm{d}x-x\mathrm{d}y}{x^2+y^2}$ 在不含原点的区域内.

5. 设 $\varphi(x)$ 连续可微, 且 $\varphi(0)=-1$, 已知积分

$$\int_{(0,0)}^{\left(\frac{\pi}{4},\frac{\pi}{4}\right)}(2y\sin 2x-xy)\mathrm{d}x+\varphi(x)\mathrm{d}y$$

与积分路径无关, 求其值.

6. 设有力场 $\boldsymbol{F}=\dfrac{k}{r^2}(y\boldsymbol{i}-x\boldsymbol{j})$, k 为常数, $r=\sqrt{x^2+y^2}$, 证明在区域 $D: x^2+y^2>0$ 内此力场所做的功与路径无关, 并求质点在力场 $\boldsymbol{F}$ 作用下沿曲线 $L: y=-\dfrac{\pi}{2}\cos x$ 由点 $A\left(0,\dfrac{\pi}{2}\right)$ 移动到点 $B\left(\dfrac{\pi}{2},0\right)$ 所做的功.

第六节　高斯公式　斯托克斯公式

一、 高斯公式

微积分基本公式在三重积分情形下的推广就是高斯公式, 它建立了空间区间上的三重积分与其有向边界曲面上的曲面积分之间的联系.

1. 高斯公式

定理 1 (Gauss 定理)　设 Ω 是一空间有界闭区域, 其边界曲面 Σ 分片光滑, 若函数 $P(x,y,z)$, $Q(x,y,z)$, $R(x,y,z)$ 在 Ω 上具有一阶连续偏导数, 则

$$\iiint_D\left(\frac{\partial P}{\partial x}+\frac{\partial Q}{\partial y}+\frac{\partial R}{\partial z}\right)\mathrm{d}V=\oiint_{\Sigma^+}P\mathrm{d}y\mathrm{d}z+Q\mathrm{d}z\mathrm{d}x+R\mathrm{d}x\mathrm{d}y, \tag{6-1}$$

其中 Σ^+ 表示 Ω 的边界曲面的外侧.

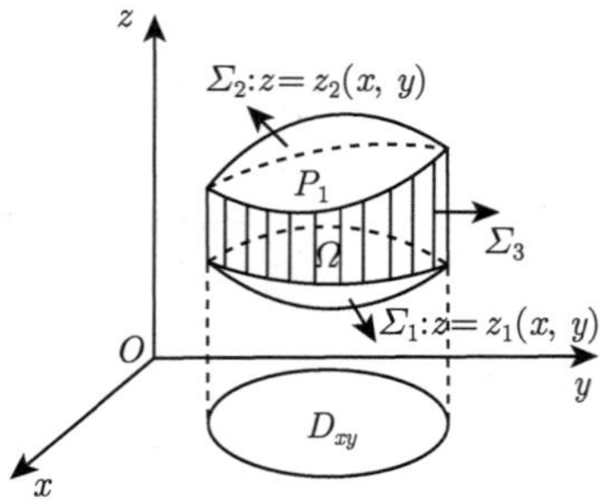

图 10-31

公式 (6-1) 称为**高斯公式**.

证　先设空间区域 Ω 满足: 穿过 Ω 内部且平行于坐标轴的直线与 Ω 的边界曲面 Σ 的交点不多于两个. 不失一般性, 设区域 Ω 如图 10-31 所示, 它由曲面

$$\Sigma_1: z=z_1(x,y),\quad \Sigma_2: z=z_2(x,y)$$

和以 Ω 在 xOy 平面内投影区域 D_{xy} 的边界为准线, 母线平行于 z 轴的柱面 Σ_3 围成, 且当 $(x,y)\in D_{xy}$ 时,

$$z_1(x,y)\leqslant z_2(x,y).$$

由三重积分计算方法知

$$\iiint\limits_{D} \frac{\partial R}{\partial z} \mathrm{d}V = \iint\limits_{D_{xy}} \left[\int_{z_1(x,y)}^{z_2(x,y)} \frac{\partial R}{\partial z} \mathrm{d}z \right] \mathrm{d}x\mathrm{d}y$$

$$= \iint\limits_{D_{xy}} \{ R[x, y, z_2(x, y)] - R[x, y, z_1(x, y)] \} \mathrm{d}x\mathrm{d}y,$$

又由曲面积分的计算公式可得

$$\oiint\limits_{\Sigma^+} R\mathrm{d}x\mathrm{d}y = \iint\limits_{\Sigma_1} R\mathrm{d}x\mathrm{d}y + \iint\limits_{\Sigma_2} R\mathrm{d}x\mathrm{d}y + \iint\limits_{\Sigma_3} R\mathrm{d}x\mathrm{d}y.$$

因为 Σ 的外侧对应 Σ_1 的下侧及 Σ_2 的上侧, 且在 Σ_3 上 $\iint\limits_{\Sigma_3} R\mathrm{d}x\mathrm{d}y = 0$, 所以

$$\oiint\limits_{\Sigma^+} R\mathrm{d}x\mathrm{d}y$$

$$= -\iint\limits_{D_{xy}} R[x, y, z_1(x, y)]\mathrm{d}x\mathrm{d}y + \iint\limits_{D_{xy}} R[x, y, z_2(x, y)]\mathrm{d}x\mathrm{d}y$$

$$= \iint\limits_{D_{xy}} \{R[x, y, z_2(x, y)] - R[x, y, z_1(x, y)]\}\mathrm{d}x\mathrm{d}y,$$

从而有

$$\iiint\limits_{D} \frac{\partial R}{\partial z} \mathrm{d}V = \oiint\limits_{\Sigma^+} R\mathrm{d}x\mathrm{d}y.$$

同理可证

$$\iiint\limits_{D} \frac{\partial Q}{\partial y} \mathrm{d}V = \oiint\limits_{\Sigma^+} R\mathrm{d}z\mathrm{d}x, \quad \iiint\limits_{D} \frac{\partial P}{\partial x} \mathrm{d}V = \oiint\limits_{\Sigma^+} R\mathrm{d}y\mathrm{d}z.$$

以上三式相加, 即得 (6-1) 成立.

若穿过区域 Ω 内部且平行于坐标轴的直线与 Ω 的边界曲面 Σ 的交点多于两个, 则可用适当的曲面将 Ω 分为若干部分区域, 使每个部分区域都满足: 穿过区域内部的平行于坐标轴的直线与其边界曲面交点不多于两个. 然后, 在各个部分区域上用高斯公式, 再把所得结果相加, 利用曲面积分与曲面的侧有关的性质, 仍有高斯公式成立.

高斯公式最精彩的应用是将曲面积分转化为三重积分来计算:

$$\oiint\limits_{\Sigma} P\mathrm{d}y\mathrm{d}z + Q\mathrm{d}z\mathrm{d}x + R\mathrm{d}x\mathrm{d}y = \pm\iiint\limits_{D}\left(\frac{\partial P}{\partial x}+\frac{\partial Q}{\partial y}+\frac{\partial R}{\partial z}\right)\mathrm{d}V.$$

此时注意:

(1) 积分曲面 Σ 必须是闭曲面. 当 Σ 是外侧时, 三重积分前取 "+" 号; 当 Σ 是内侧时, 三重积分前取 "−" 号.

(2) P, Q, R 必须在 Ω 上具有一阶连续偏导数. 对于 Σ 非闭, 或 P, Q, R 不满足条件 (2) 的情形, 需通过作辅助曲面, 使之满足条件后, 再用高斯公式.

例 1　计算曲面积分

$$\oiint\limits_{\Sigma}(x+y)\mathrm{d}y\mathrm{d}z+(y+z)\mathrm{d}z\mathrm{d}x+(z+x)\mathrm{d}x\mathrm{d}y,$$

其中 Σ 是以原点为中心, 边长为 a 的轴向正方体的整个表面的外侧.

解　这是第四节的例 3, 现用高斯公式来计算更为简单. 因为 $\frac{\partial P}{\partial x}+\frac{\partial Q}{\partial y}+\frac{\partial R}{\partial z}=3$, 所以

$$\oiint\limits_{\Sigma}(x+y)\mathrm{d}y\mathrm{d}z+(y+z)\mathrm{d}z\mathrm{d}x+(z+x)\mathrm{d}x\mathrm{d}y=\iiint\limits_{\Omega}3\mathrm{d}V=3\times\Omega\text{ 的体积 }=3a^3.$$

例 2　计算曲面积分

$$\iint\limits_{\Sigma}x^2\mathrm{d}y\mathrm{d}z+y^2\mathrm{d}z\mathrm{d}x+z^2\mathrm{d}x\mathrm{d}y,$$

其中 Σ 为锥面 $x^2+y^2=z^2$ 介于平面 $z=0$ 及 $z=h\ (h>0)$ 之间的部分的下侧.

解　Σ 不是封闭曲面, 若要利用高斯公式, 取平面 $z=h$ 被锥面截下部分的上侧, 记为 Σ_1, 则 $\Sigma+\Sigma_1$ 构成一封闭曲面, 且取外侧, 如图 10-32 所示, 它围成的区域是

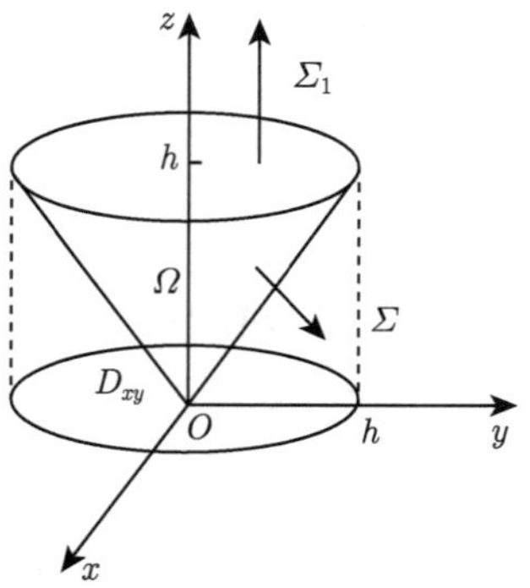

图 10-32

$$\Omega:\sqrt{x^2+y^2}\leqslant z\leqslant h,\quad (x,y)\in D_{xy}:x^2+y^2\leqslant h^2.$$

由高斯公式, 得

$$\oiint\limits_{\Sigma+\Sigma_1} x^2\mathrm{d}y\mathrm{d}z + y^2\mathrm{d}z\mathrm{d}x + z^2\mathrm{d}x\mathrm{d}y = \iiint\limits_{\Omega}(2x+2y+2z)\mathrm{d}V.$$

由于 Ω 关于 yOz 面、zOx 面对称, 所以

$$\iiint\limits_{\Omega} 2x\mathrm{d}V = 0,\quad \iiint\limits_{\Omega} 2y\mathrm{d}V = 0.$$

于是

$$\begin{aligned}&\oiint\limits_{\Sigma+\Sigma_1} x^2\mathrm{d}y\mathrm{d}z + y^2\mathrm{d}z\mathrm{d}x + z^2\mathrm{d}x\mathrm{d}y\\ =&\iiint\limits_{\Omega} 2z\mathrm{d}V = 2\int_0^{\pi}\mathrm{d}\theta\int_0^h \mathrm{d}r\int_r^h zr\mathrm{d}z\\ =&\,2\pi\int_0^h (h^2r - r^3)\mathrm{d}r = \frac{1}{2}\pi h^4.\end{aligned}$$

又因为

$$\begin{aligned}&\oiint\limits_{\Sigma+\Sigma_1} x^2\mathrm{d}y\mathrm{d}z + y^2\mathrm{d}z\mathrm{d}x + z^2\mathrm{d}x\mathrm{d}y\\ =&\iint\limits_{\Sigma} x^2\mathrm{d}y\mathrm{d}z + y^2\mathrm{d}z\mathrm{d}x + z^2\mathrm{d}x\mathrm{d}y + \iint\limits_{\Sigma_1} x^2\mathrm{d}y\mathrm{d}z + y^2\mathrm{d}z\mathrm{d}x + z^2\mathrm{d}x\mathrm{d}y,\end{aligned}$$

而

$$\iint\limits_{\Sigma_1} x^2\mathrm{d}y\mathrm{d}z + y^2\mathrm{d}z\mathrm{d}x + z^2\mathrm{d}x\mathrm{d}y = \iint\limits_{\Sigma_1} z^2\mathrm{d}x\mathrm{d}y = \iint\limits_{D_{xy}} h^2\mathrm{d}x\mathrm{d}y = \pi h^4,$$

所以

$$\iint\limits_{\Sigma} x^2\mathrm{d}y\mathrm{d}z + y^2\mathrm{d}z\mathrm{d}x + z^2\mathrm{d}x\mathrm{d}y = \frac{1}{2}\pi h^4 - \pi h^4 = -\frac{1}{2}\pi h^4.$$

例 3 计算 $\oiint\limits_{\Sigma}\frac{1}{\sqrt{(x^2+y^2+z^2)^3}}(x\mathrm{d}y\mathrm{d}z + y\mathrm{d}z\mathrm{d}x + z\mathrm{d}x\mathrm{d}y)$, 其中 Σ 为椭球面 $\frac{x^2}{a^2}+\frac{y^2}{b^2}+\frac{z^2}{c^2}=1$ 的外侧.

解　因为

$$P=\frac{x}{\sqrt{(x^2+y^2+z^2)^3}},\quad Q=\frac{y}{\sqrt{(x^2+y^2+z^2)^3}},\quad R=\frac{z}{\sqrt{(x^2+y^2+z^2)^3}},$$

令 $r=\sqrt{x^2+y^2+z^2}$, 则

$$\frac{\partial P}{\partial x}=\frac{1}{r^3}-\frac{3x^2}{r^5},\quad \frac{\partial Q}{\partial y}=\frac{1}{r^3}-\frac{3y^2}{r^5},\quad \frac{\partial R}{\partial z}=\frac{1}{r^3}-\frac{3z^2}{r^5}.$$

所以

$$\frac{\partial P}{\partial x}+\frac{\partial Q}{\partial y}+\frac{\partial R}{\partial z}=0.$$

因为 P, Q, R 在原点 $(0,0,0)$ 不连续, 为用高斯公式, 作一半径足够小的辅助球面 $\Sigma_\varepsilon=\{(x,y,z)|\ x^2+y^2+z^2=\varepsilon^2\}$, 包含于 Σ 围成的区域内, 并取 Σ_ε 的内侧, 则由 Σ 与 Σ_ε 围成有界闭区域 Ω, $\Sigma+\Sigma_\varepsilon$ 是 Ω 的表面外侧, 于是

$$\begin{aligned}&\oint\!\!\!\oint_{\Sigma}\frac{1}{\sqrt{(x^2+y^2+z^2)^3}}(x\mathrm{d}y\mathrm{d}z+y\mathrm{d}z\mathrm{d}x+z\mathrm{d}x\mathrm{d}y)\\=&\oint\!\!\!\oint_{\Sigma+\Sigma_\varepsilon}-\oint\!\!\!\oint_{\Sigma_\varepsilon}\frac{1}{\sqrt{(x^2+y^2+z^2)^3}}(x\mathrm{d}y\mathrm{d}z+y\mathrm{d}z\mathrm{d}x+z\mathrm{d}x\mathrm{d}y),\end{aligned}$$

其中 $\oint\!\!\!\oint_{\Sigma+\Sigma_\varepsilon}=\iiint_{\Omega}0\mathrm{d}V=0$, 而

$$\begin{aligned}&\oint\!\!\!\oint_{\Sigma_\varepsilon}\frac{1}{\sqrt{(x^2+y^2+z^2)^3}}(x\mathrm{d}y\mathrm{d}z+y\mathrm{d}z\mathrm{d}x+z\mathrm{d}x\mathrm{d}y)\\=&\oint\!\!\!\oint_{\Sigma_\varepsilon}\frac{1}{\varepsilon^3}(x\mathrm{d}y\mathrm{d}z+y\mathrm{d}z\mathrm{d}x+z\mathrm{d}x\mathrm{d}y)\\=&-\iiint_{\Omega}\frac{3}{\varepsilon^3}\mathrm{d}V=-\frac{3}{\varepsilon^3}\cdot\frac{4}{3}\pi\varepsilon^3=-4\pi,\end{aligned}$$

所以

$$\oint\!\!\!\oint_{\Sigma}\frac{1}{\sqrt{(x^2+y^2+z^2)^3}}(x\mathrm{d}y\mathrm{d}z+y\mathrm{d}z\mathrm{d}x+z\mathrm{d}x\mathrm{d}y)=0-(-4\pi)=4\pi.$$

由高斯公式, 可得用曲面积分计算空间区域 Ω 的体积 V 的公式

$$V=\frac{1}{3}\oiint_{\Sigma}x\mathrm{d}y\mathrm{d}z+y\mathrm{d}z\mathrm{d}x+z\mathrm{d}x\mathrm{d}y,$$

其中 Σ 是 Ω 的表面外侧.

2. 曲面积分与积分曲面无关的条件

利用高斯公式可推出曲面积分与积分曲面无关的条件, 这里仅给出相应结果不作证明.

首先介绍空间二维单连通区域及一维单连通区域的概念. 若空间区域 G 内任一闭曲面所围成的区域全属于 G, 则称 G 是空间**二维单连通区域**; 若 G 内任一闭曲线总可以张成一片完全属于 G 的曲面, 则称 G 为空间**一维单连通区域**. 例如, 球面所围成的区域既是空间二维单连通的, 又是空间一维单连通的; 环面所围成的区域是空间二维单连通的, 但不是空间一维单连通的; 两个同心球面之间的区域是空间一维单连通的, 但不是空间二维单连通的.

设 Γ 是空间区域 G 内任意一条有向闭曲线, Σ_1 与 Σ_2 是 G 内任意两个以 Γ 为边界曲线的同侧有向曲面, 若恒有

$$\iint_{\Sigma_1}P\mathrm{d}y\mathrm{d}z+Q\mathrm{d}z\mathrm{d}x+R\mathrm{d}x\mathrm{d}y=\iint_{\Sigma_2}P\mathrm{d}y\mathrm{d}z+Q\mathrm{d}z\mathrm{d}x+R\mathrm{d}x\mathrm{d}y$$

成立, 则称曲面积分 $\iint\limits_{\Sigma}P\mathrm{d}y\mathrm{d}z+Q\mathrm{d}z\mathrm{d}x+R\mathrm{d}x\mathrm{d}y$ 在 G 内与积分曲面无关 (仅与 Σ 的边界曲线有关).

定理 2　设 G 是空间的二维单连通区域, P, Q, R 在 G 内有一阶连续偏导数, 则曲面积分 $\iint\limits_{\Sigma}P\mathrm{d}y\mathrm{d}z+Q\mathrm{d}z\mathrm{d}x+R\mathrm{d}x\mathrm{d}y$ 在 G 内与积分曲面无关, 即沿 G 内任一闭曲面 Σ 的曲面积分 $\oiint\limits_{\Sigma}P\mathrm{d}y\mathrm{d}z+Q\mathrm{d}z\mathrm{d}x+R\mathrm{d}x\mathrm{d}y=0$ 的充分必要条件是

$$\frac{\partial P}{\partial x}+\frac{\partial Q}{\partial y}+\frac{\partial R}{\partial z}=0$$

在 G 内恒成立.

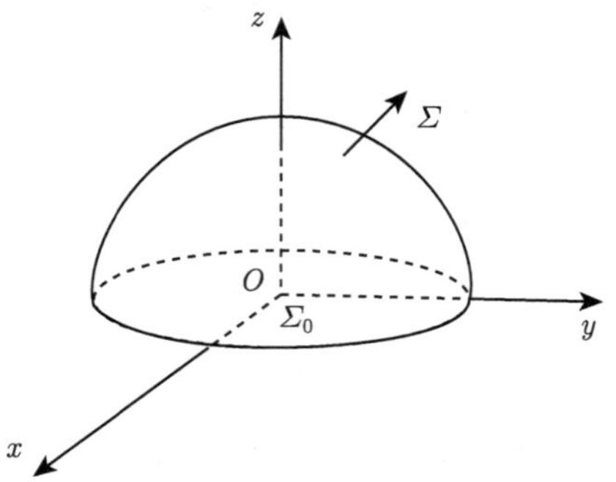

图 10-33

例 4 计算 $\iint\limits_{\Sigma}(y-x)\mathrm{d}y\mathrm{d}z+(z-y)\mathrm{d}z\mathrm{d}x+(2z-x^2-y^2)\mathrm{d}x\mathrm{d}y$, 其中 Σ 为旋转抛物面 $z=1-x^2-y^2$ 被 xOy 平面所截下的有限部分的上侧, 如图 10-33 所示.

解 Σ 的边界曲线是 xOy 平面内的单位圆周 L, 记 Σ_0 为平面区域 $D=\{(x,y)|x^2+y^2\leqslant 1\}$ 的上侧, 则 Σ 与 Σ_0 是以 L 为边界曲线的同侧有向曲线. 因为

$$\frac{\partial P}{\partial x}+\frac{\partial Q}{\partial y}+\frac{\partial R}{\partial z}=0$$

在全空间成立, 所以

$$\begin{aligned}&\iint\limits_{\Sigma}(y-x)\mathrm{d}y\mathrm{d}z+(z-y)\mathrm{d}z\mathrm{d}x+(2z-x^2-y^2)\mathrm{d}x\mathrm{d}y\\=&\iint\limits_{\Sigma_0}(y-x)\mathrm{d}y\mathrm{d}z+(z-y)\mathrm{d}z\mathrm{d}x+(2z-x^2-y^2)\mathrm{d}x\mathrm{d}y\\=&\iint\limits_{\Sigma_0}(-x^2-y^2)\mathrm{d}x\mathrm{d}y=-\iint\limits_{D}(x^2+y^2)\mathrm{d}x\mathrm{d}y\\=&-\frac{\pi}{2}.\end{aligned}$$

二、 斯托克斯公式

斯托克斯公式是微积分基本公式在曲面积分情形下的推广, 也是格林公式的推广, 它建立了空间有向曲面上的第二类曲线积分与第二类曲面积分之间的联系.

1. 斯托克斯公式

首先规定空间有向曲面边界曲线的正向. 设有向曲面 Σ 的边界曲线为 Γ, 规定 Γ 的正向与 Σ 取定侧的法向量符合右手法则, 即当右手拇指的指向与 Σ 上法向量的指向相同而握住法向量时, 其余四指绕行的方向就是 Γ 的正向, 称 Γ 为有向曲面 Σ 的**正向边界曲线**, 记作 Γ^+, 如图 10-34 所示.

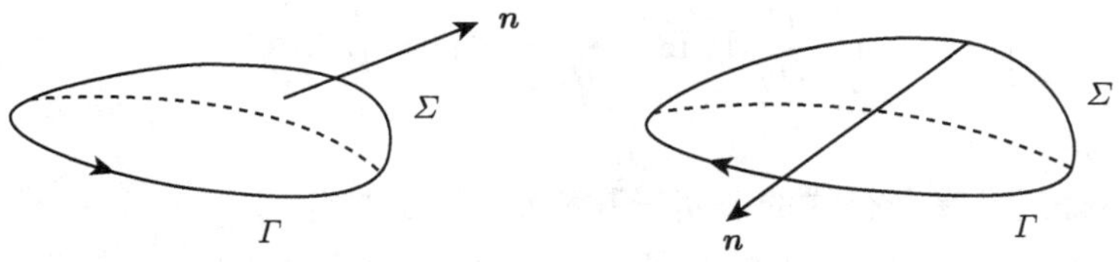

图 10-34

定理 3 (斯托克斯定理) 设 Σ 是一分片光滑的有向曲面, 其正向边界曲线 Γ^+ 分段光滑, 若 $P(x,y,z)$, $Q(x,y,z)$, $R(x,y,z)$ 在 Σ 上有一阶连续偏导数, 则

$$\iint_{\Sigma}\left(\frac{\partial R}{\partial y}-\frac{\partial Q}{\partial z}\right)\mathrm{d}y\mathrm{d}z+\left(\frac{\partial P}{\partial z}-\frac{\partial R}{\partial x}\right)\mathrm{d}z\mathrm{d}x+\left(\frac{\partial Q}{\partial x}-\frac{\partial P}{\partial y}\right)\mathrm{d}x\mathrm{d}y$$
$$=\oint_{\Gamma^+}P\mathrm{d}x+Q\mathrm{d}y+R\mathrm{d}z. \tag{6-2}$$

为了便于记忆, 由行列式的形式运算, 可把式 (6-2) 写成

$$\iint_{\Sigma}\begin{vmatrix}\mathrm{d}y\mathrm{d}z & \mathrm{d}z\mathrm{d}x & \mathrm{d}x\mathrm{d}y\\ \dfrac{\partial}{\partial x} & \dfrac{\partial}{\partial y} & \dfrac{\partial}{\partial z}\\ P & Q & R\end{vmatrix}=\oint_{\Gamma^+}P\mathrm{d}x+Q\mathrm{d}y+R\mathrm{d}z. \tag{6-2$'$}$$

将式 (6-2′) 左端的行列式按第一行展开, 并把 $\dfrac{\partial}{\partial x}$ 和 Q 的“积”理解为 $\dfrac{\partial Q}{\partial x}$, 把 $\dfrac{\partial}{\partial y}$ 和 R 的“积”理解为 $\dfrac{\partial R}{\partial y}$, 等等, 该行列式就等于

$$\left(\frac{\partial R}{\partial y}-\frac{\partial Q}{\partial z}\right)\mathrm{d}y\mathrm{d}z+\left(\frac{\partial P}{\partial z}-\frac{\partial R}{\partial x}\right)\mathrm{d}z\mathrm{d}x+\left(\frac{\partial Q}{\partial x}-\frac{\partial P}{\partial y}\right)\mathrm{d}x\mathrm{d}y.$$

公式 (6-2) 或 (6-2′) 称为**斯托克斯公式**.

要证明定理 3, 就是对于符合定理条件的有向曲面 Σ, 利用曲线积分、曲面积分的计算方法, 分别证明

$$\iint_{\Sigma}\frac{\partial P}{\partial z}\mathrm{d}z\mathrm{d}x-\frac{\partial P}{\partial y}\mathrm{d}x\mathrm{d}y=\oint_{\Gamma^+}P\mathrm{d}x,$$

$$\iint_{\Sigma}\frac{\partial Q}{\partial x}\mathrm{d}x\mathrm{d}y-\frac{\partial Q}{\partial z}\mathrm{d}y\mathrm{d}z=\oint_{\Gamma^+}Q\mathrm{d}y,$$

$$\iint_{\Sigma} \frac{\partial R}{\partial y}\mathrm{d}y\mathrm{d}z - \frac{\partial R}{\partial x}\mathrm{d}z\mathrm{d}x = \oint_{\Gamma+} R\mathrm{d}z.$$

思路与格林公式及高斯公式的证明一脉相承, 此处省略.

易见, 当 Σ 与 xOy 面上的有界闭区域 D 重合而取上侧时, 斯托克斯公式便是格林公式.

例 5　利用斯托克斯公式计算曲线积分

$$I = \oint_{\Gamma} (-y^2)\mathrm{d}x + x\mathrm{d}y + z^2\mathrm{d}z,$$

其中 Γ 是平面 $y+z=2$ 与柱面 $x^2+y^2=1$ 的交线, 若从 z 轴正向看去, Γ 取逆时针方向, 如图 10-35 所示.

解　取 Σ 为平面 $y+z=2$ 的上侧被 Γ 所围的部分, 由斯托克斯公式,

$$\begin{aligned} I &= \iint_{\Sigma} \begin{vmatrix} \mathrm{d}y\mathrm{d}z & \mathrm{d}z\mathrm{d}x & \mathrm{d}x\mathrm{d}y \\ \dfrac{\partial}{\partial x} & \dfrac{\partial}{\partial y} & \dfrac{\partial}{\partial z} \\ -y^2 & x & z^2 \end{vmatrix} = \iint_{\Sigma} (1+2y)\mathrm{d}x\mathrm{d}y \\ &= \iint_{D_{xy}} (1+2y)\mathrm{d}x\mathrm{d}y = \int_0^{2\pi} \mathrm{d}\theta \int_0^1 (1+2r\sin\theta) r\mathrm{d}r \\ &= \int_0^{2\pi} \left(\frac{1}{2} + \frac{2}{3}\sin\theta\right)\mathrm{d}\theta = \pi. \end{aligned}$$

例 6　计算 $\oint_{\Gamma} y\mathrm{d}x + z\mathrm{d}y + x\mathrm{d}z$, 其中 Γ 是圆周 $\begin{cases} x^2+y^2+z^2=a^2, \\ x+y+z=0, \end{cases}$ 若由 x 轴正向看去, 圆周取逆时针方向, 如图 10-36 所示.

解　取平面 $x+y+z=0$ 内 Γ 所围成部分的前侧为 Σ, 则由斯托克斯公式,

$$\begin{aligned} &\oint_{\Gamma} \mathrm{d}x + z\mathrm{d}y + x\mathrm{d}z \\ =& \iint_{\Sigma} \begin{vmatrix} \mathrm{d}y\mathrm{d}z & \mathrm{d}z\mathrm{d}x & \mathrm{d}x\mathrm{d}y \\ \dfrac{\partial}{\partial x} & \dfrac{\partial}{\partial y} & \dfrac{\partial}{\partial z} \\ y & z & x \end{vmatrix} \end{aligned}$$

$$= \iint\limits_{\Sigma} -\mathrm{d}y\mathrm{d}z - \mathrm{d}z\mathrm{d}x - \mathrm{d}x\mathrm{d}y.$$

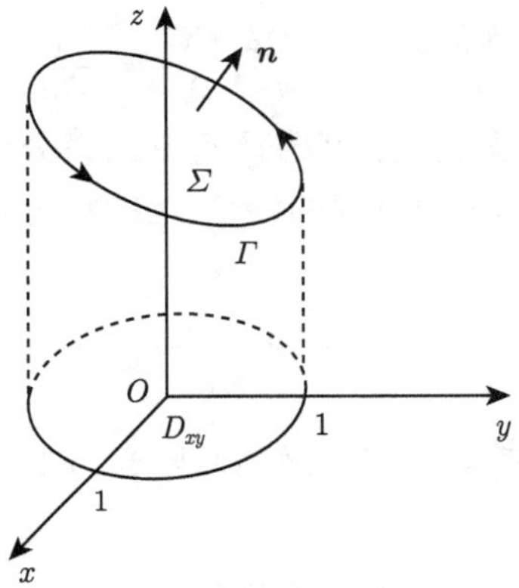

图 10-35

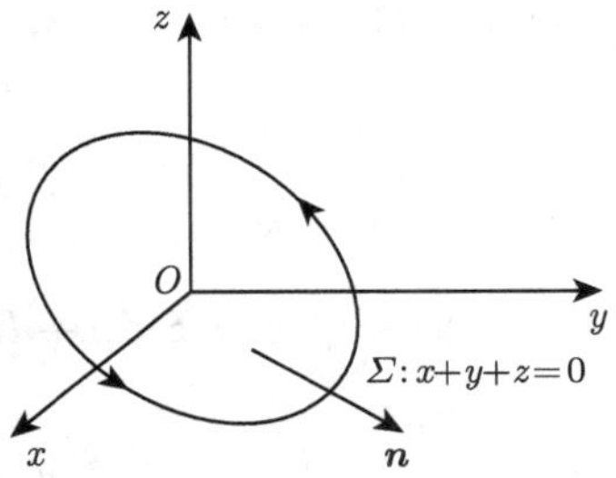

图 10-36

由于 Σ 是平面, 其上对面积的曲面积分容易计算, 所以首先将上式右边转化为对面积的曲面积分. Σ 的法向量为 $\boldsymbol{n} = (1,1,1)$, 其方向余弦为

$$\cos\alpha = \frac{1}{\sqrt{3}}, \quad \cos\beta = \frac{1}{\sqrt{3}}, \quad \cos\gamma = \frac{1}{\sqrt{3}},$$

所以

$$\oint_{\Gamma} y\mathrm{d}x + z\mathrm{d}y + x\mathrm{d}z = -\iint\limits_{\Sigma} (\cos\alpha + \cos\beta + \cos\gamma)\mathrm{d}S = -\sqrt{3}\iint\limits_{\Sigma} \mathrm{d}S = -\sqrt{3}\pi a^2.$$

2. 空间曲线积分与路径无关的条件

定理 4 设 G 是空间的一维单连通区域, $P(x,y,z)$, $Q(x,y,z)$, $R(x,y,z)$ 在 G 内具有一阶连续偏导数, 则以下四个命题等价:

(i) 对 G 内任意一条分段光滑的有向闭曲线 Γ,

$$\oint_{\Gamma} P\mathrm{d}x + Q\mathrm{d}y + R\mathrm{d}z = 0;$$

(ii) 曲线积分 $\int_{\Gamma} P\mathrm{d}x + Q\mathrm{d}y + R\mathrm{d}z$ 在 G 内与积分路径无关, Γ 是有向曲线;

(iii) 表达式 $P\mathrm{d}x + Q\mathrm{d}y + R\mathrm{d}z$ 在 G 内是某个三元函数的全微分, 即存在 $u(x,y,z)$, 使得

$$\mathrm{d}u = P\mathrm{d}x + Q\mathrm{d}y + R\mathrm{d}z;$$

(iv) $\dfrac{\partial R}{\partial y}=\dfrac{\partial Q}{\partial z},\dfrac{\partial P}{\partial z}=\dfrac{\partial R}{\partial x},\dfrac{\partial Q}{\partial x}=\dfrac{\partial P}{\partial y}$ 在 G 内处处成立.

类似于平面的情形, 验证空间一维单连通区域内的曲线积分是否与积分路径无关, 或验证表达式 $P\mathrm{d}x+Q\mathrm{d}y+R\mathrm{d}z$ 在 G 内是否为一可微函数的全微分, 最便于应用的条件是定理 4 中的 (iv), 即 $\dfrac{\partial R}{\partial y}=\dfrac{\partial Q}{\partial z},\dfrac{\partial P}{\partial z}=\dfrac{\partial R}{\partial x},\dfrac{\partial Q}{\partial x}=\dfrac{\partial P}{\partial y}$ 是否在 G 内处处成立. 若验证了曲线积分与积分路径无关, 则可选择简单的积分路径来计算它; 在 G 内由点 $A(x_1,y_1,z_1)$ 到 $B(x_2,y_2,z_2)$ 的有向曲线 Γ 上的积分可记作

$$\int_{(x_1,y_1,z_1)}^{(x_2,y_2,z_2)}P(x,y,z)\mathrm{d}x+Q(x,y,z)\mathrm{d}y+R(x,y,z)\mathrm{d}z.$$

若 $P(x,y,z)\mathrm{d}x+Q(x,y,z)\mathrm{d}y+R(x,y,z)\mathrm{d}z$ 在 G 内有可微的原函数, 则

$$u(x,y,z)=\int_{(x_0,y_0,z_0)}^{(x,y,z)}P(x,y,z)\mathrm{d}x+Q(x,y,z)\mathrm{d}y+R(x,y,z)\mathrm{d}z \tag{6-3}$$

就是一个, 其中 $M_0(x_0,y_0,z_0)$ 是在 G 内选定的一点, $M(x,y,z)$ 是 G 内的动点; 取从 M_0 到 M 的平行于坐标轴的有向折线段进行计算, 有

$$\begin{aligned}u(x,y,z)=&\int_{x_0}^{x}P(x,y_0,z_0)\,\mathrm{d}x\\&+\int_{y_0}^{y}Q(x,y,z_0)\,\mathrm{d}y\\&+\int_{z_0}^{z}R(x,y,z)\,\mathrm{d}z,\end{aligned} \tag{6-4}$$

如图 10-37 所示.

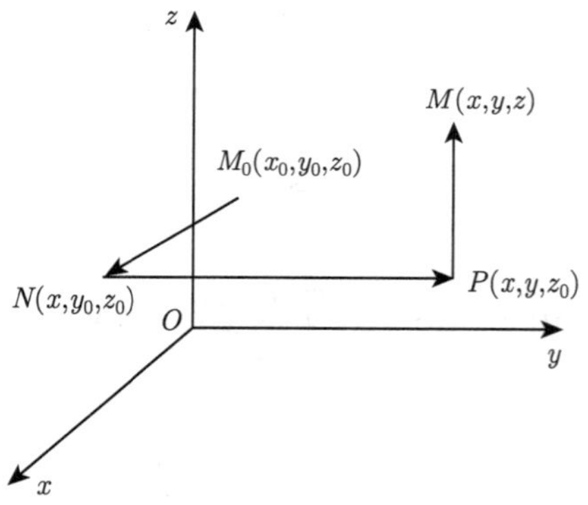

图 10-37

也就是说

$$\int_{(x_1,y_1,z_1)}^{(x_2,y_2,z_2)}P(x,y,z)\mathrm{d}x+Q(x,y,z)\mathrm{d}y+R(x,y,z)\mathrm{d}z=u(x_2,y_2,z_2)-u(x_1,y_1,z_1), \tag{6-5}$$

此为**空间曲线积分基本公式**.

例 7　计算 $\int_\Gamma(x^2-yz)\mathrm{d}x+(y^2-zx)\mathrm{d}y+(z^2-xy)\mathrm{d}z$, Γ 为螺旋线 $x=a\cos\theta,\ y=a\sin\theta,\ z=b\theta$ 当 $0\leqslant\theta\leqslant2\pi$ 时的一段, θ 增大的方向为 Γ 的正向.

解　因为

$$\frac{\partial R}{\partial y}=\frac{\partial Q}{\partial z}=-x,\quad \frac{\partial P}{\partial z}=\frac{\partial R}{\partial x}=-y,\quad \frac{\partial Q}{\partial x}=\frac{\partial P}{\partial y}=-z$$

在全空间成立, 所以在空间内曲线积分与路径无关. Γ 从点 $A(a,0,0)$ 到点 $B(a,0,2\pi b)$, 于是

$$\begin{aligned}&\int_\Gamma (x^2-yz)\mathrm{d}x+(y^2-zx)\mathrm{d}y+(z^2-xy)\mathrm{d}z\\ =&\int_{(a,0,0)}^{(a,0,2\pi b)}(x^2-yz)\mathrm{d}x+(y^2-zx)\mathrm{d}y+(z^2-xy)\mathrm{d}z\\ =&\int_a^a x^2\mathrm{d}x+\int_0^0 y^2\mathrm{d}y+\int_0^{2\pi b} z^2\mathrm{d}z=\frac{8}{3}\pi^3b^3.\end{aligned}$$

例 8　验证 $(y+z)\mathrm{d}x+(z+x)\mathrm{d}y+(x+y)\mathrm{d}z$ 在全空间是某三元函数的全微分, 求出其一个原函数, 并计算 $\int_{(0,1,1)}^{(1,2,1)}(y+z)\mathrm{d}x+(z+x)\mathrm{d}y+(x+y)\mathrm{d}z$.

解　因为 $P=y+z$, $Q=z+x$, $R=x+y$, 且

$$\frac{\partial R}{\partial y}=\frac{\partial Q}{\partial z}=1,\quad \frac{\partial P}{\partial z}=\frac{\partial R}{\partial x}=1,\quad \frac{\partial Q}{\partial x}=\frac{\partial P}{\partial y}=1$$

在全空间成立, 所以在空间中存在 $u(x,y,z)$, 使得

$$\mathrm{d}u=(y+z)\mathrm{d}x+(z+x)\mathrm{d}y+(x+y)\mathrm{d}z.$$

由公式 (6-3) 与 (6-4), 有

$$\begin{aligned}u(x,y,z)&=\int_{(0,0,0)}^{(x,y,z)}(y+z)\mathrm{d}x+(z+x)\mathrm{d}y+(x+y)\mathrm{d}z\\ &=\int_0^x 0\mathrm{d}x+\int_0^y x\mathrm{d}y+\int_0^z (x+y)\mathrm{d}z\\ &=xy+xz+yz.\end{aligned}$$

由公式 (6-5), 有

$$\int_{(0,1,1)}^{(1,2,1)}(y+z)\mathrm{d}x+(z+x)\mathrm{d}y+(x+y)\mathrm{d}z=4.$$

习　题　10-6

1. 用高斯公式计算下列曲面积分:

(1) $\oiint\limits_{\Sigma} x^3\mathrm{d}y\mathrm{d}z+y^3\mathrm{d}z\mathrm{d}x+z^3\mathrm{d}x\mathrm{d}y$, 其中 Σ 为球面 $x^2+y^2+z^2=a^2$ 的外侧;

(2) $\oiint\limits_{\Sigma} 2xz\mathrm{d}y\mathrm{d}z+yz\mathrm{d}z\mathrm{d}x-z^2\mathrm{d}x\mathrm{d}y$, 其中 Σ 是由锥面 $z=\sqrt{x^2+y^2}$ 与半球面 $z=\sqrt{2-x^2-y^2}$ 所围区域的边界曲线的外侧;

(3) $\oiint\limits_{\Sigma} yz\mathrm{d}y\mathrm{d}z+y^2\mathrm{d}z\mathrm{d}x+x^2y\mathrm{d}x\mathrm{d}y$, 其中 Σ 为柱面 $x^2+y^2=9$ 与平面 $z=0$, $z=y-3$ 所围成区域的边界曲面的外侧;

(4) $\oiint\limits_{\Sigma} x\mathrm{d}y\mathrm{d}z+y\mathrm{d}z\mathrm{d}x+z\mathrm{d}x\mathrm{d}y$, 其中 Σ 为 $z=-\sqrt{R^2-x^2-y^2}$ 的上侧;

(5) $\oiint\limits_{\Sigma} 2(1-x^2)\mathrm{d}y\mathrm{d}z+8xy\mathrm{d}z\mathrm{d}x-4zx\mathrm{d}x\mathrm{d}y$, 其中 Σ 为曲线段 $x=\mathrm{e}^y(0\leqslant y\leqslant a)$ 绕 x 轴旋转而成的旋转曲面的后侧.

2. 利用高斯公式推证阿基米德原理: 浸没在液体中的物体所受液体的压力的合力 (即浮力) 的方向铅直向上、大小等于这物体所排开液体的质量.

3. 利用斯托克斯公式计算曲线积分:

(1) $\oint_{\Gamma} 2y\mathrm{d}x+3x\mathrm{d}y-z^2\mathrm{d}z$, 其中 Γ 是球面 $x^2+y^2+z^2=9$ 与平面 $z=1$ 的交线, 从 z 轴正向看去, Γ 取逆时针方向;

(2) $\oint_{\Gamma} y^2\mathrm{d}x+z^2\mathrm{d}y+x^2\mathrm{d}z$, Γ 为以点 $A(1,0,0)$, $B(0,3,0)$, $C(0,0,3)$ 为顶点的三角形的边界, Γ 的正向是 $A\to B\to C\to A$;

(3) $\oint_{\Gamma} (y-z)\mathrm{d}x+(z-x)\mathrm{d}y+(x-y)\mathrm{d}z$, Γ 为椭圆 $\begin{cases} x^2+y^2=a^2, \\ \dfrac{x}{a}+\dfrac{z}{b}=1 \end{cases}$ $(a,b>0)$, 从 z 轴正向看去, Γ 取逆时针方向;

(4) $\oint_{\Gamma} (y^2-z^2)\mathrm{d}x+(z^2-x^2)\mathrm{d}y+(x^2-y^2)\mathrm{d}z$, 其中 Γ 是用平面 $x+y+z=\dfrac{3}{2}$ 截立方体 $[0,1]\times[0,1]\times[0,1]$ 的表面所得的截痕, 从 z 轴正向看去, Γ 取逆时针方向.

4. 验证下列曲线积分与路径无关, 并计算积分值:

(1) $\displaystyle\int_{(1,1,1)}^{(2,3,4)} x\mathrm{d}x+y\mathrm{d}y+z\mathrm{d}z$;

(2) $\displaystyle\int_{(1,1,1)}^{(a,b,c)} \sqrt{x^2+y^2+z^2}(x\mathrm{d}x+y\mathrm{d}y+z\mathrm{d}z)$;

(3) $\displaystyle\int_{(0,0,0)}^{(a,b,c)} x^2\mathrm{d}x+y^2\mathrm{d}y+z^2\mathrm{d}z$.

5. 验证下列表达式是某个三元函数的全微分, 并求它的一个原函数 $u(x,y,z)$:

(1) $\dfrac{1}{x^2}(yz\mathrm{d}x - zx\mathrm{d}y - xy\mathrm{d}z)$;

(2) $(3x^2 - 3yz + 2xz)\mathrm{d}x + (3y^2 - 3xz + z^2)\mathrm{d}y + (3z^2 - 3xy + x^2 + 2yz)\mathrm{d}z$.

第七节　通量与散度　环量与旋度

第八章第五节中, 介绍了数量场的方向导数与梯度, 有了曲线积分和曲面积分的知识以后, 现在来介绍矢量场的通量与散度、环量与旋度.

一、 通量与散度

1. 通量

如前所知, 稳定而不可压缩流体的速度场 $\boldsymbol{V}$ 流向场内有向曲面 Σ 指定侧的流量为曲面积分

$$\iint_{\Sigma} \boldsymbol{V}\cdot \mathrm{d}\boldsymbol{S} = \iint_{\Sigma} v_n \mathrm{d}S,$$

其中 $\mathrm{d}\boldsymbol{S}$ 是有向曲面 Σ 的有向面元素, $\mathrm{d}S$ 是曲面 Σ 的面积元素, v_n 是流速场在 Σ 的法向量 $\boldsymbol{n}$ 上的投影.

一般地, 定义矢量场 $\boldsymbol{A}$ 在有向曲面 Σ 上的曲面积分

$$\Phi = \iint_{\Sigma} A_n \mathrm{d}S = \iint_{\Sigma} \boldsymbol{A}\cdot \mathrm{d}\boldsymbol{S}$$

为矢量场 $\boldsymbol{A}$ 向积分所沿一侧通过曲面 Σ 的**通量**. 例如, 电位移矢量 $\boldsymbol{D}$ 分布的电场通向曲面 Σ 一侧的通量称为电通量, 记作

$$\Psi = \iint_{\Sigma} D_n \mathrm{d}S = \iint_{\Sigma} \boldsymbol{D}\cdot \mathrm{d}\boldsymbol{S};$$

电磁感应强度 $\boldsymbol{B}$ 分布的磁场通向曲面 Σ 一侧的通量称为磁通量, 记作

$$\Phi_n = \iint_{\Sigma} B_n \mathrm{d}S = \iint_{\Sigma} \boldsymbol{B}\cdot \mathrm{d}\boldsymbol{S}.$$

流速场 $\boldsymbol{V}$ 通向曲面 Σ 一侧的通量就是速度场 $\boldsymbol{V}$ 流向曲面指定侧的流量.

在上述通量的定义下, 曲面积分的性质与计算方法就是通量的性质与计算方法.

在直角坐标系下, 通量有如下表示式: 设

$$A = P(x,y,z)\boldsymbol{i} + Q(x,y,z)\boldsymbol{j} + R(x,y,z)\boldsymbol{k},$$

则

$$\Phi = \iint_{\Sigma} P(x,y,z)\mathrm{d}y\mathrm{d}z + Q(x,y,z)\mathrm{d}z\mathrm{d}x + R(x,y,z)\mathrm{d}x\mathrm{d}y.$$

例 1　设由矢径 $\boldsymbol{r} = x\boldsymbol{i} + y\boldsymbol{j} + z\boldsymbol{k}$ 构成的矢量场中有一个由锥面 $x^2+y^2=z^2$ 及平面 $z=H$ $(H>0)$ 所围成的封闭曲面 Σ, 如图 10-38 所示, 试求矢量场 $\boldsymbol{r}$ 从 Σ 内通向 Σ 外的通量 Φ.

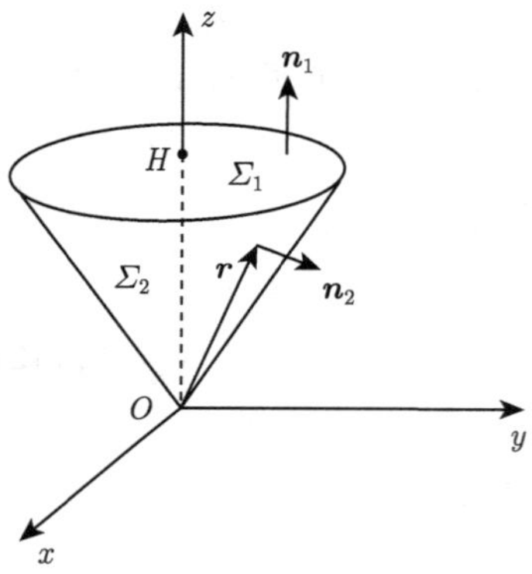

图 10-38

解　以 Σ_1 表示曲面 Σ 的平面部分, 以 Σ_2 表示其锥面部分, Σ_1 取上侧, Σ_2 取下侧, 则

$$\Phi = \iint_{\Sigma} \boldsymbol{r}\cdot \mathrm{d}\boldsymbol{S} = \iint_{\Sigma_1} \boldsymbol{r}\cdot \mathrm{d}\boldsymbol{S} + \iint_{\Sigma_2} \boldsymbol{r}\cdot \mathrm{d}\boldsymbol{S}.$$

而

$$\begin{aligned}\iint_{\Sigma_1} \boldsymbol{r}\cdot \mathrm{d}\boldsymbol{S} &= \iint_{\Sigma_1} x\mathrm{d}y\mathrm{d}z + y\mathrm{d}z\mathrm{d}x + z\mathrm{d}x\mathrm{d}y \\ &= \iint_{D_1} H\mathrm{d}x\mathrm{d}y = H\cdot \pi H^2 = \pi H^3,\end{aligned}$$

其中 D_1 是 Σ_1 在 xOy 平面上的投影区域: $x^2+y^2 \leqslant H^2$. 又因为

$$\iint_{\Sigma_2} \boldsymbol{r}\cdot \mathrm{d}\boldsymbol{S} = \iint_{\Sigma_2} r_n \mathrm{d}S,$$

注意到在 Σ_2 上任意一点 (x,y,z) 处有 $\boldsymbol{r}\perp \boldsymbol{n}_2$, 则

$$\iint_{\Sigma_2} \boldsymbol{r}\cdot \mathrm{d}\boldsymbol{S} = \iint_{\Sigma_2} 0\mathrm{d}S = 0,$$

所以

$$\Phi = \iint_{\Sigma} \boldsymbol{r}\cdot \mathrm{d}\boldsymbol{S} = \pi H^3,$$

或者, 利用高斯公式, 有

$$\Phi=\iint_{\Sigma}\boldsymbol{r}\cdot\mathrm{d}\boldsymbol{S}=\iint_{\Sigma}x\mathrm{d}y\mathrm{d}z+y\mathrm{d}z\mathrm{d}x+z\mathrm{d}x\mathrm{d}y=\iiint_{\Omega}3\mathrm{d}x\mathrm{d}y\mathrm{d}z=\pi H^3.$$

下面介绍通量为正、为负、为零的物理意义.

首先, 流速场流向曲面指定侧的流量 $\Phi=\iint\limits_{\Sigma}\boldsymbol{V}\cdot\mathrm{d}\boldsymbol{S}$ 是一个代数数.

如图 10-39 所示, 在 Σ 上任取一小块曲面 $\mathrm{d}\boldsymbol{S}$, $M(x,y,z)$ 是 $\mathrm{d}\boldsymbol{S}$ 上任意一点, Σ 在点 M 的法向量为 $\boldsymbol{n}$, 流速场 $\boldsymbol{V}$ 在点 M 的流速为矢量 $\boldsymbol{V}$. 若 $\boldsymbol{V}$ 与 $\boldsymbol{n}$ 的夹角是锐角, 即流体从 $\mathrm{d}\boldsymbol{S}$ 的负侧穿到 $\mathrm{d}S$ 的正侧, 则 $\boldsymbol{V}\cdot\mathrm{d}\boldsymbol{S}=\boldsymbol{V}\cdot\boldsymbol{n}^\circ\mathrm{d}S>0$, 也即流速场流过 $\mathrm{d}\boldsymbol{S}$ 的流量元素 $\mathrm{d}\Phi$ 为正数; 若 $\boldsymbol{V}$ 与 $\boldsymbol{n}$ 的夹角是钝角, 即流体从 $\mathrm{d}\boldsymbol{S}$ 的正侧穿到 $\mathrm{d}\boldsymbol{S}$ 的负侧, 则 $\boldsymbol{V}\cdot\mathrm{d}\boldsymbol{S}=\boldsymbol{V}\cdot\boldsymbol{n}^\circ\mathrm{d}S<0$, 也即流速场流过 $\mathrm{d}\boldsymbol{S}$ 的流量元素 $\mathrm{d}\Phi$ 是负数. 由于流量 $\Phi=\iint\limits_{\Sigma}\mathrm{d}\Phi=\iint\limits_{\Sigma}\boldsymbol{r}\cdot\mathrm{d}\boldsymbol{S}$, 从而流量 Φ 是一个代数数, 且当 $\Phi>0$ 时, 表明流向 Σ 正侧的流体多于流向 Σ 负侧的流体; 当 $\Phi<0$ 时, 表明流向 Σ 正侧的流体少于流向 Σ 负侧的流体; 当 $\Phi=0$ 时, 表明流向 Σ 正侧的流体与流向 Σ 负侧的流体相同, 或者根本没有流体流过 Σ.

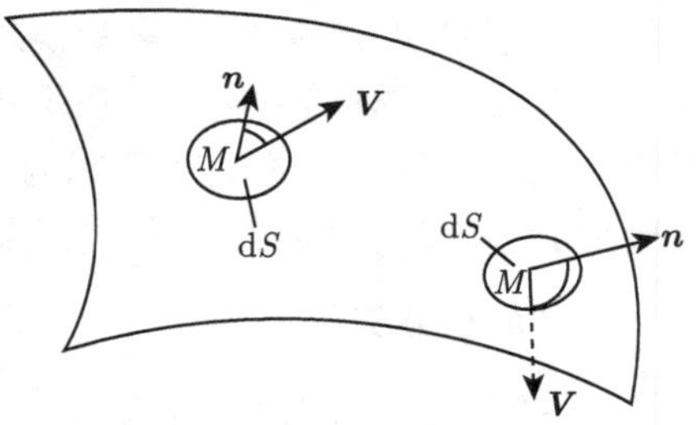

图 10-39

特别地, 若 Σ 为一外侧闭曲面, 则 $\Phi>0$ 表明从 Σ 内部流出 Σ 的液体多于从 Σ 外部流入 Σ 的流体, 此时, 说明 Σ 包含的区域内必有产生流体的源 (散发流体的点) , 当然, 也可能还有渗漏流体的洞 (吸收流体的点) , 但产生的流体必定多于渗漏的流体, 这时通常说 Σ 内部有**正源**. 相反, 当 $\Phi<0$ 时, 通常称内部有**负源**. 但当 $\Phi=0$ 时, 通常不能断定 Σ 内部**无源**. 因为此时, 一方面 Σ 内部可能真正无源 (既无散发流体的点, 也无吸收流体的点); 另一方面也可能 Σ 内部既有正源又有负源, 但两者产生或渗漏的流体恰好相等而互相抵消了.

由流速场推广到一般向量场, 下面给出向量场通向闭曲面外侧的通量 $\Phi=\iint\limits_{\Sigma}\boldsymbol{A}\cdot\mathrm{d}\boldsymbol{S}$ 这个数在场论中的意义是:

$\Phi>0$ 表明场 $\boldsymbol{A}$ 在 Σ 内部有正源;

$\Phi<0$ 表明场 $\boldsymbol{A}$ 在 Σ 内部有负源;

$\Phi=0$ 表明场 $\boldsymbol{A}$ 在 Σ 内部可能无源, 也可能既有正源, 又有负源.

结合 $|\Phi|$ 的大小, 便可判定场 $\boldsymbol{A}$ 在 Σ 内部散发 $(\Phi>0)$ 或吸收 $(\Phi<0)$ 流体的多少.

例 2　已知点电荷 q 所产生的电场中任一点 M 处的电位移矢量 $\boldsymbol{D}=\dfrac{q}{4\pi r^2}\boldsymbol{r}^\circ$, 其中 r 是点电荷 q 到点 M 的距离, $\boldsymbol{r}^\circ$ 是从点电荷 q 指向点 M 的单位矢量. 设 Σ 为以点电荷为中心、R 为半径的球面, 求向量场 $\boldsymbol{D}$ 通向 Σ 外侧的电通量 Ψ.

解　注意到球面 Σ 上任一点 M 处 $r=R$ 且 M 处 Σ 的法矢量 $\boldsymbol{n}$ 与 $\boldsymbol{r}^\circ$ 方向一致, 则

$$\Psi=\oiint_{\Sigma}\boldsymbol{D}\cdot\mathrm{d}\boldsymbol{S}=\oiint_{\Sigma}\frac{q}{4\pi r^2}\boldsymbol{r}^\circ\cdot\boldsymbol{n}^\circ\mathrm{d}S=\frac{q}{4\pi r^2}\oiint_{\Sigma}\mathrm{d}S=q.$$

因为 $q\neq 0$, 所以本例表明: 包含点电荷 q 的任何球面 Σ 内由产生电通量的源, 且当 q 为正电荷时为正源, q 为负电荷时为负源.

2. 散度

利用通量 $\oiint_{\Sigma}\boldsymbol{A}\cdot\mathrm{d}\boldsymbol{S}$ 可以确定:

(1) 闭曲面 Σ 包围的区域内是否有源, 是有正源还是有负源;

(2) Σ 内部散发 (或吸收) 通量的多少. 但还不能确定场在 Σ 内部每一点处散发 (或吸收) 通量的情况, 要解决这一问题, 需要引入散度这个概念.

定义 1　设有向量场 $\boldsymbol{A}$, 在场中点 M 的某个邻域内任意作一包含点 M 的闭曲面 $\Delta\Sigma$, 其包含的空间区域为 $\Delta\Omega$. 以 ΔV 表示 $\Delta\Omega$ 的体积, 以 $\Delta\Phi$ 表示从 $\Delta\Omega$ 内部通向 $\Delta\Sigma$ 外侧的通量, 若当 $\Delta\Omega$ 以任意方式缩向点 M 时, 比式 $\dfrac{\Delta\Phi}{\Delta V}=\dfrac{\oiint_{\Sigma}\boldsymbol{A}\cdot\mathrm{d}\boldsymbol{S}}{\Delta V}$ 的极限存在, 则称此极限为向量场 $\boldsymbol{A}$ 在点 M 处的**散度**, 记作 $\mathrm{div}\boldsymbol{A}|_M$, 即有

$$\mathrm{div}\boldsymbol{A}|_M=\lim_{\Delta\Omega\to M}\frac{\Delta\Phi}{\Delta V}=\lim_{\Delta\Omega\to M}\frac{\oiint_{\Sigma}\boldsymbol{A}\cdot\mathrm{d}\boldsymbol{S}}{\Delta V}.\tag{7-1}$$

由此定义可见, 散度 $\mathrm{div}\boldsymbol{A}|_M$ 为一数量, 表示场中点 M 处通量对体积的变化率, 也就是场在该点对于一个单位体积来说所通向曲面外侧的通量, 称为该点**处源的强度**. 因此, 在点 M 当 $\mathrm{div}\boldsymbol{A}\neq 0$ 时, 其正负号就相应表示在该点有散发通量的正源或有吸收通量的负源, 绝对值 $|\mathrm{div}\boldsymbol{A}|$ 的大小就相应地表示场在该点处散发或吸收通量的强弱; 而当 $\mathrm{div}\boldsymbol{A}=0$ 时, 就表示场在该点无源.

若把向量场 $\boldsymbol{A}$ 中每一点的散度与场中的点一一对应起来, 就得到一个数量场, 则称其为由向量场 $\boldsymbol{A}$ 产生的**散度场**, 记作 $\mathrm{div}\boldsymbol{A}$. 若场 $\boldsymbol{A}$ 在任何点 M 处散度为零 (即 $\mathrm{div}\boldsymbol{A}\equiv 0$), 则称场 $\boldsymbol{A}$ 为**无源场**.

下面的定理给出了散度在直角坐标系下的表达式.

定理 1　设向量场

$$\boldsymbol{A}=P(x,y,z)\boldsymbol{i}+Q(x,y,z)\boldsymbol{j}+R(x,y,z)\boldsymbol{k},$$

M 为场中任意一点, P, Q, R 在场所占据的区域内有一阶连续偏导数, 则场在点 $M(x,y,z)$ 处的散度为

$$\mathrm{div}\boldsymbol{A}=\frac{\partial P}{\partial x}+\frac{\partial Q}{\partial y}+\frac{\partial R}{\partial z}. \tag{7-2}$$

证　由散度定义,

$$\mathrm{div}\boldsymbol{A}|_M=\lim_{\Delta\Omega\to M}\frac{\Delta\Phi}{\Delta V}.$$

由高斯公式,

$$\Delta\Phi=\oiint_{\Delta\Sigma}\boldsymbol{A}\cdot\mathrm{d}\boldsymbol{S}=\oiint_{\Delta\Sigma}P\mathrm{d}y\mathrm{d}z+Q\mathrm{d}z\mathrm{d}x+R\mathrm{d}z\mathrm{d}y=\iiint_{\Delta\Omega}\left(\frac{\partial P}{\partial x}+\frac{\partial Q}{\partial y}+\frac{\partial R}{\partial z}\right)\mathrm{d}V.$$

由三重积分中值定理,

$$\Delta\Phi=\left(\frac{\partial P}{\partial x}+\frac{\partial Q}{\partial y}+\frac{\partial R}{\partial z}\right)_{M^*}\Delta V,$$

其中 M^* 为在 $\Delta\Omega$ 内的某一点, 由此可得

$$\mathrm{div}\boldsymbol{A}|_M=\lim_{\Delta\Omega\to M}\frac{\Delta\Phi}{\Delta V}=\lim_{\Delta\Omega\to M}\left(\frac{\partial P}{\partial x}+\frac{\partial Q}{\partial y}+\frac{\partial R}{\partial z}\right)_{M^*}=\left(\frac{\partial P}{\partial x}+\frac{\partial Q}{\partial y}+\frac{\partial R}{\partial z}\right)_M.$$

由点 M 的任意性, 知

$$\mathrm{div}\boldsymbol{A}=\frac{\partial P}{\partial x}+\frac{\partial Q}{\partial y}+\frac{\partial R}{\partial z}.$$

例 3　在点电荷 q 所产生的电场中, 求电位移向量 $\boldsymbol{D}$ 的散度场 $\mathrm{div}\boldsymbol{D}$.

解　取点电荷所在点为坐标原点, 则 $\boldsymbol{D}=\dfrac{q}{4\pi r^3}\boldsymbol{r}$, 其中 $\boldsymbol{r}=x\boldsymbol{i}+y\boldsymbol{j}+z\boldsymbol{k}$, $|\boldsymbol{r}|=r\neq 0$, 因此, 场 $\boldsymbol{D}$ 的坐标函数

$$D_x=\frac{qx}{4\pi r^3},\quad D_y=\frac{qy}{4\pi r^3},\quad D_z=\frac{qz}{4\pi r^3},$$

于是有

$$\frac{\partial D_x}{\partial x} = \frac{q}{4\pi}\frac{r^2-3x^2}{r^5}, \quad \frac{\partial D_y}{\partial y} = \frac{q}{4\pi}\frac{r^2-3y^2}{r^5}, \quad \frac{\partial D_z}{\partial z} = \frac{q}{4\pi}\frac{r^2-3z^2}{r^5}.$$

所以

$$\mathrm{div}\boldsymbol{D} = \frac{\partial D_x}{\partial x} + \frac{\partial D_y}{\partial y} + \frac{\partial D_z}{\partial z} = \frac{q}{4\pi}\frac{3r^2-3(x^2+y^2+z^2)}{r^5} = 0 \quad (r \neq 0).$$

可见, 除点电荷 q 所在的原点 $(r=0)$ 外, 电位移向量 $\boldsymbol{D}$ 的散度处处为零, 即场 $\boldsymbol{D}$ 为一无源场.

散度有如下运算公式:

(1) $\mathrm{div}(c\boldsymbol{A}) = c\,\mathrm{div}\boldsymbol{A}$ (c 为常数);

(2) $\mathrm{div}(\boldsymbol{A} \pm \boldsymbol{B}) = \mathrm{div}\boldsymbol{A} \pm \mathrm{div}\boldsymbol{B}$;

(3) $\mathrm{div}(u\boldsymbol{A}) = u\,\mathrm{div}\boldsymbol{A} + \mathbf{grad}(u \cdot \boldsymbol{A})$ (其中 u 为数量函数).

以上公式在直角坐标系下容易验证.

例 4　设 $u(x,y,z) = \mathrm{e}^{xyz}$, $\boldsymbol{A} = xy^2\boldsymbol{i} + 2xy\boldsymbol{j} + 3z^2\boldsymbol{k}$, 求 $\mathrm{div}(u\boldsymbol{A})|_{M(1,2,3)}$.

解　由公式 (3), 有

$$\begin{aligned}\mathrm{div}(u\boldsymbol{A}) &= u\,\mathrm{div}\boldsymbol{A} + \mathbf{grad}u \cdot \boldsymbol{A}\\ &= \mathrm{e}^{xyz}(y^2+2x+6z) + \mathrm{e}^{xyz}(yz,zx,xy)\cdot(xy^2,2xy,3z^2)\\ &= \mathrm{e}^{xyz}[(y^2+2x+6z) + xyz(y^2+2x+3z)].\end{aligned}$$

所以

$$\mathrm{div}(u\boldsymbol{A})|_{M(1,2,3)} = 114\mathrm{e}^6.$$

3. 高斯公式的场论意义

通量与散度的定义都与坐标系无关. 利用它们在直角坐标系下的表达式, 易得高斯公式的向量形式

$$\iiint_{\Omega} \mathrm{div}\boldsymbol{A}\mathrm{d}V = \oiint_{\Sigma} \boldsymbol{A}\cdot\mathrm{d}\boldsymbol{S} \tag{7-3}$$

或

$$\iiint_{\Omega} \mathrm{div}\boldsymbol{A}\mathrm{d}V = \oiint_{\Sigma} A_n\mathrm{d}S, \tag{7-4}$$

其中 Σ 是空间闭区域 Ω 的边界面外侧, 而 $A_n = \boldsymbol{A}\cdot\boldsymbol{n}^{\circ}$ 是向量 $\boldsymbol{A}$ 在曲面 Σ 外侧法向量 $\boldsymbol{n}$ 上的投影. 由此, 高斯公式可解释为: 向量场 $\boldsymbol{A}$ 的散度场 $\mathrm{div}\boldsymbol{A}$ 在闭曲

面 Σ 所围区域 Ω 上的三重积分等于场 $\boldsymbol{A}$ 通向曲面 Σ 外侧的通量. 进一步, 场 $\boldsymbol{A}$ 在闭曲面所包围区域内每点处源的强度之总和等于场 $\boldsymbol{A}$ 通向闭曲面外侧的通量.

二、 环量与旋度

1. 环量、环量面密度

向量函数沿有向闭曲线的曲线积分定义为场论中的环量概念.

定义 2 设有向量场 $\boldsymbol{A}$, Γ 为场中一有向闭曲线, 则称曲线积分

$$I=\oint_{\Gamma}\boldsymbol{A}\cdot\mathrm{d}\boldsymbol{S}=\oint_{\Gamma}A\cdot\tau\mathrm{d}S$$

为向量场 $\boldsymbol{A}$ 按积分所取方向沿曲线 Γ 的**环量**. 具体地, 流速场 $\boldsymbol{V}$ 沿闭曲线 Γ 的环量称为**环流量**, 表示在单位时间内, 流体沿闭曲线 Γ 所指方向流过的流量.

由环量定义知, 曲线积分的性质与计算方法也就是环量的性质与计算方法.

在直角坐标系中, 设

$$\boldsymbol{A}=P(x,y,z)\boldsymbol{i}+Q(x,y,z)\boldsymbol{j}+R(x,y,z)\boldsymbol{k},$$

则环量 I 有表达式

$$I=\oint_{\Gamma}P\mathrm{d}x+Q\mathrm{d}y+R\mathrm{d}z. \tag{7-5}$$

环量刻画的是场的旋转性质. 以流速场为例, 若在场中某一区域中任一闭曲线上的环量为零, 则流体流动不产生旋涡; 反之, 若该区域中流体有旋涡产生, 则必有某些闭曲线上的环量不为零.

如同流量刻画场中是否有源一样, 用环量刻画场的旋转也很粗糙. 实际上, 向量场中每一点都会有旋转产生, 且同一点处相应于不同方向的旋转强弱也不尽相同. 如何刻画向量场在一点的旋转情况呢? 下面引入环量面密度概念.

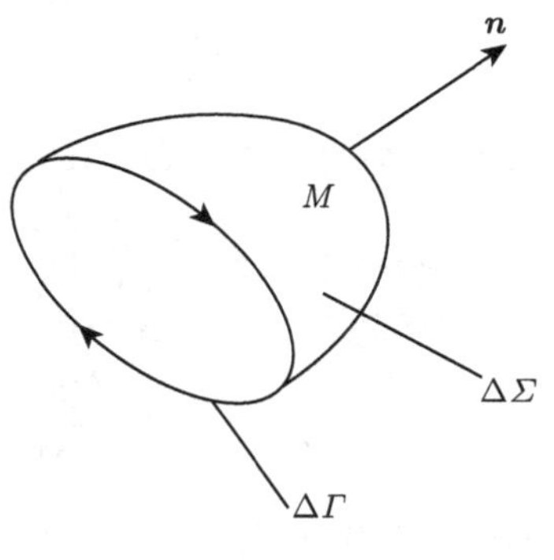

图 10-40

定义 3 设有向量场 $\boldsymbol{A}$, M 为场中一点, 在点 M 取定一个方向 $\boldsymbol{n}$, 过点 M 任作一微小曲面 $\Delta\Sigma$, 使 $\boldsymbol{n}$ 为 $\Delta\Sigma$ 在点 M 的法向量, $\Delta\Sigma$ 的面积记作 ΔS, $\Delta\Sigma$ 的周界记作 $\Delta\Gamma$, 其正向取作与 $\boldsymbol{n}$ 成右手系, 如图 10-40 所示, 作向量场沿 $\Delta\Gamma$ 正向的

环量 ΔI 与 ΔS 之比

$$\frac{\Delta I}{\Delta S}=\frac{\oint_{\Delta \Gamma}\boldsymbol{A}\cdot \mathrm{d}\boldsymbol{S}}{\Delta S}.$$

令 $\Delta\Sigma$ (保持点 M 在其上且始终以 $\boldsymbol{n}$ 为法向量) 沿自身缩向点 M, 在这一过程中, 若 $\dfrac{\Delta I}{\Delta S}$ 的极限存在, 则称此极限值为向量场 $\boldsymbol{A}$ 在点 M 处沿方向 $\boldsymbol{n}$ 的**环量面密度**, 记作 $\mu_{\boldsymbol{n}}|_M$, 即

$$\mu_{\boldsymbol{n}}|_M=\lim_{\Delta\Sigma\to M}\frac{\Delta I}{\Delta S}=\lim_{\Delta\Sigma\to M}\frac{\oint_{\Delta \Gamma}\boldsymbol{A}\cdot \mathrm{d}\boldsymbol{S}}{\Delta S}. \tag{7-6}$$

由定义知, 环量面密度是在确定点的确定方向上环量对曲面面积的变化率, 它刻画了向量场在该点相对于该方向的旋转强度.

下面的定理给出环量面密度的旋转强度.

定理 2 设向量场 $\boldsymbol{A}=P(x,y,z)\boldsymbol{i}+Q(x,y,z)\boldsymbol{j}+R(x,y,z)\boldsymbol{k}$, M 为场中一点, 若 P, Q, R 在 M 的某邻域 $U(M)$ 内由一阶连续偏导数, 则向量场 $\boldsymbol{A}$ 在点 M 沿任何方向 $\boldsymbol{n}$ 的环量面密度存在, 且有

$$\mu_n|_M=\left(\frac{\partial R}{\partial y}-\frac{\partial Q}{\partial z}\right)_M\cos\alpha+\left(\frac{\partial P}{\partial z}-\frac{\partial R}{\partial x}\right)_M\cos\beta+\left(\frac{\partial Q}{\partial x}-\frac{\partial P}{\partial y}\right)_M\cos\gamma, \tag{7-7}$$

其中 $\cos\alpha$, $\cos\beta$, $\cos\gamma$ 是方向 $\boldsymbol{n}$ 的方向余弦.

证 在 $U(M)$ 内任取光滑小曲面片 $\Delta\Sigma$, 使 M 在 $\Delta\Sigma$ 上, $\boldsymbol{n}$ 为 $\Delta\Sigma$ 在点 M 的法向量, $\Delta\Sigma$ 的正向周界为 $\Delta\Gamma$, 则

$$\frac{\oint_{\Delta \Gamma}\boldsymbol{A}\cdot \mathrm{d}\boldsymbol{S}}{\Delta S}=\frac{\oint_{\Delta \Gamma}P\mathrm{d}x+Q\mathrm{d}y+R\mathrm{d}z}{\Delta S},$$

其中 ΔS 是小曲面片 $\Delta\Sigma$ 的面积. 由斯托克斯公式,

$$\oint_{\Delta \Gamma}\boldsymbol{A}\cdot \mathrm{d}\boldsymbol{S}=\iint_{\Delta\Sigma}\left[\left(\frac{\partial R}{\partial y}-\frac{\partial Q}{\partial z}\right)\cos\alpha+\left(\frac{\partial P}{\partial z}-\frac{\partial R}{\partial x}\right)\cos\beta+\left(\frac{\partial Q}{\partial x}-\frac{\partial P}{\partial y}\right)\cos\gamma\right]\mathrm{d}S,$$

再由曲面积分中值定理,

$$\oint_{\Delta \Gamma}\boldsymbol{A}\cdot \mathrm{d}\boldsymbol{S}=\left[\left(\frac{\partial R}{\partial y}-\frac{\partial Q}{\partial z}\right)\cos\alpha+\left(\frac{\partial P}{\partial z}-\frac{\partial R}{\partial x}\right)\cos\beta\right.$$

$$+\left(\frac{\partial Q}{\partial x}-\frac{\partial P}{\partial y}\right)\cos\gamma\Big]_{M^*}\Delta S,$$

其中 M^* 为小曲面片 $\Delta\Sigma$ 上的某一点, 由 P, Q, R 的一阶偏导数连续, 则当 $\Delta\Sigma\to M$ 时, 有 $M^*\to M$, 于是

$$\begin{aligned}\mu_n|_M&=\lim_{\Delta\Sigma\to M}\frac{\oint_{\Delta\Gamma}\boldsymbol{A}\cdot\mathrm{d}\boldsymbol{S}}{\Delta S}\\&=\lim_{\Delta\Sigma\to M}\left[\left(\frac{\partial R}{\partial y}-\frac{\partial Q}{\partial z}\right)\cos\alpha+\left(\frac{\partial P}{\partial z}-\frac{\partial R}{\partial x}\right)\cos\beta+\left(\frac{\partial Q}{\partial x}-\frac{\partial P}{\partial y}\right)\cos\gamma\right]_{M^*}\\&=\left(\frac{\partial R}{\partial y}-\frac{\partial Q}{\partial z}\right)\Big|_M\cos\alpha+\left(\frac{\partial P}{\partial z}-\frac{\partial R}{\partial x}\right)\Big|_M\cos\beta+\left(\frac{\partial Q}{\partial x}-\frac{\partial P}{\partial y}\right)\Big|_M\cos\gamma.\end{aligned}$$

□

例 5　求向量场 $\boldsymbol{A}=xz^3\boldsymbol{i}-2x^2yz\boldsymbol{j}+2yz^4\boldsymbol{k}$ 在点 $M(1,-2,1)$ 沿向量 $\boldsymbol{n}=6\boldsymbol{i}+2\boldsymbol{j}+3\boldsymbol{k}$ 方向的环量面密度.

解　向量 $\boldsymbol{n}$ 的方向余弦为

$$\cos\alpha=\frac{6}{7},\quad\cos\beta=\frac{2}{7},\quad\cos\gamma=\frac{3}{7},$$

$$\left(\frac{\partial R}{\partial y}-\frac{\partial Q}{\partial z}\right)_M=(2z^4-2x^2y)_M=-2,$$

$$\left(\frac{\partial P}{\partial z}-\frac{\partial R}{\partial x}\right)_M=(3xz^2-0)_M=3,$$

$$\left(\frac{\partial Q}{\partial x}-\frac{\partial P}{\partial y}\right)_M=(-4xyz-0)_M=8,$$

所以, 在点 M 处沿方向 $\boldsymbol{n}$ 的环量面密度为

$$\mu_{\boldsymbol{n}}=-2\times\frac{6}{7}+3\times\frac{2}{7}+8\times\frac{3}{7}=\frac{18}{7}.$$

2. 旋度

由上述可见, 环量面密度是一个与方向有关的概念; 在场中一点 M 处, 会有无穷多个环量面密度. 这一现象很像数量场中的方向导数. 在数量场中, 已定义了梯度, 在给定点处, 它的方向就是方向导数最大的方向, 其模就是最大的方向导数值, 而且它在任一方向上的投影就给出场在该方向上的方向导数. 由此得到启示,

对于向量场, 也希望能找到这样一个向量, 它与环量面密度的关系, 正如梯度与方向导数之间的关系一样.

定义 4 若在向量场 $\boldsymbol{A}$ 中的点 M 存在这样一个向量 $\boldsymbol{R}$, 使得向量 $\boldsymbol{A}$ 在点 M 处沿 $\boldsymbol{R}$ 方向的环量面密度为最大, 且这个最大的环量面密度正好是 $|\boldsymbol{R}|$, 则称 $\boldsymbol{R}$ 为向量场 $\boldsymbol{A}$ 在点 M 处的**旋度**, 记作 $\mathbf{rot}\boldsymbol{A}|_M$, 即

$$\mathbf{rot}\boldsymbol{A}|_M = \boldsymbol{R}.$$

在直角坐标系下, 向量场

$$\boldsymbol{A} = P(x,y,z)\boldsymbol{i} + Q(x,y,z)\boldsymbol{j} + R(x,y,z)\boldsymbol{k},$$

在环量面密度计算公式 (7-7) 中, 记

$$\boldsymbol{R} = \left(\frac{\partial R}{\partial y} - \frac{\partial Q}{\partial z}\right)_M \boldsymbol{i} + \left(\frac{\partial P}{\partial z} - \frac{\partial R}{\partial x}\right)_M \boldsymbol{j} + \left(\frac{\partial Q}{\partial x} - \frac{\partial P}{\partial y}\right)_M \boldsymbol{k},$$

$$\boldsymbol{n}^\circ = \cos\alpha\boldsymbol{i} + \cos\beta\boldsymbol{j} + \cos\gamma\boldsymbol{k},$$

则

$$\mu_{\boldsymbol{n}}|_M = \boldsymbol{R}\cdot\boldsymbol{n}^\circ = |\boldsymbol{R}|\cos(\widehat{\boldsymbol{R},\boldsymbol{n}}).$$

由此易得: 当 $\boldsymbol{n}$ 为 $\boldsymbol{R}$ 时 $\mu_{\boldsymbol{n}}|_M$ 最大, 且最大的 $\mu_{\boldsymbol{n}}|_M = |\boldsymbol{R}|$, 从而向量 $\boldsymbol{R}$ 就是向量场 $\boldsymbol{A}$ 在点 M 的旋度, 即有旋度计算公式

$$\mathbf{rot}\boldsymbol{A}|_M = \left(\frac{\partial R}{\partial y} - \frac{\partial Q}{\partial z}\right)\bigg|_M \boldsymbol{i} + \left(\frac{\partial P}{\partial z} - \frac{\partial R}{\partial x}\right)\bigg|_M \boldsymbol{j} + \left(\frac{\partial Q}{\partial x} - \frac{\partial P}{\partial y}\right)\bigg|_M \boldsymbol{k}. \quad (7\text{-}8)$$

若把向量场 $\boldsymbol{A}$ 中的点与该点处的旋度一一对应, 就得到一个向量场, 称为由向量场 $\boldsymbol{A}$ 产生的**旋度场**, 记作 $\mathbf{rot}\boldsymbol{A}$. 若在场 $\boldsymbol{A}$ 中恒有 $\mathbf{rot}\boldsymbol{A} \equiv \mathbf{0}$, 则称场 A 为**无旋场**. 既无源又无旋的场称为**调和场**, 这是一类重要的场. 场 $\boldsymbol{A}$ 的旋度场

$$\mathbf{rot}\boldsymbol{A} = \left(\frac{\partial R}{\partial y} - \frac{\partial Q}{\partial z}\right)\boldsymbol{i} + \left(\frac{\partial P}{\partial z} - \frac{\partial R}{\partial x}\right)\boldsymbol{j} + \left(\frac{\partial Q}{\partial x} - \frac{\partial P}{\partial y}\right)\boldsymbol{k}. \quad (7\text{-}9)$$

由此定义知, 旋度 $\mathbf{rot}\boldsymbol{A}|_M$ 是由场 $\boldsymbol{A}$ 与点 M 所唯一确定的一个向量, 它从数值与方向都刻画了场在点 M 的最大旋转强度. 此外, 旋度还具有性质: $\mathbf{rot}\boldsymbol{A}|_M$ 在任何一方向 $\boldsymbol{n}$ 上的投影就是场 $\boldsymbol{A}$ 在点 M 沿方向 $\boldsymbol{n}$ 的环量面密度.

例 6 求向量场 $\boldsymbol{A} = xy^2z^2\boldsymbol{i} + z^2\sin y\boldsymbol{j} + x^2\mathrm{e}^y\boldsymbol{k}$ 在点 $M(1,0,1)$ 的旋度.

解 $P = xy^2z^2$, $Q = z^2\sin y$, $R = x^2\mathrm{e}^y$, 所以

$$\mathbf{rot}\boldsymbol{A} = (x^2\mathrm{e}^y - 2z\sin y)\boldsymbol{i} + (2xy^2z - 2x\mathrm{e}^y)\boldsymbol{j} - 2xyz^2\boldsymbol{k},$$

从而在点 $M(1,0,1)$ 处, 有

$$\mathbf{rot}\boldsymbol{A}|_M = \boldsymbol{i} - 2\boldsymbol{j}.$$

例 7　设一刚体绕过原点 O 的某个轴 l 转动, 其角速度为 $\boldsymbol{\omega} = \omega_1\boldsymbol{i}+\omega_2\boldsymbol{j}+\omega_3\boldsymbol{k}$ (ω_1, ω_2, ω_3 是常数), 则刚体上的每一点都具有线速度 $\boldsymbol{V}$, 求该线速度场的旋度 $\mathbf{rot}\boldsymbol{V}$.

解　如图 10-41 所示, $\boldsymbol{\omega}$ 用轴 l 上的一向量表示, 其大小为 $|\boldsymbol{\omega}|$, 方向与刚体的转动方向符合右手系, 则点 M 处的线速度 $\boldsymbol{V}$ 表示为

$$\boldsymbol{V} = \boldsymbol{\omega} \times \boldsymbol{r},$$

其中 $\boldsymbol{r}$ 是 M 点的向径, 即

$$\boldsymbol{r} = x\boldsymbol{i} + y\boldsymbol{j} + z\boldsymbol{k}.$$

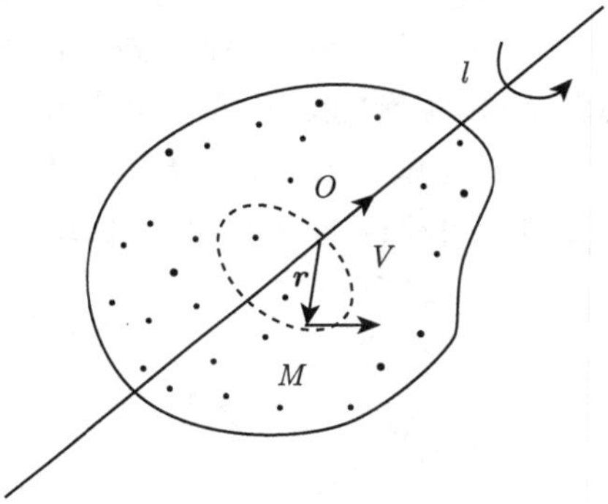

图 10-41

所以

$$\boldsymbol{V} = \begin{vmatrix} \boldsymbol{i} & \boldsymbol{j} & \boldsymbol{k} \\ \omega_1 & \omega_2 & \omega_3 \\ x & y & z \end{vmatrix} = (\omega_2 z - \omega_3 y)\boldsymbol{i} + (\omega_3 x - \omega_1 z)\boldsymbol{j} + (\omega_1 y - \omega_2 x)\boldsymbol{k}.$$

于是

$$\mathbf{rot}\boldsymbol{V} = (\omega_1 + \omega_1)\boldsymbol{i} + (\omega_2 + \omega_2)\boldsymbol{j} + (\omega_3 + \omega_3)\boldsymbol{k} = 2\boldsymbol{\omega}.$$

刚体旋转的线速度场的旋度恰好是旋转角速度的两倍, 这也是 “旋度” 这一名词的由来. 旋度有如下运算公式:

(1) $\mathbf{rot}(c\boldsymbol{A}) = c\mathbf{rot}\boldsymbol{A}$ (c 为常数);

(2) $\mathbf{rot}(\boldsymbol{A} \pm \boldsymbol{B}) = \mathbf{rot}\boldsymbol{A} \pm \mathbf{rot}\boldsymbol{B}$;

(3) $\mathbf{rot}(u\boldsymbol{A}) = u\mathbf{rot}\boldsymbol{A} + \mathbf{grad}u \times \boldsymbol{A}$, 其中 u 为数量函数;

(4) $\mathrm{div}(\boldsymbol{A} \times \boldsymbol{B}) = \boldsymbol{B} \cdot \mathbf{rot}\boldsymbol{A} - \boldsymbol{A} \cdot \mathbf{rot}\boldsymbol{B}$;

(5) $\mathbf{rot}\,(\mathbf{grad}u) = \mathbf{0}$ (旋度场是无旋场);

(6) $\mathrm{div}(\mathbf{rot}\boldsymbol{A}) = 0$ (旋度场是无源场).

在直角坐标系下, 以上公式容易直接验证.

3. 斯托克斯公式的场论意义

由环量与旋度的概念及其在直角坐标系中的表达式, 易得斯托克斯公式的向量形式

$$\iint_{\Sigma}(\mathrm{rot}\boldsymbol{A})\cdot\mathrm{d}\boldsymbol{S}=\oint_{\Gamma}\boldsymbol{A}\cdot\mathrm{d}\boldsymbol{S}, \tag{7-10}$$

或

$$\iint_{\Sigma}(\mathrm{rot}\boldsymbol{A})_n\mathrm{d}\boldsymbol{S}=\oint_{\Gamma}A_{\tau}\mathrm{d}S, \tag{7-11}$$

其中 Γ 是有向曲面 Σ 的正向边界曲线, $\boldsymbol{A}_{\tau}=\boldsymbol{A}\cdot\boldsymbol{\tau}^{\circ}$ 是向量 $\boldsymbol{A}$ 在 Γ 的切向量 $\boldsymbol{\tau}(x,y,z)$ 上的投影. 由此, 斯托克斯公式可解释为: 向量场 $\boldsymbol{A}$ 的旋度场通过有向曲面 Σ 指定侧的通量等于向量场 $\boldsymbol{A}$ 沿 Σ 的正向边界 Γ 的环量.

以上通量与散度、环量与旋度的有关讨论都是在空间中进行的. 对平面向量场也有完全相同的内容, 下面仅给出它们在直角坐标系的计算公式.

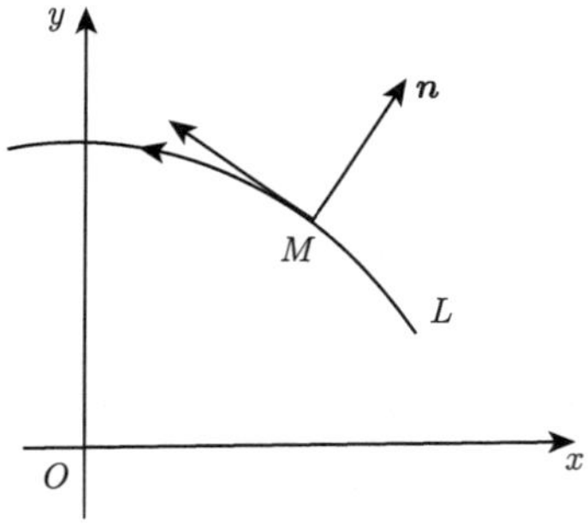

图 10-42

设平面向量场 $\boldsymbol{A}=P(x,y)\boldsymbol{i}+Q(x,y)\boldsymbol{j}$, L 是场中一条有向曲线, 规定曲线上一点处 L 的法向量 $\boldsymbol{n}$ 为: 若将 $\boldsymbol{n}$ 按逆时针方向旋转 90°, 则它就是曲线在同一点的一个切向量, 如图 10-42 所示. 则场 $\boldsymbol{A}$ 沿法向量的指向通过曲线 L 的通量为

$$\begin{aligned}\varPhi&=\int_{L}A_n\mathrm{d}S=\int_{L}\boldsymbol{A}\cdot\boldsymbol{n}^{\circ}\mathrm{d}S\\&=\int_{L}P\mathrm{d}y-Q\mathrm{d}x,\end{aligned} \tag{7-12}$$

其散度为

$$\mathrm{div}\boldsymbol{A}=\frac{\partial P}{\partial x}+\frac{\partial Q}{\partial y}.$$

格林公式有向量形式:

$$\oint_{L}\boldsymbol{A}\cdot\boldsymbol{n}^{\circ}\mathrm{d}S=\iint_{D}\mathrm{div}\boldsymbol{A}\mathrm{d}\sigma,$$

从而, 高斯公式是格林公式在空间的推广.

又因为场 $\boldsymbol{A}$ 沿有向闭曲线 L 的环量为

$$I=\oint_{L}P(x,y)\mathrm{d}x+Q(x,y)\mathrm{d}y.$$

场 $\boldsymbol{A}$ 在点 M(只有) 关于方向 $\boldsymbol{k}$ 的环量面密度为

$$u=\left(\frac{\partial Q}{\partial x}-\frac{\partial P}{\partial y}\right)\cos\gamma=\frac{\partial Q}{\partial x}-\frac{\partial P}{\partial y},$$

场 $\boldsymbol{A}$ 在点 M 的旋度为

$$\mathbf{rot}\boldsymbol{A}=\left(\frac{\partial Q}{\partial x}-\frac{\partial P}{\partial y}\right)\boldsymbol{k},$$

格林公式的又一向量形式为

$$\oint_L \boldsymbol{A}\cdot \mathrm{d}\boldsymbol{S}=\iint_D(\mathbf{rot}\boldsymbol{A})_z\mathrm{d}\sigma,$$

其中 $(\mathbf{rot}\boldsymbol{A})_z$ 是旋度 $\mathrm{rot}\boldsymbol{A}$ 在 z 轴上的投影. 从而, 斯托克斯公式也是格林公式在空间的推广.

习　题　10-7

1. 求向量场 $\boldsymbol{A}$ 从内通向所给闭曲面 Σ 外侧的通量 Φ:

(1) $\boldsymbol{A}=(x-y+z)\boldsymbol{i}+(y-z+x)\boldsymbol{j}+(z-x+y)\boldsymbol{k}$, Σ 为椭球面 $\dfrac{x^2}{a^2}+\dfrac{y^2}{b^2}+\dfrac{z^2}{c^2}=1$;

(2) $\boldsymbol{A}=x(y-z)\boldsymbol{i}+(x-y)\boldsymbol{k}$, Σ 为柱面 $x^2+y^2=1$ 与平面 $z=0$, $z=1$ 所围立体的表面外侧.

2. 设 Σ 为曲面 $x^2+y^2=z\ (0\leqslant z\leqslant h)$, 求流速场 $\boldsymbol{V}=(x+y+z)\boldsymbol{k}$ 在单位时间内向下侧通过 Σ 的流量 Φ.

3. 求场 $\boldsymbol{A}$ 在给定点处的散度:

(1) $\boldsymbol{A}=x^3\boldsymbol{i}+y^3\boldsymbol{j}+z^3\boldsymbol{k}$ 在点 $M(1,0,-1)$ 处;

(2) $\boldsymbol{A}=4x\boldsymbol{i}-2xy\boldsymbol{j}+z^2\boldsymbol{k}$ 在点 $M(1,1,3)$ 处.

4. 设有无穷长导线与 z 轴一致, 通以电流 $I\boldsymbol{k}$(I 是常数) 后, 在导线周围便产生磁场, 其在点 $M(x,y,z)$ 处的磁场强度为

$$\boldsymbol{H}=\frac{1}{2\pi r^2}(-y\boldsymbol{i}+x\boldsymbol{j}),$$

其中 $r=\sqrt{x^2+y^2}$, 求 $\mathrm{div}\boldsymbol{H}$.

5. 求向量场 $\boldsymbol{A}=-y\boldsymbol{i}+x\boldsymbol{j}+c\boldsymbol{k}$ (c 为常数) 沿下列曲线的环量, 沿 z 轴正向看下去曲线方向为逆时针:

(1) 圆周 $x^2+y^2=R^2$, $z=0$;　　(2) 圆周 $(x-2)^2+y^2=R^2$, $x+z=2$.

6. 求向量场 $\boldsymbol{A}=x(z-y)\boldsymbol{i}+y(x-z)\boldsymbol{j}+z(y-x)\boldsymbol{k}$ 在点 $M(1,2,3)$ 处沿方向 $\boldsymbol{n}=\boldsymbol{i}+2\boldsymbol{j}+2\boldsymbol{k}$ 的环量面密度.

7. 已知 $u=\mathrm{e}^{xyz}$, $\boldsymbol{A}=z^2\boldsymbol{i}+x^2\boldsymbol{j}+y^2\boldsymbol{k}$, 求 $\mathbf{rot}\,(u\cdot\boldsymbol{A})$.

8. 已知 $\boldsymbol{A}=3y\boldsymbol{i}+2z^2\boldsymbol{j}+xy\boldsymbol{k}$, $\boldsymbol{B}=x^2\boldsymbol{i}-4\boldsymbol{k}$, 求 $\mathbf{rot}\,(\boldsymbol{A}\times\boldsymbol{B})$.

9. 设函数 $u(x,y,z)$ 及向量场 $\boldsymbol{A}=P(x,y,z)\boldsymbol{i}+Q(x,y,z)\boldsymbol{j}+R(x,y,z)\boldsymbol{k}$ 中的 P,Q,R 都有二阶连续偏导数, 证明:

(1) $\mathbf{rot}\,(\mathbf{grad}u)=0$;　　(2) $\mathrm{div}(\mathbf{rot}\boldsymbol{A})=0$.

本章小结

第十章总习题

1. 填空题:

(1) 若曲线积分 $\int_L \frac{x\mathrm{d}x - ay\mathrm{d}y}{x^2+y^2-1}$ 在区域 $D=\{(x,y)|x^2+y^2<1\}$ 内与路径无关, 则 $a=$________;

(2) 设 L 为球 $x^2+y^2+z^2=1$ 与平面 $x+y+z=0$ 的交线, 则 $\oint_L xy\mathrm{d}S=$________;

(3) 对坐标的曲线积分 $\int_\Gamma P\mathrm{d}x+Q\mathrm{d}y+R\mathrm{d}z$ 化成对弧长的曲线积分是________, 其中 α,β,γ 为有向曲线 Γ 上的点 (x,y,z) 处的________的方向角;

(4) 第二类曲面积分 $\iint\limits_\Sigma P\mathrm{d}y\mathrm{d}z+Q\mathrm{d}z\mathrm{d}x+R\mathrm{d}x\mathrm{d}y$ 化成第一类曲面积分是________, 其中 α,β,γ 为有向曲面 Σ 上点 (x,y,z) 处的________的方向角;

(5) 设 Σ 为曲面 $x^2+y^2+4z^2=4\ (z\geqslant 0)$ 的上侧, 则 $\iint\limits_\Sigma \sqrt{4-x^2-4z^2}\mathrm{d}x\mathrm{d}y=$________;

(6) 若 Σ 是一个球面, $\boldsymbol{F}$ 是一个常向量场, 则 $\oiint\limits_\Sigma \boldsymbol{F}\cdot\mathrm{d}\boldsymbol{S}=$________;

(7) 若 $f(x,y,z)$ 在 $\mathbf{R}^3$ 中具有二阶连续偏导数, Γ 是任意一个圆周, 则 $\oint_\Gamma \mathbf{grad}f\cdot\mathrm{d}\boldsymbol{S}=$________.

2. 计算下列曲线积分:

(1) $\int_L xy\mathrm{d}S$, 其中 L 为星形线在第一象限内的弧段 $\begin{cases} x=a\cos^3 t, \\ y=a\sin^3 t \end{cases}$ $\left(0\leqslant t\leqslant\frac{\pi}{2}, a>0\right)$;

(2) $\oint_L (x+y)\mathrm{d}S$, 其中 L 为连接点 $O(0,0)$, $A(1,0)$, $B(0,1)$ 的闭曲线 $OABO$;

(3) $\int_L y^2\mathrm{d}x+\cos^3 x\mathrm{d}y$, L 从 $O(0,0)$ 沿曲线 $y=\tan x$ 到点 $A\left(\frac{\pi}{4},1\right)$ 的弧段;

(4) $\oint_L \sqrt{x^2+y^2}\mathrm{d}x+y[xy+\ln(x+\sqrt{x^2+y^2})]\mathrm{d}y$, 其中 L 为正向圆周 $x^2+y^2=a^2$;

(5) $\int_\Gamma \frac{x\mathrm{d}x+y\mathrm{d}y+z\mathrm{d}z}{\sqrt{x^2+y^2+z^2-x-y+2z}}$, 其中 Γ 为从点 $(1,1,1)$ 到点 $(4,4,4)$ 的一直线段;

(6) $\oint_\Gamma (y^2-z^2)\mathrm{d}x+(2z^2-x^2)\mathrm{d}y+(3x^2-y^2)\mathrm{d}z$, 其中 Γ 是平面 $x+y+z=2$ 与柱面 $|x|+|y|=1$ 的交线, 若从 z 轴正向看去, Γ 取逆时针方向.

3. 计算下列曲面积分:

(1) $\iint\limits_\Sigma (x+y+z)\mathrm{d}S$, 其中 Σ 为平面 $y+z=5$ 被柱面 $x^2+y^2=25$ 所截得的部分;

(2) $\iint\limits_\Sigma |xyz|\mathrm{d}S$, 其中 Σ 为抛物面 $z=x^2+y^2(0\leqslant z\leqslant 1)$;

(3) $\iint\limits_{\Sigma} \dfrac{x\mathrm{d}y\mathrm{d}z + z^2\mathrm{d}x\mathrm{d}y}{x^2+y^2+z^2}$, 其中 Σ 是曲面 $x^2+y^2=R^2$ 介于平面 $z=R$, $z=-R$ $(r>0)$ 之间部分的外侧;

(4) $\iint\limits_{\Sigma} (8y+1)x\mathrm{d}y\mathrm{d}z + 2(1-y)^2\mathrm{d}z\mathrm{d}x - 4yz\mathrm{d}x\mathrm{d}y$, 其中 Σ 是由曲线 $\begin{cases} z=\sqrt{y-1}, \\ x=0 \end{cases}$ $(1 \leqslant y \leqslant 3)$ 绕 y 轴旋转一周所形成的曲面的左侧;

(5) $\iint\limits_{\Sigma} x\mathrm{d}y\mathrm{d}z + y\mathrm{d}z\mathrm{d}x + (x+z)\mathrm{d}x\mathrm{d}y$, 其中 Σ 是平面 $2x+2y+z=2$ 在第一卦限内部分的上侧.

4. 在过点 $O(0,0)$ 与 $A(\pi,0)$ 的曲线族 $y=a\sin x$ $(a>0)$ 中, 求一条曲线 L, 使沿该曲线从 O 到 A 的曲线积分 $\int_L (1+y^3)\mathrm{d}x + (2x+y)\mathrm{d}y$ 的值最小.

5. 已知曲线积分 $I=\int_L y^3\mathrm{d}x + (3x-x^3)\mathrm{d}y$, 其中 L 为 $x^2+y^2=R^2(R>0)$ 的逆时针方向. 问:

(1) 当 R 为何值时, $I=0$?

(2) 当 R 为何值时, I 取最大值? 并求最大值.

6. 设函数 $f(x,y)$ 满足 $\dfrac{\partial f(x,y)}{\partial x} = (1+2x)\mathrm{e}^{2x-y}$, 且 $f(0,y)=y+1$, L_t 是从点 $(0,0)$ 到点 $(1,t)$ 的光滑曲线, 计算曲线积分 $I(t)=\int_{L_t} \dfrac{\partial f(x,y)}{\partial x}\mathrm{d}x + \dfrac{\partial f(x,y)}{\partial y}\mathrm{d}y$, 并求 $I(t)$ 的最小值.

7. 计算曲线积分 $I=\int_L \dfrac{4x-y}{4x^2+y^2}\mathrm{d}y + \dfrac{x+y}{4x^2+y^2}\mathrm{d}y$, 其中 L 是 $x^2+y^2=2$, 方向为逆时针方向.

8. 试确定 λ 的值, 使 $\int_L \dfrac{x}{y}(x^2+y^2)^\lambda\mathrm{d}x - \dfrac{x^2}{y^2}(x^2+y^2)^\lambda\mathrm{d}y$ 的值与路径无关, 其中 L 与 x 轴不相交; 并计算

$$\int_{(1,1)}^{(0,2)} \frac{x}{y}(x^2+y^2)^\lambda\mathrm{d}x - \frac{x^2}{y^2}(x^2+y^2)^\lambda\mathrm{d}y.$$

9. 已知曲线 L 的方程为 $\begin{cases} z=\sqrt{2-x^2-y^2}, \\ z=x, \end{cases}$ 起点为 $A(0,\sqrt{2},0)$, 终点为 $B(0,-\sqrt{2},0)$, 计算曲线积分 $I=\int_L (y+z)\mathrm{d}x + (z^2-x^2+y)\mathrm{d}y + (x^2+y^2)\mathrm{d}z$.

10. 设 $D\subset \mathbf{R}^2$ 是有界单连通闭区域, $I(D)=\iint\limits_D (4-x^2-y^2)\mathrm{d}x\mathrm{d}y$ 取得最大值的积分区域记为 D_1. (1) 求 $I(D_1)$; (2) 计算 $\int\limits_{\partial D_1} \dfrac{(x\mathrm{e}^{x^2+4y^2}+y)\mathrm{d}x + (4y\mathrm{e}^{x^2+4y^2}-x)\mathrm{d}x}{x^2+4y^2}$, 其中 ∂D_1 是 D_1 的正向边界.

11. 设有界区域 Ω 由平面 $2x+y+2z=2$ 与三个坐标平面围成, Σ 为 Ω 整个表面的外侧, 计算曲面积分 $I=\iint\limits_{\Sigma}(x^2+1)\mathrm{d}y\mathrm{d}z-2y\mathrm{d}z\mathrm{d}x+3z\mathrm{d}x\mathrm{d}y$.

12. 设 Σ 为曲面 $z=x^2+y^2\ (z\leqslant 1)$ 的上侧, 计算曲面积分

$$I=\iint\limits_{\Sigma}(x-1)^3\mathrm{d}y\mathrm{d}z+(y-1)^3\mathrm{d}z\mathrm{d}x+(z-1)\mathrm{d}x\mathrm{d}y.$$

13. 设 Σ 为曲面 $x=\sqrt{1-3y^2-3z^2}$ 的前侧, 计算曲面积分

$$I=\iint\limits_{\Sigma}x\mathrm{d}y\mathrm{d}z+(y^3+2)\mathrm{d}z\mathrm{d}x+z^3\mathrm{d}x\mathrm{d}y.$$

14. 设薄片型物体 S 是圆锥面 $z=\sqrt{x^2+y^2}$ 被柱面 $z^2=2x$ 割下的有限部分, 其上任一点的密度为 $\mu(x,y,z)=9\sqrt{x^2+y^2+z^2}$, 记圆锥面与柱面的交线为 C. 求:

(1) C 在 xOy 平面上的投影曲线方程;　　(2) S 的质量 M.

15. 在变力 $F=yz\boldsymbol{i}+zx\boldsymbol{j}+xy\boldsymbol{k}$ 的作用下, 质点由原点沿直线运动到椭球面 $\dfrac{x^2}{a^2}+\dfrac{y^2}{b^2}+\dfrac{z^2}{c^2}=1$ 上第一卦限的点 $M(\xi,\eta,\zeta)$, 问当 ξ,η,ζ 为何值时, 力 $\boldsymbol{F}$ 所做的功 W 最大? 并求出 W 的最大值.

16. 设 $P(x,y,z)$, $Q(x,y,z)$, $R(x,y,z)$ 均为连续函数, Σ 是一光滑曲面, 面积记为 S, $\sqrt{P^2+Q^2+R^2}$ 在 Σ 上的最大值为 M, 试证明:

$$\left|\iint\limits_{\Sigma}P\mathrm{d}y\mathrm{d}z+Q\mathrm{d}z\mathrm{d}x+R\mathrm{d}x\mathrm{d}y\right|\leqslant MS.$$

17. 设 $u(x,y,z)$, $v(x,y,z)$ 是两个定义在闭区间 Ω 上的具有二阶连续偏导数的函数, $\dfrac{\partial u}{\partial n}$, $\dfrac{\partial v}{\partial n}$ 依次表示 $u(x,y,z)$, $v(x,y,z)$ 沿 Σ 的外法线方向的方向导数, 证明:

$$\iiint\limits_{\Omega}(u\Delta v-v\Delta u)\mathrm{d}x\mathrm{d}y\mathrm{d}z=\oiint\limits_{\Sigma}\left(u\frac{\partial v}{\partial n}-v\frac{\partial u}{\partial n}\right)\mathrm{d}S,$$

其中 Σ 是空间闭区域 Ω 的整个边界曲面, Δ 是三维拉氏算子. 该公式称为**第二格林公式**.

18. 设 E 为原点处的点电荷 q 在 $Oxyz$ 空间产生的静电场强度向量, 证明:

$$\oiint\limits_{\Sigma}\boldsymbol{E}\cdot\mathrm{d}\boldsymbol{S}=4\pi q,$$

其中 Σ 是包含原点的任何一个光滑闭曲面外侧.

19. 设 Σ 是光滑闭曲面, V 是 Σ 所围立体 Ω 的体积, $r=\{x,y,z\}$ 是点 (x,y,z) 的向径, θ 是 Σ 的外法向量 $\boldsymbol{n}$ 与 $\boldsymbol{r}$ 的夹角, 证明: $V=\dfrac{1}{3}\oiint\limits_{\Sigma}|\boldsymbol{r}|\cos\theta\mathrm{d}S$.

20. 设函数 $Q(x,y)$ 在 xOy 面上具有一阶连续偏导数, 曲线积分 $\int_L 2xy\mathrm{d}x+Q(x,y)\mathrm{d}y$ 与路径无关, 并且对任意 t, 恒有

$$\int_{(0,0)}^{(t,1)}2xy\mathrm{d}x+Q(x,y)\mathrm{d}y=\int_{(0,0)}^{(1,t)}2xy\mathrm{d}x+Q(x,y)\mathrm{d}y,$$

求函数 $Q(x,y)$.

第十一章　无 穷 级 数

无穷级数在自然科学与工程技术中有重要应用, 是表示函数、研究函数性质及进行数值计算的常用工具. 本章主要介绍无穷级数的基本概念、性质、数项级数收敛性的判别法、幂级数及傅里叶级数.

第一节　常数项级数的概念与性质

一、 常数项级数的概念

设有数列

$$u_1, u_2, \cdots, u_n, \cdots$$

用加号把数列的各项依次连接起来的表达式

$$u_1 + u_2 + \cdots + u_n + \cdots \tag{1-1}$$

称为 (**常数项**) **无穷级数**, 简称为 (**常数项**) **级数**, 记为 $\sum\limits_{n=1}^{\infty} u_n$, 其中 u_n 称为级数 (1-1) 的**一般项** (或第 n 项), 即

$$\sum_{n=1}^{\infty} u_n = u_1 + u_2 + \cdots + u_n + \cdots ,$$

级数的前 n 项之和记为

$$S_n = u_1 + u_2 + \cdots + u_n = \sum_{i=1}^{n} u_i, \tag{1-2}$$

称为级数 (1-1) 的**部分和**. 则有

$$S_1 = u_1,$$

$$S_2 = u_1 + u_2,$$

$$S_3 = u_1 + u_2 + u_3,$$

$$\cdots\cdots$$

$$S_n = u_1 + u_2 + \cdots + u_n,$$

$$\cdots\cdots$$

称数列 $\{S_n\}$ 为级数 (1-1) 的**部分和数列**.

无穷级数 $\sum\limits_{n=1}^{\infty} u_n$ 是无限个数相加的形式. 任意有限个数相加总有和, 那么无限个数相加是否一定有和呢? 换句话说, 是否有一个数, 它像有限个数的和一样, 与无穷级数 $\sum\limits_{n=1}^{\infty} u_n$ 相对应呢?

考察无穷级数

$$\sum_{n=1}^{\infty} \frac{1}{2^n} = \frac{1}{2} + \frac{1}{2^2} + \cdots + \frac{1}{2^n} + \cdots,$$

它的前 n 项和

$$S_n = \frac{1}{2} + \frac{1}{2^2} + \cdots + \frac{1}{2^n} = \frac{1}{2} \cdot \frac{1 - \frac{1}{2^n}}{1 - \frac{1}{2}} = 1 - \frac{1}{2^n}.$$

易见, S_n 随着项数 n 的增大而变化, 并且当 $n \to \infty$ 时, $S_n \to 1$. 把极限值 1 看作无穷级数 $\sum\limits_{n=1}^{\infty} \frac{1}{2^n}$ 的和.

又如级数 $\sum\limits_{n=1}^{\infty}(-1)^{n-1} = 1-1+1-1+\cdots$, 它的前 n 项和 $S_n = \begin{cases} 1, & n \text{ 为奇数}, \\ 0, & n \text{ 为偶数}. \end{cases}$ 当 $n \to \infty$ 时, 数列 $\{S_n\}$ 极限不存在, 此时认为这个级数没有和.

定义 若级数 (1-1) 的部分和数列 $\{S_n\}$ 收敛, 则称级数 (1-1) **收敛**. 设 $\lim\limits_{n\to\infty} S_n = S$, 则称 S 为级数 (1-1) 的**和**, 记为 $\sum\limits_{n=1}^{\infty} u_n = S$.

若部分和数列 $\{S_n\}$ 发散, 则称级数 (1-1) **发散**. 发散的级数没有和.

由定义知, 级数 $\sum\limits_{n=1}^{\infty} \frac{1}{2^n}$ 收敛, 和为 1; 级数 $\sum\limits_{n=1}^{\infty}(-1)^{n-1}$ 发散.

若级数 (1-1) 收敛, 则级数的和 S 与部分和 S_n 的差值 $r_n = S - S_n = u_{n+1} + u_{n+2} + \cdots$ 称为级数的**余项**, 易见 $\lim\limits_{n\to\infty} r_n = 0$.

若级数 (1-1) 收敛, 计算中可用其前有限项的和 S_n 近似代替级数的和 S, 误差是余项的绝对值 $|r_n|$.

例 1　讨论等比级数

$$\sum_{n=1}^{\infty} aq^n = a + aq + aq^2 + \cdots + aq^{n-1} + \cdots \tag{1-3}$$

的收敛性, 其中 $a \neq 0$, q 称为公比.

解　(1) 若 $|q| = 1$, 则 $q = 1$ 或 $q = -1$.

当 $q = 1$ 时, 级数 (1-3) 的部分和 $S_n = a + a + \cdots + a = na \to \infty\,(n \to +\infty)$, 此时等比级数 (1-3) 发散.

当 $q = -1$ 时, 级数 (1-3) 为 $a - a + a - a + \cdots + (-1)^{n-1}a + \cdots$, 与级数 $\sum\limits_{n=1}^{\infty}(-1)^{n-1}$ 的讨论类似, 可得级数 (1-3) 发散.

(2) 若 $|q| \neq 1$, 则级数 (1-3) 的部分和为 $S_n = a + aq + aq^2 + \cdots + aq^{n-1} = a \cdot \dfrac{1-q^n}{1-q}$.

当 $|q| < 1$ 时, 由于 $\lim\limits_{n\to\infty} q^n = 0$, 从而 $\lim\limits_{n\to\infty} S_n = \lim\limits_{n\to\infty} a \cdot \dfrac{1-q^n}{1-q} = \dfrac{a}{1-q}$, 此时级数 (1-3) 收敛, 其和为 $\dfrac{a}{1-q}$.

当 $|q| > 1$ 时, 由于 $\lim\limits_{n\to\infty} q^n = \infty$, 从而 $\lim\limits_{n\to\infty} S_n = \infty$, 此时级数 (1-3) 发散.

综上, 当公比 $|q| < 1$ 时, 等比级数 (1-3) 收敛, 其和为 $\dfrac{a}{1-q}$; 当 $|q| \geqslant 1$ 时, 等比级数 (1-3) 发散.

例 2　讨论级数 $\sum\limits_{n=1}^{\infty} \dfrac{1}{(2n-1)(2n+1)}$ 的收敛性.

解　由于 $u_n = \dfrac{1}{(2n-1)(2n+1)} = \dfrac{1}{2}\left(\dfrac{1}{2n-1} - \dfrac{1}{2n+1}\right)$, 所以

$$\begin{aligned}
S_n &= \frac{1}{1\times 3} + \frac{1}{3\times 5} + \cdots + \frac{1}{(2n-1)\times(2n+1)} \\
&= \frac{1}{2} \times \left(1 - \frac{1}{3} + \frac{1}{3} - \frac{1}{5} + \cdots + \frac{1}{2n-1} - \frac{1}{2n+1}\right) \\
&= \frac{1}{2} \times \left(1 - \frac{1}{2n+1}\right),
\end{aligned}$$

从而

$$\lim_{n\to\infty} S_n = \lim_{n\to\infty} \frac{1}{2} \times \left(1 - \frac{1}{2n+1}\right) = \frac{1}{2},$$

故所给级数收敛, 其和为 $\frac{1}{2}$.

例 3　讨论级数 $\sum_{n=1}^{\infty} \ln\left(1+\frac{1}{n}\right)$ 的收敛性.

解　由于

$$u_n = \ln\left(1+\frac{1}{n}\right) = \ln(1+n) - \ln n,$$

所以

$$S_n = (\ln 2 - \ln 1) + (\ln 3 - \ln 2) + \cdots + [\ln(n+1) - \ln n] = \ln(n+1),$$

从而

$$\lim_{n\to\infty} S_n = \lim_{n\to\infty} \ln(n+1) = \infty,$$

故级数 $\sum_{n=1}^{\infty} \ln\left(1+\frac{1}{n}\right)$ 发散.

有些级数的部分和 S_n 的表达式很难写出, 根据定义判别其收敛性或求收敛级数的和比较困难, 甚至是不可能的, 因此, 有必要讨论级数的性质与级数收敛性判别法.

二、 级数的性质

性质 1 (级数收敛的必要条件)　若级数 $\sum_{n=1}^{\infty} u_n$ 收敛, 则必有 $\lim_{n\to\infty} u_n = 0$.

证　设级数 $\sum_{n=1}^{\infty} u_n$ 收敛于 S, 即 $\lim_{n\to\infty} S_n = S$, 则

$$\lim_{n\to\infty} u_n = \lim_{n\to\infty} (S_n - S_{n-1}) = \lim_{n\to\infty} S_n - \lim_{n\to\infty} S_{n-1} = S - S = 0.$$

由性质 1 可得, 若 $\lim_{n\to\infty} u_n \neq 0$, 则级数 $\sum_{n=1}^{\infty} u_n$ 发散. 例如, $u_n = \frac{n}{n+1}$, 因为 $\lim_{n\to\infty} u_n = \lim_{n\to\infty} \frac{n}{n+1} = 1 \neq 0$, 所以级数 $\sum_{n=1}^{\infty} \frac{n}{n+1}$ 发散.

级数的一般项趋于零是级数收敛的必要条件, 而非充分条件. 例如例 3, 级数 $\sum_{n=1}^{\infty}\ln\left(1+\frac{1}{n}\right)$ 的一般项 $u_n=\ln\left(1+\frac{1}{n}\right)\to 0\,(n\to\infty)$, 但该级数是发散的.

再如调和级数

$$1+\frac{1}{2}+\frac{1}{3}+\cdots+\frac{1}{n}+\cdots, \tag{1-4}$$

其一般项 $u_n=\frac{1}{n}\to 0\,(n\to\infty)$, 但调和级数是发散的. 反证法证明如下.

若级数 (1-4) 收敛, 设其部分和为 S_n, 且 $S_n\to S\,(n\to\infty)$, 易见也有 $S_{2n}\to S\,(n\to\infty)$, 于是

$$S_{2n}-S_n\to S-S=0\quad(n\to\infty). \tag{1-5}$$

但事实上,

$$S_{2n}-S_n=\frac{1}{n+1}+\frac{1}{n+2}+\cdots+\frac{1}{2n}>\frac{1}{2n}+\frac{1}{2n}+\cdots+\frac{1}{2n}=\frac{1}{2},$$

故

$$S_{2n}-S_n\nrightarrow 0\quad(n\to\infty).$$

这与 (1-5) 矛盾, 从而级数 $\sum_{n=1}^{\infty}\frac{1}{n}$ 发散.

性质 2　去掉、增加或改变级数的前有限项, 不改变级数的收敛性.

证　仅对 “去掉级数的前有限项” 的情形进行证明.

设级数 $\sum_{n=1}^{\infty}u_n$ 的部分和为 S_n, 将其前 k 项去掉得到新级数 $\sum_{n=k+1}^{\infty}u_n$, 设新级数的部分和为 σ_n, 则

$$\sigma_n=u_{k+1}+u_{k+2}+\cdots+u_{k+n}=S_{k+n}-S_k,$$

其中 S_{k+n} 为原级数前 $k+n$ 项的部分和. 因为 S_k 是一个与 n 无关的常数, 所以当 $n\to\infty$ 时, σ_n 与 S_{k+n} 的极限同时存在或同时不存在, 所以新级数与原级数有相同的收敛性. 当收敛时, 设原级数和为 S, 新级数和为 σ, 则易见 $\sigma=S-S_k$.

性质 3　若级数 $\sum_{n=1}^{\infty}u_n$ 收敛, 则该级数的项任意加括号后所得的新级数

$$\begin{aligned}&(u_1+u_2+\cdots+u_{n_1})+(u_{n_1+1}+u_{n_1+2}+\cdots+u_{n_2})\\&+\cdots+(u_{n_{k-1}+1}+u_{n_{k-1}+2}+\cdots+u_{n_k})+\cdots\end{aligned} \tag{1-6}$$

仍收敛, 且其和不变.

证　设原级数 $\sum\limits_{n=1}^{\infty} u_n$ 的部分和数列为 $\{S_n\}$, 任意加括号后所得的新级数的部分和数列为 $\{\sigma_n\}$, 则

$$\sigma_1 = S_{n_1}, \sigma_2 = S_{n_2}, \cdots, \sigma_k = S_{n_k}, \cdots,$$

$\{\sigma_n\}$ 是 $\{S_n\}$ 的一个子数列, 由 $\{S_n\}$ 的收敛性及收敛数列与其子数列收敛性的关系知, 数列 $\{\sigma_k\}$ 与 $\{S_n\}$ 有相同的极限.

性质 3 的等价命题是: 若加括号后的级数发散, 则原级数发散.

加括号后的级数收敛, 原级数不一定收敛, 如级数 $(1-1)+(1-1)+\cdots$ 收敛, 但级数 $1-1+1-1+\cdots$ 却是发散的.

性质 4　若级数 $\sum\limits_{n=1}^{\infty} u_n$ 收敛于 S, C 为常数, 则级数 $\sum\limits_{n=1}^{\infty} Cu_n$ 也收敛, 且

$$\sum_{n=1}^{\infty} Cu_n = C\sum_{n=1}^{\infty} u_n = CS.$$

证　设级数 $\sum\limits_{n=1}^{\infty} u_n$ 与级数 $\sum\limits_{n=1}^{\infty} Cu_n$ 的部分和分别为 S_n 与 σ_n, 则

$$\sigma_n = Cu_1 + Cu_2 + \cdots + Cu_n = CS_n,$$

因为 $\lim\limits_{n\to\infty} S_n = S$, 所以

$$\lim_{n\to\infty} \sigma_n = \lim_{n\to\infty} CS_n = C\lim_{n\to\infty} S_n = CS,$$

即级数 $\sum\limits_{n=1}^{\infty} Cu_n$ 收敛, 且 $\sum\limits_{n=1}^{\infty} Cu_n = CS = C\sum\limits_{n=1}^{\infty} u_n$.

易知, 若级数 $\sum\limits_{n=1}^{\infty} u_n$ 发散, 常数 $C \neq 0$, 则级数 $\sum\limits_{n=1}^{\infty} Cu_n$ 也发散. 因此, 得到如下结论: 级数的每一项同乘一个不为零的常数后, 它的收敛性不会改变.

性质 5　若级数 $\sum\limits_{n=1}^{\infty} u_n$ 收敛于 S, 级数 $\sum\limits_{n=1}^{\infty} v_n$ 收敛于 σ, 则级数 $\sum\limits_{n=1}^{\infty} (u_n \pm v_n)$ 也收敛, 且其和为 $S \pm \sigma$, 即 $\sum\limits_{n=1}^{\infty} (u_n \pm v_n) = \sum\limits_{n=1}^{\infty} u_n \pm \sum\limits_{n=1}^{\infty} v_n = S \pm \sigma$.

证　设级数 $\sum\limits_{n=1}^{\infty}u_n$, $\sum\limits_{n=1}^{\infty}v_n$ 的部分和分别为 S_n,σ_n, 级数 $\sum\limits_{n=1}^{\infty}(u_n\pm v_n)$ 的部分和为 τ_n, 则

$$\begin{aligned}\tau_n&=(u_1\pm v_1)+(u_2\pm v_2)+\cdots+(u_n\pm v_n)\\&=(u_1+u_2+\cdots+u_n)\pm(v_1+v_2+\cdots+v_n)=S_n\pm\sigma_n,\end{aligned}$$

所以

$$\lim_{n\to\infty}\tau_n=\lim_{n\to\infty}(S_n\pm\sigma_n)=S\pm\sigma,$$

即级数 $\sum\limits_{n=1}^{\infty}(u_n\pm v_n)$ 收敛, 且

$$\sum_{n=1}^{\infty}(u_n\pm v_n)=S\pm\sigma=\sum_{n=1}^{\infty}u_n\pm\sum_{n=1}^{\infty}v_n.$$

由极限的运算性质可得

(1) 若级数 $\sum\limits_{n=1}^{\infty}u_n$ 与 $\sum\limits_{n=1}^{\infty}v_n$ 一个收敛, 另一个发散, 则级数 $\sum\limits_{n=1}^{\infty}(u_n\pm v_n)$ 一定发散. 请读者证明.

(2) 级数 $\sum\limits_{n=1}^{\infty}u_n$ 与 $\sum\limits_{n=1}^{\infty}v_n$ 都发散时, 级数 $\sum\limits_{n=1}^{\infty}(u_n\pm v_n)$ 不一定发散. 请读者举例说明.

习　题　11-1

1. 写出下列级数的一般项:

(1) $1+\dfrac{1}{3}+\dfrac{1}{5}+\dfrac{1}{7}+\cdots$;　　(2) $\dfrac{2}{1}-\dfrac{3}{2}+\dfrac{4}{3}-\dfrac{5}{4}+\cdots$;

(3) $\dfrac{\cos 1!}{1\cdot 2}+\dfrac{\cos 2!}{2\cdot 3}+\dfrac{\cos 3!}{3\cdot 4}+\cdots$;　　(4) $\dfrac{\sqrt{x}}{2}+\dfrac{x}{2\cdot 4}+\dfrac{x\sqrt{x}}{2\cdot 4\cdot 6}+\dfrac{x^2}{2\cdot 4\cdot 6\cdot 8}+\cdots$.

2. 已知级数 $\sum\limits_{n=1}^{\infty}u_n$ 的部分和 $S_n=\dfrac{2n}{n+1}$.

(1) 求一般项 u_n, 并写出前三项;

(2) 判断该级数的收敛性.

3. 用级数收敛与发散定义判别下列级数的收敛性:

(1) $\sum\limits_{n=1}^{\infty}(\sqrt{n+1}-\sqrt{n})$;　　(2) $\sin\dfrac{\pi}{6}+\sin\dfrac{2\pi}{6}+\cdots+\sin\dfrac{n\pi}{6}+\cdots$;

(3) $\sum\limits_{n=1}^{\infty}\dfrac{1}{n(n+1)(n+2)}$;　　(4) $\sum\limits_{n=1}^{\infty}n2^n$.

4. 判断下列级数的收敛性:

(1) $-\frac{7^3}{9}+\frac{7^4}{9^2}-\frac{7^5}{9^3}+\cdots$;　　(2) $\cos\frac{\pi}{1}+\cos\frac{\pi}{2}+\cdots+\cos\frac{\pi}{n}+\cdots$;

(3) $1+\frac{2}{3}+\frac{3}{5}+\cdots$;　　(4) $\frac{1}{2}+\frac{1}{10}+\frac{1}{4}+\frac{1}{20}+\cdots+\frac{1}{2^n}+\frac{1}{10\cdot n}+\cdots$.

5. 求下列级数的和:

(1) $\sum\limits_{n=1}^{\infty}\frac{(-1)^{n-1}}{2^{n-1}}$;　　(2) $\sum\limits_{n=1}^{\infty}\frac{3^n+2^n}{6^n}$.

第二节　常数项级数的收敛判别法

根据级数收敛性定义判断级数是否收敛, 是比较困难的, 因此, 需要寻找判别级数收敛性的方便方法. 正项级数应用广泛, 且许多级数的收敛性可以归结为正项级数的收敛性问题. 本节介绍正项级数、交错级数及任意项级数的收敛性判别法.

一、 正项级数及其收敛判别法

定义 1 若级数 $\sum\limits_{n=1}^{\infty}u_n$ 满足 $u_n\geqslant 0, n=1,2,\cdots$, 则称级数 $\sum\limits_{n=1}^{\infty}u_n$ 为**正项级数**.

由于级数与其部分和数列具有相同的敛散性, 则有下面的定理.

定理 1 正项级数 $\sum\limits_{n=1}^{\infty}u_n$ 收敛的充分必要条件是部分和数列 $\{S_n\}$ 有上界.

证　必要性. 设正项级数 $\sum\limits_{n=1}^{\infty}u_n$ 收敛, 且和为 S, 则 $\lim\limits_{n\to\infty}S_n=S$, 根据有极限的数列必有界, 知 $\{S_n\}$ 有上界.

充分性. 设 $\{S_n\}$ 有上界, 由于 $\sum\limits_{n=1}^{\infty}u_n$ 为正项级数, 即 $u_n\geqslant 0$, $n=1,2,\cdots$, 所以 $\{S_n\}$ 有界且为单调增加数列. 根据单调有界数列必有极限, 知 $\lim\limits_{n\to\infty}S_n$ 存在, 即正项级数 $\sum\limits_{n=1}^{\infty}u_n$ 收敛.

由定理 1 知, 若正项级数 $\sum\limits_{n=1}^{\infty}u_n$ 发散, 则它的部分和数列 $S_n\to+\infty\,(n\to\infty)$. 为便于表达, 也称级数的和为 $+\infty$, 且记作 $\sum\limits_{n=1}^{\infty}u_n=+\infty$.

利用定理 1, 可以建立起便于应用的正项级数收敛判别法.

定理 2 (比较判别法)　设有两个正项级数 $\sum_{n=1}^{\infty} u_n$, $\sum_{n=1}^{\infty} v_n$, 且 $u_n \leqslant v_n$, $n = 1, 2, \cdots$, 则

(1) 若 $\sum_{n=1}^{\infty} v_n$ 收敛, 则 $\sum_{n=1}^{\infty} u_n$ 也收敛;

(2) 若 $\sum_{n=1}^{\infty} u_n$ 发散, 则 $\sum_{n=1}^{\infty} v_n$ 也发散.

证　设级数 $\sum_{n=1}^{\infty} u_n, \sum_{n=1}^{\infty} v_n$ 的部分和分别为 S_n, σ_n, 由于 $u_n \leqslant v_n$, $n = 1, 2, \cdots$, 所以 $S_n \leqslant \sigma_n$, $n = 1, 2, \cdots$.

(1) 若 $\sum_{n=1}^{\infty} v_n$ 收敛, 由定理 1 知 σ_n 有上界, 从而 $\{S_n\}$ 单调递增且有上界, 故级数 $\sum_{n=1}^{\infty} u_n$ 收敛.

(2) 若 $\sum_{n=1}^{\infty} u_n$ 发散, 用反证法, 即假设 $\sum_{n=1}^{\infty} v_n$ 收敛, 则由 (1) 可得 $\sum_{n=1}^{\infty} u_n$ 收敛, 与已知矛盾, 所以级数 $\sum_{n=1}^{\infty} v_n$ 发散.

由于级数的每一项乘以不为零的常数 C, 以及改变级数前有限项不会影响级数的收敛性, 所以由定理 2 可得如下推论.

推论　设有两个正项级数 $\sum_{n=1}^{\infty} u_n, \sum_{n=1}^{\infty} v_n$. 若级数 $\sum_{n=1}^{\infty} v_n$ 收敛, 且存在自然数 N, 使得当 $n \geqslant N$ 时有 $u_n \leqslant C v_n$ 成立, 其中 $C > 0$, 则级数 $\sum_{n=1}^{\infty} u_n$ 收敛; 若级数 $\sum_{n=1}^{\infty} v_n$ 发散, 且当 $n \geqslant N$ 时有 $u_n \geqslant C v_n$ 成立, 其中 $C > 0$, 则级数 $\sum_{n=1}^{\infty} u_n$ 发散.

例 1　讨论级数 $\sum_{n=1}^{\infty} \sin \frac{\pi}{3^n}$ 的收敛性.

解　由于当 $n = 1, 2, \cdots$ 时, $\sin \frac{\pi}{3^n} \geqslant 0$, 且 $\sin \frac{\pi}{3^n} \leqslant \frac{\pi}{3^n}$, 因为等比级数 $\sum_{n=1}^{\infty} \frac{\pi}{3^n}$ 收敛, 所以级数 $\sum_{n=1}^{\infty} \sin \frac{\pi}{3^n}$ 收敛.

例 2　讨论 p-级数 $\sum\limits_{n=1}^{\infty}\frac{1}{n^p}$ 的收敛性, 其中 $p>0$.

解　当 $0<p\leqslant 1$ 时, $\frac{1}{n^p}\geqslant\frac{1}{n}$, $n=1,2,\cdots$, 而调和级数 $\sum\limits_{n=1}^{\infty}\frac{1}{n}$ 发散, 由定理 2 知级数 $\sum\limits_{n=1}^{\infty}\frac{1}{n^p}$ 发散.

当 $p>1$ 时, 因为 $n-1\leqslant x\leqslant n$, 有 $\frac{1}{n^p}\leqslant\frac{1}{x^p}$, 所以

$$\frac{1}{n^p}=\int_{n-1}^{n}\frac{1}{n^p}\mathrm{d}x\leqslant\int_{n-1}^{n}\frac{1}{x^p}\mathrm{d}x=\frac{1}{p-1}\left[\frac{1}{(n-1)^{p-1}}-\frac{1}{n^{p-1}}\right],\quad n=2,3,\cdots.$$

考虑正项级数

$$\sum_{n=2}^{\infty}\left[\frac{1}{(n-1)^{p-1}}-\frac{1}{n^{p-1}}\right],\tag{2-1}$$

其部分和

$$S_n=\left(1-\frac{1}{2^{p-1}}\right)+\left(\frac{1}{2^{p-1}}-\frac{1}{3^{p-1}}\right)+\cdots+\left[\frac{1}{n^{p-1}}-\frac{1}{(n+1)^{p-1}}\right]=1-\frac{1}{(n+1)^{p-1}}.$$

由于

$$\lim_{n\to\infty}S_n=\lim_{n\to\infty}\left[1-\frac{1}{(n+1)^{p-1}}\right]=1,$$

所以级数 (2-1) 收敛, 由定理 2, 级数 $\sum\limits_{n=2}^{\infty}\frac{1}{n^p}$ 收敛, 从而级数 $\sum\limits_{n=1}^{\infty}\frac{1}{n^p}=1+\sum\limits_{n=2}^{\infty}\frac{1}{n^p}$ 收敛.

综上, 当 $p\leqslant 1$ 时, p-级数发散; 当 $p>1$ 时, p-级数收敛.

应用定理 2 能判别某些级数的敛散性, 但需掌握一些已知敛散性的级数作为比较级数, 常用的有等比级数和 p-级数; 又因为直接比较 u_n 与 v_n 的大小有时比较困难, 为了应用方便, 下面给出比较判别法的极限形式.

定理 3 (比较判别法的极限形式)　设有两个正项级数 $\sum\limits_{n=1}^{\infty}u_n$, $\sum\limits_{n=1}^{\infty}v_n$, 若 $\lim\limits_{n\to\infty}\frac{u_n}{v_n}=l$, 则

比较判别法的极限形式

(1) 当 $0<l<+\infty$ 时, 级数 $\sum\limits_{n=1}^{\infty}u_n$ 与 $\sum\limits_{n=1}^{\infty}v_n$ 有相同的收敛性;

(2) 当 $l=0$ 时, 若级数 $\sum\limits_{n=1}^{\infty} v_n$ 收敛, 则级数 $\sum\limits_{n=1}^{\infty} u_n$ 收敛;

(3) 当 $l=+\infty$ 时, 若级数 $\sum\limits_{n=1}^{\infty} v_n$ 发散, 则级数 $\sum\limits_{n=1}^{\infty} u_n$ 发散.

证 (1) 当 $0<l<+\infty$ 时, 由 $\lim\limits_{n\to\infty}\dfrac{u_n}{v_n}=l$ 知, 对于 $\varepsilon=\dfrac{l}{2}$, 存在正整数 N, 当 $n>N$ 时, 有

$$l-\frac{l}{2}<\frac{u_n}{v_n}<l+\frac{l}{2},$$

即

$$\frac{l}{2}v_n<u_n<\frac{3l}{2}v_n,$$

由比较判别法知, 级数 $\sum\limits_{n=1}^{\infty} u_n$ 与 $\sum\limits_{n=1}^{\infty} v_n$ 同时收敛或同时发散.

(2) 当 $l=0$ 时, 由 $\lim\limits_{n\to\infty}\dfrac{u_n}{v_n}=0$ 知, 对于 $\varepsilon=1$, 存在正整数 N, 当 $n>N$ 时, 有 $\dfrac{u_n}{v_n}<1$, 即

$$u_n<v_n,$$

由比较判别法知, 当级数 $\sum\limits_{n=1}^{\infty} v_n$ 收敛时, 级数 $\sum\limits_{n=1}^{\infty} u_n$ 也收敛.

(3) 当 $l=+\infty$ 时, 由 $\lim\limits_{n\to\infty}\dfrac{u_n}{v_n}=+\infty$ 知, 对于 $M=1$, 存在正整数 N, 当 $n>N$ 时, $\dfrac{u_n}{v_n}>1$, 即

$$u_n>v_n,$$

由比较判别法知, 级数 $\sum\limits_{n=1}^{\infty} v_n$ 发散时, 级数 $\sum\limits_{n=1}^{\infty} u_n$ 也发散.

例 3 判别下列级数的收敛性:

(1) $\sum\limits_{n=1}^{\infty}\dfrac{4}{2^n-n}$; (2) $\sum\limits_{n=1}^{\infty}\dfrac{\ln n}{n^2}$; (3) $\sum\limits_{n=2}^{\infty}\dfrac{1}{\ln^2 n}$; (4) $\sum\limits_{n=1}^{\infty}\sin\dfrac{1}{n}$.

解 (1) 因为 $\lim\limits_{n\to\infty}\dfrac{\dfrac{4}{2^n-n}}{\dfrac{1}{2^n}}=\lim\limits_{n\to\infty}\dfrac{4}{1-\dfrac{n}{2^n}}=4$, 而等比级数 $\sum\limits_{n=1}^{\infty}\dfrac{1}{2^n}$ 收敛, 由定理 3 知级数 $\sum\limits_{n=1}^{\infty}\dfrac{4}{2^n-n}$ 收敛.

(2) 因为 $\lim\limits_{n\to\infty}\dfrac{\dfrac{\ln n}{n^2}}{\dfrac{1}{n^{\frac{3}{2}}}}=\lim\limits_{n\to\infty}\dfrac{\ln n}{n^{\frac{1}{2}}}=0$, 而级数 $\sum\limits_{n=1}^{\infty}\dfrac{1}{n^{\frac{3}{2}}}$ 收敛, 由定理 3 知级数 $\sum\limits_{n=1}^{\infty}\dfrac{\ln n}{n^2}$ 收敛.

(3) 因为 $\lim\limits_{n\to\infty}\dfrac{\dfrac{1}{\ln^2 n}}{\dfrac{1}{n}}=\lim\limits_{n\to\infty}\dfrac{n}{\ln^2 n}=+\infty$, 而级数 $\sum\limits_{n=2}^{\infty}\dfrac{1}{n}$ 发散, 由定理 3 知级数 $\sum\limits_{n=2}^{\infty}\dfrac{1}{\ln^2 n}$ 发散.

(4) 因为 $\lim\limits_{n\to\infty}\dfrac{\sin\dfrac{1}{n}}{\dfrac{1}{n}}=1$, 而级数 $\sum\limits_{n=1}^{\infty}\dfrac{1}{n}$ 发散, 由定理 3 知级数 $\sum\limits_{n=1}^{\infty}\sin\dfrac{1}{n}$ 发散.

将比较判别法中的比较级数取为等比级数, 可得到应用上更为方便的比值和根值判别法.

定理 4 (比值判别法, 达朗贝尔 (d'Alembert) 判别法)　若正项级数 $\sum\limits_{n=1}^{\infty}u_n$ 满足

$$\lim_{n\to\infty}\frac{u_{n+1}}{u_n}=l,$$

则当 $l<1$ 时级数收敛; 当 $l>1$ 或 $l=+\infty$ 时级数发散; 当 $l=1$ 时级数可能收敛也可能发散.

证　当 $l<1$ 时, 存在正数 ε_0, 使得 $l+\varepsilon_0=q<1$. 因为 $\lim\limits_{n\to\infty}\dfrac{u_{n+1}}{u_n}=l$, 所以对于 $\varepsilon_0>0$, 存在正整数 N, 当 $n>N$ 时, 有 $\dfrac{u_{n+1}}{u_n}<l+\varepsilon_0=q$, 即

$$u_{n+1}<qu_n,$$

于是

$$u_{N+2}<qu_{N+1},u_{N+3}<qu_{N+2}<q^2u_{N+1},\cdots,u_{N+m}<q^{m-1}u_{N+1},\cdots,$$

而等比级数 $\sum\limits_{m=1}^{\infty}q^{m-1}u_{N+1}$ 收敛, 所以 $\sum\limits_{m=1}^{\infty}u_{N+m}=\sum\limits_{n=N+1}^{\infty}u_n$ 收敛, 从而 $\sum\limits_{n=1}^{\infty}u_n$ 收敛.

当 $l>1$ 时, 存在正数 ε_1, 使得 $l-\varepsilon_1>1$. 因为 $\lim\limits_{n\to\infty}\dfrac{u_{n+1}}{u_n}=l$, 所以对 $\varepsilon_1>0$, 存在正整数 N, 当 $n>N$ 时, 有 $\dfrac{u_{n+1}}{u_n}>l+\varepsilon_1>1$, 即

$$u_{n+1}>u_n.$$

因为正项级数的一般项 u_n 逐渐增大时, 必有 $\lim\limits_{n\to\infty}u_n\neq 0$, 所以级数 $\sum\limits_{n=1}^{\infty}u_n$ 发散.

类似地可以证明当 $l=+\infty$ 时, 级数 $\sum\limits_{n=1}^{\infty}u_n$ 发散.

当 $l=1$ 时, 级数可能收敛, 也可能发散.

例如, p-级数 $\sum\limits_{n=1}^{\infty}\dfrac{1}{n^p}$, 不论 p 为何值, $\lim\limits_{n\to\infty}\dfrac{u_{n+1}}{u_n}=\lim\limits_{n\to\infty}\dfrac{\dfrac{1}{(n+1)^p}}{\dfrac{1}{n^p}}=1$. 但是, 当 $p>1$ 时, p-级数收敛; 当 $p<1$ 时, p-级数发散.

例 4　讨论级数 $\sum\limits_{n=1}^{\infty}\dfrac{b^n}{n^\alpha}$ 的收敛性, 其中 $\alpha>0,\ b>0$.

解　因为 $\lim\limits_{n\to\infty}\dfrac{u_{n+1}}{u_n}=\lim\limits_{n\to\infty}b\left(\dfrac{n}{n+1}\right)^\alpha=b$, 由比值判别法知, 当 $b<1$ 时级数收敛; 当 $b>1$ 或 $b=+\infty$ 时级数发散; 当 $b=1$ 时, 级数为 p-级数, 当 $\alpha\leqslant 1$ 时级数发散, 当 $\alpha>1$ 时级数收敛.

根值判别法

定理 5 (根值判别法, 柯西 (Cauchy) 判别法)　若正项级数 $\sum\limits_{n=1}^{\infty}u_n$ 满足

$$\lim_{n\to\infty}\sqrt[n]{u_n}=l,$$

则当 $l<1$ 时级数收敛; 当 $l>1$(或 $l=+\infty$) 时级数发散; 当 $l=1$ 时级数可能收敛也可能发散.

证明与定理 4 类似, 请读者完成.

例 5　证明级数 $\sum\limits_{n=1}^{\infty}\dfrac{1}{n^n}$ 收敛, 并估计以部分和 S_n 近似代替和 S 所产生的误差.

解　因为 $\lim\limits_{n\to\infty}\sqrt[n]{u_n}=\lim\limits_{n\to\infty}\sqrt[n]{\dfrac{1}{n^n}}=\lim\limits_{n\to\infty}\dfrac{1}{n}=0$, 由根值判别法知, 级数 $\sum\limits_{n=1}^{\infty}\dfrac{1}{n^n}$ 收敛.

级数的部分和 S_n 近似代替和 S 所产生的误差为

$$\begin{aligned}|r_n| &= \frac{1}{(n+1)^{n+1}}+\frac{1}{(n+2)^{n+2}}+\frac{1}{(n+3)^{n+3}}+\cdots\\ &< \frac{1}{(n+1)^{n+1}}+\frac{1}{(n+1)^{n+2}}+\frac{1}{(n+1)^{n+3}}+\cdots\\ &= \frac{1}{n(n+1)^n}.\end{aligned}$$

例 6　讨论级数 $\sum\limits_{n=1}^{\infty}\dfrac{x^n}{3^n}$ 的收敛性, 其中 $x>0$.

解　因为 $\lim\limits_{n\to\infty}\sqrt[n]{u_n}=\lim\limits_{n\to\infty}\sqrt[n]{\dfrac{x^n}{3^n}}=\dfrac{x}{3}$, 由根值判别法, 当 $\dfrac{x}{3}<1$, 即 $x<3$ 时, 级数收敛; 当 $\dfrac{x}{3}>1$, 即 $x>3$ 时, 级数发散; 当 $\dfrac{x}{3}=1$, 即 $x=3$ 时, 不能用根值法判别, 但此时级数为 $\sum\limits_{n=1}^{\infty}1=1+1+1+\cdots$, 一般项 $u_n\to 1\neq 0\,(n\to\infty)$, 故级数发散.

利用比值、根值判别法, 仅由级数自身的结构特点就可以判别其敛散性, 所以这两种方法比较方便. 由定理 4 和定理 5 的证明易见, 用这两种方法判别发散的级数, 必有 $\lim\limits_{n\to\infty}u_n\neq 0$. 另外, 定理 4 和定理 5 的条件是充分非必要的. 例如, 由级数的性质 2 可知, 正项级数 $\sum\limits_{n=1}^{\infty}\dfrac{3+(-1)^n}{2^n}$ 是收敛的, 但 $\lim\limits_{n\to\infty}\dfrac{u_{n+1}}{u_n}$ 不存在.

二、 交错级数及其收敛判别法

定义 2　正项、负项交替出现的级数称为**交错级数**.

交错级数可记成 $\sum\limits_{n=1}^{\infty}(-1)^n u_n$ 或 $\sum\limits_{n=1}^{\infty}(-1)^{n-1}u_n$, 其中 $u_n>0$, $n=1,2,\cdots$.

下面给出关于交错级数收敛的一个充分条件.

定理 6 (莱布尼茨 (Leibniz) 判别法)　若交错级数 $\sum\limits_{n=1}^{\infty}(-1)^{n-1}u_n$ 满足条件:

(1) $u_n\geqslant u_{n+1}$, $n=1,2,\cdots$;

(2) $\lim\limits_{n\to\infty}u_n=0$,

则级数 $\sum\limits_{n=1}^{\infty}(-1)^{n-1}u_n$ 收敛, 且其和 $S\leqslant u_1$, 余项的绝对值 $|r_n|\leqslant u_{n+1}$.

证　因为 $u_n - u_{n+1} \geqslant 0$, 所以级数的前 $2n$ 项的和

$$S_{2n} = S_{2n-2} + u_{2n-1} - u_{2n} \geqslant S_{2n-2}.$$

又

$$S_{2n} = u_1 - (u_2 - u_3) - (u_4 - u_5) - \cdots - (u_{2n-2} - u_{2n-1}) - u_{2n} \leqslant u_1,$$

故 $\{S_{2n}\}$ 单调递增有上界, 从而 $\lim\limits_{n\to\infty} S_{2n}$ 存在, 设为 S, 则

$$\lim_{n\to\infty} S_{2n} = S \leqslant u_1.$$

由条件 (2) 知, 级数前 $2n+1$ 项和的极限

$$\lim_{n\to\infty} S_{2n+1} = \lim_{n\to\infty} (S_{2n} + u_{2n+1}) = \lim_{n\to\infty} S_{2n} + \lim_{n\to\infty} u_{2n+1} = S \leqslant u_1,$$

故级数 $\sum\limits_{n=1}^{\infty} (-1)^{n-1} u_n$ 收敛, 其和 $S \leqslant u_1$.

由于交错级数的余项 $r_n = \sum\limits_{k=n+1}^{\infty} (-1)^{k-1} u_k$ 仍为满足定理中两个条件的交错级数, 所以它是收敛的. 当 n 为偶数时, $0 \leqslant r_n \leqslant u_{n+1}$. 当 n 为奇数时, $-u_{n+1} \leqslant r_n < 0$, 故 $|r_n| \leqslant u_{n+1}$.

例 7　证明交错级数 $\sum\limits_{n=1}^{\infty} (-1)^{n-1} \dfrac{1}{n}$ 收敛, 并估计和 S 及误差 $|r_n|$ 的范围.

证　因为

$$u_n = \frac{1}{n} > \frac{1}{n+1} = u_{n+1},$$

$$\lim_{n\to\infty} u_n = \lim_{n\to\infty} \frac{1}{n} = 0,$$

由莱布尼茨判别法, 知级数收敛, 其和 $S \leqslant 1$. 若取前 n 项和 $S_n = 1 - \dfrac{1}{2} + \dfrac{1}{3} - \cdots + (-1)^{n-1} \dfrac{1}{n}$ 作为 S 的近似值, 误差 $|r_n| \leqslant \dfrac{1}{n+1}$.

例 8　判别级数的收敛性:

(1) $\sum\limits_{n=2}^{\infty} (-1)^n \dfrac{\sqrt{n}}{n-1}$;　　(2) $\sum\limits_{n=2}^{\infty} \dfrac{(-1)^{n-1}}{[n+(-1)^n]^p}$, $p > 0$.

解　(1) 因为当 $x \geqslant 2$ 时, $\left(\dfrac{\sqrt{x}}{x-1}\right)' = \dfrac{-(1+x)}{2\sqrt{x}(x-1)^2} < 0$, 所以函数 $\dfrac{\sqrt{x}}{x-1}$ 单调递减, 从而 $u_n = \dfrac{\sqrt{n}}{n-1} > \dfrac{\sqrt{n+1}}{n} = u_{n+1}$, 又 $\lim\limits_{n\to\infty} \dfrac{\sqrt{n}}{n-1} = 0$, 由莱布尼茨判别法知, 级数 $\sum\limits_{n=2}^{\infty} (-1)^n \dfrac{\sqrt{n}}{n-1}$ 收敛.

(2) 由于数列 $\left\{\dfrac{1}{[n+(-1)^n]^p}\right\}$ 不具有单调性, 所以不能用莱布尼茨判别法, 下面用级数收敛的定义判定.

$$
\begin{aligned}
S_{2n} &= -\frac{1}{3^p} + \frac{1}{2^p} - \frac{1}{5^p} + \frac{1}{4^p} - \cdots - \frac{1}{(2n+1)^p} + \frac{1}{(2n)^p} \\
&= \left(\frac{1}{2^p} - \frac{1}{3^p}\right) + \left(\frac{1}{4^p} - \frac{1}{5^p}\right) + \cdots + \left[\frac{1}{(2n)^p} - \frac{1}{(2n+1)^p}\right],
\end{aligned}
$$

因为 $\dfrac{1}{(2n)^p} - \dfrac{1}{(2n+1)^p} > 0$, $n = 1, 2, \cdots$, 所以 $\{S_{2n}\}$ 单调增加, 又

$$
S_{2n} < \left(\frac{1}{2^p} - \frac{1}{4^p}\right) + \left(\frac{1}{4^p} - \frac{1}{6^p}\right) + \cdots + \left[\frac{1}{(2n)^p} - \frac{1}{(2n+2)^p}\right] = \frac{1}{2^p} - \frac{1}{(2n+2)^p} < \frac{1}{2^p},
$$

即 S_{2n} 有上界, 故 $\{S_{2n}\}$ 单调递增有上界, 从而 $\lim\limits_{n\to\infty} S_{2n}$ 存在, 设为 S, 即 $\lim\limits_{n\to\infty} S_{2n} = S$. 又因为 $\lim\limits_{n\to\infty} u_n = \lim\limits_{n\to\infty} \dfrac{(-1)^{n-1}}{[n+(-1)^n]^p} = 0$, 所以 $\lim\limits_{n\to\infty} S_{2n+1} = S$, 故当 $p > 0$ 时, 级数收敛.

由该题可知, 莱布尼茨判别法中, 数列 $\{u_n\}$ 单调递减是级数 $\sum\limits_{n=1}^{\infty} (-1)^n u_n$ 收敛的充分但非必要的条件.

三、 任意项级数及其收敛判别法

定义 3　若级数 $\sum\limits_{n=1}^{\infty} u_n$ 的各项为任意实数, 则称该级数为**任意项级数**.

在一定条件下, 它的收敛性可通过正项级数的收敛性来判定.

定理 7　若级数 $\sum\limits_{n=1}^{\infty} |u_n|$ 收敛, 则级数 $\sum\limits_{n=1}^{\infty} u_n$ 收敛.

证　由于 $0 \leqslant |u_n| + u_n \leqslant 2|u_n|$, 而级数 $\sum\limits_{n=1}^{\infty} |u_n|$ 收敛, 由比较判别法知, 级

数 $\sum_{n=1}^{\infty}(|u_n|+u_n)$ 收敛. 又 $u_n=(|u_n|+u_n)-|u_n|$, 由级数的性质知, 级数 $\sum_{n=1}^{\infty}u_n$ 收敛.

定理 7 的逆命题不成立, 例如, $\sum_{n=1}^{\infty}(-1)^{n-1}\frac{1}{n}$ 收敛, 但 $\sum_{n=1}^{\infty}\left|(-1)^{n-1}\frac{1}{n}\right|=\sum_{n=1}^{\infty}\frac{1}{n}$ 发散.

由上述讨论可知, 正项级数 $\sum_{n=1}^{\infty}|u_n|$ 收敛, 可得到任意项级数 $\sum_{n=1}^{\infty}u_n$ 收敛. 但若 $\sum_{n=1}^{\infty}|u_n|$ 发散, 不能判定 $\sum_{n=1}^{\infty}u_n$ 发散, 为了区别 $\sum_{n=1}^{\infty}|u_n|$ 收敛或 $\sum_{n=1}^{\infty}|u_n|$ 发散, 而 $\sum_{n=1}^{\infty}u_n$ 收敛的两类收敛级数, 引入以下定义.

定义 4 若级数 $\sum_{n=1}^{\infty}u_n$ 收敛, 而级数 $\sum_{n=1}^{\infty}|u_n|$ 发散, 则称级数 $\sum_{n=1}^{\infty}u_n$ 为**条件收敛**. 若级数 $\sum_{n=1}^{\infty}|u_n|$ 收敛, 则称级数 $\sum_{n=1}^{\infty}u_n$ 为**绝对收敛**.

例如, 交错级数 $\sum_{n=1}^{\infty}(-1)^n\frac{1}{n}$ 条件收敛, 而 $\sum_{n=1}^{\infty}(-1)^n\frac{1}{n^2}$ 绝对收敛.

例 9 判别下列级数的收敛性:

(1) $\sum_{n=1}^{\infty}\frac{\sin n}{n^2}$; (2) $\sum_{n=1}^{\infty}(-1)^n\frac{1}{2^n}\left(1+\frac{1}{n}\right)^{n^2}$.

解 (1) 因为 $\left|\frac{\sin n}{n^2}\right|\leqslant\frac{1}{n^2}$, 而级数 $\sum_{n=1}^{\infty}\frac{1}{n^2}$ 收敛, 所以级数 $\sum_{n=1}^{\infty}\left|\frac{\sin n}{n^2}\right|$ 也收敛, 即级数 $\sum_{n=1}^{\infty}\frac{\sin n}{n^2}$ 绝对收敛.

(2) 因为 $|u_n|=\frac{1}{2^n}\left(1+\frac{1}{n}\right)^{n^2}$ $\lim_{n\to\infty}\sqrt[n]{|u_n|}=\lim_{n\to\infty}\frac{1}{2}\left(1+\frac{1}{n}\right)^n=\frac{\mathrm{e}}{2}>1$, 所以 $\lim_{n\to\infty}|u_n|\neq 0$, 因此级数 $\sum_{n=1}^{\infty}(-1)^n\frac{1}{2^n}\left(1+\frac{1}{n}\right)^{n^2}$ 发散.

一般地, 当级数 $\sum_{n=1}^{\infty}|u_n|$ 发散时, 不能断定级数 $\sum_{n=1}^{\infty}u_n$ 也发散, 但是当用比值

(或根值) 判别法判定级数 $\sum_{n=1}^{\infty}|u_n|$ 发散时, 可以断定级数 $\sum_{n=1}^{\infty}u_n$ 一定发散, 这是因为当 $\lim_{n\to\infty}\left|\frac{u_{n+1}}{u_n}\right|=l>1$ 或 $\lim_{n\to\infty}\sqrt[n]{u_n}=l>1$ 时, 必有 $\lim_{n\to\infty}|u_n|\neq 0$, 证明见定理 4, 从而 $\lim_{n\to\infty}u_n\neq 0$, 则级数 $\sum_{n=1}^{\infty}u_n$ 发散.

绝对收敛级数有许多性质是条件收敛级数所不具备的, 现不加证明地叙述以下两条.

性质 1　若级数 $\sum_{n=1}^{\infty}u_n$ 绝对收敛, 和为 S, 则任意改变其各项的顺序后所得的新级数 $\sum_{n=1}^{\infty}u_n'$ 称为原级数的**更序级数**, 该更序级数绝对收敛, 且和仍为 S.

性质 1 说明, 由绝对收敛级数表示的无限个数之和, 具有像有限个数相加的可交换性, 但是条件收敛级数却未必如此. 例如, 交错级数 $\sum_{n=1}^{\infty}(-1)^{n-1}\frac{1}{n}$ 条件收数, 设和为 S, 即

$$1-\frac{1}{2}+\frac{1}{3}-\frac{1}{4}+\frac{1}{5}-\frac{1}{6}+\cdots=S, \tag{2-2}$$

两端同乘以 $\frac{1}{2}$, 得

$$\frac{1}{2}-\frac{1}{4}+\frac{1}{6}-\frac{1}{8}+\frac{1}{10}-\cdots=\frac{S}{2},$$

上式可改写为

$$0+\frac{1}{2}+0-\frac{1}{4}+0+\frac{1}{6}+0-\frac{1}{8}+0+\frac{1}{10}+\cdots=\frac{S}{2}, \tag{2-3}$$

将级数 (2-2), (2-3) 逐项相加, 得

$$1+0+\frac{1}{3}+0-\frac{1}{2}+\frac{1}{5}+0+\frac{1}{7}-\frac{1}{4}+\frac{1}{9}+0+\cdots=\frac{3}{2}S,$$

即

$$1+\frac{1}{3}-\frac{1}{2}+\frac{1}{5}+\frac{1}{7}-\frac{1}{4}+\frac{1}{9}+\cdots=\frac{3}{2}S.$$

上式左边是原级数 $\sum_{n=1}^{\infty}(-1)^{n-1}\frac{1}{n}$ 的一个更序级数, 虽仍收敛, 其和却不再是 S.

改变条件收敛级数各项的次序不但可能改变它的和, 甚至会改变它的收敛性. 可以证明, 适当改变一个条件收敛级数各项的顺序, 可以使更序级数收敛于任意给定的数 S, 也可以使更序级数发散.

性质 2 若级数 $\sum\limits_{n=1}^{\infty} u_n$, $\sum\limits_{n=1}^{\infty} v_n$ 都绝对收敛, 其和分别为 S, σ, 则两个级数所有的两项之积 $u_iv_j\,(i,j=1,2,\cdots)$ 按任何方式排列成的级数 $\sum\limits_{n=1}^{\infty}\omega_n$ 也绝对收敛, 且和 $\omega = S\sigma$.

两个级数所有两项之积 $u_iv_j\,(i,j=1,2,\cdots)$ 可以有很多方式排列成一个级数, 按对角线相加排列是常用的一种, 即乘积级数中的各项 $\omega_n = \sum\limits_{i+j=n+1} u_iv_j = u_1v_n + u_2v_{n-1} + \cdots + u_nv_1$, 如图 11-1 所示. 级数

$$\sum_{n=1}^{\infty}\omega_n = u_1v_1 + (u_1v_2+u_2v_1) + (u_1v_3+u_2v_2+u_3v_1) + \cdots + (u_1v_n+u_2v_{n-1}+\cdots+u_nv_1) + \cdots$$

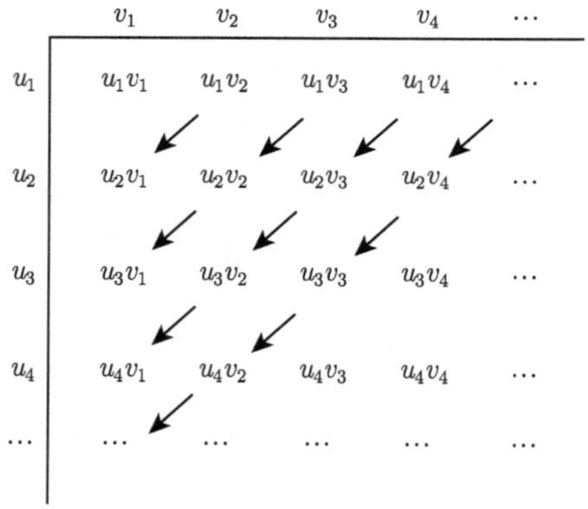

图 11-1

称为 $\sum\limits_{n=1}^{\infty} u_n$, $\sum\limits_{n=1}^{\infty} v_n$ 的**柯西乘积**. 例如, 级数

$$1 + x + x^2 + \cdots + x^{n-1} + \cdots, \quad |x| < 1,$$

绝对收敛, 其和为 $\dfrac{1}{1-x}$, 将这个级数按柯西乘积可得级数

$$1 + 2x + 3x^2 + 4x^3 + \cdots + nx^{n-1} + \cdots, \quad |x| < 1,$$

也绝对收敛, 其和为 $\dfrac{1}{(1-x)^2}$.

性质 2 说明, 当两个级数都绝对收敛时, 它们的乘法可以像两个有限项和的乘法那样进行运算.

习　题　11-2

1. 用比较判别法或比较判别法的极限形式判别下列级数的收敛性:

(1) $\sum\limits_{n=1}^{\infty}\dfrac{1}{\sqrt{2n^3+1}}$;　(2) $\sum\limits_{n=1}^{\infty}\dfrac{1}{(n-1)(n+1)}$;　(3) $\sum\limits_{n=1}^{\infty}n\tan\dfrac{1}{3^n}$;

(4) $\sum\limits_{n=2}^{\infty}\dfrac{n}{(\ln n)^{\ln n}}$;　(5) $\sum\limits_{n=1}^{\infty}\dfrac{1}{1+a^n}\ (a>0)$;　(6) $\sum\limits_{n=1}^{\infty}\dfrac{4+(-1)^n}{5^n+4}$.

2. 证明: 若级数 $\sum\limits_{n=1}^{\infty}a_n^2$ 与 $\sum\limits_{n=1}^{\infty}b_n^2$ 都收敛, 则级数 $\sum\limits_{n=1}^{\infty}|a_nb_n|$, $\sum\limits_{n=1}^{\infty}(a_n+b_n)^2$, $\sum\limits_{n=1}^{\infty}\dfrac{|a_n|}{n}$ 也收敛.

3. 用比值判别法判别下列级数的收敛性:

(1) $\sum\limits_{n=1}^{\infty}\dfrac{2^n n!}{n^n}$;　(2) $\sum\limits_{n=1}^{\infty}\dfrac{3^n}{n\cdot 2^n}$;　(3) $\sum\limits_{n=1}^{\infty}n\tan\dfrac{\pi}{2^{n+1}}$;

(4) $\sum\limits_{n=1}^{\infty}\dfrac{(2n-1)!!}{3^n n!}$;　(5) $\sum\limits_{n=1}^{\infty}\dfrac{2^n}{1+\mathrm{e}^n}$.

4. 用根值法判别下列级数的收敛性:

(1) $\sum\limits_{n=1}^{\infty}\left(\dfrac{n-1}{n}\right)^{n^2}$;　(2) $\sum\limits_{n=1}^{\infty}\dfrac{\left(\dfrac{n+1}{n}\right)^{n^2}}{3^n}$;

(3) $\sum\limits_{n=1}^{\infty}\left(\dfrac{b}{a_n}\right)^n$, 其中 $a_n\to a(n\to\infty)$, a_n,a,b 均为正数;　(4) $\sum\limits_{n=1}^{\infty}\left(\dfrac{n}{3n-1}\right)^n$.

5. 判别下列级数的收敛性:

(1) $\sum\limits_{n=1}^{\infty}n\cdot\left(\dfrac{3}{4}\right)^n$;　(2) $\sum\limits_{n=1}^{\infty}\dfrac{n^4}{n!}$;　(3) $\sum\limits_{n=1}^{\infty}\sqrt{\dfrac{n}{n+1}}$;

(4) $\sum\limits_{n=1}^{\infty}2^n\sin\dfrac{\pi}{3^n}$;　(5) $\sum\limits_{n=1}^{\infty}\dfrac{n\cos\dfrac{2n\pi}{3}}{2^n}$;　(6) $\sum\limits_{n=1}^{\infty}\left(\dfrac{na}{n+1}\right)^n$, 其中 $a>0$.

6. 用级数收敛的必要条件证明:

(1) $\lim\limits_{n\to\infty}\dfrac{n^n}{(n!)^2}=0$;　(2) $\lim\limits_{n\to\infty}\dfrac{(2n)!}{n^n}=+\infty$.

7. 判别下列级数是否收敛? 若收敛, 说明是条件收敛还是绝对收敛.

(1) $\sum\limits_{n=1}^{\infty}(-1)^{n-1}\dfrac{1}{\sqrt{n}}$;　(2) $\sum\limits_{n=1}^{\infty}(-1)^{n-1}\dfrac{1}{3\cdot 2^n}$;

(3) $\sum_{n=1}^{\infty}(-1)^n\frac{\ln n}{n}$;　　(4) $\sum_{n=1}^{\infty}(-1)^{n+1}\frac{2^{n^2}}{n!}$;

(5) $\sum_{n=1}^{\infty}\frac{\sin nx}{n!}$.

第三节　幂　级　数

一、 函数项级数的概念

设 $u_1(x), u_2(x), \cdots, u_n(x), \cdots$ 是在数集 $D \subseteq \mathbb{R}$ 上有定义的函数列, 则称由该函数列构成的式子

$$u_1(x)+u_2(x)+\cdots+u_n(x)+\cdots, \quad x \in D \tag{3-1}$$

为 D 上的**函数项级数**, 简称**级数**, 记作 $\sum_{n=1}^{\infty}u_n(x)$, $x \in D$.

对于确定的 $x_0 \in D$, 若数项级数 $\sum_{n=1}^{\infty}u_n(x_0)$ 收敛, 则称 x_0 为函数项级数 (3-1) 的**收敛点**, 否则, 称 x_0 为**发散点**, 函数项级数 (3-1) 的收敛点的全体称为级数 (3-1) 的**收敛域**, 记为 E; 发散点的全体称为级数 (3-1) 的**发散域**.

对收敛域 E 中任一点 x, $\sum_{n=1}^{\infty}u_n(x)$ 是一个收敛的常数项级数, 于是它的和 S 与 x 对应, 这样在收敛域 E 上函数项级数的和是 x 的函数, 记作 $S(x)$, $x \in E$, 称 $S(x)$ 为函数项级数的**和函数**, 把函数项级数 (3-1) 的前 n 项的部分和记作 $S_n(x)$, 则在收敛域上有

$$\lim_{n\to\infty}S_n(x)=S(x), \quad x \in E.$$

当 $x \in E$ 时, 称 $r_n(x)=S(x)-S_n(x)$ 为函数项级数的**余项**, 于是

$$\lim_{n\to\infty}r_n(x)=0.$$

例如, 级数

$$\sum_{n=0}^{\infty}x^n=1+x+x^2+\cdots \tag{3-2}$$

是定义在 $(-\infty,+\infty)$ 上的函数项级数, 当 $|x|<1$ 时, 级数 (3-2) 收敛, 和函数 $S(x)=\frac{1}{1-x}$, 余项

$$r_n(x)=x^n+x^{n+1}+\cdots=\frac{x^n}{1-x}\to 0\ (n\to\infty), \quad x \in (-1,1).$$

当 $|x| \geqslant 1$ 时, 级数 (3-2) 发散, 所以级数 (3-2) 的收敛域为 $(-1,1)$.

二、 幂级数及其收敛域

函数项级数中常见的一类级数是每一项都是幂函数的级数

$$\sum_{n=0}^{\infty} a_n(x-x_0)^n = a_0 + a_1(x-x_0) + a_2(x-x_0)^2 + \cdots + a_n(x-x_0)^n + \cdots, \tag{3-3}$$

称其为**幂级数**, 其中 x_0 是某个定数, 常数 a_n $(n=0,1,\cdots)$ 称为幂级数的**系数**. 当 $x_0=0$ 时, 级数 (3-3) 为

$$\sum_{n=0}^{\infty} a_n x^n = a_0 + a_1 x + a_2 x^2 + \cdots + a_n x^n + \cdots. \tag{3-4}$$

由级数 (3-4) 的性质易知级数 (3-3) 的性质, 所以下面主要讨论形如 (3-4) 的幂级数.

定理 1 (阿贝尔 (Abel) 定理) 若级数 $\sum\limits_{n=0}^{\infty} a_n x^n$ 在点 x_1 $(x_1 \neq 0)$ 收敛, 则该级数在满足不等式 $|x| < |x_1|$ 的一切点 x 绝对收敛; 若级数 $\sum\limits_{n=0}^{\infty} a_n x^n$ 在点 x_2 发散, 则它在满足不等式 $|x| > |x_2|$ 的一切点 x 发散.

证 因为 $\sum\limits_{n=0}^{\infty} a_n x_1^n$ 收敛, 所以 $\lim\limits_{n\to\infty} a_n x_1^n = 0$, 从而数列 $\{a_n x_1^n\}$ 有界, 即存在常数 $M>0$, 使得

$$|a_n x_1^n| \leqslant M, \quad n=0,1,2,\cdots,$$

于是

$$|a_n x^n| = |a_n x_1^n| \cdot \left|\frac{x}{x_1}\right|^n \leqslant M \cdot \left|\frac{x}{x_1}\right|^n.$$

当 $|x| < |x_1|$ 时, $\left|\dfrac{x}{x_1}\right| < 1$, 等比级数 $\sum\limits_{n=0}^{\infty} M\left|\dfrac{x}{x_1}\right|^n$ 收敛. 由比较判别法知级数 $\sum\limits_{n=0}^{\infty} |a_n x^n|$ 收敛. 所以当 $|x| < |x_1|$ 时, 级数 $\sum\limits_{n=0}^{\infty} a_n x^n$ 绝对收敛;

当 $\sum\limits_{n=0}^{\infty} a_n x_2^n$ 发散时, 用反证法: 假设存在点 x_0, 满足 $|x_0| > |x_2|$, 且级数

$\sum_{n=0}^{\infty} a_n x_0^n$ 收敛, 则由上面结论知级数 $\sum_{n=0}^{\infty} a_n x_2^n$ 绝对收敛. 这与题设矛盾, 所以满足不等式 $|x| > |x_2|$ 的一切点 x, 幂级数发散.

幂级数 (3-4) 在点 $x = a$ $(a \neq 0)$ 收敛 (或发散), 并不能保证在点 $-a$ 也收敛 (或发散). 例如, 级数 $\sum_{n=1}^{\infty} (-1)^n \frac{x^n}{n}$ 在点 $x = 1$ 是满足莱布尼茨判别法条件的交错级数, 故收敛, 但在点 $x = -1$ 级数发散.

由定理 1 得, 当幂级数既有非零的收敛点又有发散点时, 其收敛点一定比其发散点靠近原点, 而且收敛点构成的开区间关于原点对称. 这样, 从原点出发, 沿实轴向两个方向走去, 首先遇到的必是收敛点, 然后才是发散点, 并且, 只要碰到一个发散点后, 就永远不会再碰到收敛点. 这样收敛点集与发散点集之间必然有分界点 P 与 P', 如图 11-2 所示, 这两个点关于原点对称, 它们可能是收敛点也可能是发散点.

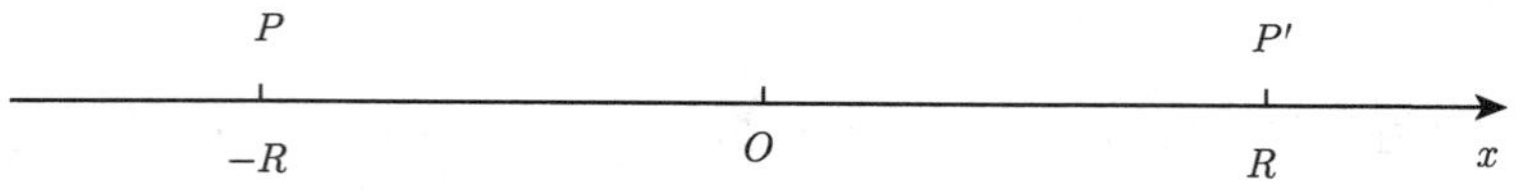

图 11-2

根据以上的分析, 可得如下重要推论.

推论　若幂级数 $\sum_{n=0}^{\infty} a_n x^n$ 既有非零的收敛点, 又有发散点, 则必存在唯一确定的正数 R, 使得

当 $|x| < R$ 时, 幂级数绝对收敛;

当 $|x| > R$ 时, 幂级数发散;

当 $|x| = R$ 时, 幂级数可能收敛也可能发散.

正数 R 称为幂级数 $\sum_{n=0}^{\infty} a_n x^n$ 的**收敛半径**. 开区间 $(-R, R)$ 称为幂级数的**收敛区间**. 幂级数的收敛区间再加上它的收敛端点就是收敛域. 幂级数的收敛域是区间 $(-R, R)$, $[-R, R)$, $(-R, R]$, $[-R, R]$ 中的一个.

若幂级数 $\sum_{n=0}^{\infty} a_n x^n$ 仅在 $x = 0$ 收敛, 则规定其收敛半径 $R = 0$; 若对一切实数 x, 幂级数都收敛, 收敛域为 $(-\infty, +\infty)$, 则规定其收敛半径 $R = +\infty$.

下面给出由幂级数 (3-4) 的系数求收敛半径的方法.

定理 2 若幂级数 $\sum_{n=0}^{\infty} a_n x^n$ 的所有系数 $a_n \neq 0$, 且 $\lim_{n\to\infty}\left|\frac{a_{n+1}}{a_n}\right| = \rho$, 则

当 $0 < \rho < +\infty$ 时, $R = \frac{1}{\rho}$;

当 $\rho = 0$ 时, $R = +\infty$;

当 $\rho = +\infty$ 时, $R = 0$.

证 对级数 $\sum_{n=0}^{\infty} |a_n x^n|$ 应用比值判别法.

$$\lim_{n\to\infty}\frac{|a_{n+1}x^{n+1}|}{|a_n x^n|} = \lim_{n\to\infty}\frac{|a_{n+1}|}{|a_n|}|x| = \rho\,|x|\,.$$

若 $0 < \rho < +\infty$, 则当 $\rho\,|x| < 1$, 即 $|x| < \frac{1}{\rho}$ 时, 级数 $\sum_{n=0}^{\infty} a_n x^n$ 绝对收敛; 当 $\rho\,|x| > 1$, 即 $|x| > \frac{1}{\rho}$ 时, 级数发散, 因此收敛半径 $R = \frac{1}{\rho}$.

若 $\rho = 0$, 则对一切 x 都有 $\rho\,|x| = 0 < 1$, 级数 $\sum_{n=0}^{\infty} a_n x^n$ 收敛, 因此收敛半径 $R = +\infty$.

若 $\rho = +\infty$, 则对任意 $x \neq 0$, 有 $\rho\,|x| = +\infty$, 所以级数 $\sum_{n=0}^{\infty} a_n x^n$ 在点 $x \neq 0$ 发散, 只有在点 $x = 0$ 收敛, 因此收敛半径 $R = 0$.

例 1 求下列幂级数的收敛半径、收敛域:

(1) $\sum_{n=1}^{\infty}\frac{x^n}{n^2}$; (2) $\sum_{n=1}^{\infty}\frac{x^n}{n!}$; (3) $\sum_{n=1}^{\infty}(-nx)^n$.

解 (1) 因为

$$\rho = \lim_{n\to\infty}\left|\frac{a_{n+1}}{a_n}\right| = \lim_{n\to\infty}\frac{n^2}{(n+1)^2} = 1,$$

所以收敛半径

$$R = \frac{1}{\rho} = 1.$$

当 $x = -1$ 时, 级数成为交错级数

$$\sum_{n=0}^{\infty}\frac{(-1)^n}{n^2},$$

由莱布尼茨判别定理知其收敛;

当 $x=1$ 时, 级数成为

$$\sum_{n=0}^{\infty}\frac{1}{n^2}.$$

该级数收敛. 故级数 $\sum\limits_{n=1}^{\infty}\frac{x^n}{n^2}$ 的收敛域为 $[-1,1]$.

(2) 因为

$$\rho=\lim_{n\to\infty}\left|\frac{a_{n+1}}{a_n}\right|=\lim_{n\to\infty}\frac{1}{n+1}=0,$$

所以 $R=+\infty$, 级数 $\sum\limits_{n=1}^{\infty}\frac{x^n}{n!}$ 的收敛域为 $(-\infty,+\infty)$.

(3) 因为

$$\rho=\lim_{n\to\infty}\left|\frac{a_{n+1}}{a_n}\right|=\lim_{n\to\infty}\left(\frac{n+1}{n}\right)^n\cdot(n+1)=+\infty,$$

所以 $R=0$, 级数仅在点 $x=0$ 收敛.

例 2 求幂级数 $\sum\limits_{n=1}^{\infty}\frac{(x-5)^n}{\sqrt{n}}$ 的收敛域.

解 令 $x-5=t$, 原级数变为

$$\sum_{n=1}^{\infty}\frac{t^n}{\sqrt{n}}.$$

因为

$$\rho=\lim_{n\to\infty}\left|\frac{a_{n+1}}{a_n}\right|=\lim_{n\to\infty}\frac{\sqrt{n}}{\sqrt{n+1}}=1,$$

所以收敛半径 $R=1$.

当 $t=-1$ 时, 级数成为

$$\sum_{n=1}^{\infty}\frac{(-1)^n}{\sqrt{n}},$$

由交错级数的莱布尼茨判别定理知级数收敛.

当 $t=1$ 时, 级数 $\sum\limits_{n=1}^{\infty}\frac{1}{\sqrt{n}}$ 发散. 因此级数 $\sum\limits_{n=1}^{\infty}\frac{t^n}{\sqrt{n}}$ 的收敛域为 $-1\leqslant t<1$, 即 $-1\leqslant x-5<1$ 或 $4\leqslant x<6$, 故原级数的收敛域为 $[4,6)$.

对于幂级数 $\sum_{n=0}^{\infty} a_n(x-x_0)^n$, 其收敛半径 R 与幂级数 $\sum_{n=0}^{\infty} a_n x^n$ 用相同的方法确定, 其收敛域: 当 $R=0$ 时仅是点 x_0; 当 $R=+\infty$ 时是 $(-\infty,+\infty)$; 当 $0<R<+\infty$ 时是区间 $[x_0-R,x_0+R]$, $[x_0-R,x_0+R)$, $(x_0-R,x_0+R]$, (x_0-R,x_0+R) 中的一个.

例 3 求幂级数 $\sum_{n=1}^{\infty} \frac{2n-1}{2^n}x^{2n}$ 的收敛域.

解 级数缺 x 的偶次幂项. 换句话说, 所有 x 的偶次幂项的系数都是零, 因此不能用定理 2 求收敛半径, 可直接用比值判别法.

记 $u_n=\frac{2n-1}{2^n}x^{2n}$, $u_{n+1}=\frac{2n+1}{2^{n+1}}x^{2n+2}$, 则

$$\lim_{n\to\infty}\left|\frac{u_{n+1}}{u_n}\right|=\lim_{n\to\infty}\frac{2n+1}{2n-1}\frac{|x|^2}{2}=\frac{|x|^2}{2}.$$

当 $\frac{|x|^2}{2}<1$, 即 $|x|<\sqrt{2}$ 时, 该级数收敛. 当 $\frac{|x|^2}{2}>1$, 即 $|x|>\sqrt{2}$ 时, 该级数发散, 因此级数的收敛半径 $R=\sqrt{2}$.

当 $x=\pm\sqrt{2}$ 时, 级数的一般项为 $u_n=\frac{2n-1}{2^n}\left(\pm\sqrt{2}\right)^{2n}=2n-1\nrightarrow 0\,(n\to\infty)$, 故该级数发散, 所以该级数的收敛域为 $(-\sqrt{2},\sqrt{2})$.

三、 幂级数的运算与性质

1. 幂级数的运算

设有两个幂级数 $\sum_{n=0}^{\infty} a_n x^n$, $\sum_{n=0}^{\infty} b_n x^n$, 其收敛半径分别为 R_1, R_2, 又设它们在各自的收敛区间上有 $\sum_{n=0}^{\infty} a_n x^n=f(x)$, $\sum_{n=0}^{\infty} b_n x^n=g(x)$. 取 $R=\min\{R_1,R_2\}$, 由于两个幂级数在 $(-R,R)$ 内都绝对收敛, 根据数项级数运算性质可得

(1) $k\sum_{n=0}^{\infty} a_n x^n=\sum_{n=0}^{\infty} ka_n x^n=kf(x)$, $|x|<R_1$;

(2) $\sum_{n=0}^{\infty} a_n x^n\pm\sum_{n=0}^{\infty} b_n x^n=\sum_{n=0}^{\infty}(a_n\pm b_n)x^n=f(x)\pm g(x)$, $|x|<R$;

(3) $\left(\sum_{n=0}^{\infty} a_n x^n\right)\cdot\left(\sum_{n=0}^{\infty} b_n x^n\right)=\sum_{n=0}^{\infty} c_n x^n=f(x)\cdot g(x)$, $|x|<R$,

其中 k 为常数, $c_n = \sum_{l=0}^{n} a_l b_{n-l}$.

*(4) 幂级数的除法. 形式上, 令

$$\frac{\sum_{n=0}^{\infty} a_n x^n}{\sum_{n=0}^{\infty} b_n x^n} = \sum_{n=0}^{\infty} c_n x^n,$$

其中 $\sum_{n=0}^{\infty} b_n x^n$ 在 $(-R, R)$ 内不为零. 由 $\left(\sum_{n=0}^{\infty} b_n x^n\right) \cdot \left(\sum_{n=0}^{\infty} c_n x^n\right) = \sum_{n=0}^{\infty} a_n x^n$, 比较两端同次幂的系数, 可得

$$a_0 = b_0 c_0,$$

$$a_1 = b_1 c_0 + b_0 c_1,$$

$$a_2 = b_2 c_0 + b_1 c_1 + b_0 c_2,$$

$$\cdots\cdots$$

解此方程组可求出 $c_n, n = 0, 1, \cdots$. $\sum_{n=0}^{\infty} c_n x^n$ 称为**商级数**, 商级数的收敛半径可能比 R 小得多.

2. 幂级数和函数的性质

设幂级数 $\sum_{n=0}^{\infty} a_n x^n$ 的收敛半径为 R.

(1) 幂级数 $\sum_{n=0}^{\infty} a_n x^n$ 的和函数 $S(x)$ 在其收敛区间 $(-R, R)$ 内连续, 若幂级数在其收敛区间的左 (或右) 端点收敛, 则和函数在该端点右 (或左) 连续.

(2) 幂级数 $\sum_{n=0}^{\infty} a_n x^n$ 的和函数 $S(x)$ 在区间 $(-R, R)$ 内可导, 且对任意的 $x \in (-R, R)$, 且有逐项求导公式

$$S'(x) = \left(\sum_{n=0}^{\infty} a_n x^n\right)' = \sum_{n=0}^{\infty} (a_n x^n)' = \sum_{n=1}^{\infty} n a_n x^{n-1},$$

逐项求导后所得幂级数与原幂级数有相同的收敛半径.

反复应用此结论得, 幂级数 $\sum_{n=0}^{\infty} a_n x^n$ 的和函数在其收敛区间内任意阶可导, 幂级数 $\sum_{n=0}^{\infty} a_n x^n$ 在区间 $(-R, R)$ 内可逐项求导任意次, 且收敛半径不变.

(3) 幂级数 $\sum_{n=0}^{\infty} a_n x^n$ 的和函数 $S(x)$ 在区间 $(-R, R)$ 内可积, 且对任意的 $x \in (-R, R)$, 有逐项积分公式

$$\int_0^x S(x)\mathrm{d}x = \int_0^x \left(\sum_{n=0}^{\infty} a_n x^n\right)\mathrm{d}x = \sum_{n=0}^{\infty}\int_0^x a_n x^n \mathrm{d}x = \sum_{n=0}^{\infty}\frac{a_n}{n+1}x^{n+1},$$

逐项积分后所得幂级数与原级数有相同的收敛半径.

逐项求导或逐项积分后所得的幂级数在点 $x = \pm R$ 的收敛性可能改变. 但只要新级数在点 R 或 $-R$ 收敛, 和函数的导函数或积分在点 R 或 $-R$ 连续, 则逐项求导、逐项积分公式在点 R 或 $-R$ 也成立. 例如, 幂级数 $\sum_{n=0}^{\infty} x^n = \frac{1}{1-x}$ 的收敛域为 $(-1, 1)$, 逐项积分后得 $\sum_{n=0}^{\infty}\frac{x^{n+1}}{n+1} = -\ln(1-x)$ 的收敛域为 $[-1, 1)$.

利用以上性质, 可以较方便地求出一些幂级数的和函数.

例 4 求幂级数 $\sum_{n=0}^{\infty}\frac{x^n}{n+1}$ 的和函数.

解 易求得幂级数的收敛半径 $R = 1$.

当 $x = -1$ 时, 级数 $\sum_{n=0}^{\infty}\frac{(-1)^n}{n+1}$ 收敛; 当 $x = 1$ 时, 级数 $\sum_{n=0}^{\infty}\frac{1}{n+1}$ 发散. 所以幂级数的收敛域是 $[-1, 1)$.

设和函数为 $S(x)$, 即 $S(x) = \sum_{n=0}^{\infty}\frac{x^n}{n+1}$, 由于

$$x \cdot S(x) = \sum_{n=0}^{\infty}\frac{x^{n+1}}{n+1},$$

利用和函数的可导性并逐项求导, 得

$$[x \cdot S(x)]' = \sum_{n=0}^{\infty}\left(\frac{x^{n+1}}{n+1}\right)' = \sum_{n=0}^{\infty} x^n = \frac{1}{1-x}, \quad x \in (-1, 1),$$

两端从 0 到 x 积分, 得

$$xS(x)=\int_0^x \frac{1}{1-x}\mathrm{d}x=-\ln(1-x),$$

于是, 当 $x\neq 0$ 时,

$$S(x)=-\frac{1}{x}\ln(1-x).$$

又当 $x=0$ 时, $S(0)=1$. 从而有

$$S(x)=\begin{cases}-\dfrac{1}{x}\ln(1-x), & -1\leqslant x<0 \text{ 或 } 0<x<1,\\ 1, & x=0.\end{cases}$$

习　题　11-3

1. 求下列幂级数的收敛域:

(1) $\sum\limits_{n=1}^{\infty}(-1)^n\dfrac{x^n}{n^2}$;

(2) $\sum\limits_{n=1}^{\infty}\dfrac{x^n}{2\cdot 4\cdots(2n)}$;

(3) $\sum\limits_{n=1}^{\infty}\dfrac{x^n}{n^2\cdot 2^n}$;

(4) $\sum\limits_{n=1}^{\infty}\dfrac{2^n}{n^2+1}x^n$;

(5) $\sum\limits_{n=1}^{\infty}\dfrac{2^n}{n}(x-1)^n$;

(6) $\sum\limits_{n=1}^{\infty}\dfrac{n}{2^n+(-3)^n}x^{2n-1}$;

(7) $\sum\limits_{n=1}^{\infty}\left(1+\dfrac{1}{2}+\cdots+\dfrac{1}{n}\right)x^n$.

2. 求下列级数的和函数:

(1) $\sum\limits_{n=0}^{\infty}(n+1)x^n$;

(2) $\sum\limits_{n=1}^{\infty}\dfrac{x^{4n+1}}{4n+1}$;

(3) $\sum\limits_{n=1}^{\infty}\dfrac{n(n+1)}{2}x^{n-1}$;

(4) $\sum\limits_{n=0}^{\infty}(n+1)(n+3)x^n$.

第四节　函数展开成幂级数

第三节讨论了幂级数的收敛性以及幂级数在其收敛域内求和函数的问题. 本节将讨论相反的问题: 任意给定函数, 能否找到一个幂级数在某个区间内收敛, 且其和函数恰为给定函数? 解决这个问题的重要意义在于给出函数的一种新的表达形式, 这在研究函数性质、近似计算方面都非常重要.

一、泰勒级数

对于给定的函数 $f(x)$, 若存在幂级数 $\sum\limits_{n=0}^{\infty} a_n(x-x_0)^n$ 在某区间内收敛, 且以 $f(x)$ 为和函数, 即

$$f(x)=\sum_{n=0}^{\infty} a_n(x-x_0)^n, \tag{4-1}$$

则称 $f(x)$ 在该区间内能展开成 $x-x_0$ 的幂级数.

首先研究, 若 $f(x)$ 能展开成幂级数, 幂级数的系数如何确定.

定理 1　若 $f(x)$ 在 x_0 的某邻域 $U(x_0)$ 内能展开成 $(x-x_0)$ 的幂级数, 即

$$f(x)=\sum_{n=0}^{\infty} a_n(x-x_0)^n, \quad x\in U(x_0),$$

则 $f(x)$ 在 $U(x_0)$ 内任意阶导数存在, 且展开式的系数

$$a_n=\frac{1}{n!}f^{(n)}(x_0), \quad n=0,1,2,\cdots,$$

展开式是唯一的.

证　因为 $\sum\limits_{n=0}^{\infty} a_n(x-x_0)^n$ 在 $U(x_0)$ 内收敛于 $f(x)$, 即

$$f(x)=a_0+a_1(x-x_0)+a_2(x-x_0)^2+\cdots+a_n(x-x_0)^n+\cdots,$$

由幂级数和函数的性质知, $f(x)$ 在 $U(x_0)$ 内任意阶导数存在. 再由逐项求导公式, 有

$$f'(x)=a_1+2a_2(x-x_0)+\cdots+na_n(x-x_0)^{n-1}+\cdots,$$

$$\cdots\cdots$$

$$f^{(n)}(x)=n!a_n+(n+1)n\cdots 3\cdot 2a_{n+1}(x-x_0)+\cdots.$$

$$\cdots\cdots$$

以 x_0 代入上式, 得

$$f^{(n)}(x_0)=n!a_n,$$

即

$$a_n=\frac{f^{(n)}(x_0)}{n!}, \quad n=0,1,2,\cdots.$$

再证 $f(x)$ 的幂级数展开式是唯一的.

假设存在幂级数 $\sum\limits_{n=0}^{\infty} b_n(x-x_0)^n$ 在 $U(x_0)$ 内收敛于 $f(x)$, 即

$$f(x)=\sum_{n=0}^{\infty} b_n(x-x_0)^n,$$

用同样方法可求得

$$b_n=\frac{1}{n!}f^{(n)}(x_0), \quad n=0,1,2,\cdots,$$

即

$$a_n=b_n, \quad n=0,1,2,\cdots.$$

再讨论函数 $f(x)$ 展开成幂级数的条件.

易见, 只要 $f(x)$ 在 x_0 的某个邻域 $U(x_0)$ 内有任意阶导数, 则以 $a_n=\dfrac{f^{(n)}(x_0)}{n!}$ 为系数, 即可构造一个幂级数

$$\begin{aligned}&\sum_{n=0}^{\infty}\frac{f^{(n)}(x_0)}{n!}(x-x_0)^n\\ =\ & f(x_0)+f'(x_0)(x-x_0)+\cdots+\frac{f^{(n)}(x_0)}{n!}(x-x_0)^n+\cdots, \quad x\in U(x_0).\end{aligned} \tag{4-2}$$

幂级数 (4-2) 的前 $n+1$ 项部分和 $S_{n+1}(x)$ 是 $f(x)$ 的 n **次泰勒** (Taylor) **多项式**. 称幂级数 (4-2) 为函数 $f(x)$ 在点 $x=x_0$ 的**泰勒级数**, 记作

$$f(x)\sim\sum_{n=0}^{\infty}\frac{f^{(n)}(x_0)}{n!}(x-x_0)^n. \tag{4-3}$$

当 $x_0=0$ 时, 幂级数 $\sum\limits_{n=0}^{\infty}\dfrac{f^{(n)}(0)}{n!}x^n$ 称为 $f(x)$ 的**麦克劳林** (Maclaurin) **级数**.

$f(x)$ 具有任意阶导数的条件下, 由 $f(x)$ 可构造出一个幂级数 (4-2). 易见, 当 $x=x_0$ 时, 幂级数 (4-2) 收敛于 $f(x_0)$, 当 $x\neq x_0$ 时, 幂级数 (4-2) 是否收敛? 当收敛时, 是否收敛于 $f(x)$? 例如, 函数

$$f(x)=\begin{cases}\mathrm{e}^{-\frac{1}{x^2}}, & x\neq 0,\\ 0, & x=0,\end{cases}$$

用数学归纳法证明: $f^{(n)}(0)=0,\ n=1,2,\cdots$. 于是 $f(x)$ 在点 $x_0=0$ 的麦克劳林级数为

$$f(x)\sim 0+0x+\frac{0}{2!}x^2+\cdots+\frac{0}{n!}x^n+\cdots.$$

易知, 该幂级数的收敛域为 $(-\infty,+\infty)$, 和函数 $S(x)\equiv 0$, 因此, $f(x)$ 的麦克劳林级数除点 $x=0$ 外都不收敛于 $f(x)$.

$f(x)$ 的泰勒级数收敛于 $f(x)$ 的充分必要条件, 有以下定理.

定理 2　设 $f(x)$ 在点 x_0 的某邻域 $U(x_0)$ 内具有任意阶导数, 则 $f(x)$ 在点 x_0 的泰勒级数在 $U(x_0)$ 内收敛于 $f(x)$ 的充要条件是: $f(x)$ 的泰勒公式中的余项 $R_n(x)$, 当 $n\to\infty$ 时以零为极限, 即

$$\lim_{n\to\infty}R_n(x)=0,\quad x\in U(x_0).$$

证　必要性. $f(x)$ 在点 x_0 的 n 阶泰勒公式 (第三章第三节) 为

$$f(x)=\sum_{k=0}^{n}\frac{f^{(k)}(x_0)}{k!}(x-x_0)^k+R_n(x),$$

其中

$$R_n(x)=\frac{f^{(n+1)}(\xi)}{(n+1)!}(x-x_0)^{n+1},\quad \xi\in U(x_0),$$

所以

$$R_n(x)=f(x)-S_{n+1}(x),$$

其中 $S_{n+1}(x)$ 是泰勒级数 (4-2) 的前 $n+1$ 项和. 由于泰勒级数在 $x\in U(x_0)$ 内收敛于 $f(x)$, 所以

$$\lim_{n\to\infty}S_{n+1}(x)=f(x),$$

故

$$\lim_{n\to\infty}R_n(x)=\lim_{n\to\infty}[f(x)-S_{n+1}(x)]=0.$$

充分性. 由 $f(x)$ 在点 x_0 的 n 阶泰勒公式, 有

$$S_{n+1}(x)=f(x)-R_n(x).$$

因为 $\lim\limits_{n\to\infty}R_n(x)=0$ 对一切 $x\in U(x_0)$ 成立, 所以

$$\lim_{n\to\infty}S_{n+1}(x)=\lim_{n\to\infty}[f(x)-R_n(x)]=f(x),$$

即 $f(x)$ 的泰勒级数 (4-2) 在 $U(x_0)$ 内收敛于 $f(x)$.

结合定理 1、定理 2, 若 $f(x)$ 在 x_0 的某邻域内能展开成 $x-x_0$ 的幂级数, 则该幂级数一定是 $f(x)$ 在点 $x=x_0$ 的泰勒级数.

二、 函数展开成幂级数

1. 直接展开法

设 $f(x)$ 在点 x_0 的某邻域 $U(x_0)$ 内有任意阶导数, 根据定理 1 和定理 2, 按照以下步骤将 $f(x)$ 直接展开成幂级数.

步骤 1 求出函数 $f(x)$ 及其各阶导数 $f^{(n)}(x)$ 在点 x_0 的值 $f(x_0)$, $f^{(n)}(x_0)$, $n=1,2,\cdots$.

步骤 2 写出 $f(x)$ 的泰勒级数

$$f(x) \sim \sum_{n=0}^{\infty} \frac{f^{(n)}(x_0)}{n!}(x-x_0)^n,$$

并求出其收敛半径 R.

步骤 3 在区间 (x_0-R, x_0+R) 内考察拉格朗日型余项的极限

$$\lim_{n\to\infty} R_n(x) = \lim_{n\to\infty} \frac{f^{(n+1)}(\xi)}{(n+1)!}(x-x_0)^{n+1}, \quad \xi \in U(x_0,\delta)$$

是否为零, 若极限为零, 则有

$$f(x) = \sum_{n=0}^{\infty} \frac{f^{(n)}(x_0)}{n!}(x-x_0)^n, \quad x \in (x_0-R, x_0+R).$$

步骤 4 当 $0<R<+\infty$ 时, 检查所求得的幂级数在收敛区间的端点 $x_0 \pm R$ 是否收敛. 若幂级数在点 x_0+R (或 x_0-R) 收敛, 而且 $f(x)$ 在点 x_0+R 左连续 (或在点 x_0-R 右连续), 则展开式

$$f(x) = \sum_{n=0}^{\infty} \frac{f^{n}(x_0)}{n!}(x-x_0)^n$$

对 $x=x_0+R$ (或 $x=x_0-R$) 也成立.

若在 (x_0-R, x_0+R) 内 $\lim\limits_{n\to\infty} R_n(x) = 0$ 不成立, 则 $f(x)$ 的泰勒级数在 (x_0-R, x_0+R) 内不收敛于 $f(x)$.

例 1 将 $f(x)=\mathrm{e}^x$ 在点 $x_0=0$ 展开成幂级数, 即麦克劳林级数.

解　因为 $f^{(n)}(x)=\mathrm{e}^x$, $f^{(n)}(0)=1$, $n=0,1,2,\cdots$, 所以

$$\mathrm{e}^x \sim 1+x+\frac{x^2}{2!}+\cdots+\frac{1}{n!}x^n+\cdots,$$

且幂级数的收敛半径 $R=+\infty$.

对于任意有限的数 x,ξ,ξ 在 x 与 0 之间, 余项 $R_n(x)$ 满足

$$|R_n(x)|=\left|\frac{\mathrm{e}^{\xi}}{(n+1)!}x^{n+1}\right|<\mathrm{e}^{|x|}\cdot\frac{|x|^{n+1}}{(n+1)!}.$$

因为幂级数 $\sum\limits_{n=0}^{\infty}\frac{x^n}{n!}$ 在 $(-\infty,+\infty)$ 内收敛, 所以 $\lim\limits_{n\to\infty}\frac{|x|^{n+1}}{(n+1)!}=0$, 从而我们得 $\lim\limits_{n\to\infty}|R_n(x)|=0$, 于是

$$\mathrm{e}^x=1+x+\frac{x^2}{2!}+\cdots+\frac{x^n}{n!}+\cdots,\quad -\infty<x<+\infty. \tag{4-4}$$

例 2　将 $f(x)=\sin x$ 展开成麦克劳林级数.

解　$f^{(n)}(x)=\sin\left(x+\frac{n}{2}\pi\right)$, $f^{(n)}(0)=\sin\frac{n\pi}{2}$, $\quad n=0,1,2,\cdots$.

当 $n=2k$ 时,

$$f^{(2k)}(0)=\sin\pi=0,\quad k=0,1,2,\cdots;$$

当 $n=2k+1$ 时,

$$f^{(2k+1)}(0)=\sin\left(k\pi+\frac{\pi}{2}\right)=(-1)^k,\quad k=0,1,2,\cdots.$$

于是

$$\sin x\sim x-\frac{x^3}{3!}+\frac{x^5}{5!}+\cdots+(-1)^n\frac{x^{2n+1}}{(2n+1)!}+\cdots.$$

级数的收敛半径 $R=+\infty$. 对任何有限的数 x,ξ, 其中 ξ 在 x 与 0 之间,

$$|R_n(x)|=\left|\frac{\sin\left[\xi+\frac{(n+1)\pi}{2}\right]}{(n+1)!}x^{n+1}\right|\leqslant\frac{|x|^{n+1}}{(n+1)!}\to 0\quad(n\to\infty),$$

即

$$\sin x=x-\frac{x^3}{3!}+\frac{x^5}{5!}+\cdots+(-1)^n\frac{x^{2n+1}}{(2n+1)!}+\cdots,\quad -\infty<x<+\infty. \tag{4-5}$$

例 3 将 $f(x)=(1+x)^{\alpha}$(α 为实数) 展开成麦克劳林级数.

解 $f^{(n)}(x)=\alpha(\alpha-1)\cdots(\alpha-n+1)(1+x)^{\alpha-n}$,

$$f^{(n)}(0)=\alpha(\alpha-1)\cdots(\alpha-n+1),\quad n=1,2,\cdots,\quad f(0)=1,$$

于是

$$(1+x)^{\alpha}\sim 1+\alpha x+\frac{\alpha(\alpha-1)}{2!}x^2+\cdots+\frac{\alpha(\alpha-1)\cdots(\alpha-n+1)}{n!}x^n+\cdots.$$

易求级数相邻两项的系数之比的绝对值

$$\left|\frac{a_{n+1}}{a_n}\right|=\left|\frac{\alpha-n}{n+1}\right|\to 1\quad(n\to\infty),$$

即级数的收敛半径为 1. 由 $(1+x)^{\alpha}$ 在点 $x=0$ 的泰勒公式的余项 $R_n(x)$ 可以证明, 对任意的 $x\in(-1,1)$ 都有 $R_n(x)\to 0\,(n\to\infty)$, 证明较复杂, 略去, 故

$$(1+x)^{\alpha}=1+\alpha x+\frac{\alpha(\alpha-1)}{2!}x^2+\cdots+\frac{\alpha(\alpha-1)\cdots(\alpha-n+1)}{n!}x^n+\cdots,\quad -1<x<1. \tag{4-6}$$

在端点 $x=\pm1$, (4-6) 是否成立与 α 的数值有关. (4-6) 称为**牛顿二项展开式**, 右端的级数称为**牛顿二项式级数**, 这是牛顿二项式定理的推广. 当 $\alpha=-1,\pm\frac{1}{2}$ 时, 分别有

$$\frac{1}{1+x}=1-x+x^2-\cdots+(-1)^n x^n+\cdots,\quad -1<x<1; \tag{4-7}$$

$$\begin{aligned}\sqrt{1+x}&=1+\frac{1}{2}x-\frac{1}{2\cdot4}x^2+\frac{1\cdot3}{2\cdot4\cdot6}x^3-\frac{1\cdot3\cdot5}{2\cdot4\cdot6\cdot8}x^4+\cdots\\&=1+\frac{1}{2}x+\sum_{n=2}^{\infty}(-1)^{n-1}\frac{(2n-3)!!}{(2n)!!}x^n,\quad -1\leqslant x\leqslant 1;\end{aligned} \tag{4-8}$$

$$\begin{aligned}\frac{1}{\sqrt{1+x}}&=1-\frac{1}{2}x+\frac{1\cdot3}{2\cdot4}x^2-\frac{1\cdot3\cdot5}{2\cdot4\cdot6}x^3+\frac{1\cdot3\cdot5\cdot7}{2\cdot4\cdot6\cdot8}x^4-\cdots\\&=1+\sum_{n=1}^{\infty}(-1)^n\frac{(2n-1)!!}{(2n)!!}x^n,\quad -1<x\leqslant 1.\end{aligned} \tag{4-9}$$

2. 间接展开法

根据函数的幂级数展开式的唯一性, 利用一些已知的函数幂级数展开式、幂级数的运算性质以及等量代换方法, 求出所给函数的幂级数展开式的方法, 称为幂级数的**间接展开法**.

例 4 将 $\cos x$ 展开成 x 的幂级数.

解 由

$$\sin x = x - \frac{x^3}{3!} + \frac{x^5}{5!} - \cdots + (-1)^n \frac{x^{2n+1}}{(2n+1)!} + \cdots, \quad -\infty < x < \infty,$$

逐项求导, 得

$$\cos x = 1 - \frac{x^2}{2!} + \frac{x^4}{4!} - \cdots + (-1)^n \frac{x^{2n}}{(2n)!} + \cdots, \quad -\infty < x < \infty. \tag{4-10}$$

例 5 将 $f(x) = \ln(1+x)$ 展开成 x 的幂级数.

解 由

$$\frac{1}{1+x} = 1 - x + x^2 - \cdots + (-1)^n x^n + \cdots, \quad -1 < x < 1,$$

从 0 到 x 逐项积分, 得

$$\ln(1+x) = x - \frac{x^2}{2} + \frac{x^3}{3} - \cdots + (-1)^n \frac{x^{n+1}}{n+1} + \cdots, \quad -1 < x \leqslant 1. \tag{4-11}$$

因为级数在点 $x=1$ 收敛, 且函数 $\ln(1+x)$ 在点 $x=1$ 左连续, 所以展开式对点 $x=1$ 也成立.

例 6 将 $\ln\dfrac{1+x}{1-x}$ 展开成 x 的幂级数.

解 由 (4-11) 式, 以 $-x$ 代 x, 得

$$\ln(1-x) = -x - \frac{x^2}{2} - \frac{x^3}{3} - \cdots - \frac{x^n}{n} - \cdots, \quad -1 \leqslant x < 1.$$

(4-11) 减上式, 得

$$\ln\frac{1+x}{1-x} = 2\left(x + \frac{x^3}{3} + \cdots + \frac{x^{2n+1}}{2n+1} + \cdots\right), \quad -1 < x < 1. \tag{4-12}$$

下面举例说明如何用间接法把函数展开成 $(x-x_0)$ 的幂级数.

例 7 将 $\sin x$ 展开成 $\left(x-\frac{\pi}{4}\right)$ 的幂级数, 即在点 $x=\frac{\pi}{4}$ 的泰勒级数.

解 因为

$$\sin x=\sin\left[\frac{\pi}{4}+\left(x-\frac{\pi}{4}\right)\right]=\sin\frac{\pi}{4}\cos\left(x-\frac{\pi}{4}\right)+\cos\frac{\pi}{4}\sin\left(x-\frac{\pi}{4}\right)$$
$$=\frac{1}{\sqrt{2}}\left[\cos\left(x-\frac{\pi}{4}\right)+\sin\left(x-\frac{\pi}{4}\right)\right],$$

由 (4-10), (4-5), 以 $\left(x-\frac{\pi}{4}\right)$ 代 x, 得

$$\cos\left(x-\frac{\pi}{4}\right)=1-\frac{\left(x-\frac{\pi}{4}\right)^2}{2!}+\frac{\left(x-\frac{\pi}{4}\right)^4}{4!}-\cdots,\quad -\infty<x<+\infty,$$

$$\sin\left(x-\frac{\pi}{4}\right)=\left(x-\frac{\pi}{4}\right)-\frac{\left(x-\frac{\pi}{4}\right)^3}{3!}+\frac{\left(x-\frac{\pi}{4}\right)^5}{5!}-\cdots,\quad -\infty<x<+\infty.$$

将以上两式相加再乘以 $\frac{1}{\sqrt{2}}$, 得

$$\sin x=\frac{1}{\sqrt{2}}\left[1+\left(x-\frac{\pi}{4}\right)-\frac{\left(x-\frac{\pi}{4}\right)^2}{2!}-\frac{\left(x-\frac{\pi}{4}\right)^3}{3!}+\cdots\right]$$
$$=\frac{1}{\sqrt{2}}\sum_{n=0}^{\infty}(-1)^{\frac{n(n-1)}{2}}\frac{\left(x-\frac{\pi}{4}\right)^n}{n!},\quad -\infty<x<+\infty.$$

例 8 将 $f(x)=\frac{x-1}{4-x}$ 在点 $x=1$ 展开成幂级数, 并求导数 $f^{(n)}(1)$, $n=1,2,\cdots$.

解 因为

$$\frac{1}{4-x}=\frac{1}{3-(x-1)}=\frac{1}{3\left(1-\frac{x-1}{3}\right)},$$

由 (4-7), 以 $-\left(\frac{x-1}{3}\right)$ 代 x, 得

$$\frac{1}{4-x}=\frac{1}{3}\left[1+\frac{x-1}{3}+\left(\frac{x-1}{3}\right)^2+\cdots+\left(\frac{x-1}{3}\right)^n+\cdots\right],$$

收敛域 $\left|\dfrac{x-1}{3}\right|<1$, 即 $|x-1|<3$, 所以

$$\begin{aligned}\frac{x-1}{4-x}&=(x-1)\cdot\frac{1}{4-x}\\&=\frac{1}{3}\left[(x-1)+\frac{(x-1)^2}{3}+\frac{(x-1)^3}{3^2}\cdots+\frac{(x-1)^n}{3^{n-1}}+\cdots\right]\\&=\sum_{n=1}^{\infty}\frac{1}{3^n}(x-1)^n,\quad -2<x<4.\end{aligned}$$

又

$$f(x)=\sum_{n=0}^{\infty}\frac{f^{(n)}(x_0)}{n!}(x-x_0)^n,$$

根据函数的幂级数展开式的唯一性得

$$\frac{f^{(n)}(1)}{n!}=\frac{1}{3^n},$$

故

$$f^{(n)}(1)=\frac{n!}{3^n}.$$

前面用直接展开法和间接法求出了一些初等函数的幂级数展开式, 读者除熟练掌握这两种展开方法外, 还需熟记 e^x, $\sin x$, $\cos x$, $\ln(1+x)$, $(1+x)^\alpha$ 的麦克劳林级数展开式.

习　题　11-4

1. 将下列函数展开成 x 的幂级数:

(1) a^x;　(2) $\ln(2-x)$;　(3) $\sin^2 x$;

(4) $\dfrac{1}{x^2+x-2}$;　(5) $(1+x)\ln(1+x)$;　(6) $\dfrac{x}{\sqrt{1+x^2}}$.

2. 将下列函数展开成 $x-1$ 的幂级数:

(1) $\lg x$;　(2) $\dfrac{1}{x}$.

3. 将函数 $f(x)=\ln(3-x)$ 在点 $x_0=-1$ 展开成幂级数.

4. 将函数 $f(x)=\cos x$ 在点 $x_0=-\dfrac{\pi}{3}$ 展开成幂级数.

5. 将函数 $f(x)=\dfrac{1}{x^2+3x+2}$ 展开成 $x+4$ 的幂级数.

6. 利用幂级数展开式的唯一性, 求函数 $f(x)=\mathrm{e}^{-x^2}$ 在点 $x=0$ 处的 n 阶导数.

第五节 幂级数的应用

幂级数的应用比较广泛, 幂级数在其收敛区间内表示成一个函数, 可将求数项级数的和转化为求幂级数和函数的值; 将函数展开成幂级数, 可用简单函数, 即多项式函数逼近复杂的函数, 得到幂级数在近似计算方面的应用; 将幂级数概念推广到复数项级数情形, 可得到重要的欧拉公式.

一、 求数项级数的和

例 1 求级数 $\sum_{n=1}^{\infty}\frac{n}{(n+1)!}$ 的和.

解 易知此级数收敛, 其和为幂级数 $\sum_{n=1}^{\infty}\frac{nx^{n+1}}{(n+1)!}$ 在收敛域 $(-\infty,+\infty)$ 内的和函数 $S(x)$ 当 $x=1$ 时的值. 对 $S(x)$ 求导, 得

$$S'(x)=\left(\sum_{n=1}^{\infty}\frac{nx^{n+1}}{(n+1)!}\right)'=\sum_{n=1}^{\infty}\frac{nx^n}{n!}=x\sum_{n=1}^{\infty}\frac{x^{n-1}}{(n-1)!}=x\sum_{n=0}^{\infty}\frac{x^n}{n!}=x\mathrm{e}^x,$$

上式两端从 0 到 x 积分, 得

$$\int_0^x S'(t)\mathrm{d}t=\int_0^x t\mathrm{e}^t\mathrm{d}x=(x-1)\mathrm{e}^x+1,$$

即

$$S(x)-S(0)=(x-1)\mathrm{e}^x+1.$$

由于 $S(0)=0$, 所以 $S(x)=(x-1)\mathrm{e}^x+1$, 故 $S(1)=1$.

二、 近似计算

若一个无理数 A 可表示为各项便于计算的有理数收敛级数之和, 即

$$A=a_1+a_2+\cdots+a_n+\cdots,$$

则可用级数的部分和作为无理数 A 的近似值, 即 $A\approx a_1+a_2+\cdots+a_n$ 产生的误差可通过估计余项 $r_n=a_{n+1}+a_{n+2}+\cdots$ 求得.

例 2 计算 $\ln 2$ 的近似值, 要求误差不超过 0.0001.

解 在 (4-11) 中, 令 $x=1$, 得

$$\ln 2=1-\frac{1}{2}+\frac{1}{3}-\cdots+(-1)^{n-1}\frac{1}{n}+\cdots.$$

取级数前 n 项的和作为 $\ln 2$ 的近似值, 误差为 $|r_n| \leqslant \dfrac{1}{n+1}$.

为保证误差不超过 10^{-4}, 只要 $n+1>10^4$, 取级数的前 10000 项进行计算, 这样计算量太大. 若用 (4-12), 令 $x=\dfrac{1}{3}$, 得

$$\ln 2 = 2\left(\frac{1}{3}+\frac{1}{3}\cdot\frac{1}{3^3}+\frac{1}{5}\cdot\frac{1}{3^5}+\frac{1}{7}\cdot\frac{1}{3^7}+\cdots\right).$$

由于

$$\begin{aligned}|r_k| &= 2\left(\frac{1}{2k+1}\cdot\frac{1}{3^{2k+1}}+\frac{1}{2k+3}\cdot\frac{1}{3^{2k+3}}+\frac{1}{2k+5}\cdot\frac{1}{3^{2k+5}}+\cdots\right)\\ &< \frac{2}{2k+1}\cdot\left(\frac{1}{3}\right)^{2k+1}\left(1+\frac{1}{3^2}+\frac{1}{3^4}+\cdots\right)\\ &= \frac{2}{2k+1}\cdot\left(\frac{1}{3}\right)^{2k+1}\frac{1}{1-\dfrac{1}{9}}=\frac{1}{4}\cdot\frac{1}{2k+1}\cdot\left(\frac{1}{3}\right)^{2k-1},\end{aligned}$$

要使 $r_k \leqslant 10^{-4}$, 只要 $4\cdot(2k+1)\cdot 3^{2k-1} \geqslant 10^4$, 取 $k=4$ 可满足误差要求, 于是

$$\ln 2 \approx 2\left[\frac{1}{3}+\frac{1}{3\cdot 3^2}+\frac{1}{5\cdot 3^5}+\frac{1}{7\cdot 3^7}\right] \approx 0.69313 \approx 0.6931.$$

例 3 计算定积分 $\displaystyle\int_0^1 \frac{\sin x}{x}\mathrm{d}x$ 的近似值, 精确到 10^{-4}.

解 因为

$$\frac{\sin x}{x} = 1-\frac{x^2}{3!}+\frac{x^4}{5!}+\cdots, \quad x\in(-\infty,+\infty)$$

在区间 $[0,1]$ 上逐项积分, 得

$$\int_0^1 \frac{\sin x}{x}\mathrm{d}x = 1-\frac{1}{3\times 3!}+\frac{1}{5\times 5!}-\frac{1}{7\times 7!}+\cdots.$$

上式右端为交错级数, 且 $|r_4| \leqslant \dfrac{1}{7\times 7!} < \dfrac{1}{30000} < 10^{-4}$, 所以取前三项的和作为积分的近似值, 得

$$\int_0^1 \frac{\sin x}{x}\mathrm{d}x \approx 1-\frac{1}{3\times 3!}+\frac{1}{5\times 5!} \approx 0.9461.$$

例 4　用 $\sin x$ 的幂级数展开式的前两项求 $\sin 9^\circ$ 的近似值, 并估计误差.

解　因为 $9^\circ = \dfrac{\pi}{180} \times 9$(弧度) $= \dfrac{\pi}{20}$(弧度), 所以

$$\sin 9^\circ = \sin \frac{\pi}{20} \approx \frac{\pi}{20} - \frac{1}{3!}\left(\frac{\pi}{20}\right)^3.$$

其误差

$$|r_2| \leqslant \frac{1}{5!}\left(\frac{\pi}{20}\right)^2 < \frac{1}{120} \cdot (0.2)^5 < \frac{1}{300000}.$$

因此

$$\sin 9^\circ \approx \frac{\pi}{20} - \frac{1}{3!} \cdot \left(\frac{\pi}{20}\right)^3 \approx 0.1564.$$

这时误差不超过 10^{-5}.

三、 欧拉公式

设有复数项级数

$$(u_1 + \mathrm{i}v_1) + (u_2 + \mathrm{i}v_2) + \cdots + (u_n + \mathrm{i}v_n) + \cdots, \tag{5-1}$$

其中 $u_n, v_n\ (n = 1, 2, 3, \cdots)$ 为实常数或实函数, 若实部、虚部所成的级数 $\sum\limits_{n=1}^{\infty} u_n$, $\sum\limits_{n=1}^{\infty} v_n$ 分别收敛于 u, v, 则称级数 (5-1) **收敛**, 且其和或和函数为 $u + \mathrm{i}v$.

若级数 (5-1) 各项的模所构成的级数

$$\sqrt{u_1^2 + v_1^2} + \sqrt{u_2^2 + v_2^2} + \cdots + \sqrt{u_n^2 + v_n^2} + \cdots \tag{5-2}$$

收敛, 则称级数 (5-1) **绝对收敛**.

关于复数项级数有如下定理.

定理 1　若级数 (5-1) 绝对收敛, 则实部级数 $\sum\limits_{n=1}^{\infty} u_n$ 与虚部级数 $\sum\limits_{n=1}^{\infty} v_n$ 都绝对收敛.

考察复数项级数

$$1 + z + \frac{1}{2!}z^2 + \cdots + \frac{1}{n!}z^n + \cdots, \quad z = x + \mathrm{i}y, \tag{5-3}$$

可以证明级数 (5-3) 在整个复平面上是绝对收敛的. 在 x 轴上它表示指数函数 e^x, 在整个复平面上用它来定义复变量指数函数, 记作 e^z, 即

$$\mathrm{e}^z = 1 + z + \frac{1}{2!}z^2 + \cdots + \frac{1}{n!}z^n + \cdots, \quad |z| < +\infty. \tag{5-4}$$

当 $x=0$ 时, (5-4) 成为

$$\begin{aligned}e^{iy} &= 1+iy+\frac{1}{2!}(iy)^2+\frac{1}{3!}(iy)^3+\cdots+\frac{1}{n!}(iy)^n+\cdots\\ &=\left(1-\frac{1}{2!}y^2+\frac{1}{4!}y^4-\cdots\right)+i\left(y-\frac{1}{3!}y^3+\frac{1}{5!}y^5-\cdots\right),\\ &=\cos y+i\sin y.\end{aligned}$$

把 y 换写为 x, 上式变为

$$e^{ix}=\cos x+i\sin x. \tag{5-5}$$

这就是**欧拉** (Euler) **公式**. 把 (5-5) 式中的 x 换为 $-x$, 有

$$e^{-ix}=\cos x-i\sin x. \tag{5-6}$$

(5-5) 与 (5-6) 相加、相减, 得

$$\cos x=\frac{e^{ix}+e^{-ix}}{2},\quad \sin x=\frac{e^{ix}-e^{-ix}}{2i}. \tag{5-7}$$

上述两式也叫**欧拉公式**. 欧拉公式揭示了三角函数和复变量指数函数之间的关系.

习　题　11-5

1. 求下列数项级数的和:

(1) $\displaystyle\sum_{n=0}^{\infty}\frac{1}{(2n+1)2^{2n+1}}$;　　(2) $\displaystyle\sum_{n=0}^{\infty}\frac{(-1)^n}{3n+1}$.

2. 利用函数的幂级数展开式求下列各数的近似值:

(1) $\ln 3$, 误差不超过 10^{-4};

(2) $\sqrt[5]{240}$, 误差不超过 10^{-4};

(3) $\sin\dfrac{\pi}{20}$, 误差不超过 10^{-5};

(4) $\sqrt{e}$, 误差不超过 10^{-3}.

3. 利用被积函数的幂级数展开式求下列定积分的近似值:

(1) $\displaystyle\frac{2}{\sqrt{\pi}}\int_0^{\frac{1}{2}}e^{-x^2}dx$, 误差不超过 10^{-4};

(2) $\displaystyle\int_2^{+\infty}\frac{1}{1+x^3}dx$, 误差不超过 10^{-3};

(3) $\displaystyle\int_0^{\frac{1}{2}}x^{10}\sin x dx$ (取一项), 并估计误差.

4. 利用欧拉公式将函数 $e^x\cos x$ 展开成 x 的幂级数.

第六节　傅里叶级数

三角函数所构成的三角级数在数学和工程中都有着广泛的应用. 类似于幂级数, 对于三角级数主要讨论两个方面的问题: 一是给出的三角级数的收敛性; 二是如何把给定的周期函数展开成三角级数.

一、 三角级数　三角函数系的正交性

自然界中许多运动具有周期性, 如矩形脉冲、锯齿波、简谐振动等, 其运动规律可用正弦函数 $y = A\sin(\omega t + \varphi)$ 表示. 其中 y 表示动点位置, t 表示时间, A 为振幅, ω 为角频率, φ 为初相, 运动周期为 $\dfrac{2\pi}{\omega}$. 但是, 复杂的周期现象, 如热传导、电磁波、机械振动等, 就不能仅用一个正弦函数表示, 法国数学家傅里叶 (Fourier, 1768—1830) 通过对热传导和扩散现象的研究, 发现了周期函数 $f(t)$ 可用一系列正弦函数组成的级数来表示, 即

$$f(t) = A_0 + \sum_{n=1}^{\infty} A_n \sin(n\omega t + \varphi_n), \tag{6-1}$$

其中 $A_0, A_n, \varphi_n\,(n = 1, 2, 3, \cdots)$ 都是常数.

将周期函数表示为一系列正弦函数的和, 其物理意义是把一个复杂的周期运动看成是许多不同频率的简谐振动的叠加. 在电工学上, 这种表示称为**谐波分析**. 其中常数项 A_0 称为 $f(t)$ 的**直流分量**, $A_1\sin(\omega t + \varphi_1)$ 称为**一次谐波**, 而 $A_n\sin(n\omega t + \varphi_n)(n \geqslant 2)$ 称为 n **次谐波**.

将正弦函数 $A_n\sin(n\omega t + \varphi_n)$ 按三角公式变形, 得

$$A_n\sin(n\omega t + \varphi_n) = A_n\sin\varphi_n\cos n\omega t + A_n\cos\varphi_n\sin n\omega t,$$

令

$$\frac{a_0}{2} = A_0, \quad a_n = A_n\sin\varphi_n, \quad b_n = A_n\cos\varphi_n, \omega t = x,$$

则 (6-1) 右端的级数可以改写为

$$\frac{a_0}{2} + \sum_{n=1}^{\infty}(a_n\cos nx + b_n\sin nx). \tag{6-2}$$

函数项级数 (6-2) 称为**三角级数**.

定义在区间 $[-\pi, \pi]$ 上的三角函数系

$$1, \cos x, \sin x, \cos 2x, \sin 2x, \cdots, \cos nx, \sin nx, \cdots \tag{6-3}$$

具有如下性质.

性质 1　三角函数系 (6-3) 中所有的函数具有共同的周期 2π.

性质 2　三角函数系 (6-3) 中任意两个不同函数的乘积在区间 $[-\pi,\pi]$ 上的积分为零, 即

$$\int_{-\pi}^{\pi} 1\cdot\cos nx\mathrm{d}x=0;\quad \int_{-\pi}^{\pi} 1\cdot\sin nx\mathrm{d}x=0;$$

$$\int_{-\pi}^{\pi}\sin mx\cdot\cos nx\mathrm{d}x=0;$$

$$\int_{-\pi}^{\pi}\cos mx\cdot\cos nx\mathrm{d}x=0,\quad m\neq n;$$

$$\int_{-\pi}^{\pi}\sin mx\cdot\sin nx\mathrm{d}x=0,\quad m\neq n,$$

其中 $m,n=1,2,\cdots$.

证

$$\begin{aligned}\int_{-\pi}^{\pi}\cos mx\cdot\cos nx\mathrm{d}x&=\frac{1}{2}\int_{-\pi}^{\pi}[\cos(m-n)x+\cos(m+n)x]\mathrm{d}x\\&\xlongequal{m\neq n}\frac{1}{2}\left[\frac{\sin(m-n)x}{m-n}+\frac{\sin(m+n)x}{m+n}\right]_{-\pi}^{\pi}\\&=0,\quad m,n=1,2,\cdots.\end{aligned}$$

其余各式请读者自己证明.

称上述性质为三角函数系 (6-3) 在 $[-\pi,\pi]$ 上的**正交性**.

性质 3　三角函数系 (6-3) 中任意一个函数的平方在 $[-\pi,\pi]$ 上的积分都不等于 0, 即

$$\int_{-\pi}^{\pi}1^2\mathrm{d}x=2\pi,\quad \int_{-\pi}^{\pi}\cos^2 nx\mathrm{d}x=\pi,\quad \int_{-\pi}^{\pi}\sin^2 nx\mathrm{d}x=\pi,\quad n=1,2,\cdots.$$

性质 3 读者可自行验证.

二、 以 2π 为周期的函数的傅里叶级数

先考虑函数展开成三角级数的必要条件.

定理 1　假设函数 $f(x)$ 是以 2π 为周期的函数, 在 $[-\pi,\pi]$ 上可积, 且能展开成可以逐项积分的三角级数

$$f(x)=\frac{a_0}{2}+\sum_{n=1}^{\infty}(a_n\cos nx+b_n\sin nx),\tag{6-4}$$

则必有

$$a_0 = \frac{1}{\pi}\int_{-\pi}^{\pi} f(x)\mathrm{d}x,$$
$$a_n = \frac{1}{\pi}\int_{-\pi}^{\pi} f(x)\cos nx\mathrm{d}x, \quad n = 1, 2, \cdots,$$
$$b_n = \frac{1}{\pi}\int_{-\pi}^{\pi} f(x)\sin nx\mathrm{d}x, \quad n = 1, 2, \cdots. \tag{6-5}$$

证 将 (6-4) 两端逐项积分, 根据三角函数系的正交性, 得

$$\int_{-\pi}^{\pi} f(x)\mathrm{d}x = \int_{-\pi}^{\pi} \frac{a_0}{2}\mathrm{d}x = a_0\pi,$$

即

$$a_0 = \frac{1}{\pi}\int_{-\pi}^{\pi} f(x)\mathrm{d}x.$$

用 $\cos nx$ 乘以 (6-4) 两端, 再逐项积分, 根据三角函数系的正交性, 得

$$\begin{aligned}\int_{-\pi}^{\pi} f(x)\cos nx\mathrm{d}x &= \frac{a_0}{2}\int_{-\pi}^{\pi}\cos nx\mathrm{d}x \\ &\quad + \sum_{k=1}^{\infty}\left(a_k\int_{-\pi}^{\pi}\cos nx\cos kx\mathrm{d}x + b_k\int_{-\pi}^{\pi}\cos nx\sin kx\mathrm{d}x\right) \\ &= a_n\int_{-\pi}^{\pi}\cos^2 nx\mathrm{d}x = a_n\pi,\end{aligned}$$

即

$$a_n = \frac{1}{\pi}\int_{-\pi}^{\pi} f(x)\cos nx\mathrm{d}x, \quad n = 1, 2, \cdots.$$

类似地, 用 $\sin nx$ 乘以 (6-4) 的两端, 再逐项积分, 可得

$$b_n = \frac{1}{\pi}\int_{-\pi}^{\pi} f(x)\sin nx\mathrm{d}x, \quad n = 1, 2, \cdots.$$

(6-5) 确定的系数 $a_0, a_n, b_n\ (n = 1, 2, \cdots)$ 叫作函数 $f(x)$ 的**傅里叶系数**, 并以 a_0, a_n, b_n 为系数构造三角级数

$$\frac{a_0}{2} + \sum_{n=1}^{\infty}(a_n\cos nx + b_n\sin nx). \tag{6-6}$$

称为函数 $f(x)$ 的**傅里叶级数**, 记作

$$f(x) \sim \frac{a_0}{2} + \sum_{n=1}^{\infty}(a_n \cos nx + b_n \sin nx).$$

定义在 $(-\infty, +\infty)$ 上周期为 2π 的函数 $f(x)$, 若在一个周期上可积, 则可以求出 $f(x)$ 的傅里叶级数. 然而, $f(x)$ 的傅里叶级数是否一定收敛? 若它收敛, 是否一定收敛于 $f(x)$, 即 $f(x)$ 满足怎样的条件, 它的傅里叶级数不仅收敛, 而且收敛于 $f(x)$?

德国数学家狄利克雷 (Dirichlet) 第一个给出了 $f(x)$ 的傅里叶级数收敛于 $f(x)$ 的充分条件.

定理 2 (狄利克雷收敛定理) 设 $f(x)$ 是以 2π 为周期的函数. 若它在 $[-\pi, \pi]$ 上满足

(1) 连续或只有有限个第一类间断点;

(2) 至多有有限个极值点,

则 $f(x)$ 的傅里叶级数在 $(-\infty, +\infty)$ 内处处收敛, 并且

当 x 是 $f(x)$ 的连续点时, 级数收敛于 $f(x)$;

当 x 是 $f(x)$ 的间断点时, 级数收敛于 $\frac{1}{2}[f(x-0)+f(x+0)]$.

证明从略.

定理表明: 一个以 2π 为周期的函数 $f(x)$, 只要在周期 $[-\pi, \pi]$ 上至多有有限个第一类间断点, 并且不做无限次振荡, 函数 $f(x)$ 的傅里叶级数在整个数轴上收敛, 且收敛于函数在点 x 的左、右极限的算术平均值, 由此可见, 函数展开为傅里叶级数比展开为幂级数的条件要弱得多.

上述结论对于 $[-\pi, \pi]$ 的端点也适用, 由定理 2 知, $f(\pi) = \frac{1}{2}[f(\pi+0) + f(\pi-0)]$, 再由周期性可推出 $f(\pi) = \frac{1}{2}[f(-\pi+0) + f(\pi-0)]$, 同理有 $f(-\pi) = \frac{1}{2}[f(-\pi+0) + f(\pi-0)]$.

例 1 设 $f(x)$ 是周期为 2π 的周期函数, 它在 $[-\pi, \pi)$ 上的表达式为

$$f(x) = \begin{cases} -1, & -\pi \leqslant x < 0, \\ 1, & 0 \leqslant x < \pi. \end{cases}$$

将 $f(x)$ 展开成傅里叶级数, 并作该级数的和函数图形.

解 先计算 $f(x)$ 的傅里叶系数:

$$a_n = \frac{1}{\pi}\int_{-\pi}^{\pi} f(x)\cos nx \mathrm{d}x = \frac{1}{\pi}\left[\int_{-\pi}^{0}(-1)\cos nx \mathrm{d}x + \int_{0}^{\pi} 1 \cdot \cos nx \mathrm{d}x\right]$$

$$= 0, \quad n = 0, 1, 2, \cdots;$$

$$b_n = \frac{1}{\pi}\int_{-\pi}^{\pi} f(x)\sin nx\mathrm{d}x = \frac{1}{\pi}\int_{-\pi}^{0}(-1)\sin nx\mathrm{d}x + \frac{1}{\pi}\int_{0}^{\pi} 1\cdot\sin nx\mathrm{d}x$$

$$= \frac{1}{\pi}\left[\frac{\cos nx}{n}\right]_{-\pi}^{0} + \frac{1}{\pi}\left[-\frac{\cos nx}{n}\right]_{0}^{\pi} = \frac{2}{n\pi}[1 - \cos n\pi] = \frac{2}{n\pi}[1 - (-1)^n]$$

$$= \begin{cases} \dfrac{4}{n\pi}, & n = 1, 3, 5, \cdots, \\ 0, & n = 2, 4, 6, \cdots. \end{cases}$$

将求得的系数代入 (6-6) 得到 $f(x)$ 的傅里叶级数

$$f(x) \sim \sum_{n=1}^{\infty}\frac{4}{\pi}\cdot\frac{1}{2n-1}\sin(2n-1)x = \frac{4}{\pi}\left(\sin x + \frac{1}{3}\sin 3x + \frac{\sin 5x}{5} + \cdots\right).$$

$f(x)$ 在点 $x = k\pi\,(k = 0, \pm1, \pm2, \cdots)$ 处不连续, 在其他点处连续, 从而由收敛定理知, 当 $x = k\pi$ 时, $f(x)$ 的傅里叶级数收敛于 $\dfrac{-1+1}{2} = \dfrac{1+(-1)}{2} = 0$; 当 $x \neq k\pi$ 时, $f(x)$ 的傅里叶级数收敛于 $f(x)$. 所以 $f(x)$ 的傅里叶级数展开式为

$$f(x) = \frac{4}{\pi}\sum_{n=1}^{\infty}\frac{1}{2n-1}\sin(2n-1)x, \quad -\infty < x < +\infty; x \neq 0, \pm\pi, \pm2\pi, \cdots.$$

级数的和函数的图形如图 11-3 所示.

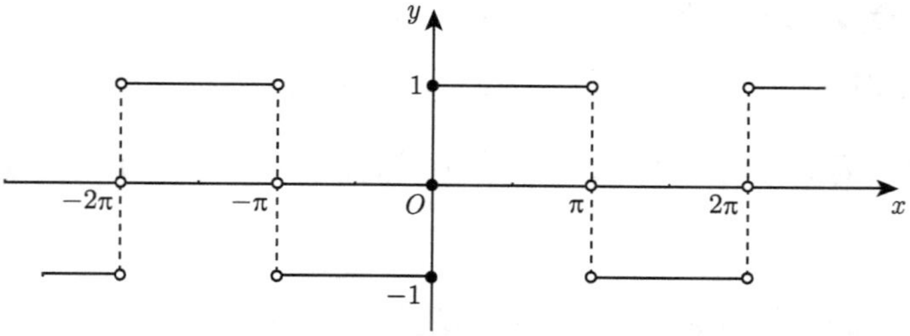

图 11-3

此例可说明, 矩形波是由一系列不同频率的正弦波叠加而成的, 这些正弦波的频率依次为一次谐波的奇数倍.

例 2 设 $f(x)$ 是周期为 2π 的周期函数, 它在 $[-\pi, \pi)$ 上的表达式为

$$f(x) = \begin{cases} x, & 0 \leqslant x < \pi, \\ 0, & -\pi \leqslant x < 0. \end{cases}$$

将 $f(x)$ 展开成傅里叶级数.

解 函数 $f(x)$ 及其周期延拓后的图像如图 11-4 所示, 易见满足狄利克雷收敛定理的条件, 由傅里叶系数公式, 得

$$a_0=\frac{1}{\pi}\int_{-\pi}^{\pi}f(x)\mathrm{d}x=\frac{1}{\pi}\int_{0}^{\pi}x\mathrm{d}x=\frac{\pi}{2};$$

$$\begin{aligned}a_n&=\frac{1}{\pi}\int_{-\pi}^{\pi}f(x)\cos nx\mathrm{d}x=\frac{1}{\pi}\int_{0}^{\pi}x\cos nx\mathrm{d}x=\frac{1}{n^2\pi}(\cos n\pi-1)\\&=\begin{cases}-\dfrac{2}{n^2\pi}, & n=1,3,5,\cdots,\\ 0, & n=2,4,6,\cdots;\end{cases}\end{aligned}$$

$$b_n=\frac{1}{\pi}\int_{-\pi}^{\pi}f(x)\sin nx\mathrm{d}x=\frac{1}{\pi}\int_{0}^{\pi}x\sin nx\mathrm{d}x=\frac{(-1)^{n+1}}{n},\quad n=1,2,3,\cdots.$$

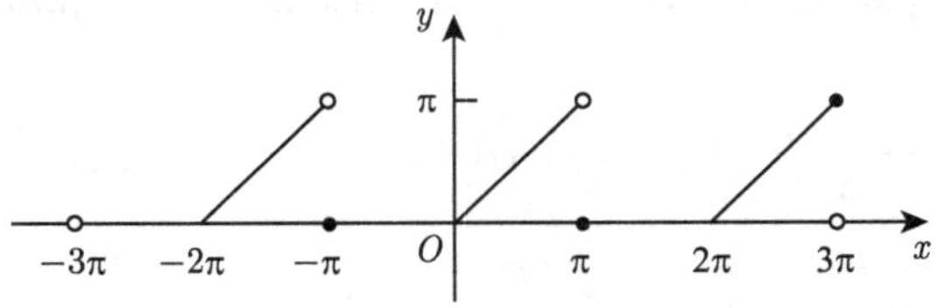

图 11-4

于是 $f(x)$ 的傅里叶级数为

$$f(x)\sim\frac{\pi}{4}-\sum_{n=1}^{\infty}\left[\frac{2}{\pi(2n-1)^2}\cos(2n-1)x+\frac{(-1)^{n+1}}{n}\sin nx\right].$$

因为 $f(x)$ 在点 $x=(2k+1)\pi(k=0,\pm1,\pm2,\cdots)$ 处不连续, 由收敛定理, 在这些点 $f(x)$ 的傅里叶级数收敛于

$$\frac{f(\pi-0)+f(-\pi+0)}{2}=\frac{\pi+0}{2}=\frac{\pi}{2},$$

在连续点 $x\,(x\neq(2k+1)\pi)$ 处, 级数收敛于 $f(x)$, 和函数的图形如图 11-5 所示, 注意它与图 11-4 的区别.

$f(x)$ 的傅里叶级数展开式为

$$f(x)=\frac{\pi}{4}-\sum_{n=1}^{\infty}\left[\frac{2}{\pi(2n-1)^2}\cos(2n-1)x+\frac{(-1)^{n+1}}{n}\sin nx\right],$$

$$-\infty < x < +\infty,\ x \neq \pm\pi, \pm 3\pi, \cdots.$$

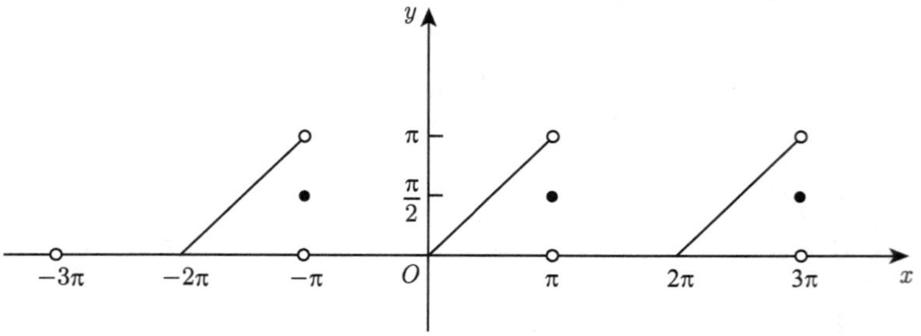

图 11-5

三、 奇偶函数的傅里叶级数

(1) 设 $f(x)$ 是以 2π 为周期的奇函数, 且在一个周期上可积, 易知 $f(x)\cos nx$ 为奇函数, $f(x)\sin nx$ 为偶函数, 由奇、偶函数的定积分性质, 得 $f(x)$ 的傅里叶系数

$$a_n = \frac{1}{\pi}\int_{-\pi}^{\pi} f(x)\cos nx\mathrm{d}x = 0, \quad n = 0, 1, 2, \cdots,$$

$$b_n = \frac{1}{\pi}\int_{-\pi}^{\pi} f(x)\sin nx\mathrm{d}x = \frac{2}{\pi}\int_{0}^{\pi} f(x)\sin nx\mathrm{d}x, \quad n = 1, 2, \cdots. \tag{6-7}$$

从而 $f(x)$ 的傅里叶级数只含正弦项, 即

$$f(x) \sim \sum_{n=1}^{\infty} b_n \sin nx. \tag{6-8}$$

称此级数为 $f(x)$ 的**傅里叶正弦级数**.

(2) 设 $f(x)$ 是以 2π 为周期的偶函数, 且在一个周期上可积, 则 $f(x)\cos nx$ 为偶函数, $f(x)\sin nx$ 为奇函数, 于是 $f(x)$ 的傅里叶系数

$$a_n = \frac{2}{\pi}\int_{0}^{\pi} f(x)\cos nx\mathrm{d}x, \quad n = 0, 1, 2, \cdots,$$

$$b_n = 0, \quad n = 1, 2, \cdots. \tag{6-9}$$

所以, $f(x)$ 的傅里叶级数只含常数项和余弦项, 即

$$f(x) \sim \frac{a_0}{2} + \sum_{n=1}^{\infty} a_n \cos nx. \tag{6-10}$$

称此级数为 $f(x)$ 的**傅里叶余弦级数**.

由此可知, 奇 (或偶) 函数的傅里叶级数展开式就是其正 (或余) 弦级数展开式.

例 3 设 $f(x)$ 是以 2π 为周期的周期函数, 它在 $[-\pi,\pi)$ 上的表达式为 $f(x)=x$, 将 $f(x)$ 展开成傅里叶级数.

解 若不计点 $x=(2k+1)\pi, k=0,\pm1,\pm2,\cdots$, 则 $f(x)$ 是周期为 2π 的奇函数, 从而 $f(x)$ 的傅里叶级数为正弦级数. 由公式 (6-7), 得

$$\begin{aligned}
a_n &= 0, \quad n=0,1,2,\cdots,\\
b_n &= \frac{2}{\pi}\int_0^{\pi} f(x)\sin nx\mathrm{d}x=\frac{2}{\pi}\int_0^{\pi} x\sin nx\mathrm{d}x\\
&= \frac{2}{\pi}\left[-\frac{x\cos nx}{n}+\frac{\sin nx}{n^2}\right]_0^{\pi}=-\frac{2}{n}\cos n\pi\\
&= (-1)^{n+1}\frac{2}{n}, \quad n=1,2,\cdots.
\end{aligned}$$

于是 $f(x)$ 的傅里叶级数为

$$f(x)\sim 2\sum_{n=1}^{\infty}\frac{(-1)^{n+1}}{n}\sin nx.$$

$f(x)$ 在点 $x=(2k+1)\pi, k=0,\pm1,\pm2,\cdots$ 处间断. 由收敛定理, 在这些点上 $f(x)$ 的傅里叶级数收敛于

$$\frac{f(-\pi+0)+f(\pi-0)}{2}=\frac{-1+1}{2}=0.$$

当 $x\neq(2k+1)\pi, k=0,\pm1,\cdots$ 时, 级数收敛于 $f(x)$, 和函数图形如图 11-6 所示.

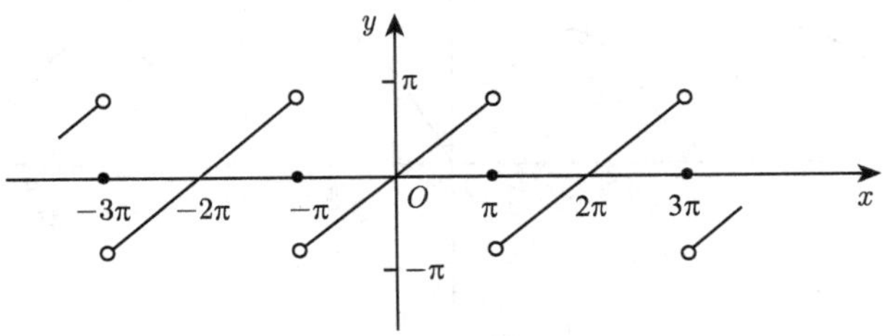

图 11-6

$f(x)$ 的傅里叶级数展开式为

$$f(x)=2\sum_{n=1}^{\infty}\frac{(-1)^{n+1}}{n}\sin nx,\quad -\infty<x<+\infty,\ x\neq\pm\pi,\pm3\pi,\cdots.$$

例 4 将周期函数 $u(t)=E\left|\sin\frac{t}{2}\right|$ 展开成傅里叶级数, E 是正常数.

解 因为 $u(t)$ 是周期为 2π 的偶函数, 由 (6-9) 式, 得

$$b_n=0,\quad n=0,1,2,\cdots,$$

$$\begin{aligned}a_n&=\frac{2}{\pi}\int_0^{\pi}u(t)\cos nt\mathrm{d}t=\frac{2}{\pi}\int_0^{\pi}E\sin\frac{t}{2}\cos nt\mathrm{d}t\\&=\frac{E}{\pi}\left[-\frac{\cos\left(n+\frac{1}{2}\right)t}{n+\frac{1}{2}}+\frac{\cos\left(n-\frac{1}{2}\right)t}{n-\frac{1}{2}}\right]_0^{\pi}\\&=\frac{E}{\pi}\left(\frac{1}{n+\frac{1}{2}}-\frac{1}{n-\frac{1}{2}}\right)=-\frac{4E}{(4n^2-1)\pi},\quad n=0,1,2,\cdots.\end{aligned}$$

由于 $u(t)$ 在整个数轴上连续, 故由收敛定理得

$$u(t)=\frac{-4E}{\pi}\sum_{n=0}^{\infty}\frac{1}{(4n^2-1)\pi}\cos nt,\quad t\in(-\infty,+\infty).$$

和函数的图形如图 11-7 所示.

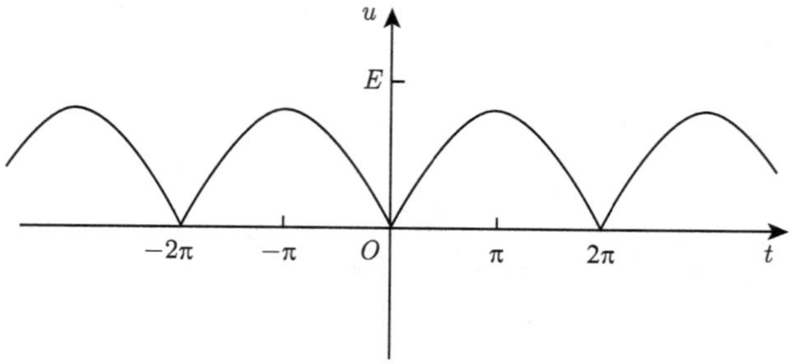

图 11-7

四、 以 $2l$ 为周期的函数的傅里叶级数

前面讨论的是以 2π 为周期的函数的傅里叶级数, 实际问题中所遇到的周期函数, 其周期可能是 $2l$, l 为正实数, 将这种函数展开成傅里叶级数, 有如下的定理.

定理 3 设函数 $f(x)$ 是以 $2l$ 为周期的周期函数, 在 $[-l,l]$ 上满足收敛定理的条件, 则

(1) 在连续点 x 函数 $f(x)$ 的傅里叶级数展开式为

$$f(x)=\frac{a_0}{2}+\sum_{n=1}^{\infty}\left(a_n\cos\frac{n\pi x}{l}+b_n\sin\frac{n\pi x}{l}\right), \tag{6-11}$$

其中

$$a_0=\frac{1}{l}\int_{-l}^{l}f(x)\mathrm{d}x,$$

$$a_n=\frac{1}{l}\int_{-l}^{l}f(x)\cos\frac{n\pi x}{l}\mathrm{d}x,\quad n=1,2,\cdots,$$

$$b_n=\frac{1}{l}\int_{-l}^{l}f(x)\sin\frac{n\pi x}{l}\mathrm{d}x,\quad n=1,2,\cdots. \tag{6-12}$$

当 $f(x)$ 为奇函数时,

$$f(x)=\sum_{n=1}^{\infty}b_n\sin\frac{n\pi x}{l}, \tag{6-13}$$

其中

$$b_n=\frac{2}{l}\int_{0}^{l}f(x)\sin\frac{n\pi x}{l}\mathrm{d}x,\quad n=1,2,\cdots. \tag{6-14}$$

当 $f(x)$ 为偶函数时,

$$f(x)=\frac{a_0}{2}+\sum_{n=1}^{\infty}a_n\cos\frac{n\pi x}{l}, \tag{6-15}$$

其中

$$a_n=\frac{2}{l}\int_{0}^{l}f(x)\cos\frac{n\pi x}{l}\mathrm{d}x,\quad n=1,2,\cdots. \tag{6-16}$$

(2) 在间断点 x 函数 $f(x)$ 有

$$\frac{f(x-0)+f(x+0)}{2}=\frac{a_0}{2}+\sum_{n=1}^{\infty}\left(a_n\cos\frac{n\pi x}{l}+b_n\sin\frac{n\pi x}{l}\right),$$

其中系数 a_n, b_n 同式 (6-12).

当 $f(x)$ 为奇函数时,

$$\frac{f(x-0)+f(x+0)}{2}=\sum_{n=1}^{\infty} b_n \sin\frac{n\pi x}{l},$$

其中系数 b_n 同式 (6-14);

当 $f(x)$ 为偶函数时,

$$\frac{f(x-0)+f(x+0)}{2}=\frac{a_0}{2}+\sum_{n=1}^{\infty} a_n \cos\frac{n\pi x}{l},$$

其中系数 a_n 同式 (6-16).

证 作变换 $x=\dfrac{l}{\pi}t$, 当 x 在区间 $[-l,l]$ 上变化时, 变量 t 在 $[-\pi,\pi]$ 上变化, 记

$$f(x)=f\left(\frac{l}{\pi}t\right)=F(t),$$

则

$$F(t)=f(x)=f(x+2l)=f\left(\frac{l}{\pi}t+2l\right)=f\left[\frac{l}{\pi}\cdot(t+2\pi)\right]=F(t+2\pi),$$

即 $F(t)$ 是以 2π 为周期的函数, 于是 $F(t)$ 的傅里叶系数

$$\begin{aligned}a_n&=\frac{1}{\pi}\int_{-\pi}^{\pi}F(t)\cos nt\mathrm{d}t\\&=\frac{1}{\pi}\int_{-\pi}^{\pi}f\left(\frac{l}{\pi}t\right)\cos nt\mathrm{d}t\\&\xlongequal{t=\frac{\pi}{l}x}\frac{1}{l}\int_{-l}^{l}f(x)\cos\frac{n\pi}{l}x\mathrm{d}x,\quad n=0,1,2,\cdots.\end{aligned}$$

同理

$$b_n=\frac{1}{l}\int_{-l}^{l}f(x)\sin\frac{n\pi}{l}x\mathrm{d}x,\quad n=1,2,\cdots.$$

$F(t)$ 的傅里叶级数为

$$F(t)\sim\frac{a_0}{2}+\sum_{n=1}^{\infty}(a_n\cos nt+b_n\sin nt).$$

回代变量 $t=\dfrac{\pi x}{l}$, 由于 $f(x)$ 满足收敛定理条件, 由收敛定理得, 在 $f(x)$ 的连续点 x, 有

$$\frac{a_0}{2}+\sum_{n=1}^{\infty}\left(a_n\cos\frac{n\pi}{l}x+b_n\sin\frac{n\pi}{l}x\right)=f(x),$$

其中

$$a_n=\frac{1}{l}\int_{-l}^{l}f(x)\cos\frac{n\pi}{l}x\mathrm{d}x,\quad n=0,1,2,\cdots,$$

$$b_n=\frac{1}{l}\int_{-l}^{l}f(x)\sin\frac{n\pi}{l}x\mathrm{d}x,\quad n=1,2,\cdots.$$

在 $f(x)$ 的间断点 x, 级数收敛于 $\dfrac{1}{2}[f(x-0)+f(x+0)]$.

类似可证定理其余部分.

例 5　设 $f(x)$ 是周期为 4 的周期函数, 它在 $[-2,2)$ 上的表达式为

$$f(x)=\begin{cases}0, & -2\leqslant x<0,\\ k, & 0\leqslant x<2,\end{cases}$$

其中 k 为常数, $k\neq 0$, 将 $f(x)$ 展开成傅里叶级数.

解　因为 $2l=4$, 所以 $l=2$, 由公式 (6-12), 有

$$a_0=\frac{1}{2}\int_0^2 k\mathrm{d}x=k,$$

$$a_n=\frac{1}{2}\int_0^2 k\cos\frac{n\pi}{2}x\mathrm{d}x=\left[\frac{k}{n\pi}\sin\frac{n\pi}{2}x\right]_0^2=0,\quad n=1,2,\cdots,$$

$$b_n=\frac{1}{2}\int_0^2 k\sin\frac{n\pi}{2}x\mathrm{d}x=\left[-\frac{k}{n\pi}\cos\frac{n\pi x}{2}\right]_0^2=\frac{k}{n\pi}(1-\cos n\pi)$$

$$=\begin{cases}\dfrac{2k}{n\pi}, & n=1,3,5,\cdots,\\ 0, & n=2,4,6,\cdots.\end{cases}$$

$f(x)$ 在点 $x\,(x\neq 0,\pm2,\pm4,\cdots)$ 连续, 而当 $x=0,\pm2,\pm4$ 时, 级数收敛于 $\dfrac{k}{2}$. 由 (6-11) 得 $f(x)$ 的傅里叶级数展开式

$$f(x)=\frac{k}{2}+\frac{2k}{\pi}\sum_{n=1}^{\infty}\frac{1}{2n-1}\sin\frac{(2n-1)\pi}{2}x,\quad -\infty<x<+\infty,\ x\neq 0,\pm2,\pm4,\cdots.$$

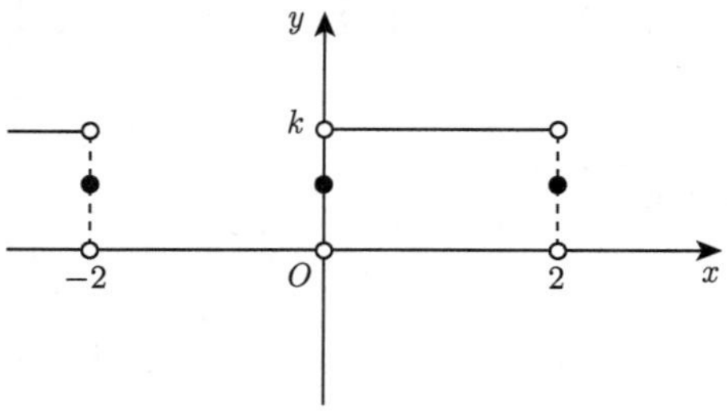

图 11-8

$f(x)$ 的傅里叶级数的和函数的图形如图 11-8 所示.

例 6　设 $f(x)$ 是周期为 2 的周期函数, 它在 $[-1,1)$ 上的表达式为 $f(x)=x^2$, 将 $f(x)$ 展为傅里叶级数.

解　这里 $l=1$. 由于 $f(x)$ 是偶函数, 由系数公式 (6-16), 得

$$
\begin{aligned}
a_0 &= \frac{2}{l}\int_0^l f(x)\mathrm{d}x = 2\int_0^l x^2\mathrm{d}x = \frac{2}{3},\\
a_n &= \frac{2}{l}\int_0^l f(x)\cos\frac{n\pi}{l}x\mathrm{d}x = 2\int_0^1 x^2\cos n\pi x\mathrm{d}x\\
&= \frac{2}{n\pi}\left[x^2\sin n\pi x\right]_0^1 - \frac{4}{n\pi}\int_0^1 x\sin n\pi x\mathrm{d}x\\
&= 0 + \frac{4}{(n\pi)^2}\left[x\cos n\pi x\right]_0^1 - \frac{4}{(n\pi)^2}\int_0^1 x\cos n\pi x\mathrm{d}x\\
&= \frac{4}{(n\pi)^2}\cos n\pi = \frac{(-1)^n 4}{(n\pi)^2},\quad n=1,2,3,\cdots.
\end{aligned}
$$

由于 $f(x)$ 在 $(-\infty,+\infty)$ 上连续, 由公式 (6-15), 得 $f(x)$ 的傅里叶级数展开式为

$$
f(x) = \frac{1}{3} + \frac{4}{\pi^2}\sum_{n=1}^{\infty}(-1)^n\frac{1}{n^2}\cos n\pi x,\quad -\infty<x<+\infty.
$$

和函数图形如图 11-9 所示.

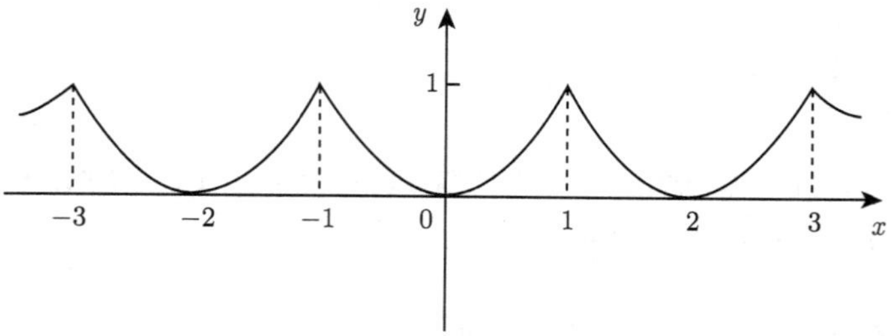

图 11-9

五、 有限区间上函数的傅里叶级数

在某些实际问题中, 常要把定义在任意有限区间上满足收敛定理条件的函数展成傅里叶级数, 主要讨论下面三种情况.

(1) 函数 $f(x)$ 定义在有限区间 $[-l,l]$ 上, 且满足收敛定理条件.

可将函数 $f(x)$ 以周期 $2l$ 延拓到 $(-\infty,+\infty)$ 上, 得到 $(-\infty,+\infty)$ 上的新函数 $F(x)$, 定义如下: $F(x)=f(x-2kl), 2kl-l\leqslant x<2kl+l$, 或 $2kl-l<x\leqslant 2kl+l$, 其中 $k=0,\pm1,\pm2,\cdots$. 于是, 在 $[-l,l)$, 或 $(-l,l]$ 上, $F(x)=f(x)$, 且 $F(x+2l)=F(x)$, $-\infty<x<+\infty$, 即是以 $2l$ 为周期满足收敛定理条件的周期函数, 这种拓广函数定义域的过程称为**函数周期延拓**, $F(x)$ 称为 $f(x)$ 的**周期延拓函数**.

对于 $F(x)$, 由定理 3 中 (6-11), (6-12) 在 $(-\infty,+\infty)$ 内求出其傅里叶级数, 然后将 x 限制在 $[-l,l]$ 上, 此时 $F(x)=f(x)$, 就得到 $f(x)$ 在 $[-l,l]$ 上的傅里叶级数

$$f(x)\sim\frac{a_0}{2}+\sum_{n=1}^{\infty}\left(a_n\cos\frac{n\pi x}{l}+b_n\sin\frac{n\pi x}{l}\right),$$

其中

$$a_n=\frac{1}{l}\int_{-l}^{l}f(x)\cos\frac{n\pi x}{l}\mathrm{d}x,\quad n=0,1,2,\cdots,$$

$$b_n=\frac{1}{l}\int_{-l}^{l}f(x)\sin\frac{n\pi x}{l}\mathrm{d}x,\quad n=1,2,\cdots. \tag{6-17}$$

再根据收敛定理, 判定级数的收敛性, 写出 $f(x)$ 的傅里叶级数展开式.

由 (6-17) 知, $F(x)$ 的傅里叶系数只用到 $f(x)$ 在 $[-l,l]$ 上的表达式, 故不必写出 $F(x)$.

(2) 给定函数 $f(x)$ 定义在有限区间 $[0,l]$ 上, 且满足收敛定理条件.

先构造一个定义在有限区间 $[-l,l]$ 上, 且满足收敛定理条件的函数 $G(x)$,

$$G(x)=\begin{cases}f(x), & 0\leqslant x\leqslant l,\\ g(x), & -l<x<0,\end{cases}$$

其中 $g(x)$ 是在 $(-l,0)$ 上满足收敛定理条件的任意函数, 按照有限区间 $[-l,l]$ 部分的讨论, 可把 $G(x)$ 在 $[-l,l]$ 上展开成傅里叶级数, 然后限制 x 在 $[0,l]$ 上, 就得到 $f(x)$ 在 $[0,l]$ 上的傅里叶级数展开式.

注意到 $g(x)$ 具有任意性, 所以根据 $g(x)$ 的取法不同, 其傅里叶系数也就各异. 通常有下面两种取法:

(1) 取 $g(x) = -f(-x)$, 即 $G(x) = \begin{cases} f(x), & 0 < x \leqslant l, \\ 0, & x = 0, \\ -f(-x), & -l < x < 0, \end{cases}$ 则 $G(x)$ 是 $(-l, l]$ 上的奇函数, 这种延拓称为**奇延拓**, 按奇函数定义, 应有 $f(0) = 0$, 当所给函数不满足该条件时, 改变在点 $x = 0$ 的函数值, 以满足奇函数要求, 由 (6-13), (6-14), 得 $f(x)$ 在 $[0, l]$ 上的傅里叶正弦级数

$$f(x) \sim \sum_{n=1}^{\infty} b_n \sin \frac{n\pi x}{l}, \quad 0 \leqslant x \leqslant l,$$

其中

$$b_n = \frac{2}{l} \int_0^l f(x) \sin \frac{n\pi x}{l} \mathrm{d}x, \quad n = 1, 2, \cdots. \tag{6-18}$$

改变函数 $f(x)$ 在点 $x = 0$ 的值, 不影响傅里叶级数的系数.

(2) 取 $g(x) = f(-x)$, 即 $G(x) = \begin{cases} f(x), & 0 \leqslant x \leqslant l, \\ f(-x), & -l < x < 0, \end{cases}$ 则 $G(x)$ 是 $(-l, l]$ 上的偶函数, 这种延拓称为**偶延拓**. 由 (6-15) 和 (6-16), 得 $f(x)$ 在 $[0, l]$ 上的傅里叶余弦级数

$$f(x) \sim \frac{a_0}{2} + \sum_{n=1}^{\infty} a_n \cos \frac{n\pi x}{l}, \quad 0 \leqslant x \leqslant l,$$

其中

$$a_n = \frac{2}{l} \int_0^l f(x) \cos \frac{n\pi x}{l} \mathrm{d}x, \quad n = 0, 1, 2, \cdots. \tag{6-19}$$

由 (6-18) 和 (6-19) 可见, 计算系数 a_n, b_n 时只用到 $f(x)$ 在 $[0, l]$ 上的表达式, 从而不必写出 $G(x)$.

综上利用收敛定理, 不难写出 $f(x)$ 在 $[0, l]$ 上的傅里叶正弦 (或余弦) 级数展开式.

例 7 将 $f(x) = x\,(0 \leqslant x \leqslant \pi)$ 分别展开成傅里叶正弦级数、余弦级数, 并求 $\sum_{n=1}^{\infty} \frac{1}{n^2}$.

解 先求正弦级数. 对 $f(x)$ 进行奇延拓, 由 (6-18), 有

$$b_n = \frac{2}{\pi} \int_0^\pi f(x) \sin nx \mathrm{d}x = \frac{2}{\pi} \int_0^\pi x \sin nx \mathrm{d}x = \frac{2}{\pi} \left[-\frac{x \cos nx}{n} + \frac{\sin nx}{n^2} \right]_0^\pi$$

$$= (-1)^{n+1}\frac{2}{n}, \quad n = 1, 2, \cdots.$$

由于 $f(x)$ 满足收敛定理的条件, 所以 $f(x)$ 的傅里叶正弦级数展开式为

$$x = 2\sum_{n=1}^{\infty}(-1)^{n+1}\frac{1}{n}\sin nx, \quad 0 \leqslant x < \pi.$$

在点 $x = \pi$, $f(x)$ 的傅里叶正弦级数收敛于 0. 和函数图形如图 11-10 所示.

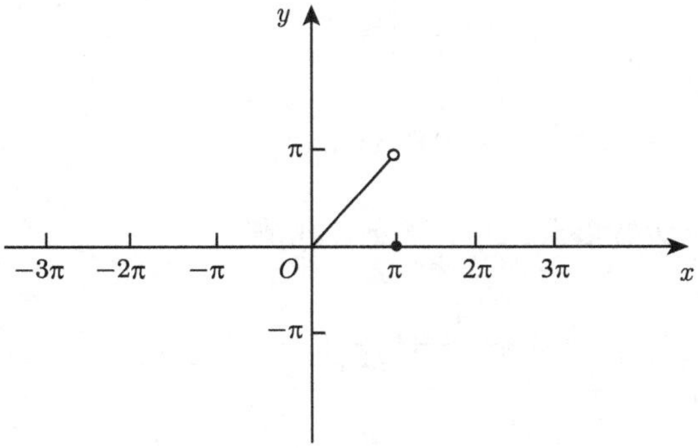

图 11-10

再求余弦级数. 对 $f(x)$ 进行偶延拓, 由 (6-19), 有

$$a_0 = \frac{2}{\pi}\int_0^{\pi} x\mathrm{d}x = \pi,$$

$$a_n = \frac{2}{\pi}\int_0^{\pi} f(x)\cos nx\mathrm{d}x = \frac{2}{\pi}\int_0^{\pi} x\cos nx\mathrm{d}x = \frac{2}{\pi}\left[\frac{x\sin nx}{n} + \frac{\cos nx}{n^2}\right]_0^{\pi}$$

$$= \frac{2}{n^2\pi}[(-1)^n - 1] \quad (n = 1, 2, \cdots)$$

$$= \begin{cases} -\dfrac{4}{n^2\pi}, & n = 1, 3, 5, \cdots, \\ 0, & n = 2, 4, 6, \cdots. \end{cases}$$

由于 $f(x)$ 满足收敛定理条件, 延拓得到的周期函数连续, 所以 $f(x)$ 的傅里叶余弦级数展开式为

$$x = \frac{\pi}{2} - \frac{4}{\pi}\sum_{n=1}^{\infty}\frac{1}{(2n-1)^2}\cos(2n-1)x, \quad 0 \leqslant x \leqslant \pi.$$

和函数图形如图 11-11 所示.

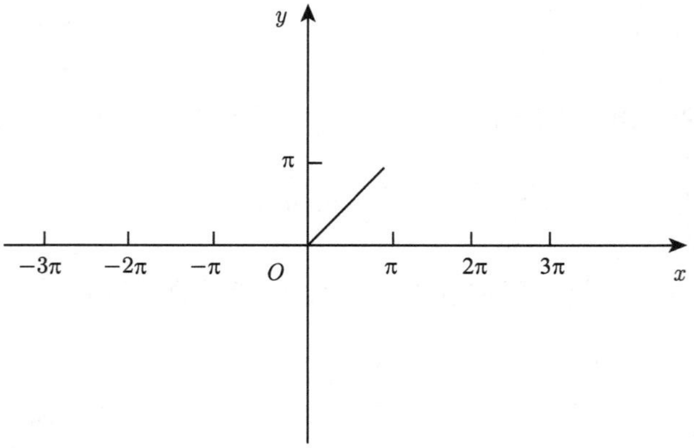

图 11-11

在 $f(x)$ 的余弦级数展开式中, 令 $x=0$, 得

$$1+\frac{1}{3^2}+\frac{1}{5^2}+\cdots=\frac{\pi^2}{8}.$$

记

$$S=1+\frac{1}{2^2}+\frac{1}{3^2}+\frac{1}{4^2}+\cdots,\quad S_1=1+\frac{1}{3^2}+\frac{1}{5^2}+\frac{1}{7^2}+\cdots,$$

$$S_2=\frac{1}{2^2}+\frac{1}{4^2}+\frac{1}{6^2}+\cdots=\frac{1}{2^2}\left(1+\frac{1}{2^2}+\frac{1}{3^2}+\cdots\right)=\frac{1}{4}S,$$

于是

$$S=S_1+S_2=\frac{\pi^2}{8}+\frac{1}{4}S,$$

所以

$$S=\frac{\pi^2}{6}.$$

即

$$\sum_{n=1}^{\infty}\frac{1}{n^2}=\frac{\pi^2}{6}.$$

例 8　将函数 $f(x)=\frac{\pi}{4}-\frac{x}{2}$ 在区间 $[0,\pi]$ 上分别展开成正弦级数、余弦级数.

解　(1) 将函数 $f(x)$ 在区间 $[0,\pi]$ 上展开成正弦级数, 得

$$a_n=0.$$

$$\begin{aligned} b_n &= \frac{2}{\pi}\int_0^{\pi}\left(\frac{\pi}{4}-\frac{x}{2}\right)\sin nx\mathrm{d}x \\ &= -\frac{1}{n\pi}\int_0^{\pi}\left(\frac{\pi}{2}-x\right)\mathrm{d}\cos nx \\ &= -\frac{1}{n\pi}\left(\frac{\pi}{2}-x\right)\cos nx|_0^{\pi}-\frac{1}{n\pi}\int_0^{\pi}\cos nx\mathrm{d}x \\ &= \frac{1}{2n}[1+(-1)^n] \\ &= \begin{cases} \dfrac{1}{n}, & n=2,4,6,\cdots, \\ 0, & n=1,3,5,\cdots, \end{cases} \end{aligned}$$

则

$$\frac{\pi}{4}-\frac{x}{2}=\frac{1}{2}\sin 2x+\frac{1}{4}\sin 4x+\frac{1}{6}\sin 6x+\cdots,\quad 0<x<\pi,$$

当 $x=0$ 或 $x=\pi$ 时, 级数收敛于 0.

(2) 将函数 $f(x)$ 在区间 $[0,\pi]$ 上展开成余弦级数, 得

$$b_n=0,$$

$$\begin{aligned} a_n &= \frac{2}{\pi}\int_0^{\pi}\left(\frac{\pi}{4}-\frac{x}{2}\right)\cos nx\mathrm{d}x \\ &= \frac{1}{n\pi}\int_0^{\pi}\left(\frac{\pi}{2}-x\right)\mathrm{d}\sin nx \\ &= \frac{1}{n\pi}\left(\frac{\pi}{2}-x\right)\sin nx|_0^{\pi}+\frac{1}{n\pi}\int_0^{\pi}\sin nx\mathrm{d}x \\ &= \frac{-1}{n^2\pi}\cos nx|_0^{\pi} \\ &= \begin{cases} \dfrac{2}{n^2\pi}, & n=1,3,5,\cdots, \\ 0, & n=2,4,6,\cdots, \end{cases} \\ a_0 &= \frac{2}{\pi}\int_0^{\pi}\left(\frac{\pi}{4}-\frac{x}{2}\right)\mathrm{d}x=0, \end{aligned}$$

则

$$\frac{\pi}{4}-\frac{x}{2}=\frac{2}{\pi}\left[\cos x+\frac{1}{3^3}\cos 3x+\cdots+\frac{1}{(2n-1)^2}\cos(2n-1)x+\cdots\right],\quad 0\leqslant x\leqslant\pi.$$

习 题 11-6

1. 证明:

(1) 函数系 $1, \cos x, \cos 2x, \cdots, \cos nx, \cdots$ 与 $1, \sin x, \sin 2x, \cdots, \sin nx, \cdots$ 都是 $[0,\pi]$ 上的正交函数系;

(2) 函数系 $1, \cos x, \sin x, \cos 2x, \sin 2x, \cdots, \cos nx, \sin nx, \cdots$ 不是 $[0,\pi]$ 上的正交函数系.

2. 将下列以 2π 为周期的函数 $f(x)$ 展开成傅里叶级数:

(1) $f(x)=3x^2+1,\ -\pi \leqslant x<\pi$;

(2) $f(x)=\mathrm{e}^x,\ -\pi \leqslant x<\pi$;

(3) $f(x)=\begin{cases} bx, & -\pi \leqslant x<0, \\ ax, & 0 \leqslant x<\pi, \end{cases}$ 其中 a, b 为常数, 且 $a>b>0$;

(4) $f(x)=2 \sin \dfrac{x}{3}, -\pi \leqslant x \leqslant \pi$;

(5) $f(x)=\begin{cases} \mathrm{e}^x, & -\pi \leqslant x<0, \\ 1, & 0 \leqslant x \leqslant \pi; \end{cases}$

(6) $f(x)=\begin{cases} -\dfrac{\pi}{2}, & -\pi \leqslant x<-\dfrac{\pi}{2}, \\ x, & -\dfrac{\pi}{2} \leqslant x<\dfrac{\pi}{2}, \\ \dfrac{\pi}{2}, & \dfrac{\pi}{2} \leqslant x<\pi. \end{cases}$

3. 设函数 $f(x)$ 的周期为 2π, 证明 $f(x)$ 的傅里叶系数为

$$a_n=\frac{1}{\pi} \int_0^{2\pi} f(x) \cos nx \mathrm{d}x, \quad n=0,1,2, \cdots,$$

$$b_n=\frac{1}{\pi} \int_0^{2\pi} f(x) \sin nx \mathrm{d}x, \quad n=0,1,2, \cdots .$$

4. 设 $f(x)$ 是以 2π 为周期的函数, 证明:

(1) 若 $f(x-\pi)=-f(x)$, 则 $f(x)$ 的傅里叶系数 $a_0=0, a_{2k}=0, b_{2k}=0, k=1,2, \cdots$;

(2) 若 $f(x-\pi)=f(x)$, 则 $f(x)$ 的傅里叶系数 $a_{2k+1}=0, b_{2k=1}=0, k=0,1,2, \cdots$.

5. 将下列以 $2l$ 为周期的函数 $f(x)$ 展开成傅里叶级数:

(1) $f(x)=1-x^2,\ -\dfrac{1}{2} \leqslant x \leqslant \dfrac{1}{2}$;

(2) $f(x)=\begin{cases} 2x+1, & -3 \leqslant x<0, \\ 1, & 0 \leqslant x<3; \end{cases}$

(3) $f(x)=\begin{cases} 0, & -3 \leqslant x<0, \\ 5, & 0 \leqslant x<3. \end{cases}$

6. 将函数 $f(x)=3\,(0 \leqslant x \leqslant \pi)$ 展开成正弦级数, 并求 $\sum\limits_{n=1}^{\infty} \dfrac{(-1)^{n-1}}{(2n-1)}$ 的和.

7. 将函数 $f(x)=\dfrac{x^2}{4}-\dfrac{\pi x}{2}\ (0\leqslant x\leqslant\pi)$ 分别展开成以 2π 为周期的傅里叶正弦级数、余弦级数.

8. 设 $f(x)=x-1, 0\leqslant x\leqslant 2$, 将 $f(x)$ 展开成以 4 为周期的傅里叶余弦级数, 并求级数的和函数 $S(x)$ 在点 $x=\dfrac{7}{2}$ 的值.

本章小结

第十一章总习题

1. 选择题:

(1) 假设 $0\leqslant a_n<\dfrac{1}{n}(n=1,2,\cdots)$, 则下列级数中一定收敛的是 (　　).

(A) $\sum\limits_{n=1}^{\infty}a_n$　　(B) $\sum\limits_{n=1}^{\infty}(-1)^n a_n$

(C) $\sum\limits_{n=1}^{\infty}\sqrt{a_n}$　　(D) $\sum\limits_{n=1}^{\infty}(-1)^n a_n^2$

(2) 设级数 $\sum\limits_{n=1}^{\infty}a_n^2$ 与 $\sum\limits_{n=1}^{\infty}b_n^2$ 都收敛, 则级数 $\sum\limits_{n=1}^{\infty}a_nb_n$ (　　).

(A) 绝对收敛　　(B) 条件收敛

(C) 发散　　(D) 敛散性不定

(3) 设 $\{u_n\}$ 是数列, 则下列命题正确的是 (　　).

(A) 若 $\sum\limits_{n=1}^{\infty}u_n$ 收敛, 则 $\sum\limits_{n=1}^{\infty}(u_{2n-1}+u_{2n})$ 收敛

(B) 若 $\sum\limits_{n=1}^{\infty}(u_{2n-1}+u_{2n})$ 收敛, 则 $\sum\limits_{n=1}^{\infty}u_n$ 收敛

(C) 若 $\sum\limits_{n=1}^{\infty}u_n$ 收敛, 则 $\sum\limits_{n=1}^{\infty}(u_{2n-1}-u_{2n})$ 收敛

(D) 若 $\sum\limits_{n=1}^{\infty}(u_{2n-1}-u_{2n})$ 收敛, 则 $\sum\limits_{n=1}^{\infty}u_n$ 收敛

(4) 设 $u_n=(-1)^n\ln\left(1+\dfrac{1}{\sqrt{n}}\right)$, 则下列结论正确的是 (　　).

(A) $\sum\limits_{n=1}^{\infty}u_n$ 与 $\sum\limits_{n=1}^{\infty}u_n^2$ 都收敛　　(B) $\sum\limits_{n=1}^{\infty}u_n$ 与 $\sum\limits_{n=1}^{\infty}u_n^2$ 都发散

(C) $\sum\limits_{n=1}^{\infty}u_n$ 发散而 $\sum\limits_{n=1}^{\infty}u_n^2$ 收敛　　(D) $\sum\limits_{n=1}^{\infty}u_n$ 收敛而 $\sum\limits_{n=1}^{\infty}u_n^2$ 发散

(5) 设 a 是常数, 级数 $\sum\limits_{n=1}^{\infty}\left[\dfrac{\sin(na)}{n^3}+\dfrac{(-1)^n}{3^{\ln n}}\right]$(　　).

(A) 发散　　(B) 绝对收敛

(C) 条件收敛　　(D) 敛散性不定

(6) 设 $\{u_n\}$ 是单调增加的有界数列, 则下列级数中收敛的是 (　　).

(A) $\sum\limits_{n=1}^{\infty} \frac{u_n}{n}$　　(B) $\sum\limits_{n=1}^{\infty} (-1)^n \frac{1}{u_n}$

(C) $\sum\limits_{n=1}^{\infty} \left(1-\frac{u_n}{u_{n+1}}\right)$　　(D) $\sum\limits_{n=1}^{\infty} (u_{n+1}^2-u_n^2)$

(7) $\sum\limits_{n=0}^{\infty} (-1)^n \frac{2n+3}{(2n+1)!} =$ (　　).

(A) $\sin 1+\cos 1$　　(B) $2\sin 1+\cos 1$

(C) $2\sin 1+2\cos 1$　　(D) $2\sin 1+3\cos 1$

(8) 若级数 $\sum\limits_{n=1}^{\infty} a_n$ 条件收敛, 则 $x=\sqrt{3}$ 与 $x=3$ 依次为幂级数 $\sum\limits_{n=1}^{\infty} na_n(x-1)^n$ 的 (　　).

(A) 收敛点, 收敛点　　(B) 收敛点, 发散点

(C) 发散点, 收敛点　　(D) 发散点, 发散点

(9) 已知 $f(x)=\left|x-\frac{1}{2}\right|, b_n=2\int_0^1 f(x)\sin n\pi x\mathrm{d}x\,(n=1,2,\cdots)$, 令 $S(x)=\sum\limits_{n=1}^{\infty} b_n \sin n\pi x$, 则 $S\left(-\frac{9}{4}\right)=$ (　　).

(A) $\frac{3}{4}$　　(B) $\frac{1}{4}$　　(C) $-\frac{1}{4}$　　(D) $-\frac{3}{4}$

(10) 设幂级数 $\sum\limits_{n=1}^{\infty} na_n(x-2)^n$ 的收敛区间为 $(-2,6)$, 则 $\sum\limits_{n=1}^{\infty} a_n(x+1)^{2n}$ 的收敛区间为 (　　).

(A) $(-2,6)$　　(B) $(-3,1)$　　(C) $(-5,3)$　　(D) $(-17,15)$.

(11) $\sum\limits_{n=1}^{\infty} nu_n$ 绝对收敛, $\sum\limits_{n=1}^{\infty} \frac{v_n}{n}$ 条件收敛, 则下列结论正确的是 (　　).

(A) $\sum\limits_{n=1}^{\infty} u_nv_n$ 条件收敛　　(B) $\sum\limits_{n=1}^{\infty} u_nv_n$ 绝对收敛

(C) $\sum\limits_{n=1}^{\infty} (u_n+v_n)$ 收敛　　(D) $\sum\limits_{n=1}^{\infty} (u_n+v_n)$ 发散

(12) 若级数 $\sum\limits_{n=2}^{\infty} \left[\sin\frac{1}{n}-k\ln\left(1-\frac{1}{n}\right)\right]$ 收敛, 则 $k=$ (　　).

(A) 1　　(B) 2　　(C) -1　　(D) -2

(13) 判断级数 $\sum\limits_{n=1}^{\infty} \left(\frac{1}{\sqrt{n}}-\frac{1}{\sqrt{n+1}}\right)\sin(n+k)$($k$ 为常数) 的收敛性 (　　).

(A) 绝对收敛　　(B) 条件收敛

(C) 发散　　(D) 收敛性与 k 有关

(14) 下列级数中发散的是 (　　).

(A) $\sum\limits_{n=1}^{\infty}\frac{n}{3^n}$ (B) $\sum\limits_{n=1}^{\infty}\frac{1}{\sqrt{n}}\ln\left(1+\frac{1}{n}\right)$

(C) $\sum\limits_{n=2}^{\infty}\frac{(-1)^n+1}{\ln n}$ (D) $\sum\limits_{n=1}^{\infty}\frac{n!}{n^n}$

2. 填空题:

(1) 设幂级数 $\sum\limits_{n=1}^{\infty}a_nx^n$ 的收敛半径为 3, 则幂级数 $\sum\limits_{n=1}^{\infty}na_n(x-1)^{n+1}$ 的收敛区间为____________.

(2) $\sum\limits_{n=1}^{\infty}n\left(\frac{1}{2}\right)^{n-1}=$____________.

(3) 设级数 $\sum\limits_{n=1}^{\infty}a^{\ln\frac{1}{n}}(a>0)$, 当 a____________时级数收敛; 当 a____________时级数发散.

(4) 级数 $\sum\limits_{n=1}^{\infty}n\mathrm{e}^{-nx}$ 的收敛域是____________.

(5) 级数 $\sum\limits_{n=1}^{\infty}\frac{nx^2}{n^4+x^{2n}}$ 的收敛域是____________.

(6) 设 $x^2=\sum\limits_{n=0}^{\infty}a_n\cos nx\,(-\pi\leqslant x\leqslant\pi)$, 则 $a_2=$____________.

(7) 设 $f(x)$ 是周期为 2 的周期函数, 它在区间 $(-1,1]$ 上的定义为 $f(x)=\begin{cases}2, & -1<x\leqslant 0,\\ x^3, & 0<x\leqslant 1,\end{cases}$ 则 $f(x)$ 的傅里叶级数在 $x=1$ 处收敛于____________.

(8) 设 $f(x)=2-x\,(0\leqslant x\leqslant 2)$, 而 $S(x)=\sum\limits_{n=1}^{\infty}b_n\sin\frac{n\pi x}{2}\,(-\infty<x<+\infty)$, 其中 $b_n=\int_0^2 f(x)\sin\frac{n\pi x}{2}\mathrm{d}x$, $n=1,2,\cdots$, 则 $S(-1)=$____________, $S(0)=$____________.

3. 判别下列级数的收敛性:

(1) $\sum\limits_{n=1}^{\infty}\frac{n\cos^2\frac{n\pi}{3}}{2^n}$; (2) $\sum\limits_{n=2}^{\infty}\frac{1}{(\ln n)^{10}}$;

(3) $\sum\limits_{n=1}^{\infty}\frac{a^n}{n^s}\,(a>0)$; (4) $\sum\limits_{n=1}^{\infty}\frac{(n!)^2}{(2n)!}$;

(5) $\sum\limits_{n=1}^{\infty}\frac{3+(-1)^n}{3^n}$; (6) $\sum\limits_{n=1}^{\infty}\frac{n^{n+1}}{(n+1)^{n+2}}$.

4. 判别下列级数是否收敛? 若收敛, 是绝对收敛还是条件收敛?

(1) $\sum\limits_{n=1}^{\infty}(-1)^n\frac{1}{n^p}$; (2) $\sum\limits_{n=1}^{\infty}(-1)^n\frac{\ln n}{n}$;

(3) $\sum_{n=1}^{\infty}(-1)^{n+1}\frac{\sin\frac{\pi}{n+1}}{\pi^{n+1}}$;　　(4) $\sum_{n=1}^{\infty}(-1)^{n}\frac{(n+1)!}{n^{n+1}}$;

(5) $\sum_{n=1}^{\infty}\frac{n!}{n^{n}}2^{n}\sin\frac{n\pi}{5}$;　　(6) $\sum_{n=2}^{\infty}\sin\left(n\pi+\frac{1}{\ln n}\right)$.

5. 设 $a_n>0,\ n=1,2,\cdots$.

(1) 若数列 $\{a_n\}$ 单调减少且 $\sum_{n=1}^{\infty}(-1)^{n}a_n$ 发散, 证明级数 $\sum_{n=1}^{\infty}\left(\frac{1}{a_n+1}\right)^{n}$ 收敛.

(2) 若 $\lim_{n\to\infty}a_n=a$, 证明级数 $\sum_{n=1}^{\infty}a_n\left(1-\cos\frac{b}{n}\right)(b>0)$ 收敛.

6. 求下列极限:

(1) $\lim_{n\to\infty}\left(\frac{1}{2}+\frac{3}{2^2}+\cdots+\frac{2n-1}{2^n}\right)$;　　(2) $\lim_{n\to\infty}\frac{1}{n}\sum_{k=1}^{m}\frac{1}{3^k}\left(1+\frac{1}{k}\right)^{k^2}$;

(3) $\lim_{n\to\infty}\left[2^{\frac{1}{3}}\cdot4^{\frac{1}{9}}\cdot8^{\frac{1}{27}}\cdots(2^n)^{\frac{1}{3^n}}\right]$.

7. 求下列幂级数的收敛域:

(1) $\sum_{n=1}^{\infty}\left(1+\frac{1}{n}\right)^{n^2}x^n$;　　(2) $\sum_{n=1}^{\infty}n(x+1)^n$;

(3) $\sum_{n=1}^{\infty}\frac{n}{2^n}x^{2n}$.

8. 求下列函数项级数的收敛域:

(1) $\sum_{n=1}^{\infty}\frac{1}{1+x^n}$;　　(2) $\sum_{n=1}^{\infty}\left(x^n+\frac{1}{2^nx^n}\right)$;

(3) $\sum_{n=1}^{\infty}\frac{(-1)^n}{n}\left(1+x^2\right)^n$.

9. 求下列幂级数的和函数:

(1) $\sum_{n=1}^{\infty}\frac{2n-1}{2^n}x^{2(n-1)}$;　　(2) $\sum_{n=1}^{\infty}\frac{(-1)^{n-1}}{2n-1}x^{2n-1}$;

(3) $\sum_{n=1}^{\infty}n(x-1)^n$;　　(4) $\sum_{n=1}^{\infty}\frac{x^n}{n(n+1)}$;

(5) $\sum_{n=1}^{\infty}(-1)^{n-1}nx^{n-1}$;　　(6) $\sum_{n=0}^{\infty}\frac{n^2+1}{2^nn!}x^n$;

(7) $\sum_{n=0}^{\infty}\frac{4n^2+4n+3}{2n+1}x^{2n}$.

10. 求下列数项级数的和:

(1) $\sum_{n=1}^{\infty}\frac{n^2}{n!}$;　　(2) $\sum_{n=0}^{\infty}(-1)^n\frac{n+1}{(2n+1)!}$.

11. 将函数 $f(x)=\dfrac{1}{4}\ln\dfrac{1+x}{1-x}+\dfrac{1}{2}\arctan x-x$ 展开成 x 的幂级数.

12. 展开 $\dfrac{\mathrm{d}}{\mathrm{d}x}\left(\dfrac{\mathrm{e}^x-1}{x}\right)$ 为 x 的幂级数, 并证明 $\sum\limits_{n=1}^{\infty}\dfrac{n}{(n+1)!}=1$.

13. 将 $f(x)=\dfrac{1}{x^2+4x+9}$ 在 $x_0=-2$ 处展开成幂级数.

14. 设 $f(x)$ 是周期为 2π 的函数, 它在 $[-\pi,\pi)$ 上的表达式为 $f(x)=\begin{cases}0, & x\in[-\pi,0),\\ \mathrm{e}^x, & x\in[0,\pi),\end{cases}$ 将 $f(x)$ 展开成傅里叶级数.

15. 将函数 $f(x)=1-x^2\,(0\leqslant x\leqslant\pi)$ 展开成余弦级数, 并求级数 $\sum\limits_{n=1}^{\infty}\dfrac{(-1)^{n-1}}{n^2}$ 的和.

16. 设数列 $\{a_n\}$ 满足 $a_1=1,(n+1)a_{n+1}=\left(n+\dfrac{1}{2}\right)a_n$. 证明: 当 $|x|<1$ 时, 幂级数 $\sum\limits_{n=1}^{\infty}a_nx^n$ 收敛.

17. 已知函数 $f(x)$ 可导, 且 $f(0)=1,0<f'(x)<\dfrac{1}{2}$, 设数列 $\{x_n\}$ 满足 $x_{n+1}=f(x_n)\,(n=1,2,\cdots)$, 证明: (1) 级数 $\sum\limits_{n=1}^{\infty}(x_{n+1}-x_n)$ 绝对收敛.

(2) $\lim\limits_{n\to\infty}x_n$ 存在, 且 $0<\lim\limits_{n\to\infty}x_n<2$.

18. 设数列 $\{a_n\},\{b_n\}$ 满足 $0<a_n<\dfrac{\pi}{2},0<b_n<\dfrac{\pi}{2},\cos a_n-a_n=\cos b_n$, 且级数 $\sum\limits_{n=1}^{\infty}b_n$ 收敛, 证明:

(1) $\lim\limits_{n\to\infty}a_n=0$;

(2) 级数 $\sum\limits_{n=1}^{\infty}\dfrac{a_n}{b_n}$ 收敛.

19. 设 $a_0=1,a_1=0,a_{n+1}=\dfrac{1}{n+1}(na_n+a_{n-1})\,(n=1,2,3,\cdots),S(x)$ 为幂级数 $\sum\limits_{n=0}^{\infty}a_nx^n$ 的和函数. 证明:

(1) 幂级数 $\sum\limits_{n=0}^{\infty}a_nx^n$ 的收敛半径不小于 1;

(2) $(1-x)S'(x)-xS(x)=0\,(x\in(-1,1))$.

20. 已知 $\cos 2x-\dfrac{1}{(1+x)^2}=\sum\limits_{n=0}^{\infty}a_nx^n(-1<x<1)$, 求 a_n.

第十二章　常微分方程与差分方程

在自然科学与工程技术中，常常需要先根据问题建立含有未知函数导数或微分的等式，或者建立含有未知函数差分的等式，即微分方程与差分方程. 本章主要介绍微分方程和差分方程的基本概念，讨论几种常见微分方程的解法及一阶常系数线性差分方程的解法.

第一节　常微分方程的基本概念

一、两个实例

为阐明微分方程的基本概念，先讨论两个简单的例子.

例 1　一曲线过点 $(0,1)$，且在该曲线上任一点 $M(x,y)$ 处的切线斜率为 $x+1$，求该曲线的方程.

解　设所求曲线的方程为 $y=y(x)$，根据导数的几何意义，得

$$\frac{\mathrm{d}y}{\mathrm{d}x}=x+1 \quad \text{或} \quad \mathrm{d}y=(x+1)\mathrm{d}x. \tag{1-1}$$

对 (1-1) 两端积分，得

$$y=\frac{1}{2}x^2+x+C, \tag{1-2}$$

其中 C 为任意常数. 根据题意，曲线过点 $(0,1)$，因此所求函数还应满足条件：

$$\text{当 } x=0 \text{ 时}, \quad y=1, \tag{1-3}$$

把条件 (1-3) 代入 $y=\frac{1}{2}x^2+x+C$，得 $C=1$. 故所求曲线方程为

$$y=\frac{1}{2}x^2+x+1.$$

例 2　列车在平直线路上以 20m/s (相当于 72km/h) 的速度行驶；当制动时列车获得加速度 $-0.4\mathrm{m/s^2}$. 问开始制动后多少时间列车才能停住，以及列车在这段时间里行驶了多少路程？

解　设列车在开始制动后 ts 时行驶了 sm. 根据题意，反映制动阶段列车运动规律的函数 $s=s(t)$ 应满足关系式

$$\frac{\mathrm{d}^2s}{\mathrm{d}t^2}=-0.4. \tag{1-4}$$

此外, 未知函数 $s=s(t)$ 还应满足下列条件:

$$\text{当 } t=0 \text{ 时}, \quad s=0, \quad v=\frac{\mathrm{d}s}{\mathrm{d}t}=20. \tag{1-5}$$

(1-4) 两端积分一次, 得

$$v=\frac{\mathrm{d}s}{\mathrm{d}t}=-0.4t+C_1; \tag{1-6}$$

再积分一次, 得

$$s=-0.2t^2+C_1t+C_2, \tag{1-7}$$

这里 C_1, C_2 都是任意常数.

把条件 $t=0$ 时, $v=20$ 代入 (1-6), 得

$$C_1=20;$$

把条件 $t=0$ 时, $s=0$ 代入 (1-7), 得

$$C_2=0.$$

因此

$$v=-0.4t+20, \tag{1-8}$$

$$s=-0.2t^2+20t. \tag{1-9}$$

在 (1-8) 中令 $v=0$, 得到列车从开始制动到完全停住所需的时间

$$t=\frac{20}{0.4}=50(\mathrm{s}).$$

再把 $t=50$ 代入 (1-9), 得到列车在制动阶段行驶的路程

$$s=-0.2\times 50^2+20\times 50=500(\mathrm{m}).$$

上述两个例子中的方程 (1-1) 和 (1-4) 都含有未知函数的导数 (或微分), 它们都是微分方程. 由此给出微分方程的概念.

二、 微分方程的基本概念

定义 表示未知函数、未知函数的导数与自变量之间的关系的方程称为**微分方程**.

未知函数为一元函数的微分方程称为**常微分方程**, 例如 (1-1) 和 (1-4) 都是常微分方程; 未知函数含有两个或者两个以上自变量的微分方程称为**偏微分方程**,

例如 $\dfrac{\partial u}{\partial t}=a^2\dfrac{\partial^2 u}{\partial x^2}$, 该方程中的未知函数 u 是 t 和 x 的二元函数, 所以是**偏微分方程**. 本章只讨论常微分方程及其解法. 为方便起见, 本章中常微分方程简称为微分方程 (或方程).

微分方程中所出现的未知函数的导数或微分的最高阶数, 称为该**微分方程的阶**. 例如, 方程 (1-1) 为一阶微分方程, 方程 (1-4) 为二阶微分方程. 又如, 方程

$$y'''-2y''+3y'-6y=x\mathrm{e}^x \tag{1-10}$$

是一个三阶微分方程, 方程

$$y^{(4)}-x^4y'''+4(y'')^3-5xy'=2x \tag{1-11}$$

是一个四阶微分方程. 二阶及其以上的微分方程统称为**高阶微分方程**.

n 阶微分方程的一般形式是

$$F\left(x,y,y',\cdots,y^{(n)}\right)=0. \tag{1-12}$$

需要指出, 在方程 (1-12) 中, $y^{(n)}$ 是必须出现的, 而 $x,y',y'',\cdots,y^{(n-1)}$ 等变量可以不显式出现. 例如, n 阶微分方程

$$y^{(n)}+2=0$$

中, 除 $y^{(n)}$ 外, 其他变量都没有出现.

若能从方程 (1-12) 中解出最高阶导数, 则可得微分方程

$$y^{(n)}=f(x,y,y',\cdots,y^{(n-1)}).$$

以后讨论的微分方程都是能解出最高阶导数的方程.

微分方程中所含未知函数及其各阶导数均为一次幂时, 则称该方程为**线性微分方程**. n 阶线性微分方程一般形式为

$$y^{(n)}+a_1(x)y^{(n-1)}+\cdots+a_{n-1}(x)y'+a_n(x)y=f(x).$$

在线性微分方程中, 若未知函数及其各阶导数的系数均为常数, 则称该微分方程为**常系数线性微分方程**, 不是线性方程的微分方程统称为**非线性微分方程**. 例如方程 (1-10) 为三阶常系数线性微分方程, 方程 (1-11) 为四阶非线性微分方程.

函数 $y=\varphi(x)$ 在区间 I 上具有 n 阶连续导数, 若把 $\varphi(x)$ 代入 (1-12) 使其成为恒等式, 即

$$F\left(x,\varphi(x),\varphi'(x),\cdots,\varphi^{(n)}(x)\right)=0,$$

则称函数 $y=\varphi(x)$ 为微分方程 (1-12) 在区间 I 上的一个**解**.

若微分方程的解中含有任意常数，且相互独立的任意常数的个数与微分方程的阶数相同，这样的解称为该微分方程的**通解**. 根据问题的实际情况，确定了通解中任意常数的解称为微分方程的**特解**，如函数 $y=x^2+1, y=x^2+C$ 都是 $y'=2x$ 的解，$y=x^2+C$ (C 为任意常数) 是 $y'=2x$ 的通解，而 $y=x^2+1$ 是 $y'=2x$ 满足条件 $y|_{x=1}=2$ 的特解，条件 $y|_{x=1}=2$ 称为**初始条件**. 在一般情况下，若微分方程是一阶的，用来确定任意常数的条件是

$$\text{当 } x=x_0 \text{ 时}, \quad y=y_0,$$

或写成

$$y|_{x=x_0}=y_0,$$

其中 x_0, y_0 都是给定的值；若微分方程是二阶的，用来确定任意常数的条件是

$$\text{当 } x=x_0 \text{ 时}, \quad y=y_0, y'=y_0',$$

或写成

$$y|_{x=x_0}=y_0, \quad y'|_{x=x_0}=y_0',$$

其中 x_0, y_0, y_0' 都是给定的值. 对于 n 阶微分方程，用来确定任意常数的条件通常记作

$$y|_{x=x_0}=y_0, y'|_{x=x_0}=y_1, \cdots, \left. y^{(n-1)}\right|_{x=x_0}=y_{n-1},$$

其中 $x_0, y_0, y_1, \cdots, y_{n-1}$ 都是给定的值. 上述条件称为**初始条件**. 求解微分方程满足初始条件的问题，称为微分方程的**初值问题**，也称 **Cauchy 问题**. 例如，一阶微分方程的初值问题记作

$$\begin{cases} y'=f(x,y), \\ y|_{x=x_0}=y_0 \end{cases} \quad \text{或} \quad \begin{cases} F(x,y,y')=0, \\ y|_{x=x_0}=y_0. \end{cases}$$

二阶微分方程的初值问题记作

$$\begin{cases} y''=f(x,y,y'), \\ y|_{x=x_0}=y_0, y'|_{x=x_0}=y_0' \end{cases} \quad \text{或} \quad \begin{cases} F(x,y,y',y'')=0, \\ y|_{x=x_0}=y_0, y'|_{x=x_0}=y_0'. \end{cases}$$

微分方程的解的几何意义

例 1、例 2 均为初值问题. 求微分方程解的过程称为**解微分方程**.

微分方程解的图形通常是一条曲线，称为微分方程的**积分曲线**. 微分方程通解的图形是一族曲线，称为**积分曲线族**. 初值问题的几何意义，就是求微分方程满足初始条件的一条特定积分曲线.

习题 12-1

1. 指出下列各微分方程的阶数:

(1) $x(y')^2-2xy'+x=0$;　(2) $y''=xy'+x^2y$;

(3) $y^{(4)}+2xy''+x^2y=0$;　(4) $(7x-6y)\mathrm{d}x+(x+y)\mathrm{d}y=0$;

(5) $L\dfrac{\mathrm{d}^2Q}{\mathrm{d}t^2}+R\dfrac{\mathrm{d}Q}{\mathrm{d}t}+\dfrac{Q}{C}=0$;　(6) $\dfrac{\mathrm{d}\rho}{\mathrm{d}\theta}+\rho=\sin^2\theta$.

2. 指出下列各题中的函数是否为所给微分方程的解 (其中 C_1, C_2, C_3 为任意常数)

(1) $y=5x^2$, $xy'=2y$;　(2) $y=3\sin x-4\cos x$, $y''+y=0$;

(3) $y=C\mathrm{e}^{-2x}+\dfrac{1}{4}\mathrm{e}^{2x}$, $y'+2y=\mathrm{e}^{2x}$;　(4) $y=\dfrac{C}{x}$, $y'=\ln x$;

(5) $y=\mathrm{e}^x-\cos x+C$, $y''=\cos x+\mathrm{e}^x$;

(6) 由 $x^2-xy+y^2=0$ 所确定的函数, $(x-2y)y'=2x-y$.

3. 验证 $y=C\sin x$ 是微分方程 $y'=y\cot x$ 的通解, 求该微分方程满足初始条件 $y|_{x=\frac{\pi}{4}}=1$ 的特解.

4. 曲线上点 $P(x,y)$ 处的切线的斜率等于该点横坐标的平方, 求曲线所满足的微分方程.

5. 一质点由原点开始 $(t=0)$ 沿直线运动, 已知在时间 t 的加速度为 t^2-1, 而在 $t=1$ 时的速度为 $\dfrac{1}{3}$, 求位移 x 与时间 t 的函数关系.

第二节　一阶微分方程

对于一阶微分方程

$$F(x,y,y')=0,$$

若能从中解出 y', 得形如

$$y'=f(x,y)$$

的方程, 称为导数已解出的一阶微分方程. 有时还可以写成对称的形式

$$P(x,y)\mathrm{d}x+Q(x,y)\mathrm{d}y=0,$$

其中变量 x 与 y 是对称的, 既可把 x 看作因变量, 也可把 y 看作因变量.

本节主要讨论几种常见类型的一阶微分方程的解法.

一、　可分离变量的微分方程

若一阶微分方程能写成

$$g(y)\mathrm{d}y=f(x)\mathrm{d}x \tag{2-1}$$

的形式, 即方程的一端只含有 y 的函数与 $\mathrm{d}y$, 另一端只含有 x 的函数与 $\mathrm{d}x$, 则原方程称为**可分离变量的微分方程**, 方程 (2-1) 称为**变量分离的方程**.

假定方程 (2-1) 中函数 $f(x)$ 和 $g(x)$ 是连续的. 设 $y=y(x)$ 是方程 (2-1) 的解, 将它代入方程 (2-1) 得恒等式

$$g[y(x)]y'(x)\mathrm{d}x \equiv f(x)\mathrm{d}x,$$

上式两端积分, 并由 $y=y(x)$, 得

$$\int g(y)\mathrm{d}y \equiv \int f(x)\mathrm{d}x.$$

设 $G(y)$ 与 $F(x)$ 分别是 $g(y)$ 与 $f(x)$ 的一个原函数, 于是, 有

$$G(y)=F(x)+C, \quad C \text{ 为任意常数}. \tag{2-2}$$

可以证明, 由二元方程 (2-2) 所确定的隐函数一定是微分方程 (2-1) 的解, (2-2) 称为微分方程 (2-1) 的**隐式解**, 又由于关系式 (2-2) 中含有任意常数, 因此 (2-2) 所确定的隐函数是方程 (2-1) 的通解, 所以 (2-2) 称为微分方程 (2-1) 的**隐式通解**, 或**通积分**.

例 1　求微分方程 $\dfrac{\mathrm{d}y}{\mathrm{d}x}=2xy$ 的通解.

解　该方程是一个可分离变量的微分方程. 当 $y\neq 0$ 时, 分离变量得

$$\frac{\mathrm{d}y}{y}=2x\mathrm{d}x.$$

两端积分, 得

$$\ln|y|=x^2+C_1,$$

从而

$$y=\pm\mathrm{e}^{C_1}\mathrm{e}^{x^2}.$$

因 $\pm\mathrm{e}^{C_1}$ 是任意非零常数, 又 $y=0$ 也是原方程的解, 故原方程的通解为

$$y=C\mathrm{e}^{x^2}, \quad C \text{ 为任意常数}.$$

例 2　求微分方程 $x(1+y^2)\mathrm{d}x-y(1+x^2)\mathrm{d}y=0$ 的通解及满足初始条件 $y'|_{x=0}=1$ 的特解.

解　这是一个可分离变量的方程, 分离变量得

$$\frac{y\mathrm{d}y}{1+y^2}=\frac{x\mathrm{d}x}{1+x^2},$$

两端积分, 得

$$\frac{1}{2}\ln(1+y^2)=\frac{1}{2}\ln(1+x^2)+\frac{1}{2}C_1,$$

于是

$$\ln(1+y^2)=\ln(1+x^2)+C_1,$$

故原方程的通解为

$$1+y^2=C(1+x^2),\quad C=\mathrm{e}^{C_1}.$$

代入初始条件 $y'|_{x=0}=1$, 得 $C=2$, 故所求特解为 $y^2=2x^2+1$.

例 3 放射性元素铀由于不断地有质子放射出微粒子而变成其他元素, 铀的含量就不断减少, 这种现象称为衰变. 由原子物理学知, 铀的衰变速度与当时未衰变的铀原子的含量 M 成正比. 已知 $T=0$ 时铀的含量为 M_0, 求在衰变过程中铀含量 $M(t)$ 随时间 t 变化的规律.

解 铀的衰变速度就是 $M(t)$ 对时间 t 的导数 $\dfrac{\mathrm{d}M}{\mathrm{d}t}$. 由于铀的衰变速度与其含量成正比, 所以有方程

$$\frac{\mathrm{d}M}{\mathrm{d}t}=-\lambda M, \tag{2-3}$$

其中 λ, $\lambda>0$ 为比例常数. λ 前置负号是由于当 t 增加时 M 减少, 即 $\dfrac{\mathrm{d}M}{\mathrm{d}t}<0$.

将方程 (2-3) 分离变量, 得

$$\frac{\mathrm{d}M}{M}=-\lambda\mathrm{d}t,$$

两端积分, 得

$$\int\frac{\mathrm{d}M}{M}=\int-\lambda\mathrm{d}t,$$

以 $\ln C$ 表示任意常数, 考虑到 $M>0$, 有

$$\ln M=-\lambda t+\ln C,$$

即

$$M=C\mathrm{e}^{-\lambda t}.$$

将初始条件 $M|_{t=0}=M_0$ 代入上式, 得 $C=M_0$. 于是

$$M=M_0\mathrm{e}^{-\lambda t}.$$

可见, 铀的含量随时间的增加而按指数规律衰减, 如图 12-1 所示.

例 4 (价格调整模型)　在市场经济条件下, 一种商品的价格 P 与该商品的供给量 S 和需求量 Q 有密切的关系. 一方面, 需求量 Q 与供给量 S 受价格 P 的影响. 价格 P 上涨 (下跌) 时, 需求量 Q 减少 (增加), 而供给量 S 增加 (减少), 即需求量 Q 是价格 P 的单调减少函数, 而供给量 S 是价格 P 的单调增加函数. 为简单起见, 设需求函数和供给函数分别为价格 P 的线性函数:

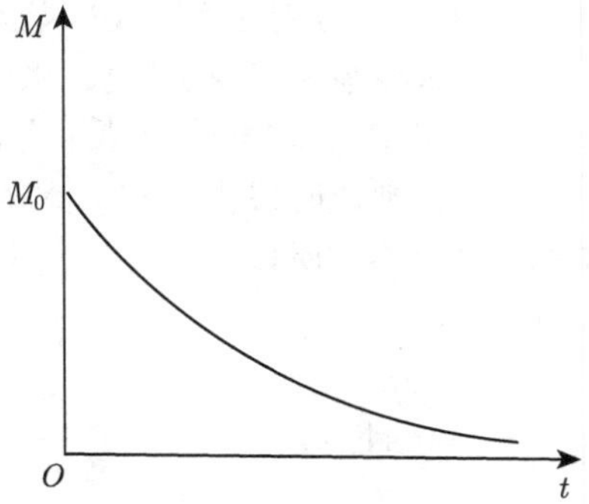

图 12-1

$$Q = a - bP, \quad S = -\alpha + \beta P, \tag{2-4}$$

其中 a, b, α 和 β 均为正的常数.

当市场上这种商品处于供需均衡状态 (即 $Q = S$) 时, 由上式可知供需均衡时的价格

$$P_{\mathrm{e}} = \frac{a+\alpha}{b+\beta} \tag{2-5}$$

称为该商品的**均衡价格**.

另一方面, 商品的供需大多处于非平衡状态 ($Q \neq S$), 而且价格 P 受供需状态的影响, 当供过于求 ($Q < S$) 时, 价格下跌; 当供不应求 ($S < Q$) 时, 价格上涨. 因此, 商品价格是随时间变化的, 即价格是时间 t 的函数 $P = P(t)$. 由上述分析, 可设价格 $P(t)$ 满足下述调节方程

$$\frac{\mathrm{d}P}{\mathrm{d}t} = k(Q - S), \tag{2-6}$$

其中 k 为正的常数, 反映价格的调整速度. 将 (2-4) 代入 (2-6), 得

$$\frac{\mathrm{d}P}{\mathrm{d}t} = \mu(P_{\mathrm{e}} - P), \tag{2-7}$$

其中 $\mu = k(b+\beta) > 0$. 方程 (2-7) 为 P 的一阶线性方程, 通解为

$$P = P(t) = C\mathrm{e}^{-\mu t} + P_{\mathrm{e}}.$$

假设初始价格 $P(0) = P_0$, 则

$$P(t) = (P_0 - P_{\mathrm{e}})\mathrm{e}^{-\mu t} + P_{\mathrm{e}}.$$

由 $\mu > 0$ 可知 $\lim\limits_{t\to\infty} P(t) = P_{\mathrm{e}}$. 这表明实际价格 $P(t)$ 最终将趋于均衡价格 P_{e}, 即商品最终会达到供需平衡, 这就是亚当 • 斯密著名的 “看不见的手” 调节市场的思想.

例 5　一池内原有 100L 盐水, 其中含盐 10kg. 现匀速地每分钟注入 2L 清水, 同时从池中流出 2L 盐水, 求 t 时刻池内盐水的含盐量.

解　设在 t 时刻池内盐水含盐为 $y$kg, 则当 $t=0$ 时 $y=10$kg. 任取小时段 $[t,t+\Delta t]$, 则该时段内流出盐水 $(2\Delta t)$L, 其中含盐 Δykg. 因为 t 时刻池内盐水质量浓度为 $\dfrac{y}{100}$, 所以

$$\Delta y=-\frac{y}{100}2\Delta t,$$

当 $\Delta t\to 0$ 时, 有

$$\mathrm{d}y=-\frac{y}{100}2\mathrm{d}t.$$

该微分方程可分离变量, 易求得其通解为 $y=C\mathrm{e}^{-\frac{t}{50}}$. 代入初始条件 $y|_{t=0}=10$, 得 $C=10$, 故 t 时刻池内的含盐量为 $y=10\mathrm{e}^{-\frac{t}{50}}$kg.

该题建立微分方程的方法称为**微元分析法**, 是建立微分方程的一种常用方法.

二、 齐次方程

若一阶微分方程可化成

$$\frac{\mathrm{d}y}{\mathrm{d}x}=\varphi\left(\frac{y}{x}\right)\tag{2-8}$$

的形式, 则称该微分方程为**齐次方程**.

对于齐次方程, 可以通过变量替换将其转化为可变量分离的方程求解. 作变换 $u=\dfrac{y}{x}$, 则 $y=ux$, 两端关于 x 求导, 得

$$\frac{\mathrm{d}y}{\mathrm{d}x}=x\frac{\mathrm{d}u}{\mathrm{d}x}+u,$$

代入 (2-8), 有

$$u+x\frac{\mathrm{d}u}{\mathrm{d}x}=\varphi(u)\quad 或\quad x\frac{\mathrm{d}u}{\mathrm{d}x}=\varphi(u)-u.$$

分离变量, 得

$$\frac{\mathrm{d}u}{\varphi(u)-u}=\frac{\mathrm{d}x}{x},$$

两端积分, 得

$$\int\frac{\mathrm{d}u}{\varphi(u)-u}=\ln|x|+C.$$

求出左边的积分后再用 $\dfrac{y}{x}$ 代换 u, 即得齐次方程的通解.

例 6　求方程 $\dfrac{\mathrm{d}y}{\mathrm{d}x}=\dfrac{y}{x}+\tan\dfrac{y}{x}$ 的通解.

解 令 $\dfrac{y}{x}=u$, 则 $y=ux$, $\dfrac{\mathrm{d}y}{\mathrm{d}x}=u+x\dfrac{\mathrm{d}u}{\mathrm{d}x}$ 代入方程得

$$u+x\frac{\mathrm{d}u}{\mathrm{d}x}=u+\tan u,$$

即

$$x\frac{\mathrm{d}u}{\mathrm{d}x}=\tan u.$$

分离变量并积分, 得

$$\ln|\sin u|=\ln|x|+\ln|C|,$$

或 $\sin u=Cx$, 其中 C 为任意常数 (注意到 $C=0$ 是原方程的特解). 将 $u=\dfrac{y}{x}$ 代入上式得

$$\sin\frac{y}{x}=Cx.$$

例 7 求微分方程 $(y^2-3x^2)\mathrm{d}x+2xy\mathrm{d}y=0$ 满足初始条件 $y|_{x=0}=1$ 的特解.

解 原方程可变形为

$$\frac{\mathrm{d}y}{\mathrm{d}x}=\frac{3-\left(\dfrac{y}{x}\right)^2}{2\dfrac{y}{x}}.$$

令 $\dfrac{y}{x}=u$, 则 $y=ux$, $\dfrac{\mathrm{d}y}{\mathrm{d}x}=u+x\dfrac{\mathrm{d}u}{\mathrm{d}x}$ 代入方程, 得

$$u+x\frac{\mathrm{d}u}{\mathrm{d}x}=\frac{3-u^2}{2u},$$

分离变量, 得

$$\frac{2u\mathrm{d}u}{3(1-u^2)}=\frac{1}{x}\mathrm{d}x,$$

两端积分, 得

$$-\frac{1}{3}\ln|1-u^2|=\ln|x|+C_1,$$

即

$$x^3(1-u^2)=C(C=\pm\mathrm{e}^{-3C_1}).$$

将 $u=\dfrac{y}{x}$ 代回, 得所求微分方程的通解

$$x^3-xy^2=C.$$

代入初始条件 $y|_{x=1}=2$, 得 $C=-1$, 故所求初值问题的特解为 $x^3-xy^2+1=0$.

例 8 求微分方程 $xy' = y(1+\ln y - \ln x)$ 的通解.

解 方程可变形为

$$\frac{\mathrm{d}y}{\mathrm{d}x} = \frac{y}{x}\left(1+\ln\frac{y}{x}\right).$$

这是齐次方程, 令 $u = \dfrac{y}{x}$, 则方程化为

$$u + x\frac{\mathrm{d}u}{\mathrm{d}x} = u(1+\ln u),$$

分离变量后, 得

$$\frac{\mathrm{d}u}{u\ln u} = \frac{1}{x}\mathrm{d}x,$$

两边积分, 得

$$\ln|\ln u| = \ln|x| + \ln|C|,$$

即

$$\ln u = Cx,$$

也即 $u = \mathrm{e}^{Cx}$, 将 $u = \dfrac{y}{x}$ 回代得通解 $y = x\mathrm{e}^{Cx}$.

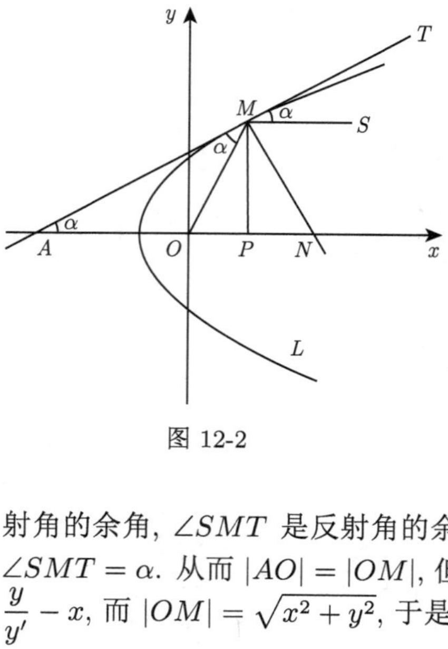

图 12-2

例 9 有旋转曲面形状的凹镜, 假设由旋转轴上一点 O 发出的一切光线经此凹镜反射后都与旋转轴平行 (探照灯内的凹镜就是如此), 求该旋转曲面的方程.

解 取旋转轴为 x 轴, 光源所在之处取作原点 O, 取通过旋转轴的任意平面为 xOy 坐标面, 该平面截此旋转面得曲线 L, 如图 12-2 所示. 由曲线 L 的对称性, 可以只求当 $y>0$ 时 L 的方程. 取点 $M(x,y)$ 为 L 上的任一点, 点 O 发出的某条光线经点 M 反射后是一条与 x 轴平行的直线 MS, 又过点 M 的切线 AT 与 x 轴的夹角为 α. 根据题意, $\angle SMT = \alpha$. 另一方面, $\angle OMA$ 是入射角的余角, $\angle SMT$ 是反射角的余角, 于是由光学中的反射定律, 有 $\angle OMA = \angle SMT = \alpha$. 从而 $|AO| = |OM|$, 但 $|AO| = |AP| - |OP| = |PM|\cot\alpha - |OP| = \dfrac{y}{y'} - x$, 而 $|OM| = \sqrt{x^2+y^2}$, 于是得微分方程

$$\frac{y}{y'} - x = \sqrt{x^2+y^2}.$$

把 x 看作未知函数, 把 y 看作自变量, 当 $y>0$ 时, 上式即为

$$\frac{\mathrm{d}x}{\mathrm{d}y}=\frac{x}{y}+\sqrt{\left(\frac{x}{y}\right)^2+1},$$

这是齐次方程. 令 $\frac{x}{y}=v$, 则 $x=yv$, $\frac{\mathrm{d}x}{\mathrm{d}y}=v+y\frac{\mathrm{d}v}{\mathrm{d}y}$, 代入上式, 得

$$v+y\frac{\mathrm{d}v}{\mathrm{d}y}=v+\sqrt{v^2+1},$$

即

$$y\frac{\mathrm{d}v}{\mathrm{d}y}=\sqrt{v^2+1}.$$

分离变量, 得

$$\frac{\mathrm{d}v}{\sqrt{v^2+1}}=\frac{1}{y}\mathrm{d}y,$$

再积分, 可得 $\ln(v+\sqrt{v^2+1})=\ln y-\ln C$, 或 $v+\sqrt{v^2+1}=\frac{y}{C}$. 由 $\left(\frac{y}{C}-v\right)^2=v^2+1$, 得

$$\frac{y^2}{C^2}-\frac{2yv}{C}=1,$$

将 $yv=x$ 代入上式, 得

$$y^2=2C\left(x+\frac{C}{2}\right).$$

这是以 x 轴为对称轴、焦点在原点的抛物线, 它绕 x 轴旋转所得旋转抛物面的方程为

$$y^2+z^2=2C\left(x+\frac{C}{2}\right),$$

即为所求旋转曲面方程.

若凹镜底面的直径是 d, 从顶点到底面的距离为 h, 则将 $x+\frac{C}{2}=h$ 与 $y=\frac{d}{2}$ 代入 $y^2=2C\left(x+\frac{C}{2}\right)$ 得 $C=\frac{d^2}{8h}$. 这时旋转抛物面的方程为

$$y^2+z^2=\frac{d^2}{4h}\left(x+\frac{d^2}{16h}\right).$$

三、 一阶线性微分方程与伯努利方程

1. 一阶线性微分方程

形如

$$\frac{\mathrm{d}y}{\mathrm{d}x}+P(x)y=Q(x) \tag{2-9}$$

的方程称为**一阶线性微分方程**. 其中 $P(x), Q(x)$ 为已知连续函数.

若 $Q(x) \equiv 0$, 即

$$\frac{\mathrm{d}y}{\mathrm{d}x} + P(x)y = 0, \tag{2-10}$$

称为对应于 (2-9) 的**一阶齐次线性微分方程**.

若 $Q(x)$ 不恒为零, 则方程 (2-9) 称为**一阶非齐次线性微分方程**.

方程 (2-10) 是可分离变量的微分方程, 分离变量, 得

$$\frac{\mathrm{d}y}{y} = -P(x)\mathrm{d}x,$$

两端积分, 得

$$\ln|y| = -\int P(x)\mathrm{d}x + C_1,$$

或

$$y = C\mathrm{e}^{-\int P(x)\mathrm{d}x} \quad (C = \pm\mathrm{e}^{C_1}), \tag{2-11}$$

可得一阶线性齐次微分方程 (2-10) 的通解.

对于一阶非齐次线性微分方程 (2-9), 可使用**常数变易法**来求其通解. 该方法是把齐次微分方程 (2-10) 通解中的任意常数 C 换成 x 的函数 $C(x)$, 即

$$y = C(x)\mathrm{e}^{-\int P(x)\mathrm{d}x}, \tag{2-12}$$

两端求导, 得

$$\frac{\mathrm{d}y}{\mathrm{d}x} = C'(x)\mathrm{e}^{-\int P(x)\mathrm{d}x} - C(x)P(x)\mathrm{e}^{-\int P(x)\mathrm{d}x}. \tag{2-13}$$

将 (2-12) 和 (2-13) 代入方程 (2-9), 有

$$C'(x)\mathrm{e}^{-\int P(x)\mathrm{d}x} - C(x)P(x)\mathrm{e}^{-\int P(x)\mathrm{d}x} + P(x)C(x)\mathrm{e}^{-\int P(x)\mathrm{d}x} = Q(x),$$

即

$$C'(x) = Q(x)\mathrm{e}^{\int P(x)\mathrm{d}x},$$

两端积分, 得

$$C(x) = \int Q(x)\mathrm{e}^{\int P(x)\mathrm{d}x}\mathrm{d}x + C.$$

把上式代入 (2-12), 得非齐次线性微分方程 (2-9) 的通解

$$y = \mathrm{e}^{-\int P(x)\mathrm{d}x}\left[\int Q(x)\mathrm{e}^{\int P(x)\mathrm{d}x}\mathrm{d}x + C\right]. \tag{2-14}$$

上式也可写成两项之和

$$y = C\mathrm{e}^{-\int P(x)\mathrm{d}x} + \mathrm{e}^{-\int P(x)\mathrm{d}x}\int Q(x)\mathrm{e}^{\int P(x)\mathrm{d}x}\mathrm{d}x. \tag{2-15}$$

右端第一项是对应的齐次线性方程 (2-10) 的通解, 第二项是非齐次线性方程 (2-9) 的一个特解, 在 (2-14) 式中取 $C=0$ 便可得到这个特解. 可见, 一阶非齐次线性方程的通解等于对应的齐次线性方程的通解与非齐次线性方程的一个特解之和.

求非齐次线性方程的通解可由 (2-15) 直接得到, 亦可用常数变易法, 即 (2-15) 的推导过程求解.

例 10　求解微分方程 $\dfrac{\mathrm{d}y}{\mathrm{d}x} - \dfrac{2y}{x+1} = (x+1)^{\frac{5}{2}}$.

解　这是一阶非齐次线性微分方程, 对应的齐次线性方程为 $\dfrac{\mathrm{d}y}{\mathrm{d}x} - \dfrac{2y}{x+1} = 0$. 分离变量, 得

$$\frac{\mathrm{d}y}{y} = \frac{2}{x+1}\mathrm{d}x.$$

齐次方程的通解为

$$y = C(x+1)^2.$$

用常数变易法, 把上式中的 C 换成 $C(x)$, 即令

$$y = C(x)(x+1)^2,$$

两端求导, 得

$$\frac{\mathrm{d}y}{\mathrm{d}x} = C'(x)(x+1)^2 + 2(x+1)C(x),$$

代入原方程, 得 $C'(x)(x+1)^2 + 2(x+1)C(x) - \dfrac{2}{x+1}(x+1)^2C(x) = (x+1)^{\frac{5}{2}}$, 即

$$C'(x) = (x+1)^{\frac{1}{2}},$$

积分, 得 $C(x) = \dfrac{2}{3}(x+1)^{\frac{3}{2}} + C$. 所以原方程的通解为

$$y = (x+1)^2\left[\frac{2}{3}(x+1)^{\frac{3}{2}} + C\right] = C(x+1)^2 + \frac{2}{3}(x+1)^{\frac{7}{2}}.$$

例 11　求一阶线性微分方程 $xy' = x^2 + 3y\ (x>0)$ 满足初始条件 $y|_{x=1} = 2$ 的特解.

解　原方程可变形为

$$y' - \frac{3}{x}y = x,$$

其中 $P(x)=-\dfrac{3}{x}$, $Q(x)=x$, 代入 (2-15), 得通解

$$\begin{aligned}y&=C\mathrm{e}^{-\int P(x)\mathrm{d}x}+\mathrm{e}^{-\int P(x)\mathrm{d}x}\int Q(x)\mathrm{e}^{\int P(x)\mathrm{d}x}\mathrm{d}x\\&=C\mathrm{e}^{-\int\left(-\frac{3}{x}\right)\mathrm{d}x}+\mathrm{e}^{-\int\left(-\frac{3}{x}\right)\mathrm{d}x}\int x\cdot\mathrm{e}^{\int\left(-\frac{3}{x}\right)\mathrm{d}x}\mathrm{d}x\\&=Cx^3+x^3\int x\mathrm{e}^{\ln x^{-3}}\mathrm{d}x\\&=Cx^3+x^3\int\frac{1}{x^2}\mathrm{d}x\\&=Cx^3-x^2.\end{aligned}$$

将初始条件 $y|_{x=1}=2$ 代入通解中, 得 $C=3$. 所以, 原方程满足初始条件 $y|_{x=1}=2$ 的特解为

$$y=3x^3-x^2.$$

例 12　求解微分方程 $\dfrac{\mathrm{d}y}{\mathrm{d}x}=\dfrac{y}{y^2+x}$.

解　若视 y 为自变量, x 为因变量, 则它是一阶线性非齐次微分方程

$$\frac{\mathrm{d}x}{\mathrm{d}y}-\frac{1}{y}x=y,$$

其中 $P(y)=-\dfrac{1}{y}$, $Q(y)=y$. 代入 (2-15), 得通解

$$\begin{aligned}x&=\mathrm{e}^{-\int P(y)\mathrm{d}y}\left[\int Q(y)\mathrm{e}^{\int P(y)\mathrm{d}y}\mathrm{d}y+C\right]\\&=\mathrm{e}^{\int\frac{1}{y}\mathrm{d}y}\left[\int y\mathrm{e}^{\int-\frac{1}{y}\mathrm{d}y}\mathrm{d}y+C\right]=y^2+Cy.\end{aligned}$$

例 13　在图 12-3 中, 电路中的电闸在时刻 $t=0$ 时闭合, 作为时间函数的电流是怎样变化的?

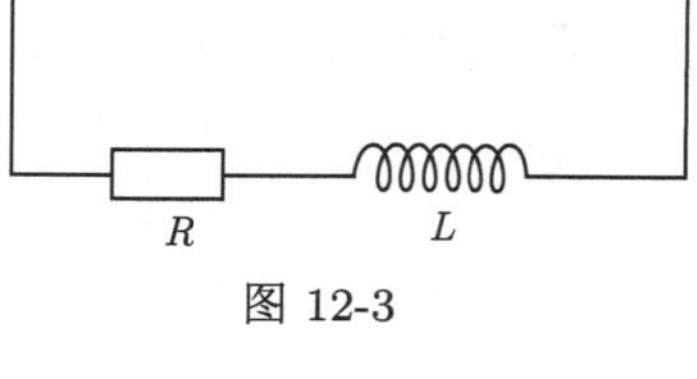

图 12-3

分析　图 12-3 表示一个电路, 它的总电阻是常值 R 欧姆, 用线圈表示的电感是 L 亨利, 是个常值, 根据欧姆定律 $L\dfrac{\mathrm{d}i}{\mathrm{d}t}+Ri=U$, 这里 i 表示电流, t 表示时间 (秒). 通过解这个方程, 就可以预测开关闭合后电流随时间是如何变化的.

解　方程 $L\frac{\mathrm{d}i}{\mathrm{d}t}+Ri=U$ 是关于时间 t 的函数 i 的一阶线性方程. 它的标准形式是 $\frac{\mathrm{d}i}{\mathrm{d}t}+\frac{R}{L}i=\frac{U}{L}$, 其中 $P(t)=\frac{R}{L}$, $Q(t)=\frac{U}{L}$. 该微分方程的通解是

$$i(t)=\mathrm{e}^{-\int P(t)\mathrm{d}t}\left(\int Q(t)\,\mathrm{e}^{\int P(t)\mathrm{d}t}\mathrm{d}t+C\right).$$

当 $t=0$ 时, $i=0$, 解得 $C=-\frac{U}{R}$, 从而有特解

$$i(t)=\frac{U}{R}-\frac{U}{R}\mathrm{e}^{-(R/L)t}.$$

因为 $\lim\limits_{t\to\infty}\mathrm{e}^{-(R/L)t}=0$, 所以 $\lim\limits_{t\to\infty}i(t)=\lim\limits_{t\to\infty}\left(\frac{U}{R}-\frac{U}{R}\mathrm{e}^{-(R/L)t}\right)=\frac{U}{R}$.

若 $L=0$ (没有电感) 或者 $\frac{\mathrm{d}i}{\mathrm{d}t}=0$ (稳定电流, i 为常数), 流过电路的电流将是 $I=\frac{U}{R}$, 微分方程 $L\frac{\mathrm{d}i}{\mathrm{d}t}+Ri=U$ 的解为 $i(t)=\frac{U}{R}-\frac{U}{R}\mathrm{e}^{-(R/L)t}$. 此解由两部分组成, 第一项称为稳态解 $\frac{U}{R}$, 第二项为瞬时解 $-\frac{U}{R}\mathrm{e}^{-(R/L)t}$, 且当 $t\to\infty$ 时趋于零. 数 $t=L/R$ 称为 RL 串联电路的**时间常数**, 时间常数是个内在测度, 表明一个特定的电路多快达到平稳. 从理论上讲, 只有当 $t\to\infty$ 时电路才达到稳态. 但由于指数函数开始变化较快, 以后逐渐缓慢, 当经过 3 倍时间常数时, 电流与其稳态值的差不足 5%. 经过 5 倍时间常数后电路就基本达到稳态, 如图 12-4 所示.

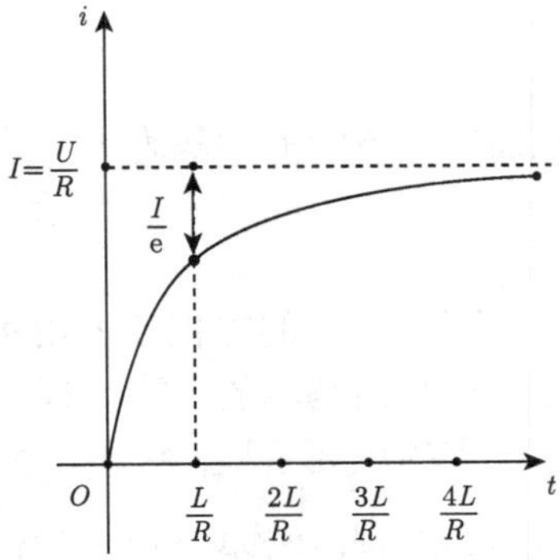

图 12-4

*2. 伯努利方程

形如

$$\frac{\mathrm{d}y}{\mathrm{d}x}+P(x)y=Q(x)y^n\quad(n\neq 0,1)\tag{2-16}$$

的方程称为**伯努利** (Bernoulli) **方程**. 当 $n=0$ 或 $n=1$ 时, 方程 (2-16) 是一阶线性微分方程; 当 $n\neq 0$ 且 $n\neq 1$ 时, 该方程为一阶非线性微分方程, 但通过变量代换, 可以把它化为线性的.

事实上, 以 y^{-n} 乘方程 (2-16) 两端, 得

$$y^{-n}\frac{\mathrm{d}y}{\mathrm{d}x}+P(x)y^{1-n}=Q(x),$$

易知, 上式左端第一项与 $\dfrac{\mathrm{d}}{\mathrm{d}x}(y^{1-n})$ 只差常数因子 $1-n$. 因此可引入新的变量 $z=y^{1-n}$, 则方程 (2-16) 化成关于 z 为未知函数的一阶线性微分方程

$$\frac{\mathrm{d}z}{\mathrm{d}x}+(1-n)P(x)z=(1-n)Q(x),$$

求出这个方程的通解后, 以 y^{1-n} 代 z, 便得伯努利方程 (2-16) 的通解.

例 14　求解微分方程 $\dfrac{\mathrm{d}y}{\mathrm{d}x}+\dfrac{y}{x}=(\ln x)y^2$.

解　此方程为 $n=2$ 的伯努利方程. 以 y^{-2} 乘方程的两端, 得

$$y^{-2}\frac{\mathrm{d}y}{\mathrm{d}x}+\frac{1}{x}y^{-1}=\ln x.$$

令 $z=y^{-1}$, 得

$$\frac{\mathrm{d}z}{\mathrm{d}x}-\frac{z}{x}=-\ln x,$$

解此线性方程, 得

$$z=x\left[C-\frac{(\ln x)^2}{2}\right],$$

从而得原方程的通解为

$$xy\left[C-\frac{(\ln x)^2}{2}\right]=1.$$

不同类型的方程要使用不同的方法求解. 首先, 可分离变量的方程与一阶线性方程是最基本的一阶方程, 前面已介绍了它们的基本解法. 其次, 变换是求解微分方程的重要手段, 变量代换能将某些类型不明确的方程转化为类型明确的能求出解的方程. 例如, 齐次方程 $\dfrac{\mathrm{d}y}{\mathrm{d}x}=\varphi\left(\dfrac{y}{x}\right)$ 化为可分离变量的方程, 伯努利方程 $\dfrac{\mathrm{d}y}{\mathrm{d}x}+P(x)y=Q(x)y^n\ (n\neq 0,1)$ 化为线性方程, 就分别利用了变换 $u=\dfrac{y}{x}$ 及 $z=y^{1-n}$. 还可利用其他变换将方程化为可分离变量的方程或伯努利方程. 下面给出利用变量代换的方法求解的例子.

例 15　求解微分方程 $\dfrac{\mathrm{d}y}{\mathrm{d}x}=\dfrac{1}{x+y}$.

解　利用变量代换. 令 $x+y=u$, 则 $y=u-x$, $\dfrac{\mathrm{d}y}{\mathrm{d}x}=\dfrac{\mathrm{d}u}{\mathrm{d}x}-1$. 代入原方程, 得

$$\frac{\mathrm{d}u}{\mathrm{d}x}=\frac{u+1}{u}.$$

分离变量, 得

$$\frac{u}{u+1}\mathrm{d}u = \mathrm{d}x,$$

两端积分, 得

$$u - \ln|u+1| = x + C,$$

以 $u = x + y$ 代入上式, 得原方程的通解为

$$y - \ln|x+y+1| = C,$$

或

$$x = C_1\mathrm{e}^y - y - 1 \quad (C_1 = \pm\mathrm{e}^{-C}).$$

若视 y 为自变量, x 为因变量, 则它是一阶非齐次线性微分方程 $\dfrac{\mathrm{d}x}{\mathrm{d}y} = x + y$, 即按一阶非齐次线性微分方程的解法也可得通解.

例 16 求方程 $\cos y\dfrac{\mathrm{d}y}{\mathrm{d}x} - \cos x\sin^2 y = \sin y$ 的通解.

解 利用变量代换. 令 $z = \sin y$, 则 $\dfrac{\mathrm{d}z}{\mathrm{d}x} = \cos y\dfrac{\mathrm{d}y}{\mathrm{d}x}$, 代入原方程, 得

$$\frac{\mathrm{d}z}{\mathrm{d}x} - z^2\cos x = z,$$

此为伯努利方程. 两端同乘 z^{-2}, 得

$$z^{-2}\frac{\mathrm{d}z}{\mathrm{d}x} - z^{-1} = \cos x,$$

令 $u = z^{-1}$, 得线性方程

$$\frac{\mathrm{d}u}{\mathrm{d}x} + u = -\cos x.$$

由 (2-15), 得通解

$$u = -\frac{1}{2}(\sin x + \cos x) + C_1\mathrm{e}^{-x},$$

而 $u = \dfrac{1}{z} = \dfrac{1}{\sin y}$, 换回原变量, 所求通解为

$$\frac{2}{\sin y} + \sin x + \cos x = C\mathrm{e}^{-x}, \quad 其中 \quad C = 2C_1.$$

四、 全微分方程

导数可解出的一阶微分方程的对称形式为

$$P(x,y)\mathrm{d}x + Q(x,y)\mathrm{d}y = 0, \tag{2-17}$$

其中假设 $P(x,y)$ 和 $Q(x,y)$ 在平面单连通区域 G 内具有一阶连续偏导数, 且 $P(x,y)$, $Q(x,y)$ 不同时为 0.

1. 全微分方程

若方程 (2-17) 的左端 $P(x,y)\mathrm{d}x+Q(x,y)\mathrm{d}y$ 是 G 内某一个函数 $u(x,y)$ 的全微分, 即

$$P(x,y)\mathrm{d}x+Q(x,y)\mathrm{d}y=\mathrm{d}u(x,y),$$

则称方程 (2-17) 是**全微分方程**.

例如, 方程 $x\mathrm{d}x+y\mathrm{d}y=0$, 其左端是 $\frac{1}{2}(x^2+y^2)$ 的全微分, 所以它是一个全微分方程, 这个方程的隐式通解为

$$x^2+y^2=C.$$

对于全微分方程 (2-17), 只要求出 $P(x,y)\mathrm{d}x+Q(x,y)\mathrm{d}y$ 的原函数 $u(x,y)$, 那么 $u(x,y)=C$ 就是全微分方程的隐式通解, 这里 C 为任意常数.

在一些较简单的情形下, 可用观察法求出 $u(x,y)$, 那么在一些较复杂的情形下, 如何判断方程 (2-17) 为全微分方程? 若是, 又怎样求出 $u(x,y)$ 呢?

该问题在曲线积分一节中已得到解决, 即假设方程

$$P(x,y)\mathrm{d}x+Q(x,y)\mathrm{d}y=0$$

中函数 $P(x,y)$, $Q(x,y)$ 在单连通区域 G 内具有连续的一阶偏导数, 则方程 (2-17) 是全微分方程的充分必要条件是在 G 内成立恒等式

$$\frac{\partial P}{\partial y}=\frac{\partial Q}{\partial x},$$

且函数 $u(x,y)$ 可由

$$u(x,y)=\int_{x_0}^{x}P(x,y_0)\mathrm{d}x+\int_{y_0}^{y}P(x,y)\mathrm{d}y$$

或

$$u(x,y)=\int_{x_0}^{x}P(x,y)\mathrm{d}x+\int_{y_0}^{y}P(x_0,y)\mathrm{d}y$$

表示, 其中 (x_0,y_0) 是区域 G 内一定点, (x,y) 是 G 内的动点.

例 17　求微分方程 $(3x^2+6xy^2)\mathrm{d}x+(6x^2y+4y^3)\mathrm{d}y=0$ 的通解.

解　$P(x,y)=3x^2+6xy^2$, $Q(x,y)=6x^2y+4y^3$, 它们在包含原点 $(0,0)$ 的单连通区域 G 内具有连续的一阶偏导数, 且

$$\frac{\partial P}{\partial y}=12xy=\frac{\partial Q}{\partial x}$$

成立, 所以给定方程为全微分方程, 且

$$u(x,y)=\int_0^x 3x^2\mathrm{d}x+\int_0^y(6x^2y+4y^3)\mathrm{d}y=x^3+3x^2y^2+y^4,$$

因此, 原方程的通解为

$$x^3+3x^2y^2+y^4=C.$$

例 18　已知 $f(0)=\dfrac{1}{2}$, 试确定 $f(x)$, 使 $[\mathrm{e}^x+f(x)]y\mathrm{d}x+f(x)\mathrm{d}y=0$ 为全微分方程, 并求该全微分方程的通解.

解　$P(x,y)=[\mathrm{e}^x+f(x)]y,\ Q(x,y)=f(x)$, 由 $\dfrac{\partial P}{\partial y}=\dfrac{\partial Q}{\partial x}$ 得

$$\mathrm{e}^x+f(x)=f'(x),$$

即

$$f'(x)-f(x)=\mathrm{e}^x,$$

所以

$$f(x)=\mathrm{e}^{\int\mathrm{d}x}\left(\int\mathrm{e}^x\mathrm{e}^{-\int\mathrm{d}x}\mathrm{d}x+C\right)=\mathrm{e}^x(x+C).$$

代入初始条件, 解得 $C=\dfrac{1}{2}$, 故

$$f(x)=\mathrm{e}^x\left(x+\frac{1}{2}\right),$$

代入所给方程, 得

$$\left[\mathrm{e}^x+\mathrm{e}^x\left(x+\frac{1}{2}\right)\right]y\mathrm{d}x+\mathrm{e}^x\left(x+\frac{1}{2}\right)\mathrm{d}y=0.$$

此为全微分方程, 解得

$$u(x,y)=\int_0^y\mathrm{e}^x\left(x+\frac{1}{2}\right)\mathrm{d}y=y\mathrm{e}^x\left(x+\frac{1}{2}\right),$$

故该全微分方程的通解为

$$y\mathrm{e}^x\left(x+\frac{1}{2}\right)=C.$$

2. 积分因子

有时方程 (2-17) 并不是全微分方程, 但方程两端乘以适当的函数 $\mu(x,y)\neq 0$ 后, 使方程

$$\mu(x,y)[P(x,y)\mathrm{d}x+Q(x,y)\mathrm{d}y]=0$$

成为全微分方程, 称 $\mu(x,y)$ 为方程 (2-17) 的**积分因子**.

一般地, 积分因子的求法不是一件容易的事, 在比较简单的情况下, 可以凭观测得到.

观测积分因子常借助于熟知的全微分式, 常用的全微分式有

$$\begin{aligned}
&x\mathrm{d}x+y\mathrm{d}y=\mathrm{d}\left(\frac{x^2+y^2}{2}\right), && y\mathrm{d}x+x\mathrm{d}y=\mathrm{d}(xy),\\
&\frac{-y\mathrm{d}x+x\mathrm{d}y}{x^2}=\mathrm{d}\left(\frac{y}{x}\right), && \frac{y\mathrm{d}x-x\mathrm{d}y}{y^2}=\mathrm{d}\left(\frac{x}{y}\right),\\
&\frac{-y\mathrm{d}x+x\mathrm{d}y}{x^2+y^2}=\mathrm{d}\left(\arctan\frac{y}{x}\right), && \frac{x\mathrm{d}x+y\mathrm{d}y}{x^2+y^2}=\mathrm{d}(\ln\sqrt{x^2+y^2}),\\
&\frac{x\mathrm{d}y-y\mathrm{d}x}{xy}=\mathrm{d}\left(\ln\frac{y}{x}\right), && \frac{x\mathrm{d}x\pm y\mathrm{d}y}{\sqrt{x^2\pm y^2}}=\mathrm{d}(\sqrt{x^2\pm y^2}).
\end{aligned}$$

例 19 求解方程 $y\mathrm{d}x+(y-x)\mathrm{d}y=0$.

解 方程不是全微分方程, 将方程改写为

$$y\mathrm{d}x-x\mathrm{d}y=-y\mathrm{d}y,$$

不难看出左端有积分因子 $\mu=\dfrac{1}{y^2}$ 或 $\mu=\dfrac{1}{x^2}$, 但考虑到方程右端只与 y 有关, 故取 $\mu=\dfrac{1}{y^2}$ 为方程的积分因子, 可得

$$\frac{y\mathrm{d}x-x\mathrm{d}y}{y^2}=-\frac{1}{y}\mathrm{d}y.$$

因此, 方程的通解为

$$\frac{x}{y}+\ln|y|=C.$$

例 20 求方程 $(1+xy)y\mathrm{d}x+(1-xy)x\mathrm{d}y=0$ 的通解.

解 因为 $P(x,y)=(1+xy)y$, $Q(x,y)=(1-xy)x$, $\dfrac{\partial P}{\partial y}=\dfrac{\partial Q}{\partial x}$ 不成立, 所以方程不是全微分方程. 将方程左端重新组合, 得

$$(y\mathrm{d}x+x\mathrm{d}y)+xy(y\mathrm{d}x-x\mathrm{d}y)=0,$$

再把它改写为

$$\mathrm{d}(xy)+x^2y^2\left(\frac{\mathrm{d}x}{x}-\frac{\mathrm{d}y}{y}\right)=0.$$

易见积分因子 $\mu(x,y)=\dfrac{1}{x^2y^2}$, 用 $\mu(x,y)$ 乘以方程两端, 有

$$\frac{\mathrm{d}(xy)}{x^2y^2}+\frac{\mathrm{d}x}{x}-\frac{\mathrm{d}y}{y}=0,$$

于是可得方程的通解为

$$-\frac{1}{xy}+\ln\left|\frac{x}{y}\right|=C,$$

即

$$\frac{x}{y}=C\mathrm{e}^{\frac{1}{xy}},\quad C=\pm\mathrm{e}^{C_1}.$$

习题 12-2

1. 求下列可分离变量微分方程的通解:

(1) $(1+y^2)\mathrm{d}x=x\mathrm{d}y$;

(2) $\sqrt{1-x^2}\mathrm{d}y-\sqrt{1-y^2}\mathrm{d}x=0$;

(3) $(y-yx)\mathrm{d}x-x\mathrm{d}y=0$;

(4) $(xy^2+x)\mathrm{d}x+(y-x^2y)\mathrm{d}y=0$;

(5) $(\mathrm{e}^{x+y}-\mathrm{e}^x)\mathrm{d}x+(\mathrm{e}^{x+y}+\mathrm{e}^y)\mathrm{d}y=0$;

(6) $\cos x\sin y\mathrm{d}x+\sin x\cos y\mathrm{d}y=0$.

2. 求下列可分离变量微分方程满足所给初始条件的特解:

(1) $y'=\mathrm{e}^{2x-y}=0,\ \ y|_{x=0}=0$;

(2) $y'\sin x=y\ln y,\ \ y|_{x=\frac{\pi}{2}}=\mathrm{e}$;

(3) $x\mathrm{d}y+2y\mathrm{d}x=0,\ \ y|_{x=2}=1$;

(4) $(1+\mathrm{e}^x)yy'=\mathrm{e}^x,\ \ y|_{x=1}=1$.

3. 求下列齐次方程的通解:

(1) $xy'-y-\sqrt{y^2-x^2}=0$;

(2) $(x+2y)\mathrm{d}x-x\mathrm{d}y=0$;

(3) $y^2+x^2\dfrac{\mathrm{d}y}{\mathrm{d}x}=xy\dfrac{\mathrm{d}y}{\mathrm{d}x}$;

(4) $y'=\mathrm{e}^{\frac{y}{x}}+\dfrac{y}{x}$;

(5) $\left(x\sin\dfrac{y}{x}-y\cos\dfrac{y}{x}\right)\mathrm{d}x+x\cos\dfrac{y}{x}\mathrm{d}y=0$;

(6) $(2x-5y+3)\mathrm{d}x-(2x+4y-6)\mathrm{d}y=0$;

(7) $(x+y)\mathrm{d}x+(3x+3y-4)\mathrm{d}y=0$.

4. 求下列齐次方程满足所给初始条件的特解:

(1) $y'=\dfrac{x}{y}+\dfrac{y}{x},\ \ y|_{x=1}=2$;

(2) $\dfrac{\mathrm{d}y}{\mathrm{d}x}=\dfrac{xy}{x^2-y^2},\ \ y|_{x=0}=1$;

(3) $(y+\sqrt{x^2+y^2})\mathrm{d}x-x\mathrm{d}y=0,\ \ y|_{x=1}=0$;

(4) $x(x+2y)y'-y^2=0,\ \ y|_{x=1}=1$;

(5) $xy'-y=x\tan\dfrac{y}{x},\ \ y|_{x=1}=\dfrac{\pi}{2}$;

(6) $xy'+y(\ln x-\ln y)=0,\ \ y|_{x=1}=\mathrm{e}^3$.

5. 求下列一阶线性微分方程的通解:

(1) $y'=\mathrm{e}^{x^2}+2xy$;

(2) $y'+y\tan x=\sin 2x$;

(3) $(x^2-1)y'+2xy-\cos x=0$;

(4) $y\ln y\mathrm{d}x+(x-\ln y)\mathrm{d}y=0$;

(5) $x'=2x-y^2$;

(6) $(y^2-6x)\dfrac{\mathrm{d}y}{\mathrm{d}x}+2y=0$.

6. 求下列方程满足初始条件的特解:

(1) $\dfrac{\mathrm{d}y}{\mathrm{d}x}-y\tan x=\sec x,\quad y|_{x=0}=0$;

(2) $x\dfrac{\mathrm{d}y}{\mathrm{d}x}-2y=x^3\mathrm{e}^x,\quad y|_{x=1}=0$;

(3) $\dfrac{\mathrm{d}y}{\mathrm{d}x}+y\cot x=5\mathrm{e}^{\cos x},\quad y|_{x=\frac{\pi}{2}}=-4$;

(4) $\dfrac{\mathrm{d}y}{\mathrm{d}x}+\dfrac{y}{x}=\dfrac{\sin x}{x},\quad y|_{x=\pi}=1$.

*7. 求下列伯努利方程的通解:

(1) $\dfrac{\mathrm{d}y}{\mathrm{d}x}+y=y^2(\cos x-\sin x)$;

(2) $y'=\dfrac{y^2+x^3}{2xy}$;

(3) $x\mathrm{d}y-[y+xy^3(1+\ln x)]\mathrm{d}x=0$; (4) $\dfrac{\mathrm{d}y}{\mathrm{d}x}-\dfrac{4}{x}y=x\sqrt{y}\ (x\neq 0,y>0)$.

8. 验证形如 $yf(xy)\mathrm{d}x+xg(xy)\mathrm{d}y=0$ 的微分方程, 可经变量代换 $v=xy$ 化为可分离变量的方程, 并求其通解.

9. 证明变换 $u=ax+by+c$ 可把 $\dfrac{\mathrm{d}y}{\mathrm{d}x}=f(ax+by+c)$ 变成可分解变量的方程, 并求方程 $y'=\sin^2(x-y+1)$ 的通解.

10. 设 $f(y)$ 为已知函数, 证明利用变换 $v=f(y)$ 可将方程 $f'(y)\dfrac{\mathrm{d}y}{\mathrm{d}x}+P(x)f(y)=Q(x)$ 化为线性方程, 并求方程 $\dfrac{\mathrm{d}y}{\mathrm{d}x}=\dfrac{y}{2x}+\dfrac{x^2}{2y}$ 的通解.

11. 用适当变换求下列方程的通解:

(1) $\dfrac{\mathrm{d}y}{\mathrm{d}x}=(x+y)^2$; (2) $\dfrac{\mathrm{d}y}{\mathrm{d}x}=\dfrac{1}{x-y}+1$;

(3) $xy'+y=y(\ln x+\ln y)$; (4) $y'\sec^2 y+\dfrac{x}{1+x^2}\tan y=x$.

12. 判断下列方程中哪些是全微分方程, 并求全微分方程的通解:

(1) $(3x^2+6xy^2)\mathrm{d}x+(6x^2y+4y^2)\mathrm{d}y=0$; (2) $\mathrm{e}^x\mathrm{d}x+(x\mathrm{e}^y-2y)\mathrm{d}y=0$;

(3) $(x\cos y+\cos x)y'-y\sin x+\sin y=0$; (4) $(x^2-y)\mathrm{d}x-x\mathrm{d}y=0$;

(5) $\dfrac{x\mathrm{d}x+y\mathrm{d}y}{\sqrt{x^2+y^2}}+\dfrac{x\mathrm{d}y-y\mathrm{d}x}{x^2}=0$; (6) $(1+\mathrm{e}^{2\theta})\mathrm{d}\rho+2\rho\mathrm{e}^{2\theta}\mathrm{d}\theta=0$.

13. 用积分因子法解下列微分方程:

(1) $(x+y)(\mathrm{d}x-\mathrm{d}y)=\mathrm{d}x+\mathrm{d}y$; (2) $y\mathrm{d}x-x\mathrm{d}y+y^2x\mathrm{d}x=0$;

(3) $y^2(x-3y)\mathrm{d}x+(1-3y^2x)\mathrm{d}y=0$; (4) $x\mathrm{d}x+y\mathrm{d}y=(x^2+y^2)\mathrm{d}x$;

(5) $(x-y^2)\mathrm{d}x+2xy\mathrm{d}y=0$; (6) $2y\mathrm{d}x-3xy^2\mathrm{d}x-x\mathrm{d}y=0$.

14. 证明 $\dfrac{1}{x^2}f\left(\dfrac{y}{x}\right)$ 是微分方程 $x\mathrm{d}y-y\mathrm{d}x=0$ 的一个积分因子.

15. 已知 $\varphi(0)=\dfrac{1}{2}$, 确定 $\varphi(x)$, 使曲线积分 $\displaystyle\int_{\widehat{AB}}[\mathrm{e}^x+\varphi(x)]y\mathrm{d}x-\varphi(x)\mathrm{d}y$ 与路径无关. 当 A, B 分别为 $(0,0)$, $(1,1)$ 时, 求曲线积分的值.

16. 光滑曲线 l 过原点与点 $(2,3)$, 任取 l 上一点 $P(x,y)$, 过点 P 作两个坐标轴的平行线 PA, PB, 其中 PA 交 x 轴于 A, $P'B$ 交 y 轴于 B. 已知在第一象限内 PA 与 x 轴及曲线 l 所围成图形的面积等于 PB 与 y 轴及曲线 l 所围成图形的面积的 2 倍, 求曲线 l 的方程.

17. 已知曲线上任意点 $M(x,y)$ 处的切线与 x 轴交点的横坐标等于切点的纵坐标, 且曲线过点 $A(2,1)$, 求该曲线的方程.

18. 设一物体的温度为 100°C, 将其放置在空气温度为 20°C 的环境中冷却. 根据冷却定律: 物体温度的变化率与物体和当时空气温度之差成正比, 且比例系数为 $k\ (k>0)$, 试求物体温度 T 随时间 t 变化的规律.

19. 在一个石油精炼厂, 一个储存罐装 8000L 的汽油, 其中包含 100g 的添加剂. 为了过冬, 将每升含 2g 添加剂的石油以 40L/min 的速度注入储存罐. 充分混合的溶液以 45L/min 的速度泵出, 在混合过程开始后 20 分钟罐中的添加剂有多少?

*20. 有一辆汽车, 质量为 m, 当行驶速度为 v_0 时, 打开离合器让其自由滑行, 此时汽车受

到地面摩擦力 G (常数)、空气阻力 Q 的作用, 且阻力与速度 v 的平方成正比, 求滑行速度 v 与时间 t 的函数关系.

第三节　可降阶的高阶微分方程

二阶以及二阶以上的微分方程称为**高阶微分方程**. 一般而言, 高阶微分方程求解更为困难, 在某些条件下, 可通过变量代换降低其阶数简化求解. 本节介绍几种特殊类型的可降阶的高阶微分方程的求解方法.

一、 $y^{(n)}=f(x)$ 型的微分方程

微分方程

$$y^{(n)}=f(x) \tag{3-1}$$

的右端只是自变量 x 的函数, 只需将 $y^{(n-1)}$ 作为新的未知函数, 则 n 阶微分方程 (3-1) 就是新的未知函数 $y^{(n-1)}$ 的一阶微分方程. 两端积分, 得

$$y^{(n-1)}=\int f(x)\mathrm{d}x+C_1,$$

上式两端再积分, 得

$$y^{(n-2)}=\int\left[\int f(x)\mathrm{d}x+C_1\right]\mathrm{d}x+C_2.$$

依次继续进行下去, 连续积分 n 次, 可得到 n 阶微分方程 (3-1) 的含有 n 个独立任意常数的通解.

例 1　求微分方程 $y''=\sin x-\cos x$ 的通解.

解　两边积分, 得

$$y'=\int(\sin x-\cos x)\mathrm{d}x=-\cos x-\sin x+C_1,$$

再积分, 得

$$y=-\int(\cos x+\sin x+C_1)\mathrm{d}x=\cos x-\sin x+C_1x+C_2,$$

这就是所求的通解.

例 2　求微分方程 $y^{(4)}=x\mathrm{e}^x$ 的通解.

解　直接积分, 得

$$y'''=\int x\mathrm{e}^x\mathrm{d}x=(x-1)\mathrm{e}^x+C_1,$$

$$y'' = \int [(x-1)\mathrm{e}^x + C_1]\mathrm{d}x = (x-2)\mathrm{e}^x + C_1 x + C_2,$$

$$y' = \int [(x-2)\mathrm{e}^x + C_1 x + C_2]\mathrm{d}x = (x-3)\mathrm{e}^x + \frac{C_1}{2}x^2 + C_2 x + C_3,$$

$$y = \int \left[(x-3)\mathrm{e}^x + \frac{C_1}{2}x^2 + C_2 x + C\right]\mathrm{d}x = (x-4)\mathrm{e}^x + \frac{C_1}{6}x^3 + \frac{C_2}{2}x^2 + C_3 x + C_4,$$

这就是所求的通解.

二、 $y'' = f(x, y')$ 型的微分方程

微分方程

$$y'' = f(x, y') \tag{3-2}$$

不显含未知函数 y. 若令 $y' = p(x)$, 则 $y'' = \dfrac{\mathrm{d}p}{\mathrm{d}x} = p'$, 代入方程 (3-2) 得关于 p 的一阶微分方程

$$p'(x) = f(x, p(x)),$$

设其通解为

$$p(x) = \varphi(x, C_1),$$

由 $\dfrac{\mathrm{d}y}{\mathrm{d}x} = p$, 得可分离变量的微分方程

$$\frac{\mathrm{d}y}{\mathrm{d}x} = \varphi(x, C_1),$$

两端积分就能得到方程 (3-2) 的通解为

$$y = \int \varphi(x, C_1)\mathrm{d}x + C_2.$$

例 3　求微分方程 $xy'' - 2y' = x^3 + x$ 的通解.

解　该方程属于 $y'' = f(x, y')$ 型. 令 $y' = p(x)$, 则 $y'' = \dfrac{\mathrm{d}p}{\mathrm{d}x}$, 代入原方程, 得

$$p' = \frac{2}{x}p + x^2 + 1,$$

这是一阶线性微分方程, 其通解为

$$\begin{aligned} p &= \mathrm{e}^{\int \frac{2}{x}\mathrm{d}x}\left[\int (x^2+1)\mathrm{e}^{-\int \frac{2}{x}\mathrm{d}x}\mathrm{d}x + C_1\right] \\ &= x^2\left[\int \left(1 + \frac{1}{x^2}\right)\mathrm{d}x + C_1\right] \\ &= x^3 - x + C_1 x^2. \end{aligned}$$

再由 $y' = p(x)$, 得

$$y'y = x^3 - x + C_1x^2,$$

积分, 得原方程的通解为

$$y = \frac{1}{4}x^4 - \frac{1}{2}x^2 + \frac{C_1}{3}x^3 + C_2.$$

例 4 求方程 $(1+x^2)y'' = 2xy'$ 满足初始条件 $y|_{x=0} = 1$, $y'|_{x=0} = 3$ 的特解.

解 所给方程属于 $y'' = f(x, y')$ 型. 令 $y' = p$, 则 $y'' = p'$, 代入原方程, 得

$$(1+x^2)p' = 2xp,$$

分离变量并积分, 得

$$\ln|p| = \ln(1+x^2) + \ln|C|,$$

所以

$$p = y' = C_1(1+x^2) \quad (C_1 = \pm C),$$

由条件 $y'|_{x=0} = 3$, 得 $C_1 = 3$, 有

$$y' = 3(1+x^2),$$

两端再积分, 得

$$y = 3x + x^3 + C_2,$$

又由条件 $y|_{x=0} = 1$, 得

$$C_2 = 1.$$

于是所求特解为

$$y = 3x + x^3 + 1.$$

例 5 求微分方程 $y'' = \frac{1}{x}y' + x$ 的通解.

解 所给方程属于 $y'' = f(x, y')$ 型. 令 $y' = p$, 则 $y'' = p'$, 代入原方程有

$$p' - \frac{1}{x}p = x,$$

这是一阶线性微分方程, 其通解为

$$\begin{aligned} p &= \mathrm{e}^{-\int -\frac{1}{x}\mathrm{d}x}\left[\int x\mathrm{e}^{\int -\frac{1}{x}\mathrm{d}x}\mathrm{d}x + C_1\right] \\ &= x\left(\int \mathrm{d}x + C_1\right) = x(x + C_1) = x^2 + C_1x, \end{aligned}$$

即

$$y' = x^2 + C_1 x,$$

再次积分, 得原方程的通解为

$$y = \frac{1}{3}x^3 + \frac{C_1}{2}x^2 + C_2.$$

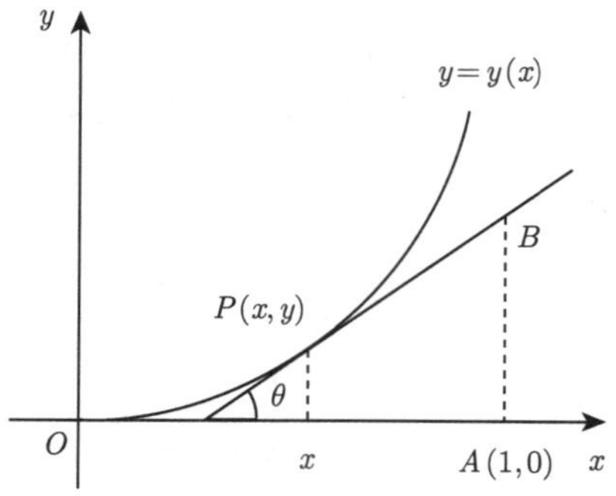

图 12-5

例 6 (追迹问题) 设开始时甲、乙水平距离为 1 单位, 乙从点 A 沿垂直于 OA 的直线以等速 v_0 向正北行走, 甲从乙的左侧点 O 出发, 始终对准乙以 nv_0 $(n > 1)$ 的速度追赶, 求追迹曲线方程, 并问乙行多远时, 被甲追到.

解 建立如图 12-5 所示的坐标系.

设所求追迹曲线方程为 $y = y(x)$, 经过时刻 t, 甲在追迹曲线上的点为 $P(x, y)$, 乙在点 $B(1, v_0 t)$. 于是, 有

$$\tan\theta = y' = \frac{v_0 t - y}{1 - x}, \tag{3-3}$$

由题设, 曲线的弧长 OP 为

$$\int_0^x \sqrt{1 + y'^2}\mathrm{d}x = nv_0 t,$$

解出 $v_0 t$ 并代入 (3-3), 得

$$(1 - x)y' + y = \frac{1}{n}\int_0^x \sqrt{1 + y'^2}\mathrm{d}x,$$

两端对 x 求导, 整理得

$$(1 - x)y'' = \frac{1}{n}\sqrt{1 + y'^2}.$$

这是一个不显含 y 的可降阶的方程, 设 $y' = p(x)$, 则 $y'' = p'$, 代入方程得

$$(1 - x)p' = \frac{1}{n}\sqrt{1 + p^2} \quad 或 \quad \frac{\mathrm{d}p}{\sqrt{1 + p^2}} = \frac{\mathrm{d}x}{n(1 - x)},$$

两端积分, 得

$$\ln(p + \sqrt{1 + p^2}) = -\frac{1}{n}\ln|1 - x| + \ln|C_1|,$$

即

$$p+\sqrt{1+p^2}=\frac{C_1}{\sqrt[n]{1-x}}.$$

将初始条件 $y'|_{x=0}=p|_{x=0}=0$ 代入上式, 得 $C_1=1$. 于是

$$y'+\sqrt{1+y'^2}=\frac{1}{\sqrt[n]{1-x}}. \tag{3-4}$$

两边同乘以 $y'-\sqrt{1+y'^2}$, 并化简得

$$y'-\sqrt{1+y'^2}=-\sqrt[n]{1-x}, \tag{3-5}$$

将 (3-4) 与 (3-5) 相加, 得

$$y'=\frac{1}{2}\left(\frac{1}{\sqrt[n]{1-x}}-\sqrt[n]{1-x}\right),$$

两端积分, 得

$$y=\frac{1}{2}\left[-\frac{n}{n-1}(1-x)^{\frac{n-1}{n}}+\frac{n}{n+1}(1-x)^{\frac{n+1}{n}}\right]+C_2.$$

代入初始条件 $y|_{x=0}=0$, 得 $C_2=\dfrac{n}{n^2-1}$, 故所求追迹曲线方程为

$$y=\frac{n}{2}\left[\frac{(1-x)^{\frac{n+1}{n}}}{n+1}+\frac{(1-x)^{\frac{n-1}{n}}}{n-1}\right]+\frac{n}{n^2-1},\quad n>1.$$

当甲追到乙时, 即曲线上点 P 的横坐标 $x=1$, 此时 $y=\dfrac{n}{n^2-1}$. 故乙行走至离 A 点 $\dfrac{n}{n^2-1}$ 个单位距离时被甲追到.

例 7 设有一均匀柔软的绳索, 两端固定, 绳索仅受重力的作用而下垂, 试问该绳索在平衡状态时是怎样的曲线?

解 设绳索的最低点为 A, 取 y 轴通过点 A 铅直向上, 并取 x 轴水平向右, 且 $|OA|$ 等于某个定值 (这个定值将在后面说明). 设绳索曲线的方程为 $y=y(x)$, 考察绳索上点 A 到另一点 $M(x,y)$ 间的一段弧 $\overset{\frown}{AM}$, 设其长为 s. 假定绳索的线密度为 ρ, 则弧 $\overset{\frown}{AM}$ 的重量为 ρgs. 由于绳索是柔软的, 因而在点 A 处的张力沿水平的切线方向, 其大小设为 H, 在点 M 处的张力沿该点处的切线方向, 设其倾角为 θ, 其大小为 T, 如图 12-6 所示. 因作用于弧段 $\overset{\frown}{AM}$ 的外力相互平衡, 把作用于弧 $\overset{\frown}{AM}$ 上的力沿铅直及水平两个方向分解, 得 $T\sin\theta=\rho gs$, $T\cos\theta=H$. 将此两式相除, 得

$$\tan\theta=\frac{1}{a}s,\quad a=\frac{H}{\rho g}.$$

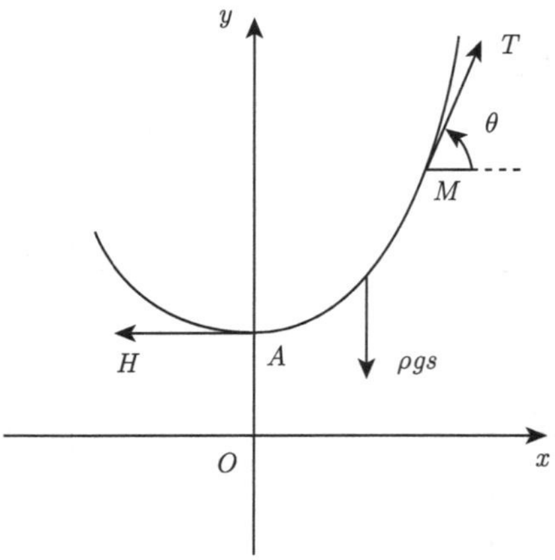

图 12-6

由于 $\tan\theta = y'$, $s = \int_a^x \sqrt{1+y'^2}\mathrm{d}x$, 代入上式得

$$y' = \frac{1}{a}\int_a^x \sqrt{1+y'^2}\mathrm{d}x.$$

上式两端对 x 求导, 得 $y = y(x)$ 满足的微分方程

$$y'' = \frac{1}{a}\sqrt{1+y'^2}.$$

取原点 O 到点 A 的距离为定值 a, 即 $|OA| = a$, 那么初始条件为 $y|_{x=0} = a$, $y'|_{x=0} = 0$. 故得初值问题

$$\begin{cases} y'' = \dfrac{1}{a}\sqrt{1+y'^2}, \\ y|_{x=0} = a, \quad y'|_{x=0} = 0. \end{cases} \tag{3-6}$$

该方程属于 $y'' = f(x, y')$ 的类型. 设 $y' = p$, 则 $y'' = \dfrac{\mathrm{d}p}{\mathrm{d}x}$, 代入方程 (3-6) 并分离变量, 得

$$\frac{\mathrm{d}p}{\sqrt{1+p^2}} = \frac{\mathrm{d}x}{a}.$$

两端积分, 得

$$\mathrm{arsh}p = \frac{x}{a} + C_1.$$

把条件 $y'|_{x=0} = p|_{x=0} = 0$ 代入上式, 得 $C_1 = 0$. 于是得到

$$\mathrm{arsh}p = \frac{x}{a},$$

即

$$y' = \mathrm{sh}\frac{x}{a},$$

上式两端积分, 有

$$y = a\mathrm{ch}\frac{x}{a} + C_2.$$

把条件 $y|_{x=0} = a$ 代入上式, 得 $C_2 = 0$. 于是, 该绳索的形状可由曲线方程

$$y = a\mathrm{ch}\frac{x}{a} = \frac{a}{2}(\mathrm{e}^{\frac{x}{a}} + \mathrm{e}^{-\frac{x}{a}})$$

表示, 该曲线称为**悬链线**.

三、$y''=f(y,y')$ 型的微分方程

微分方程

$$y''=f(y,y') \tag{3-7}$$

不显含自变量 x. 若令 $y'=p(y)$, 则由复合函数求导法则, 得

$$y''=\frac{\mathrm{d}y'}{\mathrm{d}x}=\frac{\mathrm{d}p}{\mathrm{d}y}\frac{\mathrm{d}y}{\mathrm{d}x}=\frac{\mathrm{d}p}{\mathrm{d}y}p,$$

代入方程 (3-7) 得关于 $p(y)$ 的一阶微分方程

$$p\frac{\mathrm{d}p}{\mathrm{d}y}=f(y,p).$$

设其通解为

$$p=\varphi(y,C_1),$$

由 $\dfrac{\mathrm{d}y}{\mathrm{d}x}=p$, 得

$$\frac{\mathrm{d}y}{\mathrm{d}x}=\varphi(y,C_1),$$

分离变量后积分, 得方程 (3-7) 的通解为

$$\int\frac{\mathrm{d}y}{\varphi(y,C_1)}=x+C_2.$$

例 8　求微分方程 $y''+y=0$ 的通解.

解　该方程属于 $y''=f(y,y')$ 型. 令 $y'=p(y)$, 则 $y''=p\dfrac{\mathrm{d}p}{\mathrm{d}y}$, 代入原方程, 得

$$p\frac{\mathrm{d}p}{\mathrm{d}y}+y=0,$$

分离变量并两端积分, 得其通解为

$$p^2=C_1^2-y^2,\quad C_1\text{ 为任意常数}.$$

解出 p 得

$$p=\pm\sqrt{C_1^2-y^2},$$

由 $\dfrac{\mathrm{d}y}{\mathrm{d}x}=p$, 有

$$\frac{\mathrm{d}y}{\mathrm{d}x}=\pm\sqrt{C_1^2-y^2},$$

分离变量后积分, 得原方程的通解为

$$\arcsin\frac{y}{C_1}=C_2\pm x,\quad C_2\text{ 为任意常数},$$

即

$$y=C_1\sin(C_2\pm x),$$

或

$$y=\tilde{C}_1\cos x+\tilde{C}_2\sin x,\quad \tilde{C}_1,\tilde{C}_2\text{ 为任意常数}.$$

例 9　求微分方程 $y''+\frac{1}{y^2}\mathrm{e}^{y^2}y'-2y(y')^2=0$ 满足初始条件 $y|_{x=-\frac{1}{2\mathrm{e}}}=1$, $y'|_{x=-\frac{1}{2\mathrm{e}}}=\mathrm{e}$ 的特解.

解　该方程属于 $y''=f(y,y')$ 型. 令 $y'=p(y)$, 则 $y''=p\frac{\mathrm{d}p}{\mathrm{d}y}$, 代入原方程, 得

$$p\left(\frac{\mathrm{d}p}{\mathrm{d}y}+\frac{1}{y^2}\mathrm{e}^{y^2}-2yp\right)=0,$$

于是

$$p=0\quad\text{或}\quad\frac{\mathrm{d}p}{\mathrm{d}y}-2yp+\frac{1}{y^2}\mathrm{e}^{y^2}=0.$$

由初始条件 $y'|_{x=-\frac{1}{2\mathrm{e}}}=\mathrm{e}$ 知, $p\neq 0$. 故

$$\frac{\mathrm{d}p}{\mathrm{d}y}-2yp=-\frac{1}{y^2}\mathrm{e}^{y^2},$$

这是一个一阶线性微分方程, $P(y)=-2y$, $Q(y)=-\frac{1}{y^2}\mathrm{e}^{y^2}$, 由通解公式 (2-14), 得

$$\begin{aligned}p&=\mathrm{e}^{-\int(-2y)\mathrm{d}y}\left[\int-\frac{1}{y^2}\mathrm{e}^{y^2}\mathrm{e}^{\int(-2y)\mathrm{d}y}\mathrm{d}y+C_1\right]\\&=\mathrm{e}^{y^2}\left(\frac{1}{y}+C_1\right).\end{aligned}$$

由于 $\frac{\mathrm{d}y}{\mathrm{d}x}=p$, 因此

$$\frac{\mathrm{d}y}{\mathrm{d}x}=\mathrm{e}^{y^2}\left(\frac{1}{y}+C_1\right).$$

将初始条件 $y'|_{x=-\frac{1}{2\mathrm{e}}}=\mathrm{e}$, $y|_{x=-\frac{1}{2\mathrm{e}}}=1$ 代入上式, 得 $C_1=0$, 所以

$$\frac{\mathrm{d}y}{\mathrm{d}x}=\frac{1}{y}\mathrm{e}^{y^2},$$

分离变量后积分, 得

$$-\frac{1}{2}\mathrm{e}^{-y^2}=x+C_2,$$

将初始条件 $y|_{x=-\frac{1}{2e}}=1$ 代入上式, 得 $C_2=0$, 于是, 所求特解为

$$x=-\frac{1}{2}\mathrm{e}^{-y^2}.$$

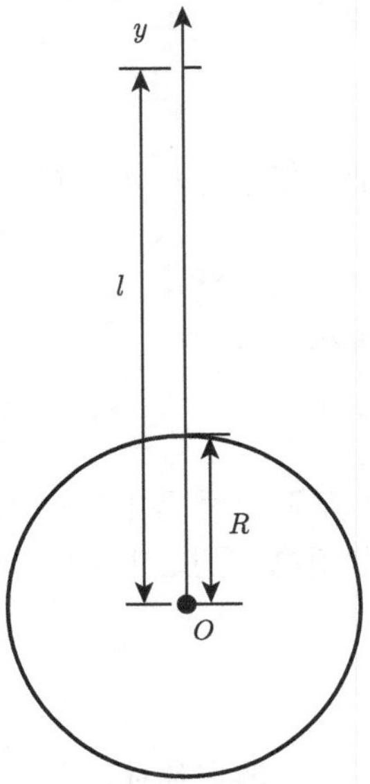

图 12-7

例 10　一个离地面很高的物体, 受地球引力的作用, 由静止开始落向地面, 求它落到地面时的速度和所需的时间 (不计空气阻力).

解　取连接地球中心与该物体的直线为 y 轴, 其方向铅直向上, 取地球的中心为原点 O, 如图 12-7 所示. 设地球的半径为 R, 物体的质量为 m, 物体开始下降时与地球中心的距离为 l $(l>R)$, 在时刻 t 物体所在的位置为 $y=y(t)$, 于是, 速度为 $v(t)=\frac{\mathrm{d}y}{\mathrm{d}t}$. 根据万有引力定律, 得微分方程

$$m\frac{\mathrm{d}^2y}{\mathrm{d}t^2}=-\frac{GmM}{y^2},$$

即

$$\frac{\mathrm{d}^2y}{\mathrm{d}t^2}=-\frac{GM}{y^2}, \tag{3-8}$$

其中 M 为地球的质量, G 为引力常数. 因为当 $y=R$ 时, $\frac{\mathrm{d}^2y}{\mathrm{d}t^2}=-g$, 这里置负号是由于物体运动加速度的方向与 y 轴的正向相反, 所以 $g=\frac{GM}{R^2}$, $GM=gR^2$. 于是方程 (3-8) 变为

$$\frac{\mathrm{d}^2y}{\mathrm{d}t^2}=-\frac{gR^2}{y^2}, \tag{3-9}$$

初值条件是

$$y|_{t=0}=l,\quad y'|_{t=0}=0.$$

先求物体到达地面时的速度. 由 $\frac{\mathrm{d}y}{\mathrm{d}t}=v$, 得

$$\frac{\mathrm{d}^2y}{\mathrm{d}t^2}=\frac{\mathrm{d}v}{\mathrm{d}t}=\frac{\mathrm{d}v}{\mathrm{d}y}\cdot\frac{\mathrm{d}y}{\mathrm{d}t}=v\frac{\mathrm{d}v}{\mathrm{d}y},$$

代入方程 (3-9) 并分离变量, 得

$$v\mathrm{d}v=-\frac{gR^2}{y^2}\mathrm{d}y,$$

两端积分, 得

$$v^2=\frac{2gR^2}{y}+C_1.$$

把初值条件代入上式, 得

$$C_1=-\frac{2gR^2}{l},$$

于是

$$v^2=2gR^2\left(\frac{1}{y}-\frac{1}{l}\right),\quad v=-R\sqrt{2g\left(\frac{1}{y}-\frac{1}{l}\right)},\tag{3-10}$$

这里取负号是由于物体运动的方向与 y 轴的正向相反. 在 (3-10) 中令 $y=R$, 就得到物体到达地面时的速度为

$$v=-\sqrt{\frac{2gR(l-R)}{l}}.$$

下面求物体落到地面所需的时间. 由 (3-10) 有

$$\frac{\mathrm{d}y}{\mathrm{d}t}=v=-R\sqrt{2g\left(\frac{1}{y}-\frac{1}{l}\right)},$$

分离变量得

$$\mathrm{d}t=-\frac{1}{R}\sqrt{\frac{l}{2g}}\sqrt{\frac{y}{l-y}}\mathrm{d}y.$$

两端积分且对右端积分利用置换 $y=l\cos^2\alpha$, 得

$$t=\frac{1}{R}\sqrt{\frac{l}{2g}}\left(\sqrt{ly-y^2}+l\arccos\sqrt{\frac{y}{l}}\right)+C_2.\tag{3-11}$$

由条件 $y|_{t=0}=l$, 得

$$C_2=0.$$

于是 (3-11) 变为

$$t=\frac{1}{R}\sqrt{\frac{l}{2g}}\left(\sqrt{ly-y^2}+l\arccos\sqrt{\frac{y}{l}}\right).$$

在上式中令 $y=R$, 便得到物体到达地面所需的时间为

$$t=\frac{1}{R}\sqrt{\frac{l}{2g}}\left(\sqrt{lR-R^2}+l\arccos\sqrt{\frac{R}{l}}\right).$$

习题 12-3

1. 求下列各微分方程的通解:

(1) $xy''+y'=0$;　(2) $y''+y'\tan x=\sin 2x$;

(3) $(1-x^2)y''-xy'=0$;　(4) $2yy''+(y')^2=0$;

(5) $y''=y'+x$;　(6) $y^3y''-1=0$;

(7) $y''=(y')^3+y'$;　(8) $xyy''=x(y')^2+yy'$. (提示: $yy'=u$)

2. 求下列各微分方程满足所给初始条件的特解:

(1) $(x^2+1)y''=2xy'$, $y(0)=1$, $y'(0)=3$;

(2) $y''-\mathrm{e}^{2y}y'=0$, $y(0)=0$, $y'(0)=\dfrac{1}{2}$;

(3) $y''+(y')^2=1$, $y|_{x=0}=0$, $y'|_{x=0}=0$;

(4) $y''=\mathrm{e}^{2y}$, $y|_{x=0}=y'|_{x=0}=0$;

(5) $y''=3\sqrt{y}$, $y|_{x=0}=1$, $y'|_{x=0}=2$;

(6) $2y'^2=y''(y-1)$, $y|_{x=1}=2$, $y'|_{x=1}=-1$.

3. 已知某曲线 $y=f(x)$ 满足方程

$$yy''+(y')^2=1,$$

并且与另一个曲线 $y=\mathrm{e}^{-x}$ 相切于点 $(0,1)$, 求该曲线方程.

4. 设曲线 l 在上半平面内, 其上任一点 $P(x,y)$ 处的曲率等于此曲线在该点的法线段 PQ 长度的倒数 (Q 是法线与 x 轴的交点), 若 y'' 恒大于零, 且曲线在点 $(1,1)$ 处的切线与 x 轴平行, 求曲线 l 的方程.

5. 地面上以初速度 v_0 铅直向上射出一物体, 设地球引力与物体到地心的距离的平方成反比, 求物体可能达到的最大高度 (不计空气阻力, 地球半径 $R=6370\text{km}$).

6. 一链条悬挂在一钉子上, 启动时一端离开钉子 8 m, 另一端离开钉子 12 m, 分别在以下两种情况下求链条滑下来所需要的时间:

(1) 若不计钉子对链条所产生的摩擦力;

(2) 若摩擦力为链条 1 m 长的重力.

第四节　高阶线性微分方程

在实际问题中, 常用的是高阶线性微分方程. 本节以二阶线性微分方程为例介绍高阶线性微分方程解的结构, 并以二阶常系数线性微分方程为例讨论高阶常系数线性微分方程的解法.

一、 线性微分方程解的结构

形如

$$y''+P(x)y'+Q(x)y=f(x) \tag{4-1}$$

的方程称为**二阶线性微分方程**, 其中 $P(x)$, $Q(x)$, $f(x)$ 是 x 的已知函数. 若 $f(x)\equiv 0$, 方程 (4-1) 变为

$$y'' + P(x)y' + Q(x)y = 0, \tag{4-2}$$

称方程 (4-2) 为**二阶齐次线性微分方程**. 若 $f(x)$ 不恒为零, 则方程 (4-1) 称为**二阶非齐次线性微分方程**; 若系数 $P(x)$, $Q(x)$ 都是常数, 则方程 (4-1) 称为**二阶常系数线性微分方程**.

定理 1　若 $y_1(x)$ 与 $y_2(x)$ 是二阶齐次线性微分方程 (4-2) 的两个解, 则

$$y = C_1y_1(x) + C_2y_2(x)$$

也是方程 (4-2) 的解, 其中 C_1, C_2 为任意常数.

证　由于 $y_1(x)$ 和 $y_2(x)$ 是方程 (4-2) 的解, 所以

$$y_1'' + P(x)y_1' + Q(x)y_1 = 0, \quad y_2'' + P(x)y_2' + Q(x)y_2 = 0.$$

将 $y = C_1y_1(x) + C_2y_2(x)$ 代入方程 (4-2) 的左端, 得

$$\begin{aligned}&(C_1y_1'' + C_2y_2'') + P(x)(C_1y_1' + C_2y_2') + Q(x)(C_1y_1 + C_2y_2)\\ =\ &C_1[y_1'' + P(x)y_1' + Q(x)y_1] + C_2[y_2'' + P(x)y_2' + Q(x)y_2] = 0,\end{aligned}$$

即 $y = C_1y_1(x) + C_2y_2(x)$ 是方程 (4-2) 的解.

定理 1 中, 方程 (4-2) 的解 $y = C_1y_1(x) + C_2y_2(x)$ 形式上虽然有两个任意常数, 但未必是方程 (4-2) 的通解, 因为 C_1, C_2 不一定是两个相互独立的任意常数.

例如, 设 $y_1(x)$ 是方程 (4-2) 的一个解, 则 $y_2(x) = 2y_1(x)$ 也是方程 (4-2) 的一个解. 此时, $y = C_1y_1(x) + C_2y_2(x) = C_1y_1(x) + 2C_2y_1(x)$, 可以将其改写为 $y = Cy_1(x)$, 其中 $C = C_1 + 2C_2$, 这显然不是方程 (4-2) 的通解. 那么 $y_1(x), y_2(x)$ 满足什么条件才能使其线性组合 $C_1y_1(x) + C_2y_2(x)$ 是方程 (4-2) 的通解呢? 要解决这个问题, 需要给出函数组线性相关和线性无关的概念.

定义　设 $y_1(x), y_2(x), \cdots, y_n(x)$ 是定义在区间 I 上的函数, 若存在不全为零的常数 $k_1, k_2, \cdots, k_n$, 使得当 $x \in I$ 时有恒等式

$$k_1y_1(x) + k_2y_2(x) + \cdots + k_ny_n(x) \equiv 0$$

成立, 则称这 n 个函数在区间 I 上**线性相关**; 否则称为**线性无关**.

例如, 函数 $\sin^2 x$ 与 $\cos^2 x - 1$ 在区间 $(-\infty, +\infty)$ 内是线性相关的, 因为取 $k_1 = 1, k_2 = 1$, 有恒等式

$$k_1 \sin^2 x + k_2(\cos^2 x - 1) = \sin^2 x + \cos^2 x - 1 \equiv 0$$

在 $(-\infty, +\infty)$ 内成立.

再如, 函数 $1, x, x^2$ 在任何区间 I 上都是线性无关的. 因为若 k_1, k_2, k_3 不全为零, 则在 I 上最多只有两个 x 值能使二次三项式

$$k_1 1 + k_2 x + k_3 x^2$$

为零. 因此要使它恒为零, 必须 k_1, k_2, k_3 全为零.

应用上述定义可知, 对于两个函数 $y_1(x)$ 和 $y_2(x)$ 的情形, 若 $\dfrac{y_1(x)}{y_2(x)}$ 不等于常数, 则函数 $y_1(x)$ 和 $y_2(x)$ 在区间 I 上线性无关. 若 $\dfrac{y_1(x)}{y_2(x)}$ 等于常数, 则函数 $y_1(x)$ 和 $y_2(x)$ 在区间 I 上线性相关.

利用函数线性相关与线性无关的概念, 可以给出如下关于二阶齐次线性微分方程 (4-2) 的通解结构定理.

定理 2 若 $y_1(x)$ 与 $y_2(x)$ 是二阶齐次线性微分方程 (4-2) 的两个线性无关的特解, 则

$$y = C_1 y_1(x) + C_2 y_2(x) \quad (C_1, C_2 \text{ 为任意常数})$$

是方程 (4-2) 的通解.

例如, 方程 $y'' - 3y' + 2y = 0$ 是二阶齐次线性微分方程, 容易验证 $y_1 = \mathrm{e}^x$ 与 $y_2 = \mathrm{e}^{2x}$ 是所给方程的两个解, 且 $\dfrac{y_1}{y_2} = \mathrm{e}^{-x}$ 不等于常数, 即它们是线性无关的, 因此 $y = C_1\mathrm{e}^x + C_2\mathrm{e}^{2x}$ (C_1, C_2 为任意常数) 是方程 $y'' - 3y' + 2y = 0$ 的通解.

类似于一阶线性微分方程的通解, 有如下二阶非齐次线性微分方程的通解结构定理.

定理 3 设 $y^*(x)$ 是二阶非齐次线性微分方程 (4-1) 的一个特解, $\tilde{y}(x)$ 是其对应的齐次微分方程 (4-2) 的通解, 则

$$y = \tilde{y}(x) + y^*(x)$$

是二阶非齐次线性微分方程 (4-2) 的通解.

证 由于 $\tilde{y}(x)$ 是方程 (4-2) 的解, $y^*(x)$ 是方程 (4-1) 的解, 所以

$$\tilde{y}'' + P(x)\tilde{y}' + Q(x)\tilde{y} = 0, \quad y^{*\prime\prime} + P(x)y^{*\prime} + Q(x)y^* = f(x).$$

将 $y = \tilde{y}(x) + y^*(x)$ 代入方程 (4-1) 的左端, 得

$$\begin{aligned}
&(\tilde{y}'' + y^{*\prime\prime}) + P(x)(\tilde{y}' + y^{*\prime}) + Q(x)(\tilde{y} + y^*) \\
&= \tilde{y}'' + P(x)\tilde{y}' + Q(x)\tilde{y} + y^{*\prime\prime} + P(x)y^{*\prime} + Q(x)y^* \\
&= 0 + f(x) = 0,
\end{aligned}$$

即 $y = \tilde{y}(x) + y^*(x)$ 是方程 (4-1) 的解.

由于对应的齐次方程 (4-2) 的通解 $\tilde{y}=C_1y_1(x)+C_2y_2(x)$ 中含有两个任意常数, 所以 $y=\tilde{y}(x)+y^*(x)$ 也含有两个任意常数, 从而它是二阶非齐次线性微分方程 (4-1) 的通解. 例如, 方程 $y''+y=x^2$ 是二阶非齐次线性微分方程, 已知 $y=C_1\cos x+C_2\sin x$ (C_1, C_2 为任意常数) 是对应的齐次方程 $y''+y=0$ 的通解. 又容易验证 $y^*=x^2-2$ 是所给方程的一个特解, 因此 $y=C_1\cos x+C_2\sin x+x^2-2$ 是所给方程的通解.

定理 4　设 $y_1^*(x)$, $y_2^*(x)$ 分别是二阶非齐次线性微分方程

$$y''+P(x)y'+Q(x)y=f_1(x)$$

与

$$y''+P(x)y'+Q(x)y=f_2(x)$$

的解, 则

$$y=y_1^*(x)+y_2^*(x)$$

是方程

$$y''+P(x)y'+Q(x)y=f_1(x)+f_2(x) \tag{4-3}$$

的解.

证明从略.

二、 常系数齐次线性微分方程

先讨论二阶常系数齐次线性微分方程的解法, 再把二阶方程的解法推广到 n 阶方程. 对于二阶常系数齐次线性微分方程

$$y''+py'+qy=0 \quad (p, q\ 为常数). \tag{4-4}$$

由上面讨论可知, 为了得到其通解, 只需求出它的两个线性无关的特解 y_1 与 y_2, 那么 $y=C_1y_1+C_2$ 就是方程 (4-4) 的通解.

什么函数是方程 (4-4) 的解呢? 当 r 为常数时, 指数函数 $y=\mathrm{e}^{rx}$ 与其各阶导数只相差一个常数因子, 再根据方程 (4-4) 的特点, 猜测指数函数 $y=\mathrm{e}^{rx}$ 有可能是方程 (4-4) 的解. 事实上, 将 $y=\mathrm{e}^{rx}$ 及其一阶、二阶导数代入方程 (4-4), 得

$$(r^2+pr+q)\mathrm{e}^{rx}=0.$$

由于 $\mathrm{e}^{rx}\neq 0$, 则必有

$$r^2+pr+q=0. \tag{4-5}$$

因此, 若函数 $y=\mathrm{e}^{rx}$ 是方程 (4-4) 的解, 则 r 必满足代数方程 (4-4). 反过来, 若 r 是代数方程 (4-5) 的解, 则 $y=\mathrm{e}^{rx}$ 就是方程 (4-4) 的解. 这个关于 r 的一元二次代数方程 (4-5) 称为微分方程 (4-4) 的**特征方程**.

于是, 微分方程 $y''+py'+qy=0$ 的求解就转化成求特征方程 $r^2+pr+q=0$ 的特征根问题. 特征方程 (4-5) 的两个根可以用公式

$$r_{1,2}=\frac{-p\pm\sqrt{p^2-4q}}{2}$$

求出, 称为微分方程 (4-4) 的**特征根**.

根据特征方程对应的特征根的不同情况, 微分方程 (4-4) 的通解有如下三种情况:

(1) 当 $\Delta=p^2-4q>0$ 时, r_1, r_2 是两个互异实特征根.

由以上的讨论, $y_1=\mathrm{e}^{r_1x}$ 和 $y_2=\mathrm{e}^{r_2x}$ 是方程 (4-4) 的两个特解. 因为 $\dfrac{y_1}{y_2}=\mathrm{e}^{(r_1-r_2)x}$ 不等于常数, 所以 y_1 与 y_2 线性无关, 故方程 (4-4) 的通解为

$$y=C_1\mathrm{e}^{r_1x}+C_2\mathrm{e}^{r_2x}.$$

(2) 当 $\Delta=p^2-4q=0$ 时, $r_1=r_2=-\dfrac{p}{2}$ 是两个相等的实特征根 (二重实根).

此时只得到方程 (4-4) 的一个特解 $y_1=\mathrm{e}^{r_1x}$, 要求通解, 还需求出另一个特解 y_2, 且 $\dfrac{y_2}{y_1}$ 不等于常数. 设 $\dfrac{y_2}{y_1}=u(x)$, 即 $y_2=u(x)\mathrm{e}^{r_1x}$, $u(x)$ 为待定函数. 把 y_2 代入方程 (4-4), 整理得

$$\mathrm{e}^{r_1x}[u''(x)+(2r_1+p)u'(x)+(r_1^2+pr_1+q)u(x)]=0,$$

约去 e^{r_1x}, 得

$$u''(x)+(2r_1+p)u'(x)+(r_1^2+pr_1+q)u(x)=0.$$

由于 r_1 是特征方程 (4-5) 的二重实根, 故有 $r_1^2+pr_1+q=0$ 且 $2r_1+p=0$. 于是

$$u''(x)=0,$$

将它积分两次得

$$u=C_1+C_2x.$$

因为只需得到一个不为常数的解, 所以不妨取 $u(x)=x$. 由此得到微分方程 (4-4) 的另一个特解 $y_2=x\mathrm{e}^{r_1x}$, 所以微分方程 (4-4) 的通解为

$$y=C_1\mathrm{e}^{r_1x}+C_2x\mathrm{e}^{r_1x},$$

即

$$y=(C_1+C_2x)\mathrm{e}^{r_1x}.$$

(3) 当 $\Delta=p^2-4q<0$ 时, $r_{1,2}=\alpha\pm\mathrm{i}\beta$ 是一对共轭复特征根.

此时, $\bar{y}_1 = \mathrm{e}^{(\alpha+\mathrm{i}\beta)x}$ 和 $\bar{y}_2 = \mathrm{e}^{(\alpha-\mathrm{i}\beta)x}$ 是微分方程 (4-4) 的两个复数形式的线性无关解. 为了得到实数形式的解. 根据欧拉公式

$$\mathrm{e}^{\mathrm{i}\theta} = \cos\theta + \mathrm{i}\sin\theta,$$

上述复数特解可改写为

$$\bar{y}_1 = \mathrm{e}^{\alpha x}\cdot(\cos\beta x + \mathrm{i}\sin\beta x), \quad \bar{y}_2 = \mathrm{e}^{\alpha x}\cdot(\cos\beta x - \mathrm{i}\sin\beta x).$$

取

$$y_1 = \frac{1}{2}\bar{y}_1 + \frac{1}{2}\bar{y}_2 = \mathrm{e}^{\alpha x}\cos\beta x, \quad y_2 = \frac{1}{2\mathrm{i}}\bar{y}_1 - \frac{1}{2\mathrm{i}}\bar{y}_2 = \mathrm{e}^{\alpha x}\sin\beta x,$$

由二阶齐次线性微分方程解的叠加原理知 y_1 与 y_2 是方程 (4-4) 的特解, 且 $\dfrac{y_2}{y_1} = \cot\beta x$ 不等于常数, 所以方程 (4-4) 的通解为

$$y = \mathrm{e}^{\alpha x}(C_1\cos\beta x + C_2\sin\beta x).$$

综上所述, 求二阶常系数齐次线性微分方程 $y'' + py' + qy = 0$ 通解的步骤如下:

(1) 写出 $y'' + py' + qy = 0$ 的特征方程 $r^2 + pr + q = 0$;

(2) 求出特征方程特征根 r_1, r_2;

(3) 按照表 12-1 写出方程 $y'' + py' + qy = 0$ 的通解.

表 12-1

特征方程 $r^2 + pr + q = 0$ 的两个根	微分方程 $y'' + py' + qy = 0$ 的通解
两个不相等的实根 $r_1 \neq r_2$	$y = C_1\mathrm{e}^{r_1 x} + C_2\mathrm{e}^{r_2 x}$
两个相等的实根 $r_1 = r_2 = r$	$y = (C_1 + C_2 x)\,\mathrm{e}^{rx}$
两个共轭复根 $r_{1,2} = \alpha \pm \mathrm{i}\beta$	$y = \mathrm{e}^{\alpha x}(C_1\cos\beta x + C_2\sin\beta x)$

若求特解, 只需将初始条件代入通解确定 C_1, C_2 后, 即可得到满足初始条件的特解 y^*.

例 1　求微分方程 $y'' + 5y' - 6y = 0$ 的通解.

解　微分方程的特征方程为 $r^2 + 5r - 6 = 0$, 特征根 $r_1 = -6$, $r_2 = 1$, 因此原方程的通解为

$$y = C_1\mathrm{e}^{-6x} + C_2\mathrm{e}^{x}.$$

例 2　求微分方程 $y'' + 2y' + y = 0$, 满足初始条件 $y|_{x=0} = 4$, $y'|_{x=0} = -2$ 的特解.

解　微分方程的特征方程为 $r^2 + 2r + 1 = 0$, 特征根 $r_1 = r_2 = -1$, 因此原方程的通解为

$$y = e^{-x}(C_1 + C_2 x).$$

将条件 $y|_{x=0} = 4$ 代入上式, 得 $C_1 = 4$. 上式对 x 求导, 得

$$y' = e^{-x}(C_2 - 4 - C_2 x),$$

将条件 $y'|_{x=0} = -2$ 代入上式, 得 $C_2 = 2$, 于是所求特解为

$$y = 2e^{-x}(2 + x).$$

例 3 求微分方程 $y'' - 6y' + 25y = 0$ 的通解.

解 微分方程的特征方程为 $r^2 - 6r + 25 = 0$, 它有两个共轭复根 $r_1 = r_2 = 3 \pm 4i$, 因此原方程的通解为

$$y = e^{3x}(C_1 \cos 4x + C_2 \sin 4x).$$

以上求解二阶常系数齐次线性微分方程的方法称为**特征根法**, 是用代数方法来求解微分方程. 该方法及方程的通解形式可以推广到 n 阶常系数齐次线性微分方程上去. 设有 n 阶常系数齐次线性微分方程

$$y^{(n)} + p_1 y^{(n-1)} + p_2 y^{(n-2)} + \cdots + p_n y = 0, \tag{4-6}$$

其中 $p_1, p_2, \cdots, p_n$ 是常数. 称方程

$$r^n + p_1 r^{n-1} + p_2 r^{n-2} + \cdots + p_n = 0 \tag{4-7}$$

是微分方程 (4-6) 的特征方程, 特征方程的根称为方程 (4-6) 的特征根.

根据特征根的情况, 可按表 12-2 写出方程 (4-6) 的通解中对应的项.

表 12-2

	特征方程 (4-7) 的根	微分方程 (4-6) 通解中对应的项	
单根	实根 r	对应一项	Ce^{rx}
重根	共轭复根 $\alpha + i\beta$	对应两项	$e^{\alpha x}(C_1 \cos \beta x + C_2 \sin \beta x)$
	k 重实根 r	对应 k 项	$e^{rx}(C_1 + C_2 x + \cdots + C_k x^{k-1})$
	k 重共轭复根 $\alpha + i\beta$	对应 $2k$ 项	$e^{\alpha x}[(C_1 + C_2 x + \cdots + C_k x^{k-1}) \cos \beta x$ $+(D_1 + D_2 x + \cdots + D_k x^{k-1}) \sin \beta x]$

由代数学可知, n 次代数方程有 n 个根 (重根按重数计算), 而特征方程的每一个根都对应通解中的一项, 且每项各含一个任意常数, 将这 n 个特征根的对应项相加, 即得所求通解.

例 4 求微分方程 $y^{(5)} + y^{(4)} + 2y''' + 2y'' + y' + y = 0$ 的通解.

解 微分方程的特征方程为

$$r^5 + r^4 + 2r^3 + 2r^2 + r + 1 = 0,$$

即

$$(r+1)(r^2+1)^2=0,$$

它有一个单实根 -1 和一对共轭的二重复根 $\pm\mathrm{i}$, 因此原方程的通解为

$$y=C_1\mathrm{e}^{-x}+(C_2+C_3x)\cos x+(C_4+C_5x)\sin x.$$

例 5　求微分方程 $y^{(4)}-2y'''+5y''=0$ 的通解.

解　微分方程的特征方程为

$$r^4-2r^3+5r^2=0,$$

即

$$r^2(r^2-2r+5)=0,$$

它有一个二重实根 0 和一对共轭复根 $1\pm2\mathrm{i}$, 因此原方程的通解为

$$y=C_1+C_2x+\mathrm{e}^x(C_3\cos 2x+C_4\sin 2x).$$

例 6　如图 12-8 所示电路中, 现将开关拨向 A, 使电容充电后再将开关拨向 B, 设开关拨向 B 的时间 $t=0$, 求当 $t>0$ 时回路中的电流 $i(t)$, 已知 $E=20\mathrm{V}, C=0.5\mathrm{F}, L=1\mathrm{H}, R=3\Omega$.

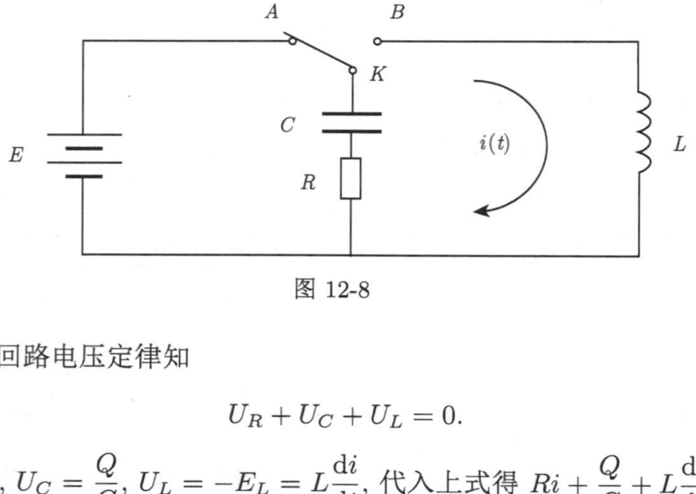

图 12-8

解　由回路电压定律知

$$U_R+U_C+U_L=0.$$

又 $U_R=iR, U_C=\dfrac{Q}{C}, U_L=-E_L=L\dfrac{\mathrm{d}i}{\mathrm{d}t}$, 代入上式得 $Ri+\dfrac{Q}{C}+L\dfrac{\mathrm{d}i}{\mathrm{d}t}=0$, 两端对 t 求导有

$$L\frac{\mathrm{d}^2i}{\mathrm{d}t^2}+R\frac{\mathrm{d}i}{\mathrm{d}t}+\frac{1}{C}i=0,$$

即

$$\frac{\mathrm{d}^2i}{\mathrm{d}t^2}+\frac{R}{L}\frac{\mathrm{d}i}{\mathrm{d}t}+\frac{1}{LC}i=0.$$

将 $C=0.5, L=1, R=3$ 代入, 可得特征方程为 $r^2+3r+2=0$, 特征根 $r_1=-1$, $r_2=-2$. 所以微分方程的通解为 $i(t)=C_1\mathrm{e}^{-t}+C_2\mathrm{e}^{-2t}$. 为求满足初始条件的特解, 求导得 $i'(t)=-C_1\mathrm{e}^{-t}-2C_2\mathrm{e}^{-2t}$, 将初值条件 $i|_{t=0}=0$ 及从 $E_L=L\dfrac{\mathrm{d}i}{\mathrm{d}t}$ 中得出的 $\left.\dfrac{\mathrm{d}i}{\mathrm{d}t}\right|_{t=0}=\dfrac{U_C|_{t=0}}{L}=\dfrac{E}{L}=20$, 代入通解中有

$$\begin{cases} C_1+C_2=0, \\ -C_1-2C_2=20, \end{cases}$$

解得 $C_1=20, C_2=-20$. 所以回路电流为 $i=20\mathrm{e}^{-t}-20\mathrm{e}^{-2t}$.

三、 常系数非齐次线性微分方程

由定理 3, 二阶常系数非齐次线性方程

$$y''+py'+qy=f(x) \quad (p, q \text{ 为常数}) \tag{4-8}$$

的通解可用它的一个特解与对应齐次方程 (4-4) 的通解之和来表示. 因为齐次方程 (4-4) 的通解的求法已解决, 所以只需讨论求方程 (4-8) 的特解的方法.

由于非齐次方程 (4-8) 的解与其右端的自由项 $f(x)$ 有关, 而自由项 $f(x)$ 的构成又可以十分复杂, 所以一般情况下求非齐次方程的一个特解是相当困难的. 本节只讨论自由项 $f(x)$ 取特殊类型时, 求解非齐次方程 (4-8) 的特解的方法——待定系数法. 下面介绍两类常见特殊类型.

1. $f(x)=\mathrm{e}^{\lambda x}P_m(x)$ 型, 其中 λ 为实常数, $P_m(x)$ 为 m 次多项式

由于多项式与指数函数乘积的各阶导数仍是多项式与指数函数的乘积, 且 p, q 为常数, 因此推测方程 (4-8) 的特解应该仍是多项式与指数函数的乘积这种类型的函数. 所以设方程 (4-8) 的特解形式为

$$y^*=Q(x)\mathrm{e}^{\lambda x},$$

其中 λ 与 $f(x)=P_m(x)\mathrm{e}^{\lambda x}$ 中的 λ 相同, $Q(x)$ 是待定系数的多项式. 将

$$y^*=Q(x)\mathrm{e}^{\lambda x},$$

$$y^{*\prime}=[\lambda Q(x)+Q'(x)]\,\mathrm{e}^{\lambda x},$$

$$y^{*\prime\prime}=[\lambda^2 Q(x)+2\lambda Q'(x)+Q''(x)]\,\mathrm{e}^{\lambda x},$$

代入方程 (4-8) 并消去 $\mathrm{e}^{\lambda x}$, 得

$$Q''(x)+(2\lambda+p)Q'(x)+(\lambda^2+p\lambda+q)Q(x)=P_m(x). \tag{4-9}$$

要从上式中确定出待定多项式 $Q(x)$, 最为关键是 $Q(x), Q'(x), Q''(x)$ 的系数是否为零, 下面分三种情况讨论.

(1) 若 λ 不是特征方程 $r^2+pr+q=0$ 的根, 即 $\lambda^2+p\lambda+q\neq 0$, 由于 $P_m(x)$ 为 m 次多项式, 要使 (4-9) 的两端恒等, $Q(x)$ 也必须是一个 m 次多项式. 令

$$Q(x)=Q_m(x)=b_0x^m+b_1x^{m-1}+\cdots+b_{m-1}x+b_m$$
$$(b_0,b_1,\cdots,b_m \text{ 是常数, 且 } b_0\neq 0),$$

将 $Q(x)$ 代入 (4-9) 中, 比较等式两端 x 同次幂的系数, 得到以 $b_0,b_1,\cdots,b_m$ 为未知数的 $m+1$ 个方程联立的方程组, 解方程组确定 $b_0,b_1,\cdots,b_m$, 从而得到方程 (4-8) 的一个特解

$$y^*=Q_m(x)\mathrm{e}^{\lambda x}.$$

(2) 若 λ 是特征方程 $r^2+pr+q=0$ 的单根, 即 $\lambda^2+p\lambda+q=0$, 但 $2\lambda+p\neq 0$. 要使 (4-9) 的两端恒等, $Q'(x)$ 必须是一个 m 次多项式. 令

$$Q(x)=xQ_m(x)=x(b_0x^m+b_1x^{m-1}+\cdots+b_{m-1}x+b_m)$$
$$(b_0,b_1,\cdots,b_m \text{ 是常数, 且 } b_0\neq 0),$$

用同样的方法可以确定 $Q_m(x)$ 的系数 $b_0,b_1,\cdots,b_m$, 从而得到方程 (4-8) 的一个特解

$$y^*=xQ_m(x)\mathrm{e}^{\lambda x}.$$

(3) 若 λ 是特征方程 $r^2+pr+q=0$ 的重根, 即 $\lambda^2+p\lambda+q=0$, 且 $2\lambda+p=0$. 要使 (4-9) 的两端恒等, $Q''(x)$ 必须是一个 m 次多项式. 令

$$Q(x)=x^2Q_m(x)=x^2(b_0x^m+b_1x^{m-1}+\cdots+b_{m-1}x+b_m)$$
$$(b_0,b_1,\cdots,b_m \text{ 是常数, 且 } b_0\neq 0),$$

代入 (4-9) 中确定系数 $b_0,b_1,\cdots,b_m$, 从而得到方程 (4-8) 的一个特解

$$y^*=x^2Q_m(x)\mathrm{e}^{\lambda x}.$$

综上所述, 若二阶常系数非齐次线性微分方程 (4-8) 的非齐次项 $f(x)=P_m(x)\mathrm{e}^{\lambda x}$ 时, 则可设其特解为

$$y^*=x^kQ_m(x)\mathrm{e}^{\lambda x}, \tag{4-10}$$

其中 $Q_m(x)=b_0x^m+b_1x^{m-1}+\cdots+b_{m-1}x+b_m$ 是一个与 $P_m(x)$ 同次的待定多项式, k 为一个整数, 且

$$k=\begin{cases}0, & \lambda \text{ 不是特征根时},\\ 1, & \lambda \text{ 是单特征根时},\\ 2, & \lambda \text{ 是二重特征根时}.\end{cases}$$

上述结论可推广到 n 阶常系数非齐次线性微分方程. 注意, (4-10) 中的 k 是特征方程的根 λ 的重复次数 (即若 λ 不是特征方程的根, 则取 $k=0$; 若 λ 是特征方程 s 重根, 则取 $k=s$).

根据上面的讨论, 求二阶常系数非齐次线性微分方程 (4-8) 通解的一般步骤如下:

(1) 写出对应齐次方程的特征方程并求出特征根, 求出对应齐次方程的通解 $\tilde{y}$;

(2) 根据右端函数 $f(x)$ 以及特征根的特征, 设出含待定函数 $Q_m(x)$ 的特解

$$y^* = x^k Q_m(x)\mathrm{e}^{\lambda x};$$

(3) 将 y^*, $y^{*\prime}$, $y^{*\prime\prime}$ 代入方程 (4-8), 确定待定系数, 得到方程 (4-8) 的一个特解 y^*;

(4) 写出方程 (4-8) 的通解 $y=\tilde{y}+y^*$.

例 7 求微分方程 $y''-5y'+6y=6x+7$ 的通解.

解 这是二阶常系数非齐次线性微分方程, 且函数 $f(x)=6x+7$ 是 $\mathrm{e}^{\lambda x}P_m(x)$ 型, 其中 $\lambda=0$, $P_m(x)=6x+7$. 所给方程对应的齐次方程为

$$y''-5y'+6y=0,$$

它的特征方程为

$$r^2-5r+6=0,$$

解得特征根

$$r_1=2, \quad r_2=3.$$

故齐次方程的通解为

$$\tilde{y}=C_1\mathrm{e}^{2x}+C_2\mathrm{e}^{3x}.$$

由于 $\lambda=0$ 不是特征方程的单根, 可设特解为

$$y^*=b_0x+b_1,$$

将其代入原方程并整理, 得

$$6b_0x-5b_0+6b_1=6x+7,$$

比较等式两端 x 同次幂的系数, 得

$$\begin{cases} 6b_0=6, \\ -5b_0+6b_1=7, \end{cases}$$

解得 $b_0=1, b_1=2$, 于是求得一个特解为

$$y^*=x+2.$$

从而所求通解为

$$y = C_1 e^{2x} + C_2 e^{3x} + x + 2.$$

例 8 求微分方程 $y'' - 10y' + 25y = e^{5x}$ 的通解.

解 这是二阶常系数非齐次线性微分方程, 且函数 $f(x) = e^{5x}$ 是 $e^{\lambda x} P_m(x)$ 型, 其中 $\lambda = 5$, $P_m(x) = 1$. 所给方程对应的齐次方程为

$$y'' - 10y' + 25y = 0,$$

它的特征方程为

$$r^2 - 10r + 25 = 0,$$

解得特征根

$$r_1 = r_2 = 5.$$

故齐次方程的通解为

$$\tilde{y} = (C_1 + C_2 x) e^{5x}.$$

由于 $\lambda = 5$ 是特征方程的二重根, 可设特解为

$$y^* = bx^2 e^{5x},$$

将其代入原方程并整理, 得

$$2b = 1,$$

解得 $b = \frac{1}{2}$, 于是求得一个特解为

$$y^* = \frac{1}{2} x^2 e^{5x}.$$

从而所求通解为

$$y = (C_1 + C_2 x) e^{5x} + \frac{1}{2} x^2 e^{5x}.$$

2. $f(x) = e^{\lambda x}[P_l(x) \cos \omega x + P_n(x) \sin \omega x]$ 型

其中 λ, ω 为实常数, $P_l(x), P_n(x)$ 分别为已知的 l 次和 n 次多项式. 由于多项式、指数函数及正弦、余弦函数乘积的各阶导数仍为这些函数乘积的代数和, 因此可设方程 (4-8) 的特解为

$$y^* = x^k e^{\lambda x}[R_m^{(1)}(x) \cos \omega x + R_m^{(2)}(x) \sin \omega x], \tag{4-11}$$

其中 $m = \max\{l, n\}$, $R_m^{(1)}(x)$, $R_m^{(2)}(x)$ 是待定的 m 次多项式,

$$k = \begin{cases} 0, & \lambda \pm i\omega \text{ 不是特征根}, \\ 1, & \lambda \pm i\omega \text{ 是特征根}. \end{cases}$$

事实上, 根据欧拉公式

$$\cos\theta=\frac{1}{2}(\mathrm{e}^{\mathrm{i}\theta}+\mathrm{e}^{-\mathrm{i}\theta}),\quad \sin\theta=\frac{1}{2\mathrm{i}}(\mathrm{e}^{\mathrm{i}\theta}-\mathrm{e}^{-\mathrm{i}\theta}),$$

把 $f(x)$ 表示成复变指数函数的形式

$$\begin{aligned}f(x)&=\mathrm{e}^{\lambda x}\left(P_l\cos\omega x+P_n\sin\omega x\right)\\&=\mathrm{e}^{\lambda x}\left(P_l\frac{\mathrm{e}^{\mathrm{i}\omega x}+\mathrm{e}^{-\mathrm{i}\omega x}}{2}+P_n\frac{\mathrm{e}^{\mathrm{i}\omega x}-\mathrm{e}^{-\mathrm{i}\omega x}}{2\mathrm{i}}\right)\\&=\left(\frac{P_l}{2}+\frac{P_n}{2\mathrm{i}}\right)\mathrm{e}^{(\lambda+\mathrm{i}\omega)x}+\left(\frac{P_l}{2}-\frac{P_n}{2\mathrm{i}}\right)\mathrm{e}^{(\lambda-\mathrm{i}\omega)x}.\end{aligned}$$

令

$$P(x)=\frac{P_l}{2}+\frac{P_n}{2\mathrm{i}}=\frac{P_l}{2}-\frac{P_n}{2}\mathrm{i},\quad \bar{P}(x)=\frac{P_l}{2}-\frac{P_n}{2\mathrm{i}}=\frac{P_l}{2}+\frac{P_n}{2}\mathrm{i},$$

则

$$f(x)=P(x)\mathrm{e}^{(\lambda+\mathrm{i}\omega)x}+\bar{P}(x)\mathrm{e}^{(\lambda-\mathrm{i}\omega)x},$$

其中 $P(x),\bar{P}(x)$ 是互成共轭的 m 次多项式, 即它们对应项的系数是共轭复数.

应用第一部分的结果, 对于方程 $y''+py'+qy=f_1(x)=P(x)\mathrm{e}^{(\lambda+\mathrm{i}\omega)x}$, 可设形如 $y_1^*=x^kQ_m(x)\mathrm{e}^{(\lambda+\mathrm{i}\omega)x}$ 的特解, 其中 $Q_m(x)$ 为 m 次多项式, $k=\begin{cases}0, & \lambda\pm\mathrm{i}\omega\text{ 不是特征根},\\1, & \lambda\pm\mathrm{i}\omega\text{ 是特征根},\end{cases}$ 由于 $f_2(x)=\bar{P}(x)\mathrm{e}^{(\lambda-\mathrm{i}\omega)x}$ 与 $f_1(x)=P(x)\mathrm{e}^{(\lambda+\mathrm{i}\omega)x}$ 互成共轭, 所以可设 $y_2^*=x^k\bar{Q}_m(x)\mathrm{e}^{(\lambda-\mathrm{i}\omega)x}$ 为 $y''+py'+qy=f_2(x)$ 的特解, 其中 $\bar{Q}_m(x)$ 是与 $Q_m(x)$ 互成共轭的 m 次多项式.

由本节定理 4, 方程 (4-8) 具有形如 $y^*=x^kQ_m(x)\mathrm{e}^{(\lambda+\mathrm{i}\omega)x}+x^k\bar{Q}_m(x)\mathrm{e}^{(\lambda-\mathrm{i}\omega)x}$ 的特解, 即

$$y^*=x^k\mathrm{e}^{\lambda x}[Q_m(x)\mathrm{e}^{\mathrm{i}\omega x}+\bar{Q}_m(x)\mathrm{e}^{-\mathrm{i}\omega x}].$$

利用欧拉公式, 得

$$y^*=x^k\mathrm{e}^{\lambda x}[Q_m(x)(\cos\omega x+\mathrm{i}\sin\omega x)+\bar{Q}_m(x)(\cos\omega x-\mathrm{i}\sin\omega x)].$$

由于括号内的两项互成共轭, 相加后无虚部, 所以所设特解可写成实函数的形式

$$y^*=x^k\mathrm{e}^{\lambda x}[R_m^{(1)}(x)\cos\omega x+R_m^{(2)}(x)\sin\omega x],$$

其中 $R_m^{(1)}(x)$, $R_m^{(2)}(x)$ 是待定的 m 次多项式 (系数待定),

$$k=\begin{cases}0, & \lambda\pm\mathrm{i}\omega\text{ 不是特征根},\\1, & \lambda\pm\mathrm{i}\omega\text{ 是特征根}.\end{cases}$$

上述结论可推广到 n 阶常系数非齐次线性微分方程. 注意, (4-11) 中的 k 是特征方程的复根 $\lambda \pm \mathrm{i}\omega$ 的重复次数.

例 9　求微分方程 $y''+y'-2y=\mathrm{e}^x(\cos x-7\sin x)$ 的通解.

解　这是二阶常系数非齐次线性微分方程, 且函数 $f(x)=\mathrm{e}^x(\cos x-7\sin x)$ 是 $f(x)=\mathrm{e}^{\lambda x}[P_l(x)\cos\omega x+P_n(x)\sin\omega x]$ 型, 其中 $\lambda=1$, $\omega=1$, $P_l(x)=1$, $P_n(x)=-7$.

所给方程对应的齐次方程为

$$y''+y'-2y=0,$$

它的特征方程为

$$r^2+r-2=0,$$

解得特征根

$$r_1=1,\quad r_2=-2.$$

故齐次方程的通解为

$$\tilde{y}=C_1\mathrm{e}^{-2x}+C_2\mathrm{e}^x.$$

由于 $\lambda\pm\omega\mathrm{i}=1\pm\mathrm{i}$ 不是特征根, 可设特解为

$$y^*=\mathrm{e}^x(a\cos x+b\sin x),$$

代入原方程并约去 e^x, 得

$$(3b-a)\cos x-(b+3a)\sin x=\cos x-7\sin x.$$

比较上式两端三角函数的系数, 有

$$\begin{cases}-a+3b=1,\\-3a-b=-7,\end{cases}$$

解得 $a=2$, $b=1$, 于是求得一个特解为

$$y^*=\mathrm{e}^x(2\cos x+\sin x).$$

从而原方程的通解为

$$y=C_1\mathrm{e}^{-2x}+C_2\mathrm{e}^x+(2\cos x+\sin x)\mathrm{e}^x.$$

例 10　设 $f(x)$ 为连续函数, 且满足方程 $f(x)=\sin x-\int_0^x(x-t)f(t)\mathrm{d}t$, 求 $f(x)$.

解　这是一个积分方程, 将积分方程变形为

$$f(x) = \sin x - x\int_0^x f(t)\mathrm{d}t + \int_0^x tf(t)\mathrm{d}t,$$

方程两端对 x 求导, 得

$$f'(x) = \cos x - \int_0^x f(t)\mathrm{d}t, \tag{4-12}$$

再对 x 求导, 得

$$f''(x) = -\sin x - f(x). \tag{4-13}$$

令 $y = f(x)$, 得二阶常系数非齐次线性微分方程

$$y'' + y = -\sin x, \tag{4-14}$$

从原方程与 (4-12) 可得初始条件

$$f(0) = 0, \quad f'(0) = 1.$$

(4-14) 对应的齐次方程的特征方程为 $r^2 + 1 = 0$, 其根 $r_{1,2} = \pm\mathrm{i}$, 故对应齐次方程的通解为

$$\bar{y} = C_1\cos x + C_2\sin x.$$

由于 $\lambda \pm \omega\mathrm{i} = \pm\mathrm{i}$ 是单特征根, 故可设其特解为

$$y^* = x(a\cos x + b\sin x).$$

代入方程 (4-14) 并整理, 得

$$-2b\cos x - 2a\sin x = -\sin x,$$

比较同类项的系数, 得 $a = \dfrac{1}{2}, b = 0$. 所以方程 (4-14) 的一个特解为

$$y^* = \frac{1}{2}x\cos x,$$

从而原方程的通解为

$$y = C_1\cos x + C_2\sin x + \frac{1}{2}x\cos x.$$

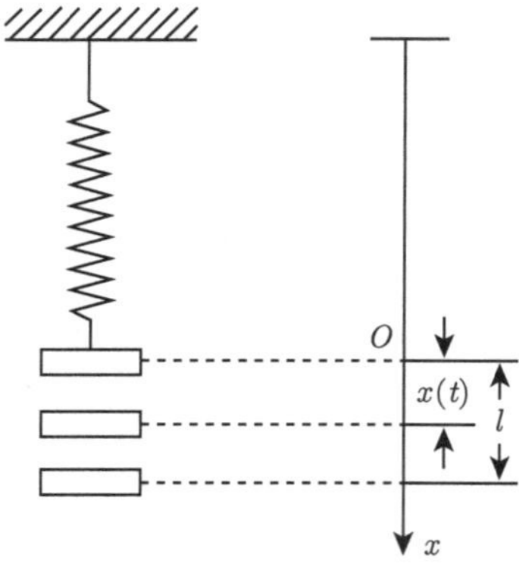

图 12-9

例 11　设有一弹簧, 上端固定, 下端挂一个质量为 m 的重物, 平衡位置为点 O, 如图 12-9 所示. 如果将重物向下拉开, 距离为 l, 然后放开让它自由振动, 即重物做上下振动, 求重物离开原点的位移 x 与时间 t 的函数关系 (即弹簧振动的运动方程).

解　设重物在时刻 t 离开原点的位移为 $x(t)$, 由力学知识可知, 重物所受的力有弹性恢复力 $F=-kt$, 其中 k 为弹簧的弹性系数, 负号表示恢复力与位移方向相反. 另外, 重物还受到介质 (如空气) 的阻力. 由实验知, 阻力的大小与重物运动的速度成正比, 即阻力 $R=-\mu v$, 其中 μ 为阻力系数, v 为速度, 即 $v=\dfrac{\mathrm{d}x}{\mathrm{d}t}$, 负号表示阻力与运动方向相反.

根据牛顿第二定律, 可得微分方程

$$m\frac{\mathrm{d}^2x}{\mathrm{d}t^2}=-kx-\mu\frac{\mathrm{d}x}{\mathrm{d}t}.$$

令 $2n=\dfrac{\mu}{m}$, $C^2=\dfrac{k}{m}$, 上式可写成

$$\frac{\mathrm{d}^2x}{\mathrm{d}t^2}+2n\frac{\mathrm{d}x}{\mathrm{d}t}+C^2x=0, \tag{4-15}$$

初始条件为 $x|_{t=0}=l$, $x'|_{t=0}=0$. 方程 (4-15) 称为**有阻尼自由振动微分方程**. 若不考虑空气阻力, 方程 (4-15) 变为

$$\frac{\mathrm{d}^2x}{\mathrm{d}t^2}+C^2x=0,$$

该方程称为**无阻尼自由振动微分方程**.

若重物除受弹性力与阻力之外, 还受到周期外力 $f(t)=H\sin wt$ 的作用, 则重物的运动方程可表示为

$$\frac{\mathrm{d}^2x}{\mathrm{d}t^2}+2n\frac{\mathrm{d}x}{\mathrm{d}t}+C^2x=h\sin\omega t, \tag{4-16}$$

其中 $h=\dfrac{H}{m}$, 该方程称为**强迫振动微分方程**.

下面仅就有阻尼自由振动方程 (4-15) 进行讨论. 该方程是一个二阶常系数齐次线性微分方程. 特征方程是 $r^2+2nr+C^2=0$, 两个特征根为 $r_{1,2}=-n\pm\sqrt{n^2-C^2}$. 下面分三种情况讨论.

(1) 大阻尼情况, 即假定 $n > C$. 特征方程有两个不相等的实根

$$r_1 = -n + \sqrt{n^2 - C^2}, \quad r_2 = -n - \sqrt{n^2 - C^2}.$$

方程的通解为

$$x(t) = C_1 e^{r_1 t} + C_2 e^{r_2 t}.$$

由于 r_1 和 r_2 都是负数, $x(t)$ 是两个指数为负的指数函数的叠加, 如图 12-10 所示. 当 $t \to \infty$ 时, $x(t)$ 趋于 0, 即表示随着时间 t 的增大, 重物趋于平衡位置, 不产生振动.

(2) 小阻尼情况, 即假定 $n < C$. 特征方程有一对共轭复根

$$r_{1,2} = -n \pm i\sqrt{C^2 - n^2} = -n \pm i\beta, \quad \beta = \sqrt{C^2 - n^2}.$$

方程的通解为

$$x(t) = e^{-nt}(C_1 \cos \beta t + C_2 \sin \beta t),$$

或

$$x(t) = Ae^{-nt} \sin(\beta t + \varphi),$$

其中 A, φ 是任意常数. 此时运动是往复的, 但由于振幅 Ae^{-nt} 随时间 t 的增大而不断衰减, 最终仍有 $x(t)$ 趋于 0 (当 $t \to \infty$ 时), 如图 12-11 所示, 重物做衰减振动.

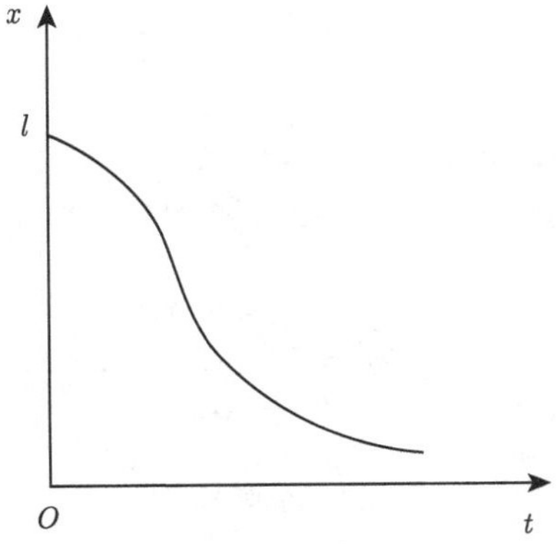

图 12-10

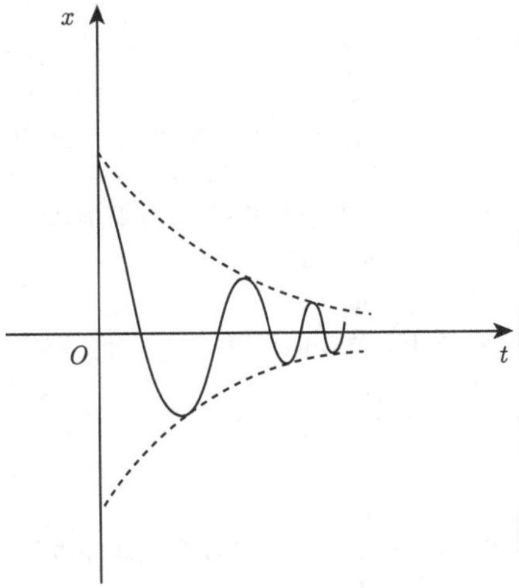

图 12-11

(3) 临界阻尼情况, 即假定 $n = C$. 这时为前两种情况的分界, 特征方程有重根 $r_{1,2} = -n$. 方程的通解为

$$x(t) = (C_1 + C_2 t)\mathrm{e}^{-nt}.$$

它的图形与第一种情况类似, 重物也不做周期性往复运动, 而是随时间 t 的增大趋于平衡位置.

习题 12-4

1. 下列函数组在其定义区间内哪些是线性无关的?

(1) x 与 x^2;　(2) e^{-x} 与 e^{x};

(3) $\sin x\cos x$ 与 $\sin 2x$;　(4) $\ln x$ 与 $x\ln x$.

2. 验证 $y_1 = \mathrm{e}^{ax}$ 与 $y_2 = \mathrm{e}^{-ax}$ (a 不为零) 是方程 $y'' - a^2 y = 0$ 的解, 并写出该方程的通解.

3. 证明 $y = \dfrac{1}{x}(C_1\mathrm{e}^{x} + C_2\mathrm{e}^{-x}) + \dfrac{1}{2}\mathrm{e}^{x}$ (C_1, C_2 是任意常数) 是方程 $xy'' + 2y' - xy = \mathrm{e}^{x}$ 的通解.

4. 已知微分方程 $y'' + p(x)y' + q(x)y = f(x)$ 有三个解 $y_1 = x, y_2 = \mathrm{e}^{x}$, $y_3 = \mathrm{e}^{2x}$. 求该方程的通解.

5. 求下列二阶常系数齐次线性微分方程的通解:

(1) $y'' - 3y' - 4y = 0$;　(2) $y'' + y' = 0$;　(3) $y'' + y = 0$;

(4) $y'' - 4y' + 5y = 0$;　(5) $y'' + 6y' + 13y = 0$　(6) $y^{(4)} - y = 0$;

(7) $y^{(4)} + 5y'' - 36y = 0$;　(8) $y^{(5)} + 3y^{(4)} + 3y''' + y'' = 0$.

6. 求下列二阶常系数齐次线性微分方程满足初始条件的特解:

(1) $y'' - 4y' + 3y = 0,\ y|_{x=0} = 6,\ y'|_{x=0} = 10$;

(2) $y'' + 25y = 0,\ y|_{x=0} = 2,\ y'|_{x=0} = 5$;

(3) $y'' - 3y' - 4y = 0,\ y|_{x=0} = 0,\ y'|_{x=0} = -5$;

(4) $y'' - 4y' + 13y = 0,\ y|_{x=0} = 0,\ y'|_{x=0} = 3$;

(5) $y'' - 2y' - \mathrm{e}^{2x} = 0$, $y|_{x=0} = 1$, $y'|_{x=0} = 1$.

7. 写出下列方程待定的特解的形式:

(1) $y'' - y' = x^2$;　(2) $y'' - 2y' + y = x\mathrm{e}^{x}$;

(3) $y'' + 4y = x\cos 2x$;　(4) $y'' - 2y' + 2y = 3\mathrm{e}^{x}\sin x$.

8. 求下列方程的通解:

(1) $y'' - y = \mathrm{e}^{2x}$;　(2) $3y'' + 2y' - 8y = 5\cos x$;

(3) $y'' + 4y = \sin 2x$;　(4) $2y'' + 5y' = 5x^2 - 2x - 1$;

(5) $y'' - 6y' + 9y = \mathrm{e}^{3x}(x+1)$;　(6) $y'' + 3y' + 2y = 3x\mathrm{e}^{-x}$;

(7) $y'' + y = \mathrm{e}^{x} + \cos x$.

9. 求下列二阶常系数非齐次线性微分方程的通解或满足初始条件的特解:

(1) $y'' + y' = 2x + 1$;　(2) $y'' + y' = 2\mathrm{e}^{-x},\ y|_{x=0} = 0,\ y'|_{x=0} = 0$;

(3) $y'' - y = 4x\mathrm{e}^{x}$, $y(0) = 0$, $y'(0) = 1$;

(4) $y'' - 10y' + 9y = \mathrm{e}^{2x}$, $y(0) = \dfrac{6}{7}$, $y'(0) = \dfrac{33}{7}$.

10. 已知 $y_1 = \mathrm{e}^{3x} - x\mathrm{e}^{2x}$, $y_2 = \mathrm{e}^{x} - x\mathrm{e}^{2x}$, $y_3 = -x\mathrm{e}^{2x}$ 是某二阶常系数非齐次线性微分方程的三个解, 求该方程的通解.

11. 一根弹簧上端固定, 悬挂 5kg 的物体使该弹簧伸长了 50cm, 若把该物体拉到平衡位置以下 20cm 处, 然后松手, 求物体的运动规律.

12. 设函数 $\varphi(x)$ 连续, 且满足 $\varphi(x) = x\mathrm{e}^x + \int_0^x (t-x)\varphi(t)\mathrm{d}t$, 求 $\varphi(x)$.

* 第五节　欧拉方程　幂级数解法

一、 欧拉方程

前面讨论了二阶常系数齐次、非齐次线性微分方程的解法. 对于变系数的线性微分方程, 一般来说求解较困难. 但是, 有些特殊的变系数微分方程往往可通过变量替换化为常系数线性微分方程, 从而达到求解的目的. 欧拉方程就是其中的一种.

形如

$$x^n y^{(n)} + p_1 x^{n-1} y^{(n-1)} + \cdots + p_{n-1} x y' + p_n y = f(x) \tag{5-1}$$

的变系数线性微分方程称为**欧拉方程**, 其中 $p_1, p_2, \cdots, p_{n-1}, p_n$ 为常数.

将欧拉方程与常系数的方程相比较, 可看到, 两者之间只相差因子 $x^n, x^{n-1}, \cdots, x$, 因此, 可通过适当的变换消去这些因子, 将其化为常系数线性微分方程.

作变换 $x = \mathrm{e}^t$ 或者 $t = \ln x$ (这里 $x > 0$, 若 $x < 0$, 则令 $x = -\mathrm{e}^t$), 则有

$$\frac{\mathrm{d}y}{\mathrm{d}x} = \frac{\mathrm{d}y}{\mathrm{d}t}\frac{\mathrm{d}t}{\mathrm{d}x} = \frac{1}{x}\frac{\mathrm{d}y}{\mathrm{d}t},$$

$$\frac{\mathrm{d}^2y}{\mathrm{d}x^2} = -\frac{1}{x^2}\frac{\mathrm{d}y}{\mathrm{d}t} + \frac{1}{x}\frac{\mathrm{d}^2y}{\mathrm{d}t^2}\frac{\mathrm{d}t}{\mathrm{d}x} = \frac{1}{x^2}\left(\frac{\mathrm{d}^2y}{\mathrm{d}t^2} - \frac{\mathrm{d}y}{\mathrm{d}t}\right),$$

$$\frac{\mathrm{d}^3y}{\mathrm{d}x^3} = \frac{1}{x^3}\left(\frac{\mathrm{d}^3y}{\mathrm{d}t^3} - 3\frac{\mathrm{d}^2y}{\mathrm{d}t^2} + 2\frac{\mathrm{d}y}{\mathrm{d}t}\right).$$

引入记号 $\frac{\mathrm{d}}{\mathrm{d}t} = \mathrm{D}$, 则上面的式子可以写成

$$xy' = \mathrm{D}y,$$

$$x^2y'' = \frac{\mathrm{d}^2y}{\mathrm{d}t^2} - \frac{\mathrm{d}y}{\mathrm{d}t} = (\mathrm{D}^2 - \mathrm{D})y = \mathrm{D}(\mathrm{D}-1)y,$$

$$x^3y''' = \frac{\mathrm{d}^3y}{\mathrm{d}t^3} - 3\frac{\mathrm{d}^2y}{\mathrm{d}t^2} + 2\frac{\mathrm{d}y}{\mathrm{d}t} = (\mathrm{D}^3 - 3\mathrm{D}^2 + 2\mathrm{D})y = \mathrm{D}(\mathrm{D}-1)(\mathrm{D}-2)y.$$

一般地, 有

$$x^k y^{(k)} = \mathrm{D}(\mathrm{D}-1)\cdots(\mathrm{D}-k+1)y. \tag{5-2}$$

将其代入欧拉方程 (5-1), 得到一个以 t 为自变量的常系数线性微分方程, 求出通解后, 再将 t 换为 $\ln x$, 便得到欧拉方程的通解.

例 1　求方程 $x^2\dfrac{\mathrm{d}^2y}{\mathrm{d}x^2}+3x\dfrac{\mathrm{d}y}{\mathrm{d}x}+5y=0$ 的通解.

解　这是一个欧拉方程. 设 $x=\mathrm{e}^t$, 则 $t=\ln x$, 代入原方程, 原方程化为

$$\mathrm{D}(\mathrm{D}-1)y+3\mathrm{D}+5y=0,$$

即

$$\frac{\mathrm{d}^2y}{\mathrm{d}t^2}+2\frac{\mathrm{d}y}{\mathrm{d}t}+5y=0. \tag{5-3}$$

这是一个二阶常系数齐次线性微分方程, 特征方程为 $r^2+2r+5=0$, 其根为 $r_{1,2}=-1\pm 2\mathrm{i}$. 方程 (5-3) 的通解为

$$y=\mathrm{e}^{-t}(C_1\cos 2t+C_2\sin 2t).$$

因此所给欧拉方程的通解为

$$y=\frac{1}{x}[C_1\cos(2\ln x)+C_2\sin(2\ln x)].$$

例 2　求方程 $x^3y'''+x^2y''-4xy'=3x^2$ 的通解.

解　这是一个欧拉方程. 设 $x=\mathrm{e}^t$, 则 $t=\ln x$, 代入原方程, 原方程化为

$$\mathrm{D}(\mathrm{D}-1)(\mathrm{D}-2)y+\mathrm{D}(\mathrm{D}-1)y-4\mathrm{D}=3\mathrm{e}^{2t},$$

即

$$\frac{\mathrm{d}^3y}{\mathrm{d}t^3}-2\frac{\mathrm{d}^2y}{\mathrm{d}t^2}-3\frac{\mathrm{d}y}{\mathrm{d}t}=3\mathrm{e}^{2t}.$$

这是一个三阶常系数非齐次线性微分方程, 其对应的齐次方程为

$$\frac{\mathrm{d}^3y}{\mathrm{d}t^3}-2\frac{\mathrm{d}^2y}{\mathrm{d}t^2}-3\frac{\mathrm{d}y}{\mathrm{d}t}=0. \tag{5-4}$$

特征方程为 $r^3-2r^2-3r=0$, 它有三个根 $r_1=0, r_2=-1, r_3=3$, 于是方程 (5-4) 的通解为

$$y=C_1+C_2\mathrm{e}^{-t}+C_3\mathrm{e}^{3t}.$$

因此原方程所对应的齐次方程 $x^3y'''+x^2y''-4xy'=0$ 的通解为

$$y=C_1+\frac{C_2}{x}+C_3x^3.$$

又知特解的形式为 $y^* = be^{2t} = bx^2$, 代入方程 (5-4), 求得 $b = -\dfrac{1}{2}$, 即

$$y^* = -\frac{x^2}{2}.$$

于是, 所给欧拉方程的通解为

$$y = C_1 + \frac{C_2}{x} + C_3x^3 - \frac{x^2}{2}.$$

二、 微分方程的幂级数解法

通过前几节的讨论可知, 能用初等函数的有限形式求解的微分方程只局限于某些特殊类型. 因此, 欲扩大微分方程的求解范围, 应该不局限于“有限形式”的解, 而尝试寻求“无限形式”的解, 如无穷级数解.

为叙述方便, 只讨论一阶微分方程

$$\frac{\mathrm{d}y}{\mathrm{d}x} = f(x, y).$$

不加证明地叙述如下柯西定理.

定理 1 (柯西定理) 若函数 $f(x, y)$ 在矩形区域:

$$R = \left\{ (x, y) \middle| |x - x_0| \leqslant a, |y - y_0| \leqslant b, a, b \text{ 为常数} \right\}$$

上可展开成 $(x - x_0)$ 与 $(y - y_0)$ 的收敛的幂级数, 则初值问题

$$\begin{cases} \dfrac{\mathrm{d}y}{\mathrm{d}x} = f(x, y), \\ y(x_0) = y_0 \end{cases}$$

在 x_0 的某邻域内有一个解析解, 即 $y = y(x)$ 可展成 $(x - x_0)$ 的收敛幂级数:

$$y = y_0 + \sum_{n=0}^{\infty} a_n (x - x_0)^n,$$

而且它是唯一的.

对于简单的二阶齐次线性微分方程

$$y'' + p(x)y' + q(x)y = 0, \tag{5-5}$$

利用柯西定理有如下结果.

定理 2 设微分方程 (5-5) 的系数 $p(x)$, $q(x)$ 在区间 $(x_0 - r, x_0 + r)$ 内可以展开成 $(x - x_0)$ 的收敛的幂级数, 则 (5-5) 在区间 $(x_0 - r, x_0 + r)$ 内有收敛的幂级数解

$$y=\sum_{n=0}^{\infty}a_n(x-x_0)^n,$$

其中 a_0,a_1 由初始条件确定, 而 $a_n\ (n\geqslant 2)$ 由 a_0,a_1 出发递推确定.

例 3　用幂级数解法求解艾里 (Airy, 1801—1892) 方程:

$$y''=xy\quad(-\infty<x<+\infty).\tag{5-6}$$

解　由定理 2, 设方程的幂级数解

$$y=a_0+a_1x+\cdots+a_nx^n+\cdots,$$

对其求导两次, 得

$$y''=2\cdot1\cdot a_2+3\cdot2\cdot a_3x+\cdots+n\cdot(n-1)\cdot a_nx^{n-2}+(n+1)\cdot n\cdot a_{n+1}x^{n-1}+\cdots.$$

将 y 及 y'' 代入原方程中, 得

$$2\cdot1\cdot a_2+3\cdot2\cdot a_3x+\cdots+n\cdot(n-1)\cdot a_nx^{n-2}+(n+1)\cdot n\cdot a_{n+1}x^{n-1}+\cdots$$
$$=x(a_0+a_1x+\cdots+a_nx^n+\cdots).$$

比较上式两端 x 的同幂次系数, 得

$$2\cdot1\cdot a_2=0,3\cdot2\cdot a_3=a_0,4\cdot3\cdot a_4=a_1,5\cdot4\cdot a_5=a_2,\cdots,$$

从而

$$a_2=0,a_3=\frac{a_0}{3\cdot2},a_4=\frac{a_1}{4\cdot3},a_5=\frac{a_2}{5\cdot4},\cdots.$$

由此不难推出

$$a_2=a_5=\cdots=a_{3n+2}=0,$$
$$a_3=\frac{a_0}{3\cdot2},\quad a_6=\frac{a_0}{6\cdot5\cdot3\cdot2},$$
$$a_{3n}=\frac{a_0}{(3n)(3n-1)(3n-3)(3n-4)\cdots6\cdot5\cdot3\cdot2},$$
$$a_4=\frac{a_1}{4\cdot3},\quad a_7=\frac{a_1}{7\cdot6\cdot4\cdot3},$$
$$a_{3n+1}=\frac{a_1}{(3n+1)(3n)(3n-2)(3n-3)\cdots7\cdot6\cdot4\cdot3}.$$

所以, 艾里方程的幂级数解为

$$y=a_0\left[1+\sum_{n=1}^{\infty}\frac{x^{3n}}{(3n)(3n-1)(3n-3)(3n-4)\cdots6\cdot5\cdot3\cdot2}\right]$$

$$+a_1\left[x+\sum_{n=1}^{\infty}\frac{x^{3n+1}}{(3n+1)(3n)(3n-2)(3n-3)\cdots 7\cdot 6\cdot 4\cdot 3}\right],$$

其中 a_0, a_1 是任意常数. 利用达朗贝尔判别法, 可以验证该幂级数对于任何 x 都是收敛的, 因此是方程 (5-6) 的通解.

* 习题 12-5

1. 求下列欧拉方程的通解:

(1) $x^2y''+xy'-y=0$;

(2) $x^2y''-xy'+2y=x\ln x$;

(3) $x^2y''-4xy'+6y=x$;

(4) $x^2y''+xy'-4y=x^3$;

(5) $x^2y''-3xy'+4y=x+x^2\ln x$;

(6) $x^2y''-xy'+4y=x\sin(\ln x)$;

(7) $x^3y'''+3x^2y''-2xy'+2y=0$;

(8) $x^3y'''+2xy'-2y=x^2\ln x+3x$.

2. 用幂级数解法求解下列方程:

(1) $y''-2xy'-4y=0, y(0)=0, y'(0)=1$;

(2) $y''+xy'+y=0, y(0)=1, y'(0)=0$;

(3) $(1-x)y''+y=0$.

* 第六节　常系数线性微分方程组解法举例

前面讨论的是由一个微分方程求解一个未知函数的情形, 在研究某些实际问题时, 还会遇到由几个微分方程联立起来共同确定几个具有同一自变量的函数的情形, 这种由几个微分方程联立而成的方程组称为**微分方程组**.

若微分方程组中的每个微分方程都是常系数线性微分方程, 则称为**常系数线性微分方程组**. 本节举例说明常系数线性微分方程组的两种求解方法.

1. *消元法*

消元法是从常系数线性微分方程组中消去一些未知函数及其各阶导数, 得到只含一个未知函数的高阶常系数线性微分方程, 求出满足该高阶方程的未知函数, 将其代入原方程组, 不必经过积分就可求出其余的未知函数.

例 1　解微分方程组

$$\begin{cases}\dfrac{\mathrm{d}x}{\mathrm{d}t}+\dfrac{\mathrm{d}y}{\mathrm{d}t}=-x+y+2, & (6\text{-}1)\\[2mm] \dfrac{\mathrm{d}x}{\mathrm{d}t}-\dfrac{\mathrm{d}y}{\mathrm{d}t}=x+y-2. & (6\text{-}2)\end{cases}$$

解　将 (6-1)+(6-2), (6-1)−(6-2), 得

$$\begin{cases} \dfrac{\mathrm{d}x}{\mathrm{d}t} = y, & (6\text{-}3) \\ \dfrac{\mathrm{d}y}{\mathrm{d}t} = -x + 2. & (6\text{-}4) \end{cases}$$

下面设法消去未知函数 y. (6-3) 两端对 t 求导, 得

$$\frac{\mathrm{d}y}{\mathrm{d}t} = \frac{\mathrm{d}^2x}{\mathrm{d}t^2}. \tag{6-5}$$

将 (6-5) 代入 (6-4), 得

$$\frac{\mathrm{d}^2x}{\mathrm{d}t^2} = -x + 2.$$

这是一个二阶常系数非齐次线性微分方程, 它的通解是

$$x(t) = C_1 \cos t + C_2 \sin t + 2. \tag{6-6}$$

(6-6) 两端对 t 求导, 得

$$y(t) = -C_1 \sin t + C_2 \cos t.$$

因此, 原方程组的通解为

$$\begin{cases} x(t) = C_1 \cos t + C_2 \sin t + 2, \\ y(t) = -C_1 \sin t + C_2 \cos t. \end{cases}$$

例 2　解微分方程组

$$\begin{cases} \dfrac{\mathrm{d}^2x}{\mathrm{d}t^2} + \dfrac{\mathrm{d}y}{\mathrm{d}t} - x = \mathrm{e}^t, & (6\text{-}7) \\ \dfrac{\mathrm{d}^2y}{\mathrm{d}t^2} + \dfrac{\mathrm{d}x}{\mathrm{d}t} + y = 0. & (6\text{-}8) \end{cases}$$

解　设法消去未知函数 x 及其各阶导数. (6-8) 两端对 t 求导, 得

$$\frac{\mathrm{d}^3y}{\mathrm{d}t^3} + \frac{\mathrm{d}^2x}{\mathrm{d}t^2} + \frac{\mathrm{d}y}{\mathrm{d}t} = 0. \tag{6-9}$$

将 (6-9)−(6-7), 得

$$\frac{\mathrm{d}^3y}{\mathrm{d}t^3} + x = -\mathrm{e}^t,$$

即

$$x = -\frac{\mathrm{d}^3y}{\mathrm{d}t^3} - \mathrm{e}^t, \tag{6-10}$$

从而

$$\frac{\mathrm{d}x}{\mathrm{d}t}=-\frac{\mathrm{d}^4y}{\mathrm{d}t^4}-\mathrm{e}^t. \tag{6-11}$$

将 (6-11) 代入 (6-8), 得

$$\frac{\mathrm{d}^4y}{\mathrm{d}t^4}-\frac{\mathrm{d}^2y}{\mathrm{d}t^2}-y=-\mathrm{e}^t. \tag{6-12}$$

这是一个四阶常系数非齐次线性微分方程, 其对应齐次方程的特征方程为 $r^4-r^2-1=0$, 特征根为

$$r_{1,2}=\pm\sqrt{\frac{1+\sqrt{5}}{2}},\quad r_{3,4}=\pm\mathrm{i}\sqrt{\frac{\sqrt{5}-1}{2}}.$$

令 $\alpha=\sqrt{\dfrac{1+\sqrt{5}}{2}}$, $\beta=\sqrt{\dfrac{\sqrt{5}-1}{2}}$, 则 $r_{1,2}=\pm\alpha$, $r_{3,4}=\pm\mathrm{i}\beta$. 可求得方程 (6-12) 的一个特解为 $y^*=\mathrm{e}^t$, 故得方程 (6-12) 的通解是

$$y(t)=C_1\mathrm{e}^{\alpha t}+C_2\mathrm{e}^{-\alpha t}+C_3\cos\beta t+C_4\sin\beta t+\mathrm{e}^t. \tag{6-13}$$

(6-13) 两端对 t 求三阶导数并代入 (6-10), 得

$$x(t)=-C_1\alpha^3\mathrm{e}^{\alpha t}+C_2\alpha^3\mathrm{e}^{-\alpha t}+C_3\beta^3\cos\beta t-C_4\beta^3\sin\beta t-2\mathrm{e}^t.$$

因此, 原方程组的通解为

$$\begin{cases} x(t)=\alpha^3(-C_1\mathrm{e}^{\alpha t}+C_2\mathrm{e}^{-\alpha t})+\beta^3(C_3\cos\beta t-C_4\sin\beta t)-2\mathrm{e}^t, \\ y(t)=C_1\mathrm{e}^{\alpha t}+C_2\mathrm{e}^{-\alpha t}+C_3\cos\beta t+C_4\sin\beta t+\mathrm{e}^t. \end{cases}$$

2. 特征方程法

常系数线性微分方程组也可用特征方程法求其通解. 现仅以一阶方程组为例说明求解方法.

设有

$$\begin{cases} \dfrac{\mathrm{d}x}{\mathrm{d}t}=ax+by, \\ \dfrac{\mathrm{d}y}{\mathrm{d}t}=cx+dy. \end{cases} \tag{6-14}$$

与第四节常系数线性微分方程的解法类似, 猜测指数函数 $x=r_1\mathrm{e}^{\lambda x}$, $y=r_2\mathrm{e}^{\lambda x}$ 是方程组 (6-14) 的解, 其中 r_2,r_2,λ 是待定系数. 事实上, 将 $x=r_1\mathrm{e}^{\lambda x}$, $y=r_2\mathrm{e}^{\lambda x}$ 及其一阶导数代入方程 (6-14), 消去 $\mathrm{e}^{\lambda x}$, 得

$$\begin{cases} (a-\lambda)r_1+br_2=0, \\ cr_1+(d-\lambda)r_2=0. \end{cases} \tag{6-15}$$

方程组 (6-15) 有非零解的充分必要条件是系数行列式

$$\begin{vmatrix} a-\lambda & b \\ c & d-\lambda \end{vmatrix} = \lambda^2-(a+d)\lambda+(ad-bc)=0. \tag{6-16}$$

由此, 只要 λ 满足代数方程 (6-16), 函数 $x=r_1\mathrm{e}^{\lambda x}$, $y=r_2\mathrm{e}^{\lambda x}$ 就是方程组 (6-14) 的解, 把方程 (6-16) 称为方程组 (6-14) 的特征方程, 其根称为特征根.

(1) 若特征方程 (6-16) 有两个不相等的实根 λ_1, λ_2, 方程组 (6-15) 有两组解 $(r_{11},r_{12})^{\mathrm{T}}$, $(r_{21},r_{22})^{\mathrm{T}}$, 分别为对应于特征根 λ_1, λ_2 的特征向量, 由此可得到方程组 (6-14) 的两组线性无关的特解

$$\begin{cases} x_1=r_{11}\mathrm{e}^{\lambda_1 t}, \\ y_1=r_{12}\mathrm{e}^{\lambda_1 t}, \end{cases} \qquad \begin{cases} x_2=r_{21}\mathrm{e}^{\lambda_2 t}, \\ y_2=r_{22}\mathrm{e}^{\lambda_2 t}. \end{cases}$$

由类似本章第四节解的结构定理知, 方程组 (6-14) 的通解为

$$\begin{cases} x=C_1r_{11}\mathrm{e}^{\lambda_1 t}+C_2r_{21}\mathrm{e}^{\lambda_2 t}, \\ y=C_1r_{12}\mathrm{e}^{\lambda_1 t}+C_2r_{22}\mathrm{e}^{\lambda_2 t}. \end{cases}$$

(2) 若特征方程 (6-16) 有两个相等的实根 $\lambda_1=\lambda_2=\lambda$, 则其特解的形式为

$$\begin{cases} x=(a_1t+a_2)\mathrm{e}^{\lambda t}, \\ y=(b_1t+b_2)\mathrm{e}^{\lambda t}. \end{cases}$$

代入方程组 (6-14), 比较方程两端 t 的同次幂系数, 确定出 a_1,a_2,b_1,b_2, 则可得到两个线性无关的特解, 从而得到方程组的通解.

(3) 若特征方程 (6-16) 的特征根是一对共轭复根 $r_{1,2}=\alpha\pm \mathrm{i}\beta$, 设特征根 $r_1=\alpha+\mathrm{i}\beta$ 对应的特征向量为 $(a_1+\mathrm{i}a_2,b_1+\mathrm{i}b_1)^{\mathrm{T}}$, 特征根 $r_2=\alpha-\mathrm{i}\beta$ 对应的特征向量为 $(a_1-\mathrm{i}a_2,b_1-\mathrm{i}b_1)^{\mathrm{T}}$, 则可得到两组线性无关的复值特解

$$\begin{cases} \bar{x}_1=(a_1+a_2\mathrm{i})\mathrm{e}^{(\alpha+\mathrm{i}\beta)t}, \\ \bar{y}_1=(b_1+b_2\mathrm{i})\mathrm{e}^{(\alpha+\mathrm{i}\beta)t}; \end{cases} \qquad \begin{cases} \bar{x}_2=(a_1-a_2\mathrm{i})\mathrm{e}^{(\alpha-\mathrm{i}\beta)t}, \\ \bar{y}_2=(b_1-b_2\mathrm{i})\mathrm{e}^{(\alpha-\mathrm{i}\beta)t}. \end{cases}$$

类似本章第四节的方法利用欧拉公式将其实值化, 得到方程组 (6-14) 的两组线性无关的特解, 从而得到方程组 (6-14) 的通解

$$\begin{cases} x = c_1(a_1\cos\beta t - a_2\sin\beta t)\mathrm{e}^{\alpha t} + c_2(a_2\cos\beta t + a_1\sin\beta t)\mathrm{e}^{\alpha t}, \\ y = c_1(b_1\cos\beta t - b_2\sin\beta t)\mathrm{e}^{\alpha t} + c_2(b_2\cos\beta t + b_1\sin\beta t)\mathrm{e}^{\alpha t}. \end{cases}$$

例 3 解微分方程组

$$\begin{cases} \dfrac{\mathrm{d}x}{\mathrm{d}t} = 3x + 4y, \\ \dfrac{\mathrm{d}y}{\mathrm{d}t} = 2x + 5y. \end{cases} \tag{6-17}$$

解 设方程组 (6-17) 有形如 $x = r_1\mathrm{e}^{\lambda x}$, $y = r_2\mathrm{e}^{\lambda x}$ 的解, 代入 (6-17), 消去 $\mathrm{e}^{\lambda x}$ 得

$$\begin{cases} (3-\lambda)r_1 + 4r_2 = 0, \\ 2r_1 + (5-\lambda)r_2 = 0. \end{cases} \tag{6-18}$$

特征方程为

$$\begin{vmatrix} 3-\lambda & 4 \\ 2 & 5-\lambda \end{vmatrix} = \lambda^2 - 8\lambda + 7 = 0.$$

特征根为 $\lambda_1 = 7$, $\lambda_2 = 1$.

对于 $\lambda_1 = 7$, 代入 (6-18) 得

$$\begin{cases} -4r_1 + 4r_2 = 0, \\ 2r_1 - 2r_2 = 0. \end{cases}$$

它有无穷多组解. 取 $r_1 = 1$, 则 $r_2 = 1$, 于是得一组特解

$$x_1 = \mathrm{e}^{7t}, \quad y_1 = \mathrm{e}^{7t}.$$

对于 $\lambda_2 = 1$, 代入 (6-18) 得

$$\begin{cases} 2r_1 + 4r_2 = 0, \\ 2r_1 + 4r_2 = 0. \end{cases}$$

它也有无穷多组解. 取 $r_2 = 1$, 则 $r_1 = -2$, 得一组特解

$$x_2 = -2\mathrm{e}^{t}, \quad y_2 = \mathrm{e}^{t}.$$

可验证这两组特解线性无关, 所以原方程组的通解为

$$\begin{cases} x = C_1\mathrm{e}^{7t} - 2C_2\mathrm{e}^{t}, \\ y = C_1\mathrm{e}^{7t} + C_2\mathrm{e}^{t}. \end{cases}$$

* 习题 12-6

1. 求下列微分方程组的通解:

(1) $\begin{cases} \dfrac{\mathrm{d}y}{\mathrm{d}x} = z, \\ \dfrac{\mathrm{d}z}{\mathrm{d}x} = y; \end{cases}$　　(2) $\begin{cases} 5\dfrac{\mathrm{d}x}{\mathrm{d}t} - 2\dfrac{\mathrm{d}y}{\mathrm{d}t} + 4x - y = \mathrm{e}^{-t}, \\ \dfrac{\mathrm{d}x}{\mathrm{d}t} + 8x - 3y = 5\mathrm{e}^{-t}; \end{cases}$

(3) $\begin{cases} \dfrac{\mathrm{d}x}{\mathrm{d}t} + \dfrac{\mathrm{d}y}{\mathrm{d}t} = -x + y + 3, \\ \dfrac{\mathrm{d}x}{\mathrm{d}t} - \dfrac{\mathrm{d}y}{\mathrm{d}t} = x + y - 3; \end{cases}$　　(4) $\begin{cases} \dfrac{\mathrm{d}x}{\mathrm{d}t} = -7x + y, \\ \dfrac{\mathrm{d}y}{\mathrm{d}t} = -2x - 5y. \end{cases}$

2. 求下列微分方程组满足初始条件的特解:

(1) $\begin{cases} \dfrac{\mathrm{d}x}{\mathrm{d}t} = y,\ x|_{t=0} = 0, \\ \dfrac{\mathrm{d}y}{\mathrm{d}t} = -x,\ y|_{t=0} = 1; \end{cases}$　　(2) $\begin{cases} \dfrac{\mathrm{d}x}{\mathrm{d}t} + 3x - y = 0,\ x|_{t=0} = 1, \\ \dfrac{\mathrm{d}y}{\mathrm{d}t} - 8x + y = 0,\ y|_{t=0} = 4; \end{cases}$

(3) $\begin{cases} \dfrac{\mathrm{d}x}{\mathrm{d}t} - 2x + y = \mathrm{e}^{t},\ x|_{t=0} = 1, \\ \dfrac{\mathrm{d}y}{\mathrm{d}t} - 3x + 2y = -\mathrm{e}^{t},\ y|_{t=0} = 1; \end{cases}$　　(4) $\begin{cases} 2\dfrac{\mathrm{d}x}{\mathrm{d}t} - 4x + \dfrac{\mathrm{d}y}{\mathrm{d}t} - y = \mathrm{e}^{t},\ x|_{t=0} = \dfrac{3}{2}, \\ \dfrac{\mathrm{d}x}{\mathrm{d}t} + 3x + y = 0,\ y|_{t=0} = 0. \end{cases}$

第七节　差分与差分方程的概念

在量子力学、信号处理、控制理论、经济与管理等实际问题中, 变量的数据多以等间隔时间进行统计, 通常称这类变量为离散型变量. 描述各离散变量之间关系的数学模型称为离散型模型, 差分方程是研究此类数学模型的有效方法.

一、 差分的概念

定义 1　设函数 $y = y(x)$, 其自变量 x 的取值为离散的等间隔整数值, 即 $x = \cdots, -2, -1, 0, 1, 2, \cdots$. 当自变量从 x 变化到 $x+1$ 时, 相应的函数增量记为

$$\Delta y_x = y(x+1) - y(x),$$

称这个量为 $y(x)$ 在点 x 步长为 1 的一阶差分, 简称为 $y(x)$ 的**一阶差分**. 为了方便, 记 $y_{x+1} = y(x+1), y_x = y(x)$, 即

$$\Delta y_x = y_{x+1} - y_x \quad (x = \cdots, -2, -1, 0, 1, 2, \cdots).$$

例 1　设 $y_x = C$ (C 为常数), 求 Δy_x.

解　$\Delta y_x = y_{x+1} - y_x = C - C = 0$, 所以, 常数的差分为零.

例 2　设 $y_x = \sin x$, 求 Δy_x.

解　$\Delta y_x = \sin(x+1) - \sin x = 2\cos\left(x + \dfrac{1}{2}\right)\sin\dfrac{1}{2}.$

由一阶差分的定义, 易得差分的四则运算法则.

性质　当 C 是常数, y_x 与 z_x 是函数时, 有

(1) $\Delta(Cy_x)=C\Delta y_x$;

(2) $\Delta(y_x\pm z_x)=\Delta y_x\pm\Delta z_x$;

(3) $\Delta(y_x\cdot z_x)=z_x\cdot\Delta y_x+y_{x+1}\cdot\Delta z_x=y_x\cdot\Delta z_x+z_{x+1}\cdot\Delta y_x$;

(4) $\Delta\left(\dfrac{y_x}{z_x}\right)=\dfrac{z_x\Delta y_x-y_x\Delta z_x}{z_xz_{x+1}}=\dfrac{z_{x+1}\Delta y_x-y_{x+1}\Delta z_x}{z_xz_{x+1}}$.

下面给出高阶差分的定义.

定义 2　一阶差分的差分

$$\Delta(\Delta y_x)=\Delta(y_{x+1}-y_x)=(y_{x+2}-y_{x+1})-(y_{x+1}-y_x)=y_{x+2}-2y_{x+1}+y_x$$

称为 $y(x)$ 的**二阶差分**, 简记为 Δ^2y_x, 即

$$\Delta^2y_x=y_{x+2}-2y_{x+1}+y_x.$$

同样, 记二阶差分的差分 $\Delta(\Delta^2y_x)$ 为 Δ^3y_x, 并称为 $y(x)$ 的**三阶差分**. 一般地, 记 $\Delta^ny_x=\Delta(\Delta^{n-1}y_x)$, 称为 $y(x)$ 的 n **阶差分**.

利用数学归纳法可证明

$$\Delta^ny_x=\sum_{i=0}^{n}\mathrm{C}_n^i(-1)^iy_{x+n-i},\quad n=1,2,\cdots,$$

其中

$$\mathrm{C}_n^i=\frac{n!}{i!(n-i)!},\quad 0!=1.$$

二、 差分方程

定义 3　含有未知函数的差分或含有未知函数几个不同时期值的符号的方程, 称为**差分方程**.

它的一般形式为

$$F(x,y_x,\Delta y_x,\cdots,\Delta^ny_x)=0,$$

或

$$G(x,y_x,y_{x+1},\cdots,y_{x+n})=0,$$

或

$$H(x,y_x,y_{x-1},\cdots,y_{x-n})=0.$$

未知函数的最大下标与最小下标的差称为**差分方程的阶**.

例如, $y_{x+2}-4y_{x+1}+3y_x+5=0$ 为二阶差分方程, $y_{x+4}-4y_{x+1}+1=0$ 为三阶差分方程.

定义 4 若一个函数代入差分方程, 使其成为恒等式, 则称该函数为差分方程的一个**解**. 若差分方程的解中含有相互独立的任意常数的个数等于该差分方程的阶, 这样的解称为差分方程的**通解**. 确定了通解中任意常数 (不含任意常数) 的解称为差分方程的**特解**. 同微分方程一样, 根据事物的初始时刻的状态, 对差分方程赋以条件, 称为**初始条件**.

三、 线性差分方程

形如

$$y_{x+n}+a_1(x)y_{x+n-1}+\cdots+a_n(x)y_x=f(x) \tag{7-1}$$

且 $a_n(x)$ 不恒为零的方程称为 n **阶线性差分方程**. 若 $f(x)\equiv 0$, 方程 (7-1) 变为

$$y_{x+n}+a_1(x)y_{x+n-1}+\cdots+a_n(x)y_x=0, \tag{7-2}$$

称方程 (7-2) 为对应于 (7-1) 的 n **阶齐次线性差分方程**. 若 $f(x)$ 不恒为零, 则方程 (7-1) 称为 n **阶非齐次线性差分方程**.

与线性常微分方程解的性质类似, 线性差分方程的解有如下基本性质:

定理 1 如果 $y_x^{(1)},y_x^{(2)},\cdots,y_x^{(n)}$ 是齐次线性差分方程 (7-2) 的解, 则对任意常数 $C_1,C_2,\cdots,C_n$, $y_x=C_1y_x^{(1)}+C_2y_x^{(2)}+\cdots+C_ny_x^{(n)}$ 也是方程 (7-2) 的解.

定理 2 设 $y_x^{(1)},y_x^{(2)},\cdots,y_x^{(n)}$ 是齐次线性差分方程 (7-2) 的 n 个线性无关的解, 则

$$Y_x=C_1y_x^{(1)}+C_2y_x^{(2)}+\cdots+C_ny_x^{(n)}$$

是方程 (7-2) 的通解.

定理 3 设 y_x^* 是非齐次线性差分方程 (5-1) 的一个特解, Y_x 是其对应的齐次差分方程 (7-2) 的通解, 则

$$y_x=Y_x+y_x^*$$

是非齐次线性差分方程 (7-1) 的通解.

定理 4 设 $y_x^{(1)}$, $y_x^{(2)}$ 分别是非齐次线性差分方程

$$y_{x+n}+a_1(x)y_{x+n-1}+\cdots+a_n(x)y_x=f_1(x)$$

与

$$y_{x+n}+a_1(x)y_{x+n-1}+\cdots+a_n(x)y_x=f_2(x)$$

的解, 则

$$y_x=y_x^{(1)}+y_x^{(2)}$$

是方程

$$y_{x+n}+a_1(x)y_{x+n-1}+\cdots+a_n(x)y_x=f_1(x)+f_2(x)$$

的解.

习题 12-7

1. 求下列函数的一阶和二阶差分:

(1) $y=x^2-2x$;　(2) $y=\mathrm{e}^{2x}$;

(3) $y=\ln(x+1)$;　(4) $y=(x+2)^3-1$.

2. 指出下列差分方程的阶:

(1) $y_{x+3}-xy_{x+1}+2y_x=3$;　(2) $y_{x-4}-y_{x-1}=2y_{x+1}$;

(3) $3y_{x+2}-6y_{x+1}=5y+2$;　(4) $y_{x+2}+2y_x=y^2$.

3. 验证下列函数是否为所给方程的解:

(1) $y_x=\dfrac{C}{1+Cx}$, $(1+y_x)y_{x+1}=y_x$;

(2) $y_x=C_1+C_2x$, $6y_{x+2}-4y_{x+1}=y_x$;

(3) $y_x=C\cdot 3^x-0.3\sin\dfrac{\pi}{2}x-0.1\cos\dfrac{\pi}{2}x$, $y_{x+1}-3y_x=\sin\dfrac{\pi}{2}x$;

(4) $y_x=C_1+C_2\cdot 3^x$, $y_{x+2}-3y_{x+1}+2y_x=0$.

4. 验证函数 $y_x=(-2)^x$ 与 $y_x=x\cdot(-2)^x$ 是方程 $y_{x+2}+4y_{x+1}+4y_x=0$ 的两个线性无关的解, 并求该方程的通解.

第八节　一阶常系数线性差分方程

一阶常系数线性差分方程的一般形式为

$$y_{x+1}-py_x=f(x), \tag{8-1}$$

其中 $p\neq 0$ 为常数, $f(x)$ 为已知函数. 若 $f(x)\equiv 0$, 方程 (8-1) 变为

$$y_{x+1}-py_x=0, \tag{8-2}$$

则称方程 (8-2) 为**一阶常系数齐次线性差分方程**. 若 $f(x)$ 不恒为零, 则称 (8-1) 为**一阶常系数非齐次线性差分方程**.

一、 一阶常系数齐次线性差分方程的解法

由于方程 $y_{x+1}-py_x=0$ 等同于 $\Delta y_x+(1-p)y_x=0$, 可看出 y_x 的形式一定是某个指数函数 (或者倍数), 于是设 $y_x=\lambda^x$ $(\lambda\neq 0)$, 代入方程得

$$\lambda^{x+1}-p\lambda^x=0,$$

即

$$\lambda - p = 0, \tag{8-3}$$

称方程 (8-3) 是齐次方程 (8-2) 的**特征方程**, 称 $\lambda = p$ 为**特征根**. 于是 $y_x = p^x$ 是齐次方程的一个解, 从而齐次方程 (8-2) 的通解为

$$y_x = C \cdot p^x, \quad C \text{ 为任意常数}. \tag{8-4}$$

例 1　求齐次方程 $y_{x+1} - 2y_x = 0$ 满足初始条件 $y_0 = 3$ 的解.

解　特征方程为 $\lambda - 2 = 0$, 得特征根为 $\lambda = 2$, 于是原方程的通解为

$$y_x = C \cdot 2^x, \quad C \text{ 为任意常数}.$$

再代入初始条件 $y_0 = 3$, 得特解为

$$y_x = 3 \cdot 2^x.$$

二、 一阶常系数非齐次线性差分方程的解法

由本章第七节定理 3 可知, 要求非齐次线性差分方程的通解, 关键是求出它的一个特解 y_x^*, 现讨论方程 (8-1) 的右端 $f(x)$ 为某些特殊类型函数时的特解.

1. $f(x) = P_n(x)$ (n 次多项式)

若 $f(x) = P_n(x)$ (n 次多项式), 则非齐次方程 (8-1) 为

$$y_{x+1} - py_x = P_n(x).$$

若 $p = 1$, 即 $y_{x+1} - y_x = P_n(x)$, 可设 $y_x^* = x(b_0 + b_1x + b_2x^2 + \cdots + b_nx^n)$, 代入方程后, 可通过比较同次幂系数确定 $b_0, b_1, b_2, \cdots, b_n$, 从而得到一个特解.

若 $p \neq 1$, 可设特解 $y_x^* = b_0 + b_1x + b_2x^2 + \cdots + b_nx^n$, 同样代入方程后, 比较系数确定 $b_0, b_1, b_2, \cdots, b_n$, 便得到一个特解.

例 2　求差分方程 $y_{x+1} - y_x = 2x + 3$ 的通解.

解　对应齐次方程的通解为

$$y_x = C \cdot 1^x = C,$$

设 $y_x^* = x(b_0 + b_1x)$, 代入原方程, 有

$$b_1(x+1)^2 + b_0(x+1) - b_1x^2 - b_0x = 2x + 3,$$

比较系数, 得 $b_0 = 2, b_1 = 1$, 所以原方程的通解为

$$y_x = C + 2x + x^2, \quad C \text{ 为任意常数}.$$

例 3　求差分方程 $y_{x+1} - 2y_x = 2x^2 - 1$ 的通解.

解 对应齐次方程的通解为 $y_x = C \cdot 2^x$, C 为任意常数. 设 $y_x^* = b_0 + b_1 x + b_2 x^2$, 代入原方程, 有

$$b_0 + b_1(x+1) + b_2(x+1)^2 - 2\left(b_0 + b_1 x + b_2 x^2\right) = 2x^2 - 1,$$

比较系数, 得 $b_0 = -5, b_1 = -4, b_1 = -2$, 所以原方程的通解为

$$y_x = C \cdot 2^x - 2x^2 - 4x - 5.$$

2. $f(x) = \lambda^x P_n(x)$ ($P_n(x)$ 为 n 次多项式, λ 为常数, $\lambda \neq 0, 1$)

若 $f(x) = \lambda^x P_n(x)$, 则非齐次方程为

$$y_{x+1} - p y_x = \lambda^x P_n(x). \tag{8-5}$$

可证明方程 (8-5) 的特解形式为

$$y_x^* = \begin{cases} \lambda^x Q_n(x), & \lambda \text{ 不是特征根}, \\ x\lambda^x Q_n(x), & \lambda \text{ 是特征根}, \end{cases}$$

其中 $Q_n(x)$ 为 n 次多项式, 将 y_x^* 代入方程 (8-5), 通过比较同次幂系数确定 $Q_n(x)$ 的系数, 从而得到一个特解.

例 4 求差分方程 $y_{x+1} - 3y_x = 7 \cdot 2^x$ 的通解.

解 齐次方程的通解为 $y_x = C \cdot 3^x$, C 为任意常数. 设其特解为 $y_x^* = b \cdot 2^x$, 代入原方程, 得 $b \cdot 2^{x+1} - 3b \cdot 2^x = 7.\ 2^x$, 从而得 $b = -7$. 因此, 原方程的通解为

$$y_x = C \cdot 3^x - 7 \cdot 2^x.$$

例 5 求差分方程 $y_{x+1} - 5y_x = x \cdot 5^x$, $y|_{x=0} = 2$ 的特解.

解 齐次方程的通解为 $y_x = C \cdot 5^x$, C 为任意常数. 设其特解为 $y_x^* = x \cdot 5^x \cdot (b_0 + b_1 x) = 5^x \cdot (b_0 x + b_1 x^2)$, 代入原方程, 并比较两端 x 的同次幂的系数, 得

$$\begin{cases} 5a_0 + 5a_1 = 0, \\ 5a_0 + 10a_1 - 5a_0 = 1, \\ 5a_0 - 5a_1 = 0, \end{cases}$$

解得

$$\begin{cases} a_0 = -\dfrac{1}{10}, \\ a_1 = \dfrac{1}{10}, \end{cases}$$

则原方程的一个特解为

$$y_x^* = 5^x \cdot \left(-\frac{1}{10}x + \frac{1}{10}x^2\right).$$

从而原方程的通解为 $y_x = C \cdot 5^x + 5^x \cdot \left(-\frac{1}{10}x + \frac{1}{10}x^2\right)$. 代入条件 $y|_{x=0} = 2$, 得 $C = 2$. 故所求特解为

$$y_x = 2 \cdot 5^x + 5^x \cdot \left(-\frac{1}{10}x + \frac{1}{10}x^2\right).$$

习题 12-8

1. 求下列一阶齐次线性差分方程的通解:

(1) $2y_{x+1} - 3y_x = 0$;　　(2) $2y_{x+1} + 5y_x = 0$;

(3) $y_x - y_{x-1} = 0$.

2. 求下列一阶差分方程的通解:

(1) $y_x - 5y_{x-1} = 8$;　(2) $y_{x+1} - \frac{1}{2}y_x = 2^x$;　(3) $y_{x+1} - y_x = x \cdot 2^x$.

第十二章总习题

本章小结

1. 选择题:

(1) 过点 $(0, -2)$ 的曲线, 使其上每一点处切线的斜率都比这点纵坐标大 5 的曲线方程是 $y =$ (　　).

A. $x^2 - 3$　　B. $x^2 + 5$　　C. $3\mathrm{e}^x - 5$　　D. $C\mathrm{e}^x - 5$

(2) 已知函数 $y = y(x)$ 的图形经过原点与点 $M(1, 2)$, 且 $y(x)$ 满足微分方程 $y'' + \frac{2}{1-y}y'^2 = 0$, 则当 $x = 2$ 时, $y =$ (　　).

A. $-\frac{2}{3}$　　B. $\frac{2}{3}$　　C. $\frac{3}{2}$　　D. $\frac{4}{3}$

(3) 微分方程 $y'' - 3y' + 2y = 3x - \mathrm{e}^x$ 的特解 y^* 可设为 (　　).

A. $(ax + b)\mathrm{e}^x$　　B. $(ax + b)x\mathrm{e}^x$

C. $(ax + b) + C\mathrm{e}^x$　　D. $(ax + b) + Cx\mathrm{e}^x$

(4) 已知微分方程 $y'' + ay' + by = c\mathrm{e}^x$ 的通解为 $y = (C_1 + C_2x)\mathrm{e}^{-x} + \mathrm{e}^x$, 则 a, b, c 依次是 (　　).

A. $1, 0, 1$　　B. $1, 0, 2$　　C. $2, 1, 3$　　D. $2, 1, 4$

(5) 以 $y = x^2 - \mathrm{e}^x$ 与 $y = x^2$ 为特解的二阶非齐次线性微分方程是 (　　).

A. $y'' - y = x^2 - 2x$　　B. $y'' - y = 2 - x^2$

C. $y'' - y = x^2 - 2x + \mathrm{e}^x$　　D. $y'' - y = 2x - x^2 + \mathrm{e}^x$

(6) 函数 $y = C_1\mathrm{e}^{-x} + C_2\mathrm{e}^{2x} + \sin x$ 满足的一个微分方程是 (　　).

A. $y'' - y' - 2y = -3\sin x - \cos x$　　B. $y'' - y' - 2y = -\sin x + \cos x$

C. $y'' + y' - 2y = -3\sin x + \cos x$　　D. $y'' + y' - 2y = -\sin x + \cos x$

(7) 已知曲线 $y=y(x)$ 上原点处的切线垂直于直线 $x+2y-1=0$, 且 $y(x)$ 满足微分方程 $y''-2y'+5y=\mathrm{e}^x\cos 2x$, 则该曲线的方程是 $y=($ $)$.

A. $\mathrm{e}^x(\cos 2x+\sin 2x-1)$　　B. $\mathrm{e}^x(\sin 2x-\cos 2x+1)$

C. $\left(1+\dfrac{x}{4}\right)\mathrm{e}^x\sin 2x$　　D. $\dfrac{x}{4}\mathrm{e}^x\cos 2x$

(8) 已知级数 $2+\sum\limits_{n=1}^{\infty}\dfrac{x^{2n}}{(2n)!}$, $x\in(-\infty,+\infty)$ 的和函数 $y(x)$ 是微分方程 $y''-y=-1$ 的解. 则 $y(x)=($ $)$.

A. $1+\mathrm{sh}x$　　B. $1+\mathrm{ch}x$　　C. $\mathrm{sh}x$　　D. $\mathrm{ch}x$

2. 填空题:

(1) 微分方程 $y'\dfrac{1}{2x-y^2}$ 的通解是____________.

(2) 微分方程 $\dfrac{x\mathrm{d}y}{\mathrm{d}x}-y=x^2+y^2$ 的通解是____________.

(3) 微分方程 $xy'+y(\ln x-\ln y)=0$ 满足条件 $y(1)=\mathrm{e}^3$ 的解为 $y=$____________.

(4) 微分方程 $y'-\sin(2x-y)=\sin(2x+y)$ 的通解为 $y=$____________.

(5) 设函数 $y(x)$ 满足 $f(x+\Delta x)-f(x)=2xf(x)\Delta x+O(\Delta x)$, 且 $f(0)=2$, 则 $f(1)=$____________.

(6) 设某公司在 t 时刻的资产为 $f(t)$, 从 0 时刻到 t 时刻的平均资产等于 $\dfrac{f(t)}{t}-t$. 假设 $f(t)$ 连续且 $f(0)=0$, 则 $f(t)=$____________.

(7) 微分方程 $2yy'-y^2-2=0$ 满足条件 $y(0)=1$ 的特解 $y(x)=$____________.

(8) 设 $y=y(x)$ 满足 $y''+2y'+y=0$, 且 $y(0)=0$, $y'(0)=1$, 则 $\int_0^{+\infty}y(x)\mathrm{d}x=$__________.

(9) 若 $f(x)f''(x)+[f'(x)]^2=\ln x$, 则 $f(x)=$____________.

(10) 微分方程 $y'''-2y''+5y'=0$ 的通解 $y(x)=$____________.

(11) 差分方程 $y_{x+1}-y_x=x$ 的通解为 $y_x=$____________.

(12) 差分方程 $y_{x+1}-2y_x=3^x$ 的通解为 $y_x=$____________.

3. 求下列微分方程的通解:

(1) $x^2y\mathrm{d}x=(1-y^2+x^2-x^2y^2)\mathrm{d}y$;

(2) $y'+xy=\mathrm{e}^{-\frac{x^2}{2}}$;

(3) $y'=\dfrac{1}{x\cos y+\sin 2y}$;

(4) $y'''-3y''+9y'+13y=0$;

(5) $y''-3y'+2y=2x\mathrm{e}^x$;

(6) $y'''-4y''+4y'=x^2-1$.

4. 求下列微分方程满足所给初始条件的特解:

(1) $y'-xy=\dfrac{1}{2\sqrt{x}}\mathrm{e}^{\frac{x^2}{2}}$, $y|_{x=1}=\sqrt{\mathrm{e}}$;

(2) $y''\left[x+(y')^2\right]=y'$, $y|_{x=1}=y'|_{x=1}=1$;

(3) $2y''-\sin 2y=0,\ y|_{x=0}=\dfrac{\pi}{2},\ y'|_{x=0}=1$;

(4) $y''+2y'+y=\cos x,\ y|_{x=0}=0,\ y'|_{x=0}=\dfrac{3}{2}$.

5. 设 n 为正整数, $y=y_n(x)$ 是微分方程 $xy'-(n+1)y=0$ 满足条件 $y_n(1)=\dfrac{1}{n(n+1)}$ 的解, 求 $y_n(x)$.

6. 设函数 $y=y(x)$ 是微分方程 $y'+\dfrac{1}{2\sqrt{x}}y=2+\sqrt{x}$ 的满足 $y(1)=3$ 的解, 求曲线 $y=y(x)$ 的渐近线.

7. 设函数 $y=f(x)$ 满足 $y''+2y'+5y=0$ 且 $f(0)=1,\ f'(0)=-1$.

(1) 求 $f(x)$ 的表达式;

(2) 设 $a_n=\displaystyle\int_{n\pi}^{+\infty}f(x)\mathrm{d}x$, 求 $\displaystyle\sum_{n=1}^{\infty}a_n$.

8. 设 $y=y(x)$ 满足 $\displaystyle\int_0^x ty(t)\mathrm{d}t=x^2+y(x)$, 求 $y(x)$.

9. 已知 $f(x)$ 可微, 且满足 $\displaystyle\int_1^x \frac{f(t)}{t^3f(t)+t}\mathrm{d}t=f(x)-1$. 求 $f(x)$.

10. 设 $\varphi'(x)=\mathrm{e}^x+\sqrt{x}\displaystyle\int_0^{\sqrt{x}}\varphi(u\sqrt{x})\mathrm{d}u$, 且 $\varphi(0)=0$, 求 $\varphi(x)$.

11. 设 $f(x)$ 具有二阶连续导数, 且 $f(0)=0,\ f'(0)=1$, 且已知

$$[xy(x+y)-f(x)y]\,\mathrm{d}x+\left[f'(x)+x^2y\right]\mathrm{d}y=0$$

为一全微分方程, 求 $f(x)$ 及该全微分方程的通解.

12. 设有微分方程 $y'-2y=\varphi(x)$, 其中 $\varphi(x)=\begin{cases}2, & x<1,\\ 0, & x>1.\end{cases}$ 试求出 $(-\infty,+\infty)$ 内的连续函数 $y=y(x)$, 使它在 $(-\infty,1)$ 与 $(1,+\infty)$ 内都满足所给方程, 且满足条件 $y(0)=0$.

13. 设 $f(x+y)=\dfrac{f(x)+f(y)}{1-f(x)f(y)}$, f 可导且 $f'(0)=2$, 求 $f(x)$.

14. 设函数 $f(x)$ 在定义域 I 上的导数大于零. 若对任意的 $x_0\in I$, 曲线 $y=f(x)$ 在点 $(x_0,f(x_0))$ 处的切线与直线 $x=x_0$ 及 x 轴所围成的面积恒为 4, 且 $f(0)=2$, 求 $f(x)$ 的表达式.

15. 设曲线 L: $y=y(x)\ (x>\mathrm{e})$ 经过点 $(\mathrm{e}^2,0)$, L 上任一点 $P(x,y)$ 到 y 轴的距离等于该点处的切线在 y 轴上的截距, 求 $y(x)$.

16. 设曲线 L 位于 xOy 面的第一象限内, L 上任一点 M 处的切线与 y 轴总相交, 记交点为 A, 已知 $\left|\overline{MA}\right|=\left|\overline{OA}\right|$, 且 L 过点 $\left(\dfrac{3}{2},\dfrac{3}{2}\right)$, 求 L 的方程.

17. 在 xOy 面上第一象限有一条曲线, 它与两坐标轴及 $x=a$ 所围成的曲边梯形的面积之值等于该段曲线长度的两倍, 且该曲线通过点 $(3,2)$, 求曲线方程.

18. 设对于 $x>0$, 曲线 $y=f(x)$ 上点 $(x,f(x))$ 处的切线在 y 轴上的截距等于 $\dfrac{1}{x}\displaystyle\int_0^x f(t)\mathrm{d}t$, 求 $f(x)$.

19. 已知高温物体置于低温介质中, 任一时刻该物体温度对时间的变化率与该时刻物体和介质的温差成正比, 现将一初始温度为 120℃ 的物体在 20℃ 恒温介质中冷却, 30min 后该物体温度降至 30℃, 若要将该物体的温度继续降至 21℃, 还需冷却多长时间?

20. 在某一人群中推广新技术是通过其中已掌握新技术的人进行的. 设该人群的总人数为 N, 在 $t=0$ 时刻已掌握新技术的人数为 x_0. 在任意时刻 t 已掌握新技术的人数为 $x(t)$ (将 $x(t)$ 视为连续可微变量), 其变化率与已掌握新技术人数和未掌握新技术人数之积成正比, 比例常数 $k>0$, 求 $x(t)$.

21. 一条位于第一象限内的曲线段通过原点及点 $(1,1)$, 在其上任取一点, 过该点作两个坐标轴的平行线, 其中一条平行线与 x 轴及曲线所围成的图形绕 x 轴旋转所得立体体积为 V_1, 另一条平行线与 y 轴及曲线所围成的图形绕 x 轴旋转所成的立体的体积为 V_2, 若 $V_1=V_2$, 求此曲线的方程.

22. 假定某一海湾的海岸线呈直角形, 海水的流线为双曲线 $xy=c$ (c 为常数), 一条船在海湾内行驶, 船身保持与水流成 30° 角, 并指向海岸, 如图 12-12 所示. 问该船行驶的路线如何?

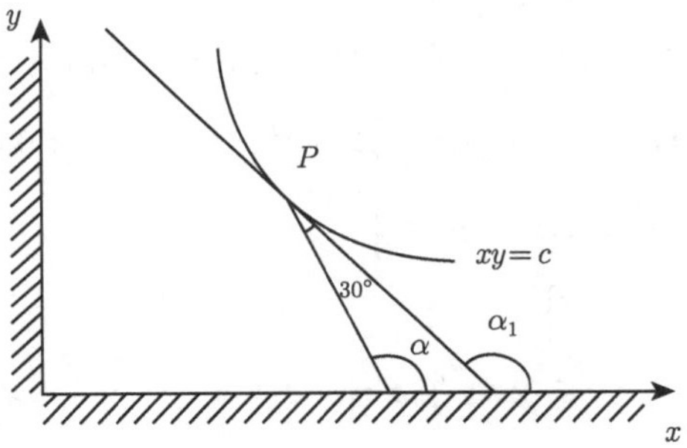

图 12-12

23. 一质量为 m 的物体, 在某种介质中由静止自由下落, 假设介质的阻力与运动速度成正比, 求物体运动的规律.

部分习题参考答案与提示

习题 8-1

1. (1) 开集, 其聚点集合为 $E=\mathbf{R}^2$, 界点集合为 $\{(x,y)\mid xy=0\}$;

(2) 有界开区域, 其聚点为 $\{(x,y)\mid |x|\leqslant 1, |y-1|\leqslant 2\}$, 界点为 $\{(x,y)\mid |x|=1, |y-1|=2\}$;

(3) 有界闭区域, 其聚点为 $\left\{(x,y)\mid x^2+(y-1)^2\geqslant 1\right\}\cap\left\{(x,y)\mid x^2+(y-2)^2\leqslant 4\right\}$, 界点为 $\{(x,y)\mid x^2+(y-1)^2=1\}\cup\left\{(x,y)\mid x^2+(y-2)^2=4\right\}$.

(4) 闭集, 其聚点集合为 $E=\left\{(x,y)\,\middle|\, y=\sin\dfrac{1}{x}, x>0\right\}\cup\{(0,y)\mid y\leqslant 1\}$, 界点集合 $\partial E=E$.

2. (1) $\dfrac{x^2-y^2}{2x}$; (2) $\cos^2 x-\sin^2 x$, 即 $\cos 2x$; (3) $6x+4y+3$.

3. (1) $\{(x,y)\mid xy>0\}$; (2) $\left\{(x,y)\,\middle|\,1-x^2>0, y-x^2\geqslant 0\right\}$;

(3) $\left\{(x,y)\,\middle|\,-1\leqslant\dfrac{x}{x+y}\leqslant 1, x+y\neq 0\right\}$;

(4) $\left\{(x,y)\,\middle|\,0<x^2+y^2\leqslant 4\right\}$.

(5) $\left\{(x,y)\,\middle|\,2n\pi\leqslant x^2+y^2\leqslant(2n+1)\pi, n=0,1,2,\cdots\right\}$;

(6) $\mathbf{R}^2$.

4. (1) $\dfrac{10}{3}$; (2) 0; (3) 1; (4) 0; (5) 0; (6) 1.

5. (1) $\lim\limits_{\substack{x\to 0\\ y=kx^2}}\dfrac{x^2y}{x^4+y^2}=\lim\limits_{x\to 0}\dfrac{kx^4}{(1+k^2)x^4}=\dfrac{k}{1+k^2}$, 它随 k 而异, 故极限不存在.

(2) $\lim\limits_{\substack{x\to 0\\ y=kx}}\dfrac{x^2y^2}{x^2y^2+(x-y)^2}=\lim\limits_{x\to 0}\dfrac{k^2x^2}{k^2x^2+(1-k)^2}=\begin{cases}1, & k=1,\\ 0, & k\neq 1,\end{cases}$ 故极限不存在.

6. (1) $\{(x,y)\mid x+y\neq 0\}$; (2) $\{(x,y)\mid x\neq 0, y\neq 0\}\cup\{(0,0)\}$.

习题 8-2

1. (1) $z_x=\dfrac{-y^2}{(x-y)^2}$, $z_y=\dfrac{x^2}{(x-y)^2}$;

(2) $z_x=\dfrac{2}{y}\csc\dfrac{2x}{y}$, $z_y=-\dfrac{2x}{y^2}\csc\dfrac{2x}{y}$;

(3) $z_x=x^{x^y}\left(yx^{y-1}\ln x+x^{y-1}\right)$, $z_y=x^{x^y+y}\ln^2 x$;

(4) $u_x=2xz^2+2x\cos x^2$, $u_y=2yz^2$, $u_z=2(x^2+y^2)z$;

(5) $u_x=-\dfrac{y}{x^2}-\dfrac{1}{z}$, $u_y=\dfrac{1}{x}-\dfrac{z}{y^2}$, $u_z=\dfrac{1}{y}+\dfrac{x}{z^2}$;

(6) $u_x = \dfrac{(x-y)^{z-1}z}{1+(x-y)^{2z}}$, $u_y = \dfrac{-(x-y)^{z-1}z}{1+(x-y)^{2z}}$, $u_z = \dfrac{(x-y)^z\ln(x-y)}{1+(x-y)^{2z}}$.

2. (1) $\dfrac{1}{2}$; (2) $\dfrac{1}{2}$, 1, $\dfrac{1}{2}$.

4. $\dfrac{\pi}{6}$.

5. (1) $\dfrac{\partial^2 z}{\partial x^2} = y^x\ln^2 y$, $\dfrac{\partial^2 z}{\partial y^2} = x(x-1)y^{x-2}$, $\dfrac{\partial^2 z}{\partial x\partial y} = y^{x-1}(1+x\ln y)$;

(2) $\dfrac{\partial^2 z}{\partial x^2} = \dfrac{2xy}{(x^2+y^2)^2}$, $\dfrac{\partial^2 z}{\partial y^2} = -\dfrac{2xy}{(x^2+y^2)^2}$, $\dfrac{\partial^2 z}{\partial x\partial y} = \dfrac{y^2-x^2}{(x^2+y^2)^2}$;

(3) $\dfrac{\partial^2 z}{\partial x^2} = 2a^2\cos 2(ax+by)$, $\dfrac{\partial^2 z}{\partial y^2} = 2b^2\cos 2(ax+by)$, $\dfrac{\partial^2 z}{\partial x\partial y} = 2ab\cos 2(ax+by)$;

(4) $\dfrac{\partial^2 z}{\partial x^2} = 24x + \dfrac{2x^2-2}{(x^2+1)^2}$, $\dfrac{\partial^2 z}{\partial y^2} = 2x$, $\dfrac{\partial^2 z}{\partial x\partial y} = 2y$.

习题 8-3

1. (1) $\mathrm{d}z = \dfrac{2(x\mathrm{d}y - y\mathrm{d}x)}{(x-y)^2}$; (2) $\mathrm{d}z = -\dfrac{1}{x}\mathrm{e}^{\frac{y}{x}}\left(\dfrac{y}{x}\mathrm{d}x - \mathrm{d}y\right)$;

(3) $\mathrm{d}z = \dfrac{-y\mathrm{d}x + x\mathrm{d}y}{x^2+y^2}$; (4) $\mathrm{d}z = y\cos(x+y)\mathrm{d}x + (\sin(x+y) + y\cos(x+y))\mathrm{d}y$;

(5) $\mathrm{d}u = yzx^{yz-1}\mathrm{d}x + zx^{yz}\ln x\mathrm{d}y + yx^{yz}\ln x\mathrm{d}z$;

(6) $\mathrm{d}u = \mathrm{e}^{yz}\mathrm{d}x + (xz\mathrm{e}^{yz}+1)\mathrm{d}y + (xy\mathrm{e}^{yz} - \mathrm{e}^{-z})\mathrm{d}z$.

2. (1) $\mathrm{d}z = \dfrac{1}{3}(\mathrm{d}x + \mathrm{d}y)$; (2) $\mathrm{d}z = 0\mathrm{d}x + 0\mathrm{d}y$.

3. -0.125; -0.119. *5. 0.005. *6. $55.3\mathrm{cm}^3$.

习题 8-4

1. (1) $\dfrac{\partial z}{\partial x} = \dfrac{2x}{y^2}\ln(3x-2y) + \dfrac{3x^2}{(3x-2y)y^2}$, $\dfrac{\partial z}{\partial y} = \dfrac{-2x^2}{y^3}\ln(3x-2y) - \dfrac{2x^2}{(3x-2y)y^2}$;

(2) $\dfrac{\mathrm{d}z}{\mathrm{d}t} = (3-12t^2)\cos(3t-4t^3)$;

(3) $\dfrac{\mathrm{d}u}{\mathrm{d}x} = \dfrac{\mathrm{e}^{ax}(ax+1)^2(a^2x^2+1-ax)}{x^2\mathrm{e}^{2ax}+(ax+1)^6}$;

(4) $\dfrac{\partial z}{\partial u} = (2xy-y^2)\cos v$, $\dfrac{\partial z}{\partial v} = -(2xy-y^2)u\sin v + (x^2-2xy)\cos v$.

2. (1) $\dfrac{\partial u}{\partial x} = yf_1' + \dfrac{1}{y}f_2'$, $\dfrac{\partial u}{\partial y} = xf_1' - \dfrac{x}{y^2}f_2'$;

(2) $\dfrac{\partial u}{\partial x} = 2xf_1' + y\mathrm{e}^{xy}f_2'$, $\dfrac{\partial u}{\partial y} = -2yf_1' + x\mathrm{e}^{xy}f_2'$;

(3) $\dfrac{\partial u}{\partial x} = f_1' + yf_2' + yzf_3'$, $\dfrac{\partial u}{\partial y} = xf_2' + xzf_3'$, $\dfrac{\partial u}{\partial z} = xyf_3'$;

(4) $\dfrac{\partial z}{\partial x} = \dfrac{1}{2}\sqrt{\dfrac{y}{x}}f_1' + f_2'$, $\dfrac{\partial z}{\partial y} = \dfrac{1}{2}\sqrt{\dfrac{x}{y}}f_1' + f_2'$.

5. $3f''_{11}+4(x+y+z)f''_{12}+6f'_2+4(x^2+y^2+z^2)f''_{22}$.

6. $\dfrac{\partial^2 u}{\partial x^2}=f''_{11}\mathrm{e}^{2x}\cos^2 y+f''_{12}\mathrm{e}^{2x}\sin 2y+f'_1\mathrm{e}^x\cos y+f'_2\mathrm{e}^x\sin y+f''_{22}\mathrm{e}^{2x}\sin^2 y$.

7. (1) $\dfrac{\partial^2 z}{\partial x^2}=2yf'_2+y^4f''_{11}+4xy^3f''_{12}+4x^2y^2f''_{22}$, $\dfrac{\partial^2 z}{\partial x\partial y}=2yf'_1+2xf'_2+2xy^3f''_{11}+2x^3yf''_{22}+5x^2y^2f''_{12}$, $\dfrac{\partial^2 z}{\partial y^2}=2xf'_1+4x^2y^2f''_{11}+4x^3yf''_{12}+x^4f''_{22}$;

(2) $\dfrac{\partial^2 z}{\partial x^2}=f''_{11}+\dfrac{2}{y}f''_{12}+\dfrac{1}{y^2}f''_{22}$, $\dfrac{\partial^2 z}{\partial x\partial y}=-\dfrac{x}{y^2}\left(f''_{12}+\dfrac{1}{y}f''_{22}\right)-\dfrac{1}{y^2}f'_2$, $\dfrac{\partial^2 z}{\partial y^2}=\dfrac{2x}{y^3}f'_2+\dfrac{x^2}{y^4}f''_{22}$;

(3) $\dfrac{\partial^2 z}{\partial x^2}=\mathrm{e}^{x+y}f'_3-\sin xf'_1+\cos^2 xf''_{11}+2\mathrm{e}^{x+y}\cos xf''_{13}+\mathrm{e}^{2(x+y)}f''_{33}$, $\dfrac{\partial^2 z}{\partial x\partial y}=\mathrm{e}^{x+y}f'_3-\cos x\sin yf''_{12}+\mathrm{e}^{x+y}\cos xf''_{13}-\mathrm{e}^{x+y}\sin yf''_{32}+\mathrm{e}^{2(x+y)}f''_{33}$, $\dfrac{\partial^2 z}{\partial y^2}=\mathrm{e}^{x+y}f'_3-\cos yf'_2+\sin^2 yf''_{22}-2\mathrm{e}^{x+y}\sin yf''_{23}+\mathrm{e}^{2(x+y)}f''_{33}$;

(4) $\dfrac{\partial^2 z}{\partial x^2}=\mathrm{e}^{2y}f''_{11}+2\mathrm{e}^yf''_{12}+f''_{22}$, $\dfrac{\partial^2 z}{\partial x\partial y}=\mathrm{e}^yf'_1+x\mathrm{e}^{2y}f''_{11}+\mathrm{e}^yf''_{13}+x\mathrm{e}^yf''_{21}+f''_{23}$, $\dfrac{\partial^2 z}{\partial y^2}=x\mathrm{e}^yf'_1+x^2\mathrm{e}^{2y}f''_{11}+2x\mathrm{e}^yf''_{13}+f''_{33}$.

习题 8-5

1. $1+2\sqrt{3}$.

2. $\dfrac{5}{3\sqrt{17}}$.

3. $\dfrac{1}{ab}\sqrt{2(a^2+b^2)}$.

4. 方向导数为 $3\cos\theta+3\sqrt{3}\sin\theta$.

(1) $\theta=\dfrac{\pi}{3}$;　(2) $\theta=\dfrac{4\pi}{3}$;　(3) $\theta=\dfrac{5\pi}{6}$ 及 $\theta=\dfrac{11\pi}{6}$.

5. $(6,6)$.

6. $\dfrac{1}{r}(x,y,z)$, $-\dfrac{1}{r^3}(x,y,z)$.

7. $\mathbf{grad}z|_{(x_0,y_0)}=\left(-\dfrac{y_0}{x_0^2+y_0^2},\dfrac{x_0}{x_0^2+y_0^2}\right)$, 方向导数为 0.

9. $\dfrac{63}{\sqrt{4033}}$.

习题 8-6

1. (1) $\dfrac{y^2-\mathrm{e}^x}{\cos y-2xy}$;　(2) $\dfrac{x+y}{x-y}$;　(3) $\dfrac{y(y-x\ln y)}{x(x-y\ln x)}$.

2. (1) $\dfrac{\partial z}{\partial x}=-1$, $\dfrac{\partial z}{\partial y}=-1$;　(2) $\dfrac{\partial z}{\partial x}=\dfrac{z}{yz-1}$, $\dfrac{\partial z}{\partial y}=\dfrac{z-z^2}{yz-1}$;

(3) $\dfrac{\partial z}{\partial x}=\dfrac{1}{\varepsilon\cos z-1}$, $\dfrac{\partial z}{\partial y}=\dfrac{1}{1-\varepsilon\cos z}$;

(4) $\dfrac{\partial z}{\partial x}=\dfrac{z}{x+z},\ \dfrac{\partial z}{\partial y}=\dfrac{z^2}{y(x+z)}$.

3. $\dfrac{\mathrm{d}y}{\mathrm{d}x}=-\dfrac{y^2f_1'+f_2'}{2xyf_1'+f_2'}$.

6. $\dfrac{\partial z}{\partial x}=\dfrac{y\sin xy}{1-\mathrm{e}^z},\ \dfrac{\partial^2 z}{\partial x^2}=\dfrac{y^2(1-\mathrm{e}^z)^2\cos xy+y^2\mathrm{e}^z\sin^2 xy}{(1-\mathrm{e}^z)^3}$.

7. $\dfrac{\partial^2 z}{\partial x\partial y}=\dfrac{z(z^4-2xyz^2-x^2y^2)}{(z^2-xy)^3}$.

8. (1) $\dfrac{\mathrm{d}y}{\mathrm{d}x}=-\dfrac{x(6z+1)}{2y(3z+1)},\ \dfrac{\mathrm{d}z}{\mathrm{d}x}=\dfrac{x}{3z+1}$;

(2) $\dfrac{\partial u}{\partial x}=\dfrac{\sin v}{\mathrm{e}^u(\sin v-\cos v)+1},\ \dfrac{\partial u}{\partial y}=\dfrac{-\cos v}{\mathrm{e}^u(\sin v-\cos v)+1},\ \dfrac{\partial v}{\partial x}=\dfrac{\cos v-\mathrm{e}^u}{u\,[\mathrm{e}^u(\sin v-\cos v)+1]}$, $\dfrac{\partial v}{\partial y}=\dfrac{\sin v+\mathrm{e}^u}{u\,[\mathrm{e}^u(\sin v-\cos v)+1]}$;

(3) $\dfrac{\partial u}{\partial x}=\dfrac{-uf_1'(2yvg_2'-1)-f_2'g_1'}{(xf_1'-1)(2yvg_2'-1)-f_2'g_1'},\ \dfrac{\partial v}{\partial x}=\dfrac{g_1'(xf_1'+uf_1'-1)}{(xf_1'-1)(2yvg_2'-1)-f_2'g_1'}$.

9. $\dfrac{\partial z}{\partial x}=-\dfrac{k\sin v}{u},\ \dfrac{\partial z}{\partial y}=\dfrac{k\cos v}{u}$.

习题 8-7

1. (1) 切线方程: $\dfrac{x-\left(\dfrac{\pi}{2}-1\right)}{1}=\dfrac{y-1}{1}=\dfrac{z-2\sqrt{2}}{\sqrt{2}}$, 法平面方程: $x+y+\sqrt{2}z=\dfrac{\pi}{2}+4$.

(2) 切线方程: $\dfrac{x-1}{1}=\dfrac{y+2}{0}=\dfrac{z-1}{-1}$, 法平面方程: $x-z=0$.

(3) 切线方程: $\dfrac{x-x_0}{1}=\dfrac{y-y_0}{\dfrac{m}{y_0}}=\dfrac{z-z_0}{-\dfrac{1}{2z_0}}$, 法平面方程: $(x-x_0)+\dfrac{m}{y_0}(y-y_0)-\dfrac{1}{2z_0}(z-z_0)=0$.

2. $(-1,1,-1)$ 和 $\left(-\dfrac{1}{3},\dfrac{1}{9},-\dfrac{1}{27}\right)$.

3. (1) 切平面方程: $x+2y+3z-14=0$, 法线方程: $\dfrac{x-1}{1}=\dfrac{y-2}{2}=\dfrac{z-3}{3}$.

(2) 切平面方程: $4x+2y-z-6=0$, 法线方程: $\dfrac{x-2}{4}=\dfrac{y-1}{2}=\dfrac{z-4}{-1}$.

(3) 切平面方程: $x+2y-4=0$, 法线方程: $\begin{cases}\dfrac{x-2}{1}=\dfrac{y-1}{2},\\ z=0.\end{cases}$

(4) 切平面方程: $x+y-4z=0$, 法线方程: $\dfrac{x-2}{1}=\dfrac{y-2}{1}=\dfrac{z-1}{-4}$.

4. $16x-16y+32z=35$.

5. 切平面方程: $9x+y-z-27=0$ 和 $9x+17y-17z+27=0$.

习题 8-8

1. (1) 极小值 $f(1,0)=f(0,0)=0$;

(2) 极大值 $f(3,2)=108$;

(3) 极大值 $f(3,2)=36$;

(4) 极小值 $f(0,-2)=-\dfrac{2}{\mathrm{e}}$.

2. (1) $z_{\min}\left(\dfrac{18}{13},\dfrac{12}{13}\right)=\dfrac{36}{13}$;

(2) $z_{\max}\left(\dfrac{3}{5},\dfrac{4}{5}\right)=5$, $z_{\min}\left(-\dfrac{3}{5},-\dfrac{4}{5}\right)=-5$.

3. 在点 $(1,1,6)$ 处有极大值 $z(1,1)=6$; 在点 $(1,1,-2)$ 处有极小值 $z(1,1)=-2$.

4. $(2,4,4)$.

5. 边长为 $\dfrac{2p}{3}$ 和 $\dfrac{p}{3}$.

6. 长、宽、高都是 $\dfrac{2a}{\sqrt{3}}$.

7. 最长距离为 $\sqrt{9+5\sqrt{3}}$, 最短距离为 $\sqrt{9-5\sqrt{3}}$.

8. $(-4,\pm4,2)$.

习题 8-9

1. $\mathrm{e}^{x+y}=1+(x+y)+\dfrac{1}{2!}(x^2+2xy+y^2)+\cdots+\dfrac{1}{n!}(x^n+\mathrm{C}_n^1x^{n-1}y+\cdots+y^n)+R_n$, 其中 $R_n=\dfrac{\mathrm{e}^{\theta(x+y)}}{(n+1)!}(x^{n+1}+\mathrm{C}_{n+1}^1x^ny+\cdots+y^{n+1})$ $(0<\theta<1)$.

2. $\ln(1+x+y)=x+y-\dfrac{1}{2}(x+y)^2+\dfrac{1}{3}(x+y)^3+R_3$, 其中 $R_3=-\dfrac{1}{4}\cdot\dfrac{(x+y)^4}{(1+\theta x+\theta y)^4}$ $(0<\theta<1)$.

3. $f(x,y)=5+2(x-1)^2-(x-1)(y+2)-(y+2)^2$.

4. $1.1^{1.02}\approx1.1021$.

第八章总习题

1. D.　　2. B.　　3. C.　　4. B.

5. $(\pi-1)\mathrm{d}x-\mathrm{d}y$.

6. 1.

7. $a=-\dfrac{3}{4}$, $b=\dfrac{3}{4}$.

8. 极小值为 $y(-1)=0$, 极大值为 $y(1)=1$.

9. 存在最小值; 最小值为 $\dfrac{1}{\pi+4+3\sqrt{3}}$.

10. 极小值 $f\left(\dfrac{1}{6},\dfrac{1}{12}\right)=-\dfrac{1}{216}$.

11. $f(u)=\dfrac{1}{16}\mathrm{e}^{2u}-\dfrac{1}{16}\mathrm{e}^{-2u}-\dfrac{1}{4}u$.

12. (1) $a=-1, b=-1$; (2) $\dfrac{13\pi}{3}$.

习题 9-1

1. $\rho g\iint\limits_D x\mathrm{d}x\mathrm{d}y$, 其中 ρ 为水的密度, g 为重力加速度.

3. (1) $\dfrac{1}{6}$; (2) $\dfrac{2}{3}\pi a^3$.

4. (1) $\iint\limits_D (x+y)^2\mathrm{d}x\mathrm{d}y \geqslant \iint\limits_D (x+y)^3\mathrm{d}x\mathrm{d}y$;

(2) $\iint\limits_D (x+y)^2\mathrm{d}x\mathrm{d}y \leqslant \iint\limits_D (x+y)^3\mathrm{d}x\mathrm{d}y$;

(3) $\iint\limits_D \mathrm{e}^{xy}\mathrm{d}x\mathrm{d}y \leqslant \iint\limits_D \mathrm{e}^{2xy}\mathrm{d}x\mathrm{d}y$;

(4) $\iint\limits_D \mathrm{e}^{xy}\mathrm{d}x\mathrm{d}y \geqslant \iint\limits_D \mathrm{e}^{2xy}\mathrm{d}x\mathrm{d}y$.

5. (1) $0\leqslant I\leqslant 2$; (2) $2\leqslant I\leqslant 8$; (3) $\pi\leqslant I\leqslant \mathrm{e}\pi$; (4) $30\pi\leqslant I\leqslant 75\pi$.

习题 9-2

2. (1) $\dfrac{2}{3}$; (2) $\dfrac{11}{15}$; (3) $\dfrac{5}{2}-4\ln 2$; (4) $\mathrm{e}^6-9\mathrm{e}^2-4$;

(5) $\dfrac{2}{3}-2\sin 2-\cos 2+\sin 1+\cos 1$; (6) $\mathrm{e}-\mathrm{e}^{-1}$; (7) $\dfrac{2}{15}(4\sqrt{2}-1)$;

(8) $\dfrac{\sin 1-\sin 4+3\cos 1}{2}$.

4. (1) $\int_0^4\mathrm{d}x\int_x^{2\sqrt{x}}f(x,y)\mathrm{d}y$ 或 $\int_0^4\mathrm{d}y\int_{\frac{y^2}{4}}^{y}f(x,y)\mathrm{d}x$;

(2) $\int_0^{\pi}\mathrm{d}x\int_0^{\sin x}f(x,y)\mathrm{d}y$ 或 $\int_0^1\mathrm{d}y\int_{\arcsin y}^{\pi-\arcsin y}f(x,y)\mathrm{d}x$;

(3) $\int_1^2\mathrm{d}x\int_{\frac{1}{x}}^{x}f(x,y)\mathrm{d}y$ 或 $\int_{\frac{1}{2}}^1\mathrm{d}y\int_{\frac{1}{y}}^{2}f(x,y)\mathrm{d}x+\int_1^2\mathrm{d}y\int_y^2 f(x,y)\mathrm{d}x$;

(4) $\int_0^1\mathrm{d}x\int_0^{x^2}f(x,y)\mathrm{d}y+\int_1^2\mathrm{d}y\int_0^{\sqrt{2x-x^2}}f(x,y)\mathrm{d}y$ 或 $\int_0^1\mathrm{d}y\int_{\sqrt{y}}^{1+\sqrt{1-y^2}}f(x,y)\mathrm{d}x$.

5. (1) $\dfrac{1}{6}(\mathrm{e}^9-1)$; (2) $\dfrac{2}{9}(2\sqrt{2}-1)$; (3) $\dfrac{1}{12}(1-\cos 1)$; (4) $\dfrac{1}{3}(2\sqrt{2}-1)$.

6. (1) 6π; (2) $\dfrac{17}{6}$.

7. (1) $\int_0^{2\pi}\mathrm{d}\theta\int_1^2 f(r\cos\theta, r\sin\theta)r\mathrm{d}r$;

(2) $\int_0^{\frac{\pi}{2}} \mathrm{d}\theta \int_0^{\frac{1}{\cos\theta+\sin\theta}} f(r\cos\theta, r\sin\theta) r \mathrm{d}r$;

(3) $\int_0^{\frac{\pi}{4}} \mathrm{d}\theta \int_0^{\tan\theta\sec\theta} f(r\cos\theta, r\sin\theta) r \mathrm{d}r + \int_{\frac{\pi}{4}}^{\frac{3\pi}{4}} \mathrm{d}\theta \int_0^{\csc\theta} f(r\cos\theta, r\sin\theta) r \mathrm{d}r$

$+ \int_{\frac{3\pi}{4}}^{\pi} \mathrm{d}\theta \int_0^{\tan\theta\sec\theta} f(r\cos\theta, r\sin\theta) r \mathrm{d}r$;

(4) $\int_0^{\pi} \mathrm{d}\theta \int_0^{2\sin\theta} f(r\cos\theta, r\sin\theta) r \mathrm{d}r$;

(5) $\int_0^{\frac{\pi}{2}} \mathrm{d}\theta \int_{2\cos\theta}^{2} f(r\cos\theta, r\sin\theta) r \mathrm{d}r + \int_{\frac{\pi}{2}}^{\frac{3\pi}{2}} \mathrm{d}\theta \int_0^{2} f(r\cos\theta, r\sin\theta) r \mathrm{d}r$

$+ \int_{\frac{3\pi}{2}}^{2\pi} \mathrm{d}\theta \int_{2\cos\theta}^{2} f(r\cos\theta, r\sin\theta) r \mathrm{d}r$;

(6) $\int_0^{\frac{\pi}{4}} \mathrm{d}\theta \int_0^{\sec\theta} f(r\cos\theta, r\sin\theta) r \mathrm{d}r + \int_{\frac{\pi}{4}}^{\frac{\pi}{2}} \mathrm{d}\theta \int_0^{2\sin\theta} f(r\cos\theta, r\sin\theta) r \mathrm{d}r$.

8. (1) $\frac{\pi}{4}(2\ln 2 - 1)$;　(2) $\frac{3}{64}\pi^2$;　(3) $\frac{8(3\pi - 4)}{9}$.

9. (1) $2 - \frac{\pi}{2}$;　(2) $\sqrt{2} - 1$;　(3) $\frac{2}{3}$;　(4) $\frac{7}{9}(2\sqrt{2} - 1)$.

10. $\frac{5}{6}\pi$.

11. (1) $\frac{5\pi}{2}$;　(2) $\frac{R^3}{3}\arctan k$.

*12. (1) $\frac{7}{3}\ln 2$;　(2) 3π;　(3) $\frac{\pi^4}{3}$;　(4) $\frac{1}{4}$.

习题 9-3

1. $\frac{4}{3}f(x_0, y_0, z_0)$.

2. $\int_0^1 \mathrm{d}x \int_0^{\frac{1-x}{2}} \mathrm{d}y \int_0^{\frac{1-x-2y}{3}} f(x,y,z)\mathrm{d}z$ 或 $\int_0^{\frac{1}{2}} \mathrm{d}y \int_0^{1-2y} \mathrm{d}x \int_0^{\frac{1-x-2y}{3}} f(x,y,z)\mathrm{d}z$ 或 $\int_0^{\frac{1}{2}} \mathrm{d}y \int_0^{\frac{1-2y}{3}} \mathrm{d}z \int_0^{1-2y-3z} f(x,y,z)\mathrm{d}x$ 或 $\int_0^{\frac{1}{3}} \mathrm{d}z \int_0^{\frac{1-3z}{2}} \mathrm{d}y \int_0^{1-2y-3z} f(x,y,z)\mathrm{d}x$ 或 $\int_0^1 \mathrm{d}x \int_0^{\frac{1-x}{3}} \mathrm{d}z \int_0^{\frac{1-x-3z}{2}} f(x,y,z)\mathrm{d}y$ 或 $\int_0^{\frac{1}{3}} \mathrm{d}z \int_0^{1-3z} \mathrm{d}x \int_0^{\frac{1-x-3z}{2}} f(x,y,z)\mathrm{d}y$.

3. (1) $\int_{-1}^1 \mathrm{d}x \int_{-\sqrt{1-x^2}}^{\sqrt{1-x^2}} \mathrm{d}y \int_{x^2+y^2}^1 f(x,y,z)\mathrm{d}z$;

(2) $\int_{-1}^1 \mathrm{d}x \int_0^{\sqrt{1-x^2}} \mathrm{d}y \int_0^y f(x,y,z)\mathrm{d}z$;

(3) $\int_0^1 \mathrm{d}x \int_0^{1-x} \mathrm{d}y \int_0^{xy} f(x,y,z)\mathrm{d}z$;

(4) $\int_{-1}^{1}\mathrm{d}x\int_{-\sqrt{1-x^2}}^{\sqrt{1-x^2}}\mathrm{d}y\int_{x^2+2y^2}^{2-x^2}f(x,y,z)\mathrm{d}z$.

5. (1) $\frac{1}{2}\left(\ln 2-\frac{5}{8}\right)$; (2) $\frac{2}{9}$; (3) $\frac{1}{48}$; (4) $\frac{59}{480}\pi R^5$.

6. (1) $\frac{7}{12}\pi$; (2) $\frac{324}{5}\pi$; (3) $\frac{5\pi}{6}$.

7. (1) $\frac{4(b^2-a^2)}{15}\pi$; (2) $\frac{32}{15}\pi$; (3) $\frac{8-5\sqrt{2}}{30}\pi$.

8. (1) $\frac{1}{8}$; (2) $\pi(\pi^2-4)$; (3) $\frac{486(\sqrt{2}-1)}{5}\pi$; (4) $\frac{243}{5}\pi$.

9. (1) $\frac{\pi}{6}$; (2) $\frac{32}{3}\pi$; (3) $\frac{16}{3}$; (4) $\frac{38\sqrt{2}}{3}\pi$.

*10. (1) $\frac{4}{15}\pi a^3bc$; (2) $\frac{2}{27}\left(\frac{1}{\alpha^3}-\frac{1}{\beta^3}\right)\left(\frac{1}{\sqrt{a}}-\frac{1}{\sqrt{b}}\right)h^{\frac{9}{2}}$.

习题 9-4

1. (1) $\frac{1}{6}$; (2) 12π.

2. (1) $\frac{\sqrt{2}}{4}a^2\pi$; (2) $\sqrt{7}\pi$; (3) $4(2-\sqrt{2})\pi^2R$.

3. 32π.

4. $\left(\frac{6a}{5},0\right)$.

5. (1) $\left(\frac{6}{5},\frac{3}{4}\right)$; (2) $\left(\frac{5a}{4},0\right)$.

6. (1) $\left(\frac{3a}{8},\frac{3b}{8},\frac{3c}{8}\right)$; (2) $\left(\frac{3}{4},3,\frac{8}{5}\right)$.

7. $\left(0,0,\frac{h}{5}\right)$.

8. (1) $I_x=\frac{72}{5}$, $I_y=\frac{96}{7}$; (2) $I=\frac{\pi}{2}a^4h\rho$, 其中 ρ 是圆柱体的密度;

(3) $I_O=\frac{2\pi\rho}{5}a^5$, $I_{xy}=\frac{2\pi\rho}{15}a^5$.

9. $\boldsymbol{F}=\left(0,2k\rho\left[\ln\frac{a+\sqrt{a^2+b^2}}{b}-\frac{a}{\sqrt{a^2+b^2}}\right],k\pi\rho\left(\frac{b}{\sqrt{a^2+b^2}}-1\right)\right)$.

10. $\boldsymbol{F}=\left(0,0,2k\pi\rho h\left(1-\frac{h}{\sqrt{R^2+h^2}}\right)\right)$, 其中 k 为引力系数, ρ 为圆锥体密度.

第九章总习题

2. (1) $\frac{49}{32}\pi a^4$; (2) $\frac{\pi}{2}-1$; (3) $\frac{\pi}{4}-\frac{1}{2}$; (4) $\frac{4}{\pi^3}(2+\pi)$; (5) a;

(6) $5\pi+\frac{32}{3}$; (7) $2\pi-2$.

3. (1) $\frac{1}{36}$; (2) $\frac{250}{3}\pi$; (3) $2\pi R^5$; (4) $\frac{1}{6}a^2b^2c^2$; (5) 21π.

5. $\int_0^1 \mathrm{d}y \int_0^y \mathrm{d}z \int_0^{1-y} f(x,y,z)\mathrm{d}x + \int_0^1 \mathrm{d}y \int_y^1 \mathrm{d}z \int_{z-y}^{1-y} f(x,y,z)\mathrm{d}x$.

6. $\int_0^1 \mathrm{d}x \int_0^{x^2} \mathrm{d}z \int_0^1 f(x,y,z)\mathrm{d}y + \int_0^1 \mathrm{d}x \int_{x^2}^{1+x^2} \mathrm{d}z \int_{\sqrt{z-x^2}}^1 f(x,y,z)\mathrm{d}y$.

7. 柱面坐标: $I = \int_0^{2\pi} \mathrm{d}\theta \int_0^2 r\mathrm{d}r \int_{\frac{r^2}{2}}^2 f(r\cos\theta, r\sin\theta, z)\mathrm{d}z$; 球面坐标: $I = \int_0^{2\pi} \mathrm{d}\theta \int_0^{\frac{\pi}{4}} \mathrm{d}\varphi \int_0^{2\sec\varphi} f(r\sin\varphi\cos\theta, r\sin\varphi\sin\theta, r\cos\varphi)r^2\sin\varphi\mathrm{d}r + \int_0^{2\pi} \mathrm{d}\theta \int_{\frac{\pi}{4}}^{\frac{\pi}{2}} \mathrm{d}\varphi \int_0^{2\cot\varphi\csc\varphi} f(r\sin\varphi \cdot \cos\theta, r\sin\varphi\sin\theta, r\cos\varphi)r^2\sin\varphi\mathrm{d}r$.

8. $\frac{2-\sqrt{2}}{3}\pi a$.　9. $\frac{8}{3}\pi a^3$.　10. 8π.　11. $1:7:2$.

12. $a^2m - am\sqrt{a^2-b^2}$.　13. $\frac{\sqrt{2}}{2}R$.

14. $\left(0, 0, \frac{1}{4}k\rho\pi R\right)$, 其中 k 为引力常数, ρ 为锥体密度.

习题 10-1

1. $m = \int_\Gamma \rho(x,y,z)\mathrm{d}s$, $I_x = \int_\Gamma (y^2+z^2)\rho(x,y,z)\mathrm{d}s$, $I_y = \int_\Gamma (x^2+z^2)\rho(x,y,z)\mathrm{d}s$.

2. (1) $\sqrt{2}$;　(2) $4\pi a\sqrt{a}$;　(3) $2\pi a^{2n+1}$;　(4) $\frac{2\sqrt{2}}{3}\pi(3+4\pi^2)$;

(5) $\frac{3}{2}\sqrt{14}+18$;　(6) $4\sqrt{2}$.

3. (1) $I_z = \frac{2\pi}{3}a^2\sqrt{a^2+k^2}(3a^2+4k^2\pi^2)$;

(2) $\left(\frac{6ak^2}{3a^2+4k^2\pi^2}, \frac{-6\pi ak^2}{3a^2+4k^2\pi^2}, \frac{3\pi k(a^2+2k^2\pi^2)}{3a^2+4k^2\pi^2}\right)$.

习题 10-2

3. (1) $\int_L \frac{P(x,y)+2xQ(x,y)}{\sqrt{1+4x^2}}\mathrm{d}s$;　(2) $\int_L \left[\sqrt{2x-x^2}P(x,y)+(1-x)Q(x,y)\right]\mathrm{d}s$.

4. (1) $\int_\Gamma \frac{1}{2}\left[P(x,y,z)+Q(x,y,z)+\sqrt{2}R(x,y,z)\right]\mathrm{d}s$;

(2) $\int_\Gamma \frac{1}{\sqrt{2}}[(1-z)P(x,y,z)+(1-z)Q(x,y,z)+2xR(x,y,z)]\mathrm{d}s$.

6. (1) $\frac{8}{3}$;　(2) -2;　(3) 1;　(4) -2π;　(5) $\frac{1}{3}k^3\pi^3 - \frac{a\pi}{2}(2k+a)$;

(6) 13;　(7) -4;　(8) -2π.

7. $\frac{k}{2}\ln 2$.

习题 10-3

1. $\iint\limits_{\Sigma} f(x,y,z)\mathrm{d}S = \iint\limits_{D} f(x,y,0)\mathrm{d}x\mathrm{d}y$.

2. (1) $I_x = \iint\limits_{\Sigma}(y^2+z^2)\rho(x,y,z)\mathrm{d}S$, $I_y = \iint\limits_{\Sigma}(x^2+z^2)\rho(x,y,z)\mathrm{d}S$, $I_z = \iint\limits_{\Sigma}(x^2+y^2)\rho(x,y,z)\mathrm{d}S$;

(2) $\boldsymbol{F}=(F_x,F_y,F_z)$, 其中 $F_x = \iint\limits_{\Sigma}\dfrac{k(x-x_0)\rho(x,y,z)}{r^3}\mathrm{d}S$, $F_y = \iint\limits_{\Sigma}\dfrac{k(y-y_0)\rho(x,y,z)}{r^3}\mathrm{d}S$, $F_z = \iint\limits_{\Sigma}\dfrac{k(z-z_0)\rho(x,y,z)}{r^3}\mathrm{d}S$, 而 $r=\sqrt{(x-x_0)^2+(y-y_0)^2+(z-z_0)^2}$, k 为引力常数.

3. (1) $4\sqrt{61}$; (2) $\dfrac{64\sqrt{2}}{15}a^4$; (3) $\dfrac{1+\sqrt{2}}{2}\pi$; (4) $(\sqrt{3}-1)\ln 2+\dfrac{3-\sqrt{3}}{2}$; (5) 0.

4. $(\bar{x},\bar{y},\bar{z}) = \left(0,0,\dfrac{a}{2}\right)$; $I_z = \dfrac{4}{3}\pi a^4\rho$.

习题 10-4

1. $\iint\limits_{\Sigma} R(x,y,z)\mathrm{d}x\mathrm{d}y = \pm\iint\limits_{D} R(x,y,0)\mathrm{d}x\mathrm{d}y$, Σ 为上侧时取“+”, Σ 为下侧时取“−”.

2. (1) $\iint\limits_{\Sigma}\dfrac{3P+2Q+R}{\sqrt{14}}\mathrm{d}s$; (2) $\iint\limits_{\Sigma} P\mathrm{d}s$; (3) $\iint\limits_{\Sigma}\dfrac{4xP-Q+2zR}{\sqrt{1+16x^2+4z^2}}\mathrm{d}s$.

3. $\iint\limits_{\Sigma}[-y_x(z,x)+Q-y_z(z,x)R]\mathrm{d}z\mathrm{d}x$.

4. $\pm\iint\limits_{D_{yz}}\{P[x(y,z),y,z]-x_y(y,z)Q[x(y,z),y,z]-x_z(y,z)R[x(y,z),y,z]\}\mathrm{d}y\mathrm{d}z$, Σ 为前侧时取“+”, Σ 为后侧时取“−”.

5. (1) 12; (2) $\dfrac{2}{105}\pi R^7$; (3) $\dfrac{1}{8}$; (4) $\dfrac{1}{2}$; (5) $\dfrac{1}{4}-\dfrac{\pi}{6}$.

习题 10-5

1. (1) $-\dfrac{2}{3}$; (2) $-2\pi ab$; (3) $\dfrac{1}{5}(1-\mathrm{e}^{\pi})$; (4) $\dfrac{1}{2}m\pi a^2$; (5) $1+\mathrm{e}\ln 2-\dfrac{\pi}{4}$.

2. (1) $\dfrac{3}{8}\pi a^2$; (2) $\dfrac{3}{4}\pi$.

3. (1) 5; (2) $\dfrac{\pi}{2}$; (3) $-\dfrac{3}{2}$; (4) $\sin\pi a-3\pi a\cos\pi a+2a^3\pi^2-2a\mathrm{e}^{2a}+\mathrm{e}^{2a}-1$; (5) $\mathrm{e}^2+\mathrm{e}+2\pi$.

4. (1) $u(x,y)=\dfrac{1}{2}x^2+2xy+\dfrac{1}{2}y^2$; (2) $u(x,y)=y^2\cos x+x^2\cos y$; (3) $u(x,y)=-\dfrac{y}{x}$; (4) $u(x,y)=\dfrac{1}{2}\ln\dfrac{x^2+y^2}{2}$.

5. $-\frac{\pi^3}{128}$.

6. $W=\frac{k}{2}\pi$.

习题 10-6

1. (1) $\frac{12\pi}{5}a^5$;　(2) $\frac{\pi}{2}$;　(3) $-\frac{81}{2}\pi$;　(4) $-2\pi R^3$;　(5) $2(e^{2a}-1)\pi a^2$.

2. 提示: 取液面为 xOy 面, z 轴垂直向下, 这时物体表面 Σ 上点 (x,y,z) 处单位面积上所受的液体压力为 $-\rho z\cos\alpha\boldsymbol{i}-\rho z\cos\beta\boldsymbol{j}-\rho z\cos\gamma\boldsymbol{k}$, 其中 ρ 为液体的密度, $\cos\alpha,\cos\beta,\cos\gamma$ 为点 (x,y,z) 处 Σ 的外法向量的方向余弦.

3. (1) 8π;　(2) -13;　(3) $-2\pi a(a+b)$;　(4) $-\frac{9}{2}$.

4. (1) 13;　(2) $\frac{1}{3}(a^2+b^2+c^2)^{\frac{3}{2}}-\sqrt{3}$;　(3) $\frac{1}{3}(a^3+b^3+c^3)$.

5. (1) $u(x,y,z)=-\frac{yz}{x}$;　(2) $u(x,y,z)=x^3+y^3+z^3-3xyz+x^2z+yz^2$.

习题 10-7

1. (1) $4\pi abc$;　(2) $-\frac{\pi}{2}$.　2. $-\frac{1}{2}\pi h^2$.　3. (1) 6;　(2) 8.

4. 0 $(r\neq 0)$.　5. (1) $2\pi R^2$;　(2) $2\pi R^2$.　6. $\frac{19}{3}$.

7. $e^{xyz}[(2y+xy^2z-x^3y)\boldsymbol{i}+(2z+xyz^2-y^3z)\boldsymbol{j}+(2x+x^2yz-xz^3)\boldsymbol{k}]$.

8. $4z(xz-4)\boldsymbol{j}+3x^2y\boldsymbol{k}$.

第十章总习题

1. (1) -1;　(2) $-\frac{\pi}{3}$;　(3) $\int_L(P\cos\alpha+Q\cos\beta+R\cos\gamma)\mathrm{d}S$, 切向量;

(4) $\iint\limits_{\Sigma}(P\cos\alpha+Q\cos\beta+R\cos\gamma)\mathrm{d}S$, 法向量;　(5) $\frac{32}{3}$;　(6) 0;　(7) 0.

2. (1) $\frac{9\pi a^3}{256}$;　(2) $1+\sqrt{2}$;　(3) 1;　(4) $\frac{\pi}{4}a^4$;　(5) $3\sqrt{3}$;　(6) -24.

3. (1) $125\sqrt{2}\pi$;　(2) $\frac{125\sqrt{5}-1}{420}$;　(3) $\frac{\pi^2}{2}R$;　(4) -24π;　(5) $\frac{7}{6}$.

4. 当 $a=1$, 即曲线 L 为 $y=\sin x\ (0\leqslant x\leqslant\pi)$ 时.

5. (1) 当 $R=0$ 或 $R=\sqrt{2}$ 时, $I=0$;　(2) 当 $R=1$ 时, I 取最大值, 最大值为 $\frac{3}{2}\pi$.

6. $t+e^{2-t}$; 3.　7. π.　8. $\lambda=-\frac{1}{2}$; $1-\sqrt{2}$.　9. $\frac{\sqrt{2}}{2}\pi$.　10. (1) 8π;　(2) 0.

11. $\frac{1}{2}$.　12. -4π.　13. $\frac{14}{45}\pi$.　14. (1) $L:\begin{cases}(x-1)^2+y^2=1,\\ z=0;\end{cases}$　(2) 64.

15. $\xi=\frac{a}{\sqrt{3}}$, $\eta=\frac{b}{\sqrt{3}}$, $\zeta=\frac{c}{\sqrt{3}}$; $W_{\max}=\frac{\sqrt{3}}{9}abc$.

16. 提示: 转化为对面积的曲面积分.

17. 提示: 分别将 $\oiint\limits_{\Sigma} u\dfrac{\partial v}{\partial n}\mathrm{d}S$ 与 $\oiint\limits_{\Sigma} v\dfrac{\partial u}{\partial n}\mathrm{d}S$ 化为三重积分再相减.

18. 提示: $\boldsymbol{E}=\dfrac{q}{r^3}\boldsymbol{r}$, $\boldsymbol{r}=x\boldsymbol{i}+y\boldsymbol{j}+z\boldsymbol{k}$, $r=|\boldsymbol{r}|$, 点 $M(x,y,z)$ 是 Σ 上的动点.

20. $Q(x,y)=x^2+2y-1$.

习题 11-1

1. (1) $\dfrac{1}{2n-1}$; (2) $(-1)^{n-1}\dfrac{n+1}{n}$; (3) $\dfrac{\cos(n!)}{n\cdot(n+1)}$; (4) $\dfrac{x^{\frac{n}{2}}}{(2n)!!}$.

2. (1) $u_n=\dfrac{2}{n(n+1)}, u_1=1, u_2=\dfrac{1}{3}, u_3=\dfrac{1}{6}$; (2) 收敛.

3. (1) 发散; (2) 发散; (3) 收敛; (4) 发散.

4. (1) 收敛; (2) 发散; (3) 发散; (4) 发散.

5. (1) $\dfrac{2}{3}$; (2) $\dfrac{3}{2}$.

习题 11-2

1. (1) 收敛; (2) 收敛; (3) 收敛; (4) 收敛;
(5) 当 $0<a\leqslant 1$ 时发散; 当 $a>1$ 时收敛; (6) 收敛.

2. 提示: 利用不等式及比较判别法, $|a_nb_n|\leqslant\dfrac{a_n^2+b_n^2}{2}$, $(a_n+b_n)^2\leqslant a_n^2+2|a_nb_n|+b_n^2$, $\dfrac{|a_n|}{n}\leqslant a_n^2+\dfrac{1}{n^2}$.

3. (1) 收敛; (2) 发散; (3) 收敛; (4) 收敛; (5) 收敛.

4. (1) 收敛; (2) 收敛; (3) 当 $a>b$ 时收敛, 当 $a<b$ 时发散, $a=b$ 不一定;
(4) 收敛.

5. (1) 收敛; (2) 收敛; (3) 发散; (4) 收敛; (5) 收敛;
(6) 当 $0<a<1$ 时收敛, 当 $a\geqslant 1$ 时发散.

7. (1) 条件收敛; (2) 绝对收敛; (3) 条件收敛; (4) 发散; (5) 绝对收敛.

习题 11-3

1. (1) $[-1,1]$; (2) $(-\infty,+\infty)$; (3) $[-2,2]$; (4) $\left[-\dfrac{1}{2},\dfrac{1}{2}\right]$; (5) $\left[\dfrac{1}{2},\dfrac{3}{2}\right)$;
(6) $(-\sqrt{3},\sqrt{3})$; (7) $(-1,1)$.

2. (1) $\dfrac{1}{(1-x)^2}\ (-1<x<1)$; (2) $\dfrac{1}{4}\ln\dfrac{1+x}{1-x}+\dfrac{1}{2}\arctan x-x\ (-1<x<1)$;

(3) $\dfrac{1}{(1-x)^3}\ (-1<x<1)$; (4) $\begin{cases}\dfrac{3-4x+2x^2}{(1-x)^4}, & -1<x<1, x\neq 0,\\ 0, & x=0.\end{cases}$

习题 11-4

1. (1) $\sum_{n=0}^{\infty}\frac{\ln^n a}{n!}a^n\ (-\infty<x<+\infty)$; (2) $\ln 2-\sum_{n=1}^{\infty}\frac{x^n}{n2^n}\ (-2\leqslant x<2)$;

(3) $\sum_{n=1}^{\infty}\frac{(-1)^{n+1}2^{n-1}x^{2n}}{n!(2n-1)!!}\ (-\infty<x<+\infty)$; (4) $\sum_{n=0}^{\infty}\left[-\frac{1}{3}-\frac{(-1)^n}{6\cdot 2^n}\right]x^n\ (-1<x<1)$;

(5) $x+\sum_{n=2}^{\infty}\frac{(-1)^n x^n}{(n-1)n}\ (-1<x\leqslant 1)$; (6) $x+\sum_{n=1}^{\infty}(-1)^n\frac{2\cdot(2n)!}{(n!)^2}\cdot\left(\frac{x}{2}\right)^{2n+1}\ (-1\leqslant x\leqslant 1)$.

2. (1) $\frac{1}{\ln 10}\sum_{n=1}^{\infty}(-1)^{n-1}\frac{(x-1)^n}{n}\ (0<x\leqslant 2)$; (2) $\sum_{n=0}^{\infty}(-1)^n(x-1)^n\ (0<x<2)$.

3. $\ln 4-\sum_{n=1}^{\infty}\frac{(x+1)^n}{n\cdot 4^n}\ (-5\leqslant x<3)$.

4. $\frac{1}{2}\sum_{n=0}^{\infty}(-1)^{n-1}\left[\frac{\left(x+\frac{\pi}{3}\right)^n}{(2n)!}+\sqrt{3}\frac{\left(x+\frac{\pi}{3}\right)^{2n+1}}{(2n+)!}\right]\ (-\infty<x<+\infty)$.

5. $\sum_{n=0}^{\infty}\left(\frac{1}{2^{n+1}}-\frac{1}{3^{n+1}}\right)(x+4)^n\ \ (-6<x<-2)$.

6. $f^{(n)}(0)=\begin{cases}0, & n=1,3,5,\cdots,\\ \dfrac{(-1)^{\frac{n}{2}}}{\left(\frac{n}{2}\right)!}n!, & n=2,4,6,\cdots.\end{cases}$

习题 11-5

1. (1) $\frac{1}{2}\ln 3$; (2) $\frac{1}{3}\ln 2+\frac{\pi}{3\sqrt{3}}$.

2. (1) 1.0986; (2) 2.9926; (3) 0.156434; (4) 1.648.

3. (1) 0.5205; (2) 0.119; (3) $2.03\times 10^{-5}, 6.78\times 10^{-6}$.

4. $e^x\cos x=\sum_{n=0}^{\infty}2^{\frac{n}{2}}\cos\frac{n\pi}{4}\frac{x^n}{n!}$.

习题 11-6

2. (1) $f(x)=\pi^2+1+\sum_{n=1}^{\infty}(-1)^n\frac{12\cos nx}{n^2}$, $-\infty<x<+\infty$;

(2) $f(x)=\frac{e^{\pi}-e^{-\pi}}{2\pi}+\sum_{n=1}^{\infty}\left\{\frac{(e^{\pi}-e^{-\pi})(-1)^n}{(1+n^2)\pi}\cos nx+\frac{(e^{-\pi}-e^{\pi})(-1)^n}{(1+n^2)\pi}\sin nx\right\}$, $-\pi<x<\pi$;

(3) $f(x)=\frac{a-b}{4}\pi+\sum_{n=1}^{\infty}\left\{\frac{[1-(-1)^n](b-a)}{n^2\pi}\cos nx+\frac{(-1)^{n-1}(a+b)}{n}\sin nx\right\}$, $x\neq(2n+1)\pi, n=0,\pm1,\pm2,\cdots$;

(4) $f(x)=\frac{18\sqrt{3}}{\pi}\sum_{n=1}^{\infty}(-1)^{n+1}\frac{n\sin nx}{9n^2-1}$, $-\pi<x<\pi$;

(5) $f(x)=\frac{1+\pi-e^{-\pi}}{2\pi}+\frac{1}{\pi}\sum_{n=1}^{\infty}\left\{\frac{1-(-1)^n}{1+n^2}e^{-\pi}\cos nx+\left[\frac{-n+(-1)^n ne^{-\pi}}{1+n^2}+\frac{1}{n}\cdot(1-(-1)^n)\right]\sin nx\right\}$, $-\pi<x<\pi$;

(6) $f(x)=\frac{2}{\pi}\sum_{n=1}^{\infty}\left[\frac{1}{n^2}\sin\frac{n\pi}{2}+(-1)^{n+1}\frac{\pi}{2n}\right]\sin nx, x\neq(2n+1)\pi, n=0,\pm1,\pm2,\cdots$.

5. (1) $f(x)=\frac{11}{12}+\frac{1}{\pi^2}\sum_{n=1}^{\infty}\frac{(-1)^{n+1}}{n^2}\cos 2n\pi x, -\infty<x<+\infty$;

(2) $f(x)=-\frac{1}{2}+\sum_{n=1}^{\infty}\left\{\frac{6}{n^2\pi^2}[1-(-1)^n]\cos\frac{n\pi x}{3}+\frac{6}{n\pi}(-1)^{n+1}\sin\frac{n\pi x}{3}\right\}, x\neq3(2k+1)\pi, k=0,\pm1,\pm2,\cdots$;

(3) $f(x)=\frac{5}{2}+\frac{10}{\pi}\sum_{n=1}^{\infty}\frac{1}{2n-1}\sin\frac{(2n-1)\pi x}{3}, -\infty<x<+\infty, x\neq0,\pm2,\pm4,\cdots$.

6. $3=\frac{12}{\pi}\sum_{n=1}^{\infty}\frac{1}{2n-1}\sin(2n-1)x, 0<x<\pi, \frac{\pi}{4}=\sum_{n=1}^{\infty}\frac{(-1)^{n-1}}{(2n-1)}$.

7. $f(x)=\sum_{n=1}^{\infty}\left[\frac{(-1)^n\pi}{2n}+\frac{(-1)^n-1}{n^3\pi}\right]\sin nx$, $f(x)=-\frac{\pi^2}{6}+\sum_{n=1}^{\infty}\frac{\cos nx}{n^2}$.

8. $f(x)=-\frac{8}{\pi^2}\sum_{n=1}^{\infty}\frac{1}{(2n-1)^2}\cos\frac{(2n-1)\pi x}{2}, 0\leqslant x\leqslant2, S\left(\frac{7}{2}\right)=-\frac{1}{2}$.

第十一章总习题

1. (1) D; (2) A; (3) A; (4) D; (5) B; (6) D; (7) B; (8) B; (9) C; (10) B; (11) B; (12) C; (13) A; (14) C.

2. (1) $(-2,4)$; (2) 4; (3) 当 $a>e$ 时级数收敛, 当 $0<a\leqslant e$ 时级数发散; (4) $(0,+\infty)$; (5) $\mathbf{R}$; (6) 1; (7) $\frac{3}{2}$; (8) $-1,0$.

3. (1) 收敛; (2) 发散;
(3) 当 $a>1$ 时发散, 当 $0<a<1$ 时收敛, 当 $a=1$ 时 $s>1$ 时收敛, $s\leqslant1$ 时发散;
(4) 收敛; (5) 收敛; (6) 发散.

4. (1) 当 $p>1$ 时, 绝对收敛, 当 $0<p\leqslant1$ 时, 条件收敛, 当 $p\leqslant0$ 时发散;
(2) 条件收敛; (3) 绝对收敛; (4) 绝对收敛; (5) 绝对收敛; (6) 条件收敛.

6. (1) 3; (2) 0; (3) $2^{\frac{3}{4}}\left(\text{提示: } 2^{\frac{1}{3}}\cdot4^{\frac{1}{9}}\cdot8^{\frac{1}{27}}\cdots(2^n)^{\frac{1}{3^n}}=2^{\frac{1}{3}+\frac{2}{3^2}+\cdots+\frac{n}{3^n}}\right)$.

7. (1) $\left(-\frac{1}{e},\frac{1}{e}\right)$; (2) $(-2,0)$; (3) $(-\sqrt{2},\sqrt{2})$.

8. (1) $|x|>1$; (2) $\left(-1,-\frac{1}{2}\right)\cup\left(\frac{1}{2},1\right)$; (3) $\{0\}$.

9. (1) $S(x)=\dfrac{2+x^2}{(2-x^2)^2}\ (-\sqrt{2}<x<\sqrt{2})$; (2) $S(x)=\arctan x\ (-1\leqslant x\leqslant 1)$;

(3) $S(x)=\dfrac{x+1}{(2-x)^2}\ (0<x<2)$; (4) $\begin{cases}1+\left(\dfrac{1}{x}-1\right)\ln(1-x), & -1\leqslant x<1, x\neq 0,\\ 0, & x=0,\\ 1, & x=1;\end{cases}$

(5) $S(x)=\dfrac{1}{(1+x)^2}\ (-1<x<1)$; (6) $S(x)=\mathrm{e}^{\frac{x}{2}}\left(\dfrac{x^2}{4}+\dfrac{x}{2}+1\right), x\in\mathbf{R}$;

(7) $S(x)=\begin{cases}\dfrac{1+x^2}{(1-x^2)^2}+\dfrac{1}{x}\ln\dfrac{1+x}{1-x}, & 0<|x|<1,\\ 3, & x=0.\end{cases}$

10. (1) $2\mathrm{e}$; (2) $\dfrac{1}{2}(\cos 1+\sin 1)$.

11. $\displaystyle\sum_{n=1}^{\infty}\frac{x^{4n+1}}{4n+1}\ (-1<x<1)$.

12. $\displaystyle\sum_{n=1}^{\infty}\frac{n\cdot x^{n-1}}{(n+1)!}$.

13. $f(x)=\dfrac{1}{5}\displaystyle\sum_{n=0}^{\infty}\frac{n}{5^n}(x+2)^{2n}\ (-2-\sqrt{5}<x<-2+\sqrt{5})$.

14. $f(x)=\dfrac{\mathrm{e}^{\pi}-1}{2\pi}+\dfrac{1}{\pi}\displaystyle\sum_{n=1}^{\infty}\left[\frac{(-1)^n\mathrm{e}^{\pi}-1}{n^2+1}\cos nx+\frac{(-1)^{n+1}\mathrm{e}^{\pi}+1}{n^2+1}n\sin nx\right]$, $-\infty<x<\infty, x\neq k\pi, k=0,\pm1,\pm2,\cdots$.

15. $f(x)=1-\dfrac{\pi^2}{3}+4\displaystyle\sum_{n=1}^{\infty}\frac{(-1)^{n+1}}{n^2}\cos nx,\ 0\leqslant x\leqslant\pi,\ \sum_{n=1}^{\infty}\frac{(-1)^{n-1}}{n^2}=\frac{\pi^2}{12}$.

16. 提示: $a_1=1, a_{n+1}=\dfrac{n+\frac{1}{2}}{n+1}=\dfrac{2n+1}{2n+2}a_n$, $\lim\limits_{n\to\infty}\left|\dfrac{a_{n+1}}{a_n}\right|=1$, 当 $|x|<1$ 时, 幂级数 $\displaystyle\sum_{n=1}^{\infty}a_nx^n$ 收敛, 且为绝对收敛.

17. (1)

$$\begin{aligned}x_{n+1}-x_n&=f(x_n)-f(x_{n-1})\\&=f'(\xi_n)(x_n-x_{n-1})\\&=f'(\xi_n)f'(\xi_{n-1})(x_{n-1}-x_{n-2})\\&=\cdots\\&=f'(\xi_n)f'(\xi_{n-1})\cdots f'(\xi_2)(x_2-x_1).\end{aligned}$$

$|x_{n+1}-x_n| < \frac{1}{2^{n-1}}|x_2-x_1|$, 而 $\sum_{n=1}^{\infty}\frac{1}{2^{n-1}}|x_2-x_1|$ 收敛. 所以 $\sum_{n=1}^{\infty}(x_{n+1}-x_n)$ 绝对收敛.

(2) 提示: 由 $\sum_{n=1}^{\infty}(x_{n+1}-x_n)$ 绝对收敛, 可知 $\sum_{n=1}^{\infty}(x_{n+1}-x_n)$ 收敛, 所以其部分和数列收敛, 即 $S_n=\sum_{k=1}^{n}(x_{k+1}-x_k)=x_{n+1}-x_1$ 极限存在, 则 $\lim_{n\to\infty}(x_{n+1}-x_1)$ 存在, 设 $\lim_{n\to\infty}x_n=a$, 则有 $x_{n+1}=\int_0^{x_n}f'(t)\mathrm{d}t+f(0)<\frac{1}{2}x_n+1$, 两边同时取极限, 所以有 $a=\int_0^{x_n}f'(t)\mathrm{d}t+f(0)<\frac{1}{2}a+1$, 有 $a<2$, 即 $\lim_{n\to\infty}x_n<2$. 又因为 $0<f'(x)$, 所以任意 $x>0$, $f(x)$ 单调递增, 即 $x>0$, $f(x)>f(0)=1>0$, 所以 $0<a<2$.

18. (1) 因为 $0<a_n<\frac{\pi}{2}, 0<b_n<\frac{\pi}{2}, \cos a_n-a_n=\cos b_n, \cos a_n>0, \cos b_n>0$, $a_n=\cos a_n-\cos b_n>0, \frac{a_n}{b_n}=\frac{\cos a_n-\cos b_n}{b_n}>0, \cos a_n-\cos b_n>0$, 所以有 $a_n<b_n$. 而正项级数 $\sum_{n=1}^{\infty}b_n$ 收敛, 所以 $\sum_{n=1}^{\infty}a_n$ 收敛, 因此 $\lim_{n\to\infty}a_n=0$.

(2)

$$\begin{aligned}\frac{a_n}{b_n}&=\frac{\cos a_n-\cos b_n}{b_n}\\&=\frac{2\sin\dfrac{a_n+b_n}{2}\sin\dfrac{a_n-b_n}{2}}{b_n}\\&\leqslant\frac{2\cdot\dfrac{a_n+b_n}{2}\cdot\dfrac{a_n-b_n}{2}}{b_n}\\&=\left(1+\frac{a_n}{b_n}\right)\cdot\frac{a_n-b_n}{2}\\&<a_n-b_n,\end{aligned}$$

而 $\sum_{n=1}^{\infty}(a_n-b_n)$ 收敛, 所以级数 $\sum_{n=1}^{\infty}\frac{a_n}{b_n}$ 收敛.

19. (1) $a_0=1, a_1=0, a_{n+1}=\frac{1}{n+1}(na_n+a_{n-1}), 0\leqslant a_{n+1}\leqslant 1$, 设 R 为幂级数 $\sum_{n=0}^{\infty}a_nx^n$ 收敛半径, 当 $|x|<1$ 时 $|a_nx^n|\leqslant|x|^n$, $\sum_{n=0}^{\infty}|x|^n$ 收敛, 所以 $\sum_{n=0}^{\infty}a_nx^n$ 且为绝对收敛.

(2) 设 $S(x)=\sum_{n=0}^{\infty}a_nx^n\ (-1<x<1)$,

$$S'(x)=\sum_{n=1}^{\infty}na_nx^{n-1}=\sum_{n=0}^{\infty}(n+1)a_{n+1}x^n,$$

$$(1-x)S'(x)=\sum_{n=1}^{\infty}[(n+1)a_{n+1}-na_n]x^n+a_1,\quad xS(x)=\sum_{n=0}^{\infty}a_nx^{n+1}=\sum_{n=1}^{\infty}a_{n-1}x^n,$$

$$(1-x)S'(x)-xS(x)=\sum_{n=1}^{\infty}[(n+1)a_{n+1}-na_n-a_{n-1}]x^n+a_1,$$

$$(n+1)a_{n+1}-na_n-a_{n-1}=0,\quad a_1=0,$$

所以 $(1-x)S'(x)-xS(x)=0\ (x\in(-1,1))$.

20.

$$\cos 2x=\sum_{n=0}^{\infty}\frac{(-1)^n(2x)^{2n}}{(2n)!}=\sum_{n=0}^{\infty}\frac{(-1)^n4^nx^{2n}}{(2n)!}\quad(-\infty<x<+\infty),$$

$$\frac{1}{(1+x)^2}=\left(-\frac{1}{1+x}\right)'=-\left[\sum_{n=0}^{\infty}(-1)^nx^n\right]'=-\sum_{n=1}^{\infty}(-1)^nnx^{n-1}$$

$$=-\sum_{n=0}^{\infty}(-1)^{n+1}(n+1)x^n\quad(-1<x<1),$$

$$\cos 2x-\frac{1}{(1+x)^2}=\sum_{n=0}^{\infty}\frac{(-1)^n4^nx^{2n}}{(2n)!}+\sum_{n=0}^{\infty}(-1)^{n+1}(n+1)x^n,\quad -1<x<1,$$

$$\cos 2x-\frac{1}{(1+x)^2}=\sum_{n=0}^{\infty}a_nx^n\quad(-1<x<1),$$

所以, $a_{2n}=\dfrac{(-1)^n4^n}{(2n)!}-2n-1, a_{2n+1}=2n+2$.

习题 12-1

1. (1) 一阶;　(2) 二阶;　(3) 四阶;　(4) 一阶;　(5) 二阶;　(6) 一阶.
2. (1) 是;　(2) 是;　(3) 是;　(4) 不是;　(5) 是;　(6) 是.
3. $y=\sqrt{2}\sin x$.
4. $y'=x^2$.
5. $x=\dfrac{1}{12}t^4-\dfrac{1}{2}t^2+t$.

习题 12-2

1. (1) $y=\tan(\ln Cx)$;　(2) $\arcsin y=\arcsin x+C$;　(3) $\mathrm{e}^xy=Cx$;
(4) $1+y^2=C(1-x^2)$;　(5) $(\mathrm{e}^x+1)(\mathrm{e}^y-1)=C$;　(6) $\sin x\cdot\sin y=C$.

2. (1) $e^y=\frac{1}{2}(e^{2x}+1)$; (2) $\ln y=\tan\frac{x}{2}$; (3) $x^2y=4$; (4) $y^2-1=2\ln\frac{1+e^x}{1+e}$.

3. (1) $y+\sqrt{y^2-x^2}=Cx^2$; (2) $x+y=Cx^2$; (3) $y=Ce^{\frac{y}{x}}$;
(4) $\ln Cx=-e^{-\frac{y}{x}}$; (5) $x\sin\frac{y}{x}=C$; (6) $(4y-x-3)(2x+y-3)^2=C(x-1)^9$;
(7) $x+3y+2\ln|x+y-2|=C$.

4. (1) $y^2=2x^2(\ln x+2)$; (2) $y=e^{-\frac{x^2}{2y^2}}$;
(3) $y=\frac{1}{2}(x^2-1)$; (4) $y(x+y)=2x$;
(5) $\sin\frac{y}{x}=x$; (6) $y=xe^{2x+1}$.

5. (1) $y=e^{x^2}(x+C)$; (2) $y=C\cos x-2\cos^2 x$; (3) $y=\frac{\sin x+C}{x^2-1}$;
(4) $2x\ln y=\ln^2 y+C$; (5) $x=\frac{1}{2}y^2+\frac{1}{2}y+\frac{1}{4}+Ce^{2y}$; (6) $x=Cy^3+\frac{1}{2}y^2$.

6. (1) $y=\frac{x}{\cos x}$; (2) $y=x^2(e^x-e)$; (3) $y\sin x+5e^{\cos x}=1$; (4) $y=\frac{\pi-1-\cos x}{x}$.

*7. (1) $\frac{1}{y}=-\sin x+Ce^x$; (2) $y^2=x\left(\frac{x^2}{2}+C\right)$;
(3) $\frac{x^2}{y^2}=-\frac{2}{3}x^3\left(\frac{2}{3}+\ln x\right)+C$; (4) $y=x^4\left(C+\frac{1}{2}\ln|x|\right)^2$.

8. $\ln|x|+\int\frac{g(v)\mathrm{d}v}{v[f(v)-g(v)]}=C$, 求出后将 $v=xy$ 代回, 得通解.

9. $\tan(x-y+1)=x+C$.

10. $y^2=Cx+\frac{1}{2}x^3$.

11. (1) $y=-x+\tan(x+C)$; (2) $(x-y)^2=-2x+C$;
(3) $y=\frac{1}{x}e^{Cx}$; (4) $\tan y=\frac{1}{3}(1+x^2)+\frac{C}{\sqrt{1+x^2}}$.

12. (1) $x^3+3x^2y^2+\frac{4}{3}y^3=C$; (2) $xe^y-y^2=C$; (3) $x\sin y+y\cos x=C$;
(4) $xy=\frac{1}{3}x^3+C$; (5) $\sqrt{x^2+y^2}+\frac{y}{x}=C$; (6) $\rho(1+e^{2\theta})=C$.

13. (1) $x-y=\ln|x+y|+C$; (2) $\frac{x}{y}+\frac{x^2}{2}=C$; (3) $\frac{x^2}{2}-3xy-\frac{1}{y}=C$;
(4) $x^2+y^2=Ce^{2x}$; (5) $y^2+x\ln|x|=Cx$; (6) $\frac{x^2}{y}-x^3=C$.

15. $\varphi(x)=e^{-x}-\frac{1}{2}e^x$, $\frac{1}{2}e-e^{-1}$.

16. $y^2=\frac{9}{2}x$.

17. $y=e^{2-\frac{x}{y}}$.

18. $T=20+80e^{-kt}$.

19. 1512.58g.

*20. $\arctan\sqrt{\frac{k}{G}}v=-\frac{\sqrt{kG}}{m}t+\arctan\sqrt{\frac{k}{G}}v_0$.

习题 12-3

1. (1) $y=C_1\ln|x|+C_2$;　(2) $y=-x-\frac{1}{2}\sin 2x+C_1\sin x+C_2$;

(3) $y=C_1\arcsin x+C_2$;　(4) $y=(C_1x+C_2)^{\frac{2}{3}}$;

(5) $y=C_1\mathrm{e}^x-\frac{1}{2}x^2-x+C_2$;　(6) $C_1y^2-1=(C_1x+C_2)^2$;

(7) $y=\arcsin(C_1\mathrm{e}^x)+C_2$;　(8) $y^2=C_1x^2+C_2$.

2. (1) $y=x^3+3x+1$;　(2) $\mathrm{e}^{-2y}=1-x$;　(3) $y=\ln\mathrm{ch}x$;

(4) $y=\ln|\sec x|$;　(5) $y=\left(\frac{x}{2}+1\right)^4$;　(6) $x(y-1)=1$.

3. $y=-x+1$.

4. $y=\mathrm{ch}(x-1)$.

5. $\max x=\frac{v_0^2R}{2gR-v_0^2}$.

6. (1) $t=\sqrt{\frac{10}{g}}\ln(5+2\sqrt{6})$ s;　(2) $t=\sqrt{\frac{10}{g}}\ln\left(\frac{19+4\sqrt{22}}{3}\right)$ s.

习题 12-4

1. (1), (2) 是线性无关的, (3), (4) 是无关的.

2. $C_1\mathrm{e}^{ax}+C_2\mathrm{e}^{-ax}$.

4. $y=C_1(\mathrm{e}^x-x)+C_2(\mathrm{e}^{2x}-x)+x$, 或 $y=C_1(\mathrm{e}^x-x)+C_2(\mathrm{e}^{2x}-x)+\mathrm{e}^x$, 或 $y=C_1(\mathrm{e}^x-x)+C_2(\mathrm{e}^{2x}-x)+\mathrm{e}^{2x}$.

5. (1) $y=C_1\mathrm{e}^{4x}+C_2\mathrm{e}^{-x}$;　(2) $y=C_1+C_2\mathrm{e}^{-x}$;　(3) $y=C_1\cos x+C_2\sin x$;

(4) $y=\mathrm{e}^{2x}(C_1\cos x+C_2\sin x)$;　(5) $y=\mathrm{e}^{-3x}(C_1\cos 2x+C_2\sin 2x)$;

(6) $y=C_1\mathrm{e}^x+C_2\mathrm{e}^{-x}+C_3\cos x+C_4\sin x$;

(7) $y=C_1\mathrm{e}^{2x}+C_2\mathrm{e}^{-2x}+C_3\cos 3x+C_4\sin 3x$;

(8) $y=C_1+C_2x+(C_3+C_4x+C_5x^2)\mathrm{e}^{-x}$.

6. (1) $y=4\mathrm{e}^x+2\mathrm{e}^{3x}$;　(2) $y=2\cos 5x+\sin 5x$;　(3) $y=\mathrm{e}^{-x}-\mathrm{e}^{4x}$;

(4) $y=\mathrm{e}^{2x}\sin 3x$;　(5) $y=\frac{3}{4}+\frac{1}{4}(1+2x)\mathrm{e}^{2x}$.

7. (1) $y^*=x(ax^2+bx+c)$;　(2) $y^*=x^2(ax+b)\mathrm{e}^x$;

(3) $y^*=x[(ax+b)\cos 2x+(cx+d)\sin 2x]$;　(4) $y^*=x\mathrm{e}^x(A\cos x+B\sin x)$.

8. (1) $y=C_1\mathrm{e}^x+C_2\mathrm{e}^{-x}+\frac{1}{3}\mathrm{e}^{2x}$;　(2) $y=C_1\mathrm{e}^{-2x}+C_2\mathrm{e}^{\frac{3}{4}x}+\frac{1}{25}(2\sin x-11\cos x)$;

(3) $y=C_1\cos 2x+C_2\sin 2x-\frac{1}{4}x\cos 2x$;

(4) $y=C_1+C_2\mathrm{e}^{-\frac{5}{2}x}+\frac{1}{3}x^3-\frac{3}{5}x^2+\frac{7}{25}x$;

(5) $y=(C_1+C_2x)\mathrm{e}^{3x}+\frac{x^2}{2}\left(\frac{1}{3}x+1\right)\mathrm{e}^{3x}$;

(6) $y=C_1\mathrm{e}^{-x}+C_2\mathrm{e}^{-2x}+\left(\dfrac{3}{2}x^2-3x\right)\mathrm{e}^{-x}$;

(7) $y=C_1\cos x+C_2\sin x+\dfrac{\mathrm{e}^x}{2}+\dfrac{x}{2}\sin x$.

9. (1) $y=C_1+C_2\mathrm{e}^{-x}+x^2-x$; (2) $y=-2x\mathrm{e}^{-x}-2\mathrm{e}^{-x}+2$;

(3) $y=\mathrm{e}^x-\mathrm{e}^{-x}+\mathrm{e}^x(x^2-x)$; (4) $y=\dfrac{1}{2}(\mathrm{e}^{9x}+\mathrm{e}^x)-\dfrac{1}{7}\mathrm{e}^{2x}$.

10. $y=C_1\mathrm{e}^{3x}+C_2\mathrm{e}^x-x\mathrm{e}^{2x}$, 其中 C_1, C_2 为任意常数.

11. $x(t)=20\cos\sqrt{\dfrac{g}{50}}t$.

12. $\varphi(x)=-\dfrac{1}{2}\cos x+\dfrac{1}{2}(x+1)\mathrm{e}^x$.

* 习题 12-5

1. (1) $y=C_1x+\dfrac{C_2}{x}$; (2) $y=x(C_1\cos(\ln x)+C_2\sin(\ln x))+x\ln x$;

(3) $y=C_1x^2+C_2x^3+\dfrac{1}{2}x$; (4) $y=C_1x^2+C_2x^{-2}+\dfrac{1}{5}x^3$;

(5) $y=C_1x^2+C_2x^2\ln x+x+\dfrac{1}{6}x^2\ln^3 x$;

(6) $y=x[C_1\cos(\sqrt{3}\ln x)+C_2\sin(\sqrt{3}\ln x)]+\dfrac{1}{2}x\sin(\ln x)$;

(7) $y=C_1x+C_2x\ln|x|+C_3x^{-2}$;

(8) $y=C_1x+x[C_2\cos(\ln x)+C_3\sin(\ln x)]+\dfrac{1}{2}x^2(\ln x-2)+3x\ln x$.

2. (1) $y=x\mathrm{e}^{x^2}$;

(2) $y=1-\dfrac{1}{2!}x^2+\dfrac{3}{4!}x^4+\cdots$;

(3) $a_0\left(1-\dfrac{1}{2!}x^2-\dfrac{1}{3!}x^3-\dfrac{1}{4!}x^4-\dfrac{2}{5!}x^5-\cdots\right)+a_1\left(x-\dfrac{1}{3!}x^3-\dfrac{2}{4!}x^4-\dfrac{5}{5!}x^5-\cdots\right)$.

* 习题 12-6

1. (1) $\begin{cases} y=C_1\mathrm{e}^x+C_2\mathrm{e}^{-x}, \\ z=C_1\mathrm{e}^x-C_2\mathrm{e}^{-x}; \end{cases}$ (2) $\begin{cases} x=C_1\mathrm{e}^t+C_2\mathrm{e}^{-2t}+2\mathrm{e}^{-t}, \\ y=3C_1\mathrm{e}^t+2C_2\mathrm{e}^{-2t}+3\mathrm{e}^{-t}; \end{cases}$

(3) $\begin{cases} x=3+C_1\cos t+C_2\sin t, \\ y=-C_1\sin t+C_2\cos t; \end{cases}$

(4) $\begin{cases} x=(C_1\cos t+C_2\sin t)\mathrm{e}^{-6t}, \\ y=[C_1(\cos t-\sin t)+C_2(\cos t+\sin t)]\mathrm{e}^{-6t}. \end{cases}$

2. (1) $\begin{cases} x=\sin t, \\ y=\cos t; \end{cases}$ (2) $\begin{cases} x=\mathrm{e}^t, \\ y=4\mathrm{e}^t; \end{cases}$

(3) $\begin{cases} x=\dfrac{1}{2}\mathrm{e}^t+\dfrac{1}{2}\mathrm{e}^{-t}+2t\mathrm{e}^t, \\ y=-\dfrac{1}{2}\mathrm{e}^t+\dfrac{3}{2}\mathrm{e}^{-t}+2t\mathrm{e}^t; \end{cases}$ (4) $\begin{cases} x=2\cos t-4\sin t-\dfrac{1}{2}\mathrm{e}^t, \\ y=14\sin t-2\cos t+2\mathrm{e}^t. \end{cases}$

习题 12-7

1. (1) $\Delta y_x = 2x-1, \Delta^2 y_x = 2$;
(2) $\Delta y_x = e^{2x}(e^2-1), \Delta^2 y_x = e^{2x}(e^4-2e^2+1)$;
(3) $\Delta y_x = \ln\left(1+\dfrac{1}{x+1}\right), \Delta^2 y_x = \ln\left(1-\dfrac{1}{(x+2)^2}\right)$;
(4) $\Delta y_x = 3x^2+15x+19, \Delta^2 y_x = 6x+18$.
2. (1) 3; (2) 5; (3) 1; (4) 2.
3. (1) 是; (2) 否; (3) 是; (4) 否.
4. $y_x = C_1\cdot(-2)^x + C_2\cdot x\cdot(-2)^x$.

习题 12-8

1. (1) $y_x = C\cdot\left(\dfrac{3}{2}\right)^x$; (2) $y_x = C\cdot\left(-\dfrac{5}{2}\right)^x$; (3) $y_x = C$.
2. (1) $y_x = C\cdot 5^x - 2$; (2) $y_x = \dfrac{C}{2^x}+\dfrac{2^{x+1}}{3}$; (3) $y_x = (x-2)\cdot 2^x + C$.

第十二章总习题

1. (1) C; (2) D; (3) D; (4) D; (5) B; (6) A; (7) C; (8) B.
2. (1) $x=Ce^{2y}+\dfrac{1}{2}y^2+\dfrac{1}{2}y+\dfrac{1}{4}$; (2) $y=x\tan(x+C)$, 提示: 令 $y=ux$; (3) xe^{2x+1};
(4) $\ln(\sec y+\tan y)+\cos 2x = C$; (5) 2e; (6) $2e^t-2t-2$; (7) $\sqrt{3e^x-2}$;
(8) 1; (9) $f(x)=\pm\sqrt{x^2\ln x-\dfrac{3}{2}x^2+C_1x+C_2}$;
(10) $y(x)=C_1+e^x(C_2\cos 2x+C_3\sin 2x)$, C_1, C_2, C_3 为独立的任意常数;
(11) $y_x=\dfrac{1}{2}x^2-\dfrac{1}{2}x+C$, C 为任意常数;
(12) $y_x=C\cdot 2^x+3^x$, C 为任意常数.
3. (1) $x-\arctan x=\ln y-\dfrac{y^2}{2}+C, y=0$, 也是常微分方程的解, 且不能由通解得到;
(2) $y=(x+C)e^{-\frac{x^2}{2}}$; (3) $x=Ce^{\sin y}-2\sin y-2$;
(4) $y=C_1e^{-x}+(C_2\cos 3x+C_3\sin 3x)e^{2x}$; (5) $y=C_1e^x+C_2e^{2x}-x(x+2)e^x$;
(6) $y=C_1+(C_2+C_3x)e^{2x}+\dfrac{1}{12}x^3+\dfrac{1}{4}x^2+\dfrac{1}{8}x$.
4. (1) $y(x)=\sqrt{x}e^{\frac{x^2}{2}}$; (2) $y(x)=\dfrac{2}{3}x^{\frac{3}{2}}+\dfrac{1}{3}$; (3) $y(x)=2\arctan e^x$;
(4) $y(x)=xe^{-x}+\dfrac{1}{2}\sin x$.
5. $y_n(x)=\dfrac{1}{n(n+1)}x^{n+1}$.
6. $y=2x$.
7. (1) $e^{-x}\cos 2x$;

(2) $\frac{1}{5}\cdot\frac{e^{-\pi}}{1-e^{-\pi}}=\frac{1}{5}\cdot\frac{1}{e^{\pi}-1}$.

8. $2\left(1-e^{\frac{x^2}{2}}\right)$.

9. $f(x)$ 是由 $\frac{f^2(x)}{x^2}+\frac{2}{3}f^3(x)=\frac{5}{3}$ 确定的隐函数.

10. $\frac{1}{4}e^x(2x+1)-\frac{1}{4}e^{-x}$.

11. $2\cos x+\sin x+x^2-2$, 其通解为 $-2y\sin x+y\cos x+\frac{x^2y^2}{2}+2xy=C$.

12. $y=\begin{cases} e^{2x}-1, & x\leqslant 1, \\ (1-e^{-2})e^{2x}, & x>1. \end{cases}$

13. 将问题转化为求解初值问题 $\begin{cases} f'(x)=2[1+f^2(x)], \\ f(0)=0, \end{cases}$ 得 $f(x)=\tan 2x$.

14. $f(x)=\frac{8}{4-x}$, $x\in I$.

15. $y(x)=x(2-\ln x)$.

16. $y=\sqrt{3x-x^2}$ $(0<x<3)$.

17. $y=2\mathrm{ch}\left(\frac{x-3}{2}\right)$.

18. $f(x)=C_1\ln x+C_2$ (C_1, C_2 为任意常数).

19. 30min.

20. $x(t)=\frac{Nx_0e^{kN_t}}{N-x_0+x_0e^{kN_t}}$.

21. $y=\sqrt{x}$.

22. $y^2-2\sqrt{3}xy-x^2=c$.

23. $x=\frac{mg}{k}t+\frac{m^2g}{k^2}(e^{-\frac{k}{m}t}-1)$.